Lehrbuch der Allgemeinen Geographie
Band 1

Lehrbuch der Allgemeinen Geographie

Begründet von Erich Obst
Herausgegeben von Josef Schmithüsen

Autoren der bisher erschienenen Einzelbände

J. Blüthgen †, Münster; K. Fischer, Augsburg;
H. G. Gierloff-Emden, München; Ed. Imhof, Zürich;
H. Louis, München; E. Obst, Göttingen; J. Schmithüsen, Saarbrücken;
S. Schneider, Bad Godesberg; G. Schwarz, Freiburg i. Br.;
M. Schwind, Hannover; W. Weischet, Freiburg i. Br.; F. Wilhelm, München

Walter de Gruyter · Berlin · New York 1979

Allgemeine Geomorphologie

von
Herbert Louis

4., erneuerte und erweiterte Auflage
Textteil und gesonderter Bilderteil

unter Mitarbeit von
Klaus Fischer

Textteil

Walter de Gruyter · Berlin · New York 1979

Autoren

Dr. Herbert Louis
em. o. Professor der Geographie
Universität München

Dr. Klaus Fischer
o. Professor der Geographie
Universität Augsburg

Der Textteil enthält 146 Figuren und 2 Beilage Karten

Der Bilderteil enthält 174 Bilder mit Erläuterungen

CIP-Kurztitelaufnahme der Deutschen Bibliothek

Lehrbuch der allgemeinen Geographie / begr. von Erich Obst. Hrsg. von Josef Schmithüsen. Autoren d. bisher erschienenen Einzelbd.: J. Blüthgen . . . – Berlin, New York: de Gruyter.
NE: Obst, Erich [Begr.]; Schmithüsen, Josef [Hrsg.]
Bd. 1. – Louis, Herbert: Allgemeine Geomorphologie

Louis, Herbert:
Allgemeine Geomorphologie: Textteil u. gesonderter Bilderteil / von Herbert Louis. Unter Mitarb. von Klaus Fischer. – Berlin, New York: de Gruyter.
ISBN 3-11-007103-7
Textteil. – 4., erneuerte u. erw. Aufl. – 1979. –
(Lehrbuch der allgemeinen Geographie; Band 1)

Vorwort zur vierten Auflage

Nachdem die beiden ersten Auflagen von 1960 und 1961 in kürzester Frist vergriffen waren, wurde die dritte von 1968 erheblich weiterentwickelt und für eine längere Laufzeit vorgesehen. Seither hat die Geomorphologie zusammen mit den übrigen Geowissenschaften wiederum große, in manchen Bereichen außerordentliche Fortschritte gemacht. Gerade gegenwärtig scheint ein erneuerter Überblick angebracht. Er möchte unter Beibehaltung des tragfähigen Bestands an älteren Grundlagen mit den neueren Erkenntnissen an der Geomorphologie weiterbauen. Die vierte Auflage ist daher bei Wahrung des Grundkonzepts das Ergebnis einer durchgehenden Überarbeitung und Ergänzung der Vorhergehenden.

Die Einführung (Kap. I) wurde durch einen Abschnitt über den Aufbau des Buches ergänzt. Das den größten Formenanlagen der Erdoberfläche gewidmete Hauptkapitel II erhielt durch Auswertung der inzwischen gewaltig erweiterten Kenntnis über die ozeanischen Räume in den entsprechenden Abschnitten eine weitgehend neue Fassung. Die Übersicht des Reliefs der Erde (Beilage Karte 1) wurde für den submarinen Anteil hauptsächlich nach den Ozeankarten des „Atlas zur Ozeanographie, Mannheim 1968" vollständig neu entworfen. Die Hypsographische Kurve der Erde erweist sich, gerade bei Berücksichtigung der neuen Daten über das submarine Relief, als ungeeignet, eine über die Grundtatsache der Zweigliederung der maximalen Häufigkeit der Höhen auf der Erde hinausgehende nähere Vorstellung von den auffälligsten Eigenarten des irdischen Reliefs zu vermitteln. Deswegen wurde neben der Hypsographischen Kurve ein neues „Morphotektonisches Höhendiagramm der Erde" entwickelt, das der Veranschaulichung eben dieser größten Formenanlagen dienen möchte. Gleichzeitig wurden jene Fakten, die so stark auf die Bedeutung subkrustaler Strömungen für die größten Züge des Erdreliefs hinweisen, näher erörtert. Den Ausführungen über die geologischen Gegebenheiten von besonderer geomorphologischer Bedeutung wurde unter Abänderung der früheren Inhaltsfolge eine stark erweiterte Neubehandlung der Erscheinungen des Vulkanismus angegliedert.

Wesentliche Weiterentwicklung erfuhren ferner Teile des Hauptkapitels III über die feinere Gestaltung der Oberflächenformen. Dieses hat zudem zur Verdeutlichung den Untertitel „Grundlinien einer Prozeßgeomorphologie" erhalten. Die Diskussion der Grundbegriffe der Geomorphologie und besonders der Hauptglieder des Abtragungsmechanismus wurde mit dem Ziel einer verbesserten Folgerichtigkeit erneuert. Die Darstellung der Verwitterungsvorgänge wurde sehr vertieft. Die flächenhaft wirkenden Abtragungsvorgänge erhielten in den Kapiteln über „Böschungsabtragung und Abtragungsböschungen" eine neue Bearbeitung. Insbesondere wird dort ausgeführt, daß langsam wirkende Böschungsabtragung sowohl durch Oberflächenspülung, durch Solifluktion, durch Versatzdenudation wie auch durch initiale fluviale Linearerosion in mannigfaltigen klimatischen Differenzierungen zustande kommt, und daß die sogenannte Flächenbildung als Vorgang bzw. als Ergebnis besonderer Typen derartiger Böschungsabtragung anzusehen ist.

In entsprechender Weise gibt es in den Kapiteln über die Flußarbeit u. a. weiter durchgeführte Darlegungen über die Flußbetten und über die dominierende fluviale Linearerosion. Im Gefolge der Letztgenannten entwickeln sich die begleitenden Abtragungsböschungen in jeweils mehr oder weniger großen Teilen zu Böschungen mit überwiegend unmittelbar gegen die betreffende dominierende Tiefenlinie hinzielender Richtung. Solche Böschungen sind dann der betreffenden dominierenden Tiefenlinie mehr als nur hydrographisch tributär. Sie sind ihr als spezifisch ausgerichtete Formen „geomorphologisch tributär". Sie bilden zusammen mit der zugehörigen dominierenden Tiefenlinie ein Tal. Als eine weiterweisende Folgerung aus diesen Überlegungen ergibt sich, daß Flächenbildung und Talbildung nur ungenau als komplementäre Begriffe anzusehen sind, als welche sie häufig verwendet werden.

Auch die übrigen Unterteile des Hauptkapitels III haben mehr oder weniger große Überarbeitungen und Ergänzungen erhalten. Im Hauptkapitel IV über die typischen Formenvergesellschaftungen auf der Erdoberfläche wurden zugleich kennzeichnende Arten des Ineinandergefügtseins verschiedener Reliefgenerationen stärker als früher hervorgehoben.

Bei der Angabe von Literatur und von Beispiel-Vorkommen wurde, wie in den früheren Auflagen, mehr Gewicht auf grundlegende Originalarbeiten gelegt, auch wenn diese älteren, ja weit zurückliegenden Datums sind, als auf letzte Äußerungen, sofern diese nicht ausschlaggebende Bedeutung haben.

Um ein befriedigendes Gelingen der angedeuteten Neugestaltungen in den immer weiter verzweigten Teilgebieten der Geomorphologie und bei der ständig verfeinerten Hilfeleistung seitens der Nachbardisziplinen besser zu sichern, hat der bisherige Alleinautor Herrn Prof. Dr. Klaus Fischer, Augsburg, um seine freundliche Mitarbeit gebeten. Die gemeinsame Arbeit war, wie ich glaube, für uns beide erfreulich. Sie erfolgte in folgender Arbeitsteilung: Herr Fischer hat hauptsächlich die Kapitel über die geologischen Grundvorstellungen, die geologischen Hauptstrukturen, den Vulkanismus, die Verwitterungsvorgänge und das Karstrelief überarbeitet und vervollkommnet. Ich selbst tat das Entsprechende für die Einführungskapitel und für die Abschnitte über die größten Formenanlagen, über die geomorphologischen Grundbegriffe, Böschungsabtragung und Abtragungsböschungen, das Fluvialrelief und die Talbildung, über die klimatischen Typen und die strukturellen und morphotektonischen Beeinflussungen des Fluvialreliefs, die Küstenformen, die Geomorphologie des Meeresbodens. Die Kapitel über den glazialen Formenschatz, über die durch Windwirkungen bestimmten Formen und die typischen Vergesellschaftungen von Oberflächenformen, auch von Reliefgenerationen haben wir beide überarbeitet. Doch wurde die Neugestaltung aller Kapitel stets auch vom anderen Autor durchgesehen und gemeinsam erörtert.

Auch die Neuauflage ist bestrebt, die für die Oberflächenformen jeweils im einzelnen kennzeichnenden Fakten möglichst sachgerecht zu beschreiben, die erkennbaren Gestaltungsvorgänge klarzulegen und die Erscheinungen gemäß ihrer allgemeinen Bedeutung möglichst folgerichtig zu einem System zusammenzufügen. In strittigen Fragen wurde, soweit eine Entscheidung möglich schien, die eigene Stellungnahme deutlich gemacht und begründet.

Wenige Wochen nach der Ablieferung des Manuskripts ist die sehr lange angekündigte Klima-Geomorphologie von Julius Büdel erschienen. Sie konnte für unsere Darstellung nicht mehr ausgewertet werden. Das Werk befaßt sich speziell mit der „subaërischen Reliefsphäre" und deren Formenentwicklung während der „geomorphologischen Ära". Für diesen sehr großen Teilbereich der Geomorphologie bietet es mit den, an ausgesuchten Beispielen herausgearbeiteten Analysen der klima-regionalen und klima-geschichtlichen Unterschiede der Verwitterungsprozesse und der auf der Abfuhr von Lockermassen beruhenden Formungsprozesse höchst wertvolle Ergänzungen zum vorliegenden Buch. Denn es enthält gedrängt vor allem die wichtigsten Ergebnisse von Büdels eigener Feldforschung. Diese Wertschätzung wird für uns nicht gemindert dadurch, daß wir in gewissen Bereichen zur Aufhellung der Zusammenhänge Ansätze, die von Büdels Konzept abweichen, für weiterführend halten und in unserem Buch verwenden.

Herrn Prof. Dr. Friedrich Wilhelm vom Geographischen Institut der Universität München sind wir für großzügige Hilfe bei der Neuherstellung der Karte des Reliefs der Erde durch Kartographen seines Lehrstuhls zu großem Dank verpflichtet, ebenso Herrn Prof. Dr. Gustav Angenheister, Universität München, und Herrn Priv. Doz. Dr. Nikolai Petersen, Universität München, für freundliche Beratung in geophysikalischen Fragen.

Bei der Überarbeitung der vorhandenen Auflage und der Einfügung der Neuabschnitte können trotz der Bemühung um Einheitlichkeit vereinzelt kleine Unausgeglichenheiten der Wortbildung oder der Schreibweise stehen geblieben sein. Das Verständnis stören sie nicht. Wir hoffen, der Leser wird freundlich darüber hinwegsehen.

Meiner lieben Frau danke ich von Herzen für manchen guten Rat bei der Abklärung des Manuskripts und weiter für ihre unermüdliche Hilfsbereitschaft, mit der sie in Maschinenschrift die neuen Manuskriptteile und die Literaturkartei erstellt sowie durch sorgfältiges Korrekturlesen und riesenhafte Arbeit an der Zurichtung der Register das Werden des Buches gefördert hat. Großen Dank schulden wir ferner Frau Wilma Hornung am Lehrstuhl für Physische Geographie der Universität Augsburg für viele Schreib- und Ordnungsarbeit an weiteren Teilen von Manuskript, Literaturverzeichnis und Register. Endlich haben wir den Herren Priv.Doz. Dr. Gerhard Vorndran, Dr. Otto Hiller und Karl Heinz Theißig für ihre Hilfe beim Korrekturlesen und dem Verlag für großes Verständnis bei der Ausstattung und Drucklegung des Werkes sehr zu danken.

Zugleich im Namen von Herrn Kollegen Klaus Fischer

München, im Herbst 1978

Herbert Louis

Inhalt

Verzeichnis der Textfiguren und der Beilage Karten

Beilage: Karte 1. Übersicht des Reliefs der Erde 1:80 Mio.

Karte 2. Höhenlinienbild des Südwestlichen Europa und der angrenzenden Meeresräume 1:10 Mio.

Die Beilage ist an der Einbanddecke hinten eingelegt.

Verzeichnis der Bilder im Bilderteil (BT)

IV. Erscheinungen vornehmlich der humiden Subtropen

IX. Gletscher und glazialer Formenschatz

X. Küstenformen und Küstendünen

XI. Überzonale Formtypen durch Strukturverhältnisse, Morphotektonik, Vulkanismus

XII. Formen und Formänderungen als Folge menschlicher Tätigkeit
    (anthropogene Formenbeeinflussung)

I. Einführung

A. Aufgabe, Stellung und Arbeitsweise der Geomorphologie

Als Geomorphologie bezeichnet man die Lehre von den Formen der festen Erdoberfläche. Sie geht aus von der Erkenntnis, daß keine dieser Formen etwas unveränderlich Gegebenes ist, sondern daß sie alle geworden und in langsamer oder schnellerer Umbildung begriffen sind. Die Geomorphologie will die Formen der festen Erdoberfläche beschreiben, sie systematisch ordnen und nach Möglichkeit ihre Entstehung und die Richtung ihrer Weiterentwicklung ergründen. Unlöslich damit verbunden ist die weitere Aufgabe, alle diejenigen Vorgänge möglichst weitgehend aufzuhellen, die an der Umformung der festen Erdoberfläche beteiligt sind. Die Geomorphologie bildet auf diese Weise ein Kernstück der sogenannten „Allgemeinen Geographie", d. h. desjenigen Zweiges der „Wissenschaft von der Erdoberfläche", welcher auf die Erkenntnis von allgemeinen Gesetzmäßigkeiten oder Zusammenhängen, von regelhaften Gegebenheiten oder Relationen innerhalb der Erscheinungen und Sachverhalte der Erdoberfläche gerichtet ist (Zur Aufgabe der Geomorphologie auch Kap. III A, S. 91).

Das Substrat, in welches die Formen der festen Erdoberfläche hineinmodelliert sind, oder das ihrer Ausgestaltung die Unterlage bietet, ist die Gesteinskruste der Erde. Diese aber bildet den Untersuchungsgegenstand der Geologie. Es ist einleuchtend, daß zwischen den Formen der Erdoberfläche und der Beschaffenheit ihres Untergrundes Beziehungen bestehen müssen. Die Oberflächenformen bilden ja die äußere Begrenzung dieses Untergrundes. Daraus ergibt sich für die Geomorphologie nicht nur die Notwendigkeit, geologische Arbeitsweisen und Erkenntnisse weitgehend mit zu Rate zu ziehen, sondern auch mancherlei Berührung mit der Fragestellung der Geologie, welche von der Untersuchung des Krustenbaues her oft gleichfalls auf die Betrachtung der Oberflächenformen gelenkt wird.

Die geomorphologisch bedeutsamen Vorgänge vollziehen sich an der physischen Erdoberfläche, d. h. im Schwerefeld der Erde und in einer Raumschicht, in welcher die hereinkommende Strahlungsenergie der Sonne auf dem Wege bis zur Wiederabgabe zur Ingangsetzung der mannigfachsten physikalischen, chemischen, biologischen Vorgänge verwendet und umgeformt wird. Die geomorphologisch bedeutsamen Vorgänge sind selbst zum großen Teil Glied dieser gewaltigen Energieumsetzung. Daraus wird ersichtlich, daß die Erkenntnisse der Physik und Geophysik, der Hydrologie, Meteorologie und Klimatologie sowie der Chemie und Bodenkunde, insofern sie dazu beitragen, den Einblick in die formenverändernden Vorgänge zu fördern, der geomorphologischen Forschung wichtige Hilfe bieten. Mehr als manchmal gedacht wird, bilden auch Maßnahmen des Menschen, z. B. viele seiner wirtschaftlichen Handlungen und seiner technischen Anlagen die Ursache von Veränderungen an den Formen der Erdoberfläche. Insoweit müssen auch sie in den Kreis der Betrachtung einbezogen werden.

Im Gegensatz zu den experimentierenden Naturwissenschaften vermag die Geomorphologie nicht oder doch nur in bescheidenen Modellversuchen das Experiment mit genau bekannten Versuchsbedingungen in den Dienst ihrer Untersuchungen zu stellen. In dieser Hinsicht bietet neuerdings die Computer-Simulation von Gestaltungsabläufen unter Variierung der Annahmen über die wirkenden Bedingungen und Vorgänge zusätzliche Möglichkeiten (F. Ahnert 1964, 1973, 1976). Doch gewinnt die Geomorphologie ihre Erkenntnisse vor allem durch möglichst umfassende und durchdachte Beobachtungen in der Natur.

Durchdachte Beobachtung bedeutet hierbei erstens, daß Überlegungen und Deutungen nur soweit überzeugend sein können, wie sie mit der Gültigkeit der allgemeinen Naturgesetze in Einklang stehen. Es bedeutet außerdem, daß der Forschende nach Möglichkeit solche Stellen zu intensiver Untersuchung aussuchen sollte, an denen in der Natur Verhältnisse vermutet werden können, welche mit der Versuchsanordnung eines Experimentum crucis der Physik vergleichbar sind.

Da geomorphologische Gegenstände meist so ausgedehnt sind, daß sie unmöglich in *einem* Blick mit dem physischen Auge vollständig umfaßt werden können, so spielt die Benutzung verläßlicher, verkleinerter Abbildungen der Natur als Grundlage für die Festlegung geomorphologischer wie überhaupt geographischer Beobachtungen eine außerordentlich große Rolle. Ansichtsskizze und Photographie, ganz besonders auch Luftbild, Profilzeichnung und Blockdiagramm sind Hilfsmittel dieser Art. Dazu kommen in neuester Zeit in zunehmendem Maße auch Satellitenbilder. Deren sachgerechte Auswertung wächst sich sogar notwendigerweise zu einer eigenen Disziplin „Fernerkundung" aus, die auch der Geomorphologie wertvolle Erkenntnisse vermittelt (H. G. Gierloff-Emden 1971, 1976).

Umfassende Beobachtung im vorher gemeinten Sinne schließt naturgemäß alles mit ein, das zur Sicherung der Schlußfolgerungen über die Entstehung der Oberflächenformen hilfreich sein kann. Das sind alle geeigneten Feststellungen sowohl über die geometrischen wie die substantiellen Eigenschaften dieser physischen Oberflächen. Solche Feststellungen werden, namentlich infolge der fortschreitenden Entwicklung von Feinmethoden der Substratuntersuchung, in laufend größerem Maße möglich und damit auch erforderlich. Diese Feld- und Labormethoden der Geomorphologie sind jüngst von H. Leser (1977) in einem besonderen Werk und mit entsprechenden Literaturhinweisen ausführlich dargestellt worden. Auf dieses kann hier verwiesen werden.

Die vielseitigste, die getreueste und daher wichtigste Abbildung von Teilen der Erdoberfläche ist aber eine gute topographische Karte. Eine solche zur Verfügung zu haben und ihr nicht nur isolierte Einzelheiten zu entnehmen, sondern sie flächenhaft und räumlich, dabei zugleich kritisch lesen und benutzen zu können, das gehört zu den unumgänglichen Voraussetzungen jeder spezielleren geomorphologischen Forschungsarbeit.

B. Geschichte der geomorphologischen Fragestellung[1]

Einzelne Formen und formenschaffende Vorgänge, die Erdbeben, die Vulkane, die Küstenveränderungen und Schwemmlandbildungen, selbst Fragen der Flußarbeit und der Talbildung haben die Gelehrten der klassischen Antike mindestens seit dem 6. Jahrhundert v. Chr. beschäftigt. Neben phantastischen Vorstellungen sind sehr beachtliche Ansätze der Erkenntnis etwa bei Strabo und Seneca vorhanden. Im Mittelalter war infolge einer eng verstandenen Auslegung der Bibel der allgemeine Fortschritt der Erdwissenschaften gering. Auch die Bemühungen der neueren Zeit, der Bernhard Varenius' berühmte „Geographia generalis" (Amsterdam 1650) angehört, beschränkten sich vorwiegend auf die reine Beschreibung. Erst in der zweiten Hälfte des 18. Jahrhunderts gewinnt die Lehre von den Formen der Erdoberfläche kräftiges Leben, indem sie mit der jung sich entwickelnden Geologie in Verbindung tritt. Die Auseinandersetzungen der *Neptunisten* (Abraham Werner, 1750−1817) und der *Plutonisten* (James Hutton, 1726−1797 und Leopold von Buch, 1774−1853), der *Katastrophentheorie* von G. Cuvier (1769−1832) und der *Evolutionstheorie* von C. F. A. von Hoff (1771−1837) und Charles Lyell (1797−1875) regen die Frage nach der Entstehung der Formen der Erdoberfläche mächtig an. Schon 1802 faßt John Playfair den Gedanken der Glazialerosion. A. C. Ramsay erkennt 1863 die Bedeutung der verschiedenen Widerständigkeit der Gesteine für die Formgestaltung. Er sieht die Wirksamkeit der Flußerosion und gibt eine erste genauere Beschreibung der Schichtstufenlandschaft. J. W. Powell spricht 1876 den Gedanken der Abtragung bis zur Endrumpffläche aus, und Grove Karl Gilbert entwickelt 1877 neben grundlegenden Gedanken über die Entstehung der Durchbruchstäler die Lehre, daß die Formen jeder Erdstelle durch die innere Struktur (structure), durch die Art der formbildenden Vorgänge (process) und durch das Entwicklungsstadium des Geschehensablaufs (stage) bestimmt sein müssen.

Unterdessen ist in Karl Friedrich Naumann's „Lehrbuch der Geognosie" (1850/54) zum ersten Male die Bezeichnung *Morphologie der Erdoberfläche* verwendet worden und durch Oskar Peschel in seinen „Neuen Problemen der vergleichenden Erdkunde, Versuch einer Morphologie der Erdoberfläche" (1869) das Streben nach Ergründung der Entstehung der Erdoberflächenformen stark angeregt worden. Aber erst 1886 veröffentlicht Ferdinand von Richthofen seinen „Führer für Forschungsreisende", welcher die erste völlig durchgearbeitete und auf genetische Erklärung abzielende Geomorphologie enthält. Sie ist noch heute lesenswert durch ihre ausgezeichneten Ausführungen über die gestaltenden Vorgänge, von denen Richthofen freilich die Meeresabrasion stark überschätzt hat, und über die Abhängigkeit der Formen vom inneren Bau.

---

[1] Zur genaueren Unterrichtung über die Geschichte der Geomorphologie vergleiche die sorgfältigen Ausführungen von O. Maull in „Geomorphologie", Leipzig und Wien 1938. 2. Aufl. 1958.

1894 schuf Albrecht Penck mit seiner zweibändigen Morphologie der Erdoberfläche das erste Handbuch der Geomorphologie in deutscher Sprache. Dort ist
der Bestand des bis dahin erarbeiteten Wissens dargestellt. Außerdem wurden
mit sehr gründlicher Behandlung der formenschaffenden Vorgänge und weit-
blickender Analyse der Haupttypen von Formengemeinschaften wichtige, z. T.
auch heute noch nicht voll ausgewertete Anregungen zur quantitativen und
physikalisch strengen Behandlung der Probleme gegeben.

Seit der Jahrhundertwende hat William Morris Davis (1899) durch energische
Verfolgung des Gedankens, daß Gesteinsbeschaffenheit und Krustenbewegungen
und die Besonderheiten der Agentien, nämlich bewegtes Wasser, Eis oder Luft
die wesentlichen Voraussetzungen für den Entwicklungsablauf der Oberflächenformen liefern müßten, seine wirkungsvolle Lehre vom *geographischen Zyklus*
entwickelt.

Alfred Hettner (1921), Siegfried Passarge (1912), Albrecht Penck (1919) und
sein Sohn Walther (1920), ebenso wie andere Gelehrte haben namentlich in
Deutschland auf Unvollkommenheiten der Davisschen Zyklenlehre hingewiesen.
Dabei bemühten sich A. und W. Penck unter Beibehaltung des Gedankens, daß
Krustenbewegungen die letztlich wichtigsten Ursachen für die Verschiedenheiten
des Abtragungsreliefs seien, vor allem um Verbesserung der deduktiven Grundlagen der Zykluslehre. Ihnen standen Alfred Philippson (1923/24), Johann Sölch
(1914) u. a. zur Seite, während in Frankreich und im englischen Sprachgebiet
durch Em. de Martonne (1909, 1948), H. Baulig (1950), Ph. G. Worcester (1939,
1948), C. A. Cotton (1947, 1948) u. a. unter Berücksichtigung der vorgebrachten
Kritik mehr das Entwicklungsfähige der Davisschen Lehre betont und weiterge-
pflegt wurde.

Langsamer wirkten sich die kritischen Bedenken aus, die A. Hettner und
S. Passarge der Lehre von Davis gegenüber hinsichtlich nicht ausreichender Berücksichtigung der klimatischen Unterschiede der Abtragungsvorgänge gemacht
hatten. Allmählich geht von der Untersuchung der Trockengebiete im Westen
Nordamerikas und Afrikas, später auch der wechselfeuchten Tropen und der
immerfeuchten Tropen, ebenso der Polarregion, die Erkenntnis aus, daß die Verwitterungsvorgänge und mit ihnen die Denudationserscheinungen in den verschiedenen Klimaten große Unterschiede aufweisen, und daß hierdurch auch
wesentliche Formunterschiede in den verschiedenen Klimaregionen hervorgerufen werden. MacGee (1897), C. R. Keyes (1908), E. Obst (1913), K. Sapper
(1917, 1935), A. C. Lawson (1915), S. Passarge (1919, 1924), F. Thorbecke
(1927), K. Bryan (1922, 1936), L. Waibel (1925, 1928), W. Behrmann (1927),
H. Schmitthenner (1927, 1932), W. Credner (1931), E. Blackwelder (1931),
O. Jessen (1936, 1938), D. W. Johnson (1932) sind ältere Forscher, die auf diese
Dinge aufmerksam gemacht haben[2].

In systematischer Weise sind sie erst in neuerer Zeit Gegenstand der Forschung
geworden. Besonders haben sich in Deutschland J. Büdel (1950 u. ff.), H. Louis

---

[2] Die einschlägigen Arbeiten der hier genannten Autoren finden sich im Literaturverzeichnis, Abschnitt I b.

(1957 u. ff.), H. Mortensen (1949 u. ff.), H. Wilhelmy (1958, 1971/72, 1974, 1975), H. v. Wissmann (1951), in Frankreich A. Cailleux (1942, 1950), J. Tricart (1952, 1954), H. Baulig (1952), im englischen Sprachbereich C. A. Cotton (1947), J. A. Mabbut (1952, 1955), W. G. V. Balchin u. N. Pye (1955), C. D. Ollier (1960, 1965), M. J. Mulcahy (1961), A. F. Trendall (1962), C. R. Twidale (1962), D. L. Linton (1964), M. F. Thomas (1965) u. a. um diese Frage bemüht. In den Niederlanden sind es J. P. Bakker und seine Schüler (1957a, 1957b, 1960, 1965). Eine neue Geomorphologie der Klimaeinwirkungen ist im Werden, welche den Auswirkungen der Klimaeinflüsse auf die Formungsvorgänge und auf die entstehenden Formen in der Gegenwart und auch in weit zurückliegender Vergangenheit sehr verstärkte Aufmerksamkeit schenkt. Wir bezeichnen sie als Klimageomorphologie.

Klimageomorphologie im angegebenen Sinne ist, wie Büdel (1963) hervorgehoben hat, nicht identisch mit einer Geomorphologie der Klimaregionen, weil der heute vorliegende Formenschatz der Klimaregionen sehr oft wesentlich durch die Überlagerung der Einwirkungen erheblich verschiedener Klimate geprägt worden ist, die nacheinander in dem betreffenden Gebiet geherrscht haben. Die Bemühungen, eben diese Sachverhalte aufzuhellen, bezeichnet Büdel (1963) als „klima-genetische Geomorphologie", wobei das Wort klima-genetisch also nicht „durch ein bestimmtes Klima hervorgerufen", sondern „durch eine zu erforschende Abfolge von Klimaten hervorgerufen" bedeuten soll. Es muß dabei versucht werden, deutlicher als zuvor im gleichen Raum *Reliefgenerationen* von einander zu unterscheiden, d. h. Reliefteile zu erkennen, deren Besonderheiten jeweils überwiegend durch den Einfluß von im Zeitablauf verschiedenartig ausgebildeten klimatischen, aber auch von morphotektonischen, strukturellen und petrographischen Gegebenheiten oder von unterschiedlichen Kombinationen aller dieser Gegebenheiten bestimmt werden. Klimageomorphologie, klimagenetische Geomorphologie, die Berücksichtigung von Tektonik und Gesteinsbeschaffenheit sowie Reliefgenerationenforschung sind jedoch nicht besondere Arten der Geomorphologie, sondern es sind wesentliche Gesichtspunkte der Betrachtung, unter denen ein Relief zu studieren ist. Ihnen allen muß in einem Lehrgebäude der Geomorphologie in gebührender Weise Geltung verschafft werden.

Das gleiche gilt auch für die besonders in den USA zu verzeichnenden Bemühungen um eine stärker als bisher quantifizierende Erfassung möglichst vieler Formungsvorgänge. Außerdem erfordern die großartigen neuen Ergebnisse der Ozeanforschung der letzten Jahre eine gründliche Überarbeitung der Kapitel über die größten Formenanlagen und über die Geomorphologie des Meeresbodens.

C. Aufbau des Buches

Die genannten Weiterentwicklungen in der Geomorphologie machen ein Wort über den Aufbau des vorliegenden Buches wünschenswert. Wir hoffen zeigen zu können, daß und in welcher Weise ohne Bruch gegenüber dem Grundgerüst der früheren Auflagen ein durch die neuen Einsichten vertieftes und erweitertes Lehrgebäude der Geomorphologie möglich und sachgerecht ist.

Das Kapitel über die größten Formenanlagen der Erdoberfläche bleibt als einführender Gesamtüberblick erhalten. Es wurde jedoch dem seither außerordentlich erweiterten Kenntnisstand angepaßt und durch den Abschnitt vulkanische Aufbauformen ergänzt. Mit diesem Vorgehen soll der Tatsache Rechnung getragen werden, daß die allergrößten und viele sehr große Formenanlagen, aber auch die meist sehr viel kleineren vulkanischen Erscheinungen auf endogene, das soll heißen auf unterhalb der Erdoberfläche angelegte bzw. sich abspielende Vorgänge zurückgehen. Die durch die endogenen Vorgänge erzeugten Erscheinungen sind zur Hauptsache Untersuchungsgegenstand der Geophysik und Geologie. Aber soweit durch sie Formen der Erdoberfläche gebildet oder angelegt werden, muß die Geomorphologie sich mit ihnen beschäftigen. Sie muß auch erwägen, welche Schlußfolgerungen aus der Beschaffenheit von Oberflächenformen der Erde gegebenenfalls auf die Natur der beteiligten endogenen Vorgänge hergeleitet werden können.

In diesen Ausführungen ist außerdem die früher benutzte Wortbildung „Größtform", welche manchmal Beanstandungen gefunden hat, durch den Ausdruck „größte Formenanlage" ersetzt worden.

Wichtige Ausführungen über einen systematischen Aufbau der Geomorphologie hat J. Büdel (1971) gemacht. Sie haben uns dazu veranlaßt, dem Hauptkapitel über „Die feinere Gestaltung der Oberflächenformen" den Zusatz „Grundlinien einer Prozeß-Geomorphologie" anzufügen. Hierbei wird unter Prozeß-Geomorphologie genauer die Lehre von der exogenen, d. h. der von außen erfolgenden Formung der Erdoberfläche verstanden.

Den Anregungen Büdels können wir nämlich nicht unmittelbar folgen, da die Vorgänge bzw. Vorgangskomplexe, die er einer „Dynamischen Geomorphologie" zugrunde legt u. E. nicht den Charakter von „Elementen des Formungs-Mechanismus" oder von glücklich erfaßten Hauptvorgängen besitzen[3].

Uns scheint die Vergesellschaftung von Formungs-Mechanismen, die die exogene Formung der Erdoberfläche herbeiführt, logisch und praktisch am einfachsten mit folgenden sechs Gedankenschritten überschaubar zu werden. Sie bilden den Grundansatz für eine Prozeß-Geomorphologie, d. h. für denjenigen Hauptzweig der Geomorphologie, der vor allem die für die Formung wichtigen Prozesse ins Auge faßt:

1. Alle exogene, nämlich von außen erfolgende Formung der Erdoberfläche wird durch Massenumlagerung auf der festen Erdoberfläche herbeigeführt.
2. Bei dieser ergeben sich stets (neue) Abtragungsformen dort, wo Material weggeführt wird, und (neue) Ablagerungsformen dort, wo Material abgelagert wird.

---

[3] Dieses „Vorgangsbündel" setzt sich nach Büdel aus zwölf „Elementen" zusammen: 1. Wasser und Eis in den Begleitsphären (nämlich der Pedosphäre und Dekompositionssphäre), 2. Lösung, 3. Mechanische Verwitterung, 4. Chemischer Zersatz und Umsatz, 5. Bodenbildung, 6. Pflanzenkleid, 7. Hangabtragung (Hangbildung) = Breitendenudation, 8. Flächenbildende Abtragung, Flächenbildung = Flächendenudation, 9. Linienhafte Abtragung − Flußerosion (Talbildung), 10. Transportvorgänge, 11. Durchgangsaufschüttung, 12. Quasi-definitive und definitive Aufschüttung.

3. Da die Gesteinskruste der Erde zum größten Teil aus Material aufgebaut ist, welches durch exogene Umlagerungsvorgänge nicht unmittelbar bewegt werden kann, so muß es Vorgänge geben, die Gesteinsmaterial beweglich machen. Ein erstes Hauptkapitel einer Prozeß-Geomorphologie besteht daher in der Lehre vom Beweglichwerden von Gesteinsmaterial, anders ausgedrückt in der Lehre von der Verwitterung oder Aufbereitung der Gesteine. Durch diese Vorgänge allein entstehen aber keine neuen Oberflächenformen.

4. Nur an beweglich gewordenen Gesteinsteilchen kann die irdische Schwer-kraft exogene mechanische Arbeit leisten, d. h. exogene Ortsveränderungen bzw. Umlagerung hervorrufen. Diese Umlagerung wiederum kann erstens un-mittelbar durch Einwirkung der irdischen Schwere als Sturz, als Rutschen, als Gleiten oder als langsamer Versatz erfolgen. Wir haben diese Arten der Massenumlagerung bislang u. E. verständlich, wenn auch wissenschaftlich nicht ganz korrekt als Massenselbstbewegung bezeichnet. Mit Rücksicht auf Einwände gegen diesen Ausdruck sprechen wir von nun an genauer von *un-mittelbaren*, nämlich ohne Transport durch ein leichter bewegliches Medium erfolgenden *Massenschwerebewegungen*. Durch unmittelbare Massenschwere-bewegungen entstehen neue Oberflächenformen. Die Lehre von den exogenen unmittelbaren Massenschwerebewegungen und von den durch sie geschaffenen Formen bildet eine zweite Hauptgruppe von geomorphologisch wirksamen Vorgängen und damit ein zweites Hauptkapitel der Prozeß-Geomorphologie.

5. Beweglich gewordenes Gesteinsmaterial wird zweitens auch, und zwar in sehr großem Ausmaß, durch *mittelbare Schwerewirkung* mit Hilfe leichter beweg-licher Medien in Bewegung gesetzt und verfrachtet, transportiert, örtlich sogar mit Teiltransporten entgegen der Schwere (Wind, Gletschereis). Es bildet dann teils Lösungsfracht, teils Suspensionsfracht und teils Grobfracht solcher Medien, wobei jede dieser Frachtarten besonderen Gesetzmäßigkeiten unter-liegt. Auch durch diese Massentransporte entstehen naturgemäß neue Formen. Die Lehre von den exogenen Massen*transporten* und von den durch sie ge-schaffenen Formen bildet eine dritte Hauptgruppe von Erscheinungen im Be-reich der Prozeß-Geomorphologie. Da es aber verschiedene bewegliche Medien gibt, die Massentransporte ausführen, wie fließendes Wasser, sich be-wegendes Eis, strömende, auch pulsierend strömende Luft, Wellenbewegung des Wassers und da jede dieser Transportarten in unterschiedlichem Zu-sammenspiel mit der Verwitterung und den unmittelbaren Massenschwere-bewegungen wirkt, so erfordert die Darstellung der geomorphologisch be-deutsamen Massentransporte eine entsprechende Anzahl besonderer Kapitel.

6. Alle Massenumlagerungen enden früher oder später mit der Ablagerung der bewegten Massen und der hierbei entstehenden Neubildung von Formen. Dem entspricht endlich eine vierte Hauptgruppe von Erscheinungen im Bereich der Prozeß-Geomorphologie. Sie besteht in Ablagerungsvorgängen und Ab-lagerungsformen. Doch diese werden zweckmäßig als Unterabschnitte in den betreffenden Kapiteln über die verschiedenen Arten geomorphologischer Massentransporte behandelt.

Mit diesem Grundansatz für eine Prozeß-Geomorphologie möchten wir zunächst dasjenige geomorphologisch ganz allgemein wirkende Vorgangsgefüge möglichst deutlich machen, das an der Erdoberfläche ohne Rücksicht auf Klima, auf geologische Fakten u. a. regionale Unterschiede naturgesetzlich herrscht. Aus diesem Gefüge ergibt sich eine Gliederung der Prozeß-Geomorphologie in Hauptgruppen von Vorgängen.

Der weitere Ausbau der verschiedenen Kapitel, die den genannten Hauptgruppen der Vorgänge gewidmet sind, wird zunächst vom Gesichtspunkt der Klimageomorphologie aus vorgenommen, denn klimageomorphologische Gegebenheiten beeinflussen unmittelbar sowohl das Beweglichwerden von Gesteinsmaterial wie die Vorgänge der unmittelbaren Massenschwerebewegung und die der Massentransporte. Nur muß der Begriff Klima (wörtlich Neigung) im weitesten Sinne des Wortes gefaßt werden, nämlich als Neigung bzw. Lage zur Erdachse (Breitenlage), zum Meeresspiegel (Höhenlage), zur Horizontalen (Sonnenexposition), im System der Luftzirkulation (West, Ost, Luv, Lee), zur Verteilung von Wasser und Land (maritim, kontinental, peripher, zentral) usw. mit allen Auswirkungen auf das Vegetationskleid und die Bodenbildung. Klima in diesem Sinne wurde seit langem (H. Louis, 1958) als der Inbegriff aller „Naturerscheinungen der Lage auf der Erde" erläutert. Keineswegs alle hier vorhandenen Differenzierungen beeinflussen die Formungsvorgänge und die entsprechenden Formen gleich stark, keineswegs alle sind auch genügend erforscht. Aber die genügend deutlichen von ihnen folgen doch großen allgemeinen Regeln der regionalen Anordnung.

Dann erst werden die Auswirkungen der Gesteine, der geologischen Struktur und etwaiger junger Tektonik auf die Formungsvorgänge erörtert. Zum Unterschied von den klimageomorphologischen Sachverhalten folgen sie weit mehr individuellen als allgemeingültigen Regeln der regionalen Anordnung. Gerade dies macht es zweckmäßig, ihre Behandlung, wo sie nötig ist, jeweils an den Schluß der größeren Kapitel der Prozeß-Geomorphologie zu stellen.

Unter den mehr oder weniger leicht beweglichen Medien, welche geomorphologisch bedeutsame Massentransporte leisten, ist das fließende Wasser im Bereich des Festlandsreliefs das bei weitem wichtigste. Die mit ihm zusammenhängenden Formungsvorgänge und Formen sind auch bei weitem am eingehendsten studiert. Aus diesem praktischen Grund werden in unserer Prozeß-Geomorphologie zuerst die Vorgänge und Formen des fluvial geprägten Reliefs systematisch behandelt. Darauf folgen die entsprechenden Abschnitte über den Sonderfall des Karstreliefs, d. h. des fluvialen Reliefs in leicht löslichem Gestein sowie die Kapitel über das glazialgeprägte, das windgeprägte, das an Küsten und in Meeren entwickelte und über die vom Menschen geschaffenen oder beeinflußten Formen und Formungsvorgänge.

Das Hauptkapitel über typische Vergesellschaftungen von Oberflächenformen auf der Erde beschließt das Buch. In den typischen Vergesellschaftungen der Oberflächenformen der Erde kommen zugleich die vertikale Stufung und die erdgeschichtlichen, nämlich sowohl die endogen-geschichtlichen wie die klimageschichtlichen Schicksale der verschiedenen Großregionen der Erde, soweit sie in den Oberflächenformen ihre Spuren hinterlassen haben, zum Ausdruck. Daher wird dieses Kapitel besonders auf die Kombination der Gegenwartsformen mit

Resten von Vorzeitformen, d. h. auf die Frage der Reliefgenerationen einzugehen haben. Dieses Bemühen wird durch den Zusatz im Titel des Kapitels „und das Auftreten besonders wichtiger Reliefgenerationen" ausgedrückt. Den Anregungen von J. Büdel auf diesem Gebiet sei besonders gedankt, auch wenn unsere Auffassungen über die Reliefgenerationen von den seinen etwas abweichen.

II. Die größten Formenanlagen der festen Erdoberfläche

Grundzüge der Höhenverteilung auf der Erde

A. Die statistische Verteilung der Höhen

Die geomorphologische Betrachtung wird zweckmäßig zuerst die allergrößten Formen der Erdoberfläche ins Auge fassen. Die Gesamtgestalt der Erde, wenn man sie durch die Niveaufläche des mittleren Meeresspiegels repräsentiert denkt *(Geoid)*, nähert sich weitgehend einem *Rotationsellipsoid* bzw. *Sphäroid* von der Abplattung $^1/_{300}$, dessen Achse mit der Rotationsachse der Erde zusammenfällt. Aber auch die feste Erdoberfläche über und unter dem Meere mit allen ihren Unebenheiten, also die geomorphologische Erdoberfläche, weist nur Abweichungen von maximal knapp 9 km über und von wahrscheinlich wenig mehr als 11 km unter dem Meeresniveau[4] auf, also Abweichungen in der Vertikalen von weniger als 2 $^0/_{00}$ der zugehörigen Radien der Idealgestalt. Daraus ist zu entnehmen, daß die Gestalt der Erde im ganzen von einer durch Fliehkräfte modifizierten Zentralkraft, nämlich der *Schwerkraft*, bestimmt wird. Die Abweichungen von der Idealgestalt aber müssen durch Vorgänge bewirkt sein, die der Schwerkraft entgegenwirken oder durch Gegebenheiten, die die Schwerkraft nur langsam oder überhaupt nicht zu beseitigen vermag. Gerade diese Abweichungen von der Idealgestalt sind das, was uns als Formenmannigfaltigkeit entgegentritt. Sie sind der Untersuchungsgegenstand der Geomorphologie.

Einen ersten Überblick über sie gewährt die Veranschaulichung ihrer statistischen Verteilung in der Form der sogenannten *hypsographischen Kurve* (A. Penck, 1894, Bd. I S. 43 ff., S. 134 ff.). In dieser werden auf der Ordinatenachse eines rechtwinkligen Koordinatensystems die Höhen über und unter dem Meeresspiegel, auf der Abszissenachse in Prozenten oder im Flächenmaß die Flächenanteile angegeben, welche einer bestimmten Höhen- oder Tiefenstufe auf der Erdoberfläche zugehören. Die Verbindungslinie der Anteilswerte für alle Höhenstufen ergibt die hypsographische Kurve (Fig. 1).

Ihre Gestalt führt auf ein erstes großes geomorphologisches, ja gesamterdwissenschaftliches Problem: Wenn die Verteilung der Höhen auf der Erde einem einfachen Wahrscheinlichkeitsgesetz folgen würde, so müßten die extrem hohen

---

[4] Nach der kritischen Überprüfung durch Th. Stocks (1964) ergeben die bisher tiefsten Echolotungen: Emden-Tiefe, Philippinen-Graben etwa 10 500 m, Challenger-Tiefe, Marianen-Graben etwa 10 800 m, Trieste-Tiefe, Marianen-Graben 10 900 m. Die sowjetische Lotung der Vityas Tiefe im Marianen Graben wird zu 11 022 m angegeben.

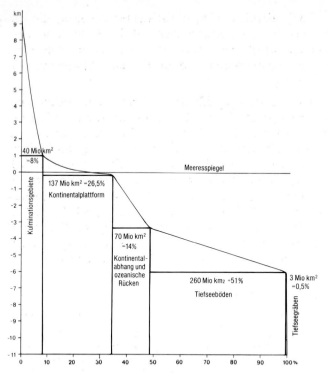

Fig. 1. Hypsographische Kurve der Erde.

und die extrem tiefen Werte geringe Areale, die mittleren Höhenwerte dagegen die ausgedehntesten Areale einnehmen. Das erste trifft tatsächlich zu. Die großen Höhen, ebenso wie die großen Tiefen erfüllen, wie die Kurve zeigt, nur wenige Prozent der Erdoberfläche. Die dazwischen liegenden Höhenwerte schließen sich aber nicht zu *einem* Bereich überwiegender Häufigkeit mit einem ungefähr in der Mitte gelegenen Maximum zusammen, sondern sie gliedern sich deutlich in *zwei* Regionen vermehrter Häufigkeit der Werte, die durch einen Bereich bedeutend verringerter Häufigkeit der zugehörigen Höhen scharf getrennt werden. Daher ergibt sich rein höhenstatistisch eine Fünfgliederung der Erdoberfläche.

In dieser Fünfgliederung ist bemerkenswert, daß die Grenzlinie zwischen Land und Meer und damit der Umriß der Länder nicht mit dem Rande der „Kontinental-plattform" übereinstimmt. Das ist aber nicht verwunderlich. Denn die Höhe des Meeresspiegels ist ohne Zweifel das Ergebnis des Zusammenwirkens mannigfalti-ger Erscheinungen, und sie ist auch veränderlich. Die Gesamtmenge des Wassers hängt offenbar von den Bindungsverhältnissen von Wasserstoff und Sauerstoff im Gesamtchemismus der Erde ab, die nicht konstant zu sein brauchen. Klimaänderungen müssen außerdem die Menge des in Gasform in der Luft und in fester Form als Eis auf dem Lande befindlichen Teils des Wassers auf jeden Fall beeinflussen. Es ist sicher, daß die solcherart hervorgerufenen vertikalen Spiegel-schwankungen des Weltmeeres während des Eiszeitalters die Größe von 100 m überschritten haben (gute Hinweise und Literaturangaben bei H. Valentin 1952 und P. Woldstedt 1961, 1965). Endlich müssen Krustenbewegungen, die die Gestalt des Meeresbodens verändern, Rückwirkungen auf die Spiegelhöhe ausüben. Ebenso müssen die ununterbrochenen Transporte von Ablagerungsmassen, die im Meere enden, dessen Beckenboden und damit seine Spiegelhöhe in Mitleidenschaft ziehen.

Die einschlägigen Berechnungen der Arealanteile wurden einst besonders sorgfältig für die Höhen von H. Wagner (1895) und für die Meerestiefen von E. Kossinna (1921) durchgeführt. Die neuen Tiefenkarten der Ozeane im „Atlas zur Ozeanographie" (Meyers Großer Physischer Weltatlas, Band 7) hrsg. von G. Dietrich und J. Ulrich, Mannheim 1968, welche die in jüngster Zeit außerordentlich vermehrten Lotungen auswerten, nötigen aber zu etwas abweichenden Werten. (H. Louis 1975.) Man darf nunmehr rein höhenstatistisch mit etwa den folgenden abgerundeten Höhen-, Flächen- und Häufigkeitswerten rechnen. Als Mittelwert der Höhenhäufigkeit auf der Erde ist dabei ein Flächenanteil von etwa 25 Mio km² für ein Höhenintervall von 1000 m anzusehen, weil der Gesamtspielraum der Höhen auf der 510 Mio km² großen Erdoberfläche rund 20 000 m beträgt.

Höhenstatistische Pauschalgliederung der Erde

	Mio km²	% d. Erdoberfl.	Relative Häufigkeit von Höhen des betreffenden Intervalls
1. Kulminationsgebiete + 9000 bis + 1000 m Höhe	40	8%	etwa $1/5$
2. Kontinentalplattform + 1000 bis − 200 m	139	27%	etwa $4\,1/2$
3. Zwischenhöhenbereich − 200 bis − 3000 m	68	13%	etwa $9/10$
4. Tiefseeböden − 3000 bis − 6000 m	255	50%	etwa $3\,1/2$
5. Extremtiefen − 6000 bis − 11 000 m	8	2%	etwa $1/15$
Insgesamt	510	100%	Durchschnittshäufigkeit ist etwa 25 Mio km² pro Höhenintervall von 1000 m

Die rein höhenstatistische Darstellung der Hypsographischen Kurve ist bis in die jüngste Zeit zugleich auch als gute Annäherung an die morphotektonischen Hauptbereiche der Erde angesehen worden. Darunter versteht man diejenigen Bereiche der festen Erdoberfläche, die ihrer Gestaltungsanlage nach, soweit diese durch das Material der Erdkruste und durch Krustendeformationen bedingt ist, wesentlich verschieden sind. Mit solchem Bedeutungsinhalt waren bisher alle Bezeichnungen der höhenstatistischen Hauptbereiche der Hypographischen Kurve der Gesamterde in Verwendung, insbesondere auch die Bezeichnungen „Kontinentalabhang" für den „Zwischenhöhenbereich" und „Tiefseegräben" für die „Extremtiefen".

Höhenstatistik entsprechend den größten Formenanlagen der Erde

Formen-Bereich	Mio km²	Mio km² und % der Erdoberfläche	Verhältnis zur Durchschnitts-häufigkeit der Höhen: 25 Mio km² auf 1000 m Höhenintervall	Mio km² Ketten-Gebirge K	Mio km² Felder-relief F	Verhält-nis K:F
Alle Höhen über 2000 m	16			10 K	6 F	5:3
Höhen 1000 bis 2000 m	24			5 K	19 F	1:4
Kulminationsgebiete Insgesamt (alle Höhen über 1000 m)		$40 \approx 8\%$	$^1/_5$	15 K	25 F	3:5
Höhen 0 bis 1000 m ohne Inseln außerhalb des Kontinentalabhangs	107			15 K	92 F	1:6
Flachmeer 0 bis −200 m	30			2 K	28 F	1:14
Kontinentalplattform Insgesamt (Höhen +1000 bis −200 m) ohne Inseln außerhalb des Kontinentalabhangs		$137 \approx 26^1/_2\%$	ca. $4^1/_2$	17 K	120 F	1:7
Tiefschelf zwischen −200 und −1000 m	6					
Kontinentalabhang −200 bis −1000 m	4					
Kontinentalabhang −1000 bis −3000 m	20					
Kontinentalabhang im weiteren Sinne (−200 bis −3000 m)		$30 \approx 6\%$	ca. $^2/_5$			
Ozeanische Rücken mit Inseln außerhalb des Kontinentalabhangs (ca. −3500 bis +4200 m)	40	$40 \approx 8\%$ (davon 2 über 0 m Höhe)	ca. $^2/_5$ (für den Anteil unter 0 m Höhe)	Mio km² Margin. Rücken 13 Rmg	Mio km² Mediane Rücken 27 Rmd	Verh. $\overline{Rmg}$ $\overline{Rmd}$ ca. 1:2
Flache Tiefseeböden				Höhen-Tiefen-Spanne der Böden		
−3000 bis −4000 m	65		ca. $2^1/_2$	±500 m		
−4000 bis −5000 m	110		ca. $4^1/_2$	±700 bis 1000 m		
−5000 bis −6000 m	79		ca. 3	±1200 m		
−6000 bis −7000 m	6		ca. $^1/_4$	±1200 bis 1500 m		
Flache Tiefseeböden Insgesamt −3000 bis −7000		$260 \approx 51\%$	ca. $2^1/_3$			
Tiefseegräben −4000 bis −7000 m	2,5		ca. $^1/_{30}$			
−7000 bis −11 000 m	0,5		ca. $^1/_{200}$			
Tiefseegräben Insgesamt −4000 bis −11 000 m		$3 \approx ^1/_2\%$	ca. $^1/_{150}$			
Gesamterde	510	510=100%	1			

Nach der jüngsten Erweiterung der Kenntnis über die Tiefenverhältnisse und die nähere Beschaffenheit des Ozeanbodens ist es aber nicht mehr angebracht, das höhenstatistische Pauschalbild, das die Hypsographische Kurve der Erde liefert, mit den morphotektonischen Hauptbereichen der Erde einfach zu parallelisieren.

Zwar bleibt die Zweigliederung der Erdoberfläche im ganzen in den höher aufragenden Kontinentalblock und in die zum größten Teil weit tiefer liegenden ozeanischen Bereiche sowie die Trennung beider durch einen deutlichen Kontinentalabhang bestehen. Ebenso ist innerhalb des Kontinentalblocks der höhenmäßige Unterschied zwischen den Kulminationsgebieten und der Kontinentalplattform sicherlich Ausdruck verschieden starker Verlagerung von Krustenmaterial in der Vertikalen, also morphotektonisch zu deuten. Aber diese ohne Zweifel äußerst wichtigen Erscheinungen der Höhengliederung werden von anderen Grundzügen der morphotektonischen Gestaltung überlagert, deren Gliederung sich nicht in gleichem Maße nach der Höhenlage richtet. Dies wird deutlich, wenn man das ausschließlich höhenstatistische Pauschalbild der Hypsographischen Kurve der Erde durch wirklichkeitsnahe Abschätzungen über die anteilige Zugehörigkeit der verschiedenen Höhenintervalle zu verschiedenen der größten Formenanlagen der Erde ergänzt. Eine Übersicht der Flächenanteile, die die größten Formenanlagen in den verschiedenen Höhenintervallen einnehmen, bietet die nebenstehende Tabelle.

B. Geomorphologische Kennzeichnung und regionale Anordnung der größten Formenanlagen

(vgl. Beilage Karte 1 u. Fig. 2)

1. Überschneidungen der statistischen Höhengliederung und der morphotektonischen Großgliederung der Erde

Eine gute Höhen- und Tiefenkarte der Erde, namentlich wenn sie durch eine geotektonische Übersichtskarte ergänzt wird, läßt erkennen, daß die höhenstatistischen Kulminationsgebiete der Erde, d. h. etwa die Gebiete von mehr als + 1000 m Höhe zum großen Teil, in ihrer oberen Hälfte sogar überwiegend ein *Kettengebirgsrelief,* kürzer ausgedrückt ein *Kettenrelief* besitzen. Darunter soll ein Relief verstanden werden, das aus langgestreckt-schmalen, meist in mehreren ungefähr parallel und dabei oft bogenförmig verlaufenden Erhebungssträngen und aus zwischen ihnen dahinziehenden Längshohlformen besteht. Stets lassen sich wie später (Kap. II D 2) näher auszuführen sein wird, längsstreichende mehr oder weniger enge Schichtdeformationen nachweisen, die auf jungen, d. h. auf känozoischen oder höchstens jungmesozoischen Zusammenschub der Kruste zurückzuführen sind. Außerdem zeigen sich begleitende oder nachfolgende Vertikalbewegungen der Kruste in gleichfalls zur Hauptsache längsstreichender Anordnung.

Der Gesamtanteil des Kettenreliefs am höhenstatistischen Bereich der Kulminationsgebiete kann auf etwa 15 Mio km^2 geschätzt werden. Das ist trotzdem weniger als die Hälfte der rund 40 Mio km^2, die diesem Höhenbereich angehören. Das Kettenrelief nimmt so zwar einen besonders großen Teil der Kulminationsgebiete ein. Aber es ist nicht einmal deren überwiegender Relieftyp. Die Gebiete besonders starker Emporhebung von Krustenteilen sind also keineswegs durchweg an das Vorkommen von Kettenrelief gebunden.

Die Kulminationsgebiete innerhalb der höhenstatistischen Gliederung der Erde enthalten vielmehr, besonders in ihren nicht allerhöchsten Teilen in großer Verbreitung auch Relieftypen, die relativ breit angelegt oder auch unregelmäßig umrissen sind. Hier erweist sich die Erdkruste als seit langem nicht mehr engräumig gefaltet, vielmehr als schollenartig zerbrochen, als weiträumig schräg gestellt, gehoben oder aufgewölbt, als in kleineren oder größeren Partien abgesunken, oder auch als seit langem ruhig oder nur schwach bewegt. Wir möchten für diesen Relieftyp im Gedanken an die Felder eines Musters aus größeren Flächenstücken die Sammelbezeichnung *Felderrelief* verwenden, ohne dabei schon weitere Besonderheiten seiner Beschaffenheit zu berücksichtigen. Ein Felderrelief ist daher im Unterschied zum Kettenrelief mehr oder weniger breit ausladend. Sofern es verschiedene Relieftypen umfaßt, erzeugen diese nicht eine einseitig streifige Längsgliederung, sondern ein mehr oder weniger fleckenartiges Mosaik von Formenbereichen.

In dem so gedachten Felderrelief fügen sich größere und kleinere, höher und tiefer gelegene Reliefteile von verschieden gestaltetem Umriß und wechselnd deutlicher Begrenzung aneinander. Es kann sich um Schwellen, Hochländer, Plateaus, um Ebenen, Flachländer, Hügelländer und Einzelberge (meist vulkanischer Natur) in tiefer und hoher Lage, um Becken inmitten von höherem Relief und um Buchten am Rande eines solchen handeln. Nicht selten sind zwei oder mehrere bevorzugte Richtungen in der Gestaltung des Reliefs erkennbar, nicht nur eine einzige, wie sie für das Kettenrelief charakteristisch ist.

Kettenrelief und Felderrelief sind nach dem vorher Gesagten grundlegend verschiedene morphotektonische Relieftypen. Im Kettenrelief tragen strangartiglanggestreckte Deformationen der Kruste, die auf deren Zusammenschub zurückgehen, entscheidend zur Anlage der Grundzüge des Reliefs bei. Im Felderrelief wird die Grundlage von Hoch und Tief durch breiträumige Hebung, Biegung, Wölbung, Absenkung oder Ruhe von Krustenteilen gekennzeichnet.

Das Felderrelief nimmt also auch in den sogenannten Kulminationsgebieten der Erde in Gestalt von Hochländern, Plateaus und Bruchschollengebirgen z. B. in Hochafrika, in Hochasien, Brasilien, Guayana, Grönland und anderswo große Flächen ein, mit schätzungsweise 25 Mio km^2 sogar mehr als die Hälfte dieser Höhenstufe. Seine wirklich größte Verbreitung innerhalb des Kontinentalblocks entfällt aber mit ungefähr 120 Mio km^2 auf die sogenannte Kontinentalplattform zwischen $+1000$ und -200 m Höhe. Das entspricht hier einem Flächenanteil des Felderreliefs von fast 90%.

Immerhin verbleiben aber im Bereich der Kontinentalplattform noch schätzungsweise 17 Mio km^2 oder mehr als 10% dieser Fläche als Anteil von Kettenreliefgebieten. Es sind also beide, sowohl das Kettenrelief wie auch das Felderrelief, wenn auch mit jeweils sehr unterschiedlichem Gewicht an der Gestaltung sowohl der Kulminationsgebiete wie auch der Kontinentalplattform innerhalb der hypsographischen Großbereiche der Erde beteiligt.

Weitere Überschneidungen morphotektonischer mit den hypsographischen Hauptbereichen zeigen sich in den ozeanischen Gebieten: Der hypsographische Zwischenhöhenbereich zwischen -200 und -3000 m Höhe entfällt, wie die neuen Lotungen zeigen, nur mit rund 30 Mio km^2 oder etwa 6% der Erdoberfläche wirklich auf den Kontinentalabhang, nach welchem diese Höhenstufe früher benannt wurde. Erheblich größere Flächen werden dagegen von den sogenannten *ozeanischen Rücken* (sehr langgestreckten, breiten Erhebungszügen) eingenommen, deren große Verbreitung und untermeerische Höhenentwicklung man vordem weit unterschätzt hat. Die ozeanischen Rücken ragen im Mittel aus etwa -3000 m Tiefe, stellenweise aus etwas geringerer, anderswo aus etwas größerer Tiefe auf und erfüllen so rund 40 Mio km^2. Ihre Scheitelzonen bleiben größtenteils mehr oder weniger tief unter dem Meeresspiegel verborgen. Aber mit kleinen Arealen, nämlich mit weniger als 2 Mio km^2 ragen sie als ozeanische Inseln oder Inselreihen über den Meeresspiegel auf und erreichen dann sogar stellenweise sehr große Höhen (Hawaii $+4200$ m). Sie entsenden also einen, wenn auch nur sehr kleinen Flächenanteil sowohl in die hypsographischen Höhenstufen der Kontinentalplattform, ja sogar der Kulminationsgebiete, obwohl sie nicht Teile des Kontinentalblocks sind. Auch nach Abrechnung dieser die Tiefe von -200 m überragenden Areale umfassen die ozeanischen Rücken noch wesentlich größere Flächen als der wirkliche Kontinentalabhang. Darüber hinaus müssen, wie noch darzulegen sein wird, auch die ozeanischen Rücken selbst nochmals in mindestens zwei wesentlich verschiedene Typen aufgegliedert werden.

Eine bedeutende Überschneidung zwischen den hypsographischen und den morphotektonischen Bereichen ist auch im Gebiet der großen Meerestiefen vorhanden. Die neuen Tiefenkarten zeigen, daß die Ozeane sich zwischen dem Kontinentalabhang und dem verzweigten System der ozeanischen Rücken in je nach der für angemessen gehaltenen Einzelumgrenzung etwa 40 bis 50 große *ozeanische Becken* aufgliedern.

Die Böden der ozeanischen Becken, die „Tiefseeböden" besitzen im ganzen recht flache Formen. Nur in Gestalt von aufsitzenden Einzelbergen oder Gruppen von Einzelbergen meist vulkanischer Natur, außerdem auch in langgestreckten Stufen, wahrscheinlich Bruchstufen von bis zu einigen hundert Meter Höhe äußert sich oft ein untergeordnetes submarines Lokalrelief. Die Tiefseeböden bilden so einen gut ausgeprägten morphotektonischen Haupttypus. Dieser nimmt aber nicht nur, wie man bislang dachte, den Höhenspielraum zwischen etwa -3000 und -6000 m ein, sondern er geht in gleicher Ausbildung mit weiten Flächen bis mindestens -7500 m hinab.

Damit überschneidet sich dieser morphotektonische Haupttyp bezüglich der Höhenlage sehr stark mit dem gleichfalls seit langem bekannten Typ der „Tiefseegräben". Diese sind über hunderte, ja über tausende von km langgestreckte schmale Rinnen sehr großer Tiefe im Ozeanbereich. In ihnen liegen die allergrößten bekannten Tiefen von mehr als $-10\,000$ und $-11\,000$ m. Aber der Oberrand der scharf zur Tiefe abfallenden Tiefseegräben liegt manchmal, z. B. beim

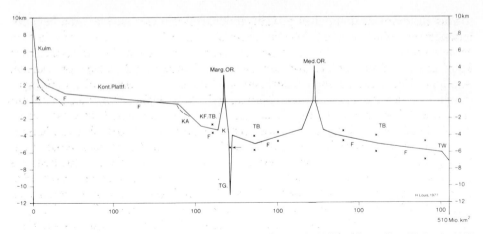

Fig. 2. Morphotektonisches Höhendiagramm der Erde (H. Louis 1977). (Gegenüber H. Louis 1975
     weiterentwickelt.)

Kulm. = Kulminationsgebiete
Kont.Plattf. = Kontinentalplattform
KA = Kontinentalabhang
KF = Kontinentalfuß
Marg. O R. = marginale ozeanische Rücken
Med. O R. = mediane ozeanische Rücken
TB = Tiefseeboden

$\begin{smallmatrix} \times & \times \\ \times & \times \end{smallmatrix}$ = Regionaler Höhen-Tiefen-Spielraum der
     Tiefseeböden
TW = Tiefseewannen
TG = Tiefseegräben
· ← = Tiefe besonders seichter Tiefseegräben
K = Kettenrelief
F = Felderrelief

Californien Graben, Südchile Graben, Amiranten Graben bei nur etwa − 4000 m,
und die größte Tiefe dieser Gräben erreicht nicht oder nur wenig mehr als
− 6000 m.

Im ganzen zeigt sich, daß die morphotektonischen Grundzüge des irdischen
Reliefs weit weniger gut mit den fünf Haupthöhenbereichen der hypsographischen Gesamtkurve der Erde zusammenfallen, als man ehedem angenommen
hat. Doch ein Überblick über die charakteristischen Züge der Höhenverteilung
auf der Erde und über ihr Verhältnis zu den großen morphotektonischen Anlagen
ist erwünscht. Er läßt sich u. E. in einem Höhendiagramm der Erde herausarbeiten, welches auf die Einheitlichkeit einer rein höhenstatistischen Summen-
kurve der ganzen Erde verzichtet. Dafür kann aber ein solches Diagramm nach
morphotektonischen Gesichtspunkten gegliedert, aus Teilstücken zusammengesetzt werden, deren jedes für sich eine hypsographische Teilkurve mit morphotektonischer Erläuterung bietet. Mit einer derartigen Darstellungsweise läßt sich
eine zusammenhängende und in den Höhen- und Flächenangaben sachrichtige
Diagrammkurve entwerfen (Fig. 2).

2. Felder- und Kettenrelief der Kontinente, ozeanisches Kettenrelief

Die im Vorhergehenden gekennzeichneten größten Formenanlagen der Kontinente sind in bemerkenswerter Weise angeordnet bzw. zusammengefügt.

Das Kettenrelief ist in zwei gewaltigen Gürteln entwickelt. Der eine beginnt, anscheinend ohne weitere Westfortsetzung, am Westende des europäischen Mittelmeeres und zieht in gewundenen Strängen zwischen den Bereichen der kontinentalen Felderreliefs von Eurasien im Norden und jenen von Afrika, Arabien, Vorderindien und Australien im Süden durch das südliche Europa, durch Vorderasien und über das Himalaya-System nach Hinterindien und zur Insulinde. Dieser Kettengebirgsgürtel wird als der Eurasiatische bezeichnet. Er ist mehr als 15000 km lang. Seine südöstlichsten Stränge erheben sich großenteils aus dem Flachmeerbereich der Sunda-Inseln. Mit dem Andamanen-Nikobaren-Strang enthalten sie aber auch ein Glied, das als ozeanischer Rücken aus beiderseits tiefem Meere aufsteigt. An diesem wie an anderen Beispielen besonders im pazifischen Raum zeigt sich, daß ein Teil der ozeanischen Rücken offensichtlich als untermeerische Fortsetzung des Kettenreliefs, d. h. als ozeanisches Kettenrelief aufzufassen ist. Ozeanische Rücken dieser Beschaffenheit sind zur Hauptsache auf die randlichen Gebiete der Ozeane beschränkt. Sie sollen daher als „*marginale ozeanische Rücken*" von anders gelegenen, nämlich „*medianen ozeanischen Rücken*" unterschieden werden (Fig. 2).

Der Eurasiatische Kettengebirgsgürtel verläuft, wie aus den vorherigen Angaben hervorgeht, von seinem Westende bis zum Golf von Bengalen zwischen beiderseits liegenden ausgedehnten Bereichen von kontinentalem Felderrelief. Man kann diese für den Eurasiatischen Kettengebirgsgürtel so bezeichnende Querlage innerhalb des kontinentalen Felderreliefs der Alten Welt als transversal bezeichnen. Vom Golf von Bengalen an nach Südosten aber nimmt der Eurasiatische Kettengebirgsgürtel eine randliche, eine marginale Lage zwischen dem Kontinent, bzw. dem ihm zugehörigen Schelfgebiet einerseits und dem Indischen Ozean andererseits ein. Außerdem wird der Kettengebirgsgürtel hier auf seinem marginal gelegenen und gegen den Ozean ausgebogenen Abschnitt auf mehr als 3000 km Länge an der ozeanischen Seite von einem Tiefseegraben begleitet. Diese Paarung eines marginalen Kettengebirgsstranges bzw. eines marginalen ozeanischen Rückens, der bogenförmig gegen den offenen Ozean ausbiegt, mit einem auf dieser Seite begleitenden Tiefseegraben wiederholt sich auf zehntausende von Kilometern Längserstreckung auch im Pazifik und ebenso an den kurzen Küstenabschnitten des Atlantik, die Kettenrelief aufweisen. Dies zeigt, daß der Formentyp der Tiefseegräben als eine innerhalb der ozeanischen Räume für das Kettenrelief typische Begleiterscheinung aufzufassen sein dürfte. Man wird sie mit den sogenannten Vortiefen am Außenrand der Kettengebirgs-gürtel auf dem Festland vergleichen können. Nur unterscheiden sich diese von den Tiefseegräben dadurch, daß sie gewöhnlich fast ganz mit Abtragungspro-dukten aus dem benachbarten Gebirge zugefüllt sind. Wahrscheinlich besteht im Ozean bezüglich der Sedimentationsmenge eine weniger enge Korrelation zwischen den Tiefgebieten und den in unmittelbarer Nachbarschaft aufragenden Erhebungen.

Erst kurz vor dem Südostende des Eurasiatischen Kettengebirgsgürtels im Gebiet der Kleinen Sundainseln stellt sich nochmals die Transversallage des Gebirgsgürtels ein, nämlich zwischen dem Sundaschelf auf der einen und dem Australischen Kontinent auf der anderen Seite.

Östlich der Kleinen Sundainseln und von Sulawesi (Celebes) gewinnt der Eurasiatische Kettengebirgsgürtel schließlich Anschluß an den zirkumpazifischen Gürtel von Kettengebirgen. Dieser umrahmt in seiner ganzen rund 50000 km messenden Länge den Pazifischen Ozean und verkörpert damit in besonders reiner Form einen marginalen Typ des Kettengebirgsgürtels. Aber auf seiner anderen Seite grenzt dieser Kettengürtel, soweit dort Festland vorhanden ist, an kontinentales Felderrelief.

Die Kettengebirgsstränge von Neuguinea begleiten den Nordrand der Kontinentalplattform von Australien. Ihre Fortsetzungen nach NW und NE ziehen in Gestalt marginaler ozeanischer Rücken, streckenweise in mehreren ungefähr parallelen Strängen mit mehr oder weniger großem Abstand vom Ostrand des Sundaschelfs und von den Felderreliefgebieten Ostasiens weiter. Nur teilweise und zu sehr verschiedenen Höhen ragen sie über den Meeresspiegel auf. Aber fast durchgehend sind sie auf ihrer dem offenen Ozean zugekehrten Seite von Tiefseegräben begleitet. Sie schwingen sich einerseits über die Molukken, Sulawesi, die Philippinen, die Riukiu und Japanischen Inseln und Sachalin zu den ostsibirischen Küstengebirgen und nach Alaska, andererseits über die West-Karolinen, Marianen und Japanischen Inseln zu den Kurilen, nach Kamtschatka und über den Aleutenbogen nach Alaska. Die Kennzeichnung der Inselbögen als marginal-ozeanische Rücken ist in diesem Abschnitt des Zirkumpazifischen Kettengebirgsgürtels besonders sinnfällig.

Von Alaska aus verläuft der Zirkumpazifische Kettengebirgsgürtel durch das westliche Nordamerika nach Mexico und Mittelamerika, auch hier weithin von Tiefseegräben begleitet. Als System marginaler ozeanischer Rücken setzt er sich mit dem Antillenbogen am Rande des tiefen Karibischen Meeres zum Nordsaum von Südamerika fort. Auch hier gibt es einen begleitenden Tiefseegraben. Doch befindet er sich, der Regel entsprechend, an der hier gegen den Atlantik ausbiegenden Seite des Antillenbogens.

Im weiteren Verlauf zieht der Kettengebirgsgürtel als Anden am Westrand von Südamerika bis zur Südspitze des Kontinents und wird auch auf dieser Strecke von Tiefseegräben gesäumt. Dann schwingt er sich als marginaler ozeanischer Rücken in Gestalt des Südantillenbogens durch tiefes Meer zum Kettengebirge des Graham Landes nach Antarktika hinüber. Auch der Südantillenbogen ist gegen den Atlantik hin weit vorgekrümmt, und auch hier befindet sich ein begleitender Tiefseegraben an der atlantischen Seite.

Ein hohes Antarktisches Kettengebirge scheint die Küste von Antarktika zwischen Graham Land und dem Ross Meer nach der Darstellung von E. Bederke und H. G. Wunderlich im Atlas zur Geologie (Mannheim 1968, S. 73) sogar bis nach Victoria Land hinein zu begleiten. Weiter kann vermutet werden, daß ein ozeanischer Rücken, der die Balleny und Macquarie Inseln trägt, als submarine Fortsetzung des Kettenreliefs gegen Neuseeland aufzufassen ist, wenn nicht hier eine etwa 2000 bis 3000 km breite Lücke im Zirkumpazifischen Kettengebirgsgürtel vorhanden ist.

Von Neuseeland aus gegen NW und NE laufen mehrere Stränge ozeanischer Rücken, z. T. mit starken Biegungen gegen den Raum um Neukaledonien und die

Fidschi-Inseln und weiter mit NNW bis WNW Richtung nach den Salomonen und nach Neuguinea. Auch diese ozeanischen Rücken werden sicher mit Recht als submarine Kettengebirge, d. h. als marginale ozeanische Rücken gedeutet. Denn auch sie werden jeweils an ihren Außenkrümmungen von typischen Tiefseegräben gesäumt. So zeigt sich, daß die Zonen der marginalen ozeanischen Rücken hier wie auch schon im westlichen Mikronesien eine besondere Breite von 2000 bis mehr als 3000 km erreichen.

Mit den Hochgebirgen von Neuguinea ist der Ausgangspunkt des vorher begonnenen Rundgangs längs des Zirkumpazifischen Kettenreliefgürtels wieder erreicht. Dieser umrahmt den in seinem Inneren gelegenen Kernraum des Ozeans und grenzt ihn ab gegen die Bereiche mit Felderrelief auf den Kontinentalplattformen des östlichen Eurasiens, des östlichen Nord- und Süd-Amerika, von Ostantarktika und von Australien. Diese Umrahmung tritt gleichwohl in zwei bemerkenswert verschiedenen Ausbildungsformen entgegen. Im Westen ist der Pazifik ganz überwiegend von marginal-ozeanischen Rücken, im Osten von kontinental-marginalen Kettengebirgssträngen umgürtet.

3. Kontinente-Bereich und kontinentfreier Bereich der Erdoberfläche

Die Betrachtung des Zirkumpazifischen Kettenreliefgürtels lehrt, daß alle Kontinentalmassen vom Pazifik aus gesehen außerhalb dieses Gürtels liegen, daß dagegen innerhalb nur ozeanischer Raum vorhanden ist. Den außerhalb des Gürtels gelegenen Raum kann man deshalb als den *Kontinente-Bereich* bezeichnen. Er nimmt etwa zwei Drittel der gesamten Erdoberfläche ein, der innerhalb gelegene *kontinentfreie Bereich* rund ein Drittel, wobei der etwa ein Zehntel betragende Anteil des beide trennenden Zirkumpazifischen Kettenreliefs selbst entweder unberücksichtigt bleibt, oder als zu etwa gleichen Teilen den beiden vorher genannten Großbereichen zugehörig gedacht werden kann. So gesehen verkörpern die beiden, geomorphologisch so sehr verschiedenen Großräume, die als Kontinente-Bereich und als kontinentfreier Bereich der Erde vorgestellt wurden, eine regionale Hauptgliederung der Erdoberfläche. Diese ist jedenfalls wesentlich naturnäher als die lange Zeit beachtete, lediglich nach der anteiligen Verbreitung von Land und Meer errechnete Aufteilung der Erde in eine Land- und eine Wasser-Halbkugel. Das wird vor allem deutlich, wenn man die geomorphologische Beschaffenheit der ozeanischen Räume im Kontinente-Bereich und im kontinentfreien Bereich der Erdoberfläche miteinander vergleicht. Hierzu die folgenden Abschnitte.

4. Der Ozean des Kontinente-Bereichs und seine Umrahmung

Das von der Hypsographischen Kurve der Erde angezeigte Bestehen von zwei, durch einen Zwischenhöhenbereich getrennten Höhenintervallen maximalen Flächenanteils auf der Erde ist seit langem als Hinweis auf einen in diesem

Zwischenhöhenbereich ausgebildeten Kontinentalabhang zwischen Kontinentalplattform und Ozeanboden gedeutet worden. Tatsächlich hat sich ein kräftig
geneigter Abschwung der Höhen mindestens zwischen -1000 m und -3000 m
Tiefe fast überall an den Kontinentalrändern derjenigen Meeresbecken, die
solche Tiefen überhaupt erreichen, nachweisen lassen.

Aber hinsichtlich der Ausbildung dieser Abschwünge kann man einen
wesentlichen Unterschied feststellen. In regional sehr weiter Verbreitung setzt der
Abschwung zum Ozeanboden ohne näher erkennbare Ursache mit fast höhen-
gleicher, aber hin und wieder geknickter Längserstreckung untermeerisch vor
den Festlandsküsten ein. In diesem Falle dürfte es sachgerecht sein, von einem
unmittelbaren Kontinentalabhang zu sprechen. Anderenorts dagegen, und auch
dies in sehr weiter regionaler Verbreitung, knüpft sich der Abschwung zum
Ozeanboden mehr oder weniger deutlich an die dem Meere zugewandte Flanke
eines Kettengebirgszugs, der längs der Küste verläuft und dem Festland angehört, bzw. der auf der Landseite nur durch Flachmeer vom Festland getrennt
wird. Wenn dies der Fall ist, erscheint es angebracht, den Abschwung zum
Ozeanboden als *Randketten-Kontinentalabhang* zu bezeichnen. Er stellt keinen
unvermittelten, sondern einen durch das Dazwischentreten eines Kettengebirgsstranges nach Form und Richtung im allgemeinen stark mitbestimmten
Sondertyp des Kontinentalabhangs dar. Diese Unterscheidung ist für die Grenze
zwischen Kontinent und Ozean überall anwendbar, abgesehen von engeren
örtlichen Besonderheiten, wie sie etwa an der Ausmündung großer sedimentreicher Flüsse vorhanden sind. Die Unterscheidung fördert das Verständnis auch
dann, wenn manchmal nicht ohne genauere Reliefanalyse zu klären ist, ob örtlich
ein unmittelbarer Kontinentalabhang oder ein Randketten-Kontinentalabhang
vorliegt.

Die dargelegte Unterscheidung verleiht einer alten Erkenntnis verstärktes
Gewicht. Diese besagt in unserer Ausdrucksweise, daß an den Rändern des
Nordpolarmeeres, des Atlantischen und des Indischen Ozeans fast ausschließlich
die Form des unmittelbaren Kontinentalabhangs entwickelt ist, während rings um
den Pazifik der Randketten-Kontinentalabhang vorherrscht. Diese Feststellung
trifft zusammen mit der Tatsache, daß das Nordpolarmeer, der Nordatlantik, der
Südatlantik und Indik zusammengenommen eine mehr als 30 000 km lange, aber
durchschnittlich nur 3000 bis 6000 km, maximal 7000 km breite Tiefenzone
bilden, welche in mehrmals hin und her gewundenem Verlauf zwischen den
Kontinentmassen hindurchzieht. Sie bleibt dabei auf ihrer ganzen Länge innerhalb
des Kontinente-Bereichs der Erde. Aufgrund dieser Tatsache sowie wegen ihrer
fast durchgehend gleichartigen Umgrenzung durch einen unmittelbaren Kontinentalabhang dürfte es richtig sein, alle diese ozeanischen Räume als Teilabschnitte eines großen *Interkontinentalen Ozeans* aufzufassen, der in der Form
eines sehr breiten, gewundenen Bandes zwischen den Kontinentmassen
eingebettet ist. Er bildet damit ein sehr ausgeprägtes Gegenstück zu dem Pazifik,
der den kontinentfreien Bereich der Erde erfüllt, und dessen Umgrenzung
überwiegend dem Randketten-Kontinentalabhang zugehört.

Der nicht durch Kettenrelief beeinflußte, unmittelbare Kontinentalabhang, wie
er den Interkontinentalen Ozean umgrenzt, bildet in der Regel zwischen -200

und -3000 m einen mehr als 2500 m hohen Abschwung von fast überall mehr als $10‰$, meistens mehr als $50‰$ und stellenweise sogar mehr als $100‰$ ($\sim 6°$) Durchschnittsgefälle. Gebietsweise liegt die Oberkante des Abfalls tiefer als -200 m bis zu -500 m, mitunter bis -1000 m, ja bis -1200 m (z. B. nördlich der Bahamas). Auch der Fuß des Abhangs schwankt in der Höhenlage. Er kann auf größere Strecken bis unter -4000 m hinabreichen, in anderen schon bei -2000 m enden.

Im Südatlantik ist ein unmittelbarer Kontinentalabhang rund 300 km NE der Falkland Inseln deutlich nachweisbar. Er begleitet dann die Ostküste Südamerikas ununterbrochen bis gegen Trinidad, wobei seine Oberkante in Patagonien bis zu 400 km weit östlich der Küstenlinie, sonst meist in 100 bis 200 km Abstand, bei Recife aber fast unmittelbar unter der Küste verläuft.

Zwischen Trinidad und den Bahamas bildet die atlantische Flanke des Antillenbogens, also ein marginaler ozeanischer Rücken, die Grenze gegen den offenen Ozean. Dagegen sind die kräftigen Abfälle, die im Mittelamerikanischen Mittelmeer von den randlichen Flachseegebieten zu den verschiedenen Tiefmeerbecken des Golfes von Mexico und des Karibischen Meeres hinabführen, als Randabfälle von *innerkontinentalen Tiefmeerbecken* anzusehen. Von den Bahamas über die Neufundland Bank zur Davisstraße und weiter um die Südspitze von Grönland herum bis zur Dänemarkstraße ist wiederum ein unmittelbarer Kontinentalabhang entwickelt. Seine Oberkante liegt nördlich der Bahamas und nördlich der Neufundlandbank in bis zu 1000 m, ja in mehr als 1000 m Tiefe und liegt stellenweise bis zu 400 km weit vor der Nordamerikanischen Ostküste. Aber der Abhang ist deutlich. Er ist auch in der Davisstraße noch feststellbar, wo er mit nur etwa 1000 m relativer Höhe vom nördlichen Labrador zum südlichen Grönland bei Godthaab hinüberzieht. Das Baffin Meer ist daher als ein weniger als 3000 m tiefes innerkontinentales Meer aufzufassen. In der Dänemarkstraße wird der Kontinentalabhang undeutlich, weil ostwärts bis zu den Färöer hinüber der Mittelatlantische Rücken, von dem später Näheres zu sagen sein wird, mitsamt seinen Ausläufern dem Meeresraum eingelagert ist und nur geringe Meerestiefen bestehen läßt.

Erst im Europäischen Nordmeer und im Nordpolarmeer wird der Kontinentalabhang als Grenze zwischen den Bereichen der Kontinentalplattform und tiefen Meeresbecken wieder deutlich. Allerdings liegt seine Oberkante weithin tiefer als -200 m, stellenweise erst bei etwa -1000 m. Ein unmittelbarer Kontinentalabhang umzieht so in 100 bis 300 km Abstand die nordöstliche und nördliche Küste von Grönland und weiter das gesamte Nordpolarmeer. Doch bestehen hier Komplikationen, die z. T. erst unvollkommen aufgehellt sind. Nach den russischen Forschungen queren drei ozeanische Rücken zwischen der Inselgruppe von Severnaya Zemlya und der Wrangelinsel einerseits und Westspitzbergen bis Grant (Ellesmere) Land andererseits das Nordpolarmeer. Der Sibirien nächste dieser Rücken wird mit dem Namen „Mittelozeanischer Rücken" als Fortsetzung des Mittelatlantischen Rückens aufgefaßt. Für den mittleren, den Lomonossow Rücken und den Canada nächsten, den Alpna Rücken, ist eine zufriedenstellende Deutung noch offen. Unsicher ist auch, in welchem Ausmaß der Kontinentalabhang dort, wo diese Becken an den Schelf herantreten, durchläuft oder aussetzt. Sicher scheint dagegen zu sein, daß der Kontinentalabhang, abgesehen von den genannten Stellen, rings um das Nordpolarmeer herumläuft. Sein Oberrand liegt dabei vor den Küsten von Canada, Spitzbergen und Franz-Joseph-Land weithin erheblich unter -200 m. Er hält sich bei Alaska, Canada und Grönland, ebenso wie bei Spitzbergen, Franz Joseph Land und Sewernaya Zemlya in weniger als 100 km bis kaum mehr als 200 km Abstand vor deren Küsten. Aber im östlichen Mittelsibirien und Ostsibirien erreicht er 300 bis über 700 km Küstenabstand.

Auf der Ostseite des Europäischen Nordmeeres verläuft der durchweg unmittelbare Kontinentalabhang von der Westküste Spitzbergens zur Norwegischen Küste bei Tromsö und weiter außerhalb der Lofoten, der Shetland- und Hebriden Inseln bis zur Porcupine Bank westlich von Irland. Auch auf dieser Strecke liegt der Oberrand teilweise merklich unter -200 m.

An der Porcupine Bank westlich von Irland wendet sich der in gleicher Weise unmittelbare Kontinentalabhang zuerst südwärts und dann nach SE zum inneren Winkel des Golfs von Biscaya. Auf dieser Strecke läuft der Oberrand weithin mehr als 300 km vor der britischen und mehr als 100 km vor der französischen Küste. Der Abhang führt hier bis auf -4000 m hinab. Westlich von Bilbao tritt dann der Kontinentalabhang hart an die Küste heran und bleibt so bis zur Straße von Gibraltar. Auch die tiefen Einzelbecken des Mittelmeeres und das Schwarze Meer sind größtenteils von untermeerischen Steilhängen umrahmt, die echten Kontinentalabhängen ähnlich sind. Sie müssen aber zum mindesten in ihrer heutigen Gestalt als Randabfälle innerkontinentaler Tiefmeerbecken angesehen werden.

Die Westküste Afrikas wird abgesehen von wenigen Verbreiterungen des Schelfs (auf etwa 100 km) in der Umgebung von 20° N. Br., bei Bissau, bei Swakopmund, vor der Oranjemündung und südöstlich von Kapstadt an der Agulhas Bank in geringem Abstand von der Küste von einem gleichfalls unmittelbaren Kontinentalabhang begleitet. Südöstlich der Agulhas Bank reicht der Abhang sogar bis auf mehr als -4000 m Tiefe hinab.

Der Kontinentalabhang säumt des weiteren auch die Ostküste Afrikas samt der Somali-Halbinsel und unter Einschluß der Insel Sokotra bis zum Bāb al Mandab in geringem Abstand. Doch Madagaskar bleibt außerhalb. In der Nachbarschaft der Mündungen von Limpopo und Sambesi ist der Schelf etwas verbreitert. Hier wie wahrscheinlich auch im Bereich des Swakop und Oranje dürften Flußsedimente bzw. ihre durch Küstenversetzung weitergefrachteten Massen einen wesentlichen Anteil an der Verbreiterung des Schelfs haben.

Vom Bāb al Mandab an begleitet ein unmittelbarer Kontinentalabhang die Südostküste Arabiens bis zum Golf von Oman. An den Küsten des südlichen Iran gegen den Indischen Ozean dürfte aber ein Randketten-Kontinentalabhang vorliegen. Unmittelbarer Kontinentalabhang begrenzt wieder die Küsten von Vorderindien unter Einschluß von Ceylon bis ins Mündungsgebiet des Ganges. Nur im Gebiet der Kuria-Muria Inseln und an der Westküste Vorderindiens ist der Schelf verbreitert, bei Bombay bis zu 300 km. Außerdem ist der Abhang im Mündungsgebiet von Indus und Ganges abgeflacht, offenbar durch die Sedimente dieser großen Flüsse. Von Chittagong an bis zur Timor See bilden dann Erhebungsstränge und Ozeanische Rücken des Eurasiatischen Kettengebirgsgürtels einen sehr deutlichen, aber durch Gebirgsflanken bestimmten Randketten-Kontinentalabhang gegen den Indik.

Erst von Timor an nach Südwesten wird der Indische Ozean und zwar nunmehr gegen den Australischen Kontinent wieder durch einen unmittelbaren Kontinentalabhang begrenzt. Sein Oberrand liegt im Nordwesten Australiens um 200 bis 300 km vor der Küste, tritt aber an der Westseite näher an diese heran und bleibt so auch an der Südküste, bis an der großen Australischen Bucht eine Verbreiterung des Schelfs auf mehr als 200 km sich einstellt. Doch weiter ostwärts folgt der Kontinentalabhang wieder in geringem Abstand der Küste bis zur Südspitze von Tasmanien. Der Abhang führt hier stellenweise bis auf -5000 m Tiefe hinab.

Zwischen Tasmanien und Victoria Land in Antarktika liegt die 2000 bis 3000 km breite Verengung des Meeres, durch die der „Ultrakontinentale" Pazifische Ozean mit dem „Interkontinentalen" Indischen in offener Verbindung steht. Hier kann, wie angedeutet, das umrahmende Kettenrelief des Pazifischen entweder submarin durch einen marginal-ozeanischen Rücken als geomorphologische Grenze beider Ozeane ausgebildet sein, oder es kann eine Lücke bestehen. In Antarktika selbst aber ist ein unmittelbarer Kontinentalabhang längs der Südküste des Indischen und des Südatlantischen Ozeans wieder deutlich entwickelt. Doch sein Oberrand liegt bei etwa -1000 m Tiefe. Von ihm führt ein teils schmaler, teils bis zu 200 km breiter Tiefschelf zur Küste hinauf.

Am Süd- und Westrand des Weddelmeeres verbreitert sich der Tiefschelf sogar auf 300 bis mehr als 500 km. Mit dem Kettengebirge des Graham Landes und dem marginalen ozeanischen Rücken des Südantillenbogens wird der Ausgangspunkt des Rundgangs um den Interkontinentalen Ozean bei den Falkland Inseln wieder erreicht. Von den, in starker Ausglättung aller Unregelmäßigkeiten gemessen, mehr als 80000 km langen Küsten des Interkontinentalen Ozeans werden etwa 85% durch einen unmittelbaren Kontinentalabfall umgrenzt, nur etwa 15% sind von Randketten-Kontinentalabhang gesäumt.

5. Der Ozean des kontinentfreien Bereichs und seine Umrahmung

Der Pazifische Ozean bildet mit einem SW−NE Durchmesser von rund 12000 km und einem NW−SE Durchmesser von rund 16000 km ein gewaltiges Oval. Er erfüllt, wie schon angedeutet, den kontinentfreien Bereich der Erde. Deswegen kann man ihn als den *Ultrakontinentalen Ozean* bezeichnen. Er wird vom Zirkumpazifischen Kettengebirgsgürtel umrahmt. Ein Grenzabfall zwischen Kontinentalbereich und ozeanischen Tiefen ist außer am Südantillen Bogen und in der Lücke zwischen Tasmanien und Victoria Land überall vorhanden. Er ist mehr als 40000 km lang und ist zu etwa 30000 km = 75% als Randketten-Kontinentalabhang und nur zu etwa 10000 km als unmittelbarer Kontinentalabhang ausgebildet. Dabei weisen aber die Ost- und die Westseite der Ozean-Umrahmung wesentliche Unterschiede auf.

An der Ostseite besteht die Umrahmung, wie bereits früher ausgeführt wurde (S. 20), aus dem hoch aufragenden Kettengebirgsbündel des westlichen Nord- und Südamerika mitsamt den Tiefseegräben, die dem Kettengebirgsgürtel an seinem ozeanischen Saum vorgelagert sind. Dort beginnt also mit einem Randketten-Kontinentalabhang, der zu großen Tiefen hinabführt, überall sogleich der offene Ozean.

Auf der Westseite dagegen wird der Pazifische Ozean von marginalen ozeanischen Rücken umrahmt. Diese erheben sich aus tiefem Meer und steigen vereinzelt sogar zu großen Höhen über dem Meere auf. Zwischen solchen marginalen Rücken und dem Festlande gibt es auf der Westseite des Ozeans außerdem eine lange Reihe von Randmeeren. Von Norden nach Süden folgen so aufeinander das Bering Meer, das Ochotskische, Japanische, Ostchinesische, Südchinesische Meer an der Grenze gegen Eurasien, sowie die Korallensee und die Tasman See an der Grenze gegen Australien. Diese Randmeere besitzen nur teilweise eine Nord- bzw. Westküste aus längsstreichenden Kettengebirgen mit Randketten-Kontinentalabhang. Auf größere Strecken weisen sie vielmehr einen unmittelbaren Kontinentalabhang auf. So ist es im Bering Meer hinter dem Aleutenbogen, im Ochotskischen Meer hinter dem Kurilen Bogen, im Japanischen Meer längs der Küsten von Korea, im Ostchinesischen Meer hinter dem Riukiu Bogen, im Südchinesischen Meer hinter dem Nordteil des Philippinen Rückens, in der Korallensee und Tasman See längs der Ostküste von Australien. Diese Strecken mit unmittelbarem Kontinentalabhang sind immerhin mehr als 10 000 km lang. Sie liegen abschnittsweise an dem kontinentalseitigen Saum der Randmeere, die das Zirkumpazifische Kettenrelief an der West- und Nordseite des Ozeans begleiten. Dort herrscht also ein Mischtyp der Grenze zwischen Kontinentalbereich und Ozeanraum, bei welchem Strecken mit Randketten-Kontinentalabhang und solche mit unmittelbarem Kontinentalabhang mannigfach miteinander abwechseln.

Auch an der Südküste des Pazifischen Ozeans zwischen Graham Land und Victoria Land verzeichnen die Tiefenkarten das Bestehen eines Kontinentalabhangs dessen Oberkante in etwa -1000 m Tiefe liegt und dessen Fuß auf etwa -3000 m hinabführt. Die Breite des hier vorhandenen Tiefschelfs, der zur Küste ansteigt, liegt der Karte nach zwischen etwa 100 km vor den Ausbuchtungen des Antarktischen Kettengebirges und 400 bis zu 1000 km vor seinen großen Einbuchtungen am Bellingshausen Meer, am Amundsen Meer und am Ross Meer. Es wird vorläufig offen bleiben müssen, ob hier vor der ozeanischen Flanke des Antarktischen Kettengebirges ein Randketten-Kontinentalabhang entwickelt ist, bei dem vielleicht riesige Abtragungsmassen, die vom Inlandeise ins Meer befördert wurden, submarin eine Formung hervorgerufen haben, die dem unmittelbaren Kontinentalabhang ähnelt, oder was sonst vorliegt.

Ein ausgeprägter Grenzabfall zwischen dem Kontinentalbereich einerseits und den ozeanischen Tiefen andererseits ist hiernach rings um den Pazifik auf, sehr begradigt gemessen, mehr als 40 000 km Länge vorhanden. Nur zwischen Patagonien und Graham Land trennt der marginal-ozeanische Rücken der Südantillen zwei Ozeane. Bei der Lücke zwischen Neuseeland und Victoria Land ist vorläufig unsicher, ob ein durchlaufender submariner Grenzrücken zwischen

Neuseeland und Victoria Land und damit eine geomorphologische Grenze zwischen Indik und Pazifik hier wirklich entwickelt ist.

Im ganzen ergibt sich aber so, daß alle Kontinentalmassen der Erde von einem gemeinsamen Grenzabfall gegen die ozeanischen Tiefen fast vollständig umschlungen werden. Nur am Rande gegen Antarktika ist dieser Grenzabfall auf die in dieser Sicht geringe Entfernung von 1000 km bei Graham Land, von 2000 bis 3000 km bei Victoria Land verdünnt bzw. unvollständig. Im übrigen umzieht er sehr begradigt gemessen auf etwa 80 000 km Länge den Interkontinentalen Ozean, auf mehr als 40 000 km den Ultrakontinentalen, den Pazifik. Der Grenzabfall besitzt also eine Gesamtlänge von mehr als 120 000 km und stellt damit die bei weitem großartigste durchgehende Formenanlage der Erde dar, die Hoch und Tief voneinander scheidet. Nur ist sie durch die Meeresbedeckung den Blicken entzogen. Rund zwei Drittel dieses Grenzabfalls repräsentieren den Typ des unmittelbaren Kontinentalabhangs, rund ein Drittel den des Randketten-Kontinentalabhangs. Aber hierbei beträgt der Anteil am Typ des Randketten-Kontinentalabhangs im Interkontinentalen Ozean nur etwa ein Achtel, im Ultrakontinentalen dagegen gut drei Viertel. Darin kommt der große Unterschied der beiden Ozeanbereiche deutlich zum Ausdruck.

Auf der kontinentalen Seite des Grenzabfalls zum Ozean gibt es an Meeresräumen die flachen Schelfmeere, weiter einige wenig tiefe Binnenmeere wie die Hudson Bay und die Ostsee, endlich einige tiefe Binnenmeere wie das Europäische- und das Mittelamerikanische Mittelmeer. Sie alle und ebenso auch Teile jener Randmeere, wie sie am Saum des Pazifik entwickelt sind, nämlich soweit sie auf der dem Kontinent zugekehrten Seite des Grenzabfalls liegen, sind folgerichtig als tiefgelegene Teilregionen des Gesamtgebiets der Kontinente, d. h. als diesen zugehörig, aufzufassen.

6. Mediane ozeanische Rücken und Felderrelief der Tiefsee

Wie bereits angedeutet wurde, muß innerhalb des Sammelbegriffs der „Ozeanischen Rücken" außer dem schon näher gekennzeichneten marginalen Typ noch mindestens eine weitere Kategorie unterschieden werden, die der *medianen ozeanischen Rücken*. Die Benennung hebt nur die Besonderheit ihrer Lage hervor. Sie knüpft an den Namen des Mittelatlantischen Rückens an, und es hat sich gezeigt, daß entsprechende mittelozeanische Rücken auch im Indischen und im Pazifischen Ozean vorhanden sind. Weit wichtiger ist jedoch, daß diese Rücken dem Wesen nach von den marginalen ganz verschieden sind.

Dies ist am Atlantischen Rücken, als dem am besten untersuchten, zuerst deutlich geworden. Während die marginalen ozeanischen Rücken an zahlreichen Stellen als unmittelbare Fortsetzungen von kontinentalem Kettenrelief mit Erscheinungen des Zusammenschubs von Teilen der Erdoberfläche quer zur Längsrichtung der Rücken erwiesen werden können, bietet der Mittelatlantische Rücken sichere Anzeichen der Auseinanderzerrung quer zu seiner Längsachse und des Aufdringens von Magma längs der sich öffnenden Spalten. Davon wird in

Abschnitt II C, 3−7 noch einiges Weitere vorzubringen sein. Nach diesem Befund wird das Vorhandensein des Mittelatlantischen Rückens, bzw. überhaupt von mittelozeanischen Rücken, im Interkontinentalen Ozean, in welchem ja nur an wenigen Stellen Kettenrelief auftritt, leichter verständlich. Der mediane Typ der ozeanischen Rücken ist eben eine dem Kettenrelief der Kontinente sehr fremde Erhebungszone. Anscheinend steigt sie nur an wenigen Stellen wie Island oder auf den Hawaii Inseln in größerer Ausdehnung über dem Meeresspiegel auf.

Der Mittelatlantische Rücken hält sich mit recht guter Näherung etwa in der Mitte des Atlantischen Ozeans. Er wird sogar von Island an Westspitzbergen vorbei bis in den Nordeuropa und Westsibirien am nächsten gelegenen ozeanischen Rücken des Nordpolarmeeres weiterverfolgt. Er macht alle großen Knicke in der Längserstreckung des Atlantik in auffälliger Weise mit und entsendet außerdem mehrfach seitliche Verzweigungen, *ozeanische Nebenrücken*, gegen die benachbarten Küsten hin. Dadurch wird der Ozean in eine Reihe sehr großer, meist mehr als 5000 m, ja bis zu 7000 m tiefer Einzelbecken aufgegliedert, welche jeweils einen im ganzen genommen verhältnismäßig flachen Boden aufweisen. Auf diese Art ergibt sich auch im Bereich der Tiefsee ein Felderrelief, welches dem der Kontinente vergleichbar ist.

Der große mediane Rücken des Atlantik setzt sich als Atlantisch-Indischer Rücken etwa halbwegs zwischen Südafrika und Antarktika nach Osten bis Nordosten und schließlich als Westlich-Indischer und Zentralindischer Rücken nach Nordosten und Norden bis zu den Malediven und Lakkadiven weiter fort. Auch dieser Rücken hat mannigfache Verzweigungen, Nebenrücken. Die bedeutendsten sind der Carlsberg Rücken, der im nordwestlichen Indik gegen Südarabien hinstrebt, der Östlich-Indische Rücken, der nordwärts zum Golf von Bengalen verläuft und der Indisch-Antarktische Rücken, der nach Südosten in den Meeresraum zwischen Australien und Antarktika hineinzieht. Von den genannten Rücken und ihren weiteren Verzweigungen sowie den benachbarten Kontinenträndern werden auch im Indik große Tiefseebecken mit mehr oder weniger flachen Böden umschlossen. So herrscht auch hier ein Tiefsee-Felderrelief.

Wie es scheint, besitzt der Indisch-Antarktische Rücken zwischen Tasmanien und Antarktika ohne Unterbrechung eine Fortsetzung in den Pazifischen Ozean hinein. Sie bildet den Südpazifischen Rücken, der mit sanfter Biegung anfangs nach Südsüdost und Ost, dann nach Nordost und Nord, schließlich wieder nach Nordost auf die Galápagos Inseln zuläuft. Wo dieser große mediane ozeanische Rücken zwischen Marie Byrd Land bzw. Victoria Land einerseits und Neuseeland andererseits hindurchzieht, da müßte er ein etwa hier bestehendes submarines Kettenrelief queren, wenn ein solches tatsächlich eine untermeerische Verbindung zwischen Antarktika und dem neuseeländischen Raum herstellt. Beim gegenwärtigen Stand der Kenntnis läßt sich darüber noch nicht Genaueres sagen. Auch der Südpazifische Rücken entsendet Verzweigungen, Nebenrücken nach beiden Seiten und bewirkt dadurch eine Aufteilung des ozeanischen Raumes in verschiedene große Becken.

Als weitere mediane Rücken dürften im Pazifischen Ozean vor allem der südlich von Kamtschatka beginnende, nord-südlich gerichtete Imperator Rücken und der NW−SE verlaufende Hawaii Rücken aufzufassen sein. Das gleiche gilt wahrscheinlich auch für die Rücken, welche durch die Inselreihen von Polynesien und des östlichen Mikronesien angedeutet sind, während die weiter westlich gelegenen Südhonshu-, Marianen- und Westkarolinen Rücken ebenso wie die von Melanesien, Tonga und Kermadec nach ihrer Verknüpfung mit fraglos marginal-ozeanischen Rücken, nach vereinzelten Vorkommen entsprechender Gesteine und nach ihrer Lagebeziehung zu randlich begleitenden Tiefseegräben sehr wahrscheinlich dem marginalen Typ der ozeanischen Rücken zugehören.

Im ganzen genommen ist der Pazifik, besonders in seinem nordöstlichen Teil merklich ärmer an medianen ozeanischen Rücken als der Interkontinentale Ozean. Außerdem scheinen nach der bisherigen Kenntnis der Südpazifische Rücken weniger hoch aufzuragen und die Rücken von Polynesien und Ost-mikronesien weniger ausgeprägt und weniger weit durchlaufend zu sein als die medianen Rücken des Interkontinentalen Ozeans. Andererseits sind am Boden des nordöstlichen Pazifik tausende von Kilometern lange, sehr gerade, etwa west-östlich und fast parallel zueinander laufende ganz schmale Höhenzüge und Furchen von jeweils bis zu mehreren hundert Metern relativer Höhe bzw. Tiefe bekannt geworden. Sie sind wohl als Bruchformen zu deuten und scheinen zum mindesten in dieser Weitläufigkeit kein Gegenstück im Interkontinentalen Ozean zu besitzen. Es hat den Anschein, als ob in dieser Gestaltung eine besondere Form des Felderreliefs der Tiefsee vorliegt, und daß sie vorzugsweise im Pazifik auftritt. Dies muß vorläufig offen bleiben ebenso wie die Frage, ob innerhalb der Kategorie der medianen ozeanischen Rücken vielleicht einmal noch weitere wesentliche Unterscheidungen notwendig sein werden.

7. Einzelkontinente und Teilozeane

Die ozeanischen Räume werden, wie in den vorhergehenden Abschnitten dargelegt wurde, sowohl innerhalb des Kontinente-Bereichs als auch im konti-nentfreien Bereich der Erde von einem großen, nahezu durchlaufenden Grenzabfall umgrenzt. Dieser Grenzabfall zieht, größtenteils unter dem Meeresspiegel verborgen, sei es als unmittelbarer Kontinentalabhang oder als Randketten-Kontinentalabhang in sehr gewundenem Verlauf von mehr als 120 000 km Länge um die Erde und zwar derart, daß, von kleinen Ausnahmegebieten (z. B. Madagaskar, Neuseeland) abgesehen, alle zu den Kontinenten gehörigen Bestandteile auf der einen, alle ozeanischen Räume auf der anderen Seite dieses Grenzabfalls liegen.

Dieser Sachverhalt weist zusätzlich darauf hin, daß zwischen den Kontinent-bereichen und den Ozeanräumen sehr tiefgreifende Unterschiede bestehen müssen. Die hieran anknüpfenden Fragen werden aber erst im folgenden Kapitel erörtert. Zunächst ist hervorzuheben, daß durch die Gewundenheit des Konti-nentalabhangs sowie durch die Überflutung des Schelfs und der innerkontinenta-len Meeresräume eine regionale Untergliederung der Erdoberfläche in Einzel-kontinente und Teilozeane herbeigeführt wird.

An geomorphologischen Kontinenten gibt es hiernach sechs. In der folgenden Aufstellung ist neben der Landfläche auch die ungefähre Größe des betreffenden Kontinents unter Einrechnung der Schelfflächen und der innerkontinentalen Meere angegeben[5].

	über dem Meeresspiegel	einschließlich der Schelfe	Schelffläche
1. Eurasien	54,(1) Mio. km^2	etwa 69 Mio. km^2	etwa 15 Mio. km^2
2. Afrika (ohne Madagaskar)	29,(2) Mio. km^2	etwa 31 Mio. km^2	etwa 2 Mio. km^2
3. Nordamerika (einschl. Grönland)	24,(1) Mio. km^2	etwa 31 Mio. km^2	etwa 7 Mio. km^2
4. Südamerika	18 Mio. km^2	etwa 20 Mio. km^2	etwa 2 Mio. km^2
5. Antarktika	13,(1) Mio. km^2	etwa 15 Mio. km^2	etwa 2 Mio. km^2
6. Australien	8,(5) Mio. km^2	etwa 11 Mio. km^2	etwa 2,(5) Mio. km^2

Landflächen der Kontinentaltafel:		Festland und Schelfe:	Schelfe:
	147 Mio. km^2	177 Mio. km^2	30 Mio. km^2
	$\approx$ 29%	$\approx$ 35%	$\approx$ 6%
	der Erdoberfläche	der Erdoberfläche	der Erdoberfläche

Dazu: Ozeanische Inseln, d. h. Inseln außerhalb des Kontinentalabfalls 2 Mio. km^2, davon Madagaskar 0,7 Mio. km^2 und Neuseeland 0,3 Mio. km^2, Japan 0,4 Mio. km^2, Philippinen 0,3 Mio. km^2, Große Antillen 0,2 Mio. km^2, Island 0,1 Mio. km^2.

Zum Bereich der Kontinentalmasse gehören aber außer den flachen Schelfmeeren noch die rund 8 Mio. km^2 der kontinentalen Tiefmeerbecken, die innerhalb der Umgürtung des Kontinentalabhangs liegen, so daß der Kontinentalbereich im ganzen 185 Mio. km^2 oder rund 36% der Erdoberfläche ausmachen würde.

Den sechs Kontinenten stehen, durch altes Herkommen unterschieden, drei Ozeane, der Pazifische, der Atlantische und der Indische gegenüber. Dazu kommen das Nordpolarmeer und das Europäische Nordmeer.

Für diese ergeben sich, wenn man die im Kontinentalbereich gelegenen Flach- und Tiefmeere abgliedert, die vom unmittelbaren und vom Randketten-Kontinentalabhang eingenommenen Flächen aber bei den Ozeanen beläßt, folgende Werte:

Nordpolarmeer und Europäisches Nordmeer rund   6 Mio. km^2
Pazifischer Ozean   rund 168 Mio. km^2
Atlantischer Ozean   rund   78 Mio. km^2
Indischer Ozean   rund   73 Mio. km^2

Gesamtfläche der eigentlichen Ozeane:
    325 Mio. km^2 $\approx$ 64% der Erdoberfläche

---

[5] Die Zahlen wurden auf Grund der Flächenangaben von E. Neef (1974) und der Karten des Atlas zur Ozeanographie (Mannheim 1968) neu geschätzt.

C. Zur Deutung der größten Formenanlagen[6]

(vgl. Kartenbeilage 1)

1. Isostasie

Die in dem doppelten Häufigkeitsmaximum der Hypsographischen Kurve zum Ausdruck kommende Grundgliederung des irdischen Reliefs in Kontinentalplattform und Tiefseeboden, d. h. in zwei Plattformen, deren mittlerer Vertikalabstand (zwischen etwa +500 m und −4500 m) rund 5 km beträgt, verlangt Erklärung. Geophysikalische Untersuchungen, vor allem Schweremessungen und die Analyse der Erdbebenwellen haben Wesentliches darüber ergeben. Unter der Annahme, daß die Erdkruste bis in große Tiefe aus im wesentlichen homogenem Material aufgebaut wäre, müßten die an der Erdoberfläche gemessenen Schwerewerte und Lotrichtungen Anomalien aufweisen, die aus der im Gebirgs- und Meeresrelief sichtbaren Massenverteilung erklärbar sein müßten. Nachdem schon P. Bouguer (1749) und C. M. de la Condamine während der französischen Gradmessungsexpedition nach Peru von 1735 wichtige einschlägige Beobachtungen gemacht hatten, stellten 1855 fast gleichzeitig J. H. Pratt und J. B. Airy bei Untersuchungen über den Einfluß des Himalayas auf die Schwere in Nordindien fest, daß die beobachteten Störungen viel geringer sind als die unter der obigen Annahme berechneten.

Es hat sich bei den vielen seitdem ausgeführten Messungen gezeigt, daß, wenn man von örtlichen Störungen absieht, ungeachtet der wechselnden Höhenlage der Kruste und der ozeanischen Wasserschicht, die auf den Meeresspiegel reduzierten Schwerewerte auf den Kontinenten ebenso wie über dem Tiefseeboden der theoretisch hergeleiteten Normalschwere im allgemeinen recht nahe kommen. Daraus hat sich die Lehre von der *Isostasie* (Cl. E. Dutton, 1892) entwickelt, d. h. die Auffassung, daß, wenn auch nicht kleinräumig, so doch im großen, die Unebenheiten der Erdoberfläche schweremäßig durch Massenüberschüsse bzw. Massendefizite im Untergrunde weitgehend kompensiert sind. Nach den bisherigen Erfahrungen scheint dies bei Arealen von über 100 km oder wenigstens mehreren Zehnern von Kilometern Durchmesser der Fall zu sein. Innerhalb der großen Flachgebiete der Kontinente und des Tiefseebodens ist die Kompensation, wie schon erwähnt, überwiegend ziemlich vollkommen. Größere Anomalien, d. h. eine nur unvollständige Kompensation, finden sich dagegen in den Kettengebirgen und deren Vorländern, ferner an und in der Nachbarschaft von Tiefseegräben, ebenso an anderen bedeutenden Reliefsprüngen, auch am

---

[6] Die Überlegungen zur Deutung der größten Formenanlagen der Erde setzen eine Reihe von Grundkenntnissen über Gesteine, geologische Strukturen und junge Krustenbewegungen voraus. Auch zum Verständnis der Ausführungen über die feinere Gestaltung der Erdoberfläche (Kap. III) und über typische Vergesellschaftungen von Oberflächenformen auf der Erde (Kap. IV) sind solche Kenntnisse erforderlich. Selbst die knappste Erläuterung dieser Begriffe und Vorstellungen benötigt aber einigen Raum. Um den Aufbau des eigentlichen Lehrgebäudes der Geomorphologie von der Skizzierung jener aus den Nachbardisziplinen übernommenen Begriffe deutlich abzuheben, sind die diesbezüglichen Erläuterungen in einem eigenen Abschnitt D „Geologische Gegebenheiten von besonderer geomorphologischer Bedeutung" zusammengefaßt.

Kontinentalabhang. Das Vorhandensein einer immerhin teilweisen Kompensation kann hier als wirkendes aber noch nicht vollendetes *Streben nach Isostasie* gedeutet werden.

Aus diesen Erkenntnissen erwuchs in Anlehnung an die Gedanken von Airy die Vorstellung, daß der Höhenunterschied der Kontinentaltafel vom Tiefseeboden, ebenso auch die sonstigen Höhenunterschiede großer räumlicher Ausdehnung durch das verschieden tiefe Eintauchen weniger dichter Oberflächenschollen von verschiedener Dicke in einem dichteren Untergrund bedingt sind, in welchem sie gewissermaßen schwimmen.

2. Tiefenbau der Erde und Bedeutung der Asthenosphäre

Die hinsichtlich des tieferen Baus der Erde in jüngster Zeit rasch fortschreitenden Erkenntnisse der beteiligten Geowissenschaften können hier nur soweit skizziert werden, wie sie gut gesichert erscheinen und für die Deutung der Formen, insbesondere der größten Formenanlagen der Erde eine nähere Berücksichtigung erfordern.

Wo nicht oberflächennahe oder erbohrte Gesteine einen unmittelbaren Einblick gewähren, da beruhen die Vorstellungen über den tieferen Bau bevorzugt auf dem Laufzeitstudium von Erdbebenwellen. Die Fortpflanzungsgeschwindigkeit der für die betrachteten Fragen besonders aufschlußreichen longitudinalen Wellen (P-Wellen) nimmt zu bei erhöhter Dichte und erhöhtem Druck innerhalb des durchlaufenen Mediums. Sie nimmt aber ab mit steigender Temperatur, erhöhter Porosität und geminderter Starrheit des Mediums (P. Giese, 1968). Durch Laboratoriumsversuche mit Bedingungen, die den in erheblichen Erdtiefen herrschenden entsprechen, ist die Gültigkeit dieses Verhaltens in dem in Betracht kommenden Bereich gesichert. Aus den schon sehr zahlreichen Einzeluntersuchungen ergibt sich für den tieferen Bau der Erde im ganzen etwa folgendes:

Die äußere Gesteinsschale der Erde wird als *Erdkruste* oder *Lithosphäre* bezeichnet. Sie besitzt unter den Kontinenten einerseits und den Ozeanen andererseits sowohl erheblich verschiedene Dicke wie auch unterschiedliche stoffliche Beschaffenheit wie endlich auch auf kleinere Räume beschränkte Ungleichmäßigkeiten dieser Merkmale. So beträgt die Dicke der Erdkruste unter den Kontinenten zwischen etwa 30 und 70 km (Pamir), unter den Ozeanen zwischen etwa 5 und 10 km. Einiges Weitere darüber wird erst später auszuführen sein.

Zunächst ist hervorzuheben, daß die Erdkruste sowohl unter den Kontinenten wie unter den Ozeanen durch eine deutliche Grenzfläche (genauer Grenzzone), die sogenannte *Mohorovičić-Diskontinuität* (abgekürzt *Moho-Diskontinuität*) nach unten abgegrenzt wird. An ihr nimmt die Fortpflanzungsgeschwindigkeit der longitudinalen seismischen Wellen, die von der Außenhaut der Kruste an langsam, wenn auch nicht gleichmäßig von etwa 4 km/sec bis auf 7 km/sec angewachsen ist, unter den Kontinenten ebenso wie unter den Ozeanen sehr rasch von etwa 7,5 km/sec auf etwas über 8 km/sec zu. Die Moho-Diskontinuität liegt also nach dem Vorhergehenden in minimal etwa 5 km, maximal um 70 km Tiefe (Fig. 3). (A. Mohorovičić 1919, 1925; G. Krumbach 1931).

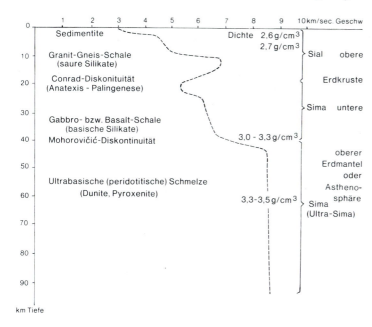

Fig. 3. Geschwindigkeitsdiagramm der longitudinalen Erdbebenwellen von der Erdoberfläche bis 100 km Tiefe und seine Deutung für den Innenaufbau der Erde. (Nach verschiedenen Quellen K. Fischer.)

Die Erdkruste, d. h. der Bereich zwischen der Erdoberfläche und der Moho-Diskontinuität, besteht im oberen Teil aus einer unvollständigen Hülle von recht verschiedenartigen Sedimentgesteinen. Darunter folgen, zur Hauptsache aus Silikaten der Elemente Al, K, Na, Ca, Mg, Fe u. a. zusammengesetzt, granitähnliche, saure Silikatgesteine, die in Anlehnung an Eduard Suess (1908/09) nach den Symbolen der beiden am häufigsten in ihnen enthaltenen Elemente auch als Sial-Gesteine zusammengefaßt werden. Sie weisen Dichten um 2,7 auf. Die stärker basischen, basaltverwandten Silikatgesteine der Erdkruste werden zuweilen als subsialisch bezeichnet (P. Schmidt-Thomé 1972), weil ihre Hauptvorkommen mit Dichten meist um 3 in Kontinentalbereichen vornehmlich im Untergrund von Sialmassen zu suchen sind.

Unterhalb der Moho-Diskontinuität wird das Silikatmaterial nach der Meinung der meisten Forscher noch wesentlich stärker basisch, ultrabasisch, peridotitähnlich mit Dichten um 3,3 bis mehr als 3,5. Ed. Suess hat sie nach den Anfangsbuchstaben der beiden häufigsten Elemente Silicium und Magnesium als Sima-Gesteine bezeichnet. Gleichzeitig ergeben die seismischen Messungen von hier bis etwa 400 km Tiefe keine nennenswerte Zunahme der Fortpflanzungsgeschwindigkeit der seismischen Longitudinalwellen mehr. Erst jenseits von 400 km Tiefe erfolgt ein erneutes Ansteigen der Wellengeschwindigkeit bis auf etwa 14 km/sec an einer weiteren sehr ausgesprochenen nach E. Wiechert und B. Gutenberg benannten Diskontinuität in rund 2900 km Tiefe. Der Bereich zwischen der Moho-Diskontinuität und der *Wiechert-Gutenberg-Diskontinuität* bei 2900 km Tiefe wird als *Erdmantel* zusammengefaßt. Mit guten Gründen wird angenommen, daß auch er hauptsächlich aus silikatischem Material besteht bei verstärktem Anteil der schwereren Metalle. Daran schließt sich ganz im Erdinneren der sogenannte *Erdkern*, der wahrscheinlich aus nickelreichem Eisen gebildet wird.

Für die beiden besonders ausgeprägten seismischen Diskontinuitätszonen des Erdinneren kann nach G. Angenheister (Vortrag in der Bayer. Akad. d. Wiss., Nov. 1975) eine Deutung gegeben werden, die auch, wie sich zeigen wird, für das Verstehen der größten Formenanlagen an der Erdoberfläche von Belang ist: Wegen der Temperaturzunahme mit der Tiefe ist zu erwarten, daß in gewisser Tiefe mit der durckbedingten Schmelzpunkterniedrigung die Schmelztemperatur des silikatischen Substrats schließlich überschritten wird. Bei diesem Zustand ist Minderung der Starrheit, d. h. eine Art Aufweichung des Substrats und damit für die anschließenden Tiefen trotz des dort weiter wachsenden Drucks seismisch ein Nachlassen oder Aufhören der Geschwindigkeitszunahme der Erdbebenwellen zu erwarten. Genau dies Verhalten zeigen die Erdbebenwellen unterhalb der Moho-Diskontinuität.

Andererseits muß als sicher angenommen werden, daß die Temperaturzunahme gegen das Erdinnere sich in den größeren Tiefen stark verlangsamt. Sonst würden sich für den Erdmittelpunkt ganz unwahrscheinlich hohe Temperaturen ergeben. Als Folge deutlich verlangsamter Temperaturzunahme gegen die Tiefe ist aber wegen der nach der Tiefe unverminderten, ja der Dichtezunahme wegen sogar vermehrten Druckzunahme in diesen größeren Tiefen wiederum mit einem Unterschreiten der dort herrschenden Schmelztemperatur, d. h. mit Rückkehr zu erhöhter Starrheit zu rechnen. Auch dies entspricht dem seismischen Befund, nämlich der erneuten Steigerung der Wellengeschwindigkeit zwischen etwa 400 und etwa 2900 km Tiefe. Aus diesem Grunde leuchtet es ein, den Erdmantel zu untergliedern. Zwischen der Moho-Diskontinuität und rund 400 km Tiefe liegt der obere Erdmantel. Hier sind die Temperaturen anscheinend höher als die örtlich herrschende Schmelztemperatur. Daher ist die Starrheit gemindert, erweicht. Die Geophysik bezeichnet diesen oberen Erdmantel als *Asthenosphäre* (Weichzone), in der eine erhöhte Fließfähigkeit der Massen angenommen werden muß.

In größerer Tiefe stellt sich den seismischen Beobachtungen nach wieder erhöhte Starrheit ein, wobei gewöhnlich eine Übergangszone von etwa 400 bis etwa 1000 km Tiefe als mittlerer Erdmantel, der untere Teil von etwa 1000 bis etwa 2900 km Tiefe als unterer Erdmantel bezeichnet wird. In diesem Starrheitsbereich bis zur Wiechert-Gutenberg-Diskontinuität in etwa 2900 km Tiefe rechnen die meisten Geophysiker mit langsamer Dichtezunahme, die durch die Druckzunahme und durch eine Zunahme des Anteils schwerer Metalle in dem silikatischen Substrat zu erklären wäre.

Darunter liegt dann der wahrscheinlich aus nickelreichem Eisen bestehende Erdkern. In diesem andersartigen Substrat erfolgt sprungartig eine ganz starke Minderung der Fortpflanzungsgeschwindigkeit der longitudinalen seismischen Wellen und erst weiter gegen den Erdmittelpunkt hin ein neuerliches langsames Ansteigen dieser Wellengeschwindigkeit. Auch diese Befunde können gedeutet werden als Folge eines plötzlichen Überschreitens der Schmelztemperatur im

Nickeleisenkern dicht unter der Wiechert-Gutenberg-Diskontinuität. Daran würde sich dann in Richtung auf den Erdmittelpunkt trotz weiterer leichter Temperaturerhöhung ein langsames Zurückbleiben der örtlichen Temperaturen gegenüber den zugehörigen Schmelztemperaturen ergeben, weil gegen den Erdmittelpunkt hin der Druck stark ansteigt und mit ihm auch die Schmelztemperatur des Nickeleisens sich kräftig erhöhen muß.

Für die Deutung der größten Formenanlagen auf der Erde ist insbesondere die Vorstellung vom Vorhandensein einer Asthenosphäre, einer Zone erhöhter Fließfähigkeit im oberen Erdmantel von Bedeutung. Wegen der sehr geringen Wärmeleitfähigkeit des silikatischen Materials von Erdkruste und Erdmantel ist nämlich damit zu rechnen, daß in Bereichen erhöhter Fließfähigkeit des Erdinneren infolge der ständigen, aber aller Wahrscheinlichkeit nach örtlich nicht vollkommen gleichen Heizung von unten Konvektionsbewegungen erzeugt werden können.

Bei den im ganzen nur geringen Dichtedifferenzen, die im Asthenosphärenbereich herrschen, kann eine einmal in Gang gekommene Konvektionsbewegung durch die obwaltenden Druckverhältnisse aufrecht erhalten werden. Denn eine durch vermehrte Erwärmung geringfügig ausgedehnte und daher weniger dicht gewordene Masse steigt auf. Sie erfährt dabei Druckentlastung und damit zusätzliche Volumvergrößerung, also weitere Dichteminderung, aber auch Temperaturabnahme. Das Aufsteigen kann andauern, bis ein Druckgleichgewicht mit der Umgebung erreicht ist. Eine zur Kompensation absinkende Masse gerät dagegen unter erhöhten Druck. Sie erfährt daher Volumverkleinerung, also Dichte- und Temperaturzunahme, bis bei entsprechendem Druckausgleich mit der Umgebung das Absinken aufhört. Die dargelegten Sachverhalte machen es sehr wahrscheinlich, daß in der Asthenosphäre Konvektionsbewegungen tatsächlich vonstatten gehen. Sie unterstützen letztlich den Wärmeausgleich zwischen dem heißen Erdinneren und der viel kälteren Erdoberfläche durch konvektiven Wärmetransport.

Auch sonst ist es seit der Unterströmungslehre von O. Ampferer (1906) und der Theorie der Kontinentalverschiebungen von A. Wegener (1915) mehr und mehr deutlich geworden, daß mindestens ein Teil der Erdkrustenbewegungen, deren Spuren an der Erdoberfläche feststellbar sind, ihre primäre Ursache in Bewegungsvorgängen in größeren Tiefen haben müssen. Dafür kommen wohl vor allem derartige Konvektionsbewegungen in der Asthenosphäre in Betracht.

3. Kontinentale und Ozeanische Erdkruste

Die Frage nach der Entstehung der Moho-Diskontinuität dürfte für die Geomorphologie von geringerer Bedeutung sein als die Tatsache, daß diese Grenzfläche zwischen Erdkruste und Erdmantel entsprechend der im Bereich der Ozeane weit geringeren Dicke der Kruste unter den Ozeanen in einem um 20 bis 30 km, ja örtlich in bis mehr als 50 km höherem Niveau liegt als unter dem benachbarten Kontinent. Im Bereich der ozeanischen Tiefsee-Flachböden und zwar im westlichen und östlichen Nord-Pazifik ebenso wie im westlichen und östlichen Nord-Atlantik (R. W. Raitt, 1963) liegt die Moho-Diskontinuität zwischen nur 10 und 15 km unter dem Meeresspiegel. In Gebieten des kontinentalen Felderreliefs hält sie sich dagegen zwischen 30 und wenig mehr als 40 km Tiefe. So ist es unter dem Canadischen Schild (J. Brune u. J. Dorman, 1963), unter der Sibirischen Tafel (I. S. Volvovskij, 1974), in Pensylvanien und in Südafrika (I. S. Steinhart u. R. P. Meyer, 1961), in der Ostantarktis (N. P. Grushinskij u. P. A. Strojev, 1975), in Süddeutschland (German Research Group, 1964), im südlichen Rußland (I. P. Kosminskaya, 1964; V. B. Sollogub, 1965). In Gebieten mit unmittelbarem Kontinentalabhang scheint der Übergang von der kontinentalen Tieflage zur ozeanischen Hochlage der Moho-Diskontinuität, abgesehen von einigen Unregelmäßigkeiten, die durch Brüche hervorgerufen sind, über mittlere Lagen von 20 bis 30 km Tiefe vonstatten zu gehen. So an der Ostküste Nordamerikas nach Heezen, Tharp und Ewing (1959), Engeln (1963), Jacobs, Russel und Wilson (1959), Chadwick (1964) und Worzel (1965).

Hierbei kann man im Bereich der Kontinente eine Oberkruste und eine Unterkruste unterscheiden. Die Oberkruste besteht erstens aus einer lückenhaften Schale von Sedimentgesteinen. Diese können von 0 bis zu mehreren Kilometern, in bestimmten Gebieten sogar bis weit über 10 km Mächtigkeit erlangen. Ihre Dichte erhebt sich bei im einzelnen größeren Unterschieden nicht über etwa 2,6. Die Fortpflanzungsgeschwindigkeit longitudinaler seismischer Wellen liegt unter 4 km/sec. Unter der Sedimentdecke oder wo diese fehlt von der Oberfläche an ist die Oberkruste aus den vorher erwähnten granitähnlichen sauren Silikatgesteinen mit Dichten um $2,7 \text{ g/cm}^3$ aufgebaut. In ihnen nimmt die Fortpflanzungsgeschwindigkeit der seismischen Kompressionswellen mit der Tiefe, infolge des sich steigernden Drucks, von etwa 4 km/sec bis auf $6,0 \pm 0,4$ km/sec zu. Die nach der Tiefe anschließende Unterkruste besteht nach Aussage der an vielen Stellen geförderten basischen Vulkanite und nach der Interpretation geeigneter Schweremessungen aus dichterem Material, zur Hauptsache aus subsialischen, basischen und ultrabasischen Silikatgesteinen mit Dichten bis etwa $3,0 \text{ g/cm}^3$. In diesen erhöht sich die Geschwindigkeit der longitudinalen Erdbebenwellen auf im Mittel $6,8 \pm 0,4$ km/sec. Doch nimmt diese Geschwindigkeit vielfach nach der Tiefe nicht unentwegt zu. Vielmehr ist oft noch eine Zwischenzone mit verlangsamter Geschwindigkeitszunahme oder sogar Geschwindigkeitsabnahme der seismischen Wellen gegen die Tiefe beobachtet worden. Sie scheint durch örtliche Häufung mobil gewordener Gesteinskomponenten (Mobilisation), etwa infolge partieller bis vollständiger Gesteinsaufschmelzung (Anatexis), ähnlich wie in der Asthenosphäre, aber nicht durchlaufend wie in dieser, hervorgerufen zu sein. Diese Mittelzone der Lithosphäre (Schmidt-Thomé, 1972, S. 468) wird gegen die eigentliche Unterkruste stellenweise durch eine nicht sehr scharfe Zone sich ändernder Mineralparagenesen, die „Conrad-Diskontinuität" begrenzt. Erst jenseits von dieser stellt sich dann überwiegend die für die Unterkruste kennzeichnende Zunahme der Wellengeschwindigkeit von um 6,5 km/sec auf um 7,5 km/sec nach der Tiefe zu erneut ein, bis an der Moho-Diskontinuität die erwähnte rasche Zunahme auf über 8 km/sec stattfindet. Im einzelnen scheint die kontinentale Mittel- und Unterkruste erhebliche Unregelmäßigkeiten aufzuweisen.

Diesem ziemlich verwickelten Bau der kontinentalen Kruste steht eine nach der bisherigen Kenntnis wesentlich einfachere Zusammensetzung in der so viel dünneren ozeanischen Kruste gegenüber. In ihr ist die Oberkruste nur in Gestalt einer im ganzen wohl gering mächtigen Sedimentdecke entwickelt. Eine Schale von kristallinen Sial-Gesteinen („Granit-Schicht") fehlt aber ganz. Vielmehr liegt unmittelbar unter der Sedimentdecke die nur zwischen etwa 5 bis 10 km mächtige Unterkruste („Basalt-Schicht"). Sie besteht, wie an Stellen zu erkennen ist, an denen in medianen ozeanischen Rücken die Unterkruste über den Meeresspiegel aufsteigt, ganz überwiegend aus Gesteinen der Basaltfamilie. Die Dichte dieser Gesteine liegt um $3,0 \text{ g/cm}^3$, die Fortpflanzungsgeschwindigkeit der longitudinalen Erdbebenwellen wächst ebenso wie in der Unterkruste der Kontinente nach abwärts bis auf um 7,5 km/sec. Es ist wahrscheinlich, aber bisher nicht unmittelbar beweisbar, daß die basaltische Unterkruste der ozeanischen Bereiche mit der nach Dichte und seismischen Eigenschaften gleichartigen subsialischen Unterkruste der Kontinente auch petrographisch weitgehend übereinstimmt.

Gegen die Untergrenze der ozeanischen Unterkruste tritt ebenfalls eine Zunahme der Dichte auf etwa $3,3 \text{ g/cm}^3$ ein und ebenso eine rasche Steigerung der Wellengeschwindigkeit auf über 8 km/sec, bevor diese Geschwindigkeitszunahme aufhört oder sich in das Gegenteil verkehrt. Es stellen sich also die entscheidenden Merkmale der Moho-Diskontinuität und des Beginns des oberen Erdmantels ein. Hervorzuheben bleibt jedoch, daß die geschilderten Verhältnisse nur für die offenen ozeanischen Bereiche bis hin zu den ozeanseitigen Rändern der marginalen ozeanischen Rücken Geltung haben. In den medianen ozeanischen Rücken scheint sogar die Moho-Diskontinuität auszusetzen, möglicherweise, weil hier Material des Erdmantels bis an die Oberfläche tritt. Dagegen sind in den marginal-ozeanischen Rücken und in den kontinentseitig von ihnen gelegenen Meeresteilen Vorkommen einer aus sialitischen Gesteinen aufgebauten Oberkruste nachgewiesen. Das gilt insbesondere für die westlichen Randgebiete des Pazifiks.

Das differenzierte Bild vom inneren Aufbau der Kruste, das die erdwissenschaftlichen Forschungen mit ständig wachsender Deutlichkeit entworfen haben und weiter ausgestalten, ist für die Geomorphologie vor allem durch ein Hauptergebnis bedeutungsvoll. Die Moho-Diskontinuität, d. h. im wesentlichen die Grenzzone zwischen Kruste und oberem Mantel der Erde, wiederholt, vereinfacht ausgedrückt, bei Unregelmäßigkeiten im einzelnen, mit umgekehrter Höhenverteilung mindestens in sehr weiter Erstreckung, die ganz großen Unterschiede von Hoch und Tief auf der Erde. Von dieser Regel scheinen nur die medianen ozeanischen Rücken eine wirkliche Ausnahme zu machen. In ihnen liegt die Grenze zwischen dem Material der Unterkruste und dem des oberen Erdmantels, soweit man bisher weiß (B. C. Heezen, 1962) besonders hoch. Ja auf den medianen Rücken ist die Moho-Diskontinuität anscheinend gar nicht nachweisbar. Gerade dies paßt durchaus zu der vorher erörterten Vorstellung von Konvektionsbewegungen in der Asthenosphäre. Es wären hiernach die Gebiete hoher Lage der Moho-Diskontinuität als Regionen des Aufsteigens innerhalb der Konvektionsströmung zu deuten.

4. Kettenrelief und Tiefenwulst von Gebirgen als Folge von subkrustalen Unterströmungen

Ihre größten Verdickungen besitzt die Kruste unter den höchsten Kettengebirgen der Erde und zwar mehr oder weniger unter Einschluß etwaiger randlich begleitender, tiefgelegener Vorländer dieser Kettengebirge. Die Kettengebirge nehmen stets langgestreckte, verhältnismäßig schmale Regionen ein, die vordem durch lange geologische Zeiten hindurch abgesunken und zu Sedimentationströgen von mehreren bis vielen Kilometer Dicke der Sedimente geworden sind, zu sogenannten *Geosynklinalen* (vgl. S. 57). Unter den Kettengebirgen taucht die Moho-Diskontinuität in der Regel zu großen Tiefen, z. B. von mehr als 50 km, auf 60 km, ja auf über 70 km Tiefe ab. So ist es in den Westalpen (K. Fuchs u. a. 1963; P. Giese, 1968) und in den Ostalpen (P. Giese u. A. Stein, 1971; J. Makris, 1971), ferner in den Rocky Mountains (St. W. Smith, 1962) und der Sierra Nevada von Californien (F. Press, 1960), ebenso in den Anden (A. Cisternas, 1961) und besonders auch im Pamir (I. P. Kosminskaya, 1958) nachgewiesen worden.

Unter den hohen der jungen Kettengebirge der Erde einschließlich etwaiger Vorlandsäume ist also ein besonderer *Tiefenwulst* der Erdkruste vorhanden. Da diese Gebirge überall Strukturen starken Zusammenschubs der Gesteine aufweisen, so ist in dem Tiefenwulst sicherlich die nach unten gerichtete Komponente einer infolge des Zusammenschubs eintretenden örtlichen Verdickung der vergleichsweise leichten Gesteine der Kruste zu sehen, während die nach oben gerichtete Komponente die hohen Gebirgsketten selbst schafft. Solche Tiefenwülste der jungen hohen Gebirge werden vielfach auch als *Gebirgswurzeln* bezeichnet. Es dürfte aber besser sein, den Ausdruck Tiefenwulst zu verwenden, um eine Verwechslung mit dem seit langem üblichen Begriff der Wurzeln von Überschiebungsdecken in Gebirgen mit Deckenbau zu vermeiden. Das Vorhandensein der Tiefenwülste unter jungen hohen Kettengebirgen ergibt also eine Bestätigung der Vorstellung von J. B. Airy und von W. A. Heiskanen und F. A. Vening-Meinesz (1958) über den weitgehenden isostatischen Ausgleich der Hochgebirge durch eine Art Tauchgleichgewicht der örtlich verdickten Krustenteile.

Diese Erkenntnis gibt freilich keine Antwort auf die Frage nach der Ursache der örtlichen Zusammenpressung der Kruste. Aber sie macht die wichtige Erfahrungsregel verständlich, nach der sich die Hebung junger Kettengebirge gewöhnlich durch geologisch lange Zeiten fortsetzt, wenn auch unter Umständen zeitweilig verlangsamt oder unterbrochen. Solange nämlich unter einem gegenüber der Nachbarschaft aufragenden Gebirge ein deutlicher Tiefenwulst der Erdkruste besteht, muß infolge der durch die Abtragung im Gebirge entstehenden örtlichen Entlastung die Kruste unter diesem Gebirge zu isostatischem Aufsteigen veranlaßt sein. Dieses braucht zwar nicht ununterbrochen und nicht gleichmäßig vor sich zu gehen, weil die entlastende Abtragung nicht gleichmäßig erfolgen muß, und weil das Aufsteigen die Überwindung von u. U. örtlich und zeitlich verschieden starken Reibungswiderständen erfordert. Aber über gewisse

Grenzwerte der Entlastung hinaus kann ein isostatisches Aufsteigen sicherlich nicht durch solche Reibungswiderstände verhindert werden.

Die Erkenntnis vom isostatischen Ausgleich auf der Erde zusammen mit dem Nachweis von Tiefenwülsten der Kruste unter hohen Kettengebirgen führt also zu dem Schluß, daß durch die an der Erdoberfläche erfolgende Abtragung im Laufe der Zeit nicht nur das Material der sichtbaren Gebirge beseitigt wird. Es muß vielmehr zur endgültigen Beseitigung dieser Gebirge auch noch alles durch isostatisches Aufsteigen nachrückende Krustenmaterial abgetragen werden. Dies muß sich so lange fortsetzen, bis die nach unten weisende Ausbeulung der Unterkruste gegen den Erdmantel, welche dem Tiefenwulst entspricht, sich durch das örtliche Aufsteigen von Krustenmasse gegenüber der Nachbarschaft ungefähr ausgeglichen hat. Erst wenn dieser Ausgleich erfolgt ist, kann das betreffende Krustenstück, sofern nicht neue Komplikationen durch etwaige Schub- oder Tangentialspannungen in der Kruste hervorgerufen werden, einen Zustand nur noch geringer oder schwindender Intensität von Vertikalbewegungen erlangen, so wie er für weite Bereiche des Felderreliefs kennzeichnend ist.

Die auch in Gebieten mit Felderrelief mindestens im tieferen Untergrund überall vorhandenen Strukturen intensiver Faltung der sialischen Gesteine gehen stets auf alte, d. h. auf mindestens vor dem Jungmesozoikum liegende Perioden starken Zusammenschubs der Gesteine zurück. Für diese können die zugehörigen isostatischen Ausgleichsbewegungen als im wesentlichen bereits abgeschlossen gelten. Solche Verhältnisse, die aber oft durch bis in jüngere Zeit fortwirkende Schub-, Scher- und Zerrspannungen kompliziert werden, herrschen in den Bereichen des Felderreliefs der Kontinente.

Die vorstehenden Überlegungen können auch zur Deutung der Verhältnisse in tief gelegenen Teilen des Kettenreliefs am Rande des Kontinentalbereichs und im Randbereich der Ozeane, dort nämlich für die marginalen ozeanischen Rücken, angewendet werden. Längs des bogenförmigen Südsaums des Indonesischen Archipels ist ein sehr ausgeprägter Tiefenwulst, der bis etwa 60 km Tiefe hinabreicht, durch F. A. Vening-Meinesz (1948, 1952) und H. Benioff (1949, 1954, 1955) nachgewiesen worden. Er scheint sich zur Hauptsache in der Tiefe unter dem Zwischenraum zwischen dem Südrand des Inselbogens und dem begleitenden Tiefseegraben zu befinden. Außerdem liegt hier eine Zone sehr starker Erdbebentätigkeit mit außerordentlich großen Herdtiefen. Die Bebenherde häufen sich längs einer Fläche, die von der Gegend des Tiefseegrabens her kräftig geneigt und bis auf 500, ja 700 km Tiefe unter den Bereich des Indonesischen Archipels einfällt. Entsprechende Verhältnisse liegen nach H. Benioff (1955) auch im Bereich der randlichen Kettengebirge der beiden Amerika und der ihnen westlich vorgelagerten Tiefseegräben vor.

Den Tiefenwulst am Außensaum des Indonesischen Archipels kann man gewiß nicht als Tiefenanteil eines schon bestehenden Kettengebirges von besonderer Höhe ansehen. Wohl aber kann man in Zusammenhang mit der außerordentlichen Erdbebenhäufigkeit des dortigen Untergrundes diesen Tiefenwulst der Kruste als vorbereitende Voraussetzung für das Emporwachsen eines hohen Kettengebirges ansprechen. Das kräftige Einfallen eines flächenartigen Bereichs größter Häufigkeit der Erdbebenherde vom Ozean her zum Kontinentalsockel hin unter den Außensaum des Indonesischen Archipels und bis zu Tiefen von vielen hundert Kilometern spricht ebenfalls sehr für eine dort stattfindende Unterschiebung der weniger dichten Kontinentalkruste durch die dichtere ozeanische Kruste. Ein solcher Vorgang muß wohl stets von Zusammenschub und von räumlicher Verdickung der oberhalb und unterhalb der Unterschiebung liegenden Krustengesteine begleitet sein und so zur Bildung eines Tiefenwulstes der Kruste führen. Das haben Vening-Meinesz und Benioff dargelegt.

Bei dieser Deutung wird die eigentliche Ursache für den in den engen Faltungsstrukturen der Gesteine nachweisbaren Zusammenschub in subkrustalen Massenverlagerungen und zwar insbesondere im oberen Erdmantel, d. h. in der Asthenosphäre gesehen. Die dichteren Massen des Erdmantels würden hier die auf ihnen als große oder kleinere, mehr oder weniger steife Platten schwimmenden Teile der Kruste bei ihrer in der Tiefe erfolgenden Konvektionsbewegung mitschleppen und hierbei im Krustenbereich sehr unterschiedliche Relativbewegungen der einzelnen Krustenplatten untereinander hervorrufen *(Plattentektonik)*. Über die Art, den genauen Ablauf und die genaueren Ursachen der Massenbewegungen in der Tiefe gibt es verschiedene Vorstellungen, weil versucht werden muß, eine Menge von geophysikalischen, petrographisch-mineralogischen und chemischen Sachverhalten in Einklang zu bringen. Im ganzen aber werden die Massenbewegungen in der Tiefe immer als ein mehr oder weniger kompliziertes System von sehr langsamen Konvektionsströmungen aufgefaßt, etwa entsprechend der vorher in Anlehnung an G. Angenheister erläuterten Vorstellung (Hierzu außerdem O. Ampferer 1906, 1939, A. Holmes 1930; E. Kraus, 1936; D. T. Griggs, 1939; H. H. Hess, 1965. Abweichende Auffassung bei V. V. Belussov 1970).

Mit dem Entstehen eines Tiefenwulstes der Kruste muß immer auch ein isostatisches Aufsteigen der Kruste über diesem Tiefenwulst eingeleitet werden. Aber es ist nicht sehr wahrscheinlich, daß solches Aufsteigen gerade zu derjenigen Zeit sein Maximum erreicht, in welcher diejenigen Kräfte stark sind, die in der Kruste überwiegend horizontal auf Schichtfaltung, auf Unter- oder Überschiebung hinwirken. Vielmehr ist anzunehmen, daß Zeiten des Anschwellens und Abschwellens der Hebung in Kettengebirgen wie auch Vorgänge des räumlichen Sichverlagerns von Bereichen größter Intensität des seitlichen Zusammenschubs der Gesteine wechseln. Sie dürften zwar letztlich durch die für den Erdmantel erschlossenen Strömungsvorgänge veranlaßt sein. Aber die in der Kruste und an der Erdoberfläche resultierenden Erscheinungen werden zweifellos durch die im Substrat vorhandenen Unregelmäßigkeiten der Massenverteilung und der im einzelnen auftretenden Reibungswiderstände stark beeinflußt zu denken sein. Die genauere Klärung dieser Fragen beschäftigt die tektonische Geologie.

5. Mediane ozeanische Rücken als Folge von subkrustalen Unterströmungen

Wenn als Folge von Massenverlagerungen im Erdmantel an gewissen Stellen in der Erdkruste Zusammenschub erzeugt wird, so sind andere Stellen zu erwarten, an denen sich in der Kruste überwiegend Dehnung zeigt. Man kennt zwar seit langem Grabenbrüche, die auf ein Auseinanderrücken der beiderseitigen Flügel schließen lassen. Als größte Dehnungsgebiete der Kruste haben sich aber in jüngster Zeit die medianen ozeanischen Rücken erwiesen.

Auf dem Scheitel der medianen ozeanischen Rücken pflegen längsstreichende Gräben (rift valleys) hinzuziehen. Diese sind die Förderstellen von basischer ja bis ultrabasischer Lava, hauptsächlich von Basalten, wie vor allem in Island und Hawaii seit langem bekannt ist. Schweremessungen, seismische Beobachtungen und petrographische Analysen werden dahingehend gedeutet, daß hier die Moho-Diskontinuität fehlt oder undeutlich ist, und daß die geförderte Lava mindestens teilweise aus dem Erdmantel stammt. Auf dem Wege zur Oberfläche wäre sie freilich durch Druckentlastung, Temperaturänderung und Stoffaustausch mit der Umgebung verändert worden, so daß die mittlere Dichte der geförderten Basalte sich nur noch um den Wert 3 hält.

Weitere Erkenntnisse sind aus Messungen des thermoremanenten Magnetismus, d. h. der temperaturabhängigen Dauermagnetisierung ferrimagnetischer Komponenten in den Gesteinen beiderseits des Scheitelgrabens in Verbindung mit absoluten Altersbestimmungen dieser Gesteine gewonnen worden. Die thermoremanente Magnetisierung geeigneter Basalt-Bestandteile (hauptsächlich Magnetit und Titanomagnetit) wird durch das bei der Abkühlung der Lava auf der Erde zur Zeit des Unterschreitens des Curie-Punktes der Temperatur herrschende Magnetfeld bestimmt. Der Curie-Punkt liegt für Magnetit bei 578 °C, für Titanomagnetit niedriger, bis nahe 100 °C, also weit unter der Erstarrungstemperatur der Lava. Er wird von Lava am Meeresboden sicher, geologisch gesprochen, schnell erreicht. So ist es möglich, nach Ausschaltung des Effekts des gegenwärtigen irdischen Magnetfeldes die Richtung jenes einstigen zu bestimmen, soweit nicht zwischenzeitlich Störungen anderer Art (tektonische Beanspruchung, Blitzschlag u. ä.) aufgetreten sind. (A. D. Raff u. R. G. Mason, 1961; R. S. Dietz, 1962; V. A. Vacquier, 1962; A. Cox, R. R. Doell u. G. B. Dalrymple, 1965; F. J. Vine, 1968; H. W. Menard, 1968). Auf diese Weise hat sich ergeben, daß, symmetrisch zum Scheitelgraben solcher medianer ozeanischer Rücken mit zunehmendem Abstand von ihm, jeweils einander entsprechende Längszonen invers gepolter thermoremanenter Magnetisierung aufeinander folgen. Die Breite der Zonen jeweils gleicher Polarisierung hält sich zwischen wenigen und mehr als 50 km. Nach den Altersbestimmungen entfallen im Nordpazifik im Raum westlich und südlich von Vancouver und Portland (Oregon) auf 8 Mio Jahre rund 15 Wechsel in beiden Richtungen und bis rund 400 km Abstand vom Scheitel des Rückens. Dies ist dahin gedeutet worden, daß der Ozeanboden von der Scheitelregion aus hier 8 Mio Jahre lang im Durchschnitt jährlich um etwa 2 cm nach beiden Seiten auseinander gedriftet ist. Am Mittelatlantischen Rücken haben sich Werte von um 1 cm/Jahr ergeben. Dieser Vorgang wird als *Seafloor-Spreading,* als Ausein-anderdriften des Meeresbodens bezeichnet.

Aus den vorstehenden Ausführungen geht jedenfalls hervor, daß die medianen ozeanischen Rücken von den Kettengebirgen der Kontinente und den marginalen ozeanischen Rücken grundverschieden sind. Andererseits passen diese Befunde auch gut zu der in Abschnitt 3 erläuterten Vorstellung, nach welcher unter den medianen ozeanischen Rücken die asthenosphärische Konvektionsströmung als aufsteigend anzusehen ist. Seitlich dieser Rücken müßte diese Konvektions-strömung nach beiden Seiten auseinanderstreben. Sie müßte die ihr aufruhende Kruste, wenn auch durch Komplikation gestört, langsam ungefähr horizontal mitschleppen. Diese Horizontalbewegung der auflagernden Kruste würde ungefähr dort enden, wo sich unterhalb der Kruste in der Asthenosphäre jeweils der nach der Tiefe absteigende Zweig der Konvektionsbewegung einstellt.

6. Große kontinentale Grabensysteme, ozeanische Lineamente

Auch innerhalb der Kontinente gibt es Erscheinungen, die mit den medianen oze-anischen Rücken in Verbindung gebracht werden können. Es sind die großen kontinentalen Grabensysteme. Denn es läuft z. B. der Natal Rücken des Indischen Ozeans nordwärts auf den großen Ostafrikanischen Graben zu und der Ostpazifische Rücken nordwärts auf den Californischen Graben. Diese großen Gräben (Rift valleys) des Kontinentalbereichs sind ebenfalls Erscheinungen des Auseinanderrückens der Kruste. Sie weisen Abschiebungsbrüche im Graben-inneren auf, nicht Merkmale des Zusammenschubs der Kruste. Sie sind Strukturen, mit denen sich ein Auseinanderweichen des tieferen, möglicherweise sogar auch hier des subkrustalen, asthenosphärischen Untergrundes nach oben durchpaust. Allerdings lassen die bisher über den tieferen Untergrund in diesen Gebieten verfügbaren Daten auch noch andere Deutungsmöglichkeiten offen.

Als weitere sehr ausgedehnte Formenanlagen weisen die ozeanischen Bereiche, wie bereits früher erwähnt, fast geradlinige Stufungen auf, die sich, bis mehrere hundert Meter hoch, auf Entfernungen von tausend, ja mehrere tausend Kilometer hinziehen. Diese ozeanischen Lineamente (transform-faults) knüpfen sich wahrscheinlich an tief hinabreichende Bruchstörungen, an denen zur Haupt-sache horizontale Längsverschiebungen stattgefunden haben. Solche Verschie-bungen lassen sich am Ozeanboden mit Hilfe der vorher erwähnten Messungen der thermoremanenten Magnetisierung und absoluter Altersbestimmung der Gesteine zu beiden Seiten der Störungslinie nachweisen. Es haben sich Ver-schiebungsbeträge von hunderten von Kilometern feststellen lassen. Ozeanische Lineamente dieser Art von ungefähr ost-westlicher Richtung und annähernd parallel zueinander in Abständen von einigen hundert bis tausend Kilometern konnten besonders im nordöstlichen Pazifik, aber auch in Teilen des Mittel-atlantischen Rückens und mit ungefähr nordsüdlichem Verlauf im westlichen und östlichen Indischen Ozean aufgefunden werden. Soweit bisher eine Beurteilung möglich ist, dürften diese, an sehr langgestreckten Brüchen vollzogenen Horizontalverschiebungen wohl am ehesten als Auswirkungen von altererebten

Schwächezonen der Kruste zu deuten sein. Solche sind zu erwarten, wenn die Richtung alter Schwächezonen der Kruste deutlich von der Bewegungsrichtung der nachmals im Untergrund wirkenden asthenosphärischen Konvektionsströmung abweicht.

7. Zusammenfassung zum gegenwärtigen Stand der Deutung der größten Formenanlagen

Mannigfaltig sind die Versuche, die Entstehung der Gesamtheit aller größten Formenanlagen der Erde auf eine Grundursache zurückzuführen. Besonders vielversprechend erscheinen beim gegenwärtigen Stand der Kenntnis die Annahmen der sogenannten *Plattentektonik*. Danach wären die Hauptstrukturen der Erdkruste und damit auch die größten Formenanlagen der Erdoberfläche letztlich Folgen von zellenartig aufgegliederten, sehr langsamen Konvektionsströmungen in der Asthenosphäre des Erdmantels, durch welche die riesigen, sehr großen und kleineren Platten, in die die Erdkruste aufgegliedert ist, auf dem Mantelsubstrat schwimmend unter komplizierten Relativbewegungen zueinander oberflächlich mitgeschleppt werden. Im Laufe der Erdgeschichte können so die Sialgesteine der heutigen kontinentalen Oberkruste vielleicht einmal eine erste, noch dünne, aber vollständige Erstarrungshaut der Erde gebildet haben, wie A. Cailleux (1969, S. 627) aufgrund der Beträge der Gesteinsfaltung vermutet. Erdgeschichtlich lange dürfte ein solcher Zustand freilich nicht bestanden haben. Denn fließfähiges, etwas dichteres Silikatmaterial unter der aufruhenden sialischen Erstarrungskruste müßte wohl von Anfang an Konvektionsbewegungen ausgeführt und dadurch in der Kruste Riß- und Schollenbildung mit Horizontalverdriftung der schwimmenden Schollen hervorgerufen haben. Solches ist aber schwerlich ohne randliche Raumverengung, Überschiebung, Verschuppung, Faltung der beim Driften einander bedrängenden Schollen möglich. Das unter den Sialschollen befindliche und in Rissen zwischen den Schollen aufgedrungene, etwas dichtere Magma wäre zu den Gesteinen der heutigen Unterkruste des Ozeanbodens bzw. der Kontinente erstarrt. Auf diese Weise könnte allmählich durch ständige Raumverengung der obersten, besonders leichten Erstarrungsmassen die verdickte, aber nunmehr unvollständige sialische Oberkruste der Kontinentschollen entstanden sein.

Die medianen ozeanischen Rücken mit ihren Lava fördernden Scheitelgräben wären im Rahmen dieser Vorstellung das Ergebnis tief gehender Risse in der Kruste und des Nachschubs von unten her im aufsteigenden Zweig der asthenosphärischen Konvektionsbewegung. Die geförderten basaltischen Gesteine würden dort, wo sie aus Lava erstarren, d.h. längs der Förderspalten auf dem Scheitel des zugehörigen medianen ozeanischen Rückens, immer neue Anwachsstreifen bilden, die nach beiden Seiten langsam vom Scheitelgraben abrücken.

Die ganz großen Grabenbruch-Systeme innerhalb des Kontinentalbereichs, insbesondere das vom Mjösen See in Südnorwegen durch Mitteleuropa und das Mittelmeer bis nach Ostafrika verfolgbare System können vielleicht ähnlich gedeutet werden, nur daß im Kontinentalbereich mit seiner dicken Oberkruste trotz der Krustendehnung die Unterkruste nicht unmittelbar an die Oberfläche tritt, wie das in den medianen ozeanischen Rücken der Fall ist. Außerdem könnte das Auseinanderrücken der Schollen beiderseits einer Dehnungsspalte in der dicken Kontinentalkruste erheblich geringer sein als im Bereich der ozeanischen Kruste.

Im Randbereich der Ozeane gegen die Kontinente würden dann, wie es rings um den Pazifik der Fall ist, als Gegenstück zur Verbreiterung des Ozeanbodens die Relativbewegungen zwischen der jeweiligen örtlichen ozeanischen Platte und der benachbarten Kontinentalplatte zu Stauchungen bzw. Zusammenschub innerhalb der Kruste führen. So wäre die Entstehung des zirkumpazifischen Kettenreliefs im Kettengebirgsgürtel und in den marginalen ozeanischen Rücken zu deuten. Auch der transversale Eurasiatische Kettengebirgsgürtel läßt sich in diese Gesamtauffassung einfügen, wenn man nur annimmt, daß im Zellengefüge der im Erdmantel lokalisierten Konvektionsströmungen aus bisher unbekannten Ursachen auch erhebliche Änderungen der räumlichen Anordnung eintreten. In diesem Falle müßte es auch mediane ozeanische Rücken geben, deren Lava-förderung erlischt oder erloschen ist. Unter solchen Bedingungen könnten einstige ozeanische Bereiche, im Eurasiatischen Kettengebirgsgürtel etwa der Tethysraum, nach und nach durch von beiden Seiten auf Unterströmungen herangeschleppte Kontinentalschollen überschoben worden sein. Die weithin ausgeprägte Zweiseitigkeit der Neigung (Vergenz) des Faltungs- und Über-schiebungsbaus im Eurasiatischen Kettengebirgsgürtel (L. Kober, 1921) wie auch die Annahme von Verschluckungszonen, Narbenzonen (E. Kraus, 1936) in diesem Raum sind jedenfalls mit einer solchen Deutung gut vereinbar.

Da die dichteren Gesteine der Unterkruste im Ozeanbereich in höherem Niveau liegen als im benachbarten Kontinentalbereich, so wäre auch im Gebiet der Gegeneinanderbewegung von Platten dieser beiden Bereiche eine Unter-schiebung der ozeanischen Unterkruste unter die weniger dichten Gesteine der kontinentalen Oberkruste verständlich. Als Folge der Unterschiebung der Ozeanplatte unter die Kontinentalplatte kann die Entstehung der Tiefseegräben am ozeanischen Saum der betreffenden Kontinentalplatte bzw. eines marginalen ozeanischen Rückens angesehen werden. Ebenfalls als Folge des Zusammen-schubs beider Platten, bzw. der Unterschiebung der dichteren Ozeanplatte unter die weniger dichte Kontinentalplatte wäre die starke Stauchung und Faltung der Grenzzonen beider Platten und damit die übermäßige Verdickung der Kruste am Kontinentalrand, d. h. der Tiefenwulst der Kettengebirge zu erklären. Auf die gleiche Ursache könnte die Häufung sehr tief liegender Erdbebenherde längs einer unter den Kontinentalrand einfallenden Fläche zurückgeführt werden, so wie sie durch die seismische Beobachtung rings um den Pazifischen Ozean angezeigt wird. Diese Folgerungen würden für die jungen, d. h. für die nicht älter als jungmesozoischen Faltungsstrukturen der Kettengebirge und der marginalen ozeanischen Rücken gelten. Die älteren Faltungsstrukturen, die überall im Untergrund des kontinentalen Felderreliefs anzutreffen sind, würden dagegen in dieser Gesamtauffassung anzeigen, daß auch sie einst Regionen übermäßigen Zusammenschubs der Kruste gewesen sind, daß aber in ihnen bereits Abtragung bis zum isostatisch bewirkten Verschwinden eines ehemals vorhandenen

Tiefenwulstes erfolgt ist, so daß sie seither konsolidierte Teile der verdickten Oberkruste darstellen.

Längs der großen ozeanischen Lineamente endlich waren offensichtlich durch lange Zeiten Scherspannungen wirksam. Das geht aus den oft sehr bedeutenden Horizontalverschiebungen benachbarter Schollen bzw. Plattenteile längs der Lineamente relativ zueinander hervor. Diese Scherspannungen können im Rahmen der dargelegten Gesamtdeutung als Folge der im Erdmantel lokalisierten Konvektionsströmungen aufgefaßt werden. Dort könnten z. B. Unterschiede von der Größe oder Richtung der Bewegung zwischen mittleren und randlichen Teilen eines Unterströmungskomplexes vorhanden sein. Solche Längsrisse können natürlich auch durch örtliche Materialunterschiede, z. B. Schwächezonen in der Kruste selbst verursacht oder beeinflußt sein, wenn diese z. B. schief zur Unterströmung verlaufen und so ein gleichmäßiges Mitschleppen der Kruste durch die Unterströmung behindern.

Die Theorie der Plattentektonik mit ihrer Grundannahme, die Hauptstrukturen der Erdkruste und die größten Formenanlagen der Erdoberfläche seien eine Folge davon, daß Krustenschollen durch im Erdmantel lokalisierte, in Zellen gegliederte Konvektionsströmungen mitgeschleppt werden, bringt also eine Fülle von beobachtbaren Sachverhalten in einleuchtenden Zusammenhang. Ergebnisse der Seismik, der Schweremessung und erdmagnetischen Untersuchung können mit solchen der Mineralogie und Petrographie in Einklang gebracht werden. Ältere tektonische Annahmen über Brüche, Schichtfaltung und Deckenbau, über Unterströmungen und Kontinentalverschiebung über klein- und großräumige Undationen der Erdkruste und Geotumoren sind in geeigneter Form in dieses Gesamtbild eingefügt worden.

Dennoch bleibt ein wichtiger Tatsachenkomplex vorläufig ohne befriedigende Erklärung. Es ist der augenfällige Unterschied zwischen Ozean- und Kontinentraum im ultrakontinentalen Pazifik einerseits und im interkontinentalen Nordpolarmeer, Atlantik und Indik andererseits. Da gerade beim Mittelatlantischen Rücken das Auseinanderstreben des Ozeanbodens beiderseits des Scheitelgrabens sorgfältig untersucht wurde, so sollten an den beiderseitigen Rändern des Ozeans Erscheinungen des Zusammenschubs zwischen Ozeanboden und Kontinentalscholle bzw. der Unterschiebung des einen unter die andere vorhanden sein. Statt dessen zeigen aber die Ostküste ebenso wie die Westküste des Atlantischen Ozeans mit Ausnahme der kurzen Abschnitte am Außensaum der Antillen und des Südantillenbogens durchgehend einen unmittelbaren Kontinentalabhang, keinen Randketten-Kontinentalabhang. Außerdem weisen sie nur vergleichsweise schwache Erdbebentätigkeit auf. An der Nordamerikanischen Ostküste sind sogar in den Randpartien der Kontinentalscholle Absitzstörungen, d. h. Anzeichen von Raumerweiterung statt von Raumverengung festgestellt worden. Höchstens könnten die von O. Jessen (1943) als Randschwellen der Kontinente bezeichneten sanften und sehr breiten Aufwölbungen, die sich ohne Rücksicht auf die vorliegenden Strukturen weithin ungefähr parallel zu den Küsten des Interkontinentalen Ozeans im Küstenhinterland erheben, hiermit in Zusammenhang gebracht werden. Diese Randschwellen könnten etwa als Wirkungen von Druckkräften zwischen der Ozeankruste und der Kontinentalkruste gedeutet werden, welche aus bisher noch unbekannten Ursachen hier geringere Stärke hätten als an den Küsten des Ultrakontinentalen Ozeans. Jedenfalls sind sicherlich noch Modifizierungen oder Erläuterungen im Gedankengefüge der Plattentektonik erforderlich.

Probleme bietet unter anderem die Einbeziehung der Gebirgsbildung (Tektogenese) mit ihrem tektogenetisch-magmatischen Zyklus im Sinne von H. Stille (1924) in das Gedankengebäude der Plattentektonik. Die geologische Forschung hat auch außerhalb der aktiven Geosynklinalgebiete Beweise dafür erbracht, daß bedeutende Landgebiete an den Rändern der heutigen Kontinente abgesunken sein müssen, so daß nicht nur im Gefolge von Geosynklinalfaltung eine Vergrößerung der Kontinente erfolgt ist, sondern durch Senkung auch eine Verringerung von deren Areal. Solange noch offen ist, ob ein Stück Meeresboden in Wirklichkeit den versunkenen Teil eines Kontinents darstellt oder nicht, entbehren Überlegungen über dort vorherrschende horizontale „Wanderungsvorgänge" der beteiligten großen Krustenschollen einer sicheren Grundlage. Erst Tiefbohrungen im Bereich des Ozeanbodens vermögen dort verbindliche Aussagen zu erleichtern.

Einige gut begründete Beispiele für abgesunkene Kontinent-Teile seien angeführt. J. Barrell (1914) konnte eine riesige devonische Deltazone in den Appalachen nachweisen, welche von Osten geschüttet worden ist. Es handelt sich dabei um Süßwasserablagerungen in einem Gebiet von 100 bis 200 km Breite und über 1000 km Länge längs des alten Westrandes eines im Atlantischen Ozean versunkenen Landes „Appalachia". In ähnlicher Weise können die terrestren Trias-Jura-Sedimente der Californischen Sierra Nevada-Geosynklinale nur von W her aus dem Gebiet des heutigen Pazifischen Ozeans geschüttet worden sein. Denn zu ihrer Bildungszeit lag östlich der Sierra Nevada Meer (A. Born, 1933). In Spitzbergen zeigte O. Holtedahl (1920), daß die devonischen und tertiären Sedimente aus Westen kamen. Er schloß auf ein altes Land „Scandia". Dies ist im Europäischen Nordmeer versunken, als das Tertiär von Spitzbergen gefaltet wurde. Reste von ihm sind in den Hebriden und in Nordwest-Schottland erhalten. Im Kongobecken werden nach A. C. Veatch (1935) die Sedimente nach Westen immer gröber. Daher dürfte einst ein Kontinentteil vor der W-Küste von Afrika bestanden haben. Jüngste Forschungen der „Meteor" vor der Küste Nordwestafrikas (Ende 1975) haben es wahrscheinlich gemacht, daß der gleiche Fall auch im Gebiet der Kanarischen Inseln vorliegt. Auch in Melanesien muß es früher größere Landmassen gegeben haben. Ohne solche sind die terrestren mesozoischen Sedimente von Neukaledonien nicht zu verstehen. Man glaubt ein versunkenes Land bis zu den Salomonen, Kermadec und Tonga Inseln annehmen zu müssen (J. H. F. Umbgrove, 1947). Bohrungen des amerikanischen Forschungsschiffes „Glomar Challenger" erbrachten 1974 den Nachweis, daß im Bereich des Falkland- oder Malvinas-Plateaus ein Festland von der Ostküste des südlichen Südamerika mindestens 1400 km nach E reichte und in der Kreide unter den Meeresspiegel tauchte. Die ehemalige Landoberfläche trägt noch Verwitterungsreste eines mediterranen Klimas.

Bemerkenswerte Einwände gegen das vorliegende noch etwas schematische Konzept der Plattentektonik haben V. V. Beloussov (1967, 1970), A. A. u. H. A.

Meyerhoff (1972) und H. G. Wunderlich (1973) erhoben. Die Kontraktionstheorie, die Unterschiede im Voranschreiten der Wärmeabgabe zwischen der Kruste und tieferen Bereichen der Erde als Ursache für die Faltung der Erdkruste ansieht[7], ebenso ihr Gegenstück, die Expansionstheorie, die das Auseinanderrücken der Kontinente auf eine langsam zunehmende Vergrößerung des Erdvolumens zurückführen möchte, sind gegenwärtig in der Diskussion sehr zurückgetreten. Wahrscheinlich enthalten aber auch diese Vorstellungen wirklichkeitsnahe Teilansätze.

Der Hypothese einer erst nach Entstehung der Erdkruste erfolgten Ablösung des Mondes im Gebiet des heutigen Pazifik dagegen stehen so starke geophysikalische und petrographisch-mineralogische Feststellungen entgegen, daß diese Annahme fallen gelassen werden muß.

D. Geologische Gegebenheiten von besonderer geomorphologischer Bedeutung

1. Geologische Grundvorstellungen

Vorbemerkung

Um die geophysikalischen Erkenntnisse über die größten Formenanlagen der Erdoberfläche besser verstehen zu können, ist, wie schon angedeutet wurde, Kenntnis über den geologischen Bau der Erdkruste erforderlich. Sie ist auch bei der feineren Analyse des Formenschatzes unentbehrlich. Deswegen sollen im folgenden als Hilfe für die anschließenden Ausführungen einige besonders wichtige geologische Begriffe und Vorstellungen andeutend erläutert werden, ohne daß dadurch die Aufgabe der Lehrbücher der Geologie übernommen werden kann oder soll. Einige von diesen sind im Literaturverzeichnis genannt (D 1–2 u. 3–4). Es handelt sich hier um Grundvorstellungen über die Gesteinstypen der Erdkruste, über deren Lagerungsverhältnisse und ihre Störungen, endlich über die Hauptstrukturtypen der Erdkruste sowie etwas ausführlicher über die vulkanischen Erscheinungen.

Die Haupttypen der Gesteine

Die Gesteinskruste der Erde setzt sich aus *Erstarrungsgesteinen (Magmatischen Gesteinen, Magmatiten)*, aus *Ablagerungsgesteinen (Sedimentgesteinen, Sedimentiten)* und aus *Metamorphiten*, durch *Gesteinsmetamorphose* entstandenen Umwandlungsformen der beiden Vorgenannten zusammen.

---

[7] vgl. H. Jeffreys (1952) und A. L. Hales (1953)

Die *Erstarrungsgesteine* werden auch als primäre Gesteine bezeichnet, weil die Erstarrung aus glutflüssigem Magma oder aus Lava als primärer Gesteinsbildungsvorgang angesehen werden kann. Erfolgte die Abkühlung an oder nahe der Erdoberfläche rasch, so haben die Gesteine schlackiges, glasiges bis feinkristallines Gefüge. Es handelt sich dann um *Ergußgesteine* oder *Effusivgesteine* oder *Vulkanite*. Erkaltete das Magma in größerer Tiefe langsam, so wurden die Gesteine vollkristallin. Es sind *Tiefengesteine* oder *Intrusivgesteine* oder *Plutonite*.

Dem Chemismus nach sind die Vulkanite und Plutonite Silikate hauptsächlich des Aluminiums, Kaliums, Natriums, Calciums, Magnesiums und Eisens. Sie reichen in vielen Zwischenstufen und Übergängen von sehr sauren, nämlich an SiO_2 reichen, bis zu sehr basischen, nämlich an SiO_2 weniger reichen, Typen. Die wichtigsten jüngeren Vulkanite sind, von den sauren zu immer basischeren Typen fortschreitend, *Liparit, Trachyt, Andesit* und *Basalt*. Bei höherem geologischen Alter treten sie, ebenso geordnet, als *Quarzporphyr, Porphyr, Porphyrit, Diabas, Melaphyr* entgegen. Jeder von ihnen ist Vertreter einer ganzen Gesteinsfamilie. In gleicher Weise reihen sich die Plutonite zu den Haupttypen *Granit, Syenit, Diorit, Gabbro* und *Peridotit*. Nach dem mehr oder weniger großen Gehalt an Alkalien und Calcium werden Erstarrungsgesteine der *Alkalikalkreihe* als *pazifische Sippe* von *Alkaligesteinen* unterschieden, die bei *Natriumvormacht* als Gesteine der *atlantischen Sippe*, bei *Kaliumvormacht* als solche der *mediterranen Sippe* bezeichnet werden (Niggli 1923).

Den primären stehen als sekundäre, abgeleitete Gesteine die Ablagerungsgesteine oder *Sedimentite* gegenüber. Sie sind aus der Aufbereitung und Umlagerung von älteren Gesteinen irgendwelcher Art hervorgegangen. Mechanisch-physikalische, chemische, organische Vorgänge können hierbei allein oder in der verschiedensten Kombination als Ursache gewirkt haben. Der Korngröße nach (A. Atterberg, 1912; W. Correns, 1934; von Engelhardt, 1948, DIN 4022)

Korngrößentabelle der Sedimentite (oder klastischen Gesteine) nach DIN 4022

Gruppen-benennung	Korndurchmesser in mm	als Lockergestein	als verfestigtes Gestein
Psephite	über 60	Steine, auch große und kleine Blöcke	Breccien Konglomerate Verrucano (z. T.)
	20–60	Grobkies	
	6–20	Mittelkies	
	2– 6	Feinkies	
Psammite	0,6 –2	Grobsand	Sandsteine verschiedener Art Arkosen Quarzit
	0,2 –0,6	Mittelsand	
	0,06–0,2	Feinsand (Einzelkörner eben noch erkennbar)	
Pelite	0,002–0,06	Schluff (Silt)	feinste Trümmergesteine Tonstein Schieferton
	unter 0,002	Staub Ton	

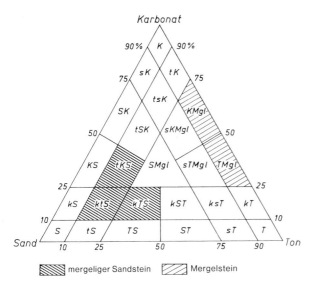

mergeliger Sandstein   Mergelstein

Fig. 4. Benennungsdreieck Sand-Ton-Karbonat. (Nach H. Füchtbauer und G. Müller 1970, S. 9.)

S = Sand oder stark sandig   s = sandig
T = Ton oder stark tonig   t = tonig
K = Karbonat oder stark karbonatisch k = karbonatisch
Mgl = Mergel

können die Sedimente von gröbstem *eckigem Schutt* (verfestigt: *Breccie*) oder *gerundetem Geröll* (verfestigt: *Konglomerat*) gegen feinere Korngrößen zu *Kies, Sand, Schluff,* dem Staubgestein *Löß* und endlich *Ton* unterschieden werden. Dem Stoffgehalt nach reichen sie von *bunten,* d. h. aus mannigfaltigen Komponenten gebildeten *Trümmergesteinen* bis zu mehr oder weniger reinen Tonsteinen, Kalken, Gips, Steinsalz, Kohle usw.. Konglomerate der alpinen Molasse werden häufig als Nagelfluh bezeichnet. Mergel sind Ton-Kalk-Gemische Letten und Lehme sind Ton-Sand-Gemische. Nähere Einzelheiten können dem Benennungsdreieck (Fig. 4) entnommen werden. Unverfertigtes Gemisch aus eckigem und kantengerundetem, grobem und feinem Schwemm-Material hat G. Stäblein (1968) als *Fanger* bezeichnet. Wichtig ist, daß in einem zusammenhängenden Sedimentationsgebiet der Charakter des gleichzeitig entstehenden Sediments sich gewöhnlich von Ort zu Ort ändert. Lagert der Bach an seiner Mündung in einen See nahe dem Ufer Gerölle ab, so bildet sich gleichzeitig in der Mitte des Sees am Boden feiner Schlick. Derartiger örtlicher Wechsel gleichzeitig gebildeten Sediments wird als *Fazieswechsel* bezeichnet. Abgelagertes Sediment kann durch Zementation oder Druck früher oder später verfestigt werden *(Diagenese)* oder auch locker bleiben, es gilt in jedem Falle als Gestein.

Die *Metamorphite* sind durch Druck- oder Hitzewirkung oder durch beides und häufig durch die gleichzeitige Einwirkung von Lösungen, die die Zu- oder Wegfuhr beliebiger Substanzmengen hervorgerufen haben *(Metasomatose)*, unter Bewahrung des kristallinen Zustandes aus Sediment- oder Erstarrungsgesteinen hervorgegangen.

Wurde das im groben ungeregelte Gefüge von Magmatiten infolge Metamorphose zu einem geregelten, so erhalten diese veränderten Gesteine die Vorsilbe „Ortho" *(Orthometamorphite)*, während metamorph umgebildeten Sedimentgesteinen die Vorsilbe „Para" vorgesetzt wird *(Parametamorphite)* und für kombiniertes Ausgangsmaterial das Präfix „Ampho" *(Amphometamorphite)* Benutzung findet. Durch Metamorphose kann aus Sandstein Quarzit, aus Tonsteinen Tonschiefer und Phyllit, Amphibolit oder Paragneis, aus Kalk Marmor oder Kalksilikatfels, aus Granit Orthogneis werden. Der früher für alle Metamorphite verwendete Sammelbegriff kristalline Schiefer umfaßt nach der neueren Nomenklatur nur feldspatfreie bis feldspatarme metamorphe Gesteine mit deutlicher Paralleltextur. Gneise sind solche Metamorphite, die reichlich Feldspäte führen und eine klare Paralleltextur besitzen. Für die Gliederung der großen Zahl metamorpher Gesteine ist es unter Umständen wichtig, ob eine *Regionalmetamorphose*, d. h. eine Metamorphose, die an die einheitliche *Tektogenese* (S. 59) großer Erdkrustenteile gebunden ist, oder eine *Kontaktmetamorphose* mit vergleichsweise lokalen Bedingungen, wie die Wirkung eines Magmenherdes auf Hüllgesteine, vorliegt.

Nach dem Grad der Metamorphose ist eine systematische Veränderung des Mineralbestandes festzustellen, wobei Gesteine gleichen Metamorphosegrades in

Tabellarische Übersicht über die Zonengliederung der Metamorphite

Zone	Temperatur	Allseitiger Druck	Einseitiger Druck (Streß)	Typische Minerale	Typische Gesteine
Epizone	niedrig	niedrig	allgemein stark	Chlorit Serizit Serpentin Talk Glaukophan	Phyllit Chloritschiefer Serizitschiefer Kalkphyllit Talkschiefer Serpentinit Glaukophanschiefer
Mesozone	mittel	mittel	vielfach stark	Albit Epidot Hornblende Disthen Muskowit Biotit Staurolith Almandin	Glimmerschiefer Muskowit-Schiefer Biotit-Schiefer, Granatglimmerschiefer
Katazone	hoch	hoch	allgemein schwächer	Oligoklas Orthoklas Pyroxen Granat Sillimanit Olivin Cordierit	Gneis (Biotitgneis, Cordieritgneis, Sillimanitgneis, Granatgneis) Eklogit Granulit

zusammenhängenden Bereichen vorkommen. Dies ermöglicht die Trennung metamorpher Gesteine nach Intensitätszonen (Grubenmann u. Niggli, 1924), die in Richtung auf den Intrusivkörper als *Epi-, Meso-* und *Katazone* bezeichnet werden. Die Weiterentwicklung dieses Gedankens führt zu dem Prinzip der Mineralfazies (P. Eskola, 1914, 1939), bei dem von den häufig wiederkehrenden Mineralkombinationen ohne Berücksichtigung ihrer Genese als Gliederungsgrundlage ausgegangen wird und die die Aufteilung der Gesteine in isofazielle Bereiche ermöglicht.

Weitere Einzelheiten über die Eigenschaften der Gesteine können hier nicht erörtert werden. Für derartige Angaben muß auf die Lehrbücher der Gesteinskunde verwiesen werden (Literaturverzeichnis II D 1–2).

Geologische Struktur, Petrographische Struktur und Textur (Lagerungsverhältnisse, Lagerungsstörungen, Feingefüge)

Von großer Wichtigkeit für alle geomorphologischen Fragen sind 1. die geologische Struktur, die *räumlich* gemeinte Anordnung der Gesteine (d. h. ihre *Lagerung, Lagerungsstörungen, Schichtung, Schieferung, Klüftung, Absonderung*), 2. ihr *Feingefüge,* d. h. ihre *petrographische Struktur* (ihre Zusammensetzung aus Mineralkomponenten) und ihre *petrographische Textur* (die räumliche Anordnung der Mineralkomponenten). In der Geologie werden alle diese Struktur- und Textureigenschaften auch unter dem Oberbegriff *Gefüge* zusammengefaßt. In Tiefengesteinen und manchen Ergußgesteinen zeigen tiefreichende Einschnitte *(Aufschlüsse)* häufig Differenzierungen zwischen Randpartien und Kernbereich. Eine Schichtung fehlt ihnen meist. Die Gesteine sind massig und werden deshalb als *Massengesteine* bezeichnet. Vulkanite besitzen oftmals *Fließtextur (Fluidaltextur),* auch dies ist keine Schichtung. Ebenso ist die Schieferung der Metamorphite, welche durch Druckwirkung meist unter mehr oder weniger deutlicher Einregelung der beteiligten Minerale hervorgerufen wird, keine Schichtung. Sie kann allerdings bei metamorphen Gesteinen, die aus Sedimenten hervorgegangen sind, mit deren ehemaliger Schichtung in Zusammenhang stehen.

Wirkliche Schichtung zeigen dagegen die meisten Sedimentgesteine, sie werden daher auch als *Schichtgesteine* bezeichnet. Die Schichtung entsteht dadurch, daß die Ablagerung des Sediments durch einen mehr oder weniger großen Zeitraum hindurch fortdauert, daß aber währenddessen kleinere oder größere Schwankungen der Art und Korngröße des zugeführten Materials stattfinden. Jede Schichtoberfläche war für kurze Zeit einmal Erdoberfläche. Sie wurde unter der darüberlagernden Schicht begraben. Sie ist die *liegende,* die ältere Schicht. Die überlagernde ist die *hangende,* die jüngere Schicht. Meist werden die Schichten eines Sediments annähernd horizontal abgelagert. Es gibt aber Ausnahmen, die Schichten einer Schutthalde liegen z. B. schräg.

Wenn Gesteinsschichten lückenlos und gleichmäßig übereinanderliegen, also identisches *Streichen* und *Fallen* aufweisen, so spricht man von *gleichsinniger* oder *konkordanter* Lagerung. Stoßen die Schichten aus irgendwelchen Gründen unter

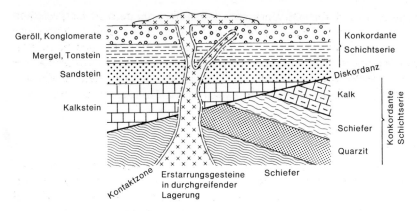

Fig. 5. Schema geologischer Lagerungsverhältnisse und üblicher Gesteinssignaturen.

einem Winkel aufeinander, so daß Schichten unter der Überlagerung durch andere aussetzen, dann ist die Lagerung *ungleichsinnig* oder *diskordant*. Größere Schichtfolgen von im wesentlichen konkordanter und wenig geneigter Schichtlagerung werden als *Schichttafeln* bezeichnet. Erstarrungsgesteine müssen, wenn sie an die Erdoberfläche oder nahe zur Erdoberfläche kommen, den Verband älterer Gesteine, seien diese nun ältere Erstarrungsgesteine, Metamorphite oder Sedimente in Gängen, Spalten oder entlang von Schichtflächen durchbrechen. Sie haben *durchgreifende* Lagerung. An den durchbrochenen Gesteinen zeigen sich Erscheinungen der Kontaktmetamorphose. Mit ihrer Hilfe ist es möglich, das ältere durchbrochene von dem jüngeren durchbrechenden Gestein zu unterscheiden. Selbstverständlich kann, wenn es sich um Erstarrungsgestein handelt, das tiefer liegende von zwei Gesteinen das jüngere sein (Fig. 5).

Alle Gesteine werden von *Klüften* durchsetzt, d. h. von oft deutlichen, oft aber auch kaum bemerkbaren *Fugen, Trennflächen*. Bei den Erstarrungsgesteinen dürften sie einerseits auf Spannungen zurückgehen, welche sich aus einseitig gerichteter Abkühlung ergeben haben, andererseits auch auf den Druck des umgebenden Gesteins, in das der Intrusionskörper sich hineingepreßt hat. Bei den Sedimentiten gibt es außer den *Schichtfugen* immer auch quer durch die Schichten setzende Fugen, die durch Feinstbewegungen im Sediment infolge von wechselnder Durchfeuchtung und Temperatur und durch Druck von seiten überlagernder Massen verursacht sind (Dehnungs- bzw. Reißfugen bzw. -klüfte und Zerrfugen, Scherfugen bzw. -klüfte). Bei den Metamorphiten haben die Druck- und Hitzewirkungen *Schieferungsflächen* und Klüfte der verschiedensten Art quer, schief und parallel zur Druckrichtung erzeugt. Klüfte können zementiert sein. Im ganzen aber sind sie als Ansatzflächen der Verwitterung für die Lockerung und Beweglichmachung von Gesteinsfragmenten von sehr großer Bedeutung.

Neben den durch das Auftreten von Erstarrungsgesteinen bedingten Unregelmäßigkeiten der Gesteinslagerung gibt es in größtem Umfange echte *Schichtstörungen*. Sie betreffen nicht nur Schichtgesteine, sondern ebenso auch die

Erstarrungsgesteine und die Metamorphite, sind aber in den Schichtgesteinen besonders leicht erkennbar. Sie beweisen, daß *Krustenbewegungen, tektonische Bewegungen*[8] von ungeheurer Stärke und Großartigkeit, aber im ganzen genommen von sehr geringer Geschwindigkeit die Erdkruste deformieren, *dislozieren.* Je nach dem, ob die *Dislokationen* mehr als Biegen oder als Brechen im Gestein zum Ausdruck kommen, werden *Faltung* und *Verwerfung* unterschieden.

Faltung, Groß-Verbiegung und Aufwölbung

Die *Faltung* kann von der Größenordnung der im Handstück nachweisbaren Kleinfältelung und Knitterung der Schichten bis zu bergegroßen *Sattel- (Antiklinal-)* und *Mulden-(Synklinal-)* Strukturen der Schichten gehen. Sie bewirkt auf diese Weise *Schichtfaltung.* Ja, sie kann bis zu Riesenverbiegungen reichen, deren Auf und Ab Landschaftsgröße (Großfalten, E. C. Abendanon, 1914; A. Penck, 1919; Grundfalten, E. Argand, 1922) annimmt. Es kommen einfache *stehende, schiefe, überkippte, liegende* Sättel und Mulden vor und sehr komplizierte Faltungsbilder. Teile der Falten*schenkel* können gedehnt, ausgewalzt, zerrissen und überschoben werden. Dann spricht man von *Faltenüberschiebung.* Ja, es können ganze Schichtpakete, sei es gefaltet oder mit ziemlich flacher Lagerung, vom Untergrunde *abgeschert,* auf weite Strecken von mehreren Kilometern, von Zehnern von Kilometern, vielleicht sogar von über 100 km über benachbartes Gebiet hinweggeschoben werden oder hinweggleiten. In diesem Falle redet man von *Deckenüberschiebung,* von *Schubdecken* oder einfach von *Decken.* Immer ist die Schichtfaltung mit Zusammendrängung, mit *Raumverengung* in der Faltungsrichtung verbunden. Sie muß daher vornehmlich auf *horizontale* Druckwirkung zurückgeführt werden (Fig. 6, 7, 8).

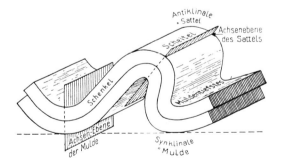

Fig. 6. Schema der Bestandteile einer Schichtfalte in Anlehnung an K. Metz (1957, S. 28).

---

[8] *Tektonik* bedeutet im engeren Sinne des Wortes „Lehre vom Bau und von den Bewegungen der Erdkruste". In einem weiteren Sinne bezeichnet es oft diese Bewegungen selbst, oft auch den Typus des durch diese Bewegungen hervorgerufenen Krustenbaus, d. h. den Typus der geologischen Struktur.

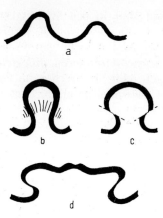

Fig. 7. Typen aufrecht stehender Schichtfalten. (Nach A. Heim, Geologie der Schweiz).
a einfache Falten, b Fächerfalte, c Pilzfalte (mit zerrissenen Schenkeln), d Kofferfalte (mit gedehnten Schenkeln)

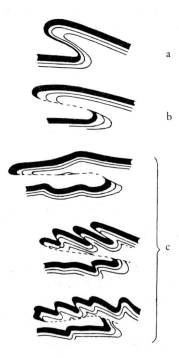

Fig. 8. Liegende Falten und Faltendecken (Nach A. Heim, Geologie der Schweiz).
a liegende Falte mit gestrecktem Mittelschenkel
b liegende Falte mit zerrissenem Mittelschenkel
c Faltendecken verschiedener Einzelausbildung

Während in einer ungestörten Sedimentfolge stets die älteren Gesteine das Liegende, die jüngeren das Hangende bilden, treten in überkippten oder gar überschobenen Falten und Decken die kompliziertesten Lagerungsverhältnisse ein. Hier können die liegenden, also älteren Gesteine über den jüngeren, den hangenden, gelagert sein, d. h. invers liegen, sogar in mehrfacher Wiederholung. Die Entwirrung eines derartigen Schichtbaus ist nur möglich durch Vergleich mit der entsprechenden Gesteinsfolge in einem ungestörten oder wenig gestörten Bereich. Die Grundlage für derartige Vergleiche bildet die in geeigneten Gebieten durch *paläontologische* Untersuchungen gewonnene Kenntnis von der Abfolge der als *Fossilien* in den Gesteinen erhaltenen und für bestimmte geologische Zeiten charakteristischen Reste der Lebewelt.

Gewölbte Schichtlagerung muß nicht ausschließlich durch die soeben besprochenen Erscheinungen der zusammenstauenden Schichtfaltung hervorgerufen sein. Es kommen auch faltungsähnliche *Aufbeulungen* einer Schichttafel vor, z. B. dort, wo unterirdisch Intrusivgesteinsmassen eingedrungen sind. Solche *Aufwölbungen* (Aufbeulungen) sind daran erkennbar, daß die betroffenen Schichten statt einer Zusammendrängung Merkmale der *Dehnung*, der *Raumvergrößerung* aufweisen, z. B. Zerrungsbrüche (s. unten). Derartige Gewölbe treten stellenweise in der Nachbarschaft der großen Kettengebirgsgürtel der Erde auf, z. B. am Ostsaume der Rocky Mountains in den USA. In Nordwest-Deutschland knüpfen sich nicht wenige Aufwölbungen an örtlich unter Druck aus der Tiefe plastisch aufsteigendes Steinsalz *(Salzstöcke, Salzhorste, Diapire)* (Fig. 9).

Fig. 9. Schema der Aufwölbung. Nach H. Cloos, 1936). Die Brüche sind Abschiebungsbrüche.

Brüche, Flexuren

Wird bei Krustenbewegungen die im einzelnen sehr verschieden große Biege-, Zug- oder Scherfestigkeit der Gesteine überbeansprucht, so kommt es zum *Bruch*, zur *Verwerfung*. Brüche können kleine und große *Sprunghöhe* und sehr verschiedene Längenerstreckung haben. Sie können in der Längsrichtung ausklingen, sich in mehrere Einzelsprünge aufspalten oder auch in eine *Verbiegung (Flexur)* übergehen. Sie können lotrecht *(saiger)* oder schief in die Tiefe setzen oder auch horizontal verlaufen. Auf einem geeigneten Schnitt kann ein Bruch durch das Abstoßen verschiedenartiger Gesteine beiderseits der Bruchfläche nachgewiesen werden. An den Bruchflächen selbst ist es durch die ungeheure Reibung der an ihnen entlang geglittenen Gesteinsmassen oft zu Zertrümmerung (Mylonitisierung) der Gesteine oder zu Striemungen und mineralischer Veränderung der Gesteinsoberfläche gekommen, so daß sie spiegelartig glänzen. Solche Flächen heißen *Harnische*. Man unterscheidet bei Brüchen gewöhnlich den *gehobenen* und den *gesenkten Flügel* (Fig. 10 u. 11).

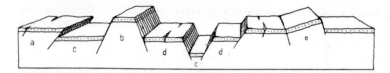

Fig. 10. Schema der Bruch-(Verwerfungs)bildung.

a *Horst* = relativ gehobene Scholle, von *Aufschiebungsbruch* (Pressungsbruch) begrenzt
b *Horst* = relativ gehobene Scholle, von *Abschiebungsbrüchen* (Zerrungsbrüchen) begrenzt
c *Graben* = relativ gesenkte Scholle, hier von gestaffelten Abschiebungsbrüchen begrenzt
d *Staffelschollen,* die sie begrenzenden Brüche *(Verwerfungen)* sind Staffelbrüche
e *Pultscholle,* Kippscholle
Die vertikalen Höhenunterschiede der durch Punktierung angedeuteten Schicht stellen jeweils die
Sprunghöhe der betreffenden Verwerfung dar.

Fig. 11 Schema einer Flexur, die nach der Tiefe in einen Bruch übergeht.
(Nach K. Metz, 1967, S. 53).

Ein geneigter Bruch, an dem nur horizontale Bewegung stattfand, bei dem es also keinen gehobenen und gesenkten Flügel gibt, heißt *Blattverschiebung.* Liegt der Bruch bei horizontaler Bewegung selbst auch horizontal, so handelt es sich um eine *Überschiebung.* Eine von zwei (relativ) gehobenen Flügeln begrenzte schmale Bruchscholle wird als *Graben* bezeichnet. Bei mehr rundlicher Gestalt spricht man von einem *Senkungsfeld* oder auch von einem *Kesselbruch.* Eine von gesenkten Flügeln begrenzte Hochscholle ist ein *Horst.* Eine einseitig gehobene Bruchscholle ist eine *Pultscholle.* Statt durch einen einzigen Bruch vollzieht sich der Übergang von der gehobenen zur gesenkten Scholle nicht selten durch mehrere Teilbrüche, d. h. durch *Staffelbrüche.*

Bei nicht senkrecht stehenden Bruchflächen kann durch die Schollenbewegung in der Horizontalen quer zum Bruche entweder eine Raumvergrößerung oder eine Raumverminderung bewirkt werden. Im ersten Falle spricht man von *Zerrungsbrüchen,* im zweiten von *Pressungsbrüchen.* Bei diesen kann es zur *Bruchüberschiebung* kommen. Wenn auf spröde Schichtpakete starker seitlicher Druck wirkt, der in plastischen Gesteinen Faltung hervorrufen würde, so kommt es hier nicht selten zur Ausbildung von Scharen von Überschiebungsbrüchen, die die Masse schuppenartig zerlegen. So entsteht die sogenannte *Schuppenstruktur.* Brüche kommen in jeder Art von Strukturen vor. In den Schichttafeln sind sie aber vielfach die einzigen deutlich erkennbaren Dislokationen. Der Übergang von einer höherstehenden zu einer tiefer liegenden Scholle kann statt durch Bruch auch durch sanfte Abbiegung oder Verbiegung (Flexur) erfolgen. Die Flexuren nehmen als Schichtstörungen eine Zwischenstellung ein zwischen Bruch und Schichtfaltung.

2. Hauptstrukturtypen insbesondere der Festländer

Strukturen des Kettenreliefs

Die *Kettengebirgsgürtel* sind als Stränge langgestreckter, oft bogenförmiger Höhen- und Tiefenzüge und zugleich als Gebiete erheblicher Schwereanomalien und gesteigerter Häufigkeit und Stärke der Erdbebentätigkeit bereits gekennzeichnet worden. Sie erweisen sich damit als Bereiche noch nicht vollendeter isostatischer Ausgleichung, d. h. junger kräftiger Krustenbewegungen (*tektonische Labilität* oder *Mobilität*). In ihnen herrscht Faltungstektonik vor. Mit diesem Bilde stimmen die Baueigentümlichkeiten (Struktureigentümlichkeiten) ihres Untergrundes überein.

Die Kettengebirgsgürtel knüpfen sich an langgestreckte Zonen der Kruste, in denen vornehmlich während des Mesozoikums auf sinkendem Raum außerordentlich mächtige, oft mehrere km dicke Sedimentfolgen abgelagert worden sind. Meist handelt es sich um Flachseeablagerungen von kalkig-mergeliger Beschaffenheit, Riffkalke spielen eine große Rolle. Daneben kommen manchmal in ganz naher Nachbarschaft Ablagerungen vor, wie sie gewöhnlich in tiefen, ja sehr tiefen, aber verhältnismäßig engräumigen Meeresbecken sedimentiert werden. Unter ihnen sind kieselige, Radiolarien enthaltende Schichten charakteristisch. Gleichzeitig sind basische und ultrabasische grüne Eruptiva, die *Ophiolite* der Alpen, Dinariden, des Taurus, des Apennin usw., die von untermeerischen Ergüssen stammen, häufig. Eine solche Sedimentationsfolge kann nur entstanden sein auf einem lange Zeit kräftig sinkendem Untergrund, jedoch mit im einzelnen merklichen Unterschieden der Tiefe des Sedimentationsbeckens, der Mächtigkeit und der Fazies der Ablagerungen. Man bezeichnet den Raum solcher Ablagerungen als *Geosynklinale*.

In den Kettengebirgen haben die Geosynklinalsedimente stets eine sehr starke Schichtfaltung durchgemacht, welche manchmal bis zur Bildung von Deckenüberschiebungen gesteigert ist. Mit ihr verbunden erscheint in einigen geosynklinalen Gebieten, in denen besonders tiefer Einblick möglich ist, z. B. in der penninischen Zone der Alpen, unter den Oberflächenfalten eine kristalline Faltungszone, in der Geosynklinalsedimente metamorphisiert wurden. Aber auch saure Schmelzen aus dem Untergrund (*synorogene Intrusionen* von H. Stille, 1940) haben meist zur Entstehung des aus Gneisen und kristallinen Schiefern bestehenden Falten- und Deckenkomplexes beigetragen. Es muß angenommen werden, daß infolge dieser Schichtfaltung, d. h. der extremen Einengung der Sedimentationsräume quer zum Streichen der entstehenden Faltenzüge, zum mindesten Teile der Geosynklinale über den Meeresspiegel emporgehoben wurden. Denn zeitlich folgen gewöhnlich in den Randgebieten des Geosynklinalraumes mächtige Serien von sandig-tonigen Flachwasserablagerungen z. T. mit Schutt- und Gerölleinschaltungen, die nach einem Schweizer Ausdruck als *Flysch* bezeichnet werden. Sie deuten auf die Nähe von Abtragungsgebieten zur Zeit ihrer Bildung hin. Schließlich wird mit der Wanderung (Migration) geosynklinaler Teilbecken nach außen auch die Flyschserie von der Schichtfaltung erfaßt. Die Geosynklinale wird mehr und mehr zum Gebirge und es entstehen am Rande Vortiefen mit Ablagerungen, die man

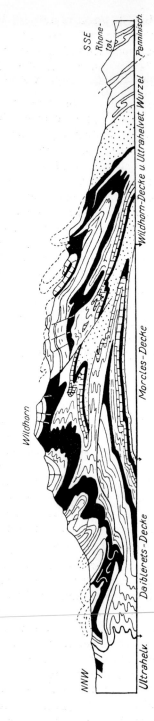

Fig. 12. Alpiner Deckenbau im Wildhornprofil. (Vereinfacht nach M. Lugeon, aus J. Cadisch, 1953).

wiederum nach Schweizer Vorbild *Molasse* nennt. In der Nähe des Gebirges spielen in ihnen grobe Flußschotter eine große Rolle, mit wachsender Entfernung vom Gebirge feine Sande, Tone, auch Kalke. Soweit es in diesem Stadium zu Vulkanismus kommt (*subsequent* im Sinne von Stille 1940) handelt es sich vorzugsweise um saure bis basische Gesteine der Alkalireihe (S. 48).

Die Randzonen des durch Schichtfaltung betroffenen Raumes bestehen nicht selten aus einfachen Antiklinal- und Synklinalzügen, die Gebirgskämme und Längstäler bilden, so im Schweizer Faltenjura, in den albanisch-epirotischen Randketten des Dinarischen Gebirgssystems oder in den südwestiranischen Randketten. Nur in diesen Fällen darf man wirklich von *Faltengebirgen* sprechen. Die inneren Zonen des Faltungssystems besitzen dagegen gewöhnlich recht verwickelten Bau mit enger Verfaltung, Verschuppung, ja Überschiebung großer Schichtenkomplexe (Fig. 12). In ihnen stimmen die Gebirgsketten keineswegs überwiegend mit den Faltungssätteln überein. Sie sind gewöhnlich nicht einmal im ganzen genommen unmittelbar durch die Schichtfaltung geschaffen worden, sondern sind, wie später zu zeigen sein wird (S. 339), ein Ergebnis nachträglicher Hebung des gefalteten Gebiets und unterschiedlicher Abtragung in den gehobenen Faltungsstrukturen. Solche *Kettengebirge*, z. B. die inneren Teile der Alpen, werden leider sehr oft auch als Faltengebirge bezeichnet, obwohl dies fast ebenso sinnwidrig ist, als wenn man den Harz ein Faltengebirge nennen wollte, weil ja auch *seine* Höhen aus gefalteten Strukturen bestehen. Eine nach strenger Begriffsbildung strebende Geomorphologie sollte diesen Benennungsmißbrauch vermeiden.

Die Geosynklinalen erweisen sich auch auf Grund ihres speziellen Baustils und der Art ihrer Sedimentfüllung als *labile Zonen* der Erdkruste, in denen starke Bewegungen der Kruste vonstatten gehen. Aber nicht auf einmal, sondern in mehreren, durch weniger aktive Zeiten getrennten Faltungsphasen, die in den Alpen in der Kreidezeit, vielleicht schon im Jura beginnen und sich im Tertiär fortsetzen, ist die heute vorliegende Struktur des Kettengebirges geschaffen worden. Ähnlich ist es, soweit bisher bekannt, in den anderen Kettengebirgen. Wenn auch in diesen die Faltung der Geosynklinalsedimente z. T. schon früher oder erst später beginnt, so sind doch die Faltungsphasen selbst, wie vor allem H. Stille (1924) gezeigt hat, weltweit oder doch in großen Teilen der Erde im wesentlichen gleichzeitig zur Auswirkung gekommen.

H. Stille (1924) hat Schichtfaltung dieser Art als *Orogenese* (deutsch Gebirgsbildung), ihre Einzelprozesse als *orogenetische* Vorgänge und ihr Ergebnis als *Orogen* bezeichnet. Es wurde schon angedeutet, daß dieser Name mißverständlich ist. Denn die Hebung über den Meeresspiegel und damit die eigentliche Gebirgswerdung der großen Kettengebirge ist, wie mehr und mehr erkannt wurde, weithin zeitlich erst sehr viel später eingetreten als die Faltung der Gesteinsschichten, aus denen die Gebirge aufgebaut sind. Deswegen wird neuerdings der Ausdruck Orogenese, soweit er lediglich die in Faltungsphasen zusammengedrängten Schichtstörungen kennzeichnen soll, durch das Wort *Tektogenese* ersetzt (E. Haarmann, 1927). Jedenfalls darf Orogenese nicht ohne weiteres mit Gebirgsbildung im geomorphologischen Sinne gleichgesetzt werden. Orogenese bedeutet Schichtfaltung und damit irreversible Veränderung des Gesteinsgefüges im Bereich labiler Zonen der Erdkruste. Gebirgsbildung tritt dort meistens auch ein, aber sehr oft nicht in unmittelbarem zeitlichem Zusammenhang mit der Schichtfaltung.

Strukturen der kontinentalen Flachländer

Schichttafelländer — stabile geologische Schelfe

Den Kettengebirgsgürteln stehen die flacher gestalteten Kontinentalräume mit im allgemeinen gutem isostatischem Massenausgleich und einer viel geringeren Erdbebenintensität als ruhigere Teile der Erdkruste gegenüber. Dennoch besitzen auch sie zum mindesten im tieferen Untergrund enge Faltungsstrukturen metamorpher Gesteine. Außerdem werden sie auch disloziert, jedoch vorzugsweise durch sanfte Hebungen und Senkungen, Aufbiegungen und Abbiegungen, d. h. durch großräumige Bewegungen, die die Struktur der betroffenen Scholle nicht ändern, und die im zeitlichen Verlauf ihren *Richtungssinn wechseln* können. Solche Bewegungen, die hiernach grundsätzlich von der Schichtfaltung verschieden sind, werden als *epirogenetische* oder *epirogene* (kontinentbildende) Bewegungen bezeichnet.

Man erkennt ihr Wirken daran, daß auf den flacher gestalteten Kontinentalgebieten in großer Ausdehnung Flachmeersedimente (epikontinentale Sedimente) oder auch terrestre Ablagerungen in flacher oder nur wenig deformierter Lagerung nebeneinander, auch in mehrfachem Wechsel übereinander auftreten. Hier und da sind Diskordanzen zwischengeschaltet, welche anzeigen, daß das Gebiet zwischendurch vom Ablagerungsraum zum Abtragungsbereich wurde. Es müssen also im Verhältnis zum Meeresspiegel sanfte Auf- und Abbewegungen stattgefunden haben. Das Meer hat *Transgressionen* und *Regressionen* ausgeführt. Diese Schichttafelgebiete der heutigen Kontinente haben also zeitweise die gleiche Stellung eingenommen wie die heutigen *Schelfe.* Es sind ehemalige Schelfe. Im geologischen Sprachgebrauch werden sie deswegen vielfach einfach den Schelfen zugeordnet. Im Rahmen geomorphologischer Betrachtung wird es besser sein, zur Unterscheidung von den heute meerbedeckten, aktuellen Schelfen nur von Schelfstrukturen oder von geologischen Schelfen zu sprechen.

Für derartige, manchmal mehrere hundert Meter mächtige Schichttafeln geben etwa die Russische, die Sibirische oder die Nubisch-Arabische Tafel Beispiele. Sie stellen stets nur den *Oberbau* (das „Deckgebirge" der Geologen) dar über einem tiefer liegenden *Unterbau,* welcher aus älteren gefalteten Krustenteilen aufgebaut wird, und dem *Tiefenbau* (dem „Grundgebirge" der Geologen), worunter die hochkristallinen, meist noch tiefer liegenden Faltungsstrukturen verstanden werden. In Mitteleuropa wird von Geologen auch der Unterbau oft dem „Grundgebirge" zugerechnet. Eine bedeutende Diskordanz trennt in der Regel den flachliegenden Oberbau von seinem Sockel. Dieser muß offenbar große Starrheit besitzen. Denn allein so ist es zu verstehen, daß die zum guten Teil marinen Deckschichten trotz immerhin ansehnlicher Vertikalbewegungen ihre flache Lagerung im wesentlichen beibehalten haben. Nur hier und da werden sie von Flexuren oder Brüchen disloziert. Man nennt solche Schichttafeln aus den angeführten Gründen *stabile geologische Schelfe*. Für großräumige starre Grundstrukturen ist die Bezeichnung *Kratogen* (L. Kober, 1921) oder *Kraton* (H. Stille, 1924) üblich geworden.

Bruchschollenländer — labile geologische Schelfe

Es gibt allerdings Schelfstrukturen, die stärker differenzierte Vertikalbewegungen erlitten haben. Sie sind, wie etwa im alpidisch nicht gefalteten Mitteleuropa, durch Brüche in ein Mosaik gehobener, gesenkter und gekippter Schollen zerlegt. In den Hochschollen kommt der gefaltete Unterbau (Kraton) zutage, stellenweise auch kristalliner Tiefenbau. In den Senkungsgebieten können die epikontinentalen Sedimente bedeutende Mächtigkeiten erreichen, und hier gibt es als Auswirkung pressender Bewegungen der umrahmenden Hochschollen auch mäßige Schichtfaltung in den Sedimenten, die H. Stille (1924) als *Rahmenfaltung* bezeichnet hat. Im Gegensatz zu den wenig gestörten, stabilen Schelfstrukturen liegen hier *Schollenländer* bzw. *Bruchschollenländer* oder *labile geologische Schelfe* vor.

Im nichtalpidischen Mitteleuropa kam es bei der Zerteilung von Deck- und Grundgebirge in ein Schollenmosaik (germanotype und saxonische Tektonik) zur Ausbildung bevorzugter Bruchrichtungen. Bei einem Störungsverlauf im Sinne des Oberrheingrabens spricht man von *rheinischem* Streichen, bei Nordwest-Südost-Orientierung von *herzynischem*[9] und bei Nordost-Südwest-Richtung von *erzgebirgischem* Streichen. In Hochgebirgen Asiens, dem Tien Schan, Altai und Sajan treten lang hinziehende Ketten auf, die dennoch Bruchschollen, Horste, darstellen, weshalb diese Gebirge als *Kettenschollengebirge* bezeichnet werden können. Zu den Bruchschollenerscheinungen gehören auch die *Grabenbruchsysteme* und die einseitigen *Bruchstufen* der Festländer, wie sie z. B. das östliche Afrika oder Vorderasien durchziehen. Es sind Großstörungen von kontinentalen Ausmaßen und erheblich größerem Tiefgang als ihn die saxonische oder germanotype Tektonik hat. Mit dieser Tatsache steht das Aufdringen von meist basischen Gesteinsschmelzen aus der Unterkruste oder aus dem Grenzbereich von Unterkruste und Mantel bis an die Erdoberfläche in Zusammenhang. (Kap. II C).

Labile geologische Schelfe werden schließlich bis zu hunderten von Kilometern Länge von *Lineamenten* durchsetzt, die als Baublockgrenzen, einfache Brüche oder Blattverschiebungen auftreten können. An diese Strukturen sind kaum vulkanische Erscheinungen, häufig aber Erdbebengebiete geknüpft, wie im Inneren Anatoliens oder an der San-Andreas-Linie in Californien, wo entlang der Störungslinie pleistozäne Terrassensedimente 4,8 bis 16 km, oligozäne Ablagerungen sogar 280 km weit gegeneinander verschoben worden sind (I. C. Crowell, 1962; Bild 152).

---

[9] Herzynisches Streichen ist nicht identisch mit der Anordnung der Gesteinszonen bzw. der Faltungsstrukturen im Harz. Diese erstrecken sich zum großen Teil in NE-SW Richtung.

Kontinentalschilde — Kontinentalkerne — Kontinentalschwellen

In gewissen Teilen der flachen Kontinentalbereiche liegt gefalteter Untergrund seit sehr langer Zeit entblößt zutage. Er zeichnet sich dadurch aus, daß in ihm die Faltungserscheinungen uralt, jedenfalls vorkambrisch sind. Erst in den Randgebieten treten flach liegende Deckschichten auf und auch diese sind von paläozoischem, vielfach von altpaläozoischem oder gar vorpaläozoischem Alter. So ist es insbesondere beim Baltischen Schilde beiderseits der nördlichen Ostsee, beim Canadischen rings um die Hudson Bay, beim Guayana und Brasilianischen Schilde (Saõ Francisco Kraton). Solche uralt gefalteten und seit langem nicht mehr vom Meer überspülten, flachen Aufwölbungen des Kontinentalgebiets *(Schilde)* werden auch als *Kontinentalkerne* bezeichnet, weil sich zeigen läßt, daß in der überblickbaren geologischen Geschichte die Kontinente im großen und ganzen um diese Kerngebiete herum an Umfang zugenommen haben. In der Geologie werden sie auch Blöcke genannt. Diese Bezeichnung ist in der Geomorphologie, wo das Wort Block ausgiebig in ganz anderem Sinne benutzt werden muß, weniger empfehlenswert.

Nicht überall sind die Flachlandschaften weiträumiger uralter Schichtfaltung so weitgehend von Meeresüberflutungen verschont geblieben wie anscheinend im Baltischen oder Canadischen Schild. Namentlich in den Südkontinenten, in Brasilien, in Afrika und Australien stecken bauverwandte Grundplatten, die jedoch stellenweise marine Sedimentdecken tragen. Hier gibt es örtlichen Wechsel von Schildstruktur und Schichttafel bzw. von geologischem Kerngebiet und stabilem geologischem Schelf.

Neben den Schilden und den Schichttafeln gibt es in den flachen Kontinentalbereichen auch *Schwellen*, meist von länglicher Gestalt, die ohne Rücksicht auf die Verteilung von Schichttafeln und Schildbereichen durch sanften aber stetigen Aufschwung recht erhebliche Höhenunterschiede aufweisen können. Solche Kontinental-Schwellen sind etwa die Lundaschwelle, Ober Guinea Schwelle, auch Teile des Brasilianischen Berglandes. O. Jessen (1943) hat darauf aufmerksam gemacht, daß diese Schwellen vielfach als Randschwellen der Kontinente entgegentreten. Sein Versuch, diese Schwellen auf Vertikalbewegungen in der Kruste zurückzuführen, die durch die unterschiedliche Wärmebilanz von Ozeanboden und Kontinentoberfläche verursacht sein sollen, ist interessant, steht aber wohl zurück hinter anderen Erklärungsmöglichkeiten, wie sie z. B. die Plattentektonik bietet.

Verschiedenheit der zutage liegenden Strukturen und Verschiedenheit des Auf und Ab der nebeneinander liegenden Krustenteile treten in den kontinentalen Flachländern weithin in sehr großflächiger Anordnung entgegen. Kleinräumiger gekammert sind die Bruchschollenländer der labilen geologischen Schelfe und besonders die Grabenfluchten der Hauptbruchzonen. Aber kreuz und quer geordnete Verteilung der Oberflächeneinheiten überwiegt auch in diesen gegenüber der betonten Längsanordnung des Kettenreliefs. Im ganzen ergibt sich so, wie schon früher erwähnt wurde, als Charakteristikum der kontinentalen Flachländer ein meist weiträumiges, nur örtlich stärker aufgegliedertes Felderrelief.

Strukturen der ozeanischen Räume

Die geologischen Strukturen der ozeanischen Räume liegen nicht großflächig oder wenigstens längs bevorzugter Linien unmittelbar beobachtbar zutage wie jene des Festlandes. Sie können nur auf Grund mehr oder weniger punktweiser Sondierung und deren gedanklicher Verknüpfung näherungsweise erschlossen werden. Sie bilden daher nicht wie die weithin gut bekannten Festlandstrukturen gegebenenfalls eine sichere Grundlage für geomorphologische Überlegungen, sondern eine möglichst sorgfältige Auswertung des subozeanischen Reliefs muß mithelfen, einleuchtende Vorstellungen über die dort vorhandenen feineren geologischen Strukturen überhaupt zu gewinnen. Deswegen können Aussagen über die Strukturen der ozeanischen Räume, welche über das zur Deutung der größten Formenanlagen der Erde in Kap. II C Gesagte hinausgehen, unserer eingehenderen Behandlung der verschiedenen Kategorien von Oberflächenformen der Erde nicht vorausgestellt werden. Vielmehr können die betreffenden Strukturfragen erst im Kap. III L im Zusammenhang mit der Geomorphologie des Meeresbodens erörtert werden.

Stellenweise gibt es vor allem auf dem Kontinentalfuß und innerhalb der ausgedehnten Flachbereiche der Tiefsee Becken auch schärfer geprägte Formen von untergeordneter Ausdehnung. Handelt es sich um Aufragungen, so spricht man je nach der Größe von Tiefsee Bergen (sea mount), Tiefsee Kuppen, Tiefsee Hügeln (abyssal Hill), welcher Begriff aber wesentlich größere Formen mit umfaßt als das deutsche Wort Hügel. Örtliche Eintiefungen werden als Tiefe, Grube, Loch bezeichnet und bei länglicher Form auch als Rinne. Soweit die Aufragungen Kegelgestalt, die Vertiefungen Trichtergestalt haben, dürfte es sich meist um vulkanische Formen handeln. Einseitig gestrecktes oder unruhiges Sonderrelief auf dem Kontinentalfuß dürfte eher auf unvollständig zugeschüttetes Schollenrelief schließen lassen, u. U. sogar auf abgesunkene Reste eines ehemaligen subaërischen Abtragungsreliefs.

3. Vulkanische Aufbauformen und ihre Begleiterscheinungen

Einführung

Große Teile der Erdoberfläche, insbesondere der Ozeanböden, werden aus Vulkaniten bzw. Magmatiten aufgebaut. Die medianen, aber auch die marginalen ozeanischen Rücken sind infolge der hier herrschenden *distraktiven Bruchtektonik (Dehnungstektonik)* Zonen ständiger Neubildung von Erdkruste durch den Aufstieg basaltischer Schmelzen aus der Tiefe. Auch die Grenzbereiche von labilen geologischen Schelfen, Geosynklinalen oder junge Kettengebirge sind oder waren Gebiete eines intensiven Vulkanismus.

Das Empordringen von schmelzflüssigem Material, *dem Magma,* aus dem Erdmantel oder aus tieferen Teilen der Erdkruste und die damit verbundenen Begleitvorgänge werden als *vulkanische Erscheinungen* oder Vulkanismus bezeichnet. Teilweise sind diese Begriffe noch weiter gefaßt, da auch alle Vorgänge, die mit der Entstehung des Magma verbunden sind, hinzugerechnet werden.

Gelangt die aufsteigende Schmelze an die Erdoberfläche, so wird sie als *Lava* oder in Form von *Tephra,* das sind vulkanische Lockerprodukte, die bei Vulkanausbrüchen durch die Luft geworfen werden, ausgebreitet. Dadurch bilden sich neue Oberflächen, *vulkanische Aufschüttungsoberflächen.* Durch Gasausbrüche oder durch ihre Mitwirkung entstehen vielfach ebenfalls neue Formen, wie z. B. Trichter, und durch Entleerung von Magmenkammern Einbrüche über den gebildeten Hohlräumen. Die Vorgänge, die zur Schaffung dieser Landoberflächen führen, zählen zu den eindrucksvollsten geomorphogenetischen Prozessen auf der Erde und führen zu einer außerordentlichen Formenvielfalt, wie uns Gebiete mit rezentem oder erloschenem Vulkanismus verdeutlichen.

Mit dem Vulkanismus sind nicht selten Aufwölbungen und Einsenkungen der Erdoberfläche verbunden, die mit Massenverlagerungen der Magmen unter der Erdoberfläche in Zusammenhang stehen. In einen Gesteinsverband eindringendes Magma vermag das darüber lagernde Gestein emporzustemmen und kann zu *Tiefengesteinskörpern* oder *Plutonen* erstarren. Die lang anhaltende Aufwärtsbewegung meist saurer Magmen folgt häufig Schicht- oder Schieferungsflächen des Gesteins, sie fügt sich also konkordant in den Gesteinskomplex ein, weshalb man von „konkordanten" Plutonen oder *Lakkolithen* spricht. In der Regel haben sie in Anpassung an Schichtung oder Schieferung plankonvexe oder bikonvexe linsenförmige Gestalt. Dagegen sind *Batholithe* Intrusivkörper aus Granit, Granodiorit oder Quarzdiorit mit nach außen geneigten Grenzen gegen die Tiefe hin, die das Nebengestein diskordant durchsetzen. Alle Erscheinungen, die mit der Platznahme von Plutonen in Verbindung stehen, werden unter dem Begriff *Kryptovulkanismus* zusammengefaßt.

Die geschaffenen vulkanischen Formen unterliegen an der Erdoberfläche der Einwirkung der morphodynamischen Prozesse und damit der Abtragung. An lockeren vulkanischen Aufbauten zeigen sich manchmal sehr schnell und auffällig ihre Spuren. Bei stark abgetragenen alten Vulkanstrukturen erinnern die herauspräparierten Gesteinsunterschiede noch lange an die einstige vulkanische Natur der Anlage. Deswegen wird manchmal von vulkanischen Erosionsformen gesprochen. Man sollte aber diesen logisch nicht einwandfreien Sprachgebrauch vermeiden und sich gegenwärtig halten, daß hierbei nicht vulkanische Formen, sondern an vulkanischen Strukturen ausgearbeitete Abtragungsformen vorliegen. Sie sind durch die allgemeinen Gesetzmäßigkeiten der Abtragung bestimmt und werden nur in Einzelzügen durch die Anordnung und die petrographische Differenzierung des vulkanischen Substrats beeinflußt.

Physikalisch-chemische Eigenschaften der Magmen und Laven und ihre geomorphologische Bedeutung

Die stoffliche Zusammensetzung und die Temperatur der Magmen bedingen allgemein die Viskosität (Zähigkeit) und damit die Beweglichkeit der Schmelze, die Art der vulkanischen Tätigkeit, die sehr verschiedene Ausbildung der Förderprodukte sowie Form und Bau der Vulkane. Die Viskosität nimmt in diesen Silikatschmelzen innerhalb und unterhalb der Erdkruste mit steigendem Gehalt an SiO_2 und Al_2O_3 (bei konstanter Temperatur) bzw. bei allen Zusammensetzungen mit sinkender Temperatur zu. Das ist von besonderer geomorphologischer Bedeutung, da saure[10] Magmen oder Laven in der Regel weitaus zähflüssiger und langsamer als basische Schmelzen sind.

Da Magma leichtflüchtige Bestandteile molekular gelöst enthält, besitzt es gegenüber den überlagernden Gesteinen der Erdkruste meist geringeres spezifisches Gewicht und erfährt deshalb einen isostatischen Auftrieb. Aufstieg einer Schmelze bedeutet jedoch Wärmeabgabe und Beginn der Ausscheidung von Mineralen mit hohen Schmelzpunkten. Diese haben, da sie keine Gase enthalten, die Tendenz abzusinken, so daß sich aus dem mit Gasen untersättigtem *Hypomagma* (oder dem primären basischen subkrustalen Magma) (T. A. Jaggar, 1936) der Asthenosphäre ein gasübersättigtes *Pyromagma* oder eine *Restschmelze* entwickelt. Als erste Minerale bilden sich unter normalen Bedingungen (z. B. langsame Entgasung) zuerst Fe- und Mg-reiche dunkle Olivine, Augite und kalkreiche Feldspäte, die die wichtigsten Bestandteile des Basalts sind. Darauf folgen Hornblende und stärker natron-, d. h. alkalireiche Feldspäte, die in den Andesiten dominieren. Die anschließende Ausscheidung von hellem Kalifeldspat läßt Foidite und Tephrite entstehen und das Hinzutreten von Kieselsäure führt zu Gesteinen mit SiO_2-Überschuß, zu Trachyten und Phonolithen. In Rhyolithen und Daziten sind schließlich die hellen Minerale Sanidin, Leucit, Nephelin und Hayn enthalten. Im Verlaufe dieser *gravitativen Kristallisationsdifferentiation* ändert sich die stoffliche Zusammensetzung der Restschmelze vollständig, damit auch der Ausbruchmechanismus, der Bau und die Form eines Vulkans (s. S. 70 ff.).

In der Restschmelze erfolgt wegen dieser gravitativen Differentiation eine Gasanreicherung (u. a. Wasserdampf, CO_2, Schwefelverbindungen), die zum Aufstieg von Gasblasen im Pyromagma, also zu einer Phasentrennung von flüssigen und gasförmigen Bestandteilen und zu Störungen des hydrostatischen Gleichgewichts führt. Dieser mit Stoffumlagerung verbundene Gastransport bewirkt ebenfalls eine Veränderung des Chemismus der Schmelze, die als *pneumatolytische Differentiation* bezeichnet wird. Sie kann allerdings nur bei relativ niedrigem Druck und bei langsamer Entgasung erfolgen und wird begünstigt durch eine große vertikale Ausdehnung von Magmenkammern. In sauren oder granitischen Teilschmelzen sind wegen der hohen Viskosität des Magmas gravitative und pneumatolytische Differentiation stark behindert. Darauf ist zum größten Teil die stärker *explosive Tätigkeit* der sauren Schmelzen bei Druckentlastung gegenüber den vorwiegend *effusiven Äußerungen* der basischen Magmen, die eine große Ausflußbereitschaft zeigen, zurückzuführen.

Der Magmenaufstieg vollzieht sich häufig nicht unmittelbar entlang *abyssischer Spalten* aus der tiefen Erdkruste oder gar der Asthenosphäre bis an die Erdoberfläche, sondern ist durch Einschaltung von sekundären *Herden* in der höheren Erdkruste unterbrochen. In diesen erleidet das Magma weitere Veränderungen

---

[10] Von sauren Magmen oder Gesteinen ist in der Petrographie die Rede, wenn ihr Gesamt-SiO_2-Gehalt über 65% ansteigt. Liegt er unter 52%, dann sind Schmelzen oder Gesteine basisch oder alkalisch. Den Bereich zwischen 52% und 65% nehmen die intermediären Gesteine bzw. Schmelzen ein.

bei Lösung von Nebengestein durch das Herdmagma. Diese *Assimilation* führt zur Neubildung von Kristallen, die absinken, und zur Vermehrung der Gasphase durch die leichtflüchtigen Bestandteile der assimilierten Gesteine, die aufsteigen. Eine starke Veränderung des Chemismus der Schmelzen durch diese Prozesse führt zur Bildung *syntektischer* Magmen und ist häufig Ursache *ejektiver* oder *explosiver Tätigkeit.*

Der verschiedene Grad der Differentiation und der Assimilation hängt ab von der Tiefe und der Form der Herde, den regionalen geologischen Verschiedenheiten und dem Faktor Zeit (H. Pichler, 1970). Ein eindrucksvolles Beispiel liefern die italienischen Vulkangebiete, denn sie beweisen durch den verschiedensten Chemismus der Förderprodukte die Existenz zahlreicher selbständiger Herde in der Kruste, in denen die Entwicklung der Schmelze verschieden verlief oder zum Zeitpunkt des Paroxysmus unterschiedlich weit fortgeschritten war. Der Reichtum an verschiedenen vulkanischen Oberflächenformen in der toscanisch-latischen oder campanischen Vulkanzone mit Lockermaterialkegeln, Schlacken-kegeln, Schlackenwällen, Stratovulkanen, Lavaströmen, Staukuppen, Ignimbritdecken, Calderen (s. S. 70 ff.) ist darauf gegründet.

Stofftrennung und Lösung des Nebengesteins im Herd und im Förderschlot während Ruheperioden vulkanischer Tätigkeit werden auch aus der Aufeinanderfolge verschieden zusammengesetzter vulkanischer Förderprodukte deutlich, indem zuerst die spezifisch leichteren, an flüchtigen Bestandteilen reichen Differentiate, die sich in Herd oder Schlot oben angereichert haben, erumpiert werden und danach die schwereren und weniger sauren Teilschmelzen. Mit dieser zeitlichen Abfolge der Förderprodukte gehen eine Veränderung der Art der Tätigkeit von mehr explosiver zu effusiver Aktivität und Veränderungen in der Form der Vulkane einher. Zu den Beispielen, die in dieser Hinsicht am besten untersucht sind, gehören der Vesuv (A. Rittmann, 1933) und die Albaner Berge (M. Fornaseri u. a., 1963) (Fig. 17).

Schließlich führt ein weiterer Vorgang zu chemischen Veränderungen der Schmelze und zu den angedeuteten geomorphologischen Konsequenzen. Es ist die *Anatexis,* das partielle Aufschmelzen der Gesteine der Erdkruste im Kontaktbereich mit dem Magma. Es entstehen bei diesem Vorgang gashaltige sekundäre Schmelzen, die auch *anatektische Magmen* genannt werden. Infolge des Gehaltes an leicht flüchtigen Stoffen, können sie sehr beweglich sein.

Typisierung vulkanischer Tätigkeit und ihrer Förderprodukte

Die chemisch-physikalischen Eigenschaften der Magmen bzw. der Laven bestimmen die Tätigkeitsarten der Vulkane und ihre Förderprodukte. Da diese Eigenschaften aus den oben erwähnten Gründen im Laufe der Zeit einem Wandel unterliegen, wechseln auch die Tätigkeitsmerkmale. Kaum ein Vulkan gleicht deshalb vollständig nach Beschaffenheit des Fördermaterials, der Dauer seiner Tätigkeit oder dem Fördermechanismus einem anderen. Aus dem gleichen Grunde kommen an den einzelnen Vulkanen verschiedenartige Ausbrüche und Typen der Tätigkeit vor. Die von G. Mercalli (1907) und A. Lacroix (1908) vorgeschlagene phänomenologische Systematik der Vulkantätigkeit nach einem *Hawaii-, Stromboli-, Vulcano-* und *Pelée-Typus* kann daher nur in grober Annäherung den Charakter der Gesamttätigkeit eines Vulkans wiedergeben, sie ist nicht für einzelne Ausbrüche anwendbar. Außerdem sind die Kenntnisse über das Wesen der meisten Vulkane der Erde zu gering, um sie ohne weiteres in diese Systematik einordnen zu können.

Wesentlich ist die Unterscheidung in Vulkane mit Förderung relativ dünnflüssiger Laven und solche, die sich durch Zähigkeit von Magma und Lava auszeichnen. Vulkane, die vorwiegend basische, also dünnflüssige Lava hoher Mobilität fördern, senden viele Lavaströme aus, sie zeigen Schlacken- und Lavawurftätigkeit und seltener ereignen sich Aschenausbrüche. Bei saurer, d. h. zähflüssiger Förderung von Magma und Lava sind starke Bimsstein- und Aschenausbrüche sowie Stau- und Stoßkuppenbildung typisch. Zwischen diesen beiden Gruppen von Vulkanen gibt es die verschiedensten Zwischentypen. So hat etwa der Tätigkeitscharakter des Vesuv seit dem Jungpleistozän zwischen effusiv und explosiv mehrmals gewechselt.

Die Oberflächen von Lavaergüssen weisen ein Kleinrelief auf, das aus dem Gegeneinanderwirken der schon in Erstarrung begriffenen Oberfläche und dem noch in Bewegung befindlichen Inneren der Ergußmasse herrührt, d. h. also von der Viskosität der Lava und damit der Art der Bewegung. Zwei Haupttypen der Oberflächengestaltung lassen sich dabei unterscheiden. Im einen Falle verhält sich die Oberfläche hautartig geschmeidig, fast glatt, *dermolithisch* im Sinne von T. A. Jaggar (1936). Im anderen Falle verhält sich die Oberfläche im Verhältnis zu den darunter anhaltenden Bewegungen spröde, *aprolithisch* oder *castolithisch* nach Jaggar. Dann ergibt sich eine sehr rauhe, rissige, zackige Oberfläche. Schwach entgasende Lava ist wohl die Voraussetzung für die Entstehung der glatteren Oberflächen. Starke Gasabgabe zerreißt die Oberfläche und macht sie rauh. Aber es dürften auch noch andere Ursachen bei diesen Unterschieden mitsprechen. Übergänge zwischen den Haupttypen kommen vor, manchmal auf kürzeste Entfernung. (Bild 154, 155.).

Die *Dauertätigkeit großer Vulkane* ist häufig durch *langsame Effusion* dünnflüssiger Lava aus dem Gipfelkrater oder aus lateralen Ausbruchstellen gekennzeichnet, die kilometerlange relativ schmale Ströme entstehen läßt. Bei geringem Gefälle erfolgt eine deckenartige Ausbreitung, die Bildung von Basaltdecken von teilweise riesigen Ausmaßen. Die ausströmende heiße Lava steht unter ruhiger Entgasung, so daß sich, zumindest in den oberflächennahen Teilen des Lavastromes, eine blasenreiche, recht zähflüssige Haut bildet, die von der laminar fließenden Lava im Inneren des Stromes mitgeschleppt wird. Bei konstant bleibender Fließgeschwindigkeit über einer Oberfläche ohne Gefällsbrüche entsteht *glatte Fladenlava.* Wechselnde Böschungswinkel führen zu einem Zerbrechen der glatten Fladenlava in tafelartige, kleinporige Bruchstücke, zu *Schollenlava,* deren Schollen bei Verlangsamung der Bewegung zu einem Haufwerk von Schollen *(Schollendomen oder Schollenrücken)* übereinandergetürmt werden. Unter Umständen wird bei Stauung eines Glutflusses seine Decke gesprengt und Lava fließt aus. Bei mehrfacher Wiederholung dieses Vorganges am gleichen Ort bildet sich eine *wurzellose Fließkuppe,* während in häufigeren Fällen Fließkuppen über lavafördernden Spalten entstehen, aus denen der Schmelzfluß ruhig ausströmt (z. B. Vesuv, Ätna, besonders aber Schildvulkane des Pazifischen Ozeans). Erfolgt die Bewegungsverzögerung bei noch nicht erstarrter Oberfläche, dann wird die hochviskose Haut gefaltet, und diese Falten werden bogenförmig zu *Seil-* oder *Stricklava* ausgezogen.

Wenn die Kruste eines Stromes aus dünnflüssiger Lava noch wenig mächtig ist und wegen fortdauernder Bewegung Risse in ihr entstehen, dann dringt entlang dieser Risse Lava auf und erstarrt an der Oberfläche zu unregelmäßigen ineinander verschlungenen Gebilden, zu sogenannter *Gekröselava*. Alle erwähnten Lavaformen werden unter dem Begriff *Fladenlava* oder nach einem hawaiischen Ausdruck als *Pahoehoe* zusammengefaßt. (Bild 154.)

Buckelförmige Auftreibungen der Lavaoberfläche durch Gasansammlung und das Sprengen solcher Auftreibungen unter Ausschleudern von heißen Lavafetzen und Schlacken, die beim Zurückstürzen rings um die Ausbruchsstelle zusammenbacken und steile *Lavaschornsteine* und *Spratzkegel* aufbauen, vervollständigen das abwechslungsreiche Bild der Kleinformen auf der Oberfläche von Lavaergüssen (Bild 155). Sie werden auch *Tröpfchenkegel* oder *Hornitos* (span. horno = Ofen) genannt.

An basische Laven ist als weiterer Tätigkeitstyp die *Schlacken- und Lavawurftätigkeit* gebunden. Fetzen von Lava werden durch die freiwerdenden Gase mitgerissen und aus dem Förderschlot ausgeworfen. Wenn sie während des Fluges abkühlen, erstarren sie zu schaumig aufgeblähten, schlackenartigen, zackigen Fragmenten, den *Wurfschlacken*. Als *Bomben* werden sie bezeichnet, wenn sie zu Beginn des Fluges durch Rotation eine aërodynamische Form angenommen haben. Erfolgt die Abkühlung der Lavafetzen erst nach dem Aufschlag auf den Boden, wobei sie fladenartig breitgequetscht werden, dann backen sie an der Aufschlagstelle zu *Schweißschlacken* zusammen. Bei länger anhaltender Aktivität entstehen so *Wurfschlacken-* und *Schweißschlackenkegel*. Schlacken- und Lavawurftätigkeit ist häufig am Stromboli zu beobachten, weshalb sie als strombolianische Tätigkeit charakterisiert wurde. Die Tätigkeit dieses Vulkans beschränkt sich aber nicht auf den Auswurf von Schlacken und Lavafetzen, sondern wird auch von rhythmischer Dampftätigkeit und durch Lavaergüsse abgelöst. Die Förderung von Schweißschlacken, Wurfschlacken und Bomben oder auch nur von *Lapilli* (kleine Würflinge) wird stark vom Magmenstand im Förderschlot bestimmt und ist hier im Sinne eines sinkenden Magma-Spiegels aufgezählt.

Bei Lava mittlerer Viskosität und offenem Förderschlot können sich rasche *terminale* oder *laterale Eruptionen (Gipfel-* oder *Flankenausbrüche)* ereignen, die effusiven, explosiven oder gemischten Charakter haben und miteinander wechseln. Während explosive Ausbrüche nur intermediäres bis saures Lockermaterial liefern, kommt es bei den effusiven, aber auch bei den gemischten Eruptionen zur Förderung von Lava. Die Oberfläche der Lavaströme ist mit rauhen Blöcken und schlackigen rundlichen bis zackigen Brocken bedeckt. Diese *Brockenlava* (Schollenlava), auf Hawaii *Aa-Lava* genannt, entsteht, wenn die bereits halberstarrte ziemlich mächtige Haut von der darunter fließenden Gesteinsschmelze mitgenommen wird. Sie ist jedoch nicht mehr so beweglich, daß sie zu Seillava (Stricklava) umgeformt werden könnte, sondern zerbricht entlang von Zerr- und

Scherklüften. Die Bruchstücke nehmen infolge Entgasung schlackiges Aussehen an.

Ausbrüche bei verstopftem Schlot sind überwiegend an zähflüssige Magmen gebunden. Sie stellen wohl die häufigste Art von Eruptionen auf der Erde dar und zeichnen sich durch große Mannigfaltigkeit aus. Neben Lavaströmen werden Aschen, *Bimssteine* oder *Brotkrustenbomben* gefördert. Die Bildung der hochporösen, stark aufgeblähten und glasig erstarrten Bimssteine erfolgt bei heftigen Explosionen rhyolithischen, dazitischen, trachytischen und phonolithischen Materials während des Fluges durch die Luft. Die hohe Viskosität der Lava verhindert das Entweichen der Gase, sie werden in zahllosen rundlichen oder länglichen Bläschen im vulkanischen Glas eingeschlossen. Die einzelnen Fragmente reiben sich auf ihrem Flug aneinander, werden gerundet und in die durch Abrieb entstandene Glasasche eingebettet. Brotkrustenbomben entstehen bei noch flüssigem Kern der Bomben, der sich bimssteinartig aufbläht und die bereits erstarrte, glasige, dünne Kruste reißen läßt.

Wegen der Zähflüssigkeit bilden sich aus Lavaströmen bei Erstarrung Oberflächen, die unter *Blocklava* zusammengefaßt werden. Die mechanische Beanspruchung bei der langsamen Bewegung ruft den Zerfall in kompakte, porenarme Polyeder hervor, die auf dem Rücken des Lavastromes mitgenommen und durcheinandergewürfelt werden.

Das berühmte Beispiel eines derartigen gemischten Ausbruchs ist der plinianische Ausbruch des Vesuv im Jahre 79 n. Chr., der zur Zerstörung der Gipfelpartien des Monte Somma führte. Wegen der niedrigen Temperatur der Schmelze bleibt der Schlot nicht geöffnet, sondern „friert" zu und muß vor jedem Ausbruch erneut geöffnet werden.

Mit der langsamen Extrusion von kieselsäurereicher zähflüssiger Lava verbindet sich die *Staukuppen- und Glutwolkentätigkeit* (Pelée-Typus). Die Lava staut sich über der Schlotmündung zu *Staukuppen* und in kurzen steilen Lavaströmen oder bei sehr hoher Viskosität zu *Stoßkuppen*. Aus diesen Stau- oder Stoßkuppen oder neben ihnen brechen von Zeit zu Zeit unter heftigen Explosionen Gase, unter Umständen *Glutwolken* (A. Lacroix 1907/08: Nuées ardentes) von verheerendem Ausmaß hervor, die sich in stark turbulenter Bewegung mit großer Geschwindigkeit (bis 150 m/sek) dem natürlichen Gefälle folgend, ausbreiten (Montagne Pelée 1902/03, Katmai 1912, Merapí auf Java). Die hohe Mobilität dieser Glutwolken ist durch expandierende (verbrennende) Gase gewährleistet, die bei der Entgasung der Schmelzpartikel (Aschen) freigesetzt werden.

An nahezu allen dauernd tätigen Vulkanen schaltet sich immer wieder *Aschenwurftätigkeit* ein. Diese in die Literatur eingeführte Bezeichnung ist ungenau, da nicht nur Aschen, das sind staubartige bis sandige Lockerstoffe mit Durchmessern unter 2 mm, sondern auch Lapilli („Steinchen") von 2−64 mm Durchmesser und Blöcke mit mehr als 64 mm Durchmesser gefördert werden. Erleiden diese klastischen Gesteine Verfestigung, so spricht man von *Tuff*. Vollzieht sich dieser Prozeß der Verfestigung unter Wasser, wobei häufig sedimentäres Material beigemischt wird, dann entstehen *Tuffite*. Erheblichen Einfluß auf die oberflächliche Verbreitung des Materials bei Aschenwurftätigkeit haben die Stellung des Förderkanals und die Stärke der herrschenden Winde (Fig. 13).

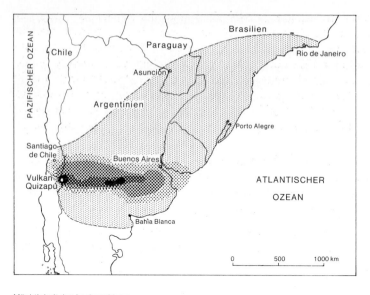

Mächtigkeit der Aschenablagerung

Fig. 13. Mächtigkeit und Verbreitung der Aschenablagerung nach der Eruption des Quizapú in Chile im April 1932. (Nach W. Larsson 1937, S. 33.)

Die Stärke einer vulkanischen Eruption, die vorherrschende Windrichtung und die Korngröße der Aschen bestimmen deren Ausbreitung. Aschen des Quizapú in der chilenischen Provinz Talca gingen nach einer Eruption des Vulkans im April 1932 über einem riesigen Gebiet des mittleren Südamerika nieder. Die zur Zeit des Ausbruchs vorherrschende kräftige, südhemisphärische Westwindtrift (Herbst!) führte zu einer Ablagerung vornehmlich im Osten des Vulkans. Die durchschnittliche Korngröße der Aschen nahm dabei ziemlich regelmäßig mit dem Logarithmus der Entfernung ab.

Von geringer geomorphologischer Bedeutung sind die Aktivitäten des ausklingenden Vulkanismus oder zwischen zwei Paroxysmen, die *Fumarolen-, Solfataren-* und *Thermaltätigkeit.* An heißen Fumarolen bilden sich Sublimate von Chloriden und Sulfaten der Alkalien, Verbindungen von Kupfer, Mangan, Blei und Zink. An Solfataren setzt sich Schwefel durch Oxidation von Schwefelwasserstoff ab und aus Thermalwässern, beispielsweise *Geysiren,* scheiden sich Kieselsinter aus (Yellowstone-Nationalpark, Neuseeland).

Bau und Form der Vulkane

Die Viskosität der Schmelze bestimmt neben dem Tätigkeitstypus in erster Linie auch Art und Form der entstehenden Vulkanbauten. Basische Magmen, die viel Mg, Fe und Ca enthalten, sind meist heiß und dünnflüssig und entgasen leicht. Aus diesem Grunde bauen nahezu ausschließlich Laven den Vulkan auf. Man spricht deshalb von *Lavavulkanen*. Mit Zunahme der Viskosität steigt die Neigung zu explosiver Gasentbindung. Neben Lavaströmen werden reichlich Lockerprodukte gefördert, es entsteht ein *gemischter Vulkan* oder ein *Stratovulkan*. Bei noch größerer Viskosität kommt es zur Bildung von *Staukuppen* oder sogar *Stoßkuppen*, deren Entstehung von sehr heftigen Explosionen begleitet ist. Das Maximum gewaltsamer Entgasung weisen die Ausbrüche ohne bedeutende Lavaförderung auf. Durch sie kommt es zur Entwicklung von *Lockermaterialvulkanen* (Lockervulkane oder weniger zutreffend auch als Aschenvulkane bezeichnet).

Modifizierend wirkt sich auf die Gestalt der Vulkane die Form des Förderkanals von Schmelze und Gas aus. Bei röhrenförmigem Schlot entstehen *Zentralvulkane*, werden die Produkte dagegen aus einer viele Kilometer langen klaffenden Spalte erumpiert, dann bildet sich ein *Linearvulkan*.

Zu geologisch und geomorphologisch sehr komplexen Vulkanbauten kommt es infolge langer Pausen in der Tätigkeit einzelner Vulkane (s. S. 81). Die Differentiation des Magmas in den Ruhepausen führt zu veränderter Tätigkeit und zur Veränderung der Gestalt des Vulkans.

Von geomorphologischer Bedeutung ist schließlich, ob die vulkanische Bauform im Verlaufe einer einzigen Eruptionsphase oder im Verlaufe von mehreren Zyklen entsteht. Danach werden *monogene* und *polygene Vulkane* unterschieden. Monogene Vulkane sind, jeweils innerhalb der oben erwähnten Gruppen, in der Regel wesentlich kleiner als polygene.

Lavavulkane: Ergußdecken, Schildvulkane

Bei Lavavulkanen dürften namentlich bei Beginn der effusiven Tätigkeit in gewissem Umfang auch Gaseruptionen beteiligt sein, um der Lava durch Schaffung eines oder mehrerer Förderschlote oder bei sehr großen Effusionen durch die Öffnung von Eruptionsspalten den Weg an die Erdoberfläche freizugeben. Dann aber erfolgt bei Lavavulkanen ein ziemlich ruhiger Ausfluß der Lava, die beim Austritt um 1100° bis 1200 °C heiß zu sein pflegt, bei abnehmender Temperatur zähflüssig wird und bei 700° bis 600 °C erstarrt.

Die dünnflüssige Basaltlava bildet große Ebenheiten, flache, weite Lavafelder. Die riesigen Basaltdecken des Dekkan in Indien, des Columbiaplateaus in Nordamerika, des Paraná-Beckens oder Ostpatagoniens in Südamerika, die jeweils Hunderttausende von Quadratkilometern einnehmen und aus vielen Einzeldekken bestehen, werden effusiven Spalteneruptionen zugeschrieben (Plateaubasalte, Flutbasalte, Trappbasalte).

Wegen der Dünnflüssigkeit der Lava genügen geringe Hangneigungen zur Entwicklung langer, allerdings geringmächtiger Ströme, die in ihrer Fließrichtung eine starke Abhängigkeit vom Relief des Untergrundes aufweisen. Die Förderung von Lockerprodukten ist bei Lavavulkanen selten und auf Schlackenkegel oder -ringe beschränkt. Die große Menge und die nahezu gleichbleibende Zusammensetzung der Basaltlava weist darauf hin, daß sie wahrscheinlich aus dem

Erdmantel stammt und direkt und relativ rasch entlang abyssischer Spalten aus der Asthenosphäre an die Erdoberfläche gelangt. Die Oberflächen so gebildeter Basalttafeln sind vielfach außerordentlich flach; die Basalte haben, z. B. in den Snake River-Ebenen in Idaho ein älteres Tälerrelief bis zu einer bestimmten

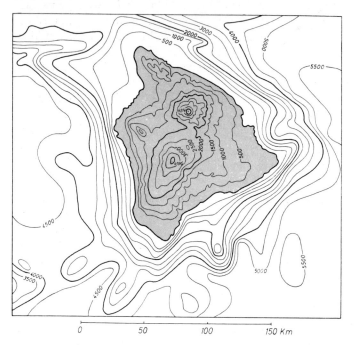

Fig. 14. Karte von Hawaii als Beispiel eines Schildvulkans. Maßstab ca. 1 : 3 Mio.
Bearbeitet unter Benutzung der Angaben des Sowjetischen Seeatlas. Höhenlinien und Tiefenlinien von 500 zu 500 m. Linien von 2000 zu 2000 m verstärkt. Die Insel steigt mit einem Basis-durchmesser bis zu 200 km aus 3500 bis 5000 m Meerestiefe mit 5° bis 10° Hangneigung (100 bis 200‰) bis zum Meeresspiegel, ja stellenweise bis auf 2000 m Höhe an, bevor wesentlich flachere Böschungen einsetzen. Die mächtigen Dome des Mauna Loa (4196 m) und Mauna Kea (4214 m) sind eigentlich nur Kleinformen auf der gewaltigen Wölbung der über dem Tiefseeboden aufgebauten Effusivmasse.

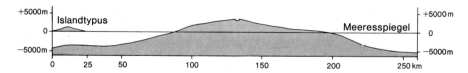

Fig. 15. SW-NE-Profil durch Hawaii und einen isländischen Schildvulkan (gleicher Maßstab!).
Das Profil von Hawaii verläuft von der SW- zur NE-Ecke der Karte (Fig. 14), ist doppelt überhöht und etwas schematisiert, um Besonderheiten des Hawaiitypus der Schildvulkane hervorzuheben. Dies sind im besonderen die Gipfelplateaus, in die Einbruchskrater (Pitkrater) eingesenkt sind. In ihnen treten nicht selten Lavaseen auf. Beispielsweise bestand im Pitkrater des Kilauea auf Hawaii bis 1924 der Lavasee Halemaumau. — Im Vergleich zu dem Hawaii-Typus der Schildvulkane weisen die des Island-Typus wesentlich bescheidenere Dimensionen auf. Ihnen fehlen Gipfelplateaus und Pitkrater.

Spiegelhöhe aufgefüllt, gerade als sei die Lava fast so flüssig gewesen wie Wasser (I. C. Russel, 1902; G. W. Tyrell, 1937).

Bedeutende einzelne Förderschlote führen bei langanhaltenden, oftmals wiederholten Ergüssen zum Aufbau von sehr breiten flachen *Schildvulkanen,* den *volcanic domes* der englischen Nomenklatur, wie sie besonders von Island und den Hawaii-Inseln bekannt sind. Die Insel Hawaii bildet z. B. eine gewaltige, oben abgeflachte Erhebung von bis zu 200 km Durchmesser, die z. T. mit 100‰ bis 200‰, d. h. mit 5° bis 10° Neigung, aus über 4000 m Meerestiefe bis auf über 4000 m Meereshöhe aufsteigt, also in Wahrheit über 8000 m hoch ist. (Fig. 14 u. 15). Die flachen Gipfel der Insel wären danach nur Nebenkuppen auf der Höhe des großen Gesamtdomes. Gegenwärtig tritt am Mauna Loa auf dem Gipfel selbst keine Lava mehr aus, woraus geschlossen werden kann, daß der Vulkan im Hinblick auf die Leistungsfähigkeit des fördernden Herdes sein Höhenmaximum erreicht hat. Aber im Innern des Berges muß ein Förderschlot mit flüssiger Lava bis zu einer Höhe wenige hundert Meter unter dem Gipfel vorhanden sein. Denn aus dieser Höhe treten gelegentlich gewaltige Lavaergüsse entlang von Radialspalten seitlich aus dem Berge aus.

Die großen Schildvulkane vom Hawaii-Typus besitzen in der Regel auf ihrem Gipfel einen kreisförmigen oder elliptischen Krater mit nahezu senkrechten Wänden. Dieser Typ des Kraters wird als Einsturzkrater oder *Pitkrater* aufgefaßt. Er dürfte durch Wechsel der Spiegelhöhe der im Förderungsschlot stehenden Säule flüssiger Lava verursacht sein. Solcher Wechsel der Spiegelhöhe tritt besonders dann ein, wenn es der Lava gelingt, an den Flanken des Vulkans in niederem Niveau einen Ausweg zu finden, oder in umgekehrter Richtung, wenn ein derartiger Ausfluß aus irgendwelchen Gründen verstopft wird.

Im allgemeinen finden bei den riesigen Schildvulkanen vom Hawaii-Typus nur noch *Lateraleffusionen* mit Massenzuwachs auf den Flachhängen statt. Deshalb können sich auf dem Zentralgipfel größere Plateaus ausbilden *(Gipfelplateaus).*

Im Vergleich zu den Schildvulkanen Hawaiis nehmen sich die Lavavulkane des Island-Typus bescheiden aus, denn sie erreichen selten mehr als 2000 m relativer Höhe und der Durchmesser ihrer Krater liegt zwischen 100–2000 m (Fig. 15).

In basaltischen Fördergebieten gibt es als Einzelformen öfters auch Kegel, allerdings von verhältnismäßig flacher Gestalt. Gewöhnlich haben sie eine trichterförmige Vertiefung, einen Krater, auf dem Scheitel. Es sind Stellen, an denen außer Lava in stärkerem Maße auch Schlacken und Aschen ausgeworfen wurden und sich unter Mitwirkung von Explosionen ringförmig um die Ausbruchsstelle anhäuften (T. A. Jaggar, 1921; H. Williams, 1932; G. A. MacDonald, 1943; C. A. Cotton, 1952).

Ignimbritdecken

Geomorphologisch besitzen die Ignimbrit- oder Schmelztuffdecken große Ähnlichkeit mit den Basaltplateaus. Ihre Genese ist allerdings grundverschieden von den Basaltdecken, denn sie stellen verschweißte Glutwolkenabsätze aus sauren

Vulkaniten (Rhyolithe, Rhyodazite) dar, die meist ihren Ursprung in Linear-
ausbrüchen granitischer Magmen haben und viele tausend Quadratkilometer in
Neuseeland (Taupo Rotorua), auf Sumatra (Tobasee), in den USA (Yellowstone-
Park), in Südperu, in El Salvador oder in Japan einnehmen. Da die Glutwolkeneruption nur klastisches Material fördert, werden die Ignimbritdecken vul-
kanologisch den linearen Lockermaterialvulkanen zugezählt.

Am Ende der Bewegung einer aus einem Krater überquellenden Glutwolke
sinkt diese zusammen und die turbulente Bewegung hört auf. Bei Temperaturen
über 600° bis 800°C verschweißen die Lavateilchen mit Ausnahme der obersten
und der basalen Partien der Pyroklastitlagen zu kompakten glasigen Massen
(Schmelztuff, Ignimbrit[11], engl. welded tuff).

Ignimbritdecken sind aus diesem Grunde meist ungeschichtet und sie zeigen in
sich kaum Unterschiede im Korngefüge. Wenn Glutwolkenabsätze zunächst noch
sehr hohe Temperaturen besitzen (900°−1000°C), dann können sie trotz ihrer
Zähflüssigkeit in geneigtem Gelände auf relativ kurze Strecken in laminares
Fließen geraten. Derartige vulkanische Ablagerungen werden als *Rheoignimbrite*
bezeichnet (A. Rittmann, 1960, S. 93). Unterhalb von 600° kommt es höchstens
partiell zu einer Verschweißung der extrem schlecht sortierten glasigen Be-
standteile einer Glutwolke und zu Erscheinungen der Feuerversinterung an den
Partikeln. Die Umbildung der klastischen Bestandteile der Glutwolke zu Tuff,
also ihre Verfestigung, erfolgt durch Einwirkung zirkulierender Gase, die
Rekristallisation, Entgasung und Oxidation zur Folge hat *(autopneumatolytische
Kristallisation)*. Für Glutwolkenabsätze dieser Art ist der Name *Sillar* eingeführt.
Als Beispiele für Sillars gelten der graue campanische Tuff und große Teile der
Tuffvorkommen in den Monti Volsini und den Monti Cimini auf der Apennin-
Halbinsel. (A. Rittmann 1963, H. Tazieff 1970).

Nur über den Mechanismus der Glutwolkenbewegungen ist eine flächenhafte
Ausbreitung der außerordentlich viskosen, d. h. sauren rhyolithischen Laven er-
klärbar, die ansonsten zur Bildung von Stau- oder Stoßkuppen tendieren. Die
etwa 4000 km^2 große und bis über 1000 m mächtige permische Bozener
Quarzporphyrtafel wird aus zahlreichen Ignimbritdecken aufgebaut. Als rezentes
Beispiel ist die Ignimbritdecke des Tales der zehntausend Rauchsäulen nach einer
Glutwolkeneruption des Katmai im Jahre 1912 in Südalaska bekannt geworden.

Lockermaterialvulkane: Maare, Pyroklastit-Kegel

In Restschmelzen erfolgt, wie oben (S. 65) ausgeführt wurde, infolge Gasanreicherung eine Dampfdruckzunahme. Wenn der Dampfdruck der Schmelze
über den Belastungsdruck des hangenden Krustenstückes ansteigt, ist ein Durchbruch der Gase zur Erdoberfläche möglich, wobei Magmafetzen mitgerissen,

---

[11] Das Wort Ignimbrit, um 1935 von dem neuseeländischen Geologen P. Marshall geprägt, leitet sich
von lateinisch ignis = Feuer und imber = Regen ab. Es erweckt jedoch nicht ganz richtige genetische Vorstellungen, da ja explosiv gefördertes vulkanisches Lockermaterial bereits stark abge-
kühlt zu Boden fällt.

schaumig aufgetrieben und zu Bimsstein, Lapilli oder Aschen verwandelt werden. Auf diese Art entstehen die Lockermaterialvulkane: Maare, Bimssteinkegel und -wälle, Tuffkegel. In der Regel stellen derartige Vulkane monogene Gebilde dar, die durch Explosivausbrüche zähflüssiger Magmen entstanden und deren Dimensionen nicht groß sind. Häufig treten sie in Gruppen auf, wobei ältere Formen durch benachbarte neue Ausbrüche teilweise zerstört oder mit deren Lockermassen bedeckt sein können.

Nur randlich stehen *phreatische Ausbrüche* (E. Suess, 1885−1909, III, 2, S. 265) mit dem Vulkanismus in Zusammenhang, obwohl sie Formen schaffen, die den Maaren sehr ähneln. Es sind Explosionen überhitzten und damit hochgespannten Wasserdampfes, bei denen nur zertrümmertes, nichtvulkanisches Gestein gefördert und abgelagert wird. Solche Ausbrüche finden gelegentlich statt, wenn beispielsweise vadoses Wasser (tiefgehendes Sickerwasser) bis in die Nähe eines mit Schmelze erfüllten Schlotes, Herdes oder einer heißen Fumarole kommt oder Magma in wasserreiche Sedimente intrudiert. Beispiele für phreatische Ausbrüche lieferten der Bandai-San (15. 7. 1888; ∅ des Kraters 2 km) und der Azuma-San in Japan und der Pamatang Bata auf Sumatra. Manche Forscher vermuten in solchen Vorgängen die eigentliche Entstehungsursache auch der Maare.

Durch Gasausbrüche, die unmittelbar aus einem sekundären Magmenherd erfolgen und durch die sprunghafte Zunahme der kinetischen Energie der Gase bei Erreichen der Oberfläche entstehen trichter- bis schüsselförmige Erweiterungen der Schlotmündung. Solche Formen sind insbesondere in der Eifel und im Gebiet von Urach in der Schwäbischen Alb verwirklicht. Sie tragen den Namen *Maar* (Bild 157). Als Maar wird nach W. Branco (1894) nur der Erstlingskrater eines werdenden oder eines über das Anfangsstadium nicht hinauskommenden Vulkans bezeichnet, nicht aber der parasitäre Explosionskrater an den Flanken oder am Gipfel eines schon voll entwickelten Vulkans. Die Maare sind daher vulkanisch entstandene Hohlformen in einem Gebiet nichtvulkanischer Gesteine. In ihrer Umrahmung liegt gewöhnlich eine Decke oder ein Wall aus Trümmern des ausgeräumten Nebengesteins (Schlotausräumungs-„Breccie"). Oft sind vulkanische Lockerprodukte mit dabei, aber nicht in jedem Falle. Im Schlot können sowohl Trümmer des durchbrochenen Gesteins stecken *(Diatrem)* wie auch Tuffe und selbst Lava.

Sedimentologische Untersuchungen an den Eifelmaaren (H. Noll, 1967) und Beobachtungen (H. Cloos, 1941; H. Illies, 1959) machen es wahrscheinlich, daß bei weitem nicht alle Maare durch einen einmaligen explosionsartigen Durchbruch, vergleichbar einer Sprengung, entstanden sind. Die Abfolge und die Art der Auswurfmassen von feinen Staubaschen an der Basis über eine gröber werdende geschichtete Schlotausräumungs-„Breccie" zu einer Folge von Lapillituffen im Hangenden deutet einen zögernden Beginn der Gaseruptionen infolge geringer Klüftigkeit des Gesteins und die allmähliche Erweiterung der Förderwege und des Kraters an. Die Maare haben gewöhnlich bescheidene Dimensionen von einigen 100 bis wenigen 1000 m Durchmesser und sind nicht allzu tief. Im humiden Klima bergen sie meistens einen See (Fig. 16). Maare sind auch aus der Auvergne, aus dem Campo de Calatrava in der Südmeseta Spaniens, aus Nord-

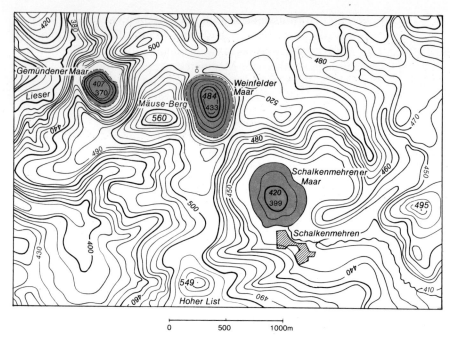

Fig. 16. Karte der Gemündener Maare, Maßstab 1:33000 nach der Karte 1:25000.

Höhenlinien von 10 zu 10 m, Seen mit Punktraster, Seeufer, soweit nicht mit einer Höhenlinie zusammenfallend, gestrichelt. Die Explosionstrichter der Maare haben rundlichen bis ovalen Umriß. Ihre Lage ist unabhängig vom Talnetz der Eifelhochfläche. Das Schalkenmehrener Maar ist augenscheinlich ein Doppelmaar, von dem nur der eine Trichter noch einen See enthält.

Tanzania und Südwest-Uganda, von der Nordinsel Neuseelands, aus den USA und Mexiko und aus anderen Gebieten der Erde bekannt. (C. D. Ollier 1967).

Wenn ein Lockermaterial-Vulkan nach Auswurf des Nebengesteins über längere Zeit noch tätig bleibt, dabei aber lediglich Gase und Pyroklastika fördert, so entsteht rings um den Förderkanal ein kegelförmiger Aufschüttungsringwall mit einem zentrisch gelegenen Gipfelkrater von trichterförmiger Gestalt. Die Ringwälle bauen sich aus Schlacken, Bimsstein, Lapilli oder Grob- und Feinaschen auf, die mit Schlot-„Breccien", Blöcken und Bomben unter dem Namen *Pyroklastika* zusammengefaßt werden. Wegen der Wasserdurchlässigkeit der Pyroklastika und ihrer Fähigkeit, steile Böschungen zu bilden, sind die Hänge solcher Lockermaterialkegel gewöhnlich recht steil, nach abwärts gehen sie allgemein in eine flacher werdende Hangschleppe über (Bild 158).

Bimssteinkegel und -wälle sind als monogene Vulkane durch rhythmischen Bimssteinwurf entstanden und zeigen aus diesem Grunde eine ausgezeichnete Schichtung des Lockermaterials (z. B. Eifel). Die meist wesentlich steileren *Tuffkegel* werden aus primär verfestigten Tuffen, die aus der Verschweißung glühender Bimssteine und Glasaschen hervorgingen oder auch aus sekundären Tuffen, die erst nach Ablagerung allmählich durch subaërische diagenetische Prozesse entstanden sind, aufgebaut. Die trachytischen, seltener phonolitischen Tuffe sind meist ungeschichtet und gehen mit zunehmender Entfernung vom Krater in lockere geschichtete Bimsstein- und Aschenkegel über. Ein Beispiel dafür bietet das Kap Miseno im Südwesten der Phlegräischen Felder.

Wenn das Material des Ringwalles nicht zu durchlässig ist, birgt auch ein solcher Krater oft einen See. Ein berühmtes Beispiel eines Pyroklastit-Kegels ist der Monte Nuovo in den Phlegräischen Feldern, der im Jahre 1538 in acht Tagen aufgeschüttet wurde mit einer Höhe von 139 m. Kegel bzw. Ringwälle aus vulkanischem Lockermaterial namentlich kleineren Ausmaßes sind in vielen Vulkangebieten überaus häufig.

Kommt es an den tieferen Flanken eines Pyroklastit-Kegels zu explosiven Ausbrüchen, so können, vor allem wenn das Lockermaterial vorher stark durchfeuchtet war, größere Rutschbewegungen die Folge sein. Die gewaltige Explosion des Bandai-San in Nordhonshu 1888, bei der mehr als 1 km^3 Gestein bewegt wurde, scheint durch die ausgelösten Rutschungen erst das riesenhafte Ausmaß der Materialverlagerung erlangt zu haben.

Die lockeren Pyroklastit-Kegel erleiden vielfach eine sehr regelmäßig radial am Kegelmantel abwärts verlaufende Zerfurchung. Diese kann durch Platzregengüsse hervorgerufen sein. Namentlich bei tropischen Lockermaterial-Vulkanen ist dies nicht selten, wie etwa am Bromo oder Batok auf Java.

Gemischte Vulkane: Stratovulkane, Staukuppen

Am Aufbau der gemischten Vulkane sind Laven und Lockermassen beteiligt, deren jeweiliger Anteil in weiten Grenzen schwankt. Die einfachsten Formen dieser Gruppe sind die monogenen gemischten Vulkane. Sie besitzen um den Förderschlot Lockermaterialkegel oder Ringwälle aus Schlacken, Bimsstein und Aschen, die teilweise durch später ausfließende Lava hufeisenförmig aufgerissen wurden (Beispiel: Bausenberg in der Eifel). Zu den gemischten Vulkanen gehören aber auch die Quellkuppen, bei denen aufsteigende Lava in bereits vorher ausgeworfenem, vulkanischem Lockermaterial stecken blieb und die häufig im Verlaufe der Abtragung als Härtlinge herauspräpariert wurden. Ein bekanntes Beispiel ist die Trachytkuppe des Drachenfels im Siebengebirge, die in Bimsstein intrudierte.

Am häufigsten aber fördern namentlich die größeren überwiegend polygenen Vulkane sowohl Lava wie Lockermaterial. In diesem Falle entstehen Kegelberge, an deren Aufbau Lavalagen, Blöcke, Schlacken, Lapilli und Aschen in unregelmäßiger Weise miteinander abwechseln. Sie werden danach *Stratovulkane* genannt. Gewöhnlich steigen sie, mit flachen Böschungen beginnend, in der Höhe mit der Neigung von ungefähr 30° auf, wie sie dem natürlichen Schüttungswinkel entspricht. Sie sind aber weniger regelmäßig gestaltet als die Pyroklastit-Kegel, weil der Ausfluß der Lavaströme hinsichtlich der Richtung von Zufälligkeiten der Höhenverteilung am Kraterrande und von Flankendurchbrüchen an schwachen Stellen in der Ummantelung des Vulkans beeinflußt wird (Fig. 17). Von besonderer Ebenmäßigkeit ist der Fujiyama in Japan, der 3778 m hoch ist und dessen Krater 168 m tief unter den Gipfel hinabreicht (Fig. 18, Bild 160).

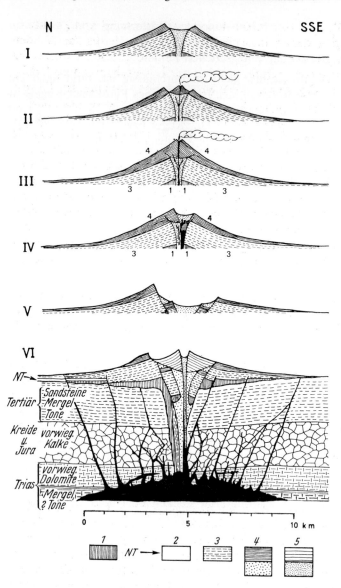

1 = Vulkanbau des Ur-Somma (Trachyt)
2 = Gelber neapolitanischer Tuff (NT)
3 = Vulkanbau des Alt-Somma (phonolithischer Leucit-Tephrit)
4 = Vulkanbau und Kraterfüllung des Jung-Somma (Leucit-Tephrit)
5 = Vulkanbau und Kraterfüllung des Vesuv (tephritischer Leucit)

Fig. 17. Profile durch den Somma-Vesuv als Beispiel eines Stratovulkans mit komplizierter Bildungsgeschichte. (Nach A. Rittmann, 1936, 1960, S. 140). Etwa 1:175000.

Die Entwicklung des Somma-Vesuv läßt sich nach den Forschungen von A. Rittmann (1933) in
mehrere Epochen gliedern: Von den beiden ältesten Tätigkeitsphasen des Vulkans, des Ur- und des
Alt-Somma (jüngstes Pleistozän bzw. 8000–5500 B. P.) sind keine Formenreste überliefert. In der
Epoche des Jung-Somma wurde ein etwa 3000 m hoher Stratovulkan aufgebaut, von dem Teile im

Der unregelmäßige Wechsel von vulkanischem Lockermaterial und Zwischen-schaltungen von Lava gibt dem Stratovulkan weit größere Festigkeit, als den Pyroklastit-Kegeln eigen ist. Dies gilt, obwohl die Lava hier nicht in vollständig den Kegelmantel umspannenden Lagen, sondern nur in einzelnen, unregelmäßig nach verschiedenen Seiten ergossenen Strömen am Aufbau beteiligt ist. Für die Stabilität eines Stratovulkans ist auch die Ausbildung von *Radial- und Mantel-gängen (Sills)* bedeutungsvoll. Radialgänge entstehen, wenn durch den Druck des Schlotmagmas bei sehr großen Vulkanbauten Spalten aufreißen und wenn sie durch eindringende und erstarrende Schmelze ohne Grund- und Deckschlacken-bildung, aber eventuell mit Frittungserscheinungen geschlossen werden. Dringt Magma infolge des hydrostatischen Druckes im Schlot längs lockeren Schlacken-bänken in den Kegel ein, so schiebt es die Schlacken beiseite oder schmilzt sie auf. Erreicht das Magma die Flanke des Vulkans, so bilden sich *subterminale* oder *laterale Bocchen, Parasitär-* oder *Adventivkrater,* die bei dünnflüssiger Lava von Schlacken- und Schweißschlackenkegeln, bei zähflüssiger Lava von Lockermate-rialwällen aus Lapilli und Aschen umgeben werden und in tieferer Hanglage Lavaströme aussenden.

Stratovulkane werden besonders aus intermediären Magmen und Laven aufge-baut, aus Andesit, Trachybasalt, Tephrit oder Foidit. Dünnflüssigeres Magma liefert zumeist lavareiche Stratovulkane, zähflüssigeres dagegen lockermaterial-reiche Stratovulkane.

Die Formen der Krater tätiger Stratovulkane sind mit jeder Eruptionsphase Veränderungen unterworfen. Ausbrüche mit explosivem Charakter vertiefen und erweitern die Krater, während sie durch Lava- und Schlackenwurftätigkeit wieder aufgefüllt werden. Die Vulkane Vesuv, Ätna, Stromboli, Merapí/Java oder Irazú/Costa Rica können dafür als Musterbeispiele gelten. Besonders große Umgestal-tungen verursachen hochexplosive Ausbrüche, durch die der Schlot und die höheren Teile des Herdes entleert werden.

Nach dem Erstarren ergibt namentlich der Schlot eine sehr feste Masse, die bei späterer Abtragung des Vulkans noch lange als sogenannter *Vulkanstiel* (engl. *volcanic neck)* einen aufragenden Rest der Abtragungsruine darzustellen pflegt (Bild 66 u. 161). Ähnlich können feste vulkanische Spaltenfüllungen zu *Gang-rippen (volcanic sceleton)* herauspräpariert werden. Am Mantel eines Strato-vulkans entstehen bei tiefgreifender Abtragung oft schichtstufenartige Formen, deren Dachflächen und Steilabfälle durch die einstigen Schüttungsverhältnisse des vulkanischen Aufbaus bestimmt sind. Zuweilen sind Lavaströme, die nachträglich zu sehr dauerhaften, nicht selten in Säulenform abgesonderten Gesteinskörpern erstarrten (Bild 156), in alte Talformen hineingeflossen, die ihrerseits in wenig

---

Monte Somma (1132 m) erhalten sind. Der erste Großausbruch des Jung-Somma erfolgte etwa vor 5000 B. P. und schuf einen Kegel aus Pyroklastika. Ihm folgten weitere Paroxysmen (I–IV), von denen der schwerste historische der berühmte plinianische Ausbruch des Jahres 79 n. Chr. war, durch den Pompei, Herculaneum und Stabiae vernichtet wurden. Am Ende dieses großen historischen Aus-bruchs entstand eine Gipfel-Caldera von etwa 3 km Durchmesser (V), in der etwa ab dem 3. Jh. n. Chr. der Vesuv emporwuchs (VI). Der Hauptdolomit der Trias bildet unmittelbar das Dach des Herdes, das durch Einbrüche zertrümmert und gelockert ist. Die Eruptionsachse verschob sich mit der Zeit nach SSE.

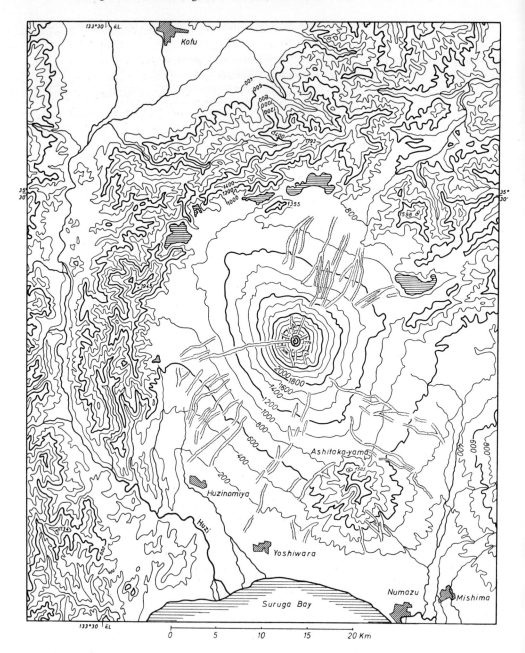

Fig. 18. Karte des Fuji 1:400000. Nach der japanischen Karte 1:200000. Höhenlinien von 200 zu
200 m, Linien von 600 zu 600 m verstärkt.

Der ebenmäßige *Vulkankegel* des Fuji steigt bis zu dem 3776 m Höhe erreichenden Rande eines
Gipfelkraters empor, der dort 600 m breit und etwa 200 m tief eingelassen ist. Der an der Basis rund
30 km breite, nur mäßig von Hangrunsen zerfurchte Kegel erhebt sich über einem tief und feingliedrig
zerschnittenen Berglande aus tertiären, z. T. ebenfalls vulkanischen Gesteinen von 1200 bis 1900 m
Höhe.

widerständiges Material eingearbeitet waren, etwa in Tone, Mergel oder Aschen. In solchen Fällen kommt es bei einer späteren tiefgehenden Abtragung häufig zu *Reliefumkehr*. Einstige Talzüge, in die sich jene Lavaströme ergossen haben, werden mitunter dann zu Höhenrücken zwischen tiefer erniedrigtem Land.

Je mächtiger ein Stratovulkan wird, um so schwerer ist es dem Magma, den Schlot offen zu halten. Wenn der Förderkanal sich verstopft und durch erstarrtes Magma abschließt, so läßt die Eruptionstätigkeit u. U. auf lange Zeit sehr nach. Es kann den Anschein haben, als sei der Vulkan erloschen.

Wenn aber im Untergrund die Differentiation fortdauert, so kann es nach Anwachsen eines genügend großen Gasdruckes schließlich zu einer unverhofften gewaltigen Explosion kommen. Eine solche ereignete sich im Jahre 79 n. Ch. nach jahrhundertelanger Pause am Monte Somma-Vesuv. Infolge einer teilweisen Entleerung des Herdes entstand eine Gipfel-Caldera von etwa 3 km Durchmesser. In ihr entwickelte sich in der Folgezeit, wegen Verlagerung des Schlotes in exzentrischer Position, der Vesuv. Durch die Förderprodukte dieses Vulkans wurden Teile der Gipfel-Caldera überdeckt und geomorphologisch unkenntlich gemacht. Solche Verlagerungen des Eruptionszentrums bei einem Katastrophenausbruch nach längerer Ruhezeit sind nicht selten. Für die sichtbar gebliebenen Teile einer Gipfel-Caldera wird der Name des Monte Somma geradezu als Gattungsbegriff verwendet (Fig. 17, Bild 158, 159).

An Stratovulkanen, die aus viskosen Schmelzen entstanden sind, können sich über dem Schlot vielfach Staukuppen bilden, da eine Entgasung der Lava oder ein seitliches Ausfließen wegen ihrer Zähflüssigkeit nicht oder nur sehr langsam möglich ist. Deswegen sind, wenn es bei ihnen infolge Verschlusses des Schlotes durch einen Propfen doch zu Gasausbrüchen kommt, die Ereignisse meist um so stürmischer und schwerer (Glutwolke).

Staukuppen sind vulkanische Erhebungen ohne Kraterbildung durch Empordrängen einer zusammenhängenden plastischen Lavamasse (Fig. 19). Der 1866/67 entstandene Georgios auf Thera (Santorin) und der Tarumai-Ausbruch auf Hokkaido von 1909 sind Beispiele solcher Staukuppenbildung. H. Cloos (1948) konnte nachweisen, daß der Basaltstock des Großen Weilberges im Siebengebirge eine derartige Staukuppe ist, die nicht die Erdoberfläche erreicht hat, sondern unter einer aufgebeulten Sediment- bzw. Trachyttuffdecke (Quellkuppe) als Kryptovulkan oder Subvulkan erstarrte. Geomorphologisch ist daran von Wichtigkeit, daß kuppenartige Erhebungen auf diese Weise durch Empordringen von Magma aus der Tiefe entstehen können (F. Fouqué, 1879; H. S. Washington, 1926; K. Sapper, 1927).

Während im Südwesten die Hangschleppe der vulkanischen Aufschüttungen des Fuji durch eine Lücke im umrahmenden Bergland fast bis zum Meere hinabgeht, endet sie nach den übrigen Seiten mit flachen Böschungen weithin in 800 bis 1000 m Meereshöhe an Gegenhängen, die zu den Gipfeln des umrahmenden Tertiär-Berglandes emporführen. Hier ist durch die jungvulkanischen Aufschüttungen des Fuji ein älteres Tälerrelief weitgehend verschüttet und teilweise *abgedämmt* worden. In derart abgedämmten Hohlformen liegen am Nordsaum des Fuji seine berühmten fünf Seen, die ebenso landschaftlich reizvoll wie für die Säume jungvulkanischer Aufschüttungsgebiete typisch sind.

Fig. 19. Beispiel einer Staukuppe. Hypothetisches Profil durch den Galunggung (Java). (Nach B. G. Escher, Natuurk. Tijdskr. vor Ned. Indië 80, 1920). Entnommen aus K. Sapper (1927, S. 200). Maßstab etwa 1:60000.
Die Staukuppe wurde 1918 durch Empordringen zäher Lava im Bereich eines vorher bestehenden Kraters mit Kratersee ausgebildet.

Stark abgekühlte, hochviskose Schmelzen können als *Stoßkuppen* aus dem Schlot herausgepreßt werden. Dafür lieferte der Mont Pelée mit seiner Aiguille (1463 m, auf der Insel Martinique) ein Beispiel.

Calderen, vulkano-tektonische Horste

Die gewöhnlichen Krater von Vulkanbergen sind verhältnismäßig bescheidene Trichterformen. Sie stellen im wesentlichen die am Ausgang erweiterte Öffnung des Schlotes dar bzw. den Ringwall, der von den Wurfmassen aufgebaut worden ist. Selten dürfte die obere Weite eines solchen Kraters allzu sehr über die Dimension eines Kilometers hinausgehen.

Es gibt aber in den Vulkangebieten auch wesentlich größere, annähernd kreisrunde Hohlformen, die von steilen Randwällen umgeben werden. Oft liegen in ihrer Mitte ein oder mehrere Förderschlote, die gegebenenfalls ihrerseits mit einem Aschenkegel oder Schlackenkegel und mit kleineren Kratern ausgestattet sein können. Solche nur in vulkanischen Gebieten vorkommende, mindestens mehrere Kilometer Durchmesser aufweisende, rundliche und steilwandig umschlossene Hohlformen werden nach einem auf den Kanarischen Inseln gebrauchten Lokalnamen als Caldera (Kessel) bezeichnet (Fig. 20, auch 17 und Bild 158, 159).

Zwischen einem großen Krater und einer kleinen Caldera gibt es schwerlich eine scharfe Abgrenzung. Zusammengesetzte Vulkane, bei denen ein kleiner Kegel im Krater bzw. in der Caldera eines größeren älteren Vulkans steht, sind sehr häufig. Bei ihnen befinden sich am Boden des älteren Kraters bzw. der Caldera nicht selten Seen von sichel- oder ringförmiger Gestalt entsprechend der

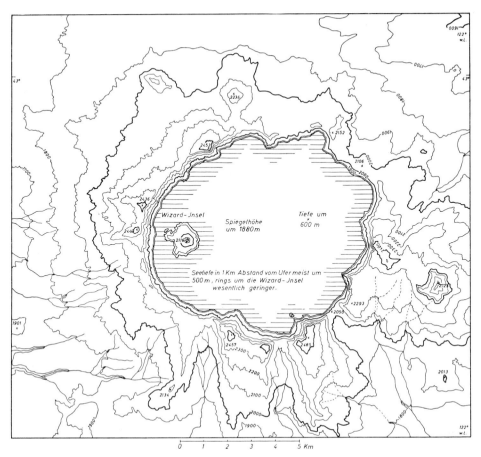

Fig. 20. Beispiel einer Caldera. Karte des Crater Lake, Oregon, USA. Umzeichnung der Karte
1:62 500 des U. S. Geol. Surv. Maßstab 1:150 000.

Höhenlinien von 100 zu 100 m; die Linien von 1600 m, 2000 m, 2400 m sind verstärkt. Die steilen
Randabfälle der *Caldera* sind 700 bis 1000 m hoch, liegen aber zu etwa 500 m unter dem Spiegel des
Sees. Die Umrahmung besteht aus wechselnden Laven und Tuffen nach Art eines Stratovulkans. Es
fehlen aber Sprengtrümmer, die einigermaßen dem Volumen der Caldera Hohlform entsprechen
würden. Daher spricht vieles für die Ansicht, daß die Caldera nicht ein einfacher Sprengtrichter ist,
sondern durch Nachsacken über dem Eruptionszentrum nach starker Förderung entstanden ist. Die
Wizard-Insel ist ein kleiner Eruptionsherd mit Gipfelkrater, der aber in diesem Falle stark exzentrisch
in der Caldera sitzt.

Hohlform, die zwischen dem äußeren Höhenring und dem inneren Kegelberg
gebildet wird (Bild 158).

Die Entstehung von Calderen ist auf hochexplosive Ausbrüche zurückzu-
führen, die zu einem teilweisen oder völligen Leerschießen des Herdes führten.
Beim Ausbruch des Katmai/Alaska 1912 dürften es beispielsweise bis zwölf
Kubikkilometer Gestein gewesen sein. Der zentrale Teil des Vulkans verliert
wegen des Massenverlustes und der Hohlraumbildung in der Erdkruste seinen
Halt und stürzt ein. So kommt es zur Entstehung der Gipfel-Calderen, die meist

auf einen einzigen Ausbruch zurückzuführen, also *monogen* sind. Dazu gehören die Calderen des erwähnten Katmai, die von Bolsena in den Monti Volsini in Italien und von Thera (Santorin) in der Ägäis, die an die Stelle eines mindestens 2000 m hohen Stratovulkans um 1500 v. Chr. getreten ist. *Polygene Calderen* verdanken ihre Genese einer Reihe von aufeinanderfolgenden heftigen Explosivausbrüchen, wie beispielsweise die Phlegräischen Felder (A. Rittmann, 1950, 1960; H. Pichler, 1970), mit den ineinander geschachtelten Calderen von Piano di Quarto, Gallo-Russo, Pianura und Soccavo.

Die Crater Lake Caldera in Oregon (Fig. 20) ist besonders großartig und ist sehr eingehend untersucht (J. S. Diller, 1923; dagegen W. D. Smith u. C. R. Swartzlow, 1936; abschließend mit besonderer Gründlichkeit Howel Williams, 1942). Andere gewaltige Calderen sind die des Towadasees in Nordhonshu, des Aso in Kyushu (H. Tanakadate, 1930), des Ngorongoro im Hochland der „Riesenkrater" Ostafrikas. Die Calderen haben gewöhnlich Durchmesser bis zu etwa 10 km, manchmal sogar über 20 km (Aso, Ngorongoro). Ihre Kreisform weist auf einen unmittelbaren Zusammenhang mit einem etwa zentrisch darunter gelegenen vulkanischen Ausleerungsraum hin.

Die Intrusion von zähflüssigem Magma in einen Gesteinskomplex, beispielsweise in Form eines Lakkolithen oder Batholithen, führt zur Aufwölbung, aber auch zum Zerbrechen des Daches in einzelne Schollen, die unterschiedlich hoch

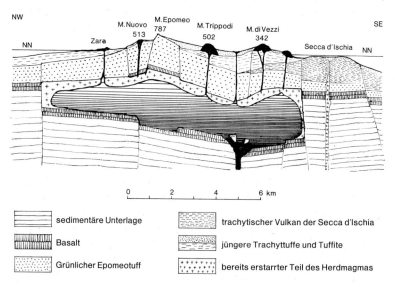

Fig. 21. Profil durch den vulkano-tektonischen Horst von Ischia (schematisch). (Nach A. Rittmann 1960, S. 152.) Maßstab 1 : 160 000, nicht überhöht.

Der Beginn vulkanischer Tätigkeit im Raum der Insel Ischia fällt in das Pleistozän. Durch Förderung riesiger Bimsstein- und Aschenmassen wurde die in der Erdkruste bestehende Magma-Kammer im Gebiet von Ischia weitgehend entleert und ihr Dach stürzte ein. Erneutes Aufdringen anatektischer Schmelzen führte zu einer langsamen Aufwölbung der Dachregion. Einzelne Schollen des Daches wurden dabei stärker herausgehoben und gekippt. Verschiedene Ausbrüche bis in historische Zeit ließen die heutigen Umrisse der Insel und auf der Insel Krater, Schlackenwälle, Lavaströme und Lavadome entstehen (vgl. H. Pichler 1970b, S. 94–109).

gehoben und gekippt werden. Dies geschah 1910 am Usudake/Hokkaido in Japan, als eine Scholle von 600 m Breite und 2700 m Länge gehoben und gekippt wurde, später aber teilweise wieder zurücksank. Einen *vulkano-tektonischen Horst* stellt die Insel Ischia dar (Fig. 21). Über den Verwerfungen dieses Horstes bildeten sich kleine Vulkankegel. Auch der Monte Amiata in der Toscana dürfte ein solcher vulkano-tektonischer Horst sein, dessen Dach aufriß und explosiven Ausbrüchen den Weg öffnete.

Vulkanische Abdämmung

Vulkanische Bauten entstehen gewöhnlich ohne Rücksicht auf das örtlich entwickelte subaërische Relief. Denn die Ausbruchsstellen knüpfen sich vorzugsweise an Schwächelinien der Kruste, wie sie durch Verwerfungen und Zerrüttungszonen vorgezeichnet sind. Diesen tastet auch das Flußnetz unter gewissen Voraussetzungen nach (vgl. Kap. III F). Aus diesem Grunde entstehen Vulkanberge sowohl auf den Höhen nichtvulkanischer Gebirge, wie etwa der Elbrus und Kasbek im Kaukasus, der Demavend im nordiranischen Älburs, als auch an Gebirgsflanken und in Tälern.

Im letzteren Falle kommt es nicht selten zu Talabdämmungen. Solche werden auch gelegentlich durch einen Lavastrom bewirkt, der vom Hange oder aus einem Nebentale kommend, ein Tal abriegelt. Dann entstehen in den abgeschnürten Tälern Seen (Fig. 18). Zu ihnen gehören der Lago Chungará am Fuß des Vulkans Parinacota (6330 m) im äußersten Norden Chiles und der Lago Guija am Vulkan San Diego an der Grenze von El Salvador und Guatemala. An ihrem durch die Talform bedingten Umriß sind sie meist leicht von den runden oder sichelartig gestalteten Krater- oder Kraterringseen zu unterscheiden. Der Seenreichtum der Vulkanlandschaften wird durch diese Abdämmungsseen noch vermehrt.

Submariner Vulkanismus

Auf Grund des Studiums der marinen und limnischen Sedimente, die mit Ergußgesteinen vergesellschaftet sind, und nach den unmittelbaren Beobachtungen über untermeerische Vulkanausbrüche kann es keinem Zweifel unterliegen, daß submarine Eruptionen zu den großen und immer wiederkehrenden Geschehnissen gehört haben und gehören (G. W. Tyrell, 1937; M. Neumann van Padang, 1938). Den submarinen Basaltergüssen ist, wie die Forschungsergebnisse über die Beschaffenheit und den Aufbau des Meeresbodens der letzten Jahre eindeutig beweisen, besonders auch in den Geosynklinalregionen eine weitaus größere Bedeutung zuzuweisen, als den Plateau-Basaltdecken der Kontinente. Dies wird aus der großen Verbreitung von grünfarbenen Spiliten (Olivinfels), Kissenlaven (Pillow-Laven) und Palagoniten oder Hyaloklastiten (s. S. 86f.) in den jungen alpinotypen Gebirgen (z. B. Alpen, Himalaya, Anden) deutlich, die meist aus Basalten infolge starken Druckes, hoher Temperaturen und vielfältiger chemischer Einflüsse (Serpentinisierung, Chloritisierung unter hydrothermalen Bedingungen) hervorgegangen sind.

Die zahlreichen vulkanischen Inseln besonders des Pazifischen Ozeans sind im wesentlichen durch untermeerische Ausbrüche aufgebaut worden. Bei der Falcon Insel der Tonga Gruppe (Insel seit 1894) und bei Anak Krakatau (Insel seit 1928), die aus dazitischem und andesitischem Material bestehen, handelt es sich oberflächlich fast ausschließlich um Bimssteine, Aschen und Blöcke. Die über den Meeresspiegel aufragenden Teile sind bei der Falcon Insel in wenigen Monaten durch die Brandung eingeebnet worden. 1927 entstand ein hufeisenförmiger Neubau von gut 100 m Höhe mit einem Krater in der Mitte, der inzwischen wiederum zu einer submarinen Bank abradiert wurde (Fig. 144). Stark, aber nicht zur Beseitigung führend, hat die Brandung an der ebenfalls aus Lockermassen aufgeschütteten Insel Anak Krakatau in der 1883 entstandenen Caldera des Krakatau gearbeitet. Es ist wohl anzunehmen, daß in der Tiefe unter den Lockeraufschüttungen auch massive Basaltlava am Aufbau solcher Inseln beteiligt ist, namentlich wenn es dabei schließlich zu so gewaltigen Formen wie den Basalt-Schildvulkanen von Hawaii kommt (J. E. Hoffmeister u. H. S. Ladd, 1928; T. A. Jaggar, 1931; N. D. Stearns, 1935; M. Neumann van Padang, 1936, 1938).

Weitaus mehr Vulkanbauten wachsen nicht über den Meeresspiegel empor. Ihre Krater werden offenbar nach Erlöschen der Tätigkeit bald durch Rutschungen aufgefüllt, so daß ein Kegelstumpf entsteht (H. Tazieff, 1972). Die überaus große Ähnlichkeit dieser Kegelstümpfe mit den *Guyots*, die als abradierte und abgesunkene Vulkanbauten gedeutet werden (s. S. 593f.), vermag von Fall zu Fall gewisse Schwierigkeiten dieser klassischen Theorie der Genese der Guyots zu überwinden. Zu den schwer erklärbaren Tatsachen gehört die teilweise beachtliche Tiefenlage der Gipfelflächen dieser Vollformen, beispielsweise im westlichen Pazifischen Ozean oft um 1500 m oder vor der Südküste Alaskas um 900 m Tiefe. Bisher konnten auch keine Übergangsformen von vulkanischen Inseln zu den Guyots mit ihren stellenweise wirklich nachgewiesenen Abrasionsflächen gefunden werden. Andererseits weisen die Korallenkalke des Eniwetok-Atolls nahe den Marshall Inseln im West-Pazifik mit ihrer Mächtigkeit von 1200 m auf permanente gleichmäßige Absenkung des Meeresbodens hin und stützen die klassische Auffassung von den Guyots (vgl. S. 594).

Neben Schild- und Stratovulkanen können submarin auch Aschenringe und -kegel meist als monogene Vulkane zur Ausbildung kommen. *Aschenringe* zeichnen sich häufig durch große Regelmäßigkeit ihrer Form aus, da Asche, wenn sie aus einem nicht tief unter der Wasseroberfläche liegenden (bis ca. 200 m Tiefe) submarinen Krater ausgeworfen wurde, nach ihrem Weg durch die Atmosphäre im Wasser nahezu senkrecht und in größerer Entfernung vom Eruptionszentrum niedersinkt. Erreichen dagegen die zerkleinerten Fragmente die Wasseroberfläche nicht mehr, sondern sinken vorher zurück, so erfolgt die Anhäufung des Lockermaterials nahe dem Krater in Form eines *Aschenkegels*. Durch Auffüllung des Kraters infolge Rutschungen können auch sie die Gestalt eines Kegelstumpfes annehmen.

Submarin ergossene Laven zeigen häufig eine eigentümliche kissen- oder ballenartige Absonderungsform. Man spricht nach der englischen Bezeichnungsweise von *Pillow-Lava* oder *Kissen-Lava*. Die Gesteinsmasse ist in rundlichsackartige Einzelkörper von meist etwa Meterdimension mit glasig-blasiger Haut und mehr kristallinem Innerem aufgelöst. Die Form der Einzelkörper deutet auf stoßweises Bewegen eines Lavastromes im Bereich steiler Hänge hin, bei dem einzelne Lavaschübe an der Basis des bereits erstarrten Gesteins hervorbrechen, sich ein Stück hangab bewegen und infolge rascher Abkühlung der Außenhaut der einzelnen Walzen oder Kissen durch den Kontakt mit dem Wasser oder mit Schlamm ebenfalls erstarren. Dieser Vorgang kann sich in vielfacher Folge wiederholen. (J. V. Lewis 1914, J. G. Jones 1968).

Neben den Pillow-Laven treten weitere Lavaformen auf, die erst in den letzten Jahren bei Forschungsfahrten mit Tiefseetauchbooten am Mittelatlantischen Rücken entdeckt wurden und hinsichtlich ihrer Genese noch nicht hinreichend gedeutet werden können (R. D. Ballard u. a., 1974). Dazu gehören an Steilhängen zylindrische Formen von wenigen Zentimetern (*Phalli-Lava*) bis zu mehreren Metern Länge. An Flachhängen und bei basaltischer Lava kommen Pflaster-Laven oder Pflaster-Basalte zur Entwicklung. Die Lava bildet bei Erstarrung und Volumenminderung oberflächennah die Form vieleckiger dm-großer Prismen.

Typische Bildungen von bedeutender Verbreitung sind in Gebieten des submarinen Vulkanismus die Glasaschentuffe oder *Hyaloklastite*, deren alte Bezeichnung *Palagonite* lautet (nach dem Dorf Palagonía in den Monti Íblei, SE-Sizilien). Bei dem Abrollen von Lavakissen (Pillows) splittert die wegen der raschen Abkühlung glasig erstarrte Haut der Kissen in feinen Bruchstücken ab, weil sie den Bewegungsspannungen nicht standzuhalten vermag. Hyaloklastite mit Mächtigkeiten von mehreren hundert Metern (z. B. Monti Íblei: 800 m) ohne Pillow-Vorkommen zeigen jedoch, daß auch andere Prozesse zu ihrer Entstehung führen dürften. Eine allgemein anerkannte Theorie der Entstehung der Glasaschentuffe gibt es noch nicht (s. A. Rittmann, 1960; H. Tazieff, 1972).

Vulkanismus und Krustenbau, Verbreitung der Vulkane

In Gebieten starker vulkanischer Förderung sind, über die Maße der Calderen hinausgehend, fast regelmäßig noch weit größere Senkungserscheinungen zu verzeichnen. Vesuv und Ätna erheben sich aus Senkungsfeldern von 50 und mehr Kilometern Durchmesser. Ähnlich ist es beim Ararat, bei manchen der großen javanischen Vulkane, beim Fujiyama und beim Klutschev in Kamtschatka. Diese Senkungsfelder werden durch Bruchsysteme begrenzt, die sich dem größeren Bauplan der Kruste in dem betreffenden Raum einpassen. Sie nehmen nicht oder kaum Rücksicht auf ein örtliches vulkanisches Förderzentrum. Hier spricht die Wahrscheinlichkeit dafür, daß der Vulkanismus eher Folge als Ursache der sich dokumentierenden Krustenbewegungen ist. Geomorphologisch bemerkenswert bleibt hierbei trotzdem die regionale Verknüpfung von bedeutenden Senkungserscheinungen und Vulkanismus.

Entsprechend diesen Verhältnissen häufen sich die Vulkane in den großen Labilitätszonen der Erdkruste. Denn obwohl die Spannung vulkanischer Gase ausreichen kann, um dicke Gesteinspakete zu durchschlagen, bieten doch die Zerrüttungszonen der Kruste dem Magma und den von ihm abgesonderten Gasen eine erleichterte Aufstiegsmöglichkeit. Die Vulkane halten sich daher an die Kettengebirgsgürtel, an die großen Bruchzonen und an die mittelozeanischen Rücken. Dabei zeigt sich aber, entsprechend den früheren Ausführungen, daß innerhalb der Kettenreliefgürtel bestimmte Zonen und Phasen des Entwicklungsganges bevorzugt sind, nämlich die Tiefseerinnen, welche von Ophiolithen (metamorphisierten Geosynklinalvulkaniten) durchdrungen werden, die mittelozeanischen Schwellen, insbesondere wo sie sich mit Querschwellen kreuzen, und die durch positive Schwereanomalien ausgezeichnete Innenrandzone der in Faltung begriffenen Geosynklinalen. Aus diesen Gründen zeigen in der Gegenwart die Randsäume des Pazifischen Ozeans die bei weitem größte Vulkanhäufigkeit.

Diese Vulkangebiete besitzen entsprechend ihrer geotektonischen Position eine deutliche Differenzierung nach Tätigkeitstypus, Bau und Form der Vulkane. So überwiegt in den Ozeanen, genauer im Bereich der medianen ozeanischen Rücken und der ihnen aufsitzenden Inseln der effusive Vulkanismus, der an Förderleistung den vorwiegend explosiven Vulkantypus der Festländer bei weitem übertrifft. Schildvulkane herrschen vor im inneren Pazifischen, Indischen und Atlantischen Ozean und sie förderten überwiegend Basalte, die wohl unmittelbar aus der Asthenosphäre stammen. Untergeordnet treten auf den Inseln der medianen ozeanischen Rücken, im Atlantischen und Indischen Ozean lavareiche Stratovulkane auf. Die marginalen ozeanischen Rücken und die ihnen aufsitzenden Inselbögen sowie die Randgebiete der Kontinente (u. a. Indonesien, Antillen, mittelamerikanische Landbrücke, Anden) zeichnen sich durch explosiven Vulkanismus mit Förderung von Daziten, Rhyodaziten, Rhyolithen und Andesiten aus; seltener sind Basalte. Dem entsprechen als Bauformen Stratovulkane, die oft Gipfel-Calderen tragen, Lockermaterialkegel, Staukuppen, Stoßkuppen und schließlich auch Ignimbritdecken sowie als Folgeerscheinung vulkano-tektonische Senken. Einen gemischten Charakter haben meist die rezenten Vulkane der Kontinente, die nach Förderprodukten und Form allerdings starke Differenzierungen aufweisen. Ein ideales Beispiel sind die italienischen Vulkangebiete mit Vulcano als tephra-reichem Stratovulkan, dem lavareichen Stratovulkan Ätna, den invers zusammengesetzten (von sauren zu basischen Laven tendierenden) Vulkanen Stromboli und Vesuv, den Schlackenkegeln der Phlegräischen Felder, den Bimssteinwällen auf der Insel Ischia und den Ignimbritdecken des Monte Amiata. Würden die ausgedehnten präholozänen Basaltdecken der Festländer mitberücksichtigt, dann wäre allerdings auch der Vulkanismus der Festländer als vorwiegend effusiv einzustufen.

Große Ähnlichkeit nach Tätigkeitsmerkmalen, Förderprodukten und Bauformen besitzt der Vulkanismus der großen Grabenbrüche der Erde, insbesondere Afrikas. Die wahrscheinlich aus abyssischen Spalten geförderte Basalt-Lava baute und baut Basaltdecken, Schildvulkane und lavareiche Stratovulkane auf (Äthiopien, Somalia, Kenia). Ganz anders sind dagegen die Merkmale des Vulkanismus in den jungen Kettengebirgen der Erde, wo verhältnismäßig saure Magmen gefördert werden und ejektive oder stark explosive Tätigkeit überwiegt.

4. Meteoritenkrater

Auch große auftreffende Meteoriten können an der Erdoberfläche nach den Überlegungen von A. C. Gifford (1930) und C. C. Wylie (1933) infolge ihrer ungeheuren kinetischen Energie gewaltige Explosionswirkungen hervorrufen. Obwohl nicht vulkanischer Natur, ähneln diese vulkanischen Sprengtrichtern sehr. Der Meteor-Krater von Arizona, der über 1 km breit und 180 m tief ist, dessen Trümmer-Randwall sich 40 m über das umgebende ungefaltete Kalkstein-plateau erhebt, ist zweifellos durch ein solches Ereignis geschaffen worden. Der Mangel jeglichen vulkanischen Materials, aber die Anwesenheit von sehr zahlreichen Bruchstücken von Meteoreisen in der Nähe des Kraters machen dies sicher. Allerdings, eine große Masse von Meteoreisen im Kratergrunde ist offenbar nicht vorhanden. Dafür dürfte die Explosion selbst die Ursache sein.

Der eindeutige Nachweis, daß ein Sprengtrichter durch eine Meteor-Explosion geschaffen wurde, ist schwer. C. A. Cotton (1952) glaubt, daß für den Pretoria-Salt-Pan Trichter in Südafrika und für den Lonar See halbwegs zwischen Bombay und Nagpur in Indien diese Erklärung die größte Wahrscheinlichkeit für sich hat.

Ein überzeugender Nachweis, daß es sich wirklich um einen Meteoritenkrater handelt, gelang E. C. T. Chao, E. M. Shoemaker und B. M. Madsen (1960) durch das Auffinden von Coësit im Barrington Meteorkrater von Arizona. Coësit ist ein besonderes SiO_2 Mineral, welches sich nur unter sehr hohem Druck bilden kann, so wie er entweder in größerer Erdtiefe oder, allerdings nur für äußerst kurze Zeit, an der Erdoberfläche bei einem Meteoriten-Aufschlag gegeben ist.

Coësit ist auch im Suevit, einem durch Schock völlig umgewandelten Gestein des Nördlinger Rieses, entdeckt worden und ebenso ein anderes gleichfalls unter äußerst hohem Druck entstehendes Mineral der Kieselsäure, der Stishovit. Die fast kreisförmige, im Durchmesser 20 bis 24 km große und heute oberflächlich 100 bis 200 m tiefe Hohlform des Rieses ist nach dem jüngst erbrachten Nachweis von Spuren chromhaltigen Eisens, wie es in Steinmeteoriten vorkommt, sicher durch einen Meteoriten-Aufschlag gebildet worden. (E. Preuss 1964).

Im Krater von Aouellul in der mauretanischen Westsahara wurden neben Gesteinsglas *Kamaezit-Kügelchen* (α-Nickeleisen; α-[NiFe]) gefunden (E. C. T. Chao, 1966), was ebenfalls ein eindeutiger Hinweis für Entstehung durch Meteoriteneinschlag ist.

Man kennt heute über 200 kraterähnliche Formen, darunter über 20 von mehr als 10 km Durchmesser, die als Meteoritenkrater gedeutet werden. Sie liegen in den verschiedensten Teilen der Erde. In einem halben Dutzend von ihnen ist bisher Coësit nachgewiesen, in den übrigen Meteoreisen oder Glas.

III. Die feinere Gestaltung der Oberflächenformen

Grundlinien einer Prozeß-Geomorphologie

A. Grundüberlegung und Grundbegriffe

Bei der Beschreibung, Untersuchung und Deutung der allergrößten Formen der Erdoberfläche wirken Geodäsie, Geophysik, Geologie und Geographie zusammen. Nur wenige, sehr allgemeine Eigenschaften des Oberflächenbildes können bei dieser Gesamtbetrachtung berücksichtigt werden. Der feineren Ausgestaltung der Formen nachzugehen, ist dagegen in erster Linie ein Bedürfnis der Geographie, in einzelnen Fragen auch der Geologie. Um ihm gerecht zu werden, sind besondere Betrachtungsweisen und Untersuchungsmethoden notwendig. Diese sucht die Geomorphologie zu entwickeln. *Geomorphologie im engeren Sinne* ist daher die Wissenschaft von der bis ins einzelne verfolgten Ausgestaltung der Formen der festen Erdoberfläche, von den sie gestaltenden Prozessen und von den Schlußfolgerungen, die aus deren Kenntnis gezogen werden können. Die Arbeit an dieser Aufgabe hat die Geomorphologie zur selbständigen wissenschaftlichen Disziplin werden lassen.

1. Formbeschreibende Grundbegriffe

Bevor in Fragen der Entstehung der Formen eingetreten werden kann, sind einige rein *formbeschreibende Grundbegriffe* erforderlich. Soweit diese aus der Umgangssprache entlehnt werden, erscheint für den wissenschaftlichen Gebrauch eine genauere Umreißung angebracht.

Eine erste, lediglich beschreibende Unterscheidung teilt die Formen der Erdoberfläche unter Verwendung von Ausdrücken der Bildhauersprache in *Vollformen* und *Hohlformen* auf. Dabei werden alle Emporragungen und ebenso alle vorspringenden Ausbuchtungen solcher Emporragungen wie Sporne, Wulste, bastionsartige Gebilde usw. als Vollformen bezeichnet. Alle Vertiefungen, auch alle in Vollformen eingreifenden Einbuchtungen, Nischen, Furchen usw. sind Hohlformen.

In Wahrheit äußert sich in dieser Formeneinteilung bereits die Erfahrung, daß für die Beurteilung der Formen der Erdoberfläche von entscheidender Bedeutung die *Schwerkraft* ist. Denn vorspringend bzw. zurückspringend in bezug auf die Erhebungen sind die Umgrenzungslinien der so definierten Vollformen bzw.

Hohlformen beim Schnitt des Reliefs mit den Niveauflächen, d. h. mit den Flächen gleichen Schwerepotentials. Da die Niveauflächen nahe der Erdoberfläche nur wenig von Flächen gleicher Höhe über dem Meeresspiegel abweichen, so gilt das gleiche auch für die Kennzeichnung der Voll- und Hohlformen durch Linien gleicher Höhe.

Unter den Formen der Erdoberfläche gibt es aber eine Gruppe, die theoretisch weder zu den Vollformen noch zu den Hohlformen gehört. Es sind die *Ebenen*. Natürlich sind genau genommen alle irdischen „Ebenen" entweder ganz flach aufgewölbt oder ganz flach eingebogen oder auch ganz flach gewellt. Infolgedessen ist ein Kriterium wünschenswert, mit Hilfe dessen man ein wirkliches Stück Erdoberfläche geomorphologisch noch als Ebene oder nicht mehr als Ebene einordnen kann. Wir meinen, daß man in der Geomorphologie von einer Ebene nur dann sprechen sollte, wenn auf Entfernungen von wenigen Kilometern, bei denen die Erdkrümmung noch vernachlässigt werden kann, in freiem Gelände ein aufrecht stehender Mensch für einen anderen aufrecht stehenden Menschen nirgends durch etwa vorhandene schwache Wellungen oder geringe Einschnitte des Geländes vollständig verdeckt wird.

Ist diese Bedingung in einem an sich flachen Gelände nicht mehr erfüllt, so hat man es mit *Flachland* zu tun. Das Flachland kann flach wellig oder hügelig sein. Von Hügeln sollte man aber nur dann sprechen, wenn die Böschungen, die zur Erhebung hinaufführen, bereits deutlich erkennbar geneigt sind, und wenn außerdem der Höhenunterschied zwischen Fuß und Scheitel der Erhebung allermindestens mehrere Male größer ist als die Größe eines Menschen. Anderenfalls wird. man Ausdrücke wie *flache Geländewelle, niedrige Geländewelle* oder ähnliche anwenden. Gebirge haben oft flache *Fußflächen*, eine *Fußflur*.

Es ist aber zugleich auch eine Verständigung über Benennungen zur Kennzeichnung unterschiedlicher Böschungsverhältnisse wünschenswert. Bei einer Geländeneigung von weniger als $^1/_2°$ (etwa 9‰) ist selbst das Bestimmen der Gefälls*richtung* ohne Instrument nicht einfach. Solches Gelände kann als „fast horizontal" bezeichnet werden. Bei zwischen etwa $^1/_2°$ und 3° (9 bis 50‰) Neigung erfordert es immer noch besondere Aufmerksamkeit, die Abdachungsrichtung einwandfrei festzustellen. In diesem Falle kann man von flachen bzw. von extrem flachen Böschungen sprechen. Böschungen zwischen etwa 3° und 10° (50 und 175‰) Gefälle können dem subjektiven Empfinden des Menschen nach sanft bzw. Sanfthänge genannt werden, solche von mehr als 10° (etwa 175‰) bis etwa 25° (etwa 450‰) Neigung, d. h. bis unterhalb des maximalen Ruhewinkels reibungsarmer, trockener natürlicher Lockermassen, sind Schräghänge. Im Neigungsintervall zwischen etwa 25° und etwa 35° (etwa 450 bis 700‰) oder sogar noch etwas mehr, nämlich in dem Bereich der maximalen Ruhewinkel von unbewachsenen, trockenen Lockermassen bis zu deren eckigsten, reibungsreichsten Typen können Böschungen dann mäßige Steilhänge genannt werden. Wo wegen zu großer Steilheit nackter Fels zutage tritt, das ist je nach den Gesteinsverhältnissen meist von 35° bis 45° Neigung an der Fall, da liegen geomorphologisch übermäßig steile Hänge, Wandformen, Schroffen, Steilabstürze vor. Um sie zu überwinden, muß der Mensch in der Regel klettern, d. h. die Hände zur Fortbewegung mit benutzen.

Kräftigere Höhenunterschiede als das Flachland weist das *Hügelland* auf, noch stärkere das *Bergland*. Unsicherheit herrscht oft über die Abgrenzung zwischen Hügel und Berg, welche naturgemäß nicht scharf sein kann. Unbefriedigend ist jedenfalls der Versuch, nahe benachbarte Höhenunterschiede bis zu 200 m als Hügelrelief zu bezeichnen. Die deutschen Mittelgebirge wären dann großenteils nur Hügel. Noch weniger glücklich ist es, eine bestimmte Meereshöhe als Grenze zwischen Hügel und Berg zu setzen. Ebenen, Flachland und Hügelland gibt es vielmehr bis zu sehr großen Meereshöhen hinauf.

Uns will scheinen, daß man der eingebürgerten Wortbedeutung nahe kommt und zugleich eine wissenschaftlich erwünschte Klärung der Begriffe erreicht, wenn man als Hügel stets nur solche Erhebungen kennzeichnet, bei denen ein kräftiger Mensch für Auf- und Abstieg nur einen sehr kleinen Teil eines Tages braucht. Zu einem *Hügel* kann man ohne Zeitplan und ohne Vorsorge für Nahrung und Wettersturz aufsteigen und wieder zurückkehren. Eine Erhebung fängt dagegen an, ein *Berg* zu sein, wenn bei einer Besteigung die angedeuteten Vorkehrungen empfehlenswert sind; sie ist sicherlich ein Berg, wenn diese Vorkehrungen notwendig werden. Dabei kann der Höhenunterschied auch unter 200 m betragen, wenn die Erhebung breit gebaut und der Anstieg daher langwierig ist.

Die empfohlene Unterscheidung läßt für die Verwendung beider Begriffe in einem gewissen Grenzbereich Spielraum. Dieser ist, wiewohl nicht zahlenmäßig umrissen, durch die Bezugnahme auf das Verhältnis des Menschen zum Relief doch ziemlich gut umschrieben und wahrscheinlich einleuchtender als ein an seiner Statt festgesetzter Zahlenwert.

Erforderlich sind ferner einige rein beschreibende Bezeichnungen für die verschiedenen Grundtypen von Berg- bzw. Gebirgsformen. Eine Reihe dieser Unterscheidungen hebt die Gestaltung der Scheitelgebiete der betreffenden Gebirge hervor. Wir sprechen von *Schneiden-* oder *Gratformen* bzw. -Gebirgen, wenn die Firste der Vollformen durch die Verschneidung beiderseits steiler Hänge zu Graten zugeschärft sind. Zugeschärfte Einzelgipfel werden als *Spitze, Pyramide, Kegel, Horn* bezeichnet. *Rückenformen* bzw. *Rückengebirge* liegen vor, wenn die Firste der Vollformen langgestreckt und mehr oder weniger breit gerundet sind. *Kämme* können sowohl zugeschärft wie zugerundet sein. *Kuppenformen* bzw. *Kuppengebirge* hat man vor sich, wenn mehr rundliche Einzelerhebungen als langgestreckte Rücken das Relief beherrschen. Ist die Höhenregion eines Gebirges flächenhaft breit, so handelt es sich um ein *Hochflächengebirge*. Fällt dieses wenigstens nach einer Seite steil ab, so kann man von einem *Plateau* sprechen. Steht eine lange sanfte Abdachung einer kurzen steilen gegenüber, so gebraucht man die Bezeichnung *Pultgebirge*. Es gibt auch wellige und kuppige Plateaus. Haben plateauartige Formen nur eine geringe Höhe gegenüber ihrer Umgebung, so bezeichnet man sie als *Platte*. Über Bau und Entstehungsweise sagen diese rein beschreibenden Bezeichnungen zunächst nichts aus. Neben diesen, die Formung der Scheitelregion kennzeichnenden Ausdrücken stehen andere, die mehr auf die Gestaltung des Grundrisses der Gebirge hinweisen. Als *Gebirgsketten* bzw. *Kettengebirge* sollte man langgestreckte Gebirgskörper bezeichnen, sofern in ihnen auch im einzelnen die Längsrichtung im Formenbilde betont ist. Gewöhnlich ziehen in Kettengebirgen mehrere solcher Ketten und dazwischen Längsfurchen nebeneinander hin. Formänderungen im Längsverlauf eines Kettengebirges treten gewöhnlich dadurch ein, daß in der Längsrichtung einzelne Formenstränge auslaufen, andere weiterlaufen, wieder andere neu einsetzen, und daß dieser Wandel sich mehr oder weniger fließend vollzieht. Die Scheitel der Gebirgszüge können dabei sowohl zugeschärft wie auch gerundet-rückenförmig sein. Ein Kettengebirge sind die Alpen. Sie sind Glied des Eurasiatischen Kettengebirgsgürtels. Es hat sich gezeigt, daß Kettengebirge überwiegend verhältnismäßig junge (kretazische bis holozäne) Faltungsstrukturen aufweisen.

Von den Kettengebirgen, die als *Kettengebirgsgürtel* erdumspannende Ausmaße erreichen, sind die im einzelnen sehr wechselvoll als rundliche, plumpe, kantig umrissene, längliche oder geradgestreckte, strahlige, kegelige oder ganz unregelmäßige Erhebungen auftretenden Gebirgskörper des *Felderreliefs der Erde*[12] zu unterscheiden. Die Erfahrung lehrt, daß in ihnen alle Arten von Untergrundstrukturen möglich sind. Falls solche Erhebungen einzeln stehen und merklich über niedrigeres Land aufragen, wie z. B. viele Vulkanberge oder wie Härtlingskuppen, die sich etwa an vulkanische Förderschlote knüpfen, oder auch wie viele Inselberge der Tropen (vgl. S. 144), so spricht man von *Einzelbergen*. Wenn unsicher ist, ob ein aufragendes Relief besser als Gebirge oder als Häufung von Einzelbergen aufzufassen ist, so bleibt der Begriff *Bergland*.

Für einzelne Untertypen der Gebirge des kontinentalen Felderreliefs gibt es seit langem besondere Benennungen. Zum Teil machen diese eine Aussage sowohl über den Grundriß wie über die Gestalt der Scheitelregion, so daß sie bereits Erwähnung fanden. Solche sind etwa die Hochflächen- und Plateaugebirge, die Pultgebirge, die Platten. Ohne Rücksicht auf die Ausbildung der Scheitelregion werden Gebirge mit ungefähr strahlenförmigem Gewässernetz vielfach als *Stockgebirge* oder als *Gebirgsstöcke* bezeichnet. Ein größerer Landbereich von bedeutender Meereshöhe wird unabhängig von den Einzelheiten seiner Oberflächengestaltung auch *Hochland* genannt.

Auch innerhalb des Felderreliefs gibt es eine äußerst langgestreckte Formengemeinschaft, die aber im übrigen wesentlich anders geartet ist als die langgedehnten Kettengebirge, und die daher streng von jenen zu unterscheiden ist. Diese Formengemeinschaft besteht in der Regel aus einer fast geradlinigen Durchgangstalung von außerordentlicher, bis zu Tausenden von km betragender Länge samt den begleitenden Saumhöhen. Nicht selten sind entsprechend geartete Abzweigungstalungen vorhanden. Die Böden der Talungen sind flach oder unruhig reliefiert. Sie enthalten oft bedeutende Talwasserscheiden. Die begleitenden Talungsränder sind meist steil, von wechselnder Höhe, oft gestaffelt, weithin fast geradlinig und fast parallel einander zugekehrt, mitunter aber auch nur einseitig entwickelt. Man kann zusammenfassend von der *Formengemein-*

---

[12] Die Bezeichnung „Felderrelief der Erde" möchte andeuten, daß die Anordnung der verschiedenen Teilstücke mit jener eines unregelmäßigen Flächenmosaiks vergleichbar ist, etwa so wie die Verteilung der verschiedenen Nutzflächen in einer Kulturlandschaft.

schaft einer Durchgangs-Großtalung (corridor valley) sprechen. Sie kann auch unter den Meeresspiegel hinabreichen.

Es hat sich gezeigt, daß Formenkomplexe von Durchgangs-Großtalungen stets an die ganz großen und verhältnismäßig jung-aktiven (Tertiär bis rezent) Zerrungsrisse der Erdkruste gebunden sind. Sie weisen Bruch- bzw. Grabenstrukturen auf mit unterschiedlicher Emporhebung der Grabenrandzone. Beispiele sind etwa der Oberrheingraben mit seinen Begleitgebirgen, das Rote Meer samt Ausläufern mit seiner Gebirgseinfassung, die Grabensenken und Stufenabfälle von Ostafrika u. a.

Die großartigsten dieser Formengemeinschaften von Durchgangs-Großtalungen und ihren Saumgebirgen liegen aber unter dem Meeresspiegel. Es sind die median-ozeanischen Hauptrücken, die erst im Kap. III L näher zu kennzeichnen sein werden (vgl. S. 18 ff. u. 585 ff.). Im Gegensatz zu ihnen sind die marginal-ozeanischen Rücken offensichtlich den Kettengebirgsgürteln verwandt (vgl. S. 583 f.).

Die vorstehend dargelegten Unterscheidungen rein beschreibender Begriffe von Formen der Erdoberfläche arbeiten absichtlich mit Größenangaben, die etwas Spielraum gewähren. Außerhalb dieser Spielraumbereiche dürften sie aber eindeutig sein.

K. Hormann (1965, S. 109–126, 1971) hat einen interessanten Versuch gemacht, darüber hinaus zu schärferen formbeschreibenden Abgrenzungen zu gelangen. Er verwendet den Begriff der *Hüllfläche des Reliefs* (K. Fischer, 1963; H. Louis, 1963) und verlangt von einem *Berg,* daß der dem Gipfel mit nicht zu großer Fläche (unter 1,5 km^2) aufruhende Hüllflächenkegel von 100‰ Neigung des Mantels mindestens auf 150 m Vertikalabstand die umgebende Erdoberfläche vollkommen unter sich läßt. Wenn das nur einseitig der Fall ist, so liegt nach Hormann ein gebirgiger Abfall vor. Wenn es auf zwei gegenüberliegenden Seiten der Fall ist, dazwischen aber nicht, so ist das ein Hinweis auf eine Gebirgskette. Wenn dieses Vertikalmaß nirgends erreicht wird, so handelt es sich um hügeliges oder sogar um flaches Land. Von diesem Ansatz aus kann man quantitative Festlegungen gewinnen für Begriffe wie Gebirge, Bergland, Plateau usw.

Je mehr es der Geomorphologie gelingt, quantifizierende Ergebnisse zu gewinnen, um so größeren Wert werden morphographische Festlegungen dieser Art für sie bekommen. Für die in diesem Buch zu behandelnden Gegenstände wird der Arbeitsaufwand, den die quantitative Überprüfung der verwendeten Bezeichnungen in jedem Falle erfordern würde, das erreichbare Ergebnis wohl nicht lohnen. Deswegen werden hier die morphographischen Begriffe in der vorher dargelegten, der Abgrenzung einen gewissen Spielraum gewährenden Bedeutung verwendet.

Wir haben eine ganze Reihe rein formbeschreibender Begriffe für die Vollformen angeführt. Für die Hohlformen kann dies nicht in gleicher Weise geschehen. Denn deren Merkmale sind so eng mit den Besonderheiten der *Entstehung* der Hohlformen verknüpft, daß sie nicht gut ohne Erörterung der Bildungsvorgänge besprochen werden können.

2. Aufschüttungs- und Abtragungsformen

Um zu Vorstellungen über die *Entstehung der Formen* zu gelangen, geht die Geomorphologie von einer Grunderkenntnis über die *Beziehung zwischen der Erdoberfläche und ihrem Untergrunde* aus. Zwei fundamental verschiedene Typen dieses Verhältnisses sind in der Natur zu beobachten.

Im *ersten* Falle bildet die Erdoberfläche die Oberfläche einer mehr oder weniger weit verfolgbaren Gesteins*schicht*. Gewöhnlich stellt diese die oberste, jüngste Lage einer ganzen Folge von Schichten dar. Dies gilt z. B. von einer Tonhaut, die sich über älteren ähnlichen Lagen in einer Überschwemmungszone, in einer Pfütze, am Boden eines Sees oder im Meere abgesetzt hat, und die durch Austrocknen, Gezeitenwechsel oder andere Ereignisse der Beobachtung zugänglich wurde. Es gilt ebenso für die oberste Schotterlage im Hochwasserbett eines Flusses, die oberste Schuttlage einer Schutthalde, aber auch für die Oberfläche einer Sand- oder Staubdecke nach einem Wüstensturm, für die einer Aschendecke nach einem Vulkanausbruch und natürlich auch für die Oberfläche eines Lavastromes oder einer Lavadecke usw.

In allen derartigen Fällen ist die augenblickliche Erdoberfläche durch Aufschüttung entstanden. Es wurde durch den letzten Akt eines sich kontinuierlich oder mehr in Einzelakten vollziehenden Aufschüttungsvorgangs jeweils eine ältere, vorher die Erdoberfläche bildende Fläche zugedeckt bzw. begraben. Solche Oberflächen werden folgerichtig als *Aufschüttungsoberflächen, Ablage-*

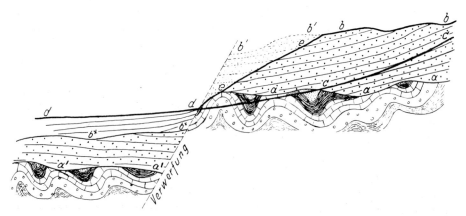

Fig. 22 Schema der Oberflächen beiderseits einer Verwerfung in einem Gebiet mit Ober- und Unterbau.

a a   *Begrabene Abtragungsoberfläche* über gefaltetem Untergrund *(Unterbau)*
a′ a′ Fortsetzung von a a jenseits der *Verwerfung*
b b   *Abtragungsoberfläche* über flachlagerndem Untergrund *(Oberbau)*
b′ b′ Fortsetzung von b b vor Eintritt der Verwerfung
b*b* desgleichen begraben jenseits der Verwerfung
c c   *Talgrund, Abtragungshohlform,* seit Beginn der Verwerfung in die *gehobene Scholle* eingearbeitet
d d   *Aufschüttungsoberfläche,* jüngste Oberfläche einer Aufschüttungsfolge, die seit Beginn der Verwerfung über die *abgesenkte Scholle* gebreitet wurde
e e   *Abtragungshang* seit Bildung der Verwerfung und seit Einschneidung des Talgrundes c c

rungsoberflächen oder *Akkumulationsformen* bezeichnet, und man unterscheidet sinngemäß marine, limnische, fluviale, äolische, vulkanische, anthropogene Aufschüttungsoberflächen. Selbstverständlich kann Aufschüttung sich auch in ganz vereinzelten Akten vollziehen, die nicht Schichtfolgen, sondern nur mehr oder weniger ungegliederte Ablagerungsmassen hervorrufen, wie etwa ein Bergsturz. Auch solche Oberflächen sind Ablagerungsoberflächen, wenn sie auch manchmal als solche weniger leicht erkennbar sind (Fig. 22).

Innerhalb der Kategorie der Aufschüttungsoberflächen sind bei näherem Zusehen zwei recht wichtige Untertypen zu unterscheiden. Die einen stellen im Hinblick auf den sie verursachenden Massenumlagerungsvorgang endgültige Ruheformen dar. Die Massen, die diese Oberflächen bilden, können nur dann erneut in Bewegung gesetzt werden, wenn ein neues, andersartiges Geschehen eingreift. Solche Ablagerungen und ihre Oberflächenformen können als *definitive Ablagerungen* bzw. *definitive Ablagerungsoberflächen* bezeichnet werden. Der Schlickbelag am Boden eines stehenden Gewässers oder die Oberfläche einer Schutthalde oder das Trümmerfeld eines Bergsturzes gehören hierher.

Es gibt aber auch Ablagerungen, die nur durch ein augenblickliches, vorübergehendes Nachlassen des Bewegungsvorganges abgesetzt werden. Eine Fortsetzung des gleichen Verlagerungsvorgangs, der sie schuf, ergreift diese Massen zu einem späteren Zeitpunkt von neuem und frachtet sie weiter. Die hierbei entstehende Formveränderung ist vielfach nur gering, da neu zugeführtes Material an die Stelle des abgewanderten tritt. Ja, gewisse Formen neigen trotz dauernder Weiterbewegung von Material zu einer ständigen Regenerierung der Gestalt, so die im Flusse wandernden Kiesbänke, die sich an fast gleicher Stelle immer wieder neu bilden, die Sand- und Kiesriffe vor den Küsten, die kleinen Sandrippeln am Boden von Gewässern und auf windüberwehten Sandflächen, ferner gewisse Typen von Dünen usw. Derartige Ablagerungsformen können als *temporär* bezeichnet werden; einmal, weil das Material, das sie aufbaut, im Laufe der Zeit ausgewechselt wird, und zweitens, weil die an sich bemerkenswerte Beständigkeit der Formen im Zeitablauf doch gewisse Veränderungen durchmacht, sei es, daß die Formen gewisse Schwankungen der Größe und der Einzelgestaltung erleiden oder daß allmählich räumliche Verlagerung eintritt (Fig. 23).

Nicht immer ist es leicht, zu unterscheiden, ob eine Aufschüttung definitiven oder temporären Charakter hat. Ob beispielsweise das Kiesbett eines Wildflusses an einer bestimmten Stelle eine definitive Aufschüttung darstellt, die zur Ruhe gekommen ist und über kurz oder lang durch neue Aufschüttungen überdeckt

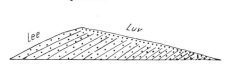

Fig. 23. Schematischer Querschnitt durch eine temporäre Aufschüttungsform, z. B. durch die Kiesbank eines Flusses oder durch eine Düne.

An der Luvseite sind Abtragung und vorübergehend ablagernder Materialtransport nicht voneinander zu trennen.

werden wird, oder ob nur eine temporäre Aufschüttungsoberfläche vorliegt, die bei nächster Gelegenheit durch Abfrachten der daliegenden Massen und gleichzeitiges Hinzubringen neuen Materials nur der Form nach einigermaßen erhalten bleibt, dem Inhalt nach aber gründlich verändert werden wird, das ist mitunter schwer auszumachen. Aber unabhängig von der Frage dieses Unterschiedes handelt es sich bei jeder der beiden Möglichkeiten sicherlich um eine Aufschüttungsoberfläche.

Näheres über die Oberflächenformen der Ablagerungen wird jeweils im Zusammenhang mit den sie gestaltenden Umlagerungsvorgängen ausgeführt. Die genauere Erforschung des stofflichen Inhalts der Ablagerungen dagegen ist als *Sedimentologie* zu einer eigenen Disziplin im Rahmen der Geologie als der Wissenschaft von der Erdkruste geworden.

Ein wichtiges Hilfsmittel zur Unterscheidung fluvialer Ablagerungen, die unter verschiedenen Klimabedingungen gebildet wurden, insbesondere auch von fluvioglazialen, periglazialen und glazialen Aufschüttungen, von Strandgeröll, endlich die Unterscheidung aquatischer und äolischer Sande ist in der sogenannten *Morphoskopie* erarbeitet worden. (W. C. Krumbein, 1941, F. J. Pettijohn u. A. C. Lundahl, 1943, A. Cailleux, 1947, 1952, J. Tricart u. R. Schaeffer, 1950, H. Poser u. J. Hövermann, 1951, G. Lüttig, 1956, A. Cailleux u. J. Tricart, 1959, M. Blenk, 1960, A. Cailleux, 1961, E. Köster, 1964). Sie nimmt Messungen und Beobachtungen über charakteristische Formeigentümlichkeiten wie Abplattungsindex, Dissymmetrieindex, Zurundungsindex, Oberflächenbeschaffenheit an einer großen Zahl von Einzelpartikeln der betreffenden Ablagerung vor, die nach bestimmten Gesichtspunkten ausgewählt werden. Man erhält auf diese Weise Durchschnittswerte der betreffenden Merkmale. Sie geben meist einen deutlichen Hinweis auf die Art der Beanspruchung, denen jene Partikel ihre Formung verdanken, und erlauben von hier aus vielfach bestimmte Rückschlüsse auf die Entstehung der vorliegenden Ablagerung. Die Methode befindet sich noch in der Weiterentwicklung.

Der *zweite* Fundamentalfall der Beziehung zwischen der Erdoberfläche und ihrem Untergrunde liegt vor, wenn die Erdoberfläche den Schichtbau abschneidet, oder wenn sie im Bereich nichtschichtiger, z. B. magmatischer Gesteine ohne Rücksicht auf den Gefügezusammenhang über den Untergrund weggreift. Dabei ist zunächst unerheblich, ob dieser Schnitt in größerem oder nur in sehr spitzem Winkel durch die vorliegenden Strukturen hindurchsetzt. Es leuchtet ein, daß dieses Nichtzusammenstimmen von Oberfläche und Untergrund nur dadurch entstanden sein kann, daß dort, wo die Strukturen abgeschnitten sind, Material weggenommen, abgetragen worden ist. Daher werden solche Oberflächen als *Abtragungsoberflächen*, und die Formen als *Erosionsformen* oder auch als *Skulpturformen* bezeichnet (Fig. 22).

Alle Teile der Erdoberfläche sind praktisch entweder Abtragungs- oder Aufschüttungsoberflächen. Zur Erläuterung ist allerdings zu sagen, daß manchmal Abtragungs- und Aufschüttungsvorgänge räumlich und zeitlich sehr eng aufeinander folgen. Man kann dann an Ort und Stelle oft nur vom Überwiegen der einen oder anderen Oberflächenform oder von örtlich sehr starkem Wechsel

sprechen. Abtransport von Material und gleichzeitige Ablagerung neu herange-
frachteter Massen spielt namentlich bei der Entstehung temporärer Aufschüttungsoberflächen gewöhnlich eine große Rolle.

Es wird ziemlich oft in der Geologie und Geomorphologie auch von *tektonischen Formen,* von *Tektorelief* oder *Morphotektonik* gesprochen. Man will hierbei den Gesamtkörper eines Gebirges, einer großen Hohlform, einer Geländestufe etwa als Antiklinale oder Synklinale, als Horst oder Graben, als Bruchstufe
usw. charakterisieren. Diese Übung faßt aber nur generalisierte Idealgestalten,
gewissermaßen die Form*anlagen,* bzw. die *strukturbedingten Anlagen* des
irdischen Formenschatzes ins Auge, nicht die tatsächlich vorliegenden Oberflächen selbst. Denn eine Antiklinale oder ein Horst unterliegen, wenn sie über
ihre Umgebung in den Luftraum aufragen, d. h. *Vollformen* bilden, von Anbeginn
der Abtragung. Sie sind deswegen streng genommen stets mehr oder weniger
demolierte Ruinen der tektonischen Idealgestalt. Synklinale und Graben erleiden,
soweit sie merkliche *Hohlformen* bilden, d. h. Eintiefungen in die Umgebung vorstellen, Zufüllung und damit eine verschleiernde Abwandlung des tektonischen
Urbildes.

Selbst der unter Umständen mehrere Meter hohe Geländesprung, der durch
ein gewaltiges Erdbeben entstanden sein kann, erfährt sozusagen vom Augenblick
seiner Entstehung an Umformung durch Abbrechen, Absitzen, Abbröckeln von
Massen am gehobenen Flügel, durch Aufhäufung dieses Materials am Fuß. Auch
seine Formteile gliedern sich dadurch praktisch unverzüglich in die Kategorien
der Abtragungs- und Aufschüttungsoberflächen ein.

Die generalisierende Vorstellung vom Vorhandensein tektonischer Formen,
besser morphotektonischer Formanlagen, bedeutet also keine Durchbrechung der
Alternative, daß alle Oberflächenformen der Erde entweder Abtragungs- oder
Aufschüttungsformen sind.

3. Hauptglieder des Abtragungsmechanismus

Gesteinsaufbereitung als Voraussetzung der Abtragung

Aus dem Studium der Oberflächenformen ergibt sich hiernach unmittelbar, daß
Massenbewegungen, Massenumlagerungen an der Erdoberfläche stattfinden
müssen, und daß die eigentliche Ausgestaltung der Formen das Ergebnis eben
dieser Massenbewegungen ist. Wir haben nunmehr nach den Bedingungen und
den Vorgängen zu fragen, durch die diese Ausgestaltung im einzelnen zustande
kommt. Alle Massenbewegungen an der Erdoberfläche unterliegen dem Einfluß
des irdischen Schwerefeldes. Dieses wirkt dahin, die Massenverteilung zu möglichst weitgehender Annäherung an eine Niveaufläche zu bringen. Nur die Oberfläche des Ozeans und der sonstigen stehenden Wasserflächen bietet infolge der
geringen Viskosität des Wassers, wenn man von den Wellenstörungen absieht, die
nahezu vollständige Verwirklichung solcher Niveauflächen. Auf der festen Erdoberfläche setzen dagegen Kohäsion und Adhäsion innerhalb der Gesteinsmassen
und die Reibung innerhalb etwaiger Lockermassen dem Wirken der Schwerkraft

große Widerstände entgegen. Wenn dennoch die Schwerkraft hier Arbeit in Gestalt von Massenverlagerungen leisten kann, so deswegen, weil Kohäsion, Adhäsion und Reibung der Gesteine nicht unveränderlich sind, sondern durch äußere Einwirkungen im Laufe der Zeit abgewandelt werden können. Diese Veränderung der Gesteine, die meist zu einer Verringerung der Gesteinsfestigkeit und zu einer Erhöhung der Beweglichkeit von Gesteinsfragmenten führt, wird als *Verwitterung* oder *Gesteinsaufbereitung* bezeichnet, weil diese Beweglichmachung im wesentlichen eine Folge von Witterungseinflüssen ist. Wie im Kapitel III B, S. 110 ff. näher zu zeigen sein wird, führt die Verwitterung in *allen* Klimaten, wenn sie genügend lange einwirken kann, zur Erzeugung recht beweglicher Teilchen an der Erdoberfläche.

Flächenhafte Abtragung durch unmittelbare Massenschwerebewegung, Denudation

An diesen beweglich gewordenen Teilchen kann die Schwerkraft mechanische Arbeit leisten. Das geschieht auf mannigfach verschiedene Weisen, die sich jedoch zum mindesten grundsätzlich in zwei Haupttypen zusammenfasen lassen: Entweder folgen die aufbereiteten Gesteinsmassen unmittelbar schneller oder langsamer der längs der Hangneigung eines Abhangs an ihnen wirkenden Schwerkraftkomponente.

Diese hat hierbei an allen zu bewegenden Massenteilen Reibungswiderstände zu überwinden. Diese Widerstände selbst können freilich zu verschiedener Zeit, z. B. infolge wechselnder Durchfeuchtung der Massen, u. U. große Unterschiede aufweisen. Wo Massenbewegung in dieser Weise im wesentlichen unmittelbar durch die hangab wirkende Schwerkraftkomponente hervorgerufen wird, kann man von Massenschwerebewegung oder noch deutlicher von *unmittelbarer (direkter) Massenschwerebewegung* (bisher vom Verf. als Massenselbstbewegung bezeichnet) sprechen. Auch diese Benennung ist nicht voll befriedigend für Massenbewegungen, die an einem Abhang zwar ohne die Mithilfe eines fließenden Mediums, aber doch unter deutlicher Mitbeeinflussung durch die wechselnde Durchfeuchtung, durch Frost, Wurzeldruck der Vegetation, Arbeit der Bodentiere hervorgerufen werden. Aber diese Bezeichnung ist kurz und dürfte verstehbar sein. Massenschwerebewegungen gehen mehr oder weniger *flächenhaft* am ganzen Abhang vor sich, sei es mit großer bzw. auffälliger Augenblicksleistung als Stürzen, Rutschen, Gleiten oder in weniger auffälliger Weise als Abschalen, Abbröckeln, Abgrusen, Absanden oder als Wandern, Kriechen, Versatz von Lockermassen.

Man bezeichnet diese Vorgänge einer *flächenhaften Abtragung* und ihr Ergebnis auch als *Denudation* (d. h. Entblößung) im Hinblick darauf, daß durch das Abwandern des aufbereiteten Gesteinsmaterials das frische Gestein des Abhangs, wenn auch zumeist nicht vollkommen entblößt, so doch dem weiteren Angriff der Verwitterung verstärkt ausgesetzt wird. Spezieller können *Wanddenudation* bzw. *Sturzdenudation* und *Hangdenudation* bzw. *gehemmte Denudation, gehemmte Böschungsabtragung* unterschieden werden. Bei Wanddenudation gelangen die in

Bewegung gekommenen Teile so gut wie augenblicklich bis zum Wandfuß. Hangdenudation vollzieht sich überwiegend langsam in kleinen Bewegungsschritten.
Im einzelnen kann man von *Sturz-, Rutsch-, Gleit-, Bröckel-, Kriech-, Versatzdenudation* u. s. w. sprechen. Denudation vollzieht sich an Wänden, Steilhängen,
Schräghängen und Flachhängen. Die flachsten Hänge, an denen unter gewissen
Klima- und Bodenbedingungen noch Denudation durch direkte Massenschwerebewegungen festzustellen ist, haben noch etwa 2° bis 3° ($\approx$ 35 bis 50‰) Gefälle.

Massentransporte, Erosion

Den direkten Massenbewegungen stehen andere Arten der Massenumlagerung
gegenüber, bei denen sich die Schwerkraft der Mithilfe von Transportmitteln
bedient. Als solche wirken die an der Erdoberfläche vorkommenden, fließfähigen
Medien, Wasser, Gletschereis und Luft. Diese können vermöge ihrer im Vergleich mit den Aufbereitungsmassen der Gesteine geringeren, ja z. T. verschwindend geringen inneren Reibung noch auf Böschungen bzw. mit Druckgradienten fließen, bei denen unmittelbare Massenschwerebewegungen der Aufbereitungsmassen nicht möglich sein würden. Die fließenden Medien üben vielmehr Schubspannungen auf die Aufbereitungsmassen aus, die in ihnen eingebettet
sind, und bewegen Teile von ihnen schneller oder langsamer mit sich fort. Von
Gletschern wird oberflächlich aufliegendes und eingebettetes Material so gut wie
vollständig mitgeschleppt. Solche Bewegungen festen, auch gelösten Gesteinsmaterials durch fließende Medien können als *Massentransporte* bezeichnet
werden.

Es ist im deutschen Sprachgebrauch weitgehend üblich, die durch fließende
Medien hervorgerufenen Massentransporte, und zwar einschließlich der Abnut-
zung des Untergrundes, die mit diesen Transportvorgängen verbunden ist, als
Erosion[13] zu bezeichnen. Um ein möglichst durchsichtiges Begriffssystem zu er-
langen, erscheint es wünschenswert, diese Übung möglichst streng einzuhalten.
Man hat daher Erosion durch fließendes Wasser, durch Gletschereis und durch
Wind zu unterscheiden.

Flächenhafte Abtragung durch Erosion

Alle drei können flächenhaft erodieren, können flächenhafte Abtragung leisten.
Für den Wind gilt dies allgemein. Näheres darüber findet sich in Kap. III J.
Gletschereis wirkt flächenhaft, wenn es in Gestalt von Plateaugletschern oder von
Inlandeis auftritt. (Darüber siehe Kap. III H). Auch fließendes Wasser kann nach

---

[13] Das Wort Erosion hat im englischen, spanischen, italienischen und vielfach auch im französischen
Sprachgebrauch einen anderen, weiteren Bedeutungsumfang. Es meint dort etwa „Abtragung",
während das deutsche „Erosion" im Englischen manchmal durch „Corrasion" wiedergegeben
wird. Im Deutschen wird „Korrasion" rein im Sinne von Abnutzung, Abscheuerung gebraucht
(so bei W. Penck, 1924). Doch ist diese Verwendung seltener, weil es meist nicht möglich ist, den
Abscheuerungsvorgang oder -effekt praktisch oder selbst nur gedanklich von der Transportbewegung des Scheuermittels zu trennen.

Starkregen mehr oder weniger ausgedehnt flächenhaft abfließen und dabei durch *Flächenspülung* Material abtransportieren. Flächenspülung wäre hiernach flächenhafte Erosion bzw. flächenhafte Abtragung durch fließendes Wasser. Diese Bezeichnung ist folgerichtiger als die für den gleichen Vorgang ebenfalls in Verwendung befindliche und auch vom Verf. bislang benutzte Benennung Spüldenudation. Die letztgenannte Bezeichnung sollte besser fallengelassen werden, um das Wort Denudation ausschließlich für „Abtragung durch unmittelbare Massenschwerebewegungen" vorbehalten zu können. Flächenhafte Erosion durch fließendes Wasser spielt nur in bestimmten Klimaten eine wirklich große Rolle. Flächenhafte Abtragung kann nach dem Vorhergehenden sowohl durch Denudation wie durch flächenhafte Erosion beliebiger Art[13a] herbeigeführt werden.

Linienhafte Abtragung, Linearerosion

Neben der flächenhaften steht die *linienhafte Erosion* oder *Linearerosion*. Sie wird von fließendem Wasser ausgeübt, das sich in Tiefenlinien zu Gerinnen, Bächen, Flüssen sammelt, konzentriert, und von Gletschereis, das als Talgletscher gleichfalls einer Tiefenlinie folgt (vgl. Kap. III H). Massenverlagerungen in stehenden Gewässern sind anderer Art. (Dazu weiter unten und Kap. III K.)

Linearerosion durch Flüsse

Die zu linienhaftem Abfluß und damit zu linienhafter Erosion führende Konzentration des fließenden Mediums in Tiefenlinien hat insbesondere beim Wasser sehr große geomorphologische Bedeutung. Wegen seiner geringen Viskosität kann das zu Bächen und Flüssen linear (genauer bandartig) zusammengefaßte Wasser noch bei Neigungswinkeln von wenigen Promille, ja selbst von wenigen Hundertstel eines Promille fließen, in großen Flüssen sogar rasch fließen. Das sind Gefällswerte, bei denen alle ohne leicht-flüssiges Transportmedium vor sich gehenden Massenschwerebewegungen, d. h. alle Denudationsvorgänge längst zur Ruhe gekommen sind. Aber Flüsse leisten selbst bei derart geringem Gefälle durch den Transport von gelösten oder suspendierten Massen (Lösungsfracht, Suspensionsfracht) noch ansehnliche Erosion. Wo sie ausreichend schnell fließen, da führen selbst bei ganz geringem Oberflächengefälle die Schubspannungen, die im Flußbett auf umspülte Lockerpartikel einwirken mehr oder weniger häufig zu Weiterbewegungen solchen Materials, d. h. zu einem zusätzlichen Transport an Sand und Geröll (Festfracht). Verwitterungsmassen, die durch Denudationsvorgänge hangabwärts in Tiefenlinien gelangt sind, können so in diesen bei viel geringerem Gefälle als die sie begleitenden Hänge haben, weitertransportiert werden. D. h. Abtragungsmassen können in einem Fluß mit viel geringerem Bedarf an örtlich umsetzbarer potentieller Energie zur Überwindung der Reibungswiderstände weitergefrachtet werden, als ihre Bewegung an den Hängen erfor-

---

[13a] Durch beide Arten von Vorgängen wird naturgemäß Abräumung von Verwitterungsmaterial bewirkt und damit auf „Entblößung" frischen Gesteins hingearbeitet. Daß nur eine von ihnen als „Denudation" bezeichnet wird, ist lediglich Herkommen, ist aber zur Unterscheidung zweckmäßig.

dert. Dieser Transport in den Tiefenlinien erfolgt durch *Linearerosion der Flüsse,*
d. h. durch *Fluvialerosion*[14] (gegebenenfalls auch durch lineare Erosion von Talgletschern). Das Hand-in-Hand-Arbeiten der Denudation an den Hängen unter
vergleichsweise hohem Bedarf an örtlich umsetzbarer potentieller Energie (hohem
Gefälle) mit der Linearerosion in den Tiefenlinien bei weit geringerem Bedarf an
örtlich umsetzbarer potentieller Energie (geringerem Gefälle) bewirkt die *Talbildung,* d. h. den auf der Landoberfläche wahrscheinlich am meisten verbreiteten
Formbildungsprozeß überhaupt.

Dominierende Linearerosion der Flüsse

An Linearerosion dieses Typs, bei welchem sich die Abtragung in Tiefenlinien
mit gegenüber den begleitenden Hängen stark verringertem Gefälle fortsetzt,
wird gewöhnlich zuerst gedacht, wenn von Linearerosion die Rede ist. Dieser Typ
umfaßt aber nur diejenigen Erosionsfurchen, die innerhalb ihres Begleitgeländes
wirklich durch die genannten Gefällsverhältnisse beherrscht werden. Darunter ist
zu verstehen: Das nach aufwärts bis zur nächsten örtlichen Wasserscheide ge-
rechnete Begleitgelände dieser Tiefenlinien muß sowohl flächenmäßig wie richtungsmäßig *überwiegend* zu eben diesen Tiefenlinien hin abgedacht sein. D. h. die
Fallinien eines solchen aus geneigten Flächen zusammengesetzten Begleitgeländes
müssen in der Horizontalprojektion mit der Abwärtsrichtung einer solchen
Tiefenlinie mindestens in ihrer unteren Hälfte einen Winkel von mehr als 45° (50^g,
d. h. Neugrad) einschließen. Erst unter dieser Bedingung ist das Begleitgelände
einer derartigen Tiefenlinie sowohl richtungsmäßig wie flächenmäßig bis zum Fußpunkt einer der genannten Fallinien hin eben jener Tiefenlinie geomorphologisch
überwiegend *tributär (Tributärböschung)*. Sowohl abfließendes Wasser wie auch
die Denudationsvorgänge richten sich hier in diesem Falle mehr gegen die betreffende Tiefenlinie hin als gegen andere, gleichfalls tiefer gelegene Teile des
betrachteten Reliefs, z. B. gegen benachbarte Tiefenlinien hin.

Um diesen Sachverhalt hervorzuheben, können Tiefenlinien der genannten Art
als *Sammelstränge des linearen Abflusses* oder auch als Erscheinungen *dominierender Linearerosion des fließenden Wassers* oder kurz als *dominierende
Tiefenlinien* bezeichnet werden (H. Louis, 1975). Diese Kennzeichnung ist vor
allem für das Verständnis der fluvialen Linearabtragung wichtig. Längs einer
solchen Tiefenlinie besteht ein seitlich von ihr gegen die nächste Wasserscheide
hin mehr oder weniger breites oder sogar bis vollständig an die Wasserscheide
heranreichendes Begleitgelände, in welchem Tributärböschungen dieser dominierenden Tiefenlinie entsprechend der vorher gegebenen Erläuterung entwickelt
sind (Fig. 23 a).

---

[14] In der deutschen geomorphologischen Literatur wurde und wird noch ziemlich häufig die Form
„fluviatil" verwendet. Das ist schwerlich besonders gut. Denn „Fluviatilis" meint eher „im Flusse
lebend". „Fluvialis" dagegen bedeutet „dem Flusse eigen". Es besteht daher kein sachlicher Anlaß,
im Deutschen von der im Englischen und vielfach auch im Französischen eingebürgerten Form
„fluvial" abzuweichen.

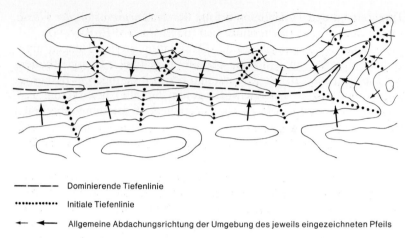

———— Dominierende Tiefenlinie

•••••••••••• Initiale Tiefenlinie

←— ←— Allgemeine Abdachungsrichtung der Umgebung des jeweils eingezeichneten Pfeils

Fig. 23a. Dominierende und initiale Tiefenlinien (Sammelstränge und Anfangsstränge des Abflusses). Schematisches Kärtchen zur Erläuterung der Unterschiede von Gefällsbeträgen und Gefällsrichtungen bei entsprechenden Tiefenlinien und ihren Begleitböschungen.

Initiale fluviale Linearerosion als nebengeordneter Vorgang der flächenhaften Abtragung

Aber es gibt auch Tiefenlinien fluvialer Linearerosion mit anderen Gefällsverhältnissen: Auf den oberen Partien von Hängen entwickeln sich gewöhnlich schwache Stränge linearen Abflusses. Ihre Bahnen sind meist wenig in den Hang eingearbeitet. Sie bilden am Hang abwärts führende *Hangfurchen,* bevor aus der Vereinigung mehrerer solcher *Anfangsstränge des Abflusses* ein merklich größerer Sammelstrang hervorgeht.

Da Hangfurchen dieser Art in den Hang eingetieft sind, so muß das Gefälle in ihnen, anders als bei Formen dominierender Linearerosion, zum mindesten anfangs größer sein als das des begleitenden Geländes. Da diese Hangfurchen außerdem nach abwärts meist nur ziemlich langsam größere Tiefen erlangen, so gibt es in ihnen immer eine gewisse Strecke, auf der das Gefälle der Hangfurche ungefähr ebenso groß oder wenigstens nicht wesentlich geringer ist als das allgemeine Gefälle des begleitenden Hanges.

Dies bedeutet erstens, daß hier die Linearerosion bei der Abtragung ungefähr den gleichen Bedarf an örtlich umsetzbarer potentieller Energie zur Überwindung der Reibungswiderstände haben muß wie die Denudation auf dem begleitenden Gelände, jedenfalls keinen wesentlich geringeren Energiebedarf. Es bedeutet zweitens, daß das begleitende Gelände nur in naher Nachbarschaft einer solchen Hangfurche überwiegend zu dieser hin abgedacht, also ihre Tributärböschung ist. Zwischen zwei benachbarten Hangfurchen dieser Art liegt vielmehr in solchen Fällen meist Gelände, das überwiegend ungefähr parallel zu diesen Hangfurchen und damit zur Hauptsache gegen eine weiter abwärts gelegene, größere Tiefenlinie abgedacht ist. In anderer Ausdrucksweise besagt dies, daß in der Horizontalprojektion die Fall-Linien des Begleitgeländes mit der Abwärtsrichtung der

Tiefenlinie solcher Hangfurchen, abgesehen von der allernächsten Nähe dieser Tiefenlinie, stets Winkel von weniger als 45° (50^g) einschließen (Fig. 23 a).

Wo derartige Gefällsverhältnisse obwalten, wo also nach Aussage dieser Verhältnisse in Furchen, die durch lineare Erosion geschaffen werden, zur Fortbewegung der Abtragsfracht der Bedarf an örtlich umsetzbarer potentieller Energie ungefähr ebenso groß ist oder doch nicht wesentlich geringer ist als der der Denudationsvorgänge auf dem begleitenden Gelände, da kann man sinngemäß von Erscheinungen *initialer Linearerosion des fließenden Wassers* sprechen (H. Louis, 1975). Die Ergebnisse sind *Hangfurchen, Böschungsfurchen, initiale Tiefenlinien.*

Als Grenze zwischen der initialen und der dominierenden Linearerosion und zugleich als Grenze zwischen Anfangssträngen und Sammelsträngen des Abflusses kann nach diesen Überlegungen der Ort angenommen werden, an welchem das Längsgefälle der betreffenden Hangfurchen von Gefällswerten, die mehr als halb so groß sind wie das allgemeine Gefälle der begleitenden Hänge, zu solchen übergeht, die deutlich weniger als halb so groß sind wie jenes. Dieser Übergang findet zwar meist nicht auf engstem Raum, in der Regel aber doch auf einer nur kurzen Zwischenstrecke statt (Fig. 23 a).

Derartige Böschungsfurchen können irgendwo auf einer Böschung allmählich oder auch ziemlich unvermittelt einsetzen. Benachbarte Böschungsfurchen können ungefähr parallel zueinander verlaufen oder nach abwärts konvergieren. Sie bleiben initiale Tiefenlinien, so lange die vorher genannte Gefällsbeziehung zu der Gesamtböschung besteht, in die diese initialen Tiefenlinien eingearbeitet sind.

Der Ursprung solcher Böschungsfurchen bzw. Hangfurchen besteht nicht selten in einer trichterartigen Hohlform, einem *Ursprungstrichter*. Dieser mündet nach abwärts in seine zugehörige Böschungsfurche aus und ist naturgemäß etwas steiler geneigt als die Gesamtböschung, in die die Böschungsfurche eingetieft ist. Bei steilem Gesamtrelief haben die Ursprünge von Hangfurchen oft die Form von steilen Hangtrichtern. Die Abdachung dieser Trichter selbst kann ziemlich glatt oder stärker zerkerbt sein. Die Trichter können mit ihrem Oberrand bis zur nahe gelegenen Wasserscheide hinaufgreifen oder auch erst tiefer an dem Hang einsetzen, in den sie eingearbeitet sind.

Hinsichtlich der Leistungsfähigkeit für die Abtragung ist die initiale Linearerosion etwa den Vorgängen der Hangdenudation an die Seite zu stellen. Dies ergibt sich daraus, daß sie ungefähr im Bereich der gleichen Gefällswinkel arbeitet wie die Hangdenudation auf den unmittelbar benachbarten Hängen. Längs der Hangfurchen (längs der initialen Tiefenlinien) sind höchstens in schmalen Streifen oder erst wenig darüber hinausgehend Tributärböschungen der betreffenden Furchen im vorher erläuterten Sinne entwickelt. Die initialen Tiefenlinien, die Hangfurchen, können daher als zugeordnete Spezialformen der Hänge, die initiale fluviale Linearerosion in diesen Hangfurchen kann als nebengeordneter Begleitvorgang der flächenhaften Abtragung auf Hängen (auf Abtragungsböschungen) angesehen werden. Meist bewirkt sie nur eine Feingliederung der betreffenden Abtragungsböschungen. Unter gewissen Bedingungen kann sie aber auch zum Hauptvorgang der Böschungsabtragung werden (vgl. auch A. Wirthmann, 1977).

Wo nämlich Hänge häufig durch Starkregen getroffen werden, da bilden sich gewöhnlich auch *Spülrinnen, Runsen* (Gully). Von bescheidenen, kaum fußtiefen Furchen kommen alle Übergänge bis zu viele Meter tiefen Schluchten vor (vgl. Bild 17, 41, 42, 44, 45, 173). Die Wandungen solcher Spülrunsen sind stets steil, oft nahezu senkrecht. Nach Starkregen ist zu beobachten, wie derartige Formen sich oft zusehends vergrößern. Besonders betroffen sind die Gebiete der jahreszeitlich trockenen warmen Mittelbreiten und Subtropen. Vorbedingung für die Entstehung ist Fehlen oder Lückenhaftigkeit des Vegetationskleides, wie es in semiariden Gebieten auftritt, aber vielfach auch durch rücksichtslose wirtschaftliche Maßnahmen des Menschen hervorgerufen oder verstärkt wird. In diesen Fällen wird von *Bodenzerstörung,* auch von *Bodenerosion* gesprochen, welches Wort als *soil erosion,* aus dem amerikanischen Sprachgebrauch kommend, die dortige allgemeinere Bedeutung des Wortes erosion = Abtragung in sich trägt. Auch im Klima der Mittelbreiten treten solche Augenblicksleistungen der Runsenspülung an dafür disponierten Stellen gar nicht selten auf. Da die Bodenkunde das Wort „Boden" nach Möglichkeit auf die von Organismen und organischen Resten durchsetzten Horizonte des Verwitterungsmantels beschränkt, so sollte „soil erosion" allgemein besser durch den Ausdruck „beschleunigte Abtragung" ersetzt und, soweit menschliches Tun dabei mitspielt, von Abtragungsbeschleunigung durch den Menschen gesprochen werden.

Die in den Bereichen initialer Linearerosion herrschenden Gefällsverhältnisse wirken sich auch auf das Grundrißbild aus. Meist zeigen sich hangabwärts laufende, ungefähr parallele oder schmalwinklig (unter weniger als 45°) zusammenmündende Hangfurchen, in der Regel mit allenfalls einfach verzweigten, nur selten mit mehrfach verzweigten Nebenfurchen.

Wo dagegen größere, insbesondere verzweigte und mit ihren Verzweigungen breitwinklig (unter mehr als 45°) zusammenmündende Tiefenlinien entwickelt sind, da sind naturgemäß auch größere Gegenböschungen, d. h. der Hauptrichtung der größten Tiefenlinie entgegen abgedachte Böschungen vorhanden. In solchen Fällen ist es wahrscheinlich, daß verwickelte Böschungsverhältnisse schon bei der Entstehung des betreffenden Abflußsystems vorhanden waren. Mindestens die Hauptader des Systems ist in solchem Falle an dem betreffenden Ort sicherlich ein Sammelstrang des Abflusses mit dominierender Linearerosion. Doch auch Teile der Seitenstränge können hierbei ebenfalls Sammelstränge sein. Dies gilt insbesondere, soweit ihr Längsgefälle den Minimalwinkel bei welchem noch Hangdenudation durch direkte Massenschwerebewegung erfolgen kann, unterschreitet, d. h. bei einer Neigung von weniger als 3° ($\approx$ 50‰).

Der im Grundrißbild der Tiefenlinien angedeutete Unterschied der Bereiche von initialer und dominierender Linearerosion ermöglicht noch eine weitere Feststellung. Im Bereich der initialen Linearerosion stimmt die Richtung der Tiefenfurchen weitgehend mit der Richtung derjenigen Abdachungen überein, auf denen diese Tiefenfurchen einst angelegt wurden. Für die Bereiche der dominierenden Linearerosion lehren dagegen die oftmals stark verwinkelten und manchmal sogar den allgemeinen Höhenverhältnissen widersprechenden Verläufe der Tiefenlinien, daß hier die geomorphologische Entwicklung zwar gewöhnlich im großen noch von der einstigen Anlage her, im einzelnen aber durch das spezielle Geschehen in den Tiefenlinien bestimmt worden ist, ja daß dieses sogar den allgemeinen Höhenverhältnissen des Landes entgegengesetzt verlaufen kann. Eben dieser Sachverhalt rechtfertigt im Besonderen die Kennzeichnung „dominierend" für denjenigen Typ der Linearerosion, der zur Abtragung wesentlich geringeres Gefälle benötigt als die Hangdenudation.

Wie bereits vorher angedeutet wurde, besteht ein Zusammenspiel von Hangdenudation und initialer Linearerosion einerseits und von dominierender Linearerosion der Flüsse andererseits, das zur Talbildung führt. In diesem Zusammenwirken spielen die Erstgenannten und, wie noch zu zeigen sein wird, auch die flächenhafte Fließwassererosion die Rolle von Zubringervorgängen für die in den dominierenden Tiefenlinien erfolgende lineare Fluvialerosion. Damit wird erreicht, daß die höher gelegenen Landflächen, obwohl die dominierende Linearerosion nur linienhaft angreifen kann, doch so gut wie vollständig in den Abtragungsprozeß einbezogen sind. Bei diesem Ineinandergreifen können mit W. Penck (1924) die Gerinnespiegel des fluvialen Reliefs, ebenso die Oberflächen der Talgletscher, als die zur betrachteten Zeit wirksamen *Denudationsbasen* der beiderseitigen Talhänge bezeichnet werden. Das für alle Vorgänge der Linearerosion gültige Gesetz, nach welchem sie durch ein Spiegelgefälle des fließenden Mediums erzeugt und unterhalten werden, führt zu einem sehr bezeichnenden Merkmal aller durch Linearerosion gestalteten Hohlformen. Sie besitzen in der Spiegelhöhe des wirkenden Mediums *gleichsinniges,* d. h. von einem hochgelegenen Anfang bis zu einem tief gelegenen Ende immer nur fallendes, nirgends rückläufiges *Gefälle.*

Dies gilt allerdings genau genommen für die sogenannte Energielinie der fließenden Gewässer, d. h. für die Verbindungslinie jener Punkte, die sich ergibt, wenn man an jeder Stelle des Flusses seine kinetische Energie, in Fallhöhe umgerechnet, der Spiegelhöhe hinzugefügt denkt. Es handelt sich um geringe Beträge. Selbst bei schießendem Abfluß kommt die Energielinie nicht um mehr als einem bis wenigen Meter über dem Flußspiegel zu liegen. Da die Tiefe der fließenden Gewässer selten mehr als einige Meter beträgt, kann man näherungsweise sagen, die durch fließendes Wasser gestalteten Hohlformen, d. h. die Flußtäler, besäßen gleichsinniges Gefälle (bezüglich von Ausnahmen Kap. III E 5, S. 284, III G, S. 382 ff.). In vergletscherten Tälern dagegen muß man wegen der bedeutenden, aber von Ort zu Ort wechselnden Mächtigkeit des Gletschereises die entsprechende Aussage ausdrücklich auf den Verlauf der Gletscher*oberfläche* beschränken.

Eine ganz ins einzelne gehende Unterscheidung ist sowohl zwischen den Vorgängen der unmittelbaren Massenschwerebewegung und der Massentransporte wie auch zwischen den Begriffen Denudation und Erosion schwierig. Wenn in einer steilen Schutthalde, deren Porenvolumen nach langanhaltendem Regen völlig mit Wasser gefüllt ist, die innere Reibung überwunden wird, so daß Teile von ihr als Brei aus Wasser und Schutt, d. h. als *Mure* (in der Schweiz *Rüfe*) ins Laufen kommen, so kann man im Zweifel sein, ob dies eine durch Befeuchtung geförderte Massenschwerebewegung oder ein Massentransport sei. Entsprechend gibt es besonders im ariden und semiariden Gebiet episodische Gerinne, die, obwohl nicht nennenswert ausdauernd, doch eigentliche Talformen und damit

Formen des Zusammenspiels von Böschungsabtragung (Hangdenudation) und von dominierender fluvialer Linearerosion schaffen.

Vereinzelte Schwierigkeiten der Zuordnung beeinträchtigen nicht den grundsätzlichen Wert der allgemeinen Unterscheidung von unmittelbaren Massenschwerebewegungen und Massentransporten und von Denudations- und Erosionserscheinungen für das Verständnis der geomorphologischen Vorgänge.

Abweichende, doch u. E. weniger folgerichtige Überblicke über diese Hauptglieder des Abtragungsmechanismus geben z. B. J. Büdel (1971) oder J. Hagedorn und H. Poser (1974).

Abtragung löslicher Gesteine, Karstphänomen

Ausnahmebedingungen sind dort gegeben, wo wasserlösliches Gestein ein Versinken und unterirdisches Weiterfließen des Wassers ermöglicht. Solche Vorkommen, die meistens mit einer Fülle weiterer, vom gewöhnlichen Gestaltungsbilde abweichender Formen verbunden sind, werden nach dem dinarischen Karstgebiet, wo derartiges besonders verbreitet ist, als Karstregionen und die Erscheinungen als *Karstphänomen* bezeichnet. Mit dem lediglich Waldvernichtung meinenden Karstbegriff der Forstleute hat das geomorphologische Karstphänomen nichts zu tun. Seine nähere Darstellung ist einem eigenen Kapitel vorbehalten (III G, S. 382 ff.).

Brandungsabtragung, Massenumlagerung in stehenden Gewässern

Ein Abtragungsvorgang besonderer Art spielt sich an den Ufern stehender Gewässer, vor allem des Meeres ab. Die durch den Wind erzeugten Wellen laufen als Brandungswellen gegen das Ufer. Sie können dabei ebenso zerstören und abtragen wie auch ablagern und damit aufbauen. Die längs der horizontalen Uferlinie durch Brandung bewirkte Abtragung wird als *Abrasion* bezeichnet. Von ihr wird näher im Kapitel über die Uferformen der stehenden Gewässer gesprochen (III K, S. 525 ff.). Um Mißverständnisse zu vermeiden, sei angemerkt, daß in der deutschen geologischen Literatur das Wort „Abrasion" auch in ganz anderem Sinne verwendet wird. Es bedeutet dort den Abrieb der Gerölle untereinander während ihres Transports in Flüssen.

Anthropogene Formenänderungen

Einen nicht zu vernachlässigenden Anteil an der Formenentwicklung der Erdoberfläche hat auch etwa seit dem Neolithikum der Mensch. Seit damals hat er durch Roden von Wald, durch Bodenbearbeitung und durch Abbrennen von Grasfluren besonders in Gebieten mit häufigen Starkregen unbeabsichtigt und indirekt die Oberflächenabspülung und die Zerrachelung von Böschungen zuerst wenig, später in ständig wachsendem Maße verstärkt. Alsdann hat er nach und nach durch oberflächliche und bergmännische Materialentnahme und durch jede

Art von Baumaßnahmen gewaltige Massenumlagerungen und sehr bedeutende Änderungen der Oberflächenbedeckung und des Gewässernetzes herbeigeführt. Näheres darüber ist in Kap. III M mitgeteilt.

Die *anthropogenen Formenänderungen* auf der Erdoberfläche können aber in einem Lehrbuch der Geomorphologie nur am Rande im wesentlichen einfach als Fakten angemerkt werden. Denn sie sind nach Ausmaß und Verbreitung nur mittelbar von Naturgegebenheiten abhängig, bzw. durch Naturvorgänge geschaffen. Nur so weit gehören sie zum Aufgabenbereich des vorliegenden Buches.

Die anthropogenen Formenänderungen gehen vielmehr stets auf Absichten des Menschen zurück, Naturgeschaffenes umzugestalten. Überdies sind sie nur zu einem Teil wirklich als Formenänderungen geplant, zum weit überwiegenden Teil dagegen ungewollte Nebenergebnisse von Unternehmungen, die anderer Zielsetzung dienen. Eine umfassend den Ursachen nachgehende Darstellung dieser Erscheinungen müßte wohl Sonderkapitel eines Werkes über den Gesamtaspekt der Umgestaltung der Erdoberfläche durch den Menschen sein.

4. Allgemeiner Ablauf der Reliefentwicklung: Erosionsbasis, Reliefentstehung, Reliefbeseitigung

Alle Abtragungsvorgänge, die direkten Massenschwerebewegungen wie die Transporte, kommen irgendwo zur Ruhe. Dort tritt Ablagerung der bewegten Massen ein. Orte der Ablagerung sind nach den Schweregesetzen die großen Hohlformen der Erdoberfläche, die Meeres- und Seenbecken, die Tiefgebiete innerhalb oder am Rande höheren Landes, sofern sie flache Böschungen aufweisen, d. h. Niveauflächen sich nähern. Die entstehenden Ablagerungen weisen je nach den Vorgängen, die zu ihrer Bildung führen, im einzelnen mannigfache Aufschüttungsformen auf. Über diese unterrichten die betreffenden Spezialkapitel.

Wo nach abwärts die Erosion aufhört, da befindet sich gleichsam ihre Basis, die *Erosionsbasis, Abtragungsbasis* (J. W. Powell, 1875, 1876; G. K. Gilbert, 1877; *base level of erosion*). Als *Haupt-Erosionsbasis, Haupt-Abtragungsbasis* kann der Meeresspiegel bezeichnet werden, sofern man die Betrachtung auf die subaërisch vorgehenden Massentransporte beschränkt und etwaige submarine Massenumlagerungen außer acht läßt. Vom Meeresspiegel als *absoluter* Erosionsbasis zu sprechen, empfiehlt sich *nicht,* weil die Höhenlage des Meeresspiegels im geologischen Ablauf nicht konstant bleibt. Wo auf dem Lande örtlich Ablagerung vor sich geht, da kann man den oberen Ansatzpunkt des Akkumulationsbereiches als *lokale* (örtliche) Erosionsbasis bezeichnen. Solche örtlichen Erosionsbasen sind aber, wie später zu zeigen sein wird, nicht von unbegrenzter Dauer.

Das Spiel der Abtragungsvorgänge ist infolge der Wirkung des irdischen Schwerefeldes ohne Zweifel *nach abwärts* gerichtet. Auch die Windtransporte sind trotz mannigfacher örtlicher Ausnahmen im großen und ganzen überwiegend nach abwärts gerichtet. Sie sind im übrigen nicht die stärksten Umformer der Erdoberfläche. Daraus hat Powell (1875, 1876) den logisch sicher richtigen Gedanken hergeleitet, daß alles auf eine *Planierung der Erdoberfläche* nahe dem Meeresniveau hinzielen müsse.

Angesichts der Tatsache, daß die Erde nachweislich schon sehr alt ist, steht diese Einsicht in merkwürdigem *Widerspruch* zu dem Befunde, nach dem die Erdoberfläche im einzelnen von einer Planierung in Wirklichkeit sehr weit entfernt ist. Dieser Widerspruch ist nur zu lösen durch die Annahme, daß *der Abtragung* an den verschiedensten Orten dauernd und immer wieder erneut *Krustenbewegungen entgegenwirken,* indem sie neue Unebenheiten, insbesondere auch Hochgebiete schaffen.

Für diese Annahme hat, wie wir bereits wissen, die Geologie untrügliche Beweise geliefert. Sie beruhen in den gefalteten Sedimentgesteinen, den zu großen Höhen emporgetragenen Meeresablagerungen, in den zu großer Meereshöhe aufragenden Tiefengesteinen selbst jungen Alters, von denen ein mächtiger Mantel ehemaliger Hüllgesteine abgetragen worden sein muß. Sie bestehen endlich in den hohen Bergen, die jungvulkanischer Aufschüttung ihre Entstehung verdanken. Die Annahme immer von neuem wirksamer, reliefschaffender Krustenbewegungen ist also durchaus gerechtfertigt.

Auf Grund dieser Einsicht müssen die Formen der Erdoberfläche aufgefaßt werden als Ergebnis des immerwährenden *Gegeneinanderwirkens* von *Rohrelief schaffenden Krustenbewegungen* und von *Feinrelief ziselierenden,* aber letzten Endes *reliefbeseitigenden Abtragungs- (Skulpturierungs-)* und *Aufschüttungsvorgängen.* Da die letzteren außen an der Erdoberfläche wirken, hat man sie treffend als *außenbürtige, exogene Vorgänge* bezeichnet und hat ihnen die *innenbürtigen* oder *endogenen Vorgänge* der Krustenbewegungen und ihrer seismischen und vulkanischen Begleiterscheinungen gegenübergestellt.

Leider wird in diesem Sinne nicht selten statt von *Vorgängen* von *Kräften* gesprochen. Solch unsaubere Verwendung des in der Physik scharf definierten Begriffes „Kraft" im Bereich der Physischen Geographie fördert das Verständnis der verwickelten und z. T. noch nicht ausreichend geklärten Erscheinungen nicht. Besonders *sinnwidrig* ist es aber, die Abtragungsvorgänge als durch exogene Kräfte bewirkt hinzustellen. Denn die wesentliche Kraft, welche die Abtragungsvorgänge beherrscht, die Schwerkraft, müßte logischerweise, wenn man schon zwischen exogenen und endogenen Kräften unterscheiden will, zu den endogenen gerechnet werden.

B. Grundtatsachen der Gesteinsaufbereitung

1. Vorbemerkung

Kein Gestein ist völlig homogen. Immer ist ein Gefüge vorhanden. Die Schichtgrenzen der Schichtgesteine sind Flächen, an denen der Gesteinszusammenhang meist schwächer ist als innerhalb der Schicht selbst. Auch quer durch die Schicht setzen makroskopische und mikroskopische Sprünge und Klüfte hindurch, an denen die spezifische freie Oberflächenenergie besonders niedrig ist. Ebenso weisen Erstarrungsgesteine Schwächeflächen (Schwundrisse) auf, die gewöhnlich einerseits annähernd parallel zur einstigen Erkaltungsoberfläche, andererseits senkrecht dazu liegen. Auch Fließstrukturen im Gestein wirken sich durch Festigkeitsunterschiede aus. Die metamorphen Gesteine zeigen vielfach sehr ausgesprochene Festigkeitsdifferenzen entsprechend ihrem gerichteten Gefüge, der Schieferung oder Mineraleinregelung. Die spezifische freie Oberflächenenergie ist endlich an den Korngrenzen verringert, wobei der Betrag der Energieminderung für jedes Mineral verschieden und innerhalb jeden Mineralkornes von der Lagerichtung der Kristallachsen abhängig ist. Alle diese Stellen geminderten Zusammenhangs des Gesteins sind bevorzugte Ansatzpunkte der Verwitterung (Bild 23, 64, 65, 126).

Für die Verwitterung eines bestimmten Minerals hat der Typus seines Kristallgitters (Insel-, Ketten-, Band-, Schicht- oder Raumgitter) Bedeutung (O. Fränzle, im Druck). Je geringer die Vernetzung des Kristallgitters ist, um so höher liegt im allgemeinen die Verwitterungsanfälligkeit. Unter Einbeziehung weiterer geochemischer Faktoren, wie dem Si-Gehalt oder der Beteiligung von Fe-Ionen im Kristallgitter, läßt sich für humide Gebiete mit mäßigen Temperaturen in etwa folgende Stabilitätsreihe von Mineralen bezüglich ihrer Verwitterungsresistenz aufstellen (nach O. Fränzle, im Druck):

sehr wenig stabil	Anhydrit, Gips, Kalkspat, Dolomit
wenig stabil	Olivin, Anorthit
mäßig stabil	Pyroxene, Amphibole, Plagioklase, Biotit
recht stabil	Orthoklas, Muskovit
sehr stabil	Quarz, Magnetit, Titanit, Ilminit, Turmalin, Tonminerale (Illit < Montmorillonit < Kaolinit)

2. Physikalische Verwitterung

Als *physikalische* oder *mechanische Verwitterung* der Gesteine bezeichnet man die Lockerung ihres Gefüges und ihre Zerkleinerung zu Bruchstücken vom groben *Schutt* bis zu feinem *Grus*, ja *Sand* und *Staub* durch von der Erdoberfläche her einwirkende Vorgänge, soweit dabei keine bzw. keine auffälligen chemischen Veränderungen der betroffenen Gesteinsmassen erfolgen.

Unmittelbare Temperaturverwitterung

Ein erstes wichtiges Agens dieser Art bilden die *Temperaturschwankungen der Gesteins- und Bodenoberflächen (Temperaturverwitterung)*. Wegen ihrer für kurzwellige Strahlung vergleichsweise hohen Absorptionsfähigkeit erleiden die Gesteins- und Bodenoberflächen bekanntlich bei Stahlungswetter weit höhere Temperaturschwankungen als die Luft. Schwankungen von 40° zwischen Tag und Nacht kommen in unseren Breiten vor. Solche von über 60° sind von P. Range (1920) in Südwestafrika gemessen worden, stellen aber sicher noch nicht das

Maximum des Möglichen dar, da selbst Tagesschwankungen der Lufttemperatur von nahezu 50° z. B. im persischen Wüstengebiet vorkommen sollen (H. Wiszwianski, 1906; W. Köppen, 1931; R. Geiger, 1961 u. a.). Granit und Sandstein erfahren nach Materialprüfungsversuchen bei Erwärmung um 50° eine Längendehnung von 0,25 bis 0,6‰ (M. Reade 1886, zit. nach A. Penck, 1894; J. Hirschwald, 1911). Eine Gesteinsplatte von $1\,m^2$ erlangt hiernach bei einer derartigen Erwärmung, die sich auf Länge und Breite auswirkt, eine Flächendehnung von ca. $^1/_2$ bis 1‰, d. h. von 5 bis $10\,cm^2$. Der lineare Ausdehnungskoeffizient, d. h. die Längenausdehnung bei 1° Temperaturerhöhung gegenüber der Länge bei 0°, ist bei Quarz ungefähr von der gleichen Größenordnung, bei Steinsalz etwa 4 mal größer, bei Diamant rund 10 mal kleiner, womit etwa die vorkommenden Extreme angedeutet sind. Der räumliche Ausdehnungskoeffizient hat im allgemeinen den dreifachen Zahlenwert. Doch gilt dies genau nur dann, wenn der betreffende Körper keine bevorzugten Ausdehnungsrichtungen besitzt. Gerade bei Kristallen, also den Grundbestandteilen vieler Gesteine, kommen, soweit sie nicht dem regulären System angehören, merkliche Ausdehnungsunterschiede nach verschiedenen Richtungen vor, so bei Quarz parallel und senkrecht zur Hauptachse. Kalkspat zieht sich bei Erwärmung in Richtung einer seiner Achsen sogar leicht zusammen (vgl. die beigefügte Tab.). Überwiegend liegen die Ausdehnungskoëffizienten der Minerale zwischen $8 \cdot 10^{-6}$ und $35 \cdot 10^{-6}$. Für Quarz wurden bei einer Temperaturerhöhung um 40° Druckwerte von $545\,kg/cm^2$ berechnet (Engelhardt, 1973).

Temperatur-Ausdehnungskoeffizienten einiger Minerale und Gesteine

Quarz, parallel zur Hauptachse des Kristalls	0,000008
Quarz, senkrecht zur Hauptachse des Kristalls	0,000013
Quarz, räumlich	0,000035
Sandstein	0,000005 bis 0,000020
Kalkstein	0,000010 bis 0,000025
Granit	0,000006 bis 0,000020

Der alleinigen Wirkung von häufigen Temperaturschwankungen (Expansion und Kontraktion) bei dem Gesteinszerfall wird seit den Untersuchungen von E. Blackwelder (1933) und D. T. Griggs (1936) allerdings nur eine beschränkte Bedeutung zuerkannt. Dies bestätigen auch Forschungsergebnisse des US-Amtes für Eichwesen, von R. Said (1954) in der ägyptischen Wüste und an der Station Bardai im Tibesti durch D. Jäckel u. H. Dronia (1976). Messungen mit einem Infrarot-Thermometer im Raum Bardai machen wahrscheinlich, daß Tagestemperaturgänge von mehr als 50°C im Festgestein in der Natur nur selten auftreten und damit die Wirksamkeit der Verwitterung durch reine Insolation zweifelhaft erscheint. Wesentlich intensiver ist die Verwitterung, wenn zu den Temperaturschwankungen die Adsorption und Desorption von Wasser oder die Auskristallisation von Salzen hinzutritt. Bei dem Vorgang der Adsorption von Wassermolekülen an Bruchflächen des Gesteins tritt ein *Spreitungsdruck* auf, der zur Erweiterung und Neubildung von Fugen und Haarrissen und schließlich zum Zerfall des festen Materials führt.

Wenn in solchen Gebieten nach starker Erwärmung ein relativ kalter Gewitter-platzregen niedergeht und plötzliche Abkühlung hervorruft, so kann es wohl auch zur *Abschuppung* dünner Gesteinsscherben (Desquamation) kommen. Da die verschiedenen Minerale körnig-kristalliner Gesteine meist etwas verschiedene Absorptionseigenschaften und Ausdehnungskoeffizienten haben, ja sogar hierin, wie angedeutet (vgl. auch die Tabelle), Unterschiede in den verschiedenen Rich-tungen eines Kristalls aufweisen, so neigen gerade diese zu *grusigem Zerfall* (Bild 38, 64).

Dagegen ist es unwahrscheinlich, daß, wie man namentlich früher angenommen hat, auch die Abschuppung mehrere Meter dicker Gesteinsschalen und Kern-sprünge in großen Blöcken rein durch die Oberflächenerwärmung und Ab-kühlung hervorgerufen werden können. Denn kurzfristige Temperaturschwan-kungen von nennenswerter Größe dringen nur bis zu sehr geringer Tiefe in das Gestein ein (hierüber E. Blackwelder, 1933; P. Birot, 1960 u. a.).

Die Temperaturverwitterung erreicht in den Trockengebieten mit starker Inso-lation und Wiederabkühlung ein Maximum an Wirksamkeit. Sie ist aber überall auf der Erde vorhanden. In den feuchten Gebieten sind jedoch die Temperatur-extreme im ganzen geringer, weil dort infolge des Umsatzes an Verdunstungs-kälte und Kondensationswärme anwesenden Wassers weder die tägliche Erwär-mung noch die nächtliche Abkühlung so hohe Werte erreichen wie im Trocken-klima. Beide steigern sich dagegen mit wachsender Meereshöhe wegen der mit ihr verbundenen Zunahme der direkten Sonnenstrahlung in der verdünnten Atmosphäre.

Frostverwitterung (mittelbare Temperaturverwitterung)

Ein weiterer, ungemein kräftiger Faktor der physikalischen Verwitterung liegt in der sogenannten *Frostverwitterung* (B. Högbom, 1914, 1927). Sie wird dadurch hervorgerufen, daß Wasser beim Gefrieren bekanntlich die sehr bedeutende Volumvermehrung von etwa 9% erfährt. Durch sie übt das selbst in feinste Klüfte des Gesteins eindringende Wasser beim Gefrieren zu *Klufteis, Tabereis* eine sehr bedeutende Sprengwirkung aus. Der Kristallisationsdruck des gefrierenden Wassers kommt allerdings nur dann voll zur Wirkung, wenn das Porenvolumen gänzlich oder mindestens zu über 91% mit Wasser gefüllt ist und wenn ein ge-schlossenes System vorliegt, d. h. kein Wasser entweichen kann. Unter idealen Voraussetzungen, zu denen auch gleichbleibende Porenform und konstanter Porendurchmesser gehören, können Kristallisationsdrucke von über 2000 kp/cm^2 auftreten (Fig. 24).

Die Frostverwitterung beschränkt sich nicht auf die Ablösung kleiner Schuppen, Splitter und Krümel aus ihrem ursprünglichen Verband und deren weitere Zerkleinerung bis zu mehlartiger Feinheit (A. Dücker, 1937), so wie man es nach jedem strengen Winter auch an Mauerwerk beobachten kann, sondern sie erzeugt zugleich Lockerungsfugen im großen und Kernsprünge in gewaltigen Blöcken, was im vorindustriellen Zeitalter und bis in die Prähistorie zurück bei der Steinmetzarbeit ausgenutzt worden ist. Die sogenannte Druckverflüssigung

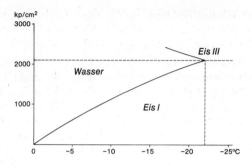

Fig. 24. Druck − Temperatur (P−T) − Diagramm; Wasser − Eis bei konstantem Volumen.

In einem konstantem Volumen, z. B. einem völlig geschlossenen und ganz mit Wasser gefüllten Hohl-raum eines Gesteins, kommt es beim Übergang von Wasser zu Eis zu einer beachtlichen Druckzu-nahme, da eine mit dem Gefrieren des Wassers verbundene Volumenvermehrung nicht möglich ist. Der maximale Druck von 2115 kp/cm² wird bei −22 °C erreicht. Bei noch höherem Druck geht das Eis in eine andere, weniger Raum beanspruchende Modifikation über (von Eis I zu Eis III). Die aus-gezogene Kurve trennt die Stabilitätsgebiete von Wasser und Eis, die gerissene Linie die beiden Eismodifikationen.

Die rechnerisch ermittelten Druckwerte werden in den Gesteinen kaum erreicht, da die Hohlräume in der Regel kein konstantes Volumen besitzen und ihre Wasserfüllung selten 100% beträgt. Wesentlich ist, daß zunächst eine Druckzunahme beim Gefriervorgang erfolgt und erst dann eine Ent-lastung durch das Ausweichen von Wasser und Eis eintritt. Je rascher die Abkühlung unter 0° vor sich geht, um so mehr ist der Druckausgleich erschwert und damit die zerstörende Wirkung des Frostes ge-steigert.

des Eises dürfte die Vorgänge der Frostverwitterung komplizieren. Im einzelnen ist dies noch nicht genügend geklärt. Aber an der großen Leistungsfähigkeit der Frostverwitterung besteht kein Zweifel (Bild 8, 27).

Die Wirkung wird dadurch gesteigert, daß das nahe der Gesteins- oder Boden-oberfläche gebildete Eis beim weiteren Frieren nicht nur in völlig durchtränktem Untergrund, sondern auch über durchlüftetem Feuchtboden infolge des bei Kontakt mit Eis verringerten Sättigungsdampfdruckes von der Oberfläche zur Tiefe wächst. Es entsteht dadurch eine Vergrößerung der Gefrierkörper, gleich als ob das Frieren die Feuchtigkeit aus tieferen Schichten emporzusaugen ver-möchte. Diese Erscheinung führt in porösen feuchten Substraten beim Gefrieren zu einer Anreicherung des Wassers in mehrere cm dicken, ungefähr oberflächen-parallelen Eisschichten bzw. Eislinsen. Sie bestehen aus senkrecht zur Abküh-lungsfläche stehenden Eisnadeln und diese pflegen beim Auskristallisieren die überlagernden Teilchen und kleineren Steine nicht selten um mehrere cm zu heben. Diese *Kammeisbildung* (schwedisch Pipkrake, engl. needle ice) führt eine sehr lebhafte Durcharbeitung der Oberböden herbei (C. Troll, 1944; W. Meinardus, 1930; E. Schenk, 1955).

Frostsprengung zeigt sich, soweit Fröste auftreten und Wasser zum Gefrieren zur Verfügung steht. Maximale Wirkungen werden aber dort erreicht, wo entweder die Häufigkeit des Wechsels zwischen Gefrieren und Wiederauftauen besonders groß ist oder wo durch lang andauernde und strenge Kälte ein besonders tiefes Eindringen des Frostes ermöglicht wird. Beides tritt zum mindesten in extremer Ausbildung nicht zusammen auf. Denn die Gebiete größter Frostwechselhäufigkeit liegen in der Hochregion der Tropen, wo in einer gewissen Höhenstufe infolge des geringen Jahresganges der Temperatur durch deren Tagesgang praktisch fast täglich die Gefriergrenze unter- und überschritten wird. Aber diese kurzen Fröste dringen nicht tief ein. Die größte Tiefenwirkung des Frostes wird in den kontinentalen Winterkältegebieten der höheren und hohen Breiten erreicht, wo aber nur wenige Frostwechsel den Übergang von der kalten zur wärmeren Jahreszeit und umgekehrt begleiten. Kräftige Spuren der Frostverwitterung zeigen sich überall auf der Erde in einem mehr oder weniger mächtigen Höhenintervall oberhalb der natürlichen Waldgrenze. Besonders intensiv ist sie an der sogenannten *Schwarz-Weißgrenze*, d. h. dort, wo dunkler Boden mit hoher Absorptionsfähigkeit für kurzwellige Strahlung neben stark reflektierenden weißen Schneefeldern liegt, weil dies die Ein- und Ausstrahlung des Bodens steigert.

Physikalische Verwitterung durch biologische Vorgänge

Weitere bedeutende physikalische Gesteinsaufbereitung findet durch den *Wurzeldruck der Pflanzen* statt. Diese vermögen mit ihren Haarwurzeln in die feinsten Gesteinsfugen einzudringen und sie zu erweitern. Der Druck kräftiger Wurzelstränge vermag schwere Gesteinsplatten zu heben oder aus dem Gefüge zu lösen. Mit dieser mechanischen Wirkung verbindet sich eine Anätzung durch Humusstoffe von saurer Beschaffenheit, also chemische Einwirkung auf das Gestein. Solche kombiniert physikalische und chemische Gesteinsaufbereitung bringen auch die zahlreichen *Bodentiere* hervor durch die Anlage ihrer Wohnhöhlen und Gänge, durch ihre Nahrungsaufnahme und ihre Ausscheidungen.

Physikalische Verwitterung in der Brandungszone

Sehr kräftige physikalische Lockerung des Gesteins erfolgt auf schmalem Saume längs der Ufer großer Gewässer, besonders des Meeres, durch das von den brandenden Wogen unentwegt wiederholte *Einpressen* und *Wiederfreilassen* von *Luft* und *Wasser* in die Gesteinsfugen in der Brandungszone (D. W. Johnson, 1919).

Kluftbildung durch Entlastung

Zu den wirkungsvollsten, aber weniger leicht nachweisbaren Vorgängen der mechanischen Verwitterung gehört die *Kluftbildung durch Beseitigung von Überlagerungsdruck*. Jedes Gestein trägt einen mehr oder weniger großen, tiefliegende Gesteine einen riesenhaften Druck durch die überlagernden und die nachbarlich umschließenden Gesteine. Wird dieser durch Abtragung, besonders auch durch das Einschneiden von Tälern beseitigt oder vermindert, so sind damit gewaltige Änderungen der Spannungsverhältnisse im Gestein verbunden. Sie führen in Bergwerken, besonders in homogenen Massengesteinen, zu jähem Abspringen von Felssplittern. Bei Tunnelbauten äußern sie sich in lange nachwirkenden Feinbewegungen, die sich bei Gleisanlagen auf der Tunnelsohle u. U. störend bemerkbar machen. Durch den Abtragungsprozeß verursachte Änderungen der Druckspannung sind ohne Zweifel die Ursache der in großen Aufschlüssen und bei Tunnelbauten immer wieder feststellbaren, von der geologischen Struktur unabhängigen, dagegen dem Hange parallelen Kluftsysteme, die bis weit über die Eindringtiefe der Temperaturschwankungen und des Frostes reichen, aber gegen das Berginnere schließlich aufhören (L. v. Rabcewicz, 1944).

Am meisten dürfte Kluftbildung durch Beseitigung von Überlastungsdruck in homogenen Tiefengesteinen ausgeprägt sein, weil zu deren Entblößung die Abtragung großer Gesteinsmassen nötig ist, und weil in derartigen Gesteinen an sich in größerem Umfange als in anderen Gesteinskörpern Partien vorkommen, die frei von anlagemäßig vorgegebenen Schwächeflächen sind (Bild 64, 86 a).

G. K. Gilbert hat schon 1904 die Domberge in der hohen Sierra Nevada in Californien mit dem Einfluß solcher Druckentlastungsklüfte auf die Formen erklärt. H. Cloos (1925) hat am Kynast im schlesischen Riesengebirge bewiesen, daß die dortigen hangparallelen Klüfte keine Beziehung zur Magmatektonik erkennen lassen, sondern auf Druckentlastung im Gefolge der Abtragung zurückgehen. (Ähnlich F. D. Adams, 1910; F. E. Matthes, 1930; R. Farmin, 1937; A. K. Lobeck, 1939.)

Neuerdings hat besonders A. Kieslinger über diese Fragen gearbeitet (1931, 1958, 1960, 1962). Er hat auf Grund sehr ausgedehnter und zugleich intensiver Beobachtungen, die vorzugsweise für große Bauvorhaben im Gebirge angestellt worden sind und viele künstliche Aufschlüsse mit verwerten konnten, sehr wichtige Ergebnisse gewonnen. Sie bestätigen die Feststellungen der älteren Forscher, verallgemeinern sie und gehen teilweise über sie hinaus. Sie können etwa in folgender Weise zusammengefaßt werden:

1. In Tälern gibt es bei jedem Gestein, unabhängig von den Strukturverhältnissen und von den an diese geknüpften Kluftzügen ein Kluftsystem, welches parallel zu den Talhängen verläuft. Es weist nahe unter der Hangoberfläche verhältnismäßig dichte Kluftabstände auf, wird bergeinwärts weitabständiger und klingt in mehreren Metern bis einigen Zehnern von Metern Tiefe schließlich aus. Dieses Kluftsystem macht die Biegungen des Tales in dessen Längsrichtung mit. Es zeichnet auch Gefällsbrüche der Hangoberfläche mit den entsprechenden hangparallelen, an den Knickstellen sich kreuzenden Kluftbündeln nach. Ja, in Tälern mit Resten höherer in Fels ausgebildeter Talböden ist an Stellen, an denen die Talbodenreste selbst bereits ganz aufgezehrt wurden, ihre einstige Ansatzlinie am Hang auf Grund von Spuren des zugehörigen, flach ein Stück weit in den Hang hineinsetzenden Kluftsystems gelegentlich noch nachweisbar. Dieses der Taleintiefung folgende Kluftsystem reicht viel tiefer als alle Schwankungen der Bodentemperatur und des Frostes. Es kann sicherlich nur auf die Entspannung zurückgeführt werden, die durch den Einschnitt des Tales in den Druckverhältnissen der Gesteinsmassen tatsächlich eingetreten ist.

2. Für diese Deutung sprechen bestimmte Beobachtungen aus der Steinbruchtechnik. Seitdem es üblich geworden ist, große Werkblöcke mit Hilfe von

Stahlseilsägen aus dem Gesteinsverband herauszuschneiden, hat man die Erfahrung gemacht, daß in einigermaßen tiefen Steinbrüchen die mehrere mm breiten Sägeschlitze, wenn sie in Ruhe gelassen werden, sich in der Zeit weniger Tage von selbst wieder schließen. Dies geschieht auch dann, wenn nicht die geringsten Sprünge oder Fugen in dem Werkstück oder seiner Umgebung eingetreten sind, und wenn der betreffende Block am Sockel noch im ungestörten Verband mit dem Untergrund verblieben ist, so daß seitliche Verschiebungen ausgeschlossen sind. Die beobachteten Bewegungen können nur als Ausgleich der elastischen Spannung gedeutet werden, unter der das Gestein im Inneren des Berges steht, und die durch die Steinbrucharbeit beseitigt wird. Einen weiteren Hinweis auf derartige nachträgliche Ausgleichsbewegungen des entlasteten Gesteins findet Kieslinger in der vor allem bei tektonisch stark beanspruchten Marmoren fast regelmäßig zu beobachtenden Durchbiegung ursprünglich eben geschnittener Platten, wie sie auf Friedhöfen bei Grabplatten, z. B. auf einem Mailänder Friedhof, häufig festzustellen ist.

3. Eine andere Steinbruch-Erfahrung und zwar mit Granit und anderen schichtungslosen Tiefengesteinen ergänzt das Bild. Unter der Zone der in dichtem Abstand liegenden hangparallelen Kluftflächen vollzieht sich das Ablösen größerer Werkblöcke an weiteren unsichtbar feinen hangparallelen Spaltflächen, die der geübte Steinmetz aufspürt, zunächst verhältnismäßig leicht. Wird der Steinbruch aber zu tief, so findet man keine guten Ablösungsflächen mehr. Die Steinbrucharbeit wird schwer und ist außerdem mit übermäßig viel ungünstig springenden Rissen verbunden. Man ist offensichtlich aus der Zone des hangparallelen Systems regelmäßiger Kluftlagen heraus gekommen. Die Erfahrung besagt jedoch, daß ein solcher Steinbruch nach einer Reihe von Jahren der Ruhe mit besserem Erfolg wieder weiterbenutzt werden kann. Dies kann nur in der Weise gedeutet werden, daß das Gestein inzwischen Zeit gehabt hat, der durch die Steinbrucharbeit erfolgten Entlastung nachzugeben und neue feinste Entspannungsrisse auszubilden. Es ist offensichtlich, daß dieser Sachverhalt nicht durch Temperaturverwitterung oder Frost, auch nicht durch Hydratation erklärt werden kann, weil dafür der Zeitraum, nach dem bereits eine Änderung bemerkbar wird, viel zu kurz ist.

Von den angeführten Beobachtungen aus deutet Kieslinger ähnlich wie die früher erwähnten amerikanischen Forscher die großartigen Erscheinungen der *Aufblätterung* (Exfoliation), die an domförmigen, glockenförmigen Kuppen und Bergen aus Massengesteinen in fast allen Klimazonen anzutreffen sind, als Ergebnisse des Aufreißens von Entspannungsklüften. Es handelt sich dabei um die oberflächenparallele Abschalung von Gesteinslagen, die mehrere Meter, manchmal Zehner von Metern dick sind und Zehner, ja Hunterte von Metern an Länge und Breite erreichen können.

4. Kieslinger fügt aber noch weitere Beobachtungen hinzu. Er hat z. B. im norwegischen Fjellgebiet auf flachen Flächen aus kristallinen Gesteinen, die vom Inlandeis glatt geschliffen wurden, vereinzelt größere Gesteinsplatten von mehreren Dezimetern Dicke und mehreren Quadratmetern Größe gefunden, welche aus dem Verband geplatzt sind, sich ganz leicht gekrümmt haben und praktisch ohne jede Ortsveränderung, jedoch hohl über der Stelle liegen, an der

sie einst fest im Gestein saßen. Ein solcher Befund kann nicht durch ausbrechende Erosion von horizontal sich bewegendem Gletschereis geschaffen werden. Vielmehr hat die von Kieslinger vertretene Auffassung hohe Wahrscheinlichkeit, daß umgekehrt jene schwer verständliche ausbrechende Erosion (Detraktion) des Gletschereises, von der später noch zu sprechen sein wird, in Wirklichkeit durch Abschalung von Gesteinsplatten an Entspannungsrissen vorbereitet wird, und daß das Eis die locker gewordenen Bruchstücke nur weiterzufrachten braucht. Die Abräumung des von Klüften durchsetzten Verwitterungsmantels durch das Gletschereis, welche eine Entlastung herbeiführt, und der Wechsel von höherer Belastung unter der Eisbedeckung und Druckentlastung bei dessen Abschmelzen würde hiernach die Abschalungsvorgänge mitverursachen oder wenigstens fördern. Auf Grund dieser Beobachtungen und Feststellungen kann wohl heute als gesichert gelten, daß bei der Abschalung die Druckentlastung durch Abtragung als Ursache eine wesentliche Rolle spielt, vielfach sogar die Hauptursache ist. (Bild 70, 71, ferner H. Wilhelmy, 1958, Abb. 46, 47, S. 79; F. Klute, Südafrika, Handb. d. Geogr. Wiss. Bd. Afrika Abb. 379, S. 397; A. Bernard, Afrique Septentrionale, Géogr. Univ. T. 11. Taf. 49 A bei S. 306).

3. Chemische Verwitterung

Verwitterung durch Lösung

Der physikalischen Verwitterung steht die *chemische Verwitterung* oder *Zersetzung* der Gesteine gegenüber. Sie erfordert die Anwesenheit von Wasser und steigert sich im allgemeinen, je wärmer dieses ist. Physikalische und chemische Verwitterung sind, wie schon angedeutet wurde, durch Zwischenglieder miteinander verbunden.

Ein solches ist die Gesteinsaufbereitung durch Lösung. Praktisch alle Gesteine oder Minerale sind löslich. Ähnlich wie die Hydratation (siehe S. 119 ff.) vollzieht sich die Lösung durch Wasser in Haarrissen, auf Spaltflächen und längs Korngrenzen. Dies kann bei klastischen Gesteinen, die durch ein leicht lösliches Bindemittel verkittet sind, wie z. B. bei Sandsteinen mit kalkigem Zement, deren Zerfall hervorrufen.

Der Löslichkeitsgrad der Gesteine ist sehr unterschiedlich. Am leichtesten werden verschiedene Salze (u. a. NaCl, KCl) und Gips ($CaSO_4 \cdot 2H_2O$) gelöst. Eine Ursache dafür ist ihre Hygroskopizität, wodurch Wasserdampf aus der Luft angezogen wird, noch ehe er sich niederschlägt und ein allmähliches Zerfließen des Gesteins bewirken kann. Unter der Einwirkung von Niederschlag, Grundwasser und Bodenfeuchte werden die Salze rasch aufgelöst und abgeführt. Als *Subrosion* bezeichnet man dabei denjenigen Anteil an diesen Vorgängen, der sich unterirdisch vollzieht.

Gegenüber anderen Gesteinen und Mineralen ist die Lösungswirkung von reinem Wasser gering, doch zeigen selbst Mineralkörner von Silikaten in den Mittelbreiten Baufehler der Kristalle und schlauch- oder napfähnliche Vertiefungen, die auf echte Lösung zurückzuführen sind. Die Wirkung des Wassers steigert sich jedoch bedeutend, wenn es Spuren von Säuren enthält. Dies ergibt sich durch Aufnahme von Gasen aus der Atmosphäre und von Säurebestandteilen aus anorganischen Stoffen oder aus aëroben oder anaëroben Prozessen. Solches ist in der Natur fast immer der Fall, so daß Regen-, Grund- und Bodenwasser als sehr verdünnte Elektrolytlösung betrachtet werden können.

Die größte Bedeutung hat die Kohlensäure. Durch sie wird das in reinem Wasser nur schwachlösliche Kalziumkarbonat in das leicht lösliche Hydrogenkarbonat übergeführt. Voraussetzung ist allerdings die Dissoziation der Kohlensäure in den folgenden Formen:

$$[H_2CO_3] \leftrightharpoons [H^+][HCO_3^-]$$

und
$$[HCO_3^+] \leftrightharpoons [H^+][CO_3^{--}]$$

Wenn H^+-Ionen in Lösung sind, so gehen diese als HCO_3^--Anionen gemeinsam mit den Ca^{++}-Kationen des Kalziumkarbonates in Lösung und können abgeführt werden. Die Löslichkeit des $CaCO_3$ steigt mit dem Kohlensäuregehalt des Wassers, da gleichzeitig auch die Menge dissoziierter Säure zunimmt. Andererseits sinkt sie bei Temperaturerhöhung, da mit steigender Temperatur die Aufnahmefähigkeit des Wassers für Kohlensäure abnimmt, z. B. bei einer Erwärmung von 0° auf 20° um die Hälfte.

Beachtliche Bedeutung hat auch die Schwefelsäure. Sie bildet sich teils durch Oxidation von Sulfiden, die etwa im Gestein enthalten sind, teils durch Oxidation des beim Abbau von Eiweiß entstehenden Schwefelwasserstoffs, örtlich auch durch vulkanische Tätigkeit und als Ergebnis der Verbrennung schwefelhaltiger Energieträger in Industrie, Gewerbe und Haushalt. Die Schwefelsäure reagiert besonders mit den karbonatischen Gesteinen, wodurch Kalziumsulfat (Anhydrit und Gips) entsteht.

$$H_2SO_4 + CaCO_3 + aqu. \rightarrow CaSO_4 \cdot 2H_2O + CO_2.$$

Dieses ist um einige Größenordnungen leichter wasserlöslich als das Karbonat. Vor der Auswaschung kann es durch die Volumenänderung von Anhydrit zu Gips und den daraus resultierenden Spannungen zu mechanischer Gesteinszerstörung kommen. Endlich enthält das Wasser auch Spuren von *Salpetersäure*. Sie wird in der Luft bei Gewittern erzeugt, ferner als Folge der Ultraviolett-Strahlung, endlich im Boden aus dem Ammoniak der Eiweißzersetzung und aus ammoniakhaltigen Düngern (W. Laatsch, 1957, S. 45.). Ist das Gestein im ganzen wasserlöslich, so führt die Lösung nicht lediglich zur Aufbereitung, sondern zur Abtragung. Dies wird im Kapitel über das *Karstphänomen* behandelt (III G, S. 382ff.).

Hydratationsverwitterung

Unter *Hydratation* versteht man die Anlagerung von Wasser an die Oberfläche von Kristallen bzw. Mineralbruchstücken. Sie beruht darauf, daß die Oberfläche jedes Gesteins- oder Mineralteilchens negative elektrische Ladung trägt, deren Größe von den mineralogischen Eigenschaften des Teilchens abhängt. Die

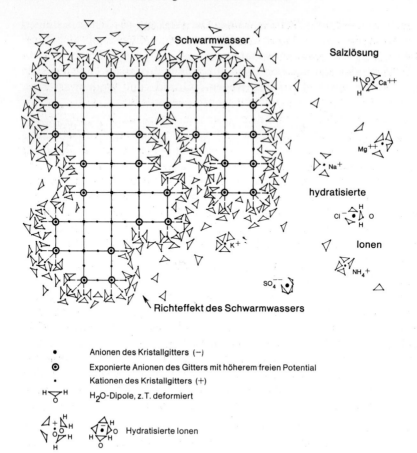

Fig. 25. Hydratation und Hydrolyse eines Silikates, schematisch. (In Anlehnung an P. Vageler 1932
und W. Laatsch 1957.)

Der Gitterrest eines pyrogenen Silikatminerals wird aus regelmäßig angeordneten Anionen und
Kationen gebildet. Von jedem Ion gehen elektrische Kraftlinien zu den benachbarten entgegengesetzt
geladenen Ionen aus. Nur vier dieser Kraftlinien sind bei den inneren Anionen dargestellt, obwohl in
jede Raumrichtung Kraftlinien ausstrahlen. An den Grenzflächen, Kanten und Ecken des Kristalls
oder Kristallrestes sind Kraftlinien (Valenzen) nicht mehr im Raumgitter verankert, sondern an ein
Kation gebunden, das nur noch von einer Kraftlinie locker gehalten wird (gerissene Linien). Die
ungesättigten Valenzen adsorbieren deshalb aus der Umgebung Wassermoleküle, so daß sich um jedes
Grenzflächenkation ein Mantel aus dicht gepackten Wassermolekülen, eine Hydrathülle, bildet.
Dieser Vorgang ist nur auf Grund des Dipolcharakters der Wassermoleküle möglich, die sich im
elektrischen Kraftfelde mit dem Sauerstoffpol dem Mittelpunkte des Feldes zuwenden.

Die Hydrathüllen isolieren die Kraftfelder der entgegengesetzt geladenen Gitterionen in der
Grenzflächenschicht. In noch nicht hydratisierten Gitterebenen bilden sich dadurch Schwächezonen
aus, die zur Rißbildung führen können. In diese Risse gelangen Wasserdipole, weshalb die Hydratation, die Aufspaltung des Gitterrestes fortschreitet und damit die spezifische Oberfläche zunehmend
größer wird. Völlig hydratisierte Ionen werden in der Lösung abgeführt, so daß an die Hydratation die
Hydrolyse anschließt.

Absättigung der von den Grenzflächenkationen nach außen gerichteten, nicht an Anionen des Kristallgitters gebundenen elektrischen Kräfte erfolgt durch Wassermoleküle. Dies wiederum ist nur dadurch möglich, daß Wassermoleküle Dipolcharakter besitzen. Die negative Ladung an der Oberfläche des Gesteins- oder Mineralteilchens zieht die positiv geladenen Enden der Wassermoleküle, den Wasserstoff der Wassermoleküle an. Je nach Größe der negativen elektrischen Kräfte entsteht eine mehr oder weniger mächtige Hydrathülle der Grenzflächenkationen. Sie führt zur Auflockerung der Randzonen des betreffenden Kristallgitters, denn die angelagerten Wassermoleküle wirken ähnlich wie Isolatoren. Sie behindern die gegenseitige Anziehung der entgegengesetzt geladenen Gitterionen der Grenzflächenschicht und schwächen damit deren Zusammenhalt. Es können sich dann Risse in noch nicht hydratisierten Teilen der Gitterebenen und damit neue Oberflächen bilden. In sie werden wiederum Wassermoleküle hineingezogen, so daß die Hydratation und Aufspaltung des Minerals weiter fortschreitet. Dieses erleidet also Verwitterung (Fig. 25).

Die Hydratation führt von der Anlagerung von Wassermolekülen an den Grenzoberflächen der betroffenen Minerale weiter zum Einbau von Wassermolekülen in das Kristallgitter und damit zu Verwitterungsneubildungen (Fig. 25). Sie ist mit Volumenzunahme und meist auch mit Wärmeabgabe der betroffenen Gesteine bzw. Minerale verbunden. Darin vollzieht sich nach H. Pallmann (1933) und W. Laatsch (1957) im Grunde eine Neueinstellung dieser Gesteine auf den niedrigen Druck und die niedrigen Temperaturen der Erdoberfläche. Denn die beteiligten Gesteine haben ihre vorherigen Eigenschaften, sei es als Glieder mächtiger Sedimentserien oder als Magmenbestandteile meist tief unter der Erdoberfläche, d. h. unter hohen Temperaturen und hohen Drucken erworben.

Die mit der Hydratation verbundene Volumenvergrößerung schreitet in den angegriffenen Gesteinen allmählich von außen nach innen fort. Das muß zu beträchtlichen Spannungen und zur Gefügelockerung zwischen den schon erfaßten und den noch unveränderten Partien führen, wobei nach und nach das ganze betroffene Gestein der Gefügelockerung unterzogen wird.

Hydratation tritt einerseits bei Ausscheidungssedimenten ein. Bei Sulfaten und Karbonaten ist die Hydratation gewöhnlich mit leicht feststellbaren stofflichen Veränderungen verbunden. Bekannt sind die Umwandlungen von

Anhydrit	$\rightarrow$ Gips	$CaSO_4 \cdot 2H_2O$
Glauberit	$\rightarrow$ Glaubersalz	$Na_2SO_4 \cdot 10H_2O$
Kieserit	$\rightarrow$ Bittersalz	$MgSO_4 \cdot 7H_2O$
Kalziniertes Soda	$\rightarrow$ Kristallsoda	$Na_2CO_3 \cdot 10H_2O$

Die Quellung ist namentlich beim Gips außerordentlich groß (60%). Sie erzeugt in ursprünglich flachlagerndem Anhydrit oft starke Schichtdeformationen (Gekrösegips, Schlangengips). Außer in Meeren und kontinentalen Becken mit starkem Verdunstungsüberschuß erfolgt die Ausscheidung von Anhydriden in sehr trockenen Klimaten durch extremen Wasserentzug aus Lösungen, die sich nach Befeuchtung in den Kapillarspalten der Gesteine bzw. des Bodens befinden. Bei Wiederbenetzung z. B. durch Taufall oder durch gelegentlichen Niederschlag tritt dann ein Abblättern, Zerbröckeln, möglicherweise auch das Abplatzen größerer Gesteinsscherben ein, offenbar als Folge der sich vollziehenden Quellung *(Salzsprengung)*.

Der Vorgang der Salzsprengung schließt neben der Hydratation der Salze aber auch den hydrostatischen Kristallisationsdruck bei Ausscheidung von Kristallen aus übersättigten Lösungen und den linearen Wachstumsdruck sich vergrößernder Kristalle in derartigen Lösungen ein (Mortensen, 1933; Correns, 1939, 1949).

Hydratation ist nach P. Vageler (1923) und W. Laatsch (1957, S. 39 ff.) auch bei *silikatischen Mineralen* eine allgemeine Erscheinung, sofern ausreichend Feuchtigkeit zur Verfügung steht. Chemische Veränderung des Materials ist aber hierbei, solange nicht stärkere hydrolytische Prozesse hinzugekommen sind, schwer erkennbar. Unter den tiefgründig vergrusten Graniten bzw. verwandten Massengesteinen der deutschen Mittelgebirge gibt es solche, die keine nennenswerten Anzeichen chemischer Mineralveränderung erkennen lassen. Bei ihnen läßt sich außerdem aus dem Begleitumständen manchmal mit Sicherheit sagen, daß Frostverwitterung als Entstehungsursache der Vergrusung ausscheidet. Dieser Typus der Vergrusung wird daher wohl mit Recht von H. Wilhelmy (1958 S. 47 ff.) der Hydratation zugeschrieben. Einiges spricht dafür, mit ihm in der Hydratation die Hauptursache für die Vergrusung der kristallinen Massengesteine in den kühlhumiden Klimaten zu sehen. Bei dieser Vergrusung macht sich offenbar die physikalische Druckwirkung der in den Mineralen erfolgenden Quellung stärker geltend als die mit der Wasseraufnahme einhergehende unscheinbare chemische Veränderung. Sie führt zum Zerfall des vorher festen körnigen Gefüges.

Bereits seit langem haben Branner (1896), Merrill (1895, 1896, 1904), Dana (1896), Matthes (1930), Goldich (1938), de Martonne (1940), Hirschwald (1912) die Meinung vertreten, daß auch die Minerale der Silikatgesteine beim Eindringen von Wasser in die feinsten Fugen des Gesteins Hydratation erleiden. Hirschwald (1912) fand für Stäbe aus Sandstein, Kalkstein, Granit bei Wassersättigung bzw. Austrocknung Dehnungs- bzw. Schrumpfungsbeträge zwischen etwa 0,1 und 0,5‰. Die Abschuppung mächtiger Gesteinsschalen in den kristallinen Gesteinen *(Desquamation* nach v. Richthofen, engl. *Exfoliation)* der ariden Gebiete und der wechselfeuchten Tropen, auch die Kernsprünge in großen Blöcken dieser Bereiche werden vielleicht ebenfalls z. T. durch Hydratation, Salzquellung bzw. Salzsprengung hervorgerufen oder doch vorbereitet (H. Wilhelmy, 1958) (Bild 2). Gute Bilder in H. Wilhelmy 1958 Abb. 32—51, S. 66—83 und A. Bernard: Afrique Septentrionale et Occidentale. Géogr. Univ. T. 11 Taf. 49 A bei S. 306 u. Taf. 76 A bei S. 413. Paris 1937, 1939.

Die weitergehende Verwitterung der Silikatminerale, Hydrolyse

Von besonderer Bedeutung ist die über die Hydratation hinausgehende Verwitterung der Silikatminerale, d. h. der Feldspäte und der mit ihnen verwandten Minerale. Denn sie sind die Hauptbestandteile aller Magmatite und Metamorphite, und sie erleiden vor allem durch *Hydrolyse* intensive chemische Verwitterung, d. h. starke stoffliche Veränderungen.

Die Ausgangsminerale sind stets Silikate, d. h. kieselsaure Salze des Aluminiums und unterschiedlicher Anteile von einem oder mehreren hauptsächlich der Elemente K, Na, Ca, Mg, Fe, Mn. Die Mannigfaltigkeit wird dadurch gesteigert, daß mehrere Arten von Kieselsäuren vorkommen und am Aufbau der verschiedenen Mineralgruppen beteiligt sind. (Orthokieselsäure H_4SiO_4, Metakieselsäure $H_4Si_2O_6$, Polykieselsäure $H_4Si_3O_8$).

Die silikatischen Minerale sind in Wasser besonders schwer löslich. Aber die an den Grenzflächen der Mineralkörner sitzenden Kationen haben in Wasser die Tendenz, mit den H^+-Ionen der in geringer Zahl immer dissoziiert vorhandenen Wassermoleküle in Austausch zu treten. Die die Kationen bindende Kieselsäure erweist sich also als eine nur schwache Säure. Durch vorangegangene Hydratation wird dieser als *Hydrolyse* bezeichnete Austausch sehr erleichtert. Er wird auch dadurch verstärkt, daß wie früher ausgeführt, in dem die Erdoberfläche netzenden Wasser immer Spuren von Säuren, insbesondere der Kohlensäure, der Schwefelsäure, der Salpetersäure und von organischen Säuren, die sich aus der Verwesung von Organismen bilden, vorhanden sind, welche die Kationen der Silikatminerale an sich zu binden streben (Fig. 26).

Nach W. Laatsch (1954, S. 42) und H. Franz (1960, S. 82) unterliegen der Hydrolyse am stärksten die ein- und zweiwertigen Kationen der Silikate, K^+, Na^+, Ca^{++}, Mg^{++}, ebenso Fe^{++} und Mn^{++}. In den Silikatmineralen wie Biotit, Augit, Hornblende, Olivin, Granat u. a. treten F^{++} und Mn^{++} immer zweiwertig auf. Die Abfuhr von Kationen der Alkalien und Erdalkalien, die gegen Wasserstoffionen ausgetauscht wurden, bedeutet eine Lockerung des Kristallgitters. Dabei ist die Abbaugeschwindigkeit der Silikatminerale sehr verschieden. Unter genügend humiden Bedingungen und bei beständig hohen Temperaturen kommt es schließlich zu Freisetzung von Aluminiumoxid und Kieselsäure und damit zum Abbau der Restschichten der Minerale.

Die genannten Kationen haben nach der Herauslösung aus dem Silikatverband ein verschiedenes Schicksal. Die Alkalien K und Na und die Erdalkalien Ca und Mg erlangen als Hydroxide, Karbonate (Hydrogenkarbonate), Sulfate, Nitrate, Chloride (Chlor ist als Bestandteil des Apatit in Spuren in fast allen Eruptivgesteinen enthalten) oder an organische Säuren gebunden, mehr oder weniger wasserlösliche Form. Sie werden unter bestimmten Umständen als Lösungen im Grundwasser weggeführt, und zwar am leichtesten Na, danach Mg, K, Ca, am geringsten Fe und Mn. Das vollzieht sich am lebhaftesten, wenn die Lösung in der Verwitterungszone stark sauer ist. Bei schwach saurer, neutraler oder schwach alkalischer Reaktion der Lösung tritt in der Regel Adsorption der löslichen Salze durch im Boden vorhandene Humuspartikel und Tonminerale ein. Sie werden dadurch, soweit sie als Pflanzennährstoffe geeignet sind, der Vegetation besonders gut zugänglich. Ihre Abwanderung aus den Entstehungsgebieten wird also verlangsamt. Falls stark alkalische Reaktion im Substrat herrscht, kommt es meist nur zu mehr oder weniger eng lokaler Umlagerung. Dies ist in erster Linie vom Klima und der klimabedingten Oberflächengestaltung verursacht und wird erst in Kap. III. E 5. (S. 277ff.) näher erläutert.

Oxidation

Das Eisen und das Mangan der verwitternden Silikatminerale neigen zur Oxidation. Im Wasser, welches an der Erdoberfläche auf die Gesteine einwirkt, ist immer etwas Sauerstoff gelöst. Dieser greift gerade die zweiwertigen Kationen von Fe^{++} und Mn^{++}, die in den dunklen Silikaten enthalten sind, energisch an. Durch die Oxidation wird das Eisen unter Übergang in den dreiwertigen Zustand in weiten Gebieten der Erde zu Roteisen (Hämatit, Fe_2O_3), welches in feiner Verteilung leuchtend rote Farbe zeigt. Roteisen bildet sich vorzugsweise in den warmen bis sehr warmen und wenigstens zeitweise trockenen Klimaten der Tropen und Subtropen. Anderenfalls entsteht durch die Oxidation Brauneisen (Limonit, $FeO(OH) \cdot xH_2O$), in welchem das Eisen ebenfalls dreiwertig ist oder Goethit ($FeOOH$), auch Attapulcit. Brauneisen zeigt ocker bis rostbraune Farbtöne. Zu Brauneisen oxidiert das Eisen in den weniger warmen Klimaten der Mittelbreiten und, soweit stärkere chemische Verwitterung bis in die Subpolarregion vordringt, auch in dieser. Das Mangan wird bei der Oxidation entweder dreiwertig in Manganoxid (Mn_2O_3, Braunit) oder vierwertig in Mangandioxid (MnO_2, Braunstein) eingebaut. Vielfach entstehen auch Manganhydroxide. Diese Manganverbindungen haben braune bis schwarze Farben.

Auch die Oxide bzw. Hydroxide des Eisens und Mangans wandern mit dem Sickerwasser. Durch ihre starke Färbkraft zeigen sie an, wie weit Verwitterung unter Wasser- und Luftzufuhr in den Untergrund eingedrungen ist. Als Titanoxide sind Rutil, Anatas, Ilmenit zu erwähnen. Wenn die entstandenen Oxide und Hydroxide an bestimmten Stellen in größeren Mengen wieder ausgeschieden werden oder verbleiben, so kann es dort zur Verfestigung kommen. Derartiges liegt z. B. bei den *Ortsteinhorizonten* der *Bleicherdeböden (Podsol)* und bei den *Lateriten* vor. Unter Luftabschluß kommt es zur Reduktion dieser Verbindungen. Dann ergeben sich u. U. weißliche, graue, auch grünliche Farbtöne.

Oxidation spielt eine wichtige Rolle auch bei der Verwitterung von sauerstoffarmen Schwefelverbindungen, besonders von sulfidischen Erzen, wie Schwefelkies (FeS_2 Pyrit), Markasit und Magnetkies. Sie vollzieht sich meist unter Bildung von viel Brauneisen. Daraus leitet sich die Bergmannsbezeichnung „Eiserner Hut" für die Oxidationszone von Erzlagerstätten her. Durch Oxidation werden ferner Kohlegesteine, soweit sie unter Lufteinwirkung zutage liegen, in ihrem Kohlenstoffgehalt gemindert. Erdöl verwandelt sich nahe der Erdoberfläche in kompliziert gebaute, plastische Stoffe wie Paraffin, Erdwachs und Asphalt (M. Schwarzbach in Brinkmann, 1974, S. 80).

In den meisten Fällen führt auch die Oxidationsverwitterung zu einer Lockerung der betroffenen Gesteine.

So tritt bei der Oxidation des Eisens zu Eisen(III)oxidhydraten eine Volumenvergrößerung um mindestens das 6 bis 8 fache, wenn wasserhaltige Verbindungen entstehen, eine noch höhere räumliche Ausdehnung auf. Die entstehenden Spannungen können die Zerstörung des Gesteins zur Folge haben. Besonders bekannt geworden ist dieser Vorgang an historischen Bauwerken, die durch Eisenklammern gesichert wurden, z. B. von der Akropolis in Athen.

Tonmineralbildung

Im Verlauf der physikalischen Verwitterung von Schichtsilikaten, besonders von Glimmern, erfolgt deren Zerkleinerung bis zur Tonfraktion. Gleichzeitig erfolgt meist die Hydratation und die Abfuhr von Kalium aus den Randzonen der Minerale und deren Ersatz durch H, Ca, Mg oder andere Kationen (Hydrolyse). Mit dieser *Degradation* ist die Wassereinlagerung zwischen die Schichten des Silikates verbunden, die zunächst zu einer randlichen Aufweitung führt. Die Verarmung an Kalium kann schließlich alle Schichten erfassen, so daß sie wegen Verringerung der Schichtladung infolge der Wassereinlagerung vollkommen aufweitbar werden. Die Grundstruktur des Glimmers ist in solchem Material zwar erhalten geblieben, aber wegen des veränderten Chemismus und völlig anderer Eigenschaften hinsichtlich der Quellfähigkeit, der Bindungsfestigkeit der Kationen, des Ionenaustausches, der Viskosität und der Plastizität werden diese degradierten Minerale nicht der Gruppe der Glimmer zugeordnet, sondern zur Gruppe der Tonminerale zusammengefaßt.

Tonminerale entstehen aber auch als Neubildung im Verwitterungsbereich. Dieser Neuaufbau kann am Ort der Verwitterung aus den Zerfallsprodukten von Silikaten, z. B. von Feldspäten, Pyroxenen oder Amphibolen, oder aus den Bodenlösungen nach Verfrachtung der Verwitterungsprodukte erfolgen. Kieselsäure, Aluminium- und Eisenoxidhydrate bilden bei Verfrachtung alsbald kolloidale Lösungen. Diese Sole verbinden sich zu Gelen, die ausflocken, dabei in starkem Maße Restkationen (Ca, Mg, K u. a.) einbauen und schließlich auskristallisieren. Im Unterschied zu den durch Degradation von Schichtsilikaten entstandenen *primären* Tonmineralen haben diese neugebildeten oder *sekundären* Tonminerale eine durchaus andere Struktur als das Ausgangsmaterial.

Die Zahl der Tonminerale ist groß. Sie werden in die Hauptgruppen der glimmerartigen Tonminerale oder Illite, der Montmorillonite (in der englischsprachigen Literatur Smektite) und der Kaolinite unterteilt. Die Unterschiede der Einzelgruppen ergeben sich aus Verschiedenheiten der klimatischen und der bodenchemischen Bedingungen ihrer Entstehung. In den Grundzügen einheitlich ist aber ihr struktureller Aufbau. Sie besitzen die gleiche blättchenförmige Ausbildung aus feinsten gleichartigen Schichtpaketen, deren jedes selbst aus der Übereinanderfügung zweier stofflich verschiedener Gitternetzschichten besteht. Jede Schicht wird aus Ebenen von Kationen aufgebaut (Si, Al, Mg, Fe). Die Kationen sind von Sauerstoff- oder Hydroxidionen umgeben und zwar entweder von 4 (tetraedrisch; bei Si Kationen) oder von 8 (oktaedrisch; bei Al Kationen) (Fig. 26). Daraus ergibt sich die Differenzierung in (1) eine Kieselsäure- oder SiO_4-Tetraederschicht, und (2) eine Aluminium-Hydroxidschicht (Al O OH-Oktaederschicht) samt etwaigen zusätzlich eingebauten Ionen. Die einzelnen Schichten sind durch die Wasserstoffbindungen der an der Oberseite der einen Schicht gelegenen OH^--Ionen mit den an der unteren Seite der anderen Schicht befindlichen O^{--}-Ionen verknüpft. Die Übereinanderfügung der einzelnen Schichten kann entweder die Abfolge 1/2/1 (Dreischichtminerale) oder 1/2 (Zweischichtminerale) befolgen. Durch diesen Aufbau besitzen die Tonminerale Ähnlichkeit mit den Glimmern. Für die Art der entstehenden Tonminerale sind

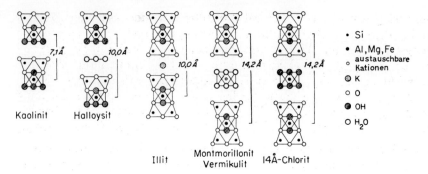

Fig. 26. Struktur wichtiger Tonminerale (schematisch) und ihre Aufweitbarkeit in Ångström-Einheiten (Å). (Nach E. T. Degens 1968, S. 13.)

außer den Klimabedingungen entscheidend der Gehalt des Ausgangsmaterials an Alkalien und Erdalkalien, speziell an K, Mg, Ca, und der ph-Wert des Substrates im Augenblick der Tonmineralentstehung.

Illite

Den Glimmern besonders verwandt sind als Dreischichtminerale die Illite (Fig. 26), die gegenüber der Glimmergruppe einen verminderten Al- und K-Gehalt, aber höheren Anteil an H- bzw. H_3O-Ionen aufweisen und häufig als unvollständige Glimmer bezeichnet werden. Die Tatsache der randlichen Aufweitbarkeit der Schichtpakete hat eine große spezifische Oberfläche zur Folge, die die Anlagerung und die Substitution von Kationen und Wasser gewährleistet. Sie liegt je nach der Korngröße für Illite bei 50 bis 200 m^2 pro g, wobei sie in Richtung auf die kleineren Partikel zunimmt. In der Fähigkeit Kationen und Wasser infolge unabgesättigter Valenzen anzulagern oder auszutauschen, ist einerseits die Bedeutung der Tonminerale für das Festhalten von Pflanzennährstoffen im Boden begründet, andererseits ihre geomorphologisch wichtige Eigenschaft, bei Durchfeuchtung zu quellen und gleitfähig zu werden, bei Austrocknung aber zu schrumpfen und Trockenrisse zu bilden. Die Entstehung von Illiten ist kennzeichnend für die langsame chemische Verwitterung in kühlen und mäßig warmen Klimaten. Hierbei ist aber eine ausreichende Konzentration von Kaliumionen in der Bodenlösung wesentlich.

Montmorillonit- oder Montmoringruppe (Smektitgruppe)

Die wichtigsten Tonminerale dieser Gruppe sind die Dreischichtminerale Montmorillonit und Vermiculit. Ihr typisches Merkmal ist die große Ionenaustauschkapazität, die durch die Summe der austauschbaren Kationen in Milliäquivalenten (m val) je g bzw. 100 g Substrat beim pH-Wert 7 ausgedrückt wird. Die Austauschkapazität ist hauptsächlich von der großen spezifischen Oberfläche gewährleistet. Sie beträgt bei den kompliziert aufgebauten Montmorilloniten und Vermiculiten (Fig. 26) 600 bis 800 m^2 pro g, woraus die höchste Austauschkapazität aller Tonminerale von 80 bis 200 m val pro 100 g resultiert. Auf der gleichen Grundlage beruhen die außerordentliche Quellfähigkeit und die entsprechende Schrumpfungsfähigkeit, der Wechsel von Plastizitäts- und Viskositätseigenschaften. Diese Vorgänge sind dadurch gewährleistet, daß beim Montmorillonit wegen der schwachen Ionenbindung zwischen den Schichten des Kristallgitters Wassermoleküle eingelagert und abgegeben werden können (innerkristalline Quellung und Schrumpfung), während bei den Illiten lediglich eine Anlagerung von Wasser an die äußeren Oberflächen und in den Randpartien der winzigen Kristalle erfolgt.

Der Unterschied zwischen Illit und Montmorillonit kann deswegen als Ausdruck verschiedener Gefügelockerung in einem kontinuierlichen Verwitterungsvorgang silikatischen Materials aufgefaßt werden. Tatsächlich ist es gelungen, mit Laboratoriumsmitteln Illit teilweise in Montmorillonit überzuführen und umgekehrt. (J. L. White, 1951; J. I. Wear u. J. L. White, 1951; S. Caillere u. S. Henin, 1949; Zitat nach W. Laatsch, 1957.)

Bei beschleunigter Verwitterung, wie sie vor allem durch wärmeres Klima hervorgerufen wird, und andererseits bei hohem Magnesiumgehalt in den neutralen oder alkalischen Lösungen im Lockermaterial und bei geringer Auswaschung besteht die Neigung zur Bildung von Montmorillonit. Die hiermit angedeutete Verschiedenheit in der Tonmineralentstehung zwischen Illit und Montmorillonit darf nach dem Gesagten nur nach Prüfung der besonderen Umstände als allgemeineres Klimaindiz benutzt werden. Denn sie wird zusätzlich sowohl vom Chemismus des Ausgangsgesteins, wie von der Drainage, also von örtlichen orographischen Faktoren, wie endlich von sehr speziellen Zügen des Lokal- und Mikroklimas wesentlich mitbeeinflußt.

Kaolin- oder Kaolinitgruppe

Das häufigste Mineral dieser Gruppe ist der namengebende Kaolinit (Fig. 26), der einen wesentlichen Bestandteil der Kaoline (keramische Tone) bildet. Ein weiterer Vertreter und regional wesentlicher Bestandteil in Tonsedimenten ist der Halloysit, über dessen Bildungsbedingungen noch keine Klarheit besteht. Gegenüber den Tonmineralen der Illit- und der Montmorillonitgruppe haben die Minerale der Kaolinitgruppe mit einer 1/2 Folge der Gitternetz-Schichten im Unterschied zu den Dreischichtmineralen der anderen beiden Gruppen mit der Folge 1/2/1 einen anderen Aufbau. Kaolinite können als ein gegenüber den Mineralen der Illit- und Montmorillonitgruppe weiter abgebautes Verwitterungsprodukt der Silikatminerale gelten, da sie an Kationen nur noch Si und Al besitzen. Dabei ist wahrscheinlich, daß der Weg zum Kaolinit unter bestimmten Umständen über die beiden anderen Tonmineraltypen gehen kann, z. B. wenn die Voraussetzungen für weitergehenden Abbau, vor allem reichlich Wärme und Feuchtigkeit, im Laufe von Klimaänderungen zugenommen haben. Aber es ist auch sicher, daß in einer sauren, basenarmen Bodenlösung Feldspäte unmittelbar zu Kaolinit verwittern. Diese Voraussetzungen wiederum können sowohl großklimatisch, z. B. in feuchtwarmen Gebieten der Erde gegeben sein, sie können aber auch z. B. unter Moorbedeckung lokal in Gebieten auftreten, in denen anderswo Kaolinisierung nicht stattfindet. All dies ist zu berücksichtigen, wenn Vorkommen von Kaolinit als Klimaindikatoren benutzt werden sollen. In geomorphologischer Hinsicht unterscheidet sich der Kaolinit vom Montmorillonit vor allem durch seine weit geringere Quellfähigkeit, außerdem durch das wesentlich kleinere Ionenaustauschvermögen.

Die Farbe der mehr oder weniger plastischen Verwitterungsmassen, die einen großen oder überwiegenden Gehalt an Tonmineralen aufweisen, richtet sich in der vom Oberflächenwasser durchsickerten Zone nach derjenigen der färbenden braunen, ockerfarbenen, gelben oder roten Eisenverbindungen und nach der Beimengung von Humusstoffen. Bei Sauerstoffmangel stellen sich infolge von Reduktion graue, weißliche, auch grünliche Farbtöne ein.

Siallit-, Allit- und Ferralitverwitterung

Hydrolyse kann zur Entbasung der Silikatminerale führen. Auch der Kaolinit wird dann instabil und zerfällt infolge der Lockerung des Gitterverbandes. Das freie Aluminiumhydroxid bleibt als Hydrargillit (= Gibbsit $[Al(OH)_3(OH_2)_3]$) kristallisiert oder in amorpher Form zurück. Die Kieselsäure geht unter den oben erwähnten Bedingungen in Lösung oder verbleibt ebenfalls als amorpher Bestandteil. An die Stelle siallitischer Verwitterungsrückstände treten allitische. Als *Siallite* bezeichnet man nach H. Harrassowitz (1926) diejenigen, die außer aus Sauerstoff und Wasserstoff hauptsächlich aus Silicium und Aluminium aufgebaut sind, *Allite* nennt man diejenigen, in denen das Aluminium zusammen mit Sauerstoff und Wasserstoff als Tonerdehydrat allein diese Rolle übernimmt. Die Quellfähigkeit und die mit ihr verbundene Plastizität der Tonminerale, die beim Kaolinit bereits weit geringer ist als beim Montmorillonit, geht bei zunehmender allitischer Verwitterung mehr und mehr verloren. Die allitischen Massen sind erdig-locker und bei Durchfeuchtung wegen ihrer äußerst feinen Zerteilung schmierig. Aber ihnen fehlt das Zusammenhaltevermögen plastischer Massen. Umgekehrt erleiden sie beim Wiederaustrocknen keine Schrumpfungsrisse. Das sind geomorphologisch wichtige Eigentümlichkeiten.

Allitische Verwitterung tritt in heißen Klimaten auf, vor allem auf basischen, kieselsäurearmen Gesteinen in den niederschlagsreichen Tropen. Dies führte zu der Annahme, daß eine rasche Auflösung des SiO_2 vor allem in alkalischem Milieu erfolgen würde. Laboruntersuchungen haben jedoch ergeben, daß zwischen den pH-Werten 0 und 9 praktisch keine Änderung der Löslichkeit der Kieselsäure eintritt. Erst bei stark alkalischen Lösungen mit einem pH-Wert über 9, der in der Natur, selbst im Porenwasser, kaum auftritt, kommt es zu einer Ionisation der Orthokieselsäure ($H_4 SiO_4$). Diese Situation stellt sich nach den Untersuchungen von Stevens u. Carron (1948) und Keller u. a. (1963) aber bei der Hydrolyse an den Grenzflächen verwitternder Minerale, also an der Grenze von fester und flüssiger Phase ein. Es können pH-Werte zwischen 9 und maximal 11 auftreten, die zur Lösung des Si führen, während Al, das im Bereich zwischen pH 5 und 10 nicht angegriffen wird, zurückbleibt. Diese hohen Abrasions-pH-Werte (Degens 1968), richtiger *Korrosions-pH-Werte*, auch Grenzflächen-pH-Werte, schwanken von Mineral zu Mineral. Druck- und Temperaturzunahme fördern eine stetige Steigerung der Löslichkeit von SiO_2, und als weitere Parameter haben die Geometrie und Ionenbindung nahe der Kristalloberflächen, die Größe des Einzelkristalls sowie der Chemismus der beteiligten Lösungen einen im einzelnen noch nicht quantifizierten Einfluß. Es bleibt schließlich fast nur Tonerdehydrat (Aluminium-Hydrat) übrig (Allit), besonders in der Form des Hydrargillits (auch Gibbsit genannt), eines Aluminium-Trihydrats. Als Monohydrat (Diaspor) erscheint es im Bauxit. Da gewöhnlich Eisenoxide oder -hydroxide in erheblichem Umfang in diesen Verwitterungsdecken verbleiben bzw. angereichert werden, spricht man genauer von *Ferralliten*. Ferrallitische Verwitterung kennzeichnet die feuchten Tropen und ist die tiefgründigste auf der Erde. Ferrallite können wegen ihres geringen Gehaltes an Tonmineralen, des fast völligen Fehlens von Pyrosilikaten und des Reichtums an Fe- und Al-Oxiden, als Endphase der Verwitterung und Auswaschung aufgefaßt werden. Es sind sehr alte Verwitterungsbildungen.

Einen Übergangstypus von Sialliten zu Ferralliten bilden die *Fersiallite* (R. Schmidt-Lorenz, 1971). In ihnen wird die freigesetzte Kieselsäure nur geringfügig abgeführt. Neben vorherrschender Kaolinitbildung entstehen auch Dreischichtminerale, die gegenüber Ferralliten eine relativ hohe Austauschkapazität gewährleisten. Der Anteil von Tonmineralen in den Fersialliten ist hoch, ebenso der Gehalt an freien Fe-Oxiden. Ihr Verbreitungsgebiet sind besonders die südöstlichen USA, Südbrasilien und Paraguay und der Mediterranraum.

Auf sauren (SiO_2-reichen) Gesteinen scheint dagegen die tropische Verwitterung bei reichlich verfügbarem Wasser unter weitgehender Auswaschung des Eisens überwiegend zur Kaolinitbildung zu führen, also siallitisch zu sein (Kaolinit-Verwitterung). Weitere Angaben über den gegenwärtigen Stand der Forschung machen vom Standpunkt der Geomorphologie J. Tricart (1974, bes. S. 24–71) und M. F. Thomas (1974, S. 13–98), J. P. Bakker und Th. W. M. Levelt (1965), H. R. Völk und Th. W. M. Levelt (1969/70).

Rotfärbung durch Eisenoxid oder bei Sauerstoffmangel weißlich-graue Tönung in der tiefen Zersatzzone sind bei allen diesen Verwitterungsmassen häufig.

Allit-Verwitterung bzw. Ferrallit-Verwitterung und Kaolinit-Verwitterung sowie die entsprechenden Produkte stellen recht verschiedene Typen von Verwitterung bzw. von Böden i. w. S. dar, die dennoch nebeneinander in den reichlich benetzten Tropen vorkommen. Bevor dies erkannt wurde, hat man die Bezeichnung Laterit (later [lat.] = Ziegelstein), welche Fr. Buchanan 1807 einem an der Luft erhärtenden, desilifizierten, sesquioxidreichen Verwitterungslehm an der Malabarküste Vorderindiens gegeben hat, auf alle roten und rötlichen Verwitterungsdecken der Tropen erweitert. Dies geschah unter der Annahme, daß der Laterit das Endstadium tropischer Verwitterung sei. Diese Auffassung ist nicht mehr vertretbar. Der Name Laterit sollte vielmehr nur auf krustenbildende allitische bzw. ferrallitische Verwitterungsmassen der Tropen Anwendung finden, d. h. auf stärker eisenhaltige Substrate, die bei reichlichem Luftzutritt erhärten.

Wie soeben angedeutet, gibt es als geomorphologisch wichtige Erscheinung in Gebieten tropischer, allitischer Verwitterung feste Verkrustungen an der Bodenoberfläche, meist in flachem Gelände, welche hauptsächlich aus Eisenoxid (Hämatit Fe_2O_3), dazu auch aus Aluminiumhydroxid ([$Al(OH)_3(OH_2)_3$], Hydrargillit) bestehen. Sie sind für Pflanzenwuchs und Agrikultur extrem ungünstig. Geomorphologisch wirken sie wie ein die Oberfläche schützender Panzer und erschweren die Abtragung außerordentlich. Diese Lateritkrusten werden vielfach als mächtige Oxid-Anreicherungshorizonte (Illuvialhorizonte) gedeutet, die ursprünglich unter einem Oberboden entstanden sind, aber später freigespült wurden. Nachfolgende Dehydratisierung führte zu irreversibler Verhärtung. Zur Bildung der Lateritkrusten ist einerseits langanhaltende, sehr starke Auslaugung des Bodens, andererseits scharfe Austrocknung nötig. Aus den inneren Oberguinea-Ländern wird berichtet, daß die Krustenbildung bzw. -verhärtung (Bowal, Bowalisation, J. Richard-Molard, 1956) der Rodung auf dem Fuße folgte. In anderen Gebieten, wie in Süd-Tanzania, ist das offensichtlich nicht der Fall. Vorläufig sieht es so aus, als ob die Bildung von Lateritkrusten durch eine der folgenden Ursachen entweder allein oder im Zusammenwirken herbeigeführt werden kann:

a) Es erscheint, daß die Bildung von Lateritkrusten durch bestimmte klimatische Voraussetzungen, etwa durch einen besonders scharfen Wechsel zwischen Durchfeuchtung in der einen Jahreszeit und extremer Trockenheit in der anderen, entscheidend begünstigt wird. Das ist die Auffassung französischer Forscher.

b) Es wäre möglich, daß für die Bildung von Lateritkrusten im wechselfeuchttropischen Gebiet bestimmte orographische Gegebenheiten ausschlaggebend sind oder sein können. Vielfach treten nämlich Lateritkrusten auf flachen Oberflächen auf, welche merklich über dem Niveau der heutigen Entwässerungsbahnen liegen, und welche daher als alte Oberflächen beschrieben werden. Es ist denkbar, daß diese orographischen Verhältnisse das Austrocknen der erhöht liegenden Oberflächen merklich begünstigen und daß hierdurch die Krustenbildung wesentlich gefördert wird. Nach C. F. Marbut (1932, 1934) und E. C. J. Mohr, F. A. van Baren, J. Schuylenborgh (1972) sind vor allem Schwankungen des Grundwasserspiegels für die Bildung von Lateritkrusten wichtig.

c) Ferner ist wahrscheinlich, daß die Beschaffenheit des Ausgangsgesteins, etwa ein vergleichsweise geringer Anteil an Quarz und hoher Gehalt an basischen Mineralen im Endergebnis die Bildung von Krusten statt von Lockergefüge entscheidend beeinflußt.

d) Schließlich kann auch ein Zusammenwirken mehrerer der genannten Gegebenheiten bestimmend sein.

e) Endlich können noch unbekannte Faktoren eine entscheidende Rolle spielen.

Es kommt hinzu, daß außer den echten Lateritkrusten, d. h. Produkten einer am Ort entstandenen allitischen bzw. ferrallitischen Verwitterung, in den gleichen Gebieten und ziemlich häufig auch Eisenkrusten ganz anderer Art gebildet werden. Die letztgenannten Eisenkrusten, zu denen die *Pisolithkrusten* gehören, entstehen durch nachträgliche Zementierung von alluvial oder kolluvial herbeigeführten, stark eisenhaltigen Kiesen über einem Untergrund, der mit dieser Eisenanreicherung selbst nichts zu tun hat.

In Eisenkrusten dieser Art kann mancherlei Material mit enthalten sein, das gar nicht von Ferrallitisierungsvorgängen herkommt. Nur die Zementierung erfolgt ähnlich wie bei echten Lateritkrusten (J. Richard-Molard, 1956, S. 28). Ähnlich im geomorphologischen Sinne ist auch die Schutzwirkung gegen Abtragung, die diese Krusten für den Untergrund ausüben.

Ohne Zweifel sind die Gebiete, in denen Lateritkrusten auftreten, auf der Erde ziemlich groß (Indien, Amazonien, Guayana, W-, Zentral- und SE-Afrika, Indonesien, Australien). Ob bzw. in welchen dieser Gebiete die Bildung von Lateritkrusten gegenwärtig erfolgt, und ob sie in anderen lediglich ein lange beharrendes Erbe der Vergangenheit sind, auch darüber herrscht noch keine genügende Klarheit.

Die beschriebenen Tonminerale treten in der Natur selten in reiner Form entgegen. Meistens liegen Mischungen verschiedener Tonminerale vor (mixed layer), die Wechsellagerungsstrukturen besitzen. Im ganzen hat sich gezeigt, daß neben den feinst-kristallinen Tonmineralen fast immer auch amorphe Gele in den Verwitterungsrückständen vorhanden sind. Sie rühren davon her, daß die bei der Verwitterung der Silikatminerale abgespaltenen Bruchstücke, vor allem das Aluminiumhydroxid, bei der Neubildung der Tonminerale nicht vollständig verbraucht werden. Es entstehen dann gemischte Gele, in denen Kieselsäuren und Humussäuren als saure Bestandteile, Aluminium- und Eisenhydroxid als basische enthalten sind. Diese Gele, die für das Speicherungs- und Abgabevermögen des Bodens an pflanzlichen Nährstoffen recht wichtig sind, machen den Gesamtaufbau der Verwitterungsdecken noch komplizierter. Sie erhöhen die Schwierigkeit der Deutung von Bauschanalysen der Bestandteile. Denn außer den in bestimmten Mengenverhältnissen vorhandenen Bestandteilen der kristallinen, freilich auch noch in Mischungen auftretenden Minerale, sind eben in den Gelen noch zusätzliche Mengen teilweise der gleichen Grundkomponenten in unbestimmtem gegenseitigem Verhältnis mit anwesend. Deswegen bleibt die sorgfältige Beschreibung der Eigenschaften von Verwitterungsmassen im trockenen wie im feuchten Zustand und bei der Einwirkung bewegender Agentien in jedem Beobachtungsgebiet ein unentbehrliches Hilfsmittel der geomorphologischen Untersuchung.

Chemische Verwitterung durch biologische Vorgänge

Gesteinsaufbereitung durch biologische Vorgänge beruht auf dem Verbrauch von Kationen aus den Verwitterungslösungen und auf der Einwirkung tierischer und pflanzlicher Stoffwechsel- und Zersetzungsprodukte auf das Gestein. Der Verbrauch von Nährstoffen, d. h. der Ioneneintausch aus den Lösungen im Substrat kann eine Beschleunigung des hydrolytischen Gesteinszerfalls bedeuten. Die aërobe oder anaërobe Produktion von organischen Säuren (Oxal-, Glucon-, Zitronen-, Milch-, Butter-, Essig-, Nucleinsäuren u. a.) und die agressiven Mineralsäuren, die beispielsweise beim Stoffwechsel von Nitrifizierern und Thiobacillen entstehen, führen zu merklicher Korrasion des Gesteins. Von Bedeutung ist dabei die Bildung von organischen Komplexverbindungen, u. a. von *Chelaten*, beim Mineralabbau. Die Einwirkung von Salicyl- und Zitronensäure führt beispielsweise zur Entstehung wasserlöslicher Komplexe und ruft damit die Mobilisation ansonsten recht stabiler Verbindungen des Al und Si hervor, wobei Al und Si in Lösung gehen (O. Fränzle, im Druck). Eine klare quantitative Abgrenzung der biochemischen und der physikalisch-chemischen Verwitterung ist jedoch noch nicht möglich.

An dieser Stelle ist zur Sprachregelung folgendes anzumerken: Die Bodenkunde bemüht sich, den Begriff „Boden" auf diejenigen Bereiche des Verwitterungsmantels (der Dekompositionssphäre) der Erdkruste zu beschränken, in denen im Zuge der Gesteinsaufbereitung zu den anorganischen Bestandteilen auch lebende oder umgewandelte organische Substanz (Humusformen) oder organische Komplexverbindungen hinzugekommen sind. In unserer Darstellung wird diese Sprachregelung nach Möglichkeit befolgt. Sie ist aber angesichts gewisser älterer Begriffsprägungen bislang nur näherungsweise durchführbar.

Subaquatische Verwitterung

Über Verwitterungsvorgänge im Grenzbereich von Lithosphäre und Hydrosphäre existieren bisher nur wenige gesicherte Erkenntnisse (W. v. Engelhardt, 1973). Sicher ist, daß sowohl subfluvial als auch sublakuster und submarin Vorgänge der Gesteinslösung, der Mineralumbildung und der -neubildung stattfinden. Diese Prozesse vollziehen sich sicherlich mit geringer Intensität. Bei der submarinen Verwitterung, der *Halmyrolyse,* verhindern vor allem die hohen pH-Werte und die Salzkonzentration des Meerwassers eine rasche Lösung von primären Mineralen. Ebenso verlaufen Umbildungen, wie der Austausch von Ca durch Mg in Tonmineralen und Neubildungen, besonders von Chlorit und Glaukonit aus Dreischicht-Tonmineralen, sehr langsam.

4. Zonale Unterschiede der Verwitterung

Da die chemische Verwitterung an das Wirken flüssigen Wassers gebunden ist, hört sie bei Temperaturen unter 0° praktisch auf. Sie ist daher in den Polargebieten stark eingeschränkt, aber nicht null, weil ja auch dort positive Temperaturen vorkommen. Im ganzen genommen dürfte aber die Gesteinsaufbereitung in den *Polar-* und *Subpolargebieten,* ebenso in den von Winterkälte betroffenen *Mittelbreiten* und in allen *Höhenregionen* der Erde, in welchen häufiger Frostwechsel vorkommt, überwiegend durch Frostverwitterung bewirkt werden. Dazu kommen freilich die Gesteinsaufbereitung durch Lebewesen und in hier größerem, dort geringerem Ausmaß auch chemische Verwitterung. Deren Eindringtiefe ist allerdings gewöhnlich nicht groß. Sie dürfte selten über einige Meter hinauskommen, oft darunter bleiben. Die chemische Verwitterung führt hier beim Abbau der Silikatminerale zu Verwitterungslehmen, die meist viel Illit enthalten.

In den *wärmeren Klimaten,* in welchen die Frostverwitterung keine Rolle mehr spielt, verstärken sich, soweit zumindest jahreszeitlich humide Verhältnisse herrschen, die Gesteinsaufbereitung durch Lebewesen und die chemische Verwitterung. Unter den Tonmineralen der Verwitterungsdecken nehmen die Anteile von Kaolinit und Montmorillonit zu, von letztgenanntem besonders in jahreszeitlich trockenen Gebieten. Außerdem scheint die Vergrusung der Massengesteine durch Hydratation gegenüber den kühleren Klimaten stark zuzunehmen und auch beträchtliche, nach etlichen, ja vielen Metern messende Eindringtiefen zu erreichen.

In den vegetationslosen *Trockengebieten* der Subtropen und Tropen erlangt anscheinend die unmittelbare Temperaturverwitterung eine verhältnismäßig große Bedeutung, weil die Gesteins-, Schutt- und Bodenoberflächen ohne Abschirmung ständig hohe Temperaturschwankungen durchmachen. Aber chemische Verwitterung fehlt auch in den extremen Wüsten nicht. Denn gelegentliche Regen und besonders Taufall gibt es auch dort. Diese genügen, wenn sie nicht allzu selten vorkommen, um insbesondere über Hydratation (u. a. Salzsprengung) und Hydrolyse bemerkenswerte Verwitterungsleistungen zu ermöglichen. In der Übergangszone der vollariden zu den semiariden Gebieten ist nicht selten unter einer *Hartrinde* aus Eisen- und Manganverbindungen, dem sogenannten *Wüstenlack*, das Gestein chemisch umgewandelt und weitgehend sandig-staubig zermürbt. Erlauben Lücken der Hartrinde, daß das zermürbte Gesteinsinnere ausbröckelt und irgendwie entfernt wird, so können dadurch kleinere oder größere Hohlräume entstehen. Förmliche *Hohlblöcke* (Bild 53) können sich bilden. Es gibt auch Bröckelhöhlen *ohne besondere Hartrindenbildung*, die Tafoni von Korsika und klimatisch verwandten Gebieten (*Tafonierung*, Bild 39, 40). Bröckellöcher von wabenartiger Anordnung *(Wabenverwitterung)* findet man selbst in humiden Klimaten, wo sich an Wänden aus porösen Gesteinen, z. B. aus Sandsteinen, bei der Durchsickerung oft ein enges Zellenwerk von fester verkitteten Gesteinspartien entwickelt hat, und wo dann die weniger festen Gesteinsteile wabenartig ausbröckeln (Bild 36). Auch an Bauwerken der humiden Klimate kommt Wabenverwitterung häufiger vor. G. Knetsch (1952 I, II), der sich näher damit beschäftigt hat, glaubt hier mikroklimatische Verhältnisse feststellen zu können, die stark an die der ariden Gebiete erinnern. Im Innern der Vollwüsten tritt aber die physikalische Verwitterung gegenüber der chemischen in den Vordergrund. Die Zerkleinerungsprodukte werden als Yerma (Staub-, Sand-, Stein-Yerma) bezeichnet. Die chemische Verwitterung erlangt ihre größte Bedeutung in den feuchten Gebieten der Erde und steigert sich in den feuchtheißen Tropen zu extremer Wirksamkeit (F. Blondel, 1933).

Für die *Tropen* gibt es leider noch nicht genügend zahlreiche Untersuchungen, welche Oberflächenform, Ausgangsgestein, Lokalklima, Bewuchs und Chemismus der vorhandenen Verwitterungsdecken in gleicher Weise eingehend berücksichtigen. Deshalb erscheint eine gesicherte Einordnung der vorliegenden Übersichtsbeobachtungen in das weiter oben in Umrissen angedeutete System der tropischen Verwitterungsvorgänge bislang noch nicht möglich. Wir begnügen uns daher an dieser Stelle mit dem Hinweis auf eine Reihe von Übersichtserfahrungen über die Verwitterungsmassen der Tropen, ohne die Fragen ihrer Deutung eingehender zu verfolgen.

In den *Tropen*, soweit sie wenigstens eine Zeitlang kräftige Niederschläge bekommen, befolgt die intensive chemische Verwitterung Regeln, die wesentlich von dem in den höheren Breiten Gewohnten abweichen. Sie dringt rasch und viele Meter tief in das Gestein ein, sofern die Oberflächen des betrachteten Gebietes genügend flach sind. Die große geomorphologische Bedeutung dieses Sachverhalts hat wohl, nach bereits ähnlich laufenden Überlegungen von E. J. Wayland (1933), zuerst O. Jessen (1936) vollkommen deutlich gemacht. Seither haben namentlich J. P. Bakker (1953–1964) und J. Büdel (1948–1977) in einer ganzen Reihe von Arbeiten die Besonderheiten dieses Erscheinungs-Komplexes weiter aufgehellt. Bakker hat besonders die Korngrößenverteilung und den Gehalt an den verschiedenen Tonmineralen in diesen Lockermassen, in ihren Eluvial- und Kolluvialprodukten und in den daraus abgeleiteten Sedimenten untersucht und hat die Folgerungen dargelegt, die sich für die Oberflächengestaltung ergeben. Büdel hat namentlich durch weiträumige vergleichende Beobachtung der Formen und ihres Verhältnisses zu Untergrund und Klimagegebenheiten die Kenntnis gefördert. Wichtige Erkenntnisse sind auch H. R. Völk und Th. W. M. Levelt (1969/70) zu danken.

Die tropische Verwitterung ist neben ihrer Tiefgründigkeit gekennzeichnet durch intensivstes Ineinandergreifen von rascher Materialumwandlung, beachtlichem vertikalem und lateralem Stofftransport und überwiegender Tonmineralneubildung. In saurem Milieu besteht eine verstärkte Tendenz zur Bildung von Zweischichtmineralen der Kaolinitgruppe. So finden sich häufig Halloysite, die bei der Verwitterung von Plagioklasen über die Zwischenstufe der *Allophane*, röntgenamorphe wasserreiche sekundäre Tonminerale, gebildet werden. Allophane sind besonders für sehr junge, über andesitischem Gestein entstandene Verwitterungsbildungen typisch *(Andosole)*, die in Gebieten des rezenten und subrezenten Vulkanismus in SE-Asien, Japan, Zentral- und nördlichem Südamerika, Kamerun und Ostafrika vorkommen.

Bei hohem Anteil von Erdalkalien in der Verwitterungslösung und bei gehemmtem Wasserabfluß entstehen Montmorillonite und verwandte Minerale, weil in diesen Fällen die Abfuhr von Si gemindert wird. Hoher Montmorillonitgehalt charakterisiert besonders die in den wechselfeuchten Gebieten der Tropen und Subtropen verbreiteten *Vertisole*, zu denen etwa die Regure bzw. Black Cotton Soils Vorderindiens oder der Tirs Marokkos gehören. In der Regel sind es junge Verwitterungsdecken, die auf basischem Gestein (kalkreichen Magmatiten, Kalken, Mergeln) oder in schlecht drainierten Hohlformen jeder Größenordnung zur Entwicklung gelangt sind. Sie werden entsprechend dieser genetischen Möglichkeiten in *lithomorphe* und *topomorphe Vertisole* gegliedert.

Infolge des hohen Montmorillonit-Gehaltes (bis 80%) kommt es in den Niederschlagszeiten zu erheblichem Quellungsdruck des wassergesättigten Materials und zu vertikalem und seitlichem Massenversatz. Das entstehende Mikrorelief hat Ähnlichkeit mit Frostmusterböden und wird nach einem Vorschlag von J. A. Prescott (1931) als *Gilgai*-Relief bezeichnet. In den Trockenzeiten bilden sich infolge Dehydration Schrumpfungsrisse. Zusammenstürzende Polyeder füllen diese Risse und aus diesem Vorgang leitet sich der Name Vertisol ab (lat. vertere = wenden).

Große Niederschlags- und Bodenwassermengen und deren beschleunigter Austausch können andererseits die Tonmineralneubildung unterbinden, da nach und gleichzeitig mit der Basenfreisetzung und -auswaschung die Kieselsäure zu schnell abtransportiert wird. Fast alle kieselsäureführende Minerale, auch Tonminerale, erfahren unter diesen Voraussetzungen eine *Desilifizierung*. In den Verwitterungsrückständen verbleiben vornehmlich kristalline und amorphe Oxide und Hydroxide des Al und Fe.

In den wechselfeuchten Tropen und Subtropen kommt es in den Trockenzeiten, besonders oberflächennah, zu einer starken Reduzierung der chemischen Verwitterungsvorgänge. Intensität, Tiefe und Umfang der Materialumwandlung sind gegenüber den immerfeuchten Tropen erheblich gemindert. Die Tonmineralneubildung tritt gegenüber der Umbildung aus Pyrosilikaten ebenfalls zurück, vollzieht sich oberflächennäher und zeigt stärkere Beziehungen zum Ausgangsgestein.

Wichtig ist die Tatsache, daß die tiefgründigen tropischen Verwitterungsmassen in den wechselfeuchten Tropen zwar deutliche Spuren der Verspülung im Oberflächenhorizont erkennen lassen, daß sie sich sonst aber durch unbewegt erhaltene Textur- und Struktureigentümlichkeiten des einstigen Gesteins als ruhende „Ortsböden" im Sinne von Büdel (1948) erweisen. Daraus geht hervor, daß die Denudationsvorgänge auf diesen Verwitterungsmassen, insbesondere auf flach geneigten Böschungen, in den wechselfeuchten Gebieten zum mindesten jahreszeitlich feuchtheißer Klimate im wesentlichen in oberflächlicher, flächenhafter Abspülung bestehen. In den Gebirgslandschaften der dauernd oder fast dauernd feuchten Tropen gibt es dagegen auf mäßig geneigten Hängen nach P. Birot (1960) einen mehr oder weniger mächtigen Teil des Verwitterungsmantels, welcher offensichtlich Versatzdenudation erleidet (hierüber vgl. S. 194). Oberflächliche Abspülung wird auch hier noch mitwirken (Bild 87, 88, 93, 94).

Außerdem lassen sich nach Büdel (1965) in den wechselfeuchten Tropen zwei Großtypen von Verwitterungsprofilen unterscheiden, monogenetische und polygenetische im Sinne von W. L. Kubiëna (1962, 1963). Die erstgenannten haben mäßige Mächtigkeiten von gewöhnlich zwischen wenigen Metern und etwa 15 m, maximal bis zu 30 m. Der ausreichend mit Sauerstoff versorgte, oxidierte und daher rote obere Teil von wenigen Metern Dicke geht nach abwärts unter Auflichtung bis zu fahlen, hellen Farbtönen in den unteren Teil des Verwitterungsmantels über. Dieser grenzt nach unten auffallend scharf an praktisch unverwittertes, insbesondere nicht vergrustes Gestein. Büdel dürfte Recht haben mit der Annahme, daß ein solches Verwitterungsprofil auf junge und verhältnismäßig rasch vonstatten gehende Verwitterung schließen läßt. Büdel meint weiter, daß es in diesen Verwitterungsmassen keine durchgehenden Konkretionshorizonte gäbe. Sicherlich fehlen harte, ortsteinartige Konkretionskrusten. Aber in Süd-Tanzania sind in Verwitterungsdecken, welche wahrscheinlich nicht sehr alt sind, wenig unter der Oberfläche ausgesprochene Konkretionshorizonte, und zwar von bohnerzähnlichen Körnern und Pillen einerseits und von meist darunter angereicherten, überwiegend bis etwa eigroßen SiO_2-Knollen andererseits, sehr verbreitet. Vielleicht bedarf hier der genannte Großtyp dieser Zersatzmassen noch weitergehender Bestimmung.

Der zweite Großtyp dieser Verwitterungsmassen ist polygenetisch im Sinne von W. L. Kubiëna. Er weist große Mächtigkeit auf, fast durchweg über 10 m, nach den Bohrergebnissen, die F. M. Thomas mitteilte (1964), örtlich bis über 90 m. Häufig liegt, durch Farbwechsel erkennbar, ein mehrfacher Horizontwechsel vor. Vielfach gibt es namentlich in Oberflächennähe Konkretionshorizonte der vorher genannten Art. Manchmal sind harte, ortsteinartige Krusten (Laterit, Schlacken-laterit, Zellenlaterit) vorhanden (Büdel, 1965, S. 14 ff.). Das Hauptmerkmal dieses Großtyps der Zersatzmassen scheint aber darin zu bestehen, daß hier meistens unter der Zersetzungszone noch eine tiefgründige Zone der Vergrusung oder der Teilzersetzung, besonders der dunklen Gemengteile der körnigen Erstarrungsgesteine, entwickelt ist. Büdel glaubt, daß diese Verwitterungsdecken zumeist ein hohes Alter besitzen und daß bei ihrer Ausbildung Klimaveränderungen mitspielen (Büdel, 1965, S. 14 ff.). Das ist höchstwahrscheinlich der Fall. Wie weit diese Tatsache ausschlaggebend ist, muß wohl erst die weitere Forschung ergeben.

In der englisch-sprachigen Literatur hat man sich ebenfalls eingehend mit dem tiefgründigen tropischen Verwitterungsmantel und seiner Bedeutung für die Oberflächenformen beschäftigt. Hierbei ist die Bezeichnung *Regolith* für diesen Verwitterungsmantel, der keine oder nur schwache Profildifferenzierung aufweist, öfters in Verwendung (J. W. Pallister, 1956; C. D. Ollier, 1960; J. A. Mabbutt, 1961; M. F. Thomas, 1974 u. a.). Besonders Silikatgesteine werden davon betroffen. Auf flachen Böschungen hat das Niederschlagswasser offenbar Zeit, langsam einzudringen und bei jahreszeitlich länger anhaltender Regenzeit eine tief reichende Feuchtigkeitszone zu bilden, welche das ganze Jahr überdauert. Diese Durchfeuchtungszone hoher Temperatur ist offensichtlich der eigentliche Sitz der starken chemischen Verwitterung. Die chemisch so aktive Feuchte dringt auch von unten in Blöcke ein, die auf der feuchtehaltigen Unterlage zu liegen kommen, und zerstört sie rasch. Das haben Erfahrungen mit unmittelbar auf feuchtem Untergrund gelagertem Baumaterial in den Tropen gezeigt (W. Panzer, 1954). Sie erklären, warum in den feuchten und wechselfeuchten Tropen Schutt, der von Steilhängen abstürzt oder abrutscht, am Fuß der Steilheit angekommen, meist sehr rasch zu Grus zerfällt.

In dem intensiv zersetzten Gestein flacher Abtragungsoberflächen der Tropen pflegen örtlich feste Gesteinspartien aufzutreten, nicht selten auch merklich aufzuragen. Manchmal handelt es sich dabei um chemisch schwer angreifbare Gesteinsarten wie Quarzite oder Gangquarze. Oft aber sind es Vorkommen, für die eine erschöpfende Erklärung bislang nicht zu erbringen ist. Große Maschenweite des ursprünglichen Kluftsystems, welche den Sickerwassern nur wenige Bahnen zum Eindringen bereitstellt, scheint eine wesentliche Bedingung für das relative Intaktbleiben größerer Gesteinskörper innerhalb des Verwitterungsmantels darzustellen.

Besonders auffällig ist in den Tropen der große Unterschied der Verwitterungserscheinungen an Steilhängen und Wänden im Vergleich zu den soeben beschriebenen des Flachgebietes. An den Steilhängen tritt festes Gestein entgegen, das oft fast unverwittert aussieht. Bei näherer Prüfung zeigen sich allerdings bei körnigen Gesteinen rauhe Oberflächen durch Abbröckeln von Grus, des weiteren Anzeichen von Rindenbildung durch Verdunsten von eingedrungenem Wasser, ferner nicht selten Hohlklingen der Oberfläche. Ein gewaltsames Nachprüfen ergibt dann eine Lage staubigen Gesteinszerfalls unter einer mehrere Zentimeter dicken oder auch dickeren harten Oberflächenschale. Die von Zermürbung oder staubigem Zerfall betroffenen Partien des Gesteins scheinen sich dabei vorzugsweise an ungefähr oberflächenparallele Entspannungsfugen des Gesteins zu knüpfen.

Das Verständnis für das Bestehenbleiben steiler Felswände selbst in stark beregneten Tropenklimaten ist durch J. P. Bakker (1957[b], S. 7−20) sehr gefördert worden. Er hat die dort auf flachen Felsflächen kluftarmer Gesteine nicht selten vorkommenden Verwitterungsnäpfe bzw. -wannen (Oriçangas, „Opferkessel") untersucht. Auf solchen Felsflächen kann wegen des Mangels an Klüften Baumwuchs nicht oder nur sehr schwer Fuß fassen. Sie tragen aber oft Flechten- und Algenbedeckung. Durch diese wird bei Benetzung das Gestein angegriffen und zwar bei zeitweise erstaunlich hohen pH-Werten (nachmittags zwischen 7,6 und 8,2), weshalb Oriçangas vielfach als reine Lösungsformen angesehen werden.

Es entstehen unter Bildung von feinen Verwitterungsprodukten, welche bei Sturzregen weggeschwemmt werden, die genannten Verwitterungsnäpfe und -wannen. Sie weisen bis einige Meter große Durchmesser und Tiefen von einigen Zentimetern auf. Es scheidet sich aber gleichzeitig auch, soweit kieselsäurereiche Gesteine, wie Granite und Verwandte, betroffen sind, in dem sehr basischen Milieu SiO_2-Gel aus, welches durch spätere starke Erhitzung und Austrocknung der Gesteinsoberfläche zu harten Kieselplättchen eintrocknet. Diese naturgemäß auf den steil geneigten Felsoberflächen erfolgenden Umsetzungen führen eine bedeutende Festigung der Gesteinsoberflächen herbei. Die Analyse der gleichzeitig gebildeten, geringen Mengen an Ton zeigt einen erstaunlich hohen Gehalt an Montmorillonit, auch an Illit. Dies bestätigt wohl chemisch den aus der einfachen Anschauung hervorgehenden Eindruck, daß nämlich die Verwitterung auf diesen Felsflächen selbst in Tropenklimaten mit hohem Niederschlag wegen des raschen Abflusses und der Verdunstung unter recht trockenem Mikroklima vor sich geht.

Es zeigt sich also, daß auch die Steilhänge und Wände erheblicher chemischer Verwitterung unterliegen. Nur ist diese nicht das Ergebnis ständiger Durchfeuchtung, sondern des Wechsels von Befeuchtung und starker Austrocknung. Weil das benetzende Regenwasser an den Steilhängen rasch abläuft, dringt nur wenig Wasser in Fugen und Haarrisse des Gesteins ein und wird hernach verhältnismäßig bald durch Verdunstung wieder herausgepumpt. Dabei verwittert das Gestein der Steilhänge durchaus, aber es verwittert langsamer als auf flachen oder mäßigen Hängen. Daraus ergibt sich die von den Verhältnissen der mittleren und höheren Breiten gänzlich abweichende und für das geomorphologische Geschehen ungemein wichtige Tatsache, daß in den wechselfeuchten Tropen mäßige Böschungen leichter abtragbar sind als das Steilrelief. Wie weit diese Verhältnisse bis in die feuchten Tropen hineinreichen, wie weit sie gegen Trockengebiete hin Geltung haben, und wie weit sie etwa in jahreszeitlich feuchte Subtropen vordringen, das bedarf noch genauerer Klärung.

Zur weiteren Orientierung über die sehr verzweigten Fragen der zonalen Unterschiede der Verwitterung muß auf die Lehrbücher der Bodenkunde verwiesen werden (Literaturverzeichnis, III, B).

C. Böschungsabtragung und Abtragungsböschungen

1. Einführung, Abtragungsböschungen

Wie früher angedeutet wurde (S. 102 ff.) vollzieht sich die Abtragung auf den Landflächen in größtem Umfang durch ein Zusammenspiel von Denudationsvorgängen, von initialer linearer Fluvialerosion und von flächenhafter Fließwassererosion einerseits, mit dominierender linearer Fluvialerosion andererseits. Man kann die drei Erstgenannten als die Vorgänge der *Böschungsabtragung* zusammenfassen. Sie wirken entweder als Zubringervorgänge der dominierenden linearen Fluvialerosion. Sie können aber auch, und zwar am Rande von Ablagerungsgebieten, unmittelbare Zubringer eben dieser Ablagerungsgebiete sein.

Durch das Zusammenwirken lediglich der genannten Vorgänge der Böschungsabtragung allein werden *Abtragungsböschungen* geschaffen. Das sind also Böschungen, geneigte Flächen oder Flächengefüge, die sowohl die Steilheit von Wänden haben können wie mäßig steile, schräge, flache und auch extrem flache Neigung. Die Abtragungsböschungen werden gewöhnlich vereinzelt oder in größerer Zahl von Rinnen gefurcht, Formen der initialen linearen Fließwassererosion. Aber deren Tiefenlinien haben immer ungefähr ebenso großes Gefälle wie die zwischen zweien von ihnen gelegene Böschung, jedenfalls nicht weniger als die Hälfte dieses Gefälles. Soweit diese Eigenschaften vorliegen, können solche Rinnen als den Abtragungsböschungen zugehörige Feinheiten, als deren untergeordnete Kleinformen angesehen werden. Die initiale Linearerosion des Fließwassers ist deswegen neben den im engeren Sinne flächenhaft wirkenden Vorgängen der unmittelbaren Massenschwerebewegung (Denudation) und der flächenhaften Fließwassererosion (Flächenspülung) als verstärkender Begleitprozeß der Böschungsabtragung aufzufassen. In manchen Gebieten spielt außerdem Deflation durch Wind eine begleitende Rolle.

Alle Abtragungsböschungen, auch die allerflachsten, können wegen ihres flächenhaft einseitig gerichteten Gefälles u. E. ohne Widerspruch mit der Bedeutung des Wortes „Hang" wissenschaftlich auch als Abtragungs*hänge* bezeichnet werden. Die Ausdrücke Böschungsabtragung und Hangabtragung, Böschungsentwicklung und Hangentwicklung sind also gleichbedeutend. Um jedoch denjenigen, die nur stärker geneigte Böschungen (wie stark ?) als Hänge ansehen, Mißverständnisse zu ersparen, werden im folgenden überwiegend die Bezeichnungen Abtragungsböschung, Böschungsabtragung, Böschungsentwicklung benutzt. Sie sind flächenhaft und ohne Neigungsbegrenzung gemeint und werden sicherlich auch so verstanden.

Durch das von Ort zu Ort wechselnde Zusammenspiel meist von mehreren Vorgängen der Böschungsabtragung ergibt sich eine nach den Formen und der Bildungsweise im einzelnen recht große Mannigfaltigkeit von Abtragungsböschungen. Diese sind nun vorzustellen. Dabei werden die Formen möglichst nach der regionalen Zusammengehörigkeit der sie gestaltenden Prozesse geordnet beschrieben, und zwar zuerst die steilsten Formen, weil bei ihnen der Mechanismus der Formenveränderung am einfachsten zu überblicken ist.

2. Wandformen und Abtragungsvorgänge an Wänden

Wandformen

Unter Wänden versteht man in der Geomorphologie Böschungen, die so steil sind, daß selbst in Klimaten, in welchen abspülende Sturzregen selten sind, lose gewordene Gesteinsfragmente auf ihnen nicht liegen zu bleiben vermögen, sondern in kleineren oder größeren Sprüngen so gut wie ohne Zwischenaufenthalt bis zum Fuß der Steilböschung abstürzen. Dieser Fall tritt je nach der Gesteinsbeschaffenheit, den Lagerungsverhältnissen, auch nach lokalklimatischen Gegebenheiten, wie z. B. größerer oder geringerer Windexponiertheit, bei verschiedenen Böschungswinkeln ein. Manchmal gibt es schon bei wenig über 35° Neigung, manchmal erst bei 45° oder noch steileren Böschungen nackte Felswände. Wand in diesem Sinne ist zugleich diejenige Oberflächenform, auf der der Mensch bei der Fortbewegung in der Regel nicht mehr steigen kann, sondern klettern, d. h. die Hände mitbenutzen muß.

Zurückweichen einer Wand

Wir fragen uns, was an einer solchen, der Einfachheit halber glatt gedachten Wand vor sich gehen muß, wenn sie aus homogenem Gestein aufgebaut ist, wenn am Wandfuße flacheres Gelände mit einer von der Wand fortgerichteten Neigung vorhanden ist, und wenn die Wand lediglich der Einwirkung der Atmosphärilien und der Schwere ausgesetzt ist.

Alle Gesteine besitzen, wie wir wissen, Schwächeflächen, Klüfte, die das Gestein gleichsam präsumptiv in meist mehr oder weniger quaderartige Körper zerlegen. Durch die Verwitterung, z. B. durch Temperaturschwankungen, durch Frostsprengung, durch chemische Verwitterung besonders unter Wechsel von Benetzung und Wiederaustrocknung werden Klüfte an der Wand geöffnet. Irgendwann ist ein Gesteinsteilchen an der Wand völlig gelockert, so daß es, oft unter Mitwirkung von Wind, Regenspülung oder ähnlichem aus seiner Lage gebracht wird. Dann muß es abstürzen. Gleiches kann an einem anderen Teil der Wand ebenfalls geschehen.

Von nun an gibt es Stellen dieser Wand, welche besonders labil geworden sind, nämlich diejenigen, die durch das Herausbrechen von Teilchen untergraben wurden, d. h. ihren unmittelbaren Sockel verloren haben. Andererseits gibt es nun auch Stellen in der Wand, welche im Vergleich zu ihren Nachbarn gegen weiteren Ausbruch besonders geschützt sind. Es sind die zurückliegenden Oberflächenteile im Hintergrunde der ausgebrochenen Fragmente. Im Gesamtergebnis muß hiernach eine sich selbst überlassene Wand, wenn auch im einzelnen unregelmäßig, so doch im ganzen gleichmäßig durch Absturz der nach und nach infolge der Verwitterung locker werdenden Teile des Gesteins, d. h. durch schrittweise Sturzdenudation, ungefähr parallel zu sich selbst zurückweichen (Fig. 27).

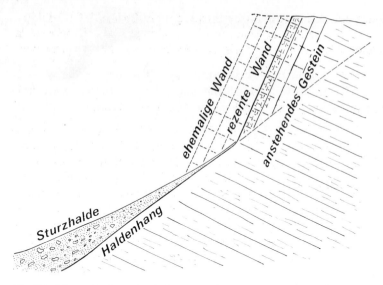

Fig. 27. Schema des Zurückweichens einer Wand in den Außertropen bei Akkumulation des Schutts. Die *Wand* flieht nach genügend starker *Verwitterung* des an ihr zutage tretenden Gesteins durch *Absturz der Fragmente* zurück. Der *Wandfuß* rückt dabei aufwärts, weil das jeweilige *Sockelfragment* nicht abstürzen kann. So entsteht der *Haldenhang*. Die abgestürzten Fragmente bilden die *Sturzhalde*. Diese bildet in ihrem obersten Teil eine nur dünne Bedeckung des Haldenhangs. Wenn die Entwicklung ungestört fortläuft, so wird die Wand am Ende vollständig durch eine Sturzhalde mit darunterliegendem Haldenhang ersetzt. Wird die Sturzhalde durch andere Vorgänge später entfernt, so kann der Haldenhang zur Oberfläche werden.

Wandfuß und Haldenhang bzw. Glatthang in den Außertropen

Diese Regel gilt jedoch nicht vollständig. Am *Fußpunkt* einer Wand dieser Art ergibt sich eine Besonderheit. Das durch die Verwitterung hier entstandene Gesteinsfragment kann nicht abstürzen, weil unter ihm kein entsprechendes Gefälle vorhanden ist. Es bleibt also unter außertropischen Klimaverhältnissen liegen, nämlich bei nur langsamem Fortgang seiner Verwitterung, insbesondere seines Zerfalls in kleine Teilchen. Damit wird dieses Fragment selbst zum Fußpunkt für die durch Schuttabsturz etwas zurückverlegte Wand. Diese ist also durch ein leichtes Emporrücken ihres Fußes von unten her etwas niedriger geworden. Dieser Vorgang setzt sich unter den vorgegebenen Bedingungen dauernd weiter fort. Indem die Wand sich durch Schuttabsturz zurückverlegt, werden ihre einstigen unteren Teile fortschreitend durch einen flacheren Saumhang, den sogenannten *Haldenhang* (W. Penck, 1924) ersetzt. Die Höhe der Steinschlagwand wird laufend immer mehr auf die oberen Partien des ursprünglichen Wandbereichs beschränkt. Hält die Entwicklung lange genug an, so wird die Wand schließlich vollständig durch einen Haldenhang ersetzt. Die Böschung dieses Haldenhanges ist etwas geringer als der flachste Neigungswinkel, bei dem unter den gegebenen Gesteins- und Klimaverhältnissen gerade noch ein Wandzustand, d. h. Absturz des entstehenden Verwitterungsschutts möglich wäre (Bild 18, 19 u. Fig. 27). Die Oberfläche des Felskerns solcher Hänge hat in der

Nähe des Wandfußes unter dünner Schuttbedeckung meist 25° bis 30° (~400 bis 600‰) Gefälle. Wenn ein derartiger Hang frei liegt oder größtenteils nur einen dünnen Schuttschleier trägt, so wird er als *Glatthang* bezeichnet (H. Spreitzer, 1957).

Sturzhalden (Schutthalden), insbesondere in den Außertropen

In der Wirklichkeit gestalten sich die Verhältnisse noch etwas komplizierter dadurch, daß der beim Zurückwittern der Wand anfallende Schutt sich geltend macht. In den kalten Klimaten, in den wärmeren Klimaten ohne feucht-heißen Sommer und in den Trockenklimaten ist die chemische Verwitterung nicht allzu stark. In ihnen erleiden daher die entstandenen Gesteinstrümmer, die in der Geomorphologie als *Schutt* bezeichnet werden, nur verhältnismäßig langsam eine weitere Zerkleinerung. Sie häufen sich in vielen Fällen am Wandfuße auf, und zwar unter dem sogenannten *natürlichen Böschungswinkel lockerer Aufschüttungen.* Dieser hält sich gewöhnlich zwischen etwa 25° und 35°. Er bleibt nahe der unteren Grenze dieses Spielraumes bei Aufschüttungen aus feinen und verhältnismäßig glatten Einzelteilen, z. B. Sandkörnern. Aufschüttungen aus scharfkantigen, grobeckigen, großen Blöcken erreichen 30°, auch 35° Neigung. Noch steilere, etwa kurzfristig entstandene Böschungen halten aber nicht stand, sondern ermäßigen sich durch Zusammenrutschen.

Die Schuttanhäufung am Fuße der Wand wird als *Sturzhalde* (auch *Schutthalde*) bezeichnet. Sie pflegt oben etwas steiler zu sein als am unteren Saum. Aber überall ist sie ein wenig flacher als der Felskern des Haldenhangs, welcher beim Zurückwittern der Wand in deren Fußregion an die Stelle der Wand tritt. Daher vermag die Sturzhalde den aus anstehendem Fels bestehenden Haldenhang zu überdecken. Der aufmerksame Beobachter kann vielfach deutlich erkennen, daß die Sturzhalden namentlich in ihren oberen Teilen eine meist nur dünne Schuttüberstreuung des darunter zum Vorschein kommenden Haldenhangs bilden. Erst in den unteren Partien der Sturzhalde, wo deren Neigung geringer ist, wird die Schuttmächtigkeit größer. Wegen dieser Sachlage wäre es in den meisten Fällen irrig zu glauben, daß man das Volumen einer Sturzhalde schätzen könne, indem man als bergwärtige Begrenzung des Schuttkörpers die Neigung der über ihm aufragenden Wand nach abwärts verlängert denkt. Denn in der Regel steckt unter der Sturzhalde der Felskern des Haldenhangs.

Im Prinzip sollte die Sturzhalde unsere Wand in der Fußregion gleichmäßig wie eine Schürze umgürten. In Wirklichkeit geht der Absturz der Gesteinsfragmente von der Wand nicht gleichmäßig vonstatten. Gewöhnlich sind an der Wand herabführende, meist strukturell vorgezeichnete Rinnen ausgebildet, in welchen diese etwas stärker zurückgewittert ist als an den zwischen den Rinnen liegenden Vorsprüngen. Das Gefälle der Tiefenlinien dieser Rinnen ist ungefähr ebenso groß wie das der an beiden Seiten begleitenden Wand. Diese Rinnen sind daher als Erscheinungen initialer Linearerosion aufzufassen. Ein großer Teil des von der Wand abstürzenden Schuts gerät beim Sturz in diese *Steinschlagrinnen* und wird in ihnen abwärts gelenkt. Dadurch entstehen am unteren Ende dieser Rinnen je eine kegelförmige Aufschüttung, die mit ihrer Spitze von unten in die Rinne hineinwächst (Bild 18, 19). Die Sturzhalde im ganzen aber erhält durch diese Vorgänge die Feingestaltung einer aus zahlreichen nebeneinander liegenden Einzel*schuttkegeln*, *Sturzkegeln* aufgebauten und am oberen Rande mit den Kegelspitzen jeweils etwas höher emporgreifenden Schuttumsäumung (zusammengesetzte Sturzhalde) der Wand. Kennzeichnend für die Sturzkegel ist, daß die gröbsten Gesteinsfragmente beim Sturz infolge ihrer Trägheit besonders weit springen. Deswegen nimmt die Häufigkeit sehr großer Blöcke auf der Sturzhalde in der Regel nach abwärts zu. Das Ausrollen der Blöcke, die Mitwirkung von Lawinen bei der Schuttlieferung und die nach abwärts zunehmende Durchfeuchtung der Lockermassen, welche die Reibungswiderstände mindert, bewirken außerdem, daß die Sturzkegel am unteren Saum oft nur noch 20° und weniger geneigt sind (K. Fischer, 1965) (Bild 43).

Mit fortschreitender Entwicklung wachsen die Sturzhalden immer höher. Wenn das Zurückwittern der Wand durch vollständiges An-die-Stelle-Treten eines Haldenhanges sein Ende erreicht, dann kann auch die Sturzhalde als dünner Schuttschleier über dem Haldenhang den oberen Höhenrand der einstigen Wand erreichen oder nahezu erreichen (Bild 122, 18, 19).

Auslaufende und weiterlaufende Wandentwicklung

Die vorstehenden Ausführungen zeigen, daß eine Wand, an deren Fuß Schutt angehäuft wird, die also über eine *Ablagerungsböschung* aufragt, allmählich an Wandhöhe verliert. Denn ihr Zurückwittern ist mit einem andauernden langsamen Emporwachsen des Schuttmantels am Wandfuß verbunden. Eine solche Wand ist im *Vergehen* begriffen. Man kann von *auslaufender* bzw. *degressiver Wandentwicklung* und von entsprechenden Wänden sprechen.

Doch eine Wand kann auch nach abwärts an eine minder steile *Abtragungsböschung* angrenzen. In diesem Falle muß der beim Abwittern abstürzende Wandschutt zusammen mit den auf dem minder steilen Hang selbst entstehenden Lockerteilen laufend in gewöhnlich dünner, nicht selten lückenhafter Schicht weiterbewegt werden, um schließlich meist durch daran anschließende Transportvorgänge zu einem entfernt gelegenen Ablagerungsraum gebracht zu werden. Dann sind Wandentwicklung und Wände *weiterlaufend*, bzw. *persistierend*.

Formen am Fuß persistierender Wände: Glatthang, Pediment, Rampenhang

Das Gefälle von Abtragungsböschungen, über welche unterhalb von Wänden Verwitterungsmaterial in dünner Lage laufend hinweg geführt wird, kann sehr verschieden sein. Einen besonders steilen Typ stellen die *Glatthänge* dar. Sie besitzen meist zwischen 27 und 35° Neigung. Sie weisen in der Fall-Linie sehr glatte Profile auf. Außerdem ist so gut wie keine Gliederung durch Hangfurchen vorhanden. Solche Glatthänge finden sich in Gebieten, in denen das Gestein vorzugsweise zu scherbenartigem Schutt verwittert und in denen dieser Schutt an

mäßig steilen Hängen überwiegend durch langsame Versatzdenudation nach
abwärts gelangt. Dies sind vor allem die subnivalen Bereiche oberhalb der
natürlichen oberen Waldgrenze, in denen Frostverwitterung für Schuttbildung
sorgt und in denen außerdem bei der Böschungsabtragung sowohl Runsenspülung
wie Flächenspülung hinter der langsamen Versatzdenudation zurücktreten
(H. Spreitzer 1957, 1960; W. Klaer 1962; W. Weischet 1969; Jürgen Hagedorn
1970). Glatthänge der beschriebenen Art sind unter den angegebenen Bedingungen naturgemäß auch dort häufig, wo Wände nicht, oder wo Wände nicht mehr
vorhanden sind.

Es gibt aber auch wesentlich flachere, unterhalb von Wänden einsetzende Abtragungsböschungen, über welche Verwitterungsmaterial in dünner Lage, wenn
auch mit zeitlichen Unterbrechungen im ganzen laufend weiterbewegt wird. Es
sind erstens die *Pedimentflächen* der semiariden und ariden Gebiete. Sie sind
wohl stets deutlich unter 20°, meist maximal um 15° ($\approx$250 bis 300‰) geneigt
und verflachen sich weiter abwärts. Es sind zweitens die *Rampenhänge* der
wechselfeuchten Tropen, die selbst an ihrem Oberrand nicht über 10° bis 12°
($\approx$200‰) Neigung hinauskommen, und die nach abwärts sogar extrem flach
werden. (Über Pedimente und Rampenhänge vergl. S. 177ff., 184ff.) Pedimente
und Rampenhänge stellen sich dort ein, wo *Flächenspülung* zum vorherrschenden
Vorgang der Böschungsabtragung wird. Auch sie bestehen aus Anstehendem mit
dünner Decke von Verwitterungsmaterial, welches nach und nach bewegt, in
diesem Falle verspült wird. Ihr Gefälle ist um so geringer, je feinkörniger das
bewegte Material ist und meist auch je weiter es verspült wurde. Da starke
Flächenspülung und häufige Starkregen, trockene Zwischenzeiten und eine nicht
zu dichte Vegetationsdecke erfordert, so sind die semiariden bis ariden Subtropen
bis Mittelbreiten und die wechselfeuchten Tropen die bevorzugten Gebiete dieser
flachen Abtragungsböschungen. Diese bilden sich in den genannten Klimagebieten im Abtragungsrelief naturgemäß auch dort, wo Wände fehlen.

Ragen Wände über minder steilen Abtragungsböschungen auf, so hängt es von
dem Hinterland (Rückland) solcher Wände und von der Neigung der am
Wandfuß einsetzenden Abtragungsböschung ab, ob diese Wände bei weiter-
laufender Wandbildung mit der Zeit höher oder niedriger werden, und wann
hierbei die Wandbildung ein Ende erreicht.

Ursachen der Neubildung von Wänden, Besonderheit der Inselberge

Die Entwicklung von Abtragungsböschungen kann auch zur *Neubildung von
Wänden* führen. Nämlich wenn in den Abhang einer Vollform vom Rande her
eine Abtragungsböschung eingearbeitet wird, deren Gefälle in den unteren Teilen
flacher ist als der ursprüngliche Abhang dieser Vollform, so müssen zugleich
obere Teile der neuentstehenden Abtragungsböschung steiler sein als der ursprüngliche Abhang der Vollform. Wenn hierbei das Einarbeiten der neuen Abtragungsböschung schnell genug erfolgt, um dem steileren oberen Teil der neuen
Abtragungsform nicht Zeit zu ausreichend ermäßigender Abböschung zu lassen,
so entstehen dort Wandformen. Hierin besteht eine der Möglichkeiten zur
Neubildung von Wänden. Sie hat überall dort Bedeutung, wo besonders flache

Abtragungsböschungen sich auf Kosten höher aufragender Reliefteile vergrößern. Das ist erstens in den Klimagebieten mit Pediment- und Rampenhangbildung der Fall.

Gebirge, die mit wandartigen Steilabfällen über Pedimenten aufsteigen, haben weitere Verbreitung z. B. in den Basin-Ranges von Nordamerika, in Vorderasien, in der Sahara (vgl. Bild 68 u. 69).

In den wechselfeuchten Tropen z. B. des Sudan, des östlichen Afrikas, von Angola, von Vorderindien, im Hochland von Brasilien und ähnlichen Gebieten gibt es sehr ausgedehnte Flachlandschaften, die hauptsächlich aus Rampenhängen bestehen. Doch aus ihnen ragen sehr eindrucksvoll einzeln oder in Gruppen Erhebungen mit wandartigen Steilabstürzen auf oder auch mit Steilhängen von um 35° Neigung, welche dann eine Oberflächenbedeckung aus groben Blöcken besitzen. Diese Aufragungen sind einerseits sogenannte *Inselberge*. Oft aber bilden sie auch lang hinziehende Landstufen. An diesen Wänden arbeitet, wie schon erwähnt (S. 136f.) eine chemische Verwitterung, welche besonders durch den Wechsel von Benetzung und starker Wiederaustrocknung gekennzeichnet ist. Sie führt im Zusammenwirken mit der Bildung von Entspannungsklüften, von Hydratations- und Temperaturverwitterung, von Abstürzen oder Abrutschen der gelockerten Fragmente und von Abspülung durch Sturzregen sowohl zum Abgrusen wie zum Abschuppen von größeren Gesteinsscherben, Blöcken und Platten an der Wand, aber nicht zu tiefgründiger Umwandlung des anstehenden Gesteins in Lockermassen.

Die Wände wittern also auch unter diesen Klimabedingungen langsam zurück. Sie zeigen dabei vorzugsweise glatte, pralle Formen mit Spuren der Abschuppung. Das obere Ende der Wand geht gewöhnlich mit Zurundung gegen den flachen Scheitel der Erhebung über (vgl. Fig. 28 u. 29 u. Bild 85 u. 86).

Fig. 28. Schema der Wandverwitterung in den wechselfeuchten Tropen.
Inselberg aus Gneis von leicht geneigter Bankung mit Glattwänden. Die hangabwärts laufenden Striche deuten Regenstriemung an. Der Inselberg erhebt sich etwa 100 m hoch ohne Schuttfuß über *Rampenhängen*, die mit 2° bis 4° Neigung vom Inselberg weg führen. Auf ihnen frachtet die Flächenspülung den entstehenden Verwitterungsgrus ab. Durch Punkte angedeutet: In situ befindlicher, feinkörnig aufbereiteter Verwitterungsmantel des Rampenhanges von erheblicher, aber im einzelnen wechselnder Dicke. An einer Stelle kommt wenig verwittertes, festes Gestein an die Oberfläche (Anfang von Schildinselberg-Bildung). An den glatten Steilwänden erfolgt (in der Zeichnung nicht darstellbar) Abgrusung sowie hier und da Abschuppung, teils im kleinen, teils in Platten bis zu Fußdicke und bis zu einigen Metern Durchmesser. Die Schuppen lösen sich parallel zum Hang ab, d. h. ohne Rücksicht auf die Lage der Bankung des Gneises. Sie zerfallen rasch. Am Inselbergfuß kommen im allgemeinen nur kleine Fragmente und Grus an. Zeichnung nach Photo. Aus der Namakambale Inselberggruppe zwischen dem Mtetesi und dem Lumesule, Masasi Hochland, 100 km WSW von Masasi (Süd-Tanzania). Höhe der Rumpffläche etwa 400 m.

O. Jessen (1936) hat überzeugend dargetan, daß z. B. in den wechselfeuchten Tropen von Angola, und das dürfte ähnlich auch für die übrigen tropischen Inselberggebiete gelten, steile, ja wandartig steile Hänge, der chemischen Zersetzung weniger ausgesetzt sind als Flachböschungen, weil das Niederschlagswasser rasch von ihnen abläuft. Diese Auffassung stimmt mit unseren Erfahrungen aus Tanzania durchaus überein und wurde bei der Darstellung der Verwitterungsvorgänge (S. 133 ff.) auch näher begründet. Infolgedessen sind Steilböschungen in diesen Gebieten, auch wenn sie sich durch Abbröckeln und Abschuppen zurückverlegen, relativ dauerhafte, nämlich als Formbestandteil sich wieder erneuernde Erscheinungen. Es ist klar, daß diese klimageographische Begünstigung der Steilböschungen einen starken Einfluß auf die Gesetze der Hangentwicklung in den betreffenden Gebieten nehmen muß.

Stark abweichend von den Verhältnissen an Wänden der Außertropen ist besonders das Geschehen am Fuß dieser Wände und Steilhänge. Die von der Wand losgelöst hinabstürzenden oder hinabgleitenden Gesteinsfragmente, Blöcke oder Platten zerfallen, sobald sie am Fuß der Wand angekommen und mit den dort befindlichen Zersetzungsmassen in Berührung gekommen sind, sehr rasch zu Grus, wahrscheinlich infolge der Aufnahme von Feuchtigkeit aus dem Untergrund. Es bildet sich also am Wandfuß weder eine Sturzhalde noch ein darunter befindlicher Haldenhang aus festem Fels. Vielmehr erhebt sich die Wand unmittelbar über grusig-tonigen, doch wenig bindigen Zersetzungsmassen, die aus dem anstehenden Gestein, z. T. auch aus dem Zerfall heruntergelangter Gesteinsfragmente hervorgegangen sind. Höchstens geringe Mengen noch nicht zerfallener Blöcke kommen am Fuß derartiger Wände oder Steilhänge vor (vgl. Bild 85, 86).

Auf den am meisten geneigten Teilen der Rampenhänge, meist nahe dem Fuß von aufstrebenden Inselbergen, finden sich öfters flache, wenige Meter tiefe und einige Zehner von Metern breite Furchen, die dem allgemeinen Gefälle vom

Fig. 29. Schema der Steilhangverwitterung bei kombiniert grobblockig und grusig zerfallenden Gesteinen in den wechselfeuchten Tropen.

Granit-Inselberg mit Residualdecke von Blöcken auf der Rumpffläche des Iringa-Hochlandes an der Wasserscheide zwischen Mbugu und Little Ruaha, 15 km östl. von Iringa, etwas über 1600 m Meereshöhe. Zeichnung nach Photo. Der Inselberg erhebt sich mit 30° bis 40° Neigung um etwa 30 m über den 2° bis 4° geböschten *Rampenhängen* der Rumpffläche. Die Profillinie des Inselbergs ist unruhig, weil große, z. T. riesige Granitblöcke in situ durch Ausspülung des längs der Klüfte durch die Verwitterung gebildeten Feinmaterials freigelegt wurden. Einzelne Blöcke erlitten Zerteilung durch glatte Kernsprünge. Die Blöcke bilden am Hang eine *Residualdecke* ungefähr im maximalen Ruhewinkel grobblockiger Lockermassen. Als Beispiel für die Veranschaulichung dieses Formtyps wurde ein ausgesprochen kleiner Inselberg gewählt, um die Gestalt der Einzelblöcke in der Profillinie maßstäblich richtig erkennbar machen zu können. Es gibt mehrere hundert Meter hohe Inselberge bzw. Steilhänge des gleichen Typs. Die Rampenhänge besitzen einen dicken Verwitterungsmantel, entsprechend wie in Fig. 28.

Inselberg fort auf einige hundert Meter Entfernung folgen und sich dann verlieren. Eine schärfer geformte Zerschneidung des Rampenhanges gibt es jedoch nicht. Der Wandfuß bleibt stets frisch, denn er wird ständig neu angegriffen und ganz langsam zurückverlegt durch die im Niveau des flachen Wandvorlandes bis unmittelbar an ihn heran wirkende grusig-erdig-lehmige Verwitterung der vorher beschriebenen Art und durch die Fortspülung der entstandenen Feinmassen. Das hat wohl zuerst O. Jessen aus Angola eingehender beschrieben (1936). Inzwischen ist es vielfältig bestätigt worden. W. Schmidt hat sogar beobachtet, daß die Zersetzung manchmal horizontal einige Meter unter den Wandfuß vordringen kann (1962, Angabe nach Büdel, 1965).

Es gibt aber, besonders in der Nähe des Fußes von Inselbergen auf den Rampenhängen auch Stellen, an denen bei flachgründiger, oftmals grusiger Verwitterung der feste Fels manchmal nur unter einer dünnen Grusdecke verborgen ist. Auch kleinere Felsflächen von gleich geringer Neigung wie die Umgebung sind im Niveau der Rampenhänge gelegentlich von Grus freigespült. Zuweilen erhebt sich ein Buckel oder eine Rippe aus ziemlich festem Fels über das Niveau des umgebenden Rampenhanges. Büdel bezeichnet derartige Gesteinsbuckel als *Grundhöcker*. Er faßt sie auf als freigespülte Aufragung von wenig verwitterten Teilen des Gesteinsuntergrundes im Bereich des ringsum dickeren, tiefer hinab greifenden Verwitterungsmantels. Schreitet diese Freispülung weiter fort durch Tieferlegung der umgebenden Abspülungsoberfläche im Bereich der Zersetzungsmassen, so werden aus diesen Grundhöckern *Schildinselberge*. Diese Ableitung erscheint einleuchtend.

Flache Abtragungsböschungen vergrößern sich am Saum höher aufragender Reliefteile des weiteren vielfach nicht auf Grund besonderer Klimabedingungen, sondern infolge der Gesteinsverhältnisse. In dieser Weise entstehen oft Wandformen an Schichtstufen der Schichttafelländer (vgl. S. 324ff.).

Durch Abtragung in der Horizontalen schafft endlich auch die Brandung des Meeres oder von Seen an genügend aufragenden Küsten oft Wandabstürze, die Kliffe (vgl. Kap. III K).

Eine weitere Möglichkeit zur Neubildung von Wänden ist dann gegeben, wenn ein linear arbeitendes Abtragungsmedium, z. B. ein Fluß oder Talgletscher so kräftig in die Tiefe arbeitet, daß die entstehenden Einschnittsflanken wandartig steil werden, d. h. wenn sie sich nicht gleichlaufend mit der linearen Eintiefung zu gemäßigten Böschungen abzuflachen vermögen.

Aus allem ergibt sich, daß für das Auslaufen oder Weiterlaufen der Entwicklung von Wänden oder für eine Neubildung von Wandformen stets das geomorphologische Geschehen am Fuß der bestehenden bzw. der entstehenden Wand entscheidend ist.

Einfluß wechselnder Gesteinsbeschaffenheit auf die Wandformen

Einfluß von Lagerungsverhältnissen

Wir haben in unserem Gedankengang über die Wandentwicklung die anfangs gestellte Bedingung, der Wandfuß solle hinsichtlich der Formenentwicklung zunächst als lediglich sich selbst überlassen angenommen werden, bei der weiteren Betrachtung abgewandelt. Ebenso kann nun auch die vorläufige Annahme homogenen Gesteins durch eine mehr den wirklichen Gegebenheiten entsprechende Annahme ersetzt werden.

Wenn die Wand beispielsweise aus einer Serie flach lagernder, verschieden widerständiger Gesteine aufgebaut ist, dann ist vorauszusehen, daß die der Verwitterung und der Abtragung gegenüber besonders widerstandsfähigen oder resistenten Gesteine[15] steiler geböscht sein und bleiben müssen als die weniger

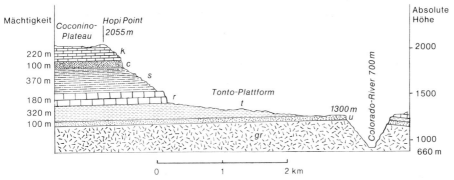

Fig. 30. Südwände des Colorado-Canyons bei Grand-Canyon-Station. (Nach N. H. Darton, wiedergegeben in N. M. Fenneman, Physiography of Western United States, New York und London 1931, Fig. 107, S. 289). Maßstab 1:60000 mit 20% Überhöhung.

Das Coconino Plateau, das im Profil im Hopi Point (2055 m) gipfelt, besteht oberflächlich aus dem mäßig widerständigen Kaibab-Kalkstein des Perm (k). Dieser dacht sich gegen den Einschnitt des Colorado mit mittleren Böschungen ab, die jedoch von kleinen Wandstufen festerer Bänke unterbrochen werden. Im Liegenden folgt mit 100 m Mächtigkeit der sehr widerständige Coconino-Sandstein (c, Perm). Er bildet eine äußerst steile Wand. Die darunter folgende permisch-oberkarbone Supai-Formation (s) zeigt in 370 m Mächtigkeit einen mehrfachen Wechsel von Sandsteinen und Schiefern. Sie fällt mit mäßigen, durch festere Bänke etwas getreppten Böschungen ab. Der im Liegenden folgende Redwall-Kalkstein (r) des Unterkarbon ist wieder sehr widerständig und bildet einen 180 m hohen Wandabsturz. Der Steilabfall vom Hopi Point bis zum Fuße der Wand des Redwall-Kalkes ist eine durch Unterschiede der Gesteinswiderständigkeit gebänderte *Schichtstufe*. Die darunter liegende 320 m mächtige Tonto-Serie des Oberkambrium (t) besteht aus wenig widerständigen Schiefern mit dünnen Lagen von Kalk und Sandstein. Ihre leichte Zerstörbarkeit hat zu starkem *Zurückwittern* der hangenden Schichtenfolge durch *Untergrabung* und damit zur Ausbildung der mehrere km breiten Tonto-Plattform in 1300 bis 1400 m Höhe, rund 700 m unter dem Coconino-Plateau, geführt. Die Tonto-Plattform schneidet die Schichten. Sie ist aber *keine Flußterrasse* oder gar *Rumpffläche*, die durch einen allgemeinen Rhythmus der Talbildung hervorgerufen wäre. Sondern sie knüpft sich an die sehr feste Unterlage von Sandsteinen der unterkambrisch-algonkischen Unkar-Serie (u), die mit einer Wand über den zum Colorado hinabführenden Steilhängen im Sockelgranit (gr) abbricht. Die Tonto-Plattform ist eine *Schichtstufen-Dachfläche* (über der Schichtstufe der Unkar-Serie u), eine *Landterrasse* im Sinne von A. Hettner, eine *surface structurale* in der Ausdrucksweise der französischen Geomorphologen (Kap. III F 3, S. 320ff., bes. S. 325f.).

---

[15] Man spricht besser nicht von harten und weichen Gesteinen, weil die „Ritzhärte" oder „Kugeldruckhärte" der Gesteine ihrer geomorphologischen Widerständigkeit durchaus nicht parallel läuft. Es gibt z. B. sehr harte Hornsteinschichten, die infolge ihrer splittrigen Feinklüftung gar nicht besonders widerständig sind. Überhaupt ist eine Härteklassifizierung nach allgemeinen Gesteinstypen so gut wie unbrauchbar, da große Festigkeitsunterschiede örtlich innerhalb eines Gesteins und beim gleichen Gesteinstyp in den verschiedenen Klimazonen auftreten können.

widerständigen oder minder resistenten Gesteine. Denn während im resistenten Gestein die Verwitterung eine Lockerung von Fragmenten nur eben so weit vorantreiben kann, daß sie an ganz steiler Wand unter Einwirkung fast der vollen Schwerkraft zum Absturz zu bringen sind, vermag in der gleichen Zeit die Verwitterung im wenig widerständigen Gestein weit gründlicher zu arbeiten. Die besser aufbereiteten, in kleinere und weniger fest sitzende Bruchstücke zerteilten Verwitterungsprodukte können hier bereits auf weniger geneigten Wänden zum Absturz kommen. Daher ist das schwache Gestein in der Wand weniger steil geböscht. Auf diese Weise ergibt sich, den Gesteinsverhältnissen entsprechend, bei Wänden aus durchlaufend geschichteten Gesteinen wechselnder Widerständigkeit eine Gliederung der Wand in steilere und weniger steile Absätze. Die letztgenannten können nach einem in der Bergsteigersprache üblichen Ausdruck als *Bänder* bezeichnet werden (Fig. 30; gutes Bild einer gebänderten Wand in A. Heim, Geol. d. Schweiz Bd. II, 1, S. 258 Taf. XIV, 2. „Die mittleren Churfirsten von Osten", dabei Angaben über die von der Wandbildung betroffenen Schichtserien). Widerständigkeitsunterschiede des Gesteins, die nicht durch Schichtung, sondern z. B. durch ein enges oder weitständiges Kluftnetz oder durch Grob- bzw. Feinkristallinität begründet sind, kommen natürlich ebenfalls in entsprechender Weise zum Ausdruck. Im Wandaufbau nebeneinander angeordnete Gesteinsunterschiede werden dadurch wirksam, daß das wenig resistente Gestein rascher zurückwittert als das widerständige, wodurch die Wandflucht eine Gliederung in vorspringende Bastionen und einspringende Nischen oder Rinnen erhalten kann.

Klimaempfindlichkeit verschiedener Gesteine bei der Wandbildung

Die Erfahrung hat gezeigt, daß die verschiedenen Gesteine sich nicht in allen Klimaten im Hinblick auf ihre Widerständigkeit gleich verhalten. Allenthalben sehr widerständig sind feste dichte Quarzite, weil sie sowohl für die chemische wie für die physikalische Verwitterung schwer angreifbar sind.

Die in den mittleren und höheren Breiten recht widerständigen Intrusivgesteine erweisen sich in den feuchten und wechselfeuchten Tropen wegen der dort bei einwirkender Feuchtigkeit leichten Zersetzbarkeit der Feldspäte vielfach als durchaus nicht besonders resistent. H. v. Wissmann (1957) hat gezeigt, daß die in unserem Klima so beständigen Kalksteine im feuchtheißen Monsungebiet Südchinas bei oft bizarren Einzelformen im ganzen als Gebiete verstärkter Ausräumung erscheinen.

J. Tricart (1951) konnte feststellen, daß gewisse Mergelkalke, besonders der Weißen Kreide des französischen Schichtstufenlandes (Kap. III F 3, S. 329), die heute den Charakter widerständiger Gesteine haben, wegen besonders großer Neigung zu scherbigem Zerfall durch Frostsprengung während der Eiszeiten den Habitus von wenig resistenten Gesteinen annahmen. Tonsteine dürften in allen Klimazonen verhältnismäßig geringe Widerständigkeit zeigen. Eine Bewertung der Verwitterungsbeständigkeit der Gesteine ist hiernach nicht allgemein, sondern nur unter Berücksichtigung bestimmter klimatischer Verhältnisse möglich.

Einfluß des Zerteilungshabitus der Gesteine

Während die chemische Verwitterung schneller oder langsamer alle Gesteine in wasserlösliche, als Lösung abwandernde Bestandteile und in lehmige oder erdige, teilweise auch grusige Zersetzungsrückstände zerlegt, die nicht mehr oder kaum noch an das Ausgangsgestein erinnern, spielt bei der physikalischen Verwitterung die Natur des Ausgangsgesteins eine wichtige Rolle. Grobblockig, feinscherbig, grusig, sandig, ja staubig können die Zerteilungen sein. Feinschichtige und dabei feste Sedimentgesteine liefern splittrige Bruchstücke, dickbankige mehr grobe Blöcke. Die bei der Zerteilung entstehenden Kanten können scharf bleiben, so ist es besonders bei Frostschutt. Oder sie stumpfen sich ab, was nicht nur durch geringe Festigkeit des Gesteins, sondern auch durch das Mitwirken chemischer Verwitterungsvorgänge begünstigt wird. Sanfte, jedoch bei steileren Böschungen schlank und feingliedrig werdende Formen sind für Schiefer, Mergel und sonstige feinbankige Gesteine kennzeichnend. Plumpere Formen, gegebenenfalls klobige Abstürze und massige Gipfel finden sich bei dickbankigen und massigen Sandsteinen und Kalken. Bei manchen Gesteinen, z. B. bei der Weißen Kreide des nördlichen Frankreichs, hat sich gezeigt, daß sie sich unter verschiedenen Klimaten geomorphologisch ganz verschieden verhalten (siehe S. 148).

Sonderstellung bestimmter Massengesteine

Eine Sonderstellung haben manche magmatischen u. a. Massengesteine. Ihren Verwitterungsformen hat H. Wilhelmy (1958) ein aufschlußreiches Werk gewidmet. In diesen Gesteinen, und zwar vor allem in den Biotitgraniten, den Dioriten, Tonaliten, Syeniten, öfter auch in Rhyolith, Basalt, Granitporphyr, Phonolith, Gabbro, Serpentin, gelegentlich in Quarziten, Hornfelsen, grobkörnigen Konglomeraten und Breccien treten neben kluftreichen, meist an Störungen gebundenen *Ruschelzonen* nicht selten größere im wesentlichen kluftfreie Gesteinspartien auf. Das führt in Klimaten mit vorwiegend chemischer Verwitterung zur Entstehung einerseits von Gesteinszersatz und Gesteinsgrus, andererseits zur Bildung von großen *wollsackartigen Gesteinsblöcken.*

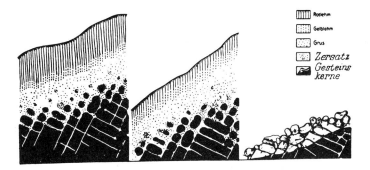

Fig. 31. Entstehung eines Blockmeeres in den feuchtheißen Tropen durch Abfrachtung bzw. Abspülung der feinen Verwitterungsmassen. (Nach H. Wilhelmy, 1958, S. 29.)

Die in den feuchtheißen Tropen und Subtropen bis in überwiegend trockene Gebiete herrschende Gesteinszersetzung dringt augenscheinlich längs der Klüfte rascher und wirksamer in die Tiefe als in kluftfreien Bereichen. Daher zeigen im Gebiet von Massengesteinen genügend tiefe Aufschlüsse immer wieder kantengerundete, noch ziemlich kernfrische Gesteinsblöcke, die in einer noch in situ befindlichen völlig zersetzten oder vergrusten, meist grusig-sandig-tonigen, doch (vermutlich u. a. wegen eines hohen Kaolinit-Gehalts) nur schwach bindigen Masse „schwimmen". Gelegentlich, wenn z. B. an Hängen, die entwaldet wurden, die leicht beweglichen Massen der Wegspülung anheimfallen, werden derartige Wollsackblöcke freigelegt und bilden dann *Blockmeere* (Bild 28, 93, 94, Fig. 29, 31).

P. Birot (1960) hat darauf aufmerksam gemacht, und Rolf Meyer (1967) hat für Nordtransvaal genauer nachgewiesen, daß an vielen Steilhängen von Inselbergen, die aus Massengesteinen aufgebaut sind, eine Blocküberstreuung vorhanden ist, die auf diese Weise entsteht. Auch in anderen Gebieten des wechselfeucht tropischen Afrika gibt es das gleiche. Die Neigung dieser Hänge entspricht dem maximalen Ruhewinkel derartiger Blöcke. Sie beträgt etwa 30° bis etwas über 35°.

Diese wie Sturzhalden anmutenden Blockmeere sind in Wahrheit *Residualhalden*. Sie bilden sich in tropischen Gebieten mit Sturzregen bei solchen Gesteinen, bei denen die Verwitterung nur grobe Blöcke und feinen, fortspülbaren Grus, keinen Schutt von mittlerer und kleiner Größe der Fragmente erzeugt. Die meist geraden Hangprofile dieser Residualhalden sind eine stationäre Form der Entwicklung von Steilhängen durch Spüldenudation unter den angegebenen Bedingungen. Der Hang weicht parallel zu sich selbst zurück. In dem Maße, in dem Grobblöcke durch Abgrusen oder grusigen Zerfall verschwinden, werden neue durch die Verspülung am Steilhang bloßgelegt. Unmittelbar am Fuße der Residualhalde setzt der flache Rampenhang ein mit derjenigen Böschung, auf der der Grus ohne Blöcke gerade noch fortgespült werden kann (Fig. 29 u. Bild 88).

Ähnliche Erscheinungen sind auch in den weniger warmen, aber feuchten äußeren Subtropen und Mittelbreiten noch anzutreffen. Hier erfolgte die Zermürbung des Gesteins längs der Kluftgitter wohl großenteils in der Form von Vergrusung, ohne starke chemische Veränderung, wahrscheinlich überwiegend durch Hydratation. Die frischen Wollsackblöcke sind hier in mürben Grus eingebettet. Falls dieser abgetragen wird, entstehen auch hier Blockmeere und namentlich auch sogenannte *Felsburgen* (Bild 38).

Andere Verhältnisse ergeben sich im Übergangsgebiet vom semiariden zum vollariden Gebiet. Die geringen Feuchtigkeitsmengen, die das Gestein hier gelegentlich benetzen, dringen längs Haarspalten ein, bewirken chemische Verwitterung im Inneren, jedoch bei der nachfolgenden Wiederaustrocknung Ausscheidung der in Lösung gegangenen Substanzen an der Gesteinsoberfläche. Es entstehen innerlich zermürbte, ja bis zu staubiger Beschaffenheit veränderte Blöcke und Gesteinspartien, die aber äußerlich mit dunklen, glänzenden *Hartrinden*, hauptsächlich aus Eisen- und Manganoxiden, überzogen sind. Gibt es aus irgendwelchen Gründen in der Rinde ein Loch, so kommt es nicht selten durch Ausbröckeln und Ausblasen des feinsandig-staubigen Zersatzes zur *Hohlblockbildung*. Diese Vorgänge sind nicht auf die Massengesteine beschränkt. Sie sind gerade auch in Kalken und Mergeln in der Übergangszone zur Vollwüste häufig. (Joh. Walther, 1891; T. O. Bosworth, 1922; W. Panzer, 1954; H. v.Wissmann, 1957.)

Hohlblöcke ähnlicher Art kennt man auch aus Küstengebieten. Es gibt sie z. B. auf der kleinen Antilleninsel Aruba und im Gebiet von Hongkong (W. Panzer, 1954, H. Wilhelmy 1958). Diese unter Mitwirkung starker chemischer Verwitterung entstehenden Kleinformen der äußeren Tropen und Subtropen knüpfen sich alle an örtliche, lokalklimatisch bzw. mikroklimatisch und edaphisch bedingte Trockenheit. Salzstaub in der Nähe des Meeres und stetige Winde scheinen eine wichtige Rolle bei der Benetzung der Blöcke mit wirksamen Lösungen und der folgenden starken Wiederaustrocknung zu spielen. Auch die Hohlverwitterung von Blöcken an Bauwerken in unserem Klima dürfte durch ähnliche mikroklimatische Verhältnisse zu erklären sein (Bild 53).

In der Vollwüste selbst scheint die Hohlblockbildung aufzuhören. Hier geht nach Wilhelmy, vermutlich wegen gar zu geringer Feuchtigkeit, die Entwicklung wieder mehr in Richtung auf eine Vergrusung der klüftigen Gesteinspartien und auf die Aussparung kernfrischer Blöcke zwischen den grusigen Partien. Neben der wohl nur oberflächlich wirkenden Temperaturverwitterung dürfte hier Hydratation, vor allem als Salzsprengung, die tiefer greifende Gesteinsaufbereitung herbeiführen. Sie vermag anscheinend auch bei sehr seltenen Benetzungen noch einen Effekt zu erzielen (Bild 64, 65).

In den heißen, zum mindesten jahreszeitlich heißen und nicht zu trockenen Klimagebieten neigen die Massengesteine zur Bildung prallwandiger rundlicher Berge, die in der Literatur als *Glocken-, Helm-, Zuckerhut-, Mantel-, Felspanzer-* und *Domberge* bezeichnet werden (Bild 64, 65; weitere gute Abbildungen in H. Wilhelmy, 1958, Abb. 32−51 S. 66−83). Sie reichen von den Zuckerhutbergen des regenfeuchten Waldes bei Rio de Janeiro über die granitischen Inselberge des Sudans, von Angola über den Dekkan bis zu den Felspanzerbergen von China und Korea und den Domen der Sierra Nevada von Californien. Für ihre Formung dürfte einerseits das Vorhandensein großer, verhältnismäßig kluftarmer Gesteinskörper von Bedeutung sein, außerdem aber das Wirken starker Spannungen im Gestein, die auf die gewaltige Entlastung durch Abtragung zurückzuführen ist, welche notwendig war, um diese Tiefengesteine zu entblößen. Laboratoriumsversuche weisen darauf hin, daß von starkem Druck entlastete Gesteinsblöcke die Neigung haben, durch Abschuppung kugelige Gestalt anzunehmen und daß sie kugelige Schwächezonen aufweisen (F. D. Adams, 1910). Dies mag die Ursache dafür sein, daß, soweit nicht in den höheren Breiten oder in großen Meereshöhen kräftige Frostsprengung den Massengesteinen kantigzerrissene Abtragungsformen aufnötigt, rundliche und verhältnismäßig glatte Abschuppungsformen so häufig sind. Bei der Loslösung der oft meterdicken, ja bis zu 30 m mächtigen Gesteinsschalen vom Anstehenden ist sicherlich nicht die wenig tief wirkende Insolation Hauptursache, sondern eher Hydratation bzw. in trockenen Gebieten Salzsprengung, die den oberflächen-parallelen Schwächeflächen im Gestein nachtasten, vor allem aber das Aufreißen dieser Entspannungsklüfte selbst.

Bestimmte Regeln des Abblätterns der Gesteinsschalen sind bisher nicht erkennbar. Es gibt Helmberge, die in der Gipfelregion aufblättern, wie in Brasilien (O. Maull, 1930), und es gibt andere, bei denen die Abschuppung vorwiegend von der Fußregion der Berge nach oben fortschreitet, so daß Überhänge an den Flanken entstehen.

In den vorstehenden Ausführungen wurde versucht, wenigstens die allerwichtigsten Bedingungen der Wandentwicklung zu berücksichtigen. Mit den schwierigen einschlägigen Fragen, soweit sie die außertropischen Gebiete betreffen, haben sich besonders W. Penck (1924) und Otto Lehmann (1933), J. P. Bakker u. J. N. W. Le Heux (1947, 1950) näher befaßt. Mathematische Entwicklungen über die Wandumformung unter verschiedenen Annahmen (paralleles Zurückweichen, Zurückweichen unter Flacherwerden der Wand) haben J. P. Bakker, W. van Dijk u. J. N. W. Le Heux (1952), neuerdings H. Goßmann (1970) u. F. Ahnert (1976) gegeben.

3. Ergebnisse von Vorgängen der Böschungsabtragung mit großer Augenblicksleistung

Vorbemerkung

Die Umformung von Wänden erfolgt nicht nur, wie im Vorstehenden erörtert wurde, ganz allmählich durch den Absturz einzelner, durch Verwitterung gelockerter Gesteinsfragmente. Unter gewissen Voraussetzungen kommt es an Wänden und selbst schon an Schräghängen mit Neigungen von unter 10° bis 25° zu spontanen Massenbewegungen weit größeren Ausmaßes. Sehr häufig geht solchen Bewegungen starke Durchfeuchtung voraus, die die innere Reibung und die *Bindekraft* oder das *Haftvermögen (Kohäsion)* der Massen herabsetzt. Oft wirken Schichten oder Lagen tonreichen Gesteins, die bei Wasserzutritt plastisch werden, als förmliche Gleitbahnen. Es gibt alle Übergänge und Kombinationen zwischen Versatz-, Rutsch-, Gleit- und Sturzdenudation. Darauf ist es wohl zurückzuführen, daß bisher weder in der deutschen noch in der fremdsprachigen Literatur eine allgemein anerkannte, einheitliche Terminologie für die Massenschwerebewegungen existiert.

Die Bewegung kann in einem allmählichen, nach Zentimetern, Dezimetern oder Metern messenden Absitzen, Absinken größerer Gesteinspakete oder Verwitterungsmassen bestehen. Bei dem Überschreiten der Scherfestigkeit reißen Bündel von *Zerrspalten, Abrißklüfte* quer zur Hangneigung auf (Bild 134). An der Peripherie des Absenkungsgebietes biegen sie, dieses umrahmend, hangwärts um. In derartiger Weise kündigen sich auch Großbewegungen in der Regel längere Zeit vorher an. Das Großereignis tritt dann doch unerwartet plötzlich ein. Es kann als Fels- oder Bergsturz, Felsgleitung, Rutschung oder quasiviskoses Fließen vor sich gehen. Dabei entstehen an Oberflächenformen die *Abrißnische* bzw. bei quasiviskosem Ausfließen Einsenkungen, aus der bzw. aus denen die Massen kamen, die Sturz-, Gleit-, Rutsch- oder Fließbahn, über die sie bewegt wurden, mit Striemungs- und Scheuerspuren, und das *Ablagerungsgebiet.* Dieses zeigt bei Rutschungen, Erd- oder Schuttfließen (z. B. Murgängen) gewöhnlich wulstige Formen.

Fels- und Bergstürze

Unter den Denudationsvorgängen großer Augenblicksleistung treten besonders die Fels- und Bergstürze wegen ihres raschen Niederganges und durch die von ihnen verursachten Zerstörungen hervor. Bergstürze schaffen durch ihre Sturzmassen ein unruhiges, von Blockwerk überstreutes Gelände mit Quer- und Längswällen, Rinnen sowie Randwülsten einschließlich begleitender Talungen (Bild 1; Bilder von Bergstürzen in A. Heim, 1932, J. Früh, Geographie der Schweiz, St. Gallen 1930, Bd. I S. 202 und G. Abele, 1974). Nicht selten haben sich in Hohlformen zwischen Längs- und Querwällen kleine Seen gestaut. Die Sturzmassen großer Bergstürze verbauen örtlich das betroffene Tal und führen zu Stauerscheinungen oberhalb des abgestürzten Materials. Manchmal sind Teile der Sturzmassen merklich am Gegenhang emporgebrandet (Fig. 32). Das Ablagerungsgebiet vieler älterer Bergstürze wird durch isolierte kegel-, pyramiden- oder dachförmige Vollformen gekennzeichnet, die nach einem Lokalvorkommen bei Ems im Tal des Alpenrheines den Namen *Toma* (Tuma) erhalten haben. Davon leitet sich der Begriff *Tomalandschaft* für ein Haufwerk und Hügelgelände von Blöcken, die manchmal riesengroß sind, ab. Die rein bergsturzmechanische Entstehung der Toma konnte bisher nicht nachgewiesen werden, vielmehr dürfte es sich um glazial oder fluvial überformte Oberflächenformen eines Bergsturz-Ablagerungsgebietes handeln. Überhaupt beinhaltet die Kinematik von Bergstürzen noch erhebliche Probleme, denn diese Massenschwerebewegungen

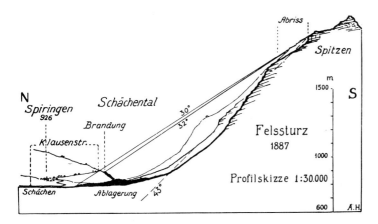

Fig. 32. Felssturz von den Spitzen bei Spiringen im Schächental, Uri, Schweiz, 1887. (Nach A. Heim, 1932, S. 122.)
Die Sturzmassen brandeten quer über den Talboden (865 m) hinweg 50 m hoch bis 915 m am Gegenhang empor. Gesamte Sturzhöhe etwa 1340 m.

können nur bis zu einem Volumen von etwa $100\,000\,\text{m}^3$ nach einfachen Reibungs- und Schwerkraftgesetzen berechnet werden (A. Scheidegger, 1975). Bei größerem Volumen sind zusätzliche Annahmen nötig. So wird z. B. das Aufschmelzen des Gesteins an der Sturzbahn, Lufteinschluß bei der Talfahrt oder Bewegung auf Luftkissen zur Erklärung großer Bergstürze herangezogen. Sichere Beweise für diese Hypothesen stehen jedoch noch aus.

In pleistozän stark vergletscherten Gebirgen wie den Alpen sind übersteil gewordene Talhänge häufig. Nach Abschmelzen des einstigen Widerlagers sind von diesen Hängen besonders viele Bergstürze niedergegangen. Als auslösender Faktor dürften nach Kenntnis rezenter Bergstürze, z. B. in Friaul 1976, Erdbeben eine maßgebende Rolle gespielt haben. Ungeheuer groß war z. B. der von der Südflanke der Tödikette erfolgte prähistorische Bergsturz von Flims im Vorderrheintal. Er verschüttete das Tal von Kästris (Castrisch) bis westlich Bonaduz auf 15 km Länge mit über $12\,\text{km}^3$ Schutt, in den der heutige Fluß sich inzwischen bis 600 m tief eingeschnitten hat. Übertroffen wird er lediglich vom größten bisher bekannten Bergsturz der Erde, dem Saidmarrehbergsturz im Zagrosgebirge mit einem Volumen von $20\,\text{km}^3$. Einige weitere bedeutende vorgeschichtliche Stürze seien genannt. Ein solcher schuf, vom Loreakopf kommend, das Paß- und Seengebiet des Fernpasses ($14{,}5\,\text{km}^2$) in einer alten Talfurche, welche vielleicht einst vom Becken von Lermoos zum Inn hinabführte. Unter der Zugspitz-Nordflanke liegen die Bergsturzmassen des Eibseegebietes auf einer Fläche von mehr als $11\,\text{km}^2$. Vor dem Südabfall der Villacher Alpe (Dobratsch) im Gailtal liegen auf 12 km Länge und bis zu 3 km Breite nördlich Arnoldstein $^1/_2\,\text{km}^3$ prähistorischer Sturzmassen (A. Till, 1907). Der Bergsturz aus den Südwänden des Tschirgant ($0{,}2\,\text{km}^3$) ging in das Inntal nieder und verbaute gleichzeitig die Ötztalmündung, als in dieser noch Eis des Gschnitz-Stadials lag (H. Heuberger, 1968). Zu den bekannten historischen Bergstürzen zählen ein Nachsturz an der Villacher Alpe von 1348, der ein $7\,\text{km}^2$ großes Gebiet überschüttete, ferner der 1662 erfolgte Abbruch der Schlagendorferspitze in der Hohen Tatra.

Durch Albert Heim (1882, 1919−1922, 1932) wurden viele Bergstürze der Alpen beschrieben, besonders sorgfältig der von der Tschingelwand gegen Elm an der Nordseite der Tödikette 1881. Der Sturz von Elm geschah entgegen dem Schichtfallen. Er wurde aber nicht durch Naturereignisse veranlaßt, sondern durch die untergrabende Arbeit eines Steinbruchbetriebes. Beim Bergsturz von Elm liefen die Sturzmassen am Gegenhang örtlich bis 100 m hoch über das allgemeine Aufschüttungsniveau der Talsohle hinauf.

Gleitungen (Schlipfe)

Eine größere Zahl von Bergstürzen ist durch Beschleunigung der Talfahrt von Gesteinsmassen aus *Felsgleitungen* hervorgegangen. Dies trifft für den Fernpaß- und den Flimser Bergsturz ebenso zu, wie für die Lavini di Marco im Etschtal südlich Rovereto (833 n. Chr.) oder die Felsgleitung von Goldau vom Roßberg im Rigigebiet im Jahre 1806. Bei der Katastrophe von Goldau glitten große Teile einer etwa 30 m mächtigen hangabwärts geneigten Konglomeratserie über einer Mergelsohle nach lang anhaltendem Regen ab. Zu diesem Typus der Massen-

schwerebewegung gehört auch die am 9. 10. 1963 erfolgte Felsgleitung vom
Monte Toc (1820 m) in den Belluneser Alpen, die in den unteren Hangteilen
teilweise in einen Bergsturz überging und die Katastrophe von Vaiont auslöste.
Rund 0,3 km^3 Gestein glitten auf einer 38° bis 43° nach N geneigten Schichtfläche
ab und füllten den Vaiont Stausee (Fig. 33 und 34). Als Zeugnisse der anfäng-
lichen Gleitung sind Gesteinskomplexe ohne Gefügeveränderungen mit Moränen-
decken und Böden sowie Reste der ursprünglichen Vegetation erhalten geblieben.
Wesentliches Merkmal einer Gleitung ist die weitgehende Erhaltung des ursprünglichen Gesteinsgefüges. Bei Bergstürzen erfolgt dagegen eine nicht plastische Zertrümmerung des Materials, bei Rutschungen eine plastische Deformation
der gesamten bewegten Masse. Die Gleitungen erfolgen auf präformierten
Schicht-, Schieferungs- oder Verwerfungsflächen unter dem Einfluß des Eigen-
gewichtes der Gesteinsmasse. Besonders günstige Bedingungen liegen vor, wenn
die Gleitflächen Beläge relativ rasch veränderbaren, festen Gesteins, etwa tonig-
schluffreicher Art haben. Bei Wasseraufnahme im Zuge der Verwitterung nehmen
Kohäsion und innere Reibung dieses Belages rasch ab, wodurch das Abgleiten
überlagernder Gesteinsblöcke ermöglicht wird. Beim Fehlen derartiger Beläge
oder geringmächtiger Einschaltungen im Bereich der Gleitfläche hat Wasserzutritt
kaum Einfluß auf die Standsicherheit des Hanges. Das hangende Gestein gleitet
in diesem Fall nur ab, wenn der Haftreibungswinkel aus anderen Gründen kleiner
ist oder geworden ist als der Neigungswinkel der Gleitfläche.

Gleitungen sind im alpinen Raum besonders aus Gebieten des Bündner
Schiefers bekannt geworden. Auf Schieferungsflächen gleiten im Lungnez 52 km^2,
im Safiental 46 km^2 und am Heinzenberg westlich Thusis 38 km^2 langsam abwärts.
Sie gehen bei zunehmender Verbandsauflösung und Zerrüttung gegen die tieferen
Lagen in Rutschungen über. Nach Schätzungen von H. Jäckli (1957) haben diese
Massenschwerebewegungen in Graubünden auf einer Fläche von 280 km^2 einen
Umfang von $28000 \cdot 10^6$ t erreicht, und das vertikale Transportvolumen beträgt
etwa $220 \cdot 10^6$ mt pro Jahr.

Rutschungen

Der Begriff Rutschung ist in der Geomorphologie, Geologie und Baugrund-
forschung teilweise sehr weit gefaßt; auch Gleitvorgänge werden ihm häufig
zugezählt oder zumindest nicht deutlich davon abgegrenzt. Rutschungen sind
jedoch durch plastische Verformung der Gesteinsmasse gekennzeichnet und an
keine präformierte Scherfläche gebunden. Die plastische Deformation beruht
weitgehend auf der Anwesenheit größerer Anteile von Tonmineralen, die
primäre Bestandteile einer Gesteinsmasse darstellen oder aus deren chemischer
Verwitterung hervorgegangen sind. Hydratation und Ionenaustausch führen zu
Herabsetzung von Kohäsion und innerer Reibung, zu Gefügelockerung und Kon-
sistenzänderung. Die Adsorption von Wasser ist also gleichbedeutend mit dem
Nachlassen des Scherwiderstandes und mit Quellung des Materials. Die
Volumenzunahme führt zu Schwellkräften, die bei verringertem Scherwiderstand
bereits Rutschungen auslösen können.

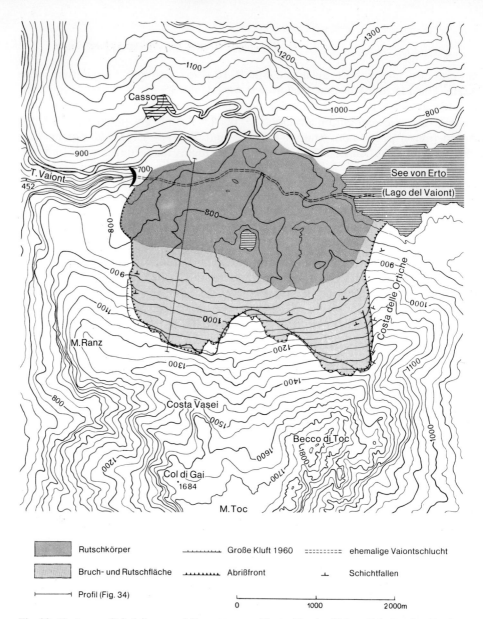

▓ Rutschkörper	⌐⌐⌐⌐ Große Kluft 1960	========= ehemalige Vaiontschlucht
░ Bruch- und Rutschfläche	⌐⌐⌐⌐ Abrißfront	⊥ Schichtfallen
⊢————┤ Profil (Fig. 34)		

0   1000   2000m

Fig. 33. Karte von Felsgleitung und Bergsturz am Monte Toc im Vaiont-Tal, Provinz Pordenone, Friaul. (Nach L. Broili 1967, verändert), etwa 1 : 45 000.

Am 9. Oktober 1963 löste sich eine gewaltige Felsmasse von der Nordflanke des Monte Toc (1924 m) und ging als Felsgleitung und teilweise als Bergsturz in den Vaiont-Stausee im gleichnamigen Tal nieder. Dabei wurde der größte Teil des Stausees verfüllt und nur ein Restsee verblieb nahe der Staumauer. Im Gleit- bzw. Sturzgelände bildete sich ein *Nackensee*, während der See von Erto durch die neu entstandene Barriere höher gestaut wurde. Im Süden der Lockermassen liegt das Abrißgebiet mit der Abrißfront und den teilweise schuttfreien Gleit- und Rutschflächen. Die starre Unterlage des durch die Gleitung bzw. den Sturz bewegten Schichtpaketes bildet die oberste Schichtfläche der oolithischen Kalkstein-Formation des oberen Doggers bzw. des unteren Malm. Massenschwerebewegungen entlang dieser Schichtfläche waren bereits Jahre vor dem Ereignis zu beobachten, da sich Klüfte mehr oder weniger quer zur Neigung des Hanges (Streichrichtung der Schichten) oder in Gefällsrichtung (Fallrichtung der Schichten) bildeten und erweiterten. Für die Beschleunigung dieser Bewegungen dürfte der sich bildende Wasserfilm entlang der Schichtflächen der Malm- und Unterkreide-Ablagerungen infolge des Einstaus der Vaiont-Sperre nicht unerheblich gewesen sein, denn dadurch wurde die Scherfestigkeit an den Schicht- und Kluftflächen erheblich herabgesetzt.

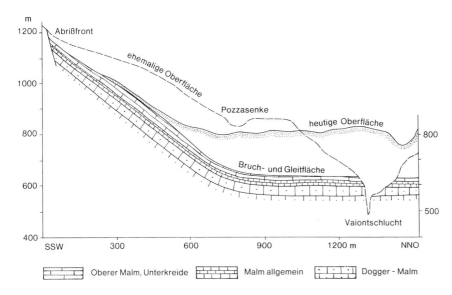

Fig. 34. Profil durch die Felsgleitung und den Bergsturz vom Monte Toc (1924 m) in das Vaiont-Tal, Provinz Pordenone, Friaul. (Nach L. Broili 1967.) Maßstab 1:15000.

Besonders im mittleren und westlichen Teil der Gleitung bzw. des Sturzes vom Monte Toc in das Vaiont-Tal ist die Gleitfläche durch den Verlauf der Schichten vorgezeichnet. Der Scherwiderstand (Schichtreibung) war daher geringer als in Felsmassen ohne derartige Gegebenheit. Die Gleit- und Rutschfläche zeigt die Form eines deutlich ausgeprägten sesselförmigen Verlaufs, wobei die „Lehne" von Kluftflächen vorgezeichnet war und unter scharfem Winkel auf die Gleitfläche trifft.

Geht das Wasserangebot über die zur adsorptiven Absättigung nötige Menge hinaus, dann füllen sich auch die Poren. Von Bedeutung ist dabei, daß der Anteil an Feinporen (Durchmesser unter 0,2 μ) mit steigendem Tongehalt zunimmt und bei Druckeinwirkung auf das Substrat Wasser aus diesen Feinporen weit langsamer ausfließt als aus Mittel- oder Grobporen. Rasch zunehmende Spannungen werden in diesem Falle nicht von Gesteinsfragmenten, sondern ganz oder teilweise vom Porenwasser aufgenommen. Infolge des Porenwasserüberdruckes gerät das Material in ein labiles Gleichgewicht und wird schließlich instabil, d. h. es vermag keine angreifenden Schub- oder Scherkräfte aufzunehmen, sondern rutscht bei geringer zusätzlicher Belastung ab.

Eine Zunahme des Gewichtes der potentiellen Rutschmasse tritt bereits durch Wasseraufnahme oder durch das Wachstum der Vegetation ein. Im extrem humiden Westen Neuseelands kommt es auf Steilhängen zu Rutschungen, sobald das Gewicht des heranwachsenden Waldes zu groß wird (U. Schweinfurth, 1966). Auch in der Flyschzone der Alpen sind lokal solche Erscheinungen zu beobachten. Eine Steigerung der Scherbeanspruchung kann auch auf eine Hangversteilung oder auf Erschütterungen, beispielsweise Erdbeben, zurückgehen. Bei der Rutschbewegung kommt es, soweit dies nicht bereits durch die Verwitterung geschehen ist, zur Zerstörung des ursprünglichen Gefüges. Die Rutschfläche, die im Gegensatz zu Gleitflächen nicht Ursache, sondern Folgeerscheinung einer überbelasteten und bewegten, tonhaltigen Verwitterungsmasse ist, hat häufig

Ähnlichkeit mit tektonischen Harnischen. Solche *Rutschharnische* können bereits allein durch Quellung des Substrates entstehen. Im unteren Teil von Rutschungen tritt wegen Druckspannungen Stauchung ein, die durch Bildung von wulstartigen Buckeln sichtbar wird. Ein Teil der *Buckelwiesen* oder *Buckelfluren* ist vermutlich auf langsame Rutschvorgänge zurückzuführen.

Schief stehende Bäume oder Risse und Versatz der Grasnarbe deuten junge Rutschungsbewegungen an (Bild 3). Rutsche sind z. B. in den Flyschgebieten, besonders in den pliozänen Gesteinen des Apennin häufig und werden dort dem Gesamtkomplex der *frane* (ital.; Sing. frana), spontanen Massenschwerebewegungen aller Art zugeordnet (F. Penta, 1956). Zu den wichtigsten Gestaltern der Landschaft gehören die Rutschungen in den feuchttropischen Gebirgslandschaften, z. B. in Neuguinea (W. Behrmann, 1917; D. C. Rhodes; 1968; W. Klaer, 1976) oder an der Ostabdachung der tropischen Anden.

Rutschungen werden häufig durch *Sackungen* (Absitzungen) eingeleitet. Dies sind ähnlich wie die Gleitungen unter weitgehender Erhaltung des Schichtverbandes mit starker Vertikalkomponente bewegte Gesteinsmassen. Ihre Bewegung erfolgt jedoch entlang von Rutschflächen, die keine Beziehung zur Schichtung haben, sondern meist in einer dem Schichtfallen mehr oder weniger entgegengesetzten Richtung verlaufen. Manche Erscheinungen des *Talzuschubs* sind hier einzuordnen (H. Zischinsky, 1969). Eine der größten Sackungsmassen der Alpen liegt auf der Südseite des bündnerischen Münstertals südlich der Orte Valchava, Fuldera und Tschierv im Verrucano-Schiefer und -Sandstein.

Zahlreich sind aber auch die Beispiele für Rutschungen und Sackungen, die in Felsstürze übergegangen sind. Aus den Alpen seien als Beispiele Motto d'Arbino östlich Bellinzona, Rochers de Fis im Arvetal nördlich St. Gervais, Tufternalp nordöstlich Zermatt, Lago Palú in der Val Malenco/Provinz Sondrio und Garvera östlich Disentis im Vorderrheintal genannt.

4. Mäßig steile bis flache und extrem flache Abtragungsböschungen und ihre Abtragungsvorgänge

Mäßig steile und schräge Hänge, d. h. Böschungen, die weniger steil sind als Felswände, aber steiler als etwa 10° (175‰) und Flachböschungen, die etwa den Gefällsspielraum zwischen 10° und 3° (175‰ und 50‰) Neigung einnehmen (vgl. S. 92), tragen zumeist eine Decke von Verwitterungsmaterial. Auf diese wirken stets, wenn auch in von Ort zu Ort sehr verschiedenem Ausmaß, Vorgänge der Denudation ein. Weit verbreitet sind auch Spuren, nach denen diese Denudation langfristig große Intensitätsänderungen erfahren hat.

Alle Vorgänge, die Lockermassen wechselweise zur Vergrößerung und Wiederverkleinerung des von ihnen eingenommenen Raumes veranlassen, müssen auf geneigten Hängen Abwärtsbewegungen hervorrufen, weil in Lockermassen die durch Zusammenziehen erfolgte winzige Abwärtsverlagerung des Schwerpunktes der Einzelteile beim Wiederausdehnen niemals vollständig wieder rückgängig gemacht werden wird. Vorgänge dieser Art sind der *Temperatur-*

wechsel und das *Quellen* und *Wiederaustrocknen* besonders der *Tonminerale* im Substrat. Ebenso wirken *Frosthebung* und *Frostschub*, die durch wechselweises Gefrieren und Wiederauftauen des Wassers im Lockermaterial erzeugt werden und an Hängen ein *Frostwandern* der obersten Teile der Verwitterungsdecke hervorrufen. Hinzu kommen das *Verschlämmen* von Poren des Substrates durch zirkulierendes Wasser und das *Wiederauflockern durch Pflanzenwurzeln* und durch die *Arbeit der wühlenden und grabenden Tiere.* Durchtränkung des Substrates fördert diese *Versatzdenudation,* weil sie die Reibung der Teilchen untereinander verringert. Der Bewegung besonders günstige Bedingungen ergeben sich dort, wo tief gefrorener Untergrund nur oberflächlich auftaut, weil dort über praktisch ganz undurchlässiger Unterlage eine völlig durchtränkte Lockermaterialschicht von manchmal breiartiger Beschaffenheit entsteht.

Zu den langsam wirkenden Vorgängen der Versatzdenudation kommt fast überall auch eine langsam, nämlich in kleinen Schritten wirkende Oberflächenspülung, Flächenspülung. Denn Platzregen oder ergiebige Dauerregen, welche zu einem flächenhaften Abfluß von Wasser in größeren Bereichen führen, gibt es von Zeit zu Zeit so gut wie überall.

Weiter nimmt an der Abtragung der Steil-, Schräg- und Flachhänge bzw. -böschungen stets auch initiale Linearerosion teil. Sie schafft die Hangfurchen, Rinnen, Runsen, die nur wenig eingeschnitten mit ungefähr dem gleichen Gefälle wie der zugehörige Hang an diesem abwärts laufen.

Endlich spielt vor allem in den Trockengebieten, in denen die Vegetationsdecke schütter ist oder gänzlich fehlt, die Ausblasung durch Wind (Deflation), also flächenhafte äolische Erosion für die Böschungsabtragung eine erhebliche Rolle (Näheres über deren Bedingungen in Kap. III J).

Es ist aber einleuchtend, daß die genannten Vorgänge in den verschiedenen Klimaregionen jeweils mit verschiedenem Gewicht an der Abtragung der Böschungen beteiligt sind.

Mäßig steile bis flache Abtragungsböschungen der subpolaren bzw. subnivalen Bereiche

Allgemeines

Auf den Steil-, Schräg- und Flachböschungen der subpolaren und subnivalen Bereiche, d. h. soweit sie polwärts oder oberhalb der natürlichen oberen Waldgrenze gelegen und nicht von Gletschereis oder Firn bedeckt sind (darüber Kap. III H), walten sehr leistungsfähige Abtragungsvorgänge. Denn die Verwitterungsdecke wird hier nicht durch tief wurzelnde Bäume an der Bewegung gehindert. Diese Böschungen zeigen nach J. Büdel Spuren von Bewegung bis zu Neigungen von nur etwa 2° (35‰). Auf steilen Hängen sorgt einerseits initiale lineare Fließwassererosion, andererseits auch Lawinentätigkeit für kräftige Hangfurchung durch relativ kleine Einzelereignisse.

Über die besonderen Erscheinungen in diesen Klimabereichen, die auch als *periglaziale* Erscheinungen bezeichnet werden, haben vor allem C. Troll (1944,

1947, 1948, 1948/49) und J. Büdel (1944, 1948/49, 1960, 1962), in Frankreich A. Cailleux (1942) und J. Tricart (1967), in den USA A. L. Washburn (1956, 1973) Zusammenfassungen gegeben.

Die subpolaren und ähnlich auch die subnivalen Lockermaterialdecken sind Ergebnisse vornehmlich der Frostverwitterung. Sie enthalten nach B. Högbom (1908/09 u. ff.) und A. Dücker (1933) viele Feinbestandteile von der Korngröße des *Feinsandes* und *Schluffes* ($\emptyset$ 0,2 bis 0,002 mm). Auch die Korngröße des Tones ($\emptyset$ 0,002 mm) ist noch ansehnlich vertreten (um 10%, vgl. die Korngrößentabelle S. 48). Da es sich bei der Tonfraktion jedoch nur zum geringen Teil um Tonminerale handelt, haben diese Lockermassen keine *Bindigkeit*, wenig *Quell-* und *Schrumpffähigkeit*. Bei manchen an Feinbestandteilen und Wasser reichen Gemengen kommt auch *Thixotropie* vor, d. h. die Eigenschaft, durch Erschütterung plötzlich vorübergehend flüssig zu werden. Sie kann, z. B. bei Erdbeben, *instantane Massenfließerscheinungen* zur Folge haben. Bei starker Durchfeuchtung erleiden gerade schluffreiche und damit frostgefährdete Massen (vgl. A. Casagrande, 1934) leicht Versatz (*Solifluktion*, Durchtränkungsfließen). Dies wird begünstigt, wenn Auftauen der oberflächennahen Teile der Lockermasse bei noch gefrorenem Untergrund (Tjäle) häufig eintritt. Hierzu ist dauernd gefrorener Untergrund (*Dauerfrostboden*, wegen der neueren Fassung des Begriffs „Boden" in der Bodenkunde [vgl. S. 132] besser *Dauergefrornis, perenne Tjäle, Permafrost, Merslotá*) nicht nötig, aber sehr förderlich. Um das Mitwirken des Frostes hervorzuheben, wird auch von *Gelisolifluktion* gesprochen, bei Fehlen einer Vegetationsdecke von *freier,* bei Vorhandensein einer Vegetationsdecke von *gebundener Solifluktion* (J. Büdel, 1953).

Freie Gelisolifluktion und Frostmusterflächen

Unter dem Einwirken des immer wiederholten Gefrierens und Wiederauftauens *(Regelation)* entwickeln sich in Lockermaterial *Frostmusterflächen* „Frostmusterböden" *(frost pattern soils*; C. Troll, 1944, *frost patterned ground*; A. L. Washburn, 1973). Es treten nämlich ringförmige und polygonale Muster in horizontalem Gelände und auf Flachböschungen oder Aufteilungen in Streifenform in Richtung des stärksten Gefälles auf Schräghängen hervor. Diese Muster können von einigen cm bis dm Durchmesser oder Breite bis zu weit über metergroßen Durchmessern oder Abständen reichen. In einem Substrat mit relativ breitem Korngrößenspektrum führen differenzierte Bewegungen *(Kryoturbation)* (Bild 25) zu Strukturierung und Sortierung nach groben und feinen Bestandteilen derart, daß die gröberen Gesteinsfragmente sich an den Rändern der Polygone, Ringe oder Streifen sammeln. Die Steine erfahren dabei zu einem beachtlichen Teil Hochkantstellung. Das Feinmaterial konzentriert sich in der Mitte der Muster. Formen einer solchen *differenzierten Solifluktion* (Th. Sörensen, 1935) werden seit W. Meinardus (1910) als *Strukturböden* bezeichnet, obwohl es keine Böden im neueren pedologischen Sinne sind. Die Sortierung reicht, nach unten schwächer werdend, etwa mit der Größenordnung des Eindringens des Frostwechsels in die Tiefe. Dies entspricht annähernd der Streifenbreite bzw. der Größe des Polygon- oder Ring-Halbmessers bis -durchmessers.

Die Formen der Strukturböden und ihre Benennung sind überaus vielfältig. Dies ist darin begründet, daß es fließende Übergänge zwischen den Einzelformen gibt und zunächst deskriptiv gebrauchte Begriffe zunehmend mit genetischen Vorstellungen belastet wurden.

Zu den auffälligsten Erscheinungen der Materialsortierung zählen die *Steinringe* und *Steinpolygone*. Sie sind durch ein Feinerdezentrum gekennzeichnet, in dem einzelne hochkant gestellte Steine vorkommen. Gelegentlich befindet sich im Inneren des Feinerdezylinders in wenigen cm Tiefe ein größerer Stein als Kern (H. Kinzl, 1928). Der Feinerdekern wird von einem dichtgepackten Steinrahmen mit tangential eingeregelten Gesteinsfragmenten umgeben. Dieser Steinrahmen kann schwebend gelagert sein, d. h. er hat keine Verbindung mit dem steinigen Untergrund. Als sohlenständiger Steinrahmen steht er dagegen mit dem Steinbett des Untergrundes in Kontakt. Die Vergesellschaftung von Steinringen oder -polygonen führt zu *Steinnetzen*, bei denen die Steine in mehr oder weniger regelmäßiger Anordnung Feinerdezentren netzartig umschließen. In hochgradig mobilem Substrat können sich infolge Ausweitung der Feinerdezentren aus Steinnetzen und Steinstreifen *Steininseln* bilden (H. Stingl, 1969). *Feinerdeinseln* besitzen im Gegensatz zu den Steinringen keinen deutlichen Steinrahmen, während *Steinrosen* oder Steinpackungen statt eines Feinerdezylinders einen Steinkern haben, um den flache, plattige Gesteinsfragmente hochkant gestellt sind (Bild 9, 10, 11, 12).

Zu den Frostmusterböden und damit zu den Formen der differenzierten Solifluktion gehören auch die *Textur- oder Zellenböden* (Waben-, Spaltennetz-, Netzrißböden; H. Kaufmann, 1929 und B. Högbom, 1914). Es sind Formen der Musterung in einem nach der Korngröße weitgehend homogenen, feinkörnigen Substrat. Die Musterung besteht in einem Netz von Spalten oder Rinnen, wodurch die Oberfläche meist in schildartig gewölbte Felder gegliedert wird.

Der geringeren Größe der Frostmuster in der subnivalen Stufe der Hochgebirge der niederen Breiten im Vergleich zur Subarktis entspricht nach C. Troll (1944) eine größere Regelmäßigkeit der Einzelformen. Beides wird von ihm auf die bei weniger tiefgreifendem Frost größere Frostwechselhäufigkeit der tropischen Subnivalstufe (kurzperiodische oder Tageszeitensolifluktion) im Vergleich zu den Verhältnissen der hohen Breiten (langperiodische oder Jahreszeitensolifluktion) zurückgeführt. Neuere Aufnahmen in den Alpen und auf Island haben allerdings ergeben, daß Makro- und Mikroformen im gleichen Gebiet gemeinsam auftreten können (G. Furrer, 1965; P. Höllermann, 1964; H. Stingl, 1969; H. Stingl u. R. Herrmann 1976) und damit eine klimatische Ausdeutung unterschiedlicher Größe und Ausbildung auf Schwierigkeiten stößt. Wesentlicher scheinen edaphische Faktoren, insbesondere die Mächtigkeit der Lockermaterialdecke für diese Differenzierungen zu sein.

Die Entstehung der Frostmusterböden ist durch B. Högbom (1908/09, 1914, 1927) auf Frostschub, nämlich Ausdehnung des Wassers beim Gefrieren, erklärt worden. St. B. Taber (1929, 1930), H. Poser (1931), A. Dücker (1933), C. Troll (1944), E. Schenk (1955), G. Kretschmer (1956/58) unterscheiden hierbei noch Frosthebung bei der Bildung von Kammeis und eigentlichen Frostschub, nämlich

Horizontaldruck beim Gefrieren. Sicher sind diese Vorgänge Motoren der Bildung von Frostmustern. Das Eindringen des Frostes ebenso wie das Wiederauftauen geht in steinigem Material, in trockenem Substrat, in feuchtem Lockermaterial oder in Torf jeweils verschieden rasch vor sich. Dadurch und infolge des unterschiedlichen Reagierens des nicht feuchten und des feuchten Substrates auf das Gefrieren (sich Zusammenziehen bzw. sich Ausdehnen) ergeben sich gegenseitige Druckwirkungen. Außerdem erfolgt das Gefrieren der unteren Horizonte der Verwitterungsdecke bei schon erstarrter Oberfläche unter erheblichen Drucken. Im ganzen führen diese Vorgänge zu einer kleingemusterten Sonderung feuchtehaltiger Feinmaterialflecken von Säumen aus größeren Steinen, die gegen die Ränder und nach oben gedrängt sind. Aber es bleibt noch ungeklärt, warum die von Gebiet zu Gebiet der Größe nach variierende Musterung jeweils so gleichmäßig ist.

Auf Grund neuerer Untersuchungen (A. Jahn u. J. Czerwinski, 1965; J. Lundquist, 1962; A. L. Washburn 1973) ist es sicher, daß für die Entstehung von Frostmusterböden mehrere Bildungsmechanismen in Frage kommen. So können Steinnetze einerseits auf *Spaltennetze* ausgetrockneter Fließerde, also Trockenrisse, zurückgeführt werden, in die durch *Kammeis-Solifluktion* Steine eingefüllt werden (G. Furrer, 1954), andererseits entstehen sie auch durch *Kryoturbation*, also Durchbewegung des Substrates infolge Regelation. Schließlich können diese Vorgänge gemeinsam in Verbindung mit gleichzeitigen Sortierungsvorgängen ebenfalls zu Steinnetzen führen. Viele Fragen der Genese von Frostmusterböden, besonders auch hinsichtlich der geologischen und petrographischen Voraussetzungen, sind noch zu klären.

In der Frostmusterbildung in sehr flachem Gelände (extrem flache Böschungen), d. h. einer Materialumlagerung am Ort (*Mikrosolifluktion* nach C. Troll, 1944), kommt bereits die große Beweglichkeit der Lockermaterialmasse dieser Gebiete zum Ausdruck. Auf Schräghängen ergeben sich durch fortgesetzte Wanderung des Substrates hangabwärts *(Makrosolifluktion)* sehr bedeutende Denudationserscheinungen. Das gilt besonders für die nahezu vegetationslose *Frostschuttzone* der Polargebiete und die subnivale *Fels-Schutt-Stufe* der Hochgebirge (Büdel, 1948/49 und 1960).

In der Frostschutzone Ostgrönlands und Spitzbergens beginnen bereits auf Böschungen von etwa 2° Neigung die Polygon- und Kreismuster der Strukturböden sich auf dem Wege über eine elliptische Verdehnung der Polygone in Streifenmuster zu verwandeln, die je nach Breite des Stein- oder des Feinmaterialbandes als *Stein- oder Erdstreifen* beschrieben werden (Bild 11). Die parallelen Streifen aus abwechselnd feinerem und gröberem Material mit Abständen, die etwa der Größe der Polygon-Durchmesser entsprechen, ziehen in der Gefällsrichtung hangabwärts. Sie deuten an, daß hier merkliche Bewegung vor sich geht. Denn die größeren Schuttfragmente sind vielfach hochkant gestellt; auch Aufschiebungen durch Schuttstau verraten die Abwärtsbewegung. Ähnliche Beobachtungen liegen auch aus verschiedenen Hochgebirgen vor (C. Troll, 1944; G. Furrer, 1965; H. Stingl, 1969; D. Kelletat, 1969; J. Hagedorn, 1970). Bereits auf sehr flachen Hängen von 1,7° bis 2° zeigen Steinringe entsprechende Deformation. Stein- und Erdstreifen sind auf Sanft- und Schräghängen von 3° bis 26°

anzutreffen, wobei hier die häufigste Verbreitung auf Hängen von 7° bis 16° Neigung festgestellt wurde. Die Mehrzahl der Schuttstücke ist mit ihrer Längsachse in der Bewegungsrichtung hangabwärts eingeregelt. Besonders deutlich zeigen dies die *Steinströme,* die meist einen Grobmaterial-Rahmen besitzen, einige Meter breit und Dekameter lang sein können.

Die Denudationsleistungen, die auf diese Weise erzielt werden, sind zwar auf den extrem flachen Hängen der Frostschuttzone gering. Dort herrschen nach A. Wirthmann (1964) Steinpflaster der ortsfesten Kryoturbation (Mikrosolifluktion) vor, und selbst die Oberflächenabspülung ist minimal. Auf geneigten Hängen aber muß die Denudation recht groß sein (Bild 22). Formen, die durch einstige eiszeitliche Gletscher in Ostgrönland und Spitzbergen geschaffen worden sind, wie Kare und Trogtäler (Kap. III H 4, S. 459 ff.), deren Entsprechungen in den Alpen und in den hohen deutschen Mittelgebirgen noch ziemlich intakt überdauert haben, sind hier nach Beobachtungen von J. Büdel (1948/49) unter der Frostverwitterung und Solifluktionsdenudation schon weitgehend, stellenweise vollständig, wieder beseitigt worden.

Periglaziale Block-Fließmassen, Block-(Pseudo)Gletscher

Wahrscheinlich als Ergebnis periglazialer Materialbewegung sind Blockmassen mit Fließwülsten zu deuten, die in subnivalen Fels-Schutt-Gebieten hier und da zu beobachten sind. An mäßigen bis steilen Böschungen oder am Grunde breiter Talfurchen zeigen sich in Schuttmassen quer zum Gefälle Wülste und zwischen diesen verlaufende Furchen, welche beide in der Gefällsrichtung nach abwärts mehr oder weniger weit bogen- oder girlandenartig ausgebuchtet sind. Messungen an Blöcken solcher Wülste haben ergeben, daß Bewegungen von Bruchteilen eines Meters bis zu wenigen Metern im Jahr vorkommen (A. Chaix, 1942; J. Domaradzki, 1951; W. Pillewizer, 1957; C. Warhaftig u. A. Cox, 1959; W. F. Thompson, 1962; E. Grötzbach, 1965; E. Vorndran, 1969; D. Barsch, 1971; G. Östrem, 1971; St. Rudberg, 1974; E. Schunke, 1974; W. Haeberli, 1975; W. Klaer, 1976).

Obwohl besonders in subtropischen Hochgebirgen derart gestaltete Blockanhäufungen nicht selten am unteren Ende blockreicher Gletscher vorkommen, scheinen in diesen Fällen nicht gewöhnliche Endmoränen sondern Formen vorzuliegen, bei denen eine nachträgliche Umgestaltung durch periglaziale Feinbewegungen in ausgetautem Moränenmaterial erst die Fließwülste erzeugt hat. Außerdem treten solche Formen auch in Blockanhäufungen auf, die sicher nicht aus Moränenmaterial bestehen. Offenbar spielt Eis bei der Bewegung in den Blockhaufen beim Gefrieren und Tauen eine Rolle. Aber es ist nicht Gletschereis sondern Kluftis, das in den Zwischenräumen zwischen den Blöcken gewöhnlich anzutreffen ist. (Für beide Typen die Bilder 114, 115.)

W. Haeberli (1975) machte durch Untersuchungen in den Bündener Alpen, besonders im Gebiet des Flüela-Passes deutlich, daß aktive Fließbewegung in Blockmassen mit Oberflächengefälle eine Begleiterscheinung von Permafrost im Sinne von C. Warhaftig und A. Cox (1959) bzw. von D. Barsch (1969, 1971) ist.

In der Mehrzahl der Fälle besteht keine Beziehung zu den rezenten Gletschern oder postglazialen Gletschervorstößen. In den wenigen Fällen, in denen Gletscher an der Fließbewegung von Blockmassen beteiligt sind, scheint es sich um kalte, nicht um temperierte Gletscherteile zu handeln.

D. Barsch (1977) hat den Befund einer 10,4 m tiefen Kernbohrung im „Blockgletscher" Murtèl I am Corvatsch im Oberengadin in 2672 m Höhe mitgeteilt: Unter einer ca. 1,6 m mächtigen, eisfreien Blockschicht folgt etwa 1 m gleichfalls eisfreies, sandig-kiesig-steiniges Lockermaterial, darunter bis zum Grunde der Bohrung befindet sich gefrorenes, sandig-kiesiges-steiniges Material mehrfach mit Eislinsen wechselnd. Das gefrorene Material wird als Permafrost gedeutet, über welchem eine Auftauschicht liegt. Gletschereis wurde in der Bohrung nicht angetroffen.

Leider werden die beschriebenen Fließwulstformen solcher Blockanhäufungen, die nach dem Vorhergehenden nicht durch Gletscher hervorgebracht werden, in der Spezialliteratur bisher meist als Blockgletscher (block glacier, rock glacier) bezeichnet (vgl. D. Barsch, 1969, S. 12). In einem Lehrbuch der Geomorphologie erscheint es uns geboten, diesen mißverständlichen Terminus nicht zu benutzen. Wir sprechen daher nur von *Block-(Pseudo)Gletschern* oder lieber den Merkmalen nach von *periglazialen Block-Fließmassen* bzw. *Blockwülsten* (Bild 115).

Periglaziale Blockwulstvorkommen finden sich nicht selten am unteren Saum von Hangmulden in der etwas niedrigeren Nachbarschaft heute vergletscherter Gipfel. Solche Hangmulden bergen gewöhnlich perennierende oder zum mindesten langwährende Schneefelder. Auf solche Schneefelder geratener und in sie eingebetteter Schutt dürfte beim Ausschmelzen kleine hangab gerichtete Bewegungen ausführen und dadurch jene Blockwulstmassen hervorbringen. E. Grötzbach (1965) nennt sie „Blockgletscher". Wir sprechen lieber von Schneefeld-Blockwulstmassen oder Schneefeld-Blockwülsten.

An stark geneigten Hängen, die lange Zeit während des Jahres eine Schneedecke tragen, findet sich nicht selten in deren unterem, flacher werdendem Teil, quer zum Hang lang hinziehend eine Kette von Blockwällen mit schwachen hangabwärts gerichteten Ausbuchtungen. H. Jäckli (1957) spricht von Blockgirlanden. Sie dürften ihre girlandenartige Form entsprechenden, aber vielleicht schwächeren Blockbewegungen verdanken als die Schneefeld-Blockwülste.

Diese Blockgirlanden sind daher anderer Entstehung als die Vegetationsgirlanden, welche als Oberflächenerscheinung der gebundenen Gelisolifluktion an Verwitterungsdecken gebildet werden. Den bisherigen Untersuchungen nach gehen also die periglazialen Blockwulstbildungen nicht auf Gelisolifluktion einer Verwitterungsdecke im ganzen oder auf Ausspülung von Verwitterungsdecken zurück, sondern auf kleine, durch Eis in den Blockzwischenräumen begünstigte Gleitungen von Blöcken.

Gebundene Gelisolifluktion, Vegetationsgirlanden

Weniger intensiv als in der Frostschutzzone vollzieht sich die Solifluktionsdenudation in der Tundrenzone bzw. in der Mattenstufe der Gebirge. Denn das

schon ziemlich geschlossene, wenn auch niedrige und nicht tief wurzelnde Pflanzenkleid hemmt hier die Bewegung des Lockermaterials. Aus diesem Grunde
wird die durch Vegetation *gebundene Solifluktion* von der *freien* oder *ungebundenen Solifluktion* in unbewachsenem Gelände geschieden (J. Büdel, 1953).
Gleichzeitig handelt es sich bei der durch Vegetation behinderten Solifluktion
meist um *amorphe Solifluktion* (Th. Sörensen, 1935), die wohl formenbildend
wirkt, bei der aber keine regelmäßigen Oberflächenstrukturen entstehen. Immerhin sind wie in der Frostschutzzone bis zu Neigungen von 2° Bewegungsmerkmale
erkennbar. Sie bestehen in *Rasen- oder Fließerdeterrassen* (Rasenzungen,
-wülsten) und in *Vegetationsgirlanden,* die ungefähr horizontal am Hange entlanglaufen und durch Substratstau am Vegetationsteil treppenförmig übereinander
angeordnet sind (Bild 15 und Fig. 35). Vegetationsgirlanden treten an Hängen mit
lückenhafter Vegetation auf, und für ihre Ausbildung ist Wasserdurchtränkung
wesentlich. Die Bewegungen infolge Durchtränkung der Fließerde werden durch
Regelation (Kammeisbildung u. a.) hervorgerufen oder zumindest unterstützt.
Vegetationsgirlanden und Rasenterrassen sind an Hängen bis 30° Neigung zu
beobachten.

Bei den Vegetationsgirlanden ist jeweils eine Dezimeter bis sogar Meter
mächtige Frosterde-Masse unter dem Mantel der Vegetationsdecke hangabwärts
ein wenig über die nächst tieferen Hangpartien vorgequollen, so daß eine breite
treppenartige Stufung des Hanges entsteht. Manchmal reißt auch die an der
Stufenstirn überkippte Pflanzendecke auf und die mit Schuttstücken durchsetzte
Fließerde breitet sich über die davor liegende Fläche aus. Dies gilt insbesondere
für die *Fließerdezungen (Schuttzungen),* die aus der Auflösung von Fließerdedecken hervorgehen und sich fingerförmig aufgliedern können. Nach Untersuchungen im Schweizer Nationalpark scheinen die einzelnen Zungen rutschungsartig und in Partien, die voneinander unabhängig reagieren, zu entstehen (G.
Furrer u. a., 1971). Böden bzw. Humuslagen, die in den Schutt eingeschaltet sind,
beweisen im Gegensatz zu den Vegetationsgirlanden die Mehrphasigkeit der Bildung dieser Oberflächenformen, die 30 bis 60 m lang und 10 bis 20 m breit sind.
Riesenformen solcher Art liegen bei sehr flachen Böschungen in den *Strangmooren* Sibiriens vor.

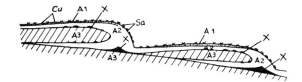

Fig. 35. Homogener Girlandenboden (Fließerdeterrassen) bei der Tröger Alm über dem Glockner
    Haus (Hohe Tauern, 2300 m). (Nach C. Troll, 1944, S. 659).

Bodenhorizonte: A_1 = 5 cm stark humos, mit Bleichkörnern; A_2 = sandig-grauer Bleichsand, noch
stark humos; A_3 = rostig-brauner, steiniger Verwitterungsboden; x = schokoladebrauner, torfmullartiger Boden.

Pflanzendecke: Cu = Carex curvula-Rasen mit Primula glutinosa und minima. Sa = Salicetum herbaceae mit Sibbaldia procumbens und Geum montanum (Original Troll). Die Bewegung des Bodens
vollzieht sich unter Behinderung durch die Vegetationsdecke, daher handelt es sich nach J. Büdel um
gebundene Solifluktion.

Kryoplanation

Verebnungen, die durch Prozesse der Kryoturbation in der Kammregion schnee-armer, sehr winterkalter Gebirge entstanden sind, stellen die *Golez-Terrassen* dar (Bild 16), so bezeichnet bei Hans Richter, Günther Haase und Hellmuth Barthel (1963). Derartige Terrassen kommen aber nicht nur an den Hängen der *Golzi* vor, also an Kuppen und Bergen, die über die Waldgrenze aufragen, sondern sind ebenso an Talflanken anzutreffen. Daher erscheint es sinnvoller, einem Vorschlag von H. Karrasch (1972) folgend, von *Kryoplanationsterrassen* zu sprechen. Diese Terrassen zeigen offenbar eine starke Bindung an petrographische Gegeben-heiten, da sie nahezu ausschließlich in Granit, Quarzit, Gabbro, Basalt, Grauwacke und dickbankigem Sandstein ausgebildet sind.

Aufwölbung durch Frostwirkung

Ziemlich häufige Formen als Folge der Frosteinwirkung sind selbst unter einer Rasendecke im ebenen, stärker durchfeuchteten Gelände die Auffrier-Hügel oder *Erdbülten* (isländisch *Thufur*, engl. *Hummocks*) von Fuß- bis Meterhöhe in frost-reichen Gebieten der subnivalen Stufe und der höheren Breiten. Ihnen verwandt, aber größer (2−7 m hoch, mit Durchmessern von etwa 10 bis 40 m) und durch perenne Eislinsen im Innern ausgezeichnet sind die Torfhügel (*Palsen* oder *Palsas*; das Wort *Palsa* (Einzahl) stammt aus dem Finnischen) der nordeuro-päisch-sibirischen Tundrenregion. Sie treten in Torfmooren und Schwemmland-Niederungen auf, wenn Dauergefrornis im Untergrund vorhanden ist. Ihre Auf-wölbung erfolgt infolge Eissegregation oder ist möglicherweise das Ergebnis des Zerfalls (E. Schunke, 1974) oder der Aktivierung des Permafrosts. Skandi-navische Forscher haben erkannt, daß Palsen auch im nördlichen Skandinavien vorkommen, so daß auch dort örtlich Dauergefrornis vorhanden ist oder gewesen sein muß (Zusammenfassungen bei H. Svensson, 1962; G. Hoppe u. I. Olsson Blake, 1963). Im Inneren der Palsen findet sich außer einer Eislinse öfters auch aus dem Untergrund aufgepreßtes Material, namentlich von feinkörnigen Locker-ablagerungen.

Wenn die Scheitelregion einer Palsa nach dem Austauen der Eislinse einsinkt, dann entsteht eine rundliche wassererfüllte Vertiefung von mehreren Metern Durchmesser mit ringförmiger Umwallung (Kollaps einer Palsa). In dieser Weise werden die sogenannten *Pingos* gedeutet, kleine rundliche Hohlformen meist mit einer Wasseransammlung, die in torfigen Gebieten außerhalb der Grenzen des letzten nordeuropäischen Inlandeises gelegentlich vorkommen, z. B. in den Niederlanden, Norddeutschland und Polen (Bild 14. Die rezente Entwicklung von Pingos scheint an *Taliki* (russ.; Einzahl Talik) gebunden zu sein, das sind nichtge-frorene Partien im Gebiet des Permafrostes. Aufsteigendes Grundwasser gefriert, insbesondere in feinkörnigen Sedimenten, zu mächtigen Eislinsen, die die Erd-oberfläche bis zu 50 m aufwölben können. Auch für diese Vollformen, die Durch-messer von 6 bis 700 m besitzen, wird der Ausdruck Pingo verwendet.

Frostspalten, Eiskeile

In schneearmen und nur kümmerlich durch Tundrenvegetation geschützten Gebieten mit Dauergefrornis kann starker Frost tief eindringen. Durch die hierbei erfolgende Zusammenziehung reißen netzförmig *Frostspalten* im Lockermaterial auf. Sie sind wegen der Langsamkeit des Temperaturausgleichs in der Tiefe noch nicht wieder verschlossen, wenn es oberflächlich zu tauen beginnt. Schmelzwasser dringt ein, gefriert wegen der tiefen Temperaturen der Spaltenwände und bildet gleichsam einen Keil zwischen den beiderseitigen Spaltenflächen. Durch seine Ausdehnung beim Gefrieren trägt er dazu bei, die Spaltenwände noch weiter auseinanderzutreiben. Im folgenden Jahre reißt die Spalte an der gleichen, durch unvollkommene Verheilung geschwächten Stelle wieder auf, und der Vorgang wiederholt sich bis zur Ausbildung manchmal meterdicker und mehrere, ja viele Meter tief in die Verwitterungsdecke eindringender, nach unten keilförmig, oft ziemlich stumpf ausgehender *Eiskeile* (Bild 13). Solche sind durch E. Leffingwell (1915, 1919) aus Alaska, durch A. A. Grigorjew (1925) aus Sibirien und Nordostrußland beschrieben worden. In neuerer Zeit sind sie auch aus Bereichen von Lockergesteinen des nördlichen Skandinaviens, z. B. vom Gebiet der Varanger Halbinsel bekannt geworden (H. Svensson, 1964 u. a.). In wasserhaltigen Lockergesteinen kommen ausgedehnte Netze solcher Frostspalten vor (P. Abt, F. Bachmann, J. Bührer, G. Furrer, 1971). Die Durchmesser der Spaltenpolygone halten sich überwiegend zwischen etwa 5 m und gut 60 m. Nicht selten werden die Polygone durch länger durchlaufende Hauptspalten und quer zu ihnen verlaufende Nebenspalten gebildet. Das Auftreten von Frostspalten in Nordskandinavien ist ein weiterer Beweis dafür, daß dort örtlich Dauergefrornis vorkommt.

In den Lockerablagerungen Mittel-Europas, selbst von Nordfrankreich, sind an nicht wenigen Stellen neben *Taschen- oder Würgeböden* als Zeichen intensiver Kryoturbation Spuren solcher kaltzeitlicher Eiskeile, nämlich die Ausfüllung der ehemaligen Eiskeile durch nach dem Auftauen von oben hereingesacktes Lockermaterial gefunden worden (Pseudomorphosen von Eiskeilen; Lößkeile nach W. Soergel, 1936 und H. Poser, 1948). Das Material zwischen derartigen Frostkeilen zeigt Spuren der Deformation durch Frostdruck. Für die heutigen Oberflächenformen haben jedoch die Reste kaltzeitlicher Frostkeile im Waldgürtel der Mittelbreiten keine Bedeutung mehr.

Dellen

Wo eine durch Bodenfrosterscheinungen hervorgerufene oder geförderte Denudation unter einer tundren- oder mattenartigen Vegetationsdecke vonstatten geht, da nehmen die Ursprünge der Hangfurchen die Form von *Dellen* an (vgl. S. 249). Auch die Dellen in hügligen bis bergigen Landschaften der heutigen Waldgebiete Mitteleuropas sind zweifellos überwiegend unter kaltzeitlichen Bedingungen des Pleistozäns gebildet worden.

Größenordnung der Abtragung

Vor allem während der Schneeschmelze ist jeweils auch Flächenspülung auf dem oberflächlich aufgetauten Boden an der Hangabtragung stark beteiligt. Die Böschungsabtragung erreicht jedenfalls, wie schon anfangs erwähnt, auf den nicht eis- und schneebedeckten Steil-, Schräg- und Flachböschungen jenseits der polaren, bzw. oberhalb der oberen natürlichen Waldgrenze besonders große Werte. Nach den vorliegenden Messungen über die allgemeinen Abtragungswerte (vgl. S. 224) wird man mit Größenordnungen zwischen mehreren Dezimetern und mehr als einem Meter im Jahrtausend für derartige Hänge zu rechnen haben.

Mäßig steile bis flache Abtragungsböschungen in den Waldgebieten der Mittelbreiten

Eine Sonderstellung nehmen die Steil-, Schräg- und Flachhänge in den Waldgebieten der Mittelbreiten ein. Diese waren während der Eiszeiten in sehr großem Umfang waldfrei. Eine zeitlang sind Befunde von Versatzdenudation, die an den Hängen dieser Gebiete fast überall anzutreffen sind, für Zeugen von Gegenwartsvorgängen gehalten worden, insbesondere als G. Götzinger (1907) in quellig tonigen Flyschgesteinen des Wiener Waldes aktuelle Bewegungen in derartigen Lockermaterialdecken nachweisen konnte. Nachdem schon frühzeitig S. Passarge (1912, 1929), später W. Salomon (1917) u. a. das generelle Fortdauern der Bewegung dieser Wanderschuttdecken auch in nicht tonigen Gesteinen bezweifelt haben, konnte J. Büdel (1937, 1944) zeigen, daß diese Wanderschuttdecken innerhalb des Waldbereichs von Mittel-Europa heute im allgemeinen unbeweglich festliegen. Im sächsischen Erzgebirge und an anderen Stellen gibt es über derartigen Lockermaterialdecken Torfablagerungen, die, pollenanalytisch nachweisbar, mit ihrer Bildung das gesamte Postglazial umfassen. Aus den Wanderschuttdecken aufragende große Blöcke, die von unten in den Torf hineingreifen, haben aber keinerlei Störung der Torfschichten durch Bewegungen verursacht. Andere Beweise für das Ruhen des Wanderschutts bestehen in der Ausbildung vollständiger, durch die Lagen und Horizonte des Substrates ungestört hindurchgreifender Bleicherdeprofile. Aus solchen Beobachtungen geht hervor, daß *abgesehen von gleitgünstigen, insbesondere tonreichen Gesteinen und abgesehen von geringer oberflächlicher Bodenverspülung, Frostdurcharbeitung und Nässeversetzung namentlich während der Schneeschmelze die Wanderschuttdecken der Waldgebiete Mittel-Europas heute stilliegen, daß sie eiszeitliche Denudationserscheinungen vorstellen.* Die Waldgebiete Mitteleuropas besitzen daher gegenwärtig „*Ortsböden*" im Sinne von J. Büdel (1950), d. h. nichtwandernde Verwitterungsdecken (Fig. 36).

Zu den eiszeitlichen Denudationsrelikten gehören auch die sogenannten *Blockströme* der Waldregion in den deutschen und benachbarten Mittelgebirgen. Der störungsfreie Waldwuchs und die im allgemeinen zwischen Ober- und Unterseite der Blöcke erkennbaren Unterschiede der Verwitterung beweisen, daß die Blockmassen im wesentlichen in Ruhe verharren. Vereinzelte Ausnahmen geben sich unschwer zu erkennen. Dies darf seit der Arbeit von Büdel (1937) als sicher

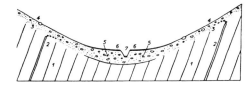

Fig. 36. Profil eines eiszeitlichen Muldentälchens. (Nach J. Büdel, 1944, S. 494.)
Heute meist trockenliegende Taloberläufe, die durch eiszeitliche Solifluktionsvorgänge ausgestaltet
wurden.
1. Anstehender Untergrund (etwa Granit, Schlierenfallen nach links).
2. Blockliefernde härtere Schliere oder Ganggestein.
3. Zone der Vergrusung und des Hakenschlagens am Hang.
4. Eiszeitlicher Wanderschutt (Solifluktionsschutt) am Hang.
5. Eiszeitlicher Wanderschutt (Korrasionsstrom) im Talgrund.
6. Hochmoordecke über dem Schutt des Talgrundes (schwarz).
7. Rezenter Bachtobel (rückschreitende postglaziale Erosion).

gelten, im Gegensatz insbesondere zu der Auffassung von C. Schott von 1931 (vgl. dazu auch H. Wilhelmy, 1974, S. 17).

Seit den Beobachtungen von H. M. Eakin (1916) in Alaska hat man sich näher mit den niedrigen, im Maximum bis etwa 20 m hohen wandartigen Abstufungen und den jäh aufragenden Felsbauten (,,Steine", ,,Felsburgen", ,,Tors") von gleicher Größenordnung beschäftigt, welche auf den *oberen* flachen Hangteilen und in der Wasserscheidenregion der nie unter Inlandeis begrabenen Mittelgebirge des mittleren und nordwestlichen Europas auftreten. Diese Steilformen zeigen trotz der zurundenden Abgrusungserscheinungen, die die körnigen Gesteine betreffen (*Wollsack*formen), stets auch scharfe Abbruchformen der Frostverwitterung. Manchmal sind, besonders in der Fußregion der Wände, Überhänge vorhanden, welche R. S. Waters (1962) wohl mit Recht auf die größere Feuchtigkeit des Wandfußes zurückführt, die die Frostwirkungen begünstigt.

Oft ist unter solchen Wandstufen eine Blockhalde aus abgewitterten Blöcken vorhanden, welche ebenfalls mehr oder weniger deutlich die Sprengflächen der Frostverwitterung zeigen. Nicht selten fehlt aber auch eine derartige Blockanhäufung. Dann erstreckt sich gewöhnlich unter der Wandstufe eine meist etwa 2° bis 5° geneigte Verflachung von einigen Zehnern von Metern bis maximal rund 100 m Breite nach abwärts bis zur nächsten Hangversteilung. Derartige blockfreie Flachheiten werden als Folge der sogenannten *Kryoplanation* durch Solifluktion bzw. durch Schuttwandern auf und unter Schneefeldern gedeutet (T. Czŭdek, 1964 u. a.). Die Wände sollen durch Frostwirkungen aus gesteinsbedingten Steilstellen des vorpleistozänen Reliefs hervorgegangen sein. Soweit diese Verflachungen (Kryoplanations- oder *Altiplanationsterrassen*) unter den Wandstufen die erwähnte Größe nicht überschreiten und wo sie außerdem zu mehreren übereinander angeordnet sind, hat die erwähnte Erklärung wohl große Wahrscheinlichkeit. Es dürften den Golez-Terrassen (S. 166) verwandte Formen sein.

Wo die Ebenheiten, aus denen Wandstufen oder Felsburgen (Tors) aufragen, aber wesentlich größer sind, dürfte die besonders von D. L. Linton (1955) erarbeitete Auffassung zutreffen, nach der besonders die Felsburgen (Tors) auf verwitterungsresistente Gesteinspartien innerhalb der tertiären Tiefenverwitterung der Mittelbreiten in Europa zurückgehen. Erst nach der Freilegung dieser Partien festen Gesteins durch Fortspülung der feinkörnigen alten Verwitterungsmassen wäre ihre Weiterbildung durch Frostverwitterung zu denken. Die Verflachungen wären in diesem Falle Erben des einigermaßen flachen basalen Begrenzungshorizonts der tertiären Tiefenverwitterung.

Die *mittleren* Hangpartien sind in den Mittelgebirgen des nordwestlichen und mittleren Europa außerhalb der pleistozänen Vereisungsbereiche gewöhnlich steiler als die oberen. Hier hat die pleistozäne Solifluktion überwiegend ziemlich glatte Hangprofile geschaffen.

Wo nicht ein kräftiger Bach die herrschende Kerbtalform deutlich zur Ausbildung gebracht hat, da verflachen sich gewöhnlich die *unteren* Hangpartien. Diese Hangschleppe besteht aber, wie durch Bohrungen unterstützte Untersuchungen besonders im böhmisch-mährischen Raum erwiesen haben, aus ziemlich mächtigen Massen von Solifluktionsschutt (örtlich bis über 20 m), welcher von der heutigen Abtragung noch nicht aufgearbeitet und weitergefrachtet wurde. An einzelnen Stellen, z. B. im Altvater Gebirge (Hrubý Jeseník) und im Gesenke (Nizký Jeseník), konnte nachgewiesen werden, daß infolge ungleicher Solifluktionsmassenlieferung von beiden Talflanken die heutige Tiefenlinie des Tales nicht genau über derjenigen des zugefüllten vorpleistozänen Tales liegt (T. Czudek, 1964).

Steigt man über die obere Waldgrenze empor, so stellen sich nach und nach deutliche Anzeichen der Bewegung in der oberflächlichen Schutt- und Erdreichdecke und in Blockfeldern ein. Über diese Erscheinungen ist Näheres bei der Behandlung der subpolaren und subnivalen Gebiete gesagt worden. Der Fortgang merklicher Materialversetzung oberhalb der oberen Waldgrenze und das Stilliegen der eiszeitlichen Wanderschuttdecke innerhalb der heutigen Waldzone, ferner auf den Hängen die Tatsache, daß hier in den sanftmuldenförmigen Talanfängen die alte Wanderschuttdecke von den heutigen Gerinnen meist noch nicht einmal durchschnitten, geschweige denn ausgeräumt wurde, beweisen, daß die eiszeitlichen Denudationsvorgänge hier wesentlich leistungsfähiger waren als die heutigen einschließlich der postglazialen Linearerosion.

Nur an steilen Hängen etwa von 20 und mehr Grad Neigung sind in der Regel keine alten Wanderschuttdecken mehr vorhanden. Hier dürften die heutigen Denudationsleistungen so kräftig sein, daß ältere, insbesondere eiszeitliche Vorläufer weitgehend beseitigt wurden (Büdel, 1937) (Bild 26).

Gegenwärtig kann etwa das folgende als gesichert gelten:

Die Beobachtung lehrt, daß in den mittleren und höheren Breiten Waldwuchs auf Boden mit nachweisbarer, tiefgründiger Bewegung unmöglich ist. Der Gefahr ständiger Wurzelzerreißung hält der Waldwuchs offenbar nicht stand. Andererseits zeigen sowohl der Jungwuchs als auch die erwachsenen Bäume von Waldbeständen an kräftig geneigten Hängen fast immer Spuren einer in den ersten Jahren ihres Wachstums unter der Bodenoberfläche erlittenen Hangabwärtsverbiegung des obersten Wurzelstücks bzw. des Stammansatzes (Fig. 37). Diese Ab-

Fig. 37. Typische Hangwuchsform eines jungen Baumes. (Nach Jos. Schmid, 1955, S. 110.) Hangneigung 17 bis 20°.
Zwischen die abwärts strebende Wurzel und den aufwärts strebenden Stamm schaltet sich ein
schuttüberlagerter basaler Stammabschnitt, der durch die Bodenbewegung hangabwärts gedrückt
wurde.

wärtsbiegung ist stets über einem normal in die Tiefe strebenden unteren Teil des
Wurzelgeflechts entwickelt. Der letztgenannte ist zweifellos in ruhenden Boden
eingedrungen. Der nur im obersten Boden wurzelnde Teil der Jungpflanze wurde
dagegen hangab gekrümmt. Erst das kräftiger gewordene Stämmchen hat sich
dieser Verbiegungstendenz gegenüber mit Vertikalwuchs durchgesetzt. Dies zeigt,
daß eine oberste, einige cm mächtige Bodenschicht an kräftigen Hängen auch in
unseren Waldgebieten in Bewegung ist. Daran dürfte außer den vorher genannten
Ursachen, wie Frostschub, Quellen und Schrumpfen bei Befeuchtung und Wiederaustrocknung vor allem oberflächliche Verspülung kleiner Partikel nach starkem
Regen, also Spüldenudation beteiligt sein. Echte Schichtfluten sind in unseren
Gebirgen zwar nicht häufig, aber nach ergiebigen Dauerregen kommen Schichtfluten auch bei uns vor, insbesondere bei Zusammentreffen mit der Schneeschmelze.

Eine Folge der langsamen Abwärtsverlagerung einer wenige cm mächtigen
Oberschicht des Bodens dürfte die an Hängen fast immer zu beobachtende,
manchmal Fußhöhe erreichende Stufe zwischen der Hangoberfläche oberhalb und
unterhalb eines kräftigen Baumsockels sein. Jeder Baumstamm übt hier offensichtlich einen gewissen Stau auf die Bodenversetzung aus. Eingehende, auch
messende Beobachtungen über diese Erscheinungen sind Jos. Schmid (1955) zu
danken (vgl. auch H. Mortensen, 1964). Im ganzen ist die Denudation in den
Waldgebieten der mittleren und höheren Breiten gering (Fig. 37 u. Bild 26). Nach
den vorliegenden allgemeinen Abtragungsmessungen aus entsprechenden Gebieten dürfte sie auf Beträge von einigen Zentimetern im Jahrtausend zu veranschlagen sein[16]. In den höheren und mittleren Breiten hat die Frostsprengung

---

[16] Auf die gleiche Größenordnung kommt man auch durch Benutzung der Beobachtungen von
Jos. Schmid (a. a. O.) über die an Schräghängen häufig feststellbare Hangabwärtsbiegung des im

neben der chemischen Verwitterung einen wesentlichen Anteil an der Zerkleinerung des Ausgangsgesteins. Infolgedessen sind die Böden zum mindesten
im Gebirge skelettreich, d. h. die feinkörnige Bodenmatrix enthält kleinere oder
größere Bruchstücke ziemlich frischen Gesteins.

Steile bis flache Abtragungsböschungen in den Waldgebieten der Subtropen

In den Waldgebieten der mediterranen und der monsunseitigen Subtropen hat es,
von hohen Gebirgen abgesehen, kaum eine pleistozänzeitliche Entblößung von
Wald gegeben. In diesem Sinne sind sie alte Waldgebiete auch in jenen Teilen, in
denen unter semihumiden Niederschlagsverhältnissen die Waldbedeckung nur
locker ist oder war. In ihnen spielt und spielte der Frost für die Verwitterung
keine große Rolle. Dafür macht sich neben der sehr gesteigerten, im engeren
Sinne chemischen Verwitterung das Abgrusen, Absanden, Abbröckeln bei den
meisten Gesteinen als Quelle leicht verspülbarer Verwitterungsprodukte stark bemerkbar. Dazu kommt noch bei vielen Gesteinen, soweit sie vegetationslose
Oberflächen darbieten, also besonders an Wänden und Steilheiten, die Neigung
zur *Tafonierung,* d. h. zur Bildung von Hohlräumen, die sich von Kluftflächen aus
seitlich und von unten nach oben in einen Gesteinskörper hineinfressen. Die noch
recht umstrittene Entstehungsweise (s. W. Klaer, 1956, S. 41–68 u. Vortrag,
Mainz 1976; G. Frenzel, 1965) dürfte mit Unterschieden in der Verteilung der
Bergfeuchte, aber auch mit der Einwirkung der Salzsprengung in Zusammenhang
stehen. Jedenfalls lösen sich, anscheinend ohne stärkere chemische Veränderung
des Gesteins, an feuchten Stellen feine Schüppchen ab, wodurch Nischen und
schließlich höhlenartige Hohlräume entstehen, *Tafone,* plur. *Tafoni* (Bild 39,
40, 53).

Die Bildung von Hohlräumen und Hohlblöcken ist besonders in den ariden
und semiariden Gebieten der warmen Klimate (auch bei mikroklimatischer oder
edaphischer Aridität) sehr verbreitet. Dort ist sie aber meist mit starker chemischer Veränderung des Gesteinsinneren und mit Hartrindenbildung an der
Außenfläche verbunden (Bild 53). Die Bezeichnung Tafoni ist auch auf diese
Formen erweitert worden (H. Wilhelmy, 1958). Aber es ist zweckmäßig, den
Namen auf diejenigen Erscheinungen zu beschränken, die den mediterranen Vorkommen wirklich entsprechen. Jedenfalls sollte man den Unterschied der unter
starker chemischer Veränderung des Gesteins gebildeten Hohlräume und Hohlblöcke von den mediterranen im Auge behalten.

Boden verborgenen Stammansatzes junger Bäume. Man kann aus ihr erschließen, daß dort eine
Bodenschicht von wenigen cm Mächtigkeit sich durchschnittlich im Jahr um einige cm hangab
bewegt. In einem hangab verlaufenden senkrechten Schnitt würden daher jährlich zwischen rund
10 cm^2 und einigen Zehnern von cm^2 des bewegten Substrats am unteren Ende aus dem Profil austreten, d. h. abgetragen werden. Rechnet man diese Abtragungsbeträge um auf das Jahrtausend
und auf Hänge, die von oben bis unten zwischen 50 m und 300 m lang sind, was der Wirklichkeit
ziemlich gut entsprechen dürfte, so kommt man auf Abtragungshöhen von maximal um 10 cm,
minimal um 0,3 cm im Jahrtausend.

Auf chemischer Verwitterung scheint die Entstehung von *Bröckellöchern* zu beruhen. Bröckellöcher sind zellige Aushöhlungen im Gestein, dessen Oberfläche keine Hartrinde besitzt, wohl aber im Inneren ein Netzwerk von durch Eisen- oder Manganverbindungen verfestigten Zonen aufweist. Das zwischen den Ver- härtungszonen chemisch aufbereitete Material kann leicht ausgeblasen oder aus- gewaschen werden. Dieser Vorgang der Hohlraumbildung ist keineswegs auf die Waldgebiete der Subtropen beschränkt, wohl aber hier besonders konzentriert und intensiv (Bild 36).

Die durch die geschildertern Vorgänge entstehenden feinkörnigen Verwitte- rungsprodukte sind leicht abspülbar. Schwere Regen sind in diesen Ländern häufig. So spielen z. B. in den Mittelmeerländern auch im Walde die Rinnen- spülung und bei besonders ergiebigen Regen sogar Schichtfluten auf Schräg- und Flachhängen als Werkzeuge der Abtragung wohl die wichtigste Rolle.

Sieht man von den Kalkregionen ab, in denen *Karsterscheinungen* das Formen- bild bestimmen (Kap. III G, S. 382ff.), so handelt es sich z. B. im Apennin um Regionen, die aus Sandsteinen, Mergeln, Tonschiefern, auch aus Magmatiten und Metamorphiten aufgebaut sind, in denen aber die Verwitterung nicht besonders tief und weitgehend ist. Die genannten Gesteine zeigen zwar längs Klüften deut- liche Spuren der Veränderung, nicht aber eine durchgehende Umwandlung zu leicht beweglichen Zersetzungsmassen, wie sie in feuchtheißen Klimaten die Regel ist. Zugleich mindert das Waldkleid, wo es vorhanden ist, durch sein Wurzelwerk und durch Abschwächen des Aufpralls von Starkregen die flächenhafte Abtragung an den Hängen. Die relative Leistungsfähigkeit der Böschungsabtragung ist daher, obwohl sicher größer als in den weniger warmen und weniger von Starkregen heimgesuchten Bereichen nördlich der Alpen, doch nicht besonders groß.

Die Abtragung an diesen Waldhängen ist vor allem eine flächenhafte Fließ- wassererosion. Ungeordnetes und flächenhaftes Abrinnen dürfte häufig sein. Aber die Hauptwirkung wird durch Runsenspülung, d. h. durch initiale, lineare Fluvialerosion hervorgerufen, auch im Walde. Sie bevorzugt Bahnen tief- greifender Verwitterung längs der Klüfte, soweit solche in geeigneter Richtung ausgebildet sind. An steilen Waldhängen, etwa von 20° und mehr Neigung sieht man immer wieder neben alten großen Runsen, die bis zur Wasserscheide hinauf- reichen, jüngere in der Entwicklung begriffene (Bild 44, 45). Solche Flächen- und Runsenerosion kommt auch auf flacheren Böschungen (10° und weniger) vor, besonders wenn sie entwaldet sind. Dort werden durch die Runsen scharfe Ein- schnitte mit Steilböschungen erzeugt, die sich in bindigen Gesteinen vielfältig ver- zweigen und das Gelände zerracheln (Bild 42, 173) (Tobel, Klinge, Gully, Ravine, Calanco, Ovrag, Balka).

Infolge der tiefen Kerbzerschneidung und der Wirksamkeit der Spülvorgänge, die nach starkem Regen Verwitterungsmassen oft in einem Zuge bis ins Tal hinunterbefördert, sind die Hänge auch bei wechselnder Gesteinsbeschaffenheit auffallend gerade gebößt, fast ohne Absätze oder Hangverflachungen. Gegen oben laufen die beiderseitigen Hänge einer Talscheide gewöhnlich zu schmalen Rücken zusammen, manchmal verschneiden sie sich, auch im Waldgebiet, in zu- geschärften Firsten.

Mäßige Zurundung der Kämme zeigt, daß langsam wirkende Versatz-denudation sicherlich eine Rolle spielt. In den flacheren Teilen wird diese bei tonreichen Gesteinen sogar ansehnlich. Das zeigen die neben frisch zerschnittenen Rachelgebieten immer wieder erkennbaren Stellen verheilender oder verheilter älterer Racheln. Aber alle Merkmale der Zurundung sind geringer als in Mittel-europa und deuten an, daß die Versatzdenudation außer bei tonigen Gesteinen, wo nach Durchfeuchtung Rutschungen und Schlipfe (ital. frana, plur. frane, Bild 2) häufig sind, zurücktritt. Wahrscheinlich wirken im Vergleich mit Mitteleuropa die lange Trockenzeit, die geringere Menge an Schnee und die weniger große Frostwechselhäufigkeit hemmend.

Nach den vorhandenen Angaben dürfte die Abtragung der Hänge in den wald-bedeckten subtropischen Gebirgsländern durchschnittlich Beträge von mehreren Dezimetern im Jahrtausend erreichen. Dabei sind örtlich durchaus auch höhere, in die Meterdimension reichende Werte möglich.

Steile bis flache Abtragungsböschungen im frostreichen Gürtel der Trockengebiete

Im frostreichen Gürtel der semiariden und ariden Gebiete in den Mittelbreiten und in ihnen benachbarten Teilen der Subtropen fehlt Waldbedeckung ganz oder fast ganz. Hier führt bei überwiegend niedriger oder mehr oder weniger schütterer Pflanzendecke und bei starken oder wenigstens regelmäßigen winter-lichen Frostwirkungen, aber verhältnismäßig hohen Sommertemperaturen die Gesteinsaufbereitung vorzugsweise zu zäh lehmigen Verwitterungsprodukten von großer Quell- und Schrumpfungsfähigkeit. Wo ein Bewuchs so gut wie ganz fehlt, besteht die Verwitterungsdecke meist mehr aus einem Gemenge von Grobschutt bis zu Bestandteilen von Staubgröße.

Andererseits treten in den semiariden und den ariden Gebieten die am meisten ergiebigen der dort fallenden Niederschläge gewöhnlich als Starkregen auf. Solche gibt es sogar, wie man weiß, wenn auch sehr selten, in extrem trockenen Bereichen. Wo solche Starkregen mit Flächenspülung zum stärksten Agens der Abtragung werden, da wirken sie dahin, daß Steilhänge von der großen bis über 25° hinausgehenden Neigung der Glatthänge selten werden. In solchen Gebieten pflegen vielmehr, von nackten Felswänden abgesehen, die steilsten Böschungen, welche unter einem dünnen Schuttmantel einen Felsuntergrund besitzen, selbst an ihren am stärksten geneigten Stellen, so z. B. auch am Fuß aufragender Wände zumeist deutlich unter 20° ($\approx 350\permil$) geneigt zu sein. Nach abwärts mindert sich die Neigung oft bis zu großer Flachheit.

Man bezeichnet solche, gewöhnlich weit unter 20° geneigten, dünn mit Schutt bedeckten Abtragungsböschungen, unter denen ein fast unverwittertes Gestein ansteht, wenn sie am Fuß von Steilgelände einsetzen und sich von diesem weg ab-dachen als *Pedimente*. In frostarmen bis frostfreien semiariden und ariden Gebieten gehören sie zu den häufigen Erscheinungen (vergl. den folgenden Abschnitt). In welchem Umfang solche Pedimente auch im frostreichen Gürtel der Trockengebiete gebildet werden, das dürfte noch nicht ausreichend geklärt sein.

Für die Abtragung auf den Schräg- und Flachhängen innerhalb der semiariden und ariden Gebiete der höheren Breiten ist nämlich wichtig, daß die mit quell- und schrumpffähigen Bestandteilen durchsetzte Verwitterungsdecke unter Mitwirkung des Frostes durch Riß- und Krümelbildung zu tiefgründiger Lockerung des Materials neigt. Dadurch wird eine langsame Versatzdenudation begünstigt. Da die Verwitterungsmassen beim Hangabwärtswandern durch Frostwirkung weiter verkleinert werden, mindert sich ihre innere Reibung. Daraus folgt eine Tendenz zur Verflachung der Hänge nach abwärts, zur Bildung einer *Hangschleppe.*

Gibt es hier Starkregen oder rasche Schneeschmelze, so erfolgt eine starke flächenhafte Abspülung. Sie wirkt dann verheerend, wenn die schützende natürliche Steppenvegetation, z. B. durch Anbaumaßnahmen des Menschen oder durch übermäßige Beweidung beseitigt oder verletzt wurde, so daß der Boden nackte Stellen aufweist. In den alten Kulturländern dieser Klimabereiche haben die stärker geneigten Hänge auf diese Weise ihre einstige Bodendecke weithin vollkommen eingebüßt. Außerdem zeigt sich oft eine Zerfurchung etwa vorhandener Wände und der schrägen und flachen Hänge durch Rinnenspülung, d. h. durch initiale lineare Fließwassererosion. Auf bindigem Verwitterungsmaterial führt die Rinnenspülung unter Umständen bis zu weitgehender Zerrachelung solcher Hänge, zur sogenannten *Badland-Bildung* (Bild 55, 59).

Endlich kommt auf den vegetationsarmen oder sogar ganz ungeschützten Oberflächen auch Ausblasung von Feinmaterial in Sand- und Staubstürmen (Deflation) zu den abtragenden Vorgängen hinzu (Bild 62 und Kap. III J 2).

Andererseits gibt es auch Prozesse, die die Abtragung einschränken. Die während der Trockenperioden des Jahres starke Verdunstung der oberflächennahen Bodenfeuchtigkeit bewirkt an der Oberfläche oder wenig unter ihr durch Ausfällen gelöster Substanzen die Bildung von Konkretionen, Rinden und Krusten hauptsächlich aus Kalk, in flachem Relief auch Bodenverdichtung mit Gehalt an Gips und Natrium-, Magnesium- und Kaliumsalzen.

Krusten behindern die flächenhafte Erosion durch Fließwasser. Dieses geht unter solchen Umständen bevorzugt zu Rinnenspülung über. Die Häufigkeit feingliedriger Hangfurchen (Badlands) gerade in diesen Gebieten dürfte z. T. mit den auf engstem Raum wechselnden Ungleichmäßigkeiten von Verkrustung oder Verdichtung der Verwitterungsdecke zusammenhängen.

Nach den vorliegenden Abtragungsmessungen (vgl. S. 224f.) sind die Beträge der Hangabtragung im frostreichen Gürtel der semiariden und ariden Gebiete eher geringer als jene der subtropischen Waldgebiete, aber höher als die der Waldgebiete der Mittelbreiten. Dies mag letztlich auf die gegenüber den subtropischen Waldländern geringere Häufigkeit von Stark- und Dauerregen zurückzuführen sein. Die Abtragungsbeträge dürften sich im semiariden Bereich in der Größenordnung von ein bis einigen Dezimetern im Jahrtausend halten. In den vollariden Gebieten dürften sie noch darunter liegen.

Steile bis extrem flache Abtragungsböschungen im frostarmen Gürtel der Trockengebiete

Allgemeines
An den frostreichen Gürtel der semiariden und ariden Gebiete schließen sich äquatorwärts weithin sehr große aride und semiaride Bereiche an, in denen Fröste seltener werden oder mehr oder weniger fehlen. Sie umfassen große Teile der Subtropen und der Randtropen. Hier tritt Verwitterung durch Frostsprengung zurück. Aber Salzsprengung, Hydratationsverwitterung, Hydrolyseverwitterung an Gesteinsklüften, Abschalen an Spannungsrissen des Gesteins führen auch hier zur Bildung von Verwitterungsmassen, in denen grobe und feinere Fragmente vorhanden und mit Grus und Sand bis zur Korngröße des Staubes gemischt sind. Bei geringerer Aridität sind oft auch erdige Bestandteile enthalten.

Versatzdenudation dürfte hier, wo Frostschub und ausgiebige Durchfeuchtung praktisch entfallen, trotz der großen täglichen Temperaturänderungen und der mit ihnen verbundenen Ausdehnungsänderungen, denen die Verwitterungsteilchen an der Oberfläche ausgesetzt sind, für die Hangabtragung nur eine geringe Rolle spielen. Wirksamer sind ohne Zweifel die Starkregen und zwar selbst dort, wo sie nur noch seltene Ereignisse vorstellen. Sie arbeiten sowohl in der Form flächenhafter Abspülung an den Hängen wie auch durch initiale lineare Fließ-wassererosion bei der Bildung und Weiterbildung von Hangfurchen. Dies lehrt die feine Gliederung in bemerkenswert steile Böschungen und Hangfurchen in fast jedem gebirgigen Wüstenrelief. Außerdem ist auch der Wind durch Deflation an der Hangabtragung mit beteiligt, besonders in vollariden Gebieten (Bild 66, 67, 68, 76).

In diesem Klimabereich treten nicht selten ausgesprochen steile Hänge auf, d. h. schuttbedeckte Hänge, deren Steilheit etwa dem maximalen Ruhewinkel des betreffenden Schutts entspricht. An solchen Steilhängen erlangt die initiale lineare Fließwassererosion häufig besondere Eigenschaften, nämlich wenn das vorliegende Gestein zu grobblockiger Verwitterung neigt. In diesem Falle werden die Feinbestandteile, die bei der Verwitterung an den Trennfugen zwischen den übrigbleibenden und im wesentlichen am Ort verharrenden Grobblöcken entstehen, allmählich ausgespült. Das Spülen erfolgt hierbei auf vielen, meist engen Bahnen zwischen den Blöcken hindurch und damit vielfach von oben unsichtbar, d. h. ähnlich wie unterirdische Entwässerung durch Drainröhren oder wie durch eine Art räumliches Sieb. Solche *Siebspülung* (Fig. 41 b) erfordert großes Gefälle, also steile Hänge, weil die Reibung beim Fließen und beim Abtransport auch feiner Partikel unter diesen Bedingungen sehr groß ist. Der Grobschutt an derartigen Hängen ist dann ein fast ortsfester, nur sehr langsam durch Abbröckeln, Abgrusen vergehender *Residualschutt,* unter welchem durch die Siebspülung ganz allmählich eine neue Lage von Grobblöcken freigespült wird.

In den unteren Teilen eines solchen *Blocksteilhanges* ist jedoch ein Zustand zu erwarten, bei welchem das von oberhalb ausgespülte Feinmaterial einschließlich abgespülter etwas gröberer Fragmente sich derart summiert, daß diese Spülmassen beginnen, über die Blockdecke auszuufern. Damit muß sich, falls dort nicht definitive Ablagerung einsetzt, ein veränderter Mechanismus der Abtragung einstellen.

Die Weiterbewegung der feinkörnigen Bestandteile und der, nach längerem Liegen am Hangfuß durch fortschreitende Verwitterung, aus Grobschutt gleichfalls zu ausreichend kleinen Korngrößen zerfallenen Abtragungsmassen erfolgt nunmehr hauptsächlich durch Flächenspülung (flächenhafte Fließwassererosion), welche meist auch mit Rinnenspülung in wenig eingetieften Rinnen (initiale lineare Fließwassererosion) verbunden ist. Diese Weiterfrachtung unter Korngrößenverringerung (Korngrößenaustausch, Komponenten-Austausch, O. Weise, 1969, 1970; G. Wiegand, 1970) ist bei stark verringertem Gefälle möglich.

Die so transportierten Massen verringerter Korngröße überdecken gewöhnlich in dünner Lage als temporäre Ablagerung eine vor dem Steilhang über dem anstehenden Untergrund entstandene *Fußflur*. Nach kräftigen Starkregen wird der Schwemmschutt hier mehr oder weniger vollständig weiterbewegt.

Die praktisch ungehinderte Flächen- und Rinnenspülung hat weit geringere Transportreibung zu überwinden als die Siebspülung am Blocksteilhang. Sie entwickelt daher weit flachere Böschungen, als der Blocksteilhang mit seiner Decke von Residualschutt aufweist. Soweit bekannt, haben Abtragungsböschungen bei überwiegender Flächenspülung in diesen Klimaten deutlich unter 20° ($\approx 350‰$) Neigung und verflachen sich nach abwärts weiter, manchmal sogar bis auf weniger als 1°, d. h. bis zu extrem flacher Neigung.

Pedimente

Nicht selten ist eine bemerkenswert scharfe Grenze zwischen dem mit gröberem Schutt bedeckten Blocksteilhang und der mit feinerem Schwemmschutt bis Schwemmsand überzogenen flacheren Fußflur ausgebildet. Ob diese Grenze deutlich oder weniger deutlich ausgesprochen ist, das dürfte einerseits davon abhängen, wie stark das Gestein zu grobblockiger Verwitterung neigt. Andererseits dürfte von Einfluß sein, ob unter den gegebenen Bedingungen die am Orte hauptsächlich auftretenden Starkregen mehr oder weniger große Unterschiede der Abtragsleistung zwischen solchen Flächen bewirken, auf denen durch das Aufliegen von grobem Schutt die Entfaltung flächenhafter Abspülung behindert wird, und solchen, auf denen sie bei dünner Bedeckung mit feinerem Schwemm-Material kräftig vonstatten gehen kann. Wo die angedeuteten Unterschiede der Abtragungsleistung beträchtlich sind, da ist zu erwarten, daß sich auf die Dauer ein deutlicher Unterschied zwischen einem steileren mit Grobschutt bedeckten Oberhang (Blockschuttsteilhang) und einem erheblich flacheren Unterhang (Saumhang, Fußflur) herausbildet, der eine dünne Decke aus feinerem Schwemmschutt oder gar nur aus Schwemmsanden trägt.

Derartige verflachte Saumhänge in der Fußregion von Gebirgen mit einem Felssockel unter dünner Bedeckung durch Schwemm-Massen sind in ariden und semiariden Gebieten, soweit in diesen Solifluktion durch Frostschub keine große Rolle spielt, seit langem bekannt. Für sie hat sich die aus dem Englischen stammende Bezeichnung *Pediment* eingebürgert. Gegen die frostreichen

Trockengebiete hin scheint sich ein Übergang zum Typus der Glatthänge zu vollziehen.

Das Wort Pediment bedeutet nach K. Bryan (1922) und nach H. Baulig (1956, S. 52) eigentlich niedriger Dachgiebel oder Fenstergiebel und hat an sich *nichts* mit dem lateinischen Wort *pes* (Fuß) zu tun. Die französischen Geomorphologen bezeichnen diese dünn überschütteten Felsfußflächen der ariden Gebirge als *glacis d'érosion*. Besonders häufig sind sie in wenig widerständigen Gesteinen ausgebildet. Aber sie kommen auch bei sehr festem Gesteinsuntergrund vor (Fig. 38, 39, 40, Bilder 56, 57, 58, 69, 70; auch H. Mensching 1958a, 1958b, 1968).

Will man die Pedimente oder Glacis bezüglich ihrer Stellung im genetischen System der Formen kennzeichnen, so sind sie, wie P. Birot (1960) hervorhebt, im ganzen genommen als Bettformen fließender Gerinne ohne begrenzende Talhänge und auch ohne sich gleichbleibende räumliche Festlegung der Gerinne zu charakterisieren. Uns erscheint es richtiger, von einer Kombination flächenhafter Fließwassererosion mit seitlicher Erosion einzelner Gerinnestränge auf diesen Flachböschungen bei ihrer Entstehung zu sprechen. Auch in dieser Auffassung ist die Verwandtschaft mit Bettformen von Fließwasser enthalten, aber eben mit Bettformen ohne seitlich begrenzende Talhänge. Denn die Pedimente stellen einen besonderen Typ der Abtragungsböschungen, d. h. von Hängen dar, wenn auch von flachen bis manchmal extrem flachen Hängen. In Zusammenhang damit gibt es hier, wie besonders auf Luftbildern gut zu sehen ist, (vgl. z. B. Atlas des Formes du Relief, Bild S. 94) als häufiges, bezeichnendes Merkmal der Landschaft größere Flächen, auf denen die Entwässerungsbahnen nach abwärts divergieren. Sie sind über dicht unter der Oberfläche anstehendem Fels ausgebildet.

Das anstehende Gestein ist zumeist nur wenig verwittert und wird ohne Rücksicht auf seine Struktur durch die Pedimentfläche abgeschnitten. Die gewöhnlich nur einen Fuß bis wenige Meter mächtige Decke aus auflagerndem Schutt und Feinmaterial bis Sand besteht aus den Verwitterungsprodukten der Wand und aus dem, was durch Aufnahme aus dem unmittelbaren Untergrund hinzugekommen ist. Das Material weist, je weiter vom Wandfuß entfernt um so mehr, Spuren von Transport durch fließendes Wasser auf, und zwar durch vorzugsweise flächenhaft oder auf divergierenden Bahnen geflossenes Wasser. Daher ist auf den Pedimenten der Anteil der flachkegelförmigen Flächenanteile hoch.

Wie schon K. Bryan (1936, S. 772) betont hat, sind in den ariden und semiariden Gebieten *zwei* Typen von flach kegelförmigen Felsoberflächen zu beobachten. Nur die selteneren haben jene Lage im Bereich von Talausgängen, die gewöhnlich Schwemmkegel einnehmen. Für sie kommt die Erklärung von D. W. Johnson (1932) und H. v. Wissmann (1951) als „rock plains of lateral erosion" bzw. als Ergebnis seitlicher Erosion von Bächen bei der Schwemmkegelbildung vor dem Talausgang am Rande von Gebirgen besonders in semiariden Gebieten in Betracht. Häufiger entwickeln sich jedoch Fels-Einebnungskegel (rock-fan) mit ihrer Spitze gerade vor dem Fuße eines steiler auftretenden *Vorsprungs* oder *Sporns* des die Einebnungsfläche überragenden Gebirges. In diesen Fällen dürfte eine schon von A. C. Lawson (1915, S. 28ff.) gegebene

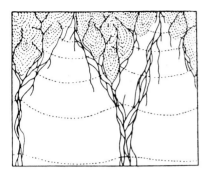

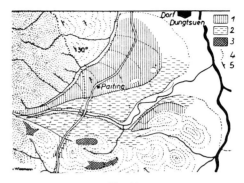

Fig. 38.   Fig. 39.

Fig. 38. Schema von Fanglomeratkegeln (Bajadas) in und vor Talausgangstrichtern im ariden bis semiariden Klimagebiet. (Nach H. v. Wissmann, 1951, S. 25, dort Trichterkegel genannt).

Fig. 39. Ineinandergeschachtelte, zerschnittene Felsfächer (Pedimente) am Ostfuß des Hoang-schan in Süd-Anhwei, China. (Nach H. v. Wissmann, 1951, S. 30).
1 und 2 ineinandergeschachtelte, zerschnittene Felsfächer;
3 höhere Verebnungsreste;
4 Grenze zwischen Granit im Westen und Schiefer im Osten;
5 Streichen und Fallen der Schiefer.

Analyse das Wesentliche zur Erklärung darbieten, ebenso sieht es Yi-Fu Tuan (1959):

Der Gebirgshang weicht unter den besonderen Bedingungen des ariden bzw. semiariden Klimas durch Verwitterung und Flächenspülung bzw. durch die Spülung nahe benachbarter Rinnsale langsam zurück, weil sich hier keine, den Gebirgsfuß verhüllende und ihn vor Abtragung schützende Schuttanhäufung ausbildet. An die Stelle des zurückweichenden Steilhanges des Gebirges tritt allmählich eine flache Saumzone von Schwemmschutt, Schwemmgrus, Schwemmsand, deren im einzelnen aus nebeneinander liegenden Kegeln gebildete Böschung durch die Korngröße der anfallenden Verwitterungseinzelteile und durch die Transportfähigkeit der Spülfluten bestimmt wird. Diese Schutt-, Grus-, Sandablagerung ruht als nur gering mächtige Decke auf einem Felssockel, dem einstigen Untergrund des nach und nach zurückgewichenen Gebirgshangs (suballuvial bench, überdeckte Felsfußfläche). Je breiter die Saumzone des Schwemmschutts und je geringer die Masse des übrigbleibenden Gebirges wird, um so dünner wird die Bedeckung der sich neu bildenden Teile der Felsfußfläche mit Schutt bzw. Grus und Sand. Der Felssockel tritt mehr oder weniger ausgedehnt zutage (subaerial bench, entblößte Felsfußfläche). Er kann auch unter gewissen Bedingungen, z. B. als Folge von Krustenbewegungen oder von leichten Klimaänderungen, in größerem Ausmaß freigespült, d. h. exhumiert werden (Tuan, 1959, S. 124ff.), (vgl. Fig. 38–40, Bilder 56, 57, 68, 69, 70).

Hierbei hat P. Birot (1960) darauf aufmerksam gemacht, daß die zu bestimmter Zeit in Benutzung stehenden Gerinnebetten auch nach sehr langer Trockenheit stets etwas erhöhte Untergrundfeuchtigkeit gegenüber dem umliegenden Wüstengebiet aufweisen. Deswegen gibt es hier etwas Vegetation. Diese bildet in den kurzen Zeiten, in denen wirklich Wasser fließt, ein Hindernis für den Abfluß. Sie ruft Sedimentation und Verstopfung im Gerinnebett hervor und damit in diesem Flachgelände Ausuferung und Verlagerung der Abflußbahnen. Es kommt also zu Erscheinungen des Pendelns der Flüsse ähnlich wie auf Schwemmkegeln, und dabei wird seitliche Erosion geleistet, ohne daß die Flächen, auf denen diese Einebnung vonstatten geht, im einzelnen die Gestalt von

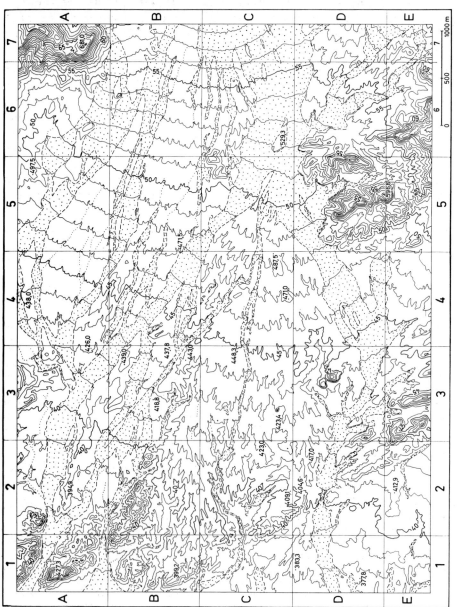

Fig. 40 Pedimentfläche im Gebiet des Wadi Kusheiba, nordwestl. von Ma'an, Jordanien.

flachen Kegeln haben müssen, deren Spitze jedesmal in einem Talausgang des benachbarten, höheren Geländes liegt.

In Gebieten sehr ariden Klimas und besonders, wo Sandsteine und quarzreiche Kristallinmassen bevorzugt zu Sand und Grus verwittern, nehmen die über eingeebnetem Fels liegenden Schwemmfächer am Saum steil aufragender Gebirge oft den Charakter großer *Sandschwemmebenen* an. Solche haben J. Büdel (1952, S. 117 f.) und H. Hagedorn (1971) beschrieben. Das Niveau der Sandschwemmebene wirkt als vorläufige Abtragungsbasis des gesamten Gebietes. Stellenweise ragen Restberge oder Klippen harten Gesteins über die Sandebene auf. In ihrem Umkreis liegt gewöhnlich dicht unter der dort nur dünnen Sanddecke der anstehende Fels.

In Tibesti ist das Vorkommen einer auffälligen Ringfurche von einigen Metern Tiefe unmittelbar rings um den Fuß von inselartig aus einer Sandschwemmebene aufragenden Bergen beobachtet worden. Nach H. Hagedorn führt eine Auslaßrinne aus derartigen, normalerweiser trocken daliegenden Ringfurchen, etwas in die Ebene eingetieft, doch deren Gefällsrichtung folgend, aus der Ringfurche heraus und erreicht schließlich das Niveau der Sandschwemmebene. Die Ausarbeitung der Ringfurche und der Auslaßrinne wird als Werk der Ausstrudelung von nach Sturzregen von den Steilabfällen des Berges herabstürzenden Wassern gedeutet. Allerdings dürften derartige Sturzregen dort seltene Erscheinungen sein.

Fig. 40. Pedimentfläche im Gebiet des Wadi Kusheiba (um 30° 15′ nördl. Breite, 35° 25′ östl. Länge), nordwestl. von Ma'an, Jordanien. Auf 1 : 40 000 verkleinert nach G. Lindig, Großmaßstäbige Wüstenphotogrammetrie. Bildmessg. u. Luftbildwesen, 32, Jg., S. 93−100, Karlsruhe.

Der Kartenausschnitt stellt mit Höhenlinien von 10 zu 10 m im großen gesehen ein flach kegelförmiges, stellenweise in nebeneinander liegende Teilkegel gegliedertes Stück Landoberfläche dar. Es böscht sich von Ost nach West auf etwa 5 km Entfernung mit 35 bis 55‰, d. h. mit 2° bis 3° Neigung von über 550 m bis unter 400 m Meereshöhe ab. Die Kegeloberfläche besteht etwa zu gleichen Teilen einerseits aus streifenförmig in der Gefällsrichtung gestreckten, sandig kiesigen Spülmassen (im Kartenbild punktiert), andererseits aus festem Fels, hauptsächlich aus flachlagernden paläozoischen Sandsteinen. Die höheren Erhebungen im östlichen Kartenteil sind Tafelberge aus diesen Sandsteinen. In den bescheideneren Aufragungen im Westteil der Karte treten kristalline Gesteine auf. Der am westlichen Kartenrand von Nord nach Süd bzw. von Nord-Nordwesten nach Süd-Südosten ziehende Geländesprung knüpft sich an eine der Randverwerfungen, mit denen das Hochland von Jordanien hier stufenweise gegen den Graben des Wadi Araba abbricht.

Wie die Höhenlinien im Bereich der großen Kegelfläche erkennen lassen, wird diese in der Gefällsrichtung sowohl im Fels wie im Bereich der Schwemm-Massen von zahlreichen, in dichter Folge nebeneinanderherlaufenden Rinnen gefurcht. Oft beträgt der Abstand von Rinne zu Rinne nur 50 m, manchmal weniger. Aber diese Rinnen sind flach. Meist sind sie im Fels um 2 m tief, selten übersteigt ihre Tiefe 5 m. Innerhalb der Schwemm-Massen ist die Tiefe geringer. Bei Hochflut nach Sturzregen dürfte, wo diese abkommen, die gesamte Kegelfläche überflutet werden. Anders ist die Ausbildung der gefurchten Kegeloberfläche nicht zu erklären. Sie ist als aktuelle Form der Flächenspülung im ariden Klima mit Tendenz zu divergierenden Entwässerungsbahnen aufzufassen. Sie stellt eine *Pedimentfläche* bzw. ein *Glacis* dar.

An dem kleinen Verwerfungsabfall im Westteil der Karte ist dagegen eine wirkliche Randzerschneidung eingetreten. Dort ist die ehedem auch vorhandene Kegelform weitgehend zerstört worden. Die Erhebungen, welche über die Pedimentfläche aufragen, zeigen die in ariden Gebirgen gewöhnliche Kerbzerfurchung. Besondere Verhältnisse herrschen in den Tafelbergen des östlichen Kartenteils. Hier sind neben den Kerbformen auch offensichtlich gesteinsbedingte Steilstufen, muldenförmige Talstücke und geräumige Hangnischen des Schichtstufenreliefs erkennbar.

Hamada (auch Hammada)

Besondere Verhältnisse liegen gewöhnlich auf den vegetationsfreien Schräg- und Flachhängen der vollariden Gebiete vor, soweit dort Frostwirkung keine nennenswerte Rolle spielt. Derartige Hänge sind gewöhnlich bis zu sehr flachen Neigungen herab mit einer Decke von Schutt des anstehenden Gesteins überkleidet *(Schutt-Hamada)*. Zuweilen ist der Fels auf größeren Flächen entblößt, einerseits in wandartig steilem Gelände, aber auch auf weniger geneigten Böschungen, dann oft mit Spuren von *Windkorrasion* (vgl. Kap. III, J). Dann spricht man von *Fels-Hamada*.

Die Schuttdecke von Schutt-Hamada kann dünner oder dicker sein. In den unteren Lagen sind die gröberen Fragmente stets in eine Masse von Feinmaterial bis hinab zur Korngröße von Sand und Staub eingebettet. Dies Gemenge ist das Ergebnis der Verwitterung am Ort. Der an der Oberfläche freiliegende Grobschutt ist das Überbleibsel der Ausblasung durch Wind und der Ausspülung durch die auch hier in großen Zeitabständen gelegentlich einmal niedergehenden Starkregen. Die Ausspülung wirkt hierbei in grobem Hamada-Schutt offenbar vorzugsweise in der Art der vorher erläuterten Siebspülung, bei Feinschutt- oder Kiesbedeckung (Sserir, vgl. Kap. III J) wohl mehr als Flächenspülung.

Dazu kommt allenthalben die Windausblasung (Deflation), der vor allem die staubigen und sandigen Verwitterungsprodukte unterliegen. Von den Windwirkungen zeugen die auch auf dem Hamada-Schutt weit verbreiteten Spuren von Windschliff. Der Hamada-Schutt ist ebenso wie der Grobschutt an den steileren Hängen weniger arider Bereiche wohl im wesentlichen als Residualschutt, d. h. als *Eluvium* anzusehen. Nur an kräftig geneigten Böschungen dürften unmittelbare Massenschwerebewegungen des Schutts hinzu kommen, so daß die Schutt-Hamada dann auch kolluviale Bestandteile enthält. (Hauptsächlich nach W. Meckelein, 1959).

Staubdecken

Wo nach H. Mortensen in sehr windarmen, vollariden Gebieten der Gesteinszerfall ohne Ausblasungserscheinungen bis zur Korngröße des Staubes fortschreiten kann, und wo außerdem dieses Verwitterungsmaterial nicht durch frostbedingte Feinbewegungen gestört wird, da kann es nach einem der sehr seltenen Regen bei der Verdunstung des niedergegangenen Wassers oder nach Taufall zu einer leichten oberflächlichen Verbackung des Staubes kommen, zu einer *Staubhaut* (H. Mortensen, 1927, 1929b, Bild 60). Nach Beobachtungen von W. Meckelein (1959) aus der zentralen Sahara sind auch in dieser Extremwüste Verwitterungs-Staubdecken sehr verbreitet. Wo sie unmittelbar an der Oberfläche liegen, sind sie von einer dünnen verfestigten Staubhaut überspannt. Diese konserviert das Kleinrelief über lange Zeit, so insbesondere die Regenrillen des jeweils letzten Gusses. Das hat bereits Mortensen beschrieben. Meckelein konnte zeigen, daß auch riesige Sserirflächen dicht unter der Oberfläche einen entsprechenden Staubboden aufweisen, und daß in diesem Falle eine leichte Verkrustung von wenigen Zentimetern bis zu etwa $^1/_2$ Meter Tiefe vorhanden ist, ohne daß damit besondere Kalk- oder Gipsausscheidungen verbunden wären. Dagegen konnte wiederholt unter einem ganz dünnen Deckhorizont eine eigenartige feine Polygonstruktur dieses Bodens festgestellt werden, bei der prismatische Körper aus Sserirmaterial von 5 bis 10 cm Durchmesser und 20 bis 30 cm Länge in aufrechter Stellung nebeneinander stehen und durch ein stauberfülltes Spaltennetz von einander getrennt sind. Wegen der Krustenbildung sind oberflächlich fast überall Spuren des fließenden Wassers erhalten, obwohl solches äußerst selten zur Wirkung kommt. Aber die Verkrustung erhält auch Fahrspuren von Automobilen über Jahrzehnte hin frisch. Meckelein konnte z. B. mit Sicherheit Fahrspuren einer 30 Jahre zurückliegenden Expedition ausmachen, die sich an Frische nicht merklich von wenige Wochen alten Spuren der eigenen Expedition unterschieden. Eine extreme Langsamkeit des formenbildenden Geschehens kommt darin für diese Gebiete zum Ausdruck. Die minutiöse Übereinstimmung der Kleinformen von Felswänden auf Photographien von 25, ja 50jährigem Zeitabstand, wie sie K. Bryan (1922) aus dem Papayo County, Arizona, nachweisen konnte, gibt ebenfalls Belege für mindestens örtlich außerordentliche Langsamkeit der formbildenden Vorgänge in der Wüste (Mortensen, 1927).

In der näheren Nachbarschaft der Gebirge bei etwas gemilderter Aridität und besonders, wenn Sandsteine und quarzreiche Kristallinmassen stark am Aufbau beteiligt sind, nehmen die Schwemmfächer den Charakter großer Sandschwemmebenen an.

Größenordnung der Abtragung

Die Größe der Abtragung an Steil-, Schräg- und Flachhängen im frostfreien oder doch frostarmen Gürtel der semiariden und ariden Gebiete dürfte nach den vorliegenden Beobachtungen ähnlich gering, in den vollariden Bereichen sogar noch geringer sein als in den frostreichen Teilen der Trockenräume. Wahrscheinlich sinkt sie in durch Frostwirkungen nicht nennenswert betroffenen Vollwüsten auf Beträge von wenigen Zentimetern und noch darunter im Jahrtausend ab. Dafür spricht unter anderem auch die geringe Abwitterung an frühantiken und selbst an prähistorischen Baudenkmälern in diesen Bereichen.

Steile bis extrem flache Abtragungsböschungen in den wechselfeuchten Tropen und verwandten Klimaten

Blockinselberge

Auch in den wechselfeuchten Tropen und in benachbarten Klimaten mit Wechsel zwischen feuchter und sehr warmer Jahreszeit und ausgesprochen trockenen Zeiten findet man nicht selten steile Hänge mit um 25° bis 35° Neigung, die mit Grobblöcken bedeckt sind (Blocksteilhänge). Sie zeigen sich besonders häufig an kleinen, aus weiten, sehr flachen Abtragungsverebnungen inselartig aufragenden Erhebungen, die H. Mensching als Blockinselberge bezeichnet.

Die Blockdecke dieser Hänge besteht aus denjenigen Blöcken, welche durch die chemische Verwitterung längs des ziemlich weitmaschigen Kluftsystems aus dem Gesteinsverband gelöst wurden, aber alsdann nur noch durch langsame Abgrusung oder Vergrusung weiter abgebaut werden, nicht durch schrittweise Weiterzerteilung in kleinere Blöcke. Diese Blöcke bleiben unter ihrem maximal möglichen Ruhewinkel im wesentlichen ortsfest liegen, während die Spüldenudation bei Starkregen das zwischen den Blöcken entstehende erdig-grusige Feinmaterial bei dem vorhandenen starken Gefälle laufend ausspült. Wenn die oberflächliche Blocklage durch Abgrusen bzw. Vergrusen und durch die Abspülung der entstandenen Feinmassen ganz beseitigt ist, so ist inzwischen durch die chemische Verwitterung im Untergrund eine neue freispülbare Blocklage vorbereitet.

Der Steilhang verlegt sich auf diese Weise etwa parallel zu sich selbst zurück, wobei an seinem Fuße nur verspülbares Feinmaterial angeliefert wird. Diese Blockdecken, welche wie Blockhalden aussehen, sind also Residual-Blockdecken, allenfalls Residual-Halden. Sie sind nicht wie die Schutthalden bzw. Sturzhalden der Außertropen durch Absturz der Einzelbruchstücke entstanden (vgl. Fig. 29).

Rampenhänge

Mit dem unteren Ende der beschriebenen Blocksteilhänge die von Residualblöcken bedeckt sind, ist in den wechselfeuchten Tropen für gewöhnlich durchaus nicht das untere Ende der dort entwickelten Abtragungsböschung erreicht. Vielmehr setzt hier meist ein Flachhang (Fußflur), schließlich sogar eine extrem flache Böschung die Abdachung des Geländes in annähernd der gleichen Gefällsrichtung fort. Sie besitzt nach den Erfahrungen in Tanzania in der Nähe des überragenden Steilhangs meist Neigungen zwischen deutlich unter 15° und um 5° (etwa 250 bis 100‰), verflacht sich aber in größerer Entfernung von diesem fast regelmäßig zu Böschungen von nur noch zwischen 3° und weniger als 1° (etwa 50‰ bis gegen 10‰). Sie besteht aus zum mindesten oberflächlich stark zersetztem anstehendem Gestein unter einer dünnen Decke aus Feinmaterial, welches Spuren von Verspülung aufweist. Erst mit derartig extrem flacher Neigung endet dann die betreffende, im ganzen gleichgerichtete Abtragungsböschung an einem quer laufenden, d. h. mit einem im Grundriß um mehr als einen halben Rechten (>45°) abweichenden Winkel an einem größeren Gerinnebett, d. h. an einer Tiefenlinie dominierender linearer Erosion, oder sie endet an einem Akkumulationsgebiet. Zusätzlich weisen diese flachen bis extrem flachen Böschungen der wechselfeuchten Klimate mit feuchtheißer Jahreszeit gewöhnlich auch seichte Gerinnefurchen auf. Deren Gefälle ist aber nicht, wie dasjenige dominierender Tiefenlinien mehrmals geringer, sondern es ist etwa gleich groß wie das der Flachböschungen selbst. Diese Furchen sind also lediglich Formen initialer Linearerosion innerhalb dieser Flachböschungen.

Um die beschriebenen, flachen bis extrem flachen Abtragungsböschungen von anderen Flachformen unmißverständlich unterscheiden und sie als besonderen Typ der Abtragungsböschungen kennzeichnen zu können, wurden sie als

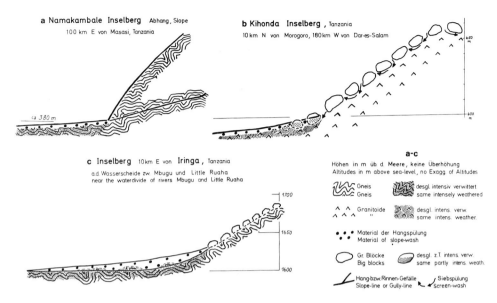

Fig. 41 a–c. Beispiele von Inselberg-Steilhängen mit angrenzenden Rampenhängen aus Tanzania. (H. Louis 1976.)

a) Inselberg-Steilhang mit konkaver Singulärstelle am Fuß und mit anschließendem Rampenhang bei etwa stationärer Böschungsabtragung durch Oberflächenspülung. Praller Steilhang, so gut wie ohne Lockermassendecke. Rampenhang mit dünner Decke von temporär abgelagertem Spülmaterial (selten mehr als ein bis wenige Fuß mächtig).

b) Inselberg-Steilhang mit konkaver Singulärstelle am Fuß und mit anschließendem Rampenhang bei etwa stationärer Böschungsabtragung durch Siebspülung innerhalb einer Blockdecke am Blocksteilhang. Rampenhang mit dünner Decke von temporär abgelagertem Spülmaterial (wie unter a).

c) Inselberg-Steilhang mit konkaver Singulärstelle am Fuß und mit anschließendem Rampenhang nach merklichen allgemeinen Änderungen der Böschungsabtragung. Hier folgten aufeinander
1. ein Zeitraum der Entstehung von Inselberg-Steilhang mit konkaver Singulärstelle am Fuß und mit anschließendem Rampenhang.
2. ein Zeitraum der Bildung eines bis zu Zehnern von m mächtigen Sedimentpolsters aus Spülmaterial in der Saumzone zwischen dem Steilhang und dem Rampenhang.
3. ein Zeitraum nachträglich tiefer Zerschneidung des Sedimentpolsters, wobei die Zerschneidungstiefe bergwärts wie auch talab abnimmt.

Rampenhänge[17] bezeichnet. Denn unter einer Rampe wird allgemein eine flache Böschung verstanden, und Hänge sind in der Geomorphologie Formen, auf denen in deutlich bestimmbarer Richtung flächenhaft Abtragung erfolgt (H. Louis 1964; vgl. Fig. 28, 29, 41 a–c, 42 u. Bild 82, 84, 87, 88).

---

[17] H. Blume (1971), ebenso H. Blume u. H. K. Barth (1972) haben einige Jahre später das Wort „Rampe" zur Kennzeichnung gewisser Spezialformen ganz anderer Art im Schichtkammrelief vorgeschlagen. Darüber weiteres in Kap. III F. 3, S. 330). Wir möchten aber zur eindeutigen Charakterisierung der riesigen flachen Abtragungsoberflächen des mit konvergierend-linearem Abflußsystem ausgestatteten intakten Rumpfflächenreliefs, insbesondere zur Unterscheidung vom Pedimenttypus des Flachreliefs und zur Vermeidung des unscharfen Begriffs „Flächenrelief" an der Bezeichnung Rampenhang festhalten.

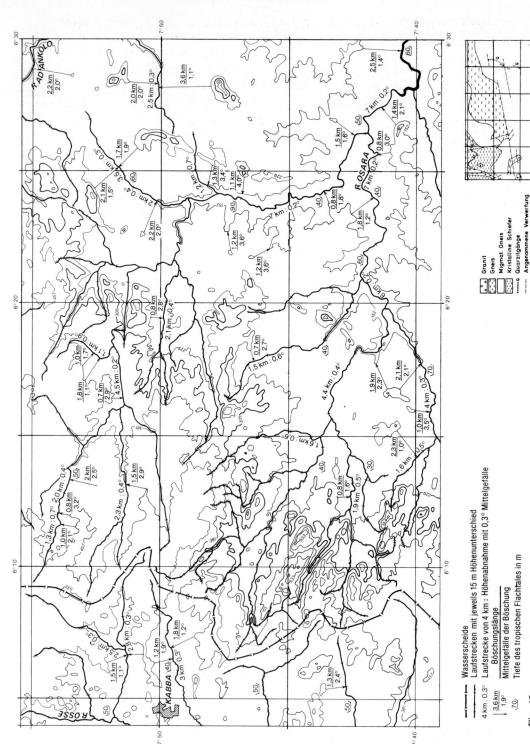

Fig. 42.

Rampenhänge der beschriebenen Art bilden in den wechselfeuchten Tropen und den verwandten Klimaten nicht nur die gewöhnlich an steile Hänge, sondern auch zumeist die dort an Wände nach unten anschließenden Teile von in gleicher Richtung weiterlaufenden Abtragungsböschungen, die sich gegen dominierende Tiefenlinien oder gegen Akkumulationsgebiete hin abdachen.

Die Rampenhänge werden zweifellos durch die Flächenspülung über einem stark zersetzten bzw. vergrusten Verwitterungsmantel gebildet, wie er in den erwähnten Gebieten entsteht. Daneben spielt Rinnenspülung, d. h. initiale lineare Fluvialerosion nur eine bescheidene Rolle. Die Verwitterung kann hier strecken-weise oder gebietsweise sehr tiefgründig sein. Sie ist es aber keineswegs überall. Im Flachgelände, soweit der Aufbereitungsmantel aus Lockermassen sich bilden kann, ist die Flächenspülung sicherlich auch imstande, langsame Änderungen an den Rampenhängen herbeizuführen, z. B. Flächenänderungen durch Erniedrigung von noch nicht völlig einbezogenen Aufragungen oder durch leichte Verschie-bungen der Wasserscheide (Spülscheide) zwischen benachbarten Rampenhängen, auf denen die Flächenspülung unter etwas verschiedenen Bedingungen arbeitet. Auch Krustenbewegungen, welche zur Verkippung führen, müssen die Flächenspülung beeinflussen und können dadurch Änderungen auf den Rampen-hängen hervorrufen.

Fig 42. Rumpfflächenrelief mit Rumpfstufe und Inselbergen im Kristallin von SW Nigeria etwa 1:260000 (nach Blatt 246 Kabba der Karte 1:50000 von Nigeria, unter Benutzung von Angaben aus H. Bremer 1971, Fig. 12).
Höhenlinien von 152, 229, 305, 381, 457, 533, 610 m, (d. h. von 250f = 76,2 m Vertikalabstand) abgerundet. 305 m Linie verstärkt. Hauptflüsse: Starke Linien, Querstriche teilen an ihnen Lauf-abschnitte von etwa 15 m (50f) Gefälle ab (nach H. Bremer 1971, Fig. 12).
4 km: 0,3° längs eines Flusses bedeutet: Die dortige Laufstrecke von 15 m Höhenabnahme ist 4 km lang und hat 0,3° Mittelgefälle.
$\frac{2,5\ km}{1,4°}$ mit Richtungspfeil quer zum Fluß bedeutet: Die dortige Böschung ist 2,5 km lang und hat 1,4° Mittelgefälle.
Eine Zahl 40 kennzeichnet die ungefähre Tiefe in m des Tales zwischen dem Talgrund und dem Fuß eines nahen Inselberges bzw. dem niedrigsten Punkt der Talscheidelinie in der Nachbar-schaft.
Die eingezeichnete Wasserscheide trennt das Einzugsgebiet des R. Osse im Westen von dem des Niger (R. Osara) im Osten. Ein höherer Rumpfflächenbereich liegt im Nordwesten des Kartenaus-schnitts in etwa 350 bis 450 m Höhe. Eine durch Scharung der Höhenlinien angedeutete Rumpfstufe führt nach Südosten und Osten um 150 bis gut 200 m bis auf etwa 230 m Höhe zu einem unteren Rumpfflächenbereich hinab. Der Stufenabfall ist meist zwischen etwa 5° und etwa 20° geneigt.
Die niedrigere Rumpffläche dacht sich in der Südhälfte des Kartenbereichs auf gut 30 km Ent-fernung von etwa 230 m bis auf 90 m Höhe, d. h. mit weniger als 5‰ oder 0,3°, nach Osten ab. Dies entspricht etwa dem Gefälle der Flüsse, welches von 0,6° bis 0,8° nahe der Stufe auf etwa 0,2° in größerer Entfernung von der Stufe abnimmt. Die in den Rumpfflächenbereichen zwischen den Fluß-läufen liegenden Flächen dachen sich meist mit 1° bis 2°, manchmal mit bis etwas über 3° Mittelge-fälle, also mit einem mehrmals größeren Gefälle als die Flußläufe selbst besitzen, gegen diese Fluß-läufe ab. Diese Böschungen sind *Rampenhänge*.
Wie das Nebenkärtchen zeigt (nach der Geolog. Karte von Nigeria 1:250000 Bl. 62 Lokoja), nehmen Granite, Gneise, Kristalline Schiefer und Quarzitische Gänge mit N–S bis ENE–WSW Längsanordnung der verschiedenen Komplexe am Aufbau teil. Anlehnung der Rumpfstufe oder der Inselberge an bestimmte Gesteine oder Gesteinsgrenzen besteht im allgemeinen nicht. Nur die Insel-bergzüge bei 6°25′ EL und 7°45′ bis 7°51′ NBr, sowie jener bei 6°8′ bis 6°9′ EL und 7°53′ bis 7°54½′ NBr. knüpfen sich offenbar an Quarzitrippen.

Büdel (1957[a], 1965, S. 17f.) hat mit Recht auf die besondere Bedeutung der Tatsache hingewiesen, daß in den großen Flachlandschaften der wechselfeuchten Tropen die Basisfläche des zu Feinmaterial gewordenen und weiter werdenden Verwitterungsmantels merklich, manchmal tief unter der Erdoberfläche liegt, daß aber die Flächenspülung an der Erdoberfläche wirkt. Er bezeichnet diesen Sachverhalt als den *Mechanismus der doppelten Einebnungsflächen*. Wenn man diese Wortprägung benutzt, so wird man daran zu denken haben, daß von den beiden gemeinten Flächen nur die obere wirklich Erdoberfläche ist, daß die untere, die Basisfläche des Verwitterungsmantels, höchstens durch Abtragung des Verwitterungsmantels unter veränderten Klimabedingungen zur Erdoberfläche werden kann. Außerdem ist diese Basisfläche des Verwitterungsmantels nach den vorliegenden Aufschlüssen und Bohrungen (F. M. Thomas, 1965) nicht annähernd so eben wie die obere. Sie ist eher leicht wellig, bucklig bis hügelig mit Höhenunterschieden, die 100 m erreichen können bei erheblich steilen Neigungen. Die chemische Verwitterung an der Basisfläche des Verwitterungsmantels ist, wie wohl zuerst O. Jessen (1936) deutlich herausgearbeitet hat, eine entscheidende Voraussetzung für das Funktionieren der ebenflächigen Abspülung seiner Oberfläche. Aber sie ist nicht „der eigentliche Motor der Landabtragung" (Büdel, 1965, S. 34). Denn durch diese Verwitterung entstehen, worauf Büdel in der gleichen Arbeit besonderen Wert legt (S. 17), „Ortsböden". Der Motor ist vielmehr die Flächenspülung. Wo Rampenhänge an Aufragungen aus festem bzw. weniger stark verwittertem Gestein angrenzen, da vergrößern sie sich langsam durch Rückwittern der betreffenden Aufragung. Denn die unter der flachen Oberfläche des Rampenhanges wirksame Aufbereitung des Gesteins zu verspülbaren Feinmassen greift an der Grenze gegen den aufragenden Körper festen Gesteins im Niveau des Rampenhanges das feste Gestein an und greift auch stellenweise horizontal merklich unter dieses herunter, so daß die Standfestigkeit der Aufragung untergraben wird. Die Flächenspülung hat dann die Möglichkeit, unmittelbar am Fuß der Aufragung und manchmal sogar unter einem leichten Überhang, Feinmassen im Niveau des Rampenhanges fortzuspülen (W. Schmidt, 1962 nach J. Büdel, 1965).

Büdel hat für diesen Sachverhalt die wenig glückliche Bezeichnung „subkutane Seitendenudation" vorgeschlagen (1965, Fig. S. 25). Subkutan ist hier die Gesteins*aufbereitung*. Die Denudation ist oberflächliche Abspülung. Es ist auch keine *Seiten*denudation, denn sie erfolgt nicht wie die analog benannte Seiten*erosion* etwa der Flüsse in der Horizontalen senkrecht zur Hauptgefällsrichtung des wirkenden Agens, sondern sie erfolgt nach rückwärts, der Hauptgefällsrichtung entgegen. Es handelt sich um *Rückverlegung* eines *Steilhangs* ähnlich wie bei Schichtstufen (siehe dort), wenn auch aus wesentlich anderen Ursachen.

Die Rampenhänge im ganzen gesehen bilden offensichtlich jeweils eine Ausgleichsfläche, auf der die Flächenspülung ohne markanten Einschnitt und ebenso ohne größere dauernde Ablagerung ihren Abfluß vollziehen und eine oberflächliche Materialverspülung vornehmen kann. Anzeichen der letztgenannten sind allenthalben zu beobachten.

Nach Beobachtungen in den Flachlandschaften der wechselfeuchten Tropen, z. B. aus Angola (Jessen 1936) und aus dem südlichen Tanzania (H. Louis, 1964, S. 48*/49*) erfaßt die Flächenspülung hier vor allem jene früher erwähnte (S. 184) dünne, zur Trockenzeit sandig-staubige Oberschicht, die die darunter folgenden, leicht verbackenen Bodenpartien überlagert. Sie wird beim Naßwerden schmierig, entwickelt dabei aber fast keinen plastisch-zähen Zusammenhalt, was auf ihren geringen Gehalt an quellfähigen Tonmineralen zurückgeht. Das ist eine die Abspülung sehr erleichternde Beschaffenheit. Nach jedem der in der Regenzeit häufigen Starkregen strömt das Wasser wie eine rotbraune Suppe schichtflutartig über die flachen Böschungen dahin, und zwar innerhalb des lichten regengrünen Miombo-Waldes, der von Natur aus diese Flächen überkleidet, ganz ebenso wie im offenen Gelände der Anbauflächen. Nach dem Regen sieht man überall Millimeter bis wenige Zentimeter große Verspülungsreste häufchenartig, zungenartig, girlandenartig in und zwischen den Grasbüscheln sitzen. Diese bilden hier nicht einen zusammenhängenden Pflanzenfilz, sondern sie wurzeln in Form kleiner isolierter Horste und lassen zwischen sich allenthalben etwas Boden unbedeckt. Die Verspülungsreste bestehen aus feinerem oder gröberem Sand, der beim Nachlassen der Flut wieder abgesetzt wurde, während die Bestandteile der Staub-Schluff-Fraktion im Wasser suspendiert, weitergefrachtet werden konnten.

Büdel hat die Vermutung geäußert (1965, S. 18 ff.), daß die Flächenspülung auf diesen flachen Flächen auf zwei verschiedene Weisen arbeitet. Der erste Starkregen nach einer längeren Trockenzeit findet Einsickerungsschwierigkeiten vor, weil der Boden lufterfüllt ist. Das begünstigt Schichtflutabfluß. Dabei bildet sich ein Netz kleinster bevorzugter Regenzeit-Rinnsale, in welchem dann später durch die ganze Regenzeit der eigentliche Abfluß vor sich gehen soll. Das Bestehen der beiden Möglichkeiten Schichtflutabfluß und Abfluß in einem Netz feinster Rinnsale soll nicht bestritten werden. Es ist aber auch zu bedenken, daß nach jedem Regen die Krautgewächse überaus rasch neue Triebe und neue Individuen hervorbringen. Dadurch wird ein entstandenes Netz kleinster Rinnsale ohne Zweifel an zahllosen Stellen im einzelnen auch wieder verstopft und zu Abänderungen genötigt. Außerdem dürften Niederschläge von 20 mm, 40 mm oder mehr in einer halben Stunde, wie sie immer wieder vorkommen, in so flachem Gelände, auch wenn gebahnte kleinste Rinnsale vorhanden sind, nicht ohne Schichtüberflutungen abgehen.

Es findet jedenfalls in diesen Gebieten mit den Starkregen, die ja zu den regelmäßigen Erscheinungen der Regenzeit gehören, eine sehr kräftige Oberflächenspülung statt. Bei ihr entstehen im allgemeinen keine nennenswert eingeschnittenen Spülrunsen. Diese Flächenspülung arbeitet in den Flachlandschaften großer Teile der wechselfeuchten Tropen auf den dortigen Rampenhängen noch bei überaus flachen Böschungen, bis zu Neigungswinkeln von weniger als 1°.

Es gibt aber, besonders in der Nähe des Fußes von Inselbergen auf den Rampenhängen auch Stellen, an denen bei flachgründiger, oftmals grusiger Verwitterung der feste Fels manchmal nur unter einer dünnen Grusdecke verborgen ist. Auch kleinere Felsflächen von gleich geringer Neigung wie die Umgebung sind im Niveau der Rampenhänge gelegentlich von Grus freigespült. Zuweilen erhebt sich ein Buckel oder eine Rippe aus ziemlich festem Fels über das Niveau des umgebenden Rampenhanges.

Büdel bezeichnet derartige Gesteinsbuckel als *Grundhöcker*. Er faßt sie auf als freigespülte Aufragungen von wenig verwitterten Teilen des Gesteinsuntergrundes im Bereich des ringsum dickeren, tiefer hinabgreifenden Verwitterungsmantels. Schreitet diese Freispülung weiter fort durch Tieferlegung der umgebenden Abspülungsoberfläche im Bereich der Zersetzungsmassen, so werden aus diesen Grundhöckern *Schildinselberge*. Diese Ableitung erscheint einleuchtend.

Wo nicht Inselberge oder sonstiges höheres Gelände mit Steilabfällen über den Rampenhängen aufragen, da verringern sich deren Böschungen auch nach oben zu sehr flachen Scheitelpartien zwischen verschieden gerichteten Abdachungen. Büdel nennt sie *Spülscheiden*. Das Gesamtprofil solcher Rampenhänge ist also von oben nach unten sehr sanft konvex-konkav. Diese Gefällsentwicklung ist wahrscheinlich als Anpassung an die Fließkurve der Spülfluten zu deuten, die diese Rampenhänge gestalten. Die Abflachung der Scheitelregion dürfte davon herrühren, daß ja unmittelbar an der Wasserscheide jede Abspülung in vollem Umfange einen Abtragungseffekt vorstellt, während unterhalb der Scheitellinie nicht nur die Entfernung dort befindlichen Materials, sondern außerdem noch der Durchtransport des von weiter oben ankommenden Materials zum gleichen Effekt erforderlich ist. Es ist verständlich, daß hierfür ein leicht gesteigertes Gefälle nötig ist. (Fig. 42 u. 61).

Das weiter abwärts abnehmende Gefälle der Rampenhänge ist wahrscheinlich darin begründet, daß über die unteren Hangteile jeweils mehr Wasser fließen muß als über die oberen. Das dürfte eine verminderte Abflußreibung über den unteren Hangteilen hervorrufen. Die Folge wäre ein stationärer Zustand bei vermindertem Gefälle. Nichts spricht dafür, daß man in diesem Falle allein aus dem Wechsel von konvex und konkav der Böschungen Schlüsse auf die Abtragungsintensität oder gar auf Krustenbewegungen ziehen kann.

Die Rampenhänge sind nicht nur durch die Beschaffenheit ihres Untergrundes und ihrer feinkörnigen Spüldecke von den Pedimenten verschieden. Sie weichen auch topographisch von den Pedimenten in der Anordnung ihrer Abflußbahnen merklich ab. Während auf Pedimentflächen Divergenz, bzw. ein Ausfächern der Abflußbahnen, wie es für die Bettform verwilderter Flüsse kennzeichnend ist, weithin das Gesamtbild bestimmt, herrscht auf den Rampenhängen ein ausgesprochen flußab konvergierendes System der Abflußbahnen. Nur innerhalb der im Bereich der Rampenhänge deutlich abgesetzten *Betten* der größeren Abflußbahnen selbst gibt es dort Formen der Abflußverwilderung, was aber selbstverständlich ist.

Diesen Unterschied möchten wir besonders hervorheben, weil J. Büdel ihn in seiner „Flächenspülzone" bisher nicht berücksichtigt. Es erscheint aber notwendig, zwei Formengemeinschaften, die sich zwar ähneln, deren Zusammensetzung aus den maßgebenden Formelementen jedoch systematische, im Höhenlinienbild an Unterschieden der Verteilung von *Konkav* und *Konvex* erkennbare Verschiedenheiten aufweist, auch dann wissenschaftlich auseinander zu halten,

wenn im einzelnen hier und da Übergangserscheinungen bzw. Annäherungs-
erscheinungen zwischen beiden vorkommen. Das letzte dürfte bei den Pedimenten und den Flachtalformen in Gebieten des entsprechenden Klima*übergangs*
der Fall sein, aber auch in Gebieten, in denen durch Klima*wechsel* zeitweilig mehr
die eine, zeitweilig mehr die andere Tendenz geherrscht hat. Es wird noch weiterer
Forschung bedürfen, um über diese Verhältnisse größere Klarheit zu erlangen, als
gegenwärtig vorhanden ist (vgl. Fig. 40, 42 u. 61 und sorgfältige Spezialarbeiten,
z. B. R. Mäckel 1974, 1975).

Allgemeine Besonderheit der Böschungsabtragung in den wechselfeuchten Tropen

Tiefe steilwandige Spülrinnen treten in weiten Teilen der wechselfeuchten
Tropen, z. B. in den Flachlandschaften des südlichen Tanzania, stark zurück. Sie
fehlen dort auch an solchen Stellen, wo die Böden durch Anbaumaßnahmen in
erheblichem Umfang des natürlichen Pflanzenwuchses beraubt sind, daher nackt
daliegen, selbst wenn die Flächen beträchtliche Neigung (10° und mehr) besitzen.
Allerdings besteht ein merklicher Unterschied dieser Böden gegenüber den Verwitterungsmassen der besonders stark von Zerrachelung bedrohten Gebiete, vor
allem der Subtropen. Die Böden des südlichen Tanzania zeigen in der
Trockenzeit keine Trockenrisse, dagegen eine leichte Verbackung nahe unter der
Oberfläche. Diese selbst wird von einer wenige Zentimeter dicken, bei
Trockenheit staubig-sandigen Oberschicht gebildet. Diese Verwitterungsmassen
sind, wie Proben erweisen, arm an quellfähigen Tonmineralen mit plastischen
Eigenschaften, sehr im Gegensatz zu den Böden der jahreszeitlich trockenen
Mittelbreiten und Subtropen. Eine Ursache der großen Anfälligkeit der letzt-
genannten Gebiete für die Bodenerosion scheint hiernach in dem Reichtum ihrer
Verwitterungsmassen an quellfähigen Tonmineralen zu liegen.

Die beschriebenen Verwitterungsdecken der wechselfeuchten Tropen erleiden
trotzdem eine beträchtliche Abspülung. Aber diese wirkt nur oberflächlich und
erzielt nicht sinnfällig große Augenblicksveränderungen an den vorliegenden
Formen.

Im ganzen zeigt sich folgendes:

Während in den Außertropen eine sich selbst überlassene Wand, indem sie
langsam zurückweicht, allmählich durch einen Glatthang oder einen Haldenhang
ersetzt wird, tritt in den wechselfeuchten Tropen an die Stelle einer Wand infolge
von deren Zurückweichen zumeist unvermittelt ein Rampenhang, d. h. eine sehr
viel flachere Böschung. Nur unter bestimmten Bedingungen scheinen sich ver-
mittelnde Übergangsböschungen zu bilden. Rolf Meyer (1967) hat in Quarziten
und Metamorphiten von Nordtransvaal, d. h. in Gesteinen, die nicht zur Vergrusung, sondern zur allmählichen Verkleinerung entstandener Gesteinsfragmente neigen, vor dem Fuß von Inselbergen flache Hangschleppen
beobachtet, d. h. ganz allmählich nach abwärts flacher werdende Hangneigungen,
die nur einen Schuttschleier, nicht eine nach abwärts mächtiger werdende
Schutthalde tragen. Sie sind auch merklich flacher als Sturzhalden. Diese Schuttschleier scheinen unter Ausspülung des Feinmaterials im wesentlichen aus in situ

gebildetem Schutt hervorzugehen. Sie scheinen höchstens teilweise aus Sturzschutt oder Wanderschutt von einer benachbarten Aufragung gebildet zu sein. Sie dürften also ähnlich wie die vorher beschriebenen Blockdecken aus groben Blöcken auf Steilhängen als Residual-Schuttdecke auf einem durch laufende Abspülung des entstehenden Feinmaterials langsam zurückweichenden Hang aufzufassen sein. Sie bilden sich in den betreffenden Klimaten vor dem Fuß eines zurückweichenden Steilhanges, wenn die Verwitterung des Gesteins zu schrittweise kleiner werdenden Gesteinsfragmenten führt.

Außer den flachen Rampenhängen gibt es jedoch in den wechselfeuchten Tropen auch steile Hänge, die dennoch nicht wie etwa die meisten Inselberg-Aufschwünge Wandcharakter tragen oder blockbedeckte Hänge von um 35° Neigung sind. Steilhänge mit feinkornreichem Verwitterungsmantel treten in feuchteren Teilen der wechselfeuchten Tropen auf, ganz besonders in hohen Gebirgen oder im Bereich von Landstufen, die die großen Flachlandschaften der Rampenhanggebiete überragen. In diesen Gebirgen bzw. an solchen Abfällen zeigt sich zumeist, daß das Gestein der Hänge durch intensive chemische Verwitterung tiefgründig aufbereitet ist, daß aber das ziemlich dichte Vegetationskleid hier die Abspülung der lehmig-erdig-grusigen Verwitterungsmassen stark hemmt. Selbst wo nach Rodung des Waldes und nach Anlegung von Kulturflächen auf äußerst steilen Hängen Rutschungen abgegangen sind, verheilen diese Wunden offensichtlich in kurzer Zeit. Sie werden nicht, wie etwa in niederschlagsschwachen Gebieten der Subtropen, zum Ausgangspunkt tiefer Zerrachelung und vollständiger Abtragung des Verwitterungsmantels. Vielmehr kann man die entblößten Flächen von neuem bebauen oder sie werden von der Wildvegetation zurückerobert. Der Verwitterungsmantel ist hier offenbar so mächtig, und die Verwitterung erfolgt auch so schnell, daß selbst sehr kräftige Denudation den festen Fels nur ausnahmsweise bloßlegen kann (Bild 95, 174).

Dies letzte geschieht immerhin an manchen Stellen, nicht selten bei Gesteinen, bei denen es bisher nicht möglich ist anzugeben, warum gerade sie der Zersetzung zu Lockermassen entgangen sind. Das unerwartete Auftreten steilwandiger, meist auffällig glatter Felswände, Felsglockenberge, Felszähne, Felsnadeln im steilen, aber sonst in einen Verwitterungsmantel gehüllten und dicht bewaldeten Gebirge ist die Folge. Diese Hangformen sind bereits denen der immerfeucht tropischen Gebirge sehr ähnlich.

Als allgemeine Regel der Hangentwicklung in diesen Gebirgen wäre anzuführen: Sie erhalten sich unter einem üppigen Waldkleid bei tiefgründig zersetztem Gesteinsuntergrund auffällig steil selbst dann, wenn diese Steilhänge über dem Boden ziemlich breiter Talzüge aufragen. Außerdem wird das Bild dieser Gebirge, wie vorher erwähnt, durch das vereinzelte, sehr unvermittelte Vorkommen praller Felsgestalten gekennzeichnet (Bild 96).

Größenordnung der Abtragung

Nach den bisher vorliegenden Abtragungsmessungen sind die ermittelten Abtragswerte in den wechselfeuchten Klimaten mit feuchtheißer Jahreszeit ausgesprochen hoch. Sie dürften sich in den dortigen Flachlandschaften um 1 m bis mehr als 2 m im Jahrtausend halten und im dortigen Gebirgsrelief sogar mehrere Meter im Jahrtausend erreichen. Daraus ist zu entnehmen, daß die höchsten auf der Erde in Flachrelief überhaupt vorkommenden großräumigen Durchschnittswerte der Abtragung gerade in den intakten Rumpfflächenlandschaften erreicht werden. Dies sind eben die Gebiete, in denen nach der Grundannahme der Peneplain-Hypothese von W. M. Davis die Abtragung fast ihr Ende erreicht haben müßte.

Die Schichtflutwasser sammeln sich bei ihrem Abwärtslauf alsbald in lagebeständigen kleineren, größeren, schließlich in sehr großen Gerinnebetten. Diese folgen Tiefenlinien, welche gleichsinniges Gefälle besitzen und welche die gesamte Flachlandschaft in feiner Verästelung aufgliedern (Fig. 42 u. 61).

Die größeren Gerinnebetten führen auch zur Trockenzeit dauernd oder lange Zeit etwas Wasser. Ihr Boden besteht aus mehr oder weniger deutlich geschichtetem Sand. Es ist der nach dem Abflauen jedes Flutereignisses verbleibende Transportrückstand. Bei jedem Hochwasser wird von den umliegenden Flächen neuer Sand in sie hineingespült und der alte mehr oder weniger kräftig weitertransportiert. Dieser linienhaft und in festliegenden Betten erfolgenden Teil des Abflusses leistet typische Flußarbeit. Meist ist bei den Abflußfurchen recht genau anzugeben, bis wohin sie ephemere Gebilde sind, die bei jeder Schichtflut wechseln, und wo ein permanentes, immer wieder benutztes Gerinnebett beginnt.

In welchem Umfang die geschilderte Flächenspülung ohne nennenswerte Runsenbildung für die wechselfeuchten Tropen charakteristisch ist, das bedarf noch weiterer Klärung. Anscheinend stellt stärkere Runsenbildung sich ein, sobald die feuchte Zeit des Jahres entweder über einen noch nicht näher bekannten Schwellenwert hinaus andauert, oder wenn sie unter einen anderen, ebenfalls erst noch genauer zu ermittelnden Schwellenwert absinkt. Vermutlich spielt dabei auch die Beschaffenheit der Gesteine, insbesondere ihre Aufnahmefähigkeit für Sickerwasser eine merkliche Rolle. Die große Verbreitung unzerschnittener Rumpfflächen gerade in Gneis- und Granitgebieten der wechselfeuchten Tropen spricht dafür, daß auf kieselsäurereichen Silikatgesteinen in diesem Klimabereich die Flächenspülung ohne Runsenbildung besonders günstige Voraussetzungen antrifft.

Sehr steile bis flache Abtragungsböschungen in den dauernd feuchten Tropen und verwandten Klimaten

In den dauernd sehr warmen und zugleich feuchten Wäldern vor allem der inneren Tropen, aber auch von Nachbargebieten, in denen diese Bedingungen nur noch angenähert erfüllt sind, ist die chemische Verwitterung sehr tiefgreifend und führt zu leicht beweglichem Gesteinszersatz. Nach Bcobachtungen von W. Behrmann (1917, 1924, 1927) aus den Gebirgen von Neuguinea, von K. Sapper (1914, 1923) aus Mittelamerika und von F. W. Freise (1935/36) aus Brasilien gehen dort an steilen Hängen große *Rutschungen* und *subsilvines Bodenfließen* vonstatten. Dieses erfolgt, wie der Name besagt, unter dem durch sein Wurzelgeflecht aufrecht gehaltenen Wald. Die genannten Vorgänge sind sicherlich sehr leistungsfähige Formen der Denudation (Fig. 63).

Nach den Angaben von P. Birot (1960, S. 75 ff.) greift die Verwitterung in den zur Hauptsache aus Magmatiten und Metamorphiten aufgebauten Gebirgen der Umgebung von Rio de Janeiro stellenweise 80 bis 100 m tief. Aber Aufschlüsse zeigen, daß an Hängen mittlerer Neigung nur ein gering mächtiger, oberflächennaher Horizont in Bewegung ist. Er hat gewöhnlich gelbe Farbe und überwiegend sandige Beschaffenheit. Wenn das Ausgangsgestein Quarzadern enthält, so finden sich häufig an der Basis des gelben Horizonts, manchmal auch innerhalb von ihm, Schmitzen dieses Materials. Der Gelbhorizont kann einige Dezimeter bis mehrere Meter mächtig sein. Darunter folgt ein tonreicher roter Horizont des Verwitterungsprofils, welcher noch ganz die unberührte Textur des Ausgangsgesteins erkennen läßt und also bewegungslos ist. Er wird nach abwärts weißfleckig und geht so in den weißen Horizont der tropischen Verwitterungsprofile über, bis in noch größerer Tiefe das unverwitterte Gestein folgt.

Diese Befunde scheinen auch sonst für die gut befeuchteten Gebirge der Tropen kennzeichnend zu sein. Aus ihnen geht hervor, daß, soweit nicht durch Rutschungen und Gleitungen die obersten Teile des Verwitterungsprofils entfernt sind, an Hängen mittlerer Neigung ein in Versatzdenudation befindlicher Horizont entwickelt ist, welcher mit Hilfe örtlich wechselnder Mächtigkeit Unterschiede des Hanggefälles abmildert.

Hierbei kann die festhaltende Kraft der Wurzeln, welche bei üppiger Vegetation auf die in Versatzdenudation befindliche Schicht des Verwitterungsmantels einwirkt, so groß sein, daß Hangneigungen von weit mehr als dem normalen Ruhewinkel lockerer Massen auftreten. Mit Wald oder Busch bedeckte Hänge von mehr als $40°$ ($\approx 800‰$), ja von mehr als $50°$ ($\approx 1200‰$) sind in dauernd feuchten Gebieten der Tropen und der besonders warmen Subtropen keine Seltenheit. A. Journaux hat 1975 eindrucksvolle Beispiele dafür aus Amazonien mitgeteilt, aus anderen Gebieten D. C. Rhodes (1968), A. Wirthmann (1973), E. Löffler (1974), W. Klaer (1976). Das südliche Japan etwa liefert Beispiele aus den Subtropen (Bild 96).

Nach den vorliegenden Abtragungsmessungen muß in den feuchten Tropen für das Flachrelief mit Abtragswerten von wenigen bis einigen Zentimetern im Jahrtausend gerechnet werden, für das steile Gebirgsrelief aber mit bis zu mehreren Dezimetern und sogar mehr. In erdbebenreichen Gebirgen dieser Klimaregion werden Rutschungen an steilen Hängen sicherlich häufiger ausgelöst als in tektonisch ruhigen Bereichen. Dadurch werden dort öfter als anderswo tiefere Horizonte des Verwitterungsprofils zu verstärkter Verwitterung exponiert. Das muß die Gesamtabtragung beschleunigen.

5. Zur Theorie des Entwicklungsgangs gleichlaufender Abtragungsböschungen

Gleichlaufende (homologe) Abtragungsböschungen

Die vorhergehenden Darlegungen haben gezeigt, daß in den gleichen Klimabereichen Abtragungsböschungen sehr verschiedener Neigung, nämlich von steilen Wänden bis zu flachen, in einzelnen Klimaten sogar extrem flachen Böschungen auftreten. Außerdem erweisen sich auch die Vorgänge als recht verschieden, die diese Abtragungsböschungen entweder allein oder im Zusammenwirken mehrerer solcher Vorgänge gestalten.

Darüber hinaus ist festzustellen, daß am gleichen Ort und in der gleichen Fall-Linie (Linie größten Gefälles) häufig Abtragungsböschungen von erheblich verschiedenem Gefälle übereinander angeordnet sind. Um diesen Sachverhalt gut beschreiben zu können, ist es erforderlich, eine eindeutige Benennung für solche Abtragungsböschungen zu haben, die von oben nach unten ununterbrochen aufeinander folgen, und die ohne Rücksicht auf örtliche Gefällsunterschiede und auf örtliche Windungen der Gefällsrichtung nach abwärts doch mit gleicher Allgemeinrichtung und zum gleichen Ende an der ersten erreichten Tiefenlinie dominierender linearer Fluvialerosion (s. Kap. III A 3, S. 103) oder am Rande eines Ablagerungsgebiets hinlaufen. Solche Böschungskomplexe können als *gleichlaufende oder homologe Abtragungsböschungen* bezeichnet werden. Nach aufwärts enden diese Böschungsausschnitte stets an einer Wasserscheide.

An den Seiten wird eine gleichlaufende Abtragungsböschung bei nach abwärts divergentem Verlauf der Fall-Linien dort begrenzt, wo die Abweichung dieser Fall-Linien von der sinngemäß mittleren von ihnen im Mittel nicht mehr als 45° beträgt. Denn sonst liegen Böschungsteile vor, die nach verschiedenen Seiten von einander abgewandt, also nicht mehr gleichlaufend sind. In diesem Falle ist die Grenze ebenfalls durch eine Wasserscheide gekennzeichnet, allerdings ist diese im Gelände nicht selten wenig deutlich.

An den Seiten kann andererseits bei nach abwärts konvergierendem Verlauf der Fall-Linien diese Konvergenz in einer gleichlaufenden Abtragungsböschung die Abweichung von 45° gegenüber der sinngemäß mittleren dieser Fall-Linien im Mittel nicht überschreiten. Denn sonst liegen Teile von Böschungen vor, welche von einander gegenüberliegenden Seiten einer Tiefenlinie her aufeinander zulaufen, und diese sind nicht mehr gleichlaufend. Wo innerhalb des umlaufenden Böschungskranzes am oberen Ende einer dominierenden Tiefenlinie die Grenze zwischen der rechts- und linksseitigen Begleitböschung dieser Tiefenlinie am sinnvollsten zu ziehen ist, das ergibt sich jeweils aus der speziellen Geländekonfiguration.

Der Begriff gleichlaufende Abtragungsböschung ist hiernach enger als der Begriff Abdachung, weil mit dem Letztgenannten auch ein ganzes Einzugsgebiet umfaßt werden kann, einschließlich aller etwa in ihm enthaltenen dominierenden Tiefenlinien. Der Begriff gleichlaufende Abtragungsböschung hat aber einen weiteren Umfang als „Abtragungsböschung mit annähernd gleichbleibendem Ge-

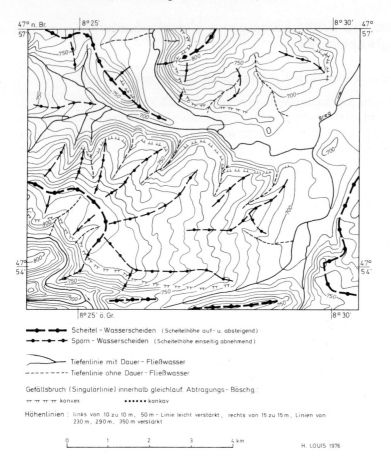

Fig. 43a. Zertalte Muschelkalk-Hochfläche SW von Donaueschingen, oberstes Donaugebiet.

Fig. 43 a und b. Beispiele der Abgrenzung und Untergliederung gleichlaufender Abtragungsböschungen (H. Louis 1977). Die Begrenzungen sind angegeben, soweit die Böschungen etwa 1 km² oder größer sind.

Man kann die Ausdrücke Scheitel-Wasserscheide und Sporn-Wasserscheide durch allgemeinere Kennzeichnungen ersetzen. Man kann in Anlehnung an A. Philippson (Studien über Wasserscheiden, Leipzig 1886) als *„normal"* alle diejenigen Wasserscheiden bezeichnen, welche zwei Abdachungen von im wesentlichen entgegengesetzter Gesamtrichtung voneinander trennen. Solche Abdachungen enden nach abwärts entweder an verschiedenen dominierenden Tiefenlinien (nicht lediglich an verschiedenen Abschnitten einer zwar einheitlichen, aber mit starker Richtungsänderung durchlaufenden Tiefenlinie!), oder sie enden an in gleichem Sinne verschiedenen Aufschüttungsbereichen.

Zum Unterschied hiervon können Wasserscheiden geringeren Ranges *„subnormal"* (nämlich „weniger als normal scheidend") genannt werden. Subnormale Wasserscheiden gliedern Teilbereiche innerhalb einer gleichlaufenden Abdachung bzw. Böschung, wie sie vorher gekennzeichnet wurde, voneinander ab. Im Gelände zwischen seitlich benachbarten subnormalen Wasserscheiden gibt es hiernach keine dominierenden, sondern nur initiale Tiefenlinien: Eben darum sind Abdachungsbereiche, an deren Begrenzung subnormale Wasserscheiden beteiligt sind, stets nur Teilbereiche einer größeren gleichlaufenden Abdachung.

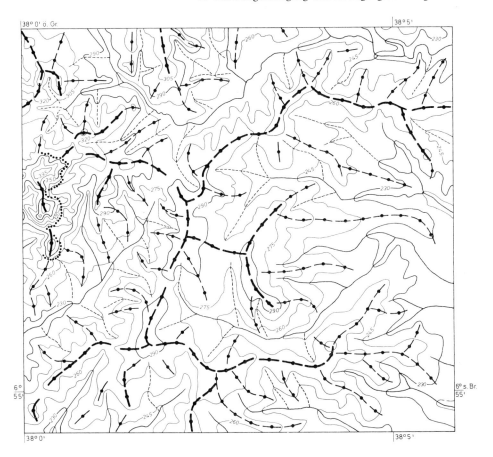

Fig. 43 b. Leicht zertalte Rumpffläche über Gneis mit kleinen Inselbergen (im NW) und über Karroo-
Formation (im SE). SW von Ngerengere im Hinterland von Dar-es-Salam, Tanzania.

    Die Begriffe „normale" und „subnormale" Wasserscheide gründen sich nach dem Vorhergehenden auf unmittelbar feststellbare Eigenschaften des Reliefs. Sie sind dabei aber nicht wie die Ausdrücke Scheitel-Wasserscheide und Sporn-Wasserscheide durch Vorstellungen beeinflußt, die ausgesprochen im Gebirge gewonnen wurden. Sie sind vielmehr in jedem, sowohl in kräftigem wie in beliebig flachem fluvialem Abtragungsrelief ohne Schwierigkeit verwendbar. Deshalb dürfte es zweckmäßig sein, zukünftig den Bezeichnungen „normale" und „subnormale" Wasserscheide vor den Ausdrücken „Scheitel-Wasserscheide" und „Sporn-Wasserscheide" den Vorzug zu geben.
    Im übrigen sei hervorgehoben, daß das Begriffspaar „normale" und „subnormale" Wasserscheide eine regional-relative Klassifizierung z. B. in Haupt- und Nebenwasserscheiden, auch mit weitgehenden Abstufungen entsprechender Art, durchaus nicht behindert. Fest steht dabei nur, daß Hauptwasserscheiden zugleich normale sein werden, daß aber Nebenwasserscheiden sowohl zu den normalen wie zu den subnormalen gehören können. (H. Louis, Dominierende und tributäre Bestandteile des fluvialen Abtragungsreliefs. Im Druck.).

fällswinkel" und ebenso als „Abtragungsböschung mit annähernd gleichbleibender Gefällsrichtung". Das Gefälle einer gleichlaufenden Abtragungsböschung kann nämlich sowohl der Stärke nach wie der Himmelsrichtung nach erhebliche Änderungen aufweisen, wenn diese Böschung nur ununterbrochen dem gleichen seitlichen Saum einer dominierenden Tiefenlinie oder eines Ablagerungsgebietes zustrebt (Fig. 43).

Es ist nun zu fragen, wie einerseits die allgemeinen Eigenschaften und andererseits etwaige Besonderheiten von gleichlaufenden Abtragungsböschungen zu deuten sind. Sicherlich müssen diese Eigenschaften sowohl von der Beschaffenheit des Untergrundes wie von den Vorgängen abhängig sein, die auf diesen Böschungen die Abtragungsarbeit leisten, wie auch davon, was am Fuße einer gleichlaufenden Abtragungsböschung mit den dort ankommenden Abtragungsprodukten geschieht.

Bemerkenswert sind auf gleichlaufenden Abtragungsböschungen vor allem Änderungen der Gefällsstärke, die zwischen oben und unten in der Fallrichtung auftreten. Denn sie zeigen Änderungen der bei der Abtragung örtlich zur Überwindung des Reibungswiderstandes der Lockerteile benötigten Energie an. Sind solche Gefällsänderungen stark und zugleich linienhaft quer zur allgemeinen Fallrichtung angeordnet, so weisen sie ohne Zweifel auf *Singularitäten* innerhalb des Abtragungsgeschehens auf diesen Böschungen hin.

Viele Gefällsänderungen solcher Art sind offensichtlich durch wechselnde Resistenz des Untergrundgesteins bedingt. Dafür wurden bereits bei der Behandlung der Wandformen Beispiele gegeben. Entsprechende Erscheinungen sind auch bei den flacheren Abtragungsböschungen vorhanden, wenngleich abgeschwächt. Dies muß bei der Untersuchung von Gefällsänderungen auf gleichlaufenden Abtragungsböschungen stets berücksichtigt werden und erklärt nicht wenige Gefällssingularitäten. Aber es gibt auf diesen Böschungen auch Gefällsänderungen, die sicherlich auf Eigenheiten der Abtragungsvorgänge selbst zurückgehen. Bei der diesbezüglichen Analyse helfen Modellvorstellungen.

Modellvorstellungen zum Entwicklungsgang der flächenhaften Abtragung auf gleichlaufenden Abtragungsböschungen

Einführung und Grundfrage über den Entwicklungsgang von Abtragungsböschungen

Modellvorstellungen über die Hangentwicklung sind in älterer Zeit unter der Grundannahme gemacht worden, daß die Hangentwicklung vor allem durch die Art der Krustenbewegungen und der durch sie in Gang gebrachten Zertalung eines Krustenteiles gesteuert wird. W. M. Davis (1899), A. Penck (1919), W. Penck (1924) u. a. haben solche Vorstellungen entwickelt. Sie haben aber, dem damaligen Kenntnisstand entsprechend, nicht ausreichend die Mannigfaltigkeit der flächenhaften Abtragungsprozesse berücksichtigt. Deswegen können diese Vorstellungen heute nur noch sehr eingeschränkt zum Verständnis der Hangentwicklung beitragen. Nur wo dies der Fall ist, wird auf sie zurückgegriffen.

Eine weitere Gruppe von Forschern hat etwa zwischen 1930 und 1960 versucht, mathematische Ableitungen für die Hangentwicklung zu geben, so J. P. Bakker, P. Birot, K. Bryan, J. W. N. Le Heux, A. C. Lawson, Otto Lehmann, H. Looman, A. N. Strahler u. a. Es wurden bei diesen Versuchen vor allem die beiden formal extrem verschiedenen Fälle einer allmählichen Hangverflachung bei festbleibendem Hangfuß (central rectilinear recession of slopes) und einer langsamen, sich selbst parallelen Hangrückverlegung (parallel rectilinear recession of slopes) unter verschiedenen Ausgangs- bzw. Begleitbedingungen analysiert. Weniger wurde die Frage gestellt, welche Entwicklung bei einem Hang unter der Einwirkung verschiedenartiger Hangabtragungsprozesse zu erwarten ist.

Doch die Kenntnis der Abtragungsprozesse, die in den verschiedenen Klimaten auf den Abtragungsböschungen wirken, hat in der jüngeren Zeit stark vermehrt. Es erscheint nunmehr möglich, aber auch erforderlich, nach Modellvorstellungen zu suchen, die die Besonderheit der herrschenden Prozesse der Böschungsabtragung ausdrücklich berücksichtigen. Dies kann dadurch geschehen, daß man die Grundfrage über die Entwicklung von Abtragungsböschungen etwa in folgender Weise stellt:

Bei welcher Art von Gestaltung läßt eine Abtragungsböschung unter den hauptsächlich durch das Klima bestimmten Abtragungsbedingungen eine stationäre Weiterentwicklung erwarten? Als stationär soll dabei eine Formenentwicklung bezeichnet werden, bei welcher unter gleichbleibendem Fortgang aller beteiligten Prozesse zwar die vorliegende Form selbst laufend langsam beseitigt wird, bei der aber dauernd eine dem Typ nach gleichartige Form an die Stelle tritt. Hat man Anhaltspunkte für den bei stationärer Entwicklung resultierenden Formentyp gewonnen, so lassen sich auch Merkmale angeben, bei deren Vorliegen mit einer stationären Formenentwicklung *nicht* zu rechnen ist.

Nach Ablauf und Gefällsbedarf der Massenbewegungen lassen sich die flächenhaft wirkenden Abtragungsprozesse in drei Hauptgruppen gliedern:

Die erste umfaßt die Sturzdenudation und die Großrutschungen. Diese Vorgänge bewirken, daß alle in Bewegung gekommenen Teile praktisch in einem Zuge bzw. in sehr kurzer Zeit bis zum Fuß der Böschung gelangen, an der die Bewegung ausgelöst wurde. Über die Formenentwicklung auf Grund dieser Vorgänge wurde im Kap. III C 2 u. 3 (S. 139 ff.) bereits Näheres ausgeführt. Diese Vorgänge beherrschen die Abtragung an Wänden und an besonders veranlagten Steilhängen. Sie erfordern höchstes, bei Ereignissen großer Augenblicksleistung manchmal etwas weniger großes Gefälle.

Dem eingenommenen Gesamtareal nach sind diese Erscheinungen auf der festen Erdoberfläche nicht allzu ausgedehnt. Im Rahmen von Modellvorstellungen über die Formenentwicklung der am meisten verbreiteten Abtragungsböschungen, nämlich der nur mäßig steilen bis flachen und extrem flachen, die eine Bedeckung mit Lockermassen zu tragen vermögen, können die Wände und Steilhänge als örtliche Begleiterscheinungen der Vorgenannten behandelt werden.

Die zweite Hauptgruppe der flächenhaft wirkenden Abtragungsprozesse bilden der Bewegungsart und dem Gefällsbedarf nach die Vorgänge der Versatzdenudation im weiteren Sinne. Bei diesen bewegen sich die Verwitterungsmassen als wenig mächtige Decke langsam, bzw. in kleinen Einzelschritten über die Abtragungsböschung abwärts. Diese Vorgänge herrschen vor an gemäßigt steilen bis sehr flachen Böschungen, d. h. bei Neigungswinkeln zwischen etwa 30° und 3°, und zwar in solchen Klimaten, in denen einerseits die Verwitterung das Anstehende oberflächlich in mehr oder weniger kleine Teilchen zerlegt, und in denen andererseits wenigstens jahreszeitlich eine gute Durchfeuchtung des Oberbodens eintritt und wo dennoch die Vegetation Schutz gegen allzu starke Oberflächenabspülung oder Zerrachelung bietet. Die Erscheinungen geringer Oberflächenabspülung, die nämlich stark durch die Vegetation behindert ist, können wegen der kleinen Schritte, in denen das Geschehen dabei abläuft, für dieses Modell mit in die Vorgänge der Versatzdenudation einbezogen werden.

Als dritte Hauptgruppe der flächenhaft wirkenden Abtragungsprozesse können die Vorgänge von nahezu unbehinderter Flächenspülung zusammengefaßt werden. Solche sind stets gemeint, wenn im folgenden (abgekürzt) von Flächenspülung gesprochen wird. Nach der Bewegung der mitgeführten Teilchen steht die Flächenspülung durch ihren ruckartigen Ablauf und durch die größeren Schritte mit denen die Frachtteilchen meist vorankommen, zwischen den beiden anderen Hauptgruppen. Aber das von ihr benötigte Arbeitsgefälle ist das vergleichsweise geringste. Flächenspülung ist in denjenigen Klimaten besonders verbreitet, in denen Starkregen eine große Rolle spielen und wo außerdem eine nicht zu dichte Vegetationsdecke die Flächenspülung wenig behindert. Dies sind vor allem die warmen, frostarmen Trockenklimate und die sehr warmen und dabei wechselfeuchten Klimate, genauer gesagt die sehr warmen Klimate mit zwischen Trockenzeiten und nicht zu langen Feuchtzeiten wechselnder Witterung. Zum vorherrschenden Vorgang der flächenhaften Abtragung wird die Flächenspülung in diesen Klimaten auf schrägen, flachen und extrem flachen Böschungen, nämlich zwischen weniger als 20° bis weniger als 1° Neigung.

Aus der unterschiedlichen Bewegungsart der Abtragungsmassen bei den vorher genannten Hauptgruppen der flächenhaft wirkenden Abtragungsprozesse ergibt sich für die Gestaltung der nur mäßig steilen bis flachen und extrem flachen Abtragungsböschungen folgendes:

Entwicklungsgang von mäßig steilen bis flachen Abtragungsböschungen bei vorherrschender langsamer Versatzdenudation

Bei vorherrschender langsamer Versatzdenudation auf Böschungen von mäßig steiler bis zu flacher Neigung muß bei stationärer Entwicklung im vorher genannten Sinne über jeden hangab gelegenen Punkt eines Hangprofils mehr Material hinwegwandern als über die oberhalb von ihm gelegenen Punkte, nämlich das von obenher kommende Material und außerdem das am Punkte selbst durch Verwitterung des Untergrundes nach und nach beweglich werdende Material. Ein gleichbleibender Fortgang der Verwitterung unter der Decke des wandernden Materials ist nur möglich, wenn diese Decke im Laufe der Zeit ungefähr die gleiche Dicke beibehält. Da aber über jeden tiefer gelegenen Punkt eines Böschungsprofils mehr Material hinwegwandern muß als über jeden höher gelegenen, so muß bei stationärer Entwicklung durch einen gleichgroßen Querschnitt je weiter hangabwärts eine um so etwas größere Menge an Wandermasse hindurchtreten. D. h. die Wandergeschwindigkeit muß hangab leicht zunehmen. Die Zunahme der Wandergeschwindigkeit der Verwitterungsdecke hangab kann nur gewährleistet sein, wenn der Hang sich hangab um ein Geringes versteilert. In Wahrheit sind die Verhältnisse noch etwas verwickelter. Denn das Problem wurde hier nur zweidimensional in der Fläche des Böschungsquerschnitts betrachtet. In Wirklichkeit treten aber oft von der Seite her noch Massenteilchen in einen solchen Querschnitt ein, oder es treten auch Teilchen seitlich aus ihm heraus. Die zweidimensionale Betrachtung wird aber dem Mittelwert des Gesamtgeschehens ungefähr entsprechen.

Eine stationäre Entwicklung bei einer nicht zu steilen Abtragungsböschung, auf welcher langsame Versatzdenudation arbeitet, erfordert also nicht, wie W. Penck einst annahm, ein geradliniges, sondern ein im Mittel leicht konvexes Hangprofil (vgl. Fig. 44). Anzeichen für *langfristig zunehmende* Versteilerung und damit für Verstärkung der Böschungsabtragung liegen erst dann vor, wenn die in Versatzdenudation befindliche Lockermassendecke nach unten ausdünnt oder zerfurcht wird. *Langfristig abnehmende* Steilheit der Abtragungsböschung und damit Abschwächung der Böschungsabtragung wird durch die Bildung einer Hangschleppe, also einer Konkavität am Hangfuß angezeigt.

Diese Überlegung wurde (in H. Louis, 1935) publiziert. Sie war damals von Beobachtungen in Mitteleuropa ausgegangen, konnte allerdings den Bereich ihrer Geltung noch nicht näher angeben, auch nicht den Unterschied zu den Verhältnissen in Gebieten mit vorherrschender Flächenspülung deutlich machen. Auf dcm Internationalen Geographenkongreß in London hat F. Ahnert 1964 eine mathematisch strenge Behandlung dieses Sachverhalts durchgeführt. Sie kommt zu einem grundsätzlich gleichen Ergebnis. Diese Auffassung wird auch dadurch nahe gelegt, daß leicht konvexe Hangprofile recht häufig sind, namentlich auch in der Wasserscheidenregion sehr flachwelliger Landschaften. Alle diese Vor-

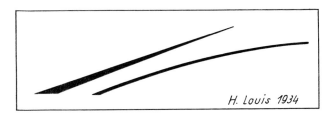

Fig. 44. Erläuterung der Hangentwicklung bei vorherrschender langsamer Versatzdenudation in zweidimensionaler Vereinfachung.
Gedachter gerader Hang: Die Schuttmächtigkeit muß hierbei nach abwärts zunehmen, weil zum örtlich entstehenden Schutt der von oben zuwandernde hinzu kommt. Gleichmäßige Verwitterung und Abtragung des Anstehenden in den oberen und unteren Hangteilen ist dabei *nicht* möglich. Konvexer Hang: Die nach abwärts zunehmende Hangneigung kann die Schuttbewegung nach abwärts steigern. Dadurch kann trotz der nach abwärts eintretenden Zunahme des sich bewegenden Schuttes ein Schuttprofil von annähernd gleichmäßiger Mächtigkeit gebildet werden. Dieses ist aber die Voraussetzung für gleichmäßige Verwitterung und Abtragung des Anstehenden an allen Hangteilen, d. h. für eine „gleichförmige Entwicklung". (Nach H. Louis, 1935, S. 126.)

kommen als Gebiete sich steigernder Tiefenerosion zu deuten, wäre recht unwahrscheinlich. Mit der Erklärung der Zurundung von Bergkuppen rein durch örtliche Denudationsvorgänge hat sich schon Gilbert (1909) beschäftigt.

Aus dem Gesagten geht gleichzeitig hervor, daß in Gebieten in denen langsame Versatzdenudation herrscht, durch die flächenhaften Abtragungsprozesse von ihnen aus keine Wände geschaffen werden, es sei denn, daß starke Gesteins- unterschiede oder daß Hangabtragung großer Augenblicksleistung wie Bergstürze oder Rutschungen die Entstehung von Wänden veranlaßt. Sonst gehen etwa vor- handene Wände dort stets auf andere Ursachen zurück, z. B. auf sehr kräftige lineare Tiefenerosion von Flüssen, auf Gletschererosion, Brandungswirkungen usw. Sie sind dann darauf hin besonders zu untersuchen.

Entwicklungsgang von steilen bis extrem flachen Abtragungsböschungen bei vorherrschender Flächenspülung

Bereits in den trockenen Subtropen treten die Frostverwitterung und die Prozesse der Versatzdenudation zurück. Die Vegetation, die Lockermaterial festhalten könnte, ist nur noch schütter, ja sie setzt weithin aus. Hauptagens der flächenhaften Abtragung wird hier die Flächenspülung nach Starkregen. Solche fallen gerade bei hohen Lufttemperaturen und in Trockengebieten, wenn nicht häufig, so doch wenigstens gelegentlich.

Zum Unterschied von langsamer Versatzdenudation arbeitet die Flächen- spülung im ganzen auf die Schaffung konkaver Böschungsprofile hin. Denn die Menge des jeweils durchlaufenden Spülwassers nimmt in einem Böschungsprofil nach abwärts im allgemeinen zu. Damit muß im großen und ganzen die Leistungs- fähigkeit der Flächenspülung nach abwärts zunehmen. Jede mit Fließwasser ar- beitende Abtragung greift nun den Untergrund mittels Wirbelbildung so lange besonders kräftig an, bis das Fließwasser vermöge des verbliebenen Gefälles gerade noch imstande ist, die ihm zugeführten bzw. die von ihm mitgenommenen Abtragungsmassen im langfristigen Durchschnitt laufend weiterzubewegen. Da die Flächenspülung besonders in ihren oberen Bereichen im großen Durchschnitt mit nach abwärts merklich zunehmenden Wassermengen erfolgt, so ist zu er- warten, daß in diesen Gebieten trotz der auch hier nach abwärts zunehmenden Menge an mitgeführtem Abtragungsmaterial eine stationäre Weiterentwicklung der Formen im vorher angegebenen Sinne meist erst nach Schaffung von im großen und ganzen konkaven Abtragungsböschungen eintritt.

Jedenfalls sind im gebirgigen Relief dieser Klimagebiete vorherrschend konkave oder mit einspringenden Gefällsknicken versehene Abtragungsböschun- gen sehr verbreitet, ohne daß dort innerhalb des Gebirges Vorkommen von definitiver Ablagerung vorhanden sind, die auf ein Erlahmen der Abtragung hinweisen würden. Definitive Ablagerung findet vielmehr in solchen Gebieten gewöhnlich erst in Beckenräumen in einiger Entfernung vom Gebirge statt (Fig. 41, H. Louis 1977).

Auch in den frostarmen Subtropen, soweit Flächenspülung den wichtigsten Vorgang der flächenhaften Abtragung darstellt, würde ein relatives Erlahmen dieser Abtragung gewiß durch das Auftreten von definitiven, d. h. von langfristig im Zunehmen begriffenen Ablagerungen innerhalb des betreffenden Raumes angezeigt werden. Umgekehrt darf angenommen werden, daß hier das Auftreten von deutlichen Konvexitäten in den Böschungsprofilen, sofern sie nicht lediglich durch Festigkeitsunterschiede der Gesteine zu erklären sind, auf ein relatives Sich-steigern der flächenhaften Abtragung hinweist. Es bleibt dann jeweils weiter zu untersuchen, welche Ursachen dafür in Betracht kommen.

Da eine stationäre Formenentwicklung bei flächenhafter Abtragung, welche vorherrschend durch Flächenspülung erfolgt, auf die Schaffung überwiegend konkaver Abtragungsböschungen hinzielt, so können, zum Unterschied von Bereichen vorherrschender langsamer Versatzdenudation, dort bei genügend großen Höhenunterschieden in der Nähe der Wasserscheiden durch Versteilerung der Böschungen im oberen Teil ihrer Konkavitäten sogar Wände und bei entgegengesetzt abgedachten Böschungen auch Firstverschneidungen neu entstehen.

Noch sehr viel ausgeprägter als in den frostarmen Trockengebieten ist die Tendenz, bei stationärer Formenentwicklung durch Flächenspülung konkave Abtragungsböschungen zu schaffen, in den wechselfeuchten Tropen. Denn hier sind Starkregen in den Feuchtzeiten häufig. Die Vegetation ist auch bei Waldwuchs so licht, daß sich Flächenspülung dort fast ungehindert entwickelt.

Andererseits ist die Befeuchtung so reichlich, daß sie einen für die Abtragung entscheidenden Unterschied in der Verwitterung zwischen steilen und flachen Böschungen hervorruft. Steilheiten neigen, wie erläutert wurde (S. 145), durch rasches Wiederabtrocknen nach Benetzung zur Bildung von widerständigen Hartrinden. Sie werden dadurch besonders abtragungsresistent. Auf Flachböschungen bleibt der Untergrund lange oder sogar dauernd feucht. Das führt bei den herrschenden hohen Temperaturen zu intensiver Zersetzung des Gesteins, zu seiner Umwandlung in leicht verspülbares Feinmaterial. Dieser Umstand fördert die Tendenz zur Ausbildung ausgesprochen konkaver Profile der Abtragungsböschungen sehr. Er ermöglicht die Entstehung von Steilhängen und Wänden, die fast unvermittelt aus Flachgelände aufsteigen, rein durch das Zusammenwirken der unterschiedlichen Verwitterung auf steilen und flachen Böschungen mit der Arbeit der Flächenspülung (Fig. 41a−c, H. Louis, 1977).

Unterbrechungen bzw. Störungen einer stationären Weiterentwicklung der Formen sind auch in diesen Gebieten dann anzunehmen, wenn in ihnen an irgendwelchen Stellen entweder definitive, also langfristig zunehmende Ablagerungen anzutreffen sind, oder wenn unabhängig von den Gesteinsverhältnissen längs der auch hier entwickelten Tiefenlinien konvexe Böschungsformen ausgebildet sind. Die Bewertung solcher Störungen erfordert dann besondere Untersuchung.

Zum Kenntnisstand über die dauerfeuchten Tropen

In den dauernd feuchten Tropen scheint wiederum Versatzdenudation bei der flächenhaften Abtragung eine große Rolle zu spielen. Denn das dichte Vegetationskleid mit seinem kräftigen Wurzelgeflecht behindert dort Flächenspülung sehr stark. Aber die Versatzdenudation wird in diesen Gebieten in der Form von subsilvinem Bodenfließen und durch Hangrutschungen sehr beschleunigt. Es dürfte noch nicht möglich sein, für diese Bereiche ausreichend begründete Regeln für die Formen der Abtragungsböschungen bei stationärem Entwicklungsgang anzugeben (Fig. 63).

Augenscheinlich ist aber, daß auch in den dauernd feuchten Tropen Steilwände, die frei von Vegetation sind, nach jeder Benetzung bevorzugt abtrocknen und dadurch zu oberflächlicher Verhärtung und zur Erlangung einer erhöhten Abtragungsresistenz neigen. Denn es ragen in diesem Klimagebiet bei starkem Gebirgsrelief verhältnismäßig oft nackte Steilwände unmittelbar über das Kronendach des Regenwaldes auf. Beobachtungen von A. Journaux (1975) in Amazonien zeigen außerdem, daß in den immerfeuchten Tropen auch bei geringen Höhenunterschieden steile Böschungen innerhalb von im ganzen unruhigem Relief vorkommen. Diese Regionen dürften hiernach aus den Bereichen überwiegend weiträumiger Flachreliefbildung, wie sie in den wechselfeuchten Tropen und in den anschließenden Trockengebieten so weit verbreitet ist, auszuscheiden sein.

Entwicklung an Singulärstellen gleichlaufender Abtragungsböschungen

Im Vorhergehenden wurde erörtert, welche Bedeutung den allmählichen Gefällsänderungen innerhalb gleichlaufender Abtragungsböschungen für die Beurteilung der Formenentwicklung beizumessen ist. Es gibt aber darüber hinaus auf diesen Böschungen Stellen, an denen besondere Bedingungen herrschen. Eine erste dieser *Singulärstellen* liegt jeweils an der Wasserscheide am oberen Ende dieser Böschungen. Eine weitere befindet sich an deren unterem Ende, dort wo die Abtragungsböschung an eine dominierende Tiefenlinie oder an ein Aufschüttungsgebiet angrenzt. Weil diese Singularität in erster Linie zum Verständnis der Talbildung wichtig ist, wird sie erst in Zusammenhang mit der Betrachtung der Talgründe erörtert. Eine dritte Kategorie von Singulärstellen tritt auf gleichlaufenden Abtragungsböschungen in Gestalt markanter Gefällsbrüche an der Grenze verschieden gearteter Prozesse der Böschungsabtragung entgegen (H. Louis, 1976, 1977).

Entwicklung an Wasserscheiden

An den Wasserscheiden herrschen insofern singuläre Verhältnisse, als an ihnen die flächenhafte Abtragung nach zwei Seiten auseinander gerichtet ist. Für die mäßig steilen bis flachen Abtragungsböschungen mit vorherrschender langsamer Versatzdenudation und demzufolge sanft konvexen Böschungsprofilen ergibt sich hierbei ohne weiteres eine auf verflachende Zurundung der Wasserscheiden gerichtete Tendenz für die Formenentwicklung. Dies entspricht auch in größtem Umfang den tatsächlichen Befunden. Nur z. B. außergewöhnlich abtragungsresistente Gesteine oder besondere Abtragungsprozesse, wie sie etwa in Wildbachtrichtern, rings um langfristige Schneeflecken oder anderweitig nahe von

Wasserscheiden gegeben sein können, wirken solcher Zurundung unter Umständen erfolgreich entgegen.

Verwickeltere Verhältnisse liegen an den Wasserscheiden jener Gebiete vor, in denen die gleichlaufenden Abtragungsböschungen vorherrschend durch Flächenspülung gestaltet werden, und in denen daher die Formenentwicklung überwiegend konkaven Böschungsprofilen zustrebt. Es ist wahrscheinlich, daß in der Nähe der Wasserscheiden, wo die Leistungsfähigkeit der in diesen Gebieten sonst vorherrschenden Flächenspülung gegen Null geht, Versatzdenudation, die sonst in jenen Bereichen hinter der Flächenspülung zurücksteht, bei der Flächenbildung merklich mitwirkt. Durch Befeuchtung und oberfläches oder tiefergehendes Wiederaustrocknen, weithin auch durch die Wurzelbildung der Pflanzen und durch die Arbeit der Bodentiere findet dort sicherlich mindestens eine geringe Versatzdenudation statt. Sie muß, wenn auch sehr langsam auf eine abflachende Zurundung der Wasserscheiden hinarbeiten. Dies hat besonders für die sehr flachen Wasserscheiden (Spülscheiden) der wechselfeuchten Tropen zu gelten, an denen nach Abtragung der letzten steiler aufragenden und daher oberfläch gehärteten Gesteinsklippen oder Blockhaufen überall ein mindestens jahreszeitlich gut durchfeuchtetes und dann wieder abtrocknendes oberflächennahes Feinmaterial vorhanden ist.

Etwas anders dürfte die Entwicklung in den frostarmen und ausgesprochen trockenen Bereichen zu denken sein, sofern dort bei der Langsamkeit aller Formungsprozesse überhaupt mit genügend lange nicht unterbrochenen Trockenepochen zu rechnen ist. Es wurde darauf hingewiesen, daß entsprechend der bei vorherrschender Flächenspülung auf die Schaffung überwiegend konkaver Böschungsprofile gerichteten Formenentwicklung an den Wasserscheiden bei genügend kräftigem Relief und genügend langdauernder Abtragung bevorzugt Firstverschneidungen zu erwarten sind. Das entspricht auch dem wirklichen Formenbild vieler Gebirge in den frostarmen Trockenräumen. Wenn solche Entwicklung ausreichend lange andauert , so sollten die Böschungen beiderseits einer Firstlinie unter Beibehaltung konkaver Böschungsprofilc allmählich flacher werden. Schließlich müßte auch dort nahe dem First die Flächenspülung so schwach werden, daß neben ihr Versatzdenudation merklich zur Mitwirkung kommt und auf Zurundung der Wasserscheide hinarbeitet. So entstünde das Pan-fan der amerikanischen Geomorphologen. Hierbei ist klar, daß Klimaänderungen, sei es in Richtung auf größere Feuchtigkeit oder auf verstärkte Frostwirkungen, das Arbeiten von Versatzdenudation erleichtern und damit das Entstehen von Pan-fan Formen begünstigen müßte.

*Entwicklung an markanten Gefällsbrüchen auf gleichlaufenden
Abtragungsböschungen, Gesamtüberblick*

Sicher ist, daß ausschließlich gesteinsbedingte Gefällsänderungen in einer Abtragungsböschung nicht Merkmale einer allgemeinen Änderung der Formenentwicklung auf dieser Böschung sind. Es gibt aber markante Gefällsbrüche in gleichlaufenden Abtragungsböschungen, die auf eine dort eintretende starke

Änderung der Böschungsabtragung zurückzuführen sind. Es ist zu klären, wann solche Gefällsbrüche bei stationärer Formenentwicklung auftreten können und wann sie auf Änderung der Formenentwicklung hinweisen.

Scharfe konvexe Gefällsbrüche, die nicht gesteinsbedingt sind, beweisen stets, wie frühzeitig erkannt wurde, daß auf den unteren Böschungsteilen gegenüber einem früher dort vorhandenen Zustand ein Rascherwerden der Abtragung eingetreten ist. Denn hier können die unteren Böschungen mit erhöhtem Gefälle abgetragen werden, ohne daß eine Notwendigkeit erkennbar ist, zur Erreichung gleichbleibender Abtragung das Gefälle zu verstärken.

Dagegen sind markante konkave Gefällsknicke auf gleichlaufenden Abtragungsböschungen bei stationärer Formenentwicklung durchaus möglich, und zwar vor allem an drei verschiedenen Umschlagstellen innerhalb der Böschungsabtragung. Die erste ist die Umschlagstelle zwischen Sturzdenudation und langsamer Versatzdenudation an der Grenze zwischen Wänden und gemäßigt steilen Hängen (Glatthang, Haldenhang) in den Außertropen. Die zweite ist die Umschlagstelle zwischen Sturzdenudation und Flächenspülung an der Grenze zwischen Wänden und Pedimenten oder Rampenhängen in den frostarmen Trockengebieten bzw. in den wechselfeuchten Tropen. Die dritte ist die Umschlagstelle zwischen Siebspülung und Flächenspülung an der Grenze zwischen Blocksteilhängen und Pedimenten oder Rampenhängen in den entsprechenden Klimagebieten. Die so verursachten konkaven Gefällsbrüche sind natürlich um so schärfer, je geringer der Gefällsbedarf des flächenhaft wirkenden Abtragungsprozesses ist, welcher unterhalb der Wände bzw. der Blocksteilhänge beginnt. Am markantesten ist dieser Gefällsbruch in den wechselfeuchten Tropen.

Der Beachtung dieser Singulärstellen kommt deswegen erhöhte Bedeutung zu, weil naturgemäß gerade an den Umschlagstellen zwischen verschiedenen Arten der flächenhaften Abtragung Änderungen irgendeines diese Massenbewegungen beeinflussenden Faktors besonders deutliche Wirkungen erwarten läßt. Stationäre Entwicklung sollte sich durch einen ungefähr ausgewogenen Massenumschlag an der Grenze der verschieden geneigten Flächen ausdrücken. Die Bildung von wachsenden Sedimentpolstern nahe dieser Grenze einerseits, die Wegführung oder Zerfurchung der Lockermassendecke, die bei stationärer Formenentwicklung auf der flacheren der aneinander grenzenden Abtragungsböschungen als temporäre Ablagerung zu erwarten ist, andererseits, sprechen für eine Störung stationärer Formenentwicklung. Freilich bleibt dann immer erforderlich, mit Hilfe möglichst genauer Einzelheiten der Befunde zu untersuchen, welcherlei Änderungen welcher der beeinflussenden Faktoren als Ursachen für die beobachtete Störung in Betracht kommen (H. Louis, 1976, 1977).

Grenze zwischen Wand und Glatthang bzw. Haldenhang in den Außertropen

Eine konkave Singulärstelle wird auf gleichlaufenden Abtragungsböschungen durch die Grenze zwischen Felswänden in der Höhe und an ihrem Fuße beginnenden, mäßig steilen, schuttbedeckten Glatthängen bzw. Haldenhängen, d. h. an dem Bewegungsumschlag zwischen Sturzdenudation und langsamer Versatzdenudation bezeichnet. Sie findet sich am Fuß von Wänden in allen Klimaten, in denen die Verwitterung, insbesondere die Frostverwitterung im größeren Umfang groben bis feinen, eckigen Schutt liefert, welcher als solcher lange erhalten bleibt. Dieser Typ wurde in dem Abschnitt über Wandformen und Abtragungsvorgänge an Wänden bereits beschrieben (S. 139 ff.). Es bleibt aber zu erörtern, ob es Merkmale gibt, nach denen die Abtragung bei diesem Typ des konkaven Gefällsbruchs als ungefähr stationär, als sich verschärfend oder als nachlassend einzuschätzen ist.

Stationäre Verhältnisse sind anzunehmen, wenn die Schuttmächtigkeit auf einem Glatthang überall gleichmäßig und zugleich dünn ist. Denn ein etwa mit dem Ruhewinkel von Lockermassen geneigter Glatthang kann bei stationärem Fortgang der Abtragung keine mächtige Schuttschicht tragen. Das ist im steilen Gebirgsrelief, etwa in den Dolomiten, an manchen Stellen gut zu beobachten, z. B. wenn dort zwischen festen wandbildenden Gesteinsserien ein wenig resistentes Schichtpaket ein breites Felsband bildet, und wenn dieses sich gegen die Oberkante der unteren Wand mit dem Neigungswinkel eines Glatthanges abdacht. Der Glatthang ist in diesem Falle gewöhnlich mit einer dünnen Schuttlage bedeckt (Bild 18, 19).

Wäre im Falle solcher Glatthänge der unterste Hangteil versteilt und mehr oder weniger frei von Schutt, so wäre daraus zu schließen, daß die Abtragung am unteren Teil des Hanges schneller erfolgt als weiter oberhalb, daß sich also die Hangabtragung hier verschärft.

In den Alpen ist freilich weit öfter das Gegenteil festzustellen, nämlich ein Nachlassen der Abtragung auf den unter den Wänden anschließenden Haldenhängen. Die Wände sind dort zumeist Karrückwände oder Trogwände. Das sind Formen, die ihre Versteilung zu Wänden zum größten Teil der Wirkung eiszeitlicher Gletscher verdanken, die heute geschwunden sind (vgl. Kap. III H). Seit die Gletscher nicht mehr vorhanden sind, bleibt der Schutt, der von den Wänden laufend abstürzt, größtenteils am Wandfuß liegen und bildet Sturzhalden, die unter den Wänden emporwachsen. Nur in ihrem oberen Teil ist hier die Mächtigkeit des Schuttes wirklich gering. Dicht unter dem Schutt steht der Felskern eines Haldenhanges an. Aber weiter abwärts bildet der Schutt ein mehr oder weniger mächtiges Polster. Auch oberflächlich kommt dies zum Ausdruck dadurch, daß der Neigungswinkel der Halde sich nach abwärts merklich unter den steilsten Ruhewinkel des lockeren Schuttes verflacht. Wäre hier ein stationäres Weiterarbeiten der Hangabtragung vorhanden, so würde der Gefällswinkel des Schutthanges von oben bis unten im wesentlichen der gleiche bleiben, eher leicht zunehmen (Fig. 27).

Der konkave Gefällsbruch zwischen Wänden in der Höhe und Hängen mit langsamer Versatzdenudation darunter wird durch manche Gegebenheiten abgemildert. In sehr schneereichen Gebieten bilden sich unter den Wänden im Winter oft mächtige Schneeanhäufungen. Schutt, der hier von der Wand in den Schnee stürzt, kann sich beim allmählichen Austauen mit besonders steilem Ruhewinkel absetzen. Andererseits können Schuttmassen auch auf dem Schnee Gleitbewegungen ausführen und dadurch auf den unteren Teilen der Schutthalde eine merklich verringerte Böschung herstellen.

Aus ganz anderen Gründen kann üppige Waldvegetation ebenfalls zur Milderung des konkaven Gefällsbruchs zwischen Wänden und darunter anschließenden Hängen mit langsamer Versatzdenudation führen. In humiden und wenigstens jahreszeitlich sehr warmen Klimaten ist die festhaltende Kraft der Wurzeln einer dichten Vegetationsdecke vielfach so groß, daß Verwitterungsmassen sich noch an Hängen bis weit über den normalen Ruhewinkel lockerer Aufschüttungen hinaus, nämlich bis zu Winkeln von mehr als 40° (ungefähr 800‰), ja mehr als 50° (ungefähr 1200‰) unter Wald- oder Buschbedeckung halten. Unter solchen Umständen ergeben sich unterhalb von Wänden, jedoch auch dort, wo keine Wände vorhanden sind, oft sehr steile Hänge mit vielfach fast geradem Hangprofil. Nur wo die dominierende Tiefenlinie, an der eine solche gleichlaufende Abtragungsböschung nach unten endet, genügend weit entfernt ist, kann in diesen Fällen eine nach unten verflachende Hangschleppe ausgebildet sein. Wenn in solcher Hangschleppe Lockermassen mit Bewegungsspuren nach abwärts an Mächtigkeit erheblich zunehmen, so wird man auf ein Erlahmen der Abtragung an dem betreffenden Hang schließen dürfen. Wenn die Hangschleppe nach abwärts deutliche Spuren der Ausdünnung auflagernder Lockermassen und der Zerfurchung erkennen läßt, so ist Verschärfung der Hangabtragung anzunehmen.

Grenze zwischen Wand und Pediment in den frostarmen Trockengebieten, zwischen Wand und Rampenhang in den wechselfeuchten Tropen

Wesentlich auffälliger als zwischen den Wänden und den Glatthängen und Haldenhängen der höheren Breiten ist gewöhnlich, wie in Abschnitt III C 4 (S. 176ff.) gezeigt wurde, der konkave Gefällsbruch zwischen Wand und Pediment in den frostarmen Trockengebieten der Subtropen. Denn die Pedimente haben selbst in ihrem obersten Teil in der Regel deutlich weniger als 20° (≈ 350‰) Neigung. Offensichtlich vermag hier, auch wo eine Wand durchaus nicht unmittelbar zu einer Sammelrinne des Abflusses hinunterführt, die Flächenspülung, wie sie nach Starkregen in diesen Gebieten auf begrenztem Areal wenigstens hin und wieder auftritt, die auf der säumenden Pedimentfläche liegenden Schuttbestandteile flächenhaft nach und nach ohne nennenswerte Reste weiterzubefördern. Diese Lockerteile sind einerseits durch Absturz von der Wand auf die Fläche gelangt, andererseits durch Verwitterung des Anstehenden auf der Fläche selbst locker geworden. Ihre Weiterbeförderung und damit die Anlage ebenso wie die Weiterbildung der Pedimentfläche erfolgt also trotz des dort vergleichsweise geringen Gefälles. Die Flächenspülung arbeitet also auf den steilsten Böschungen, auf denen sie vorherrschend wird, mit geringerem Gefällsbedarf als die langsame Versatzdenudation der höheren Breiten auf den steilsten der von ihr beherrschten Flächen.

Wenn die beschriebenen Pedimente lediglich eine dünne Decke von Schwemm-Material aufweisen, so daß dieses als nur temporäre Ablagerung während der jeweiligen Ruhezeiten zwischen aufeinander folgenden Ereignissen der Flächenspülung aufzufassen ist, dann darf die Formenentwicklung an der Singulärstelle zwischen Wand und Pediment sicherlich als annähernd stationär beurteilt werden.

Wenn dagegen auf der Pedimentfläche entweder Anzeichen einer deutlich zunehmenden Sedimentation oder aber Anzeichen für eine Entblößung von der temporären Ablagerungsdecke und oder für tiefgreifende Zerfurchung des Anstehenden vorliegen, dann ist augenscheinlich dort eine Änderung im Entwicklungsgang der Formen oder mindestens eine Unterbrechung des vorher bestehenden Entwicklungsgangs eingetreten. An der Umschlagstelle zwischen Wandabtragung und Pedimentabtragung, am Saum der Wand, ziehen Änderungen des Verhältnisses beider sicherlich besonders deutliche Formänderungen nach sich (Bild 56, 57, 58, 59).

Noch erheblich schärfer als in den frostarmen Trockengebieten ist meistens der in den wechselfeuchten Tropen ausgebildete konkave Gefällsbruch zwischen den dortigen Wänden und den an ihrem Fuße ausgebildeten Rampenhängen. Denn die Rampenhänge sind auch in ihrem steilsten obersten Teil fast nie steiler als 12° ($\approx 220‰$), meist aber ganz erheblich flacher, um 8° bis 4° (ungefähr 140 bis 70‰). Sie verringern ihr Gefälle mit zunehmender Entfernung von der Wand gewöhnlich bis auf unter 2° ($\approx 35‰$) bis selbst unter 1° (bis gegen 10‰, vgl. S. 184) (Fig. 41 a—c).

Die Ursache für den besonders scharfen konkaven Gefällsbruch liegt hier, wie erwähnt, (S. 145) darin, daß in diesem Klima durch den Verwitterungsmechanismus die steilen Aufragungen oberflächlich verhärtet werden. Von den Wänden abgestürzter Verwitterungsschutt und der anstehende Untergrund der flacheren Böschungen werden aber auf diesen fast überall in kurzer Zeit zu feinkörnigen Massen zersetzt. Diese Massen werden von den hier jahreszeitlich regelmäßigen sehr wirksamen Vorgängen der Flächenspülung bis zu den flachen, ja extrem flachen Böschungen der Rampenhänge abgetragen.

Hierbei spielt ohne Zweifel der *Korngrößenaustausch* innerhalb der Fließwasserfracht, der *Komponenten-Austausch* von O. Weise (1969, S. 574, 1970, S. 74) und G. Wiegand (1970, S. 57) eine wesentliche Rolle. Er findet in besonders akzentuierter Weise in gebirgigem Relief bei Klimaten mit Starkregen und ausgesprochen trockenen Zwischenzeiten statt. Die vom steilflankigen Gebirge mit großem Gefälle herab bzw. aus ihm heraus beförderten groben Verwitterungsfragmente bleiben am Gebirgsfuß so lange liegen, bis sie, sei es durch Hydrolyse, Hydratation, Salzsprengung, Frostverwitterung u. a. so weit zerkleinert sind, daß sie von der Starkregenspülung mit geringerem Gefälle weiter befördert werden können. Dies mag in den verschiedenen Klimaten mit zeitweiligen Starkregen sehr unterschiedliche Zeitdauer erfordern. Wie gering das zur Weiterbeförderung der Abtragungsmassen benötigte Gefälle jeweils ist, und ob es sich mit allmählichem Übergang oder unvermittelt an das Steilrelief des Gebirges und der Gebirgstäler anfügt, das richtet sich sowohl nach der durch das Klima und die Gesteinsbeschaffenheit beeinflußten Dauer, mit der die Fragmente zerkleinert werden, wie nach der Häufigkeit und Leistungsfähigkeit der Starkregenfluten.

Das gleiche Zusammenspiel der Vorgänge kann naturgemäß auch innerhalb des Gebirgsreliefs selbst, etwa an örtlichen Senkungsfeldern, aber auch z. B. an gesteinsbedingten Talweitungen ansetzen und kann intramontane Abtragungsverflachungen sowie die sogenannten Durchgangspässe und Flächenpässe entstehen lassen.

Auch hier kann von stationärer Formenentwicklung dann gesprochen werden, wenn eine dünne, gewöhnlich kaum ein bis wenige Fuß mächtige temporäre Lockermassendecke das stark verwitterte Anstehende überlagert. Dagegen weisen mächtige, in Zunahme begriffene, nicht selten horizontweise stark verhärtete Ablagerungen auf solchen Rampenhängen ebenso wie eine talartig tiefe Zerfurchung von Rampenhängen entschieden darauf hin, daß Änderungen oder Störungen im Entwicklungsgang der Formen eingetreten sind. Solche Anzeichen sind stets besonders deutlich in der Nähe des betreffenden Gefällsbruchs, d. h. dort wo der Übergang von der flächenhaften Abtragung an der Wand zu jener auf dem flacheren Vorgelände vor der Wand stattfindet. (Fig. 41 c).

Hat man Anzeichen von Veränderungen des Entwicklungsgangs der Formen festgestellt, dann können die Ursachen immer noch recht verschiedener Art sein. Sie können allgemein oder enger örtlich, natürlich oder kulturbedingt sein. Klimaänderungen können ebenso wie Krustenbewegungen eine Rolle spielen, und die gleiche Ursache kann verschiedene, die Abtragung beeinflussende Faktoren sogar in verschiedener Richtung verändern. Daher ist eine sichere Ausdeutung oftmals schwierig, manchmal nicht möglich.

In der Literatur werden auch die hier als Rampenhänge bezeichneten Formen oft Pediment genannt. Das ist wohl nicht sehr glücklich, weil die Bezeichnung Pediment ursprünglich für Felsfußflächen in ariden Gebieten eingeführt wurde (W. J. MacGee, 1897; K. Bryan, 1925, 1936; E. Blackwelder, 1931; D. W. Johnson, 1932). Gemeinsam ist jedenfalls den Felsfußflächen der ariden Gebiete, daß sie unter einer dünnen Decke von Schwemmschutt oft flache Kegelform haben. Dabei kann die Kegelspitze vor einem Talausgang liegen oder auch nicht. Doch jedenfalls besteht eine Neigung zur Ausbildung *divergierender Bahnen* der über sie hinweg laufenden Gerinne. Das unterscheidet sie von den Rampenhängen der wechselfeucht-warmen Klimate, auf welchen die nicht festgelegten Spülbahnen der Starkregenfluten verhältnismäßig bald in ein streng in der Gefällsrichtung *konvergierendes* Netz von Gerinnebahnen einmünden. Es erscheint uns wünschenswert, den Begriff Pediment (franz. *glacis d'érosion*) auf die Verebnungsflächen der ariden und semiariden Gebiete zu beschränken, wo divergierende Gerinnebahnen zu den häufigen Erscheinungen gehören (Bild 67 bis 70).

Grenze zwischen Blocksteilhang und Pediment in den frostarmen Trockengebieten, zwischen Blocksteilhang und Rampenhang in den wechselfeuchten Tropen

In den frostarmen Trockengebieten und in den wechselfeuchten Tropen bilden, wie erwähnt (S. 183 ff.), aus Flachgelände steil aufragende Erhebungen oftmals nicht wirkliche Wände, sondern Blocksteilhänge. Das sind Steilhänge, die oberflächlich aus Residualschutt von groben Blöcken bestehen und mit deren maximalem Ruhewinkel von meist um 30 bis 35° geneigt sind. Sie finden sich vor allem in Gesteinen mit weitständigem Kluftsystem, namentlich in kristallinen Massengesteinen.

Am Fuße solcher Blocksteilhänge setzen in den frostarmen Trockengebieten oftmals Pedimente ein mit allen Merkmalen, die diesen eigen sind, in den wechselfeuchten Tropen in entsprechender Weise Rampenhänge. Gegenüber dem Verhältnis von Wand und Pediment und von Wand und Rampenhang ist jeweils nur die Abtragung an den Blocksteilhängen selbst verschieden. Sie besteht, wie dargelegt wurde (S. 184 f.), in einer „Siebspülung", welche nach den im einen Falle seltener, im anderen jahreszeitlich regelmäßig auftretenden Starkregen zur Entwicklung kommt. Sie bewirkt trotz der Steilheit des Hanges nur geringe Abtragung. Eine Minderung des allgemeinen Hangwinkels tritt durch sie an den Blocksteilhängen nicht ein, weil der Hangwinkel dort jeweils dem Ruhewinkel der allmählich längs ihrer Trennfugen freigespülten Blöcke entspricht.

Wo der Blocksteilhang sein unteres Ende erreicht, das hängt vom Gefällsbedarf der nach abwärts anschließenden Flächenspülung ab. Wenn diese, wie in den Trockengebieten, über meist nur mäßig verwittertem Untergrund arbeiten muß, dann ist dieser Gefällsbedarf ziemlich hoch. Daher setzen die Pedimente hier mit dem vergleichsweise großen Gefällswinkel von manchmal bis um 15° ein. Wenn dagegen, wie gewöhnlich in den wechselfeuchten Tropen, die Flächenspülung über dem stark zersetzten Untergrund der Rampenhänge arbeitet, dann genügen selbst an deren Oberrand meist Böschungswinkel von um 5° (Fig. 41 b).

Sofern auf Pedimenten oder Rampenhängen nur dünne, in langfristig ausgeglichener Weiterbeförderung befindliche Decken von Lockermassen anzutreffen sind, wird man auch hier an den beschriebenen scharfkonkaven Gefällsbrüchen mit einer stationären Weiterentwicklung der Formen zu rechnen haben. Ebenso sind auch hier Störungen einer stationären Entwicklung anzunehmen, wenn entweder Sedimente von größerer Mächtigkeit oder mit Merkmalen deutlichen Zunehmens insbesondere in der Nachbarschaft des betreffenden Gefällsbruchs zu verzeichnen sind. Entsprechendes gilt andererseits von Pedimenten oder Rampenhängen, von denen die normale Lockermassendecke entfernt wurde, oder wenn tiefergreifende Einschnitte in diese Flächen erfolgt sind (Fig. 41 a–c).

Schwierigkeit der Deutung von Komplikationen
im Grenzbereich zwischen Steilhang und flacher Fußböschung

Die große Störanfälligkeit des Zusammenspiels der verschiedenartigen Abtragungsprozesse auf den unterschiedlich geneigten Flächen beiderseits einer Singulärstelle wird besonders zwischen den Steilhängen und den Pedimenten der Trockengebiete deutlich. Hier kann z. B. ein größeres Gerinne unterhalb des Talausgangs, mit welchem es den Steilhang zwischen einem Gebirge und einem angrenzenden Pediment quert, einen mehrere Meter, ja mehrere Zehner von Metern tiefen Einschnitt in das Pediment gemacht haben. Das Pediment wird zur *Pediment-Terrasse* oder *Glacis-Terrasse* (R. Raynal, 1955; H. Mensching, 1958). Doch der Einschnitt wird weiter abwärts geringer und verschwindet schließlich ganz, weil das Gerinne gleichsohlig mit der Pedimentoberfläche gegen den Boden eines Aufschüttungsbeckens ausläuft. Gleichzeitig kann aber benachbart am Fuß des gleichen Steilhangs gegen das gleiche Pediment Schutt in kleinen Sturzhalden oder Schwemmkegeln auf der Oberfläche des Pediments sogar fortschreitend aufgehäuft werden. Manchmal liegen bei solchen Verhältnissen auch Beweise dafür vor, daß bei dem größeren Gerinne die Richtung des Geschehens zwischen Einschneiden und Wiederaufschütten mehrfach gewechselt hat. Unter solchen Umständen zeigt sich besonders deutlich, daß es gewöhnlich vielseitiger Hinweise und der Berücksichtigung aller Umstände, insbesondere auch von Lage, Höhe und Reichweite der Wirkungen aller die Abtragung beeinflussenden örtlichen Gegebenheiten bedarf, um die Entstehung bestimmter Formen möglichst richtig zu deuten.

Ein eindrucksvolles Beispiel für das Überdauern eines unter anderen Klimabedingungen gebildeten Inselbergs im heute ariden oder fast ariden Klima bildet nach den Beobachtungen von H. Bremer (1965) der wiederholt beschriebene Ayers Rock in Nordaustralien. Aber dieser besitzt gerade *keine* Schuttanhäufung in der Fußregion. Die Abtragungskleinformen an den steilen Flanken und am Fuße des Ayers Rock zeigen, daß dort gegenwärtig praktisch kaum ein Zurückwittern der Steilwände vor sich geht. Dagegen ist zu erkennen, daß in der Vergangenheit lebhaftere Verwitterung und Abtragung an diesen Steilwänden wirksam war bei zeitlich aufeinanderfolgenden unterschiedlichen Einzelerscheinungen wie Rinnenbildung, Bildung tafoniartiger Löcher und Höhlen, Kleinschuppenbildung. Wenn auch die Interpretation dieser verschiedenen Verwitterungs- und Denudationskleinformen noch Unsicherheiten enthält, so scheint doch aus den Abtragungsresten von Verwitterungsmassen, die auf der Einebnungsfläche rings um den Ayers Rock erhalten sind, deutlich hervorzugehen, daß die Bildung dieser Fläche und des sie überragenden Inselberges ursprünglich in einem wechselfeucht tropischen Klima erfolgt ist. Sie dürfte in der gleichen Weise vor sich gegangen sein, wie sie gegenwärtig in den betreffenden Klimagebieten offensichtlich kräftig am Werke ist.

In den Flachlandschaften der Guinealänder des tropischen Afrika und an anderen Stellen gibt es in großer Ausdehnung *Lateritkrusten*. Daß diese bei der Entstehung dieser Flachlandschaften selbst eine wesentliche Rolle spielen, erscheint nach den Erfahrungen aus Tanzania zweifelhaft. Für die *Erhaltung* einmal gebildeter Flachlandschaften dürften sie allerdings bedeutungsvoll sein. Solange nicht weit mehr über die Bildungsbedingungen der Lateritkrusten bekannt ist als gegenwärtig, müssen die mit ihnen in Zusammenhang stehenden Fragen wohl offen bleiben.

6. Andere allgemeine Ansätze aus neuerer Zeit zur Deutung der Hangentwicklung

Generelle Überlegungen

Die Überlegungen zur Deutung der Hangentwicklung sollen nicht abgeschlossen werden ohne den Hinweis auf einige andere allgemeine Ansätze dieser Art aus neuerer Zeit.

Sehr wertvolle Darstellungen über die verwickelten Sachverhalte, allerdings von etwas abweichenden, auch untereinander nicht gleichen Gesichtspunkten ausgehend, haben H. Baulig (1950) und P. Birot (1949) gegeben. H. Baulig nimmt mit W. M. Davis an, daß ein oben konvexes, unten konkaves Hangprofil, wie es in den humiden Mittelbreiten normal ist, ein regularisiertes, ausgeglichenes Profil sei und diskutiert eingehend insbesondere die Überlegungen der amerikanischen und französischen Geomorphologen, die die gleiche Grundvorstellung vertreten. Da aber die charakteristischen Hangprofile in den wechselfeuchten Tropen, wie auch in Teilen der subtropischen Monsungebiete, von diesem Idealschema stark abweichen, so möchten wir den solcherart entwickelten Vorstellungen nicht Allgemeingültigkeit zubilligen.

P. Birot (1960) betont dagegen stark den Einfluß des Klimas auf die Hangentwicklung. Er unterscheidet Entwicklungsreihen des feuchtkühlen, des trockenwarmen und des feuchtwarmen Klimabereiches. In vielem möchten wir seinen Thesen zustimmen. Das kommt in verschiedenen Abschnitten dieses Buches zum Ausdruck, insbesondere in denjenigen über die Unterschiede der Hangentwicklung in den Außertropen von Hängen, die entweder von Lockerboden bedeckt sind oder nicht. Ähnliche Übereinstimmung herrscht in unseren Ausführungen über die Beeinflussung der Denudation durch die Vegetationsdecke, über das für die Gebirge der feuchten Tropen typische Bodenprofil, über die Pediment- bzw. Glacisbildung in den ariden und semiariden Gebieten. Aber es gibt zwei merkliche Differenzpunkte. Nach unserer Meinung sind die Formen des trockenwarmen und die des wechselfeuchtwarmen Klimas voneinander, ebenso wie auch von denen des dauernd feuchtwarmen Klimas, wesentlich verschieden. Außerdem bezweifeln wir, daß der alte Gedanke von W. M. Davis, nach dem in den fortgeschrittenen Stadien der Abtragung in allen Klimabereichen sanft konkave Hangprofile herrschen sollen, und der auch Birot in seinen Deduktionen leitet, wirklich richtig ist.

Einen besonderen Hinweis erfordern die durchaus abweichenden Annahmen, von denen L. C. King in seinem Werk „Morphology of the Earth" (1962, 1967) bei der Deutung der Entwicklung von Hängen ausgeht. King hält es für naturgesetzlich notwendig, daß in allen Klimaten, in denen fließendes Wasser der bestimmende Gestalter der Oberflächenformen ist, an jedem normal beschaffenen größeren Hang von oben nach unten vier Formengürtel auftreten. Nahe der Wasserscheide soll eine flach konvexe Scheitelregion ausgebildet sein (crest), weil dort die Abtragung durch fließendes Wasser noch gering ist (no erosion). Darunter folgt nach King der Steilhang (scarp) mit starker Abtragungsintensität (engl. erosion) und mit Rückverlegung des Hanges (scarp-retreat). An den Steilhang schließt sich nach dieser Auffassung unten der Schutthang (debris-slope), auf welchem Abtragungsmassen, die vom Steilhang stammen, zur Ablagerung kommen, und wo außerdem Gleit- und Versatzbewegungen stattfinden. Unterhalb des Schutthanges endlich soll sich das sehr flache Pediment befinden, auf welchem Linear- und Schichtflut-Abfluß sowie geringes Schuttkriechen erfolgen. Aus dem Zusammenwirken der Vorgänge auf den vier Zonen eines Hanges ergibt sich für King die Annahme einer allgemeinen Hang-Rückverlegung (slope-retreat). Die Klimaunterschiede sollen nur sekundäre Abwandlungen dieses Grundschemas der Hangentwicklung hervorrufen.

Diese Anschauung stellt sich als eine Weiterführung der Gedanken von W. Penck (1924) über die Hangentwicklung dar. Es wurde bereits darauf hingewiesen, daß W. Pencks Ansätze nicht wirklich tragfähig sind. In der Auffassung von L. C. King sind darüber hinaus zwei Punkte enthalten, gegen die u. E. grundsätzliche Einwände zu erheben sind.

1. In einem stationär arbeitenden Transportsystem, in welchem zwei verschieden wirkende Bewegungsarten miteinander gekoppelt sind (hier flächenhafte Abtragung auf dem Hange und linienhafte Weiterführung der Abtragungsprodukte im Fluß am Fuße des Hanges) kann ein gewisser Frachtstau (temporäre Ablagerung) an der Übergangsstelle von der flächenhaften zur linienhaften Beförderungsweise durchaus als eine Normalerscheinung angesehen werden. King verlegt aber in seinem Schema die Zone stärkster temporärer Ablagerung nicht an das untere Ende seines Pediments, wo zum mindesten im humiden Klima der Übergang von der flächenhaften Hangdenudation zur linienhaften Flußerosion stattfinden müßte, sondern er verlegt sie in seinen Schutthang. Eine solche Zone erheblicher temporärer Ablagerung weit oberhalb der Denudationsbasis erscheint uns nur dann möglich, wenn Sonderbedingungen oder Sondervorgänge in ein stationär arbeitend gedachtes Massenbewegungssystem eingreifen. Solche Besonderheit mag durch eine erdgeschichtliche Änderung der am betreffenden Hang wirksamen Vorgänge hervorgerufen sein, wie z. B. durch die Klimaänderungen zwischen Tertiär, Pleistozän und Holozän, oder durch eine Differenzierung der Vorgänge, welche örtliche Ursachen hat. Im allgemeinen wird eine Zone erheblicher temporärer Akkumulation am oberen Saum einer Hangverflachung in einem Böschungssystem als Hinweis darauf anzusehen sein, daß dieses Böschungssystem von anderen Prozessen geschaffen wurde als denjenigen, die im Augenblick auf ihm wirken. Nicht aber können solche Verhältnisse als der Normalfall der Hangentwicklung betrachtet werden.

2. Nach der Auffassung von L. C. King müßten alle Hänge sich allmählich zurückverlegen (scarp-retreat). Dieser in den semiariden Subtropen und in den wechselfeuchten Tropen offensichtlich weithin zutreffende Sachverhalt hat sich aber z. B. in den humiden Mittelbreiten bei Hängen mittlerer Neigung ebenso offensichtlich als weithin unzutreffend erwiesen. Derartige Hänge werden in den Mittelbreiten und auch in der Subpolarregion mit der Zeit flacher, wobei aber der Hangfuß überwiegend am Orte bleibt oder nahezu am Ort bleibt. Gerade die Erkenntnis dieses sehr folgenreichen Unterschieds des formenschaffenden Geschehens in verschiedenen Klimaten hat einen der Ausgangspunkte der Klimageomorphologie gebildet.

Wir glauben, daß nicht das zweifelhaft vereinfachende Gedankenmodell der Hangentwicklung von L. C. King, sondern die Ansätze der Klimageomorphologie einen wesentlich besseren Versuch darstellen, den Formenreichtum der Erdoberfläche in seiner Differenzierung verständlich zu machen.

Mathematisierte Modelle von Abtragungsböschungen

Einen besonderen Beitrag zur Theorie des Entwicklungsgangs von Abtragungsböschungen liefern die mit quantifizierenden Parametern arbeitenden mathematischen Modelle von Abtragungsböschungen, die gewöhnlich kurz als *quantitative Hangmodelle,* quantitative slope model bezeichnet werden (vgl. A. Young, 1963,

1972 und besonders den von F. Ahnert 1976 herausgegebenen Sammelband). Die außerordentliche Kompliziertheit der Zusammenhänge, die zwischen den Wirkungen der sehr zahlreichen beteiligten Vorgänge besteht, wird dort von M. J. Kirkby zusammenfassend mit großer Sachkenntnis dargelegt. Seine Ausführungen lassen erkennen, daß zum mindesten gegenwärtig wesentliche Teilbereiche des Faktorensystems noch so wenig geklärt sind, daß Annahmen, insbesondere quantifizierende Annahmen über die betreffenden Komponenten als ungesichert gelten müssen.

Doch Ansätze, welche unter Verzicht auf vollständige Berücksichtigung aller beteiligten Faktoren die am deutlichsten erkennbaren unter ihnen auf die möglichen Ergebnisse ihres Zusammenspiels bei der Entwicklung der Abtragungsböschungen untersuchen, bei möglichst breitem Spielraum hinsichtlich des Anfangsreliefs und hinsichtlich der Wirksamkeit der einzelnen Faktoren, erscheinen hilfreich. Das gilt z. B. für das vereinfachende Gesamtkonzept von F. Ahnert im genannten Band, in welchem jede der Faktorengruppen Verwitterung, Änderung der Erosionsbasis, Massenbewegung durch linienhafte und flächenhafte Fließwasserabtragung, durch Regentropfenaufschlag, langsame Versatzdenudation, Rutschungen usw. als Globalgröße variierend behandelt und in dieser Weise bezüglich ihres Einflusses beim Zusammenwirken der genannten Globalfaktoren auf die Entwicklung der Oberflächenformen durch Computer-Iteration untersucht werden kann.

Andere Versuche beschränken sich auf das Durchspielen der Variation von möglichst vielen Teilfaktoren einer einzelnen Faktorengruppe, wie etwa der Beitrag von H. Gossmann für Kriechprozesse und Spülvorgänge an Hängen, von H. Tödten für Transportvorgänge in turbulenten Strömungen an Hängen. Andere Beiträge behandeln mit dem Ziel besseren allgemeinen Verständnisses regionale oder lokale Einzelprobleme der Hangabtragung in mathematisierter Form.

Auch diese Modelle geben wertvolle Hinweise.

Im ganzen genommen scheinen die Ergebnisse dieser Bemühungen bisher qualitativ zu Bestätigungen von Überlegungen zu führen, die bei genügend eingehender Berücksichtigung der zugrunde liegenden Naturgesetze auch ohne Computerarbeit erkennbar waren. Das ist schon viel, wenn man bedenkt, welche Umwege die geomorphologische Theorie z. B. im Rahmen der Zykluslehre oder bei der einseitig tektonischen Deutung sehr wichtiger Unterschiede des Abtragungsreliefs gemacht hat. Zu einer auch quantitativ verläßlichen Beurteilung der Abtragung und der durch sie geschaffenen Abtragungsformen reichen dagegen die bis heute mit der Computerarbeit gewonnenen Modellvorstellungen schwerlich schon aus.

Nicht alle in mathematischer Form erdachten Modelle der Entwicklung von Abtragungsböschungen sind aber gleichwertig. Besonders in der Anfangszeit des Bemühens um solche Modelle ist wiederholt versucht worden, Modelle aufzustellen unter der Voraussetzung, daß Formentypen mit bestimmten Merkmalen, z. B. Abtragungsböschungen mit geradem, mit konvexem, mit konkavem, mit oben konvexem und unten konkavem Böschungsprofil als das Ziel irgendwelcher Ausgleichs- oder Gleichgewichtszustände anzusehen seien. Weiter glaubte man, sie möglichst einfach durch mathematische bzw. geometrische Iteration von bestimmten Anfangsformen aus approximieren zu sollen und damit bereits eine Deutung zu gewinnen. Solche Versuche können jedoch u. E. nur dann als aussichtsreich angesehen werden, wenn sie immer zugleich auch analysieren, bei welchen Bedingungen und in welcher Richtung durch solche Bedingungen eine Änderung des „ausgeglichenen Zustands" bzw. der als durch ihn geschaffen angenommenen Formen eintritt. Denn die Abtragungssysteme sind auf der Erde zweifellos offene Systeme, in welchen Ausgleichszustände nur bis auf einen langfristig durchaus wesentlichen und daher nicht zu vernachlässigenden Rest angestrebt werden. Ebenso wenig spricht die geomorphologische Erfahrung dafür, daß die Entstehung eines durch geometrische Iteration approximierbaren Formtyps auch tatsächlich in der Art dieser Iteration entstanden sein muß.

Die Erfahrung lehrt vielmehr, daß geometrisch übereinstimmende oder fast übereinstimmende Oberflächenformung im Wege sogenannter *Formenkonvergenz* nicht selten durch verschiedenartige Vorgänge oder durch unterschiedliche Kombinationen von Vorgängen hervorgebracht wird. Mathematische Modelle werden daher nur gerade soweit förderlich sein, wie sie vor allem die wirklich beteiligten Entstehungsprozesse möglichst weitgehend approximieren.

D. Grundzüge der Flußarbeit und ihres Zusammenwirkens mit der Böschungsabtragung bei der Talbildung

1. Das Fließen des Wassers und seine Transport- und Korrasionswirkungen

Über das Wesen der beteiligten Vorgänge

Das als Regen auf die Erdoberfläche fallende Wasser, soweit es nicht wieder verdunstet oder durch den Pflanzenwuchs verbraucht wird, sickert teils in den Untergrund, teils fließt es oberirdisch ab. Beim Abfließen bildet es zunächst kleine ephemere Rinnsale, nach Starkregen oft auch förmliche Wasserschichten, die die Hänge hinablaufen, bis sie sich in größeren Gerinnen vereinen. Soweit diese, meist zusätzlich durch Grundwasser oder Sickerwasser gespeist, ausdauern oder doch wenigstens eine Zeitlang im Jahreslaufe durchflossen werden, spricht man von Bächen bzw. intermittierenden Bächen und Flüssen. Sie können, wie vorher genauer begründet wurde (S. 103 ff.), sobald ihr Gefälle merklich weniger als halb so groß geworden ist wie das Gefälle der begleitenden Hänge, als Sammelstränge des Abflusses und, abgesehen von Bereichen, an denen sie definitiv akkumulieren, als Hauptträger der abtragenden Flußarbeit, genauer als Träger dominierender fluvialer Linearerosion angesehen werden.

Das Fließen kann in sehr verschiedener Weise vor sich gehen. Bei langsam schleichenden *Stillwassern*, bei denen die Wasserteilchen im großen und ganzen parallele Bahnen in der Richtung des Abflusses befolgen, spricht man von *gleitendem* oder *(quasi-) laminarem* Abfluß. Sobald die Wassergeschwindigkeit größer wird als einige cm/sec, stellt sich *Wirbelbewegung* und damit *strömender* Abfluß ein. Der strömende wird vom *schießenden* Abfluß dadurch unterschieden, daß bei letzterem die Abflußgeschwindigkeit größer ist als die Fortpflanzungsgeschwindigkeit der Wellen im Wasser, und zwar auch der sogenannten „langen Wellen", deren halbe Wellenlänge die Größenordnung der Wassertiefe erreicht oder überschreitet *(Grenzgeschwindigkeit)*. Diese Verschiedenheit ist folgenschwer. Sie besagt, daß eine Veränderung der Abflußbedingungen, welche eine Spiegeldeformation hervorruft, sich bei schießendem Abfluß nicht auf das stromauf gelegene Geschehen auswirken kann, weil die Spiegeldeformation sich nicht stromauf auszugleichen vermag. Nahe der Grenze zwischen Strömen und Schießen, d. h. im *kritischen Bereich*, wird das *Fließen instabil*. Es herrscht Bereitschaft zu sprunghaftem Wechsel zwischen beiden Fließarten. Endlich gibt es die *stürzende* Form des Abflusses in *Wasserfällen* (Th. Rümelin, 1913; Th. Rehbock, 1917, 1925, 1928, H. Schlichting 1964, F. Wilhelm 1966, W. Unbehauen 1970).

Die formenverändernde Wirkung des fließenden Wassers besteht in seiner Reibung an den Bettwandungen und in seinen Transportleistungen, nämlich in *Gerölltrieb*, in *Suspensionsfracht* und in *Lösungsfracht*. Bei laminarem Abfluß ist die Grenzschicht des Wassers am Gerinnebett als ruhend oder fast ruhend zu denken. Es gibt also praktisch keine Reibung an den Bettwandungen. Gleichwohl ist die Transportleistung und damit die formenschaffende Wirkung von Stillwassern durchaus nicht null. Denn auch sie führen, wie alle fließenden Wasser, Aufbereitungsprodukte der Gesteine in keineswegs zu vernachlässigender Menge als gelöste Substanzen ab.

Mehr oder weniger kräftige Reibung an den Bettwandungen tritt ein, sobald die Abflußbewegung durch *Wirbelbildung* gekennzeichnet ist. Unter den Wirbeln sind vor allem wandernde und stehende zu unterscheiden. Die *Wanderwirbel* treten mit annähernd vertikaler Achse sowohl als Saugwirbel wie als Quellwirbel entgegen. Die *Saugwirbel*, an der Wasseroberfläche oft durch kleine Trichterbildung in Erscheinung tretend, sind an den Rändern des strömenden Flusses besonders häufig. Die *Quellwirbel* machen sich durch leichtes quelliges Aufwallen an der Wasseroberfläche bemerkbar, sei es in Gestalt ganz flacher, breiter Quellfladen oder als kräftiger aufwallende Quellbuckel (H. Louis, 1966). Sie sind bei steigendem Wasserspiegel vor allem in der Strommitte beobachtbar. Dort, im sogenannten *Stromstrich*, treten bei größter Entfernung von den reibenden Bettwandungen und damit höchsten Durchflußgeschwindigkeiten die vergleichsweise größten Wassermengen durch eine Querschnittseinheit. Anscheinend ist es der vom Flußboden und von den Bettwandungen bewirkte Reibungsstau, der bei steigendem Wasserstand in der Flußmitte gegenüber den Rändern durchschnittlich eine minimal erhöhte Spiegeloberfläche hervorruft. Dadurch entstehen eine oberflächliche Bewegungskomponente der Wasserteilchen gegen die Flußränder, eine Bewegung des Wassers am Boden gegen die Flußmitte und im ganzen korkenzieherartige Bewegungslinien der Wasserteilchen beiderseits symmetrisch zum Stromstrich. Es gibt also bei steigendem Wasserspiegel zusätzlich zur Fluß-abbewegung eine Quellwirbel begünstigende Aufstiegskomponente der Wasser-teilchen in der Flußmitte, ein oberflächliches Wegdrängen von der Flußmitte gegen die Ränder, eine Saugwirbel begünstigende Abstiegskomponente am Fluß-rande und ein Hindrängen zur Flußmitte in der Tiefe. Bei fallendem oder kon-stantem Wasserstand verläuft diese Spiralbewegung umgekehrt, d. h. oberflächlich von den Flußrändern zur Mitte hin. In den Flußkrümmungen verlagert sich der Stromstrich an die Außenkurve. Damit wird die Raumspiralbewegung der Wasser-teile einseitig (H. Jeffreys, 1929; F. Hjulström, 1935).

Außer den annähernd vertikalen wandernden Wirbeln dürften auch liegende, in der Stromrichtung fortschreitende Wasserwalzen besonders am Boden des Flusses dahinziehen. Im ganzen kann man sich den *turbulenten, strömenden Fluß* hiernach annähernd als *ein System walzenförmiger, nach Art eines Walzenlagers durch Drehung und Gegendrehung miteinander verbundener Wasserkörper* vor-stellen. Die Walzen sind das Ergebnis der inneren Reibung des fließenden Wassers, aber auch seiner äußeren Reibung an den Bettwandungen.

Neben den Wanderwirbeln des Flusses, gewissermaßen dem *Rollensystem,* mit dem er seine Bewegung ausführt, gibt es *Standwirbel,* die dauernd am Orte bleiben. Diese sind *durch die Bettform erzwungene Wirbel.* Sie bilden sich an Un-regelmäßigkeiten des Flußbettes und bleiben am Orte, gleichsam um das Rollen-system der allgemeinen Fließbewegung über die Unausgeglichenheiten des Fluß-betts besser hinweg zu geleiten. Es gibt Standwirbel mit etwa senkrecht stehender Achse. Die bekanntesten sind die Uferwalzen oder Nehrströme hinter Vorsprün-gen oder Einsprüngen der Uferwandung. Vertikale Standwalzen sind aber auch z. B. meist hinter Brückenpfeilern ausgebildet.

Von großer Wichtigkeit sind die Walzen mit (ungefähr horizontal) liegender Achse. Sie werden dort deutlich sichtbar, wo z. B. in Stromschnellen die Fließbe-wegung in Schießen übergegangen ist. Denn in diesem Falle wird durch die Walzendrehbewegung der Wasserspiegel anhaltend mehr oder weniger stark de-formiert. An der Wasseroberfläche erscheinen sogenannte *Deckwalzen,* die mit stromauf gerichtetem Drehsinn den Wasserspiegel aufwölben. Sie kommen wohl dadurch zustande, daß die Strombahnen schnell fließender Wasserteilchen infolge der Einwirkung der Bodenreibung und der inneren Reibung zwischen den Fließ-körpern des Wassers, die vom Boden gegen die Wasseroberfläche zunehmend größere Geschwindigkeit haben, meist in der Vertikalen kräftig oszillieren. Das führt in den Schwingungsmulden der schießenden Wassermasse zu Erscheinungen des Staus und der Rücküberkippung, wie sie die Deckwalzen zeigen. Am Gerinne-boden ergeben sich aus den gleichen Ursachen liegende *Grundwalzen.* Auch in ihnen ist die Drehbewegung am Außenrand der fließenden Wassermenge, d. h. am Grunde selbst, stromauf gerichtet.

Vor und hinter Unregelmäßigkeiten des Flußbodenreliefs nehmen diese liegen-den Walzen, und zwar sowohl Grundwalzen wie Deckwalzen, den Charakter am Orte verharrender Standwalzen an. Es sind die ortsbeständigen *Schwalle* an Riffen und Blöcken in den *Stromschnellen.* Beim stürzenden Abfluß tritt unter Luftaufnahme und *Kavitation* (siehe weiter unten) Wirbel- und Walzenbildung in noch stärkerem, aber in den Einzelheiten noch schwieriger zu überblickendem

Umfange auf (über die Wasserwalzen insbesondere Rehbock, 1917, 1925, 1928, 1929, 1930; R. Wille, 1960; J. C. Rotta, 1970; über Kavitation J. Ackert, 1931, 1932; A. Schoklitsch 1930; F. Weining, 1931, F. Hjulström, 1932, 1935).

Die Wirbel- und Walzenbildung des strömenden und besonders des schießenden und stürzenden Abflusses muß teilweise als innere Reibung des bewegten Wassers zu dessen Erwärmung führen. Ein Überschlag der beteiligten Größen zeigt aber, daß ein experimenteller Nachweis dieser Erwärmung wegen ihrer Geringfügigkeit und wegen der Kompliziertheit der mitwirkenden Vorgänge sehr schwierig sein dürfte. Des weiteren wird das Wasser durch die Wirbelbildung befähigt, feine Teilchen oft in großen Mengen in schwebendem Zustande mit sich zu führen. Der mehr oder weniger starke Gehalt an Flußtrübe zeigt, daß auf diese Weise ansehnliche Transportleistungen vollbracht werden können.

Endlich wird die Energie der Wirbel als äußere Reibung an Boden und Wandungen des Flußbetts wirksam. Hier werden, wie jedermann beobachten kann, besonders bei Hochwasser die Gerinneufer an gewissen Stellen angegriffen, an anderen wird mitgeführtes Material abgelagert. Außerdem werden die am Flußboden liegenden Lockermassen, Sande, Kiese, Gerölle (bei Grobgeröllanteil *Flußschotter*) vom Flusse transportiert. Das lehrt besonders bei Hochwasser oft die unmittelbare Beobachtung. Zum mindesten das Poltern großer Rollsteine im Wasser ist zu hören. Es geht ebenso hervor aus der Zurundung der Sandkörner und der Gerölle und aus der Bedeckung der letzteren mit feinen, vom Zusammenprall mit anderen Geröllen herrührenden *Stoßpunkten*. Es ergibt sich endlich aus dem Vorhandensein nicht in der Nachbarschaft, sondern z. B. nur in entfernten Oberlaufgebieten des Flusses vorkommender Gerölle und aus dem mit zunehmender Entfernung vom Lieferungsort einhergehenden Feinerwerden der Korngröße bestimmter Gerölltypen im Flußschotter. Aus diesen Tatsachen geht auch hervor, daß im Flusse immer wieder ein Weitertransport von Schotter, Kies und Sanden stattfinden muß, wenn das Flußbett nicht verstopft bzw. zugefüllt werden soll.

Dieser immer wieder erfolgende Durchtransport bedient sich ohne Zweifel vor allem der Grundwalzen, um im strömenden oder schießenden Wasser Sand und Geröll aus der Ruhelage zu bewegen, ja sie leicht vom Boden zu heben und dann in der Strömung sprungartig ein Stück weiterzuführen. Darüber haben Mortensen und Hövermann (1957) höchst wichtige Beobachtungen durch Unterwasserfilmen machen können. Dabei zeigt sich, daß kräftige Transporteffekte nicht so sehr von der Wassermenge oder Fließgeschwindigkeit des Gewässers abhängen, als vielmehr von Änderungen des Strömungszustands. Plötzliche Zunahme von Wassermenge und Fließgeschwindigkeit, selbst wenn sie nicht übermäßig groß sind, oder plötzliche Verlagerung der Stromrichtung sind für den Materialtransport besonders wirkungsvoll (Bild 4).

Größenvorstellungen über die erzielbaren Wirkungen

Diese Erkenntnis macht es verständlich, warum die eingehenden Studien von G. K. Gilbert und E. C. Murphy (1914), F. Schaffernak (1922), Schocklitsch (1914) und anderen zur mathematischen Erfassung des Gerölltriebs[18] nur in beschränktem Umfang quantitative Ergebnisse gezeitigt haben. Es gibt bekanntlich eine untere Fließgeschwindigkeit oder *Grenzschleppspannung*, bei der die Bewegung der Teilchen verschiedener Korngröße erst beginnt. Diese Grenzschleppspannung liegt höher als die für den Weitertransport sich bereits bewegender Gerölle nötige Schleppspannung, da ja zuerst die Trägheit überwunden werden muß. Nach J. Völk (1964, S. 192) liegt die Grenzschleppspannung, d. h. der Druck des fließenden Wassers je Flächeneinheit der Sohle bei der die Bewegung von Lockermaterial einsetzt, bei folgenden Werten:

Material (Benennung nach DIN 4022)	Korngröße (mm)	Grenzschleppspannung (kp/m^2)
Mittelsand	0,2−0,4	0,18−0,20
Grobsand	0,4−1,0	0,25−0,30
Mittelkies	bis 15	1,5−2,0
Grobkies	bis 50	3−4
Blöcke	bis 100	bis 6
sandiger Kies		1,0−1,2
lehmiger Kies		1,5−1,8

Nach F. Schaffernak (1922) und W. Ule (1925) bleiben in Bewegung bei einer Fließgeschwindigkeit von

0,15 m/sec	grober Schlamm (Schluff)
0,3 m/sec	grober Sand ⌀ 1,7 mm
1,0 m/sec	Mittelkies (Bohnen- bis Taubeneigröße)
1,7 m/sec	Gerölle (Blöcke) über 60 mm ⌀ (1 bis 1,5 kg Gewicht)

Es ist üblich geworden, unter *Kompetenz* eines Flusses an einer bestimmten Stelle und zu einem bestimmten Zeitpunkt die Größe der größten Gerölle zu verstehen, die er dort gerade noch in Bewegung setzen kann. Dagegen bezeichnet man als *Kapazität* des Flusses die Gesamtmenge der festen Fracht, die er bei Hochwasser an einer bestimmten Stelle transportieren kann.

Grundlegende Ergebnisse und eine sorgfältige Auswertung der einschlägigen Literatur über das Fließen, die Transport-, Erosions- und Akkumulationsleistungen der Flüsse erbrachte F. Hjulström (1935, 1942). Ihm ist das aufschlußreiche Diagramm über die kritischen Strömungsgeschwindigkeiten (Fig. 45) zu danken, bei denen für verschiedene, im jeweiligen Fall einheitliche Korngrößen das Inbewegungsetzen aus dem Ruhezustand, also die Erosion beginnt, und bei denen für bewegte Partikel die Ablagerung, also das Zurruhekommen eintritt. Die an sich schon ältere Erkenntnis, daß Feinsand bereits bei viel geringeren Fließgeschwin-

---

[18] In der Wasserbautechnik wird vielfach statt von Geröll von Geschiebe gesprochen. In der Geomorphologie ist das nicht empfehlenswert, weil sich der Ausdruck Geschiebe vor allem für gletscherbewegte Gesteinsfragmente eingebürgert hat.

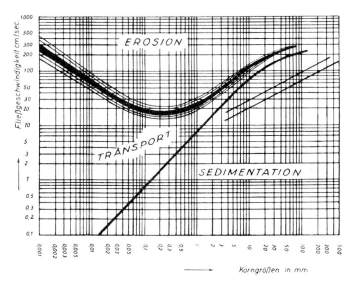

Fig. 45. Grenzkurven der Zustandsbereiche von *Erosion*, von bloßem *Weitertransport* in Bewegung
befindlicher Flußfracht und von *Sedimentation* der Flußfracht in ihrer Abhängigkeit von
Fließgeschwindigkeit und Korngröße bei jeweils einheitlicher Korngröße. (Nach F. Hjulström, 1935, S. 298.)

Darstellung mit logarithmischer Maßskala. Bei gemischten Korngrößen nehmen die Kurven Zwischen-
werte ein. Bei hohem Anteil kleiner Korngrößen liegen die Werte nahe bei den für diese charakteristischen Größen. Bemerkenswert ist vor allem, daß zur Erosion sehr feiner Partikel höhere Fließgeschwindigkeiten nötig sind als zu Erosion von gröberem Feinsand. Sind die Feinstteilchen aber einmal in Be-
wegung gesetzt, so genügen sehr geringe Fließgeschwindigkeiten, um sie in Bewegung zu halten. Die
Untersuchungen sind seither weiter verfeinert worden. Als Einflußfaktoren wurden besonders die
Dichte der Bestandteile der Flußfracht, die Konzentration des suspendierten Materials innerhalb des
Flusses, die Korngrößenmischung der Flußfracht in Betracht gezogen (Å. Sundborg, 1967). Der
Einfluß dieser Größen modifiziert das von Hjulström gewonnene Kurvenbild, doch bleiben dessen
Grundzüge erhalten (vgl. auch A. Volker, 1972).

digkeiten beweglich wird als Ton, findet ihre Bestätigung. Bei gemischten Par-
tikelgrößen nimmt die Bereitschaft, von der Strömung in Bewegung gesetzt zu
werden, zu, nach G. K. Gilbert (1914) am stärksten, wenn etwa 75% der Masse
aus Feinsand bestehen. Die Beweglichmachung von Teilchen wird außerdem
gefördert, wenn die Fließbewegung pulsiert, offenbar weil dadurch die Turbulenz
der Fließbewegung verstärkt wird. Der Gerölltrieb steigt nicht proportional der
Fließgeschwindigkeit, sondern weit stärker. Auch die Bettform und die Rauhigkeit des Gerinnebetts sind für den Gerölltrieb von Bedeutung. Aber je größer der
Gerölltrieb wird, um so weniger spielen diese Faktoren eine Rolle.

Untersuchungen über die relative *Abreibbarkeit* von Geröllen verschiedener
Gesteine beim Gerölltrieb haben E. Fugger und K. Kastner (1895) an der Salzach
angestellt. Albert Heim (1878/79) prüfte durch Schotteranalysen verschiedener
Gesteine die Länge des Transportweges, die nötig ist, um das Volumen der
Gerölle auf die Hälfte zu verkleinern. In ähnlicher Richtung machte F. W. Freise
(1932/33) in Brasilien in Seifenanlagen großartige Versuche über den Abrieb

von Gesteinen bei künstlicher Verschwemmung. Die Ergebnisse gehen in allen Fällen dahin, daß die Festigkeitsunterschiede der widerständigsten gegenüber den am meisten abnutzbaren Gesteinen sich wie 6 bis 8 zu 1 verhalten. Besonders widerständig sind Kieselgesteine und feinkörnige kristalline Gesteine. Am schwächsten erweisen sich Mergelkalke, splittrige Gesteine wie z. B. der alpine Hauptdolomit und verwitterte Eruptiva. Die von A. Heim ermittelten Transportwege zur Volumverminderung auf die Hälfte schwanken zwischen 30 und 250 km.

Einen Vergleich der verschiedenen Formen des fluvialen Materialtransportes ermöglichen folgende Angaben. A. Penck (1894) schätzte an der Donau, d. h. an einem Fluß mit kleinem Gerölltrieb, dessen Größe im Mittel zu 13 cm^3 auf 1 m^3 Wasser. Die Größe des *Gerölltriebes* läge danach in der Größenordnung von 1 Hundertstel Promille der Wassermasse. Albert Heim fand an der Reuß an der Mündung in den Urner See, also bei einem Fluß mit ansehnlichem Gerölltrieb, 200 cm^3 auf 1 m^3 Wasser, also immer noch wesentlich weniger als 1‰. Weit ergiebiger ist der Transport an *schwebenden Substanzen*. Fast immer erreicht die Schwebesubstanz einige Hundertstel Promille der Wassermenge. Sie steigt bei Klarwasser bis auf 1‰. Bei Trübwasser aber kann sie von über 1‰ bis auf 750 Gewichtspromille des transportierenden Wassers in den Ausnahmefällen förmlicher Schlammfluten ansteigen.

Der Gehalt an *gelösten Bestandteilen* im Flußwasser ist dem Gewicht nach bei Klarwassern gewöhnlich wesentlich größer als der an *suspendierten*. Er ist in Mittel- und Westeuropa gewöhnlich 5- bis 10mal so groß wie dieser. Nach Hjulström (1935) überwiegt er im Fyris-Gebiet nördlich von Uppsala sogar noch stärker. In den semiariden Gebieten, z. B. am Blauen Nil ist dagegen das suspendierte Material gewöhnlich an Menge 5 bis 10mal so groß wie das gelöste.

Im ganzen läßt sich sagen, daß bei den fluvialen Transporten in den humiden Gebieten, wenn man von Hochgebirgsflüssen absieht, das gelöste Material wahrscheinlich den größten Anteil hat. In den semihumiden und semiariden Gebieten gelangt das suspendierte Material auf den ersten Platz. Der Gerölltrieb steht, wenn eigentliche Hochgebirgsflüsse außer Betracht bleiben, wahrscheinlich mengenmäßig überall an letzter Stelle.

Aber geomorphologisch ist der Gerölltrieb dennoch besonders wichtig. Denn ebenso wie Gerölle und Sand sich im Flusse durch gegenseitiges Bestoßen abnutzen, muß auch der anstehende Fels des Flußbettes durch den Hindurchtransport des Flußschotters bestoßen, abgenutzt und damit ganz allmählich ausgearbeitet, *korradiert* (Korrasion v. lat. radere) werden. Bezüglich der Korrasion des festen Felsgrundes durch das fließende Wasser sind nach F. Hjulström (1935) dreierlei Wirkungsweisen zu unterscheiden. Die sogenannte *Evorsion* vermag durch wirbelndes Wasser tiefe Strudellöcher (engl. pot hole) in den Felsen einzudrechseln. Offensichtlich sind Standwalzen mit ungefähr senkrecht stehender Achse, wie sie durch Hindernisse im Flußbett erzeugt werden, hierzu eine wesentliche Vorbedingung. Gewöhnlich, aber wohl nicht immer, dürften Mahlsteine den Evorsionsvorgang unterstützen. Oft sieht man solche am Boden von Strudellöchern liegen. Es gibt zweitens eine *Abnutzung des Felsgrundes* durch darübergleitende Gerölle, Sand und Schwebestoffe. Die Glättung des Felsgrundes im Flußbett, die, wenn lediglich Schwebstoffe arbeiten, manchmal politurartige

Feinheit erreichen kann, ferner Wannen am Bettboden, Nischen an den Seitenwandungen sind ein klarer Beweis dafür (Bild 5).

Hjulström hat noch auf eine dritte Form der Korrasion des festen Fels hingewiesen, die allerdings nur bei außergewöhnlich hohen Fließgeschwindigkeiten wirksam werden kann, so wie sie gelegentlich in Wasserfällen, Stromschnellen und wahrscheinlich in größerem Umfange in subglazialen Schmelzwassergerinnen vorkommen, die unter hohem hydrostatischem Druck fließen. Es ist die *Korrasion* unter Mitwirkung von *Kavitation*.

Die *Kavitationskorrasion* ist in der Technik, namentlich bei Schiffsschrauben und Schiffsturbinen, bekannt und gefürchtet. Sie beruht darauf, daß bei sehr schneller Fließbewegung, wie sie z. B. an Schiffsschrauben entsteht, Druckminderung in der fließenden Masse momentan Hohlräume erzeugt (Kavitation), die Luft und Wasserdampf aufnehmen. Bei Aufhören der Druckminderung brechen diese Gasblasen mit scharfem Geräusch zusammen. Kapillare und elektrische Kräfte werden dabei ebenfalls wirksam. Darauf weist der Ozongeruch in der Nähe mancher Wasserfälle hin. Tritt das Zusammenbrechen der Kavitationshohlräume unmittelbar an der Oberfläche des begrenzenden Festkörpers ein, so erleidet dieser eine harte Bearbeitung wie durch Hammerschläge, Metalloberflächen werden dadurch u. U. in wenigen Stunden oder Tagen vollständig korradiert. Das gleiche muß gegebenenfalls mit Felsoberflächen geschehen. Bevorzugte Stellen der Kavitation liegen unmittelbar hinter der Verengung eines Fließquerschnitts, durch den Wasser mit äußerster Geschwindigkeit hindurchgetrieben wird, und hinter dem dann Druckentlastung eintritt. Die Stellen der Korrasion folgen kurz darauf, nämlich dort, wo die Kavitation zusammenbricht. E. Ljungner (1930) hat kleine Sichelwannen in den rundgeschliffenen Felsflächen des nordischen Inlandeisbodens als Formen der Kavitationskorrasion von subglazialen Schmelzwassern hinter Kavitation erzeugenden Moränenblöcken gedeutet. Sie haben Formähnlichkeiten mit durch Kavitationskorrasion experimentell hervorgerufenen Vertiefungen. Es ist anzunehmen, daß die Kavitationskorrasion bei den manchmal erstaunlich raschen Zerstörungen, die schießendes Wasser an soliden Kunstbauten anrichtet, ebenso aber auch im rein natürlichen Geschehen eine erhebliche Rolle spielt. Leider fehlt es noch an genügend eindeutigen Beobachtungen.

Die Korrasionserscheinungen am anstehenden Flußboden bewirken *Tiefenerosion* der Gerinne, d. h. ein allmähliches Tieferlegen des Flußbetts. Dies gilt auch dort, wo der feste Felsgrund des Flußbetts vollkommen mit Schotter oder Sand bedeckt ist, wenn nur angenommen werden kann, daß dies Material wenigstens gelegentlich bis zum festen Fels hinab von der Transportbewegung mit erfaßt wird und damit Korrasion am Untergrunde ausübt.

Über den Abrieb (Korrasion) des festen Fels durch darüber hinwegbewegte Gerölle bei Wildbachverbauungen maß J. Stiny (1919) an Porphyritblöcken im Mittel von 10 Beobachtungsjahren einen jährlichen Abtrag von etwa 1 mm. F. W. Freise (1932/33) fand im Staate Rio de Janeiro je nach Frische und Angreifbarkeit des Gesteins eine jährliche Abschleifung von 0,6 bis 2,2 mm. J. Bauschinger (1884) kam bei Laboratoriumsversuchen auf etwa viermal so große Abnutzungswerte.

Schätzung der Abtragung in verschiedenen Klimabereichen

Abgerundete Werte in Anlehnung an die Zusammenstellungen von O. Maull (1938, 1958) und J. Corbel (1959), ermittelt für die Einzugsgebiete

Klimabereich	Örtlichkeiten mit mm-Abtrag pro Jahrtausend	Abtrag pro Jahr-tausend mm	davon		
			gelöst %	sus-pendiert %	als Sand u. Geröll %
1. Flachland der höheren bis subpolaren Breiten	Gr. Bärensee, Canada 15 mm St. Lorenz-Strom, Montreal 18 mm St. John, Neubraunschweig 29 mm Klarälven, Schweden 5 mm Fyris, Uppsala 24 mm (J. Corbel 1959)	5−30	80−95	5−20	0−6
2. Gebirge der höheren bis subpolaren Breiten	Glama, Norwegen 475 mm Bøvra, Jotunheimen 600 mm Chandalar, Brooks Rge, Inner-alaska 300 mm bei Juneau, Pazifische Küstenketten 800 mm (J. Corbel 1959)	300−800	wenig bis über 50	wenig bis über 50	20−40
3. Humide Mittelbreiten, Flachland u. mäßiges Gebirge mit viel Ackerkultur	Themse 16 mm, Elbe 17 mm, Rhein in Holland 32 mm, Seine (Paris) 33 mm, Loire 19−28 mm Garonne, Dordogne 28 mm Petite Rhue, Dordogne 35 mm (A. Penck 1894 u. J. Corbel 1959) In ausgesprochenen Kalkgebieten (Marne 56 mm) erhöht sich der Gesamtbetrag bis gegen 60 mm, davon um 90% Lösungsfracht.	10−40	75−95	wenig bis 15	wenig bis 15
4. Humide Mittelbreiten, Flachland und mäßiges Gebirge mit Hoch-gebirgsanteil	Rhein 41 mm, Donau (Wien) 70 mm Donau, Inselschüttgebiet 73 mm Rhône Donzère 103 mm (A. Penck 1894 und J. Corbel 1959)	40 bis über 100	40−60	30−50	5−15
5. Humide gemäßigte Mittelbreiten Hochgebirge	Saane (Sarine), Schweiz 210 mm Drac, Franz. Alpen 704 mm Arve, Franz. Alpen 640 mm Rhône oberh. d. Genfer Sees 418 mm Isère bei Grenoble 287 mm Rhein, oberh. d. Bodensees 321 mm Albarine, Südl. Jura 200 mm (J. Corbel 1959)	200 bis über 700	10−45	40−70	10−30

Klimabereich	Örtlichkeiten mit mm-Abtrag pro Jahrtausend	Abtrag pro Jahrtausend mm	davon		
			gelöst %	suspendiert %	als Sand u. Geröll %
6. Kontinentale Mittelbreiten u. Subtropen mit geringem bis mäßigem Relief	Missouri in Montana 55 mm Mississippi-Delta 59 mm Rio Grande bei San Marcial, Neumexico 12 mm Paraná, Corrientes 32 mm, Nil 13 mm (A. Penck 1894 u. J. Corbel 1959)	10−60	10−35	40−90	wenig bis 20
7. Subtropen, Gebirgsland	Zéroud, Tunesien 130 mm F. Orte, Apennin 376 mm Durance 400−500 mm R. Colorado, Gran Canyon 230 mm Canadian River bei Sangre de Christo, südl. Rockies 170 mm (J. Corbel, 1959)	100−500	wenig bis 20	65−95	5−15
8. Wechselfeuchte Randtropen	Indus 275 mm, Ganges 295 mm Irrawady 300−400 mm (A. Penck, 1894)	200−400	?	?	?
9. Feuchte Tropen bei mäßigem Relief	Kongo im Mündungsgebiet 22 mm Mambucaba 12 mm Rio de Janeiro 12 mm (Corbel 1959 und Freise 1930)	10−30	um 70	um 30	wenig bis 5
10. Feuchtes tropisches Hochgebirge	Usumacinta, Chiapas 92 mm (J. Corbel, 1959)	um 100	um 30	um 45	um 20

Auf Grund von Schätzungen über die Abtragung in einzelnen Flußgebieten ergibt sich nach dem bisherigen Stand der Kenntnis folgender Eindruck über die Leistungsfähigkeit der fluvialen Abtragung in den verschiedenen Klimabereichen: Sie scheint in Gebieten mit geringem Relief in den vollariden Bereichen am kleinsten zu sein, was nicht verwundern kann. Sie ist anscheinend auch gering in den humiden Mittelbreiten und in den feuchten Tropen. Sie erlangt dagegen in den wechselfeuchten Tropen sehr bedeutende Werte, ebenso in der Subpolarregion.

In den Hochgebirgen der Erde nimmt die fluviale Abtragung gegenüber den Werten des Flachreliefs offenbar allenthalben außerordentlich stark zu, was wiederum erwartet werden muß. Einen Überblick über eine Anzahl der durchgeführten Schätzungen gibt die obenstehende Tabelle.

Abschätzung langfristiger Mindestwerte der Abtragung

Um Formenbestandteile der Erdoberfläche, die alt angelegt sind oder zu sein scheinen, sachgerecht beurteilen zu können, wäre es von Vorteil zu klären, mit wie großer Abtragung auf ihnen seit ihrer Anlage ungefähr zu rechnen ist. Daher ist es nützlich zu überlegen, ob und wie aus den vorliegenden Daten über die Fluvialabtragung (Tab. S. 224f.) Vorstellungen wenigstens über langfristige Mindestwerte der Abtragung hergeleitet werden können. Solche Abschätzungen können mit einiger Annäherung an die Wirklichkeit wohl nur gewonnen werden, wenn man die vorliegenden Angaben einerseits sowohl nach den großen Klimabereichen getrennt, als auch für geringes und für starkes Relief gesondert betrachtet. Außerdem muß bedacht werden, wie jene Verzerrung, nämlich Verstärkung über die rein natürlichen Abtragungswerte hinaus, welche gewollt oder ungewollt in den weitaus größten Teilen der Erde durch die Tätigkeit des Menschen eingetreten ist, in der beabsichtigten Abschätzung möglichst gering gehalten werden kann.

Für den genannten Zweck sind in den verschiedenen Klimagebieten die besonders niedrigen unter den für geringes Relief ermittelten Abtragungswerte naturgemäß bevorzugt wichtig. Nimmt man von diesen nur jene, die humiden Klimaten angehören, so zeigt sich, daß in ihnen der Anteil an Gelöstem innerhalb der Gesamtfracht ausgesprochen überwiegt. Dieser Anteil dürfte zugleich relativ unabhängig vom Relief sein. Er ist am höchsten bei den Messungen am Klarälven in Mittelschweden, d. h. in einem dünn besiedelten Flachland bis mäßigem Gebirgsland der höheren bis subpolaren Breiten. Dort wurde eine Gesamtabtragung von etwa 5 mm im Jahrtausend errechnet bei einem Anteil an Gelöstem von 80% bis über 90%.

Dabei ist freilich zu bedenken, daß in einem Erosionsgebiet pleistozänen Inlandeises verhältnismäßig wenig feinkörniges Verwitterungsmaterial auf den Oberflächen vorhanden ist. Doch auch in den anderen humiden Klimaten weichen die in geringem Relief gemessenen besonders niedrigen Abtragungswerte nicht sehr stark ab. Sie erreichen in den Mittelbreiten (Themse, Elbe) in dicht besiedelten Gebieten und selbst in den Tropen (Rio Mambucaba, Rio de Janeiro, Kongo) nur das Doppelte bis Vierfache des Wertes vom Klarälven. Außerdem ist auch bei diesen Beispielen der Frachtanteil des Gelösten auf ungefähr $^3/_4$ oder mehr zu veranschlagen.

Wenn man in Rechnung stellt, daß durch die Bodenlockerung bei Agrikultur Lösung im Boden erleichtert und Abspülung bzw. Ausspülung von Schwebstoffen und gröberem Material sogar erheblich verstärkt werden, so würden *ohne* menschliche Einwirkung die niedrigsten Abtragungswerte in den humiden Klimaten der verschiedenen Breiten sich noch mehr dem für das dünn besiedelte Klarälven Gebiet ermitteltem Wert nähern. Dieser Wert beruht gewiß nur auf erdgeschichtlich kurzfristigen Beobachtungen. Da aber die aus anderen Beobachtungsjahren und ganz anderen Breiten stammenden Mindestwerte der Abtragung unterhalb des Fünffachen des Klarälven-Wertes liegen, so wird man annehmen dürfen, daß auch die im Lauf der Zeiten tatsächlich eingetretenen Klimaänderungen nur solche Änderungen der Mindest-Raten der Abtragung bewirkt haben, die für geringes Relief in humiden Klimaten unterhalb der Größenordnung einer Zehnerpotenz gegenüber dem Klarälven-Wert bleiben.

Dieser Schluß wird noch dadurch bestärkt, daß selbst im semiariden Klima der Subtropen, in welchem der Hauptanteil der Flußfracht eindeutig auf die

Schwebstoffe entfällt, in wenig gegliedertem Relief bei schütterer Besiedlung, wie das Beispiel des Rio Grande Gebietes von Neumexico zeigt, nur eine Abtragungsrate von 12 mm im Jahrtausend zu errechnen ist. Im Flachrelief der Vollwüsten allerdings wird Massenverlagerung wohl nur in wesentlich geringerem Ausmaß erfolgen. Sonst wäre es nicht möglich, daß sich dort Fahrspuren und Fußspuren, wie wiederholt beobachtet, über Jahre und Jahrzehnte erhalten haben.

Das Jahrtausend ist erdgeschichtlich eine kurze Zeit. Von langfristiger Entwicklung wird man erst bei Zeitspannen von Jahrmillionen sprechen können. Da nun, wie ausgeführt wurde, die geringsten Abtragungsraten, die bei geringem Relief in allen Klimaten mit Ausnahme der Vollwüste ermittelt werden konnten, um weniger als 1 : 5 voneinander abweichen und da sie bei Abrechnung der vom Menschen bewirkten Verstärkung der Abtragung sogar dem unteren Wert noch näher rücken müssen, so wird es vertretbar sein, zur Erlangung einer Vorstellung über den Mindestwert der Abtragung unter den genannten Bedingungen einen sogar langfristig extrapolierten Wert zu benutzen.

Man wird hiernach bei geringem Relief nach einer Million Jahre bei ununterbrochen fortgesetzter Abtragung mit einer mittleren Mindesterniedrigung von einigen Metern rechnen müssen, seit der Zeitgrenze Miozän/Pliozän also mit einer Mindesterniedrigung von einigen Zehnern von Metern. Diese Überlegung macht deutlich, daß bei diesbezüglichen Untersuchungen einerseits die Frage nach etwaigen einstigen Unterbrechungen der Abtragung durch Sedimentation, durch Verschüttung von Bedeutung ist, und daß andererseits die vielfach unternommenen Versuche, in Rumpftreppen eine zeitliche Reihenfolge von Flächenresten, die mehrere bis viele Millionen Jahre alt sein sollen, und die allein mit Höhenunterschieden von oft weniger als 100 m zwischen den verschiedenen Flächen begründet werden, wenig Vertrauen verdienen.

Die Tabelle zeigt andererseits, daß in stark gegliedertem Gebirgsrelief aller Klimagebiete mehr als zehnmal, ja mehr als hundertmal größere Abtragungswerte gemessen worden sind als in entsprechendem Flachlandrelief, und daß hierbei vor allem die Schwebstoffe, nach ihnen Sand und Geröll die wichtigsten Frachtanteile ausmachen. Unter diesen Umständen ist eine Abschätzung langfristiger Abtragungsraten gewiß untunlich. Aber man wird annehmen dürfen, daß auch dort für alte, hochgelegene Reste von Sanftrelief ähnliche MindestRaten der Abtragung Geltung haben wie für geringes Relief allgemein, nämlich etwa einige Meter pro Jahrmillion.

2. Gestaltung der Gerinnebetten, fluviale Aufschüttung

Fließvorgang und Gerinnebett

Bei einem geradlinig dahinströmenden Gewässer ist aus Gründen der Reibung die Fließgeschwindigkeit in der Mitte im allgemeinen größer als an den Rändern. Längere Geradstrecken kommen aber bei natürlichen Gewässern fast nicht vor. Denn schon eine kleine Ablenkung, wie sie jede Unregelmäßigkeit des Flußbetts veranlassen kann, muß bei einer strömenden Wassermasse aus Gründen der

Trägheit seitliches Ausschwingen hervorrufen. Dieses erfaßt den rascher fließenden *Stromstrich* mehr als die randlichen Wasserteile. Daraus ergibt sich ein Pendeln des Stromstriches innerhalb des Flusses.

Im Stromstrich, in welchem pro Zeiteinheit mehr Wasser pro Flächeneinheit des Querschnitts durchläuft als in den langsamer fließenden Partien des Flusses, besteht infolge der entsprechend erhöhten Schleppspannung die Tendenz, den Durchflußquerschnitt durch Wegführung von Material zu vergrößern. Dies ist in den Flüssen, deren Bett Lockermassen, Sand, Kies, Schotter, enthält, möglich. So wird verständlich, daß in Krümmungen des Flusses an der Außenkurve, an die der Stromstrich der Trägheit folgend drängt, d. h. an der *Prallstelle,* eine Erweiterung und Ausrundung des Krümmungsbogens und eine Vertiefung des Flußbetts nahe dem Ufer, d. h. ein *Kolk,* geschaffen wird. Es ergibt sich so an den Prallstellen eine *seitliche Unterschneidung* des Ufers (Unterschneidungsufer, Fig. 46).

Den Prallstellen gegenüber liegen die *Gleitstellen.* Am Gleitufer ist der Fluß bei verringerter Strömung verhältnismäßig flach. Hier bilden sich Sand- oder Kiesbänke, so daß der Bettquerschnitt zwischen Prallstelle und Gleitstelle unsymmetrisch wird. In geraden Laufstrecken dagegen nähert sich der Flußquerschnitt einer symmetrischen Muldenform. Die Tiefe der Kolke pflegt in mittleren und größeren Flüssen die Größe von 5 bis 10 m nicht zu überschreiten. An einzelnen Stellen, besonders in Engtalstrecken, in denen der Fluß Schnellen, d. h. schießenden Abfluß besitzt, kommen aber sehr tiefe Kolke vor. Die Kolke des Rheins in der Gegend des Lurlei (Lorelei) sind bis 26 m tief. Die Donau hat in der Kasan-Enge des Banater Durchbruchs, wo sich der sonst etwa kilometerbreite Fluß auf 112 m Breite verschmälert, bei einer Spiegelhöhe von 55 m über dem Meere Kolke von 75 m Tiefe. Sie reichen also bis 20 m unter den Meeresspiegel. In solchen Fällen wird es wichtig, sich gegenwärtig zu halten, daß das Gesetz von der Gleichsinnigkeit des Gefälles der Flußtäler streng nur für die Oberfläche des Flußspiegels gilt, jedoch nicht für den Boden des Flußbetts.

Mit dem Pendeln des Stromstrichs ist allem Anschein nach, so wie das erwartet werden muß, auch ein leichtes seitliches Ausschwingen des Flußspiegels verbunden. Oszillationen des Rheinspiegels bei Mehlem oberhalb von Bonn in Höhe von mehreren Zentimetern und im Zeitrhythmus von 2 bis $2^1/_2$ Minuten hat A. Hofmann (Naturwiss. Wochenschr. 1917) an einigen windstillen Tagen nachgewiesen, als bei Nebel kein Schiffsverkehr störte. Die Wasserbautechnik hat die Erfahrung gemacht, daß auch in künstlich gerade gebauten Flußstrecken ein Schwingen des Stromstriches und ein Wechsel von Kolken und *Kiesbänken* sich von selbst einstellt und die geraden Uferwandungen ungleich angreift.

Die Erfahrung lehrt, daß in Flachlandschaften windungsreiche Flußstrecken auftreten und daß hier ein kleines Gerinne stets in kleinen, unter sich ziemlich gleichgroßen Windungen *(Mäandern)* dahinzieht, während ein großer Fluß große Windungen wiederum von bemerkenswerter Gleichartigkeit besitzt (Bild 27, auch Atlas des Formes du Relief, Paris 1956 Taf. 10/11). Wenn eine gewisse Weite der Mäander erreicht ist, so findet eine weitere Vergrößerung offenbar nicht mehr statt. Aus alledem ist zu schließen, daß die in Flachlandschaften von Fluß zu Fluß wechselnde, aber innerhalb einer individuellen Flußstrecke verhältnismäßig gleichartige Größe der Mäander jeweils spezifisch ist für ein Gerinne bestimmter Wasserführung und bestimmten Gefälles. Es kann als Beweis dafür angesehen werden, daß tatsächlich Schwingungen der fließenden Wassermassen diese „freie Mäanderbildung" in Flachlandschaften hervorrufen.

Eine aufschlußreiche Analyse der Schwingungstheorie der Mäanderbildung hat F. Hjulström (1942 S. 249–268) gegeben, indem er einen einleuchtenden qualitativen Ansatz für den Abstand einander entsprechender Extrempunkte von benachbarten Mäanderbögen (Wellenlänge der Mäander) mit Hilfe der Größen „Breite des Mäandergürtels", Fließgeschwindigkeit einschließlich der Turbulenz und Wassertiefe diskutiert. Das Vorhandensein von Mäandern drückt sich in diesem Falle dadurch aus, daß die Längen „Wellenlänge der Mäander" und „Breite des Mäandergürtels" nicht allzu verschieden groß sind.

Es zeigt sich, daß große Flußtiefe die Mäanderbildung fördert, während geringe Flußtiefe (0,1 m und darunter) sie praktisch ausschließt. Es zeigt sich weiter, daß geringe Fließgeschwindigkeit und geringe Turbulenz der Mäanderbildung günstig sind, hohe Fließgeschwindigkeit und hohe Turbulenz aber die Mäanderbildung sehr behindern.

Außerdem macht Hjulström sehr klar, daß freie Mäanderbildung eine bequeme Verformbarkeit des Flußbetts voraussetzt. Der Fluß muß imstande sein, gleichzeitig an der einen Stelle zu erodieren und in naher Nachbarschaft zu akkumulieren. Zur Erklärung ist das von Hjulström (1935) herausgearbeitete Korngrößen-Transport-Diagramm (S. 221) von großer Bedeutung. Mäanderbildung muß hiernach am leichtesten in Lockermassen vor sich gehen, die einen hohen Prozentsatz an Mittelsand (von 0,2 mm ⌀) bis Grobsand (bis 2,0 mm ⌀) aufweisen, und zwar bei Fließgeschwindigkeiten um etwa 0,1 bis 0,5 m/sec. Bei geringeren Korngrößen bleibt das einmal in Bewegung gesetzte Material zum großen Teil schwebend. Es kann also nur unvollkommen zur Ausformung von Mäandern durch Akkumulation ausgenutzt werden. Bei wesentlich größeren Korngrößen müssen bald die zum Transport nötige Fließgeschwindigkeit und Turbulenz so groß werden, daß hierdurch die Mäanderbildung behindert wird. Die Überlegungen von Hjulström eröffnen zweifellos einen sehr wirklichkeitsnahen Einblick in das schwierige Mäanderproblem.

Eine wesentliche Ergänzung der Schwingungstheorie der freien Mäander hat auch W. Behrmann (1915) gegeben (Fig. 46). Indem der Stromstrich mit seinen Wassermassen nicht nur pendelt, sondern sich auch talab fortbewegt, verlegt sich die stärkste Unterspülungswirkung und Kolkbildung, äußerlich gekennzeichnet durch Häufung von Quellwirbeln, stets an das talab gelegene Ende der Prallstelle. Am gegenüberliegenden Ufer baut sich gleichzeitig eine Kiesbank auf. Die Kiesbänke im Fluß zeigen stromaufwärts, d. h. luvseitig, eine flache Böschung, stromab, d. h. leeseitig, gewöhnlich einen merklichen Abfall, dessen Gefälle bis zum Neigungswinkel der natürlichen Aufschüttungen (etwa 30°) gehen kann. Die Kiesbänke verändern sich in der Regel, wie durch die Unterwasseraufnahmen von H. Mortensen und J. Hövermann (1957) unmittelbar sichtbar gemacht worden ist, infolge des Angriffs von am Grunde gegenläufigen Bodenwalzen, welche am

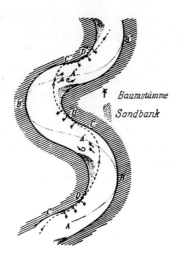

Fig. 46. Prallstellen und Gleitstellen bei einem mäandrierenden Tieflandfluß. (Nach W. Behrmann, 1915, S. 463).

Die fein punktierte Linie im Wasserlauf A B, A'B'... wäre die *Schwingungskurve* eines in den geraden Laufstrecken an der Wasseroberfläche in der Flußmitte befindlichen Wasserteilchens bei einfacher seitlicher Pendelbewegung der Wassermasse im gekrümmten Laufabschnitt. Die gestrichelte Linie kennzeichnet die Lage des tatsächlichen *Stromstrichs* als Folge der Trägheit der fließenden Wassermasse. Bei C D, C'D'... findet *Unterschneidung* des Ufers und *Kolkbildung* im Flusse statt. Hier stürzen bei Tieflandflüssen besonders in den feuchten Tropen mit bevorzugter Häufigkeit unterspülte Bäume ins Wasser. Wo der Stromstrich des Kolks sich von dem unterschnittenen Ufer loslöst, da lagern sich vor dem Ufer *Sandbänke* ab. In den stromab an die Sandbänke anschließenden Flachwasserpartien kommt es in natürlichen Tieflandsflüssen nicht selten zur Festsetzung von Baumsperren aus den vom Flusse verdrifteten Stämmen.

stromauf liegenden Ende der Flachböschung Material um ein geringes stromaufwärts emporreißen und dann mit dem Strome ein Stück weiterschweben lassen. Am leeseitigen Abfall der Kiesbank findet Ablagerung statt. Dort wächst sie also, während sie an der Luvseite abgetragen wird. Dies erklärt den inneren Bau sehr vieler Kiesbänke aus stromab fallenden Kiesschichten, die von der luvseitigen Böschung abgeschnitten werden. Es macht weiterhin die sogenannte *Kreuzschichtung* oder *diskordante Parallelstruktur* fluvialer Ablagerungen verständlich (Fig. 23, Bild 6 u. die Lehrbücher der Geologie).

Sie kommt durch Übereinanderschütten von Sand- und Kiesbänken kleineren oder größeren Ausmaßes bei vielfachen Schwankungen der Schüttungsrichtung und unter zwischengeschalteten kleineren Abtragungseffekten zustande. Es ist nicht anzunehmen, daß das bei Einsetzen eines Hochwassers oder durch anderweitige Veränderung des Strömungssystems an der Luvseite der Kiesbänke in Bewegung geratene Material im wesentlichen an der Leeseite wieder abgelagert wird. Vielmehr dürfte in erheblichem Umfange Material durch die Tiefe des benachbarten Kolks hindurch zur nächsten Kiesbank wieder emporgefrachtet werden. Denn es ist unwahrscheinlich, daß im Bereich des Stromstrichs, also der stärksten und zwar einschraubigen (S. 218) Strömung kein Transport stattfinden sollte. Der Stromstrich führt aber über den Kolk und sorgt zugleich dafür, daß dessen Tiefe bei der langsamen Stromabverlagerung dauernd erhalten bleibt. Im ganzen führt das allmähliche Stromabwandern der Prallstellen und Kolke, wie der Gleitstellen und Kiesbänke, zu einer Stromabverlegung aller Mäander, ja der gesamten Mäanderstrecke in dem durch die Schwingungsbreite der Mäanderbögen vorgezeichneten Streifen. Dieser Vorgang stellt eine der Möglichkeiten dar, durch welche eine das Flußbett an Breite erheblich übertreffende *Talsohle* gebildet werden kann.

Es kann auch bei weitgehender Ausarbeitung der Mäanderbögen zur Abschnürung und Niederlegung des Festlandhalses zwischen zwei einander entgegen gerichteten Flußbögen kommen. Dann tritt an der betreffenden Stelle eine Laufverkürzung des Flusses ein. Es bleibt, mit Wasser *(Altwasser)* oder mit Niederungsmoor erfüllt, ein *abgeschnittener Mäander* neben dem verkürzten Flußlauf übrig.

Gute Beispiele von Mäanderflußstrecken bieten etwa die folgenden Kartenblätter: Topographische Karte 1 : 100 000 C 4302 Bocholt; Topographische Karte 1 : 25 000 Nr. 6741, 6742 Cham West, Cham Ost. (W. M. Davis, 1903; W. Behrmann, 1915; F. M. Exner, 1919; H. Baulig, 1948; ferner Bild 7).

Die im vorstehenden getroffenen Unterscheidungen des Stromstrichs innerhalb eines Gerinnes, der Prallstellen und Gleitstellen, der Kolke und Kiesbänke setzen voraus, daß der betrachtete Fluß im großen und ganzen ruhig strömend dahinzieht, daß ein Flußspiegel existiert, durch welchen benachbarte und selbst entferntere Teile des Flusses bezüglich des örtlichen Geschehens in gegenseitiger Abhängigkeit stehen. Es handelt sich in diesem Falle um einen *ausgeglichenen Fluß* (graded stream im Sinne von W. M. Davis, 1899). Verfolgen wir unsere Flüsse stromauf, so gelangen wir im Gebirge schließlich in obere Verzweigungen, in denen ein durchlaufender Flußspiegel nicht mehr vorhanden ist, wo Schnellen, kleine Kaskaden oder sogar größere Wasserfälle eine sehr ungleichmäßige Wasseroberfläche schaffen, wo immer wieder schießender Abfluß über die ganze Breite des Gerinnes hin den Spiegelzusammenhang des tieferen mit dem höheren Fluß- oder Bachabschnitt völlig unterbricht. In diesem Falle sprechen wir von einem *unausgeglichenen Gerinne* oder *Fluß*.

Auch im unausgeglichenen Fluß werden Sand, Kies, Geröll mitgeführt. Auch dort gibt es Kolkbildung durch stürzendes Wasser unter Mitwirkung von Mahlsteinen oder durch lokale Standwirbel und örtliche Anhäufung von Kies oder Schotter. Aber es fehlt jene regelmäßige Anordnung von Kolken und Kiesbänken, von Prallstellen und Gleitstellen, die für die ausgeglichenen Gerinne kennzeichnend ist. Alles hängt nur von den örtlichen, meist gesteinsbedingten Unregelmäßigkeiten des Gerinnebettes ab. Wie schon aus der Häufung von Schnellen und Stürzen des Wassers hervorgeht, besitzen diese unausgeglichenen Flußstrecken stets ein weit höheres Durchschnittsgefälle als (der Wassermenge nach vergleichbare) Strecken ausgeglichener Flüsse. Die letztgenannten liegen aber keineswegs nur flußabwärts der anderen. Es kommt vielmehr in bestimmten Gebieten (z. B. in ehemals vergletscherten Tallandschaften) sogar häufig vor, daß unterhalb ausgeglichener Flußstrecken wiederum unausgeglichene folgen.

Flußaufschüttung

Wo in einem Flußlaufe so starke Gefällsminderung bzw. Minderung der Fließgeschwindigkeit eintritt, daß das mitgeführte Material nicht mehr vollständig weitertransportiert werden kann, da tritt Zufüllung des Flußbetts ein. Diese führt zu
immer wiederholter Verlegung des Flußlaufes in ein benachbartes neues Bett,
das etwas tiefer liegt als das durch die Zufüllung aufgehöhte. Jede Laufverlegung
bahnt sich durch Gabelung infolge von Ausufern des in Auffüllung begriffenen
Bettes an. Das Gesamtergebnis der Aufschüttung und wiederholten Flußver-
legung ist eine flach kegelförmige Aufschüttungsfläche, die durch die Bezeichnung *Schwemmkegel* gut beschrieben wird.

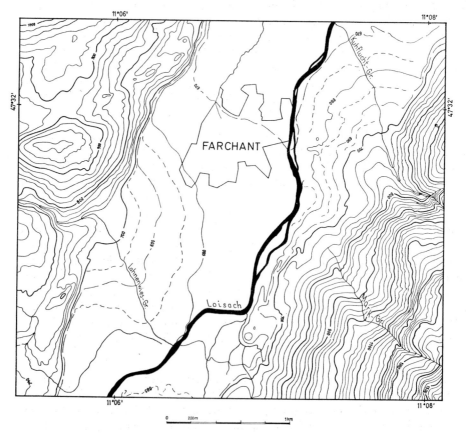

Fig. 47. Schwemmkegel im Loisachtal bei Farchant (Oberbayern) etwa 1:30000. Das eiszeitlich
übertiefte Loisachtal besitzt bei Farchant eine breite Aufschüttungssohle von über 680 bis
unter 670 m Meereshöhe. Auf ihr bewegt sich der Fluß in etwas verwildertem (gegabeltem)
Lauf. Zwei kräftige Wildbäche, der Lahnenwies-Graben von der westlichen, der Kuhflucht-
Graben von der östlichen Talflanke herkommend, haben große Schwemmkegel aufgeschüttet. Die Schwemmkegelspitze liegt bei beiden in etwa 710 m Höhe. Einen kleineren,
steileren Schuttkegel hat der Mark-Graben aufgebaut. Seine Spitze liegt bei etwa 800 m
Höhe (aus Lehrbuch der Allgemeinen Geologie, Bd. I, Ferdinand Enke Verlag, Stuttgart).

Es gibt verhältnismäßig steile, aus grobem, kaum gerundetem Gesteinsfragment bestehende Wildbachschwemmkegel z. B. am Fuße steil über flaches Gelände aufragender Gebirge. Böschungen von 100 bis 200‰ (5° bis mehr als 10°) kommen bei alpinen Wildbachschwemmkegeln vor. (Fig. 47, Bild 33, 34, auch Atl. d. Formes du Relief, Paris 1956, Taf. 135.). Es gibt riesige, schwach oder kaum merklich geneigte Schotterschwemmkegel vor den Gebirgsausgängen großer Flüsse (Fig. 48, Bild 150), endlich ganz flache Schwemmebenen von aufschüttenden Flüssen, die kaum mehr Kies oder Sand, sondern fast nur noch Schwebstoffe führen. Auch sie zeigen allerflachste Kegelgestalt. Alle Gefällswinkel bis zu Größenordnungen unter 0,1‰ (unter ein Hundertstel Grad) sind vertreten, besonders geringe z. B. in den großen Deltaebenen Ost- und Südasiens. Denn die Flußaufschüttungen nehmen ja ihren Ausgang stets von einem festliegenden Schüttungspunkt, oft einem Talausgang, bis zu dem hin das schüttende Gerinne imstande ist, seine Kies- und Schwebstofflast noch vollständig durchzufrachten. Von diesem Punkte, der Spitze des Kegels aus, beginnt infolge der vorher angedeuteten Vorgänge die flach fächerförmige Ausbreitung des Schwemmkegels. Gute Beispiele für Schwemmkegel bieten etwa die Blätter der Topographischen Karte 1:25000 Nr. 8432 Oberammergau. 8433 Eschenlohe. Als Beispiele einer Schwemmebene können die Blätter 7636 Freising Süd und 7735 Oberschleißheim nördlich von München dienen.

Geomorphologische Unterschiede zeigen sich im Hinblick auf die Beschaffenheit der abgelagerten Massen. Führt das Gerinne vor allem Kies, so tritt „Verwilderung" ein, nämlich zahlreiche Gabelungen in seichte Stromrinnen (Bild 14, 21, 43, 67, 122; Beispiele für Flußverwilderung auch im Atlas des Formes du Relief, Paris 1956 Taf. 6, 7, und in H. Baulig: Amérique Septentrionale. Géogr. Univ. T. 13, Taf. 70 bei S. 421). Es kommt auch besonders in den Ausgangsstrecken von steilflankigen Tälern und im Spitzenbereich steiler Wildbach- und Lawinenkegel zur temporären Ablagerung von Schutt unter unstabil steilen Böschungen. Nach übermäßiger Durchtränkung geraten solche Schuttmassen als Gemenge aus Schutt und Wasser, als sogenannte Muren (alemannisch: Rüfen), ins Laufen und kommen erst auf trockenerem und flacherem Untergrunde durch Auslaufen von Wasser wieder zur Ruhe (Bild 34). Dabei bleiben die Ränder der Mure als oft fußhohe, manchmal bis mehr als meterhohe Schuttwälle zuerst stehen, während die Mitte der Mure noch ein Stück weiterläuft (J. Stiny 1910).

Große Ähnlichkeit mit den Muren besitzen die heißen Lockermaterialbewegungen kurz nach vulkanischen Ausbrüchen, die eine Zerfurchung der Hänge von Pyroklastit- besonders von Aschenkegeln hervorrufen. F. A. Perret (1906) hat sie am Vesuv studiert. In Java werden sie als heiße Lahars bezeichnet (B. G. Escher, 1925). Von den Regenrunsen einer Hangzerfurchung durch rinnendes Wasser (vgl. S. 104 ff.) dürfte die Furchung durch bewegte Pyroklastitmassen vor allem dadurch zu unterscheiden sein, daß bei den letzteren im unteren Hangabschnitt, wo das Gefälle sich ermäßigt, bereits unregelmäßig wulstige, extrem schlecht sortierte Ablagerung der bewegten Pyroklastitmassen eintritt, während die Regenrunsen erst bei viel flacheren Böschungen vor dem Bergfuß auf Schwemmkegeln ausgehen.

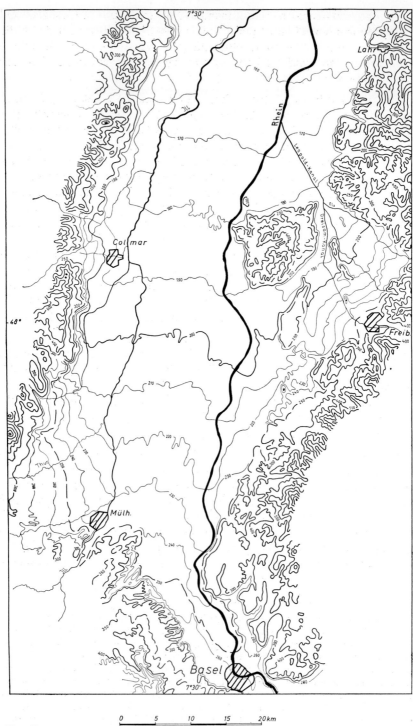

Fig. 48

Von den heißen Lahars unterscheidet man auf Java die *kalten Lahars*. Das sind *Ausbrüche von Kraterseen*, die dort durch vulkanische Ausbrüche oder durch die Bildung von Rissen in der Kraterumwallung ausgelöst werden können. Sie reißen Massen von Tephra mit und werden dadurch zu Schlammströmen, die sehr verheerend sein können.

K. Fischer (1965) hat in einer Studie über die Besonderheiten der kegelartigen Aufschüttungsformen *Sturzkegel, Murkegel* und *Schwemmkegel* unterschieden. Die erstgenannten sind über 20° steil und zeigen eine Häufung besonders großer Blöcke an ihrem unteren Saum (weiteres siehe unter Sturzhalden etc., S. 142). Auch die Murkegel haben noch ein recht ansehnliches Gefälle, meist um 8° bis 12°. Infolge der ungeordneten, schubweisen Bewegung der Muren ist auf den Murkegeln keine stärkere Abrollung des Schutts und keine systematische Korngrößensortierung erkennbar. Merklich schwächer geneigt (meist unter 4°) sind die Schwemmkegel. Sie werden durch ein fließendes Gewässer aufgeschüttet. Auf ihnen sind, selbst auf den Wildbachschwemmkegeln im Gebirge, deutliche Anfänge von Abrollung des Schutts zu bemerken, ebenso eine Abnahme der Korngrößen von der Spitze des Schwemmkegels gegen seinen unteren Saum. Die reinen Formen der Sturzkegel, Murkegel und Schwemmkegel sind nicht selten durch Übergangserscheinungen miteinander verbunden. Außerdem gibt es Modifizierungen bei zusätzlicher Schuttlieferung durch Lawinen (Bild 34, 122).

Verwilderung ist keineswegs immer ein Merkmal fortschreitender Ablagerung. Bei Gerinnen mit ausgesprochenen stoßweiser Wasserführung wie den Torrenten Italiens und den Gewässern vieler semiarider Gebiete, aber auch in den Wildbächen der Alpen, tritt sie offensichtlich auch dann auf, wenn die Schuttlast langjährig gesehen durchaus weitergefrachtet wird, aber beim Abklingen jeder Hochwasserzeit unter den Merkmalen der „Verwilderung" vorübergehend als *temporäre Ablagerung* (S. 97f.) liegen bleibt.

Führt das ablagernde Gerinne vor allem feines Material, besonders Schwebstoffe mit sich, so pflegen die verzweigten Stromrinnen tiefer zu sein als bei Schotterflüssen und auch nicht so rasch zugefüllt zu werden, denn die Schwebstoffe setzen sich besser aus dem ruhigen Wasser über Überschwemmungsflächen ab als in den stärker durchfluteten Stromrinnen. Diese selbst ziehen in solchen Aufschlickungsebenen oft in mächtigen Mäandern dahin, aus denen nach Stromverlegungen hufeisenförmige Seen (tote Mäander) hervorgehen (Behrmann, 1917 Neuguinea, vgl. auch die S. 231 genannten Kartenbeispiele).

Fig. 48. Die südliche Oberrheinische Tiefebene und ihre Ränder in Höhenliniendarstellung, etwa 1:500 000. Bis zur Höhenlinie von 170 m nach abwärts ist die flach kegelförmig gewölbte Grundgestalt dieser Aufschüttungsebene des Rheins deutlich erkennbar. Für die Ebenen der Thur NW von Mülhausen und der Dreisam unterhalb von Freiburg gilt das gleiche. Die Wölbung der Ebene verhindert das Zusammenmünden von Ill und Rhein (verschleppte Flußmündung). Südlich des Kaiserstuhls hat der Rhein eine jüngere Stromebene etwas in den Hauptaufschüttungsboden eingearbeitet. Diese Eintiefung beträgt bis 20 km südlich vom Kaiserstuhl um 5 m. Sie wächst dann bis Basel auf etwa 25 m. Der Hauptaufschüttungsboden ist daher dort zu einer Aufschüttungs-Terrasse geworden (S. 255) (aus Lehrbuch der Allgemeinen Geologie, Bd. I, Ferdinand Enke Verlag, Stuttgart).

Während bei schotterführenden Flüssen, sofern sie aufschütten, eigentliche Mäanderbildung nicht möglich ist, gehört sie bei aufschüttenden Flüssen mit feinkörniger Gerinnefracht offenbar zu den gewöhnlichen Erscheinungen.

Da die Ablagerung unter solchen Verhältnissen vorzugsweise durch Niedersinken der Schwebstoffe aus den langsam bewegten Fluten riesiger Überschwemmungen im Gefolge von Hochwassern erfolgt, werden hierbei die Ufersäume der Hauptstromrinne besonders stark aufgehöht. Denn über ihnen kommt das schlammreiche Wasser zuerst zu stark verlangsamter Bewegung. Bis mehrere Meter hohe und mehrere hundert Meter breite *natürliche Lehmdämme* begleiten die Hauptrinnen dieser sogenannten *Dammflüsse.* Abseits von ihnen liegt tieferes sumpfiges Land. Mit zunehmender Aufschlickung des Bodens der Stromrinnen und der begleitenden Dämme wächst die Gefahr des Ausbrechens, der Gabelung und Verlagerung der Stromrinne in benachbartes, tiefergebliebenes Gelände ebenso wie bei den Schotter führenden Flüssen. Nach einer Stromverlegung wiederholt sich dann am neuen Ort der gleiche Vorgang. Dabei kommt es, wie H. Wilhelmy (1958) in einer Studie über das große Pantanal, die Alluvialebene östlich des oberen Rio Paraguai in Mato Grosso, herausgearbeitet hat, zur Ausbildung von *Umlaufseen* und von *Dammuferseen.* Ein Umlaufsee entsteht hiernach, wenn bei einem unter Uferdammbildung mäandrierenden, aufschüttenden Tieflandsfluß ein Mäanderbogen abgeschnitten wird und wenn die vom Uferdamm des abgeschnittenen Bogens umrahmte flache Hohlform von dem neu entstehenden Uferdamm der abschneidenden Flußstrecke abgeschlossen wird. Ein gewöhnlicher Dammufersee entsteht, wenn bei der Verlagerung des aufschüttenden Flusses irgendwelche Teile ehemaliger Uferdämme untereinander oder zu-

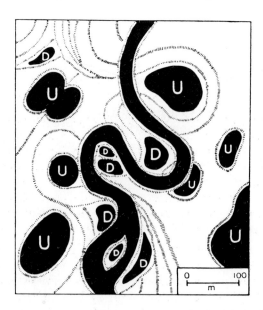

Fig. 49. Umlaufseen (U) und Dammuferseen (D) (nach H. Wilhelmy, 1958 II, S. 25) als Folge der Abdämmung flacher Wannen durch die Aufschüttung uferdammbildender, mäandrierender Tieflandsflüsse.

sammen mit einem aktuell im Aufbau befindlichen Uferdamm eine flache Hohlform umschließen, so daß diese sich mit Wasser füllt (Fig. 49).

Während bei Flüssen mit gröberen Alluvionen die Ausbildung von Flachlandmäandern und von Altwasserseen durch das Abschneiden von Mäanderbögen
wohl mit Recht als eine Begleiterscheinung des Gleichgewichtes von Zufuhr und
Abfuhr an Flußsedimenten angesehen wird − Zufuhrüberschuß, d. h. Akkumulation, führt hier zur Verwilderung −, muß die Ausbildung von Umlaufseen und
von Dammuferseen offensichtlich als ein Merkmal von Tieflandsflüssen beurteilt
werden, die infolge vorherrschender Schwebstoff-Führung unter Mäanderbildung
fortlaufend definitiv akkumulieren.

Das Gesamtergebnis ist in jedem Falle die Bildung von Schwemmkegeln. Bei
den großen Flußaufschüttungsebenen der Erde, etwa der Poebene, handelt es sich
allerdings oft um Zusammenwachsungen vieler benachbarter Schwemmkegel und
dabei manchmal um Kegel von außerordentlicher Flachheit. Sie bewirken trotz
ihrer Flachheit die sogenannte *Verschleppung der Mündungen der Nebenflüsse*.
Kleine Flüsse können nämlich unter solchen Umständen oft nicht in den Hauptfluß einmünden, weil dieser auf seinem allseits vom Flusse fort geböschten
Schwemmkegel dahinfließt. Sie können höchstens am Saume dieses Schwemmkegels entlang fließen. Dort haben sie nur dann Gelegenheit, in den Hauptfluß
einzumünden, wenn dieser zufällig schon vor Erreichen des Meeres irgendwo an
den seitlichen Rand seines Schwemmkegels tritt. In der Poebene (Po und Etsch),
in der Oberrheinischen Tiefebene (Rhein, Ill), in der Rheinmündungsebene
(Rhein, Maas) sind solche Verschleppungen von Flußmündungen sehr auffällig
(vgl. Fig. 48).

3. Mechanismus der Talbildung

Zusammenwirken von Böschungsabtragung (Hangabtragung)
und dominierender fluvialer Linearerosion

Alle Böschungsabtragung (Hangabtragung) kann auf zweierlei verschiedene
Weisen ihr unteres Ende erreichen. Entweder sie kommt am Saume eines Ablagerungsgebiets zur Ruhe. D. h. an den Bereich der Böschungsabtragung grenzt
unmittelbar oder fast unmittelbar ein Raum terrestrer, lakustrer oder mariner
Ablagerung. An der unteren Grenze von Böschungen gegen Seen oder das Meer
würden hierbei die Besonderheiten von Brandungswirkungen und Küstenversetzung für die Formgestaltung noch dazwischentreten bzw. hinzukommen.
Davon werden aber erst die Kap. III K, 3, 4 handeln.

Die andere Art, in welcher Böschungsabtragung ihr unteres Ende erreicht,
besteht im Angrenzen an einen Sammelstrang linienhaften Abflusses, in welchem
die zugeführten Abtragungsmassen weitergefrachtet werden. Solche lineare
Abflußerscheinungen sind Talgletscher (vgl. darüber Kap. III H) und Bäche oder
Flüsse einschließlich der intermittierenden oder auch nur ephemeren unter ihnen.
Hierbei ist das Angrenzen der Böschungsabtragung an die Transportbahnen von
dauernd oder wenigstens zeitweilig wirkendem linearem Fluvialabfluß für die Ge-

staltung der Abtragungsgebiete auf der Erde von ganz besonderer Bedeutung. Denn dieses Zusammenwirken ergibt die *Talbildung.* Darunter versteht man die Bildung von Hohlformen, die aus von zwei Seiten her gegen einander abgedachten Abtragungsböschungen, den *Seitenböschungen des Tales, Talflanken, Talhängen,* und aus einer von diesen eingeschlossenen Tiefenlinie, dem *Talgrund* bestehen. In einem Talgrund läuft zum mindesten zeitweise und zwar mit gleichsinnigem Oberflächengefälle (vgl. S. 107) ein fließendes Gewässer.

Die Grundursache der Talbildung besteht darin, daß fließendes Wasser, welches in dünner Schicht über einen Untergrund strömt, zum Erreichen einer bestimmten Fließgeschwindigkeit ein sehr viel größeres Gefälle benötigt als ein tiefes Wasser. Denn trotz der sehr geringen Viskosität des Wassers behindert die Reibung am Untergrund den Abfluß bei geringer Wasserbedeckung stark. In der geomorphologischen Wirklichkeit, d. h. angesichts der in der Natur gewöhnlich anzutreffenden Rauhigkeiten des Untergrundes, sind im Hinblick auf die Fließbeeinflussung durch den Untergrund Mächtigkeiten der Wasserbedeckung von weniger als 1 dm als sehr gering, Mächtigkeiten von über 1 m bereits als groß zu bezeichnen.

Jedenfalls überschreiten Fließgeschwindigkeiten von dünnen Wasserschichten, wie sie bei Flächenspülung auf Abtragungsböschungen (Hängen), sei es von sehr großem, von mittelgroßem oder auch von sehr geringem Gefälle, auftreten, nicht den Wert von mehreren dm/sec. Selbst in den noch wenig eingetieften Böschungsfurchen der initialen Linearerosion kann die Durchflußgeschwindigkeit nur um weniges größer sein. Das geht gerade aus der geringen, oft kaum merklichen Eintiefung hervor, mit der gewöhnlich der erste Anfang initialer Linearerosion auf Abtragungsböschungen sich andeutet.

Für das Entstehen solcher schwacher linearer Anfangseintiefungen dürfte besonders im flachen Gelände eine örtlich etwas stärker wirksame Abfuhr von Gelöstem durch darüber hinfließendes Wasser eine wesentliche Rolle spielen. Denn, wie aus der Tabelle der Abtragungswerte S. 224 f. hervorgeht, macht gerade im Flachrelief die Lösungsfracht überall den Hauptanteil an der Gesamtabtragung aus.

Auf diese Weise vermag lineare Fluvialerosion gerade auch im Flachrelief feinen Resistenzunterschieden des Untergrundes nachzutasten, wie sie z. B. durch die Klüftung des Gesteins oder durch Störungslinien gegeben sind. In zertalten Teilen des Rumpfflächenreliefs der Tropen ist auffällige Anpassung des Flußnetzes an Strukturen des Untergrundes besonders häufig. H. Bremer (1971, S. 18) hat diese Erscheinung wohl mit Recht auf „Eintiefung von oben her" zurückgeführt in einem Klima mit starker Zersetzungsverwitterung und mit starker Abfuhr von feiner Fließwasserfracht. Zusätzlich ist hierbei noch auf die große Bedeutung der Lösungsfracht besonders hinzuweisen. Durch sie erklärt sich eine Anpassung des Flußnetzes an Strukturgegebenheiten durch Eintiefung von oben her auch dann, wenn kein besonders mächtiger Verwitterungsmantel vorhanden ist. Die so gekennzeichnete „Eintiefung von oben her" ermöglicht schon in sehr flachem Gelände linienhafte Eintiefung durch Fließwasser. Sie ist ein anderer Vorgang als das „Rückschreiten der Erosion" durch allmähliches „Flußaufwandern von Gefällssteilen", das weiter unten (S. 263 f.) als Hauptvorgang der Weiterentwicklung von stärker eingetieften Furchen der linearen Fließwassererosion behandelt wird.

In den Sammelsträngen des Abflusses, die das untere Ende einer Abtragungsböschung säumen und jenseits deren das Gelände, sei es sanft oder steil, wieder ansteigt, ist die Wassertiefe zum mindesten nach Starkregen oder Dauerregen durch den Zufluß von beiden Seiten stets bedeutend größer als auf den begleitenden Abtragungsböschungen. Metertiefe wird selbst in kleineren Sammelsträngen, mehrere Meter an Tiefe werden in größeren erreicht und selbst mehr als 10 m Tiefe sind an großen keine Seltenheit. Unter diesen Umständen werden auch bei sehr geringem Abwärtsgefälle der Strombahn Durchflußgeschwindigkeiten von mehr als $^{1}/_{2}$ m/sec bis zu mehreren m/sec erreicht. Freilich kommt in offenen, natürlichen Fließwassern, abgesehen von Wasserfällen, die Durchflußgeschwindigkeit wohl nirgends auf mehr als 10 m/sec, weil mit zunehmender Fließgeschwindigkeit die Turbulenzreibung des Wassers außerordentlich stark wächst und keine höhere Durchflußgeschwindigkeit zuläßt.

Da selbst die dichtesten bekannten Starkregen kaum mehr als 100 mm Niederschlag in der Stunde und schwerlich mehr als 1000 mm in 24 Stunden erbringen, so wird nach dem vorher Gesagten die Erfahrungstatsache verständlich, daß Flüsse innerhalb ihrer Abtragungsgebiete zwar oft breite Hochwasserbetten besitzen, daß aber außerhalb von diesen selbst extrem flache Abtragungsböschungen mit bis weniger als 1° (17,5‰) Neigung auch nach langdauernden Starkregen nur dünne Schichtüberflutungen etwa im Rahmen der vorher angedeuteten Größenordnung erleiden. Solange ein Gebiet Abtragungsraum bleibt, sorgt der vorher genannte Zusammenhang zwischen Wassertiefe und Fließfähigkeit des Wassers dafür, daß selbst im flachen Abtragungsrelief das Wasser Tiefenlinien aufsucht. Diese werden, soweit Abtragung überwiegt, zu einem nach abwärts konvergierenden System von immer wieder benutzten Abflußbahnen ausgearbeitet, wo nötig unter Zwischenschaltung örtlicher Auffüllungen zur Herstellung eines gleichsinnigen Flußgefälles. In diesen Abflußbahnen kann das Wasser bei erhöhter Wassertiefe mit erhöhter Geschwindigkeit abwärts fließen. Die so bevorzugten linearen Fließstränge sind gleichbedeutend mit den früher nur auf Grund der Gefällsbeziehungen gekennzeichneten Sammelsträngen des fluvialen Abflusses.

Da die Transportleistung und mit ihr die Erosionsleistung des fließenden Wassers mit der Zunahme der Wirbelgeschwindigkeiten wächst, und da die Wirbel und ihre Drehgeschwindigkeit, von besonderen Umständen abgesehen, mit steigender Durchflußgeschwindigkeit zunehmen, so ist die Erosionsleistung in diesen Sammelsträngen des Abflusses, auf die Querschnittseinheit der in Bewegung befindlichen Flüssig- und Festmassen gerechnet, sicher größer als die der Abtragung auf den beiderseitigen Abtragungsböschungen. Wenn die Gesamtabtragung stationär bleiben soll, so muß sogar der Sammelstrang durch jeden seiner Querschnitte alle Abtragungsprodukte, die ihm in dem gesamten oberhalb gelegenen Einzugsgebiet zugeführt wurden, ständig weiterfrachten. In der Möglichkeit, daß eben dies geleistet wird, oder daß es nicht voll geleistet werden kann, oder endlich daß sogar darüber hinaus noch zusätzliche Erosionsarbeit geleistet wird, liegt gerade für die Sammelstränge des Abflusses ihre für den Fortgang des geomorphologischen Geschehens im gesamten Einzugsgebiet dominierende Bedeutung. In diesem Sinne sind sie, anders als die Anfangsstränge des Abflusses *Erscheinungen dominierender fluvialer Linearerosion.*

Das *in einem Bereich fluvialer Abtragung* entstehende Netz von Sammelsträngen des Abflusses bzw. von dominierenden Tiefenlinien bildet sich stets mit so weitgehenden Verzweigungen aus, daß mit ihm auch bei besonders großem Hochwasser die anfallenden Wassermassen abgeführt werden können, ohne daß das zwischen diesen Tiefenlinien gelegene Gelände von Flächenspülung mit mehr als nur dünner Wasserschicht und von mehr als nur initialer Linienspülung angegriffen wird. Denn, kommt irgendwann oder irgendwo außerhalb dieser Tiefenlinien auf den Abtragungsböschungen, d. h. bei einem Gefälle von wenigstens um 10‰ örtlich eine größere, d. h. etwa eine an die Meterdimension heranreichende Wassertiefe zustande, so muß dort sehr schnell eine so kräftige Strömung entstehen, daß, wenn sie andauert oder sich wiederholt, eine neue dominierende Tiefenlinie ausgearbeitet wird. Zusammen mit den zu ihr hingerichteten, d. h. ihr tributären Abtragungsböschungen bildet eine solche neue dominierende Tiefenlinie eine neue Talform, mögen deren Tributärböschungen auch anfangs noch klein sein.

Es ist zweckmäßig, rein beschreibende Begriffe zur Hand zu haben, um die physiognomisch sehr verschiedenen Taltypen, die auf die vorher genannte Weise zustande kommen, zunächst einfach nach dem Neigungsgrad ihrer Hänge zu unterscheiden. Zu diesem Zweck werden hier als *sanfte Täler* alle jene bezeichnet, deren Hänge überwiegend sanft sind, d. h. Neigungen von deutlich weniger als etwa 10° aufweisen (vgl. S. 92). Wo die Hangneigung überwiegend sogar unter 3° bleibt, d. h. unterhalb des Neigungswinkels, bei dem auch die leistungsfähigsten Arten unmittelbarer Massenschwerebewegung zur Ruhe kommen, bei dem aber Flächenspülung unter bestimmten Bedingungen noch kräftig abzutragen vermag, so kann von *Flachtälern,* von *extrem flachen* oder *überflachen Tälern* gesprochen werden.

Sobald um 10° oder mehr als 10° geneigte Hänge den Charakter eines Tales bestimmen, so möchten wir sie je nach dem vorherrschenden Neigungsgrad als *schrägflankige,* als *steilflankige Täler* bezeichnen. Für *Schräghang- und Steilhangtäler* wird auch oft die Bezeichnung *Kerbtal* verwandt. Bei übermäßig steilflankigen Tälern spricht man auch von *Schluchten* oder von *Engtälern.* (Über „Trogtäler", durch Talgletscher überformte Täler siehe Kap. III H, 4).

Verhältnis der Seitenböschungen von Tälern (Talflanken, Talhängen) zum Talgrund allgemein

In den Kapiteln über die Böschungsabtragung wurde jeweils nach Merkmalen gefragt, die trotz der im einzelnen großen Verschiedenheiten unter den Böschungstypen doch entweder für eine stationäre, eine sich verstärkende oder eine erlahmende Böschungsabtragung sprechen. In ähnlicher Weise müssen auch allgemeine Merkmale bezüglich der Verknüpfung der seitlichen Abtragungsböschungen der Täler mit den ihnen zugehörigen Talgründen, d. h. für das Verhältnis zwischen der Böschungsabtragung und der dominierenden Fluvialerosion in den Tiefenlinien gesucht werden.

Wie weiter oben erörtert wurde (Kap. III A 3, S. 104f.), ist das Gefälle der Tributärböschungen von Talgründen stets richtungsmäßig überwiegend und der Neigung nach mit einem mehrmals größeren Gefälle, als die zugehörige dominierende Tiefenlinie besitzt, gegen diese hin gerichtet. Nur soweit diese beiden Bedingungen erfüllt sind, kann man solche Abtragungsböschungen als Tributärböschungen der betreffenden dominierenden Tiefenlinie in einem konvergierend-linearen Abflußsystem bezeichnen. Da nun am unteren Saum einer solchen Abtragungsböschung stets ein Umschlag von der Böschungsabtragung auf eben diesen seitlichen Talböschungen zur linearen Fluvialabtragung (Fluvialerosion) im Talgrund eintreten muß, so kann an dieser singulären Stelle von einem langzeitlich stationärem Weitergehen der Abtragung nur dann gesprochen werden, wenn der Fußbereich der beiderseitigen Abtragungsböschungen in ausgeglichenem Verhältnis zur Spiegelhöhe des Baches oder Flusses verbleibt. Genauer heißt dies: Der Fußbereich der seitlichen Talböschungen darf nicht gegen den Hochwasserspiegel des Gewässers hin, also während Perioden besonders verstärkter Abtragungsvorgänge mit einer im Vergleich zu den weiter oben gelegenen Böschungspartien zusätzlichen Versteilung ausmünden. Solches würde vielmehr bedeuten, daß die Abtragung auf den betreffenden Böschungen hinter der Abtragung im Flusse zurückgeblieben ist.

Andererseits darf auch der Fußbereich der seitlichen Böschungen einer dominierenden Tiefenlinie nicht Erscheinungen der Überstauung, nämlich definitiver Ablagerung am Saum gegen das Hochwasserniveau des zugehörigen Flusses aufweisen. Denn dies würde ein Überwiegen der Ablagerung auf den seitlichen Böschungen gegenüber der Weiterfrachtung der Abtragungsmassen durch den Fluß, also ein Unvermögen des Flusses zu vollständigem Weitertransport der anfallenden Abtragungsmassen anzeigen.

Schließlich sei noch hervorgehoben, daß ein ausgeglichenes Verhältnis zwischen der Abtragung auf den Tributärböschungen und der Abtragung im Fluß naturgemäß nur dann durch ein angenähertes „Einspielen" dieser Böschungen auf den Hochwasser-Flußspiegel in Erscheinung tritt, wenn diese Tributärböschungen sehr flach sind. Doch auch bei schrägen oder steilen Tributärböschungen kann selbstverständlich ein ungefähr ausgeglichenes Leistungsverhältnis zwischen der Abtragung auf den Seitenböschungen und im Fluß bestehen. Es muß dadurch gekennzeichnet sein, daß weder eine zusätzliche Versteilung der Fußregion solcher Seitenböschungen noch eine allmählich zunehmende, d. h. definitive Ablagerung am unteren Ende der Seitenböschungen oder im Talgrund festzustellen ist.

Wichtig ist vor allem die Tatsache, daß die größere oder geringere Transportfähigkeit eines Flusses die Abtragungsbedingungen auf den begleitenden Seitenböschungen unmittelbar nur an deren unterem Saum beeinflußt. Ob und wie, auch wie schnell oder wie langsam sich die Abtragung dadurch auf den nach oben anschließenden Teilen der Seitenböschungen gleichfalls ändert, das richtet sich sehr wesentlich nach der Besonderheit der dort örtlich wirkenden Böschungsabtragung. Dieser Sachverhalt ist vor allem in den früheren Vorstellungen über die Entwicklung des Reliefs der Erde nicht ausreichend berücksichtigt worden. Damals hat man fast ausschließlich an Krustenbewegungen als die Veranlasser von Änderungen der Abtragung und damit der exogenen Reliefgestaltung gedacht (W. M. Davis, 1899; A. Penck, 1919; W. Penck, 1924).

Der erste systematische Versuch dieser Art dürfte in W. M. Davis' (1899) Lehre vom geographischen Zyklus vorliegen. Davis unterschied ein *Jugendstadium* der Talbildung, für welches unausgeglichene Längsprofile der Täler und steile Talflanken charakteristisch seien. Das *Reifestadium* soll durch ausgeglichenes Gefälle der Haupt- und größeren Nebentäler und durch sanftere Talgehänge ausgezeichnet sein. Das *Stadium des Alters* bzw. der *Greisenhaftigkeit* sei durch minimales Gefälle der sehr breit gewordenen Talsohlen und durch sehr abgeflachte Böschungen der noch übriggebliebenen, leicht hügelig gewölbten Talscheiden charakterisiert.

Diesen Ansatz glaubte W. Penck (1924) verbessern zu können durch Überlegungen, die letztlich an die im vorstehenden umrissene Theorie der Wandentwicklung in den Außertropen anknüpfen. Er schloß, daß abgesehen vom Einfluß der verschiedenen Widerständigkeit der Gesteine rasches Einschneiden der Flüsse steile Denudationshänge, geringes Einschneiden flache Böschungen der Talflanken hervorbringen müsse. Er folgerte daraus weiter, daß konvexe Talgehänge auf eine Zunahme der Tiefenerosion der Flüsse während der Bildungszeit zurückzuführen seien und glaubte, diese durch sich beschleunigende Hebung des betreffenden Krustenstücks deuten zu können. Er sprach in diesem Falle von *„aufsteigender Entwicklung"*. Analog sollten gerade Hänge durch *„gleichförmige Entwicklung"*, d. h. gleichmäßige Landhebung, konkave Hänge durch *„absteigende Entwicklung"*, d. h. sich verlangsamende Hebung oder Senkung des Krustenstücks, entstanden sein.

Dagegen muß jeweils folgendes berücksichtigt werden: Die Böschungsabtragung wird außer durch die Böschungsneigung und die Gesteinsbeschaffenheit, insbesondere das Verwitterungsverhalten des Gesteins, auch sehr wesentlich durch die Art der Pflanzendecke, die Stärke der Durchwurzelung und durch die Besonderheiten der Dichte, Ergiebigkeit und jahreszeitlichen Verteilung der Niederschläge, durch die Häufigkeit, Seltenheit oder das Fehlen von Frost und durch manches andere, auch durch die Tätigkeit des Menschen mit beeinflußt. Auf sehr vielseitige Art kommen darin vor allem Einflüsse des Klimas zur Geltung.

Die gleichen Einflüsse wirken auch auf die Wasserführung der Flüsse und damit auf deren Transportvermögen ein. Aber es ist in vielen Fällen durchaus nicht mit Sicherheit vorauszusagen, ob eine bestimmte Klimaänderung die Böschungsabtragung und die Transportfähigkeit der Flüsse gleichzeitig fördert, oder ob sie die eine von beiden fördert, die andere aber behindert und umgekehrt.

Ebenso wenig ist es einfach zu beurteilen, ob selbst bei nachweislicher klimatischer Steigerung der Böschungsabtragung und der Transportfähigkeit der Flüsse Oberflächenformen in den Talgründen erwartet werden müssen, welche auf eine verstärkte Flußerosion hinweisen. Es kann vielmehr unter solchen Umständen die Steigerung der Böschungsabtragung so stark sein oder gewesen sein, daß die gleichlaufende Steigerung der Transportfähigkeit der Flüsse nicht ausreicht oder nicht ausgereicht hat, um die angelieferten Abtragsmassen vollständig weiterzubefördern. In solchem Falle kann ein Fluß Merkmale unvollständiger Weiterfrachtung von Abtragungsmassen aufweisen, obwohl er in dem betreffenden Zeitraum gar nicht schwächer gewesen ist. Umgekehrt kann auch durch eine Klimaänderung die Leistungsfähigkeit sowohl der Böschungsabtragung wie der Flüsse gemindert worden sein. Die Flüsse aber können dabei verstärkte Linearerosion zeigen, weil eine sehr verminderte Belastung durch von den Seitenböschungen kommendes Abtragungsmaterials ihnen Arbeitsfähigkeit zu verstärkter Abtragung am Boden ihres Betts übrig gelassen hat.

In der Literatur gibt es Versuche, den angedeuteten Sachverhalten mit Hilfe stark vereinfachender Unterscheidungen z. B. von geomorphologisch aktiven und passiven Phasen (H. Rohdenburg, 1971) beizukommen. Selbst wenn derartige Annahmen regional zu vertretbaren Vorstellungen führen, so dürfte es doch unerläßlich sein, die möglichen Unterschiede, ja Gegensätzlichkeiten in der Einwirkung der gleichen Klimaänderung auf die verschiedenen Teilprozesse eines geomorphologischen Geschehens nicht zu vernachlässigen, und stets auch die ganz lokalen Sonderbedingungen eines geomorphologischen Problems mit zu berücksichtigen.

Schon frühzeitig ist gesehen worden, daß stationäre, erlahmende oder zunehmende Transportfähigkeit der Flüsse in Abtragungshohlformen sowohl bei steilem wie bei mäßigem wie bei flachem und äußerst flachem Gefälle ihrer Tributärböschungen auftreten kann. *Alle Abtragungshohlformen mit konvergierend-linearem Abflußsystem,* welche in der beschriebenen Weise durch das Zusammenwirken von Böschungsabtragung und von linearer Fließwassererosion, beziehungsweise nach unserer Überlegung genauer formuliert, von dominierender fluvialer Linearerosion gebildet werden, sollten unseres Erachtens entsprechend dem Vorgehen von A. Penck (1894) und A. Philippson (1924) als *Täler* bezeichnet werden. Denn sie alle verdanken, wie erläutert wurde, ihre Entstehung dem gleichen Grundmechanismus der Abtragung (H. Louis, 1975). Eine andere Meinung vertritt J. Büdel (1970, bes. 1971). Er möchte die extrem flachen unter den Abtragungshohlformen mit konvergierend-linearem Abflußsystem aus der Kategorie der Täler ausgeschieden wissen. Er bezeichnet diese Formen als „Spül-Flächen“, indem er den Begriff „Fläche“ auf Systeme sehr schwach geneigter Flächen einengt. Auch er sieht hierbei (1971, S. 13f.) im wesentlichen das Verhältnis der Böschungsabtragung („allgemeine denudative Abtragung auf den Breiten des Landes“) zur Flußeintiefung gegenüber jenem der „exzessiven Talbildung“ verändert (seiner Meinung nach „gerade entgegengesetzt“). Dieser Umstand ist ihm für die Unterscheidung von Flächenbildung und Talbildung ausschlaggebend.

Eine eindeutige morphographische Abgrenzung zwischen „Fläche“ und „Tal“ oder ein bestimmter Spielraum für Übergangsformen zwischen beiden wurde aber von Büdel bisher nicht dargelegt. Seine Unterscheidung gibt zwar dem eindrucksvollen, großräumigen Formenunterschied zwischen dem deutlich zertalten und dem extrem flachen fluvialen Abtragungsrelief starken Ausdruck. Sie wird aber hier nicht aufgegriffen. Denn eine durch die Benennung bewirkte Zweiteilung jener umfassenden Formenkategorie, deren Glieder alle durch abtragendes Fließwasser ausgearbeitet werden, wäre u. E. für die Theorie nur dann eine Erleichterung, wenn zugleich eine stets anwendbare und einleuchtende morphographische Abgrenzung zwischen den beiden vorgeschlagenen Teilen angegeben wird oder angegeben werden kann. Sonst wird es u. E. unnötig schwierig, alle aus den verschiedensten Ursachen möglichen Übergangsformen zwischen den beiden Extremtypen sachgemäß überzeugend einzuordnen (vgl. auch S. 293, Fußnote 25).

Typen von Talgründen und deren Verknüpfung mit den Seitenböschungen

Nachdem im Vorstehenden einiges über das Verhältnis der Seitenböschungen von Tälern zu ihren Talgründen ausgeführt wurde, ist nun die Gestaltung der Talgründe selbst näher zu betrachten.

Etwas genauer als auf S. 238 können als Talgründe diejenigen Teile einer Abtragungshohlform mit konvergierend-linearem Abflußsystem bezeichnet werden, die unmittelbar von dem zugehörigen Sammelstrang des Abflusses gestaltet werden oder gestaltet worden sind. Drei Grundtypen von Talgründen lassen sich im großen unterscheiden, der Kerbtalgrund, der Muldentalgrund und der Sohlentalgrund (bzw. Kerbgrund, Muldengrund und Sohlengrund von Tälern).

Kerbtalgrund

Ein Kerbtalgrund liegt dann vor, wenn der Übergang zwischen dem Bereich der zur Tiefenlinie hin gerichteten Böschungsabtragung und jenem der Massenverfrachtung durch das Gerinne (Bach oder Fluß, perennierend, intermittierend oder episodisch) innerhalb der Tiefenlinie nach abwärts fast überall sehr unvermittelt erfolgt, und wenn außerdem die Bettwandungen des Gerinnes bei höchstem Hochwasser überwiegend steil oder schräg, jedenfalls nicht überwiegend flach zum Bett des niedrigsten Niedrigwassers bzw. dem Trockenbett hin abgeböscht sind. Selbst das Hochwasserbett des Gerinnes ist also in diesem Falle verhältnismäßig schmal. Es ist in das Anstehende eingetieft, enthält aber lückenhaft oder mehr oder weniger zusammenhängend temporär abgesetzte Frachtmassen, welche jeweils später weiter transportiert werden (Fig. 50).

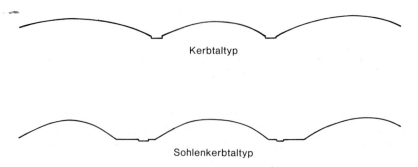

Kerbtaltyp

Sohlenkerbtaltyp

Fig. 50. Schematische Querschnitte von Kerbtal und Sohlenkerbtal. Im Talgrund Andeutung des Gerinnebetts.

' Täler mit Kerbgrund werden auch vereinfachend als Kerbtäler bezeichnet. Hierbei sollte aber nicht übersehen werden, daß in ihnen wie in allen Tälern nur der Talgrund unmittelbar durch die Arbeit des betreffenden Sammelstranges des Abflusses gestaltet wird, und zwar unter wesentlicher Beeinflussung durch die herrschende Verwitterung des Bettuntergrundes. Die Abtragung der Seitenböschungen des Tales dagegen erfolgt gemäß den Prozessen der herrschenden Böschungsabtragung. Auch diese werden durch das Klima und die Verwitterung der Gesteine wesentlich bestimmt. Doch der mögliche Fortgang der Böschungsabtragung und damit indirekt auch die Böschungsneigung wird zugleich durch die Transportfähigkeit des Gerinnes mitbestimmt, welches die am unteren Ende der Talflanken ankommenden Denudationsmassen weiterzufrachten hat. Durch eben dieses Zusammenspiel der dominierenden fluvialen Linearerosion in der Tiefenlinie und der Böschungsabtragung auf den seitlichen Böschungen vollzieht sich die *Talbildung*.

Das Vorhandensein eines Kerbtalgrundes zeigt an, daß das Gerinne dort alle durch die Böschungsabtragung zugeführten Massen im langjährigen Durchschnitt weiterfrachtet, und daß es außerdem sein Bett laufend mindestens um so viel vertieft, daß die Seitenböschungen des Tales trotz der an ihnen erfolgenden Böschungsabtragung langfristig ungefähr gleich steil bleiben. Nur so nämlich können die Seitenböschungen dem Gerinne eine langfristig mindestens ungefähr gleichbleibende Menge an Abtragungsmaterial zuführen. Das aber sind die Vorbedingungen für einen stationären Weitergang des geomorphologischen Geschehens in einem Relief mit Kerbgründen der Täler.

• Täler mit Kerbgründen können dem Grundsatz nach steile, schräge, flache und auch extrem flache Seitenböschungen besitzen. Es hängt dies vor allem von dem regional zwischen der Böschungsabtragung und dem Flußtransport bestehenden Leistungsverhältnis ab. Dieses wieder wird durch die vornehmlich vom Klima abhängigen Gegebenheiten der Gesteinsverwitterung, der Beschaffenheit der Vegetationsdecke und von der Art des Wasserabflusses einerseits auf den Seitenböschungen des Tales und andererseits in den Talgründen gesteuert. Täler mit Kerbgründen dürften im ganzen am häufigsten steile oder schräge Hänge aufweisen. Jedenfalls sind diese besonders auffällig. Doch selbst *extrem flache* Täler mit Kerbgrund sind z. B. im fortgeschrittenen und intakten Rumpfflächenrelief der Tropen nicht selten.

Täler mit Kerbgründen weisen bei homogenen Gesteinsverhältnissen und bei nicht einseitiger Lagerung der Gesteine sowie nicht einseitiger klimatischer Exposition gewöhnlich keine systematischen Asymmetrien der Neigung ihrer Talflanken auf, insbesondere nicht zwischen den Außen- und Innenseiten in Biegungen des Talverlaufs.

Die Linearerosion von Gerinnen mit Kerbgrund kann naturgemäß auch rascher vorangehen, als der Abtragung der Talflanken durch die Böschungsabtragung entspricht. In diesem Falle müssen die Talflanken von ihrem Fuß her, d. h. von der kritischen Singulärstelle am Wechsel zwischen den beiden beteiligten Abtragungsmechanismen her, nach aufwärts allmählich versteilert werden. Auf Grund dieser Überlegung hat einst W. Penck (1924) seine These von den Merkmalen der „aufsteigenden Entwicklung" aufgestellt. Es wurde aber schon (H. Louis, 1935) darauf hingewiesen, daß in Tälern mit weniger als wandartig steilen Flanken auch bei stationärer geomorphologischer Entwicklung leicht konvexe Böschungsprofile zu erwarten sind (vgl. S. 201). Es ist also mehr erforderlich, als W. Penck einst annahm, um aus den Talformen mit Sicherheit auf eine relative Zunahme der Tiefenerosionsleistung der Gerinne schließen zu können. Wie früher ausgeführt wurde (S. 206), kann solches z. B. dann als gesichert gelten, wenn an den begleitenden Talflanken die Decke der Denudationsmassen nach abwärts gegen den Talgrund hin an Mächtigkeit abnimmt, lückenhaft wird oder zerfurcht wird.

Ein anderes sicheres Merkmal für eine erfolgte relative Zunahme der Tiefenerosion eines Flusses ist dann gegeben, wenn an den Seitenböschungen des betreffenden Tales deutlich eine starke Zunahme des Hanggefälles zum Kerbgrund hinunter festzustellen ist, d. h. wenn z. B. auf beiden Talseiten ein wirklich flacher Oberhang an einen wirklich steilen Unterhang angrenzt. Solche hochgelegenen Flachformen werden als *Hangverflachungen* oder als *Talleisten* bezeichnet. Nicht selten liegen Hangverflachungen, die der Anlage nach gleich alt sind, auf den gegenüberliegenden Seiten eines Tales in erheblich verschiedener Höhe, z. B. infolge von Verschiedenheiten des Gesteins oder seiner Struktur. Es erfordert jedenfalls stets große Vorsicht, aus der Höhe einer Hangverflachung auf die Höhe des Talgrundes zu schließen, der zur Zeit ihrer Anlage bestanden hat (Fig. 51).

Andererseits gibt es bei Tälern mit Kerbgrund auch diejenige Entwicklung, bei der die Vertiefung des Gerinnebetts langfristig nachläßt oder aufhört. Dann muß im Talgrund definitive Ablagerung, also Talverschüttung eintreten bzw. eingetreten sein. Sie kann zur Bildung eines Muldentalgrundes oder eines Sohlentalgrundes führen. Da jedoch diese beiden Typen von Talgründen auch auf andere Weise entstehen können, so werden sie gesondert betrachtet.

Für die Entwicklung von Kerbtälern, genauer von Tälern mit Kerbgrund, finden sich in allen Klimaten, in denen fluviale Abtragung möglich ist, und zwar besonders in Gebieten mit großen Höhenunterschieden geeignete Entstehungsbedingungen (Bild 21, 31, 41, 44, 47, 52, 55, 63, 67, 69, 96, 136, 150, 172).

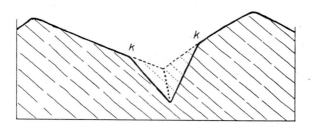

Fig. 51. Schematisches Talquerprofil zur Veranschaulichung der Entstehung von Hangkanten (Talleisten).

Korrespondierende *Talkanten* (K) müssen nicht gleich hoch sein. Ihre Höhe über dem Talgrund wird durch die seitliche Komponente der Tiefenerosion, durch die Besonderheiten der Hangdenudation und damit durch die Struktur des zertalten Gebietes wesentlich beeinflußt. Dicke Linie: Geländeoberfläche, gestrichelt: früherer Zustand; punktiert: Richtung der Tiefenerosion infolge des Schichtfallens.

Muldentalgrund der Tropen

Zur Ausbildung von Muldentalgründen kommt es dann, wenn der Übergang vom Bereich der Böschungsabtragung zu dem der dominierenden fluvialen Linearerosion in den Tiefenlinien nicht unvermittelt, sondern mehr allmählich erfolgt. Derartige Verhältnisse ergeben sich, soweit bisher bekannt, in zwei recht verschiedenen Klimaregionen.

Die erste umfaßt die Gebiete, in denen die Gesteinsaufbereitung intensiv ist, und in denen außerdem bei der Böschungsabtragung Flächenspülung eine wesentliche Rolle spielt. Das ist z. B. in den sehr warmen und zugleich wechselfeuchten Klimagebieten der Fall, in denen Sturzregen häufig sind. Die Flächenspülung pflegt dort in Abtragungsbereichen nach abwärts oft ohne scharfen Gefälls- oder Richtungsknick in linienhaften bzw. bandartigen Abfluß mit im wesentlichen ortsfesten Abflußbahnen überzugehen. Bei solchem Übergang entwickeln sich gewöhnlich muldenartige Querprofile der Talgründe. Die Abtragungsböschungen zu beiden Seiten, auch wenn sie steil oder schräg geneigt sind, laufen dann vielfach konkav zum Tiefsten des Talgrundes aus, ohne daß eine markante Grenze zwischen dem unteren Ende der Abtragungsböschung und dem oberen Rand des höchsten Hochwasserbetts im Talgrund angegeben werden kann.

Anscheinend wird eine etwa kurzzeitig deutlichere Grenze nach Ablaufen eines Hochwassers in dem aus lockerem Schwemm-Material oder aus stark zersetztem anstehendem Gestein bestehenden Untergrund rasch wieder verwischt. Dabei hilft wuchernde Vegetation wohl auch mit. Nur eine Niederwasserrinne ist gewöhnlich ein oder wenige Fuß tief in einen derartigen Muldengrund eingearbeitet. Wie schon angedeutet, besteht der Untergrund aus überwiegend stark zersetztem, örtlich aber auch aus in Gestalt fester Riegel anstehendem Gestein und aus einer mehr oder weniger zusammenhängenden Decke von Abtragungsfracht, die in dünner Lage bis zur Weiterfrachtung temporär abgesetzt, d. h. über das Anstehende gebreitet wurde. Täler mit Muldengründen dieser Art sind als Kehltäler der Tropen bezeichnet worden (H. Louis, 1964) (Fig. 52a u. b).

Ähnlich wie bei den Tälern mit Kerbgrund ist auch bei den tropischen Kehltälern mit Muldengrund, außer wenn Gesteinsunterschiede, eine einseitige Gesteinslagerung oder einseitige klimatische Exposition vorliegen, in Biegungen des Talverlaufs für gewöhnlich kein Unterschied einer steileren und einer flacheren Talflanke vorhanden.

Sofern im Muldengrund tropischer Kehltäler lediglich eine dünne Decke von Abtragungsfracht über anstehendem, zersetztem oder frischem Gestein anzutreffen ist, dürfte in ihnen eine allmähliche Tieferlegung des Muldengrunds mindestens im Gleichmaß mit der Böschungsabtragung auf den beidseitigen Talflanken erfolgen. Wo solche Muldentalgründe aber nach abwärts in Kerbtalgründe übergehen, was in feuchten bis ausgiebig wechselfeuchten Gebirgsländern der Tropen nicht selten der Fall ist, da zeigt dies sicherlich an, daß die Taleintiefung dort im Zunehmen begriffen ist.

Das Gleiche kann auch dann angenommen werden, wenn die beidseitigen Flanken eines tropischen Kehltales vom Muldengrund an aufwärts zunächst eine deutliche Gefällszunahme, darüber aber wieder flachere Böschungen aufweisen,

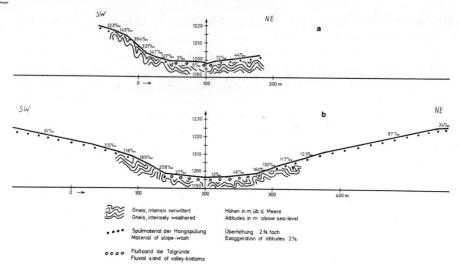

Fig. 52a und b. Kehltal der Tropen. Querprofile durch das Lohira-Tal, 5 km NE von Songea, Tanzania (H. Louis, 1976).

Längen 1:5000, Höhen 1:2000. Typus eines rund 30 m in die umgebende Rumpffläche eingetieften Kehltales. Der Untergrund besteht aus durch Vergrusung bzw. Zersetzung gelockertem Gneis. Die Talhänge führen mit nach abwärts auf 150‰ (8°) bzw. auf gut 200‰ (12°) zunehmender Neigung zu dem über 100 m breiten, sanft muldenförmig gestalteten Talgrund hinab. Sie tragen bis maximal etwa 130‰ = 7° Neigung eine dünne Decke von Feinmaterial der flächenhaften Böschungsspülung. Bei größerer Neigung tritt meist Anstehendes, gewöhnlich stark zersetzt, zutage. Der Talgrund besitzt hier ein Längsgefälle von 7 bis 8‰ ($^1/_2°$). In der Trockenzeit enthält er einen schmächtigen Wasserlauf. Das Bachbett besteht aus Grus und Sand. Gerölle fehlen. Nach ergiebigen Starkregen dürften weite Teile des Talgrundes samt den dort gelegenen Anbauflächen der Afrikaner vorübergehend überflutet werden und Verspülung erleiden. Die Höhenwerte des Profils sind wegen Unsicherheit der Bezugsbasis möglicherweise um einen konstanten Betrag von etwa 80 m zu hoch.

so daß unter einem flachen Oberhang ein merklich steilerer Unterhang ausgebildet ist. Aus solchen Hangverflachungen bzw. Talleisten ist ähnlich wie bei der entsprechenden Hanggestaltung in Tälern mit Kerbgrund zu schließen, daß eine Zunahme der Taleintiefung stattgefunden hat (vgl. aber über Talleisten S. 246, Fig. 51 und Fig. 52).

Auch in Kehltälern der Tropen kann der Muldengrund unter einer entsprechend dünnen Decke von nur temporär abgesetzter Abtragungsfracht einen Aufschüttungskörper, ein Gebilde definitiver Ablagerung enthalten. Liegt das vor, was wohl nur mit Hilfe größerer Aufschlüsse oder durch Bohrungen feststellbar ist, dann ist bewiesen, daß dort an die Stelle einstiger Taleintiefung eine Talverschüttung getreten ist. Diese selbst kann wiederum durch sehr verschiedene Ursachen hervorgerufen sein.

Muldentalgrund der subpolaren und subnivalen Klimate

Die subnivalen Klimate sind Regionen einer mehr oder weniger kräftigen Gelisolifluktion. An schrägen und flachen Böschungen bis zu Neigungen von nur noch 2 bis 3° erfolgt im wasserdurchtränkten Auftauboden über jahreszeitlich oder dauernd gefrorenem und daher zur entscheidenden Zeit wasserundurchlässigem Untergrund eine Versatzdenudation. Durch sie werden Unebenheiten an Abtragungsböschungen ausgeglichen und Talgründe muldenförmig ausgeflacht. Die freiwerdenden Schmelzwasser sammeln sich zwar in der Tiefenlinie und schneiden Ansätze zu einem nach aufwärts sich verästelnden Abflußbett in den Muldentalgrund ein. Aber auf einer oft nach Kilometern messenden, manchmal mehr als 10 km langen Anfangsstrecke eines solchen Tales werden Abflußeinschnitte durch die Solifluktion immer wieder zugeschoben, geschlossen, so daß lange Talanfänge mit muldenförmigem Querprofil und ohne deutliches Gerinnebett entstehen, die *Dellen*. Sie sind das Ergebnis eines hier auf einer längeren Strecke zeitlich wechselnden Übergewichts zwischen flächenhafter Böschungsabtragung durch Solifluktion einerseits und linienhafter Abtragung durch gesammelten Schmelzwasserabfluß andererseits. Erst unterhalb dieser Übergangsstrecke vermag der gesammelte Schmelzwasserabfluß Bettformen dauernd aufrecht zu erhalten.

In den Dellen besteht ähnlich wie in den Kehltälern der Tropen kein durch Talbiegungen veranlaßter Unterschied zwischen Steilhang und Flachhang. Dagegen können Gesteinsunterschiede und einseitige Gesteinslagerung, besonders auch Unterschiede der klimatischen Exposition, die die Leistungsfähigkeit der Solifluktion beeinflussen, sich auf die Neigung der Talflanken auswirken.

Im Muldengrund von Dellen liegt eine Decke von Solifluktionsschutt über dem Anstehenden. Solange solche Dellen in zunehmender oder gleichbleibender Entwicklung begriffen sind, ist die auskleidende Decke von Solifluktionsmaterial sicher als eine in jahreszeitlicher Bewegung befindliche Denudationsdecke aufzufassen. Doch wo die Dellenbildung sich verlangsamt hat, oder zum Stillstand gekommen ist, wird aus dem Solifluktionsschutt der Talflanken und des Muldengrundes solcher Dellen eine, sei es nur in den unteren Lagen oder schließlich im ganzen ruhende, d. h. definitive Ablagerung. Wo Solifluktionsschutt reich an Feinmaterial ist, da lassen sich in solchen Fällen im Aufschluß öfters Grenzflächen zwischen früher zur Ruhe gekommenen und überlagernden, länger in Bewegung gebliebenen Horizonten der betreffenden Solifluktionsmasse erkennen (Fig. 36).

Die Frage nach einer späteren, relativen Zunahme oder Abnahme der Transportleistung eines Gerinnes in einem durch Gelisolifluktion gestalteten Muldentalgrund ist entsprechend den vorhergehenden Überlegungen durch Suchen nach Anzeichen für entweder eine verstärkte Ausräumung einstiger Solifluktionsmassen aus diesen Talgründen oder für ein Verharren von Resten einstiger Solifluktionsdecken im Talgrund und an den Talflanken oder endlich für wachsende Zufüllung des Talgrundes mit Denudationsmassen zu beantworten. In Mitteleuropa, in dem während der pleistozänen Kaltzeiten in großem Ausmaß Dellenbildung herrschte, haben steile Hänge ihre einstige Solifluktionsdecke größtenteils verloren. In den Muldengründen der Dellen, besonders in deren oberen Abschnitten hat dagegen der jüngere Fließwassertransport die alten Solifluktionsmassen meist erst teilweise abfrachten können.

Typen des Sohlentalgrundes

In vielen Tälern besteht der Talgrund aus einer breiten, nahezu ebenen Fläche, an welche die Talflanken beiderseits mit deutlich stärker geneigten Böschungen angrenzen. Man bezeichnet diese Form des Talgrundes als *Talsohle* bzw. als *Sohlentalgrund.* Hierbei kann der Gefällsknick zwischen der Talsohle und den begleitenden Talflanken durch kurze Übergangsböschungen sowohl aus Lockermassen wie auch aus Anstehendem etwas gemildert sein. Die Talsohle kann bei höchstem Hochwasser überflutet sein oder auch teilweise über dem Hochwasserspiegel liegen. Wesentlich ist, daß zum Unterschied vom Kerbtalgrund das Gerinnebett überwiegend nicht mit steilen oder schrägen Bettwandungen unmittelbar an den Fuß der Seitenböschungen des Tales anschließt, sondern daß sich die Talsohle überwiegend mit sehr flacher Neigung gegen die Talflanken absetzt.

Die Talsohle wird entweder durch ein breites, im wesentlichen nackt daliegendes Schotterfeld gebildet, in welchem ein unregelmäßiges Geflecht vieler seichter, sich auf- und abwärts verzweigender (anastomosierender) Rinnen eine Feingliederung hervorruft. Bei Niederwasser sind weite Teile trocken, bei Hochwasser kann

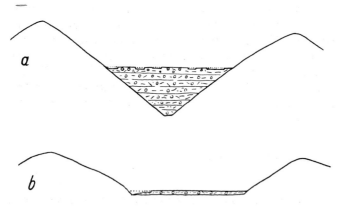

Fig. 53. Schema der Bildung eines Sohlentales.

a durch *Verschüttung* eines vordem stärker eingetieften Tales. Die Betten eines in verschiedene Arme gegabelten, verwilderten Flusses sind angedeutet (Wasserspiegel punktiert).

b durch *seitliche Erosion* unter dünner Überschüttung einer Felssohle. Das ungeteilte Bett eines mäandrierenden Flusses ist angedeutet (Bereich einer Prallstelle).

Talverschüttung kann jedoch auch unter Mäanderbildung, seitliche Erosion kann auch durch verwilderte Flüsse bewirkt werden (Kap. III D 2b, S. 66 ff.). Hans Weber (Hall. Jahrb. f. Mitteldt. Erdgesch. 2, S. 146 f., Halle 1956) hatte Bedenken gegen die Vorstellung tiefverschütteter Kerbtäler. In vielen Fällen dürften sie berechtigt sein. Trotzdem gibt es den Fall tiefer Talverschüttung. Er ist z. B. von den größeren Sohlentälern der Normandie und Bretagne bekannt, ebenso etwa vom Niltal bis rund 700 km südlich von Kairo (M. Pfannenstiel, 1954). Wenn man die tiefen Typen der Trogtäler, d. h. die durch Glazialerosion übertieften Täler mitrechnet, dann ist diese Art der Talverschüttung sogar häufig und mächtig. An Isar und Inn erreicht sie örtlich mehrere 100 m.

Für die an dieser Stelle interessierende Alternative bei der Bildung einer Talsohle, nämlich ob sie durch Ausarbeitung einer flachen Felssohle bei nur geringer Überdeckung mit Schotter entstanden ist, oder durch mächtige Verschüttung eines vorher weit stärker eingetieften Tales, scheint uns im übrigen das genaue Querprofil des verschütteten Tales nicht von ausschlaggebender Bedeutung zu sein.

das ganze Schotterfeld überströmt werden. Die erhöhten Teile zwischen den Rinnen bestehen meist aus einem unregelmäßigen Mosaik sehr flacher, im Sinne der Abflußrichtung geböschter Teile von Kegeloberflächen. Ein Fluß in diesem Zustand wird als verwildert bezeichnet. Eine Talsohle dieser Art kann daher als *Verwilderungssohle* charakterisiert werden (Bild 21, 43, 46, 122, 166). Als Beispiel eines Verwilderungssohlentales kann das Isartal unterhalb Wallgau auf dem Blatt der Karte 1:25 000 Nr. 8434 Vorderriß genannt werden (Fig. 53a).

Der Verwilderungssohle steht die *Mäandersohle* gegenüber, in welcher der Fluß bei niedrigem oder mittlerem Wasserstande mit mehr oder weniger gleichmäßigen Bögen von ansehnlicher Wassertiefe ungegabelt dahinzieht und wo nur bei Hochwasser eine seichte Überflutung der Aue stattfindet (Bild 7). Die Breite des Talbodens entspricht in diesem Falle annähernd der Schwingungsbreite der Mäanderbögen. Beispiele bietet das Moseltal bei Pont à Mousson, das Saartal bei Saarlouis. Diesen Zustand der Tallandschaft hat A. Heim als Mittellaufstadium, W. M. Davis als Reifestadium der Talbildung bezeichnet. Es dürfte besser sein, statt solcher an Deutungsversuche anknüpfender Bezeichnungen die rein beschreibenden Ausdrücke *Verwilderungs-Talsohle* und *Mäander-Talsohle* zu verwenden. Sohlentäler können sich nur bilden, soweit der Fluß ausgeglichenes Gefälle erlangt hat, soweit also nicht schießende oder gar stürzende Laufstrecken den Spiegelzusammenhang des Flusses unterbrechen. Darüber hinaus aber ist nötig, daß die Tiefenerosion des Flusses zum mindesten nachgelassen hat. Denn nur in diesem Falle können seitliche Komponenten der Erosionsarbeit, die an sich vor allem in den Flußkrümmungen immer am Werke sind, gegenüber der Tiefenarbeit vorherrschend werden. *Seitliche Erosion* ist jedoch zur Schaffung einer Talsohle unbedingt nötig, sei diese nun eine Verwilderungssohle oder eine Mäandersohle.

Abtragungstalsohle, Abtragungssohle eines Flusses

Ein Sohlentalgrund, sowohl Mäandersohle wie Verwilderungssohle kann mit einer dünnen Decke nur temporär ruhender Abtragungsfracht über einen andersartigen Untergrund hinweggreifen. Dünn ist hierbei eine Schicht von Flußablagerungen zu nennen, wenn ihre Mächtigkeit den Höhenspielraum des normalen Bettreliefs zwischen Kolken und Untiefen nicht überschreitet. Denn etwa in dieser Mächtigkeit findet wenigstens bei Hochwasser ein in viele Teilbewegungen differenzierter Weitertransport von Flußfracht statt. Bei großen Flüssen, etwa beim Rhein beträgt die Mächtigkeit dieser temporären Ablagerungen um 5 bis 10 m, an einzelnen Stellen in besonders tiefen Kolken sogar wesentlich mehr. Als andersartiger Untergrund im vorher gemeinten Sinne ist ein fester oder auch wenig widerständiger Untergrund aus älteren Gesteinen, u. U. auch aus nachweisbar älteren Lockermassen zu verstehen.

Liegen solche Verhältnisse vor, dann geht die Tiefenerosion in dem betreffenden Sohlentalgrund, wenn auch langsam, weiter. Denn Bewegung der Flußfracht ist immer auch mit Abnutzung (Korrasion) ihres Untergrundes verbunden. Eine Talsohle dieser Art kann daher als *Abtragungssohle* oder *Erosionssohle* bezeichnet werden. Sie wird zugleich als Ausdruck eines ungefähr stationären

Abtragungsgeschehens aufgefaßt werden dürfen, weil dieser Zustand nur bei ungefähr ausgeglichener Abtragungsleistung zwischen den Talflanken einerseits und im Talgrund andererseits sich einstellen kann (Fig. 53b).

Die Abtragungssohle eines mäandrierenden Flußlaufes kann etwa so breit werden, wie es der Amplitude seiner Mäanderschwingungen entspricht. Denn die Mäanderbiegungen verlagern sich, wie früher dargelegt wurde (S. 228 ff.) wegen der Trägheit der Fließbewegung durch ein jeweils etwas verstärktes Arbeiten an der begleitenden Bettwandung im flußab gelegenen Teil der Außenseite einer Flußbiegung langsam flußabwärts. Die Prallstellen und Gleitstellen der gewundenen Abflußbahn arbeiten daher versteilte Prallhänge und flachere Gleithänge an den Talflanken aus, und zwar gewöhnlich mit bemerkenswerter Regelmäßigkeit an gegenüberliegenden Seiten einer von einem mäandrierenden Fluß geschaffenen Abtragungstalsohle.

Auch verwilderte Flüsse pflegen auf Abtragungstalsohlen an der Außenseite von Talbiegungen ihre Talhänge verstärkt zu unterschneiden. Aber es mangelt in diesen Talgründen die Regelmäßigkeit des Wechsels von jeweils einander gegenüberliegenden Prall- und Gleithängen an den Talflanken längs des Talverlaufs, die für Abtragungstalsohlen mäandrierender Flüsse kennzeichnend ist.

Die Einebnungsarbeit, die ein mäandrierendes oder ein verwildertes Gerinne leistet, vollzieht sich nicht selten zwischen niedrigen begleitenden Seitenböschungen des Tales. Diese können dabei durch die seitliche Erosion des Flusses weitgehend mit eingeebnet werden. Solches ergibt sich vor allem nicht selten bei verwilderten Flüssen, weil diese ihre Betten besonders häufig seitlich verlagern. Durch seitliche Erosion eines mäandrierenden oder eines verwilderten Flusses entstandene Einebnungsflächen werden natürlich auch dann Abtragungssohlen dieses Flusses genannt, wenn keine Reste von Talflanken mehr übrig geblieben sind.

Abtragungstalsohle extrem flacher Täler der Tropen

Besondere Erläuterung erfordern die Abtragungssohlen der extrem flachen Täler, die in fortgeschrittenem Rumpfflächenrelief innerhalb der wechselfeuchten Tropen sehr verbreitet sind. Die flachen bis extrem flachen Seitenböschungen (Rampenhänge) dieser Täler, die nach Starkregen von Flächenspülung und initialer Rinnenspülung bearbeitet werden, laufen mehr oder weniger quer gegen den Hochwassersaum von Sammelsträngen des Abflusses aus, welche stets stromab ein noch mehrmals geringeres Gefälle besitzen als jene Seitenböschun-

Tropisches Flachtal

Fig. 54. Schematischer Querschnitt des tropischen Flachtales. Im Talgrund Andeutung des Gerinnebetts.

gen. Bei Niedrigwasser oder Trockenliegen bietet sich das Bett des jeweiligen Sammelstrangs als eine im ganzen äußerst flache, aber durch ein Kleinrelief von Niedrigwasserrinnen, Kolken und Schwellen modifizierte Abtragungssohle dar. Deren Unebenheiten kommen je nach der Größe des betreffenden Flusses auf Höhenunterschiede von etwa einem Fuß bis zu einigen Metern. Anstehendes Gestein, überwiegend stark zersetzt, örtlich aber auch als feste Buckel oder Riegel, tritt an vielen Stellen zutage. Sonst ist es unter einer dünnen Decke von nur temporär abgesetzter sandiger Flußfracht verborgen, welche gewöhnlich fast geröllfrei ist (Fig. 54). ᐧ

Über den gewöhnlich vegetationsfreien Niedrigwasserrinnen solcher Abtragungssohlen liegt das Hochwasserbett. Es erhebt sich zumeist mit einem niedrigen, ziemlich steilen Absatz über die Niedrigwasserrinne und besteht in der Regel aus sehr flachen, etwas mit Auenvegetation bewachsenen Flächen. Aber gegen den Oberrand können die beiderseitigen Wandungen des Hochwasserbetts stellenweise auch schräg oder sogar steil werden, bevor an der Hochwassergrenze die extrem flachen Böschungen der beiderseitigen Rampenhänge anzusteigen beginnen. Das so beschriebene Kleinrelief derartiger Abtragungssohlen bewegt sich je nach der Größe des Gewässers in einem Vertikalspielraum von etwa 1 m bis selten über 10 m.

Hierbei lassen sich hinsichtlich der Anordnung der innerhalb dieser Abtragungssohlen verlaufenden Niedrigwasserrinnen mindestens zwei Untertypen unterscheiden. Die einen, es sind vorzugsweise die Sohlen der kleineren dieser Täler, enthalten im wesentlichen nur *eine,* überwiegend etwa in der Mitte der Talsohle verlaufende Niedrigwasserrinne. Diese selbst ist aber nicht selten streckenweise verzweigt. Abtragungssohlen dieser Art wirken durch die Lage der Niedrigwasserrinne zu den Wandungen des Hochwasserbetts oft wie sehr flache Muldentalgründe. Sofern die Niedrigwasserrinne örtlich dem einen Hochwasserrand nahe kommt, kann sogar eine den Kerbtalgründen ähnliche Gestaltung Platz greifen. Nur setzen über der Hochwassergrenze der Abtragungssohle in den überflachen Tälern der tropischen Rumpfflächengebiete stets beidseitig die äußerst flachen Rampenhänge ein. Man kann die beschriebenen Gründe extrem flacher Täler der Tropen als Abtragungssohlen mit *medianer* Niedrigwasserrinne bezeichnen.

Außer ihnen gibt es, besonders bei größeren Tälern des fortgeschrittenen Rumpfflächenreliefs auch Abtragungssohlen mit mehreren, vor allem mit ausgesprochen beidseitig *marginal* verlaufenden Niedrigwasserrinnen. Diese dürften dadurch zustande kommen, daß in großen Einzugsgebieten, wie sie größere Gewässer besitzen, Starkregen oftmals nur Teile dieser Gebiete treffen. Dies muß dazu führen, daß zeitweise besonders am Anfang und am Ende der Regenzeit zunächst nur Teile des Gesamtraumes Flächenspülwasser in die sehr breiten Abtragungssohlen der Hauptgewässerbahnen hinein ergießen. Wo solche Wasser das untere Ende der Rampenhänge erreicht haben, da ist zu erwarten, daß sie innerhalb der übermäßig breiten quer verlaufenden Abtragungssohle des örtlichen Hauptgewässers, solange dieses noch nicht oder nicht mehr viel Wasser führt, nahe dem seitlichen Rand des Talgrundes oft ein etwas größeres Abwärtsgefälle vorfinden als in der Richtung zur Mitte des überbreiten

Talgrundes hin. Der gesamte Talgrund wird erst bei vorgeschrittenem Hochwasser vollkommen überflutet. Die dargelegten Umstände machen verständlich, daß gerade in breit entwickelten Talgründen des tropischen Abtragungs-Flachreliefs marginale Niedrigwasserrinnen häufig sind.

Aufschüttungstalsohle, Aufschüttungssohle eines Flusses

Eine Talsohle kann jedoch auch durch nachfolgende Aufschüttung des Flusses in einem vordem tiefer ausgearbeiteten Tal, z. B. in einer einstigen Talstrecke mit Kerbgrund oder mit Muldengrund entstehen. In diesem Falle spricht man von einer Aufschüttungstalsohle (Fig. 53 a). Ob eine bestimmte Talsohle Aufschüttungs- oder Abtragungstalsohle ist, läßt sich ohne Bohrung mit Sicherheit nur dann entscheiden, wenn zu erkennen ist, ob der beteiligte Fluß entweder definitive Aufschüttungen schafft, oder ob er bei seitlicher Erosion bzw. Verwilderung seine Fracht nur vorübergehend, d. h. temporär absetzt, sie aber auf längere Sicht vollständig weiterfrachtet. Manchmal ist es möglich, z. B. aus der Höhenbeziehung der Talsohle zu alten Bauwerken oder alten Bäumen eine entsprechende Aussage herzuleiten. Einen Hinweis auf wirkliche Talverschüttung geben auch z. B. in den Alpen oftmals Schwemmkegel von Nebenbächen, die der Talsohle des Hauptflusses deutlich erkennbar aufsitzen. Wenn solche Schwemmkegel mehr als nur schmale Randerscheinungen der betreffenden Talsohle darstellen, so kann eine solche Talsohle an ihrer Oberfläche nicht zur Hauptsache aus nur temporären Ablagerungen aufgebaut sein, welche bei nächster Gelegenheit weitergefrachtet werden. In diesem Falle muß also eine echte Talverschüttung vorliegen.

Die Bildung von Aufschüttungstalsohlen beweist stets, daß ein Nachlassen der Transportfähigkeit des in solchen Tälern fließenden Sammelstrangs des Abflusses im Verhältnis zu der dort wirkenden Böschungsabtragung eingetreten ist. Aber es muß jeweils erst untersucht werden, ob nur eine oder beide Komponenten dieses Zusammenspiels sich geändert haben, und ob Klimaänderungen oder Krustenbewegungen oder beides als Ursache für die Talverschüttung in Frage kommen. Talverschüttung durch ein Gerinne oder Gerinnesystem ist gleichbedeutend mit dem Aufbau flacher Schwemmkegel in der betreffenden Tal-Hohlform. Wo solche Aufschüttung talabwärts aus dem Tal heraustritt oder wo sie so mächtig wird, daß sie die Talhänge unter sich begräbt, da geht die Aufschüttungstalsohle in einen Schwemmkegel, Schwemmfächer, d. h. in eine nicht durch höheres Relief eingerahmte fluviale Aufschüttungssohle über.

Terrassen, Flußterrassen, Talterrassen

Überall dort, wo im Bereich von Abtragungs- oder Aufschüttungstalsohlen oder überhaupt von Ebenheiten, die durch Flußarbeit geschaffen wurden, die Transportfähigkeit der maßgebenden Flüsse merklich zunimmt, da machen diese einen Einschnitt in die vorher entstandene Ebenheit. Die stehenbleibenden Reste der betreffenden Ebenheit werden dann als *Terrassen, Flußterrassen, Talterrassen* bezeichnet (Fig. 55).

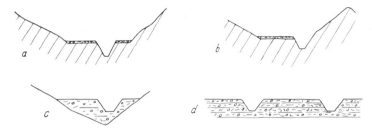

Fig. 55. Schema der Talterrassen.

a Felsterrasse, Felssohlenterrasse, genauer Erosionssohlenterrasse, beiderseitig vom jungen Taleinschnitt entwickelt.
b ebenso, einseitig entwickelt.
c Aufschüttungsterrasse, Schotterterrasse in einem verschütteten Tal.
d ebenso, durch Zertalung einer freien Aufschüttungsebene (Schotterplatte) entstanden.

War die nachträglich zerschnittene Ebenheit vorher eine Abtragungssohle, Abtragungstalsohle, so wird die entstandene Terrasse als Abtragungsterrasse, auch
Erosionsterrasse, Felssohlenterrasse bezeichnet. Bestand die zerschnittene Ebenheit aus Aufschüttungen, so spricht man von *Aufschüttungsterrasse* oder auch
Schotterterrasse. Diese Benennungen sind zwar dem eigentlichen Wortsinn nach
nicht einwandfrei, aber sie sind verstehbar. Doch jedenfalls sollte die Bezeichnung
Talterrasse oder Flußterrasse in der Geomorphologie immer nur für Reste alter
wirklicher Talsohlen verwendet werden, nicht dagegen für Hangverflachungen oder
Talleisten. Nicht überall ist besonders auf alten Abtragungstalterrassen die einstmals temporär abgesetzte Decke von Flußfracht, Schottern, Kiesen oder Sanden
erhalten geblieben. Dann ist besonders sorgfältig zu prüfen, ob das fragliche
Flächenstück z. B. durch ausgesprochene Flachheit seiner Oberfläche und durch
seine Stellung im Formenschatz der Umgebung die Deutung als Talterrasse
wirklich rechtfertigt (Bild 31, 35, 48).

Aus dem Vorhergehenden ergibt sich weiter, daß Abtragungstalterrassen nur
in Tälern entstehen können, in denen vorher ein durch Flußerosion verbreiterter
Talgrund bestanden hat, und in welchen der betreffende Fluß sich dann nachträglich eintiefte. Solches hat sich in Tälern mit einstiger Abtragungssohle oder
mit breitem Muldengrund in allen außertropischen Klimaten oft ereignet. In den
wechselfeuchten und den feuchten Tropen aber sind Abtragungstalterrassen bis
auf wenig deutliche Ansätze anscheinend recht selten. Dies kann aber nicht
dahin gedeutet werden, daß tropische Flüsse keine Tiefenerosion leisten. Sie
schaffen vielmehr wegen der sehr intensiven Gesteinszersetzung nur in Ausnahmefällen am Grunde einstiger Talsohlen langgestreckte steilwandige Einschnitte, ohne daß die Einschnittsböschungen durch die dortige Böschungsabtragung schnell verflacht und der einstige breitere Talboden dadurch verwischt
oder beseitigt wird. Dazu wird im Kapitel   über das Längsprofil der Flüsse
weiteres auszuführen sein.

Verstärkte Flußeintiefung in Tälern mit Kerbgrund schafft nach dem Vorhergehenden nicht Abtragungstalterrassen, sondern gegebenenfalls Talleisten (vgl.
S. 246). Nur Aufschüttungsterrassen können in jeder Art von verschüttetem Tal

und, soweit bekannt, auch in jedem Klima durch nachträgliches Einschneiden eines Flusses entstehen, wenn die Oberfläche der betreffenden Aufschüttung flache Gestalt besitzt, und wenn sie genügend breit ist, so daß über dem Flußeinschnitt Reste der alten Aufschüttungsoberfläche erhalten bleiben können.

Haupttypen der Talgestaltung

Aus den Ausführungen über die unterschiedlichen Typen von Böschungsabtragung (Kap. III C) und über die verschiedenen Haupttypen der Talgründe (Kap. III D, 3) geht hervor, daß diese beiden Erscheinungsreihen bei der Talbildung zwar zusammenwirken, daß dabei aber beide weitgehend unabhängig voneinander variieren können. Im einzelnen dürften in den Tälern beliebig viele Kombinationen zwischen Böschungsgestaltung und Talgrundgestaltung möglich sein. Um dennoch einen Überblick zu ermöglichen, erscheint es zweckmäßig, einige charakteristische dieser Kombinationen als Haupttypen der Talgestaltung hervorzuheben.

Kerbtaltypus des fluvialen Abtragungsreliefs

Von *Kerbtälern* als Tälern mit Kerbgrund war bereits die Rede (S. 244 ff.). Damit aber nicht nur der Talgrund, sondern der gesamte Talquerschnitt den Eindruck einer Kerbe macht, ist wesentlich, daß die Talhänge steil oder wenigstens merklich geneigt sind. In den vollhumiden Klimaten, in denen dies gewöhnlich der Fall ist, machen aber auch Täler mit Abtragungssohle den Eindruck von Einkerbungen im Relief. Sie unterscheiden sich von den Tälern mit Kerbgrund nur durch die Breite des Talgrundes. Das Tal mit Abtragungssohle ist ein Kerbtal mit Sohle, ein *Sohlenkerbtal.*

Eine Verwandtschaft beider hat auch W. M. Davis bejaht, indem er die nach seiner Ausdrucksweise „reifen" ausgeglichenen Formen des Sohlentaltyps als nachfolgendes Entwicklungsglied des „jungen" unausgeglichenen Formenschatzes des Kerbtaltypus ansah. Die tiefgehende Verwandtschaft der Kerbtäler und Sohlenkerbtäler im Hinblick auf das Zusammenwirken von Böschungsabtragung und Flußerosion zeigt sich aber vor allem in der Tatsache, daß in beiden, selbst noch bei recht flach gewordenen Talhängen, die dem Felsuntergrund der Hänge aufliegende Verwitterungsdecke wenigstens in den Außertropen relativ dünn bleibt. Die Größenordnung von einigen Fuß bis wenigen Metern wird nicht überschritten. Damit sind die Kerbtäler und Sohlenkerbtäler Vertreter eines Typus der fluvialen Abtragung, bei dem mit flacher werdenden Talhangböschungen bei stets langsam wirkender Gesteinsaufbereitung die Leistungen der Böschungsabtragung zunehmend geringer werden. Die bei einer solchen Entwicklung vor sich gehenden Flußtransporte haben allmählich immer weniger an angelieferten Verwitterungsmassen weiterzufrachten. Sie können deswegen bei sehr flachem Talgefälle vor sich gehen und in ganz geringer Meereshöhe sich vollziehen. Die Abtragung strebt dann einem Minimum zu. Den so gedachten Zustand hat W. M. Davis als *alt* bzw. *greisenhaft* bezeichnet. Er müßte sich schließlich dem

Endziel der terrestrischen Abtragung, der *ausdruckslosen Fastebene,* der *End-Rumpffläche (peneplain) nahe dem Meeresniveau* nähern.

Soweit nun aber durch W. M. Davis (1902), W. Penck (1924) u. a. versucht worden ist, den Formencharakter der gedachten Endrumpffläche noch genauer zu kennzeichnen, hat man sanft muldenförmige Querschnitte bei den ganz flach gewordenen Tälern angenommen. Man tat dies vermutlich, weil es Täler mit sanft muldenförmigem Querschnitt wirklich gibt, und weil man, ohne dies genauer nachzuprüfen, in ihnen die Vertreter des gedachten „greisenhaften" Relief-zustandes zu sehen glaubte. Aber dieser Schritt der Deduktion ist zum mindesten unsicher. Wir meinen, daß er irrig ist. Denn es gibt keinen einleuchtenden Grund zu der Annahme, daß allein durch Verringerung des Reliefs das gegenseitige Leistungsverhältnis von Böschungsabtragung und Flußerosion, das ja in den mittleren Breiten Kerbtalgründe durch Tiefenerosion und Sohlenkerbtäler mit deutlichem Böschungsknick zwischen Talhang und Talsohle durch seitliche Erosion hervorruft, sich grundsätzlich ändern sollte. Im Gegenteil, man findet hier, soweit nicht Solifluktionserscheinungen kaltzeitlichen Klimas das Bild ver-wischt haben (Kap. III E 3, S. 277 ff.), selbst in sehr flachem Relief immer noch Kerbeinschnitte und Sohlentäler mit seitlich unterschnittenen Hangpartien. Auf der anderen Seite besitzen die wirklich vorkommenden Täler mit sehr sanft muldenförmigem Querschnitt zugleich andere Eigenschaften, insbesondere im Längsprofil, die zu der Vorstellung eines greisenhaften Zustands des Fluvialreliefs ganz und gar nicht passen. Das wird in einem der nächsten Abschnitte näher aus-geführt werden.

Aus diesen Gründen halten wir es für richtig, den ganzen durch das Auftreten von Kerb- und Sohlenkerbtälern gekennzeichneten Formenkomplex bis hin zu Landschaften mit nur mehr ganz geringen Höhenunterschieden, in denen jedoch im kleinen noch Kerbeinschnitte oder Kerbanschnitte kennzeichnend sind, als den *Kerbtaltypus des fluvialen Abtragungsreliefs* zusammenzufassen. Die Unterschiede an Schärfe und Tiefe der Kerbeinschnitte und der Talsohlenunterschnitte, die im Hochgebirge, im Mittel- und im Flachrelief auftreten, sind hierbei u. E. letztlich nur gradueller Art (Fig. 50) (Kerbtäler: Bild 31, 41, 44, 52, 63, 67, 96. Sohlen-kerbtäler: Bild 30, 43, 46).

Muldentäler der Außertropen

Neben den Tälern des Kerbtaltyps gibt es in den Außertropen häufig Talformen mit muldenförmigem Gesamtquerschnitt. Für sie ist die Bezeichnung *Muldental* üblich. Muldentäler treten insbesondere dort auf, wo innerhalb der Böschungsab-tragung Solifluktion eine große Rolle spielt. Diese kann gesteinsbedingt sein z. B. in tonigen Gesteinen, oder klimatisch wie die Gelisolifluktion der sub-polaren und subnivalen Region bzw. Höhenstufe. Auch in feuchtwarmen Klimaten mit sehr intensiver chemischer Gesteinsaufbereitung gibt es Solifluktion und Täler mit muldenförmigem Gesamtquerschnitt. Von diesen wird weiter unten gesprochen.

Lebhafte Solifluktion an den Talhängen bewirkt in den Muldentälern, daß ein Gerinneeinschnitt am Talgrund jeweils rasch wieder seitlich zugeschoben wird oder daß der Talgrund und mit ihm der Gesamtquerschnitt des Tales durch beiderseitige Hangschleppen eine muldenförmig zugerundete Form erlangt. Diese Täler besitzen also an den Hängen und oft auch im Talgrund eine ziemlich mächtige Decke von Solifluktionsschutt über dem anstehenden Gestein. Sie sind nicht nur in den heute waldfreien Gebieten, sondern auch in Gebieten ehemals, nämlich während der pleistozänen Kaltzeiten starker Gelisolifluktion häufig, z. B. in Mitteleuropa (Fig. 36).

Flache bzw. extrem flache Täler der Tropen

Es wurde aber gezeigt, daß in weiten Gebieten der Erde das Zusammenwirken der Böschungsabtragung mit der dominierenden Linearerosion der Flüsse wesentlich andere Formen schafft. Sie finden sich insbesondere in den warmen und wenigstens jahreszeitlich feuchten Regionen, in denen das anstehende Gestein größtenteils von einer mehr oder weniger mächtigen Decke feinkörniger, aber an quellfähigen Tonmineralen armer und daher leicht beweglicher Verwitterungsmassen überkleidet wird. Eine weitere Vorbedingung sind häufige Starkregen, die für kräftige flächenhafte Abspülung von Feinmaterial sorgen, welches ja in der Form der leicht beweglichen Verwitterungsmassen praktisch unbegrenzt zur Verfügung steht.

Unter diesen Bedingungen entstehen einerseits Talformen mit flachem, ja extrem flachem muldenförmigem Gesamtquerschnitt, deren Seitenböschungen, d. h. Rampenhänge (S. 184 ff.) sich gegen den Talgrund hin zunehmend verflachen, bevor sie an einer niedrigen Kante ungefähr im Hochwasserniveau gegen die Hohlform des betreffenden Hochwasserbetts auslaufen. Diese Talformen wurden in der früheren Auflage ihres Gesamtquerschnitts wegen als *Flachmuldentäler*

Fig. 56. Querprofil durch das Ngerengere-Tal, nördlich von Morogoro (Tanzania) längs der Dakawa-Straße, sowie durch drei benachbarte Nebentälchen.

Längen 1:40000, Höhen 1:20000. Das Ngerengere-Tal ist ein *tropisches Flachtal*. Es ist an dieser Stelle von Talscheide zu Talscheide mehr als 5 km breit bei sehr exzentrischer Lage des Talgrundes. Die Talhänge sind *Rampenhänge*, sie erreichen nirgends mehr als 30‰ (knapp 2°) Neigung. Trotzdem beträgt der Höhenunterschied zwischen der nördlichen Talscheide (519,7 m) und dem Talgrund (470,5 m) fast 50 m. Er wird von einem in der Fallrichtung 4 km langen Rampenhang überwunden. Der südliche Talhang führt mit knapp 2° Neigung um etwas über 30 m zur 1 km entfernten Talscheide (503,0 m) gegen das erste benachbarte Nebentälchen hinauf. Das Hochwasserbett des Ngerengere ist etwa 300 m breit und reicht $1^{1}/_{2}$ bis 2 m über die Oberkante des noch $2^{1}/_{2}$ m eingetieften Niederwasserbetts empor. Der Talgrund des hier rund 30 km langen Ngerengere hat an dieser Stelle ein Längsgefälle von 2‰ bis 3‰. Die drei im südlichen Teil des Profils geschnittenen Tälchen gehören zum System des Morogoro-Baches, welcher $3^{1}/_{2}$ km weiter östlich in den Ngerengere einmündet. Auch sie sind tropische Flachtäler, aber von viel geringerer Größe. Auch ihre Hangneigungen halten sich zwischen 1° und 2°. Diese Tälchen sind aber von Talscheide zu Talscheide nur etwa $^{1}/_{2}$ km bis gut 1 km breit und nur 5 m bis 10 m tief. Der Untergrund des gesamten Gebietes besteht aus in situ vergrustem bzw. zersetztem Gneis. Darüber liegt nur in der Zone stärkerer Durchwurzelung und der Tätigkeit der Bodentiere ein etwa $^{1}/_{2}$ Fuß bis 2 Fuß mächtiger Oberboden, der die Textur des Gneises verloren hat. Er ist in trockenem Zustand von sandig staubiger Beschaffenheit und leicht verbacken. Bei Befeuchtung wird er schmierig. Er ist zuoberst humos, darunter tief rot gefärbt und weist oft lockere Konkretionen von SiO_2 und von Bohnerz auf. Enthält das Gestein Ca-Silikate, so gibt es auch an der Untergrenze des Oberbodens Anreicherung von Kalk.

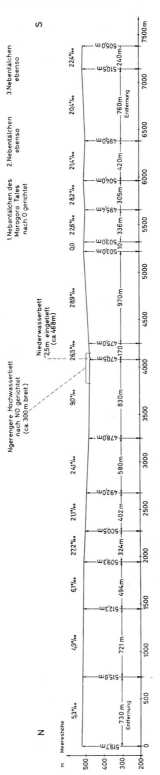

Fig. 56 (Erläuterung nebenstehend)

bezeichnet. Da aber der eigentliche Talgrund dieser Täler im einzelnen sowohl als äußerst flache Mulde ausgebildet sein kann, wie auch als überwiegend flache Abtragungssohle mit unruhigem Kleinrelief, so wird nunmehr, um Mißverständnisse nach Möglichkeit auszuschließen, von diesen Tälern als von *Flachtälern*, gegebenenfalls von *extrem flachen Tälern der Tropen* bzw. der *wechselfeuchten Tropen* gesprochen (Fig. 54,56).

Kehltäler der Tropen

Unter den vorher genannten Bedingungen entstehen aber auch in manchen Gebieten stärker eingetiefte Talformen. Teilweise handelt es sich dabei um Kerbtäler. Große Verbreitung haben aber auch Täler mit muldenförmigem Talgrund, deren Talhänge, d. h. seitliche Böschungen nicht wie in den Flachtälern bzw. extrem flachen Tälern der wechselfeuchten Tropen zum Talgrund ausflachen, sondern deren Neigung gegen den Talgrund hin zunimmt. Für diese Talformen wurde die Bezeichnung *Kehltal* gewählt, weil in der Architektur und im Baugewerbe eine einspringende Furche zwischen zwei aneinander grenzenden, verschieden geneigten Flächen, wenn sie zugerundet ist, als Kehle bezeichnet wird (Fig. 52a u. b). Das an sich naheliegende Wort „Muldental" ist nicht mehr verfügbar, weil es seit langem im Gebiet der Kerbtäler für solche Talformen verwendet wird, in denen der Gerinneeinschnitt durch lebhafte Solifluktionsdenudation an den Talhängen entweder ganz zugedrückt oder in der Form beiderseitiger Hangschleppen zugerundet wurde. Diese Muldentäler haben also an den Hängen und oft auch im Talgrund ziemlich mächtige Decken von zugewanderten Verwitterungsmassen über dem anstehenden Gestein.

Die Hänge der Kehltäler bestehen gewöhnlich aus tiefgründig verwittertem Anstehendem. Verspültes oder zugewandertes Material liegt auch hier in örtlich verschiedener Mächtigkeit darüber. Denn an diesen oft ziemlich steilen Hängen tritt sowohl Flächenspülung wie, nach starker Durchfeuchtung, Versatzdenudation ein. Mitunter gibt es zweifellos auch Schlipfe. Im ganzen aber wird, soweit die Beobachtungen erkennen lassen, der zugerundete Querschnitt des Talgrundes nicht im wesentlichen aus Material der flächenhaften Böschungsabtragung gebildet wie bei den Muldentälern der Außertropen, sondern unter einer dünnen Flußsanddecke vom Anstehenden, mag dies nun örtlich aus festem oder aus mehr oder weniger zersetztem Gestein bestehen (Bild 90, 91).

Albert Heims Flußlaufstadien

Von dem Studium der alpinen Wildbäche ausgehend, hat schon 1878 Albert Heim Gesetzmäßigkeiten hierüber anzugeben versucht. Er unterschied *Oberlauf-*. *Mittellauf-* und *Unterlaufstadium* der Flüsse. Von Oberlaufstadium sprach er bei einem Talcharakter, bei dem die Talfurche kräftig eingeschnitten ist und Anzeichen weiterer Vertiefung aufweist. Es herrscht in ihr starkes, meist unausgeglichenes Gefälle und weithin schießender, ja stürzender Abfluß des Gerinnes. Die Talhänge streben unmittelbar vom Flußbett steil empor, so daß ein

V-förmiger Talquerschnitt vorhanden ist. Sie bestehen unter dünner Boden- oder Schuttdecke aus anstehendem Fels.

Dieser Taltypus entsteht offenbar dort, wo das Tiefereinschneiden der Gerinne relativ kräftig ist im Vergleich zu den Leistungen der Böschungsabtragung. Denn bei solchem Verhältnis von Linearerosion und Flächenabtragung müssen steile, d. h. kräftigen Schwerewirkungen ausgesetzte und zugleich hohe Hänge entstehen, um einen Gleichgewichtszustand zwischen der Schuttlieferung durch die Hänge und dem Abtransport des Schuttes im Gerinne herbeizuführen. Ist ein solcher Gleichgewichtszustand noch nicht erreicht, so müssen durch fortgesetztes Tieferschneiden des Gerinnes die Hänge so lange noch steiler und höher werden, die Transportfähigkeit des Gerinnes durch Minderung seines Gefälles beim Tiefereinschneiden so lange herabgesetzt werden, bis die vermehrte Schuttlieferung von den Hängen mit der verminderten Transportfähigkeit des Gerinnes im großen und ganzen ins Gleichgewicht gebracht ist. Ein Bestreben zur Herstellung eines Gleichgewichtes zwischen der Abtragungsleistung an den Hängen und der Transportleistung in den Gerinnen wird hierin erkennbar und zugleich der Modus, durch den das Gerinne sein Gefälle und die Entwicklung seiner Talhänge den herrschenden Abtragungsbedingungen anpassen kann. Wir erkennen, daß durch diesen Zusammenhang die klimabestimmte Böschungsabtragung auf die Gefällsentwicklung der Flüsse entscheidenden Einfluß nimmt.

Der geschilderte Typus des Tales entspricht dem Kerbtal. Doch er beschränkt sich in der Natur nicht auf die orographischen Oberlaufgebiete der Flüsse. Ebenso kommen A. Heims (1878) Mittellauf- und Unterlaufstadium, welche Benennungen er für Laufstrecken mit Mäander-Talsohle, bzw. mit deutlichen Aufschüttungserscheinungen verwandte, durchaus nicht nur in den dieser Reihenfolge entsprechenden Flußabschnitten vor. Außerdem reicht, wie noch zu zeigen sein wird, A. Heims Begriffsdreiheit zur Beschreibung der tatsächlich vorkommenden Talformen nicht aus. Daher scheint es zweckmäßig, A. Heims Bezeichnungen nicht weiterzuführen, obwohl seine Analyse wesentliche Einsichten erbracht hat.

4. Energiehaushalt und Längsprofil der Flüsse

Um einen weitergehenden Einblick in das Zusammenspiel zwischen der Hangabtragung und der dominierenden fluvialen Linearerosion bei der Talbildung zu gewinnen, ist es nunmehr nötig, die Gesetzmäßigkeiten zu erörtern, die die Entwicklung des Längsprofils der Flüsse bestimmen. Denn bisher wurde nur vorausgesetzt, daß die Transportfähigkeit der Flüsse stationär sein, daß sie erlahmen oder sich verstärken kann. Das erfordert eine Beschäftigung mit dem Energiehaushalt der Flüsse.

Vom Energiehaushalt der Flüsse

Soweit in älteren geomorphologischen Werken der Energiehaushalt der Flüsse mit dem Ziel, ihre Erosionsleistungen und die Entwicklung ihres Längsprofils besser zu verstehen, behandelt worden ist, hat man eine Diskussion der *kinetischen Energie* des fließenden Wassers versucht, d. h. eine Betrachtung des Ausdrucks $\frac{m}{2}v^2$, bei welchem m die Masse des Wassers und v seine Geschwindigkeit bedeutet. Hiernach ergibt sich, daß ein großer Fluß mehr Arbeit leistet als ein kleiner und daß die Arbeit mit dem Quadrat der Wassergeschwindigkeit wächst.

Zu näheren Vorstellungen über den von Ort zu Ort wechselnden Energieaufwand eines Flusses, welcher zur Überwindung des Reibungswiderstandes beim Fließen des Wassers und beim Transport der Flußfracht (Erosionsarbeit) sowie zur Erzeugung von Reibungswärme benutzt wird, kommt man aber auf diese Weise nicht. Nämlich die am meisten ins Gewicht fallende Größe v, die tatsächliche Geschwindigkeit des Wassers in seinen verschiedenen Teilen ist bei einem *turbulent* fließenden Fluß unbekannt. Sie kann jedenfalls ganz und gar nicht, auch nicht näherungsweise, durch die verhältnismäßig leicht feststellbare mittlere Durchflußgeschwindigkeit erfaßt werden. Denn die Erfahrung lehrt, daß die z. B. mit Schwimmern oder Strömungsmessern festzustellende mittlere Durchflußgeschwindigkeit in gewaltig strudelnden und schäumenden Flußstrecken oft nur wenig größer, ja sogar geringer sein kann als bei ruhig strömender Wasserbewegung oberhalb oder unterhalb der Tosstrecke. (Strecke mit stark turbulentem Abfluß).

Es gibt aber die Möglichkeit, einen weitergehenden Einblick in den Energiehaushalt der Flüsse zu gewinnen durch Betrachtung der Größe ihrer *potentiellen Energie*. Diese ist für jede Stelle eines Flusses durch den Ausdruck m · h · g gegeben, in welchem m die Wassermasse, h die Meereshöhe und g die Schwerebeschleunigung bedeuten, Größen die bekannt bzw. verhältnismäßig leicht zu ermitteln sind. Hiernach ergibt sich, daß es zwischen zwei längs eines Flusses liegenden Punkten einen Unterschied der potentiellen Energie des Flusses gibt und daß dieser, wenn zwischen beiden Punkten keine nennenswerte Änderung der Wassermasse z. B. durch Zufluß eingetreten ist, genau dem Unterschied der Spiegelhöhe beider Flußstellen proportional ist. Diesem Unterschied der potentiellen Energie entspricht aber in unseren Flüssen im allgemeinen *nicht* ein Unterschied der kinetischen Energie des Durchflusses. Denn die Durchflußgeschwindigkeit ändert sich auffallend wenig. Sie beträgt bei großen, rasch fließenden Strömen bei Niedrigwasser 1 bis 2 m/sec, bei Hochwasser kaum mehr als 3 bis 4 m/sec. Auch die Wildbäche des Hochgebirges erreichen nicht sehr viel höhere Durchflußgeschwindigkeiten. Die Fallhöhe, die nötig wäre, um einer ruhenden Wassermasse, wenn man die Reibung ausschalten könnte, eine Fließgeschwindigkeit von 4 m/sec zu erteilen, beträgt weniger als 1 m. Die Wasser unserer Flüsse fallen aber auf ihrem Lauf um hunderte, ja tausende von Metern.

Der Abflußvorgang der Flüsse entwickelt sich also in Wirklichkeit so, daß fast die gesamte verlorengehende potentielle Energie bei ihrem Umsatz in kinetische Energie auf Turbulenz und ihre Folgeerscheinungen verwendet wird, während nur unbedeutende Teilbeträge zur Veränderung der Durchflußgeschwindigkeit benutzt werden. Bei diesem Sachverhalt ist es für die Beurteilung der formenverändernden Wirksamkeit der Flüsse, welche ja in Reibungsarbeit besteht, von ausschlaggebender Bedeutung, ihre Gefällsentwicklung zu würdigen. Strecken versteilten Gefälles sind unter sonst gleichen Umständen Stellen, an denen der Fluß erhöhte Reibungsarbeit leistet, und die Größe der Gefällsversteilung gibt hierfür ein unmittelbares Maß. Allerdings wird stets nur ein Teil dieser Reibungsarbeit auf äußere Reibung an den Bettwandungen, d. h. am anstehenden Fels oder am Kies und Sand des Flußbodens, aufgewendet, die ja allein zu formenverändernden Wirkungen führt. Immerhin müssen die äußere Reibung der turbulenten Wassermasse und die innere Turbulenzreibung in gegenseitiger Abhängigkeit stehen. Das geht aus folgendem hervor:

Die verlorengehende potentielle Energie eines bergab fließenden Gerinnes wird im allgemeinen nicht dazu verwendet, um durch eine geordnete Bewegung der Wasserteilchen bei möglichst geringer gegenseitiger Reibung eine möglichst hohe Abflußgeschwindigkeit zu erzielen. Geordnete Bewegung, nämlich quasi laminarer Abfluß, tritt erst dann annähernd ein, wenn es fast gar kein Gefälle, d. h. fast keine zur Beschleunigung der Wassermasse verfügbare Schwerkraftkomponente mehr gibt, nämlich in den Stillwassern. Generell wird dagegen durch ungeordnete Bewegung, durch Verwirbelung, kurz gesagt, durch erhöhte innere Reibung, der eigentliche Abfluß stark, oft sehr stark, ja ungeheuerlich behindert. Man kann diese Behinderung als eine Art *Stau gegen den Abfluß der Wassermassen* auffassen. Dieser *Stau wird getragen von den Wandungen des Gerinnebetts,* an denen die wirbelnde Wassermasse durch äußere Reibung den Widerstand findet, der sie daran hindert, mit gleichmäßiger Beschleunigung talabwärts zu gleiten. *Je steiler das Gefälle ist, auf dem sich die Wassermasse* solcher Art *ohne nennenswerte Beschleunigung der gesamten Durchflußmenge in der mittleren Richtung des Spiegelgefälles nach abwärts bewegt, um so größer muß die äußere Reibung an den Bettwandungen sein,* aber natürlich auch die innere Reibung, die das gegenseitige Sichbehindern der Wasserteilchen gewährleistet und die damit verhindert, daß Teile des Wassers mit zunehmender Geschwindigkeit forteilen.

Rückschreiten der Erosion

Überall da, wo das Gerinnebett dem Angriff der Reibung nachgibt, entstehen Veränderungen an der Oberflächenform, sei es, daß im Flußbett liegende Lockermassen der Einwirkung der Reibung nachgeben, oder, daß Bestandteile des Anstehenden sich nicht halten können und talab gefrachtet werden.

Die Erkenntnis, daß *Versteilungsstrecken des Flußgefälles,* d. h. des Spiegelgefälles der Gerinne, *Orte erhöhter Reibungsarbeit* sind, ist geomorphologisch von sehr großer Bedeutung. Denn da die Gerinnefracht an Lockermassen, die laufend vom Fluß abzutransportieren ist, und die für sie benötigte Transportarbeit im allgemeinen ganz langsam stromab zunehmen und jedenfalls nirgends sprungartig abnehmen können, so bedeutet das Auftreten von begrenzten Orten oder Strecken erhöhter Reibungsarbeit, daß dort anhaltend über das zum Durchtransport der Gerinnefracht nötige Maß hinaus Reibung angreift. Sie arbeitet verstärkt an der Tieferlegung des Flußbetts an dieser Steilstelle und ist daher bestrebt, die Gefällsversteilung zu beseitigen. Daraus ist zu entnehmen, *daß alle Gerinne an der Ausgleichung ihrer Gefällskurve arbeiten.* Freilich muß dabei auf mögliche Komplikationen hingewiesen werden. Wenn z. B. im Längsverlauf des Flußbetts Gesteine von sehr verschiedener Widerständigkeit angeschnitten werden, so kann vorübergehend sogar eine neue Unausgeglichenheit des Längsgefälles oder die Steigerung einer noch vorhandenen Unausgeglichenheit die Folge sein. Doch muß eine derartige Vergrößerung der Unausgeglichenheit des Flusses nach Erreichung der maximalen Auswirkung ihrer ja nur örtlichen Ursache stets der Entwicklung zur Ausgleichung der Flußkurve wieder Platz machen.

Wenn an einem Versteilungsstück einer Gefällskurve Tieferlegung wirksam ist, so kann dies nur geschehen, indem sich am unteren Ende der Versteilung flacheres Gefälle an die Stelle des vormals steileren setzt, am oberen Ende aber steileres an die Stelle von vormals flacherem. Das Versteilungsstück verlagert sich also durch die auf ihm stattfindende Abtragung im ganzen genommen talauf. Dieser Sachverhalt wird als *Gesetz vom Rückschreiten der Erosion* bezeichnet. Es wurde schon 1857 von G. Greenwood erkannt (1857, S. 173) und 1877 von K. G. Gilbert klar formuliert.

Berücksichtigt man, daß der Endpunkt der Flußkurve, der Meeresspiegel, annähernd fest liegt, dann ergibt sich aus dem Bestreben nach Ausgleichung des Gefälles und Flußaufverlagerung der Gefällssteilen mit Notwendigkeit das Hinstreben auf eine allmählich nach abwärts sich verflachende Gefällskurve. Die Zunahme der Wassermasse flußab im humiden Klima und die Abnahme der Geröllgröße in gleicher Richtung sind weitere Tatsachen, die auf eine Abnahme des Gefälles flußab hinwirken, weil sie die Aufrechterhaltung des Geröll-transportes bei flußab verringerter Intensität der Reibung möglich machen (Mortensen, 1942).

Gleichgewichtszustand und Ausglättungszustand[20] der Flüsse

Als kennzeichnend für die von den Flüssen angestrebte Ausgleichskurve wird seit A. Hettner (1910) und W. M. Davis (1902, 1909) der Zustand angesehen, bei dem der Fluß ungefähr gerade imstande ist, die gesamte Last der ihm zugeführten Denudationsmassen dauernd weiterzutransportieren. Er wird als *Gleichgewichts-zustand,* das entsprechende Gefälle als *Gleichgewichtsprofil* des Flusses bezeichnet. Genau genommen geht natürlich auch in diesem Gleichgewichtszustand die Tieferlegung des Flußbetts mit der Gesamtabtragung des Landes langsam weiter. Leider ist in Wirklichkeit nicht leicht zu erkennen, ob ein Fluß nahe diesem

---

[20] Leider verspätet bin ich darauf aufmerksam geworden, daß das Wort „glatt" in der Hydraulik bereits zur Beschreibung jener Glattheit der Wasseroberfläche verwendet wird, die sich oft, z. B. am Beginn von Schnellen oder über der Krone von Wehren, *unter Fließbeschleunigung,* auf ein kurzes Stück einstellt. Zur Vermeidung von Mißverständnissen werden für die Kennzeichnung der in ganz anderem Sinne geglätteten Flußoberfläche, von welcher hier die Rede ist, statt der früher benutzten Worte „geglättet", „Glättungszustand" und „Glättungsprofil" (H. Louis 1960, 1966) seither die Worte *„ausgeglättet", „Ausglättungszustand"* und *„Ausglättungsprofil"* gebraucht. Diese Wortbildungen sind nicht nur vom Worte „glatt" merklich verschieden, sie weisen auch deutlicher auf die *beim Strömen* durch die *Wellenausbreitung* bewirkte *weit reichende Ausgleichung des Fluß-spiegels* hin.

Gleichgewichtszustande ist, oder ob er noch merklich erodiert oder schon leicht akkumuliert. Davis hat das Vorhandensein oder Nichtvorhandensein einer Talsohle als hierfür kennzeichnendes Merkmal angegeben. Wir sahen aber, daß das Wirksamwerden seitlicher Erosion, welches für die Schaffung einer Talsohle die Voraussetzung bildet, schon mit Schwächerwerden der Tiefenerosion einsetzt, nicht etwa erst nahe bei deren Aufhören.

Der Gedanke eines *Gleichgewichts zwischen Materialzufuhr und Material-abtransport in den Flüssen,* so wie ihn Hettner (1910 S. 370ff.) formuliert hat, ist überdies nicht genügend durchgeführt, um für weitgreifende Schlußfolgerungen auszureichen. Hettner diskutiert das Vertiefen, Gleichbleiben oder Aufhöhen eines Flußbettes. Er spricht beim Gleichbleiben vom „Tiefenerosionsbetrag Null", ohne zu berücksichtigen, daß in Wahrheit Gesteinsaufbereitung, Lösungsvor-gänge und Abrieb infolge des Durchtransports des Flußschotters während der Betrachtungszeit irgendwelche Angriffswirkungen *auch am* Anstehenden des Flußbett*unterbodens* ausüben müssen, d. h. also, daß ein genaues Höhengleich-bleiben der Flußbett*oberfläche* streng genommen nicht als Gleichbleiben des gesamten Systems, sondern geradezu als Merkmal einer leichten definitiven Auf-schüttung gewertet werden muß. Hettner, der dies erkannt haben dürfte, bezeichnet sein Gleichgewichtsprofil daher auch nur als „vorläufiges Ziel der Flußentwicklung", was fraglos keine sehr glückliche Formulierung für eine physikalische Gesetzmäßigkeit darstellt.

Faßt man nun aber wirklichkeitsnäher und im Gegensatz zu Hettners Vor-schlag als *allgemeinen Gleichgewichtszustand* in einem Flusse die *Gleichheit der gesamten Materialzufuhr,* nämlich sowohl aus der Hangdenudation, wie aus der Anfrachtung des betreffenden Flusses und seiner Nebengerinne, wie endlich aus der Korrasion des betrachteten Flußbettbodens selbst, *gegenüber dem gesamten erfolgenden Materialabtransport,* so bedeutet diese Setzung geradezu eine *Trivialität. Diese* Gleichheit von Zufuhr und Abfuhr gilt nämlich im Durch-schnitt dauernd für alle Flußabschnitte außerhalb der Akkumulationsstrecken, auch für Strecken stärkster Tiefenerosion.

Was Hettner bei dem Gedanken seines Gleichgewichtsprofils eigentlich vor-schwebte, war wohl derjenige Spezialfall jenes „allgemeinen Gleichgewichts-zustandes", bei dem die Korrasion des Flußbettes und damit die Tiefenerosion des Flusses *sehr klein* geworden ist, ohne daß die Größe dieses „sehr klein" näher angegeben werden könnte. Der in diesem Zusammenhang von Hettner gedanklich vollzogene Übergang zur „Tiefenerosion Null" ist aber für Betrach-tungen auf weite Sicht unerlaubt und hat das Verständnis nicht gefördert. Das Tieferschneiden aller Flußkurven geht auch nach Erreichung des Hettnerschen Spezial-„Gleichgewichtszustandes" langsam weiter. Dies entspricht der theo-retischen Grundforderung nach dauerndem Fortgang der Abtragung in Richtung auf deren Endziel (s. S. 274f.). Das haben die Bearbeiter des Problems wohl gesehen, z. B. Davis-Rühl (1912, S. 39); Baulig (1926). Es sollte aber ausge-sprochen werden, daß das sogenannte *„Gleichgewichtsprofil der Flüsse"* bisher in der soeben dargelegten Weise nicht durchsichtig genug definiert ist, um darauf weitreichende Schlußfolgerungen aufzubauen, und daß außerdem *ein einiger-maßen zuverlässiges Erkennen dieses Gleichgewichtszustandes in der Natur alles* *andere als leicht ist.* Aus diesen Gründen erweist sich der Begriff des Gleichgewichtszustandes. bzw. des Gleichgewichtsprofils der Flüsse leider als eine für geomorphologische Schlüsse wenig tragfähige Grundlage.

Unter den neueren Arbeiten, die sich mit der Entwicklung des Längsprofils der Flüsse beschäftigen, versucht besonders K. Hormann (1965), sich möglichst durchschaubarer Begriffe zu bedienen. Er unterscheidet, wie schon in einer früheren Arbeit (1963), *Auslastungs-* und *Resistenzstrecken* der Flüsse. Nur auf Auslastungsstrecken, d. h. auf Strecken, auf denen der Fluß unbegrenzt Lockermaterial an Sand, Kies und Geröll zur Verfügung hat, ist sein *Transportvermögen,* welcher Begriff näher erläutert wird, ausgelastet. Diese Strecken zeichnen sich dadurch aus, daß auf ihnen die mittlere Transportgeschwindigkeit der festen Fracht an dem aus Lockermassen bestehenden Bettboden in einiger Tiefe unter der Oberfläche dieser Lockermassen auf Null absinkt. Hormann folgert daraus: Auf Auslastungsstrecken leistet der Fluß keine Korrasionsarbeit am Bettboden. Man kann dem zustimmen, wenn deutlich hervorgehoben wird, was Hormann nur beiläufig andeutet, daß nämlich die Höhenlage des Punktes unter der Oberfläche des lockeren Bettbodens, an welchem die mittlere Transportgeschwindigkeit der festen Fracht Null wird, *nicht* konstant bleibt, weder für kurze noch für lange Zeiträume. Bei definitiv aufschüttenden Flüssen erhöht sich die Lage dieses Punktes allmählich, auf Auslastungsstrecken von erodierenden Flüssen wird sie langsamer oder schneller tiefer gelegt. Die *Flüsse können* also *auf Auslastungsstrecken ihre Lage in Wahrheit sowohl erhöhen, d. h. definitiv akkumulieren, als auch erniedrigen, d. h. tiefer einschneiden.*

Den Auslastungsstrecken werden die Resistenzstrecken gegenübergestellt. In ihnen stehen nicht genug Lockermassen im Flußbett zur Verfügung, um das Transportvermögen des Flusses auszulasten. Gedanklich läßt sich dies dadurch ausdrücken, daß die mittlere Transportgeschwindigkeit der festen Flußfracht am Bettboden eines solchen Flusses einen von Null verschiedenen positiven Wert besitzt (Hormann). Ein Teil der Energie des Flusses wird in diesem Falle dazu benutzt, um das feste Gestein des Bettbodens anzugreifen, um, wie Hormann sich ausdrückt, Zerkleinerungsarbeit gegen die molekularen Anziehungskräfte der Gesteinsteilchen zu leisten, aus denen das Gestein des Bettbodens besteht. Das ist Korrasionsarbeit. Auf allen Resistenzstrecken wird daher von den Flüssen Korrasionsarbeit, also Tiefenerosion geleistet. Auf Resistenzstrecken ist entsprechend der Größe der Korrasionsarbeit das Gefälle stets größer als auf einer Auslastungsstrecke gleicher Wasser- und Geröllführung, gleicher Bettform und gleicher sonstiger Begleitbedingungen.

Ob auf einer Resistenzstrecke viel oder wenig Korrasionsarbeit geleistet wird, das ist schwer mit Sicherheit zu erkennen. Aber Hormann glaubt zwei Stadien bei den Resistenzstrecken unterscheiden zu können. In seinem Stadium 1 nimmt die Eintiefungsgeschwindigkeit zu. Es soll durch konvexes *Längs*profil des Flusses gekennzeichnet sein. Im Stadium 2 soll bei konkavem Längsprofil die Eintiefungsgeschwindigkeit abnehmen.

Es gibt jedoch viele Gefällsversteilungen an Flüssen, also Stellen der Konvexität des Längsprofils, bei denen die Gefällsversteilung durch die Gesteinsbeschaffenheit oder auch z. B. durch starke Geröllzufuhr seitens eines Nebenbaches hervorgerufen wird. Sie ist in solchen Fällen erforderlich, um dem Flusse an dieser Stelle nur eben ein Schritthalten mit der Abtragung in den Nachbargebieten zu ermöglichen. Wahrscheinlich bilden solche Ursachen sogar die große Mehrheit der vorhandenen Gefällsversteilungen. Derartige Konvexitäten im Längsprofil zeigen sicher *nicht* eine sich erhöhende Eintiefungsgeschwindigkeit des Flusses an. Zunehmende Eintiefungsgeschwindigkeit dürfte in der Regel ziemlich großflächig anderen Gebieten mit sich mindernder Eintiefungsgeschwindigkeit gegenüberstehen. Da die Längsprofilkurve selbst unausgeglichener Flüsse im ganzen fast immer konkav durchgebogen ist, und da sich stets kleinere, gesteinsbedingte oder auch durch plötzliche örtliche Zunahme der Geröllbelastung hervorgerufene Konvexitäten und Konkavitäten darüber lagern, so dürfte es sehr schwer sein, in der geometrischen Gestalt der Längsprofilkurve die etwaigen Spuren zunehmender oder abnehmender Eintiefungsgeschwindigkeit der Flüsse wirklich zu erkennen.

Die Unterscheidung von Auslastungsstrecken und Resistenzstrecken der Flüsse ist an sich für die Analyse der Flußarbeit zweifellos ein Gewinn. Sie macht vor allem sehr deutlich, daß das von den Flüssen angestrebte ausgeglichene Längsprofil durchaus nicht durch einen Zustand gegen Null gehender Eintiefungsgeschwindigkeit gekennzeichnet sein kann, also nicht dem Gedanken eines „Gleichgewichtsprofils" entsprechen kann. Aber eindeutige Kriterien zum Erkennen des von den Flüssen sicherlich angestrebten ausgeglichenen Zustands bzw. Längsprofils gibt auch diese Betrachtung bisher nicht.

Ein einfacheres und in der Natur leichter feststellbares Kriterium der Ausgeglichenheit oder Unausgeglichenheit einer Gefällskurve läßt sich dagegen aus der Fließbewegung gewinnen. Soweit der Fluß schleicht oder strömt, hat er eine *ausgeglättete Oberfläche*[21]. Jede irgendwie erzeugte örtliche Deformation der Flußoberfläche wird durch Angleichung der benachbarten Oberflächenteile des Wassers wieder ausgeglättet (H. Louis, 1966).

Anders ist es bei schießendem oder stürzendem Abfluß. Bei diesen kann ein solcher Ausgleich örtlicher Spiegelveränderungen nicht stattfinden, weil die Fließgeschwindigkeit des Wassers größer ist als die Fortpflanzungsgeschwindigkeit der Welle, mittels deren eine Wasseroberfläche Spiegelungleichheiten auszuglätten vermag. Es handelt sich hierbei um die Fortpflanzungsgeschwindigkeit der grundgängigen, sogenannten langen Wellen, deren halbe Wellenlänge größer ist als die Wassertiefe. Diese Fortpflanzungsgeschwindigkeit wächst mit der Wassertiefe. Wenn die Reibung keinen Einfluß hätte, so müßte diese Fortpflanzungsgeschwindigkeit eigentlich so groß werden, daß sie in tieferen Flüssen schießenden Abfluß unmöglich machen sollte. Tatsächlich ist aber das ortsfeste Verharren grundgängiger Wellen und damit schießender bzw. instabiler Abfluß (s. S. 217) auch in tieferen Flüssen an entsprechenden Stellen mit aller Deutlichkeit wahrzunehmen. Das ist Auswirkung der Reibung.

---

[21] Vgl. Fußnote 20, S. 264.

Schießende und stürzende Fließwasser sind hiernach durch beobachtbare, an der gleichen Stelle mit annähernd gleicher Gestalt konstant bleibende, bzw. sich dauernd erneuernde grobe Unregelmäßigkeiten der Wasseroberfläche gekennzeichnet. Sprunghaft ist die Spiegelhöhe unterhalb der Schwalle einer Stromschnelle niedriger als oberhalb. Der sogenannte *Wassersprung,* eine öfters zu beobachtende plötzliche *Erhöhung* des Wasserspiegels gegenüber dem Wellental der untersten ortsfest liegenden „langen" Welle einer talauf anschließenden Schnellenstrecke beim Übergang vom schießenden zum strömenden Abfluß, ist im Vergleich zu der kräftigen Gesamt*erniedrigung* des mittleren Flußspiegels auf der Schnellenstrecke nur eine eindrucksvolle Nebenerscheinung geringerer Größe. Sprunghaft hat also die potentielle Energie des Flusses in der Stromschnelle abgenommen. Unstetig ist somit die Abnahme der potentiellen Energie über das Längsprofil eines solchen Flusses verteilt und eine talab etwa eintretende Spiegeländerung, soweit sie nicht den Typus des Abflusses selbst ändert, übt im Gegensatz zu den beim ausgeglätteten Fluß waltenden Verhältnissen praktisch keine Wirkung auf die Spiegelgestaltung in der talaufwärts folgenden Flußstrecke aus. Auch bei ausgeglättetem Flußspiegel wechseln lokal Versteilungen und Verflachungen des Spiegelgefälles. Aber die Übergänge sind stetig und jede irgendwie eintretende örtliche Spiegeländerung wirkt sich augenblicklich durch Ausgleich der Spiegeloberfläche und damit durch Korrelierung des Energieumsatzes mit der Entfernung abklingend auf die oberhalb und unterhalb gelegenen Flußstrecken aus, unter Umständen bis in erhebliche Ferne. Der Fluß mit *ausgeglättetem* Spiegel bzw. Längsprofil, oder wie wir sagen, der Fluß im *Ausglättungszustand* bzw. im *Ausglättungsprofil,* bildet daher *ein einheitlich abgestimmtes Wirkungsgefüge,* der unausgeglättete Fluß dagegen nicht.

Es muß aber hinzugefügt werden, daß es sogar einen Typus unausgeglätteter Flußoberfläche gibt, bei dem der Fluß augenscheinlich noch als ein einheitlich abgestimmtes Wirkungsgefüge anzusehen ist. Man kann ihn als den Zustand des *geordneten Schießens,* bzw. geordneter Spiegeldeformationen bezeichnen. Bei ihm sind ortsfeste Spiegeldeformationen von nahezu gleicher Größe und Gestalt in systematischer Anordnung nebeneinander und hintereinander über einen bestimmten Abschnitt einer Flußoberfläche verteilt. Ohne Zweifel bildet auch ein derartiges System von Spiegeldeformationen noch ein fein abgestimmtes, in gegenseitiger Abhängigkeit befindliches, einheitliches Wirkungsgefüge. Deswegen wird man auch in diesem Falle noch von einer Ausgeglichenheit der Flußkurve sprechen müssen. Selbstverständlich ist ein derartig schießender Abfluß mit kräftiger Tiefenerosion des Flusses verbunden.

Ausgeglichenheit der Flußkurve reicht hiernach in Wahrheit viel weiter, als die Vorstellung von einem Gleichgewichtszustand der Flüsse annehmen zu müssen glaubte. Sie reicht bis in Gebiete, in denen der Fluß sicher noch recht kräftige Tiefenerosion leistet.

Erst wo ortsfeste Spiegeldeformationen unregelmäßig über die ganze Flußoberfläche verteilt sind, wo also *ungeordnetes Schießen* herrscht, verläuft das Flußgeschehen der betreffenden Strecken praktisch ohne Beeinflussung durch das jeweils unterhalb ablaufende Geschehen. Erst in diesem Falle ist die Flußkurve wirklich unausgeglichen.

Jedermann weiß, daß auch in ruhig strömenden Flüssen örtlich Riffe oder Schnellen auftreten können. Sofern seitlich von diesen der ausgeglättete Spiegelzusammenhang des Gerinnes durchgehend gewahrt bleibt, darf man auch in diesem Falle von einem Ausglättungsprofil sprechen. Erst wo der ausgeglättete Spiegelzusammenhang durch die Schnellen quer über den *ganzen* Fluß hin, und zwar unregelmäßig bzw. ungeordnet, unterbrochen wird, ist das Längsprofil unausgeglichen.

Gleichgewichtsprofil und *Ausglättungsprofil* sind also durchaus *nicht identisch.* Die Definition des Ausglättungsprofils nimmt nicht an, daß sich der Fluß, wenn er Ausglättung erreicht, im Gleichgewicht von Materialzufuhr und -abtransport befindet. Sicher ist aber, daß *die Flüsse ein Ausglättungsprofil tatsächlich anstreben,* während der Hettnersche „*Gleichgewichtszustand"* von den Flüssen wohl nur an einzelnen Punkten, nämlich oberhalb von Stellen definitiver Akkumulation de facto erreicht wird. *Doch auf größere Strecken hin oder gar im ganzen wird der Hettnersche Gleichgewichtszustand von den Flüssen streng genommen nicht einmal angestrebt.*

Eine Folge des Hinarbeitens der Flüsse auf einen Gefällsausgleich und des Rückschreitens der Erosion ist bei ausgeglichenen Gefällsverhältnissen *die Gleichsohligkeit der Talmündungen.* Genau genommen gründet sie sich darauf, daß die *Flußspiegel von Haupt- und Nebenfluß* in diesem Falle *mit ausgeglätteter Oberfläche* ineinander übergehen. Hierbei hat, wie namentlich H. Baulig (1926) hervorhob, der Übergang vom einen zum anderen *nicht* die Gestalt eines allmählichen asymptotischen Anschmiegens, sondern der schwächere Fluß, der zur Durchfrachtung seiner Last ein steileres Gefälle braucht als der überlegene, behält dies steilere Gefälle bis zuletzt bei, um dann mit seinem Spiegel glatt in den Hauptfluß überzugehen.

Diese Klärung ermöglicht folgende weitere Einsichten:

Regeln der Weiterentwicklung des Längsprofils von Flüssen im Ausglättungszustand

Wenn ein Fluß sein Gefälle ausgeglichen, d. h. ein Ausglättungsprofil erreicht hat, und wenn Komplikationen durch Gesteinsbeschaffenheit, Klima, Schotterführung einmündender Nebenflüsse, Krustenbewegungen u. ä. zunächst als nicht bestehend gedacht werden, wenn also die Wassermenge flußab zunimmt, die Korngröße der Fracht aber abnimmt, so ist verständlich, daß diese Kurve nach abwärts stetig flacher wird. Sie muß also nach oben konkav sein. In der weiteren Entwicklung müssen dann alle späteren Stadien der Gefällskurve dieses selben Flusses die gleichen Bedingungen erfüllen. Da der Fußpunkt aller dieser Kurven im Meeresspiegel gemeinsam ist, so können zwei derartige Kurven zueinander grundsätzlich nur zwei verschiedene Stellungen einnehmen. Entweder der Abstand beider Kurven vergrößert sich vom Fußpunkt aus kontinuierlich bis zum Anfangspunkt und erreicht dort sein Maximum. Oder aber er erreicht zwischen Fuß- und Anfangspunkt ein Maximum, um weiterhin flußauf wieder abzunehmen

(Fig. 57). Mehrere Maxima des Abstandes beider Kurven sind unmöglich[22]. Daraus ist zu folgern:

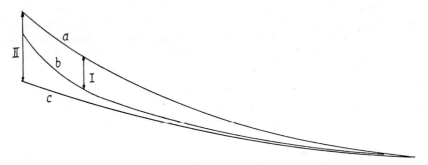

Fig. 57. Schema der ungestörten Weiterentwicklung eines Fluß-Längsprofils im Ausglättungszustand unter der Voraussetzung homogenen Gesteins und einer flußab nicht abnehmenden Wassermenge.

Auf die ausgeglättete Längsprofilkurve a können nur ausgeglättete Kurven der beiden Typen b und c folgen. Zwischen a und b besteht zwischen Anfangs- und Endpunkt beider Kurven ein und nur ein Maximum ihres Vertikalabstandes (bei I). Zwischen a und c ist ebenfalls nur ein Maximum des Vertikalabstandes beider Kurven vorhanden. Aber es ist bis zum Anfangspunkt beider Kurven aufwärts gerückt (bei II).

Wenn Flüsse ausgeglättetes Gefälle erlangt haben, so ist damit notwendig eine solche Regelung der von ihnen weiterhin zu leistenden Tiefenerosionsbeträge gegeben, daß diese vom Fußpunkt der Flußkurve von Null bis zu einem und nur einem Maximalbetrag zunehmen, um dann gegen den Anfangspunkt der Kurve allmählich wieder geringer zu werden. Wegen des Gesetzes vom Rückschreiten der Erosion bzw. der Gefällssteilen muß der Ort der maximalen Tiefenerosionsbeträge, d. h. der Ort des maximalen Abstandes beider Flußkurven allmählich flußauf wandern, bis er sich letztlich dem Anfangspunkt der Kurve nähert. *Akkumulation und selbst Aufhören der Tiefenerosion kann es hiernach bei Flüssen im Ausglättungszustand oberhalb des Mündungsgebietes streng genommen nicht geben*, ohne daß Komplikationen vorliegen.

Diese Gesetzmäßigkeit behält ihre Gültigkeit im allgemeinen auch dann, wenn das Ausglättungsgefälle die der Natur der Sache nach normalen Unregelmäßigkeiten, nämlich örtliche Gefällssteilen, aufweist (Fig. 58). Überdurchschnittlich resistentes Gestein des Untergrundes z. B. bewirkt auch im Ausglättungsprofil eine örtliche Gefällssteile, weil dauernd mehr Reibung aufgewandt werden muß, um hier mit dem allgemeinen Tieferschneiden der Flußkurve Schritt zu halten. Die Gefällssteile wird deswegen, freilich nach und nach schwächer werdend, über diesem Gestein bestehen bleiben, solange bis überhaupt jegliche Tiefenerosion aufhört. Entsprechende Verhältnisse sind auch da anzunehmen, wo etwa eine Ge-

---

[22] K. Hormann ist in seinen Deduktionen (1965) noch über diese Überlegungen hinausgegangen, indem er die Eintiefungs*geschwindigkeit* der Flüsse diskutiert. Wir ziehen es wegen der Unsicherheit, diese Größe auch nur annähernd bestimmen zu können, vor, uns auf dasjenige zu beschränken, was man durch Erörterung der in jedem Falle unmittelbar abschätzbaren Eintiefungs*beträge* aussagen kann.

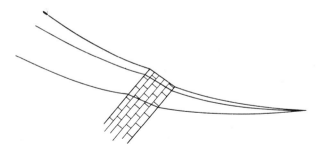

Fig. 58. Schema der Entwicklung einer gesteinsbedingten Gefällssteile im Längsprofil eines im Ausglättungszustand befindlichen Flusses.
Die Gefällssteile im Längsprofil bleibt, wenn auch in stetig abgeschwächtem Maße, bestehen, solange
überhaupt noch eine Tieferlegung des Flußbetts durch Abtragung erfolgt.

fällsversteilung des Flusses im Ausglättungsprofil durch die Einbringung
reichlichen und groben Schotters von seiten eines Nebenflusses hervorgerufen
wird. Auch eine solche Unregelmäßigkeit muß, sich langsam abschwächend, bestehen bleiben, solange gröbere Fracht seitlich zugeführt und durchtransportiert
wird bzw. überhaupt noch Tiefenerosion wirksam ist.

*Die ausgeglättete Gefällskurve selbst muß also keineswegs flußab ununterbrochen
nur flacher werden.* Es gibt mäßige Gefällsversteilungen, daher auch von Ort zu
Ort mäßig wechselnden Aufwand an Energie. Aber Sprünge im Gefälle sind ihr
fremd. Eine stetige Abnahme flußabwärts zeigen dagegen im Ausglättungszustand die Tiefenerosionsbeträge. Der Transport der Lockermassen wird überall
bewältigt. Sein Maximum liegt am Fußende der Kurve. Denn durch jeden tieferen
Flußquerschnitt muß mehr hindurchgefrachtet werden als durch jeden oberhalb
gelegenen. Freilich ist im oberen Laufgebiet, wo die Fracht gröber ist, größere
Kraftentfaltung (größere Kompetenz) des Flusses nötig, um überhaupt wirksame
Transportarbeit zu leisten.

Der Endpunkt einer Flußkurve am Meere oder auch an Seen darf, abgesehen
von etwaigen Spiegeländerungen, in Wirklichkeit nur dann als fest angesehen
werden, wenn die vom Flusse mitgeführten Alluvionen im stehenden Gewässer,
z. B. durch Küstenversetzung oder Küstenströmungen im Meer, dauernd sofort
weiterverfrachtet werden. In allen anderen Fällen tritt in der Nähe des Mündungs-
punktes Akkumulation ein, der Aufbau eines Schwemmkegels. Hierbei ergibt sich
örtlich eine gewisse Verlängerung und Emporhebung der Flußkurve durch das
Anwachsen und Emporwachsen der Alluvionen. In den späten Stadien einer gedachten vollständigen Entwicklung bis zum Endziel der Abtragung müßten aber
diese Alluvionen schließlich wieder zerschnitten und beseitigt werden. Im
Hinblick auf die Gesamtentwicklung der Flußgefällskurve bedeutet dies nur eine
örtliche Komplikation, nicht eine grundsätzliche Abwandlung.

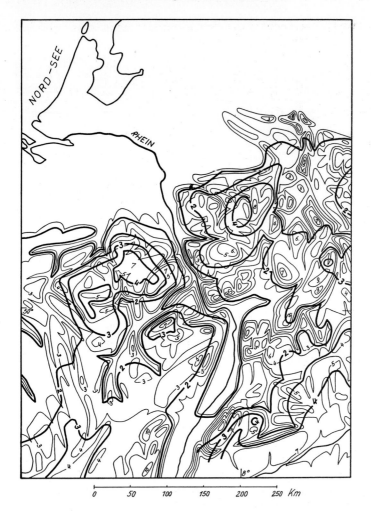

Fig. 59. Der Reliefsockel der Mitteldeutschen Gebirgsschwelle im Gebiet des Rheindurchbruchs.
Maßstab 1:5 Mill.

Dünne Linien und dünne Zahlen: Gewöhnliche Höhenlinien von 100 zu 100 m und ihre Wertzahlen in Hunderten von m. Dicke Linien und dicke Zahlen: Höhenlinien des Reliefsockels von 100 zu 100 m und ihre Wertzahlen in Hunderten von m.

Der im Vergleich zum Kongo bescheidene Rhein liegt in 500 km Entfernung von der Küste in nur 100 m Meereshöhe. Obwohl 700 bis 800 m hohe Aufragungen nur 200 bis 300 km von der Küste entfernt und nur etwa 30 km vom Rhein entfernt vorkommen, steigt der *Reliefsockel*, d. h. die von unten an die Talgründe von weniger als 10‰ Neigung gelegt gedachte Tangentialfläche nirgends nennenswert über 400 m Meereshöhe. Sie liegt weithin 300 bis 400 m, in Vogesen und Schwarzwald bis zu 1000 m *unter* der Geländehöhe. Das *Zertalungsrelief*, das *Skulpturrelief* besitzt also *große Mächtigkeit*. Der Reliefsockel bleibt verhältnismäßig niedrig.

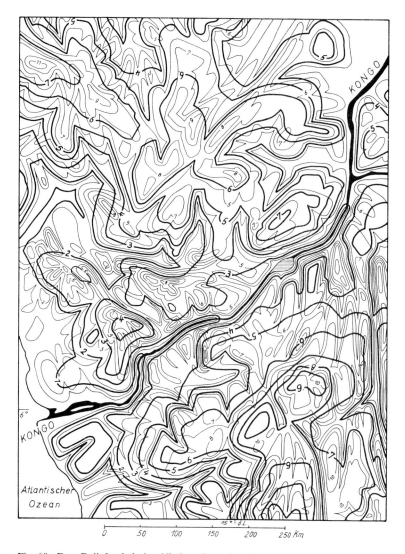

Fig. 60. Der Reliefsockel der Niederguineaschwelle im Bereich des Kongodurchbruchs. Maßstab 1:5 Mill.

Bedeutung der Linien und Zahlen wie in Fig. 59.

Der gewaltige Kongo liegt in 500 km Entfernung von der Küste fast 300 m hoch, obwohl die den Fluß begleitenden Erhebungen nicht nennenswert höher sind als die des Rheinischen Schiefergebirges. Der Kongo ist also weniger stark eingeschnitten als der Rhein. Der *Reliefsockel,* d. h. die von unten an die Talgründe von weniger als 10‰ Neigung gelegt gedachte Tangentialfläche, erhebt sich in einiger Entfernung vom Kongo auf 600, 800, ja auf über 1000 m, und zwar in nur 300 km Küstenabstand. Er liegt nur in der Nähe des Kongo stellenweise mehr als 300 m unter der Geländehöhe. Meist hält er sich sonst um 200 m unter der Geländehöhe. Das *Zertalungsrelief,* das *Skulpturrelief* besitzt also in der Niederguineaschwelle *geringere Mächtigkeit* als in der Mitteldeutschen Gebirgsschwelle. Der Reliefsockel steigt verhältnismäßig hoch empor.

5. Gesamtrichtung der fluvialen Abtragung.
Endrumpffläche im Meeresniveau und Abtragungsflachland unabhängig vom Meeresniveau

Die Deduktionen über den Ausgleich des Längsprofils der Täler und über die Weiterentwicklung zu immer flacher werdenden Gefällskurven sind schon von Powell (1876) zu Schlüssen über das Endziel der Abtragung benutzt worden. Es wird nach Davis (1899) in einer *Abtragungsebene (plain of erosion), Endrumpffläche* (W. Penck, 1924) erreicht, die fast bis zum Meeresniveau erniedrigt ist. Die *Fastebene* oder *Rumpffläche (Peneplain)* mit flachwelliger Oberfläche aus breiten, leicht konvexen Zwischentalscheiden zwischen den sehr weiten Talböden stellt ein ebenfalls tiefliegendes Vorstadium dar. Eine von A. Penck (1919) und W. Penck erdachte Variante der Grundidee besagt, daß in Gebieten langdauernder, aber sehr schwacher Landhebung von Anfang an ein flaches Abtragungsrelief in geringer Meereshöhe gebildet werden könne (*Primärrumpf,* W. Penck, 1924). Diese Deduktionen dürften an sich logisch überzeugend sein. Nur ist zu kritisieren, daß sie, wie lange Zeit geschehen, für die Entstehung sehr flacher Abtragungslandschaften als *allgemeingültig* angesehen worden sind.

Es wurde aber gezeigt (S. 242 f.), daß der Typus der Talformen direkt und indirekt zugleich wesentlich von den Klimagegebenheiten abhängt. Und zwar gilt dies nicht nur für die Gestaltung der Querprofile, sondern auch für die Längsprofile der Täler.

Besonders in den vollhumiden Klimagebieten gibt es tief durchtalte Landblöcke. Ihre Täler haben steiles Anfangsgefälle, doch das Längsgefälle verringert sich nach abwärts stark. Wenn man denjenigen Teil des Reliefs, welcher von der Zertalung noch nicht angeschnitten ist, der nämlich unterhalb einer von unten an die Tiefenlinien der größeren (unter 10‰ geneigten) Täler gelegenen Tangentialfläche zu denken ist, als *Reliefsockel* bezeichnet, so haben *die tief durchtalten Landschaften der vollhumiden Klimate einen wenig hoch aufragenden Reliefsockel* (Fig. 59 s. S. 272, H. Louis, 1957 b)[23].

---

[23] Die gedachte Tangentialfläche ist hierbei zwischen den größeren Talzügen unter dem Bereich etwas steiler ansteigender Nebentäler stets mit der maximalen Neigung von 10‰ fortgesetzt anzunehmen, bis sie nach aufwärts mit entgegengesetzt geböschten Teilen dieser Fläche zusammentrifft.
  Ich bin freundlich darauf hingewiesen worden, daß die Ausdrücke Gebirgsbasis, Unterbau, Sockel bereits von der alten Orometrie-Lehre benutzt und mit bestimmter Bedeutung angewandt worden seien (vgl. z. B. Herm. Wagner, Lehrb. d. Geogr., Buch II, S. 434 ff., Hannover 1922). Diese Begriffe sind jedoch damals aus der Zielsetzung einer die Formen absichtlich schematisierenden, bzw. vereinfachenden *Mittelwertsmorphographie* erwachsen und sind dem angepaßt. Sie haben außer beschränkten Anwendungsmöglichkeiten bei der angenäherten Gestalt-, Volumen- und Massenbestimmung von Gebirgskörpern bisher keine weiterreichenden wissenschaftlichen Ergebnisse hervorgebracht. Das dürfte vor allem darauf zurückzuführen sein, daß bei der Anwendung dieser Begriffe stets ein erheblicher Ermessensspielraum hinsichtlich gewisser Anfangsfestsetzungen bleibt.
  Der bewußt sprachlich abweichende Begriff *Reliefsockel* bzw. *Oberfläche des Reliefsockels* knüpft *nicht* an diese alten Begriffe der Orometrie an. Er geht vielmehr von *geomorphologischen Überlegungen* aus. Er ist auf jedes Relief anwendbar und in seiner Gestalt beliebig genau bestimm-

Die extrem flachen Täler insbesondere der wechselfeuchten Tropen, aber auch viele Täler in den Trockenklimaten schneiden dagegen nur wenig in den Landblock ein, auf dem sie entwickelt sind, selbst wenn dieser große Meereshöhe besitzt. Diese Täler haben im oberen Teil meist geringeres, weiter abwärts aber größeres Längsgefälle als entsprechend große Täler der vollhumiden Klimabereiche. Unter den extrem flachen Tälern der wechselfeuchten Tropen und vielen Tälern der Trockenklimate ragt deswegen der Reliefsockel bei sonst gleichen Bedingungen weit *höher und geschlossener empor* (Fig. 60 s. S. 273) als unter Tälern in den vollhumiden Bereichen. In den wechselfeuchten Tropen und in Trockenklimaten können sich daher flache Abtragungsreliefs im Zuge der Wirksamkeit von Flüssen, auch von solchen, die das Meer erreichen, bereits in bedeutender Höhe über dem Meeresspiegel entwickeln, d. h. auf wesentlich andere Weise als nach der Theorie der Endrumpfflächenbildung.

Es gibt so für die Ausbildung von Abtragungsreliefs bei völlig ungestörter Abtragung eines Landblocks wegen der klimatisch bedingten Variabilität des Zusammenspiels der Böschungsabtragung mit der dominierenden Linearerosion der Flüsse keineswegs nur die in der Davis'schen Deduktion und ihren Varianten (S. 242) ins Auge gefaßte Möglichkeit einer extrem langfristigen Formenentwicklung hin zum Endrumpf im Meeresniveau. Solche Entwicklung dürfte sogar wegen der benötigten extrem langen Dauer in Wirklichkeit nie bis zu dem gedachten Ziel angedauert haben. Dagegen ist in den wechselfeuchten Tropen und in Trockengebieten die Formenentwicklung auf ein frühzeitig und in erheblicher, ja bedeutender Meereshöhe erreichtes flaches Abtragungsrelief hin an vielen Orten zu beobachten.

E. Klimatische Typen des fluvialen Reliefs, besonders des fluvialen Abtragungsreliefs

1. Vorbemerkung

Fluvial geprägtes Relief besteht, wie gezeigt wurde, aus dominierenden Tiefenlinien mit im wesentlichen gleichsinnigem Gefälle und aus Böschungen, die sich zu diesen Tiefenlinien hin abdachen. Dies Relief nimmt sicherlich die bei weitem ausgedehntesten Areale des Festlandes ein. Zum allergrößten Teil handelt es sich dabei um Abtragungsrelief. Denn die Gebiete definitiver Ablagerung befinden sich für die humiden Bereiche des Fluvialreliefs ganz überwiegend erst im Meer. Festländische Ablagerungsgebiete, wie sie den ariden Bereichen des Fluvialreliefs eigen sind, werden großenteils gar nicht von fluvialen, sondern von lakustren oder äolischen Oberflächenformen beherrscht.

---

bar, sofern eine ausreichende topographischc Aufnahme des Reliefs vorliegt. Er vermeidet jede Art von Mittelwertbildung und läßt dem Bearbeiter keinen Ermessensspielraum. Er benutzt nur einen einzigen, und zwar immer den gleichen, der geomorphologischen Erfahrung entlehnten Parameter und besitzt damit in jedem Falle eine vollständig bestimmte, und nur dem betreffenden Relief eigene räumliche Gestalt.

Innerhalb des fluvialen Abtragungsreliefs decken die dominierenden Tiefen-linien selbst, also die Talgründe, d. h. die im engeren Sinne fluvialen Merkmale, einen verhältnismäßig kleinen Anteil des Gesamtareals. Sie variieren dabei, wie gezeigt wurde, zwischen den verschiedenen Typen des Kerb-, des Mulden- und des Sohlentalgrundes. Den bei weitem größeren Flächenanteil nehmen die Ab-tragungsböschungen ein, die zu jenen Tiefenlinien nach abwärts führen. Die Ab-tragungsböschungen bieten sich hierbei mit einer großen Mannigfaltigkeit von Formunterschieden dar. Insgesamt ergeben sich daraus sehr verschiedenartige Typen des fluvialen Abtragungsreliefs.

Als maßgebend für die auftretenden Unterschiede haben sich sowohl für die Talgründe als auch für die Abtragungsböschungen herausgestellt, erstens das zur Verfügung stehende Gefälle, zweitens die Beschaffenheit der zugrundeliegenden Gesteine und drittens die Klimabedingungen, unter denen die Abtragung arbeitet. Weiter hat sich ergeben, daß die Effektivität eines Gefälles in bezug auf die Ab-tragung und ebenso auch die Abtragungsresistenz der Gesteine ihrerseits wiederum von klimatischen Faktoren abhängen. Danach erscheint es zweck-mäßig, eine Unterscheidung von Typen des fluvialen Abtragungsreliefs in erster Linie auf Grund der klimatischen Verhältnisse vorzunehmen.

Wie früher dargelegt wurde (Kap. II D 2, S. 57 ff.), stehen sich auf der Erde als strukturelle Hauptrelieftypen die großen Kettenreliefgürtel und die kontinentalen Flachlandräume gegenüber. In den erstgenannten wird das Relief besonders stark durch das Auf und Ab örtlich stark differenzierter Krustenbewegungen beein-flußt. In ihnen ordnen sich die Abtragungs- und Aufschüttungsvorgänge weit-gehend den Gegebenheiten unter, die die Krustenbewegungen schufen. Hier wechseln auch wegen der großen Höhendifferenzen die klimatischen Bedingun-gen der Gesteinsaufbereitung und Böschungsabtragung oft auf kurze Entfernung. Daher ist zu erwarten, daß die klimatischen Typen des fluvialen Abtragungsreliefs in den Kettenreliefgürteln weniger deutlich entgegentreten als in den kontinen-talen Flachlandräumen. In diesen vermag sich bei weniger lebhaften Krusten-bewegungen und großräumig einheitlichen Klimagegebenheiten der klimatische Typus eines Abtragungsreliefs klarer zu entfalten. Daher werden als Beispiele hierfür vorzugsweise Gebiete der kontinentalen Flachlandräume heranzuziehen sein.

Die Kenntnis der klimageomorphologischen Differenzierungen des fluvialen Abtragungsreliefs steht noch in den Anfängen. Deswegen sind Unvollkommen-heiten und Einseitigkeiten bei ihrer Behandlung kaum zu vermeiden. An zusammenfassenden Versuchen über den Gegenstand stehen vor allem die Arbeiten von J. Büdel (1948 bzw. 1950 u. ff.) zur Verfügung. Wertvolle Hinweise enthält auch das Werk von H. Wilhelmy über den Formenschatz der Massen-gesteine im System der klimatischen Geomorphologie (1958), ferner C. A. Cotton (1947), H. Baulig (1952), J. Tricart (1952, 1965), P. Birot (1960), J. P. Bakker u. Th. W. M. Levelt (1965).

2. Fluviales Relief der subpolaren bzw. subnivalen Gebiete

In den subpolaren bzw. subnivalen Gebieten, d. h. im Raum zwischen den mit Gletschern oder Firn bedeckten Flächen einerseits und der polaren bzw. der oberen natürlichen Waldgrenze andererseits, herrschen sehr leistungsfähige Abtragungsvorgänge. Hier erfolgt eine Denudation aller Böschungen durch Gelisolifluktion bis hinab zu Neigungswinkeln von nur noch 2° bis 3°. Sie wird in der Schneeschmelzzeit auch durch Flächenspülung unterstützt. Auf Böschungen von mehr als etwa 15° Neigung kommt außerdem als intensive initiale Linearerosion eine sehr kräftige Hangzerschneidung durch Runsen hinzu.

Diese Abtragungsböschungen enden nach aufwärts, sofern nicht heutige oder einstige Gletscher dort die Formung bestimmt haben, (s. Kap. III H) mit durch Solifluktion zugerundeten Talscheiden bzw. Höhen, nach abwärts an Kerbtalgründen, Muldentalgründen oder Sohlentalgründen. Je nach den Höhenunterschieden arbeiten sich scharfe Kerbschluchten oder dellenartige Muldentäler in die Hochgebirge ein, entwickeln aber talab, ähnlich wie die Torrenten der wechselfeuchten Subtropen und Mittelbreiten, eine riesig breite Schottersohle (Bild 14, 21). Im Winter, wenn alles gefroren ist, liegt sie tot da. Aber in der Schneeschmelzzeit rauschen gewaltige Hochwasser herab und erfüllen die Schottersohle in voller Breite. Ohne Zweifel wird auch diese Schottersohle ähnlich wie die Sohle der Torrenten in voller Breite durch Korrasion seitens des transportierten Schutts tiefer gelegt. Nach den Forschungen von J. Büdel (1962) in SE-Spitzbergen bildet sich im Fels auch unter den Gerinnebetten *Klufteis (Taber-Eis)*. Auf Grund dieses *Eisrinden-Effekts* lockert sich der Gesteinsverband und ermöglicht so den Flüssen starke Tiefenerosion. Büdel spricht von *exzessiver Talbildung*. Zu erhoffen ist noch weitere Klärung über die Verbreitung dieser Eisrinde. Sie scheint jedenfalls im Bereich von Dauergefrornis sehr allgemein vorzukommen.

Nach Bildern aus Novaya Zemlya und von der Bäreninsel scheinen auch in Flachlandschaften der Subarktis, in denen auf den sanften Hängen Solifluktionsdecken die Oberflächen beherrschen, die Täler den Typus eingetiefter Sohlenkerbtäler zu haben. Zu ihnen ziehen die Böschungen mit flachkonvexem Hangprofil hinunter. Hieraus ist zu entnehmen, daß auch in den Flachlandschaften der Frostschuttzone die mit gewaltigen Kollermassen ausgerüsteten und stoßweise zum Abfluß kommenden Flüsse in der Lage sind, den Fels des Untergrundes anzuschneiden, der zuvor durch Klufteisbildung aufbereitet wurde. Die genannte Abtragung muß unter solchen Verhältnissen stark sein. Weitere Untersuchungen hierüber wären sehr zu wünschen.

Durch die beschriebenen Vorgänge wird offenbar eine Einebnung des Landes angestrebt. Troll (1948/49) hat vom *Solifluktionsrumpf* gesprochen. Tricart (1954) von *Pénéplaine périglaciaire*. Nach den bisher vorliegenden Beobachtungen müßte eine solche Solifluktionsrumpffläche bis in sehr späte Entwicklungsstadien hinein noch Täler haben, die, auch wenn sie wenig eingeschnitten sind, den Typus der Sohlenkerbtäler mit breiter Schottersohle repräsentieren. Außerdem müßte das Gefälle dieser Täler, durch welche stoßweise ansehnliche Schotterlasten abgefrachtet werden, noch groß sein. Hierdurch würde sich eine solche Solifluktionsrumpffläche, auch wenn ihre Höhenunterschiede nur mehr gering sind, wesentlich von der Endrumpffläche des Davisschen Zyklus unterscheiden. In allen Hochgebirgen der Erde gibt es eine Frostschuttzone. In dieser sind überall Denudationserscheinungen zu beobachten, die mit denen der Subarktis verwandt sind. So dürften nach Troll (1948/49) die weiten flachwelligen Berglandschaften Tibets Annäherungen an den subnivalen Solifluktionsrumpf darstellen.

Auf allen merklich geneigten Böschungen sind mehr oder weniger deutlich die Erscheinungen der Makrosolifluktion, auf den annähernd horizontalen die der Mikrosolifluktion (vgl. S. 162) und bei Dauergefrornis auch Frostspalten und Eiskeile entwickelt.

In Flußniederungen hält bei Dauergefrornis die starke Durchtränkung der obersten Verwitterungsdecke während der ganzen wärmeren Jahreszeit an, weil keine Möglichkeit des Versickerns besteht. Die Flüsse verursachen, besonders wenn sie polwärts fließen, mit der von niederen zu höheren Breiten vorschreitenden Schneeschmelze riesige Überschwemmungen. Während des Frühwinters bildet sich zwischen dem Untergrundeis und dem neu entstandenen Oberflächeneis des Bodens eine Grundwasserschicht, die durch die Volumenvergrößerung des nach und nach zunehmenden Oberflächeneises unter Druck gesetzt wird. Dies führt zur Auspressung des Grundwassers an Rissen des Oberflächeneises und zum Gefrieren des ausgetretenen Grundwassers in den *Aufeisbildungen (Naledj)*.

3. Fluviales Relief in den Waldgebieten der Mittelbreiten

Die natürlichen Waldgebiete der humiden Mittelbreiten sind während der pleistozänen Kaltzeiten größtenteils waldfrei gewesen. Damals wurde die Böschungsabtragung in ihnen von Gelisolifluktion in ihren verschiedenen Ausprägungen beherrscht. Seit dem holozänen Einzug des Waldes hat diese Art der Denudation unterhalb der oberen Waldgrenze im wesentlichen aufgehört. Soweit das Waldkleid ähnlich dicht erhalten geblieben ist, wie es vor dem Eingreifen des Menschen bestanden hat, beschränkt sich die Böschungsabtragung hier auf geringe Versatzdenudation und Oberflächenabspülung.

Trotz des Waldkleides gibt es infolge von Gefrieren und Wiederauftauen, von Durchfeuchtung und Wiederaustrocknung des Oberbodens, durch Wurzeldruck sowie durch geringe oberflächliche Abspülung und leichte Hangfurchung nach Dauerregen oder Starkregen auch in diesen Gebieten an schrägen und selbst noch an flachen Böschungen eine geringe Abtragung innerhalb der obersten Verwitterungsdecke. Entsprechend stärker sind diese Vorgänge naturgemäß an steilen Böschungen. Wesentlich verstärkt treten sie auch an allen Böschungen auf, an denen das schützende Waldkleid durch den Menschen entfernt wurde, und an denen die Oberfläche jahreszeitlich oder dauernd unbedeckt daliegt (vgl. Kap. III M, 7, S. 607 ff.).

Nur in steilem Relief nehmen auch in diesen Gebieten die Ursprünge von Hangfurchen die Form steiler, sei es annähernd glatter oder stärker zerkerbter

Hangtrichter an. Nur in solchen Fällen sind die Wasserscheiden zuweilen zugeschärft. Im allgemeinen überwiegen aber sanfte Tal-Ursprungsmulden. Für diese gibt es im Volksmunde eigene Namen (*Delle, Tilke* = Tälchen, Bild 29). Sie enthalten gewöhnlich keinen Bach. Dieser beginnt erst einige hundert Meter von der Wasserscheide entfernt am *Kerbensprung* (H. Kellersohn, 1952, auch *Tilkensprung*, G. Stratil-Sauer, 1931), wo eine Kerbe plötzlich ein bis einige Meter tief in den sanften Muldengrund eingeschnitten ist. Wenn Aufschlüsse vorhanden sind, ist zu erkennen, daß an den Hängen und im Grunde dieser Ursprungsmulden, ebenso auf den flachen Böschungen an den Wasserscheiden, oft auch an steileren Hängen der Täler, eine Dezimeter, manchmal bis einige Meter mächtige Decke von *Wanderschutt* ausgebildet ist (Fig. 36). Sie besteht aus einem Gemenge von Feinmaterial bis gröberen Gesteinsfragmenten, das gemäß der Hangneigung schlierenförmige Struktur und eine Einregelung der gröberen Fragmente, aufweist, also am Hange abwärts gewandert ist. Manchmal sieht man Gesteinsschichten des Hanges mit *Hakenschlagen* in den Wanderschutt übergehen (Bild 24).

In diesen Erscheinungen liegen Reste von pleistozän-kaltzeitlichen Solifluktionsdecken vor, die dort von den Abtragungsvorgängen der geologischen Gegenwart noch nicht beseitigt worden sind. Sie bilden Vorzeitformen im Sinne von S. Passarge (1920, S. 99).

Unterhalb des Kerbensprungs bzw. Tilkensprungs beginnt gewöhnlich, z. B. in den Mittelgebirgen Mitteleuropas eine Talstrecke mit Kerbgrund, also ein Kerbtal. Nur bei besonders steilem Relief gehen Kerbtalgründe talaufwärts ohne Zwischenschaltung eines Abschnitts mit Muldengrund in steile Hangfurchen über.

Nach abwärts entwickelt sich aus dem Kerbtalgrund früher oder später ein Sohlentalgrund. Damit deutet sich an, daß von dort an in der Regel auf Grund von flußab eintretender Gefällsminderung das Gerinne nicht mehr überwiegend in die Tiefe, sondern mehr und mehr auch nach seinen Seiten hin erodiert (Bild 30).

Bald unterhalb des Erscheinens eines Sohlentalgrundes pflegen sich außerdem Formen einzustellen, die ähnlich wie die Reste von Solifluktionsdecken an den Talflanken nun auch in den Talgründen zum größten Teil als Folgen der Klimaänderungen zwischen den pleistozänen Kaltzeiten und Warmzeiten bzw. der gegenwärtigen Epoche anzusehen sind. Fast alle mittleren und größeren Täler Mitteleuropas bergen *Talterrassen*, d. h. sie enthalten Reste einstiger höherer Talböden, in die der heutige Fluß sich seit ihrer Bildung mehr oder weniger tief eingeschnitten hat. Die bei Hochwasser überfluteten *Hochwasserböden*, in die das Mittel- und Niedrigwasserbett eingeschnitten ist, und die manchmal als „*Hochwasserterrassen*" bezeichnet werden, rechnen wir hierbei, da sie Formen des gegenwärtigen Flußbets sind, nicht zu den Talterrassen. Als Teilstücke einstiger Talsohlen werden die Terrassen durch Bedeckung mit altem Flußschotter ausgewiesen. Sie sind nahezu horizontal, treten in der Regel in alternierenden Resten längs des jüngeren Taleinschnitts auf und zeigen noch, falls nicht Krustenbewegungen Deformationen bewirkt haben, das gleichsinnige Gefälle des alten Talbodens (Bild 29).

Wenn durch natürliche oder künstliche Vermehrung der Wassermenge ohne gleichzeitige Mehrung der Schotterlast oder, was häufiger vorkommt, durch Minderung der Schotterlast bei gleichbleibendem Wasserabfluß (z. B. auch künstlich unterhalb von Stauwerken) die Transportfähigkeit eines Gerinnes nicht voll ausgelastet ist, so beginnt es einzuschneiden und zwar so lange, bis durch Ermäßigung des Gefälles und gleichzeitige Erhöhung der Schotterlast von den neu entstandenen Hängen her die Auslastung wieder erreicht ist. Die Voraussetzung dafür, daß bei solchem Geschehen eine Terrasse entsteht, ist dann gegeben, wenn das Gerinne vorher eine breitere Aufschüttungs- oder Seitenerosionssohle gehabt hat.

Der letztgenannte Fall hat sich, wie zuerst W. Soergel (1921) deutlich erkannte, infolge des *klimatischen Wechsels* zwischen Eiszeiten und Interglazialzeiten bzw. bedeutenderen Interstadialzeiten in Mitteleuropa zu wiederholten Malen ereignet. Die während des kaltzeitlichen Fehlens eines Waldkleides stark gesteigerte Denudation hat die Flüsse bei stoßweiser Wasserführung zwischen winterlicher Schrumpfung und sommerlichem Hochwasser zur Entwicklung gewaltiger Schottersohlentäler veranlaßt. Deren Schotter haben ältere Taleinschnitte aufgefüllt; hierbei greifen die Schotter infolge seitlicher Erosion während des Aufschüttens vielfach auch deckenartig über älteren Untergrund hinweg. Nachdem mit Übergang zu einer Warmzeit rein klimatisch und durch die Wiederbewaldung eine starke Minderung der Denudation eingetreten war, bei nicht vermindertem, vielleicht sogar vermehrtem Gesamtwasserabfluß, wurden jedesmal die vorher entstandenen Schottersohlen wieder zu Terrassen zerschnitten.

Diese Terrassen sind also durch Klimawechsel verursacht, und sie sind geradezu integrierende Bestandteile der Talformen in denjenigen Gebieten, für die die Klimaschwankungen des Eiszeitalters eben jenen entscheidenden Vegetationswechsel zwischen Wald und Tundra zur Folge hatten. Das sind vor allem die natürlichen Waldgebiete der höheren Mittelbreiten. Forschungen von Mensching (1951), Hövermann (1953) u. a. haben gezeigt, daß in Mitteleuropa die großen Rodungen des Mittelalters, also künstliche Entwaldungen, ferner die nachfolgenden Flußregulierungen, in Gestalt der *Auenlehmterrassen* nochmals die Entstehung ähnlicher Formen zur Folge hatten.

Zu den klimatisch beeinflußten Formelementen dieser Landschaften gehören auch, in Berg- und Flachland, *Talsohlen mäandrierender Flüsse*. Sie setzen eine ausdauernde, auch bei Niederwasser noch ansehnliche Wasserführung voraus und Weichland, d. h. Lockergesteine als Untergrund, wie sie in den Alluvialmassen der Talgründe, die eiszeitliche Verschüttung durchmachten, zur Verfügung stehen. Talsohlen mäandrierender Flüsse sind dagegen selten in Gebieten mit stoßweiser Wasserführung beiderseits der großen Trockengürtel und in den ausgesprochenen Monsunländern der Erde. Sie treten wieder stark hervor in den dauernd feuchten Tropen, wo ausreichende Wasserführung gewährleistet und der Gesteinsuntergrund tiefgehend zersetzt ist.

Die natürlichen Waldgebiete der Mittelbreiten, die während des Eiszeitalters jenen tiefgehenden Vegetationswechsel durchmachten, besitzen durch die starke Vorzeitbeeinflussung ihrer Talscheiden, Tal-Ursprünge und Talhänge sowie durch die klimabedingten Terrassen der mittleren und größeren Täler auch dort, wo unmittelbare Wirkungen von Gletschern und Gletscherschmelzwässern nicht vorliegen, eine deutliche Sonderausprägung des fluvialen Abtragungsreliefs.

4. Fluviales Relief in den Waldgebieten der Subtropen

Die Waldgebiete der Subtropen sind gegenüber denen der Mittelbreiten hinsichtlich der Abtragungsvorgänge vor allem in zwei Punkten merklich verschieden. Sie sind während des gesamten pleistozänen Eiszeitalters im wesentlichen waldbedeckt geblieben, und es spielen in ihnen wegen der im ganzen höheren Lufttemperaturen Starkregen und damit verstärkte Oberflächenabspülung und ruckartige Wasserführung der Flüsse eine viel größere Rolle als in den Waldländern der Mittelbreiten. Zu den natürlichen Waldgebieten der Subtropen gehören die europäischen Mittelmeerländer und die entsprechenden Bereiche an den Westseiten der Kontinente, sowie an deren Ostseiten die außertropischen, gut beregneten, aber nicht zu winterkalten Monsungebiete.

Infolge der verstärkten Oberflächenabspülung geht die Böschungsabtragung auch trotz Waldbedeckung ziemlich kräftig voran. Die Starkregen verursachen an den Böschungen nicht selten Materialverfrachtung in einem Zuge bis zum Talgrund hinab. Dadurch entstehen bevorzugt fast geradlinige Böschungsprofile, Hangverflachungen und Talleisten sind seltener als in den Mittelbreiten. Böschungsfurchen als Formen der initialen Linearerosion sind dagegen häufiger als in den polwärts benachbarten Regionen. Sie greifen öfter fast geradlinig oder mit Hangtrichtern bis zu den örtlichen Wasserscheiden hinauf. Diese werden dadurch weit mehr als in den Mittelbreiten zu schmalen Kämmen, ja zu Firsten auch im Walde (Bild 44, 45).

Diese Gestaltung kennzeichnet vor allem die Gebirge, aber auch das Hügelland. Sie herrscht auf steilen und schrägen Hängen. Flache Böschungen sind selbst im Walde seltener. Hier läßt sich vielfach an allmählich fortschreitender Zerfurchung solcher Böschungen ein Übergang zu steileren Formen erkennen.

Entsprechende Vorgänge treten sehr beschleunigt auf, wo der Mensch das Waldkleid beseitigt hat. Dort kommt es zur Abspülung oft der gesamten Verwitterungsdecke und zu intensiver Zerfurchung, Zerrachelung der Böschungen bis zur Bildung von Badlands. Dies ist bis in die jüngste Zeit in großem Umfang in den entsprechenden Gebieten eingetreten, wenn der Mensch unbedachte Rodungen oder Kulturmaßnahmen vollzogen hat. In den alten Kulturlandschaften etwa des Mittelmeergebietes haben durch solche Eingriffe des Menschen große Flächen ihre natürliche Verwitterungsdecke so gut wie vollständig verloren und durch Zerrachelung sogar ihren Oberflächencharakter tiefgehend verändert. (Bild 41).

Die Gerinne füllen sich in den Waldländern der Subtropen nach der dort mehr oder weniger regelmäßig entwickelten Trockenzeit und vor allem nach kräftigen Starkregen mit großen Wassermengen. Die kleineren werden zu starken *Torrenten,* die großen bekommen sehr starke Hochwasser und erlangen damit, auf kurze Zeit zusammengedrängt, eine gewaltige Leistungsfähigkeit zur Bewältigung von Massentransporten (H. Mortensen, 1927).

Die Folge davon ist, daß in den obersten Abschnitten der dominierenden Tiefenlinien meist ein Kerbtalgrund ausgebildet ist, daß aber verhältnismäßig bald ein Übergang zu breiten Schotterbetten eines Sohlentalgrundes stattfindet. In Hochwasserzeiten werden die höchstens wenige Meter über dem Niederwasserspiegel vegetationslos daliegenden Böden der Torrentebetten völlig vom Wasser überströmt, so daß die Täler in Wahrheit Kerbtäler mit sehr breitem Talgrund sind. Man kann sie *Sohlen-Kerbtäler* nennen. Die in der Trockenzeit tot daliegenden weiten Schotterfelder der Hochwasserböden[24] sind *nicht* Merkmale definitiver Akkumulation, sondern nur vorübergehenden, temporären Absatzes der Schotter. *Im allgemeinen stehen die Schotter der Torrentebetten in voller Breite in unablässigem, wenn auch stoßweisem Weitertransport* (Bild 43, 46).

Es gibt daher auch in den breiten Talgründen fast keine mäandrierenden Wiesengerinne und nur wenig hochwassersichere Talsohlen, was siedlungsgeographisch von Bedeutung ist.

Dem Formenschatz der subtropischen Winterregengebiete wesensverwandt ist auch der der außertropischen, reichlich beregneten und nicht zu winterkalten Monsunländer. In Japan z. B. wird das Relief durch den scharfen Gegensatz der Ebenen und der steilflankig aufragenden Gebirge beherrscht. Die letztgenannten werden von Kerbtälern so weitgehend zerschnitten, daß Flachformen in der Hochregion zu den Ausnahmen gehören. Selbst unter dichter Waldbedeckung tritt scharfe Zerfurchung der Hänge durch Runsenspülung ein (Bild 45). Schon tief im Gebirge entwickeln aber die steil eingeschnittenen Täler eine Talsohle, die gewöhnlich durch erhebliches Gefälle und durch ansehnliche, gegen den Talausgang sehr zunehmende Breite ausgezeichnet ist. Sie gleicht den Torrentebetten der Mittelmeerländer, auch durch die riesige Geröllführung. Aber sie wirkt grüner, weil ja die Sommerregen des Monsungebietes den Pflanzenwuchs auch auf grobem Geröll fördern (Bild 46). Diese Torrentebetten werden, wie jene des Mittelmeerbereiches, gelegentlich in ganzer Breite vom Hochwasser überströmt, soweit nicht der Mensch sie durch Kunstbauten (Deiche) schützt. Das letztere ist nun freilich in allergrößtem Umfange der Fall. Der Großteil der Talsohlen ist in Japan bis tief ins Gebirge hinein durch Dämme und Terrassierung in nasse Reisfelder verwandelt. Man kann sagen, daß die Bewässerungskultur des Reises in den sommerheißen Außertropen nicht nur durch das Klima, sondern in wesentlichem Umfang auch durch das natürliche Vorhandensein sehr breiter Talsohlen, die man verhältnismäßig leicht in Terrassenfelder umwandeln kann, dem Menschen nahegelegt worden ist.

Wissenschaftsgeschichtlich ist kennzeichnend, daß eben dieser Klimatypus im Gebiet der Appalachen die Region war, in der W. M. Davis die wesentlichen Beobachtungen machte, die ihn zur Idee seines normalen, humiden Erosionszyklus führten. In dieser Region legen nämlich die Kerbtäler der kleineren

---

[24] Der gelegentlich gebrauchte Ausdruck „*Hochwasserterrasse*" ist weniger gut. Als Terrassen sollten besser nur ehemalige Talböden bezeichnet werden, die somit selbst vom normalen Hochwasser nicht mehr erreicht werden.

Gerinne und die weit talauf reichenden Sohlentäler der größeren Gerinne in der Tat den Gedanken der Unterscheidung eines Jugendstadiums der Kerbzerschneidung und eines Reifestadiums der „graded streams" mit Talsohlen nahe. Auch spätreife Formen im Sinne von Davis gibt es dort mit überbreiten Talsohlen und niedrigen, aber immer noch ziemlich steilflankigen Zwischentalscheiden. Das *Altersstadium* mit fast erloschenem Relief nahe dem Meeresspiegel allerdings ist wohl eine in der Natur kaum jemals verwirklichte gedankliche Ergänzung durch Davis. Gerade sie hat zu mannigfachen Irrtümern geführt, weil sie lange Zeit ohne genaue Prüfung auf *alle* flachen Abtragungsreliefs als das einzig in Frage kommende Erklärungsprinzip angewandt worden ist und auch gegenwärtig noch von nicht wenigen Geomorphologen in dieser Weise angewandt wird, obwohl inzwischen sehr klar geworden ist, daß flache Abtragungsreliefs in größtem Umfange unter ganz anderen Entstehungsbedingungen sich bilden (Kap. III E 6 S. 289 ff.).

Im dauernd feuchten Bereich der alten, nämlich der auch während des gesamten Pleistozäns überwiegend waldbedeckten, außertropischen Waldländer, z. B. im nordostanatolischen und südwestkaukasischen Küstenbergland sind bei gleichmäßiger Wasserführung die Gerinnebetten schmaler als in den Gebieten mit stoßweiser Wasserführung. In den sommerheißen, jedoch spärlicher beregneten Monsunländern des außertropischen Ostasiens finden sich nach Schmitthenner (1932) Anklänge an den Formenschatz der wechselfeuchten Tropen (Kap. III E 6, S. 307 f.). Doch scheint nach seinen Beschreibungen weniger der Typ mit breiter Abtragungstalsohle als vielmehr derjenige der Kehltäler mit muldenförmigem Querschnitt des Talgrundes bei ziemlich kräftig geneigten Talhängen ausgebildet zu sein. Nähere Untersuchungen über diese Gebiete mit eingehender Beschreibung der Formen, insbesondere auch mit topographischen Spezialaufnahmen, wären sehr zu wünschen.

Wenn über den tief eingeschnittenen Kerbtälern dieser Regionen flache Landschaftsbereiche sich ausdehnen, dann kann man mit Sicherheit annehmen, daß hier eine ältere Formengeneration als Rest der Vergangenheit in der Höhe über dem zur Zeit in der Entwicklung begriffenen Relief erhalten geblieben ist. Über die Entstehung derartiger mehrstöckiger Reliefs soll aber erst in Kapitel III F 8, S. 377 ff. näher gesprochen werden.

5. Fluviales Relief in den Trockengebieten

Allgemeines

An die natürlichen Waldgürtel der Außertropen schließt sich äquatorwärts überwiegend eine Zone an, in welcher durch jahreszeitliche oder ganzjährige, intensive Trockenheit das natürliche Vegetationskleid schütter wird. Steppen, Trockengehölze, Wüstensteppen und wirkliche Wüsten stellen sich in diesen mehr oder minder ausgeprägten Trockengebieten, d. h. in den semiariden und ariden Gebieten ein. Diesen Gebieten ist daher der Mangel eines dichten, die Böschungsabtragung hemmenden Vegetationskleides gemeinsam.

Ein bedeutender Unterschied besonders hinsichtlich der Böschungsabtragung besteht jedoch innerhalb der Trockengebiete je nachdem, ob in ihnen regelmäßig kräftige Fröste auftreten, oder ob solche selten werden oder ganz ausbleiben. Denn im ersten Falle spielen Frostverwitterung und Frostschub, also Gelisolifluktion bei der Gesteinsaufbereitung und bei der Böschungsabtragung eine erhebliche Rolle, im anderen sind sie ohne Bedeutung. Als Übergangssaum zwischen den frostreichen und den frostarmen Trockengebieten können in Eurasien etwa die Regionen um 30° nördlicher Breite, in Nordamerika jene um 35° nördlicher Breite, in Südamerika jene um 40° südlicher Breite angesehen werden. Frostreich sind außerdem die sehr hoch gelegenen Trockenräume der niederen Breiten.

Wichtig sind ferner die Gradunterschiede der Trockenheit. Um sowohl das eine wie das andere zu berücksichtigen, werden im folgenden das fluviale Relief der frostreichen und der frostarmen Trockengebiete sowie innerhalb von diesen die vollariden und die semiariden Bereiche gesondert behandelt.

Fast allen Trockengebieten ist jedoch gemeinsam, daß ihre Oberflächenformen trotz der geringen, vielfach minimalen und sehr unregelmäßigen Niederschläge fast überall durch Wirkungen des fließenden Wassers bestimmt werden. Abweichend gegenüber den humiden (feuchten) Gebieten ist aber das Vorkommen von *geschlossenen Hohlformen* (A. Penck, 1910). In ihnen liegen *abflußlose Endseen* oder zeitweise (periodisch oder episodisch) überflutete *Pfannen* (Fig. 115, 119, 120, 136; Bild 60, 61, 67, 68, 69, 70). In sie ergießen sich, sofern sie nicht schon vorher verdunsten, die zeitweise fließenden Gerinne, deren Wasser dort schließlich verdunstet und versickert. Diese geschlossenen Becken sind Akkumulationsgebiete mit flachen Böden, deren Formung im einzelnen durch Schwemmkegel der aufschüttenden Gerinne bestimmt wird, soweit nicht etwa windgestaltete Dünen oder Ufer- und Seegrundformen des im Beckentiefsten befindlichen Endsees das Bild bestimmen (Kap. III J, S. 483 ff.; K, S. 525 ff.

Relief der frostreichen Trockengebiete

In den frostreichen und zugleich vollariden Gebieten, wie sie etwa durch große Teile des Tibetischen Hochlands und des Tarimbeckens vertreten sind, werden die Böschungen der Gebirge, soweit nicht hier oder dort infolge eiszeitlicher oder gegenwärtiger Hang- oder Talvergletscherung Wandformen vorkommen, von Frostschutt bedeckt. Trotz der sehr geringen Regen- oder Schneemengen findet in solchen Frostschuttdecken eine langsame Versatzdenudation statt. Sanfte Hangprofile und ein allmählicher Übergang zwischen diesen Abtragungsböschungen und benachbarten Ablagerungsbecken sind die Folge.

Wo allerdings große Höhenunterschiede auf engem Raum vorliegen, was im Kettengebirgsrelief von Zentralasien weithin der Fall ist, da können kräftige Wasserläufe tiefe steilflankige Täler mit engen Kerbgründen einschneiden und mächtige Schwemmkegel am Gebirgsrand aufschütten. Denn trotz der geringen Niederschlagsmengen können Wasserläufe mit genügend großem Einzugsgebiet gelegentlich starke Wassermassen abführen, weil die Schneeschmelze den aus einer längeren Niederschlagsperiode resultierenden Abfluß in kurzer Zeit frei werden läßt.

Gewisse Unterschiede zeigt das Formungsgeschehen in den semiariden Regionen der frostreichen Trockengebiete. Zwar ist auch hier die Frostverwitterung allenthalben stark an der Gesteinsaufbereitung beteiligt. Aber es fallen hier wenigstens während einer kurzen Zeit des Jahres fast regelmäßig Regen. Daher gibt es eine steppenartige, ziemlich zusammenhängende Vegetationsdecke. Von ihr werden Verwitterungsprodukte, auch feinkörnige, besser festgehalten, andererseits aber durch die öfter auftretenden Starkregen auch von Abspülung bedroht. An Böschungen treten so Versatzdenudation und flächenhafte Abspülung als Faktoren der Abtragung gemeinsam auf.

Außer Wandformen in entsprechend großen Höhen, die auf die Wirkung eiszeitlicher oder gegenwärtiger, meist geringfügiger Vergletscherung zurückzuführen sind, gibt es Glatthänge, d. h. mit dünner Schuttdecke ausgebildete steile Böschungen, auch solche, die sich mit einem Gegenhang firstartig verschneiden. Anderenorts sind Steilböschungen auch freigespült. Fast überall gibt es Hangrunsen. Ihre Einschnittstiefe und ihre Häufigkeit wechseln aber sehr nach den Gesteinsarten und den örtlichen Höhenunterschieden (Bild 55, 58).

Weniger steile Hänge tragen meistens eine dickere, z. B. mehrere Fuß mächtige Verwitterungsdecke und eine niedrigere, aber geschlossene Pflanzendecke.

Die während des Winters kalten und gleichzeitig Niederschläge empfangenden Steppenhochländer Vorderasiens, aber auch die südrussischen Steppen geben Beispiele dafür. Mindestens auf feinkörnigen Gesteinen von stärkerem Tongehalt, in flyschartigen, mergeligen, lehmigen, feinsandigen, lößartigen Komplexen entwickelt sich bei mittleren bis sanften Böschungen ein tiefgründiger Boden. Je nach den allgemein-klimatischen und örtlichen Bedingungen handelt es sich um Schwarzerden, kastanienfarbene Böden, graue Steppenlehme von außerordentlicher Zähigkeit. Im Sommer trocknen diese Böden stark, ja sehr stark aus. Es kommt vielfach zu tiefen und bis handbreiten Trockenrissen. Aber nach der herbstlichen Durchfeuchtung und der winterlichen Durchfrierung stellt sich, oft bis zu mehreren Fuß Tiefe, eine Lockerung und Durcharbeitung ein, bei der alle inneren Risse und oberflächlichen Verwundungen des Bodens wieder geschlossen bzw. weitgehend ausgeglichen werden. Das befähigt diese Böden, auf sanften bis mäßigen Böschungen, wenigstens so lange die Steppenvegetation sie schützt, keine Zerrachelung aufkommen zu lassen und gelegentliche Anrisse nach Sturzregen durch allmähliches Nachrücken des Bodens im folgenden Winter im wesentlichen wieder zu schließen. Auf diese Weise entstehen sanfte bis mittlere Böschungen, bei denen weiche Hangschleppen zwischen Talgrund und Gehänge vermitteln, und dellenartige Talanfänge (Bild 54). Man wird annehmen dürfen, daß unter solchen Verhältnissen die Leistungen der Böschungsabtragung ziemlich groß sind, daß aber im natürlichen Zustande durch nachschaffende Verwitterung eine Beseitigung der Bodendecke verhindert wird. Erst wenn der Mensch durch unzweckmäßige Wirtschaftsmaßnahmen die Bodenabtragung zu sehr fördert, was allerdings vielfach geschehen ist, geht die Bodendecke verloren und es entstehen Steilflanken oft vom Typus der Badlands, an denen das Gestein zutage tritt (Bild 173).

Terrassenentwicklung in den Flußtälern und der Wechsel von Taleintiefung und Wiederauffüllung z. B. in den Steppenschluchten Südrußlands (*Balki* u. *Ovragi*, W. F. Schmidt, 1948) lassen erkennen, daß das Verhältnis von Bodenbildung, Böschungsabtragung und Flußerosion in diesen Landschaften durch die großen eiszeitlichen Klimaschwankungen mehrfach gewechselt hat. Es ist heute noch nicht mit Sicherheit anzugeben, ob alle gegenwärtigen Landformen hier wirklich auf heutigen Ursachen beruhen, oder ob Vorzeitgegebenheiten sie wesentlich mitbestimmen.

Die unteren Hangteile verflachen sich oft zu einer Hangschleppe, die dann gewöhnlich gegen ein Ablagerungsbecken ausläuft. Wahrscheinlich sind auch Versatzdenudation und oberflächliche Abspülung gemeinsam an der Entstehung solcher Hangschleppen beteiligt. Es treten aber auch bereits in diesen Gebieten Pedimente mit deutlich einspringendem Gefällsknick zwischen einem steileren Hang und einer flacheren, nur dünn mit Lockermaterial bedeckten Fußböschung auf. Sicherlich ist bei solchen Verhältnissen die Flächenspülung der Versatzdenudation als Agens der flächenhaften Abtragung überlegen. Aber die näheren Voraussetzungen für das Vorwalten der Flächenspülung bedürfen wohl in diesen Fällen noch weiterer Klärung.

Das Gebirgsrelief im ganzen wird unter solchen Verhältnissen z. B. im Großen Becken im Westen der USA, im Inneren von Anatolien, in den semiariden Randbereichen von Iran oder in den Gebirgen von Kansu weithin durch steilflankige Täler mit Kerbtalgründen in den oberen Talabschnitten gekennzeichnet. Sie führen als Fracht mit ruckartigen Hochwasserstößen ein gewöhnlich noch kaum sortiertes Gemenge aus feinen und groben, aus zum Teil schon abgerollten, zum Teil kaum kantengerundeten Bestandteilen mit sich und erweitern den Talgrund schon bald zu einer ansehnlichen Verwilderungstalsohle. Am Gebirgsausgang wächst ein Fanglomeratfächer, Fanglomeratkegel (Fan, engl. = Schwemmkegel; Bajada des ariden Westens von Nordamerika, zuweilen auch Bahada geschrieben), aus dem Tal gegen das benachbarte Aufschüttungsbecken vor. Die Kegelfläche verbreitert sich durch seitliche Erosion an den Rändern, so daß die beiderseitigen Gebirgssporne zurückgestutzt werden. Unter dem Fanglomeratfächer liegt so in der Nähe des Gebirges fast überall der feste Fels pedimentartig in geringer Tiefe (H. v. Wissmann, 1951) ebenso wie bei den weiter abseits von den Talausgängen vor dem Gebirgsrand unter dünner Lockermassendecke gelegenen Pedimentflächen (Fig. 38, 39; Bild 56, 57; H. Mensching 1958a, 1958b, 1968, 1974; H. Mensching, K. Gießner, G. Stuckmann 1970).

Relief der frostarmen Trockengebiete

Die in den frostarmen vollariden Gebieten verbreitete Reliefgestaltung kann unter Verwendung der Beobachtungen von J. Büdel (1952), W. Meckelein (1959), H. Hagedorn (1971) und anderen etwa folgendermaßen skizziert werden. Wo größere Erhebungen vorhanden sind, da zeigen sie sich durch steilflankige Täler von unregelmäßigem, im ganzen aber starkem Gefälle unter auffälliger Herausarbeitung der Gesteinsunterschiede meist kräftig zertalt. In den oberen Talabschnitten herrschen Kerbgründe, weiter abwärts oft eine Verwilderungssohle. Die Talflanken sind vielfach Blocksteilhänge (vgl. S. 176). Aber am Hangfuß gibt es keine Blockhalden. Die Blöcke verwittern vielmehr fast *in situ* zu Feinschutt, Grus und Sand. Dabei bilden sich hohl gelagerte Blöcke und sogar Wackelsteine.

Vor dem Gebirgsfuß dehnen sich gewöhnlich Pedimentflächen, in manchen Gebieten riesige Sandschwemmebenen (J. Büdel 1952, S. 117f.) mit dünner Decke von meist feinkörnigem Lockermaterial und dachen sich gegen größere oder kleinere binnenländische Ablagerungsbecken hin ab (vgl. S. 177ff.).

Wo Flachgelände über Felsgrund herrscht, z. B. auf Dachflächen der Schichtstufenlandschaften (s. S. 321, 325) und auf Basaltdecken ist die Oberfläche mit einer Schuttdecke, dem Verwitterungsmaterial des Anstehenden, überzogen. Denn an den vegetationsfreien Oberflächen der Vollformen zerfällt das Gestein in eckige Bruchstücke, d. h. in Schutt, wobei z. B. Kalke und Sandsteine im Durchschnitt kleinere, ei- bis kopfgroße Fragmente liefern als Basalte, bei denen Blöcke von Metergröße nicht selten sind *(Hamadisierung)*. Beim Zerfall spielt Insolationsverwitterung eine gewisse Rolle. Gefügerisse, die 4−5 cm tief eindringen, können oft beobachtet werden. Es gibt aber auch tiefer reichende Risse. Jedenfalls konnten merkliche Temperaturschwankungen des Gesteins bis zu 30−50 cm Tiefe von Meckelein nachgewiesen werden.

Beim Gesteinszerfall ist Porosität der Gesteine förderlich, weil sie das Eindringen von Wasser ermöglicht. Wenn auch größere Niederschläge sehr selten sind, so gibt es doch öfters Tau. Eingedrungenes Wasser verwandelt sich in Salzlösungen, die sich bei starker Austrocknung als Anhydride ausscheiden und bei Wiederbefeuchtung durch Quellen Salzsprengung hervorrufen.

Oberflächlich liegen mehr oder weniger grobe Blöcke, öfters mit Spuren von Windschliff. Unter der Oberfläche ist Schutt der gleichen Art in eine sandig-staubige Matrix eingebettet, die meist einen gewissen Salzgehalt aufweist. Die oberflächliche Schuttdecke ist offensichtlich das Ergebnis der Ausblasung und gelegentlicher Ausspülung des Feinmaterials. Diese blocküberdeckten Flächen werden als *Hamada* bezeichnet. Man kann *Gebirgshamada* und *flache Hamada* unterscheiden. Stellenweise fehlt auch die Blockdecke. Dann kann man von *Felshamada* sprechen. Nach E. F. Gautier (1928, S. 117f.) gibt es z. B. auf den Kalkplateaus der Hamada el Homra schuttfreie Felsflächen, die durch Windschliff, vielleicht auch durch gelegentliche Lösungsvorgänge, karrenartig zugeschärft sind und außergewöhnlich schwere Verkehrshemmnisse darstellen. Größere schuttfreie oder so gut wie schuttfreie Felsoberflächen sind z. B. auch aus der Tanesruft (Land des Durstes) westlich des Ahaggar und aus der Namib beschrieben worden (H. Schiffers, 1950. S. 32; E. Kaiser, 1926, Bd. II, S. 229ff., 239) (Bild 71, 72).

In Teilen der Vollwüste, die nicht allzu selten Gewittergüsse erhalten (Gebiet von Ghat, Tassili n'Ajjer), gibt es Hohlblockverwitterung, Kernverwitterung. Das ist eine chemische Verwitterung, bei welcher das Innere von Blöcken in eine pulverartige salzhaltige Masse verwandelt wird (so auch z. B. v. Wissmann 1957 und Wilhelmy 1958). Chemische Verwitterung findet auch sonst in der Vollwüste und sogar in der Extremwüste statt. Denn die Wüstenböden enthalten, soweit bekannt, nicht nur stets einen merklichen bis ansehnlichen Anteil an Staub, Schluff und Tonfraktion, sondern auch Salze, vor allem NaCl. Als chemische Verwitterung auf der Grundlage von Taubefeuchtung ist auch die Bildung der Dunkelrinden (Wüstenlack) anzusehen, welche fast alle der Luft ausgesetzten Oberflächen von Gestein und Schutt überziehen. Da an jungen Gesteinsbruchflächen Neubildung der Rinden beobachtet werden kann, ist erwiesen, daß die Bildung der Dunkelrinden nicht, wie manchmal angenommen wird, auf Zeiten geringerer Aridität zurückgehen muß, sondern auch im vollariden Klima stattfindet. Der Wüstenlack verursacht die düsteren Farben, die in den Wüsten gewöhnlich herrschen, selbst im Bereich von Gesteinen, die unverwittert hell erscheinen.

Die sehr seltenen Sturzregen spülen den entstandenen Sand und Feingrus zu Tal. Die abgespülten Massen werden durch die mit großem Gefälle ausgestatteten, nur episodisch oder periodisch durchflossenen Kerbtäler *(Wadis)* aus dem Gebirge bzw. aus den plateauartigen Erhebungen herausgeschafft (Bild 67, 136) und vor dem Gebirgsfuß in riesigen Schwemmebenen ausgebreitet, den *Sseriren* der Sahara (Bild 73, 74, gute Beispiele auch in Atlas des Formes du Relief, Paris 1956, Taf. 146 bis 155). Diese besitzen durchschnittlich um 10‰ Gefälle. Örtlich kommen Gefällswerte bis um 50‰ vor. Im einzelnen baut sich die Schwemmebene aus kegelförmigen Schwemmfächern mit in der Fließrichtung vielfältig gegabelten Gerinnebahnen auf. Die Schwemmkegelspitzen reichen jeweils mehr oder weniger tief in einen Talausgang hinein.

Die Sserire der vollariden Gebiete bestehen aus sandig-staubigem Material, dem meist ohne deutliche Saigerung, Kies beigemengt ist. Aber oberflächlich zeigt sich auch hier durch Ausblasung und Verspülung der feineren Bestandteile oftmals eine Kiesdecke. Zum Unterschied von den Hamaden sind die einzelnen Gesteinsbrocken auf den Sseriren kleiner, kaum über eigroß, und zeigen stets Spuren von Zurundung durch etwas längeren Transport. Durch Windschliff sind sie öfters zu Windkantern geworden.

Nach W. Meckelein (1959) sind die Sserire der zentralen Sahara z. T. sehr alte Gebilde, deren Anlage mitunter in Zeiten merklich geringerer Aridität zurückreichen muß. Er unterscheidet jüngere Sserire, auf denen die Abnahme der Korngröße der Kiese mit dem heutigen Oberflächengefälle parallel läuft. Diese scheinen sich auch heute noch in gleichlaufender Weiterbildung zu befinden. Es gibt aber auch ältere Sserire, bei denen das vorher genannte Zusammenstimmen nicht mehr vorhanden ist, sondern vielmehr wahrscheinlich durch seitherige langsame Krustenbewegungen gestört wurde. Diese Sserire befinden sich im klimatischen Kerngebiet der Sahara, in der Extremwüste. (H. J. Pachur, 1974).

Auf den Sseriren sind die auslaufenden Trockenbetten der Wadis, welche aus dem höheren Gelände benachbarter Gebiete kommen, oft noch auf große Entfernungen weiter zu verfolgen. Streckenweise sind sie einige Fuß tief eingeschnitten. Schließlich verlieren sie sich. Im Untergrund und in der Nachbarschaft dieser oft viele Kilometer breiten Wadibetten findet eine gewisse Konzentration von Wasser bei den seltenen Abflußereignissen statt und damit auch verstärkte Durchfeuchtung und Wiederaustrocknung. Hier gibt es vielfach Krustenbildung.

In der Vollwüste handelt es sich vorzugsweise um Gipskrusten, welche wenige Zentimeter tief bis etwa fußtief als kompakte Kruste, darunter noch bis über 2 m tief als lockerer, mit kleinen Gipskristallen durchsetzter Anreicherungshorizont entgegentreten. Seltener sind Kalkkrusten, welche ihr Hauptverbreitungsgebiet in den Randgebieten der Wüste bzw. in der Wüstensteppe zu haben scheinen (W. Meckelein, 1959).

Für die vollariden Gebiete besonders kennzeichnend ist in deren Ablagerungsbecken die starke Beteiligung von Dünen, also von Ablagerungsformen des Windes (vgl. Kap. III, J, 3−4).

In den semiariden Bereichen der frostarmen Trockengebiete scheinen im wesentlichen die gleichen Abtragungsvorgänge wirksam zu sein wie in den vollariden. Da aber die Niederschläge häufiger sind, ist ihre Leistungsfähigkeit größer. Zertalte Gebirgslandschaften und Pedimentflächen am Saum der Gebirge finden sich auch hier. Im Bereich flachlagernder Gesteinsfolgen sind Plateaus mit schichtstufenartigen Abfällen und mit etwas stärkerer Zertalung als in den vollariden Gebieten entwickelt. Weniger großartig sind dagegen hier die Sandverwehungen und die Dünenfelder. Dafür umhüllen öfter lößartige Staubdecken die Flanken der Erhebungen. Manchmal reichen sie beträchtlich hoch an diesen empor (vgl. S. 517 ff.) (Bild 63).

Eine Besonderheit der mäßig ariden und semiariden Bereiche ist das gebietsweise Auftreten von *Kalkkrusten* an oder wenig unter der Oberfläche. Sie können fußdick, halbmeterdick, ja mehr als 1 m mächtig werden. Sie sind als oberflächlich bzw. oberflächennah liegender Anreicherungshorizont des örtlichen Bodenprofils aufzufassen. Sie setzen der Denudation großen Widerstand entgegen und bewirken zugleich Weitmaschigkeit des Netzes an eingeschnittenen Talfurchen. Ihre Bildung setzt außer einem gewissen Kalkgehalt des Untergrundes eine nennenswerte jahreszeitliche Durchfeuchtung der Verwitterungsdecke, bzw. des oberflächennahen Gesteins, und eine starke, tiefgehende Austrocknung in einer anderen Jahreszeit voraus. Deswegen scheinen Lockergesteine, wie Schotter und Sande oberhalb des Grundwasserspiegels, insbesondere Terrassenablagerungen, wenn sie kalkhaltig sind, aber auch klüftige oder poröse Gesteine, wie manche Kalke oder Kalksandsteine, die Kalkkrustenbildung zu begünstigen. In stark tonigen Gesteinen oder Böden kommt es dagegen wohl überwiegend nur zur Bildung eines Anreicherungshorizontes mit Kalkkonkretionen etwas unter der Oberfläche, nicht zur eigentlichen oberflächlichen Krustenbildung (D. W. Blümel, 1976; K. Hüser, 1976).

6. Fluviales Relief in den wechselfeuchten und feuchten Tropen

Verwitterung und Böschungsabtragung (Steilhänge, Rampenhänge)

Sobald nach Durchschreitung des großen Trockengürtels der Erde in den niederen Breiten die Niederschläge stärker zunehmen, etwa derart, daß 5 oder mehr Monate des Jahres feucht sind, betritt man das Gebiet extremer Wirksamkeit der chemischen Verwitterung. Hier werden alle Silikatgesteine und silikatreichen Sedimente, soweit die warme Feuchte auf sie einwirken kann, in einer nach Metern, ja nach Zehnern von Metern messenden Mächtigkeit völlig oder größtenteils zu tonig-erdigen Zersetzungsmassen umgewandelt. *Siallitische Rot-* und *Gelblehme, allitische Roterden* und *Ferallite (Laterite)* scheinen die häufigsten Oberflächenbildungen zu sein, während weißlichgraue fleckige Zersatzmassen in der Regel die tieferen Partien des Verwitterungsprofils bilden. Festes, wenig verändertes Gestein unmittelbar an der Oberfläche gehört zu den Seltenheiten (Kap. III B 4, S. 133 ff.).

Es ist nach O. Jessen (1936) insbesondere dort zu finden, wo steile Böschungen ein rasches Abfließen des Niederschlagswassers ermöglichen und dadurch tief eindringende Durchfeuchtung und die mit ihr verbundene Zersetzung erschweren. Es wurde in einem früheren Kapitel (S. 136 f.) dargelegt, daß auch die prallen Felsoberflächen der Inselberge durch chemische Verwitterung angegriffen werden. Die Abschalung (Desquamation) wird dort durch puderartigen Zerfall des Gesteins längs der Abschuppungsklüfte und wahrscheinlich auch durch teilweise Fortspülung des Verwitterungspulvers an offenen Stellen dieser Fugen vorbereitet. Jedenfalls klingt der Untergrund an vielen Stellen hohl, wenn man derartige nackte Gesteinsoberflächen betritt.

Daraus ergeben sich besonders in den wechselfeuchten Tropen, jedoch teilweise ein Stück weit in die Außertropen und in die schon immerfeuchten Tropen hineinreichend, Regeln des formenbildenden Geschehens, welche grundsätzlich von den Gesetzmäßigkeiten der höheren Breiten abweichen. Während in den Außertropen jenseits von 40° Breite wohl in jedem Falle der steilere von zwei Hängen, die bei gleichen Lagerungsverhältnissen aus gleichem Gestein aufgebaut sind und unter gleichen atmosphärischen Einflüssen stehen, wegen der größeren an ihm wirkenden Schwerkraftkomponente eine raschere Böschungsabtragung erleidet, also in schnellerer Weiterbildung begriffen ist, trifft diese Regel in den Tropen offensichtlich nur mit erheblichen Einschränkungen zu. *In den Tropen wurden und werden Böschungen mittlerer Neigung durch die Abtragung im allgemeinen rascher beseitigt als sowohl steile wie flache.* Nach vorhergehenden einschlägigen Beobachtungen besonders von E. Obst (1913, 1923) hat namentlich O. Jessen (1936) bei seinen Forschungen in Angola darauf aufmerksam gemacht, daß steile, ja wandartige Hänge, wie sie besonders den aus kristallinen Gesteinen aufgebauten *Inselbergen* eigen sind, unter der Wirkung der an ihnen vor sich gehenden Abschalung (Desquamation) etwa parallel zu sich selbst zurückweichen, dabei aber steil bleiben und keine Blockhalden in der Fußregion erzeugen (Bild 86, 89). Die zum Fuße des Steilhangs oder der Wand gelangenden Gesteinsbruchstücke werden dort durch von unten in sie eindringende Bodenfeuchte in verhältnismäßig kurzer Zeit so weitgehend zermürbt bzw. zersetzt, daß sie vergrusen und als Feinmaterial von den Sturzregen verspült werden können. Die Zersetzung geht also in dem flachen Gelände vor dem Fuß der Inselberge wegen der dort ununterbrochen oder jedenfalls lange Zeit im Jahre wirkenden Feuchte im Substrat rasch vonstatten.

Die zersetzten bzw. vergrusten Massen unterliegen, wie erwähnt, der Verspülung durch Sturzregen. Dadurch entstehen die Rampenhänge (S. 184 ff.). Dieser Prozeß greift im Niveau des flachen Vorlandes auch den Fuß der Inselberge selbst wirksam an, und diese Zerstörung und Materialabfuhr geht augenscheinlich so schnell vor sich, daß die vornehmlich auf Abgrusen, Abbröckeln und Abschuppen (Desquamation) beruhende Zurückdrängung der betroffenen Wände und Steilhänge nicht Zeit hat, um diese Steilformen zu geringeren Neigungen abzuböschen.

Keineswegs alle diese Steilheiten sind schuttfreie Wände. Sehr häufig sind im Bereich von Gesteinen, die wie z. B. viele Plutonite zum Zerfall in grobe Blöcke neigen, steile Hänge, welche ganz mit großen Blöcken bedeckt sind. Es sind Blocksteilhänge (S. 176). Sie haben gewöhnlich etwa 35° Neigung und besitzen ein ziemlich gerades Hangprofil. Unten grenzen sie mit einem deutlichen Gefällsknick an die sanfte Böschung der Fußspülfläche, d. h. an den Rampenhang (Bild 88, 81).

Besteht die Aufragung aus Gesteinen, die bei tropischer Verwitterung in *stetig* kleiner werdende Fragmente zerfallen, wie das z. B. bei vielen kristallinen Schiefern der Fall ist, so bilden sich zwar ebenfalls schuttbedeckte Steilhänge. Aber diese laufen nach abwärts mit einer sich verflachenden Hangschleppe gegen den Rampenhang aus. Die Ursache dürfte darin bestehen, daß bei Verwitterungsschutt, der in schrittweise kleiner werdende Fragmente zerfällt, nicht die scharfe Trennung zwischen Siebspülung am Steilhang und Flächenspülung am Flachhang zustande kommt wie an den grobblockigen Steilhängen (vgl. S. 191).

Indem die Steilhänge sich nach und nach zurückverlegen, bleiben sie hier also von unveränderter Steilheit, oft wandartig steil, wobei im einzelnen Struktur- und Texturflächen des Gesteins formbestimmend werden. Der Fußpunkt des Steilhanges rückt dabei viel langsamer in größere Höhe als in unseren Breiten, in denen ein Haldenhang entsteht. Denn das Gefälle des hier an die Stelle tretenden Rampenhanges ist sehr gering. Das Flachgelände des Vorlandes mit seinem tiefgründig zersetzten Gestein, d. h. die *Fußflur* des Gebirges (Kap. III A 1, S. 92; C 4, S. 177, 184), erweitert sich allmählich bis der letzte Klippenrest der einstigen Inselbergaufragung verschwunden ist. Diese an die Entwicklung der *Schichtstufen* erinnernde (Kap. III F 3, S. 319 ff., vgl. auch Mortensen, 1949), aber ursächlich ganz verschiedene Abfolge scheint auf die wechselfeuchten Tropen beschränkt zu sein (Bild 87).

Nicht überall besitzt im Rumpfflächenrelief der wechselfeuchten Tropen und ihrer Nachbargebiete die Fußflur der steil aufragenden Erhebungen schon unmittelbar an deren Fuß ein mächtiges Verwitterungsprofil, so wie es O. Jessen für Angola als Regel angegeben hat. E. Obst und K. Kayser (1949) schildern die Low-Veld Fastebene vor der östlichen Randstufe des südlichen Afrika in gleicher Weise als ganz flach wellig und als verhältnismäßig dünn von einem grusigen Verwitterungshorizont überzogen, der in der Regenzeit in erheblichem Maße oberflächliche Verspülung erleidet.

Auch im südlichen Tanzania ist auf den Rampenhängen, besonders in deren oberen Teilen, fester Fels im Niveau der Rampenhänge oder wenig darunter ziemlich oft zu beobachten. Darüber geben z. B. Materialgruben für den Straßenbau Aufschluß. Für die Oberflächen-Abspülung ist es nicht wesentlich, ob diese Verwitterung örtlich nur 1 m tief reicht, ob sie mehrere Meter oder mehrere Zehner von Metern tief geht. Interessante Mitteilungen über die sehr unregelmäßigen und örtlich ganz verschiedenen Mächtigkeiten des tropischen Verwitterungsmantels hat M. F. Thomas auf dem Internat. Geographenkongreß in London über Nigeria gemacht (1965, S. 101 f. u. 163).

Entsprechende Befunde gelten auch für andere Teile der wechselfeuchten Tropen. Im tropischen Monsunklima des südwestlichen Thailand, z. B. längs der Westküste der Bucht von Bangkok, ragen in überwiegend laubwerfendem Monsunwaldgebiet granitische Inselberge mit gerundet wandartigem Steilabfall aus einer Fußflur, die durch sehr flache Muldentälchen ganz leicht gegliedert wird. Die Tälchen nehmen am Fuße der Inselberge ihren Ursprung und führen vom Berge fort (Bild 89). In ihrem obersten Teil, unmittelbar unter dem Steilhang des Inselberges, zeigen diese Tälchen einen nur dünn mit Grus bedeckten, stellenweise ganz nackt daliegenden Felsboden, der Spuren der Abspülung aufweist. Das Talwärts-Gefälle dieser im Querschnitt sehr flachen Talanfänge beträgt 5° bis 10°. Es verringert sich rasch talab auf unter 1° bis 2° und damit tritt dickere Grusbedeckung ein. Im Hintergrund des bewaldeten flachen Talanfangs erhebt sich der ebenfalls bewaldete Inselberghang mit scharfem Hangknick unter Neigungen zwischen etwa 40° und 80°. Das Verwitterungsprodukt des Gesteins ist in diesem Gebiet mehr grusig-sandig-erdig als lehmig. Damit dürfte die leichte Blankspülung der Felsunterlage in den über 3° bis 5° geneigten Talanfängen in Zusammenhang stehen. Das Großformenbild der Inselberge und der von tropischen Flachtälern leicht gegliederten Rumpfflächen ist das gleiche wie in Ost- oder Südost-Afrika (H. Louis, 1959) (Bild 84, 87).

Das unvermittelte Nebeneinander der Rampenhänge und der steil aufragenden Inselberge und Gebirgsränder gibt den wechselfeuchten Tropen, soweit sie größere Höhenunterschiede aufweisen, ihren besonderen geomorphologischen Charakter. Zu diesem Formenkreis scheinen auch noch z. B. die Zuckerhutberge des brasilianischen Küstengebirges bei Rio de Janeiro in Beziehung zu stehen, obwohl bei ihnen die Trockenperiode im Jahreslaufe nicht mehr scharf und nicht mehr lang ist.

Damit der geschilderte formenschaffende Wirkungszusammenhang ins Spiel kommen kann, ist eine erste Schaffung von stärkerem Relief nötig. Dafür werden in der Regel Krustenbewegungen, z. B. die Heraushebung von Schollenrändern kleineren oder größeren Ausmaßes und die Vertikalbewegungen der Kettenreliefgürtel als Anfangsursache in Betracht kommen (Kap. III F 8, S. 362 ff.).

Die in den Tropen infolge starker Hydrolyse entstandenen tonig-sandigen, dabei aber (hoher Kaolinitgehalt) oft wenig bindigen Verwitterungsmassen sind, soweit nicht Lateritkrusten die Oberfläche panzern, leicht beweglich. In welchem Maße sie aber von der Böschungsabtragung ergriffen werden können, das richtet sich stark nach der Pflanzenbedeckung. Das dichte, dauernd schützende Kleid des immerfeuchten Regenwaldes ermöglicht zwar tiefgründige Zersetzung des Gesteinsuntergrundes noch auf sehr steilen Böschungen, aber es mindert auch die Aufschlagkraft der tropischen Regengüsse und hemmt mit seinem Wurzelfilz die Böschungsabtragung. Die offeneren Vegetationstypen der Tropen dagegen, die laubwerfenden regengrünen Wälder, die lichten immergrünen Wälder und die Savannen bieten mindestens zeitweise dem Sturzregen einen wenig geschützten Boden dar, so daß kräftige Abspülung eintreten kann. Tiefe Rinnen entstehen

hierbei dennoch meistens nicht, weil der Boden beim Austrocknen kaum Rißbildung erleidet, durch Schmierigwerden nach der Befeuchtung andererseits
derart arbeitet, daß kleinere Wunden wieder geschlossen werden können.

Spezialuntersuchungen über das Zusammenwirken und die Leistungsfähigkeit
der mannigfaltigen beteiligten Prozesse und ihre Voraussetzungen wurden in verschiedenen Bereichen der wechselfeuchten Tropen und in näher oder entfernter
benachbarten Gebieten durchgeführt. Hierzu gehören Arbeiten von Y. Akagi
(1972, 1974), H. Bremer (1973a,b, 1975), H. Fölster (1964, 1969), R. Mäckel
(1974, 1975), H. Mensching, K. Gießner, G. Stuckmann (1970), P. Michel (1973,
1975), R. Rohdenburg (1969, 1970), J. Spönemann (1974), A. Wirthmann
(1976b) und andere. Die Schlußfolgerungen sind manchmal noch umstritten, ja
kontrovers. Besonders willkommen sind Messungen über die bewegten Massen,
wie sie A. Rapp u. Mitarbeiter (1972a, b, c, 1974), P. H. Temple u. A. Rapp
(1972), L. Lundgreen u. A. Rapp (1974) in Tanzania durchführten. Weitere Forschungen werden notwendig sein, um vorhandene Unstimmigkeiten zu klären.
Einige Befunde dürften bereits hinreichend gesichert sein.

Flachtäler der wechselfeuchten Tropen

Bei der Analyse der Abtragungsböschungen und des Mechanismus der Talbildung (Kap. III C, S. 183 ff. und D, S. 237 ff.) hat sich ergeben, daß in den
weder zu feuchten noch zu trockenen Gebieten der wechselfeuchten Tropen, vor
allem in den natürlichen Bereichen der lichten, regengrünen Wälder, wie sie etwa
durch den Miombo-Wald Ostafrikas gekennzeichnet sind, weite sehr flachwellige
Formen außerordentlich verbreitet sind, welche die Untergrundstrukturen abschneiden. Diese Flachformen sind nach den von F. v. Richthofen (1886, S. 658 f.)
angegebenen Merkmalen Rumpfflächen. Sie sind aus Rampenhängen und weiten
Gerinnebetten zu tropischen Flachtälern[25] zusammengefügt. Die Besonderheiten
dieser Flachtäler sind nun noch näher zu beschreiben (Fig. 42, 54, 61).

Sie sind Abtragungshohlformen eines konvergierend-linearen Abflußsystems,
durch welche das Rumpfflächenrelief entwässert und seine Abtragsmassen abgeführt werden. Die Talgründe sind flache Muldengründe oder Abtragungssohlen
mit geringfügigm Kleinrelief. Ihre Tributärböschungen bestehen größtenteils aus

---

[25] Für die sachliche Berechtigung, von Flach*tälern* zu sprechen, gibt es zusätzlich einen geodätischen
Beleg. Wenn man das Höhenlinienbild einer intakten Rumpffläche der wechselfeuchten Tropen,
d. h. einer Flachtal-Landschaft, betrachtet, wie es etwa aus den Aufnahmegebieten französischer
Topographen im tropischen Afrika mit vielen guten Beispielen verfügbar ist, dann hat man eindeutig eine Täler-Landschaft vor sich. Wenn lediglich die Höhenlinien ohne Angabe ihres Höhen-
wertes vorliegen, wenn also die tatsächliche Flachheit des Gesamtreliefs nicht erkennbar ist, dann
dürfte es unmöglich oder doch äußerst schwierig sein, dieses Höhenlinienbild von dem Zertalungs-
bild etwa gewisser Hügelländer der Außertropen zu unterscheiden. Man kann dies auch folgendermaßen ausdrücken: Wenn man dem Höhenlinienbild einer Landschaft von tropischen Flachtälern
lediglich durch Änderung des Zahlenwertes der Höhenlinien beispielsweise eine dreifache oder
fünffache Überhöhung zuteil werden läßt, dann ist es so gut wie unmöglich, dies ausschließlich
quantitativ veränderte Höhenbild von demjenigen gewisser Tälerlandschaften der Außertropen zu
unterscheiden (vgl. Fig. 42, 61).

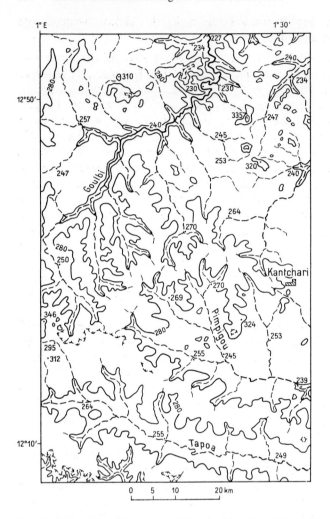

Fig. 61. Höhenlinienbild der Rumpffläche im Grenzbereich von Ober-Volta und Niger (West-Sudan).
1 : 800 000.

Gebiet von Kantchari, Blatt Diapaga, Haute Volta−Niger, Nr. ND 31-II (1960) der Carte de l'Afrique de l'Ouest 1:200 000, Verkleinerung auf 1:800 000. Höhenlinien von 40 zu 40 m. Mit gestrichelter
Zahnlinie angedeutet: Kräftig geneigter Hang von weniger als 40 m Höhe (z. B. kleine Landstufe,
kleiner Inselberg). Abgesehen von flächenmäßig verschwindend kleinen Arealen mit kräftiger Hangneigung (Inselberge, Rahmenhöhen von Flachtälern in der Nähe der Wasserscheide) herrschen
ungemein flache Böschungen. Sie halten sich zwischen rund 5‰ und etwa 50‰, d. h. zwischen
weniger als $^1/_2$° und etwa 3° Neigung. Dabei ist das flache Gelände vollständig in ein fein verästeltes
Netzwerk von tropischen *Flachtälern* aufgegliedert. Die kleineren dieser Täler sind, von Talscheide zu
Talscheide gerechnet, 5 bis 10 km breit, die größeren haben Breiten von 20 bis 30 km. Die Zertalungstiefe dieses Flachreliefs beträgt zwischen Talgrund und benachbarter Talscheide meist zwischen
30 und 50 m. Die Talgründe besitzen ein Längsgefälle zwischen etwa 2‰ und 0,2‰. Sie bergen über-
wiegend nur periodisch fließende Gerinne (gestrichelt). Die Talgründe der größeren und mittleren
Gerinne haben gewöhnlich eine Überschwemmungsaue von etwa 100 m bis zu über 1 km Breite mit
Grundwasservegetation. Sie sind aber in der Regel nicht versumpft. Der Untergrund besteht größtenteils aus Granit. Außerhalb der Talgründe ist das Land, abgesehen von kleinen Rodungsfluren, mit
Baumsavanne bedeckt.

den vorher erwähnten Rampenhängen. J. Büdel meint das gleiche, wenn er von einem Flächenrelief mit Spülmulden spricht.

Um diesen Relieftyp auszubilden, müssen nach eigenen Beobachtungen in Süd-Tanzania und nach Vergleichen mit ähnlich gestalteten Bereichen in anderen Teilen der wechselfeuchten Tropen die Niederschläge einerseits groß genug und genügend langdauernd sein, um unter flach geneigten Oberflächen die für tiefgründige Verwitterung nötige Feuchtigkeit zu gewährleisten. Anscheinend müssen wenigstens 4 Monate feucht sein bei einem Jahresniederschlag, der nicht allzusehr unter 500 mm hinuntergehen darf. Andererseits dürfen die Niederschläge nicht so reichlich und die feuchte Zeit nicht so lang sein, daß wasserreiche Dauerflüsse entstehen. Ein Wechsel zwischen versiegender oder doch stark geminderter Wasserführung der Gerinne zur einen Jahreszeit und großer Hochwasserführung zur anderen scheint für diesen Oberflächentyp wesentlich zu sein. Die Grenze gegen die zu niederschlagsreichen Gebiete dürfte meist bei 1000 mm Jahresniederschlag oder etwas darüber liegen, jedoch so, daß die ausgesprochen trockene Jahreszeit mindestens 4 bis 5 Monate lang ist. Dabei ist einleuchtend, daß mancherlei Umstände, die auf die Wasserführung der Gerinne Einfluß haben, insbesondere auch die Gesteinsbeschaffenheit, diese Grenze nach beiden Seiten etwas verschieben können.

Der Eintiefungsbetrag des Gerinnebetts gegenüber den beiderseitigen Rampenhängen richtet sich ungefähr nach der Größe des Gerinnes. Er erreicht bei kleinen kaum einen Fuß, bei größeren mißt er gewöhnlich einen bis mehrere Meter. Der Boden des Gerinnebetts enthält eine Sandfüllung, deren Mächtigkeit je nach der Größe des Gerinnes von etwa einem Fuß bis zu einigen Metern betragen kann. Die Sande sind, wo Aufschlüsse Einblick gewähren, horizontal geschichtet, im einzelnen auch mit diskordanter Parallelstruktur. Gröberes Geröll fehlt fast ganz.

Sehr verschieden ist der Wasserabfluß auf den Rampenhängen und in den Gerinnebetten. Die Hütten der Afrikaner stehen in diesen Landschaften stets auf Rampenhängen, niemals in den Gerinnebetten. Sie werden im allgemeinen auf einem rund 20 cm hohen Sockel errichtet. Damit sind sie gegen die Spülwasser der Flächenspülung im wesentlichen gesichert. In den Gerinnebetten dagegen, selbst in solchen von nur mittlerer Größe, braust, wenn das Hochwasser um 5 m, ja 8 m oder sogar mehr angestiegen ist, eine Flut zu Tal, welche, wie wir in Tanzania mehrfach feststellen konnten, Straßenbrücken in Eisenbeton-Konstruktion, wenn sie nicht richtig bemessen waren, aus den Fundamenten gehoben und verspült hat. Diese Unterschiede des Wasserabflusses bringen den Unterschied zwischen Tal*hang* und Tal*grund* wirkungsvoll zum Ausdruck, obwohl die Talhänge, die Rampenhänge, hier so sehr flach sind.

Man muß sich natürlich fragen, wie es möglich ist, daß Flüsse von solcher Gewalt nicht rascher in die Tiefe arbeiten, als dies tatsächlich der Fall ist. Zwei Ursachen wirken hier zusammen. Einmal besteht der Untergrund des Flußbetts, wie bei der Betrachtung des Längsprofils dieser Flachtäler näher erörtert werden wird, nicht durchgehend aus Verwitterungs-Lockermassen, sondern stellenweise aus festem Fels. In diesem kann der Fluß wegen des Fehlens von gröberem Schotter nur sehr langsam in die Tiefe arbeiten. Eine solche Felsschwelle wirkt daher wie ein Wehr auf die Eintiefungsvorgänge im oberhalb gelegenen Gebiet. Die zweite Ursache besteht in der sehr großen Transportarbeit, die der Fluß für die Weiterfrachtung der von den Rampenhängen angelieferten Spülmassen verwenden muß. Unter Transportarbeit ist hier die Überwindung der Reibung gemeint, welche die in Bewegung gebrachten Massen dauernd hemmt, bzw. auf ihr Wiederzurruhekommen hinwirkt. Neben dieser Arbeit bleibt hier nur wenig für die Überwindung weiterer äußerer Reibung, d. h. für die Tieferlegung des Flußbetts verwendbare Energie übrig. Diese Verteilung des Arbeitsaufwandes ist in Kerbtälern der Außertropen in der Regel anders eingespielt. In ihnen entfällt durchschnittlich ein größerer Anteil des Energieverbrauchs auf Eintiefung des Flußbetts, ein kleinerer auf Abfrachtung der von der Böschungsabtragung angelieferten Massen als in den Flachtälern der Tropen.

Denn man muß berücksichtigen, daß in den Kerbtalgebieten zwischen den tiefen Taleinschnitten gewaltige Vollformenkörper zunächst einmal stehen bleiben. Sie werden großenteils von ziemlich flachen Altflächenresten überzogen, auf denen die Abtragung langsamer arbeitet als auf den steilen Talflanken. In den Rumpfflächengebieten mit ihren Flachtälern wird dagegen das *ganze* Land ständig bis zu einem nur wenig hoch über den Talgründen gelegenen Niveau abgetragen. Das ist eine sehr bedeutende Leistung.

Reine tropische Flachtäler und tropische Flachtäler mit Rahmenhöhen

Wenn Rampenhänge nach aufwärts ohne Unterbrechung bis zur Talscheide, d. h. bis zu Büdels Spülscheide, aufwärts reichen, dann werden sie in ihrem obersten Teil zunehmend noch flacher bis zu der oft nur schwer bestimmbaren Stelle der Talscheide (Spülscheide) selbst. Das Querprofil von der Talscheide zum Gerinnebett am unteren Ende des Rampenhanges ist in diesem Falle sehr sanft konvex-konkav.

Flachtäler, bei denen in dieser Weise die Rampenhänge bis zur Talscheide emporreichen, sollen als *reine* tropische Flachtäler bezeichnet werden, weil sie den Typus vollkommen rein verkörpern. Vereinzelt sich erhebende Inselberge stören dies Gesamtbild nicht (vgl. Fig. 62). Wenn aber auf den das Flußgebiet eines Flachtales umrahmenden Wasserscheiden ausgedehnte Erhebungen sitzen, welche über das Niveau der Rampenhänge aufragen, wie größere Inselberggruppen, Gebirge oder Landstufen, dann soll von tropischen *Flachtälern mit Rahmenhöhen* gesprochen werden (Bild 87, 88).

Folgender Unterschied beider Typen ist zu beachten: Während bei den reinen tropischen Flachtälern die Böschung der Rampenhänge sich gegen die Talscheide hin ermäßigt, nimmt die Böschung der Rampenhänge in den Flachtälern mit Rahmenhöhen mit Annäherung an diese Rahmenhöhen leicht zu. Das ist verständlich. Die aufragenden Rahmenhöhen liefern nicht unerheblich Verwitterungsmaterial zu ihrem Fuß hin. Dieses muß in vergruster oder noch feinerer Form zusätzlich zu dem am Kopfende des Rampenhanges aus dessen eigener Substanz stammendem Frachtanteil von der Flächenspülung weiterbewegt werden. Das erfordert ein vergrößertes Gefälle. Die Verhältnisse sind hier entgegengesetzt

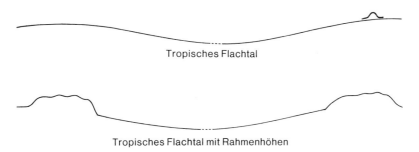

Tropisches Flachtal

Tropisches Flachtal mit Rahmenhöhen

Fig. 62. Schematisches Querprofil eines reinen Flachtales und eines Flachtales mit Rahmenhöhen in den Tropen.

Das Gerinnebett ist durch Punktierung angedeutet. Die Hangneigungen halten sich beim *reinen tropischen Flachtal* zwischen unter 10‰ = rund $^1/_2$° und etwas über 50‰ = rund 3° (Rampenhänge). Vor dem Fuß von aufsitzenden Inselbergen (rechts oben angedeutet) erhöht sich die Neigung der Rampenhänge manchmal bis auf rund 100‰ = 6° oder sogar etwas mehr. Tropische *Flachtäler mit Rahmenhöhen* besitzen gewöhnlich etwas stärker geneigte Rampenhänge. Unter dem Steilaufschwung der Rahmenhöhen können die Rampenhänge hier rund 200‰ (11° bis 12°) Neigung erreichen. Gegen den *Talgrund* werden aber die Böschungen der Rampenhänge auch in den Flachtälern mit Rahmenhöhen zunehmend flacher. Die Rampenhänge bestehen, abgesehen von einer ganz dünnen, oberflächlichen Lage feinkörnigen Spülmaterials und einem meist 1 bis 2 Fuß mächtigen, häufig etwas gekappten Verwitterungsprofil, aus Lockermassen des Anstehenden, nämlich aus in situ befindlichen, zersetzten bzw. vergrusten Teilchen des den Untergrund bildenden Gesteins. Die Verwitterungslockerung kann sehr tief gehen, ist aber nicht selten ziemlich flachgründig. Die Breite größerer Flachtäler, von Talscheide zu Talscheide gerechnet, kann mehrere Kilometer bis einige Zehner von Kilometern betragen. Die Talgründe enthalten zum mindesten im Bereich von körnigen Massengesteinen und Gneisen keine Gerölle, sondern nur Grus und Sand.

denen, die beim reinen Flachtal mit Annäherung an die Talscheide wirksam sind. Dort wird, je näher man der Talscheide selbst kommt, für die Flächenspülung jener Frachtanteil, der von oben her über eine Stelle hinweggefrachtet werden muß, im Vergleich zu demjenigen, der aus der Substanz der Stelle selbst stammt, allmählich geringer. Das erfordert für die Verfrachtung nahe der Talscheide ein etwas geringeres Gefälle als weiter abwärts. Abgesehen von den im Wasserscheidenbereich aufragenden Höhen und von der geschilderten Gefällszunahme der Rampenhänge vor dem Fuß der Aufragungen – die Böschungen können dort manchmal 10° erreichen oder etwas überschreiten –, unterscheiden sich die tropischen Flachtäler mit Rahmenhöhen oft durch etwas größeres Gesamtgefälle sowohl ihrer Rampenhänge als auch des Längsprofils ihrer Talgründe. In allen anderen Eigenschaften stimmen sie mit den reinen Flachtälern überein. Offensichtlich stellen sie ein Vorstadium der Entwicklung zu reinen Flachtälern, d. h. zur Rumpflandschaft, dar.

Tropische Flachtäler mit Rahmenhöhen können mehrere bis viele Zehner von Kilometern lang sein. An ihrem unteren Ende weiten sie sich manchmal derartig aus, daß schwer zu sagen ist, wo das Flachtal mit Rahmenhöhen zu Ende geht und wo das reine Flachtal, d. h. die voll ausgebildete Rumpffläche beginnt. Wo in dieser Weise in der Nachbarschaft einer voll ausgebildeten Rumpffläche höher aufragendes Gelände von Flachtälern mit Rahmenhöhen durchtalt wird, da hat man es ohne Zweifel mit einer in der Entwicklung zur Rumpffläche befindlichen

Landschaft zu tun. Denn die Rampenhänge dieser Täler verlängern sich langsam an ihrem oberen Ende. Die Steilhänge der über sie aufragenden Rahmenhöhen verlegen sich nach und nach zurück, so daß das Höhengelände allmählich kleiner wird.

Am schnellsten wachsen die oberen Teile der Rampenhänge längs Klüften, die das Höhenrelief durchsetzen, weil diese der Gesteinsaufbereitung Vorschub leisten. Es kommt dabei gar nicht selten durch die Rückwitterung beiderseits einer Kluftzone und durch die Verspülung der entstandenen feinkörnigen Verwitterungsmassen im Niveau des anschließenden Rampenhanges zur Ausbildung von Durchgangspässen bzw. Taldurchgängen und damit zur Zerteilung des Höhenreliefs, insbesondere zur Abgliederung von Inselbergen.

Beispiele der dargestellten Entwicklung finden sich in Tanzania z.B. auf dem Iringa Hochlande in 1200 bis über 1800 m Höhe in sehr weiter Verbreitung. Sie befinden sich dort *über* den gewaltigen Bruch- bzw. Flexurrändern, mit denen die Iringa-Usagara Hochscholle über den umgebenden Rumpflandschaften aufragt. Daraus geht deutlich hervor, daß die Entwicklung einer Landschaft zur Rumpffläche hin gar nicht an die Nähe des Meeresspiegels oder an eine von diesem sanft aufsteigende Böschung oder Talsohle gebunden sein muß. Die von J. Büdel wiederholt (zuletzt 1965) geäußerte Meinung, die Rumpfflächenbildung sei an eine sanft geneigte Verknüpfung mit dem Meeresspiegel gebunden, kann nicht zutreffen. Für die Rumpfflächenbildung ist nach den Erfahrungen in Tanzania nur nötig, daß man sich noch unterhalb der Höhengrenze der raschen und zu feinkörniger Gesteinsaufbereitung führenden tropischen Verwitterung befindet. Diese Höhengrenze dürfte in Tanzania über 1800 m hoch liegen. Außerdem ist nötig, daß es größere Gewässer gibt, welche unter diesen Bedingungen so langsam in die Tiefe arbeiten, daß beiderseits von ihnen Rampenhänge entstehen und damit Flachtäler sich bilden können. Es zeigt sich, daß dies auf einer Hochscholle selbst über Bruchrändern von etlichen hundert Metern Höhe möglich ist.

Die tropischen Flachtäler besitzen außer ihrem flachen Querprofil eine weitere Gruppe von Eigenschaften, die sie von den Kerbtälern unterscheiden. Das Längsgefälle in ihren mittleren und unteren Talabschnitten ist in der Regel um ein Mehrfaches größer als das vergleichbar großer Flüsse der Kerbtalgebiete. Außerdem gibt es in den tropischen Flachtälern so gut wie immer hier und da Schnellen, in Surinam, wo sie von Bakker (1957) besonders genau untersucht worden sind, Sula genannt. Manchmal gibt es sogar Wasserfälle. Die Schnellen liegen dort, wo das überwiegend im Bereich tiefgründiger Verwitterungsmassen verlaufende Gerinnebett örtlich auf festes Gestein trifft. Das Vorkommen kleinerer oder größerer Partien unzersetzten Gesteins gehört, wie früher ausgeführt wurde (S. 146) zu den gewöhnlichen Eigenschaften des tropischen Verwitterungsmantels. (Bild 83, 91; weitere Bilder in F. Klute: West- und Zentralsudan. Handb. d. Geogr. Wiss. Bd. Afrika S. 259, Abb. 239 und F. Maurette: Afrique Orientale. Géogr. Univ. T. 12 S. 110 Taf. 10 A.)

Die Schnellen in den tropischen Flachtälern zeigen, daß ihr Längsgefälle unausgeglichen ist. Mit einem verhältnismäßig sehr starken und noch dazu unausgeglichenen Längsgefälle besitzen diese Flachtäler Eigenschaften, die von dem

Idealbild des „greisenhaften" Tales im Sinne von W. M. Davis gänzlich verschieden sind, obwohl sie ein äußerst flach muldenförmiges Querprofil besitzen.

Zweifellos war es ein Irrtum der älteren Deduktionsversuche, anzunehmen, daß Täler mit einem sehr flach muldenförmigen Querprofil schon allein deswegen eine Annäherung an das Endziel der fluvialen Abtragung repräsentieren. Die Flachtäler der wechselfeuchten Tropen sind von diesem Zustand sehr weit entfernt. Da ihre Flüsse ziemlich starkes Gefälle haben (2‰ bis 3‰ kommen häufig vor), so kann die begleitende Flachlandschaft in einigen hundert Kilometern Entfernung vom Meere ganz intakt bis zu etlichen hundert Metern Meereshöhe emporreichen. So ist es z. B. in Tanzania zwischen Ruvuma und Ruvu. (Fig. 82 a).

Es wurde darauf hingewiesen, daß das in den Schnellenstrecken der Flüsse zutagetretende feste Gestein die Tiefenerosion des betreffenden Flusses behindert, insbesondere auch deswegen, weil der Fluß nicht mit grobem Geröll als Erosionshilfe ausgerüstet ist. Das in den Schnellenstrecken örtlich erhöhte Gefälle macht deutlich, daß der Fluß hier dauernd mehr potentielle Energie verliert als oberhalb und unterhalb. Die Wirkung dieses erhöhten Energieaufwandes besteht, wie man an den betreffenden Stellen stets beobachten kann, in einer meist nicht großen, aber bei mittelgroßen Flüssen immerhin eine Reihe von Metern messenden Eintiefung des Gerinnebetts in den festen Fels. Meist ragt die Felsschwelle beiderseits des Flusses um einige Meter über das Hochwasserbett auf. Daraus ist wohl der Schluß zu ziehen, daß die Tiefenerosion des Flusses im Fels hier mit der oberflächlichen Abtragung auf den unmittelbar neben dem Flusse gelegenen, aber nicht vom Flusse bearbeiteten Flächen welche sich durch Abwittern, Abgrusen und Abspülung des entstandenen Feinmaterials langsam erniedrigen, ungefähr Schritt hält. Anders ausgedrückt, die allgemeine Abtragung des hydrographischen Einzugsgebietes wird hier durch die verzögerte Tieferlegung des in festem Fels ausgewaschenen Gerinnebettes, also durch ein petrographisches Hindernis, ständig nach unten begrenzt. (Bild 83).

Daraus ergibt sich für das Abtragungsgeschehen folgendes: Wo auf derartigen Schnellenstrecken der Fluß, wenn auch nur kurz, über seine ganze Breite hinweg schießenden oder stürzenden Abfluß aufweist, wie dies in den Tropen sehr häufig vorkommt, da ist (vgl. Kap. III D, 1, S. 217) von dieser Stelle an aufwärts keine Beeinflussung des Abflußvorganges durch weiter flußab eintretende Änderungen des Abflußgeschehens möglich. Dies bedeutet für intakte Rumpfflächen der wechselfeuchten Tropen: Die Flußeinzugsgebiete sind auf ihnen de facto stets durch gesteinsbedingte Schnellenstrecken der genannten Art, und zwar als Folge der Unausgeglichenheit (der mangelnden Ausglättung) der Flußlängsprofile, hinsichtlich des Abtragungsgeschehens in abgrenzbar voneinander getrennte Teilbereiche aufgegliedert.

In jedem dieser Teilbereiche wird die Abtragung durch die speziellen örtlichen Gegebenheiten der Verwitterung, der Böschungsabtragung (hier besonders der Flächen- und ephemeren Rinnsalspülung auf den Rampenhängen) und der dominierenden Fluvialabtragung in den dauernd oder immer wieder benutzten, linearen Abflußbahnen bestimmt. Doch die lineare Flußabtragung und mit ihr die Gesamtabtragung des betreffenden Teilbereiches, wird hierbei durch den mehr oder weniger langsamen Fortgang der Tiefenerosion des Flusses in der jeweils flußab anschließenden, von widerständigem Gestein verursachten Schnellenstrecke streng nach unten begrenzt. Die Abtragung in einem derart unbegrenzten Teilbereich einer intakten Rumpffläche vollzieht sich also praktisch unbeeinflußt von jenem Abtragungsgeschehen, welches weiter flußab vor sich geht. Dies gilt auch dann, wenn jener petrographisch bedingte Abtragungsstau, der am oberen Ende der Flußschnelle wirkt, nur wenige Höhenmeter ausmacht.

Der Höhenunterschied zwischen dem oberen und dem unteren Abtragungs-Teilbereich der betreffenden Rumpffläche wird in der Nachbarschaft der Schnellen durch Rampenhänge unmerklich überbrückt. Selbst der Höhensprung eines 20 m hohen Wasserfalls würde ja mit der normalen Neigung eines Rampenhanges von etwa 20‰ (kaum über 1°) 1 km Länge als Übergangsböschung erfordern, d. h. er würde im Rumpfflächenrelief überhaupt nicht auffallen. Die durch Schnellenstrecken von solchen Wasserläufen überwundenen Höhenunterschiede sind überdies auf den intakten Rumpfflächen tatsächlich meistens geringer, oder sie verteilen sich auf längere Laufabschnitte. Die seitlich einer Flußschnelle gegen diese hin oder flußab gerichteten Rampenhangpartien gehören hierbei naturgemäß zu den Bestandteilen des jeweils unteren Abtragungs-Teilbereiches der betreffenden Rumpffläche. Er beginnt oben am Anfang der Schnelle.

Aus der beschriebenen Unausgeglichenheit der Flußlängsprofile und aus ihren Begleiterscheinungen ergibt sich für die Entstehung intakter Rumpfflächen in den wechselfeuchten Tropen eine wichtige Folgerung: Die Bildung dieser Rumpfflächen geschieht im allgemeinen ohne Rücksicht auf Höhensprünge in den Flußlängsprofilen und damit sicherlich auch unabhängig vom horizontalen oder vertikalen Abstand vom Meeresniveau. Die Tendenz zur Rumpfflächenbildung hat nur die ihr eigenen, ausführlich erörterten klimageomorphologischen Gegebenheiten hinsichtlich der Verwitterungsintensität und der Besonderheiten von Böschungsabtragung und Flußarbeit zur Voraussetzung. Nur soweit diese Gegebenheiten durch den Abstand zum Meer über gewisse Grenzwerte hinaus verändert werden, spielt dieser Abstand für die Rumpfflächenbildung eine Rolle.

Der Formenschatz der tropischen Flachtäler steht den bei uns gewohnten Talformen fremdartig gegenüber. Die Ursache dafür besteht in der letztlich klimabedingten viel intensiveren Gesteinsaufbereitung, in der Niederschlagsverteilung, im Abflußtyp und auch in Besonderheiten des Pflanzenkleides.

Die im tropischen Flachtal-Relief erzielte Abspülung bzw. Abtragung des gesamten Landes ist trotz der Flachheit der Formen sicherlich keineswegs gering. Denn das Längsgefälle aller der kleineren und größeren Gerinne in solchen Landschaften ist gerade in den mittleren und unteren Laufstrecken merklich größer als dasjenige entsprechend großer Bäche und Flüsse der mittleren und höheren Breiten. Daraus geht hervor, daß die Gerinne hier in den Tropen mehr Energie brauchen, um ihren Abflußvorgang zu bewerkstelligen. Das ist nur möglich, wenn sie mehr Reibungs- bzw. Transportarbeit leisten. Eine deutliche Bestätigung findet diese Überlegung in der Tatsache, daß z. B. der Rufiji in Tanzania imstande ist, ein großes Delta in den Indischen Ozean vorzubauen, obwohl an der dortigen Küste starker Gezeitenhub herrscht. Solche Verhältnisse pflegen sonst

gewöhnlich die Deltabildung zu verhindern, vielmehr die Entstehung von Trichtermündungen zu begünstigen.

Das tropische Flachtal-Relief entspricht nur scheinbar dem Idealbild, das W. M.
Davis (1905) von seinem Altersstadium der Tälerlandschaft entworfen hat. Mit
den weithin flachen konkaven Hangprofilen erfüllt es zwar die von W. Penck
(1924) angegebenen Kriterien der sogenannten zum *Endrumpfe* führenden *ab-
steigenden Entwicklung*. Aber man kann in der Mehrzahl der Fälle sicher *nicht*
sagen, daß solche Flachtal-Landschaften im Davisschen Sinne stark gealtert sein
oder nach W. Penck (1924) in absteigender Entwicklung begriffen sein müssen.
Denn die oft bedeutende Höhenlage über dem Meere und das unausgeglichene
Gefälle der Flüsse und Bäche zeigen an, daß auf ihnen nicht nur kräftige Abtragung stattfindet, sondern daß auch noch sehr viel Arbeit bis zur Annäherung
an das Endziel der Abtragung in diesen Fällen zu leisten ist.

Ohne Zweifel haben wir es hier mit einem Relieftypus zu tun, bei welchem fast
ohne Rücksicht auf Struktur und Gesteinsbeschaffenheit *sehr flache Einebnungen*
durchaus unter Entwässerung zum Meere, bei erheblichem Gefälle der Flüsse sowohl in geringer wie in mäßiger und auch sehr bedeutender Höhe über dem
Meere, also *unabhängig von der Annäherung an das Endziel der Abtragung, in
großem Ausmaße geschaffen werden.*

Aufragungen im Abtragungs-Flachrelief der Tropen und ihre Talformen

Hier und da erheben sich Aufragungen im Abtragungs-Flachrelief der Tropen. Die
Inselberge wurden bereits erwähnt (S. 143 ff., 183 ff., 290 ff.). Nicht selten
schließen sich Gruppen von Inselbergen zu förmlichen *Inselgebirgen* zusammen.
Ihre Randabfälle pflegen dann ähnlich steil zu sein wie die Flanken einzeln
stehender Inselberge. Häufig auch ist auf der Höhe großer Inselberge oder von
Inselgebirgen wiederum Flachrelief von Rumpfflächencharakter in Resten oder in
größerer Ausdehnung erhalten bzw. ausgebildet, manchmal sogar in mehrfacher
Staffelung. Dann spricht man von *Rumpftreppen* und bezeichnet die zugehörigen
Abfälle als *Rumpfstufen*.

Die Inselberge können allgemein in zweierlei verschiedenen Positionen und
wohl auch mit entsprechend verschiedener Bildungsweise auftreten. Die einen
sind innerhalb des Gewässernetzes so gut wie überall möglich. Sie werden von K.
Kayser und E. Obst (1949) als *azonale Inselberge,* von J. Büdel (1957) als *Schildinselberge* bezeichnet. Sie verdanken ihre Entstehung wahrscheinlich überwiegend
der Freispülung von Grundbuckeln festen Gesteins aus dem ehemals umgebenden
und überdeckenden, mächtigen Mantel feinkörniger tropischer Verwitterungsmassen.

Die anderen Inselberge werden von K. Kayser und E. Obst (1949) „zonal"
genannt, weil sie oft zonenartig vor dem Abfall eines höher aufragenden Relief-
teils der Gesamtlandschaft gelegen sind. So gut wie immer sitzen diese Inselberge
auf Talscheiden innerhalb des Systems der tropischen Flachtäler, das die örtliche
Rumpffläche bildet. Häufig gibt es Gruppen solcher Inselberge, ja ganze Insel-
berg-Massive. Diese Inselberge dürften gewöhnlich durch unregelmäßiges

Sich-Zurückverlegen der Steilabfälle eines einst größeren, zusammenhängenden Teils höheren Reliefs von diesem abgetrennt worden sein. Die Zurückverlegung der Steilabfälle hält sich nämlich bevorzugt an große Klüfte, längs deren Sickerwasser und mit ihm die chemische Verwitterung schneller als anderswo in den Gesteinskörper einer großen Reliefaufragung eindringen kann.

Hierbei entstehen im Randabfall des höher aufragenden Geländes die von Büdel so genannten *Dreiecksbuchten*. Das sind Einbuchtungen des Randabfalls im Niveau der unten gelegenen Rumpffläche, d. h. von Rampenhangteilen, welche oftmals ungefähr dreieckigen Grundriß haben. Die Verwitterung und die Fortspülung der feinkörnigen Verwitterungsprodukte tastet nämlich, wie schon erwähnt, allenthalben dem Kluftsystem nach, welches die über die Rumpffläche aufragenden Reliefteile durchsetzt, weil dort die chemische Verwitterung am schnellsten arbeitet. Eben deswegen wird dort Lösungsfracht verstärkt abgeführt. So muß erwartet werden, daß dort oberflächlich, dem Ausbiß der Klüfte folgend, ganz geringe Vertiefungen entstehen, und daß diese für die weitere lineare Fließwassererosion leitend werden. Kluftsysteme bestehen nun gewöhnlich aus winkelig sich schneidenden Kluftscharen. Deswegen nehmen auch Fließwasserfurchen oft einen winkeligen Verlauf.

Kehltäler und Kerbtäler

Vor allem größere Erhebungen innerhalb des Abtragungsflachreliefs der wechselfeuchten Tropen, teilweise aber auch Landschaften mit im ganzen nur bescheidenen Höhenunterschieden weisen eine kräftigere Zertalung und auch anders gestaltete Talformen auf, als sie die weitgespannten Flachtäler einschließlich der Flachtäler mit Rahmenhöhen dieser Tropenbereiche darbieten. Es gibt dort sowohl Kehltäler (Fig. 52) als stellenweise auch Kerbtäler. Nach den Beobachtungen in Süd-Tanzania (H. Louis, 1964) stellen sich Kehltäler unter zwei verschiedenen Gegebenheiten ein.

Betont klimabedingte Kehltäler

Kehltäler treten erstens dort auf, wo das Klima für die Entwicklung von tropischen Flachtälern offensichtlich zu feucht wird, wo insbesondere auch die kleineren Gerinne zu Dauergerinnen werden. Man kann in diesem Sinne von *betont klimabedingten Kehltälern* sprechen, obwohl gewisse klimatische Voraussetzungen, nämlich das Herrschen einer intensiven Tiefenverwitterung, bei *allen* Kehltälern gegeben sein müssen. Bei dieser Art des Auftretens werden z. B. weite Räume einstiger tropischer Flachtäler, also weite Rumpfflächengebiete, unmittelbar von den Ursprungsgebieten der Gerinne an bis zu deren unteren Laufstrecken, d. h. auf Entfernungen bis über 100 km, von diesen Kehltälern durchtalt. Diese Durchtalung beginnt oben mit geringen Taltiefen, die aber deutlich in das ältere Rumpfflächensystem eingearbeitet sind. Sie wird talab tiefer. So ist es z. B. im Hochland westlich und südlich von Songea und Njombe in Süd-Tanzania, dessen riesige Ebenheiten ganz allmählich von etwa 1000 m bis auf über 2000 m ansteigen. Nur ausnahmsweise und nur in den unteren Laufstrecken von mehrere 100 m tiefen Tälern verengt sich der Talquerschnitt mitunter auch zum Typus des Kerbtales (Bild 90, 91).

In den Kehltälern führen die Flüsse ebenso wie in den Flachtälern fast ausschließlich Sand und Grus. Gröberer Schotter fehlt. Wo im Flußbett fester Fels ansteht, da gibt es einigen, meist plattigen oder schaligen, kantig gebrochenen Verwitterungsschutt. Aber ehe die Stücke durch Flußtransport zugerundet werden können, sind sie bereits zu Grus zerfallen. Nur in Kerbtalstrecken haben wir in Tanzania echten Flußschotter beobachten können, und auch dort nur auf kurze Strecken wegen des raschen Verwitterungszerfalls. Es gibt allerdings bei stärkerem Relief auch in Kehltälern manchmal eine Art Pseudoschotter. Er besteht aus etwa kopfgroßen bis noch weit größeren, ziemlich gut gerundeten Blöcken kristalliner Gesteine des nahen Anstehenden. Hier handelt es sich um ausgespülte, kernfrisch gebliebene Blöcke des tropischen Verwitterungsmantels, welche von den Hängen her ins Flußbett gelangt und dort angereichert sind.

Eine weitere Zone klimagebundener, z. T. langer Kehltäler zieht sich in Tanzania längs der Küste hin. Hier ist es in den Berg- und Hügelländern, die dem Küstenverlauf folgen, merklich feuchter als weiter im Inneren des Landes. Außerdem kommt eine gesteinsbedingte Begünstigung für die Kehltalbildung hinzu. Diese Berg- und Hügelländer bestehen aus Sandsteinfolgen der Kreide und des Tertiärs. Die an Porenraum reichen Gesteine fördern in den Bächen eine lang ausdauernde Wasserführung und begünstigen damit über die klimatischen Gegebenheiten hinaus die Bildung von Kehltälern.

Bei klimagebundener Zertalung durch Kehltäler wird ein Relief, auch wenn es in jeder Richtung 100 km und mehr ausgedehnt ist, von den Kehltälern vollkommen durchtalt. Diese Kehltäler können in ihren oberen Verzweigungen geringe Taltiefe besitzen. Von Flachtälern unterscheiden sie sich trotzdem durch die ziemlich kräftige Neigung ihrer Hänge, selbst wenn diese nur niedrig sind. Solche Kehlzertalung greift nicht selten in ein älteres, darüber liegendes Flachtal-Relief ein. Die Grenze beider Taltypen ist hierbei auch dann noch deutlich zu erkennen, wenn die Kehltäler in ihren obersten Verzweigungen bereits sehr seicht werden. Denn im intakten Flachtal enden die beiderseitigen Rampenhänge nach unten ganz flach über der niedrigen Einschnittkante des Gerinnebetts. Wenn dagegen in einem einstigen Flachtal der Übergang zur Kehltalentwicklung eingetreten ist, dann schalten sich zwischen das untere Ende der Rampenhänge, auch wenn diese selbst noch recht gut erhalten sind, und das Gerinnebett die deutlich versteilten Hangpartien des Kehltales, mögen diese manchmal auch nur niedrig, d. h. nur einige Meter oder wenige Zehner von Metern hoch sein (vgl. Fig. 52a, b).

Die vollständige Durchtalung eines Höhenreliefs durch Kehltäler, im Extremfalle unter erheblicher Beteiligung von Kerbtälern, tritt in den wechselfeuchten Tropen dort auf, wo auch die kleineren Gerinne zu Dauerflüssen werden. Sie ist unabhängig von der Meereshöhe und von der Entfernung vom Meere. In Tanzania trifft man sie durchgehend in dem niedrigen bis mäßig hohen Berg- und Hügelland nahe der Küste. Aber sie beherrscht auch die Hochländer am Ost- und Nordsaum des Nyasa-Sees, deren Höhen zwischen 1000 m und über 2000 m liegen. Sie scheint daher vor allem durch klimatische Gegebenheiten, nämlich durch den Mangel einer genügend langen und genügend ausgesprochenen Trockenzeit im Jahreslauf in diesen Landschaften hervorgerufen zu werden (Bild 92).

Betont reliefbedingte Kehltäler

Die zweite Art des Vorkommens von Kehltälern findet sich in Gebieten, in welchen im ganzen genommen die Bildung von tropischen Flachtälern herrscht, wo aber bei örtlich auftretenden großen und zugleich steil einsetzenden Höhendifferenzen eben doch Kehltäler gebildet werden. Man kann sie zum Unterschied von der vorher beschriebenen Art als *betont reliefbedingte Kehltäler* bezeichnen, obwohl natürlich eine gewisse Relativhöhe und damit „Relief" bei der Bildung *aller* Kehltäler Vorbedingung ist. Solche Reliefgestaltung gibt es in Ost-Afrika z. B. in der Form von Bruchschollengebirgen, von langgedehnten Bruchstufen und von Abtragungsstufen, wenn sie einigermaßen beträchtliche Höhe aufweisen. Die Kehltäler zeigen sich hierbei in dreierlei Arten der Zuordnung zum Gesamtrelief. Die Verhältnisse im Iringa-Usagara-Hochlande in Tanzania, einer rund 300 km langen, rund 100 km breiten, an Brüchen bzw. Flexuren zwischen wenigen 100 m und gut 1000 m hoch über die benachbarten Rumpfflächen im SE und NW emporgehobenen Hochscholle, können dafür als besonders gute Beispiele angeführt werden.

Es gibt erstens kurze betont reliefbedingte Kehltäler. Sie wurzeln am oberen Rande der Bruchstufen bzw. Flexuren und führen zu deren Fuß hinab. Sie besitzen den Kehltalcharakter von oben bis unten und zertalen die große Reliefstufe zu einem Rückenrelief. Die Länge dieser Täler geht wohl nur ausnahmsweise über 15 km hinaus.

Es gibt zweitens betont reliefbedingte Kehltal*strecken* an mittelgroßen Bächen oder Flüssen, welche oberhalb und unterhalb ihrer Kehltalstrecken den allgemein herrschenden Flachtaltypus verkörpern. Dabei liegt die obere Flachtalstrecke auf dem Höhenrelief oberhalb der Geländestufe, die die Kehltalstrecke hervorruft, die untere Flachtalstrecke liegt unterhalb dieser Geländestufe. Die Länge solcher Bäche oder Flüsse beträgt gewöhnlich mehrere Zehner von Kilometern bis etwa 100 km. Der als Beispiel von uns vermessene Mtua-Bach des Iringa-Hochlandes bewegt sich auf etwa 30 km Länge zwischen 1500 und 1250 m Meereshöhe auf dem Hochlande in einem wohlausgebildeten Flachtal mit Rahmenhöhen. Die Rahmenhöhen erreichen 1500 bis 1800 m Meereshöhe. Dann überwindet der Bach auf nur 6 km Entfernung einen Höhenunterschied von 450 m, nämlich von 1250 m auf 800 m Meereshöhe. Er hat dabei Gefällswerte von etwas unter 40‰ bis selbst über 100‰. Soweit die Werte unter etwa 50‰ bleiben, herrscht Kehltalcharakter, bei höheren Werten stellt sich Kerbtalcharakter ein. Von dieser Steilstrecke greifen kurze steile Kehltäler nach beiden Seiten wenige Kilometer weit aufwärts und vermehren die Zertalung des Steilrandes. Unterhalb von 800 m Meereshöhe entwickeln sich am Mtua-Bach, bzw. am Lukose, in welchen der Mtua-Bach einmündet, Rampenhänge, obwohl der untere Rand der Hochscholle noch keineswegs erreicht ist. Als tropisches Flachtal mit Rahmenhöhen bildet der Lukose eine intramontane Ebene, bevor er in den

Großen Ruaha einmündet. Kennzeichnend für mittelgroße Bäche und Flüsse
dieser Art ist hiernach folgendes: In der Höhenlandschaft oberhalb eines großen,
rasch abwärts führenden Reliefabschwungs entwickeln sie in diesem Klimabereich
tropische Flachtäler. Bei der Querung der Reliefstufe stellt sich bei sehr steilem
Längsgefälle auf eine kurze Strecke (kaum über 10 km Länge) Kehltalcharakter
ein. Schon vor Erreichen des unteren Randes der großen Geländestufe nimmt
das Tal dieser Gewässer wieder Flachtal-Charakter an.

Es gibt endlich eine dritte Form des Auftretens von betont reliefbedingten
Kehltälern im Klimabereich des Flachtaltypus, wenn dort bedeutende Höhendifferenzen auf kurze Entfernung gegeben sind. Sie wird von großen, wasserreichen Flüssen ausgebildet, wie in unserem Beispiel vom Großen Ruaha, der
seinen Wasserreichtum aus den Hochlandgebieten am Nordende des Nyasa-Sees
erhält. Dieser Fluß quert die gesamte Hochschollenregion von Iringa-Usagara in
einem Durchbruchstal. Oberhalb des Durchbruchs bewegt er sich in einem reinen
tropischen Flachtal, also in Rumpfflächenland, in einer Meereshöhe zwischen
1200 und 800 m. Im Durchbruchstal nimmt er den Charakter des Kehltales an.
Aber stellenweise gibt es Ausweitungen mit Rampenhängen, also intramontane
Ebenen, wo bereits wieder der Flachtaltypus an die Stelle tritt. Nach dem Austritt aus dem Durchbruch in 500 m Meereshöhe besitzt der Fluß wieder ein reines
Flachtal und ist Hauptentwässerungsbahn der Rumpffläche, die sich gegen den
Rufiji abdacht. An beiden Flanken des beschriebenen Durchbruchstales, welches
stellenweise 800 m tief in die Iringa-Usagara-Hochscholle eingearbeitet ist,
greifen vom Flusse her wiederum kurze steile Kehltäler in den Körper der Hochscholle ein.

Die hier angedeuteten Unterscheidungen innerhalb der Gesamtheit der Kehltäler, welche physiognomisch und nach ihren funktionellen Eigenschaften einen
recht einheitlichen Taltypus darstellen, wollen feinere Unterschiede zusammenfassend kennzeichnen. Nicht in allen Fällen wird sich entscheiden lassen, ob ein
Kehltälervorkommen überwiegend klimagebunden oder überwiegend reliefge-
bunden im vorher dargelegten Sinne ist. Denn in einem gewissen Umfang sind
natürlich jedesmal sowohl das Klima wie das Relief bei der Bildung dieser
Formen mitbestimmend. Dennoch erscheint die getroffene Unterscheidung nicht
überflüssig, weil sie darauf aufmerksam macht, daß mehrere Möglichkeiten von
Ursachen für die Entstehung und auch für die Einzelausprägung der Kehltäler in
Betracht kommen. Das ist zu bedenken, wenn man aus dem Vorkommen von
Kehltälern weitreichende Schlüsse ziehen will.

Wenn bei diesen allgemeinen Reliefgegebenheiten Kehltäler auftreten, dann
sind, soweit unsere bisherige Kenntnis reicht, zwei Ausbildungsformen möglich.
Entweder es handelt sich um eine reliefgebundene Kehltalzerschneidung. Diese
beschränkt sich auf eine schmale Randzone des Höhenreliefs. Selten wird sie
breiter als wenige Zehner von Kilometern. Nur sehr große, wasserreiche
Dauerflüsse vermögen sich in das Höhenrelief mit langer Laufstrecke als Kehltal
einzutiefen oder das Höhenrelief sogar von einem Rand bis zum anderen
vollkommen zu durchschneiden. Beiderseits solcher Talstrecken ist dann zusätzlich ein schmaler Gürtel des Höhenreliefs von kurzen Kehltälern zerfurcht.
Abseits der Ränder des Höhenreliefs und abseits des Zertalungsgürtels, welcher

das Tal eines großen Dauerflusses begleitet, befinden sich aber in solchen Landschaften oben auf dem Höhenrelief gewöhnlich voll ausgebildete oder in der Ausbildung begriffene Rumpfflächen-Bereiche, wie etwa im Iringa-Usagara Hochlande.

Wenn in dieser Weise zweimal oder sogar mehrfach übereinander gestaffelt Rumpfflächen, d. h. Flachtal-Reliefs, auftreten, so spricht man von *Rumpftreppen.* Als Ursache für ihre Entstehung werden in der Regel Krustenbewegungen angesehen. Darüber soll in einem späteren Kapitel in Zusammenhang mit der allgemeinen Erörterung des Einflusses von Krustenbewegungen auf das Relief näher gesprochen werden (Kap. III F, 8).

Die vorher beschriebenen Täler großer Dauerflüsse im Bereich hochaufragender Reliefs besitzen nicht durchgehend den Charakter von Kehltälern. Auf kurze Strecken stellt sich manchmal Kerbtalcharakter ein, insbesondere in sehr widerständigen Gesteinen. Das ist ohne Schwierigkeiten zu verstehen.

Wichtiger ist jedoch die Tatsache, daß diese Täler mitunter auch Weitungen bilden, in welchen sie sehr deutlich den Charakter von tropischen Flachtälern mit Rahmenhöhen annehmen. Dann ziehen vom Flusse her flache Rampenhänge mit allen typischen Merkmalen von Neigung und Untergrundverhältnissen dieser Formenkategorie gegen den Fuß des auf größeren Abstand vom Flusse zurückgewichenen höheren Geländes empor. Sie enden dort, wie in jedem Flachtal mit Rahmenhöhen, mit einem scharfen, einspringenden Gefällsknick unter dem steilaufstrebenden höheren Relief. Im Durchbruchstal des Großen Ruaha durch die Iringa-Usagara Hochscholle sind solche Verhältnisse z. B. örtlich in sehr klarer Weise entwickelt.

Solche Weitungen von der Art tropischer Flachtäler mit Rahmenhöhen dürften nach Form und Entstehungsweise jenen *intramontanen Ebenen* entsprechen, die W. Credner einst (1931) aus den Gebirgslandschaften von Thailand beschrieben hat, und die seither auch in anderen Gebieten beobachtet worden sind. Sie sind als Ansätze zur Rumpfflächenbildung mitten im Gebirge aufzufassen, soweit dort die Vorbedingungen für das Zurückweichen des höheren Reliefs über Rampenhängen gegeben sind, d. h. über sehr flachen Böschungen, auf denen die tropische Intensivverwitterung und die Flächenspülung unter Angriff auf die Fußregion des höheren Geländes ganz flach aufwärts arbeitet. Auch hier gibt es also Ansätze zur Rumpfflächenbildung irgendwo an einem großen Fluß ohne nähere Beziehung zum Meeresspiegel. Denn diesen erreicht der Fluß ja erst nach Überwindung von Schnellenstrecken, wie sie hier zur Norm gehören.

Die Flüsse der tropischen Flachtäler und Kehltäler führen kein gröberes Geröll. Ihre feste Fracht besteht nur aus Grus, Sand und Schluff. Selbst in Kerbtalstrecken zerfallen die dort gebildeten Gerölle durch Verwitterung nach ganz kurzer Laufstrecke, welche kaum nach Kilometern zählt. J. P. Bakker (1957) hat auf die eigentümliche Zweiphasigkeit, nämlich die überwiegend aus nur zwei sehr kleinen Korngrößen bestehende Zusammensetzung der Hochwassersedimente dieser Gebiete aufmerksam gemacht.

Die Längsprofile sowohl der tropischen Flachtäler wie der Kehltäler sind in der Regel bedeutend gefällsreicher und unregelmäßiger als diejenigen vergleichbar großer Flüsse der Außertropen. Es gehört zu ihren gewöhnlichen Eigenschaften, daß sie in größeren oder kleineren Abständen längs ihres Laufes *Schnellen (Sulas, Cachoeiras),* ja sogar *Wasserfälle* bilden.

Muldentalformen im subtropischen Monsungebiet

Anklänge an diesen Formentypus zeigen nach den Erfahrungen von Schmitthenner (1927, 1932) auch die sommerheißen, doch nicht sehr reichlich beregneten Teile der Monsunländer Ostasiens, z. B. in Mittelchina, ja bis Schantung und Korea, also bis weit über die Tropengrenze hinaus. Hier schaltet sich zwischen die breiten schotterbedeckten Talsohlen, unter denen in geringer Tiefe der Fels ansteht, und die auffällig steilen, nicht selten wandartigen, höher gelegenen Hangteile der Gebirge in der Regel eine Zone sanfter, geringer Böschungen ein. Die Talquerprofile werden dadurch, wenigstens im großen gesehen, konkav-muldenförmig, obwohl im kleinen viele kerbartige Gerinneeinschnitte vorhanden sind.

Entsprechend dieser Gesamtgestaltung begleitet die Haupttäler in der Regel eine Zone niedrigen, weichgeformten Hügellandes. Hohe Aufragungen und mit ihnen steile Berghänge treten gewöhnlich erst in erheblichem Abstande vom Hauptfluß und von den größeren Nebenflüssen auf. Wo an einer bedeutenden Wasserscheide die Ursprungsgebiete größerer Talstränge von beiden Seiten her aneinander grenzen, da gibt es nicht selten unter starker Erniedrigung der Wasserscheide Taldurchgangspässe, weil in der Umgebung solcher Talhäupter das höhere Gelände gleichsam zurückweicht. Auf diese Weise ist das höhere Gebirgsland dieser Gebiete viel stärker in einzelne, stockartige Erhebungsgruppen aufgelöst, als dies in den Ländern mit Kerbtalrelief der Fall zu sein pflegt. Dieser Charakterzug deutet auf eine gewisse Formenverwandtschaft mit dem Inselbergrelief der wechselfeuchten Tropen.

In gleicher Richtung bewegt sich auch Schmitthenners Erklärung dieser Reliefeigentümlichkeiten. Er betont, daß Steilhänge in diesem wechselfeuchten, sommerheißen Klima von verhältnismäßig geringen Regenmassen getroffen werden und daß sie relativ schnell abtrocknen, daher geringer chemischer Verwitterung und nicht allzu großer Spülwirkung unterliegen. Sie sind in diesem Klima verhältnismäßig beständige Formen. Die mittleren und flachen Böschungen empfangen pro Flächeneinheit mehr Niederschlag als die steilen, der Regen rinnt nicht so schnell ab, daher herrscht tiefgründige chemische Verwitterung. Die aufbereiteten Gesteinsmassen werden aber auf den mittleren Böschungen wegen des größeren Gefälles rascher abgetragen als auf den flachen. Daher werden die mittleren Böschungen besonders stark beseitigt, die steilen und die flachen bleiben bevorzugt übrig, bzw. sie werden im Gefolge der Abtragung bevorzugt neu gebildet. Das Gesamtergebnis ist die geschilderte Formengemeinschaft mit im großen muldenförmigen Talquerschnitten, mit niedrigem sanftem Hügelland längs der größeren Täler, mit steilflankigen Erhebungen weit abseits von ihnen und mit häufigen niedrigen Durchgangspässen innerhalb der Hauptwasserscheide der Gebirge.

So einleuchtend dieser Deutungsversuch erscheint, muß doch wohl gesagt werden, daß noch nicht ausreichend geklärt ist, ob die Formen dieses Bereichs

der Monsunländer wirklich die alleinigen Ergebnisse der gegenwärtigen formschaffenden Faktoren sind, oder ob in ihnen vielleicht in erheblichem Umfange
ererbte Vorzeitformen, z. B. eines mehr tropenähnlichen Klimas, mitsprechen.

Kerbtalformen der immerfeuchten Tropen

Im immerfeuchten Regenwalde werden die Oberflächenformen der Täler-
landschaft, soweit die bisherige Kenntnis reicht, wieder anders. Hier gibt es, wenn
entsprechende Höhenunterschiede vorhanden sind, wieder Kerbtalformen. Das
zeigen die Guineaschwelle im Bereich von Gabun und des Kongodurchbruchs, die
Gebirge von Mittelamerika und von Neuguinea.

Da die Linearerosion in den Tälern hier wieder kräftigere Böschungen herstellt,
obwohl tiefgründige Verwitterung unter dem Walde selbst noch auf sehr steilen
Hängen stattfindet, so ist zu schließen, daß die Böschungsabtragung durch das
geschlossene Feuchtwaldkleid stark behindert wird und steiler Böschungen
bedarf, um so große Massen anzuliefern, daß das Transportvermögen der Flüsse
ausgelastet ist. Hangrutschungen und subsilvines Bodenfließen spielen hierbei
eine wichtige Rolle. Darüber haben W. Behrmann (1917, 1924, 1927) aus Neuguinea, K. Sapper (1914, 1935) aus Guatemala wichtige Beobachtungen bei-
gebracht (vgl. auch S. 158, 193 f.).

Fig. 63. Schema eines Gratgebirges in den regenfeuchten Tropen (nach W. Behrmann, 1917, S. 31)
auf Grund von Beobachtungen im Sepik-Gebiet Neuguineas.

Es herrscht eine tiefe *Kerbtalzerschneidung.* Die steilen Hänge tragen eine oft 5 bis 6 m mächtige
Verwitterungsdecke, in welcher häufig *Rutschungen* und *Schlipfe* vorkommen. Die Kämme sind durch
Verschneidung der beiderseitigen Hänge gratartig zugeschärft. Hier treten oft Felsen zutage, da die
Hangrutschungen das Anstehende bloßlegen. Durch die Verwitterungsdecke hindurch in das
Anstehende eingeschnitten sind auch die Bäche im Talgrund. Ihr Gefällsprofil ist sehr unregelmäßig.
Es spiegelt die Festigkeitsunterschiede der angeschnittenen Gesteine, während diese Unterschiede an
den Hängen unter der mächtigen Verwitterungsdecke fast gar nicht zum Ausdruck kommen. Bis zu
Höhen von über 2000 m hinauf ist das gesamte Gelände einschließlich der Grate mit einem dichten
Waldkleide bedeckt.

Nach Behrmanns Beobachtungen aus dem Sepik-Gebiet in Neuguinea, also aus einem Hochgebirgsbereich des Kettenreliefs innerhalb der immerfeuchten Tropen, sind die Bergflanken dort sehr steil und gleichmäßig geböscht, fast ohne Hangabsätze. Die dicht bewaldeten Hänge sind bis fast zu den Kämmen hinauf mit einer mehrere Meter mächtigen, oberflächlich humosen, darunter zunehmend rot gefärbten tonig-schmierigen Verwitterungsdecke überkleidet. Es herrschen tiefe Kerbtäler. Wenige Kilometer von den 2000 m hohen Gipfeln entfernt fließen die Bäche nur noch in wenigen hundert Metern Höhe. Sie haben sich am Talgrunde 10 bis 20 m tief in den festen Felsgrund eingeschnitten und führen dort große Gerölle, also ein kräftiges Schleifmaterial, das aber bald nach Austritt der Flüsse aus dem Kerbtalbereich verschwindet, offenbar infolge der raschen chemischen Verwitterung. An den Steilhängen gibt es nicht selten Rutschungen, die Wunden in das Waldkleid reißen (Fig. 63). Doch muß auch *subsilvines*, d. h. unter dem Walde vor sich gehendes, *Erdfließen* stattfinden, ohne daß der Wald ernstlich in Mitleidenschaft gezogen wird. Denn nicht selten bricht man an solchen Hängen durch den Bodenbelag abgestorbener Pflanzenreste hindurch tief ein, weil der darunter befindliche Boden abgesackt ist, so daß die Bäume, unter der hüllenden Bodenspreu verborgen, mit ihren Wurzeln gewissermaßen auf Stelzen stehen. Die auf solche Weise abwandernden Verwitterungsmassen gelangen in die Bachbetten und werden von dort besonders nach Wolkenbrüchen durch mächtige, schlammig getrübte Wildwasser weiterbefördert.

Schon vor Erreichen des Gebirgsausgangs besitzen die Täler meist breite Talauen. Sie sind versumpft, und die Flüsse ziehen in mäandrierendem Lauf durch die Ebene. Es kommt sogar zur Ausbildung seichter Seen im Unterlaufbereich der Nebenflüsse, ehe sie wegen der natürlichen Dammaufschüttung des Hauptflusses in diesen einmünden können (Hunstein-Gebirge). W. Behrmann (1917, 1924) hat diese Talausgangs- bzw. Tieflandsebenen von Neuguinea wegen ihres unvermittelten Anschließens an den Kerbtalbereich der inneren Gebirgsteile als Aufschüttungsebenen gedeutet. Es liegt nahe, die glazialeustatische Spiegelhebung des Meeres seit Ende der letzten Eiszeit hierfür als Ursache anzusehen. Aber es wäre wohl zu fragen, ob nicht diese Talebenen z. T. auch durch seitliche Erosion der Flüsse entstanden sind. In einem Klima, in dem selbst steile Hänge eine mächtige, tonige Verwitterungsdecke tragen, herrscht im flachen Gelände tiefe und sehr weitgehende Zersetzung der Gesteine. Die Flüsse haben hier, wenn sie bei abnehmendem Gefälle stärker zu seitlichem Arbeiten veranlaßt sind als zur Tiefenerosion, leichtes Spiel. Einzelne Erscheinungen, wie namentlich das scharfe Absetzen der Talebene gegen die steilen Hänge, sprechen dafür, daß der Hangfuß hier immer wieder erneuert wird. Sonst wäre angesichts der Lebhaftigkeit der Hangdenudation das Entstehen sanfter Übergangsböschungen in der Fußregion der Hänge (Hangschleppen) zu erwarten. Die Beobachtungen reichen noch nicht aus, um diese Frage endgültig zu beantworten.

Jedenfalls zeigt sich, daß *in den Gebieten des immerfeuchten tropischen Regenwaldes beim Vorhandensein einigermaßen ansehnlicher Höhenunterschiede von den Flüssen ein ausgesprochenes Kerbtalrelief ausgebildet wird.* Die immerfeuchten und die wechselfeuchten Tropen weisen also merkliche Unterschiede in der Entwicklungsrichtung des fluvialen Abtragungsreliefs auf. Während *in den wechselfeuchten Tropen ein Flachtal-Relief über* vielfach *sehr ansehnlichem Relief-sockel* ausgebildet wird, stellt sich *in den immerfeuchten Regenwaldgebieten ein tief eingeschnittenes Kerbtalrelief* ein, also ein Relief *mit verhältnismäßig geringem Reliefsockel.* Regenreiche Gebiete mit schwacher Trockenzeit ähneln hierbei den immerfeuchten (Bild 95, 96, 172).

F. Das fluviale Abtragungsrelief: Abhängigkeit von Struktur und Morphotektonik neben jener vom Klima

1. Vorbemerkung

Die bisherigen Betrachtungen des fluvialen Abtragungsreliefs haben die allgemeinen Gesetzmäßigkeiten des Zusammenwirkens von flächenhafter und linienhafter Abtragung und ihre Differenzierung durch die generellen Klimagegebenheiten im Auge gehabt. Nunmehr ist es nötig zu berücksichtigen, daß sich alle diese Vorgänge auf einem Untergrunde von regional differenzierter, in der Vergangenheit erworbener *struktureller* Beschaffenheit und von spezifischem, das geologisch junge bzw. gegenwärtige Krustenverhalten bestimmendem *morphotektonischem* Habitus abspielen. Das prägt sich in der Reliefgestaltung mehr oder weniger nachhaltig aus[26].

Als Mittel zur Beurteilung dieser Einflüsse kommt bei allen durch Abtragungshohlformen mit konvergierend-linearem Abflußsystem gekennzeichneten Relieftypen vor allem die Untersuchung des Fluß- und Talnetzes in Betracht. Denn jedes Talsystem stellt ein in sich zusammenhängendes und nach außen abgegrenztes Wirkungsfeld des formenbildenden Geschehens dar, innerhalb dessen örtliche Differenzierungen des Untergrundes und sonstiger Gegebenheiten zur Geltung kommen müssen, und das sich außerdem mit dem Nachbargebiet vergleichen läßt.

Bei den durch tropische Flachtäler mit ihren äußerst flachen Tributärböschungen, den Rampenhängen, charakterisierten Relieftypen spielen infolge der

---

[26] J. Büdel hat (1971, S. 85, S. 114f.) bequeme Kurzbezeichnungen für die reliefwirksamen regionalen Unterschiede der Gesteinsbeschaffenheit (Petrovarianz), der aktuellen Krustenbewegungen (Epirovarianz) vorgeschlagen. Vielleicht könnten auch mit der entsprechenden Bezeichnung *Strukturvarianz* diejenigen reliefwirksamen Einflüsse angedeutet werden, welche vor allem von den örtlichen Unterschieden der in einem Gebiet vorhandenen geologischen Lagerungsverhältnisse bestimmt werden.

Um der logischen Homogenität der Begriffe willen wäre im übrigen zu fordern, daß mit „Varianz" in diesen Varianzbegriffen stets eine *regionale Differenzierung* von Erscheinungen gekennzeichnet wird und nicht etwa eine langzeitliche Änderung von Erscheinungen in einem Gebiet. Für den Begriff Petrovarianz ist das selbstverständlich. Aber z. B. Klimavarianz, also klimatische Differenzierung innerhalb eines Gebietes wäre etwas Anderes als Klimaänderung.

Geologisch junge Krustenbewegungen – oft dürften sie gegenwärtig andauern – werden von uns als *morphotektonisch* bezeichnet. Damit ist ausgedrückt, daß diese Krustenbewegungen gegenwärtige Züge des Formenbildes, abgesehen von den Wirkungen der Böschungsabtragung und von Verschüttung, unmittelbar geschaffen haben, oder daß die betreffenden Krustenbewegungen als gegenwärtig andauernd erschlossen werden können, bzw. daß beides zutrifft.

tiefgründigen chemischen Verwitterung die Gesteinsunterschiede eine geringere Rolle. Hier tritt aber ein sehr auffälliges *stockwerkartiges Übereinander der Flach-landschaften* entgegen, das zweifellos tektonische Ursachen hat. Auf dies wird das Augenmerk in besonderem Maße zu richten sein.

Von dort führt der Weg zur Betrachtung der etwas abweichenden *Stockwerk-gliederung des Reliefs,* die weithin dort entgegentritt, wo Täler mit stärker geneigten Flanken eingetieft sind, und wo die Stockwerkgliederung rein von der Analyse des Talnetzes her nicht ausreichend zu verstehen ist.

2. Das Flußnetz und seine Veränderlichkeit

Flußnetz und Abdachung

Jedes Flußgebiet bildet ein *geordnetes System von Abdachungen,* die allesamt mit *gleichsinnigem Gefälle* letztlich nach einem einzigen Punkte, dem Mündungspunkt des Flußgebietes hin gerichtet sind, von den anders orientierten Nachbargebieten aber durch *Wasserscheiden* abgegrenzt werden. Die Zusammenfügung großer Landflächen zu einem solchen einheitlichen Abflußgebiet ist im *humiden Klima-bereich* einleuchtend, weil dort allenthalben gegenüber dem Verdunstungsverlust ein Überschuß an Niederschlag vorhanden ist, welcher abfließen muß. Diese Abflußmengen bewegen sich abwärts, sie füllen etwa vorhandene geschlossene Hohlformen bis zum Überfließen auf, so daß über die entstandenen Seespiegel hinweg gleichsinniges Gefälle zu weiterem Abwärtsfließen geschaffen wird. Abflußmassen benachbarter Gebiete vereinigen sich in einer gemeinsam weiter abwärts führenden Tiefenlinie, und dieses Zusammenlaufen von Tiefenlinien setzt sich im humiden Bereich bis zur Mündung der Flüsse am Meere fort. Die Flächenneigungen mögen im einzelnen noch so unregelmäßig sein, sie unterliegen auf diese Weise der Zusammenfassung zu größeren oder kleineren einheitlichen Flußgebieten, die ihrerseits durch Wasserscheiden voneinander getrennt werden. In den *ariden Gebieten* herrschen an sich die gleichen Gesetzmäßigkeiten, nur daß die lückenlose Zusammenfügung der Oberflächen zu gleichsinnigen Abdachungs-systemen, die bis zum Meere reichen, nicht möglich ist. Hier bleibt das Land in kleinere Abdachungssysteme gegliedert, deren viele in *geschlossenen Hohlformen* ihr unteres Ende erreichen (A. Penck, 1910).

Wäre ein gegebener Landblock des humiden Klimabereiches in seiner heutigen Gestalt einfach das Ergebnis ungestörter Abtragung einer einst zu größerer Höhe aufragenden Landmasse des gleichen Umfangs, so sollte die Hauptwasser-scheide zwischen den beiderseitigen Meeresabdachungen dieses Landes am wahr-scheinlichsten etwa in der Mitte zwischen den beiderseitigen Küsten verlaufen; und die Hauptentwässerungsadern sollten einigermaßen parallel zueinander von der Hauptwasserscheide gegen die Küste hin gerichtet sein.

Nur in seltenen Fällen sind solche Verhältnisse zu beobachten. Die Flußnetze sind oft sehr unregelmäßig und unsymmetrisch ausgebildet oder weisen Regelmäßigkeiten auf, die mit der Lage zur Küste nichts zu tun haben. Als Ursachen dafür kommen Beeinflussungen durch die räumlich wechselnden

Gesteins- und Lagerungsverhältnisse, also durch die *Strukturgegebenheiten* in Betracht. Oder es haben *Krustenbewegungen,* Hebungen und Senkungen oder die Kippung von Schollen, das Flußnetz betroffen. Endlich können auch *klimatische Gegebenheiten,* z. B. der Unterschied einer regenreichen und einer regenarmen Abdachung des betrachteten Landblocks, als Ursache für eine asymmetrische Entwicklung des Talnetzes in Frage kommen. Alle genannten Erscheinungen können, ja müssen in gewissem Umfange bei der Entwicklung eines Talnetzes von Bedeutung sein, weil Strukturunterschiede, Krustenbewegungen und Klimaunterschiede überall in mehr oder weniger starkem Maße auftreten.

Konsequente Entwässerung

Als theoretisches Hilfsmittel für die Analyse der Fluß- bzw. Talnetze hat W. M. Davis (1899) den Begriff der *konsequenten Entwässerung* hergeleitet. Er versteht darunter dasjenige System von Entwässerungsbahnen, welches sich auf einer gedachten, aus dem Meere aufsteigenden Urlandoberfläche den ursprünglichen Abdachungsverhältnissen folgend (daher konsequent) entwickeln muß. Bei ihm wird im allgemeinen eine einigermaßen regelmäßige Anordnung der Hauptgerinne von zentralen Stellen des emporgehobenen Gebietes nach den Küstenräumen hin zu erwarten sein. Nachweisbar ist die Tatsache der Konsequenz eines solchen Flußnetzes dann, wenn sein Untergrund aus wenig geneigten Schichten besteht, und wenn das Schichtfallen dieser Gesteine im wesentlichen mit der Richtung der hauptsächlichen Gerinne übereinstimmt. Da die kontinentalen Flachländer der Erde in der Regel aus einem stark gefalteten Unterbau mit flach darüberliegendem Oberbau (Kap. II D 2, S. 60) bestehen, so ist es denkbar, daß ein Flußnetz, welches auf dem Oberbau konsequent angelegt war, sich mit seinen wesentlichen Talrichtungen auch nach völliger Abtragung des Oberbaus beim weiteren Eintiefen auf den gefalteten Unterbau vererbt.

Auffällige Regelmäßigkeit der Anlage des Talnetzes, welche gar nichts mit den Faltungsstrukturen des Unterbaus zu tun hat, wird dann die Folge sein. Das Nachwirken einer von den zutage liegenden Strukturen unabhängigen und als Fläche selbst u. U. schon ganz zerstörten, nur noch in den Talrichtungen überlieferten alten Abdachung ist dann festzustellen. Es ist üblich geworden, auch in solchen Fällen noch von konsequenter Entwässerung zu sprechen, wenn sich nachweisen oder wahrscheinlich machen läßt, daß das besagte Talnetz wirklich von einheitlicher alter Anlage ist.

Die Nordabdachung des sächsischen Erzgebirges bietet besonders im östlichen Teil, wie schon ein guter Schulatlas zeigt, ein Beispiel einer zwischen den Taleinschnitten auf den breiten Riedelflächen sogar noch in erheblichem Umfange erhaltenen alten Abdachung mit parallelen Entwässerungsrinnen, die offenbar bei der Kippung der längs des Egergrabens herausgehobenen Erzgebirgsscholle gebildet worden ist (N. Krebs, 1937).

Talmäander

Schon die Schaffung des Begriffs konsequente Entwässerung, d. h. einer Entwässerung, die noch die Abdachungsverhältnisse einer im Hinblick auf den laufenden Abtragungsprozeß ursprünglichen Fluß*anlage* bewahrt, bringt zum Ausdruck, daß es Flußnetze geben muß, die seit ihrer Anlage mehr oder weniger starke Veränderungen erlitten haben.

Solche Veränderungen können sich in gewissem Umfange schon durch das gewöhnliche Tiefereinschneiden eines Flußnetzes ergeben. Nach einer Phase des Einschneidens ist der neu entstandene Zustand des Flußnetzes geometrisch niemals dem vorausgegangenen gleich, weil das Tieferschneiden der Flüsse nirgends genau senkrecht erfolgt, und weil ja durch das Einschneiden des Flusses Talbildung in Gang gesetzt wird. D. h. der reine Flußeinschnitt wird auf beiden Seiten durch flächenhafte Böschungsabtragung und durch die Linearerosion etwaiger tributärer Gerinne, sei es wenig oder stark oder auch riesenhaft erweitert, und zwar immer unter Formenveränderungen.

Diese Erkenntnis ist von Bedeutung für die Beurteilung der sogenannten *Talmäander,* d. h. von Windungen tief eingeschnittener Täler, die in ähnlicher Weise annähernd regelmäßig gekrümmt sind wie die Bögen eines in der Ebene mäandrierenden Flusses, und bei denen in entsprechender Weise auch steile *Prallhänge* die Außenkrümmungen, flache *Gleithänge* die Innenkrümmungen des Tales begleiten (Bild 32, 47, 150). Solche Talmäander sind vor allem dort anzutreffen, wo Flüsse in feste Gesteine tief eingeschnitten haben, z. B. an vielen Flüssen des Rheinischen Schiefergebirges oder der Ukraine-Schwelle oder am Neckar, soweit er in Muschelkalk eingetieft ist.

W. M. Davis (1899 b) nahm an, daß diese Talmäander vererbte Flachlandmäander seien, die durch nachträgliches Einschneiden der Flüsse tiefer gelegt worden sind, und hat sie als Hinweis auf das einstige Vorhandensein einer *Fastebene (Peneplain)* in dem betreffenden Gebiet gewertet. Neuere Untersuchungen (J. L. Rich, 1914; O. Lehmann, 1915; A. Philippson, 1924; K. Masuch, 1935; H. Flohn, 1935/1936; J. Hol, 1938) haben gezeigt, daß solcherart *vererbte Talmäander (Erbmäander),* von A. Philippson (1924) nicht sehr einleuchtend als *Zwangsmäander* bezeichnet, wenn es sie tatsächlich gibt, selten sind. Bei ihnen dürfte dann kein nennenswerter Böschungsunterschied zwischen Prallhang und Gleithang vorkommen, und außerdem sollten ihre Windungen ebenso kreisbogenförmig sein wie bei Flachlandmäandern.

In Wirklichkeit sind die Schlingen der Talmäander gewöhnlich schief oder quer zur Hauptabdachungsrichtung merklich in die Länge gezogen, manchmal in unverkennbarer Anpassung an das Schichtstreichen oder an Festigkeitsunterschiede des Gesteins. Andererseits hängt ihre Größe augenscheinlich von der Größe der wirkenden Gerinne ab. Die Untersuchung älterer, höher gelegener Talböden erweist nicht selten, daß der Flußlauf in einem früheren Entwicklungsstadium mehr gestreckt gewesen ist und daß die einzelnen Schlingen einer längeren Talmäanderstrecke nicht einmal immer von gleich alter Anlage sind (Fig. 64; gute Kartendarstellung auch im Atlas des Formes du Relief, Paris 1956,

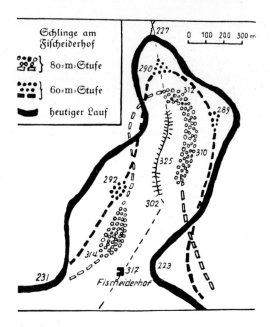

Fig. 64. Sauertalschlinge am Fischeiderhof bei Bourscheid im Ösling, Luxemburg. (Nach H. Flohn, 1936, S. 17).

Die im 80 m-Niveau noch einfache Talschlinge wurde beim weiteren Einschneiden erheblich verlängert und mit unregelmäßigen Zusatzbiegungen ausgestaltet. (Entnommen aus J. Schmithüsen, Das Luxemburger Land, Forsch. z. dt. Landeskde. Bd. 34, 1940, S. 35.)

Taf. 100). Daraus geht hervor, daß die Talmäander zumeist *nicht vererbt,* sondern erst während des Einschneidens *neu entstanden* sind.

Sie sind als Ergebnis seitlich schwingender Fließbewegungen des Gerinnes aufzufassen, mögen diese nun durch Besonderheiten des Abflußvorganges selbst, z. B. durch pulsierende oder stoßweise Wasserführung, oder als Rückwirkungen kleinerer oder größerer Unregelmäßigkeiten des Flußbetts infolge petrographischer, struktureller oder tektonischer Gegebenheiten, oder durch eine Kombination verschiedener dieser Ursachen hervorgerufen sein. Jedenfalls entstehen sie durch Anpassung der Flußarbeit an die Gesamtheit der örtlichen, bei der Taleintiefung bestehenden Sonderumstände und nicht, oder nicht wesentlich als Folgeerscheinung einstiger Flachlandmäander (vgl. dazu insbesondere auch C. Troll, 1954). Aus diesem Grunde kann man von *Anpassungstalmäandern* oder *Anpassungsmäandern* sprechen, welcher Ausdruck wohl mehr besagt als das von Philippson vorgeschlagene Wort *Gleitmäander* (Bild 32).

Bei fortgesetzter Ausweitung der Mäander an den Prallstellen (S. 228) kann es zu starker Erniedrigung und schließlich zur Durchtrennung und Abschneidung des Spornhalses zwischen zwei kreisförmig gegen einander ausschwingenden Talbiegungen kommen. Auf diese Weise entsteht unter örtlicher Verkürzung des Flußlaufes ein sogenannter *Umlaufberg.* Erfolgt in ähnlicher Weise die Durchtrennung eines Sporns zwischen dem Haupttal und einem Nebental durch einander von beiden Seiten entgegenarbeitende Prallstellen, so ergibt dies nach dem Vorschlag von R. Gradmann (1928) einen *Durchbruchsberg.* (Kartenbeispiele auf Blatt C 6306 Wittlich der Topogr. Karte 1 : 100000 an der Mosel oberhalb von Berncastel bei Veldenz und Maring, auf Blatt C 6302 Trier an der Saar unterhalb von Saarburg, an der Sauer bei und unterhalb von Echternach; im Atlas des Formes du Relief, Paris 1956 auf Taf. 100 am Semoy bei Laforêt.) Beiderlei Arten von abgegliederten Spornbergen sind nach den Erfahrungen von H. Louis (1953) im Moselgebiet in den letzten Phasen der Entwicklung meist wohl nicht durch vollendete Prallstellenunterschneidung abgetrennt worden. Die stark erniedrigten Spornhälse sind vielmehr zum Schluß *unter Aufschotterungsmassen begraben* worden, wie sie in den Tälern Mitteleuropas während des Eiszeitalters in mehrfacher Wiederholung immer wieder zur Ausbildung gekommen sind. Auf diesen Aufschüttungen ist dann die *Flußverlagerung* erfolgt.

Durch die Ausbildung der Talmäander kann nach dem Gesagten das Fluß- bzw. Talnetz in Einzelheiten kräftig verändert werden.

Anzapfung

Grundlegende Umgestaltungen des hydrographischen Netzes ergeben sich aber durch andere Vorgänge, durch *Talanzapfungen* und durch die *Überschüttung von Wasserscheiden.* Wenn die Talwurzel irgendeiner Verzweigung eines Flußgebietes sich im Zuge rückschreitender Erosion so tief einschneidet, daß ihr Oberrand in die Abflußrinne eines Talstücks eingreift, welches ursprünglich zu einem anderen Flußgebiet gehört hat, dann spricht man von *Talanzapfung.* In diesem Falle wird der oberhalb der Eingriffsstelle gelegene Teil des betroffenen Talgebietes in das Flußgebiet des eingreifenden Tales hin abgelenkt. Das betroffene Tal wird *angezapft* oder *geköpft.* Das anzapfende Tal erlangt eine entsprechende Vergrößerung seines Einzugsgebietes.

Anzapfungen ereignen sich vor allem dann, wenn zwei benachbarte Flußgebiete sehr verschiedene Höhenlage und damit sehr verschiedenes Gefälle ihrer Talverzweigungen besitzen. Der tief gelegene Fluß vermag dann mit ihm tributären Quellsträngen räuberisch in das Gebiet des hoch liegenden einzugreifen.

Große Höhenunterschiede benachbarter Flußgebiete sind gewöhnlich entweder durch unterschiedlichen Abstand zweier verschiedener Seiten eines Gebirges vom Meere oder von tiefen Senkungsfeldern veranlaßt. Oder sie sind durch Gesteinsunterschiede verursacht, welche dem einen von zwei Flußgebieten ein weit rascheres Tieferschneiden erlaubten als dem anderen. Jedenfalls dringt der anzapfende tiefe Talstrang meistens von rückwärts oder von der Seite in das Gebiet des betroffenen hoch gelegenen Flusses vor. Daraus ergibt sich an der Anzapfungsstelle eine mehr oder weniger scharfe Umbiegung des abgelenkten Talstücks, ein sogenanntes *Anzapfungsknie.* Das geköpfte Tal dagegen läuft unterhalb der Anzapfungsstelle nach aufwärts über der anzapfenden Furche in die Luft aus (Fig. 65). Weiter talauf gelegene Reste des von der Anzapfung betroffenen Talbodens sind nicht selten als Terrassen erhalten.

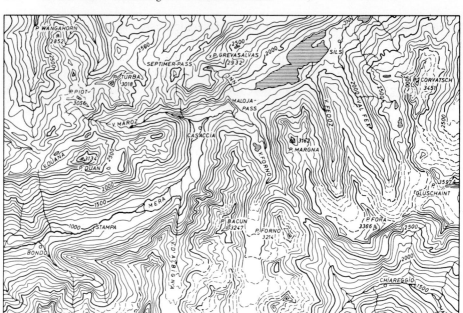

Fig. 65. Die Anzapfung des obersten Inn am Malojapaß 1:200 000

Relief mit Höhenlinien von 100 zu 100 m nach den Eidgenössischen Karten 1:50 000 und 1:200 000; 500 m Linien verstärkt, Höhenlinien im Gletschergebiet gestrichelt.

Das obere Inntal, das Oberengadin, geht am Malojapaß in etwas über 1800 m Höhe talwärts in die Luft aus. Es endet hier über einem 250 m hohen Steilabfall, der zur Orlegna hinabführt, dem Bache der aus der Val Forno kommt, dem Hauptquellarm der Mera (dessen Name aber zur Schonung des Höhenlinienbildes in der Karte nicht eigens verzeichnet wurde). Die Mera hat vom Malojapaß gerechnet keine 50 km Wegstrecke bis zu dem nur 200 m hoch gelegenen Comersee. Das Innwasser muß dagegen über 500 km zurücklegen, bis es mit der Donau in der Wachau das Niveau von 200 m Meereshöhe erreicht. Das Gefälle des Mera-Gebietes, des Bergell, ist also außerordentlich viel größer als dasjenige des Inngebietes, des Engadin. Die eiszeitliche glaziale Überprägung des Formenschatzes hat diesen Unterschied wahrscheinlich noch verschärft, aber als Grundlage der Gefällsverhältnisse ist er sehr viel älter.

Das Talnetz um den Malojapaß zeigt, daß hier als Folge des großen Gefällsunterschiedes durch *Anzapfungen* bedeutende Verlagerungen der Wasserscheide zugunsten der Mera und zuungusten des Inn erfolgt sind. Die Val Maroz und ihr oberstes Talstück, die Val Duana, richten sich in 7 km langem Laufe von West-Süd-West nach Ost-Nord-Ost als breite Talfurche gegen den Malojapaß. Ihr Boden fällt auf dieser Strecke von 2700 m bis wenig unter 1800 m, d. h. bis wenig unter die Höhe des Malojapasses, bevor ihre Wasser in steiler Schlucht jäh zur südwärts gerichteten Orlegna bzw. Mera hinabstürzen. Es besteht kein Zweifel, daß die Val Duana—Val Maroz einst Oberlauf des Inntales gewesen ist. Durch die Erosion des Gletschers, den dieses Tal eiszeitlich barg, ist sein Boden um ein Geringes unter das Niveau des Malojapasses erniedrigt worden. Der Malojapaß selbst hat offenbar keine sehr starke eiszeitliche Erniedrigung erfahren, denn er lag nicht allzuweit von der Eisscheide zwischen Engadin und Bergell entfernt.

In entsprechender Weise war die Süd-Nord gerichtete, 10 km lange Val Forno einst ein Nebental des Inn. Mit breitem Boden von 1900 bis 1800 m Höhe mündet sie genau gegen den Malojapaß aus. Dort allerdings ist ihre linke Talwandung durch den tiefen Einschnitt des Bergell unterbrochen, und die Orlegna wendet sich nach Westen diesem Tale zu.

Ein berühmtes Beispiel bildet die Anzapfung des einstigen etwa 800 m hoch gelegenen Oberlaufes der Aitrach, eines Nebenflusses der Donau, der oberhalb Immendingen mündet. Sie erfolgte durch die Wutach, die bei Waldshut in 300 m Höhe in den Rhein mündet und die an der Anzapfungsstelle erst 450 m hoch liegt rund 350 m unter dem Niveau des angezapften Talbodens (J. Schill, 1856; A. Penck, 1899). Weitere Anzapfungsbeispiele bei Georg Wagner (1929), W. M. Davis (1895, 1912, 1973), O. Maull (1938, 1958).

Überschüttung von Wasserscheiden

Veränderungen des hydrographischen Netzes können nicht nur durch Anzapfung, also durch Unterschiede der Tiefenerosion benachbarter Flüsse, hervorgerufen werden, sondern auch durch Aufschüttung. Diese führt zur Ausbildung von Schwemmkegeln, bzw. von kaum merklich gewölbten Aufschüttungsebenen, auf welchen Flußgabelungen häufig sind. Diese in der Regel nicht beständigen Gabelungen und Laufverlegungen gehören zu den gewohnten Erscheinungen der meisten Schwemmlandebenen.

In Ausnahmefällen können aber solche Flußgabelungen wesentliche Veränderungen des hydrographischen Netzes herbeiführen oder vorbereiten. Dies geschieht, wenn durch die Aufschüttung, auf welcher die Flußgabelung stattfindet, *die Wasserscheide zwischen benachbarten Flußgebieten überschüttet wurde.* In diesem Falle kann Wasser aus dem einen Flußgebiet ins Nachbarflußgebiet übertreten.

Solange die Flußgabelung hierbei das Wasser des oberhalb gelegenen Flußgebietes nach abwärts auf zwei vollkommen von einander getrennte Flußgebiete verteilt, spricht man von *Bifurkation.* Bedeutende Bifurkationen sind wohl deswegen nicht häufig, weil ein Schwemmkegel, dessen unterer Saum sich auf zwei verschiedene Flußgebiete verteilt, nur dann Aussicht hat, für längere Zeit aktives Flußniveau zu bleiben, wenn in beiden Flußgebieten nahezu die gleichen Gefällsverhältnisse herrschen, so daß keine Abflußseite bevorzugt ist. Durch die Forschungen A. v. Humboldts berühmt ist die Bifurkation des Orinoco-Casiquiare im südlichen Venezuela (A. Hamilton-Rice, 1921).

Val Maroz und Val Forno sind im hydrographischen Netz durch je ein ausgesprochenes *Anzapfungsknie* an ihren Talausgängen gekennzeichnet. Die einst eingetretene Veränderung der Entwässerungsrichtung wird dadurch selbst schon auf einer Übersichtskarte angedeutet. Noch ein drittes Tal, die Val d'Albigna westlich der Val Forno, zeigt ein *Anzapfungsknie* und zwar in ganz besonderer Schärfe. Dies Tal neigt sich auf 5 1/2 km Länge in Süd-Nord-Richtung von 2700 m auf 2000 m. In sinngemäßer Fortsetzung seines Gefälles würde es bei Einrechnung einer mäßigen glazialen Ausschürfung genau auf das Niveau des Malojapasses einspielen. Es bricht aber bei 2000 m Meereshöhe mit 700 m hoher Stufe bzw. Steilstrecke zur Mera ab. Dann macht der Bach das erwähnte scharfe *Anzapfungsknie* nach West-Süd-West.

Alle obersten Zuflüsse der Mera fließen ihr also widersinnig talaufwärts entgegen, weil sie einst Quellarme des Inn waren. Das erste Nebental, das sich der Mera in einem normalen Richtungswinkel zuwendet, ist die bei Bondo von Süd-Ost einmündende Val Bondesca. Danach dürfte die Wasserscheide zwischen Mera und Inn einst zwischen der heutigen Mündung der Val d'Albigna und der der Val Bondesca, also etwa südlich vom Piz Duan gelegen haben.

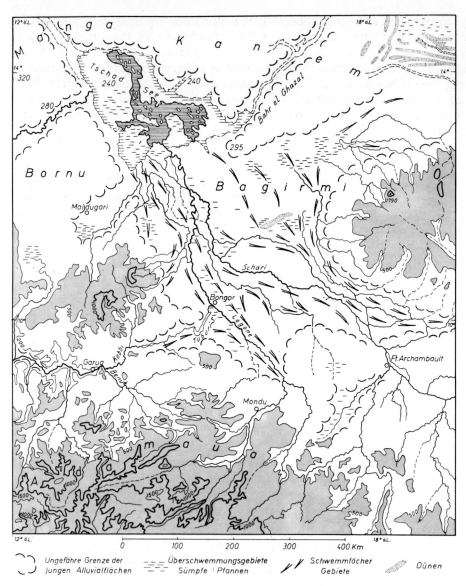

Fig. 66. Tschadsee-Becken und Bifurkation des Logone 1 : 6,6 Mill. unter Benutzung der Karte des
Times-Atlas 1 : 5 Mill. und der Geologischen Karte von Afrika 1 : 5 Mill. von Fritz Behrend,
(1941).

Höhenlinien von 200, 500, 1000, 1500 m. Höhen über 500 m sind grau getönt.

Der Tschadsee erfüllt mit außerordentlich wechselnder Größe der Wasserfläche ein sehr flaches
Becken in etwa 240 m Höhe. Seine zahlreichen Inseln sind *Altdünen*, die nun im Wasser stehen. Das
Tschadbecken besitzt gegen NE in wenig höherem Niveau den Auslaß des Bahr el Ghazal zum nur
etwa 160 m hohen Endbecken von Bodele (außerhalb des Kartenausschnitts). Der Tschadsee ist
gegenwärtig *Endsee*, hat aber während der Pluvialzeiten *Abfluß* zum Becken von Bodele gehabt.
Dadurch dürfte sich erklären, daß er nur sehr geringen Salzgehalt besitzt. Dem Tschadbecken laufen
von allen Seiten mit Ausnahme des Bahr el Ghazal Talfurchen zu. Im Norden sind es *Trockentäler
(Wadis)*. Im Südwesten, Süden und Südosten sind es dauernde oder wenigstens jahreszeitlich ab-

In den ariden und semiariden Gebieten der Erde, in denen binnenländische Schwemmfächerbildung eine große Rolle spielt, ist die Überschüttung niedriger Wasserscheiden und damit die Schaffung veränderter Abflußwege verhältnismäßig häufig. Ein bekanntes Beispiel bietet der Logone, der in der Hauptsache noch zum Tschadsee, bei Hochwasser aber teilweise schon zum niedriger gelegenen Benuë entwässert. Hier bereitet sich anscheinend eine Ablenkung des Logone zum Benuë vor (Fig. 66). Auf dem riesigen Schwemmfächer oberhalb Timbuktu hat der Niger, der einst mit nordwärts gerichtetem Lauf im Westsaharabecken verdunstete, einen Weg nach E zu weniger ariden Gebieten gefunden, durch die er mit südöstlicher Richtung das Meer zu erreichen vermag.

Flußaufschüttung führt mitunter nicht nur zur Überschüttung niedriger Stellen im System der Wasserscheiden eines Gebietes und damit zur Öffnung neuer Abflußrichtungen für die aufschüttenden Gerinne. Sie kann auch ein vorher vorhandenes Relief auf größere Erstreckung vollständig unter sich begraben. Dann entwickelt sich auf der Aufschüttungsoberfläche ein Flußnetz, das von dem des verschütteten Reliefs unabhängig ist. Dieser Fall ist z. B. im Alpenvorlande längs der Donau im jüngsten Tertiär weithin eingetreten. Er hat die Voraussetzungen für die *epigenetischen Durchbruchs-Talstrecken* der Donau geschaffen (Kap. III F 5, S. 340 ff.).

Lokale und auch großräumige Überschüttung von Wasserscheiden dürfte für die Umgestaltung von Flußnetzen eine größere Bedeutung haben, als im allgemeinen in der Lehrbuchliteratur bisher zum Ausdruck kommt.

3. Anpassung an schwach geneigte Schichttafeln, das Schichtstufenrelief

Grundvorstellung

Auf die Entwicklung eines Tälerreliefs muß sich der Festigkeitsunterschied der Gesteine auswirken, besonders, wenn nach und nach immer mächtigere Gesteinspartien abgetragen werden und die aktuelle Landoberfläche tiefer und tiefer unter das Niveau der zu Anfang der Abtragung ausgesetzten Oberfläche rückt. Denn in wenig widerständigen Gesteinen entwickeln sich die Täler rasch, in resistenten Gesteinen nur langsam. Daher ändert sich im Laufe der Entwicklung

---

kommende Gerinne. Die weitaus bedeutendsten von ihnen sind der Schari und sein Nebenfluß Logone. Sie haben gewaltige *Schwemmfächer* in das Becken geschüttet, auf denen mannigfache Flußgabelungen und Wiedervereinigungen stattfinden. Eine solche Gabelung des Logone bei Bongor führt auf jungen Aufschüttungen der Tuburi-Niederung westwärts hinüber zum Kebbi (Kabia), einem Nebenfluß des Benuë und damit zum Atlantischen Ozean. Diese *Bifurkation* des Logone, die nur bei hohem Wasserstande in Tätigkeit ist, darf als erster Anfang einer Anzapfung des Logone vom Benuë her aufgefaßt werden. Denn das Gefälle des oberen Benuë ist vielmals größer als das des Logone zum Tschadbecken. Die Gerinnebahn der Bifurkation aber hat den Weg bereits vorgezeichnet, auf dem, wenn nicht störende Ereignisse dazwischentreten, durch *rückschreitende Erosion* vom Benuë-Kebbi her eine eingeschnittene Talfurche langsam weiter in das Aufschüttungsgebiet des Logone vordringen wird, bis sie den Logone zum Benuë ablenkt.

die relative Größe und Bedeutung der einzelnen Teilabschnitte und der Verzweigungen des Gewässernetzes.

Besonders gut überblickbar ist ein derartiges Geschehen bei der Zerschneidung und Abtragung einer flach geneigten Schichttafel. Eine solche besteht praktisch immer aus einer Folge verschieden widerständiger Gesteine.

Feste und namentlich auch wasserdurchlässige Gesteine, wie massige, aber dabei klüftige Kalke und gut verkittete, aber poröse Sandsteine, die Niederschläge aufschlucken können und daher die Gerinnebildung erschweren, erweisen sich gegenüber der Abtragung in der Regel als besonders widerständig. Alle tonreichen Gesteine, weiche Schiefer und Mergel, ferner alle feinschichtigen Ablagerungen setzen der Abtragung geringeren Widerstand entgegen. Sofern magmatische Gesteine sich als vulkanische Decken oder Lagergänge am Aufbau von Schichttafeln beteiligen, kommt es bei ihnen bezüglich ihrer Widerständigkeit stark auf Feinheit oder Grobheit ihrer Körnung, auf ihre Klüftigkeit und auf ihr Verhalten gegenüber der chemischen Verwitterung an.

Alle genannten Besonderheiten der Gesteine variieren in ihrer Bedeutung für die Widerständigkeit gegen Abtragung mit dem Klima. Aber es ist kaum möglich, hierfür einfache Regeln anzugeben.

Die verschiedene Widerständigkeit der einzelnen Schichtglieder einer großen, sanft geneigten Schichttafel führt bei der Zertalung durch Böschungsabtragung zur Ausbildung einer *Schichtstufenlandschaft*. Um deren theoretische Analyse hat sich zuerst besonders W. M. Davis (1899c, 1912) verdient gemacht.

Der Grundgedanke sieht ein sanftes Schichtengewölbe vor, dessen Gewölbescheitel abgetragen worden ist, so daß die verschiedenen Gesteine in bandartigen Zonen in der Längsrichtung des Gewölbes und an dessen Enden mit *umlaufendem Streichen* an der Erdoberfläche zutage treten. Davis hat hierzu ausgeführt, daß die Abtragung des Gewölbescheitels durch einen Prozeß der Rumpfflächenbildung, also Abtragung bis zu weitgehender Einebnung, hervorgebracht zu denken sei, was sicher in manchen Fällen zutrifft. Es ist ihm aber vor allem von deutschen Forschern (Schmitthenner, viele Arbeiten 1920−1956 u. a.) sicherlich mit Recht entgegengehalten worden, daß eine den Schichtenstoß kappende Abtragung*sebene* zur Entwicklung der Schichtstufenlandschaft nicht notwendig sei, sondern daß die Entblößung verschieden widerständiger Gesteine in zonaler Anordnung nebeneinander auch ohne Rumpfflächenbildung im Zuge der Zerschneidung der höher gelegenen Teile eines irgendwie herausgehobenen Schichtpaketes zustandekommen müsse.

Die eigentliche Entwicklung der Schichtstufenlandschaft beginnt, sobald ein besonders widerständiger Schichtenkomplex von der Zertalung an irgendeiner Stelle völlig durchsägt und eine darunter liegende, leicht zerstörbare Schichtserie angeschnitten worden ist. Es ist einleuchtend, daß von dieser Zeit an im Bereich des wenig resistenten Gesteins eine rasche Abtragung beginnt. Sie hat eine Ausweitung des sich einschneidenden Tales an dieser Stelle zur Folge, und diese Ausweitung wird allseitig von Steilabhängen des überlagernden festen Gesteins umgeben. Denn durch Wegtransport des leicht zerstörbaren Gesteins wird allenthalben das darüberliegende feste Gestein untergraben. Es überragt die Unter-

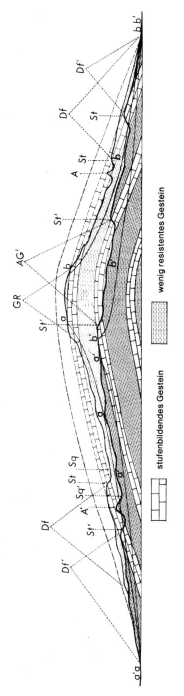

Fig. 67. Schema der Entwicklung einer Schichtstufenlandschaft in einem flachen Schichtengewölbe ohne Vorausgang einer Kappungsebene. Gestrichelt: Die ursprüngliche Oberfläche des Schichtengewölbes.
Fein ausgezogen: Firstprofile und zugehörige Tallängsprofile a–a und b–b in einem frühen Entwicklungszustand der Schichtstufenlandschaft.
Stärker ausgezogen: Firstprofile und zugehörige Tallängsprofile a'–a' und b'–b' in einem späteren Entwicklungszustand der Schichtstufenlandschaft.

Df = Schichtstufen-Dachfläche im frühen Entwicklungszustand
St = Schichtstufe im frühen Entwicklungszustand
Sq = Subsequenzfurche im frühen Entwicklungszustand
A = Auslieger, Zeugenberg im frühen Entwicklungszustand
GR = Gewölberest im frühen Entwicklungszustand

AG' = Ausgeräumtes Gewölbe im späteren Entwicklungszustand
Df' = Schichtstufen-Dachfläche im späteren Entwicklungszustand
St' = Schichtstufe im späteren Entwicklungszustand
Sq' = Subsequenzfurche im späteren Entwicklungszustand
A' = Auslieger, Zeugenberg im späteren Entwicklungszustand

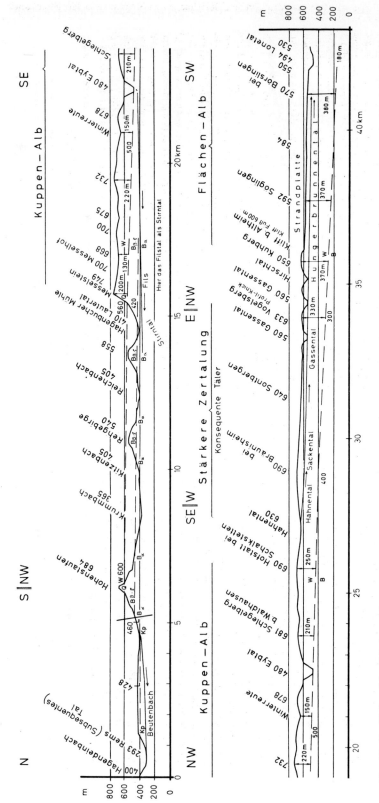

Fig. 68. Profil der Schwäbischen Alb vom Remstal nördlich des Hohenstaufen zum Lonetal bei Börslingen nordöstlich von Ulm. Maßstab 1:125 000 mit 2½facher Überhöhung.

Erläuterung zu Fig. 68.

W (unter der Profil-Oberfläche) = *Weißjura* (Ob. Jura, Malm); B = *Braunjura* (Mittl. Jura, Dogger); L = *Schwarzjura* (Unt. Jura, Lias); Kp = Keuper; | = Verwerfung; – – – = Schichtgrenzen, hauptsächlich nach *O. F. Geyer* und *M. P. Gwinner* „Der Schwäbische Jura", Sammlg. Geol. Führer, Bd. 40, 1962. ↕ mit Meterangabe = noch vorhandene Mächtigkeit des Weißjura; Q = Quellhorizont; ‖ = Änderung der Profilrichtung.

Die am *Messelstein* (749 m) 330 m hohe *Schichtstufe der Schwäbischen Alb* besteht in ihrer oberen, sehr steilen Hälfte aus widerständigem Weißjurakalk. Dieser, teils aus Riffkalken, teils aus gebankten Kalken aufgebaut, zeigt leichtes Einfallen (um 15‰) der Schichten nach SE. Der minder steile Sockel der Schichtstufe besteht aus den konkordant unterlagernden, weniger widerständigen, wassertragenden Schichten des Braunjura; daher hier ein *Quellhorizont* (Q).

Der Schichtstufe ist im NW ein zertaltes Bergland aus Braunjuragesteinen mit Höhen um 550m (Rehberge) und mit mäßigen Hangböschungen vorgelagert. Hier ist die ehedem vorhandene Decke der Weißjuragesteine durch Abtragung entfernt. Aber der *Hohenstaufen* (684 m) trägt oberhalb von 600 m mit seinem steilen Gipfelaufbau noch einen Abtragungsrest des festen Weißjurakalkes (*Auslieger, Zeugenberg*).

Nördlich des Hohenstaufen trennt eine *Verwerfung* die Scholle der *Schwäbischen Alb* von der orographisch niedrigeren, aber tektonisch höher emporgehobenen Scholle des Schwarzjura- und Keuperberglandes an der *Rems*, d.h. des *Welzheimer Waldes* (*Reliefumkehr*). Trotz dieser *Bruchstörung* folgt die Rems vor dem Saume des Schichtstufenbereiches in den dort zutage tretenden, leichter zerstörbaren Gesteinen des Schwarzjura und Keuper dem Schichtstreichen (*subsequentes Tal*).

Die Hochfläche der Alb ist, wie die meisten *Dachflächen* von *Schichtstufenlandschaften*, eine ziemlich unebene Abtragungsoberfläche, welche den Schichtbau schneidet. Zwischen dem Stufenrand am Messelstein und Schalkstetten weist sie als *Kuppenalb* Höhenunterschiede von etwa 50 bis 80 m in einem welligen Relief auf. Weitere mehr als 100 m tiefer ist die Schlucht des *Eybtales* eingeschnitten. Sie richtet sich g<e>gen das *Filstal*, welches hier ein großes *Stirntal* der Alb bildet. Zwischen Schalkstetten und dem *Kliff des Miozänmeeres* bei Altheim wird die *Albhochfläche* von 50 bis 100 m tiefen *Kerbtälern* und *Sohlentälern* zerfurcht. Sie folgen dem Schichtfallen (*konsequente Täler*). Weiter südostwärts dehnt sich von 600 m Höhe bei Altheim bis 550 m am *Lonetal* bei *Börslingen* sehr flach die *Strandplatte des Miozänmeeres* (*Flächenalb*). Stellenweise trägt sie Reste von *Miozän-Ablagerungen*.

In der Nähe des Lonetales hat die Schichtfolge des Weißjura heute noch eine Mächtigkeit von rund 400 m, obwohl auch hier schon einiges abgetragen ist. Bei Schalkstetten sind zwischen der Basis des Weißjura und den Kuppen des Geländes noch 250 m Weißjuragestein erhalten. Am Messelstein ist eine Mächtigkeit des Weißjura von 200 m, in der benachbarten Talung auf der Hochfläche sogar nur von 130 m übriggeblieben. Wenn auch die ursprüngliche Mächtigkeit der Weißjura-Serie in den höheren Teilen der Schwäbischen Alb nur geschätzt werden kann, so ist doch sicher, daß in der Nähe des Stufenabfalls auf der Albhochfläche Weißjuragesteine von um 200 m Mächtigkeit durch Abtragung entfernt worden sind, in größerem Abstand vom Stufenrand entsprechend weniger.

Die Albhochfläche ist also eine *Abtragungsoberfläche*. Sie hat ein beträchtliches Einzelrelief. Im ganzen schneidet sie die Weißjura-Serie mit Neigung nach Südosten unter einem Winkel von 5 bis 10‰, der also etwa halb so groß ist wie das *Schichtfallen*.

grabungsstellen mit Steilabfällen, die durch das feste Gestein bedingt sind. Das sind *Schichtstufen*.

Unser gedachtes einschneidendes Tal wird in der Regel die Richtung des Schichtfallens haben, also *konsequent* gerichtet sein (Fig. 67). Denn auf einem der Abtragung ausgesetzten Schichtgewölbe müssen sich wohl zuallererst konsequente Gerinne bilden. In diesem Falle ist aber die Entwicklung unserer Talausweitung im leicht abtragbaren Gestein nach talabwärts begrenzt. Sie kann nicht über den untersten Punkt hinausgehen, bis zu dem der Fluß das wenig resistente Gestein angeschnitten hat. Weiter talab fließt er in engem Tale im festen Hangendgestein, so daß dort keine Untergrabung wie in der Talweitung möglich ist. Talauf dagegen kann die gedachte Ausräumung des wenig widerständigen Gesteins und seiner überlagernden Deckschicht so weit fortgehen, wie Gefälle zum einschneidenden Tal hin vorhanden ist, also gegebenenfalls bis zum Scheitel des Gewölbes.

Wenn man bedenkt, daß unter den angenommenen Verhältnissen in allen benachbarten konsequenten Tälern des Schichtengewölbes ungefähr die gleichen Vorgänge zu erwarten sind, und daß auf dessen entgegengesetzter Abdachung das entsprechende sich ebenso einstellen muß, so wird das geomorphologische Ergebnis in folgendem bestehen:

Nach weitgehender Zerschneidung und Ausräumung der gedachten, wenig widerständigen Gesteinsserie, welche Zerschneidung aber talabwärts nirgends weiter vorgedrungen ist als bis zu den Punkten, an denen jedes der beteiligten konsequenten Täler schließlich in das feste Hangendgestein übertritt, wird der Scheitel des Gewölbes von einer fortlaufenden Folge von Steilabfällen umgeben. Diese sogenannten *Schichtstufen* (franz. *côte*, engl. *escarpment*, amerik.-span. *cuesta*)[27] knüpfen sich an das widerständige Hangendgestein. Sie entstanden durch dessen Nachbrechen über dem leicht zerstörbaren Sockelgestein, als dieses durch die Talbildung angegriffen und weggeräumt wurde. Sie verlaufen annähernd im Schichtstreichen und richten ihren Abfall gegen das Schichtfallen, bzw. gegen die Region, in der der Scheitel des Schichtengewölbes liegt. Der Verlauf der Schichtstufen ist aber nicht glatt, sondern mehr oder weniger gelappt und gebuchtet. Denn Stirntälchen schneiden sich, oft den Kluftsystemen nachtastend, in den Abfall ein. Durch die untergrabende Wirkung der Quellaustritte an der Grenze des hangenden, gewöhnlich wasserdurchlässigen festen Stufenbildnergesteins gegen die liegenden, meist undurchlässigen, wassertragenden Sockelschichten werden Nischen im Stufenabfall geschaffen. Hierdurch kommt es an der Stufenfront zur Ausarbeitung vorspringender Bastionen und nicht selten zu mehr oder weniger vollständiger Abtrennung solcher Vorsprünge von der zusammenhängenden Front der Schichtstufe. Derartige, durch Zerschneidung und Böschungsabtragung an der Stufenfront abgetrennte Vorposten, die zu oberst in der Regel noch eine Kappe des stufenbildenden Gesteins tragen, werden als *Zeugenberge* oder, wenn sie noch in einem gewissen Zusammenhang mit dem Stufenkörper stehen, als *Auslieger* bezeichnet (Bild 70, 149).

---

[27] Der Ausdruck cuesta wird im Spanischen auch allgemein für eine hohe Geländestufe, die keinen Schichtstufencharakter besitzt, und für Einsattelungen in Gebirgsketten gebraucht.

Der Abfall der Schwäbischen Alb und die vorgelagerten Zeugenberge des Hohenzollern, Achalm, Teck und Hohenstaufen sind besonders bekannte Beispiele für die Formengemeinschaft einer Schichtstufe (vgl. etwa die Topographischen Karten Nr. 7225 Heubach, 7422 Dettingen, 7521 Reutlingen, 7620 Jungingen und Fig. 68).

Wenn bei fortschreitender Zertalung mehrere Folgen widerständiger und leicht zerstörbarer Gesteine von den konsequenten Tälern durchschnitten werden, so besitzen diese Täler jeweils im Bereich der festen Schichten Engen, im Bereich der wenig resistenten Gesteine Weitungen. Die Engtalstrecke zwischen zwei Weitungen bildet jeweils eine Art Durchbruchstal, da der Fluß hier aus niedrigem Gelände kommend in höheres Gelände eintritt, um wieder niedrigeres zu erreichen. Sie werden nicht sehr glücklich als *Abtragungsdurchbrüche* bezeichnet; denn jedes Durchbruchstal entsteht durch Abtragung. Man kann sie vielleicht besser *Schichtstufendurchbrüche* nennen.

Im Raume der leicht zerstörbaren Gesteine entwickeln sich von den Weitungen aus im Schichtstreichen, d. h. ungefähr senkrecht zu den konsequenten Haupttälern, meistens besonders kräftige Nebentäler. Sie sind von Davis als *subsequente* Nebentäler bezeichnet worden. Es sind im Prinzip *Isoklinaltäler*, nämlich Täler, bei denen das Schichtfallen zu beiden Seiten der Tiefenlinie gleich gerichtet ist, so daß der eine Hang mit dem Schichtfallen *(Schichtfallhang, Kataklinalhang)*, der andere Hang gegen das Schichtfallen abgebößt ist *(Schichtkopfhang, Paraklinalhang)* (s. S. 327, Fußnote 27a). Der letztgenannte Hang wird in den subsequenten Tälern jeweils von einer Schichtstufe gebildet bzw. gekrönt. Der entgegen dem Schichtfallen aufsteigende Hang führt zur flachen *Dachfläche (Stufenfläche)* der nächsten, gegen den Gewölbescheitel folgenden Schichtstufe empor. Für diese Dachflächen hat A. Hettner den nicht sehr glücklichen, weil wenig besagenden, aber viel benutzten Ausdruck *Landterrasse* eingeführt.

Davis (1899c, 1912) ist in der Systematik der Nebentaltypen der Schichtstufenlandschaft noch weiter gegangen. Nebengerinne der subsequenten Täler, soweit sie mit dem Schichtfallen, also vom Kataklinalhang herabziehen und damit ebenso wie die konsequenten Haupttäler gerichtet sind, nennt er resequent. Wenn sie entgegen dem Schichtfallen gerichtet sind, also als Stirntälchen der Paraklinalhänge auftreten, bezeichnet er sie als obsequent. Aber es ist im einzelnen oft nicht leicht feststellbar, ob ein Tälchen z. B. wirklich resequent ist, oder ob eine ehemals konsequente Anlage nur nachträglich dem subsequenten Tale tributär geworden ist. Darum haben sich diese Bezeichnungen nicht überall eingebürgert. Der Begriff des subsequenten Tales und der *Subsequenzzone* ist dagegen von großem Nutzen für das Verständnis. Man verwendet ihn sogar mitunter in erweiterter Bedeutung für alle Talanlagen, die sich an eine Zone leicht ausräumbarer Gesteine knüpfen, ohne Rücksicht darauf, ob diese in einer schwach geneigten Schichttafel ausstreichen oder Bestandteil kräftig gefalteter Strukturen sind.

Ergänzendes zur Beziehung zwischen Oberfläche und Schichtenbau

Wie schon angedeutet, ist zur Ausbildung einer Schichtstufenlandschaft eine flach geneigte Schichttafel notwendig. Die Schichtstufen ebenso wie die Subsequenzzonen verlaufen hierbei im Schichtstreichen. Daraus ergeben sich Regeln für Verlauf und Aufeinanderfolge der Stufen und Subsequenzzonen durch kleinräumigere, gewissermaßen sekundäre Differenzierung des allgemeinen Schichtfallens. Wird dieses örtlich flacher, so rücken zwei, in der Schichtenfolge hintereinander angeordnete Stufen weiter auseinander, bei steilerem Fallen rücken sie näher zusammen.

Ist die Schichtenfolge im Bereich einer Stufe eingemuldet, dann biegt der Stufenrand entgegen dem Schichtfallen aus. Im Raum einer Aufwölbung schwingt er in Richtung des Schichtfallens zurück.

Geologische Gräben und Horste nicht zu großer Sprunghöhe, die den Stufenrand queren, machen sich in entsprechender Weise, nämlich durch ein plötzliches Vor- und Zurückspringen des Stufenrandes, bemerkbar.

In schematischen Darstellungen der Schichtstufenlandschaft wird nicht selten der Eindruck erweckt, als ob die Dachfläche (Stufenfläche) einer Schichtstufe eine Schichtoberfläche sei, der Stufenabfall aus der widerständigen Schicht in ihrer vollen Mächtigkeit gebildet werde, und als ob die liegende wenig resistente Gesteinsserie erst am Fuße der Schichtstufe hervortrete. Die Wirklichkeit sieht in der Regel wesentlich anders aus.

Fast immer ist die Dachfläche einer Schichtstufe eine Schnittfläche. Allenfalls kleinräumig stimmen Dachfläche und Schichtfläche überein. Am oder nahe dem oberen Stufenrand, der *Trauf,* dem *First,* setzt sie gewöhnlich über mittleren Horizonten des stufenbildenden Schichtkomplexes ein und schneidet dann unter flachem Winkel über dessen obere Horizonte und über die Schichtglieder der hangenden Serie leicht zerstörbarer Gesteine hinweg. Sie ist also eine *Kappungsfläche.* Deswegen hat man solche Flächen eine Zeit lang für Rumpfflächen im Sinne von W. M. Davis gehalten und hat weitgehende entwicklungsgeschichtliche Folgerungen daraus hergeleitet (Fig. 68).

Die Ausbildung dieser Dach- oder Stufenflächen als flache Kappungsflächen ist aber wahrscheinlich darauf zurückzuführen, daß in den festen stufenbildenden Gesteinen die flächenhafte Abtragung, sei es als Flächenspülung, als Solifluktion, Gekriech oder als Dellenbildung an der Schichtoberfläche nur sehr langsam angreifen kann. Eine ruhende Decke leicht zerstörbarer Hangendgesteine kann zwar verhältnismäßig rasch zu flach geböschten Resten abgetragen werden, wird jedoch in der Regel nicht völlig entfernt, namentlich dort nicht, wo das leicht abtragbare Gestein selbst wiederum den Sockel eines nächst höheren, hangenden Stufengesteins bildet und als sanft wellig geformtes Vorgelände vor jener Stufe liegt. Die so als Kappungsfläche ausgebildete Schichtstufen-Dachfläche ist also durch das Vorhandensein des festen Untergrundgesteins bedingt. Sie ist damit strukturbe*dingt* (franz. *surface structurale,* was also *nicht* einfach Strukturoberfläche bedeutet). Eine solche Fläche besagt nichts über Etappen einer allgemeinen Einebnung in der Entwicklungsgeschichte des betreffenden Reliefs (Bild 70, 149).

Dieser Sachverhalt ist in Deutschland wohl zuerst durch R. Gradmann (1919) mit seiner Theorie der abgeflachten Firste für die Schichtstufenlandschaft deutlich herausgearbeitet worden. Die Dachflächen des Schichtstufenlandes wurden dabei von ihm als über einem widerständigen Schichtpaket durch die Denudation stark abgeflachte Firste zwischen benachbarten Taleinschnitten aufgefaßt. Dann hat H. Schmitthenner (seit 1920, bes. 1925/26) auf die wichtige Rolle der *Dellen-bildung* bei der Herstellung des Flachreliefs der Dach- oder Stufenflächen aufmerksam gemacht, wobei er allerdings die fundamentale Bedeutung der kaltzeitlichen Solifluktion im Pleistozän für diese Dellenbildung damals noch nicht erkannte.

Der Abfall der Schichtstufen besteht zum mindesten in den humiden Wald-klimaten keineswegs ausschließlich aus dem festen Gestein. Vielmehr bildet dieses infolge der langsamen, aber durch lange Zeiten wirkenden Abtragung auf der Dachfläche am Stufenabfall selbst, wie schon angedeutet wurde, oftmals nur noch ein Paket von verhältnismäßig geringer Mächtigkeit, während ein wesentlicher Teil des Stufenabfalls bereits aus Schichten des liegenden, wenig resistenten Gesteins aufgebaut ist. Dieser untere Teil der Stufe ist die gewöhnlich weniger steil geneigte *Stufenlehne*. Die Wirkung des widerständigen Stufenbildners besteht hier offenbar mehr in einem Abtragungsschutz für die darunter liegenden leicht abtragbaren Gesteine als darin, selbst den größten Teil der Stufenhöhe aufzubauen. An der Grundtatsache, daß die Stufe durch die Wechsellagerung von widerständigem und wenig widerständigem Gestein hervor-gerufen ist, kann dennoch nicht gezweifelt werden (Fig. 68). E. Schunke (1968, 1969), ebenso E. Schunke und J. Spönemann (1972) haben darüber hinaus für scharfkantige Schichtstufen die Bezeichnung Trauf-Schichtstufe, für gemildert kantige die Bezeichnung Trauf-Schichtstufe mit Walm, für weich zugerundete die Bezeichnung Walm-Schichtstufe vorgeschlagen (Fig. 69).

Wird die Schichtneigung einer Schichttafel sehr flach, so verlieren bei der Durchtalung und Schichtstufenbildung die Regeln über die Anordnung der zu altersverschiedenen Gesteinslagen gehörigen Schichtstufen und über die Aus-richtung ihrer Steilböschungen ihre Wirksamkeit. H. Mortensen hat auf Grund von Untersuchungen in Texas (1953) derartige Verhältnisse näher erläutert. Es erweist sich dann mangels einer ausgeprägten Schichtneigung als zweckmäßig, die Hauptstränge des Gewässernetzes zur Orientierung über die vorhandenen Schichtstufen zu benutzen. Es werden Frontstufen, Achterstufen und Diagonal-stufen in bezug auf die Haupttäler unterschieden[27a]. Abtragungsreste der oberen

---

[27a] Jüngere Autoren verwenden z. T. die Bezeichnungen „Frontstufe" und „Achterstufe" gleich-bedeutend mit „Paraklinalstufe" (Schichtkopfstufe) bzw. „Kataklinalstufe" (Schichtfallstufe). Dies widerspricht der Absicht von Mortensen, für Gebiete mit großräumig nahezu horizontaler Schicht-lagerung, in denen etwaige minimale Abweichungen von der Horizontallagerung nicht allein schwer feststellbar, sondern auch geomorphologisch fast bedeutungslos sind, eine orientierende Kennzeichnung vorhandener Schichtstufen *ohne* Bezugnahme auf die Schichtlagerung, dafür aber *mit* Bezugnahme auf das Zertalungssystem zu gewinnen. Dieser Gedanke von Mortensen entspricht einem wirklichen Bedürfnis nach sachgerechter Formenbeschreibung. Seine Bezeich-nungen sollten u. E. nicht durch nachträgliche Ausweitung auf Schichttafeln mit merklicher Schichtneigung gerade für fast horizontale Schichtlagerung, für die sie einst erdacht worden sind, in ihrer Aussage unklar, nämlich doppeldeutig gemacht werden.

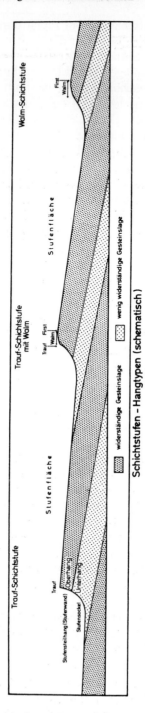

Fig. 69. Schema von Trauf- und Walm-Schichtstufen nach E. Schunke 1968 und H. Blume 1971.

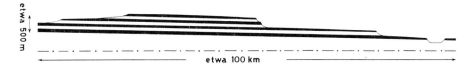

Fig. 70. Schichtstufenlandschaft mit Front- und Achterstufen (aus J. Hövermann, Z. Geomorph., N. F., 9, 1965).

Gesteinsserien einer solchen Schichttafel werden als Auflieger oder Aufsitzer bezeichnet. Anders als bei einer Schichtstufenlandschaft in einer leicht und einheitlich geneigten Schichttafel fehlt hier das auf größere Entfernung ungefähr gleich gerichtete Ausstreichen der verschiedenen Schichtserien und damit auch im Gefolge einer Zertalung die Entwicklung von Schichtstufen mit deutlicher Hauptlängsrichtung und mit vorgelagerten Zeugenbergen (Fig. 70).

Frage der klimageomorphologischen Differenzierung

Die neuere Forschung, vor allem vertreten durch H. Mortensen, J. Tricart, J. Büdel (1952), H. Blume (1971), hat sich eingehend den Fragen der klimageomorphologischen Differenzierung der Schichtstufenlandschaft zugewandt. H. Mortensen (1947, 1949) und ähnlich J. Tricart (1950/51) heben hervor, daß unter bestimmten Klimagegebenheiten (wechselfeuchtes Tropenklima, subarktisches bzw. subnivales Klima (Kap. III E, S. 277 ff., 290 ff.) die allgemeine Tendenz zur Ausbildung von Verebnungen besonders groß sei, daß dagegen im vollhumiden Klima durch Kerbtalbildung und Quellenuntergrabung an den Stufenabfällen eine Neigung zur Herausarbeitung bzw. Verschärfung der Schichtstufen zu erkennen sei (Bild 70, 149). Wechseln die klimatischen Gegebenheiten und mit ihnen die morphodynamischen Prozesse in einer Schichtstufenlandschaft im angedeuteten Sinne, dann spricht H. Mortensen (1949) von *alternierender Abtragung*. Der Einfluß des semihumiden, semiariden und ariden Klimas ist allerdings noch nicht recht klar. So wird teilweise die rezente Hangabtragung im Trockenklima als unbedeutend (z. B. H. Mortensen, 1953; F. Ahnert, 1960), teilweise aber als sehr beträchtlich eingeschätzt (H. Blume, 1968; H. Mensching, 1968; C. Rathjens, 1968). Man wird etwa folgendes sagen können: In wechselfeuchten Klimaten, soweit sie die Flächenspülung begünstigen, wahrscheinlich auch in den subpolaren Gebieten mit starker Solifluktion werden besonders die Dachflächen der Schichtstufenlandschaften tiefer gelegt. Unter vollhumiden Verhältnissen, bei denen auch die kleineren Bäche perennieren, ist die Untergrabung und Zurückverlegung der Stufenabfälle besonders intensiv. Den Versuch einer klimabestimmten Systematik der Schichtstufenlandschaft hat H. Blume (1971) unternommen.

H. Blume u. H. K. Barth (1972) vertreten die Auffassung, daß bei stärkerer Schichtneigung, d. h. im Schichtkammrelief (S. 335) der ariden Gebiete eine besonders charakteristische Herauspräparierung von Frontstufen[27a] auftritt, die durch Stirnfurchen angekerbt sind, und von kleineren Sekundärstufen, die dem Schichtkamm-Rückhang aufsitzen und ebenfalls dem Schichtfallen entgegen gerichtet abfallen. Die Autoren bezeichnen diese Stufen als Rampenstufen. Sie fassen den Schichtkamm-Rückhang (die Dachfläche des Schichtkammes) als eine Rampe auf, an deren oberem Ende ein Abfall hinabführt.

Vor dem Fuß dieser Frontstufen findet sich in diesen Gebieten nicht selten eine Schuttdecke über Anstehendem, die in Richtung auf die Frontstufe ansteigt, die aber durch Erosionsfurchen von dieser Stufe abgetrennt und außerdem in Einzelabschnitte zerteilt wird. Solche gegen die Frontstufe aufsteigende, aber von ihr durch einen Abfall abgesetzte Schuttdecken werden bei diesen Autoren Schuttrampen genannt. Die beschriebenen Einzelformen finden sich auch nicht selten z. B. in den sanft deformierten bis fast flachen Neogentafeln von Inneranatolien, also im semiariden Bereich und bis ins Schichttafelland hinein.

Für ihre Formenbenennung sind die Autoren davon ausgegangen, daß der flache Anstieg einer Rampe am oberen Ende stets mit einem abwärts führenden Steilabfall abbrechen müsse. Für Verladerampen trifft dies sicher zu, für die Auffahrtrampen z. B. an Prachtbauten oder für die Anstiegsrampen mit denen Verkehrswege einen großen Höhenunterschied überwinden, aber durchaus nicht. Es wird abzuwarten sein, ob diese Benennungen sich einbürgern. Um ihretwillen wird der ganz anders gefaßte Begriff „Rampenhang", der zur genaueren Kennzeichnung einer großräumigen und besonders bedeutsamen Oberflächenform der Erde benötigt wird, und der außerdem eher eingeführt wurde, von uns nicht fallengelassen. (vgl. auch Fußnote 17, S. 185 und 27a, S. 327).

Mortensen hat ein Kriterium angegeben, welches die Beurteilung des gegenseitigen Intensitätsverhältnisses von Flächenabtragung und Stufen-Zurückverlegung ermöglicht. Bei starker Flächenabtragung und geringer Zurückverlegung der Stufen sollte die stufenbildende widerständige Gesteinsserie an der Stufentrauf nur mit einem geringen Bruchteil ihrer Mächtigkeit erhalten sein. Im umgekehrten Falle sollte sie am Stufenrand fast mit ihrer vollen Mächtigkeit entgegentreten. Unmittelbar vergleichende Anwendung dieses Kriteriums ist allerdings nur möglich, wenn die Schichtneigung der zu beurteilenden Schichttafeln ungefähr gleich ist und wenn die betreffenden Schichttafeln ähnliche Gesteinsausbildung und ähnliche Differenzierungen innerhalb der Schichtfolge aufweisen. Größere vergleichende Untersuchungen über diesen Fragenkreis wären sicherlich lohnend.

Mortensen faßt weiter den nachweislich vorkommenden Fall ins Auge, bei dem eine flach geneigte Schichttafel durch flächenhafte Abtragung so weit eingeebnet worden ist, daß scharfe Schichtstufen nicht mehr vorhanden sind, wohl aber leichte Geländeschwellen überall dort, wo widerständige Gesteine ausstreichen. Bei solcher Formgebung ist es schwer zu entscheiden, ob man noch von einer Schichtstufenlandschaft oder schon von einer Rumpffläche sprechen soll. Am Nordostrande des Rheinischen Schiefergebirges um Korbach, auf der Hochfläche von Dransfeld westlich von Göttingen, an der Ostseite der Fränkischen Alb südlich von Bayreuth und an anderen Stellen finden sich Beispiele dieser Art. Mortensen spricht hier von *Akkordanz* bzw. von *Akkordanzflächen* insbesondere dann, wenn in der Nachbarschaft derartiger Flachformen über gefaltetem Untergrund eindeutig rumpfflächenartige Einebnungen ausgebildet sind. Die Bezeichnung soll andeuten, daß hier eine Anpassung des Rumpfflächenreliefs an die Strukturgegebenheiten einer Schichttafel vorliegt.

Weniger einleuchtend erscheint Mortensens Vorschlag, ein Gebiet, in welchem Rumpfflächenformen über gefaltetem Untergrund, aber Schichtstufenformen im Bereich flach lagernder Gesteine unmittelbar nebeneinander auftreten, bzw. sich mit einander verzahnen, als *Austauschlandschaft* zu bezeichnen. In solchem Falle dürfte die schlichte Beschreibung der vorliegenden Verhältnisse für den Fortgang der Untersuchungen über die sie verursachenden Vorgänge und Gegebenheiten dienlicher sein als eine zusammenfassende Benennung, welche eine Deutung anklingen läßt, jedoch nicht durchzuführen vermag.

Heterolithische und homolithische Schichtstufen

Die Studien in Tanzania haben noch einen weiteren Typus von Schichtstufen ergeben, welcher an Gebiete mit sehr tiefreichender Gesteinsaufbereitung gebunden sein dürfte, so wie sie heute in den Tropen weit verbreitet ist. Diese Schichtstufen sind in flachlagernden Schichttafeln entwickelt, ohne daß ein merklicher Wechsel zwischen widerständigen und weniger widerständigen Gesteinen in diesen Schichttafeln erkennbar wird oder sich als wesentlich zur Geltung bringt. Die Stufenbildung kommt dadurch zustande, daß nur die obersten Lagen einer mächtigen Folge z. B. von Sandsteinen ein einigermaßen festes Gestein bilden. In den tieferen Horizonten dagegen sind die Sandsteine bzw. ihr Bindemittel vermorscht und in bergfeuchtem Zustand erweicht. Sie sind rot, gelblich oder weißlich verfärbt. Das Gestein ist durch die tiefgreifende Verwitterung manchmal so weitgehend verändert, daß es Mühe macht, zu unterscheiden, ob Zersetzungsmassen eines Sandsteins oder eines quarzreichen Silikatgesteins vorliegen. Die größere Festigkeit der obersten Gesteinslagen rührt wahrscheinlich davon her, daß sie unter den herrschenden wechselfeuchten tropischen Klimabedingungen im Gesamtrahmen der vor sich gehenden intensiven Tiefenverwitterung durch in der Trockenzeit aufsteigende und verdunstende Verwitterungslösungen etwas verfestigt werden (z. T. Einkieselung). Die Porosität der Sandsteine dürfte diese Vorgänge begünstigen (vgl. H. Louis, 1966).

Die Schichtstufenbildung ist in diesem Falle nicht wie in der gewöhnlichen Schichtstufenlandschaft die Folge der Untergrabung, welche eine widerständige Hangendserie innerhalb einer Schichttafel durch die kräftige Rückwitterung und Abtragung freiliegender Partien einer weniger widerständigen Liegendserie erleidet. Vielmehr werden hier innerhalb einer mindestens in verwittertem Zustand im wesentlichen gleichartig-mürben Gesteinsserie oberflächennahe Lagen unter der herrschenden Verwitterung etwas verkittet und so in leidlich festem Gesteinszusammenhang erhalten. Durch untergrabende Rückwitterung der darunterliegenden erweichten Teile des sehr mächtigen Verwitterungsprofils wird hier die Bildung einer Schichtstufe veranlaßt.

Diese Schichtstufenbildung erfordert naturgemäß ein Gesamtrelief, in welchem Höhenunterschiede von wenigstens mehreren Zehnern von Metern auf kurze Entfernung vorkommen, nämlich in so geringem Horizontalabstand, daß diese Höhenunterschiede nicht durch Rampenhänge, also durch Hänge von nur wenigen Grad Neigung überbrückt werden können.

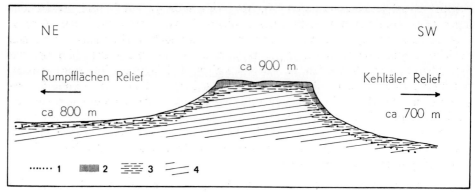

Fig. 71. Homolithische Schichtstufen. Schematisches Profil durch den Südost-Ausläufer des Jumbe Salim Plateaus, Süd Tanzania. H. Louis, 1966.

1. Tiefenlinie eines Talanfangs.   3. Durch Tiefenverwitterung mürbes Gestein.
2. Verfestigte Gesteinspartien.   4. Schichten des Karroo-Sandsteins.

Bei solchen Bedingungen sind in den wechselfeuchten Tropen die Talformen Flachtäler mit Rahmenhöhen oder auch Kehltäler. Die beschriebenen Schichtstufen nehmen in diesem Falle den Platz der Rahmenhöhen in der Umrahmung der Flachtäler ein. Sie entwickeln sich als Abtragungsränder der betroffenen Schichttafeln ohne Rücksicht auf deren etwaiges Schichtfallen. Sie können also ihren Steilabfall sowohl dem Schichtfallen entgegen richten wie auch ihn nach der Seite des Schichtfallens wenden. Darin besteht ein wesentlicher Unterschied gegenüber den normalen Schichtstufen (vgl. Fig. 71).

In einem anderen Punkte unterscheiden sich diese Schichtstufen aber von den in kristallinen Massengesteinen ausgebildeten Rahmenhöhen etwaiger tropischer Flachtäler. Die letztgenannten pflegen am oberen Rande des Steilabfalls zugerundet zu sein, am Fuße aber mit einspringendem Gefällsknick über den unten anschließenden Rampenhängen zu enden. Unsere Schichtstufen dagegen haben am oberen Ende des Steilabfalls eine scharfe ausspringende Kante. Gerade diese macht ihre Schichtstufennatur deutlich. Das untere Ende des Steilabfalls geht jedoch meist mit einer Hangschleppe vermittelnd in die Flachböschungen der abwärts anschließenden Rampenhänge über. In dieser Hinsicht verhalten sich die Sandsteine ebenso wie andere Gesteine, welche nicht die Eigenschaft der kristallinen Massengesteine besitzen, in den Tropen einerseits nur grobe Blöcke andererseits nur feinen Gesteinsgrus als Verwitterungsprodukte zu bilden.

Die beschriebenen Abtragungssteilränder von Schichttafeln der wechselfeucht-tropischen Gebiete sind zweifellos Schichtstufen. Die rund fünfzig Kilometer lange, nach beiden Seiten mit rund hundert Meter hoher Stufe abfallende Karroo-Sandsteinplatte des Jumbe Salim westlich von Tunduru in Süd-Tanzania oder das Rondo Plateau im Hinterlande von Lindi sind Beispiele dieses Formentyps. Es ist aber nötig, ihn von den gewöhnlichen Schichtstufenlandschaften deutlich zu unterscheiden. Der wesentlichste Unterschied scheint uns in der Tatsache zu liegen, daß diese Schichtstufen in Schichttafeln ausgebildet sind, denen nennenswerte Gesteinsunterschiede fehlen, während die klassische Theorie der Schichtstufenlandschaft den Wechsel widerständiger und wenig widerständiger Gesteinsserien innerhalb einer Schichttafel zur unumgänglichen Voraussetzung hat. Ein derartiger Gesteinswechsel dürfte auch in allen außertropischen Schichtstufenlandschaften die eigentliche Ursache für die Herausbildung von Schichtstufen sein. Außerdem ist wahrscheinlich, daß sogar auch in den wechselfeuchten Tropen Schichtstufen dieses normalen Typs vorkommen. Nähere Untersuchungen über diese Frage wären sehr erwünscht. Daneben steht aber in den wechselfeuchten Tropen die Schichtstufe *ohne* ausgesprochenen Gesteinswechsel innerhalb der betroffenen Schichttafel. Wir möchten sie als *homolithische Schichtstufe* dem klassischen Typ der Schichtstufe gegenüberstellen, der hiernach als *heterolithisch* zu bezeichnen wäre.

Die aus Süd-Tanzania beschriebenen Beispiele homolithischer Schichtstufen liegen in Landschaften, in denen tropische Flachtäler mit Rahmenhöhen das Relief bestimmen. Das sind Gebiete, in denen die Formenentwicklung mit Hilfe starker Flächenspülung auf die Ausbildung einer Rumpffläche hinstrebt. Das Vorkommen frischer homolithischer Schichtstufen mit Steilabfällen, die sich merklich rückwärts verlegen, ist also in einem Bereich starker Flächenspülung durchaus möglich, solange Rahmenhöhen aus flach lagernden Gesteinen die Rampenhänge der dortigen Flachtäler überragen. Erst wenn die Areale aller Rahmenhöhen von den langsam nach aufwärts wachsenden Rampenhängen eingenommen worden sind, wenn also reine Flachtäler an die Stelle des vorher stärkeren Reliefs getreten sind, besteht in diesen Landschaften für Schichtstufen keine Existenzmöglichkeit mehr.

Ausgangspunkte für weitere Untersuchungen

H. Schmitthenner (1954) hat betont, daß, soweit unsere bisherige Kenntnis reicht, Schichtstufenlandschaften in *allen* durch fließendes Wasser geprägten Klimabereichen der Erde von den Wüsten bis zu den extrem humiden Klimaten vorkommen. Forschungen wie diejenigen von Mortensen, ebenso unsere Beobachtungen aus Tanzania zeigen aber, daß es innerhalb der Schichtstufenlandschaften verschiedene Ausbildungstypen recht allgemeiner Art gibt. Die künftige Forschung wird deren Zahl wahrscheinlich noch vermehren.

Außerdem bestehen in der Einzelausgestaltung tatsächlich Unterschiede. Die nur schwach oder gar nicht mit Vegetation bedeckten Schichtstufenabfälle der semiariden und ariden Gebiete scheinen im ganzen weniger zerschnitten und zerfranst zu sein als diejenigen unseres Klimabereiches. Aber die Stufenabfälle sind z. B. in Inneranatolien recht markant, keineswegs verflacht. Überdies ist auf ihnen das Zusammenfallen bestimmter Hangneigungen mit dem Ausstrich bestimmter Gesteinslagen viel eindeutiger als in Gebieten mit gegenwärtiger oder vorzeitlicher Versatzdenudation. Wo eine mächtige Decke gegenwärtig oder vorzeitlich wandernden Schutts die Hänge überkleidet, da werden gesteinsbedingte Gefällsbrüche an den Hängen stets abgemildert.

Andererseits scheint in den ariden und semiariden Gebieten die Abtragung auf den Dachflächen des Stufenlandes geringer zu sein, als sie in unseren Gebieten während der Periode eiszeitlicher Solifluktionsvorgänge wirksam war. Deswegen wird man im Hinblick auf Mortensens Gedanken über alternierende Abtragung die ariden und semiariden Gebiete nicht ohne weiteres unter die Bereiche vornehmlich flächenhafter Abtragung einreihen dürfen (Bild 70).

Interessante Beobachtungen und Gedanken über das fränkische Stufenland hat in neuerer Zeit J. Büdel (1957, S. 5−46) entwickelt. Er weist auf Anzeichen, die dafür sprechen, daß die Schichtstufen dort im Laufe ihrer Entwicklung nicht großräumige Rückwärtsverlagerung in der Richtung des Schichtfallens erfahren haben, wie es die Theorie ihrer Entstehung aus der Zertalung eines Schichtengewölbes oder Schichtenpultes nahelegt. Er faßt die Schichtstufenlandschaft vielmehr auf als Ergebnis einer frühen Kappung der geneigten Schichttafel durch tertiäre Flächenbildungsvorgänge und nachfolgender etappenweiser Tieferlegung dieser Flächenbildung unter Beeinflussung durch die Gesteinsunterschiede (Kap. IV B 2, S. 626) bis zur Ablösung der Flächenbildung durch die quartäre Kerbtalzerschneidung. Büdel nähert sich mit dieser Auffassung, wenigstens im Endergebnis, wieder den allgemeinen Anschauungen von W. M. Davis und der Sicht der älteren örtlichen Forscher E. Seefeldner (1914) und N. Krebs (1914, 1919). Daß in manchen Schichtstufenlandschaften eine recht alte Einebnung durch Fließwasser, die in ihrer Abdachung unabhängig vom Fallen der Schichttafel sein kann, den Ausgangspunkt der Entwicklung bildet, das lehrt in der Tat z. B. das Gewässernetz des östlichen Pariser Beckens im Maas- und Moselsystem. Fließen doch diese beiden Flüsse weithin senkrecht zum Schichtfallen. Insgesamt scheint jedoch, wie H. Blume (1971) betont, die Tatsache kaum nennenswerter Stufenrückverlegung regional beschränkte Sonderfälle der Entwicklung von Schichtstufenlandschaften zu repräsentieren.

Eine andere Frage ist, mit welcher Sicherheit in einem Schichtstufenlande Flachgebiete verschiedener Schichtstufendächer als verschieden alte Glieder einer *Rumpftreppe* (III F 8, S. 362 ff.) erwiesen werden können. Die unzerschnittenen Rumpfflächen der wechselfeucht-tropischen Klimate haben z. T. großräumig mehrere Promille Neigung, in ihren Randgebieten sind Neigungen von 15 bis 20‰ nachgewiesen. 100 m Vertikaldifferenz auf 5 km Entfernung können also von der *gleichen* derartigen Rumpffläche noch überspannt werden. So kann sich zum mindesten in vielen Fällen die Grundtatsache erklären, daß in den Schichtstufenlandschaften praktisch überall die Flachreliefs zonenförmig im Schichtstreichen angeordnet sind, und daß ihre Zahl der Zahl der entblößten Stufenbildnergesteine gleich ist. Eben dies zeigt, daß der Wechsel von Stufen und Dachflächen eine Folge der Gesteinsverhältnisse ist. Seine Herausarbeitung dürfte im Sinne von Mortensen durch den Wechsel von Zeiten bevorzugter Flächenbildung und solchen bevorzugter Stufenverschärfung begünstigt werden. Nach den Erfahrungen von H. Mensching (1968), auch von H. Späth (1977) scheint solcher Wechsel allerdings weniger eindeutig zu sein, als Mortensen annahm. Inwieweit hierbei die unzweifelhaft erfolgte Tieferlegung der Hauptentwässerungsbahnen sich in eindeutig nachweisbare Etappen jeweils besonderer Einebnung auflösen läßt, dafür hat Büdel Möglichkeiten gezeigt. Es wird weiterer Forschung bedürfen, um ihre Tragweite näher zu bestimmen.

4. Anpassung an kräftige Lagerungsstörungen

Härtling, Ausraum, Schichtkamm, Schichttalung

Die Aufeinanderfolge von Schichtstufen und Dach- oder Stufenflächen in der Schichtstufenlandschaft hat großräumig einfache, flach geneigte Schichtlagerung zur Voraussetzung. Werden Deformationen einer Schichtserie kräftiger und verwickelter, so machen sich auch dann bei der Abtragung eines genügend hoch gelegenen Krustenteils die Gesteinsunterschiede bemerkbar. *Härtlinge* und *Ausräumungsbereiche* (abgekürzt auch: *Ausräume*) werden unterschieden. Mäßig geneigte oder steil stehende widerständige Schichtglieder werden in diesem Falle als *Schichtrippen* oder *Schichtkämme* herauspräpariert (engl. *hogbacks*, frz. *crête monoclinal*), wie z. B. Ith, Weserkette, Osning im niedersächsischen Berglande. In leicht ausräumbaren Schichten entwickeln sich *Schichttalungen*, bzw. *Ausraumzonen*, d. h. an den Ausstrich jener Schichten geknüpfte Erosionsfurchen, die aber im einzelnen verschiedenen Hauptentwässerungsadern tributär sein können. Für Schichtrippen- oder Schichtkammlandschaften ist der gestreckte, wenig gegliederte oder gebuchtete Verlauf charakteristisch. Da im Gegensatz zu einer Schichtstufenlandschaft kaum Schichtquellen an der Stirn der Schichtrippe oder des Schichtkammes auftreten, fehlt eine entsprechende Quellunterschneidung und damit Gliederung der Front (Fig. 72 u. Bild 69, 150. Eine herrliche Schichtkammlandschaft bietet das Säntisgebirge, abgebildet in A. Heim; Geol. d. Schweiz Bd. II₁ Taf. XVII A, bei S. 362).

Am deutlichsten treten diese Erscheinungen in den Außertropen entgegen. Denn hier machen sich petrographische Unterschiede bei der Abtragung stark geltend. Der intensiven chemischen Verwitterung der feuchten und wechselfeuchten Tropen gegenüber vermögen anscheinend nur wenige Gesteine, insbesondere die Quarzite, die Eigenschaften wirklicher Härtlinge zu behaupten.

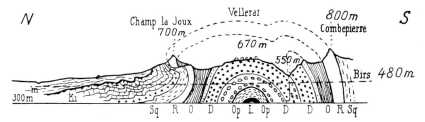

Fig. 72. Schichtkämme und Isoklinaltal. Profil durch die Velleratkette im oberen Birsgebiet des Schweizer Jura. Nach A. Buxtorf aus A. Heim (1919, Bd. I, S. 604), etwa 1 : 30000.

m = untere Molasse	Oligozän	D = Dogger
Ki = Kimmeridge ⎤		Op = Opalinuston ⎤ Mittlerer Jura
Sg = Sequanien ⎥ Oberer Jura		L = Lias Unterer Jura
R = Rauracien ⎥		
O = Oxford ⎦		

Die Ketten von Combepierre 800 m und Champ la Joux 700 m sind *Schichtkämme* in steil stehenden, festen Rauracienkalken. An die weniger widerständigen Oxfordmergel knüpfen sich nördlich wie südlich von Vellerat Vertiefungszonen. Das Tälchen südlich von Vellerat, im Bereich der ziemlich widerständigen, vielfach oolithischen Doggerschichten ist ein *Isoklinaltal* mit Südfallen auf beiden Talflanken.

Flächenflexur

Auch das unmittelbare Ergebnis von Krustenbewegungen kommt im Formenbilde manchmal sinnfällig zum Ausdruck. Große geologische Flexuren z. B. können sich als bedeutende Aufschwünge des Reliefs *(Flächenflexur)* darbieten. Wenn flach liegende Schichten durch sie sanft emporgetragen wurden, wie etwa die marinen untermiozänen Kalke des Mitteltaurus, die von der Mittelmeerküste bei Silifke bis auf über 2300 m auf den Höhen des Gebirges am Dümbelekdüzü nordwestlich von Mersin emporsteigen, dann ist die Flexur unschwer nachweisbar.

Bruchstufe, Bruchlinienstufe

Landstufen, die sich an *Verwerfungen* knüpfen, werden als *Bruchstufen* bezeichnet. Gewöhnlich zeigen sie einen glatteren Verlauf als die Schichtstufen. Vor allem sind sie nicht wie jene vom Schichtbau abhängig. Aber der wirkliche Nachweis einer Bruchstufe ist oft nicht leicht, weil die verursachende Verwerfung naturgemäß vor dem Fuße der Stufe liegt und dort unter Lockermassen verborgen ist, die von der Abtragung der Stufe stammen. Je länger eine Bruchstufe der Abtragung ausgesetzt ist, desto mehr wird sie von Tälern zerfranst und dadurch undeutlich. Bruchstufen von Zehnern, ja Hunderten von Metern Höhe, sind in bewegteren Schollenländern nicht selten (Bild 152, 153). Besondere Großartigkeit erlangen sie im Bereich des großen Ostafrikanisch-Syrischen Grabensystems, wo zwischen dem Boden des Roten Meeres und den begleitenden Schollenrändern Sprunghöhen von mehreren tausend Metern auftreten. (Bild in F. Klute: Ostafrika. Handb. d. Geogr. Wiss. Bd. Afrika 1930, S. 359, Abb. 340.)

Bruchstufen von nur bescheidener Höhe im Oberflächenbild, an denen aber durch Feinmessungen bis in die jüngste Zeit Bewegungen nachgewiesen werden konnten, gliedern die Niederrheinische Bucht. Zu ihnen gehört besonders der Südwestrand des Vorgebirges (Ville) gegen die Erftniederung (vgl. Fig. 73).

Durch bedeutende Verwerfungen können sehr verschieden widerständige Gesteine nebeneinander zu liegen kommen. Bei nachträglicher, weitgehender

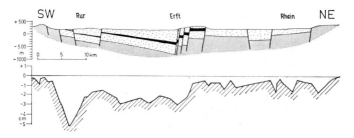

Fig. 73. Schnitt durch den Niederrheingraben. Oben: Geologisches Profil, 5fach überhöht; Tertiär (punktiert) mit Haupt-Braunkohlenflöz (schwarz) auf paläozoischem Sockel (grau). Unten: Kurve der jungen tektonischen Senkung im Zeitraum 1921–1952. (Nach H. W. Quitzow u. O. Vahlensieck, 1955)

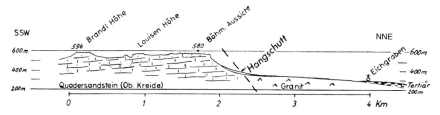

Fig. 74. Bruchlinienstufe an der „Lausitzer Überschiebung" bei Oybin. Maßstab 1 : 50 000 mit
25% Überhöhung.

Die *Bruchlinienstufe* ist wohl entstanden durch jüngere Absenkung der Granitmasse, die aber im
ganzen genommen hier die ursprünglich tektonisch gehobene Scholle darstellt. Die Bruchlinienstufe
ist daher zugleich ein Beispiel für *Reliefumkehr*.

Abtragung des gesamten Landblocks kann aber der ursprüngliche Höhenunterschied der beteiligten Schollen stark verwischt werden. Wird im Laufe einer
späteren Weiterentwicklung das Land im Ganzen erneut gehoben und der
vorhandene Gesteinsunterschied nunmehr durch Abtragungsvorgänge herausgearbeitet, so entsteht eine Landstufe, die sich zwar an einen Bruch knüpft, die aber
nicht unmittelbar durch ihn gebildet wurde. Eine solche Stufe heißt
Bruchlinienstufe. W. M. Davis (1903, 1912) führt als gutes Beispiel die Hurricane
Ledge in Nordarizona unweit des Colorado Canyons an, wo ein Lavastrom, der
sich über die einst nahezu eingeebnete Verwerfung ergoß, anzeigt, daß der
heutige Stufenrand rein ein Werk nachträglicher Abtragung in den verschieden
widerständigen Gesteinen beiderseits der alten Verwerfung ist, in permischem
Kaibabkalkstein hier und in jüngeren, weniger resistenten Gesteinen dort. In
Deutschland bildet z. B. die sogenannte Lausitzer Überschiebung, die eigentlich
nur einen unter die gehobene Scholle einfallenden Bruch darstellt, indem sie bei
Dresden Granit neben Oberkreide-Pläner zu liegen bringt, eine durch Aus-
räumung des Pläners (bläulicher, feinsandiger, verfestigter Mergelstein der Ober-
Kreide) hervorgerufene Bruchlinienstufe, bei Oybin eine Bruchlinienstufe mit
Reliefumkehr (Fig. 74).

Faltenstruktur, Reliefumkehr

Nimmt die Störung der Lagerungsverhältnisse die stärkeren Grade einer
wirklichen Faltung unter Ausbildung einfacher oder komplizierter Sättel (Antiklinalen) und Mulden (Synklinalen) an, so lassen sich selbst noch bei sehr
verwickeltem Bau tektonisch hochgelegene Krustenteile von tiefgelegenen unterscheiden. Oftmals entspricht die Oberflächengestaltung auch in diesem Falle
wenigstens im großen dem tektonischen Bau. Es gibt Antiklinalkämme und
Synklinaltalungen namentlich in den Randzonen der großen Kettengebirgsgürtel
der Erde. Der Schweizer Faltenjura, aber auch die adriatisch-ionischen Randketten
des Dinarischen Gebirgssystems oder die südwestiranischen Randketten sind
Beispiele dieses Relieftyps.

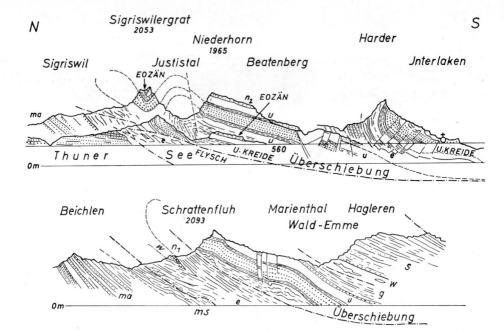

Fig. 75. Profile durch die Helvetischen Ketten nördlich des Thuner Sees zur Erläuterung von Reliefumkehr, Isoklinalkamm, Isoklinaltal. (Aus A. Heim, 1921, Bd. II, Taf. XX bei S. 440).
Unterkreide (u, g), Oberkreide (s, w) und Eozän (n_1, n_2) der Helvetischen Decken sind, in Teilschubmassen zerlegt, von rechts nach links, d. h. von S nach N über subalpinen Tertiärflysch (e) und zusammen mit diesem auf die z. T. steil gestellte Molasse (ma, ms) des Alpenvorlandes überschoben worden. Die fluviale Zerschneidung der gefalteten, sehr verschieden widerständigen Gesteinsserien hat Formen geschaffen, die vom Auf und Ab der geologischen Sättel und Mulden stark abweichen. Der Sigriswilergrat ist ein *Synklinalkamm*, das Justistal ein *Antiklinaltal*. Beide sind also Beispiele von *Reliefumkehr*. Der Beatenberg ist ein *Isoklinalkamm* mit am Nordhang austretenden Schichtköpfen. Sein Südhang ist steiler als das Einfallen der Schichten; der Harder ist ein *Schichtrippenkamm*. Die Schrattenfluh im unteren Profil ist wiederum ein *Isoklinalkamm* mit am Nordhang ausbeißenden Schichtköpfen. Ihr mit dem Schichtfallen geneigter Südhang ist im Gegensatz zu dem des Beatenberges weniger geneigt als das Schichtfallen. Das Tal der Waldemme (Marienthal) ist ein *Isoklinaltal*. Wie meistens in Isoklinaltälern ist der Hang, an dem die Schichtköpfe austreten, der steilere. Maßstab 1 : 100 000, zweifach überhöht.

Sehr häufig ist aber bei kompliziertem Bau *keine* Übereinstimmung mehr zwischen dem tektonischen Bau (Baustil) und dem Oberflächenbilde (Formenstil) vorhanden. Neben *Antiklinalkämmen* treten Erhebungszüge auf, die sich an geologische Mulden knüpfen *(Synklinalkämme)*, während die begleitenden Talzonen in sattelförmigen Bau eingetieft sind *(Antiklinaltäler)*. Dazu gibt es *Isoklinalkämme* und *Isoklinaltäler*, also Formen, in denen einseitiges Schichtfallen herrscht. Steht das Oberflächenbild im Widerspruch zum tektonischen Bau, so spricht man von *Reliefumkehr* (Fig. 72, 74, 75, 76). Sie kann immer dann eintreten, wenn durch Krustenbewegungen eine widerständige Gesteinsserie, unter der mächtige, leicht zerstörbare Schichten folgen, in relativ tiefe Lage gebracht worden ist, so daß die resistenten neben wenig resistente Gesteine zu

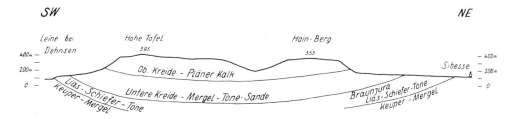

Fig. 76. Reliefumkehr, Gebirge mit muldenförmigem Bau, Profil durch die Siebenberge südlich Gronau, Weserbergland, Maßstab 1:75000, um 50% überhöht.

liegen kommen. Die widerständige Serie ist in dieser Lage gegen die Abtragung lange Zeit geschützt. In der Nachbarschaft, wo das feste Gestein höher lag, wurde es durch den Abtragungsprozeß langsam beseitigt. Danach ging die Abtragung der dort im Sockel folgenden leicht zerstörbaren Gesteine rasch vonstatten. Das einstige Hochgebiet erniedrigte sich mehr und mehr und wurde schließlich niedriger als der ehemals tiefliegende Bereich, der mit den hier erhalten gebliebenen widerständigen Gesteinen nunmehr höher aufragende Oberflächenformen behauptet. Sobald die Entwicklung so weit fortgeschritten ist, hat sie zur Reliefumkehr geführt. Innerhalb des Schollenlandbereichs von Mitteleuropa bildet die Leuchtenburg bei Kahla a. Saale ein bekanntes Beispiel der Reliefumkehr eines tektonischen Grabens. Hils und Siebenberge im Weserbergland sind Beispiele von Gebirgen mit muldenförmigem Bau (Fig. 76). Die begleitenden Täler der Leine und Weser liegen in Antiklinalen. Viele Beispiele der Reliefumkehr liefert auch der Bereich des großen Appalachischen Tales im Appalachengebirge der USA.

In den inneren Bereichen der großen Kettengebirgsgürtel der Erde sind Widersprüche zwischen Oberflächengestalt und tektonischem Bau sehr häufig. Mehr und mehr hat sich gezeigt, daß in ihnen meist lange und tiefgreifende Abtragungsprozesse zwischen der Zeit der letzten kräftigen Schichtfaltung und nachfolgenden Hebungsvorgängen liegen, die erst das Gebirge in seiner heutigen Gestalt emporwachsen ließen. *Die alte Vorstellung, nach der die Kettengebirge durch Schichtfaltung aufgefaltet worden sein sollten, ist also im ganzen nicht mehr haltbar.* Unkorrekt und irreführend ist dabei der Begriff *Auffaltung,* nachdem die geologische Forschung klar herausgestellt hat, daß Faltung der Sedimente in Geosynklinalen bei gleichzeitiger Intrusion basischer oder ultrabasischer Magmen einerseits und Hebung der gefalteten Gesteinskomplexe über den Meeresspiegel andererseits weitgehend als verschiedene Vorgänge zu betrachten sind. Nur für die vorher erwähnten äußeren Randbereiche der Kettengebirgsgürtel fallen in der Regel Faltung und Gebirgswerdung ungefähr zusammen. Um Mißverständnisse auszuschließen, sollte deswegen vermieden werden, die kompliziert gebauten Hauptzüge der großen Kettengebirge der Erde, deren Oberflächenformen meist so wenig mit dem inneren Bau übereinstimmen und die auch gar nicht unmittelbar durch die Schichtfaltung geschaffen wurden, als Faltengebirge zu bezeichnen (Bild 81, 151).

In den Kettengebirgen der Erde, soweit sie durch fluviale Abtragung ausgestaltet werden, prägen sich bei großen Höhenunterschieden und steiler Formgebung die Festigkeitsunterschiede der Gesteine im Formenbilde überall stark aus. Im übrigen zeigen sich in der tiefen Durchtalung und feinen Einzelziselierung der feuchten Gebiete sowohl der Tropen wie der Außertropen und der weit geringeren Zerschneidung der Trockengebiete deutliche klimageomorphologische Unterschiede. Die erstgenannten besitzen im Verhältnis zur Gesamthöhe des Gebirges niedrige Reliefsockel. In den letzteren ragt der Reliefsockel vergleichsweise hoch auf (H. Louis, 1957 II).

5. Talbildung im Widerspruch zu Struktur und Morphotektonik

Die im vorausgegangenen Kapitel behandelten Beziehungen des Talnetzes zur Struktur des Untergrundes können selbst im Falle der Reliefumkehr auf Grund der Vorstellung verstanden werden, daß unentwegt Anpassung der Abtragungsvorgänge an die geologische Struktur waltet.

Epigenese

Um so wichtiger sind Oberflächenformen, die mehr oder weniger ohne Rücksicht auf den geologischen Bau gebildet werden. Wenn ein irgendwie geartetes, jedoch nicht allzu flaches Relief der Verschüttung durch Sedimente anheimfällt, und wenn nachträglich eine Wiederzerschneidung des Gebietes stattfindet, dann werden die in die Aufschüttungen einschneidenden Gewässer die im Untergrunde verschütteten Vollformen, Hohlformen, Talzüge niemals genau wieder freilegen. Gewöhnlich wird sich sogar während und nach der Aufschüttung eine kleinere oder größere Änderung der Hauptabdachungsrichtung vollzogen haben. Treffen die wieder einschneidenden Gewässer auf im Untergrunde verborgene Anhöhen des einstigen, verschütteten Reliefs, so sind sie genötigt, sich in diese einzusägen, denn die Wasserläufe liegen in ihrem, in die Aufschüttungsmassen eingetieften Tale fest. Wenn dann mit zunehmender Taleintiefung die Lockermassen der einstigen Verschüttung weitgehend wieder ausgeräumt werden, so bleibt das Gewässernetz doch an denjenigen Stellen in engen Felseinschnitten festgelegt, die während des Wiedereintiefens der Täler in der vorher angedeuteten Art gebildet wurden. Diese Felseinschnitte erscheinen dann als Durchbruchstalstrecken.

Talanlagen bzw. Durchbruchstalstrecken dieser Art, die durch Verschüttung und Wiederausräumung eines alten Reliefs entstehen, werden nach einer Wortprägung von F. v. Richthofen (1886) als *epigenetisch* (nachgeboren) bezeichnet. Allerdings meinte v. Richthofen wohl nicht allein die Taleintiefung und weitgehende Wiederfreilegung eines durch Lockermassen verschütteten Reliefs, wie es die heutige Geomorphologie hierbei im Auge hat. Er dachte vielmehr allgemein an die Unregelmäßigkeiten der Gesteinsverteilung, welche in einem Relief entstehen müssen, wenn ein irgendwie uneben gestaltetes Stück Erdoberfläche zuerst von jüngeren unter Umständen auch ziemlich resistenten Sedimentfolgen eingedeckt wird, und wenn dann nachfolgend eine Zertalung in dem besagten Raum eintritt. Statt des Wortes Epigenese ist im Französischen und Englischen die sehr anschauliche Bezeichnung surimposition, super-(im)position (Auferlegung von oben, Überprägung) üblich geworden.

Kennzeichnend für epigenetische Talanlagen ist wegen der mit verändertem Gewässernetz erfolgten Wiederausräumung eines verschütteten Reliefs eine sinnwidrig erscheinende Anordnung von Durchbruchstalstrecken. Sie liegen oft an Stellen, wo der durchbrechende Fluß in der Nachbarschaft eine bequeme Möglichkeit gehabt hätte, den Durchbruch zu vermeiden, wenn er der einst verschütteten älteren Talform gefolgt wäre. In der Höhe über den Durchbruchstälern finden sich in der Regel noch Reste jener einstigen Verschüttung. Auch Nebentäler, die sich in Lockermassen der alten Verschüttung ein weites sanftes Tal schufen, die aber in ihrem untersten Laufstück in hoch aufragendes Gebirge eintreten, um in diesem in enger Durchbruchsschlucht den gleichfalls tief eingeschnittenen Hauptfluß zu erreichen, sind typisch. Sie ergeben sich dann, wenn der Hauptfluß bei seinem Wiedereinschneiden auf längere Erstreckung die einst verschüttete Haupttiefenlinie nicht wiederfand, sondern neben ihr in festem Fels ein neues enges Tal schuf. (dazu neuerlich: K. Fischer 1971).

Berühmte Beispiele epigenetischer Talanlagen zeigt die Donau auf ihrem Lauf längs der Südabdachung der Fränkischen Alb und des Bayerischen Waldes, so das heute von ihr wieder verlassene Wellheimer Trockental und untere Altmühltal, den Weltenburg-Kehlheimer Durchbruch, den Passauer Durchbruch zwischen Vilshofen und Aschach (Fig. 77), den Linzer und Greiner Durchbruch und die Wachau (A. Penck, 1903; W. Meckenstock, 1915; H. Kinzl, 1926; H. Graul, 1943; H. Schieck, 1967).

Größere epigenetische Talanlagen erfordern bedeutende Verschüttungsprozesse und ähnlich bedeutende Vorgänge nachträglicher Wiederzerschneidung. Solche mögen, soweit es sich um Höherlegung oder Tieferlegung des allgemeinen Flußniveaus in der Größenordnung von einigen Zehnern von Metern handelt, rein durch Klimaänderungen hervorgebracht werden können, wie sie etwa in Mitteleuropa zwischen den Eiszeiten und Interglazialzeiten gespielt haben.

Wo aber Verschüttungen von über hundert oder mehreren hundert Metern Mächtigkeit und entsprechende Wiederzertalungen auftreten, werden wohl Krustenbewegungen als Ursache wirken oder mitwirken. Dies im einzelnen zu erweisen, ist nicht einfach und erfordert in jedem Falle eine besondere Untersuchung. Wahrscheinlich ist jedenfalls, daß größere Erscheinungen der Epigenese ohne Abwärts- und Aufwärtsbewegungen der Kruste bzw. des Meeresspiegels nicht möglich sind.

In solchen Fällen erleiden nicht selten verschiedene Teilstücke des emporsteigenden oder absinkenden Krustenbereichs örtlich unterschiedliche Teilbewegungen. Wenn das Flußnetz seine Anordnung trotz derartiger Sonderbewegungen der Kruste aufrecht erhält, so verhält es sich an diesen Stellen *antezedent*, welcher Begriff gleich untenstehend erläutert wird. Die Gesamtanlage ist trotzdem als *epigenetisch* zu bezeichnen, wenn das Flußnetz auf einer Verschüttungsfläche über einem im Untergrunde begrabenen älteren Abtragungsrelief angelegt wurde und wenn bei der Wiedereintiefung des Flußnetzes Inkon-

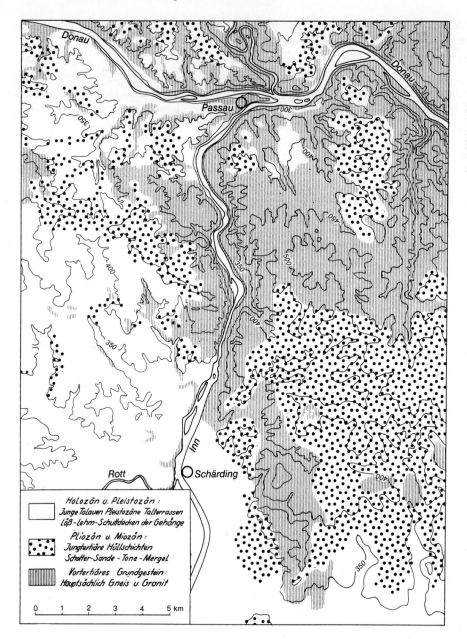

Fig. 77. Epigenetische Talanlage. Die Durchbruchstäler von Donau und Inn im Gebiet von Passau 1:133000.

Höhenlinien von 50 zu 50 m. Der Inn kommt bei Schärding aus einer 25 km langen, bis 8 km breiten Weitung von 310 bis 330 m Meereshöhe. Sie ist in leicht abtragbaren Jungtertiärschichten des Alpenvorlandes ausgearbeitet. Er tritt bei Schärding in ein enges Durchbruchstal von über 100 m Tiefe ein im Bereich der kristallinen Gesteine der Böhmischen Masse, um sich bei Passau mit der in ähnlich engem Tale fließenden Donau zu vereinigen. Diese ist 25 km oberhalb Passau, dem Inn bei Schärding vergleichbar, aus der Weitung des niederbayerischen Gaus kommend in das Engtal eingetreten.

gruenzen zwischen dem jungen Zerschneidungsrelief und dem wiederausge-
grabenen alten Abtragungsrelief für das Landschaftsbild bestimmend werden.
Begleiterscheinungen der Antezedenz sind im Zuge der vorher erwähnten
epigenetischen Talstrecken der Donau an mehreren Stellen nachweisbar oder
doch wahrscheinlich. In der Gesamtanlage sind diese in der Saumzone der
Gebirge liegenden und überwiegend in der Längsrichtung der Gebirgsränder verlaufenden Durchbruchsstrecken trotzdem typisch epigenetisch. (H. Louis, 1953;
T. Czudek, 1962).

Durchbruch infolge von rückschreitender Erosion und von Antezedenz

Zahlreich und bedeutend sind Durchbruchstäler, die ausgesprochene Hebungs-
zonen der Kruste, seien es einfache oder kompliziert gebaute Antiklinalen oder
horstartige Schollen, quer durchschneiden, und bei denen weder Reliefumkehr
noch epigenetische Anlage des wirksamen Flusses zur Erklärung des Durch-
bruches in Betracht kommen. Die großen Durchbruchstäler des Himalaya, der
iranischen und anatolischen Randgebirge, aber auch der Donaudurchbruch im
Banater Gebirge sind Beispiele.

Ist in solchen Fällen ein großer Höhenunterschied der beiderseitigen Gebirgs-
vorländer vorhanden, und greift das durchschneidende Tal mit seinem Ursprungsgebiet nur wenig in den Bereich der hochgelegenen Vorlandseite ein, so kann es
sich um ein durch *rückschreitende Erosion* von der Seite des tief gelegenen Vorlandes her geschaffenes Durchbruchstal handeln. Die Schwarzwaldtäler der
Kinzig und Murg, das Tal des Çakït im Mitteltaurus, nordwestlich von Adana
(Fig. 78) und verschiedene Klusen des Schweizer Jura sind Beispiele dafür.
Besonders eindrucksvoll sind die durch rückschreitende Erosion und Anzapfun-
gen entstandenen Fluß- und Talsysteme der Patagonischen Anden südlich 40°
Breite. Sedimente im östlichen Vorland und in den Ostanden beweisen die
Entwässerung des Gebirges noch im unteren Pliozän nach Osten. Die geringe
Distanz zum Pazifischen Ozean und vor allem die starke Beregnung der
Westflanke und des zentralen Teils des Gebirges bei vergleichsweise sehr

---

Unterhalb von Passau nimmt die Tiefe des steilflankigen Taleinschnitts noch zu. Sie erreicht am
rechten Kartenrande fast 200 m. Über den Engtälern von Donau und Inn liegt in 400 bis 500 m Höhe
ein weites Flachrelief. Hier finden sich auf dem Sockel des kristallinen Grundgesteins ausgedehnte
Reste jungtertiärer Deckschichten. Es sind teilweise marine und limnische, vor allem aber fluviale
Ablagerungen (auf der Karte durch Punktsignaturen gekennzeichnet). Sie reichen nordwärts über das
heutige Donautal hinaus. Sie beweisen durch ihre Geröllführung, daß hier in der Höhe einst der
Nordsaum einer jungtertiären fluvialen Alpenvorland-Aufschüttungsebene gelegen hat. Die jung-
tertiären Ablagerungen haben einen älteren Südrand der Böhmischen Grundgebirgsscholle verhüllt.
Auf der Aufschüttungsebene sind die heutigen Täler von Donau und Inn angelegt worden. Durch
Hebung des Landes haben sie sich zuerst in die Jungtertiärschichten, darauf in das darunter liegende
Grundgebirgsgestein eingeschnitten. In diesem festen Gestein sind ihre Täler eng und steilflankig
geworden. Durch weitgehende Abtragung der leichter wegräumbaren Tertiärschichten sind die einst
verschütteten Oberflächen des Südrandes der Böhmischen Grundgebirgsscholle teilweise wieder freigelegt worden. Hierdurch haben die Engtäler von Inn und Donau den Charakter von Durchbruchstälern erlangt. Derartige Durchbruchstäler nennt man *epigenetisch* (engl. *superimposed*, franz.
surimposée).

Fig. 78. (Erläuterung nebenstehend)

geringen Niederschlagsmengen in Ostpatagonien hat jedoch seither zu einer Niederlegung bestehender Wasserscheiden und Umlenkung von Flüssen von der atlantischen zur pazifischen Seite geführt (K. Fischer, 1975, 1976).

Ist aber in dem höheren der beiden Vorländer des durchbrochenen Gebirges ein längerer Fluß entwickelt, der in den Durchbruch einmündet, so ist die Erklärung des Durchbruchs durch rückschreitende Erosion unmöglich. Denn ein solcher Fluß beweist, daß das betreffende Vorland unabhängig vom Vorhandensein oder Nichtvorhandensein des Durchbruchstales einen Abflußüberschuß besitzt. Dieser muß abgeflossen sein auch schon bevor das Durchbruchstal vorhanden war. Das ist manchmal nicht beachtet worden bei dem Versuch, große Durchbruchstäler durch rückschreitende Erosion zu erklären.

Fig. 78. Durchbruchstal des Çakït durch den mittleren Taurus nördlich von Tarsus, Südanatolien. Beispiel eines wahrscheinlich durch rückschreitende Erosion entstandenen Flußdurchbruchs. Maßstab 1:600000 (nach der türkischen Karte 1:800000).

Höhenlinien von 250 zu 250 m, stellenweise Linien von 125 m Vertikalabstand gestrichelt zwischengeschaltet, Linien von 1000 zu 1000 m verstärkt. – Die nicht wasserreichen obersten Verzweigungen des Çakït entwickeln sich auf den 2000 bis weit über 3000 m hohen, dem trockenen Binnenhochland zugewandten Nordhängen des Aydos-Mededsiz-Kammes, d. h. des Hauptkammes des Taurus in diesem Bereich, und an dessen hohen Vorkämmen. Sie ziehen anfangs mit allgemeiner Richtung nach Nord bis Nordost gegen das Binnenhochland. Eine Reihe von Übergängen in nur 1700 m Höhe und darunter in der Umgebung Ulukïşla scheiden sie heute von der eigentlichen Binnenabdachung Inneranatoliens, der die wenig weiter östlich am Aydos Nordhang wurzelnden Täler alle angehören. Es ist wahrscheinlich, daß die Gerinne der Taurus-Nordabhänge auch im Mededsiz-Bereich einst dem Binnenhochlande tributär waren.

Seit geraumer Zeit allerdings dürfte der Çakït, der sich mit außerordentlich starkem Gefälle vom Meeresspiegel her auf der regenreichen Seite des Gebirges in einem Abschnitt entwickelt hat, in welchem der Taurus durch den mit minder widerständigen Gesteinen des Oligozän gefüllten Tekir-Graben in der Linie Tekir−Pozantï−Kamïşlï der Zertalung leichter zugänglich ist, das Gebirge hier durch rückschreitende Erosion bis zur Erreichung der binnenländischen Abdachung durchschnitten haben. Hier dürften dann im Schichtstreichen längs weniger resistenter Gesteine weitergreifende Nebentäler die Quelläste etlicher einst zum Binnenlande gerichteter Täler zum Çakït und damit zur Außenabdachung durch *Anzapfung* umgelenkt haben.

Wahrscheinlich liegen die Geschehnisse zeitlich weit zurück. Denn der obere Çakït ist mit ziemlich breitem Tale schon etwa 300 bis 400 m unter dasjenige Niveau eingetieft, in welchem die Talablenkungen stattgefunden haben müßten. Außerdem hat das obere Çakït-Tal nicht besonders großes Gefälle, nämlich unter 15‰. Dieses verdreifacht sich aber für eine kurze Strecke am oberen Eingang des Durchbruchstales. Es ermäßigt sich dann im Durchbruch selbst auf weithin nur um 10‰. Endlich am Gebirgsausgang steigert sich das Gefälle für einige km Laufstrecke nochmals auf mehr als 40‰, bevor es im Vorland auf unter 5‰ sinkt.

Diese Gefällsentwicklung macht deutlich, daß Hebung des Taurus hier zum guten Teil bis lange über die Zeit der erschlossenen Anzapfung des oberen Çakït hinaus angedauert haben muß und wohl noch andauert. Das wäre ein Begleitumstand wie bei Antezedenz. Der große Höhenunterschied der Erosionsbasis auf der Außen- und Innenabdachung des Taurus, der damit Hand in Hand gehende Unterschied zwischen der niederschlagsreichen Außenseite und der recht trockenen Innenseite des Gebirges sprechen aber für die Entstehung des Durchbruchs durch *rückschreitende Erosion*.

Die immerhin in Erwägung zu ziehende Möglichkeit der Entstehung des Durchbruchstales durch Antezedenz ist hier wohl weniger wahrscheinlich. Denn es ist kein bedeutenderes Einzugsgebiet eines größeren Flusses binnenwärts vom Taurus mit Richtung gegen das Mittelmeer hin an dieser Stelle zu erkennen. Derartiges müßte aber erwartet werden, wenn Antezedenz vorläge, d. h. wenn der Çakït bzw. sein Vorgänger seinen Lauf quer zu dem sich hebenden Taurus von Anfang an aufrecht erhalten hätte.

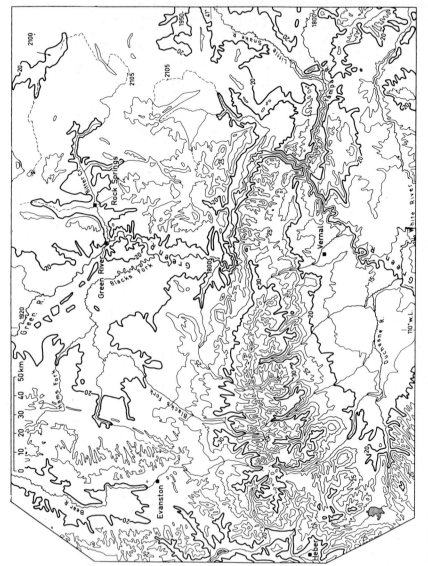

Fig. 79. *Antezedentes Durchbruchstal* des *Green River* durch die *Uinta Mts.* (*Wyoming, Utah, Colorado, USA*). Verkleinert auf Grund der Western United States-Karte 1:250000. Maßstab 1:2 Mio.

Erläuterung zu Fig. 79.

Höhenlinien von 250 zu 250 m. Kotierung der Höhenlinien in Hunderten von m. 1000 m Höhenlinien sind verstärkt. Am Green River und Yampa River sind zur Erläuterung des Linienbildes stellenweise Richtungspfeile eingezeichnet.

Den Norden des Kartenblattes nimmt eine große Beckenlandschaft von 1800 bis über 2000 m Höhe ein. Sie wird aus flach liegenden, meist terrestrischen Schichten des Alttertiär und der Kreide aufgebaut. Hier sammeln sich von W, N und E kommend die wichtigsten Quellflüsse des *Green River.*

In nordsüdlichem Lauf erreicht der Green River in 1800 m Meereshöhe den Nordrand der *Uinta Mts.,* die in ihrem westlichen Teil 4000 m Höhe erreichen, im östlichen dagegen nicht wesentlich über 2500 m aufsteigen. Das Gebirge stellt eine einfach gebaute, mächtige *Aufwölbung* dar. Die Scheitelregion ist aus flach geneigten präkambrischen Quarziten aufgebaut. Die Flanken zeigen kräftiges Einfallen gegen die Fußregion und werden aus paläozoischen und mesozoischen Schichten gebildet, welche einstmals auch die Höhe des Gebirges überlagerten. An dem steiler geböschten Nordrand des Gebirges und teilweise an seinen beiderseitigen Enden wird auf der Bau durch Längsbrüche kompliziert.

Am nordwestlichen Gebirgsrand angekommen, biegt der Green River 60 km weit nach Osten aus. Dann wendet er sich mit nahezu rechtwinkliger Biegung nach Südwesten und durchbricht den Gebirgskörper in einer bis über 1000 m tiefen Schlucht. Ein Stück weit unterhalb der Schluchtstrecke wendet er sich wieder mehr nach SSW in die Verlängerung jener Flußstrecke, in der er von Norden auf das Gebirge zuläuft.

Der Durchbruch liegt an der Stelle einer leichten Minderung der Gipfelhöhen des Gebirges. Am Durchbruch werden 2500 m nicht viel überschritten. Weiter westlich ist das Gebirge sehr viel höher, etwas östlich werden noch einmal mehr als 2700 m erreicht. Der Durchbruch des Green River ist, wie bereits Powell erkannte, antezedent. Die Einzelheiten des Flußverlaufs im weiteren Bereich der Durchbruchsstrecke legen die Deutung

nahe, daß der Fluß, durch das sich hebende Gebirge gestaut, zur *Aufschotterung* veranlaßt wurde, und daß er auf seinen eigenen Alluvionen in einen Bereich verringerter Hebung des Gebirges glitt, um dort den *antezedenten Durchbruch* zu vollziehen.

Bemerkenswert ist die Tatsache, daß der östliche Nebenfluß *Yampa River* den Green River im Bereich von dessen Durchbruchsschlucht erreicht, und daß der unterste Yampa selbst eine etwa 50 km lange Schluchtstrecke innerhalb des Gebirges in dessen Längsrichtung durchmißt, ehe er den Green R. erreicht. Diese Schluchtstrecke knüpft sich an eine Längsstörung des Gebirges, in der jüngere Schichten abgesunken sind. Der Yampafluß dürfte in seinem untersten Stück von der Senkungszone angezogen worden sein.

Die Hochregion des Uinta-Gebirges zeigt in ihrem höchsten westlichen Teil, namentlich auf der etwas flacheren Südseite, noch eine Besonderheit. Diese Flanke des Gebirges wird von mehreren großen und engen Tälern weithin mehr als 500 m tief aufgeschlitzt. Diese Täler sind durch *eiszeitliche Talgletscher* teilweise zu *Trögen* umgeformt worden. Die Nebentäler dieser Täler aber, soweit sie in der Längsrichtung des Gebirges gerichtet sind, haben verhältnismäßig weite und flache Formen. Sie hängen mit sehr hohen Stufen über den tiefen, senkrecht zur Gebirgsrichtung verlaufenden größeren Tälern.

Diese Formenanordnung dürfte folgende Ursache haben: Bei Beginn der *Aufwölbung des Gebirges* ist ein System von Tälern, die ungefähr an den Flanken der Aufwölbung hinabliefen, angelegt worden und zugleich deren seitliche Zuflüsse. Beim Stärkerwerden der Wölbung hat besonders auf der langen Südabdachung des Gebirges das Längsgefälle der vom *Scheitel des Gebirges* gegen den Fuß gerichteten Täler und damit ihre Fähigkeit zur *Tieferosion* ständig zugenommen. Das Längsgefälle der annähernd senkrecht zur Hauptabdachung verlaufenden Zuflüsse ist dagegen durch die Aufwölbung nicht oder kaum vermehrt worden. Dort hat nur geringes Einschneiden stattgefunden. Dies hat die Anlage der großen *Mündungsstufen der Nebentäler* bewirkt oder wenigstens begünstigt, die dann durch die bedeutenden *pleistozänen Gletscher* noch überarbeitet worden sind.

Liegen, was in diesen Fällen die Regel ist, keinerlei Anzeichen für eine früher anders gerichtete Entwässerung des betrachteten Gebirgsvorlandes vor, so ergibt sich mit Notwendigkeit, daß die Anlage des Flusses hier älter sein muß als das Gebirge, das von ihm durchbrochen wird. Der Einschnitt des Durchbruchs wird vom Flusse gleichlaufend mit der Hebung des Gebirges vollzogen, indem der Fluß das sich langsam hebende Gebirge unter Festhaltung seiner Laufrichtung durchsägt. Diesen Typus des Flußdurchbruches bzw. der Anlage eines Flusses nennt man seit J. W. Powells Arbeit über den Green River in Wyoming, Utah und Colorado 1875 *antezedent,* d. h. vorhergehend, weil der Fluß älter ist als das Gebirge (Fig. 79).

Der Nachweis antezedenter Talanlage ist vor allem dann gesichert, wenn in der Höhe über der Durchbruchsschlucht Reste ehemaliger Talböden in Gestalt von schotterbedeckten Terrassen vorhanden sind. Sie geben nicht nur Anhaltspunkte für das allmähliche Einschneiden des Flusses, sondern lassen auch u. U. unterschiedliche Hebung der einzelnen Abschnitte einer Durchbruchsstrecke erkennen. Letzteres hat sich insbesondere bei der Verfolgung der sogenannten diluvialen Hauptterrasse des Rheins im Schiefergebirgs-Durchbruch zwischen Bingen und Bonn ergeben. Doch sind derartige Feststellungen nicht leicht, weil es bei ihnen sehr auf eine gesicherte Zuordnung wirklich gleichaltriger Teile der in solchen Tälern meist ziemlich zahlreichen Terrassenstufen ankommt (C. Mordziol, 1910; A. Philippson, 1933; H. Louis, 1953).

Im nördlichen Honshu (Japan) konnte am Oguni Fluß, nordöstlich von Niigata, dort wo er gefaltete jungtertiäre Schichten quert, ein Fortdauern junger Verbiegungen in Übereinstimmung mit dem Strukturbilde des gefalteten Jungtertiärs nachgewiesen werden. Der Fluß wird hier von drei gut durchverfolgbaren Systemen übereinander geschachtelter Terrassen begleitet, deren oberstes bis mehr als 100 m über den heutigen Fluß emporsteigt. Das mittlere Terrassensystem zeigt bereits merkliche, das obere beträchtliche Deformationen, und zwar größere Höhen über dem Fluß im Bereich der Antiklinalstrukturen des Untergrundes (A. Sugimura, 1952).

Der Fluß verhält sich hier bereits antezedent gegenüber der Schichtfaltung. Es ist nur eine Frage des Ausmaßes der künftigen Krustenbewegung und der Leistungsfähigkeit des Flusses, ob die antezedente Flußstrecke sich zu einem wirklichen Durchbruchstal weiterentwickelt (vgl. Fig. 80).

Der Green River in Wyoming, Utah und Colorado, an dem Powell seine Gedanken entwickelte, besitzt zugleich in bezug auf das von ihm durchbrochene

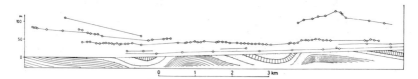

Fig. 80. Längsprofil des Flusses Oguni, Japan. Die verschiedenen alten Flußterrassen sind der Faltung des Untergrunds entsprechend verbogen. (Nach A. Sugimura, 1952). (Aus Brinkmann, Lehrbuch der Allgemeinen Geologie, 1. Band. 1974, Enke-Verlag, Stuttgart, S. 22)

Uinta-Gebirge das Merkmal eines gewissen ausweichenden Umfließens (Fig. 79). Dieses kehrt bei den Durchbruchsstrecken der Flüsse in den Kettengebirgen der Erde fast regelmäßig wieder. Nicht nur einfache Laufknicke wie bei Indus und Brahmaputra, sondern mehrfache Knicke und Biegungen sind beim Sakarya, Kïzïlïrmak, Euphrat und Kïzïl Uzun Vorderasiens ebenso charakteristisch wie beim Banater Durchbruch der Donau oder beim Ebrodurchbruch in Katalonien.

M. Lugeon (1901) hat bei einigen Durchbruchstälern der französischen Kalkalpen darauf aufmerksam gemacht, daß sie an Einwalmungsstellen der tektonischen Längsachsen (Achsendepressionen) des Gebirges liegen. P. Schlee (1913) zeigte es für Klusen des Schweizer Jura. Das gleiche scheint auch für die großen Durchbrüche von Rhein und Inn durch die äußeren Zonen der Alpen und überhaupt für alle antezedent angelegten Durchbruchstäler zu gelten.

Das Festhalten an der vor der Entstehung des durchbrochenen Gebirges inne-gehabten Laufrichtung ist also bei den großen antezedenten Durchbruchstälern sicherlich nicht in engem Sinne zu verstehen. Die Ausweichbögen dieser Täler und das auffällige Zusammentreffen der eigentlichen Durchbruchsstrecken mit tektonischen Einwalmungsstellen beweisen, daß in solchen Fällen nur die allgemeine Entwässerungsrichtung erhalten bleibt bei erheblichen seitlichen Verlagerungen des Flußlaufes im einzelnen.

In den noch nicht gar zu tief durchtalten Gebieten antezedenter Durch-bruchstäler, z. B. Vorderasiens, ist auch erkennbar, in welcher Weise jene Aus-weichbögen *vor* sich hebenden Gebirgen und jenes seitliche Sichverlagern des Flusses *zur* Stelle der geringsten Hebung bewerkstelligt werden. Die beginnende Hebung des im Entstehen begriffenen Gebirges zwingt den Fluß, wie aus ent-sprechenden Ablagerungen hervorgeht, durch Gefällsminderung zum Aufschüt-ten, und hebt ihn damit aus seinem ursprünglichen Bett. Auf seinen eigenen Auf-schüttungen, die auf dem Scheitel des überschütteten Hebungsgebietes ganz sanft in Richtung gegen den Bereich der örtlich geringsten Heraushebung hin schräg gestellt werden, gleitet der antezedente Fluß in eben diese Einwalmungsstelle hinein. Hier muß er sich schließlich einschneiden, wenn die Aufwölbung stärker zu werden beginnt. Dadurch ist dann der werdende Durchbruch festgelegt. Der Fluß kann ohne neuerliche Verschüttung nicht mehr aus seinem Einschnitt heraus, auch wenn später etwa an anderer Stelle des Gebirges eine noch tiefere Achsen-einwalmung ausgebildet werden sollte. Dieser Mechanismus erklärt z. B. beim Green River (Fig. 79), daß trotz eines rund 60 km nach Osten ausschwingenden Umfließungsbogens, der in den Uinta Mts. eine Einsattelung in der Aufwölbung zur Anlage des antezedenten Durchbruchs aufsucht, die von Norden zum Gebirge hinführende und die im Süden von ihm fortführende Flußstrecke fast genau auf der gleichen Linie liegen, der alten antezedenten Flußrichtung. Das gleiche ist beim Banater Donaudurchbruch und noch großartiger beim Älbursdurchbruch des Kïzïl Uzun entwickelt. Es läßt sich bei vielen antezedenten Durchbrüchen erkennen.

Der durch Stauwirkungen des Hebungsgebietes hervorgerufene Absatz von Aufschüttungen, mit Hilfe dessen der antezedente Fluß sich für den Durchbruch an eine weniger stark gehobene Stelle des werdenden Gebirges zu verlagern und auch den dazu hinführenden Umfließungsbogen herzustellen vermag, bringt Verwandtschaften zur epigenetischen Talanlage zum Ausdruck, auf die bisher kaum genügend hingewiesen worden ist. Beide Typen der Talanlage unterscheiden sich, wie gezeigt wurde, nicht durch das Fehlen oder Vorhandensein von Krustenbewegungen oder von Aufschüttungsvorgängen beim einen oder anderen. Sowohl Krustenbewegungen wie Aufschüttung können, ja, sie müssen sogar oftmals in beiden Fällen eine Rolle spielen. Aber *um Epigenese handelt es sich, wenn ein in festes Gestein eingetieftes Relief durch Lockermassen verschüttet und nachher mit verändertem Talnetz wieder herausgearbeitet wird. Von Antezedenz wird dagegen gesprochen, wenn ein Fluß oder Flußnetz seine Hauptrichtung trotz des Emporwachsens neuer Gebirgskörper oder von Gebirgsteilen, welche zur Flußrichtung quer verlaufen, beibehält,* indem die Gewässer dem werdenden Gebirge zwar streckenweise ausweichen, es aber doch endlich in der allgemeinen Richtung ihrer ursprünglichen Abdachung mehr oder weniger *transversal durchschneiden.* (H. Louis, 1960, 1. Aufl., S. 131 f.).

6. Systematische Talsymmetrie aus verschiedensten Ursachen

Zu den auffälligen Eigentümlichkeiten des fluvialen Abtragungsreliefs gehört in manchen Gebieten eine nach bestimmten Regeln angeordnete Ungleichheit der Neigung der einander gegenüberliegenden Hänge der Täler. Sie tritt in verschiedener Ausbildung auf. Es können z. B. durchgängig die orographisch rechten Talhänge in einem größeren Flußgebiet steiler sein als die orographisch linken oder umgekehrt. Oder aber es sind alle gegen eine bevorzugte Richtung anderer Art, z. B. gegen eine bestimmte Himmelsrichtung exponierten Hänge, steiler als die entgegengesetzt gerichteten ohne Rücksicht auf die Fließrichtung der Gewässer. In beiden Fällen spricht man von *systematischer Talasymmetrie.* Sie kann sehr verschiedene Ursachen haben (N. Krebs, 1937).

Ein erster Typ der systematischen Talasymmetrie ergibt sich, wenn Täler im Streichen einseitig geneigter Schichten entwickelt sind. Man spricht dann von *Monoklinaltälern* oder von *Isoklinaltälern.* Der eine Talhang schneidet in diesem Falle mit kräftigem Winkel durch das Schichtpaket hindurch. Seine Abdachung richtet sich nach der dem Schichtfallen entgegengesetzten Seite. Er kann als *paraklinal* bezeichnet werden. An ihm beißen die Schichtköpfe der durchschnittenen Schichtfolge in gedrängter Folge aus. Er ist gewöhnlich der steilere der beiden Talhänge. Der andere Hang, er wäre *kataklinal* zu nennen, ist meist merklich flacher. Auch an ihm werden die Schichten normalerweise vom Hang geschnitten, jedoch unter mehr oder weniger spitzem Winkel, und zwar so, daß der Hang in der gleichen Richtung wie das Schichtfallen geneigt ist (Fig. 51). Genau mit einer Schichtoberfläche fällt ein Hang nur selten auf größere Erstreckung zusammen. Unter den mit dem Schichtfallen abgeböschten Hängen kann man noch solche unterscheiden, bei denen die Hangneigung flacher ist als das Schichtfallen. In diesem Falle schauen die vom Hange bloßgelegten Schichtköpfe bergauf. So verhält es sich normalerweise bei den subsequenten Tälern einer Schichtstufenlandschaft. Es kommt aber auch vor, daß in Isoklinaltälern der mit dem Schichtfallen abgedachte Hang steiler ist als das Schichtfallen. In diesem Falle schauen die am Hange bloßgelegten Schichtköpfe hangabwärts. Eine Talasymmetrie pflegt unter solchen Umständen nicht so deutlich ausgebildet zu sein, als wenn die Hangneigung gleichgerichtet, aber flacher geneigt ist als das Schichtfallen (Fig. 75 S. 338).

Die Ursache dieser *strukturbedingten Talasymmetrie* ist darin zu suchen, daß die Gerinne über einem Untergrund aus seitlich zur Fließrichtung geneigten Schichten nicht senkrecht in die Tiefe einzuschneiden pflegen, sondern schräg. Die Einschneidearbeit geht nach der Seite des Schichtfallens leichter vonstatten als gegen dieses. Daher gleitet das Gerinne beim Einschneiden mehr oder weniger deutlich auf den bloßgelegten Schichtoberflächen in deren Fallrichtung nach der Seite (G. K. Gilbert, 1876, F. v. Richthofen, 1886) (Bild 150).

Ein zweiter Typus asymmetrischer Täler kann durch *tektonische Schrägstellung* eines Krustenstücks hervorgerufen werden. Er kommt besonders in jung gehobenen und hierbei der Zerschneidung anheimfallenden Aufschüttungsgebieten vor. Das oststeirische Hügelland zwischen der Mur und der oberen Raab, östlich von Graz, kann nach N. Krebs (1913, S. 384) und J. Sölch (1918) als Beispiel angeführt werden. Die Flüsse werden hier durch eine Schrägstellung des Landes, die einer Hebung des Alpenkörpers entspricht, nach Osten gedrängt. Alle westwärts blickenden Hänge werden hierbei verstärkt unterschnitten und sind infolgedessen steiler. Ähnlich findet nach A. Dimitrescu (1911) eine Schrägstellung der walachischen Ebene nach Südosten bis Osten statt durch Heraushebung der Südkarpaten. Die Südkarpatenflüsse drängen, je weiter man nach Osten kommt, um so energischer nach Südosten bis Ostsüdosten. Sie versteilen hierbei jeweils ihren linken Talhang.

Ein dritter Typus der Talasymmetrie erweist sich ohne Rücksicht auf Struktur und Morphotektonik des Untergrundes als Folge der *unterschiedlichen Exposition der Talhänge* gegen einseitig überwiegende Klimaeinwirkungen. Sonn- und Schattenseiten, Regenluv- und Regenleeseiten können besonders in lockeren Gesteinsserien Unterschiede der Hangdenudation aufweisen und dadurch die Ausbildung von Talasymmetrie verursachen.

Besonders günstige Voraussetzungen zur Entwicklung derartiger Talasymmetrie scheinen in den mittleren Breiten dort vorzuliegen bzw. vorgelegen zu haben, wo Lockergesteine, und zwar namentlich grobkörnige Schichten mit großem Porenvolumen eine Hangdenudation durch periglaziale Solifluktion erfahren, bzw. erfahren haben. Nach den Untersuchungen von Hans Poser und Theodor Müller (1951) beginnen die Tälchen des niederbayerischen Hügellandes in der Regel mit flachen Mulden. Diese, wie auch der oberste Teil der Muldentälchen, sind noch symmetrisch gestaltet. Sie besitzen Böschungen bis etwa 6° und sind mit einer Decke von Solifluktionsschutt ausgekleidet. Etwas weiter abwärts stellt sich Talasymmetrie der Muldentälchen ein, indem die nach SW, W und NW exponierten Hänge Böschungen von 15° bis 18° bis 23° Neigung aufweisen, die nach NE, E und SE exponierten Hänge dagegen nur Böschungen von 4° bis 8° bis 10°. Gleichzeitig erfolgt ein allmählicher Übergang vom Muldental zum Sohlental, der als Übergang von einer unter starker Mitwirkung der Solifluktion ausgestalteten Talform zu einer im wesentlichen durch das fließende Wasser geprägten Talform aufzufassen ist. In den Sohlentälern nimmt die Talasymmetrie gewöhnlich an Deutlichkeit ab und verschwindet mitunter ganz. (Gute Beispiele finden sich auf den Gradabteilungsblättern 1:25000 Nr. 7438 Landshut-West, 7439 Landshut Ost, 7440 Aham, 7441 Frontenhausen, 7442 Arnstorf). Als eigentliche Ursache der Asymmetriebildung kommen hierbei mehrere Möglichkeiten in Betracht. Es könnte die stärkere Besonnung der Sonnseithänge deren rascheres Abtrocknen in der warmen Jahreszeit und damit eine geringere Abtragung durch Bodenfließen bewirkt haben. Es könnte auch stärkere Unterschneidung des Fußes des Sonnenseithanges durch die Schmelzwasser des Tales im Frühling, wenn der Sonnseithang bereits aufgetaut, der Schattseithang aber noch hart gefroren ist, eine Rolle spielen (Poser). Endlich kann die Windexposition im Hinblick auf die bevorzugte Leeseitablagerung von Schnee und Löß und ihren Einfluß auf Durchtränkung und Fließfähigkeit des Bodens entscheidend sein (K. Helbig, 1965). Möglicherweise wirkt mehreres zusammen. Die Meinungen hierüber sind noch geteilt. Aber es hat sich erwiesen, daß die beschriebenen Talasymmetrien geologisch jung sind. J. Büdel (1944) hat sie am Rande der rißeiszeitlichen Hochterrasse gegen das Niederterrassenfeld südlich von Mühldorf am Inn nachgewiesen, wo die Zertalung der Hochterrasse gleichsohlig auf die Niederterrasse ausgeht, also würmeiszeitlich ist. C. Rathjens (1952) hat asymmetrische Tälchen sogar bei spätwürmeiszeitlichen Furchen festgestellt, die südlich von München und in der Gegend des Mangfallknies höher gelegene würmeiszeitliche Aufschüttungsfelder zerschneiden. Entsprechende Studien über das Wolga- und Turgai-Gebiet machten A. P. Dedkow und A. G. Illarionow (1967), über Island T. Asai (1967).

Eine vierte Form der Talasymmetrie kann durch die *Ablenkungskraft der Erdrotation* hervorgerufen werden. Ihre Wirkung auf die Flüsse wird auch als *Baersches Gesetz* (J. Babinet, 1859; K. E. v. Baer, 1860) bezeichnet. K. Zöppritz (1882) hat zwar gemeint, daß diese Ablenkungskraft für die Flüsse belanglos sei, weil sie bei den tatsächlich auftretenden Fließgeschwindigkeiten im Verhältnis zur Schwerkraft außerordentlich klein sei. Demgegenüber hat aber L. Henkel (1922) gezeigt, daß für die Fließbewegungen des Wassers nicht das Verhältnis der gesamten Schwerkraft zur Ablenkungskraft der Erdrotation von Bedeutung ist, sondern lediglich das der Schwerkraftkomponente in der Fließrichtung zur Ablenkungskraft. Die Schwerkraftkomponente in der Fließrichtung ist nun in der Tat bei großen Tieflandströmen außerordentlich klein. Sie sinkt auf weit unter $\frac{1}{10000}$ der Schwerkraft und bewirkt dennoch ansehnliche Strömungsgeschwindigkeiten in solchen Flüssen. Unter diesen Umständen wird die Ablenkungskraft der Erdrotation gegenüber der Gefällskomponente der Schwerkraft verhältnismäßig groß. Das Baersche Gesetz tritt also bei großen Tieflandflüssen von minimalem Gefälle und trotzdem ansehnlicher Fließgeschwindigkeit in Erscheinung. Es muß auf der Nordhalbkugel Rechtsablenkung, auf der Südhalbkugel Linksablenkung der Fließbewegung des Wassers eintreten.

Das rechtsseitige Bergufer der unteren Wolga, das Rechtsdrängen des Dnjepr gegen die Ukraineschwelle im Gebiet von Kiew, das des unteren Jenissei gegen die Platte von Mittelsibirien, das des Amu Darja gegen die hohe Kĭzĭl Kum, die rechtsseitigen Hochufer der Donau in Transdanubien, an der Fruška Gora, der

Šumadija, der donaubulgarischen Platte dürften als Auswirkungen des Baerschen Gesetzes aufzufassen sein (Ed. Suess, 1863). H. M. Eakin (1916) glaubt am unteren Yukon die gleichen Erscheinungen feststellen zu können.

7. Beeinflussung der Talentwicklung durch großräumige, sanfte (vor allem epirogenetische) Krustenbewegungen

Ältere Vorstellungen

Die gesamte ältere Geomorphologie hat innerhalb des fluvialen Abtragungsreliefs neben den Auswirkungen der Gesteinsbeschaffenheit vor allem Krustenbewegungen als eigentliche Ursache nicht nur für die bestehenden Relief*anlagen* im ganzen, sondern auch für die vorhandenen typischen Unterschiede der Landformung selbst angesehen. Insbesondere sind die Unterschiede des Zertalungszustands eines Landblocks überwiegend auf Beeinflussung durch Krustenbewegungen zurückgeführt worden. W. M. Davis hat versucht, im wesentlichen mit Hilfe der Begriffe „jugendliches Relief" (= Steilrelief), „reifes Relief" (= mäßiges Relief), „altes Relief" (= Flachrelief), „verjüngtes Relief" bzw. „mehrzyklische Reliefentwicklung" (= „ältere" Formen in der Höhe über „jugendlichen" Formen in tieferem Niveau) eine Kennzeichnung und Deutung der fluvialen Abtragungsreliefs zu erreichen.

Vor allem A. Penck und W. Penck haben darüber hinaus Ableitungen über den Einfluß sehr langsamer, mäßiger und schneller, sowie von verlangsamter, gleichförmiger und beschleunigter Landhebung auf das fluviale Abtragungsrelief gegeben. Daraus sind die Vorstellungen von einem *Dauerrumpf* bei sehr langdauernder und sehr langsamer Landhebung, von einem *oberen Denudationsniveau* bzw. von einer *Gipfelflur* als einem oberen Grenzhöhenniveau erwachsen. Der Gedanke besagt, daß Gebirge mit Schneidenkämmen bei langdauernder rascher Landhebung infolge der laufenden Erniedrigung der Schneiden maximal nur bis zu diesem Niveau aufragen können. Endlich wurde die Möglichkeit von Gebirgen dargelegt, die bei anfangs langsamer Landhebung zunächst „alte" Formen im Sinne von W. M. Davis aufweisen können, die aber später, bei stärker werdender Landhebung einen nach W. M. Davis „jungen" Formenschatz annehmen (A. Penck, 1919, 1924).

W. Penck (1924) glaubte darüber hinaus, bei zunehmender Hebungsgeschwindigkeit eine *aufsteigende* Entwicklung des Reliefs mit konvexen Hangprofilen, bei gleichbleibender Hebungsgeschwindigkeit eine *gleichförmige* Reliefentwicklung mit geraden Hangprofilen und bei nachlassender Hebungsgeschwindigkeit eine *absteigende* Reliefentwicklung mit konkaven Hangprofilen in den betreffenden Tälern erschließen und in den vorliegenden Formen tatsächlich auch nachweisen zu können. Die Begriffe *Primärrumpf* und *Endrumpf* für flaches Abtragungsrelief am Anfang und am Ende einer langsam anschwellenden und langsam wieder abklingenden Gebirgshebung sind gleichfalls ein Ergebnis dieser Überlegungen. Sie alle haben die Forschung mächtig angeregt.

Versuch eines weiterführenden Ansatzes

Bereits hinsichtlich der Beurteilung der Hangentwicklung können, wie weiter oben dargelegt wurde (Kap. III C S. 198 ff.), schwerwiegende Vorbehalte gegenüber den vorstehenden Annahmen nicht außer Acht bleiben. Dazu kommt noch folgendes: Das Abtragungsgeschehen an einem bestimmten Punkte der Erdoberfläche wird, wenn die Verwitterungsbedingungen unverändert bleiben, einerseits durch die örtlichen Neigungsverhältnisse, andererseits durch von der Nachbarschaft her einwirkende unmittelbare Massenschwerebewegungen oder durch Massentransporte bestimmt. Daher kann an einem solchen Punkte durch Krustenbewegungen nur soweit eine unmittelbare Veränderung der Abtragung hervorgerufen werden, wie durch die Krustenbewegung die örtlichen Neigungsverhältnisse oder die aus der Nachbarschaft einwirkenden Massenbewegungen oder beide verändert werden. Bei allen vorher erwähnten Ableitungen ist aber, wenn auch unausgesprochen, so getan worden, als ob auf einer gehobenen Landscholle Veränderungen der angegebenen Art tatsächlich überall eintreten müßten. Es ist nun nicht schwer zu zeigen, daß die Wirklichkeit viel verwickelter aussieht. Das schränkt, wie wir sehen werden, die Schlüssigkeit der Deduktionen von W. M. Davis, A. und W. Penck über die Veränderung eines Abtragungsreliefs infolge bestimmter Krustenbewegungen ein und gibt andererseits Hinweise für eine differenziertere Interpretation der Formen.

Unsere Betrachtung beschäftigt sich hier nicht mit den Folgen, die grobe Krustendeformationen, etwa die Heraushebung einer jungen Antiklinale oder die Entstehung einer Bruchstufe für das Relief haben. Diese können meist im Formenbilde verhältnismäßig leicht wahrgenommen oder abgeschätzt werden. Sie sind u. a. in den Abschnitten über die Bruchstufen und über Antezedenz erörtert. Vielmehr kommt es uns hier auf die Auswirkungen großräumiger und sanft vor sich gehender, vor allem also epirogenetischer Krustenbewegungen an. Es soll versucht werden, diese besser zu überblicken dadurch, daß die einfachen Grundgegebenheiten solcher Vorgänge etwas näher gewürdigt werden.

Die kleinsten Landblöcke, die durch großräumige, sanfte Krustenbewegungen deformiert werden, mögen etwa von der Größenordnung des Sächsischen Erzgebirges, der Schwäbischen oder der Fränkischen Alb sein. Sie haben einen kleinsten Durchmesser von rund 50 km. An solchen Schollen sind theoretisch drei verschiedene Idealtypen von epirogenetischen Krustenbewegungen möglich: Sie können entweder eine reine Vertikalbewegung ohne Kippung erfahren, oder eine reine Kippung, oder eine Verbiegung, d. h. eine von Ort zu Ort wechselnd starke und auch u. U. wechselnd gerichtete Kippung. Alle tatsächlich vorkommenden epirogenetischen Krustenbewegungen können als Kombinationen dieser drei Grundtypen aufgefaßt werden. Es wird deswegen nützlich sein, zu überlegen, welche Folgen bei jedem der Grundtypen für ein Abtragungsrelief zu erwarten sind (H. Louis, 1969).

Der Fall reiner Schollenhebung

Unter den reinen Vertikalbewegungen wird von der Erörterung der Folgen einer Senkung des Landes abgesehen. Denn eine solche muß bei genügend großem

Ausmaß zur Verschüttung der Landoberfläche führen. Unser Interesse gilt aber an dieser Stelle dem Abtragungsrelief und damit der Land*hebung.*

Eine erste Haupteigenschaft einer *reinen,* d. h. einer ohne Kippung parallel zur existenten Oberfläche erfolgenden, *Schollenhebung* besteht darin, daß für keinen Punkt auf der Oberfläche der Scholle, abgesehen vom Schollenrande, die an ihm in der Hangrichtung angreifende Schwerkraftkomponente sich ändert. Wenn also die Hebung nicht *so* groß ist, daß die Schollenoberfläche dadurch in eine andere klimageomorphologische Höhenstufe aufsteigt, so erleidet die Schollenoberfläche in ihren mittleren Bereichen durch die Hebung keine unmittelbaren Änderungen der Antriebskräfte, welche die Massenumlagerungen und mit ihnen die Formveränderungen hervorrufen.

Nur die Punkte unmittelbar an der Schollengrenze, bzw. die nahe Nachbarschaft der Schollengrenze, erlangen durch die Hebung sofort, bzw. nach einiger Zeit, eine Vergrößerung der in der Hangrichtung angreifenden Schwerkraftkomponenten. Hier müssen sich, wie es Bruchstufen oder Flexuren als Ränder von in der Vertikalen verschieden bewegten Schollen tatsächlich zeigen, verstärkte Abtragungsvorgänge einstellen und nach und nach auf eine gewisse Randzone der Scholle ausdehnen.

Außerdem müssen Flüsse, die den Schollenrand queren, durch die Landhebung einen Gefällsbruch, eine Gefällsversteilerung im Bereich des Schollenrandes erhalten. Die hiervon betroffenen Bäche mit kleinem Einzugsgebiet können mit dieser Steigerung ihrer Erosionsfähigkeit zu den bereits erwähnten *Randerscheinungen* vermehrter Abtragung gerechnet werden, die den Saum *der gehobenen Scholle* auszeichnen.

Die *größeren Flüsse* aber erstrecken ihr Einzugsgebiet weit ins Innere des Schollengebietes. Nach dem Gesetz vom Rückschreiten der Erosion muß die *Gefällsstelle,* die ein solcher Fluß am Schollenrande durch die Landhebung erlangt hat, sich nach und nach *flußaufwärts verlagern.* Dadurch ist eine Einwirkung auf den Innenbereich des gehobenen Landes gewährleistet. Sie besteht in einer langsam flußauf vordringenden Talvertiefung, die auch in die Nebentäler hineinzieht, sobald die Gefällsstelle im Hauptale den Mündungspunkt des Nebentales erreicht hat. Mit dem gewöhnlich flußauf zunehmenden Längsgefälle der Flüsse und Bäche mindert sich allmählich das Ausmaß der zusätzlichen Talvertiefung, die durch die Stromaufverlegung einer solchen Gefällsstelle bewirkt werden kann. In den Nebentälern erfolgt die Minderung noch rascher als im Hauptale. Am *stärksten* sollte die *Talvertiefung* im Gebiet des *Schollenrandes* sein (vgl. Fig. 81 a).

J. Sölch (1935, S. 129–136) hat sich mit der Stromaufverlegung von Gefällssteilen an Flüssen näher beschäftigt. Aber über die angegebenen Regeln hinaus, vor allem über die Geschwindigkeit, mit der die Gefällssteilen unter verschiedenen Bedingungen stromauf wandern, ist noch nichts Sicheres bekannt. Außerdem ist daran zu denken, daß der Einfluß örtlicher Gesteinsverhältnisse, insbesondere von festen Gesteinsbänken im Flußbett, das Durchwandern von Gefällssteilen ohne Zweifel erheblich behindern bzw. abwandeln wird.

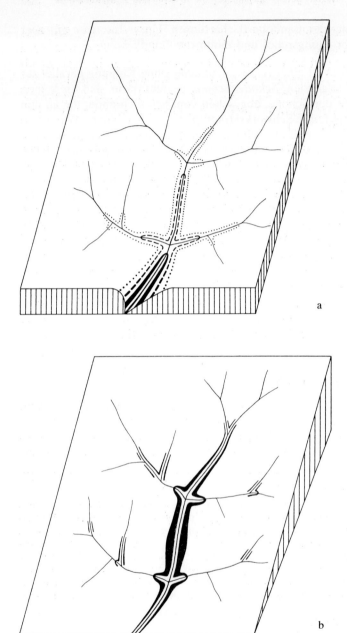

Fig. 81. Veranschaulichung der Zertalung eines Flachreliefs als Folge von Krustenbewegungen (H. Louis, 1969, S. 475).

Auf jeden Fall muß festgehalten werden, daß eine Landhebung ohne Kippung, wenn man die Randerscheinungen der gehobenen Scholle ausnimmt, und wenn man etwaige lediglich klimabedingte Formenänderungen als Folge der Landhebung ebenfalls beiseite läßt, erst mit erheblicher Verspätung und nur durch das Flußaufwandern von Gefällssteilen längs der größeren Flüsse eine unmittelbare formenverändernde Wirkung auf das Relief in den inneren Teilen des Schollengebietes herbeiführen kann.

Wenn eine Landhebung in mehreren, durch Ruhepausen unterbrochenen Phasen vor sich geht, dann müssen mehrere Systeme jeweils verschieden alter wandernder Gefällssteilen in den, den Schollenrand querenden Flüssen hintereinander entwickelt sein. Die Möglichkeit der Abwandlung dieses Idealschemas durch örtliche Gesteinsgegebenheiten ist dann naturgemäß noch größer. Außerdem braucht das Stromaufwandern der Gefällssteilen in der Regel sicher erhebliche Zeit. Endlich erfolgt beim Stromaufwandern der Gefällssteilen die erwähnte Minderung von deren relativer Höhe, d. h. von ihrer formenverändernden Wirkung. Im ganzen wird im Laufe der Entwicklung mit einer Abschwächung an Prägnanz und Unterscheidbarkeit bei den einzelnen sich hintereinander stromauf verlagernden Gefällssteilen zu rechnen sein. Doch sollte das Gesamtbild einer *am Gebirgsrand starken* und *talauf* zunehmend *geringer werdenden Talvertiefung* sich sehr lange erhalten (vgl. Fig. 81 a).

Der Fall reiner Schollenkippung

Der zweite Grundtyp der großräumigen, sanften Krustenbewegung wäre der einer *reinen Schollenkippung*. Um deren Wirkung zu analysieren, erscheint es nützlich, von wirklichen Beispielen geneigt liegender Schollen auszugehen. In unseren Mustern, dem Sächsischen Erzgebirge und der Schwäbischen Alb haben die

---

a) Als Folge reiner Schollenhebung

Angenommen ist eine dreimalige, durch Ruhepausen unterbrochene, reine Schollenhebung. Durch punktierte, gestrichelte und ausgezogene Signaturen längs der Gewässer ist die Zunahme der Vertiefung in einem größeren Tal und den Nebentälern schematisch angedeutet. Sie ergibt sich aus der in drei Etappen nacheinander erfolgenden Talaufverlegung von Gefällssteilen. Die kräftigste Talvertiefung stellt sich hierbei am Schollenrande ein (in der Zeichnung vorn). Gegen das Scholleninnere nimmt die Talvertiefung merklich ab, unabhängig davon, welche Annahmen über Ausmaß und etwaigen Ablaufrhythmus der reinen Schollenhebung gemacht werden. Von einer Andeutung der außerdem zu erwartenden randnahen Kleinzertalung der Scholle wurde in der Zeichnung abgesehen.

b) Als Folge reiner Schollenkippung

Durch dickere, dünnere oder fehlende Begleitsignatur längs der Gewässer ist die Zunahme der Talvertiefung bzw. ihr Fehlen in einem größeren Tal und den Nebentälern angedeutet. Die Taleintiefung zeigt sich an allen Talstücken, die in der Abdachungsrichtung der Kippung verlaufen. Sie schwächt sich aber mit der Verringerung der Gerinnegröße in den oberen Talabschnitten ab. In den obersten Talverzweigungen ist sie nicht mehr feststellbar. Das Maximum der Talvertiefung liegt in einem der Kipprichtung folgenden, größeren Tal deutlich *oberhalb* des unteren Schollenrandes, weil zum Schollenrand hin die durch eine reine Kippung bewirkte Landhebung gegen Null geht. In Talstrecken, die ungefähr senkrecht zur Kippungsrichtung oder sogar dieser entgegen verlaufen, fehlt unmittelbare Talvertiefung. In solche Talstrecken können nur von unterhalb gelegenen, vertieften Talabschnitten her nach und nach talauf wandernde Gefällssteilen eindringen.

größeren Verflachungen, wenn man aufsitzende Kuppen außer Betracht läßt, am oberen und unteren Rande dieser Schollen einen Höhenunterschied von etwa 300 m bis 400 m. Das entspricht bei einem Schollendurchmesser in der Abdachungsrichtung von 45 bis 50 km einem Neigungswinkel von 6‰ bis 8‰, jedenfalls von unter 10‰. In den genannten Beispielfällen ist weiterhin sicher, daß die vorliegende Schrägstellung der Scholle nicht in ihrer Gesamtheit jungen Datums ist, sondern daß sie sich allmählich herausgebildet hat. Denn aus tertiären Ablagerungen und ihrem Verhältnis zum zugehörigen Liefergebiet geht hervor, daß die Abdachung der als Beispiel betrachteten Schollen bereits im älteren Jungtertiär in gleicher Richtung geneigt gewesen ist wie heute. Man wird hiernach bei vorsichtiger Beurteilung der Verhältnisse vermuten können, daß sich bei einer derartigen Schrägstellung höchstens etwa $^1/_5$ des gesamten vorliegenden Kippungsbetrages von 10‰, also höchstens etwa 2‰ Neigung im Geschehensablauf auf einen, geologisch gesehen, kurzen Zeitraum zusammendrängen werden. Als ein kurzer Zeitraum in diesem Sinne mag die Größenordnung eines Jahrhunderttausends angesehen werden, d. h. eines Zeitraumes, in dem sich einerseits schon recht bemerkbare Abtragung vollziehen kann, und der doch andererseits nur in der Größenordnung von $^1/_{100}$ bis $^1/_{200}$ der seit dem altmiozänen Hochstand des Meeres verstrichenen Zeit liegt.

Wir fragen uns, wie ein solcher, offenbar schon als verhältnismäßig hoch zu veranschlagender Kippungsbetrag von 2‰ innerhalb einer geologisch kurzen Zeitspanne sich auf der Oberfläche der gekippten Scholle im Charakter von Böschungsabtragung und von Erosion der Talgründe auswirken kann. Wir dürfen dabei annehmen, daß die Auswirkungen einer kleineren bzw. langsameren Kippung jedenfalls geringer sein werden.

Zuerst ist festzustellen, daß eine Neigungsänderung von 2‰ für alle, selbst für sehr flache Talhänge nur einen sehr geringen Betrag darstellt. Selbst die Rampenhänge von tropischen Flachtälern haben nur selten unter 10‰ Neigung. Im allgemeinen wird also eine, in geologisch kurzer Zeit, ja selbst eine momentan erfolgende Vergrößerung oder Verringerung der Böschung von Talhängen um Beträge in der Größenordnung zwischen 0 und 2‰ oder auch etwas mehr, wie sie durch eine Kippung je nach der Richtung der betroffenen Hänge erfolgen kann, weder im Landschaftsbilde noch an den Vorgängen der Böschungsabtragung sehr fühlbare Veränderungen hervorbringen.

Anders liegen die Verhältnisse dagegen bei den *größeren Tälern* eines solchen Gebietes. Wenn diese in der Kippungsrichtung der gekippten Scholle, wir sagen in der Hauptabdachung, verlaufen, so muß eine Versteilerung des Gefälles um etwa 2‰ die betroffenen Flüsse zu kräftigem Einschneiden veranlassen. Denn bei derartigen, heute mit einem Gefälle zwischen etwa 4‰ und 10‰ ausgestatteten Tälern würde eine Kippung um 2‰ einen sehr ansehnlichen Gefällszuwachs herbeiführen, und zwar auf der gesamten in der Hauptabdachung der Scholle verlaufenden Flußstrecke. Erst in den oberen Laufabschnitten, in denen das Flußgefälle ja gewöhnlich stark zunimmt, würde die Auswirkung der Kippung undeutlich werden, weil sie gegenüber dem bereits vorhandenen Gefälle nicht mehr ins Gewicht fällt. Man kann also schließen, daß bei einer Schollenkippung die in der Fallrichtung der Kippung, d. h. in der Hauptabdachung, fließenden größeren Gewässer sogleich mit *merklicher Tiefenerosion* reagieren müssen, und zwar auf der gesamten Strecke, auf der das Gefälle dieser Flüsse nicht groß ist im Vergleich zum Kippungsbetrag. Darin besteht ein Unterschied im Verhalten der größeren Flüsse auf einer gekippten Scholle gegenüber jenem, das, wie vorstehend ausgeführt wurde, auf einer einfach gehobenen Scholle erwartet werden muß.

Außerdem ist zu schließen, daß der Eintiefungsbetrag dieser größeren Flüsse am unteren Saum der gekippten Scholle trotz der Kippung nur klein bleibt, weil dort bei reiner Kippung nur geringe Höhenänderung der Oberfläche eintritt. Das *Maximum der Taleintiefung* sollte bei einer lediglich gekippten Scholle in den Tälern der Hauptabdachung im *mittleren Bereich* zwischen dem unteren und dem oberen Schollenrande auftreten. Denn dort ist die Höhenänderung der Schollenoberfläche durch die Kippung schon ansehnlich. Die Längsgefällskurve des Flusses, die sich ja gewöhnlich im ganzen nach abwärts verflacht, kann deswegen auf der mittleren Laufstrecke besonders tief unter die Schollenoberfläche hinabgreifen. Im obersten Talabschnitt dagegen ist das Gewässer noch zu schwach, um eine gleich kräftige Talvertiefung hervorzurufen (vgl. Fig. 81 b).

Es müssen hiernach erhebliche Unterschiede im Verhalten der größeren, in der Hauptabdachung auf einer gekippten Scholle fließenden Flüsse gegenüber den, auf einer ohne Kippung einfach gehobenen Scholle entwickelten Flüssen bestehen. In den letztgenannten arbeiten sich nur Gefällssteilen vom Schollenrande her allmählich flußaufwärts vor. Erst dadurch dringt das Tiefereinschneiden nach und nach ins Innere des Schollenbereichs vor. Dementsprechend sind auch bei ihnen die *größten Taleintiefungsbeträge am Schollenrande* zu erwarten und nicht, wie auf den Kippschollen, *im inneren Schollenbereich.*

Recht anders liegen aber auf einer reinen Kippscholle die Verhältnisse bei den *Nebentälern* der größeren, der Hauptabdachung folgenden Täler. Würden diese Nebentäler so gut wie senkrecht in die Hauptabdachungstäler einmünden, so würden ihre Gefällsverhältnisse durch die angenommene Kippung der Scholle überhaupt nicht geändert werden. In diesem Falle würde sich daher das vorher besprochene Tieferschneiden der größeren Täler der Hauptabdachung lediglich durch ein allmähliches Aufwärtswandern einer Gefällssteile vom Mündungspunkt des Nebentales her bemerkbar machen können. In Wahrheit münden die Nebentäler gewöhnlich nicht senkrecht, sondern schräg in die Täler der Hauptabdachung. Die Folge wird sein, daß die Schollenkippung ihr Gefälle nur um einen Teilbetrag vermehrt. Sie werden also auf derjenigen Laufstrecke, auf der dieser Teilbetrag gegenüber dem ursprünglichen Gefälle noch ins Gewicht fällt, ebenfalls mit verstärkter Tiefenerosion reagieren. Außerdem wird aber eine Gefällssteile von der Mündung des Nebentales her in diesen Tälern langsam aufwärts wandern als Folge der verstärkten Tiefenerosion im Haupttal, d. h. in dem der Hauptabdachung folgenden Tal (vgl. Fig. 81 b).

Endlich ist an die *Nebentäler zweiter Ordnung* zu denken, die den vorher besprochenen Nebentälern tributär sind. Auf diese muß die gedachte Kippung ganz verschiedene Wirkungen ausüben. Je nach ihrer Richtung wird das Gefälle dieser Nebentäler zweiter Ordnung entweder um den vollen Betrag der Kippung oder um einen größeren oder kleineren Teilbetrag vergrößert, oder es bleibt unverändert, oder endlich, es wird um einen Teilbetrag oder um den vollen Betrag der Kippung vermindert. Glücklicherweise wird die verwirrende Fülle dieser Möglichkeiten in der Natur so gut wie keine Rolle spielen. Denn die Nebentäler zweiter Ordnung haben in Schollen der gedachten Größe und selbst noch in Schollen von erheblich größeren Maßen bereits so starkes Gefälle, daß demgegenüber die in Frage kommenden Kippungsbeträge sicher keine bedeutenden Wirkungen auf das Formenbild mehr ausüben können. Größere Veränderungen des Formencharakters werden sich hier nur dann einstellen, wenn kräftige Gefällssteilen bei der Flußaufverlegung in solche Gebiete eindringen.

Der Fall der Schollenwölbung

Es bleibt der Fall der Verbiegung, insbesondere der *Wölbung einer Scholle* zu überlegen. Wir werden ihn auffassen dürfen als eine Übergangsform zwischen reiner Vertikalhebung und reiner Kippung. Im Zentrum der Wölbung nähert sich die Bewegung der reinen Vertikalhebung, an den Rändern nähert sie sich dem Typus der reinen Kippung. Wir werden danach annehmen dürfen, daß das Ergebnis der Wölbung eine Zwischenstellung einnimmt zwischen demjenigen der reinen Vertikalhebung und demjenigen der reinen Kippung. In den Randgebieten der Wölbung sollten die Formenänderungen mehr dem Fall der reinen Kippung ähnlich sein. Im Inneren des Wölbungsgebietes sollten die Veränderungen mehr dem Schema der reinen Landhebung entsprechen.

Zusammenfassung

Im ganzen ergibt sich hiernach wohl folgendes:

Als Folge einer *Landhebung ohne Kippung* ist eine verstärkte Abtragung und Zerschneidung am Schollen*rande* zu erwarten, außerdem ein allmähliches und sich nach dem Inneren abschwächendes Eindringen dieser Zerschneidung *vom Rande her* in die mehr zentral gelegenen Teile der Scholle durch die Stromaufverlegung von Gefällssteilen längs der größeren Flüsse und Bäche (vgl. Fig. 81a).

Als Folge einer *reinen Schollenkippung* ist dagegen ein verstärktes Einschneiden der *der Hauptabdachung folgenden* größeren Flüsse und Bäche auf der ganzen Laufstrecke zu erwarten. Das Maximum dieser Talvertiefung sollte *im inneren Schollenbereich* liegen, mit Abnahme der Einschneidungstiefe sowohl gegen den unteren wie gegen den oberen Schollenrand, weil unten die Schollenoberfläche durch die Kippung nur wenig angehoben wurde, während oben die Talanfänge zu steil sind, um durch die Kippung stark beeinflußt zu werden. Andererseits sollte auf einer Kippscholle in den Nebentälern, die in Täler der Hauptabdachung einmünden, gerade *keine* durchgehend kräftige Talvertiefung eintreten. Statt dessen sollten flußauf wandernde Gefällssteilen anzutreffen sein, welche von der Mündung dieser Nebentäler her ihren Anfang nehmen (vgl. Fig. 81b). In *Wölbungsgebieten* ist mit einer Kombination der beiden dargelegten Systeme von Zertalungserscheinungen zu rechnen.

Nach den vorstehenden Ausführungen müßte es bei der Zertalung eines älteren, sanfteren Reliefs, wenn sie eine Folge von Krustenbewegungen ist, eine Differenzierung der Zerschneidungserscheinungen nach bestimmten Lage- oder Richtungsverschiedenheiten auf der betroffenen Scholle geben. Denn unvermeidlich hat, wie gezeigt wurde, selbst die einfachste tektonische Veränderung einer Abdachung für die verschiedenen Teile eines auf dieser Abdachung entwickelten, verzweigten Abflußsystems örtlich sehr unterschiedliche Änderungen der Gefällswerte zur Folge. Diese aber sind in diesem Falle für Änderungen im Fortgang der Abtragung allein maßgebend. Namentlich sollten Randgebiete und Innenbereich der bewegten Scholle, ferner bevorzugte Talrichtungen und mehr oder weniger große Abseitigkeit von den Haupttalsträngen oder mehrere dieser Lageeigenschaften zusammen im Zerschneidungszustand Besonderheiten hervorrufen. Und diese Besonderheiten sollten sich noch lange nach der Beendigung der verursachenden Schollenbewegung im Formenbilde zu erkennen geben.

Zum Unterschied hiervon dürfte eine im wesentlichen durch Klimaänderung verursachte Zertalung eines älteren, sanfteren Reliefs, welches also bereits lange vor Eintreten der Zertalung genügend hoch lag, um eine Zertalung überwiegend infolge einer Klimaänderung zu ermöglichen, keine durch die Lage innerhalb des Schollengrundrisses, durch Unterschiede der Talrichtung oder durch mehr oder weniger große Abseitigkeit von bevorzugten Talsträngen bestimmte Differenzierung der Zerschneidungserscheinungen aufweisen. Natürlich werden auch im Falle einer durch Klimaänderung hervorgerufenen Zertalung gewisse Unterschiede des Einschneidens bei kleineren und größeren, bei höher oder niedriger gelegenen Tälern zu verzeichnen sein. Aber diese sollten unabhängig von den vorher genannten Lageeigenschaften auf der betroffenen Scholle verbreitet sein. Im ganzen genommen muß eine *klimatisch bedingte Verstärkung einer Zertalung den gesamten betroffenen Raum einigermaßen gleichmäßig erfassen.*

Das entstehende Formenbild wird in den meisten Fällen außerdem noch durch den Einfluß der Gesteinsbeschaffenheit modifiziert werden (Folge von Petrovarianz). Trotzdem dürften in den dargelegten Sachverhalten *Kriterien zur Unterscheidung* zwischen *überwiegend dislokationsbedingter* und *überwiegend klimabedingter Zertalung eines Flachreliefs* gegeben sein. Leider gibt es unseres Wissens noch keine systematischen Untersuchungen über die tatsächliche Verteilung der besprochenen Erscheinungen in großräumig einfach deformierten Schollen. In unserer Höhenlinienkarte des Uinta-Gebirges (Fig. 79) z. B. läßt aber das Verhältnis der Abdachungstäler, besonders der Südseite zu ihren größeren Nebentälern, trotz der glazialen Überarbeitung die Gültigkeit der abgeleiteten Regeln recht gut erkennen. Das Uinta-Gebirge ist ein typisches Wölbungsgebirge. Das Zurückbleiben der Talvertiefung in den genannten Nebentälern gegenüber der Eintiefung der Haupttäler wird selbst noch bei einem Höhenlinienabstand von 250 m deutlich.

Es muß hervorgehoben werden, daß die angeführten Überlegungen nur für solche Gerinne gelten können, die auf der gehobenen, gekippten oder gewölbten Scholle ihren Ursprung nehmen. Antezedente Flüsse, die eine gehobene, gekippte oder aufgewölbte Scholle vollständig durchschneiden, reagieren naturgemäß immer mit einer Talverengung im Durchbruchsgebiet. Im übrigen werden ihre

Gefällsverhältnisse in der Durchbruchsstrecke außer durch die Gesteinsverhältnisse zweifellos auch durch die Besonderheit der Krustenbewegungen beeinflußt. Unter Berücksichtigung der von Fall zu Fall verschiedenen Sonderumstände dürfte es meistens möglich sein, aus dem Bilde der Relativhöhe der durchschnittenen Scholle über dem Spiegel des durchschneidenden Flusses Schlüsse auf die Art der erfolgten Krustenbewegung zu ziehen.

8. Stockwerkgliederung des fluvialen Abtragungsreliefs

Zu den auffälligsten Erscheinungen des fluvialen Abtragungsreliefs gehören die häufig auftretenden, bald mehr bald weniger deutlichen Merkmale einer stockwerkartigen Gliederung des Formenschatzes. Sie äußern sich in einem höhenmäßig gestuften Wechsel von flacheren und steileren Partien des Reliefs, also von Flächengruppen, die im ganzen genommen auf Grund ihrer verschiedenen Neigung im Schwerefeld der Erde teilweise als mehr, teilweise als weniger stabil angesehen werden müssen. Das legt den Gedanken nahe, daß durchgreifende Änderungen der an der Schaffung dieses räumlich geordneten Formenwechsels beteiligten Abtragungsvorgänge ihn hervorgebracht haben. Als Ursache der Änderung der Abtragungsvorgänge kommen Krustenbewegungen in Frage, die die Lage des Krustenstücks zum Meeresniveau verschieben, oder Klimaänderungen, die das Zusammenspiel von flächenhafter und linienhafter Abtragung beeinflussen, oder beides.

Beispiele einer stockwerkartigen Formengliederung und rhythmischer Änderungen der Flußarbeit sind bereits die Talterrassen, von denen schon die Rede gewesen ist (Kap. III D 3, S. 254 f. u. E 4, S. 279 ff.). Eine regelmäßige Übereinanderordnung von Steilformen und Flachformen zeigt auch das Schichtstufenrelief. Bei diesem ist aber der systematische Wechsel von steil und flach, wie in Kap. III F 3, S. 319 ff., ausgeführt wurde, letztlich auf die Gesteinsunterschiede der schwach geneigten Schichttafel zurückzuführen. Deswegen scheidet das Schichtstufenrelief, wiewohl für seine Ausbildung nach den Gedanken von Mortensen (1947, 1949) wechselnde Arbeitsweise der Abtragungsvorgänge förderlich sein kann, aus der hier beabsichtigten Betrachtung aus.

Als Stockwerkgliederung des fluvialen Abtragungsreliefs soll vielmehr hier ein systematisches Übereinander von flacheren und steileren Abtragungsböschungen (*Rumpfflächen* und *Rumpfstufen*) verstanden werden, welches von der Untergrundbeschaffenheit im wesentlichen unabhängig ist. Man bezeichnet ein Relief, das aus mehreren höhenmäßig übereinander angeordneten Rumpfflächen gebildet wird, die ihrerseits voneinander durch Rumpfstufen geschieden werden, als *Rumpftreppe (surfaces d'érosion étagées; down stepping, steplike erosion surfaces)* (Kap. III E 6, S. 301, 306).

Intakte Rumpfflächen und Rumpftreppen

Rumpfflächen und Rumpftreppen treten in zweierlei wesentlich verschiedenen Ausbildungsformen entgegen. In den Klimaten mit einer heißen und gleichzeitig feuchten Jahreszeit und mit längerer oder kürzerer heißer bis milder Trockenzeit gibt es (wie in Kap. III E 6, S. 304 ff., ausgeführt) Rumpftreppen, deren Flachgebiete, abgesehen von einer schmalen Zone längs des Randes gegen das nächst tiefer gelegene Verflachungsstockwerk, durchaus unzerschnitten sind. Damit ist gemeint: Sie bestehen abseits von jener schmalen Randzone nur aus den überaus flachen Böschungen von tropischen Flachtälern mit ihren Rampenhängen, also aus Böschungen von größtenteils unter 2° ≈ 35‰ Neigung, sowie aus allenfalls darüber steil aufragenden Inselbergen bzw. Rahmenhöhen jener Flachtäler. Diese Flachformen befinden sich hiernach in einer auf Vervollkommnung der bereits vorhandenen Rumpffläche gerichteten Formenentwicklung. Die Rumpffläche ist als *intakt*, gegebenenfalls als *quasi intakt* zu bezeichnen,

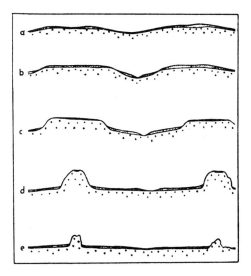

Fig. 82. Schema der Zertalung einer Rumpffläche, der Ausbildung eines tieferen Rumpfflächenniveaus und der Aufzehrung der höher gelegenen Fläche im wechselfeucht-tropischen Bereich. (Nach O. Jessen, 1936, S. 336).

Die dargestellte Oberflächenbedeckung soll die Verwitterungsschicht andeuten (a). Sobald diese bei stärkerer Eintiefung von Tälern durch Abspülung örtlich ganz entfernt wird (b), kommt es an diesen Stellen zur Ausbildung von Steilheiten im unzersetzten Fels. Aus ihnen entwickeln sich die *Rumpfstufen* (c). Diese weichen durch *Abschuppung, Schalenverwitterung* usw. sehr langsam zurück, während die flacheren Flächen, auf denen tiefgründige Zersetzung der Gesteine herrscht, durch oberflächliche Abspülung der stetig entstehenden Feinbestandteile zu noch größerer Flachheit eingeebnet werden, zu *Rumpfflächen* (d). Die Reste des einstigen höheren Rumpniveaus werden schließlich nahezu völlig aufgezehrt. Sie werden zu *Inselbergen*, die entweder noch Reste der einstigen Flachland-Verwitterungsdecke tragen (d). Oder sie haben diese eingebüßt und sind dann gewöhnlich stark unter das einstige Rumpfniveau erniedrigt (e). Unter Anwendung der im vorliegenden Buch benutzten Bezeichnung wäre die Erläuterung folgendermaßen zu fassen: a) Rumpffläche, d. h. Relief von tropischen Flachtälern. b) Zerschneidung der Rumpffläche durch Kehltäler. c) Ausweitung der Kehltäler durch beiderseitige Rampenhangbildung zu Flachtälern mit Rahmenhöhen. d) Weitere Abflachung der Rampenhänge, Verkleinerung der Rahmenhöhen zu Inselbergen durch Rückwittern ihrer Randabfälle. e) Die Ausbildung von tropischen Flachtälern (Rumpffläche) in einem tieferen Niveau ist fast vollendet. Nur kleine Reste von Inselbergen überragen noch die sehr flachen Rampenhänge. Alle Profile sind stark überhöht.

soweit sie frei bzw. nahezu frei ist von tiefer furchenden Talformen, d. h. von Kehltälern und Kerbtälern. Am Steilrande gegen die nächsttiefere Rumpffläche einer intakten oder quasi intakten Rumpftreppe verliert die obere Rumpffläche langsam an Areal, weil dieser steile Rand infolge des Angriffs der intensiven Verwitterung im Niveau der nächsttieferen Rumpffläche und durch die Fortspülung der dabei entstehenden feinkörnigen Aufbereitungsmassen allmählich zurückverlegt wird. Dafür gewinnt die gleiche Rumpffläche selbst durch die gleichen, in ihrem eigenen Niveau spielenden Vorgänge langsam an Ausdehnung auf Kosten einer etwaigen nächst höher gelegenen Rumpffläche (Fig. 82, 83). Die unterste dieser sanftwelligen Abtragungsebenen, Rumpfflächen, beginnt meist am Meere und endet nach oben in merklicher Höhe, die hundert, auch mehrere hundert Meter erreichen kann, vor dem Aufschwung einer Rumpfstufe. Ein landeinwärts gerichtetes allgemeines Ansteigen solcher Rumpfflächen, nämlich sowohl der Talgründe der Flachtäler als auch der Höhen ihrer zugehörigen ganz flachen Talscheiden, von 2 bis 3‰ ist in verschiedenen Gebieten, z. B. von Ostafrika und Südindien, zu beobachten. Es kann in 200 km Abstand von der Küste bereits zu Höhen der Rumpffläche von 400 bis 600 m führen (Fig. 82a).

Unabhängigkeit der Rumpfflächenbildung vom Meeresspiegel

Von grundsätzlicher Bedeutung ist die Tatsache, daß Rumpfflächenbildung dieser Art durchaus nicht immer von einer Küste ihren Ausgang nehmen muß, wie es J. Büdel (1965 und früher) als selbstverständlich anzunehmen schien. Hierfür sind die Verhältnisse der Rumpffläche von Masasi im ferneren Hinterland von Lindi in Süd-Tanzania besonders aufschlußreich. Das ist gerade diejenige Rumpffläche, in der Bornhardt (1900) seine grundlegenden Beobachtungen über die Rumpfflächen und die Inselberge machte.

Eben diese Rumpffläche kann schwerlich als verebnete Abtragungssohle „eines rings von höherem Gebirgsland umschlossenen intramontanen Beckens" aufgefaßt werden, unter welcher Gestaltungsbedingung J. Büdel neuerdings (1977, S. 128) die Möglichkeit von Rumpfflächenentwicklung hoch über dem Meeresspiegel anerkennt. Wer aber, wie doch auch er, die Rumpfflächenbildung als das Ergebnis einer klimageomorphologisch sehr besonderen Art des Abtragungsmechanismus zu verstehen meint, der sollte u.E. folgern, daß Rumpfflächenbildung im gesamten Vertikalbereich der entsprechenden klimageomorphologischen Gegebenheiten ohne Flächenverbindung mit dem Meeresniveau möglich sein müßte. Hierzu wurde weiter oben (Kap. III E, 6, S. 299f.) näher ausgeführt, daß die sehr unausgeglichenen Flußlängsprofile in Rumpfflächen der wechselfeuchten Tropen Flußabschnitte enthalten, deren Abflußeigenschaften nicht vom jeweils tieferen Abschnitt her beeinflußt werden können, daß aber intakte Rumpfflächen dort trotzdem im Bereich jedes Abschnittes vorhanden sind, und wie die Rumpfflächenbildung unabhängig von den Flußlängsprofilen und damit auch von der Lage zum Meeresniveau erklärt werden kann. Bei der Rumpffläche von Masasi gibt es außerdem besondere Sachverhalte, welche sehr klar zeigen, daß sie ohne Flächenverbindung mit dem Meeresspiegel entstanden sein muß.

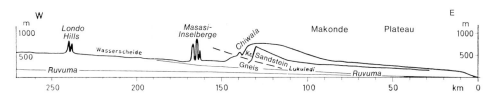

Fig. 82a. Profil von West nach Ost durch das Makonde-Plateau längs der Flüsse Lukuledi und Ru-
vuma, Tanzania. Etwa 1:2,2 Mio, 25fach überhöht. (H. Louis 1967.)
Das Gneisgebiet westl. des Makonde-Plateaus hat Rumpfflächenrelief mit Inselbergen. Lukuledi und
Ruvuma fließen ungefähr parallel in 60 bis 80 km Abstand. Von der Wasserscheide zwischen beiden
Flüssen dacht sich die Rumpffläche mit 5 bis 10‰ (weit unter 1°) Gefälle zu diesen Flüssen ab.

Die Rumpffläche von Masasi ist vom Meere durch eine rund 100 km breite und
700 bis 800 m hoch aufragende Zone von Plateaus aus flach lagernden jurassischen bis tertiären Sandsteinen geschieden. Nur die west-östlich von der Rumpffläche her zum Indischen Ozean gerichteten Täler des Lukuledi im Norden und
des Ruvuma im Süden durchbrechen die Plateauzone. Ihre Durchbruchstäler sind
allerdings sehr breit. Sie haben den Charakter von tropischen Flachtälern mit
Rahmenhöhen.

Von Westen her gegen den Ostfuß der Plateauzone dacht sich die Rumpffläche
von Masasi am Lukuledi bis etwa 225 m, am Ruvuma bis 100 m Höhe ab. Beide
Flüsse fließen dort im Niveau der Rumpffläche. Diese steigt nach Westen, also
weiter landeinwärts, mit 2 bis 3‰ Neigung auf weit über 100 km Entfernung ganz
allmählich und quasi intakt auf 500 bis 600 m Höhe an. An ihrem Ostende wird
die Rumpffläche aber von den Sandsteinplateaus mit Steilabstürzen von 300 bis
400 m Höhe überragt. Doch nicht die volle Höhe dieser Abfälle besteht aus
Sandstein. Der Westabfall des Makondeplateaus zwischen Lukuledi und Ruvuma
wird vielmehr in seinen untersten 50 bis über 100 m aus dem gleichen Gneis
aufgebaut, der auch die Rumpffläche von Masasi selbst bildet. In den Durchbruchstälern des Lukuledi und Ruvuma ist zu erkennen, daß der Kristallinsockel
des Sandsteinplateaus küstenwärts langsam absinkt, so daß die beiden Flüsse mit
ihren Talgründen in den Durchbruchstälern schließlich auf den Sandstein
übertreten. Im Formenschatz macht sich das kaum bemerkbar (H. Louis, 1967 u.
Fig. 82a).

Die Entstehung der Rumpffläche von Masasi ist hiernach unabhängig vom
Meeresspiegel erfolgt. Sie ist das Werk einer sehr wirksamen Flächenspülung im
Gneis bei einem nicht sehr niederschlagsreichen, ausgesprochen wechselfeuchten
Tropenklima, bei welchem im Flachgelände eine sehr intensive Gesteinsaufberei-
tung stattfindet.

Im Sandstein hat bei etwas feuchterem, doch immer noch wechselfeuchtem
Klima eine nicht annähernd gleich leistungsfähige Abtragung stattgefunden. Denn
die Sandsteinplateaus stehen, von Kehltälern und von Flachtälern mit Rahmenhöhen zerfurcht, noch da, obwohl sie sich auf einem gegenüber dem Rumpfflächengebiet tektonisch weniger hoch gehobenen Teil der Kruste befinden. In
dem tektonisch stärker gehobenen Rumpfflächengebiet ist dagegen das ganze
Land in der Nähe des Westrandes der Sandsteinplateaus um mehrere hundert

Meter tiefer abgetragen worden als die Oberfläche der Sandsteinplateaus. Ja, der Gneis der Rumpffläche ist flächenhaft um 50 bis über 100 m tiefer abgetragen als der gleiche Gneis, soweit er am Westrande des Makondeplateaus den Sockel dieses Plateaus bildet.

Die Abtragungsbasis für diese Leistungen der Flächenspülung über intensiv verwittertem Gneisuntergrund war und ist auch heute einerseits der Talgrund des Lukuledi, andererseits derjenige des Ruvuma, welche beide sich im Niveau der Rumpffläche befinden, nicht aber der Meeresspiegel. Denn gegen diese beiden Haupt-Talgründe richten sich deren Rampenhänge und die Gründe der kleineren Flachtäler samt den ihnen zugehörigen Teilen der Rampenhänge, also alle Formen, aus denen in diesem Gebiet die Rumpffläche von Masasi besteht. Nur dadurch, daß jeder Punkt der beiden Haupt-Talgründe in seiner Höhenlage durch seine Entfernung vom Mündungspunkt des betreffenden Flusses und durch die Gefällsentwicklung dieses Flusses mitbestimmt wird, übt der Meeresspiegel einen mittelbaren Einfluß auf die Höhenlage der Abtragungsbasis im Bereich der Rumpffläche und damit auf die Höhe der Rumpffläche im ganzen aus.

Lukuledi und Ruvuma haben sich, wie ihre Durchbruchstäler im Bereich der Sandsteinplateaus zeigen, während der geomorphologisch überblickbaren Zeit in der, verglichen mit dem landeinwärts gelegenen Rumpfflächenbereich, tektonisch weniger hoch gehobenen Sandsteinzone um mehrere hundert Meter eingetieft. In der küstennäheren und etwas feuchteren Sandsteinzone hat aber die Arbeit der Nebengerinne nicht zur Rumpfflächenbildung geführt. Dies ist nur in den weiter landeinwärts gelegenen, etwas trockeneren, aber noch ausgesprochen wechsel-feuchten Gebieten geschehen, und zwar auf kristallinem Untergrund und in einem Niveau, welches um mehrere hundert Meter tiefer liegt als die Oberfläche der Sandsteinplateaus. Daraus geht die große Leistungsfähigkeit der Abtragung bei der Rumpfflächenbildung im wechselfeucht-tropischen Bereich hervor. Tatsächlich hat sie hier eine Reliefumkehr großen Ausmaßes herbeigeführt; denn der orographisch tiefer liegende Rumpfflächenbereich befindet sich auf tektonisch höher herausgehobenem Untergrund (H. Louis, 1967) (Fig. 82 a).

Dieser Sachverhalt ist zweifellos nur zum Teil auf den Gesteinsunterschied zwischen Gneis und Sandstein zurückzuführen. Freilich ist der Sandstein der Rumpfflächenbildung weniger günstig, weil er Grundwasser speichert und da-durch das Perennieren der Gerinne fördert. Perennierende Gerinne neigen in den wechselfeuchten Tropen zum Eintiefen von Kehltälern und Kerbtälern. Die Bildung von tropischen Flachtälern wird dagegen durch jahreszeitliche Starkregen mit Flächenspülung auf den Hängen und mit Hochwasser in den Talgründen einerseits, durch Trockenzeiten mit Versiegen der Gerinne, aber mit Fortgang intensiver Verwitterung im Flachgelände andererseits begünstigt. Doch unmöglich ist Rumpfflächenbildung auf Sandstein keineswegs. Im Ruvu-Gebiet in Mittel-Tanzania z. B. geht die dort sehr ausgeprägte Rumpffläche ganz unmerklich vom Kristallin auf Karroo-Sandstein über und nimmt auf ihm große Flächen ein. Der große Formenunterschied zwischen den hohen, zertalten Sand-steinplateaus im Hinterland von Lindi und der tieferen und weiter landeinwärts im Gneis gelegenen Rumpffläche von Masasi dürfte daher außer auf den Gesteinsunterschied zum großen Teil auch auf die angedeuteten klimatischen

Unterschiede zurückzuführen sein. Die erhöhten Niederschläge der küstennahen Sandsteinplateaus fördern auch ihrerseits das Perennieren der Gerinne. Gleichzeitig erlauben sie eine dichtere natürliche Vegetation, einen schon erheblich mit immergrünen Bestandteilen und Unterwuchs durchsetzten Wald. Dieser läßt der Flächenspülung zweifellos weniger freies Spiel als der lichte Miombowald der weiter landeinwärts gelegenen Rumpfflächengebiete.

Die besonderen Verhältnisse der Masasi-Rumpffläche sind noch in anderer Hinsicht bedeutungsvoll. Sie lassen erkennen, daß eine Verwandtschaft besteht zwischen der Rumpfflächenbildung der wechselfeuchten Tropen im Bereich der weiträumigen, tektonisch verhältnismäßig ruhigen kontinentalen Flachländer und der Bildung jener intramontanen Ebenen in den Kettengebirgsregionen des gleichen Klimabereichs, die wohl zuerst von W. Credner (1931) aus Südostasien näher beschrieben worden sind. Rampenhangbildung über intensiv zersetztem Untergrund, welche von den Talböden ausgeht und beiderseits durch Zurückweichen der in ihrer Fußregion im Niveau der Rampenhänge besonders intensiv verwitternden höheren Hangteile fortschreitet, ist in beiden Fällen der wesentliche Vorgang. Doch werden bei den mächtigen Vertikalausmaßen des Kettenreliefs die Rampenhänge beiderseits eines Flusses nur langsam breiter. Die intramontanen Ebenen bleiben also verhältnismäßig schmal.

In den tektonisch vergleichsweise ruhigen kontinentalen Flachländern kann der gleiche Prozeß der Rampenhangbildung, d. h. das Zurückweichen höherer Reliefteile durch intensive Verwitterung und flächenhafte Abspülung im Niveau eines äußerst flachen Hanges, der sich beiderseits vom Talgrunde sanft aufsteigend bildet, nach und nach sehr große Ausmaße annehmen. Hier entstehen jene Rumpfflächen, die oft in jeder Richtung weit über 100 km Durchmesser haben, und die, genau besehen, aus einem System von tropischen Flachtälern mit ihren Rampenhängen bestehen.

Kennzeichnend ist sowohl für die intramontanen Ebenen wir für die Rumpfflächen der kontinentalen Flachländer der wechselfeuchten Tropen, daß ihre Ebenheiten stets an eine Abtragungsbasis angeschlossen sind. Oft ist es der Meeresspiegel. In dauernd feuchten oder fast dauernd feuchten Gebieten der Tropen, in denen die Flüsse zur Bildung von Kehltälern neigen, wird rumpfflächenartige Einebnung im Unterlaufgebiet durch Zurückweichen der beiderseitigen Talhänge wahrscheinlich *nur* im Anschluß an den Meeresspiegel als Abtragungsbasis möglich sein. In den wechselfeuchten Tropen mit langer ausgesprochener Trockenzeit und ebenso ausgesprochener Feuchtzeit findet aber Rampenhangbildung und damit Rumpfflächenbildung auch praktisch unabhängig vom Meeresspiegel statt. Die Abtragungsbasis dieser Verebnungsvorgänge ist dann der Talgrund eines großen Flusses, welcher so langsam in die Tiefe arbeitet, daß die Flächenspülung über intensiv verwittertem Untergrund das Gelände beiderseits des Flußlaufes zur Flachheit von Rampenhängen abzutragen vermag.

In den vorstehenden Ausführungen wurde die Frage der Bildung bzw. der Weiterbildung von intakten oder quasi intakten Rumpfflächen in erheblicher Meereshöhe und bei Übereinander-Anordnung in entsprechenden Rumpftreppen erörtert. Es zeigt sich, daß in ausgesprochen wechselnd feucht und trockenen

Tropengebieten intensive Rumpfflächenbildung stattfindet und daß sie, sofern dieser Klimabereich weder in der Horizontalen noch im Hinblick auf hohe Verwitterungstemperaturen in der Vertikalen überschritten wird, in jeder Höhe erfolgen kann. Schon im semiariden Gebiet sind dagegen die oberen Flächen von Rumpftreppen gewöhnlich zertalt (Mensching 1958).

Bedeutung von Klimaänderungen für die Rumpfflächenbildung

Diesem Gesamtergebnis gegenüber haben J. P. Bakker und Th. W. M. Levelt (1965) darauf hingewiesen, daß weder in den Tropen noch in den Außertropen in der für die Rumpfflächenbildung in Betracht kommenden Zeit seit der Oberkreide (Senon) die Klimaverhältnisse einheitlich geblieben sind, daß vielmehr allenthalben bedeutende Klimaschwankungen insbesondere zwischen ziemlich trockenen, wechselfeuchten und erheblich feuchten Epochen in mehrfachem, ja in vielfachem Wechsel einander abgelöst haben.

Untersuchungen ergaben einen hohen Anteil der Tonfraktion (30 bis 55%) in den Verwitterungsprodukten des Granits in den feuchten und den reichlich beregneten wechselfeuchten inneren Tropen bei Vorherrschaft von Kaolinit und Gibbsit unter den Tonmineralen und fast völliger Zersetzung der Feldspäte, Glimmer und Schwerminerale mit Ausnahme des Zirkon. In den wechselfeuchten Gebieten der Randtropen sinkt der Anteil der Tonfraktion in den Verwitterungsprodukten des Granits gewöhnlich auf 15 bis 30%. Sie enthalten gewöhnlich sowohl Kaolinit wie Illit und weisen außerdem gewisse Reste an Feldspäten und Glimmern auf. In den Trockengebieten der Tropen und Subtropen treten unter den Tonmineralen der Verwitterungsprodukte Montmorillonit, Illit und stellenweise auch Attapulgit hervor. Auf Grund solcher Erfahrungen können mit Hilfe bodenkundlicher Untersuchungen, z. T. auch nach anderen Kriterien, Klimawechsel nachgewiesen werden (Bakker, 1960, 1965).

Diese Feststellungen widerstreiten den geomorphologischen Befunden aber nicht. Denn großflächige Abtragungsverebnungen bilden sich, wie gezeigt wurde (S. 177ff., S. 184ff.), sowohl in den wechselfeuchten Tropen wie in den semiariden und ariden Gebieten der Randtropen und Subtropen. Mit Anschluß an den Meeresspiegel gibt es solche Verebnungen wahrscheinlich auch in den immerfeuchten Tropen.

Nur bei genauerer Untersuchung findet man innerhalb des riesigen Klimabereichs, in welchem ausgedehnte Abtragungsverebnungen geschaffen werden, merkliche Unterschiede. Für die Verebnungen der ariden und semiariden Gebiete ist kennzeichnend das häufige Auftreten stromab *divergierender Gewässerbahnen* und damit oft flach kegelförmige Gestaltung der geschaffenen Abtragungsoberflächen. Ebenso ist kennzeichnend eine hier und da erfolgende flachgründige, aber scharfe, badlandartige Zerschneidung solcher Verebnungen. Im Niveau des Talgrundes der eingeschnittenen Furchen entwickelt sich dann eine neue Verebnung, welche nicht viel tiefer liegt als die vorher zerschnittene (Tieferschaltung einer Verebnungsfläche im Sinne von H. von Wissmann, 1951). Nur für diesen Formenkreis der ariden und semiariden Gebiete möchten wir die

Bezeichnung Pedimentflächen verwendet wissen (ähnlich C. A. Cotton, 1942 u. 1961, vgl. auch Kap. III C, S. 143, 178, 210).

In den wechselfeuchten Tropen haben die Verebnungsflächen stromab *konver-gierende Gewässerbahnen*. Die Abtragungsoberflächen sind im ganzen flach muldenförmig (tropische Flachtäler mit ihren Rampenhängen). Sie dürften mit den „nahezu horizontalen Ebenen der Tropen, welche in der feuchten Jahreszeit durch Schichtfluten überflutet werden", von Cotton (1947 und 1961) überein-stimmen. Falls in solchen Flachtälern aus irgendwelchen Gründen eine Talver-tiefung eintritt, so erfolgt sie gewöhnlich in der Form der Kehltalbildung.

Soweit wir übersehen können, ist sowohl die Pedimentierung der ariden und semiariden Randtropen und Subtropen wie die Flachtalbildung der wechsel-feuchten Tropen, jede für sich allein imstande, ausgedehnte Abtragungsvereb-nungen zu schaffen. Andererseits kann wahrscheinlich bei einem entsprechenden Klimawechsel eine Landschaft von Pedimentflächen verhältnismäßig leicht in eine Landschaft von tropischen Flachtälern umgeprägt werden und umgekehrt. Wahrscheinlich gibt es bei genauerem Zusehen häufiger den von Bakker und Levelt (1964) aus Surinam beschriebenen Fall, daß bestimmte Formen in den Rumpfflächen-Landschaften sich nur unter Annahme eines erheblichen Klima-wechsels erklären lassen. Ein Wechsel zwischen wechselfeuchtem und trockenem Warmklima scheint uns mit Rumpfflächenbildung verträglich, in manchen Fällen auch für sie förderlich zu sein. Aber auf Grund der Beobachtungen in Tanzania glauben wir, daß mindestens in den jahreszeitlich ausgesprochen wechselnd kräftig feuchten und sehr trockenen Klimaten der Tropen die Rumpfflächen-bildung ziemlich rasch vonstatten geht und zwar weitgehend unabhängig von der Lage zum Meeresspiegel.

Bildung von Rumpftreppen in den Tropen durch Krustenbewegungen

Der Aufschwung am oberen Ende einer intakten oder quasi intakten Rumpf-fläche zur nächst höheren Rumpffläche in einer Rumpftreppenlandschaft der Tropen kann steiler oder sanfter und von verschiedener Höhe sein. Mehrere hundert Meter hohe Rumpfstufen sind nicht selten. Der Abfall ist zerlappt. Die untere Rumpffläche dringt in breiten Buchten und schlauchartigen Ausläufern längs Tälern einige Kilometer tief in das höhere Gelände vor. Diese Täler haben gewöhnlich in ihren unteren Teilen die Gestalt von tropischen Flachtälern mit Rahmenhöhen. Weiter oberhalb folgt eine einige Kilometer, höchstens wenige Zehner von Kilometern lange Steilstrecke mit Kehltalcharakter, manchmal sogar mit Kerbtalcharakter. Handelt es sich um mittelgroße Täler von etwa 50 km bis gut 100 km Länge, so folgt oberhalb der Steilstrecke gewöhnlich wieder eine Strecke mit dem Habitus des tropischen Flachtales, auf welcher der Fluß voll-kommen im Niveau der nächst höheren Rumpffläche fließt. Nur sehr große perennierende Flüsse schneiden auf Strecken von u. U. vielen Zehnern von Kilometern Länge tiefe Täler in das nächst höhere Flächenstockwerk ein. Sie werden in solchen Fällen beiderseits von je einer schmalen Zone der Zer-schneidung durch kleine Nebentäler begleitet. Abseits von dieser geht aber auch

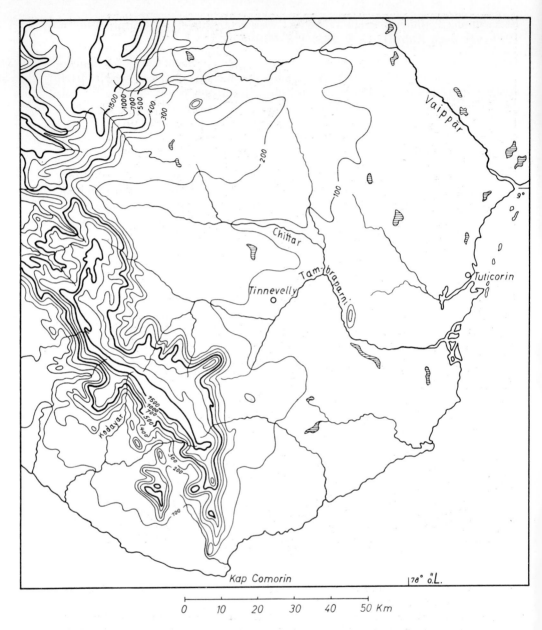

Fig. 83. Ausschnitt aus der von tropischen Flachtälern durchzogenen Rumpffläche von Madura und
Tinevelli in Südindien, Maßstab 1:1 Mill.

Höhenlinien von 100, 200, 300, 400, 500, 700, 1000, 1500 m. 500 und 1500 m Linien sind verstärkt.
Die *Rumpffläche* steigt im Gebiet des Tambraparni und Vaippär praktisch unzerschnitten unmittelbar
von der Küste auf und erreicht in 100 km Küstenabstand 200 ja 300 m Meereshöhe. Sie hat also, ohne
zerschnitten zu sein, ein Gefälle von 2 bis 3‰. Selbst die 1500 m überschreitenden Gebirge sind von
den Flüssen nur randlich angekerbt, aber nicht tief durchtalt.

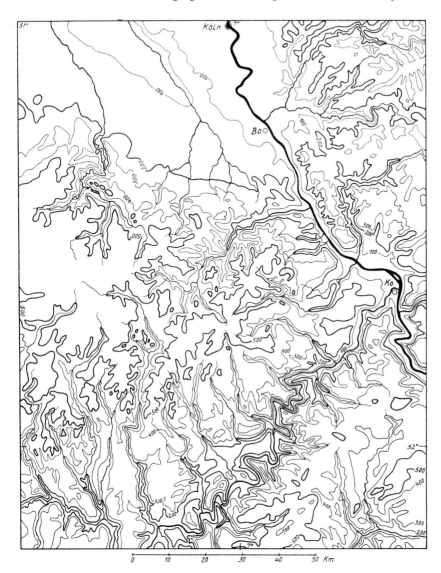

Fig. 84. Ausschnitt aus dem durch Kerbtäler zerschnittenen Rumpfflächenrelief des Rheinischen
   Schiefergebirges, Maßstab 1 : 1 Mill.

Höhenlinien von 100, 200, 300, 400, 500, 700 m. 200 und 500 m Linien sind verstärkt. Deutlich tritt
die starke Zerschneidung der in 300 bis 600 m Höhe gelegenen Verflachungen des alten *Rumpfreliefs*
hervor. Sie sind in Luftlinie 200 bis über 300 km von der Küste entfernt. Bo = Bonn, Ko = Koblenz.

in solchen Fällen die Vervollkommnung der oberen Rumpffläche ungestört weiter. Diese ist quasi intakt.

Den Rumpfstufen sind nicht selten Gruppen von einzeln aufragenden Bergen und Hügeln vorgelagert, die augenscheinlich zu dem von der Rumpfstufe begrenzten höheren Gelände gehören, aber durch Abtragung von ihm abgegliedert wurden. Es sind Inselberge (Kap. III C, S. 143 ff., 183 ff.; E, S. 301 f.).

E. Obst hat in seinen für die Kenntnis der Erscheinungen sonst so wichtigen Arbeiten von 1913 und 1923 das Nichtzerschnittensein dieser Rumpfflächen auf ihre außerordentliche Flachheit zurückgeführt. Er verzeichnet 2 bis 4‰ Durchschnittsgefälle und diese Werte haben sich in Vorderindien (N. Krebs, 1933), Südafrika (Obst u. Kayser 1949) und an anderen Stellen bestätigt. In Wahrheit ist diese Neigung als Gefälle der in diesen Ebenen ohne einzuschneiden fließenden, auch größeren Flüsse, aber nicht gering, sondern ganz erstaunlich stark. Sie beträgt ein Mehrfaches dessen, was unsere Flüsse von gleicher Größe des Einzugsgebietes und von gleicher Abflußmenge bei Hochwasser aufzuweisen haben. Der Rheinspiegel liegt bei Bingen, d. h. rund 350 km oberhalb der Mündung des Flusses und oberhalb des Durchbruchs durch das Rheinische Schiefergebirge in nur 80 m Meereshöhe. Der vergleichbar große und wasserreiche Ruvuma in Süd-Tanzania fließt 300 km oberhalb seiner Mündung im Niveau einer Rumpffläche in über 400 m Höhe. Gerade darin äußert sich ein tiefgehender Unterschied der wechselfeuchten Tropen gegenüber den humiden Gebieten der mittleren und höheren Breiten. (vgl. Fig. 83 u. 84).

Im Bereich der Rumpfstufe ist, wie schon angedeutet, Zertalung vorhanden. Aber diese Zone der Zertalung ist verhältnismäßig schmal. Ihre Breite ist naturgemäß von der Höhe der Rumpfstufen abhängig. Sie rechnet selbst bei großen Flüssen gewöhnlich nur nach wenigen Zehnern von Kilometern. Ist der Zertalungsbereich der Rumpfstufe im Aufwärtssteigen durchmessen, so befindet man sich auf dem unzertalten Niveau der nächst höheren Rumpffläche, und dieser Szenenwechsel kann sich bei weiterem Aufwärtssteigen noch mehrmals wiederholen. Jessen (1936) hat aus Angola, Obst und Kayser (1949) haben aus Südafrika, Krebs (1933) hat aus Vorderindien Beispiele derartiger Rumpftreppen eingehend beschrieben. In dem von Obst und Kayser sorgfältig untersuchten Südafrika scheinen aber Komplikationen vorzuliegen. Dort greifen in erheblichem Umfange mit Terrassentreppen versehene Täler tief in die Rumpfebenen ein. Unter solchen Umständen ist es besonders schwierig, einwandfrei zu erkennen, in welchem Umfange die vorhandenen Rumpfflächen als solche noch in aktueller Weiterbildung stehen, d. h. intakt sind, und wie weit sie etwa bereits als Vorzeitformen anzusehen sind, deren allmähliche Umbildung bzw. Zerstörung bereits begonnen hat. (Jessen 1936, S. 82 ff., Profil Route III, intakte Rumpffläche in 1300 m Meereshöhe bei nur 150 km Küstenabstand E von Lobito. Ein gutes Bild aus Neukaledonien zeigt der Atlas des Formes du Relief, Paris 1956, auf Taf. 103, ein weiteres SW von Fenoarivo (Madagascar) in 500 m Meereshöhe mit ganz leichter Zertalung bei einem Küstenabstand von 300 km, Taf. 102. Eine Kartendarstellung gibt Fig. 83.)

Die Tatsache, daß die Rumpfflächen unzerschnitten sind und an ihrem oberen Rande durch Abtragungsvorgänge an der begrenzenden Rumpfstufe noch an

Ausdehnung zunehmen, beweist, daß diese Formen mit den gegenwärtigen klima-geomorphologischen Verhältnissen im Einklang stehen. Andererseits zeigt die Aufzehrung, die jede dieser Rumpfflächen mit Ausnahme der untersten von unten her durch Abtragung an der sie nach abwärts begrenzenden Rumpfstufe erleidet, daß diese Rumpfflächen mit Ausnahme der untersten einst unter Bedingungen angelegt worden sind, die teilweise heute nicht mehr bestehen. Da Anzeichen eines augenfälligen Nichtzusammenpassens mit den klimabestimmten Abtragungsvorgängen der Gegenwart in diesen Gebieten nicht erkennbar sind, so liegt es nahe zu schließen, daß Änderungen der Krustenlage, nämlich etappen-weise, unstetige Heraushebungen des Rumpftreppengebietes die Ursache dieser stockwerkartigen Anordnung des Rumpftreppenreliefs sind. Zu diesem Schlusse sind alle Forscher gekommen, die die geschilderten Landschaften eingehender bearbeitet haben. Die Anordnung der Zertalungserscheinungen in der Gesamt-landschaft spricht nach unseren Darlegungen im vorhergehenden Abschnitt (S. 354 ff.) ebenfalls dafür, daß die Ursache der treppenartigen Reliefgestaltung in solchen Fällen in annähernd waagerechter, gegebenenfalls mehrfach wiederholter *Schollenhebung* zu suchen ist. Der Versuch von W. Penck (1924) und anfänglich auch von H. Spreitzer (1932), die vorliegenden Erscheinungen mit Hilfe gleichmäßiger, im wesentlichen stetiger Krustenbewegungen zu erklären (Hypothese der *Piedmontflächen* bzw. *Piedmonttreppen*), vermochte nicht zu befriedigen.

Es ist aber ohne Zweifel schwierig, allein aus den Oberflächenformen einer Rumpftreppe genauere Vorstellungen über die Art der Krustenbewegungen herzuleiten, welche die Bildung der Rumpftreppe hervorriefen. Dafür gibt es drei sehr verschiedene Ursachen:

Die erste rührt von der Tatsache her, daß durchaus intakte, in zunehmender Vervollkommnung begriffene Rumpfflächen so gut wie immer ein merkliches Gesamtgefälle aufweisen. 1 bis 3‰ Gesamtneigung des Flachgeländes und bis etwa $35‰ \approx 2°$ Neigung der darin enthaltenen Rampenhänge sind, wie wir sahen, häufig wiederkehrende Böschungswerte. Dabei folgen meistens die flacheren Böschungen den größeren Flüssen, die etwas mehr geneigten den weniger wasserreichen Gerinnen. Auf diese Weise können in der gleichen Rumpffläche zwischen der Nachbarschaft des Hauptflusses und dem u. U. nahe gelegenen Bereich eines kleineren Nebenflusses Höhenunterschiede von 100 m, ja von mehreren hundert Metern auftreten. Durch Rampenhänge von etwa 20‰, also von nur gut 1° Neigung kann hier ein Höhenunterschied von 100 m bereits auf 5 km Entfernung überbrückt werden. So wird verständlich, daß z. B. die Rumpffläche von Morogoro im Hinterland von Dar es Salaam am Oberlauf des bescheidenen Ngerengere-Baches in 400 bis 450 m Höhe liegt (um 50 m Unter-schied zwischen Talgrund und Talscheide), in der Umgebung des benachbarten, wasserreichen Ruvu aber nur in etwa 200 m. Der Höhenunterschied von 450 auf 400 m einerseits und auf 200 m andererseits wird auf einer Strecke von 20 bis 25 km Länge durch Rampenhänge von 10 bis 15‰, also von weniger als 1° Neigung überwunden. Wenn man auf diesen Rampenhängen steht, so meint man, sich in einer fast horizontalen Ebene zu befinden. In einem Rumpfflächengebiet besagt hiernach ein Höhenunterschied von mehr als 200 m auf 20 bis 25 km Ent-

fernung manchmal weder etwas über das Vorliegen zweier verschiedener Rumpfflächen noch über eine Verstellung durch Krustenbewegungen. Der Höhenunterschied kann rein das Ergebnis von Unterschieden der Abtragung über intensiv
aufbereitetem Gesteinsuntergrund in verschieden wasserreichen tropischen Flachtälern der gleichen Rumpffläche bzw. des gleichen Flußsystems sein.

Die zweite Ursache für die Schwierigkeit, sichere Schlüsse über Krustenbewegungen aus dem Formenbestand einer Rumpftreppe zu ziehen, besteht darin, daß
zwei in einer Rumpftreppe übereinander angeordnete Rumpfflächen, solange
beide unzerschnitten sind, d. h. solange beide sich in zunehmender Vervollkommnung befinden, keinen definierbaren Altersunterschied besitzen. Beide
Rumpfflächen sind in diesem Falle rezent. Das erschwert alle Überlegungen,
welche Krustenbewegungen auf Grund eines Höhenunterschiedes zwischen nahe
benachbarten Rumpfflächen zu erschließen versuchen. Solche Versuche sind in
den meisten einschlägigen Arbeiten tatsächlich gemacht worden. Auch J. Büdel
ist z. B. in seiner Südindien-Arbeit (1965) entsprechend vorgegangen.

Immer ist dabei die Vorstellung leitend gewesen, daß die Bildung einer Rumpffläche vom Niveau des Meeresspiegels ausgegangen sein müsse, und daß hochgelegene Rumpfflächen ohne unmittelbar einspielende Verbindung mit dem
Meeresspiegel zur Erklärung ihrer Lage das Mitwirken nachträglicher Krustenbewegungen unbedingt erfordern. In vielen derartigen Fällen werden Krustenbewegungen tatsächlich mitgewirkt haben. Unsere Feststellungen, insbesondere
über die Rumpffläche von Masasi haben aber gezeigt, daß die oben angedeutete
generelle Vorstellung nicht gesichert ist. Vielmehr kann Rumpfflächenbildung
durchaus in ansehnlicher Meereshöhe erfolgen, sogar hinter zwischengeschal-
tetem, weit höherem Relief, das von den meerwärts gehenden Flüssen der
Rumpffläche durchbrochen wird. (S. 364 f. u. Fig. 82 a).

Die dritte Schwierigkeit für das Erschließen von Krustenbewegungen in einem
Rumpfflächen- oder Rumpftreppengebiet besteht darin, daß es in diesem
Klimabereich noch an gesicherten Erfahrungen über das Verhalten eines
Gewässernetzes gegenüber Krustenbewegungen mangelt. Wahrscheinlich werden
sehr große, perennierende Flüsse auf Krustenbewegungen in den wechselfeuchten
Tropen ähnlich reagieren wie in den Außertropen. Der Kongo in der Guineaschwelle, der Sambesi im Ostafrikanischen Hochlandrand, der Große Ruaha in
der Iringa-Usagara-Hochscholle sind offensichtlich antezedent und haben sich
kräftig und auf sehr lange Erstreckung eingeschnitten. Freilich sind ihre Täler
nicht so tief, wie sie bei gleicher Höhengestaltung in den Außertropen sein
würden.

Die kleineren Flüsse und Bäche der Rumpfflächen dagegen zeigen bei einer
Hebung, die ohne beträchtliche Kippung vor sich geht, überhaupt keine sicher
erkennbare Veränderung ihrer Talformen. Sie bewahren den Typus des tropischen Flachtales und setzen damit die Rumpfflächenentwicklung ihres Gebietes
ungestört fort. Nur an Bruchlinien, an deutlich geneigten Flexuren bzw. auf
kräftig schräg gestellten Schollen gibt es, wie ausgeführt wurde, jeweils eine
schmale Zone, in der Zerschneidung durch Kehltäler und Kerbtäler erfolgt. Wo
derartiges zu beobachten ist, und wo insbesondere die Zerschneidung auf das

stärker geneigte Gelände beschränkt ist, während die etwa oben und unten angrenzenden Rumpfflächen intakt geblieben sind, da kann mit hoher Wahrscheinlichkeit auf Krustenbewegungen als Ursache der verschieden hohen Lage beider Rumpfflächen geschlossen werden (vgl. hierzu den vorstehenden Abschnitt, S. 354 ff.).

Bildung von Rumpftreppen in den Tropen durch Klimawechsel

Es wurde aber früher darauf hingewiesen, daß in Rumpfflächengebieten der wechselfeuchten Tropen auch vollständige Durchtalungen, meist durch Kehltäler vorkommen. Sie stellen sich ein, sobald das Klima feucht genug wird, um auch die kleineren Gerinne zu Dauergerinnen zu machen. In diesem Falle liegt also eine klimatisch veranlaßte Zertalung vor (bei der u. U. die Gesteinsbeschaffenheit fördernd oder hindernd mitwirkt). Zur Entstehung einer solchen Zertalung sind gleichzeitig wirkende Krustenbewegungen nicht nötig. Das Land muß nur zu irgendeiner, u. U. weit zurückliegenden Zeit einmal durch Krustenbewegungen so hoch emporgehoben worden sein, daß die Flüsse bei einem Feuchterwerden des Klimas allgemein von der Bildung von tropischen Flachtälern zur Bildung von Kehltälern oder Kerbtälern übergehen können. (S. 302 ff.).

Der hier angedeutete Geschehensablauf enthält offenbar für die Tropen die Möglichkeit der Entstehung einer *Rumpftreppe* auf einem einmal genügend hoch gehobenen Krustenteil rein durch einen mehrfachen Wechsel von vorherrschender Flachtal-Bildung und vorherrschender Kehltal-Bildung. Das wäre ein rein durch Klimaveränderungen hervorgerufener Typus der Rumpftreppe. Jede Zeit der Flachtal-Bildung würde hierbei eine Verbreiterung der vorhandenen Täler durch die Entwicklung von Rampenhängen herbeiführen, im Extrem die Bildung einer ausgedehnten Rumpffläche. Jede Zeit der Kehltal-Bildung würde eine Zerschneidung der vorher gebildeten Rumpfflächenteile hervorrufen. Bei neuerlicher Flachtal-Bildung würde nicht nur von den Talgründen aus, sondern sogar auch auf den Resten einstiger höherer Rumpfflächenteile die Rampenhang-Bildung und damit die Vergrößerung der verbliebenen Rumpfflächenreste erneut einsetzen. Die *Treppung* könnte so *Klimawechseln altersgleich* sein.

Es mangelt noch an Forschungen über bestimmte Beispiele von Rumpftreppen, welche umfassend alle hier angedeuteten Erklärungs- bzw. Entstehungsmöglichkeiten genauer ins Auge fassen. Bisher ist überwiegend nur mit der Möglichkeit einer Erklärung der Rumpftreppen durch während der Entwicklungszeit zwischengeschaltete Krustenbewegungen gerechnet worden. Das ist zu bedenken, wenn man die Arbeitsergebnisse solcher Untersuchungen betrachtet. Leider wird es wohl oft nicht leicht sein, für eine bestimmte Rumpftreppe mit einiger Sicherheit zu erkennen, in welchem Umfang dazwischen tretende Krustenbewegungen und in welchem Ausmaß Klimaänderungen ihre Entstehung entscheidend beeinflußt haben. Der Möglichkeit dieser beiden verschiedenen Entstehungsursachen sollte man aber Beachtung schenken. Insbesondere wäre zu berücksichtigen, ob in einem hochgelegenen Flachrelief die etwa vorhandenen Erscheinungen einer Zertalung überwiegend in Gestalt des Flußaufwanderns von Gefällsteilen entgegentreten, ob sie überwiegend als Vertiefung der Täler der Hauptabdachung aufzufassen sind, oder ob das gesamte Talnetz, abgesehen von den durch die Größe der Gerinne bedingten Unterschieden, einigermaßen gleichmäßig vertieft wurde. Die beiden ersten Erscheinungsformen der Zertalung sprechen mehr für die unmittelbare Einwirkung von Krustenbewegungen, die dritte für den Einfluß einer Klimaänderung (vgl. den vorhergehenden Abschnitt, S. 354 ff.).

Büdels Theorie der doppelten Einebnungsfläche in den Tropen, Einflüsse von Verschüttungserscheinungen

J. Büdel hat (1957a, 1959) darauf aufmerksam gemacht, daß in der großen Tiefgründigkeit der Verwitterungsdecke unter den tropischen Flächenspülebenen der Schlüssel zum Verständnis verschiedener Formeigentümlichkeiten der *Rumpftreppen* und *Inselberge* liegen kann. Unter jeder Flächenspülebene dieser Art befindet sich latent die Voranlage für eine weitere, allerdings weniger regelmäßig geformte Einebnungsform, nämlich die Untergrenze der Zersatzmassen gegen das kaum verwitterte Gestein. Sie liegt an den Rändern der Spülebene gegen höhere Aufragungen, dort wo die Spülebene gegen diese Aufragungen leicht ansteigt, flach unter der Oberfläche, in den mittleren Teilen der Spülebene dagegen mehrere Zehner von Metern tief. In diesem Sinne einer gedanklichen Verknüpfung der wirklichen Erdoberfläche, d. h. der bestehenden Außenoberfläche des Gesteinsverwitterungsmantels mit einer unterirdischen Grenzfläche im Inneren dieses Mantels spricht Büdel von einer *„doppelten Einebnungsfläche"*.

Wird nun durch irgendein Ereignis, z. B. durch Krustenbewegungen, das Flußnetz der Spülebene zu verstärkter Abspülung veranlaßt, so kann sich dies, soweit die tonig-erdigen Verwitterungsmassen reichen, verhältnismäßig leicht und zwar unter Aufrechterhaltung der Ebenenform vollziehen. (Tieferschaltung einer Ebene, H. v. Wissmann, 1951.) An den Rändern der Spülebene aber, wo der feste Fels dicht unter der Oberfläche ansteht, werden dessen Oberflächen hierbei zu Randverebnungen, die einige Zehner von Metern über der tiefer geschalteten neuen Spülebene zu liegen kommen. Dieser Mechanismus eröffnet eine neue Möglichkeit der Erklärung für die nicht selten in Rumpftreppengebieten zu beobachtenden, in nicht großen Vertikal-Abständen übereinander angeordneten *Randverebnungen*.

Neben diesem Gedanken wird die von H. Louis (1953) im Rheinischen Schiefergebirge gezeigte Möglichkeit der Entstehung solcher Formen nicht außer acht gelassen werden dürfen. Dort spielen die Verebnungen der sogenannten Trogfläche auf geschichtete Tertiärablagerungen ein und erweisen sich dadurch als durch Spülvorgänge über intensiv zersetztem Untergrund erzeugte Verebnungen am Rande von Verschüttungserscheinungen eines älteren Reliefs.

Man wird wahrscheinlich gut tun, sich die Entstehung von Rumpfflächen- und von Rumpftreppenlandschaften nicht zu einfach und nicht zu rasch vonstatten gehend vorzustellen. In einer bestimmten Landschaft dieser Art können oft Formanlagen und Formelemente nicht nur fortschreitender Abtragung, sondern auch Begleiterscheinungen einstiger Verschüttungen mit enthalten sein. Denn schon nachhaltigere Klimaveränderungen können in dieser Hinsicht bedeutende Wirkungen hervorrufen.

Noch in einer zweiten Richtung ist Büdels Theorie der „doppelten Einebnungsflächen" der wechselfeuchten Tropen von Nutzen. Sie ermöglicht eine Erklärung der sogenannten „azonalen Inselberge", auf die E. Obst und K. Kayser (1949) in Südafrika aufmerksam gemacht haben. Viele Inselberge liegen dort und anderswo, wie oben angedeutet, in „zonaler Anordnung" vor einer Rumpfstufe, so daß sie als durch Zertalung mittels breiter tropischer Flachtäler von der Rumpfstufe abgegliederte Vorberge von zeugenbergartigem Charakter gedeutet werden können. Nicht selten tragen sie in diesem Falle Reste der Rumpffläche, von der sie durch die Zertalung abgetrennt wurden, auf ihrer Höhe. Andere Inselberge erheben sich aber nach Obst und Kayser „azonal" inmitten einer Rumpffläche. Büdel zeigt, daß solche Inselberge dann entstehen können, wenn unter einer Spülverebnung z. B. infolge von Unterschieden der Gesteinsbeschaffenheit die Mächtigkeit der leicht verspülbaren Verwitterungsdecke örtlich geringer ist als anderswo, und wenn diese Spülebene tiefer geschaltet wird. In diesem Falle kann nämlich die unter der Oberfläche vorhandene, gewissermaßen latente Kuppe des festen Gesteins bei der Abtragung freigespült werden. Der meist schildförmigen Gestalt solcher Inselberge wegen spricht Büdel von *Schildinselbergen*.

Wiederholt sich eine Tieferschaltung der Spülverebnung mehrmals, so können sogar Randverebnungen in der vorher beschriebenen Weise auch an solchen Schildinselbergen ausgebildet werden. Obst und Kayser (1949) haben derartiges tatsächlich beobachtet. Es ist aber auch hier darauf hinzuweisen, daß vorübergehende Verschüttungsphasen in einem Rumpfrelief, die nachher oft schwer nachweisbar sein mögen, den gleichen Effekt haben würden.

Nachträglich zertalte Rumpfflächen und Rumpftreppen der Außertropen

Merklich andere Verhältnisse sind in den durch Stockwerkgliederung ausgezeichneten fluvialen Abtragungsreliefs der Außertropen ohne feuchtheiße Jahreszeit zu beobachten, d. h. in den Gebieten mit überwiegend stärker eingetieften Tälern. Zwar findet sich rumpfflächenartiges Flachrelief hier in den kontinentalen Flachlandbereichen und auf der Höhe des stärker bewegten Schollenlandes nicht selten (Fig. 84, S. 371). Auch eine Aufgliederung in mehrere Rumpftreppenniveaus ist stellenweise erkennbar. Hier und da sind Flachreliefs sogar in hohen Lagen auf den Kettengebirgen anzutreffen. Aber diese Rumpfflächen sind nirgends auf größere Erstreckung unzerschnitten. Überall bemerkt man zum mindesten, daß die Zerschneidung im Begriff ist, von den Tälern aus, die meist Kerbtalcharakter haben, weiter um sich zu greifen, also die Rumpfflächenreste zu beseitigen (Bild 52. Ein lehrreiches Bild einer zerschnittenen Rumpffläche bei E. de Martonne: France physique. Géogr. Univ. T. 6, 1942, Taf. 17 B bei S. 128 „Bramabiau u. Aigoual". Die Hochfläche von über 1000 m Meereshöhe ist schluchtartig 400 bis 500 m tief zerschnitten. Der Küstenabstand beträgt 400 km. Weitere gute Bilder aus verschiedenen Klimabereichen im Atlas des Formes du Relief, Paris 1956, Taf. 99, 100, 101, 106, 109, 151.)

Außerdem fehlen Anzeichen dafür, daß diese Rumpfflächen im humiden Bereich durch die Abtragung eine Flächenzunahme erfahren. Die Rumpfstufen und die Hänge der Einzelerhebungen, die über diese Flächen aufragen, werden durch die im Gange befindlichen Abtragungsvorgänge nicht in der Fußregion angegriffen und zurückverlegt. Sie böschen sich vielmehr unter Bildung einer Hangschleppe nur allmählich ab und werden dadurch verwischt. Der Fußpunkt der Böschung verliert an Deutlichkeit, bleibt aber im außertropisch humiden Bereich nahezu am Orte.

Endlich fehlt den Rumpftreppen in den humiden Außertropen eine intakte, nämlich unzerschnittene basale Rumpffläche, die auf den Meeresspiegel oder auf den Talgrund eines größeren Flusses einspielt. Das unterste Formenstockwerk besteht vielmehr in diesem Falle immer aus sanften Abtragungsoberflächen, in welche sich Talformen, selbst wenn sie nicht tief sind, noch merklich eingeschnitten haben. *Alle einstigen Rumpfflächenteile dieser Stockwerkreliefs liegen über nachträglich, wenn nicht tief so doch weitreichend, in sie eingearbeiteten Zerschneidungsformen.* (So die bretonische Rumpffläche, Fig. 129, S. 535.) In den Trockengebieten besteht aber hierin keine Einheitlichkeit. (H. Louis, 1935, 1957a).

Gesichtspunkte zur Deutung der zertalten Rumpfflächen und Rumpftreppen der Außertropen

Aus alledem geht hervor, daß die Rumpfflächenreste auf der Höhe der Schwellen, der Schollenbergländer und Kettengebirge in den nicht mehr feuchtheißen, aber humiden Außertropen *Vorzeitformen* sind, die gegenwärtig der Umgestaltung und Zerstörung unterliegen. Diese ist dort zur Zeit auf die Vervollkommnung einer allgemeinen, sei es tiefen oder wenig tiefen Durchtalung gerichtet und ist hierin in dem unstersten Stockwerk des Reliefs am weitesten vorgeschritten. Seitdem man an vielen Stellen Reste alter tiefgründiger Verwitterungsdecken gefunden hat, die durch erheblichen Gehalt an Kaolinit und durch rote bis weißliche Färbung tropischen Böden ähneln, ist sicher, daß diese Verebnungen unter wesentlich anderen Klimaverhältnissen gebildet worden sind, als heute dort herrschen. Vielfach sind diese Rumpfflächenreste der Außertropen summarisch als Reliktformen aus der Zeit eines einstigen feuchttropischen oder diesem ähnlichen Klimas aufgefaßt worden.

Soweit aber bisher genauere Untersuchungen über west- und mitteleuropäische Reliktböden von solchen Rumpfflächenresten vorliegen, handelt es sich nach Bakker und Levelt (1965) mit Rücksicht auf den Tonanteil und die mineralogische Beschaffenheit der Tonminerale dieser Böden in Wahrheit um Verwitterungsdecken, die höchstens den heutigen Böden der Randtropen bis Subtropen entsprechen. Außerdem gibt es für die langen Zeiten bedeutend größerer Wärme, die in West- und Mitteleuropa von der Oberkreide bis zum Ende des Miozäns, vielleicht bis zum Ende des Pontikums geherrscht haben, mannigfache Hinweise auf einen mehrfach wiederholten Wechsel zwischen erheblich feuchten, wechselfeuchten und trockenen bis sehr trockenen Zuständen. Zeigen die tiefgründigen Bodenprofile intensiver chemischer Verwitterung und die Braunkohlenvorkommen das Obwalten feuchter Klimaverhältnisse an, so erweisen Salz- und Gipsablagerungen sowie Reste von Silifizierung (Verkieselung), ebenso die ziemlich häufigen Vorkommen von Schottern, meist reinen Quarzschottern, daß auch trockene Zeiten, bzw. Epochen ohne feuchtheiße Jahreszeit in jener Klimaentwicklung eine bedeutsame Rolle gespielt haben. Jedenfalls werden Schotter in den heutigen Rumpfflächengebieten der wechselfeuchten Tropen, abgesehen von geringfügigen örtlichen Ausnahmen, nicht gebildet.

Zieht man den wiederholten Wechsel zwischen feuchten und trockeneren Perioden während der Zeiten bedeutend wärmeren Klimas von der Oberkreide bis zum Ende des Miozäns in Betracht, so erscheint nach den bisherigen Erfahrungen über die Reliefgestaltung in Gebieten mit tiefgründigem und intensiv zersetztem Verwitterungsmantel und in warmen Trockengebieten die folgende Vorstellung über das Zustandekommen der flachen Abtragungsreliefs auf der Höhe der Gebirge unserer Mittelbreiten begründet: Die vorhandenen Reste von Rumpfflächen werden wahrscheinlich zum guten Teil während wechselfeuchter Abschnitte der langen warmen Klimaepoche als Bestandteile von Flachtälern, bzw. von Rampenhängen gebildet worden sein. In Perioden größerer Feuchtigkeit können sie eine mäßige Zerschneidung durch Kehltäler erfahren haben. Beides kann in mehrfacher Wiederholung eingetreten sein und auf diese Weise übereinander angeordnete Rumpfniveaus, also eine Rumpftreppe, hervorgerufen haben. In den zwischengeschalteten Epochen mehr oder weniger ausgesprochener Aridität ist aber mit Aufschüttungserscheinungen in den vorher entstandenen Kehltälern zu rechnen, weil der Weitertransport der Denudationsprodukte unter ariden Bedingungen größeres Gefälle erfordert als unter humiden Verhältnissen. Größeres Flußgefälle entsteht, wenn Flußbetten durch Aufschüttung aufgehöht werden. Außerdem ist bei trockenem Klima Pedimentflächenbildung besonders durch seitliche Erosion definitiv oder temporär aufschüttender Flüsse wahrscheinlich. Die Pedimentflächenbildung kann hier nach mehr oder weniger weitgehender Zufüllung vorher vorhandener Kehltäler in einem Niveau erfolgen, welches teilweise mit dem eines vorher entstandenen Flachtäler-Reliefs übereinstimmt oder doch nicht stark von diesem abweicht. Endlich haben die über tiefgründigem Verwitterungsprofil entstandenen Rumpfflächen des wechselfeuchten Warmklimas im Trockenklima sicher auch eine mehr oder weniger weitgehende und örtlich recht verschieden starke Erniedrigung durch Beseitigung großer Teile des einstigen mächtigen Verwitterungsmantels erfahren.

Unsere bisher angestellten Erwägungen berücksichtigen nur *die* Wirkungen, die die wiederholten Feuchtigkeitsänderungen während der warmen Klimaabschnitte seit der Oberkreide bei zunächst ruhend gedachter Kruste auf die Formenentwicklung ausgeübt haben dürften. Sie sind bereits verwickelt genug. In den Schollenländern und den Kettengebirgen des westlichen und mittleren Europa haben sich aber während des Tertiärs nachweislich in erheblichem Umfange Vertikalbewegungen ereignet. Sie dürften sich bei den großen Flüssen immer, bei den kleineren zum wenigsten während der geomorphologisch durch Taleintiefung gekennzeichneten Feuchtzeiten zusätzlich für das Formenbild geltend gemacht haben. Ein im ganzen sanftes Relief mit breiten, von flachen Hängen begleiteten Talzügen und mit Abtragungsverebnungen ist als Ergebnis dieser Ereignisse und Vorgänge verständlich. Die Abtragungsverebnungen sollten hierbei sowohl im Niveau jener Talzüge als auch mit geringen und nicht ganz regelmäßigen Vertikalabständen darüber gelegen und teilweise zu mehreren übereinander gestaffelt sein. Eine solche Gestaltung entspricht in allen angedeuteten Einzelheiten dem Formenbilde, welches etwa das Rheinische Schiefergebirge darbietet, sobald man von den scharfen Kerbtaleinschnitten absieht, die dort allenthalben in den größeren und mittelgroßen Tälern das unterste Stockwerk des Geländes darstellen (H. Louis, 1953). Die angedeutete Formenvergesellschaftung kehrt außerdem in allen Rumpfschollengebirgen des westlichen und mittleren Europa wieder.

Das erwähnte unterste Geländestockwerk, das der scharfen Kerbtaleinschnitte, ist sicher das Ergebnis eines allgemeinen Übergangs von breiteren, muldenartigen Talformen zum Kerbtaltyp. Dieser Übergang fällt zeitlich zusammen mit dem Kühlerwerden des Klimas im jüngeren Pliozän und im Pleistozän. In dieser Zeit haben die Gebirge in mehrfacher Wiederholung eine Umgestaltung durch eiszeitliche periglaziale, bzw. subnivale Solifluktion erlitten. Die mächtigen Wanderschuttdecken auf allen flachen und mäßig geneigten Böschungen der Gebirge West- und Mitteleuropas legen davon Zeugnis ab.

Bedenkt man die große Mannigfaltigkeit der soeben angedeuteten Vorgänge, die in wiederholtem Wechsel am gleichen Ort auf die Formgebung dieser sanften Abtragungsreliefs fraglos eingewirkt haben, so muß es sehr schwierig erscheinen, die entstandenen Formen im einzelnen wirklich sicher zu deuten und alle Vorgänge zu entwirren, die an der Formgebung mitbeteiligt gewesen sind.

Man wird sich in der Regel begnügen müssen, wenigstens die hervorstechendsten Züge herauszuarbeiten und zu klären. Unter günstigen Umständen mag es gelingen, Reste einstiger Bestandteile von Flachtälern von denen ehemaliger Pedimentflächen zu unterscheiden, ebenso Strecken alter Kehltäler mit etwaigen Spuren einstiger Verschüttung von den jüngeren Kerbtälern und den oft in ihnen steckenden pleistozänen Aufschüttungen zu trennen.

Es erscheint dagegen höchst fraglich, ob Verflachungen, die nur wenige Quadratkilometer, manchmal nur Bruchteile eines Quadratkilometers groß sind, und die mit oft wenig deutlichen Hangversteilungen bei nur 50 m bis 100 m Vertikalabstand übereinander angeordnet sind, wirklich als verschiedene Rumpfflächenniveaus, d. h. als Rumpftreppe, gedeutet werden können, wie dies in der älteren Literatur oft geschehen ist. Zu leicht kann es sich in solchen Fällen lediglich um das Ergebnis der mehr oder weniger vollständigen Entfernung eines örtlich einst recht verschieden tiefgründigen Verwitterungsmantels von einer vormals einheitlichen Rumpffläche handeln. Denn es muß daran gedacht werden, daß solche Rumpfflächen immer ein gewisses Generalgefälle haben und daß darüber hinaus auf ihren Rampenhängen Neigungen von 20 bis 30‰ ≈ 1° bis 2° zu den regelmäßigen Erscheinungen gehören. Das sind Neigungen, die einen Höhenunterschied von 100 m auf nur 3 bis 5 km Entfernung überwinden.

Nach der Deduktion von W. M. Davis (1899) sind alle diese hochgelegenen Rumpfflächenreste einfach als ehemalige *Endrumpfflächen* nahe dem Meeresniveau aufgefaßt worden. Aus ihrer Hochlage hat man Schlüsse über ihre spätere Emporhebung gezogen.

Solche hat in gewissem Umfange sicher stattgefunden. Das beweisen an manchen Stellen marine Tertiärablagerungen in hoher Lage. Auch die in gewissen Fällen deutliche Übereinanderschachtelung mehrerer Rumpfflächenniveaus spricht dafür. Die heutige Zerschneidungstiefe dieser Landschaften darf aber nicht ohne weiteres als Maß für ihre seitherige Heraushebung genommen werden, wie dies bis in die neueste Zeit immer wieder geschieht. Erstens kann eine etwaige Heraushebung sehr viel älter sein als die Zertalung, weil, wie weiter oben gezeigt wurde (S. 298), in einer Zeit der Rumpfflächenbildung durch Flachtäler ein Einschneiden in einen sanft und ohne erhebliche Kippung emporsteigenden Landblock zum mindesten bei den kleineren bis mittelgroßen Gerinnen nicht stattfindet, solange das gehobene Gebiet innerhalb des Klimabereichs der Bildung von Flachtälern verbleibt. Zweitens ist eine dennoch eintretende Zerschneidung unter diesen Umständen im wesentlichen das Ergebnis einer Klimaänderung. Das Maß des Einschneidens wird alsdann vom Charakter dieser Zerschneidung stark beeinflußt, nämlich davon, ob die Zerschneidung durch Kehltäler oder durch Kerbtäler geschieht. Die Zerschneidungstiefe gibt deswegen nur unvollkommen ein Maß für die erfolgte Heraushebung des Landes. Drittens kann über die *Zeit, in der die Heraushebung* wirklich stattgefunden hat, aus dem *Alter der Zerschneidung* allein nichts Endgültiges entnommen werden, weil das Alter einer *allgemeinen* Zertalung überwiegend dem Alter eines Klimawechsels entspricht und nicht dem Alter einer Krustenbewegung (s. S. 375). Abgesehen von günstig benachbarten marinen und terrestren Ablagerungen fehlt es heute noch an sicheren Kriterien, um die Beträge der erfolgten Hebung unserer Rumpftreppen und die Zeit, in der die Hebung stattgefunden hat, verläßlich zu beurteilen. (H. Lembke 1931; H. Louis 1957a).

So ist es auch bezeichnend, daß z. B. in SE Australien an dem gut 600 m hohen Abfall zur Küste südlich von Sydney R. W. Young (1977) nach eingehenden Untersuchungen zu wesentlich anderen Ergebnissen gelangt als die stark an den Vorstellungen von W. M. Davis und L. C. King orientierte Forschung. Aufgrund der Reliefbeziehungen von 10 K-Ar datierten Basaltvorkommen, ferner der ausgedehnten Verbreitung lateritischer Verwitterungsprofile und der Raumlage permotriassischer Sedimenthorizonte zeigt sich dort in einem immerhin rund 4000 km^2 großen Gebiet folgendes:

1. Die dort auftretenden Deformationen jener Sedimenthorizonte können nicht, wie bisher angenommen wurde, als Hinweise auf eine pliozäne Emporhebung des Küstenhinterlandes aufgefaßt werden. Sie sind vielmehr zur Hauptsache vortertiären Alters.

2. An dem Küstenabfall bestand bereits im Eozän und Oligozän eine Zertalung, welcher noch die heutigen Täler folgen. Sie war in ihren oberen Teilen nach Ausweis der eingeflossenen Basalte mit um 200 m Tiefe etwa ebenso tief wie die dortigen Täler heute.

3. Da eozäne Basalte auch die um 600 m hohe Rumpffläche des Binnenhochlandes überdecken, kann diese nicht mit dem miozänen Einebnungssystem von L. C. King parallelisiert werden.

G. Das Karstrelief

1. Einführung

Im dinarischen Karstgebiet ist die geomorphologische Forschung besonders frühzeitig (J. Cvijić, 1893) und eindringlich darauf aufmerksam geworden, daß es von Bächen und Flüssen belebte Landschaften gibt, in denen viele Gerinne nach einer mehr oder weniger langen oberirdischen Laufstrecke entweder vollständig in *Höhlen,* in *Schwinden* oder *Schlucklöchern* verschwinden oder doch nach und nach Teile ihrer Wassermenge an den Untergrund abgeben und somit ihren Lauf in unterirdischen Bahnen fortsetzen. Dadurch entsteht ein vom gewöhnlichen fluvialen Relief stark abweichender Typus der Oberflächengestaltung. Er zeichnet sich vor allem dadurch aus, daß die ununterbrochene Gleichsinnigkeit des Gefälles aller Oberflächen, wie sie für das fluviale Relief charakteristisch ist, nicht mehr besteht. Große und kleine Täler und Eintiefungen enden, nachdem sie in längerem oder kürzerem Verlauf gleichsinniges Gefälle entwickelt haben, vielfach blind in geschlossenen Hohlformen, nämlich dort, wo dauernd oder zeitweise in ihnen fließendes Wasser an Schluckstellen unter die Erdoberfläche absinkt. Eine derartige Gestaltung tritt auf, wo wasserlösliche Gesteine den Untergrund bilden. Man nennt diesen Typus des Reliefs nach den erwähnten großartigen Vorkommen in den dinarischen Gebirgen das *Karstrelief,* die für ihn charakteristischen Erscheinungen die *Karsterscheinungen.* Dieses an wasserlösliche Gesteine gebundene geomorphologische Karstphänomen ist etwas wesentlich anderes als die von Forstleuten oftmals als Verkarstung bezeichnete intensive Bodenabtragung und Freilegung des anstehenden Gesteins infolge Herabwirtschaftung oder Zerstörung von Wald. Geomorphologisch ist unter dem Prozeß der *Verkarstung* die kontinuierlich oder phasenhaft verlaufende unmittelbare oder nach Hydratation erfolgende Lösung von geeigneten Gesteinen der obersten Erdkruste durch Wasser und die daraus resultierende teilweise oder vollständige unterirdische Entwässerung sowie die Ausbildung spezifischer Oberflächenformen zu verstehen. Dementsprechend sind die Begriffe *Thermo-* oder *Kryokarst* für Hohl- und Vollformen in der Frostschutzzone und in periglazialen Gebieten, die durch subkutane Abschmelz- und Gefriervorgänge entstanden sind, irreführend und daher abzulehnen. Thermo- oder Kryokarst hat weder mit den Vorgängen der Verkarstung etwas gemein, noch stellt er eine Gemeinschaft echter Karstformen dar.

Absolut unlöslich in Wasser, das in geringer Menge H^+- und OH^--Ionen sowie Spuren der verschiedensten anorganischen und organischen Säuren enthält, ist kein einziges Gestein. Die Zahl der im geomorphologischen Sinne leicht löslichen Gesteine, auf denen sich Karstphänomen entwickelt, ist aber nicht groß. Hierin gehören zunächst die Steinsalze, d. h. hauptsächlich die Chloride und Sulfate der Alkalien K und Na, wie Steinsalz NaCl, Sylvin KCl, Carnallit $KMgCl_3 \cdot 6H_2O$, Kainit $KCl \cdot MgSO_4 \cdot 3 H_2O$. Sie sind so leicht löslich, daß sie höchstens in extrem ariden Gebieten an der Erdoberfläche Bestand haben. In den humiden Gebieten kommen sie nur unter mehr oder weniger mächtiger Bedeckung durch andere Gesteine vor. Sie können aber durch allmähliche Weglösung in der Tiefe

(Subrosion) *Nachsackungserscheinungen* in anderen, darüberliegenden Gesteinen hervorrufen, die sich als Einsenkungen an der Erdoberfläche bemerkbar machen. Solche Einsenkungen der Oberfläche werden als Erscheinungen des sogenannten *unterirdischen Karstes* bezeichnet. Darüber wird in einem besonderen Abschnitt gesprochen (S. 388f.). Zu den an der Erdoberfläche anstehenden, löslichen Gesteinen gehört der Gips ($CaSO_4 \cdot 2\,H_2O$), der bei Hydratation des Anhydrits ($CaSO_4$) entsteht. Gips ist zu etwa 2 bis $2^1/_2$ Gewichtspromille in Wasser löslich. Gering ist die Löslichkeit des Kalksteins ($CaCO_3$) in reinem Wasser. Sie beträgt etwa 0,1 Gewichtspromille. Bei Anwesenheit von dissoziierter Kohlensäure im Wasser, die in der Natur meistens gegeben ist, kann sich Calciumhydrogenkarbonat $Ca(HCO_3)_2$ bilden, welches in Wasser etwa zehnmal so leicht löslich ist wie das einfache Karbonat. Der Kalkstein erweist sich unter dieser Voraussetzung in der Natur als gut löslich. Noch merklich durch Lösung angreifbar, aber hierin wesentlich hinter Kalk und Gips zurückstehend, ist der Dolomit (Calcium-Magnesium-Karbonat, $CaMg(CO_3)_2$. Da von allen genannten der Kalkstein bei weitem am häufigsten ist, kann man das Karstrelief in erster Annäherung als einen Relieftypus der Kalkgebiete bezeichnen. Es muß allerdings hervorgehoben werden, daß nicht alle Kalkgebiete gleich stark verkarstet sind. Die Entwicklung des Karstes hängt einerseits von der Reinheit oder Verunreinigung der betroffenen Kalksteine ab. Andererseits wird die *Lösungsfreudigkeit* von Kalken, d. h. die Lösungsgeschwindigkeit einer bestimmten Menge Kalziumkarbonat pro Zeit- und Flächeneinheit, von dem $MgCO_3$-Gehalt des Gesteins beeinflußt (A. Gerstenhauer und K.-H. Pfeffer, 1966; K. Priesnitz, 1967, 1974). Bereits die Anwesenheit von geringen Mengen Magnesit ($MgCO_3$) setzt die Lösungsfreudigkeit des Kalkspates stark herab.

Eine wichtige Rolle spielt in Karstgebieten mit Bodendecke die CO_2-Konzentration der Bodenluft, die infolge der mikrobiellen Zersetzung eine wesentliche höhere Konzentration hat als die Troposphäre. Sie sorgt bei genügender Zeit für Herstellung des Gleichgewichts mit dem CO_2-Gehalt des Bodenwassers. Je höher der CO_2-Partialdruck im Boden steigt, um so größer ist die Aggressivität des Wassers. Messungen dieses Partialdruckes ergaben (A. Gerstenhauer, 1972; F. D. Miotke, 1974), daß er in fast allen Klimazonen der Erde annähernd gleiche Werte besitzen dürfte. Eine klimageomorphologische Differenzierung der Karstlandschaften der Erde läßt sich auf dieser Grundlage also nicht ableiten. Überhaupt konnten bislang keine prinzipiellen Unterschiede der Kalklösung in Tropen und Ektropen festgestellt werden. Die Rolle höherer Temperaturen und organischer Säuren für die Kalklösung in den Tropen ist offenbar lange Zeit überschätzt worden (J. Corbel et R. Muxart, 1970). Wesentlich scheint das höhere Wasserangebot infolge reichlicher Niederschläge zu sein, was trotz des erwiesenermaßen relativ geringen Kalkgehaltes tropischer Wässer einen raschen Kalkumsatz garantiert. Die ausgedehnten *Höhlensysteme, starken Sinterbildungen, Travertinlagen* und *Außenstalaktite* in tropischen *Turmkarstgebieten* (siehe unten) scheinen darauf hinzudeuten. Auf Grund der häufigen und starken Niederschläge ist es zu verstehen, daß dort auch Lösungserscheinungen auf Silikat-Gesteinen wie z. B. Granit vorkommen, der sich in den Mittelbreiten als kaum lösliches Gestein verhält (S. 385f. und Bild 100). Die Rolle von Mikroorganismen für die

Kalklösung ist noch nicht hinreichend erforscht, um daraus Unterschiede des Karstformenschatzes erklären zu können. Säurebildende Mikroorganismen bewirken nach den Untersuchungen von E. Wagner und W. Schwartz (1965) jedenfalls erheblich höhere Kalklösung als lediglich mit CO_2-Gas angereichertes Wasser.

Wichtige Ergebnisse über Kalklösung hat A. Bögli (1951, 1971) gewonnen. Er fand durch Untersuchungen über den Kohlensäuregehalt und den Härtegrad des Rinnwassers in *Karren* (S. 384 ff.) zwischen dem Bisistal (850 m) und der Glattalp (1900 m) südöstlich von Schwyz, daß im Jahresmittel ziemlich unabhängig von der Höhenlage und von der Art des Niederschlags bzw. des Schmelzwassers, die oberflächlich weggeführten Kalkmengen einem deutschen Härtegrad (10 mg CaO/1 = 1° dH) des Abflußwassers von etwa 1,7 entsprechen. Wasser, das durch einen humusreichen Horizont gegangen ist, zeigt allerdings merklich höhere Härte. Ähnliche Resultate erzielte F. Bauer (1964) in der Dachstein-Gruppe. Der größere korrosive Kalkabtrag unter Wald gegenüber dem nackten Karst ist mit Sicherheit auf die höhere CO_2-Konzentration in Bodenluft und Bodenwasser zurückzuführen. Allerdings ergab sich in der Dachstein-Gruppe im Gegensatz zu A. Bögli bei starkem oder längerem Regen oder bei kräftiger Schneeschmelze ein Absinken der Karbonatkonzentration der Quellschüttungen. Ähnlich wie in den Tropen ist dies entweder auf die langsame Diffusion von CO_2 in das Wasser oder auf den langsamen Ablauf der Kalklösung oder auf beide Ursachen zurückzuführen.

Der jährliche Oberflächenabtrag durch Lösung kann danach in der Größenordnung des Hundertstel Millimeters angenommen werden. Für die gesamte Postglazialzeit käme man so nur auf die Größenordnung des Dezimeters, was uns allerdings nach dem heutigen Aussehen von eiszeitlichen Gletscherbetten, die in Kalk ausgebildet wurden, als zu gering erscheint.

2. Charakterformen der Karstlandschaften

Karren

Die Löslichkeit des Gesteins erzeugt im Karstrelief eine große Anzahl von Einzelformen, die dem Relief der kaum löslichen Gesteine abgehen. Wegen des großen Anteils der Gesteinslösung an ihrer Entstehung bezeichnet man sie auch als Korrosionsformen. Es handelt sich vor allem um folgende:

Die *Karren* oder *Schratten* sind in verkarstungsfähigen Gesteinen wie Kalkstein Gips, Dolomit ausgebildete, millimeterbreite oder größere, bis etwa fußbreite Lösungsfurchen. Ihre Tiefe kann Millimeter, Zentimeter, aber auch viele Dezimeter messen. Dazwischen verlaufen Gesteinsrippen von etwa den gleichen Breiten- und Höhenausmaßen (Bild 97, 98, 99). Diese Karrenrippen und Karrenfurchen können äußerst scharf und rauh sein, indem kleinste Karrenunebenheiten auf größeren, gewissermaßen als Detailformen, aufsitzen, sie können aber auch mehr oder weniger stumpf sein. Sicher spielt die Beschaffenheit des Kalkes hierbei eine Rolle. Die Furchen können nackt zutage liegen oder teilweise mit

Lehm erfüllt sein, vermutlich dem Lösungsrückstand unreinen Kalkes. M. Eckert (1902), der die Karren des Gottesacker-Plateaus untersuchte, glaubte eine Entwicklungsreihe im Werdegang der Karren feststellen zu können. Inzwischen sind weitere Erkenntnisse gewonnen worden (besonders A. Bögli, 1951 und später, ferner K. Haserodt, 1965), nach denen manche der älteren Annahmen abgeändert werden müssen.

Die Entstehung der *Rinnenkarren* ist an das Vorkommen geneigter, nackt daliegender Gesteinsoberflächen gebunden. Das auftreffende Regenwasser schafft durch seine Lösungswirkung Rinnen mit zwischengeschalteten gratartigen Feinrippen von großer Schärfe. Sie verlaufen auf der betroffenen Fläche mit fiederförmigen kleinsten Verzweigungen in der Gefällsrichtung nach abwärts, um sich schließlich zu verlieren. Die besondere Schärfe der jeweils oberen Teile der Karrenrippen ist dadurch zu erklären, daß hier das Regenwasser mit voller Lösungskraft auftrifft, während die Lösungsfähigkeit des weiter rinnenden Wassers wegen der fortschreitenden Aufnahme von gelöstem Kalk allmählich nachläßt. Wegen der firstartigen Gestaltung der beschriebenen Kleinstformen kann man diesen Typus der Rinnenkarren als *Firstkarren* bezeichnen. Ihre mehr oder weniger ausgesprochene Schärfe dürfte durch die Gesteinsbeschaffenheit (Kristallart, -größe, -gefüge, Oberflächenbeschaffenheit), insbesondere durch die Reinheit des jeweils betroffenen Kalks beeinflußt sein.

Da die Bildung von Rinnenkarren nackte Gesteinsoberflächen erfordert, liegen die Bereiche ihrer Entstehung zweifellos zum größten Teil oberhalb der oberen Waldgrenze, ja sogar in der alpinen Region erst oberhalb der Zone noch flächenhaft dichten Bewuchses. Man trifft nun aber auch im Walde und dort sogar tief unterhalb der oberen Waldgrenze oftmals ausgedehnte Vorkommen von Karren, die durchaus den Eindruck von Rinnenkarren machen. Nur zeigen sie eine abweichende Kleinformung. Ihre Karrenrippen sind zugerundet, ihre Furchen nicht selten am Grunde bauchig erweitert. Diese *Rundkarren* oder *Hohlkarren* oder *Schlauchkarren* sind Formen der unter Vegetationsbedeckung erfolgten Weiterbildung von Rinnenkarren, welche einst im vegetationsfreien Bereich entstanden sind. Ihre Ausformung ist auf die Lösungswirkung von langsam sickerndem, humussäurehaltigem Wasser unter einer Pflanzendecke zurückzuführen. Davon legen die Humusfüllungen, die sich in den Karrenrillen gebildet haben, Zeugnis ab. Daß es sich wirklich nur um die Umformung einstiger Rinnenkarren handelt, geht aus folgendem hervor: Auch diese Karren bilden ein in der Gefällsrichtung konvergierendes System von Rinnen, welches durch das gegenwärtig dort sehr langsam sickernde Wasser nicht erzeugt, sondern nur weitergebildet worden sein kann. Daneben gibt es in solchen Bereichen auch unregelmäßige Löcher und Vertiefungen mit Spuren von erfolgter Gesteinslösung. Diese mögen das alleinige Ergebnis der Lösung auch unter einer Vegetationsdecke sein.

Rinnenkarren sind in den Tropen und Subtropen, in Klimaten mit häufigen Starkregen, auch auf Silikatgesteinen beobachtet worden, allerdings nur auf steilen Böschungen, so z. B. durch M. Bauer (1898) auf den Seychellen, durch Thorbecke (1927) im Syenit von Mittelkamerun, durch O. Maull (1930) im Granit des Itatiaya, durch W. Klaer (1956) im Granit von Korsika. O. Nordenskjöld (1914) berichtete ähnliches von kristallinen Gesteinen aus Grönland (vgl. auch K. v. Bülow, 1942 und P. Schmidt-Thomé, 1943). W. Klaer bezeichnet diese Formen als *Pseudokarren,* weil bei ihrer Bildung nach seiner Meinung mechanische Abspülung vor der chemischen Verwitterung bzw. Lösung den Vorrang hat. Bei der Entstehung der echten Karren spielt die Lösung offenbar eine größere Rolle. Ein grundsätzlicher Unterschied der Bildungsweise besteht aber nicht. Deshalb dürfte es glücklicher sein, statt von Pseudokarren von *Silikatgesteinskarren* zu sprechen. Sie sind in den wechselfeuchten Klimaten der Tropen und Subtropen allem Anschein nach ziemlich häufig (Bild 100).

Außer den Rinnenkarren und den Formen ihrer Weiterbildung unter einer Vegetationsdecke gibt es *Kluftkarren,* die, wie der Name besagt, ganz offensichtlich den Klüften des Gesteins nachtasten. Sie zeigen sich sowohl auf nackten Gesteinsflächen als auch unter Vegetationsbedeckung, sowohl auf geneigten wie auf flachen Oberflächen.

Oft treten Kluftkarren mit Rinnenkarren vergesellschaftet auf. Dann pflegen die Kluftkarren z. T. wesentlich breiter und tiefer zu sein als die Rinnenkarren. Daraus ist zu schließen, daß die Lösung des Gesteins längs der Klüfte viel rascher erfolgt als unabhängig von den Klüften. Dies ist insbesondere an solchen Stellen mit Sicherheit zu erkennen, an denen Rinnenkarren ungefähr senkrecht von Kluftkarren gequert werden. Dort ist nicht selten zu beobachten, daß z. B. mehrere Meter lange und kaum mehr als 1 dm tiefe Rinnenkarren sich quer über eine oder mehrere Kluftkarren hinweg fortsetzen, obwohl diese Kluftkarren mit mehr als Dezimeterbreite und mit einer Tiefe von manchmal $^1/_2$ m, ja mehr als 1 m offen auseinanderklaffen. In solchen Fällen ist sicher, daß die quer zur Hangneigung verlaufenden Kluftkarren, obwohl sie breiter und tiefer sind als die in der Hangrichtung verlaufenden Rinnenkarren, doch jünger sind als die letztgenannten. Stark beregnete Flächen, ebenso solche, über denen alljährlich eine dicke Schneedecke zum Abtauen kommt, sind bevorzugte Stellen der Kluftkarrenbildung. Einen Überblick über die hauptsächliche Verbreitung der Karren sowie der übrigen, wichtigeren Karstformen in einem Hochgebirgskarst nach K. Haserodt (1965) gibt in vereinfachter Darstellung Fig. 85.

A. Bögli (1951) hat in 1800 m Höhe im Kaiserstockgebiet südöstlich von Schwyz an gletschergeformten Rundhöckern aus Kalk (Kap. III H 4, S. 458) Reste großer Karren festgestelt, die seiner Meinung nach älter sind als die letzte Eisbedeckung. Er hält sie für Rinnenkarren. Dies würde besagen, daß tiefe Karren mindestens teilweise recht alte Gebilde sein können.

K. Haserodt (1965) hat sorgfältige Beobachtungen über den Betrag der Abtragung angestellt, der im Hagengebirge südlich von Salzburg seit der Zeit der dortigen letzten Eisbedeckung, d. h. seit maximal etwa 10 000 Jahren, durch Lösung des Kalks zustande gekommen ist. Auf Grund der Höhe des Sockels von *Karrentischen* – darunter versteht man den Kalksockel unter großen Moränenblöcken, in deren Umgebung die Oberfläche durch Lösung erniedrigt wurde –, ebenso auf Grund des Zurückweichens freiliegender Oberflächenteile von Rundhöckern aus Kalk an der Grenze gegen moränenbedeckte Teile des gleichen Rundhöckers und nach anderen Kriterien ähnlicher Art konnte er schließen, daß

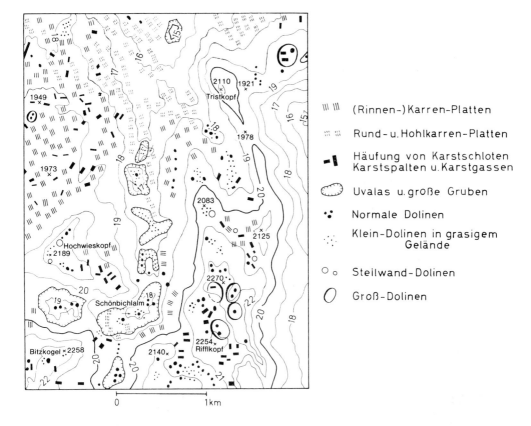

Fig. 85. Verbreitung charakteristischer *Karstformen:* Gebiet des Hochwieskopfes (P. 2189) im *Hagengebirge, Salzburger Alpen* (vereinfacht nach *K. Haserodt,* 1965), Maßstab 1:40 000.

Gewisse Regeln der Verbreitung der Karstformen sind zu erkennen. Die flacheren Teile der Erhebungen und die Talungszüge sind besonders reich an diesen Formen. Steilhänge, insbesondere der Ostabfall des Hagengebirges (im Kartenbild rechts), sind so gut wie frei von ihnen. Dort dürften andere Abtragungsvorgänge rascher arbeiten.

Im Karstgelände sind *Rinnenkarren, Karstschlote, Karstgassen* in den Höhen über etwa 1800 m, d. h. oberhalb der *Waldgrenze* bzw. oberhalb der Grenze zumeist geschlossener Rasendecke, also im überwiegend nackten Felsgelände, vorherrschend. *Rundkarren* bzw. *Hohlkarren* nehmen dagegen die tieferen Lagen ein. Kleine Dolinen und solche der normalen, mittleren Größe gibt es sowohl in den höchsten Höhen über 2000 m, wie in der Nachbarschaft der natürlichen Waldgrenze um 1800 m, wie auch tief darunter, im Kartenbilde bei unter 1600 m, außerhalb des Kartenausschnitts noch in unter 1400 m Höhe. Sie sind aber auf den Verflachungen der Gipfelregion und in den hoch gelegenen Talungen besonders häufig. Auf die Hochregion beschränkt sind die Großdolinen, an deren Boden sich nicht selten jüngere, kleinere Dolinen entwickelt haben. Die geräumigen, unregelmäßig gestalteten, geschlossenen Hohlformen der *Uvalas* und großen Gruben sind auf die Talungszüge beschränkt. Sie treten im Kärtchen bis unter 1600 m Höhe auf, außerhalb unseres Kartenausschnitts bis unter 1200 m.

Die Verteilung der kleineren und mittelgroßen Dolinen wird hiernach durch die heutigen *Höhenstufen der Vegetation* nicht merklich beeinflußt. *Dolinenbildung* scheint im *Walde* wie in der *alpinen Höhenstufe* weiterzugehen. Die großen Dolinen und die Uvalas knüpfen sich offensichtlich an alte Züge des Reliefs. Dies stimmt mit der Erkenntnis überein, daß diese Formen eine lange Entwicklungsgeschichte hinter sich haben. Lösungsvorgänge arbeiten an ihnen weiter.

Im ganzen zeigt sich, daß kleine Karstformen wie Rinnenkarren ziemlich schnell entstehen können, und zwar auf nacktem Kalk. Zur Entwicklung großer Karsthohlformen sind aber sehr lange Zeiträume nötig. Während dieser dürften in der Regel erhebliche *Klimaänderungen* stattgefunden haben, oft auch bedeutende *Änderungen der Höhenlage* des Gebietes.

dort in dem angegebenen Zeitraum frei liegende Gesteinsoberflächen durch Lösungskorrosion einen Substanzverlust von etwa 30 bis 40 cm Mächtigkeit erlitten haben.

In den Kalkhochplateaus der Alpen, aber auch sonst in Gebieten mit mindestens zeitweiliger starker Frostwirkung findet man besonders die flacheren Stellen des Geländes häufig mit Fragmenten des anstehenden Kalksteins übersät, deren Oberfläche durch feine Karrenbildung oft rauh ist. Solche Schuttbedeckung hat man auch als *Scherbenkarst* bezeichnet. Doch auch wenn die Gesteins-scherben großenteils aus ehemaligen Karrenrippen hervorgegangen sind, die durch Frostwirkung abgesprengt wurden, so sollte man wohl zweckmäßiger einfach nur von Frostschutt sprechen. Freilich weist dieser im löslichen Gestein oftmals angeätzte Oberflächen auf.

Bedeckter Karst, unterirdischer Karst

Von Karren zerfressene Gesteinsoberflächen kommen auch vielfach zutage, wenn z. B. in Steinbrüchen eine lehmige oder sandige Deckschicht weggeräumt wird, unter der ein Karstgestein, z. B. Kalk oder Gips ansteht. Es zeigt sich hier, daß die Lösung des Kalkes durch Sickerwasser auch unter einer mehr oder weniger mächtigen Deckschicht quasi unlöslicher Gesteine vor sich gehen kann. Dabei gibt es Unterschiede. Nach J. Cvijić (1893) und A. Penck (1924) spricht man von *oberflächlichem Karst* oder *nacktem Karst*, oder offenem Karst, wenn das lösliche Gestein offen zutage liegt, von *bedecktem Karst* (Ed. Richter, 1908), wenn die unlöslichen Deckmassen erst im Laufe der Verkarstung entstanden oder über

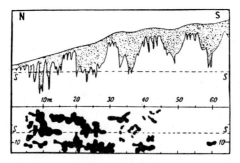

Fig. 86a. Bedeckter Karst am Hang der Gips-Schichtstufe bei Walkenried. Südharzrand. Idealprofil. (Nach A. Penck, 1924, S. 178).

Über dem Maßstab: *Geologische Orgeln,* die sich nach oben zu sack- bzw. euterartigen Hohlformen ausweiten: Sie sind mit Verwitterungslehm erfüllt und zeichnen sich an der Erdoberfläche nur als seichte Vertiefungen ab. Sie sind jünger als der Hang. Denn eine horizontal von N nach S gegen den Hang vorgetriebene Steinbruchsohle (deren Grundrißbild im Raum unter dem Maßstab dargestellt ist) schneidet, solange der über ihr aufragende Hang niedrig ist (in der Figur links!), viele lehmerfüllte Hohlräume von Orgeln bzw. *Lösungssäcken* (in der Figur schwarz!). Sobald sie tiefer unter die Hangoberfläche zu liegen kommt (in der Figur rechts!), schneidet diese Sohle nur noch wenige solcher Hohlräume. Die Orgelbildung ist also von dem Hang aus erfolgt. Der Hang ist jung. Er reicht bis zur Talsohle. Diese ist jünger als die tiefste Schotterterrasse des Harzvorlandes. Die Orgeln dürften daher im ganzen postglazial sein.

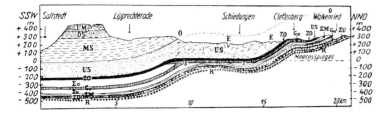

Fig. 86b. Unterirdischer Karst. Profil durch den Südrand des Harzes zwischen den Bleicheroder Bergen und Walkenried. (Nach A. Penck, 1924, S. 185).

UM Unterer Muschelkalk; OS Oberer-, MS Mittlerer-, US Unterer Buntsandtein; ZO Oberer Zechstein; Σo Oberes Salz; Go Oberer Gips; Σu Unteres Salz; ZM Mittlerer Zechstein; Gu Unterer Gips; ZU Unterer Zechstein; R Rotliegendes; OO Ursprüngliche Grenze zwischen Mittlerem und Unterem Buntsandstein über der nachgesackten Gesteinsfolge; SS Salzspiegel; E Erdfälle.

Über dem *Salzspiegel* SS und weiter gegen Walkenried sind die Salzlager Σo und Σu des Zechsteins weggelaugt. Die Hangendschichten des Oberen Zechstein und Unteren Buntsandstein sind nachgesackt und wurden dabei von Brüchen durchsetzt. Das mehr als 5 km breite, flachwellige Gelände beiderseits der Helme um Schiedungen, zwischen der Platte des Mittleren Buntsandsteins von Lipprechterode und den Gipshöhlen von Clettenberg bildet, wie die Lage der ursprünglichen Grenze zwischen dem Mittleren und Unteren Buntsandstein andeutet, eine große *Nachsackungstalung*, eine Erscheinung des *unterirdischen Karstes*. Wo um Walkenried die Gipse des Zechstein zutage treten, da gibt es *bedeckten Karst* (Fig. 86a).

dem Kalk ausgebreitet wurden. Sind die Deckschichten älter als die Verkarstung, so daß diese unter der Bedeckung überhaupt erst begonnen hat, so handelt es sich nach F. Katzer (1905) um *unterirdisches Karstphänomen* (Fig. 86a und b, 92, 93) (J. Gams, 1973).

Karstschlote, Karrendolinen, Karstspalten, Karstgassen

In nackt daliegenden Kalkplateaus, die von Kluftkarren und Rinnenkarren übersät sind, findet man, sofern sie merklich über den benachbarten Talgründen liegen, nicht selten tief hinabreichende *Schlote*. Sie können eine Weite von wenigen Zentimetern, von Dezimetern, von Metern und von vielen Metern haben und können Meter, Zehner von Metern, ja hundert und mehr Meter an Tiefe erreichen. Solche Schlote werden als *Karstschlote, natürliche Schächte,* auch als *Karstbrunnen* bezeichnet (Ein gutes Bild in E. de Martonne: France physique. Géogr. Univ. T. 6, Taf. 23 B, bei S. 152, Karstplateau des Parmelan, Savoyer Randalpen). In den südslavischen Karstländern zählt man sie zur Formengruppe der *Jamas* (Yamas), die aber auch Höhlen mit umfaßt. Sie sind sicherlich zu deuten als bevorzugte Abflußwege des auffallenden oder durch Schneeschmelze entstehenden Wassers, an denen die Lösung ausnehmend stark war. Sie knüpfen sich häufig an besonders kräftige Klüfte bzw. an die Kreuzungsstelle zweier oder mehrerer derartiger Klüfte. Aus diesem Grunde zeigt sich der obere Ausgang derartiger Karstschlote und bevorzugter Versickerungsstellen oft zu einer unregelmäßig sternförmigen Vertiefung erweitert. Für diese Formen der großen Kluftkarrenfelder hat Otto Lehmann (1927) den Namen *Karrendolinen* eingeführt, zu dessen Verständnis die Erörterung des Begriffs *Doline* (siehe unten) berücksichtigt werden möge. Vielfach sind die durch Lösung bis in ansehnliche Tiefe erweiterten Klüfte langgestreckt und schmal. Dann spricht man von *Karstspalten.*

Wo Schichtpakete des Kalks an der Oberfläche ausbeißen, die durch besondere Reinheit oder durch besonders starke Scharung von Schicht- oder Kluftflächen der Lösung bevorzugte Angriffsmöglichkeiten bieten, da entstehen verbreiterte Lösungsfurchen oder förmliche *Karstgassen,* die mit oft steilen Rändern mehrere Meter tief und einige Zehner von Metern breit werden können. Hinsichtlich der Verbreitung der genannten Formen vgl. Fig. 85.

Schlotbildung muß auch im bedeckten Karst vor sich gehen. Ihr Ergebnis sind die sogenannten *geologischen Orgeln,* bei denen der Schlot mit Lehm oder anderem nahezu unlöslichem Material, z. B. Bohnerz, Quarzsand oder Ton, von oben und von benachbarten Zubringerklüften her erfüllt ist (Fig. 86a). Geologische Orgeln treten nicht selten in alten Kalkschottern auf, die über dem Talniveau liegen. Bei ihnen dürfte die Schlotfüllung vor allem durch Einspülung der kaum löslichen Feinbestandteile aus dem umgebenden Schotter in die durch den Schlot repräsentierte Hauptabzugsbahn der Sickerwässer zustande kommen. Beobachtungen im Gipskarst des Harzsüdrandes zeigen, daß geologische Orgeln im Untergrunde eines bedeckten Karstes sich, wenn die Bedeckung nicht dick ist, in der Form kleiner Gruben von Meterdurchmesser und von mehr als Fußtiefe an der Oberfläche bemerkbar machen können (A. Penck, 1924; F. Haefke, 1926).

Dolinen und Uvalas

Während in manchen Karstlandschaften die Karrenfelder mit Karstschloten und Karrendolinen bzw. Frostschuttflächen mit Karren auf den Gesteinsfragmenten das Bild beherrschen, sind andere in auffälliger Weise von annähernd trichterförmigen geschlossenen Hohlformen durchsetzt, manchmal geradezu blatternarbig bedeckt.

Diese Hohlformen heißen im südslavischen Karst *Dolinen,* welcher Name in die geomorphologische Literatur Eingang gefunden hat (J. Cvijić, 1893). Es gibt Dolinen in allen Größenordnungen, von der kaum fußtiefen und kaum meterbreiten Vertiefung bis zu Riesentrichtern von 300 m Tiefe und einem Durchmesser von nahezu $1\frac{1}{2}$ km. Die manchmal mäßig geböschten, manchmal ziemlich steilen Hänge, die zum Dolinengrunde hinabführen, sind gewöhnlich von einer dünnen oder dickeren Schuttdecke überkleidet. Der Schutt rückt im frost- und schneereichen Klima langsam nach abwärts, indem er gleichzeitig durch Lösung Substanzverlust erleidet. Die oft recht gleichmäßig trichterförmige Gestalt der Dolinen dürfte dadurch hervorgerufen werden. Sofern an den Dolinenhängen steilere Partien auftreten, an denen der Fels zutage liegt, gibt es dort meist Rinnenkarren und Kluftkarren (Bild 101, 102, 103, 124 u. Fig. 85).

In dolinenreichen Gebieten zeigt sich deutlich, daß die einzelnen Trichter mit den Kluftsystemen des Gesteins in Zusammenhang stehen. Sie liegen vorzugsweise an der Schnittstelle verschiedener Klüfte. Längs Ruschelzonen sind sie dichter gedrängt und größer entwickelt als in wenig geklüftetem Gestein. Die oben erwähnten Karrendolinen (O. Lehmann, 1927) der großen Karrenfelder sind eine unregelmäßige Ausbildungsform der Dolinen.

Der Boden einer Doline kann aus einer oder mehreren unregelmäßigen, felsigen Vertiefungen bestehen. In vielen Fällen ist aber ein flacher Aufschüttungsboden entwickelt, der das im Untergrunde sicher auch vorhandene unregelmäßige Felsrelief verbirgt. Solcher Aufschüttungsboden dürfte entweder aus zusammengeschwemmten Lösungsrückständen des Kalks bestehen, die im Einzugsgebiet der Doline angefallen sind, oder es hat noch ein zusätzlicher Antransport von unlöslichem Material, z. B. aus einstigen Deckschichten, stattgefunden. In den steinigen und oberflächlich wasserlosen Karstländern sind solche tiefgründigen Dolinenböden oft wichtige Anbauflächen, oder es sind in ihnen wegen ihrer Wasserundurchlässigkeit Tümpel als Tränkstellen für das Vieh angelegt. In unserem Klimabereich bestehen die Dolinenfüllungen meist aus *bräunlichem Lehm*, im Mediterrangebiet aus vorzeitlich entstandener rostroter *Terra rossa*, in den heißen Klimaten aus tropischem *Rotlehm*. Mitunter ist Dolinenfüllung festzustellen, die zu dem am Orte herrschenden Klima nicht paßt. Aus solchen Vorkommen können Schlüsse auf die Klimageschichte und die u. U. lange Entwicklung der Formen gezogen werden. Am Grunde der Dolinen, ob er nun felsig oder mit Aufschüttungen bedeckt ist, gibt es meist offene Klüfte, manchmal richtige Karstschlote, die nach abwärts führen und etwaiges Niederschlags- oder Schmelzwasser unterirdisch fortleiten.

Nach allen diesen Merkmalen hat Jovan Cvijić (1893, 1924) sicher mit Recht die Entstehung der geschilderten Dolinen durch Lösung des Kalkes erklärt und sie als *Lösungsdolinen* bezeichnet. Außer den Lösungsdolinen im festen Fels gibt es auch häufig kleinere Formen der gleichen Art in Lockergesteinen. Sie treten in Schutt- oder Moränenablagerungen aus löslichem Gesteinsmaterial besonders an Stellen auf, an denen lange Zeit Schnee liegt und langsam wegtaut.

Den Lösungsdolinen des nackten Karstes stehen im bedeckten und im unterirdischen Karst ähnliche Formen zur Seite. Hier beobachtet man z. B. im Gipsgebiet des Südharzes sanft trichterförmige Hohlformen im Buntsandstein, die durch Nachsacken über dolinenartigen Lösungsformen im darunterliegenden Gips entstanden sind. Sie werden als *Nachsackungsdolinen* bezeichnet (A. Penck, 1924; F. Haefke, 1926). Trichterartige oder unregelmäßig umrissene geschlossene Hohlformen können aber im Karst auch auf andere Weise entstehen, nämlich durch den Einsturz des Daches unterirdischer Höhlen. In diesem Falle spricht man von *Einsturzdolinen*. Auch sie kommen von kleinen bis zu sehr großen Dimensionen des einzelnen Einsturzes vor, sind aber viel seltener als die Lösungsdolinen. In Deutschland, wo in der Schwäbischen und Fränkischen Alb oder am Südharzrande weithin Karsterscheinungen unter Bedeckung (Albüberdeckung) zur Entwicklung kommen, ist gelegentlich spontane Bildung oder Vertiefung von grubenartigen Absenkungen beobachtet worden. Man nennt sie *Erdfälle* und wendet diese Bezeichnung auch auf solche geschlossenen Hohlformen an, die langsam als Nachsackungsdolinen entstanden sein dürften (schleichende Erdfälle). Im einzelnen ist es oft nicht leicht klarzustellen, ob ein wirklich beobachteter kleiner Erdfall durch Zusammensitzen über ausgelaugtem Untergrund oder durch den Einbruch eines Höhlendaches zustande gekommen ist. Auch die sogenannten *Schwemmlanddolinen* von Cvijić, also trichterartige Karsteintiefungen unter einer Alluvialdecke, mögen auf beide Arten zustande kommen (Bild 103, 104).

Neben den im wesentlichen trichterförmigen Dolinen gibt es in den Karstgebieten auch größere, unregelmäßig gestaltete geschlossene Hohlformen, die wie riesige gelappte Schüsseln aussehen. Man hat sie als *Schüsseldolinen* oder als *Karstmulden* (N. Krebs, 1904, 1907, 1928) bezeichnet. In den dinarischen Ländern heißen sie *Uvala*, in den Picos de'Europa (Kantabrisches Gebirge) *Jou* (gespr. Chou). Ihr Boden ist uneben. Vertiefungen, die oft eine Lehmfüllung aufweisen, und felsige Schwellen gliedern ihn. Wahrscheinlich sind die Uvalas durch Zusammenwachsen benachbarter Dolinen entstanden, indem durch Weglösung von Gestein eine mehr oder weniger weitgehende Niederlegung der trennenden Kalkrippen erfolgte. Bezüglich der Verbreitung von Dolinen und Karstmulden vgl. Fig. 85.

Poljen

Größer als Dolinen und Uvalas sind die sogenannten *Poljen*. Darunter versteht man nach der in den dinarischen Karstländern üblichen Benennung weite, ebene, mit Feinboden bedeckte Gebiete in verkarstetem Gelände (ital. piani), die für landwirtschaftliche Nutzung geeignet sind. Der Terminus Polje wurde in der Geomorphologie auf große, breite, meist mehr oder weniger langgestreckte, geschlossene Hohlformen im Karstgebiet mit flacher Sohle ausgedehnt. Poljen besitzen unterirdische Entwässerung und haben überwiegend steile, oft ziemlich glatt hinstreichende Hänge, die sich scharf von dem ebenen Poljeboden[27b] abheben. Sie sind die eindrucksvollste und hinsichtlich ihrer Genese problemreichste Karsterscheinung der Ektropen. Der flache Boden hat geringes Gefälle. Dieses richtet sich oftmals nicht nur gegen *einen* tiefst gelegenen Punkt, sondern es sind nicht selten deren *mehrere* vorhanden. Dort finden sich wie am Grunde der Dolinen offene Klüfte, Schlote, ja Höhleneingänge, die Wasser nach der Tiefe abführen können. Diese Schluckstellen heißen im Serbokroatischen *Ponore* (Bild 105, 106).

Die Gesamtform der Poljen steht gewöhnlich in naher Beziehung zum Gebirgsbau. Die Poljen liegen vorzugsweise in geologischen Mulden oder in geologischen Gräben. Im einzelnen sind sie aber durch unregelmäßige talartige Zipfel und Ausläufer mit dem höher aufragenden Gebirgsrelief der Umgebung verzahnt. Die Einebnungsfläche im festen Kalk unter dem Poljeboden beweist, daß die Eigenart der Poljen durch ihren Zusammenhang mit tektonischen Senkungsgebieten allein nicht erklärt werden kann.

[27b] Der Ausdruck „Poljeboden" bezeichnet in der Geomorphologie herkömmlich, und so auch in dieser Darstellung, die flache Oberflächenform der Sohle des Poljes. Zur Unterscheidung der Oberflächen*form* von der „Oberflächen*decke*" aus Verwitterungsboden oder Decksediment können Ausdrücke wie Poljeebene oder Poljesohle verwendet werden.

Es gibt Poljen von wenigen km^2 bis zu mehreren hundert km^2 Größe (Livanjsko Polje östlich Split/Jugoslawien 380 km^2, Ličko Polje 320 km^2 östlich des Velebit). Die Poljeböden sind großenteils mit sandig-tonigen Lockermassen bedeckt. Unter meist dünner, horizontaler Lehmdecke steht der Kalk an und ist ohne Rücksicht auf seine Schichtneigung glatt abgeschnitten. Wegen der feinkörnigen Alluvionen und Verwitterungsmassen sind die Poljen oft die einzigen größeren Ackerflächen der Karstgebiete. Daher rührt ihr Name, der eigentlich Feld bedeutet.

Fast immer enthalten die Poljeböden Bäche, die von benachbarten Höhen oder aus Karstquellen am Rande des Poljes kommen. In der feuchten Jahreszeit können die Schlucklöcher vieler Poljen die Niederschlagswasser nur unvollkommen abführen, d. h. es kommt infolge starker Wasserzufuhr in dem verkarsteten Gesteinskomplex zur Hebung der Oberfläche des Karstwasserkörpers (s. S. 397 ff.). Dann gibt es langdauernde, mehr oder weniger große, seichte Überflutungen. Man kann in einzelnen Poljen der dinarischen Länder an der gleichen Stelle im Sommer Weizen bauen und im Winter fischen. In manchen Poljen befinden sich dauernd kleinere oder größere, meist seichte Seen, u. a. im Livanjsko Polje, Sinjsko Polje und Buško Blato in der Herzegowina. Eine wichtige Eigentümlichkeit der Poljen besteht darin, daß sie zwar allseits von höherem, oft von sehr hohem Karstgelände umschlossen sind, daß sie aber immer mindestens *einen* talartigen Ausgang haben, der nicht sehr hoch, gewöhnlich nicht mehr als 50 bis 60 m über dem Poljeboden gelegen ist.

Karstpoljen der geschilderten Art gibt es besonders in den gebirgigen Karstländern des Mittelmeerbereiches. Verwandte Formen treten auch in den tropischen Karstgebieten auf. Im Karst der höheren Breiten scheinen sie dagegen weniger stark hervorzutreten.

Außer den allseits von höherem Karstgelände umschlossenen Poljeböden gibt es auch *Karstverebnungen*, d. h. Schnittflächen, die einen beliebigen Schichtbau im Kalk fast horizontal abkappen, am Rande der Karstlandschaften gegen das Meer, auch am Rande gegen undurchlässige Gesteine. K. Kayser (1934) hat sie *Karstrandebenen* genannt. Über sie, ebenso wie über die Poljeebenen, ragen gelegentlich unvermittelt aus Kalk bestehende Hügel oder Berge mit scharf ausgeprägtem Gefällsknick am Fuße empor. Diese Abtragungsreste werden nach ihrem kroatischen Namen als *Humi* bezeichnet. Die Entstehung dieser Formen kann erst weiter unten nach Besprechung der Karsthydrographie erörtert werden (kleine Humi auf Bild 105, Bildmitte unten).

Kegelkarst, Turmkarst, Halbkugelkarst, Kuppenkarst

Obwohl schon frühzeitig durch J. V. Daneš (1914) erkundet, ist doch erst durch die Forschungen von Herbert Lehmann (1936, 1954 a, b) und Hermann v. Wissmann (1954) deutlich erkannt worden, daß in Karstlandschaften der ausreichend beregneten Tropen und der Subtropen mit feuchtheißer Jahreszeit merklich andere Einzelformen durch ihr massenhaftes Auftreten das Landschaftsbild bestimmen können, als sie in den Karrenfeldern, den Dolinenlandschaften und Poljen Mitteleuropas und der Mittelmeergebiete vorliegen. Für solche

Gebiete der Tropen und Subtropen sind kegelartige bis turmartige oder auch mehr halbkugelförmige oder kuppige Aufragungen des Kalkes von rundlichem Grundriß und mehrere Zehner, ja hundert bis zweihundert Meter messender Höhe in dichter Scharung kennzeichnend. Nach Vorkommen in Westindien werden die turmartigen Typen der Karstkegel auch als *Mogoten* bezeichnet. Mehr halbkugelförmige Karstkuppen, wie sie z. B. in der Landschaft Gunung-Sewu in Süd-Java in Scharen auftreten, bilden den *Gunung-Sewu*-Typ der Karstkegel (Herbert Lehmann 1936). Zwischen den *Karstkegeln,* ihren gerundeten Grundrissen zwischengefügt, sitzen geschlossene Hohlformen, nämlich Dolinen von unregelmäßig sternförmigem Grundriß. Solche Dolinen sind *Cockpits* (Hahnenkampfgruben) oder *Cockpitdolinen* genannt worden (Daneš, 1914). Aus ihnen können durch Zusammenwachsen *Kleinpoljen* oder *Hoyos* (N. Jiménez, 1959) entstehen. Kegel und Trichter werden von Karren zerfurcht und sind im Untergrunde durch Höhlen zerfressen. Diese Karstlandschaften werden als *Kegelkarst,* in Extremfällen auch als Turmkarst bezeichnet (Fig. 90, Bild 107, 108. Siehe auch Atlas des Formes du Relief, Paris 1956, Taf. 113). Es dürfte die größere Geschwindigkeit chemischer Prozesse in dem feuchtwarmen Milieu der wesentlichste Grund sein, der diese weit steileren, in den Vertikalausmaßen besonders großen und im Untergrunde durch Hohlraumbildung besonders stark zerfressenen Lösungsformen hervorruft. Der Kegelkarst in allen seinen Erscheinungsformen stellt nur einen Sonderfall des tropischen Karstes dar und läßt sich bislang keinem exakt zu beschreibenden Klimatyp der Tropen zuordnen. In vielen Fällen herrschen auch in Kalkgebieten der Tropen die in den Außertropen gewohnten Karstformen des Dolinenkarstes vor, etwa in Florida, Yucatán (A. Gerstenhauer, 1969) oder in Teilen Westindiens (H. Blume, 1966, 1970). Die Ursachen dieser Unterschiede bedürfen noch der Klärung.

Zwischen den Scharen von Karstkegeln eingebettet, nach Art der Poljen, und randlich zum Kegelgelände gelegen, nach Art der Karstrandebenen, gibt es auch hier nicht selten größere Ebenen. Sie sind gewöhnlich mit einer sandig-lehmigen Deckschicht bedeckt, aber unter dieser steht der Kalk an und ist ohne Rücksicht auf seinen u. U. komplizierten Schichtbau durch Lösung eingeebnet. Manchmal ragen einzelne Mogoten oder Reste von solchen über diese Karsteinebnungsflächen auf. Fast im Niveau der Ebene verlaufen die Flüsse des Gebietes. Bei Überschwemmungen steht die Ebene unter Wasser. Fußhöhlen am Rande der Karstkegel, die aus der Ebene aufragen, deuten an, daß diese Kegel durch Karst-Korrosion vom Fuße her angegriffen und versteilt werden (Fig. 90). (R. Ch. McDonald, 1976).

Die Frage klimageomorphologischer Differenzierung der Charakterformen des Karstes

Die Besonderheit der Kegelkarstlandschaften läßt die Frage laut werden, inwieweit auch die übrigen gehäuft auftretenden Karstformen eine klimageomorphologische Interpretation erlauben.

C. Rathjens jun. (1954) glaubte feststellen zu können, daß die Karrenfelder in den Alpen vornehmlich der oberen Hälfte der alpinen Region angehören, während die Dolinen ihr Hauptverbreitungsgebiet in der Nachbarschaft der oberen Waldgrenze und im Waldbereich haben. Auf Grund dieser Beobachtungen möchte er den Unterschied der Entwicklung von Karrenfeldern einerseits und von Dolinengebieten andererseits klimageomorphologisch deuten. Die Beweisführung für eine derartige Auffassung wird dadurch erschwert, daß offensichtlich in den Alpen neben verhältnismäßig jungen Dolinen auch sehr alte, der Anlage nach wohl ins Pliozän zurückreichende (z. B. die Karwendeldoline an der westl. Karwendelspitze), vorhanden sind. Solche Dolinen haben also zweifellos mannigfaltige Klimaänderungen durchgemacht. Der Nachweis wird ebenso erschwert durch A. Bögli's Erfahrungen, nach denen Karren in reinem Kalk, Dolinen in Mergelkalk überwiegen sollen. Darüber hinaus hat K. Haserodt (1965) bei seinen Untersuchungen im Hagengebirge südlich von Salzburg zeigen können, daß dort noch hoch über der oberen Waldgrenze eine deutliche junge Weiterbildung von großen, der Anlage nach nachweislich recht alten Dolinen stattfindet, ebenso aber auch gegenwärtige Neubildung von kleinen Jungdolinen. Diese Beobachtungen sprechen gegen die vorher angedeutete Annahme von Rathjens. Die weitere Verfolgung dieses Fragenkreises wäre wünschenswert. Denn die bisherigen Versuche, Formengesellschaften des Karstes bestimmten Klimazonen oder Höhenstufen zuzuordnen, haben noch nicht zu voll befriedigenden Ergebnissen geführt. (N. Krebs, 1929; J. Corbel, 1954, 1957, 1960, 1970; H. Lehmann, 1956, 1970; G. Höhl, 1963; J. Roglić, 1964; A. Semmel 1973; H. Mensching, 1973; K. H. Pfeffer, 1973).

Einen petrographischen Sondertyp feucht-tropischer Karsterscheinungen hat A. Wirthmann (1970) aus dem 300 bis 600 m hohen Peridotit-Bergland des südöstlichen Neukaledonien beschrieben. Dort finden sich Hochbecken mit je sehr ebener, scharf umrandeter Beckensohle in einigen Zehnern von m bis etwa 200 m über dem nahen Meeresspiegel. Die ebenen Beckensohlen bestehen unter dünner Decke von lateritischem Verwitterungslehm aus Peridotit mit Merkmalen der Korrosion. In den Beckensohlen finden sich flach schüsselförmige Vertiefungen, in welche zusätzlich Verwitterungslehm eingeschwemmt wurde. Es sind echte Lösungsdolinen im Peridotit. Stellenweise ist unterirdische Entwässerung nachweisbar. An stärker geneigten Hängen sind Silikatgesteinskarren im Peridotit häufig.

3. Die hydrographischen Entwicklungsbedingungen des Karstes und ihr Einfluß auf das Karstrelief

Historischer Rückblick

Unter dem Eindruck der Zyklenlehre von W. M. Davis ist versucht worden, einen Karstzyklus abzuleiten, in welchen die geschilderten, mannigfaltigen Besonderheiten der Karstlandschaften eingeordnet worden sind. Die Karrenfelder wurden als Jugendstadium, die Dolinenlandschaften als frühreife, der Kegelkarst als spätreifes und die Poljenbildung als altes Stadium der Entwicklung in Anspruch genommen. Diese Ableitung kann aber nicht überzeugen, da in ihr Erscheinungen ganz verschiedener Gebiete ohne genaueren Nachweis von Zusammenhängen zu einem geistigen Schema verbunden worden sind. Die Verschiedenheiten des Karstreliefs in den verschiedenen Bereichen der Erde dürften in Wahrheit zum guten Teil als klimageomorphologische Sonderausprägungen des Karstes aufzufassen sein (H. Lehmann, 1954 a).

Um den Entwicklungsgang des Karstes in den verschiedenen Klimabereichen verläßlich aufzuhellen, bietet sich jeweils die Möglichkeit der Untersuchung des hydrographischen Netzes. Dieser Weg ist schon frühzeitig beschritten worden, war aber mit großen Schwierigkeiten verbunden, solange keine genügend gefestigte Theorie über die unterirdische Karstentwässerung vorhanden war. Hier standen sich lange Zeit zwei Anschauungen schroff gegenüber. J. Cvijić (1893, 1918) und in ähnlicher Weise A. Grund (1903, 1910, 1914) glaubten unter den Kalkgebieten einen allgemeinen *Karstwasserspiegel* annehmen zu müssen, zu welchem das irgendwo im Karstgebiet verschwindende Wasser absinkt. Wo die Landoberfläche unter den Karstwasserspiegel hinabgreift, da treten *Karstquellen* aus. Infolge der von Jahreszeit zu Jahreszeit wechselnden Niederschlagsmengen schwankt die Höhe des Karstwasserspiegels. Damit erklären sich Karstquellen, die nur zeitweise fließen und sonst trocken liegen, ja sogar Ponore, also Schlucklöcher, die zeitweise zu *Speilöchern*, also Karstquellen werden. Solche Wechselschlünde werden im französischen Jura *Estavellen* genannt. Auf Grund der Hypothese des Karstwasserspiegels glaubte man, daß die ebenen Poljeböden als das, durch örtliche Weglösung alles höher aufragenden Kalkes sichtbar gewordene Niveau des gegenwärtigen oder eines früheren Karstwasserspiegels zu deuten wären.

Eine Reihe von Beobachtungen konnte allerdings mit dieser These nicht in Einklang gebracht werden: Bei Tunnelbauten in Kalkgebirgen (Mt. d'Or-Tunnel im Schweizer Jura) fand man trockene und wassergefüllte Klüfte nebeneinander, auch wassergefüllte Klüfte über trockenen. Es gibt im dinarischen Karst in naher Nachbarschaft große, fast horizontale Poljeböden von mehrere hundert Meter messendem Höhenunterschied, von denen bei Regenwetter nicht der tiefere, sondern der höhere zuerst überflutet wird. Schließlich ist oft zu beobachten, daß bei der Überflutung eines Poljebodens die im Poljeboden befindlichen Ponore nicht etwa durch steigenden Karstwasserspiegel Wasser zu speien beginnen, sondern daß sie in erhöhtem Maße Wasser verschlucken.

Auf Grund solcher Feststellungen lehrte Friedrich Katzer (1909) die Existenz voneinander unabhängiger unterirdischer Höhlenflüsse und lehnte einen einheitlichen Grundwasserkörper über größere Räume im Karst kategorisch ab. Mancherlei Beobachtungen zeigen aber, daß auch diese von der Vorstellung eines Karstwasserspiegels extrem abweichende Auffassung den wirklichen Verhältnissen nicht ausreichend gerecht zu werden vermag. Im dinarischen Karst sind trotz großer Höhenunterschiede des Reliefs die Austrittshöhen der Karstquellen in weitem Umfange aufeinander abgestimmt, was beweist, daß mindestens teilweise Beziehungen unter ihnen bestehen müssen (N. Krebs, 1928, 1929).

Mit Hilfe eines neuen theoretischen Ansatzes auf der Grundlage hydromechanischer Gesetze versuchte Otto Lehmann (1932) die Schwierigkeiten der Karsthydrographie zu überwinden. Die im Untergrund der Karstgebiete vorhandenen Bahnen des fließenden Wassers verglich er mit einem aus zahllos verzweigten Röhren bestehenden durch zwischengeschaltete Erweiterungen und Verengungen komplizierten Geflecht. Dieses *Röhrengeflecht* nannte er ein *Karstgefäß*. Seine zahllosen Röhren stehen nicht beliebig miteinander in Kommunikation. Das würde der Idee des Karstwasserspiegels nahe kommen. Zwar hat das Röhrengeflecht in der Höhe außerordentlich viele Eingänge, nämlich alle Schluckstellen an der Karstoberfläche. Aber diese führen gruppen- oder gebietsweise zu verschiedenen, voneinander getrennten Röhrensystemen. In jedem von diesen wird die Wasserbewegung durch den mannigfaltigen Wechsel von Erweiterungen und Verengungen des Querschnitts zu einer höchst komplizierten Druckströmung, die keineswegs ausschließlich nach abwärts führen muß, und bei der der Druck durchaus nicht genau proportional der Höhenlage des Betrachtungsortes ist. In benachbarten voneinander unabhängigen Röhrensystemen, deren Verzweigungen sich auch verschlingen können, ohne daß es zur Kommunikation kommt, herrschen unter Umständen auf geringe Entfernung sehr verschiedene Höhen des Druckspiegels.

Nach der Tiefe erlangen mehr und mehr die benachbarten Röhrensysteme miteinander Verbindung. Denn den unzähligen Eingangsstellen des Röhrengeflechts in der Höhe sollen nach O. Lehmann (1932), wie aus den verhältnismäßig wenigen Karstquellen ersichtlich sei, eine weit geringere Zahl von Ausgängen in der Tiefe entsprechen. Es handelt sich also um ein Röhrengeflecht mit vielen Eingängen in der Höhe und wenigen Ausgängen in der Tiefe, bei dem die Verbindung der Verzweigungen untereinander erst in der Tiefe umfassender wird. Durch weiter oben zwischengeschaltete Verengungen und Erweiterungen des Querschnitts in den Röhren ist diese Verbindung derart beeinträchtigt, daß die Gesetze der kommunizierenden Röhren auf die Bewegungen bzw. den Druckspiegel in diesen Systemen nur noch mit erheblichen Abwandlungen angewendet werden können. Ein solches Karströhrengeflecht vermag z. B. auch dann arbeitsfähig zu bleiben, wenn es durch eine Erosionshohlform, etwa durch ein Polje angeschnitten wird. Die über dem Poljeboden ausmündenden Stränge speisen Karstquellen, während der nassen Jahreszeit kommt es u. U. zu Überschwemmungen, deren Wasser durch die unterirdischen Fortsetzungen des Systems wieder abgeführt werden.

Der heutige Stand karsthydrographischer Forschung

Neue Arbeitsmethoden der Karsthydrographie erbrachten insbesondere in den Ostalpen und in den dinarischen Karstgebieten seit Mitte der 50er Jahre teilweise überraschende Ergebnisse. Die von O. Lehmann (1932) auf Grund richtiger theoretischer Überlegungen gezogenen Schlußfolgerungen erwiesen sich dennoch als korrekturbedürftig.

Die Markierung unterirdischer Wässer mit Hilfe von Salzen und Farbstoffen (Tracer) oder gefärbten Lycopodiumsporen, die Untersuchung der Quellen, deren Temperatur und Schüttung, vor allem das Studium von Isotopen (Tritium, Deuterium, ^{18}O und ^{14}C) führte zu dem Nachweis, daß im Gegensatz zu der Vorstellung von O. Lehmann doch große einheitliche Karstwasserkörper in den Kalkstöcken der Nördlichen Kalkalpen bestehen (F. Dosch, V. Maurin, J. Zötl u. a., zusammenfassend bei J. Zötl, 1974). Die Oberfläche dieser Karstwasser-systeme ist hauptsächlich vom oder von den Vorflutern bestimmt, durch deren Rückstau die Hohlräume im Karst gefüllt werden und die für Karstgerinne mit freier Oberfläche die Erosionsbasis bilden.

Die Dynamik innerhalb eines großen geschlossenen Karstwasserkörpers infolge Wasserzufluß und Wasserabfluß an vielen Stellen erklärt eine gewisse Selbständigkeit der einzelnen Strömungen und auch die verschiedene Höhenlage der Wasseroberfläche in manchen einzelnen Hohlräumen. Im Laufe der hydrographischen Entwicklung tritt offensichtlich an die Stelle einer starken Vernetzung der Karsthohlräume eine gewisse Konzentration auf wenige Stränge ein. Für die Anhebung oder Absenkung des Wasserspiegels sind Verengungen *(Siphone)* oder Erweiterungen der Karsthohlräume, die ein Druckfließen hervorrufen, von entscheidender Bedeutung. Die Oberfläche oder der Spiegel eines dynamischen Karstwasserkörpers ist deshalb eine *piezometrische Oberfläche* (A. Bögli, 1964) mit teilweise erheblichen vertikalen Lagedifferenzen, die wohl bis zu 100 m oder mehr erreichen können. Aus dieser Tatsache leitet sich das Nebeneinander von schüttenden und nicht schüttenden Karstquellen ab. Siphone bewirken in Hohlräumen einen Anstieg des Wassers, was gleichzeitig zu einem Umfließen der Engstellen führen kann. Dies liefert die Begründung für die enge Nachbarschaft von wassererfüllten und trockenen Hohlräumen in verkarstetem Gestein. Da die piezometrische Oberfläche des Karstwasserkörpers außerdem je nach Wasserzufluß und Wasserabfluß, etwa in relativ enger Korrelation mit Regen- oder Trockenperioden, beträchtlichen zeitlichen Schwankungen unter-liegen kann, ist auch das zeitweilige Trockenfallen von Karstquellen erklärbar. Ein bekanntes Beispiel hierfür sind die *Hungerbrunnen* der Schwäbischen Alb.

Auch die auf S. 396 erwähnten Einwände gegen die These eines Karstwasser-spiegels von A. Grund (1914) lassen sich auf der Grundlage der neueren Erkenntnisse beantworten. Die Existenz eines einheitlichen Karstwasserkörpers in großen Teilen des Dinarischen Gebirges, dessen Oberfläche nach E zum Einzugsgebiet der Donau und nach W zum Adriatischen Meer generell absinkt, wird dadurch sehr wahrscheinlich, daß jeweils am Ost- und Nordrand der Poljen von Duvno, Imotski, Livno, Sinj und des Buško Blato Karstquellen und Estavellen auftreten, während an der westlichen und südlichen Peripherie Ponore verbreitet sind (J. Zötl, 1974; vgl. auch Abb. 21 und 23 auf S. 48 u. 49 in M. Herak and V. T. Stringfield, 1972). Die Inundationen von Poljeböden im dinarischen Karst sind nach den Ergebnissen der Markierungsversuche seit dem Jahre 1948 zweifellos durch Schwankungen der Oberfläche des Karstwasserkörpers bedingt und nicht, wie J. Roglić (1960) annahm, durch verstärkte Wasserführung von Flüssen aus Gebieten mit undurchlässigem Gestein. Dabei behalten die Ponore auf der West- und Südseite der erwähnten Poljen entsprechend dem allgemeinen Gefälle der Oberfläche des Karstwasserkörpers durchaus ihre Funktion als *Wasserschlinger, Wasserschlucker* bei.

Als Argument gegen die Annahme eines einheitlichen Karstwasserkörpers, der auf die Vorflut und im Küstenbereich auf den Meeresspiegel eingestellt ist, wurden mehrfach die submarinen Karstwasserquellen angesehen. Als *vrulja* im Raum Šibenik-Split und um die Inseln Brač, Vis und Korčula oder *vrutak* bzw. *žrnovica* um Makarska treten sie nahe der dalmatinischen Küste auf. Bekannt sind solche Quellen u. a. auch von der Kantabrischen Küste zwischen San Sebastián und dem Cabo Peñas bei Gijon oder an der Küste der Argolis/ Peloponnes, wo sie bereits für Bewässerungszwecke genutzt werden. Ihre Entwicklung geht auf die pleistozänen Kaltzeiten zurück, als der Meeresspiegel beträchtlich unter dem heutigen lag und sich das gesamte Karstwassersystem auf diese Vorflut einstellte.

Ein mächtiger Karstwasserkörper kommt allerdings nur im *tiefen Karst* im Sinne von F. Katzer (1909) zur Entwicklung, also lediglich in Karstgebieten, deren verkarstungsfähiges Gestein erheblich unter die bestehende oder ehemalige Vorflut hinabreicht. Im *seichten Karst* streicht die liegende undurchlässige bzw. nicht verkarstungsfähige Gesteinsschicht über dem Talgrund und damit über einem möglichen Vorfluter aus. Das Liegende wird damit zur Erosionsbasis des unterirdischen Entwässerungssystems. Im seichten Karst existiert deshalb in der Regel kein oder nur ein geringmächtiger Karstwasserkörper, der bei geringer Wassernachlieferung abgebaut wird und verschwinden kann.

Phreatische und vertikal-vadose Zone des Karstes

Die Oberfläche des Karstwasserkörpers trennt die über ihr liegende *vadose,* besser *vertikal-vadose*[28] Zone von der unter ihr befindlichen *phreatischen Zone.* In der phreatischen Zone sind alle Karsthohlräume dauernd mit Wasser gefüllt und stehen unter der Herrschaft des Gesetzes der kommunizierenden Röhren. Wegen des Druckfließens kann das Wasser über größere Entfernungen auch aufwärts strömen, wird aber im Endeffekt über alle verfügbaren Wege dem Vorfluter zustreben. Die dabei auftretenden Fließgeschwindigkeiten sind im allgemeinen gering, besonders in der tiefphreatischen Zone.

Bereits in den obersten Bereichen der phreatischen Zone wird das kalkaggressive Wasser aufgebraucht. Wegen der totalen Wassererfüllung der Karsthohlräume bzw. des Fehlens CO_2-haltiger Höhlenluft kann das bereits Ca-gesättigte Wasser nicht erneut über CO_2-Aufnahme unter (HCO_3)-Bildung zur weiteren Kalklösung veranlaßt werden. Demzufolge müßte der Lösungsprozeß bereits in relativ geringer Tiefe aufhören und es dürften über sie hinaus keine Karsthohlräume mehr vorhanden sein. Beobachtungen aus dem dinarischen Karst, den Pyrenäen, den Alpen oder von Yucatán zeigen aber, daß die Verkarstung bis in große Tiefen der phreatischen Zone reichen kann. Bohrungen stießen auf der Halbinsel Florida noch 2030 m unter der Oberfläche des Karstwasserkörpers auf große Hohlräume in tertiären Kalken.

Mit Hilfe der Vorstellung der *Mischungskorrosion* konnte A. Bögli (1964, 1969, 1970) dieses Phänomen jedoch erklären. Mischungskorrosion ergibt sich als

---

[28] Die Bezeichnung „vados" allein ist unglücklich gewählt, da auch das Wasser der phreatischen Zone im Sinne von E. Suess als vados, d. h. am Kreislauf des Wassers teilnehmend, anzusehen ist, wenngleich es wegen des langsamen Druckfließens eine hohe Verweildauer im Untergrund hat.

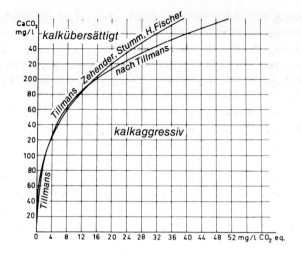

Fig. 87. Gleichgewichtskurve von $CaCO_3$ und CO_2 nach J. Tillmans sowie nach F. Zehender, W. Stumm und H. Fischer. (Nach A. Bögli 1964.)

In der Kurve werden die quantitativen Beziehungen zwischen gelöstem Kalk und der äquivalenten Menge von Kohlendioxid (CO_2 eq.) ausgedrückt. Der Kurvenverlauf ermöglicht die Charakterisierung, ob Wasser mit einem bestimmten Kalk- und CO_2-Gehalt kalkaggressiv, kalkgesättigt oder kalkausscheidend ist. Die älteren Werte von J. Tillmans wurden durch neuere Berechnungen von Zehender, Stumm und Fischer korrigiert.

Zunehmender Gehalt von Hydrogenkarbonat im Wasser erfordert gleichzeitig eine Steigerung der äquivalenten CO_2-Menge. Ist diese Bedingung gegeben, dann kann das Wasser weiterhin lösend wirken, es ist also kalkaggressiv. Fällt dagegen der Anteil von CO_2 eq., dann wird aus einem kalkgesättigtem Wasser Kalk ausgefällt.

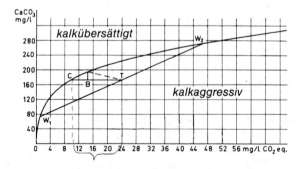

Fig. 88. Graphische Bestimmung des Ausmaßes der Mischungskorrosion. (Nach A. Bögli 1964.)

Bei Vermischung zweier jeweils kalkgesättigter Wässer W_1 und W_2 liegt die Wassermischung in ihrem $CaCO_3$-Gehalt auf einer Geraden (Punkt T). Diese Mischungsgerade (W_1-W_2) verläuft im Abschnitt des kalkaggressiven Wassers, das bedeutet, daß freies CO_2 zur Verfügung steht. Dieses CO_2 löst Kalk und wird zur Ergänzung des zusätzlich notwendigen äquivalenten CO_2 (CO_2 eq.) verwendet. Die Waagerechte des Punktes T schneidet die Sättigungskurve am Punkt C und sie gibt zugleich die Menge des frei werdenden CO_2 an. Von diesem CO_2 dient der Anteil BC zur Ergänzung des CO_2 eq. und der Anteil BT für weitere Kalklösung.

Folge der Mischung zweier Karstwässer, von denen zwar jedes für sich Ca-gesättigt ist, deren Kalkgehalt jedoch verschiedene Werte aufweist. Unter dieser Voraussetzung enthält nämlich die Mischung der beiden Karstwässer über-schüssiges CO_2 und ist damit kalkaggressiv. Die zusätzlich lösbare Kalkmenge steigt mit zunehmendem Unterschied der ursprünglichen CO_2-Konzentrationen der beiden Karstwässer (vgl. Fig. 87 und 88).

Die Erkenntnis der Mischungskorrosion vermag die Verkarstungserscheinungen im Inneren eines mächtigen verkarstungsfähigen Gesteins, insbesondere die Bildung großer Lösungshohlräume im phreatischen Bereich zu erklären. Auch feinkapillare Fugen oder Klüfte erweitern sich durch Lösung, wenn ein Karstwassergemisch infolge des Druckfließens hindurch gepreßt wird. Entlang von Klüften, besonders aber weithin verfolgbarer Schichtfugen entstehen Hohlräume verschiedenster Dimension. Damit erst entfällt die Notwendigkeit der Annahme von schwer erklärbaren Urhohlräumen und überkapillaren bis groß-kapillaren Fugen und Röhren, wie sie O. Lehmann (1932) zur Deutung des hydrographischen Wegsamwerdens des Karstes brauchte. Durch die Mischungs-korrosion kann sogar auch erklärt werden, warum die größten Hohlräume in einem verkarsteten Gebiet nicht in der Nähe der Ponore, sondern im Inneren des Karstkomplexes auftreten (J. Roglić, 1965; A. Bögli, 1969).

Durch allmähliche Erweiterung der Karsthohlformen entstehen im Schwan-kungsbereich der Oberfläche des Karstwasserkörpers besondere ,,Formen der *vertikal-vadosen* Zone". Im vertikal-vadosen Bereich fließt das Wasser, soweit die Hohlräume nach dem Abklingen von Niederschlägen oder nach der Schnee-schmelze nicht trockenfallen, zum größten Teil mit freier Oberfläche, was gleichbedeutend mit gleichsinnigem Gefälle ist. Auf kurze Strecken kann die freie Oberfläche durch Siphone unterbrochen sein, ohne daß diese von nennenswertem Einfluß auf das direkte *Gravitationsfließen* wären. Die Kalklösung erfolgt auf Grund des vom Karstwasser aus der Troposphäre, der Boden- und der Höhlen-luft aufgenommenen CO_2 bzw. der dissoziierten Kohlensäure. Sobald die Hohl-räume einen genügend großen Querschnitt erreicht haben und höhere Fließ-geschwindigkeiten auftreten, gesellt sich zu den korrosiven Vorgängen die Erosion. Anstelle der *Ellipsengänge* (A. Bögli, 1964), die in der phreatischen Zone auf Grund der Mischungskorrosion entlang von Schichtfugen entstehen und dort dominieren, treten im vertikal-vadosen Raum *Canyons (Cañons), Schächte und Schluchtgänge*, die sich vornehmlich an Klüfte anlehnen, auf.

Durch Eintritt freien Fließens in korrosiv erweiterten Hohlräumen gewinnt die vertikal-vadose Zone allmählich an vertikaler Ausdehnung. Dies geschieht vornehmlich dann, wenn die Vorflut tief liegt. Hervorzuheben ist, daß der Verkarstung unter vertikal-vadosen Bedingungen, zumindest oberflächennah, nicht unbedingt eine phreatische Phase vorausgegangen sein muß. Jedoch scheint die Mischungskorrosion für das hydrographische *Wegsamwerden des Karstes* aus-schlaggebend zu sein.

Karsthydrographische Wegsamkeit und ihre Bedeutung für das Karstrelief

Ein der Abtragung ausgesetztes verkarstungsfähiges Gestein kann, wie bereits O. Lehmann (1932) hervorhob, am Anfang der Entwicklung gar keine unterirdische Entwässerung aufweisen, weil die vorhandenen Schichtfugen, Klüfte und etwaige tektonische Hohlräume im allgemeinen nicht geöffnet und insbesondere auch nicht fortlaufend miteinander verbunden sein werden, weil das Karstgestein, kurz gesagt, *karsthydrographisch nicht wegsam* ist. Deswegen ist zu erwarten, daß sich in den Karstgebieten zu Anfang ein normales Gewässernetz unter Eintiefung von gewöhnlichen Tälern mit durchlaufend gleichsinnigem Gefälle entwickelt.

Dieser Gedanke wird durch viele Beobachtungen bestätigt. In allen Karstgebieten sind nämlich talartige Tiefenlinien zu beobachten, die durch Verzweigung nach aufwärts, gewundenen Verlauf und eine im großen noch erkennbare Abdachungsrichtung zeigen, daß sie aus echten Tälern hervorgegangen sind. Das einst vorhandene gleichsinnige Gefälle ist lediglich durch die Bildung von Dolinen, Uvalas, auch von Poljen innerhalb des Talgrundes vielfach zerstört worden. Wie aber weiter oben hervorgehoben wurde, besitzen selbst große Poljen immer mindestens *einen* talartigen Ausgang in geringer Höhe über dem Poljeboden. Damit ist angedeutet, daß auch die Poljen im Bereich großer Senkungsfelder zumeist ursprünglich in ein normales Talnetz eingefügt gewesen sind. Der Anteil der Karst-Korrosion in diesen Talungen umfaßt im wesentlichen nur denjenigen Eintiefungsbetrag, der unter die einst durchlaufende, im einzelnen manchmal nachträglich noch tektonisch verstellte Kurve des ehemaligen gleichsinnigen Gefälles herunter eingearbeitet wurde.

Erst im Gefolge einer normalen fluvialen Zerschneidung kann durch Einwirkung der Sickerwässer mit Hilfe der Mischungskorrosion sehr allmählich ein Teil der Klüfte und Gesteinsfugen erweitert und *karsthydrographisch wegsam* gemacht werden. Dieser Zustand ist in der phreatischen Zone realisiert. Wenn sich im Laufe der Zeit die Karsthohlräume im phreatischen Raum erweitern und wenn Hindernisse, welche Druckströmungen erzwingen, beseitigt oder umgangen werden können, so muß mehr und mehr freie Strömung in der Art von Höhlenflüssen eintreten, wie sie in vielen zugänglichen Höhlensystemen verwirklicht ist. Diesen Zustand nennt Otto Lehmann *entartete Karsthydrographie*. Er ist in der vertikal-vadosen Zone verwirklicht und dürfte wohl erst am Ende einer langen Entwicklung eintreten. Er könnte deswegen auch als Altersstadium der Karsthydrographie bezeichnet werden.

Eine Korrelation von Entwicklungsstadien der Karsthydrographie mit den Oberflächenformen im Karst ist nicht möglich. Es darf nicht außer acht gelassen werden, daß das äußere Landschaftsbild allein schon wegen der Verschiedenheit des zur Zeit karsthydrographischer Unwegsamkeit entstandenen normalen fluvialen Reliefs sehr unterschiedlich sein kann. Ob nämlich flache oder tiefe, steilwandige oder sanft gebösche Täler eingeschnitten werden, das hängt, wie früher ausgeführt wurde, von der Tektonik des betreffenden Krustenstücks, von seiner Entfernung zur Erosionsbasis und von den klimatischen Verhältnissen ab und kann mannigfach differieren. Es hat mit den Karstprozessen selbst nichts zu tun, wirkt aber weithin auf deren Verlauf sicherlich ein.

Infolge der unterirdischen Entwässerung sind in den Karstgesteinen oft zahlreiche *Höhlen* entwickelt. Nach Größe, Gestalt und Lage sind sie im einzelnen sehr unregelmäßig. Durch Lösung mehr oder weniger erweiterte Klüfte und Schichtfugen verbinden sie mit Nachbarhöhlen. Nicht selten öffnen sich größere Systeme von Höhlengängen gegen ein bestimmtes Terrassenniveau eines Taleinschnitts und damit gegen eine ehemalige Vorflut. Bei der Mammuthöhle von Kentucky, mit 253 km Länge das derzeit längste erforschte Höhlensystem der Erde, sind fünf Höhlenstockwerke bekannt geworden, die untereinander durch schachtartige Verbindungen zusammenhängen, die aber außerdem mit Terrassen der dortigen Täler korrespondieren. Ähnliches konnte vom Hölloch im Muotatal nachgewiesen werden, in dem drei Stockwerke ausgebildet sind (A. Bögli, 1964, 1970). An derartigen Vorkommen wird die Beziehung zwischen Karsthydrographie und Zertalung deutlich. Da Höhlen offensichtlich besonders im Schwankungsbereich der Oberfläche des Karstwasserkörpers (Hochwasserzone) und in der obersten phreatischen Zone, in der die Mischungskorrosion intensiv

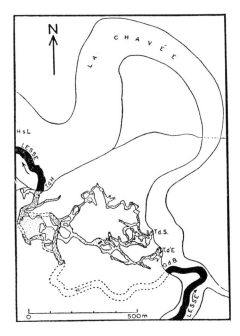

Fig. 89. Höhlenbildung und unterirdische Entwässerung bei Han-sur-Lesse, Südbelgien.

Punktiert und gestrichelt = Höhlen (gestrichelt = Höhlenfluß). Die Lesse, ein Nebenfluß der Maas, floß zuerst ganz oberirdisch und bildete einen großen Mäander (La Chavée). Durch die zunehmende Verkarstung der devonischen Kalke bildete sich eine unterirdische Höhlenentwässerung heraus, durch die der Mäander außer Funktion gesetzt und trockengelegt wurde. Anfangs verschwand die Lesse im Trou du Salpêtre (T. d. S.), dann im Trou d'Enfaule (T. d'E.), heute noch weiter oberhalb im Gouffre de Belvaux (G. d. B.). Im Trou de Han (T. d. H.) tritt sie wieder zutage. (Nach Ph. H. Kuenen, 1955). (Aus R. Brinkmann, Lehrbuch der Allgemeinen Geologie, Bd. I, S. 180, Enke-Verlag, Stuttgart 1974)

Fig. 90. Tropischer Karst in der Sierra de los Organos nördlich von Viñales, Cuba. (Nach Herbert
    Lehmann, 1959. Maßstab 1:60000).

Das 200 bis über 400 m Höhe erreichende Bergland der Sierra gliedert sich in Westsüdwest-
Ostnordost streichende Zonen von Schiefern und Kalken. Deren Grenzen sind in der Karte durch
gestrichelte Linien angedeutet. Berg- und Hügelland im Schiefer ist mit helleren, im Kalke mit
dunkleren Grautönen wiedergegeben. Ebenen, hier Kulturlandebenen, sind ganz hell dargestellt.

Im Schiefer ist ein fein verästeltes System von Gerinnen mit Kerbtälern entwickelt. Längs der
größeren Wasserläufe gibt es - streckenweise ebene Talsohlen. In den Kalkgebieten sind große
Karstebenen ausgebildet. Sie tragen eine Lehmdecke. Teile von ihnen sind vollständig von höherem
Gelände umgeben, sind also *Poljen.*

Über die Karstebenen ragen mit steilen Flanken *Kegelkarstberge (Mogoten)* empor von 100 bis
200 m, stellenweise von über 300 m relativer Höhe. Manche stehen einzeln, weithin bilden sie aber
eng gedrängte kleinere oder größere Bergkomplexe. Dann ist zwischen den Karstkegeln ein förmliches
Netzwerk langgestreckter, schmaler, steilwandiger Hohlformen entwickelt mit zahllosen geschlossenen
Gruben und Trichtern, den sogenannten *Cockpits* am Grunde. Während aber die Dolinen der Außertropen meist annähernd kreisförmige Umrandung haben, neigen diese *Cockpitdolinen* infolge ihrer
Einfügung zwischen die im Grundriß rundlich-bauchigen Karstkegel zu gezipfelt-trichterförmiger
Gestalt. Die Reihung der Dolinen in langgestreckten Furchen deutet ihre Entstehung durch Ver-
karstung einstiger Talzüge an. Der überwiegend felsige Grund der Karsttrichter liegt meist merklich
über dem Niveau der benachbarten Karstebene. Einzelne große Dolinen reichen aber bis in deren

wirksam ist, ausgebildet werden, müssen ihre Stockwerke jedoch keineswegs höhenkonstant, bzw. mit gleichsinnigem Gefälle ausgestattet sein.

Ein näher untersuchtes und gut überblickbares Beispiel für die Entwicklung eines Flusses in einem anfangs karsthydrographisch unwegsamen Gebiet, das später karsthydrographisch wegsam wurde und gegenwärtig zu karsthydrographischer Entartung übergeht, bildet die Lesse, ein Nebenfluß der Maas bei Hansur-Lesse (Belgische Ardennen, Famenne). Die Lesse schnitt hier zuerst als reiner Oberflächenfluß den Talmäander La Chavée 80 bis über 100 m tief in die umgebende Landschaft ein. (Zustand karsthydrographischer Unwegsamkeit des Untergrundes.) Der Talmäander ist heute aufgegeben. Sein Boden liegt mehr als 10 m über dem gegenwärtigen Fluß. Die Lesse schuf dann nach dem Eintreten einer genügenden karsthydrographischen Wegsamkeit des Untergrundes ein in der Horizontalen und Vertikalen verzweigtes Druckröhren- und Höhlensystem, welches den Talmäanderbogen unterirdisch abschneidet, welches aber heute gleichfalls schon verlassen ist und trocken liegt. Gegenwärtig fließt die Lesse an dieser Stelle zum mindesten im unteren Teil ihres unterirdischen Laufstücks bereits als gesammelter Höhlenfluß, d. h. sie ist hier schon im Sinne von O. Lehmann karsthydrographisch entartet (vgl. Fig. 89, auch 90).

Karstverebnung und Poljebildung im Vorfluterniveau

Die Entstehung der massenhaft auftretenden Charakterformen der Karstlandschaft wie der Karren, Karstschlote, Dolinen, Karstkegel usw. durch tiefenwärts rinnendes und sickerndes Wasser nach Ausbildung einer ausreichenden karsthydrographischen Wegsamkeit und auch ihre klimageomorphologische Differenzierung ist im ganzen verständlich. Es bleibt übrig, die Bildung der großen, den Schichtbau kappenden Einebnungsflächen im Karst zu erörtern.

Verhältnismäßig einfach lassen sich die Verhältnisse anscheinend im tropischen und feuchtheiß-subtropischen Karst überblicken. Dort knüpfen sich die Karstebenen nach den Erfahrungen von Herbert Lehmann (1954a, b) und H. v. Wissmann (1954) eng an das Niveau der größeren und kleineren Flüsse. Diese kommen gewöhnlich aus Gebieten unlöslicher Gesteine und führen von

---

Niveau hinab. Sie besitzen einen flachen, lehmbedeckten Grund, der wiederum dem Anbau dient. Sie stellen Übergangsformen zu Poljen dar.

Die Karstebenen haben Gefälle nach Norden bzw. Nordwesten von ein bis einigen Promille. Auf ihrer Lehmdecke ziehen mehr oder weniger quer zu den geologischen Strukturen, vom undurchlässigen Gestein der Umrahmung kommend und schließlich wieder in solches übertretend, einzelne Wasserläufe über die Karstebenen. Gelegentlich verschwinden sie in *Karstschwinden* (Halbkreissignatur) unter Karstkegeln (Mogoten). Andererseits kommen sie als *Karstquellen* (Kreissignatur) unter Karstkegeln wieder hervor.

Die Karstebenen sind in diesem Falle sicherlich durch Lösung des Kalkes bis zum Niveau der Gerinne entstanden. Das letztere wird durch die Höhe des Talgrundes im unterhalb folgenden unlöslichen Gestein bestimmt. Es handelt sich also um *entartete Karsthydrographie* im Sinne von Otto Lehmann. Die Lehmdecke der Karstebenen dürfte vor allem durch Ablagerung von Schwebstoffen der aus unlöslichen Gesteinen kommenden Gerinne gebildet werden, wenn bei starken Niederschlägen Abflußstau eintritt.

dort lehmige Alluvionen mit. Infolge ihrer großen Wasserstandsschwankungen überschwemmen sie bei Hochwasser weite Gebiete und setzen über ihnen Kies, Sand und Schlamm ab. Soweit es sich dabei um Karstland handelt, wird der Kalkuntergrund durch den Schlamm in gewissem Umfange gegen die Einwirkung des Wassers abgedichtet. Die lösende Wirkung des Überschwemmungswassers vollzieht sich aber ungestört am Rande der Überschwemmungsgebiete gegen den, in den Karstkegeln aufragenden Kalkfels weiter. Unterschneidungskehlen, Fußhöhlen, Tunnelstrecken von Flußläufen sind die Anzeichen einer dort fortschreitenden Verbreiterung der Karstebene im Vorfluterniveau. Da sie vom Randgebiet des Kalkes her gegen dessen innere Teile vorwachsen, entsprechen sie dem von K. Kayser (1934, 1955) auf Grund von Studien in den dinarischen Ländern entwickelten Begriff der *Karstrandebene* (Fig. 90).

Aber auch die Cockpitdolinen zwischen den Karstkegeln können, soweit sie reine Lösungsformen sind, im allgemeinen nicht wesentlich tiefer hinab ausgearbeitet werden als bis zum benachbarten Vorfluterniveau. Das gleiche gilt von den poljeartigen Beckenweitungen (Hoyos) im Inneren der Karstkegellandschaft. Hier scheint bei besonders großer Leistungsfähigkeit der Karstkorrosion der Gedanke von J. Cvijić (1893) über die Bildung von Poljeebenen durch Weglösung allen Kalkes bis hinab zum Grundwasserniveau tatsächlich verwirklicht zu sein. Allerdings ist dieses Niveau kein allgemeiner Karstwasserspiegel, sondern die an die Höhenlage offener Gerinne (Vorfluter) geknüpfte piezometrische Oberfläche des Karstwasserkörpers. Bei dieser Sachlage ist es denn auch nicht verwunderlich, daß nach den Beobachtungen von Herbert Lehmann solche Karstverebnungen teilweise lediglich mit Verwitterungsrückständen des weggelösten Kalkes bedeckt sind, ohne daß hierbei verschwemmte Alluvionen dazukommen.

Auch im dinarischen Raum dürfte für viele der großen Poljen und die Weiterbildung ihrer Randverebnungen der Karstwasserkörper mit seinen jahreszeitlich teilweise beachtlichen Schwankungen und das Vorfluterniveau auch bei größerer Entfernung voneinander (wie beim Popovo Polje von der Neretva) noch immer eine Rolle spielen.

Poljebildung im Niveau wasserunlöslicher Ablagerungen

Zum Unterschied von den tropischen und feuchtheiß-subtropischen Karstverebnungen liegen die Karstrandebenen der mediterranen Karstgebiete zum Teil nicht im Niveau der großen offenen Flüsse, sondern sie sind von diesen mehr oder weniger tief zerschnitten (z. B. von Cetina, Krka und Čikola im dinarischen Gebiet). Sie werden also heute nicht weitergebildet, sondern sind in Zerstörung begriffen. Die Poljeebenen sind zwar vielfach unzerschnitten. Aber sie liegen manchmal derart hoch über den Tälern jenseits der Poljeumrahmung, und die Poljebäche gurgeln an ihren Schwinden derart steil in die Tiefe, daß es in solchen Fällen schwierig ist, die Poljeböden in ihrer heutigen Lage als das Ergebnis einer Weglösung allen Kalkes bis zu einem allgemeinen Vorfluterniveau zu deuten (Bild 105, 106).

Es bleibt die Möglichkeit, die Karstrandebenen und die Poljeebenen der Mittelmeerländer als alte Karstverebnungen eines einstigen tropenartigen Klimas, also als Vorzeitformen aufzufassen, welche durch tektonische Vorgänge seither verstellt wurden. Bei den Karstrandebenen hätte diese Verstellung zur nachträglichen Zerschneidung der betreffenden Felsverebnung geführt. Bei den Poljen wäre die Abdichtung des Bodens durch unlösliche Verwitterungsrückstände und Alluvionen sowie die unterirdische Entwässerung als Ursache dafür anzusehen, daß der betreffende Poljeboden trotz der tektonischen Verstellung keine nachträgliche Zerschneidung erlitten habe.

Für die zerschnittenen Karstrandebenen ist die Deutung als Vorzeitformen sicher zutreffend, denn sie unterliegen heute fortschreitender Zerstörung. Eine Reihe von Tatsachen spricht aber dafür, daß die Entstehung und Weiterbildung von Poljen auch unter den heutigen Verhältnissen hier bei bestimmten Voraussetzungen möglich ist und vonstatten geht. Nähere Feststellungen darüber wurden im Taurus in Anatolien mit folgendem Ergebnis gewonnen (H. Louis, 1956):

Es gibt in allen Kalkgebirgen innerhalb der kalkigen Gesteinsserien hin und wieder sandig-tonige Schichtkomplexe. Diese werden stellenweise im Einzugsgebiet verkarsteter, d. h. des gleichsinnigen Gefälles an der Erdoberfläche verlustig gegangener Täler durch den Abtragungsvorgang angeschnitten. Alsdann müssen die anfallenden unlöslichen Abtragungsmassen im allgemeinen in die erste auf ihrem Transportweg gelegene geschlossene Wanne hineingespült werden. Es entsteht dann in dieser Wanne eine Ablagerung mit flacher, schwemm-

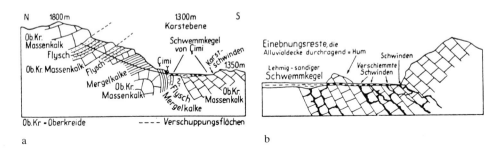

a   b

Fig. 91 a. Schematisches Profil durch die Karsttalung von Çimi bei Akseki, westlicher Mitteltaurus, Anatolien. (Nach H. Louis, 1956, S. 40).
Geologie großenteils nach M. Blumenthal. Im Einzugsgebiet des Baches von Çimi u. a. sandig tonige Flyschschichten. Daher Ausbildung eines *Schwemmkegels unlöslicher Alluvionen* unterhalb von Çimi. An dessen unterem Saum *Karstschwinden* im Massenkalk.

Fig. 91 b. Schema der Karstebenenbildung am Gegenschüttungsrande eines aus wasserunlöslichen Alluvionen bestehenden Schwemmkegels. (Nach H. Louis, 1956, S. 41).
Wo innerhalb eines Karstgebietes wasserunlösliche Alluvionen in Becken oder Talungen eingeschwemmt werden, bilden sie *Schwemmkegel*. Diese überschütten und verschlämmen mehr oder weniger etwaige Schwinden. Auf den Alluvionen wird das Bachwasser größtenteils zum unteren Rande des Schwemmkegels geführt, wo es Lösungswirkung am begrenzenden Kalk ausübt, indem es in dessen Klüften versinkt. Auf diese Weise wird die *Karstverebnung* im Niveau des Schwemmkegels randlich langsam vergrößert und dieser selbst ebenfalls weitergebaut. Über den *Schwinden* am Gegenschüttungssaum des Schwemmkegels erhebt sich die kalkige Umrahmung mit versteiltem Fuß.

kegelartiger Oberfläche, die den kalkigen Untergrund mehr oder weniger gut abdichtet. Die aufschüttenden Gerinne werden, über die Kegeloberfläche hinweg gegen die kalkige Umrahmung geleitet. Hier treten sie in Klüfte des Kalks ein und versinken (Bild 106, 98). Dabei wird im Niveau der Aufschüttungsebene Kalk gelöst. Gleichzeitig bringen die Wasser immer wieder neues unlösliches Schwemmkegelmaterial heran. Dadurch wird die flach schwemmkegelartige Fläche an ihrem unteren Rande, wo das Wasser in die Klüfte des Kalks eintritt, vergrößert unter gleichzeitiger Kappung der über das Schwemmkegelniveau aufragenden Kalkmassen. Es entsteht die für Poljeböden typische flache Abtragungsebene im Kalk mit dünner, darüber gebreiteter Lehmdecke (Fig. 91 a u. b).

Die Erweiterung der Karstverebnung findet hierbei nicht auf allen Seiten der Schwemmfläche gleichmäßig statt. Sie ist dort besonders stark, wo die Schwemmkegeloberfläche gegen die kalkige Umrahmung des Poljes oder gegen inselartig aufragende Resthügel des Kalks, die Humi, geneigt ist. Dort ist der Rand zwischen Ebene und umrahmendem Kalkhang scharf, während sich an anderen Stellen zwischen Poljeumrahmung und Ebene eine sanfte Übergangsböschung bildet.

Die Sohlen der großen Poljen haben in Wirklichkeit meist nicht oder nur streckenweise die Gestalt deutlicher flacher Schwemmkegel. Das kann aber auch nicht anders erwartet werden. Denn die Schwemmkegelform kann nur so lange erhalten bleiben, wie die Einfüllung wasserunlöslicher Abtragungsmassen in das Polje anhält. Das wieder dauert nur so lange, wie solche in Kalkgebieten nur beschränkt vorkommenden Massen verfügbar sind. Nach Aufhören der Einschüttung muß die Schwemmkegelform wegen der im Untergrund des Poljes langsam weiter fortschreitenden Lösung des Kalkes durch Nachsacken und in dessen Gefolge auch durch örtliche Umlagerung der Alluvionen sich allmählich verlieren. Daraus wäre das heutige Bild der meisten großen Poljen mit flachem Boden und ganz geringem Gefälle, das meist gegen mehrere Schlucklochgebiete hinstrebt, zu erklären.

Dieser Weg der Entstehung von Poljen ist unabhängig von einem Grund- und Karstwasserspiegel. Er ist auch unabhängig vom Meeresniveau und von alten Verebnungsflächen, müßte allerdings in einem flachen Kalkrelief rascher vorankommen als in einem tief zerschnittenen. Er macht zugleich verständlich, warum sich Poljen besonders häufig am Grunde tektonisch angelegter Hohlformen entwickelt haben, deren ehemaliges Talnetz durch unterirdische Entwässerung das gleichsinnige Gefälle verloren hat.

Poljebildung dieser Art wäre nicht Endglied einer Karstabtragung bis zu einem Karstwasserspiegel oder Vorfluterniveau, sondern sie wäre bewirkt durch lokale Verstopfung der unterirdischen Zirkulation im Karst und wäre damit eher als eine Verzögerungserscheinung im Gang der Karstabtragung aufzufassen. Auf jeden Fall muß eine wasserunlösliche Ablagerung, die einmal in ein karsthydrographisch wegsames, aber noch nicht entartetes Karstgebiet hineingespült worden ist, da sie nicht unterirdisch abtransportiert werden kann, dort einen schwer zu entfernenden Fremdkörper bilden, der an seinem Orte Sonderbedingungen schafft. Solche unlöslichen Ablagerungen und ebenso Liefergebiete, von denen sie sich herleiten, sind aber fast in jedem Polje des Mediterrangebietes bzw. in seinem Einzugsgebiet nachweisbar.

Es gibt auch Poljen, deren flacher Boden durch *mächtige,* z. B. eiszeitliche *Ablagerungen von Karstgesteinsmaterial* gebildet wird, und die gleichfalls unterirdisch entwässern. Solche *Auffüllungspoljen* birgt etwa der Kalkapennin, der eiszeitlich vergletschert war (z. B. Polje von Castelluccio, Mti. Sibillini, Herbert Lehmann, 1959). Weitere Deutungsversuche gaben J. Roglić (1964), K. H. Pfeffer (1973).

Nachsackungstalungen als Ergebnis unterirdischer Salzauslaugung (Subrosion)

Außer den mancherlei kleinen, aber auffälligen Formen, wie Scharen von Nachsackungsdolinen, Erdfällen in strengem Sinne und selbst Bachschwinden im Bereich wasserunlöslicher Gesteine, die durch das Vorkommen des unterirdischen bzw. des bedeckten Karstphänomens hervorgerufen werden, gibt es verwandte Erscheinungen sehr viel größeren Ausmaßes.

Unter den mesozoischen Schichtfolgen Deutschlands liegen in weiten Gebieten mächtige Salze, Gipse und vergipste Anhydrite des Zechsteins. Wo das Zechsteinsalinar entsprechend seiner Lagerung an der Erdoberfläche ausstreichen sollte, müßten die Sulfate und Chloride anstehen. Dies ist aber nicht der Fall. Vielmehr werden insbesondere die Salze in durchschnittlich etwa 300 m Tiefe unter Tage von dem sogenannten Salzspiegel ungefähr horizontal abgeschnitten. Wo die Liegendschichten der Salzfolge hoch genug heraufkommen, da liegen die zum oberen Zechstein gehörigen Hangendschichten der salinaren Fazies unmittelbar auf diesen Liegendschichten, d. h. dem unteren Zechstein. Das Salz ist hier durch Einwirkung der Sickerwässer allmählich weggelöst worden, und diese Lösung geht, wie zahlreiche Solequellen (Salzgehalt höher als der mittlere Salzgehalt des Ozeanwassers von 36 mg/l) in den betroffenen Gebieten anzeigen, auch heute noch langsam weiter.

Infolge der Auslaugung ist der gesamte Hangendkomplex nachgesackt. Unregelmäßig verlaufende Brüche und Verwerfungen in den gesackten Schichten sind eine bleibende Hinterlassenschaft dieser Vorgänge. Diese bewirken das Versitzen von Oberflächenwasser und damit eine lokal intensivere Salzauflösung im Untergrund. Als deren Folge stellen sich zahlreiche, vorwiegend kleinere *Spaltenerdfälle* ein. Außerdem aber ist durch sie jeweils an der Erdoberfläche eine geräumige *Nachsackungstalung* entstanden. Die Goldene Aue am südlichen Harzrande und die Talung von Bad Salzungen am Südwestsaume des Thüringer Waldes sind Beispiele dieser Art (Fig. 86b).

Wo im nordwestlichen Deutschland die mesozoische Schichttafel durch die saxonische Deformation mäßig gestört wurde, da konnte es durch Auspressen des plastischen und gegenüber den anderen Gesteinen spezifisch leichteren Salzes gegen die Antiklinalstrukturen hin zur Ausbildung von *Salzstöcken* bzw. *Salzhorsten* kommen *(Diapirismus).* Diese wegen ihrer verhältnismäßig geringen Dichte zum Aufsteigen neigenden Salzstöcke (Diapire) haben ebenfalls unter Tage

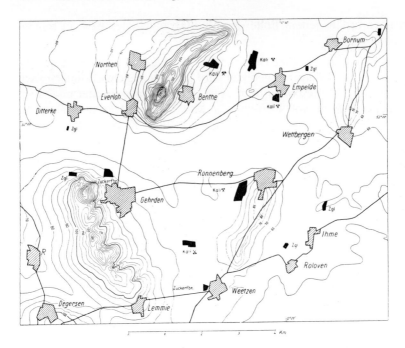

Fig. 92. Auslaugungs-Senke von Benthe bei Hannover. Maßstab 1 : 100 000.
Zwischen den Hügeln von Benthe 170 m, Gehrden 135 m, Ronnenberg 85 m und Wettbergen 80 m
dehnt sich eine Senke von 60 bis 65 m Höhe mit unausgesprochenen Gefällsverhältnissen. Hier
deuten Kalibergwerke auf den im Untergrund befindlichen Salzstock. Durch Weglösung eines Teils
des Salzes ist die über dem Salzstock ursprünglich aufgebeulte Decke der Hangendgesteine eingesunken.

Ablaugung (Subrosion) an einem Salzspiegel erlitten, wodurch Nachsackung der
Hangendschichten hervorgerufen wurde. Auf diese Weise sind im Bereich der
Salzhorste Nordwestdeutschlands vielfach bedeutende *Auslaugungssenkungen*
entstanden, die als Formen des unterirdischen Karstphänomens anzusehen sind.
Die Senke um Benthe am Benther Berg bei Hannover (Fig. 92), die schmale,
langgestreckte Talung im Antiklinalscheitel des aus Buntsandstein aufgebauten
Hildesheimer Waldes bei Salzdetfurt oder die *Auslaugungswannen* über den
Salzstöcken von Elmshorn und Stade (F. Grube, 1957) sind bekannte Beispiele
dieser Art.

Besonders genaue Messungen der Absenkungsvorgänge infolge von Salzlösung
liegen aus dem Gebiet der Mansfelder Mulde um Helfta, Erdehorn und Rollsdorf
westlich Halle vor (G. Suderlau u. a., 1972). Im Verbreitungsgebiet des Staßfurt-
und Leine-Steinsalzes wurden im Zeitraum 1955—1969 lokal Senkungsbeträge
von mehr als 4 m gemessen (vgl. Fig. 93).

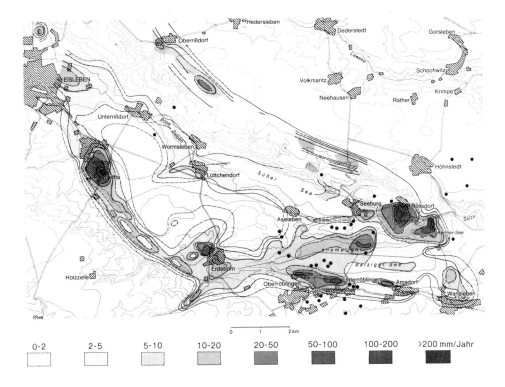

Fig. 93. Mittlere jährliche Absenkungsbeträge der Erdoberfläche in Teilen der Mansfelder Mulde
westlich Halle a. d. Saale in mm. (Nach G. Sunderlau, K. Brendel, F. Kammerer und
H. Schoof 1972.)

Das Zechsteinsalinar in der Mansfelder Mulde unterliegt der Subrosion, die Senkungen der Landoberfläche zur Folge hat. Feinnivellements ergaben ein sehr differenziertes Bild dieser Absenkungen. Die
Ortslagen Volkstedt, Helfta, Erdeborn, Unterröblingen und Rollsdorf und deren unmittelbare Umgebung sind Gebiete starker Senkung, wobei von NW nach SE eine abnehmende Intensität zu beachten
ist. Eine Ausnahme bildet lediglich auf Grund lokaler Besonderheiten der Rollsdorfer Kessel. Die
Zentren der Landsenkung liegen an tektonisch und hydrologisch vorgezeichneten Stellen. Die Punkte
bezeichnen Erdfälle bzw. Gebiete mit Erdfällen (nach den Topogr. Karten 1:25000 um 1925).

4. Kalkausfällung und ihre Folgeformen

Ein großer Teil des gelösten Calciumhydrogenkarbonates wird durch das fließende
Wasser dem Meere zugeführt und gelangt dort unmittelbar oder durch
biologische Vorgänge zur Sedimentation. Aus verschiedenen Gründen kann es
auch auf dem Festlande bereits zur Ausfällung des Kalkes kommen. So werden
beim Abfall des CO_2-Partialdruckes in der Gasphase aus einer $CaCO_3$-gesättigten
Lösung feinste Kalkspatkristalle ausgeschieden. Der gleiche Effekt stellt sich bei
Temperaturerhöhung des Wassers ein. Dafür liefern die Kalkniederschläge an
Quellaustritten ein Beispiel.

Das langsame Überrieseln von Oberflächen durch Ca-gesättigtes Wasser, das dabei ganz oder teilweise verdunstet, hat die Bildung von *Kalksinter* zur Folge, die in Gestalt von Sintervorhängen, -fahnen, Sinterdecken, -überzügen, oder Sinterschüsseln, -schalen auftreten. Da bei diesem Kalksinter oder *Travertin* eine Lage von kleinen dichtgepackten Kristallen nach der anderen entsteht, zeigt er eine deutliche Schichtung. Ähnliches ist bei den *Tropfsteinen* in nicht mehr oder nur noch selten durchflossenen Höhlen zu beobachten. Sie zeichnen sich durch einen konzentrisch-schalenartigen Bau aus und bilden sich entlang von Klüften oder Fugen der Höhlendecke. Die stete Wiederkehr des Abtropfens von Wasser führt zur Bildung von *Stalaktiten* am Höhlendach und *Stalagmiten* vom Höhlenboden aus. Sie können schließlich zu einer einzigen Säule verwachsen, wobei es auch zum Verschluß des zentral gelegenen Kanals, des Tropfröhrchens im *Stalaktiten* kommt. Die mannigfaltigen Sinter- und Tropfsteinbildungen verleihen den Höhlen oft abenteuerliche Einzelgestaltung.

Besonders eindrucksvolle Kalksinterablagerungen entstehen manchmal durch kalkhaltige Thermalquellen. Durch ihre Formen und Farben berühmt sind z. B. die Travertinausscheidungen von Pamukkale, dem Hierapolis der Antike, bei Denizli in Westanatolien. Hier haben die Abflüsse mächtiger heißer Quellen von einem Plateau aus, an einem mehr als 50 m hohen Steilhang hinab in Hunderten von Metern Breite, hellweiße und gelbliche, durch ebenmäßige Überlauf-Kanelierungen wie natürlich verziert erscheinende Becken aus Travertin in vielen hohen Stufungen übereinander aufgebaut. Außerdem laufen, durch Sinterbildung über das Gelände emporgewachsen, dammartige Gerinneleitungen den Steilhang hinunter. Daneben ist der Hang zum guten Teil von dicken Massen aus hellem Sinterkalk mit wulstigen Oberflächen überkleidet. Ähnliche, wenn auch bescheidenere Travertinvorkommen sind in Ländern, die reich an Kalkgestein und Thermen, d. h. an jungen tektonischen Störungen oder an Vulkanismus sind, keine Seltenheit.

In Flüssen mit kalkgesättigtem Wasser führt die größere Turbulenz des Wassers an Gefällsbrüchen zu besserer Durchlüftung und bewirkt dadurch Verdunstung und Entweichen von CO_2. Häufig tritt ein photosynthetischer Entzug von CO_2 durch assimilierende Pflanzen, z. B. Moosgesellschaften, hinzu. Die dadurch hervorgerufene Kalkausfällung hat wegen *Barrenbildung* quer zum Fluß-

---

Fig. 94 a, b. Karte und Profil der Plitwitzer Seen in Hochkroatien, Jugoslawien, Maßstab der Karte etwa 1:42 500, Höhenlinien von 20 zu 20 m; Tiefenlinien der Seen von 10 zu 10 m. Maßstab des Profils etwa 1:53 000, etwa 7fach überhöht.

Die Plitwitzer Seen sind durch Barrenbildung infolge Kalkausfällung an Gefällsstufen bzw. Engen des Flußbettes der Matica und Korana und durch Verschluß der Klüfte der Kreidekalke des Untergrundes infolge Kalkabsatz bzw. Versinterung aufgestaut worden. Wie aus dem Niederschlag von Kalk an lebenden Pflanzen oder an Pflanzenresten, die in den Seen abgelagert wurden, erkennbar ist, vollzieht sich die Kalkausfällung auch rezent weiter. Das Entweichen von äquivalentem CO_2 aus dem $CaCO_3$-gesättigten Wasser infolge Temperaturzunahme oder Verdunstung, vor allem aber der photosynthetische CO_2-Entzug durch Pflanzengesellschaften im Bereich der Barren sind Ursachen dieses Vorganges. Mehr als 15 Wasserfälle, die die einzelnen Seen voneinander trennen, bewirken in dem etwa 6 km langen Talabschnitt, wie das Profil zeigt, eine Höhendifferenz von insgesamt 156 m. Unter den Wasserfällen der Seentreppe erreicht der Labudovac-Fall über 20 m Höhe. Es darf damit gerechnet werden, daß der Kalktuff dieser Barriere eine entsprechende, wahrscheinlich aber eine größere Mächtigkeit besitzen dürfte.

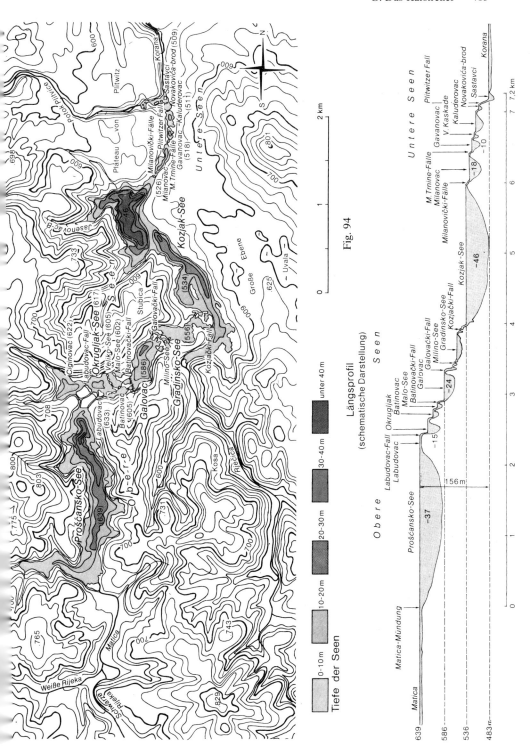

Tiefe der Seen

0-10 m | 10-20 m | 20-30 m | 30-40 m | unter 40 m

Längsprofil
(schematische Darstellung)

Fig. 94

verlauf die Verstärkung der Gefällsbrüche, die Entstehung von Wasserfällen und sogar Aufstau von Seen zur Folge. Die Krka-Fälle bei Skradin und die Plitwitzer Seen (Fig. 94a und b, Bild 109) in Kroatien oder die Lagunas de Ruidera in der südlichen Mancha in Spanien sind Musterbeispiele. Die Barren bestehen aus *Kalktuff* und können mehrere Dekameter Höhe erreichen. Im Gegensatz zum Kalksinter ist Kalktuff in der Regel ungeschichtet und porenreich. Bei seiner Bildung werden häufig höhere Pflanzen inkrustiert und liefern nach ihrem Absterben Hohlräume und Abdrücke. Sie haben aber keine ursächliche oder strukturbildende Bedeutung für die Genese der Kalktuffe, während Algengesellschaften, nach den Untersuchungen von W. Grüninger (1965), für den Niederschlag und die Fixierung des ausgefällten Kalkspates sehr wichtig sind.

In und über porösen Oberflächenschichten kann es, wenn diese Schichten in der Kapillarzone des Grundwassers liegen, flächenhaft zur Kalkausscheidung kommen. Derartige Erscheinungen gibt es in Form des hochporösen *Wiesenkalkes* oder *Alm* in Süddeutschland. In semiariden und ariden Gebieten sind vor allem die *Kalkkrusten* (span. caliche) das Ergebnis dieses Vorganges.

H. Der glaziale Formenschatz

1. Entstehung und Eigenschaften der Gletscher

Vorbemerkung

Das Zusammenwirken von allgemein flächenhaft wirkender Böschungsabtragung und mehr linienhafter Erosion des fließenden Wassers kommt fast überall an der festländischen Erdoberfläche vor. Aber es gibt bedeutende Gebiete, in denen diese Art der Abtragung für den Formenschatz nicht ausschlaggebend ist. Eine wichtige Abweichung tritt dort auf, wo linienhafte oder flächenhafte Erosionswirkungen durch (strukturviskos vgl. S. 421) fließendes Eis, d. h. durch Gletscher ausgeübt werden, oder wo Gletschereis sogar großflächig ganze Landschaften unter sich begräbt. Der in diesen Fällen entstehende Formenschatz wird als *glazialer Formenschatz*[29] bezeichnet. Dies ist sinnvoll, obwohl manche seiner Einzelzüge auf Wirkungen des fließenden Wassers zurückgehen, weil überall da,

---

[29] Das Wort *glazial* ist in der geologischen Literatur doppeldeutig geworden. Seitdem man mehr und mehr eiszeitliche Erscheinungen kennengelernt hat, die nicht von Gletschern herrühren, wurde das Wort glazial sowohl im Sinne von „durch Gletscher verursacht" als auch mit der bloßen Bedeutung von „eiszeitlich" bzw. „gletscherzeitlich" verwendet. R. Grahmann (1932) hat mit den Worten *glazigen* = „unmittelbar durch Gletscher verursacht" und *glaziär* = „in weiterem Sinne mit Gletschern zusammenhängend" Ausdrücke vorgeschlagen, die eine unmißverstandliche Unterscheidung von *glazial* = „eiszeitlich" ermöglichen sollen. In der Geomorphologie sind nun freilich Begriffe wie *Glazialform* und *Glazialerosion* so geläufig geworden und auch so mit den internationalen Ausdrücken in Übereinstimmung, daß es untunlich erscheint, Neuprägungen wie „*Glaziärform*" oder „*Glaziärerosion*" einzubürgern. Soweit die Doppelbedeutung des Wortes „glazial" Anlaß zum Mißverstehen geben sollte, wird es immer möglich sein, durch Umschreibungen wie „vom Gletscher geschaffen" einerseits oder „kaltzeitlich" andererseits die Eindeutigkeit der Aussage zu sichern.

wo es Gletscher gibt, auch Schmelzwasser entstehen. Die formschaffenden Wirkungen dieser Schmelzwasser zeigen überdies Eigenarten, die es rechtfertigen, sie *fluvioglazial* oder *glazifluvial* zu nennen, sie als Begleiterscheinungen des glazialen Formenschatzes aufzufassen und dementsprechend zusammen mit den eigentlichen *Glazialformen* zu behandeln. (Gesamtdarstellungen der Gletscherkunde insbes. Alb. Heim, 1885; H. Hess, 1904; W. H. Hobbs, 1911; W. Flaig, 1938; E. v. Drygalski und F. Machatschek, 1942; R. v. Klebelsberg, 1948/49; J. K. Charlesworth, 1957; H. Svensson, 1959; J. Corbel, 1962; L. Lliboutry, 1964/65; C. Embleton u. C. A. M. King, 1975; F. Wilhelm, 1975).

Entstehung, Feinstruktur und -textur des Gletschereises

Gletschereis entsteht durch Umwandlung (Metamorphose, Diagenese) von Schnee in den unteren Lagen größerer Schneeanhäufungen unter dem Druck der auflastenden Schneemassen. Zunächst wird durch *Setzen* der sperrigen Neuschneekristalle aus Neuschnee (Dichte um 0,3) über Altschnee (Dichte um 0,4) eine Verringerung des Porenvolumens bis auf 40% und damit die Bildung von *Firn* (Dichte etwa zwischen 0,55 und 0,75) erreicht (S. N. Karatsov, 1966, H. Hoinkes, 1970). Zur Entstehung von Firn ist gewöhnlich ein Überdauern von Schnee über mindestens eine Ablationsperiode erforderlich. Dabei ergibt sich auch teilweises Schmelzen und Wiedergefrieren (Schmelzmetamorphose). In hochpolaren Gebieten erstreckt sich die Firnbildung über viele Jahre.

Die weitere Verdichtung geschieht durch *Sinterung* mit Hilfe von Sublimation, Rekristallisation und Gleitvorgängen innerhalb des Eiskristalls. Es entsteht weißes *Firneis* mit Dichten von 0,8 bis 0,85 und schließlich durch weiter fortgesetzte Rekristallisation durchsichtiges Gletschereis mit der Dichte von 0,91 (Schmelz- und Druckmetamorphose).

Das so gebildete Gletschereis besteht aus einem unregelmäßigen Gemenge von Körnern meist sehr verschiedener Größe (schon, F. J. Hugi 1830). Nach H. W. Ahlmann (1948) und G. Seligman (1949) werden die Durchmesser der Eiskörner im Mittel vom oberen zum unteren Bereich eines Gletschers, d. h. in der Bewegungsrichtung des Gletschers (vgl. S. 419 ff.) bzw. mit zunehmendem Alter des Eises, größer. In Polargebieten wurden Korngrößen von Erbsen bis Walnußgröße, in den Alpen solche von 7 bis 8 cm Durchmesser, in bewegungslos gewordenem Toteis solche bis zu 18 cm beobachtet. In ruhendem Gletschereis erfolgt das Wachstum der Eiskörner regellos. In bewegtem Gletschereis tritt mit der Bewegung als Texturmerkmal zunehmend eine Einregelung der Eiskörner und schließlich Umkristallisation ein und zwar überwiegend senkrecht zur vorherrschenden Schubspannung. Nach Erlöschen der Schubspannung folgt bei Temperaturen unter dem Gefrierpunkt allmähliche Umkristallisation zu regellosem Korngefüge. (Näheres über das Feingefüge des Gletschereises bei F. Wilhelm, 1975, S. 135−139 und in der dort zitierten Spezialliteratur.)

Eine genügend große Masse von Gletschereis, deren Oberfläche geneigt ist, beginnt unter Überwindung der inneren Reibung (Viskosität) langsam in der

Richtung des Oberflächengefälles zu fließen. Eine derartige Eismasse ist ein *Gletscher*. Die Fließgeschwindigkeiten von Gletschern schwanken in weiten Grenzen, nämlich zwischen etwa 20 bis 20000 m pro Jahr.

Thermische Gletscher- und Schneetypen

Die angeführten Erscheinungen besagen, daß die Beschaffenheit des Gletschereises von der in ihm herrschenden Temperatur abhängig ist. Deswegen hat H. W. Ahlmann (1935) drei *thermische Gletschertypen* unterschieden. *Temperierte Gletscher* sollen, abgesehen von einer etwa 10 m mächtigen obersten Schicht, ganzjährig Temperaturen nahe dem Druckschmelzpunkt haben. Ihr Schmelzwasserabfluß ist daher perennierend. Die *subpolaren Gletscher* weisen nur im Winter Temperaturen tief unter dem Gefrierpunkt auf. Sie haben sommerlichen Schmelzwasserabfluß. Die *hochpolaren Gletscher* sind ganzjährig tief unterkühlt. Sie haben keinen Schmelzwasserabfluß. Geringe Ablation erfolgt aber auch bei ihnen allmählich durch Sublimation an der Oberfläche. Neuere Messungen haben aber ergeben, daß auch bei alpinen Gletschern im Inneren bzw. in Teilen sehr tiefe Temperaturen vorhanden sein können. Die Typengliederung der Gletscher auf Grund ihrer Thermik ist also verwickelter, als Ahlmann ursprünglich angenommen hat (u. a. W. Haeberli, 1976).

Auf dem Gletscher kann man schneehydrologische Zonen unterscheiden. Bei dauernd sehr niedrigen Lufttemperaturen (Mittel unter etwa $-25°$ C) herrscht trockener Schnee. Ein solcher Gletscher besitzt eine *Trockenschneezone,* die bis zur Trockenschneelinie reicht. Daran schließt sich, sobald sommerliches Schmelzwasser auftritt, eine *Sickerzone des Schnees.* In ihr bilden sich in geringer Tiefe unter der Oberfläche Eislinsen und Eiskerne durch Wiedergefrieren des Sickerwassers innerhalb des hier unterhalb der Druckschmelztemperatur befindlichen Schnees. Wo endlich innerhalb des sich setzenden bzw. zusammensinternden Schnees allgemein der Druckschmelzpunkt erreicht wird, da geht die Sickerzone des Schnees in die *Naßschneezone* über. In ihr kann Sickerwasser in größere Tiefen absinken, kann diese mit Wasser sättigen. Danach wäre die Naßschneezone eine Sättigungszone des Schnees. Ihre in der Natur undeutliche Grenze gegen die Sickerzone wird als Sättigungslinie bezeichnet.

In der Naßschneezone werden aus den einzelnen Eislinsen der Sickerzone des Schnees mehr und mehr zusammenhängende, aus wiedergefrorenem Schmelzwasser hervorgegangene Eismassen. Zum Unterschied von dem durch Setzen und Sintern der Schneekristalle entstandenen Gletschereis bezeichnet man dies *Schmelzwassereis der Gletscher* auch als *superimposed ice.* Körniges Gefüge haben jedoch beide Arten des Gletschereises. Dieses ist daher stets von dem in Säulen, d. h. stengelig, senkrecht zur Abkühlungsfläche wachsenden Fluß- oder See-Eis zu unterscheiden.

Entsprechend dem Vorhergehenden vollzieht sich die Umwandlung von Schnee in Gletschereis unter verschiedenen Klimabedingungen sehr verschieden schnell und in recht verschiedenen Gletschertiefen. In der Naßschneezone des Upper Seward Gletschers im extrem ozeanischen Klima der St. Elias Range,

Alaska fand R. P. Sharp (1951) eine Eisdichte von 0,85 schon bei nur 13 m Tiefe und bei einer Umwandlungszeit von Schnee zu Eis von nur 3 bis 5 Jahren. In der Sickerwasserzone des Schnees scheint die entsprechende Tiefe nach W. S. B. Paterson (1969) um 35 bis 75 m zu betragen. Nach C. C. Langway (1968) ergab sich der gleiche Verdichtungswert im hochpolaren und niederschlagsarmen Nordwestgrönland erst bei 80 m Tiefe und nach mehr als hundertjähriger Dauer des Umwandlungsprozesses.

Gesamtgefüge und Bewegung der Gletscher

Von der Einzelkornstruktur und -textur des Gletschereises ist das Gesamtgefüge der Gletscher zu unterscheiden. Es ergibt sich aus der intermittierend erfolgenden Zufuhr des Schnees und aus der Bewegung der Gletscher. R. v. Klebelsberg (1948) unterscheidet *Schichtung, Bänderung* oder *Blätterung* und *Scherung* des Gletschereises.

Eine ursprüngliche Schnee- bzw. Firn- und schließlich Gletschereisschichtung ergibt sich aus dem Wechsel von luftreicheren weißen Winterschichten und durch Schmelzwasserwirkung luftärmeren, blauen Sommerschichten (Foliation). Sie ist z. B. in Gletscherspalten im Firngebiet alpiner Gletscher oft unmittelbar zu erkennen. V. Vareschi (1936) konnte mit Hilfe des Pollengehalts nachweisen, daß zur Hauptsache *primäre Jahresschichtung* vorliegt.

Erleiden schwach geneigte Schichten von Firn durch *Ablation* (Tauen, Verdunsten, Sublimation) an der Oberfläche Substanzverlust, so werden dabei wegen der in der Natur stets von Ort zu Ort etwas unterschiedlichen Schichtmächtigkeiten, und wegen der nicht überall gleich starken Ablation lokal etwas verschiedene Lagen der Firnschichtung bloßgelegt. Diese besitzen als Sommer- und Winterlagen mit mehr oder weniger großer Staubtrübung oder Verharschung verschiedene Farb- bzw. Albedowerte. Daher entstehen auf der Oberfläche unregelmäßige, oft angenähert konzentrische Streifenfiguren. Sie werden als *echte Ogiven* oder *Schichtogiven* bezeichnet.

Im Unterschied von der primären Jahresschichtung des Firns, Firneises und Gletschereises ergeben sich die Blätterung (Bänderung) und die Scherflächen des Gletschereises erst aus einer mehr oder weniger bedeutenden Einwirkung der Bewegung des Gletschers auf die Primärschichtung.

Schon im 18. und frühen 19. Jahrhundert wurde erkannt, daß Gletschereis sich bewegt, daß es also in heutiger Ausdrucksweise durch Schubspannungen Deformationen erleidet. Auf Grund von Beobachtungen über die Geschwindigkeitsverteilung an der Oberfläche einiger einfach gestalteter und verhältnismäßig langsam (ca. 30 bis 150 m im Jahr, ca. 0,1 bis 0,5 m am Tage) sich bewegender Alpengletscher (Rhônegletscher, Vernagtferner, Hintereisferner) hat Sebastian Finsterwalder (1897, 1923/24) unter Zuhilfenahme von Näherungsannahmen über den Massenhaushalt solcher Gletscher eine geometrische oder kinematische Theorie des stationären Gletschers entwickelt (Fig. 95).

Die sogenannte *Schneegrenze*, d. h. eine gedachte Grenzfläche im Raum, oberhalb deren in einem Gelände im langjährigen Mittel mehr Akkumulation von

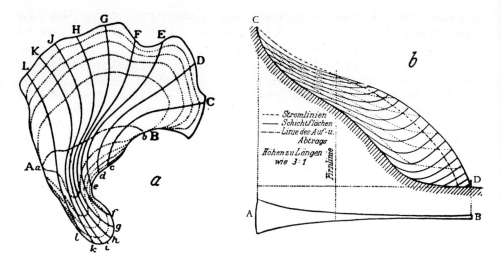

Fig. 95a und b. Geometrische Theorie des stationären Gletschers am Beispiel des Vernagtferners (nach S. Finsterwalder, 1897).

a   Einteilung der Gletscheroberfläche in Bezirke gleicher Ergiebigkeit des Auf- und Abtrags.

Aa−bB ist die *Schneegrenze, Firnlinie.* Die *Auftragsbereiche* zwischen den Linien mit großen Buchstaben oberhalb der Schneegrenze entsprechen den unterhalb gelegenen *Abtragsbereichen* mit den gleichnamigen kleinen Buchstaben. Der erste Auftragsbereich oberhalb der Schneegrenze entspricht dem ersten Abtragsbereich unterhalb usf. Je kleiner ein abgegrenzter Bereich in der Figur ist, um so größer ist seine Ergiebigkeit hinsichtlich Auf- bzw. Abtrag, nämlich Auftrag am größten auf den obersten Teilen, Abtrag am größten auf den untersten Teilen des Gletschers.

b   Erscheinungen im Längsschnitt unter der Annahme, daß Abschmelzung am Gletscherboden vernachlässigt werden kann.

Die Zeichnung berücksichtigt, daß das Nährgebiet (Firnfeld) bei diesem Gebirgsgletscher vielmals breiter ist als das Zehrgebiet (die Zunge). (Unten der Grundriß einer mittleren Längslamelle des Gletschers). Die *Stromlinie eines Eiskorns* (gestrichelt), sinkt, je höher auf dem Gletscher es gebildet wurde, um so tiefer in den Gletscher ein und tritt daher auch um so tiefer unten aus dem Gletscher wieder heraus. Ein nahe oberhalb der Schneegrenze gebildetes Eiskorn kommt dicht unterhalb der Schneegrenze schon wieder zur Ablation (Punkt-Strich-Linie).

Der *Zuwachs an Firn* ist in der Höhe am größten, wird an der Schneegrenze null und wird gegen das untere Gletscherende durch immer größere *Ablation* ersetzt.

Schichten des Firns entstehen daher nur oberhalb der Schneegrenze. Jede Firnschicht hat ihre größte Dicke in ihrem höchsten Teil. Durch die Eisbewegung wird bewirkt, daß im idealen stationären Gletscher jede Firnschicht bzw. Eisschicht von der Schneegrenze an abwärts von ihrem unteren Ende an zunehmend aufgezehrt wird. Am Zungenende des Gletschers treten mit steiler Stellung diejenigen Teile der Schichten aus dem Gletscher, die ihm einst in der höchsten Region zugewachsen sind. Vgl. die Schichtflächen (ausgezogene Linien).

Schnee als Ablation stattfindet, während unterhalb von ihr das Umgekehrte der Fall ist, scheidet auf einer Gletscheroberfläche das *Nährgebiet* vom *Zehrgebiet* des Gletschers. (Näheres S. 426 ff.)

Ein im Nährgebiet dicht oberhalb der Schneegrenze auf den Gletscher gefallenes Schneeteilchen muß hiernach dicht unterhalb der Schneegrenze in der Gefällsrichtung wieder austauen. Ein im obersten Nährgebiet dem Gletscher eingefügtes Teilchen wandert dagegen, indem es tiefer und tiefer von den neu entstehenden Schnee- bzw. Eislagen zugedeckt wird, nach abwärts durch den

Gletscher, um an dessen Unterfläche zur Abschmelzung zu kommen. Die zwischen dem obersten und dem schneegrenznahen Bereich auf das Nährgebiet fallenden Schneemassen sind es, die nach ihrer Einbettung in den Gletscher unterhalb der Schneegrenze im Zehrgebiet zur Hauptsache wieder die Gletscheroberfläche erreichen und dort austauen. Die Bahnen des einzelnen Eiskorns verlaufen also nicht parallel zur Gletscheroberfläche, sondern sie treten oberhalb der Schneegrenze in den Gletscher ein und kommen unterhalb wieder heraus, jedoch so, daß der am höchsten in den Gletscher eingetretene Teil von ihnen, bei Finsterwalders Beispiel etwa $^1/_4$ bis $^1/_5$ der Gesamtmasse, den Austritt an der Unterseite des Gletschers vollzieht (Fig. 95 a und b). Eine gute Annäherung an die Überlegungen von S. Finsterwalder ergab sich bei Messungen der Oberflächengeschwindigkeit und des Eisalters an Zungen nordamerikanischer Gletscher (M. F. Meier u. W. V. Tangborn, 1965; R. P. Sharp u. S. Epstein, 1958).

C. Somigliana (1931) und Max Lagally (1930, 1933) haben diese Vorstellung zu einer Theorie der Gletscherbewegung ausgebaut unter der Annahme, daß das Gletschereis sich wie eine viskose (zähflüssige) laminar fließende Masse verhält. Diese Theorie vermag zwar die Geschwindigkeitsverteilung an der Oberfläche solcher Gletscher ziemlich gut zu beschreiben. Sie macht auch einleuchtend, daß die Bewegungsbahn eines Schneeteilchens, das im oberen Teil des Gletschers auf dessen Oberfläche gefallen ist, infolge von Überdeckung durch weiteren Schnee zunächst ins Innere des Gletschers führen muß, um im unteren Teil des Gletschers durch Austauen wieder an die Oberfläche zu gelangen. Dagegen widerspricht diese Theorie in ihren Konsequenzen, wie weiter unten auszuführen sein wird, sehr deutlich den Feststellungen, die ein kritischer Beobachter hinsichtlich der regionalen Verteilung von Stellen offensichtlich besonders starker oder weniger starker glazialer Erosion in einem einst von Gletschern bedeckten Felsgelände immer wieder machen muß.

In neuerer Zeit ist, namentlich durch die Gletscherforschungen im Himalaya und Karakorum sowie auf Spitzbergen (R. Finsterwalder, 1937, W. Pillewizer, 1956, 1957, F. Wilhelm, 1961, 1963, U. Voigt, 1965) ein anderer, vom Randgebiet des grönländischen Inlandeises schon seit längerem bekannter Bewegungstyp der Gletscher schärfer erfaßt worden. Bei ihm gibt es keine oder nur geringe Abnahme der Oberflächengeschwindigkeit des Eises von der Gletschermitte gegen die seitlichen Gletscherränder. Außerdem ist die Geschwindigkeit der Bewegung bei solchen Gletschern wesentlich größer als bei den nach Art der zähen Flüssigkeit bewegten. Sie beträgt bei Himalayagletschern zwischen etwa 500 bis 1500 m im Jahr, d. h. 2 bis 4 m pro Tag. Im Randgebiet des grönländischen Inlandeises sind Geschwindigkeiten von 3 bis 10 km pro Jahr, d. h. 10 bis 30 m pro Tag, beobachtet worden.

Die Bewegung solcher Gletscher ist von R. Finsterwalder als *Blockschollenbewegung* bezeichnet worden und vollzieht sich mit Hilfe von Druckverflüssigung an der Sohle des Eises (vgl. d. 420ff., Fig. 96). Sie stellt sich anscheinend ein, wenn durch starke Ernährung des Gletschers ein rascher Abfluß der erzeugten Eismassen erzwungen wird.

Da bei dieser Bewegungsform das Eis am Grunde des Gletschers mit fast der gleichen Geschwindigkeit, wie sie an der Oberfläche herrscht, über den

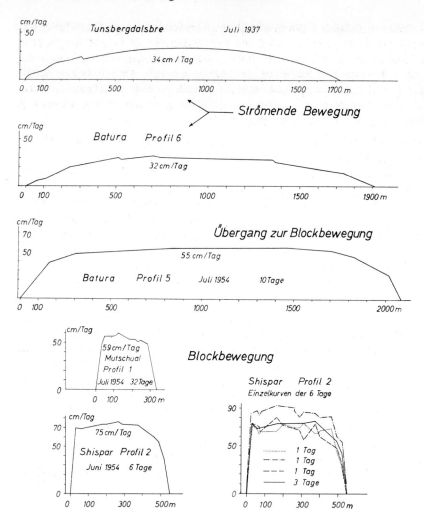

Fig. 96. Sechs Bewegungsdiagramme von Gletschern (Nach W. Pillewizer, 1957, Taf. 12).

Auf der Abszissenachse die Profillänge in Metern, auf der Ordinate für jeden Punkt des Profils das Maß der täglichen Bewegung in Zentimetern. Die allmähliche Geschwindigkeitszunahme vom Rand nach der Mitte in den Profilen des Tunsbergdalsbre in Südnorwegen und des Profils 6 des Batura-Gletschers (NW Karakorum) kennzeichnen eine *quasilaminare Fließbewegung*. Im Profil 5 des Batura-Gletschers deutet sich mit der starken Geschwindigkeitszunahme nahe dem Gletscherrand der *Übergang zur Blockbewegung* an. In den Profilen des Mutschual- und des Shispar-Gletschers (gleichfalls aus dem NW Karakorum) vollzieht sich die Geschwindigkeitszunahme am Rande geradezu sprungartig, wie es für die *voll entwickelte Blockbewegung* charakteristisch ist. Sie ist beim Shispar-Gletscher nicht nur in der Mittelbildung über 6 Tage ausgeprägt, sondern auch in den Kurven für die einzelnen Tage.

Untergrund gleiten muß, sind bei dieser Bewegungsform weit größere Reibungswirkungen auf den Untergrund zu erwarten als bei der zähflüssigen Bewegung der
langsamen Gletscher (S. 466ff.). Weitere wichtige Arbeiten zur Physik der
Gletscher im Literaturverzeichnis unter Gletscherkunde, insbesondere H. W.
Ahlmann, 1935; M. Demorest, 1943; E. v. Drygalski, 1938; R. Koechlin, 1944;
E. Orowan, 1949; M. F. Perutz, 1939; G. Seligman, 1947; R. Streiff-Becker,
1938; B. Weinberg, 1907; P. Woldstedt, 1952).

Die Blockschollenbewegung müßte hiernach mehr der zum Denkmodell der
viskosen Flüssigkeit extrem entgegengesetzten Vorstellung einer Strömung aus
elastischen Festkörperteilen entsprechen. Tatsächlich haben viele Laboratoriumsversuche seit den späten vierziger Jahren gezeigt, daß das Verhalten von
Gletschereis gegenüber den tatsächlich auftretenden Druck- und Schubkräften
weder als viskos noch als elastisch, sondern eher als „strukturviskos" bzw.
plastisch anzusehen ist. Deutlicher, Gletschereis ist in der Richtung von
langwirkenden Schubspannungen bleibend verformbar. Sofern hierbei eine
Grenzschubspannung überschritten wird, nimmt die Verformung stark zu, jedoch
nur in Richtung dieser gesteigerten Schubspannung, nicht dagegen räumlich
rechtwinklig zu dieser (vgl. auch S. 422ff.).

Dabei nähert sich nach Untersuchungen von J. W. Glen (1952, 1958) das
Verhalten langsam fließender, temperierter Gletscher (Eistemperaturen über $-2°$
mehr dem laminaren Strömen einer viskosen Flüssigkeit. Rasch fließende
Gletscher allgemein und langsam fließende Gletscher, wenn sie tiefe Temperaturen aufweisen, bewegen sich mehr wie Massen, die aus angenähert elastischen
Teilstücken bestehen (Blockschollenbewegung). Bei dieser Bewegungsart ist ein
Gleiten des Gletschers über seinen Untergrund durch H. Carol (1947), R. Haefeli
(1958), J. G. McCall (1952), B. Kamb und E. La Chapelle (1964) unmittelbar
beobachtet worden. J. Weertman (1957, 1964) führt in Übereinstimmung mit den
vorliegenden Beobachtungen diese Gleitvorgänge auf Gleiten infolge von Druckverflüssigung des Eises und auf Anwachsen von Spannungen vor im Untergrund
des Eises vorhandenen Hindernissen zurück.

Ergänzendes zur Gletscherbewegung

Die Gletscherbewegung wird in der Natur dadurch weiter kompliziert, daß
sowohl in langsamen wie in schnell fließenden Gletschern die Teilchenbewegung
keineswegs nur auf annähernd der Hauptströmungsrichtung parallelen Bahnen
erfolgt. Vielmehr sind stets auch Bewegungskomponenten vertikal und quer zur
Hauptbewegungsrichtung vorhanden.

Die vertikale Bewegungskomponente ist im oberen Teil des Gletschers wegen
der dort vorherrschenden Schneezufuhr überwiegend nach abwärts gerichtet
(Submergenz), im unteren Teil wegen der dort herrschenden Ablation
überwiegend nach aufwärts (Emergenz). Seitliche Bewegungskomponenten
werden durch die Form des Gletscherbettes bzw. Gletscheruntergrundes, aber
auch z. B. durch ungleichen seitlichen Zufluß von Tributärgletschern hervorgerufen. Außerdem fallen, wie schon 1938 W. Pillewizer beobachtet hat, und wie

J. Weertman, B. Kamb und E. La Chapelle, F. Wilhelm (1961) und G. R. Elliston (1973) näher gezeigt haben, Zeiten warmer Witterung wegen ihrer verstärkten Schmelzwasserbildung mit Perioden merklich erhöhter Gletschergeschwindigkeit zusammen.

Die oft von Jahr zu Jahr und außerdem im oberen und unteren Bereich von Gletschern recht unterschiedlichen Beträge von Schneezufuhr und Ablation modifizieren die Bewegungsvorgänge noch weiter. Sie wirken sich in Stauchungs- und Streckungserscheinungen innerhalb des Gletschers aus. Um sie näher erfassen zu können, sind Geschwindigkeitsgradienten auf Gletscheroberflächen ermittelt worden (B. M. Gunn, 1964; M. F. Meier u. W. V. Tangborn, 1965).

Im ganzen zeigt sich, daß die dem Oberflächengefälle folgende Komponente der Fließgeschwindigkeit im obersten Bereich von Gletschern am geringsten ist. Dies ist verständlich, weil dort sowohl die Innentemperatur des Gletschers am niedrigsten, die Strukturviskosität also am höchsten, als auch infolge der Schnee- zufuhr die vertikal nach unten gerichtete Bewegungskomponente am größten, meist sogar auch der Querschnitt quer zur Eisbewegung am größten ist.

Weiter abwärts pflegen sich im Gebirgsrelief die Querschnitte des Gletschers zu verengen. Die Gesamtmasse des Gletschers nimmt aber, solange im lang- jährigen Mittel die Schneezufuhr die Ablation überwiegt, noch zu. Daraus wird verständlich, daß nach abwärts meist eine Zunahme der Oberflächengeschwindig- keit auf Gletschern zu verzeichnen ist. Sie hält an bis zur mittleren Gleichgewichts- grenze des Massenhaushalts des Gletschers, jenseits deren langfristig die Ablation die Schnee- und Eiszufuhr übertrifft. Jenseits dieser Linie ist oft eine Abnahme der Fließgeschwindigkeit zu verzeichnen. Doch wird diese nicht null, solange das Gletscherende stationär, d. h. in der gleichen Gestalt an der gleichen Stelle bleibt. Denn da am Gletscherende die Ablation den Massenzuwachs des Gletschers deutlich überwiegt, würde ein Bewegungsloswerden des Gletschers dort sofort zu einem Zurückschmelzen führen.

Die angedeuteten Regeln über die Geschwindigkeitsverteilung der Eisbewegung an der Gletscheroberfläche werden durch Hindernisse am Eisuntergrund und durch sonstige Unregelmäßigkeiten des Gletscherquerschnitts mehr oder weniger stark modifiziert. Sie gelten nicht für fladenförmige Plateaugletscher, weil bei diesen die Eisbewegung vom Zentrum der Bewegung aus divergiert, so daß die bei Talgletschern stromab überwiegend eintretende Verengung des Bewegungs- querschnitts bei ihnen gewöhnlich nicht vorhanden ist.

Die Regeln gelten auch nicht für viele Gletscher, die ins Meer ausmünden (kalben). Bei ihnen ist, unabhängig davon ob sie aufschwimmen oder noch dem Meeresboden aufsitzen, oft eine Zunahme der Eisgeschwindigkeit im untersten Teil des Gletschers zu verzeichnen. Diese mag durch den hydrostatischen Auftrieb des im Wasser befindlichen Gletscherteils oder bei den niedrig temperierten polaren Gletschern durch erhöhte Beweglichkeit des untersten Teils des Gletschers infolge der Wärmezufuhr aus dem Meerwasser hervorgerufen werden. Oder sie kann auch lediglich ein Ausdruck jahreszeitlicher Temperatur- änderungen im untersten Teil des Gletschers infolge der mehr oder weniger großen Mengen der entstehenden Schmelzwässer sein (H. W. Ahlman, 1935; W. Pillewizer, 1938; F. Wilhelm, 1961, 1963; U. Voigt, 1966).

Es gibt endlich vereinzelt auftretende oder auf Teile eines größeren Gletschers beschränkte plötzliche Eisvorstöße, die in wenigen Monaten mehrere Kilometer betragen. Ein berühmtes Beispiel bildet der Moreno- oder Bismarck-Gletscher in den südlichen Patagonischen Anden, der bei seinen Vorstößen Teile des Lago Argentino abschnürt. Man spricht, um die Wirkung zu verdeutlichen, von katastrophalen Gletschervorstößen. Im Englischen nennt man sie glacier-surges, wörtlich Gletscherwogen, worin eine gewisse Verwandtschaft mit Translationswellen (wie z. B. den Brandungswellen, vgl. Kap. III K) ausgedrückt wird. Wegen der sehr großen inneren Reibung des Gletschereises kann diese Verwandtschaft allerdings nur entfernt sein. Seismische, gletscherthermische und in Schwankungen des Massenhaushalts der Gletscher liegende Ursachen werden zur Erklärung der plötzlichen örtlichen Gletschervorstöße erörtert. Eine allgemein befriedigende Deutung steht aber noch aus.

In diesem Zusammenhang ist darauf hinzuweisen, daß auf Gletschern wiederholt Schwellungen beobachtet worden sind, welche mit einem Mehrfachen (nach J. Weertman drei bis achtfachen) der Strömungsgeschwindigkeit des Eises in dessen Strömungsrichtung nach abwärts wandern. Es handelt sich um sogenannte *kinematische* (nicht dynamische) *Wellen*, bei denen ein Gestaltungsmerkmal der Eisoberfläche sich schneller als das Eis selbst stromab bewegt. Die meisten Bearbeiter, besonders R. Streiff-Becker (1952), R. Haefeli (1951, 1958), J. Weertman (1958), J. F. Nye (1958), W. Campell und L. Rasmussen (1970) nehmen Druckänderungen im Eise als Folge von Schwankungen des allgemeinen Massenhaushalts der betreffenden Gletscher, im Einzelnen auch zeitliche Schwankungen der Ablation und damit der Schmelzwasserbildung als Ursache der kinematischen Wellen der Eisoberfläche an. Es liegt nahe, in den kinematischen Wellen auch Möglichkeiten für die Erklärung örtlicher katastrophaler Gletschervorstöße zu sehen.

Besondere Bewegungsverhältnisse weisen die großen Inlandeisschilde und Schelfeise (Ice-shelf) der Polargebiete auf. Obwohl die Meßbeobachtungen wegen der außergewöhnlichen Schwierigkeiten, die die Umwelt der Forschung dort bereitet, noch weitmaschig sind, lassen sich einige Fakten bereits erkennen. Der Vertikalschnitt durch das antarktische Inlandeis auf dem 1100 km langen und von 3500 m Höhe bis zum Meeresspiegel reichenden Profil zwischen Vostok (79° s. Br., 107° ö. L.) und Mirny (66° s. Br., 93° ö. L.) hat nach den Aufnahmen von S. S. Vialov sehr angenähert die Form des Quadranten einer Ellipse mit Halbachsen von 1100 und 3,5 km. Weit weniger gut ist die Anpassung an die Form einer Halbparabel mit den entsprechenden Maßstrecken.

Für die Oberflächengeschwindigkeit der Eisbewegung in den zentralen Inlandeisbereichen liegen bisher erst stark voneinander abweichende Messungen auf Grund unterschiedlicher Meßverfahren vor. Diese Abweichungen sind möglicherweise (L. Lliboutry, 1969) dadurch zu erklären, daß den mittleren Bereichen des Inlandeises mit ihrer überwiegend recht langsamen Eisbewegung hier und da stromartige Züge stärkerer Bewegung eingebettet sind. Nach Berechnungen der

Eisbewegung für stationäre, im dynamischen Gleichgewicht befindliche Inlandeiskörper auf der Grundlage der bisherigen Daten über die Form, Temperatur-
und Druckverhältnisse und den Massenhaushalt ergeben sich nach W. S. B.
Paterson (1969) und nach P. A. Schumskii (1970) für Eisschilde von 1000 bzw.
2000 km langem halbem Durchmesser zwischen dem Zentrum und drei Vierteln
der Entfernung zum Rand Geschwindigkeitswerte zwischen wenigen Metern und
etwa 30 bis 40 m im Jahr. Gegen den Rand hin können den Rechnungen nach
Mittelwerte zwischen 100 und etwa 500 bis 600 m im Jahr erreicht werden, doch
treten nahe den Inlandeisrändern örtlich auch mit unbestimmter Umgrenzung aus
dem Inlandeisbereich kommend und zum Rande hin gerichtet, sehr viel rascher
sich bewegende Strömungen des Eises auf. Sie werden als *Auslaßgletscher*
bezeichnet.

Eine besondere Schwierigkeit bei der Berechnung der Bewegungen des
Inlandeises besteht darin, daß Inlandeise hochpolare, d. h. ununterbrochen sehr
kalte Gletscher sind, deren Innentemperatur jedoch nach der Tiefe zunimmt. Dies
muß einerseits infolge des schwachen aus dem Erdinneren kommenden Wärme-
stroms, andererseits wegen der inneren Reibung der Bewegungen im Eiskörper
der Fall sein, die besonders in der Tiefe unter hohem Druck erfolgen. Die
Temperaturzunahme nach der Tiefe bewirkt wegen der Temperaturabhängigkeit
der Plastizität des Eises, daß die Zone größter Beweglichkeit in den Inlandeisen
nahe über dem Untergrund anzunehmen ist. Zahlenmäßig ist der Einfluß dieses
Sachverhalts auf die Geschwindigkeitsverteilung in einem Inlandeiskörper bzw.
auf die Größe des nennenswert betroffenen Anteils des Gesamtkörpers vorläufig
wohl nicht näher anzugeben, sondern nur mit Ungefährwerten in die Rechnung
einzusetzen.

Größenunterschiede der Eisbewegung in stationären Inlandeisen bei dynami-
schem Gleichgewicht müssen sich sowohl bei verschiedenen Niederschlags- und
Ablationsverhältnissen als auch bei verschiedener Durchmessergröße der
Eiskörper ergeben. Denn je breiter der Eiskörper ist, um so höher muß sein
Zentrum emporwachsen, um ein für Eisbewegung zum Rande hin ausreichendes
Oberflächengefälle zu erlangen. Dieses Emporwachsen wird bei stationären
Verhältnissen durch ein Gleichgewicht zwischen den herrschenden, die Eis-
oberfläche erhöhenden Schneeniederschlägen einerseits und der herrschenden
Ablation samt der infolge des Abströmens von Eis eintretenden Erniedrigung des
Eiskörpers andererseits bestimmt.

Bemerkenswert für die Langfristigkeit des Entstehens und naturgemäß auch
des Wiedervergehens von polaren Inlandeisen ist die Schlußfolgerung, daß nach
den Zahlen von Paterson und Schumskii ein Eispartikel eines vom Zentrum bis
zum Rande 1000 km breiten Inlandeises rund 45 000 Jahre benötigen würden, um
die ersten 300 km vom Zentrum in Richtung auf den Rand zurückzulegen. Für
die Überwindung der weiteren 700 km bis zum Rand wären trotz der
zunehmenden Eisgeschwindigkeit immer noch mehr als zwei Jahrzehntausende
nötig. Das antarktische Inlandeis ist aber von seinem Scheitel bis zum Rande
sogar 1200 bis 1500 km breit.

Eine nicht zu vernachlässigende Erscheinungsform des Gletschereises bilden
die *Schelfeise* (O. Nordenskiöld, 1909, F. Loewe, 1970). Entsprechend der 1955

international vorgeschlagenen und in Aufnahme gekommenen Wortform *ice-shelf,* sollte man jedoch, um Mißverständnisse zu vermeiden, im Deutschen die Bezeichnung *Eisschelf* verwenden, obwohl der ältere Ausdruck sprachlich richtiger ist. Eisschelfe sind schwimmende oder nur hier und da dem Untergrund aufsitzende Decken aus Gletschereis von ansehnlicher Dicke (gewöhnlich zwischen etwa 200 und 700 m). Nur an der Unterseite ist geringfügig auch gefrorenes Meerwasser beteiligt. Die Eisschelfe grenzen mindestens teilweise an gletscherbedeckte Küsten. Von diesen erhalten sie Zustrom an Gletschereis. Neubildung von Firn und Gletschereis findet aber wahrscheinlich zur Hauptsache auf ihrer Oberfläche durch Umwandlung des dort fallenden Schnees statt. Die größten Eisschelfe sind der Ross Eisschelf (530 000 km²) und der Filchner Eisschelf (400 000 km²) am Rand von Antarktika, kleinere sind anderen Teilen seiner Küste vorgelagert. In der Arktis gibt es kleine Eisschelfe am Saum von Nordgrönland und Ellesmereland.

Nach allem stellt sich die Gletscherbewegung als Gesamteffekt verwickelt differenzierter Einzelbewegungen innerhalb des Gletschers dar, die sich aus dem strukturviskosen Verhalten des Gletschereises ergeben. Dieses ist hierbei in hohem Grade von der Eistemperatur und von der Größe der wirkenden Schubspannungen abhängig. Schwache und starke innere Deformation der Eismasse, bruchlose Faltung und offene, geschlossene sowie wiederverheilte Brüche und Scherflächen, langsames und vergleichsweise schnelles Gleiten am Untergrund sind gewöhnliche Erscheinungen.

Aus alledem werden über die primäre Firnschichtung hinaus auch die komplizierten Strukturen bzw. Texturen des Eises verständlich, die in Gletschern vorkommen, insbesondere die Bänderung oder Blätterung und die Scherflächen im Eise.

An Stellen, an denen der Gletscher sich stark oder unter Beengung bewegt, treten oft schräg oder steilstehende Parallel-Lagen von luftarmem, blaugrünem und von luftreichem, hellem Eis entgegen. Ihre Streichrichtung entspricht meist der Bewegungsrichtung des Eises. Gewöhnlich stehen sie am Seitenrand von Gletschern steil und werden besonders in einfach gestalteten Gletschern gegen die Mitte flacher geneigt. Die Strukturen können aber auch gefaltet, wirbelartig oder sehr unregelmäßig sein. Man spricht von Bänderung oder Blätterung des Eises und nennt die luftarmen Lagen Blaublätter, die luftreichen Weißblätter. V. Vareschi (1936) hat auf Grund des Pollengehaltes zeigen können, daß auch die Blätterung mindestens teilweise auf die ursprüngliche Firnschichtung zurückgeht. Auch die vorher erwähnten Lagerungsverhältnisse der Blätterung in einfach gestalteten Gletschern sprechen dafür, daß zwischen der Firnschichtung und der Blätterung der Gletscher durch die Eisbewegung bedingte Übergänge bestehen.

Da es aber z. B. unterhalb von Gletscherbrüchen in großem Ausmaß zum Wiederverwachsen von Eistrümmern kommt, zur Bildung *regenerierter Gletscher,* so kann annähernd paralleles Eisgefüge z. B. auch durch Verheilen von Bruchflächen hervorgerufen werden. Wegen der unterschiedlichen Schmelzanfälligkeit der Weißblätter und der Blaublätter gibt es im Ablationsbereich steil stehender Blätterung manchmal ein Kleinrelief von Furchen und Rippen mit u. U. bis zu mehreren Dezimeter Vertikalunterschieden. Man nennt sie *Reidsche Kämme* oder *Bänderogiven.*

Endlich weisen Gletscher als Strukturmerkmale meist auch deutliche Scherflächen auf. Viele von diesen fallen an den seitlichen Rändern und am unteren Rand der Gletscher mehr oder weniger steil oder schräg gegen das Innere der Eismassen ein und treten fast immer zu mehreren bis vielen parallel geschart auf. Man kann sie deswegen als Serien-Scherflächen bezeichnen. Sie sind als Trennfugen aufzufassen, die sich bei der Gletscherbewegung als Folge der erhöhten Bodenreibung und Randreibung der jeweils bodennäheren Eispartien ausbilden.

An diesen *Serien-Scherflächen* rückt stets das oben liegende Eis etwas über das darunter liegende vor, gewöhnlich um Millimeter- bis Zentimeter-Beträge, manchmal auch mehr. Am Ende des Aletschgletschers ist Bewegung bis zu 1 cm/Tag (G. Seligmann, 1943), am grönländischen Inlandeis bis 1 m/Tag (L. P. Koch u. A. Wegener, 1930) gemessen worden. An den Scherflächen tritt oft in etwas erhöhtem Maße Staub und Feinschutt an die Gletscheroberfläche. So entstehen *Scherflächenogiven.*

Außer den Serien-Scherflächen gibt es meist auch mehr oder weniger bedeutende *Einzel-Scherflächen.* Diese durchsetzen die Eismasse oft unabhängig von der Gesamtform des Gletschers, von seiner Blätterung oder Firnschichtung. Oft zeigt das Austreten größerer Mengen von Schlamm und Schutt dort, wo Einzel-Scherflächen an die Gletscheroberfläche kommen, daß die betreffende Scherfläche bis in größere Tiefe reicht. Manchmal sind Anzeichen des nebeneinander Hergleitens, der Aufschiebung oder der Überschiebung verschiedener Teilgletscher oder verschiedener Teile eines Gletschers auf bzw. übereinander an größeren Einzel-Scherflächen zu erkennen.

(Ausführlicheres über Gesamtgefüge und Bewegung der Gletscher in F. Wilhelm, 1975, S. 140–144 u. 156–180, 285 f., 199 f.)

Schneegrenze, Gleichgewichtsgrenze des Gletscherhaushalts, Firnlinie

Damit ein Gletscher entsteht, ist nach dem vorher Gesagten nötig, daß an einer Stelle der Erdoberfläche im Laufe langer Jahre immer mehr Schnee fällt oder angehäuft wird, als an Ort und Stelle abschmelzen, verdunsten (sublimieren) und durch Wind abgetragen werden kann *(Ablation).* Nur so bildet sich durch allmähliche Summierung des nicht geschmolzenen oder verdunsteten Schnees eine Mächtigkeit des Altschnees und Firns, die ausreicht, um in den unteren Lagen durch weitergehende Umwandlung des Schnees Gletschereis zu erzeugen. Nur so ergibt sich ein *Gletscherentstehungsgebiet.* Andererseits verhindert die Plastizität des Eises ein unentwegtes Dickenwachstum des Gletschers in einem solchen Gebiet. Bei einer gewissen von der Temperatur des Eises und von der allgemeinen Böschung abhängigen Eisdicke beginnt das Eis zu fließen, wobei es sich um so starrer erweist, je kälter es ist. Doch scheinen auch in den kältesten Gebieten der Erde Eisfladen von wesentlich mehr als 3000 m bis 4000 m Dicke ohne Stau durch Gebirge nicht bestehen zu können, weil in diesem Falle das

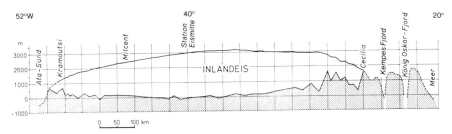

Fig. 97. Profil durch das grönländische Inlandeis über die Station Eismitte nach seismischen Messungen, 40fach überhöht. (Nach A. Bauer, 1952). (Aus R. Brinkmann, Lehrbuch der Allgemeinen Geologie, Bd. I, Enke-Verlag, Stuttgart 1974, S. 235)

Abfließen bzw. Auseinanderfließen zu kräftig wird. Die großen Inlandeiskörper von Antarktika und Grönland beweisen dies. Derartige Eiskörper vermögen auch, wie das Vorkommen erratischer Geschiebe (S. 436) auf großen Höhen in den von eiszeitlicher Inlandeisbedeckung frei gewordenen Gebieten beweist, sehr bedeutende Gegenböschungen des unter ihnen begrabenen Reliefs zu überströmen, wenn die Oberflächenböschung des Eises es verlangt (vgl. Fig. 73).

Das Vorhandensein von manchmal komplizierten Deformationsspuren in Gletschern mit unebenem Untergrund und die Tatsache, daß in Inlandeisen, d. h. in kalten Gletschern von großer Dicke, wegen der in ihnen nach der Tiefe zu erfolgenden Zunahme der Temperatur die Zone größter Beweglichkeit des Eises nahe dem Untergrund liegt, machen dies verständlich (vgl. S. 424).

Das fließende Gletschereis gelangt, da die Bewegung der Oberflächenneigung folgt, im ganzen genommen nach abwärts. Da ein Abwärtssteigen auf der Erde in der Regel in wärmere Gebiete führt, so kommt die Oberfläche des Gletschers bei der Bewegung früher oder später in Gebiete stärkeren Abschmelzens. Ja, der Gletscher *muß* in diese so weit eindringen, bis das Mehr an Ablation dort dem Überschuß an Schneezuwachs im Herkunftsgebiet insgesamt die Waage hält.

Auf Grund dieser Überlegung kann man auf jedem Gletscher ein *Nährgebiet* unterscheiden, in welchem im Mittel langer Jahre immer mehr Schnee hinzukommt als am Orte durch Ablation verschwindet, und ein *Zehrgebiet*, in welchem die Ablation größer ist als der Zuwachs durch örtliche Schneezufuhr. Wo auf der Gletscheroberfläche Schneezufuhr und Ablation sich langfristig die Waage halten, da liegt die *Gleichgewichtsgrenze* des Gletscherhaushalts (Näheres S. 430). Im Nährgebiet eines Gletschers ist praktisch niemals blankes Eis zu sehen, sondern Neuschnee oder Firn, weil dort im großen und ganzen mehr Schnee fällt als abschmilzt. Deswegen wird das so gut wie ständig schneebedeckte Nährgebiet auch als *Firngebiet* oder *Firnfeld* bezeichnet. Seine untere Begrenzung gegen das wenigstens im Hochsommer gewöhnlich schneefrei werdende Zehrgebiet bildet die *Firnlinie*. Sie kann als eine, wenn auch nur ungenaue Annäherung an die Gleichgewichtsgrenze des Gletscherhaushalts angesehen werden. (Näheres S. 430). Schneebedecktes und schneefreies Gelände werden aber auch in nicht vergletscherten Gebieten durch eine mehr oder weniger deutliche Grenze, eine *Schneegrenze* geschieden. Dieser Begriff ist in geeigneter Fassung auch zum Vergleich mit den Existenzverhältnissen benachbarter Gletscher von Nutzen, namentlich auch von solchen, die inzwischen längst verschwunden oder stark geschrumpft sind. (Vgl. das Folgende).

Präzisierungen des Schneegrenzbegriffs

Zur genaueren Kennzeichnung der Schneebedeckung von nicht vergletschertem Gelände und zu einer indirekten Unterscheidung von Nährgebiet und Zehrgebiet der Gletscher sind gewisse Präzisierungen des *Schneegrenzbegriffs*[30] erforderlich. Da sie für das Verständnis wichtiger geomorphologischer Erscheinungen von Bedeutung sind, werden sie hier kurz angeführt. Es handelt sich um folgendes:

1. Die *Temporäre Schneegrenze.* Sie ist die unmittelbar sichtbare Grenze der überwiegend schneebedeckten Flächen eines Geländes gegen die überwiegend schneefreien (aperen). Diese Grenze liegt in Klimaten mit ausgesprochen thermischen oder hygrischen Jahreszeiten jahreszeitlich recht verschieden hoch.

2. Die *Dauerschneegrenze.* Sie wird gewöhnlich einerseits mit einer zusätzlichen Erläuterung, andererseits unter Weglassung der wichtigen Kennzeichnung „Dauer" als *reale Schneegrenze* oder als *orographische Schneegrenze* bezeichnet, während man eigentlich von *realer Dauerschneegrenze* oder *orographischer Dauerschneegrenze* sprechen sollte. Diese reale (Dauer) Schneegrenze entspricht dem langjährigen Mittelwert der örtlichen jährlichen Maxima der Höhenlage der temporären Schneegrenze. Demgemäß ist sie nicht kurzfristig unmittelbar zu beobachten. Ihre Lage kann vielmehr durch einfache Beobachtung nur auf Grund von Folgeerscheinungen, die sie hervorruft, näherungsweise erschlossen werden. Die Höhenlage der realen (Dauer) Schneegrenze muß angenähert der Grenze zwischen den perennierenden und den nur jahreszeitlich ausgebildeten Schneeflecken eines Gebietes entsprechen. Sie entspricht ebenso dem langjährigen Mittel der Gleichgewichtsgrenze des Massenhaushalts[30] zwischen Nährgebiet und Zehrgebiet jedes Gletschers und läßt sich daher für kleine Gletscher ohne großen

---

[30] In der Glaziologie und für eine Dezennien-Klimatologie muß man naturgemäß versuchen, unmittelbare Massenhaushaltsbestimmungen von Gletschern aufgrund möglichst exakter Messungen der Masseneinnahme und -ausgabe selbst zu gewinnen. Solche Messungen können für einzelne Gletscher durchgeführt werden. Sie sind jeweils für den Beobachtungszeitraum und zwar im Rahmen der darin aufgetretenen Schwankungen der gemessenen Größen und außerdem für orographisch ähnliche Gletscher auch von allgemeinerer Gültigkeit.

Die Geomorphologie dagegen benötigt zum Verständnis der reliefgestaltenden Gletscher*wirkungen* großräumige und großsäkulare Vergleichsvorstellungen über Gletscher, die gegenwärtig nicht mehr oder in total veränderten Größenmaßen existieren. Sie ist daher gezwungen, nach anderen, gewiß mit größerem Unsicherheitsspielraum behafteten, aber dennoch folgerichtigen Vorstellungen zur angenäherten Kennzeichnung von Zustand und Wirksamkeit der nicht mehr existierenden Gletscher zu suchen. Dazu eignet sich die Vorstellung von einer jeweiligen räumlichen Fläche, von welcher je nach den besonderen lokalen Gegebenheiten die reale Gleichgewichtsfläche des Massenhaushalts bestimmter Gletscher möglichst wenig und dabei einigermaßen abschätzbar nach oben oder unten abweicht. Es ist wissenschaftsgeschichtlich, aber nicht der genauen Wortbedeutung nach begründet, daß für diese ideale Fläche die Bezeichnung „Klimatische Schneegrenze" und nicht etwa „Großräumliche Vergleichs-Schneegrenze für eine bestimmte Erdepoche" geprägt worden ist.

Fehlerspielraum mit dem Höhenmittel zwischen dem höchsten Punkt des Einzugsgebiets dieses Gletschers und seinem untersten Ende annähern. Wenn im folgenden Text und ohne erläuterndes Beiwort von Schneegrenze gesprochen wird, so ist immer die reale, orographische Dauerschneegrenze gemeint.

3. Die *Regionale (klimatische Vergleichs-)Schneegrenze.* Da die Höhenlage der realen Dauerschneegrenze besonders in Gebirgen von Ort zu Ort schwankt und zwar in den Mittelbreiten oft um weit mehr als 100 m, in den Subtropen zuweilen sogar um viele hundert Meter, so hat schon Ed. Richter (1887) als *klimatische Schneegrenze* eine Vergleichsschneegrenze vorgeschlagen, die unter Absehung von den lokalklimatischen Besonderheiten den großklimatischen Gegebenheiten einer Region entspricht. Man kann ihre Höhenlage definieren als den nicht schematisch, sondern nach Geländegestalt und Exposition gewichtet, bestimmten Mittelwert aller realen Schneegrenzwerte einer Region. Die regionale bzw. die klimatische Schneegrenze ist dann als ein Schneegrenzwert mittlerer orographischer bzw. lokalklimatischer Begünstigung der Schneebewahrung und Gletscherbildung aufzufassen, der für einen entsprechenden Vergleich mit anderen Regionen geeignet ist (H. Louis, 1955, S. 417).

Eine darüber hinaus durch Einzelparameter gekennzeichnete Definition der klimatischen Schneegrenze dürfte kaum möglich sein. Denn tatsächlich beeinflussen die Faktoren: Bestrahlung, Lufttemperatur, schneeiger und nicht-schneeiger Niederschlag, Luftfeuchtigkeit, Windstärke, Windrichtung, jeder von diesen sowohl mit seinem Jahresmittelwert wie mit seinem jahreszeitlichen Verlauf und seinen Extremwerten, ferner die Reliefentwicklung, die Stärke und Richtung der Hangneigung und viele, weniger bedeutende Fakten außerdem, die Höhenlage der Schneegrenze, gleichgültig welche ihrer Begriffsbestimmungen man auch wählt. Die Mehrzahl dieser Parameter kann sogar für sich allein zu einem wesentlich modifizierenden Einflußfaktor werden. Die Richtung in welcher die genannten Faktoren die Höhenlage der Schneegrenze beeinflussen, entspricht im allgemeinen ihrer, die Anhäufung und Bewahrung von Schneemassen fördernden oder benachteiligenden Wirkung, welche aus der Natur dieser Fakten unmittelbar einsichtig wird.

Eine durch Erfahrung immer wieder bestätigte Besonderheit weisen freiliegende *horizontale* Flächen im Gebirge auf. Diese entsprechen nämlich nicht, wie L. Kurowski (1891) bei seinem Vorschlag zur Bestimmung der „klimatischen Schneegrenze" einst irrtümlich angenommen hat, einem Mittelwert der orographischen Beeinflussung zwischen jener der Sonnen- und Schattenlagen und jener der Luv- und Leeseitenlagen der realen Schneegrenze, sondern frei liegende, horizontale Flächen sind im Gebirge wegen der Windverdriftung des Schnees der Anhäufung und Bewahrung von Schnee noch ungünstiger als selbst Hangmulden in Sonnenseitlagen an der Luvseite der schneebringenden Winde (H. Louis, 1933). Trotz dieser nachgewiesenen Extremstellung horizontaler Flächen hinsichtlich der Schneeansammlung im Gebirge hat T. Zingg (1954) seinen Vorschlag zur Bestimmung der klimatischen Schneegrenze erneut auf horizontale Flächen ausgerichtet. Man darf bezweifeln, daß damit ein wirklicher Fortschritt erzielt wurde.

Nach dem vorher Gesagten entsprechen alle genannten Fassungen des Schneegrenzbegriffs weder allgemein einer bestimmten Temperaturgrenze noch bestimmten Strahlungsbilanzen noch einer bestimmten Niederschlagsgrenze oder der Grenze eines anderen registrierbaren Klimaelements. Die Schneegrenze in jeder Fassung ist vielmehr eine klimatische Größe eigener Art, die jeweils vom Zusammenwirken vieler Klimafaktoren mit der Geländefiguration abhängt. Das schließt nicht aus, daß für *beschränkte Gebiete* eine ziemlich gute Übereinstimmung z. B. der Höhe der klimatischen Schneegrenze mit bestimmten Isothermenflächen oder anderen Klimagrößen erkennbar ist (B. Messerli, 1967).

Gleichgewichtsgrenze (Gleichgewichtslinie) des Gletscherhaushalts

Sie wird gewöhnlich als die auf der Gletscheroberfläche verlaufende Grenzlinie zwischen dem Nährgebiet und dem Zehrgebiet des Gletschers verstanden. Da aber Gletscher voluminöse Eiskörper sind, die zum mindesten in auf 0° temperierten Teilen des jeweiligen Zehrgebiets auch von unten her Ablation erfahren, so ist die Gleichgewichtsgrenze umfassender als Grenzfläche aufzufassen, welche den Massenüberschuß empfangenden Volumanteil des Gletscherkörpers von dem Massenverlust erleidenden trennt. Allerdings ist die genaue Lage dieser Grenzfläche des Massenhaushalts im Gletscherkörper nur näherungsweise zu bestimmen. Denn die Linie, an welcher die Gleichgewichtsgrenzfläche an der Unterseite des Gletscherkörpers austritt, ist weit schwieriger abzuschätzen als ihr Verlauf an der Gletscheroberfläche. Wegen des dargelegten Sachverhalts empfiehlt es sich weit mehr, von *Gleichgewichtsgrenze des Gletscherhaushalts* zu sprechen als von Gleichgewichtslinie. Denn es ist geläufig, eine Grenze sowohl linienhaft wie flächenhaft ausgebildet zu denken. Der Ausdruck Linie behindert hier dagegen ein weitergehendes Verständnis.

Die Gleichgewichtsgrenze des Gletscherhaushalts auf der Gletscheroberfläche entspricht definitionsgemäß, sei sie jährlich oder langjährig genommen, abgesehen von den geringfügigen Besonderheiten, die durch die Gletscherbewegung hervorgerufen werden, der entsprechend verstandenen realen (Dauer-)Schneegrenze auf dem betreffenden Gletscher. Daher kann der nach den Expositionsverhältnissen gewichtete langjährige Mittelwert der Höhenlage, welcher aus den Gleichgewichtsgrenzen des Gletscherhaushalts auch von großen Gletschern verschiedener Exposition gewonnen werden kann, zugleich als zuverlässiger Höhenwert der für großräumige Vergleiche geeigneten regionalen Vergleichsschneegrenze, d. h. der klimatischen Schneegrenze angesehen werden.

Firnlinie

Die *Firnlinie* ist die Linie, an der auf der Oberfläche von Gletschern infolge der Ablation das blanke Gletschereis unter der bedeckenden Firnschicht zutage tritt. Die Firnlinie ist oft als die beobachtbare Ausprägung der realen Schneegrenze oder auch der jeweiligen Gleichgewichtsgrenze des Massenhaushalts auf den betreffenden Gletschern angesehen worden. Dies ist aber im allgemeinen nicht zutreffend. Denn die Umwandlung von Schnee über Firn in Gletschereis erfordert gewöhnlich mehrere, oft viele Jahre. Der sich abwärts bewegende Gletscher kommt, weil die Schneezufuhr an seiner Oberfläche nach abwärts bis zur Gleichgewichtsgrenze des Massenhaushalts noch überwiegt, an dieser Grenze mit einer mehr oder weniger dicken Schnee- und Firnauflage an. Diese muß durch die von da an überwiegende Ablation erst beseitigt werden, ehe das blanke Gletschereis zum Vorschein kommt, d. h. ehe die Firnlinie erreicht ist. Die Firnlinie liegt also stets tiefer als die Gleichgewichtsgrenze bzw. als die reale Schneegrenze. Wie groß der vertikale und horizontale Abstand zwischen Gleichgewichtsgrenze und Firnlinie jeweils ist, das hängt von den Ernährungs- und Ablationsverhältnissen der betreffenden Gletscher und von ihrer Bewegungsgeschwindigkeit sowie den Gefällsverhältnissen im Bereich um die Gleichgewichtsgrenze und die Firnlinie ab. Nur bei kleinen Gletschern ist der Unterschied von Gleichgewichtsgrenze (realer Schneegrenze) und Firnlinie unbedeutend. Bei größeren Gebirgsgletschern wird er durchaus merklich. Der Höhenunterschied kann bei Alpengletschern Zehner von Metern betragen und wohl auch 50 m übersteigen. In den polaren Regionen werden die Unterschiede u. U. sehr groß, weil in kalten Gletschern die zur Umwandlung in Gletschereis erforderliche, auflagernde Firnmächtigkeit sehr bedeutend ist. Wo dort die Gleichgewichtsgrenze des Gletscherhaushalts nahe dem Meeresspiegel liegt, da entwickelt sich auf der Oberfläche von im Meer kalbenden Gletschern oft gar kein Blankeisbereich, also auch keine Firnlinie.

Bei Nährgebieten von Gletschern, die eine steile Höhenumrahmung aufweisen, erfolgt ein guter Teil der Schneezufuhr durch Lawinen, die von den Steilhängen und Wänden auf den Gletscher niedergehen. Das Schnee-Einzugsgebiet des Gletschers, d. h. das Nährgebiet, reicht also durchaus bis zur Firstlinie der Umrahmung hinauf. Es gibt sogar besonders steilwandige und gleichzeitig stark eingetiefte, enge Ursprungsbecken von Gletschern, in denen die Ernährung des Gletschers *hauptsächlich* durch Lawinenfall von den umrahmenden Steilhängen erfolgt. Dann ist es nicht mehr angängig, noch von einem Firnfeld zu sprechen. Bei solchen Gegebenheiten kann eine reale Schneegrenze, der Definition entsprechend, in Wahrheit nicht ermittelt werden. Das Abtauen von altem, festgepacktem Lawinenschnee, d. h. der auf kleiner Fläche konzentrierten Schneemassen eines an sich sehr viel größeren Auffanggebietes, geht besonders in der schattigen Lage derartiger Talgründe sehr langsam vor sich. Die Eiskapelle unter der Watzmann-Ostwand der Berchtesgadener Alpen liegt nur 880 bis 960 m hoch! Starke Zufuhr von Lawinenschnee bedeutet also eine sehr wirksame Form der Ernährung eines Gletschers (vgl. Bild 111, 112).

Im Zehrgebiet kommt infolge des Überwiegens der Ablation das im Firnfeld unter Firn verborgene Gletschereis zum Vorschein, wenigstens während der sommerlichen Tauperiode und je weiter gegen das Gletscherende um so mehr. Da der aus blankem Eis bestehende unterste Teil bei den Gebirgsgletschern meist zungenartig gestaltet ist, wird er oft *Gletscherzunge* genannt. Die reale Schneegrenze, die Gleichgewichtsgrenze des Gletscherhaushalts, ist etwas oberhalb des oberen Zungenansatzes zu suchen, denn damit das blanke Gletschereis zum Vorschein kommt, muß schon ein erheblicher Ablationsüberschuß eingetreten sein, der die Gesamtmächtigkeit des im Firnfeld dem Gletschereise auflagernden Firns beseitigt hat.

Benachbarte, verschieden große Gletscher besitzen unter gleichen lokal-klimatischen Verhältnissen nahezu die gleiche *Höhe der realen Schneegrenze.* Aber ihre Gletscherenden können ganz verschiedene Höhen aufweisen. Ein Gletscher mit großem und hoch gelegenem Nährgebiet entwickelt in solchem Falle eine mächtige, tief hinabreichende Zunge, während der benachbarte, mit unbedeuten-dem Einzugsgebiet ausgestattete Gletscher nur eine kümmerliche Zunge auszubilden vermag. Für die Bestimmung der Schneegrenze sind kleine Gletscher besser geeignet als große, weil die Schneegrenze ja zwischen dem unteren Ende des Gletschers und dem höchsten Punkt seiner Umrahmung liegen muß, in erster Annäherung ungefähr bei dem Mittel aus beiden Werten. Je kleiner der Gletscher ist, um so weniger schwer fallen hierbei Unsicherheiten der Schätzung ins Gewicht.

Zwischen Sonn- und Schattenseite eines über die Schneegrenze aufragenden Gebirges bestehen Unterschiede der Höhenlagen der Schneegrenze, ebenso zwischen Luv- und Leeseite in bezug auf die hauptsächlichen schneebringenden Winde, ebenso zwischen einem Schluchtrelief, einem mäßig gegliederten und einem Flachrelief. Diese lokalklimatischen, vor allem reliefbedingten Verschieden-heiten können Unterschiede der Höhe der Schneegrenze von mehreren hundert Metern auf verschiedenen Seiten eines Gebirges hervorrufen.

Am größten werden sie in den halbtrockenen Subtropen. Am geringsten sind sie in den inneren Tropen und in den Polargebieten.

(H. v. Höfer, 1879; J. Partsch, 1882; Fr. Ratzel, 1886; Ed. Richter, 1888; L. Kurowski, 1891; V. Paschinger, 1912; im Gegensatz zu Ratzel, Richter und Kurowski: H. Louis, 1933. R. Finsterwalder, 1953 schlägt für gegenwärtige Gletscher eine Berechnung der Schneegrenze mit Hilfe von Näherungsannahmen über den Höhengang des schneeigen Auftrags und der Ablation vor. K. Hermes, 1955; zum Massenhaushalt H. Hoinkes, 1970).

Orographische Typen der Vergletscherung

Gletscher können sich, vor allem im Gebirge, den Formen des Reliefs einpassen. Sie erfüllen dann als *Hang-, Wand-* oder *Kargletscher* eine Nische im Hang, als *Talgletscher* ein kleineres oder größeres Tal, ja, sie können als *Vorlandgletscher* bis ins Vorland des Gebirges hinausreichen. Bei diesen Gletschern werden Grundriß und Gefällsverhältnisse der Eisoberfläche und damit auch die Eisbewegung wesentlich durch das Tälerrelief, in das sie eingefügt sind, bestimmt, *dirigiert.* Man spricht deswegen in diesem Falle von einer (dem Relief) *unter-geordneten Vergletscherung.*

Dem stehen große *Plateaugletscher* gegenüber, die auf der Höhe flach geformter Gebirge in einem mehr oder weniger großen Gebiet die Talscheiden des Unter-grundes unter sich begraben, und vor allem die *Inlandeise.* So werden riesige Eiskuchen genannt, die ganze Länder vollständig oder so gut wie vollständig überlagern. Diese Typen der Vergletscherung sind in Gestalt und Ober-flächengefälle von den Gefällsverhältnissen des Untergrundes weitgehend unab-hängig. Deswegen spricht man bei ihnen von (dem Relief) *übergeordneter Ver-gletscherung* (vgl. Fig. 97).

Zwischen untergeordneter und übergeordneter Vergletscherung steht der Typus des *Eisstromnetzes*. Bei ihm werden die Hauptstränge der Vergletscherung noch durch die Talzüge des Untergrundes gegliedert und in ihrer Gefällsrichtung bestimmt. Aber bei ihm sind die Talscheiden nicht mehr durchgehend auch Eisscheiden, sondern vielfach ist namentlich an den Talwurzeln eine weitgehende Überdeckung mit Eis von bedeutender Mächtigkeit eingetreten. Deswegen entspricht hier die Eisbewegung stellenweise nicht mehr dem Gefälle des Untergrundes. Z. T. erheblich weitergehende Typenunterscheidungen sind insbesondere von Alb. Heim (1885), H. Hess (1904), R. v. Klebelsberg (1926, 1948), Ph. C. Visser (1934), E. v. Drygalski u. F. Machatschek (1942), J. K. Charlesworth (1957), H. W. Ahlmann (1948), H. J. Schneider (1962), F. Miller (UNESCO, 1970) erarbeitet worden. Nähere Darstellung in F. Wilhelm (1975), S. 277–313). Von diesen Unterscheidungen wird im folgenden nur geomorphologisch besonders Wichtiges im betreffenden Zusammenhang erläutert und berücksichtigt.

Form der Gletscheroberfläche, Gletscherspalten

Wir betrachten die Oberfläche zunächst eines kleineren Gebirgsgletschers (Bild 110). Er hat gewöhnlich ein sanft *muldenförmiges* Firnfeld. Denn im Firnfeld, wo durch den anfallenden Schneeüberschuß dauernd eine Überbelastung herrscht, wird das Eis der tieferen Schichten plastisch, es wird talabwärts gedrängt, und zwar am stärksten in den randfernen Partien des Firnfeldes, wo die Eisdicke am mächtigsten und damit in der Tiefe der Druck am größten ist. Da die Viskosität des Eises hoch ist, geht die Bewegung nicht ohne das Aufreißen von *Zerrungsspalten* vor sich. Wegen des Drucks der überlagernden Massen wird angenommen, daß die Plastizität in den tieferen Eislagen zunimmt, die Spalten daher z. T. als Erscheinung der oberen spröderen Eislagen aufzufassen sind. Eine weitere Ursache liegt sicher in der Gestaltung des Gletscherbettes. Nach J. F. Nye (1955) soll die wirkliche maximale Spaltentiefe von etwa 30 m in temperierten Gletschern (vgl. S. 416f.) gut mit Berechnungen auf Grund der einschlägigen mechanischen Gegebenheiten des Vorgangs übereinstimmen. Jedoch hat K. Fischer (in den letzten Jahren) auf westalpinen Gletschern auch merklich tiefere Spalten beobachtet. Für kalte Gletscher ergibt sich wegen ihrer geringeren Plastizität eine maximale Spaltentiefe von 80 m und darüber (F. Wilhelm, 1975, S. 184).

Die Spalten laufen im Firnfelde vorzugsweise ungefähr parallel zur Felsumrahmung, sind aber großenteils infolge von Verschneiung und Verwehung unsichtbar. Besonders regelmäßig ist die oberste *Randspalte,* der *Bergschrund,* entwickelt. Er reißt immer wieder von neuem dort auf, wo von den am umrahmenden Fels festgefrorenen Eis- und Firnmassen solche sich absetzen, die in die Gletscherbewegung eingehen. Von diesem Bergschrund, einer echten, durch die Gletscherbewegung erzeugten Gletscherspalte, unterscheidet L. Distel (1925) mit Recht die *Randkluft.* Sie bezeichnet die sowohl am Saum von Firnfeldern wie am Rande von Gletscherzungen, aber auch am Rande von Schneeflecken häufige Fuge zwischen dem festen Gestein einerseits und dem Firn oder Eis andererseits. Diese Randkluft entsteht durch Ablation an der Grenze von Fels gegen Firn oder Eis (Schwarz-Weiß-Grenze). Die Bergseite der Randkluft ist ständig feucht und erleidet wenigstens nahe dem oberen Kluftrand häufigen Wechsel zwischen Gefrieren und Auftauen. Sie ist daher eine Stelle überdurchschnittlicher Gesteinszerstörung. Losgelöste Fragmente geraten in oder unter die Firn- oder Eismasse. Sie nehmen dann an deren hier größeren, dort geringeren Bewegungen teil.

Im Gegensatz zum Firnfeld ist die Zunge gewöhnlich im Querschnitt *konvex gewölbt.* Hier, wo der Gletscher schon weniger dick ist, wird die Bewegung im wesentlichen nicht durch übergroßen Druck in der bodennahen Region des Eises hervorgerufen, sondern durch den Schub der aus dem Firnfelde herausdrängenden Massen. Diese Bewegung muß bei einem annähernd muldenförmigen Querschnitt des Gletscherbodens in der Mitte am größten sein. Das führt zur gewölbten Form der Zunge. Die im Zungengebiet gesteigerte Ablation, die am Rande des Gletschers gegen den dunklen Fels besonders groß ist, trägt wohl ebenfalls zur Ausbildung des gewölbten Zungenprofils bei.

Eine Folge der geschilderten, gewissermaßen *stauchenden* Eisbewegung im Zungengebiet sind die hier am Zungenende häufigen, den Eiskörper aufspreizenden *Radialspalten* und die im gleichen Gebiet flach gegen den Eiskörper einfallenden *Abscherflächen,* an denen jeweils die höhere Eislage ein wenig über die darunterliegende vorgeschoben worden ist (H. Philipp, 1920, 1932). Es sind Stauchungsrisse.

Der gewöhnlich mehr stromartige Zwischenbereich zwischen dem Halbrund des hinteren Firnfeldes und dem unteren Zungengebiet ist das bevorzugte Gebiet der *Querspalten* im Gletscher. Solche reißen besonders da auf, wo Unebenheiten des Untergrundes bzw. Gefällsversteilerungen der Gletscheroberfläche dem spröden Eis die Bewahrung des Fließzusammenhanges unmöglich machen. Es kann in einem solchen *Gletscherbruch* zur völligen Aufspaltung und Zerreißung des Eises in ein Gewirr von Schollen, Blöcken und Türmen kommen *(Sérac).* Talab bei Ermäßigung des Gefälles pflegen die Trümmer des Gletscherbruchs wieder zu einem zusammenhängenden Eiskörper zu verheilen.

Am seitlichen Rand von Gletschern treten, besonders stark bei Blockschollenbewegung des Eises, auch marginale Spalten auf. Man kann sie zum Unterschied von der Randkluft und dem Bergschrund am Oberrand des Gletschers wohl am besten als *Längsrandspalten* bezeichnen. Sie pflegen gletscheraufwärts spitzwinklig gegen die Gletschermitte zu verlaufen und dabei allmählich in die Querrichtung umzubiegen und auszulaufen. Sie sind ein Ausdruck von Scherspannungen am Längsrand des Gletschers.

Diese Angaben über die Form der Oberflächen von Gebirgsgletschern und über die Spaltensysteme sind Generalregeln. Im einzelnen sind, vor allem durch Unebenheiten des Gletscheruntergrundes hervorgerufen, oftmals Abweichungen zu beobachten. Große Plateaugletscher und die Inlandeise haben, weil sie dem Relief übergeordnet sind, nicht muldenförmige, sondern gewöhnlich flach fladenförmig gewölbte Nährgebiete. Gegen die Randgebiete wird das Gefälle der übergeordneten Gletscher steiler infolge des Zusammenwirkens der Zähigkeit des Eises, des hydrostatischen Drucks in der Eismasse und des Einflusses der Bodenreibung. Unebenheiten des Untergrundes, die auf die Eisbewegung wirken, und Besonderheiten des Schneehaushalts an der Oberfläche können gewisse Unregelmäßigkeiten der konvex gewölbten Oberfläche verursachen. Die Eisbewegung ist in diesen, dem Relief übergeordneten Gletschern mit nur beschränkter Rücksichtnahme auf das begrabene Relief von der Gletschermitte gegen die Ränder hin gerichtet. Nur selten, nämlich wenn der Untergrund es begünstigt, entwickeln sie wohl-individualisierte Zungen. Aber die Anordnung der Spalten folgt ebenfalls den Regeln des Überwiegens von *Zerrspalten* im *Nährgebiet*, von *Stauchspalten* im *Zehrgebiet* (vgl. außer den Handbüchern der Gletscherkunde: L. Distel, 1925; H. Cloos, 1929).

Schmelzwasser

Flache Gebiete der Firnfelder von Gletschern verwandeln sich an Sommernachmittagen häufig in förmliche Sümpfe aus einem Gemisch aus Schnee und Schmelzwasser. Aus den Schmelzwassersümpfen an der Gletscheroberfläche können sich auf dieser ansehnliche und reißende Bäche entwickeln. Kommen sie auf blankes Eis, so drechseln sie dort nicht selten außerordentlich vollkommene Mäander in die Eisoberfläche. Früher oder später stürzen alle diese Rinnsale in Spalten und gelangen wegen der meist beschränkten Tiefe der Spalten wohl selten mit einem einzigen Sturz, aber sicherlich oft mit großer Gewalt bzw. unter hohem Druck, zum Untergrund des Gletschers. Dort arbeiten sie im Fels Strudellöcher von oft erstaunlicher Tiefe aus, die sogenannten *Gletschermühlen*. In diesen liegende Rollsteine zeigen, mit welchen Werkzeugen das stürzende Wasser seine Leistungen vollbringt. Bei ihnen scheint auch Kavitationskorrasion eine Rolle zu spielen (vgl. S. 223). Fast interessanter noch ist die Tatsache, daß diese Gletschermühlen durch Schmelzwasser im Felsgrund des Gletschers ausgearbeitet werden, obwohl der Gletscher sich in Bewegung befindet. Sie beweist, daß gewisse Bahnen des Schmelzwassers und namentlich auch Stellen äußerst gesteigerter Sturz- und Strudelbewegungen der Schmelzwasser offensichtlich über längere Zeit immer wieder am gleichen Ort gewirkt haben. Das ist unter einem bewegten Gletscher nur dann möglich, wenn gewisse Spalten und Zubringerkanäle des Schmelzwassers durch längere Zeit immer wieder an der gleichen Stelle gebildet werden, d. h. wenn im Gletscher ein mehr oder weniger konstantes Gegeneinander der Zug- und Schubkräfte des Eises und der Reibungswiderstände des Untergrundes örtlich fixiert bleiben.

Unter der Gletscherzunge fließt, oft in verschiedene Stränge zerfasert, der Schmelzwasserbach, bei großen Gletschern ein wahrer Schmelzwasserstrom, der stark mit Schwebstoffen und Geröll belastet ist (vgl. die Handbücher der Gletscherkunde).

2. Moränenentstehung und Gletschererosion

Typen der Moränen

Jegliches Material, das durch einen Gletscher mitbewegt wird oder abgelagert worden ist, nennt man *Moräne.* Gletscher, deren Oberfläche von felsigen Erhebungen überragt wird, erhalten *Obermoräne* zugeführt. Denn durch Abbruch und freien Sturz, durch Transport mit Hilfe von Lawinen oder durch langsame Frostschuttbewegung kann Verwitterungsmaterial dieser Erhebungen auf die Gletscheroberfläche gelangen. Geschieht dies oberhalb der Schneegrenze, so wird die Obermoräne alsbald tiefer und tiefer in Schnee bzw. Firn und sogar Eis eingebettet. Sie wird zur *Innenmoräne.* Im Zehrgebiet taut die Innenmoräne aus. Dabei entwickeln sich aus größeren Gesteinsbrocken oft *Gletschertische,* weil die Gesteinsplatte ihren Eissockel im Verhältnis zur Nachbarschaft gegenüber der Ablation schützt. Eine größere Masse von Innenmoräne, z. B. die Trümmer eines größeren Steinschlages oder gar Bergsturzes, die einst auf den Gletscher niedergingen, können beim Austauen einen förmlichen Wulst oder Hügel erzeugen. Gewöhnlich besteht dieser aber unter nur dünner Schuttbedeckung aus blankem Eis, ist also mehr eine Erscheinung des Ablationsschutzes der Schuttmassen als etwa ein echter Schutthügel. Kleine Gesteinssplitter und Gesteinsstaub *(Kryokonit)* dagegen sinken, weil sie infolge ihrer dunklen Farbe stärker erwärmt werden als die Umgebung, durch verstärktes Tauen ein wenig in die Eisoberfläche ein *(Kryokonitlöcher).*

Das Material der frisch gefallenen Obermoränen wie der ausgetauten ehemaligen Obermoränen ist eckig, ist Schutt. Die bei weitem größte Menge alles Moränenmaterials ist aber kantengerundet, geglättet, oft poliert und mit Kritzern versehen *(gekritzte Geschiebe).* Es stammt vom Untergrunde des Gletschers oder ist bei der Bewegung zum Untergrunde gelangt. Es hat dabei durch Berührung der Fragmente aneinander oder am Gletschergrunde die starke Abnutzung erfahren, die im Habitus der Geschiebe ebenso zum Ausdruck kommt wie in den Mengen von *Gesteinsmehl,* die stets mit den Geschieben zusammen vorhanden sind. Diese Abnutzung ist verständlich, wenn man berücksichtigt, daß am Grunde alpiner Gletscher oft Drucke von zehn bis vierzig kg/cm^2, in Grönland weithin über 100 kg/cm^2, in Antarktika mehrere hundert kg/cm^2 herrschen müssen, und daß Preßbewegungen des Eises durch erhöhten Druck erleichtert werden. Moränen dieser Art am Grunde des Gletschers, solange sie noch im Eise stecken, werden als *Untermoränen* bezeichnet. Sind sie schließlich abgelagert, so bilden sie *Grundmoräne.* Stammt diese nach Ausweis ihres Geschiebebestandes aus einem in der Nachbarschaft gebildeten Gletscher, oder im Falle eines sehr großen Gletschers aus einem nahen Teil des Einzugsgebiets, so spricht man von *Lokalmoräne.* Sind Geschiebe entfernten Ursprungs beigemengt, so handelt es sich um *Fernmoräne.* Geschiebe, die nach der Besonderheit ihrer Lage nicht durch Flußfracht, sondern nur durch Gletschertransport an ihren gegenwärtigen Ort gebracht worden sein können, bezeichnet man mit einem alten Ausdruck als *erratische Geschiebe* oder *Erratika.*

Nimmt man an, was wohl einleuchtend erscheint, daß das Bett eines Tal-gletschers in erster Annäherung muldenförmigen Querschnitt aufweisen müsse,

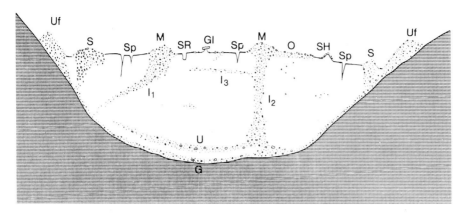

Fig. 98. Moränen und sonstige Merkmale eines rezenten Talgletschers in seinem Zehrgebiet.

G = Grundmoräne	SH = Schmelzhügel
Gl = Gletschertisch	Sp = Gletscherspalte
I = Innenmoräne	SR = Schmelzwasserrinne
M = Mittelmoräne	U = Untermoräne
O = Obermoräne	Uf = Ufermoräne
S = Seitenmoräne	

und stellt man sich den Zusammenfluß zweier langsam fließender Talgletscher vor, so ergibt sich, daß an der Vereinigungsnaht beider Gletscher randliche Partien des Gletschergrundes der vorherigen Teilgletscher, in steiler Stellung nebeneinandergefügt, nun zum Mittelstück des vereinigten Gletschers werden. Da die grundnahen Eislagen der Teilgletscher mit Untermoränen imprägniert waren, so gerät nun Untermoräne in steiler Stellung in den Nahtbereich des aus beiden Teilgletschern vereinigten Eisstromes. Im Zehrgebiet kommt sie durch Austauen an die Gletscheroberfläche und bildet hier eine *Mittelmoräne* (Bild 110, 127, 128, 129, 130). Auch diese wird durch Ablationsschutz zu einem Wall auf dem Gletscher. Er verläuft in der Fließrichtung und bezeichnet die Nahtstelle der zusammengeflossenen Teilgletscher. Jede Naht von zwei Teilgletschern führt zur Bildung einer Mittelmoräne im Zungengebiet. Eine aus vielen Teilgletschern zusammengesetzte Eiszunge enthält von jeder Vereinigung eine Mittelmoräne. Das am seitlichen Gletscherrande austauende Untermoränenmaterial bildet, sofern es noch auf dem Gletscher selbst liegt, eine *Seitenmoräne*. Soweit es neben dem Gletscher an dessen Saum abgelagert ist, wird es als *Ufermoräne* bezeichnet. Viele Alpengletscher haben sehr bedeutende Ufermoränenwälle (Bild 110, Fig. 98).

Es ist viel darüber diskutiert worden, wie das Untermoränenmaterial in den Gletscher gelangt, insbesondere, ob es überwiegend aus dem Untergrunde aufgenommen wird oder aus der Obermoräne stammt. Da auch Plateaugletscher und Inlandeis, die keine Obermoräne zugeführt bekommen, am Grunde mit Untermoräne gespickt sind, muß die letztere hauptsächlich aus dem Untergrund stammen. Dies beweist, daß der Gletscher erodiert, nämlich durch Wegnahme von Material an seinem Boden diesen Boden tiefer legt. Bedenkt man, daß das plastische Eis jede Unebenheit des Bodens umfließen muß, und daß die Stromfäden sich hinter jeder Aufragung des Untergrundes unter hohem Druck wieder vereinigen, so ist die Imprägnierung der untergrundnahen Partien des Eises mit Untermoräne leicht verständlich.

Im Zehrgebiet eines Gletschers muß die Untermoräne austauen. Dabei kann sie entweder in den Bereich reichlicher subglazialer Schmelzwasser geraten und von diesen ausgespült, gesaigert werden. Das Gesteinsmehl geht dann als *Flußtrübe*, als *Gletschermilch* ab, die Geschiebe und die feineren körnigen Bestandteile werden mehr oder weniger rasch zu fluvialem, genauer fluvioglazialem Geröll, Kies und Sand. Wo aber eine derartige Ausspülung nicht stattfindet, da wird die Untermoräne durch das Austauen zur *Grundmoräne*, einem praktisch ungeschichteten Gemenge von Geschieben aller Korngrößen, das in mergelig-lehmiges Gesteinsmehl eingebettet ist, daher der Name *Geschiebemergel*. Er ist nicht ganz ohne Gefügeregelung. Genauere Messungen über die Lage der Längsachsen insbesondere der kleineren Geschiebe in Grundmoränen von Norddeutschland (Konrad Richter 1933) haben ergeben, daß sie überwiegend in der gleichen Richtung eingeregelt sind wie ebendort vorkommende Gletscherschrammen. Aus solchen Messungen kann man daher Aussagen über die einstige Bewegungsrichtung des Eises herleiten. Weitere Hinweise sind auf Grund von Geschieben aus örtlich enger begrenzten Gesteinsvorkommen, aus sogenannten Leitgeschieben, zu gewinnen.

Die Grundmoräne bedeckt den Untergrund. Sie kann vom Gletscher noch geknetet und gestaucht werden. Im ganzen aber ist einleuchtend, daß ein Gletscher im Zehrgebiet, in dem er an Masse abnimmt, keine besondere Tendenz zur Tiefenerosion besitzt. Solche ist dennoch oft nachweisbar, nämlich dort, wo der Untergrund örtlich weniger widerständig ist. An der Tiefenerosion dürften vielfach die Schmelzwässer unter dem Gletscher einen bedeutenden Anteil haben. Der Gletscher wird dann auch in diesem Falle die von den Schmelzwassern geschaffenen Erosionseinschnitte noch mehr oder weniger überformen bzw. überformt haben.

Vor seinem Rande schiebt ein vorrückender Gletscher durch *Exaration* (im heutigen Sinne) alles seiner Bewegung entgegenstehende Lockermaterial zu einem Wall zusammen. Das ist der *Endmoränenwall*, bzw. *Ufermoränenwall, Stirnmoränenwall, Stauchmoränenwall* am Saume eines Gletscherlobus oder einer Gletscherzunge (Bild 110, 116; Fig. 99, 100). Zum Endmoränenwall werden nicht nur Gesteinsfragmente verarbeitet, die der Gletscher mit sich geführt hat, sondern auch ältere Gesteine, Ablagerungen, Holz, Pflanzenreste, Bauwerke, auf die er beim Vorrücken traf, oder die er durch seinen Druck aus der Tiefe aufstauchte. Endmoränen, Ufermoränen, Stauchmoränen können daher aus sehr verschiedenartigem Material aufgebaut sein. (Lehrbücher der Gletscherkunde, Glazialmorphologie, Geomorphologie.)

Moränen-Blockwulst-Massen

Als besondere Ausbildungsform von Endmoränen sind gewisse Blockwulstmassen (vergl. Kap. III C, 4, S. 163f.) am unteren Ende sehr blockreicher Gletscher anzusehen. Diese Blockwülste dürften nach dem Austauen des Moränenmaterials durch schwache, von dem Klufteisgehalt der Blockzwischenräume begünstigte Gleitbewegungen zustande kommen. Wir möchten derartige Formen als *Moränen-Blockwulst-Massen* bzw. -Blockwülste bezeichnen.

E. Grötzbach (1965) hat entsprechende Blockwulstbildungen im Hindukusch und in den Ostalpen eingehender studiert. In tief zertalten Gebirgen, deren Gesteine in der Hochregion stark und insbesondere grobblockig verwittern, d. h. vorzugsweise in Massengesteinen, und in ziemlich trockenen, strahlungsreichen Klimaten mit häufigem Frostwechsel, wie sie vor allem in den Subtropen verbreitet sind, kommt es im unteren Abschnitt von Gletscherzungen nicht selten zu sehr starker Entwicklung von Obermoräne. Das Eis der Gletscherzunge ist dann vollständig mit Blockmaterial überdeckt. Talabwärts geht die blockbedeckte Gletscherzunge, als das, was man im gewöhnlichen Sprachverständnis einen Blockgletscher nennen möchte, in einen typischen Blockwulstkörper über, unter dessen Blockwülsten Gletschereis nicht mehr durchgehend oder auch gar nicht mehr feststellbar ist.

Grötzbach hat darauf aufmerksam gemacht, daß man in der Regel jeweils eine Nahtstelle zwischen der noch zusammenhängenden und in aktiver Gletscherbewegung befindlichen Gletscherzunge und dem Bereich der Blockwulstmassen angeben kann. Diese Nahtstelle, die *Wurzelregion der Blockwulstmassen* wird durch eine oder mehrere *Wurzelhohlformen* angedeutet. Das sind bis mehrere hundert Meter breite und bis 50 m tiefe Wannen und Trichter, die durch die Ablation des Gletscherkörpers entstanden sind und das Ende der noch bewegten Gletscherzunge gegen das tot gewordene Eis der ehemals größeren Zunge andeuten.

Unterhalb der Wurzelhohlformen beginnt der Blockwulstkörper. In ihm gehen talabwärts Formen toten, schuttbedeckten Gletschereises nach und nach in die Formen von Eis enthaltenden Schutt über. Im oberen Teil des Blockwulstkörpers dürfte etwa vorhandenes totes Gletschereis durch die Blocklast mehr oder weniger ausgewalzt worden sein. Dazu kommt in der Blockmasse eisverbackener Feinschutt (Eiszement). Im unteren Teil dürfte Klufteis überhand nehmen, welches sich aus gefrorenem Niederschlags- und Schmelzwasser zwischen den Blöcken gebildet hat (vgl. den S. 164 mitgeteilten Befund von D. Barsch (1977)).

Die oft zahlreichen hintereinander gelegenen Fließwülste dieser Blockwulstkörper sind manchmal als Serien hintereinander gestaffelter Endmoränenwälle aufgefaßt worden. Das ist sicher nicht richtig. Es handelt sich vielmehr um eine durch periglaziale Blockbewegung vervielfachte Wulstbildung während einer im wesentlichen einheitlichen Abschmelzphase, also um die durch Fließwulstbildung der Blöcke modifizierte Ablagerung von Moränenmaterial einer einst größeren Gletscherzunge. Ein solcher Blockwulstkörper stellt also eine besondere Art einer zeitlich im wesentlichen einheitlichen Endmoränenbildung dar. Dies entspricht auch den Vorstellungen von W. F. Thompson (1962) und W. Klaer (1962, 1976), nach denen schuttarme Gletscher Ufer- und Stirnmoränen ablagern, während sehr schuttreiche Gletscher an ihrem unteren Ende Blockwulstmassen schaffen. Grötzbach (1965) nennt diese Formen Blockzungen, was aber keine eindeutige Unterscheidung gegenüber anders entstandenen zungenartigen Blockanhäufungen ermöglicht. Wir möchten diese unter bestimmten Bedingungen aus Moränen-material hervorgegangenen Blockwulstkörper als *Moränen-Blockwulst-Massen* bezeichnen. Sie können bei großen Gletschern mehrere, ja eine beträchtliche Anzahl von Kilometern lang werden.

Grötzbach hat außerdem überzeugend dargelegt, daß stellenweise unterhalb des heutigen Endes des gleichen Gletschers verschieden alte Moränen-Blockwulst-Massen, d. h. verschieden alten Vorstoßphasen des betreffenden Gletschers ent-sprechende Moränen-Blockwulstkörper, nachweisbar sind.

Arten der Gletschererosion, Bedeutung der Klüftung und der subglazialen Schmelzwasser

Umstritten sind Wirkungsweise und Ausmaß der Glazialerosion. Die unter einem Gletscher zum Vorschein kommenden Felsflächen, sofern sie nicht von ausgetauter Moräne verdeckt werden, zeigen sie sich geglättet, zugerundet, geschliffen, poliert, geschrammt. Es sind sogenannte *Rundbuckel-* oder *Rund-höckerflächen.* Denn das geglättete Gesamtrelief weist fast immer, einzeln oder schwarmartig verteilt, zugerundete Buckel auf. Daher übt der Gletscher an seinem Grunde unzweifelhaft eine *abschleifende Wirkung (Detersion)* aus. Die Imprägnierung der bodennahen Eislagen mit Untermoräne trägt wesentlich zu dieser Schleifwirkung bei (Bild 113, 120, 121, 124, 125, 126, 128, 129, 130, 131).

Außerdem vollbringt aber der Gletscher auch eine *ausbrechende* und *ab-splitternde Wirkung* (früher als Exaration, heute als *Detraktion* bezeichnet) an seinem Boden. In den Jahrzehnten des großen Eisrückgangs von etwa 1920 bis zur Gegenwart ist sehr viel ehemaliger Gletscherboden eisfrei geworden. Dabei haben sich an vielen Stellen auf verlassenem Gletscherboden ausgebrochene Fels-blöcke bis zu Tonnen- und Mehrtonnen-Gewicht, ebenso aber auch kleinere Gesteinsfragmente und Scherben feststellen lassen, deren ursprünglicher Sitz im festen Gesteinsverband durch das vollständige Zusammenpassen von Ausbruchs-stelle und ausgebrochenem Fragment, z. B. in gangdurchschwärmten Graniten oder Gneisen, unzweifelhaft nachweisbar ist. Nicht selten ist in solchen Fällen das ausgebrochene Fragment am Gletscherboden durch die Eisbewegung zu einem Punkt gefrachtet worden, der höher liegt als die Ausbruchsstelle. An der Tatsache der ausbrechenden und absplitternden Eiserosion besteht also kein Zweifel.

Im wesentlichen sind auch die physikalischen Einzelheiten dieses Vorganges bekannt, der sich ja schwer zugänglich unter dem Gletscher vollzieht. H. Carol (1943, 1947), der sich zu einschlägigen Beobachtungen in Gletscherspalten abseilen ließ, glaubte zu erkennen, daß das Gletschereis die Luvseite eines Rundhöckers anscheinend unter Mitwirkung von Druckverflüssigung plastisch umleitet, an der Leeseite aber anscheinend unter Beteiligung von Regelation Abspaltungserscheinungen wie bei Frostverwitterung hervorruft. Jene Beobach-tungen entsprechen dem gewöhnlichen Bilde der Rundhöcker. Diese zeigen meist der Eisbewegung entgegen gerichtet eine geglättete, gerundete Stoßseite, auf der abgewandten Seite dagegen unregelmäßige Ausbruchs- und Abblätterungsformen. Diese Vorstellungen wurden durch R. Haefeli (1951), J. G. McCall (1952), J. Weertmann (1964) bestätigt.

Eine bedeutende Erleichterung für das Verständnis der ausbrechenden Gletschererosion (Detraktion) haben die Forschungen von A. Kiesslinger erbracht. Danach reißen besonders in Gesteinen mit Kluftsystemen ähnlich denen des Granits, die in größerer Tiefe gebildet oder geprägt worden sind, Entspannungsklüfte ungefähr parallel zur Erdoberfläche auf. Die so gebildeten Entspannungsplatten, die fußdick, meterdick, ja mehrmeterdick sein können, braucht der Gletscher beinahe nur noch mitzunehmen, weil ihre Loslösung vom Untergrund durch die Bildung der Entspannungsklüfte im wesentlichen bereits vollzogen ist. Es ist auch daran zu denken, daß von sich aus der gewaltige Druck vielhundert Meter mächtiger Talgletscher und mehrtausend Meter mächtiger Inlandeise auf ihren Untergrund, sowie die nachfolgende Druckentlastung beim Abschmelzen im unterlagernden Gestein solche Erscheinungen der Spannung und Wiederentspannung hervorgerufen haben dürfte. Die Erfahrungen über die glazialisostatische Niederdrückung großer Landbereiche legen gleichfalls die Vorstellung nahe, daß hierbei das betroffene Gestein auch selbst eine gewisse Zusammenpressung erfahren hat.

Der überzeugende Nachweis sehr kräftiger, nicht nur abschleifender (Detersion), sondern auch ausbrechender Glazialerosion (Detraktion) am Grunde der Gletscher, wie er an vielen Stellen geführt werden kann, berechtigt zu der Annahme, daß überall und immer unter dem Gletscher stark erodiert werden muß. Albert Heim (1919) hat auf viele sogenannte Riegelberge inmitten alter Gletscherbetten hingewiesen, die dort mit geglättetem, aber kühnem Profil manchmal mehr als 100 m hoch aufragen und vom Gletscher nicht beseitigt wurden. Es gibt also Stellen, an denen auch ein mächtiger Gletscher wenig erodiert. Aber Albert Heim hatte sicher nicht recht, als er auf Grund dieser „Steine des Anstoßes" den Schluß zog, daß die Erosionsleistung der Gletscher im ganzen unbedeutend sei. Auch im Flußbett gibt es Stellen größerer und geringerer Korrasion. Aber deren Ursachen sind im allgemeinen leichter zu überblicken als die entsprechenden in einem so viel größeren, zudem seither vom Gletscher verlassenen Gletscherbett, bei dem man Querschnitt, Oberflächengefälle und Bewegungsverhältnisse des Gletschers zur Zeit der entscheidenden Ausformung nur einigermaßen unsicher abschätzen kann.

Ein namhafter Anteil der Glazialerosion mag der Mithilfe bzw. Vorarbeit der *subglazialen Schmelzwässer* zu danken sein. Diese sind am Grunde eines temperierten Gletschers vor allem im Zehrgebiet sicherlich reichlich. Denn das Tauen des Eises findet nicht nur an der Oberfläche, sondern auch von unten her statt. Diese subglazialen Schmelzwasser stehen unter starkem hydrostatischem Druck und sind durch ausgetaute Untermoräne mit Schleif- und Kollermaterial reichlich ausgestattet. Daher wird man von ihnen, besonders wo bei hohen Fließgeschwindigkeiten *Kavitationskorrasion* auftreten kann (Kap. III D 1, S. 223), weit größere Wirkung erwarten als von der gleichen Wassermenge in Gestalt subaërischer Gerinne. Ihre Leistungen von der eigentlichen Eiserosion genauer zu unterscheiden, dürfte aber schwierig sein. Außerdem ist ihre

Besonderheit gerade durch den Eisdruck bedingt, unter dem sie stehen. Es bedeutet daher keine Einschränkung der These einer in gewissen Gebieten sehr kräftigen Eiserosion, wenn man betont, daß ein Teil dieser Leistung genau genommen den subglazialen Schmelzwässern zukommt. Denn nur in Verbindung mit dem Gletscher kommen deren besonders große Wirkungen zustande. Außerdem zeigen z. B. schluchtartige Einschnitte im Fels einstiger Gletscherböden, die man überwiegend der Wirkung subglazialer Schmelzwasser zuschreiben möchte, immer auch die Spuren einer Überformung, insbesondere einer Zurundung durch den einstigen Gletscher.

Größe der Gletschererosion

Während des ersten Viertels unseres Jahrhunderts ist die Frage nach der Größe der Gletschererosion im Vergleich zur Flußerosion heftig umstritten gewesen. Von der Meinung, daß die Gletschererosion unbedeutend und ihre Wirkung eine eher konservierende als erodierende sei, bis hin zu der Vorstellung, daß jedes Stadium der letzten großen Vergletscherung in den Alpen eine eigene Talform erzeugt habe (Hess 1903), sind sehr verschiedene Anschauungen vertreten worden. Inzwischen sind durch Messungen über die Fracht von Gletscherbächen an gelöstem, suspendiertem und gröberem Material auch quantitativ einigermaßen gesicherte Vorstellungen gewonnen worden.

Sie bestätigen, was eine unvoreingenommene Beurteilung lange bekannter Tatsachen unmittelbar lehrt: Am Ende heutiger Gletscher, ebenso wie am Ende ehemaliger Gletscher befindet sich massenhaft Material, welches der Gletscher transportiert hat, welches aber durch die zum Fluß gewordene Gletschersubstanz liegengelassen werden mußte, eben die abgelagerten Moränen und die Glazifluvialablagerungen. Das weist auf eine im Durchschnitt erhebliche Überlegenheit der Gletschererosion über die Flußerosion hin.

Die interessante Zusammenstellung von J. Corbel (1959, S. 16 ff.) über Abtragungsmessungen an Gletscherbächen aus den Alpen, aus Skandinavien, Island, Grönland, Saskatchewan, Alaska macht dies in Zahlen deutlich. Die Abtragungsgrößen halten sich bei ruhigen, stationären oder im Rückschmelzen befindlichen Gletschern zwischen 1400 und 3200 m^3 pro km^2 und Jahr, was 1400 bis 3200 mm Abtrag im Jahrtausend entsprechen würde. Die Abtragungsgrößen in nicht vergletscherten Teilen der gleichen Gebiete bewegten sich zwischen 250 bis 800 mm im Jahrtausend. Die Gletscherabtragung wäre also rund viermal so groß wie die Fluvialabtragung. Das Verhältnis verschiebt sich noch wesentlich weiter zugunsten der Gletscher, wenn man die Abtragungsleistung vorstoßender Gletscher, wie des Hidden-Gletschers in Alaska am Anfang des 20. Jahrhunderts, mit derjenigen der verheerendsten Wildbäche vergleicht. Dann ergibt sich nach Corbel (1959, S. 18) in runden Zahlen eine etwa 25fache Überlegenheit der Gletscher. Diese Feststellungen sind ein deutlicher Hinweis darauf, daß besonders in den Vorstoßphasen die gestaltende Kraft der Gletscher außerordentlich groß ist. Man wird aber ebenso daran denken müssen, daß innerhalb einer Eiszeit ebenso wie innerhalb des gegenwärtigen Zustandes geringer Gletscherentwicklung die Vorstoßphasen gegenüber den Phasen stationärer Eisverhältnisse oder des Eisrückgangs zeitlich immer nur einen Bruchteil ausmachen. Etwas geringere Werte, als J. Corbel anführt, haben Messungen von G. Östrem, T. Ziegler, S. R. Ekman (1970) und von R. Pytte (1970) an norwegischen Gletschern ergeben.

3. Oberflächenformen der glazialen und der glazifluvialen (fluvioglazialen) Ablagerungen

Außensaumformen der Eisrandlagen

Am Rande der Gletscher treten Schmelzwasser aus. Längs großer Teile des Gletscherrandes sind es oft nur unbedeutende Rinnsale, die sogar manchmal in den lockeren Massen des ausgetauten Moränenschutts versinken. An einer oder einigen wenigen Stellen der Talgletscher, in gewissen Abständen am Rande der großen Plateaugletscher und Inlandeise, konzentrieren sich aber die Schmelzwasser infolge subglazialer Vereinigung zu mächtigen Bächen, ja gewaltigen Strömen, die aus kleineren oder größeren Gletschertoren unter dem Eise hervortreten. Sie führen große Mengen von suspendiertem Material mit sich, ausgetautes Gesteinsmehl der Untermoränen. Sie sind daher besonders im Sommer, der Hauptablationszeit, trübe *(Gletschermilch)*. Aus dem gleichen Grunde sind sie sehr geröllreich. Die Beobachtung lehrt, daß diese Schmelzwasserbäche nach ihrem Austritt aus dem Gletscher, wenn das Gelände nicht steil geneigt ist, ihre Geröll-Last zum großen Teil nicht weitertransportieren können. Sie schütten vor dem Gletscherende einen größeren oder kleineren Schwemmkegel auf, der aus wechselnden gröberen und feineren Lagen von Geröll, Kies und Sand besteht. Vielfach sind in ihm noch Gerölle vorhanden, die Spuren von Politur und Kritzung bewahrt haben und damit anzeigen, daß sie ausgewaschenes Moränenmaterial darstellen.

Der unter dem Gletscher hervorkommende Schmelzwasserbach besitzt unterhalb der Austrittsstelle gewöhnlich kein ihn zusammenfassendes festliegendes Bett. Das mindert seine Transportfähigkeit. Er entlastet sich durch das Ablagern eines Schwemmkegels und bewirkt damit zugleich eine Aufhöhung seines Untergrundes. Diese erfolgt so lange, bis das auf diese Weise vermehrte Fließgefälle es dem Gewässer ermöglicht, die noch verbleibende, bzw. die nachkommende Last an Geröll, Kies und Sand auch in zerfaserten Gerinnebahnen durchzutransportieren. Wegen dieser Zusammenhänge ist das Oberflächengefälle derartiger Schmelzwasserschwemmkegel in der Nähe des Gletscherrandes meist recht groß. 10 bis 20‰ und mehr kommen vor. Mit zunehmender Entfernung vom Gletscherrande nimmt aber das Gefälle meist merklich ab. Solche Schmelzwasserschwemmkegel heißen nach einem isländischen Namen *Sandur* oder *Sander*. Neben den *großen Gletschertorsandern* der Haupt-Schmelzwasserflüsse, gibt es oft kleinere *Bortensander* oder *Sanderschürzen* am Eisrande abseits der Stellen großen Schmelzwasseraustritts. Sie werden von kleineren Schmelzwasserrinnsalen gebildet und sind besonders stark geneigt.

Die Sander sind die größten und manchmal die einzigen Ablagerungen vor dem Eisrande. Sie beweisen durch ihr Vorhandensein, daß das Wasser in fester

Gestalt als Gletscher zusammen mit den begleitenden subglazialen Schmelzwassern eine wesentlich größere Transportleistung vollbringt als das vollständig in flüssige Form umgewandelte Wasser talwärts vom Gletscherende. Da das bis zum Eisrande transportierte Material überwiegend am Boden des Gletschers entfernt worden ist, so ist daraus auf eine recht ansehnliche erodierende Wirkung der Gletscher zu schließen.

Die Oberflächenneigung der Schmelzwasserschwemmkegel wird, wie angedeutet, meist nach abwärts merklich geringer. Sie ist, wie die jedes anderen

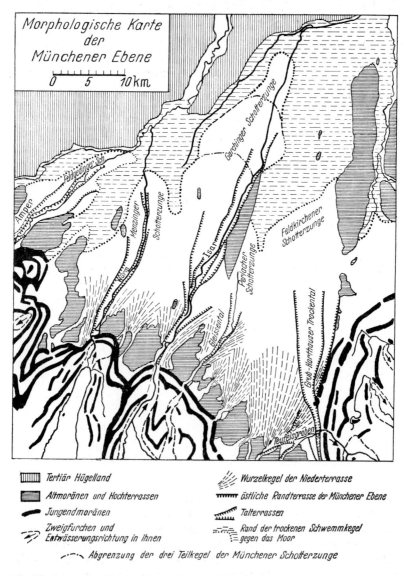

Fig. 99. Jungendmoränen und vorgelagerte Altmoränen, Sanderschwemmkegel und ihre Zerschneidung durch „Trompetentälchen". (Nach C. Troll, 1926, S. 172). Maßstab 1 : 500 000

Schwemmkegels, allenthalben durch das örtlich wirksame Verhältnis von Wassermenge und Schuttbelastung des aufschüttenden Gletscherbaches bestimmt. Ändert sich dieses Verhältnis, so wird der Schwemmkegel entweder weiter aufgehöht oder aber zerschnitten.

Letzteres tritt vor allem dann ein, wenn das Gletscherende und mit ihm der oberste Punkt der Schwemmfächerschüttung zurückweicht. Dann rücken nämlich gletscherfernere und damit flachere, weniger schotterbelastete Abschnitte der Gefällskurve des Gletscherbaches an *die* Stelle, an der vorher der Gletscherbach bei stärkerem Gefälle gröberes Material bewegt und abgelagert hat. Dies ist sehr häufig der Fall.

Zerschnittene Sanderschwemmkegel und glazifluviale Terrassenlandschaften gehören daher zu den regelmäßigen Erscheinungen in der Außensaumzone von glazigenen Aufschüttungslandschaften. Durch den Nachweis der Verknüpfung der verschiedenen glazifluvialen Aufschüttungsfelder im Alpenvorland mit bestimmten Endmoränenbildungen ist einst Albrecht Penck (1882, 1901–1909) die Entwirrung der mannigfaltigen Ablagerungskomplexe (glazialen Serien) der verschiedenen großen Eiszeiten im Alpenbereich gelungen. C. Troll (1924, 1926), B. Eberl (1930), H. Graul (1953), I. Schaefer (1950, 1953), C. Rathjens jun. (1951, 1954) und andere haben auf ähnliche Weise, mit z.T. allerdings umstrittenen Ergebnissen, weitere Feinheiten des hier zugrunde liegenden geomorphologischen Geschehens herausgearbeitet (Fig. 99).

Wenn, was gewöhnlich der Fall ist, der Gletscher nicht vollkommen stationär, d.h. wenn der Eisrand nicht in Ruhe ist, so wird bei vorrückendem Eisrande ein seitlicher Druck gegen die davor liegenden Ablagerungen bzw. überhaupt gegen alle entgegenstehenden Geländeformen ausgeübt. Das Vorrücken des Gletschers kündigt sich durch eine Anschwellung seiner Oberfläche an, die aus dem Firnfelde kommend wie eine mehr oder weniger mächtige Welle allmählich gegen das Zungenende vorrückt mit einer Geschwindigkeit, die gewöhnlich größer ist als die Fließgeschwindigkeit des Eises selbst. Gleichzeitig wird die Gletscheroberfläche oft brüchig, es bilden sich in steilen Partien Séracs. Diese Anschwellung deutet eine Zunahme der Ernährung des Gletschers im Nährgebiet an und eine verstärkte Überwindung der inneren Reibung im Eise durch den in der Höhe vergrößerten Belastungsdruck. Durch die Anschwellung versteilt sich das Gefälle der Eisoberfläche am Eisrande ganz bedeutend. Mit 30°, 40° oder noch steiler geneigtem und mehrere Zehner von Metern hohem Rande rücken selbst kleinere Gletscher gegen ihr Vorland vor. Bei großen Talgletschern oder gar einem Inlandeis kann die anrückende Eiswand 100 m und noch wesentlich mehr an Höhe erreichen.

Es ist klar, daß durch derartige Bewegungen gewaltige Druckkräfte ausgeübt werden können, daß der Gletscherrand entgegenstehende Hindernisse entweder beiseiteschieben oder überschreiten kann. Im erstgenannten Falle entstehen *Ufermoränen* bzw. *Endmoränenwälle, Stirnmoränenwälle.* Ihre Bildung kann je nach Umständen mehr durch einfaches Zusammenschieben von Material oder durch starkes Aufstauchen aus dem tieferen Untergrund bewirkt sein, so daß sie dann genetisch als *Schubmoränen* oder *Stauchmoränen,* bzw. als entsprechende -*Wälle* oder -*Kuppen* bezeichnet werden können (K. Gripp, 1927, 1929, 1938). Bei temperierten Gletschern wird hierbei Faltung und Knetung des gestauchten Materials erfolgen. Bei kalten Gletschern über tiefgründig gefrorenem Untergrund können Schollen- und Schuppenstrukturen selbst in an sich lockeren Sand- und Tonschichten die Folge solcher Pressungen sein. Das ist z. B. nicht selten in Stauchmoränen aus den Zeiten der Inlandvereisung des Norddeutschen Flachlandes zu beobachten (Fig. 101, 130). Gut aufgeschlossene, durch Inlandeis hervorgerufene Schichtstauchungen zeigen z. B. die Steilküsten westlich von Heiligenhafen (Holstein), von Rügen, von Cromer (Norfolk) (Ufer- und Endmoränenwälle vgl. Bild 110, 116).

Diese Druckwirkungen sind verständlich. Das Inlandeis hatte auf seinem Wege vom Ostseeboden (−50 m) her zu den Landschwellen des Norddeutschen Flachlandes (+50 m, +100 m bis über +200 m), bzw. von der nördlichen Nordsee her (−100 m bis weit unter −200 m in der Norwegischen Rinne) zu den Britischen Inseln bedeutende Gegenböschungen zu überwinden. Es muß daher schon bei stationärem Zustand in den Randpartien ein kräftiges Oberflächengefälle besessen, also mit bedeutenden Eismächtigkeiten auf den Untergrund gedrückt haben. Das ist einerseits aus der Analogie zu den heutigen Inlandeisen von Grönland und Antarktika zu entnehmen. In deren besser vermessenen Teilen verläuft die 1000 m Höhenlinie auf der Eisoberfläche überwiegend in weniger als 100 km, stellenweise in weniger als 50 km Küstenabstand. In einer über 100 km breiten Randzone des Inlandeises herrscht also ein durchschnittliches Oberflächengefälle von 10‰ bis 20‰ und selbst mehr. Das Inlandeis schwillt hier, wie auch die seismischen Eisdickenmessungen zeigen, randlich sehr schnell auf Eismächtigkeiten von mehreren hundert Metern an (vgl. Fig. 97).

Ähnliche Verhältnisse sind andererseits auch aus einer einfachen Überlegung über die Höhe der eiszeitlichen Schneegrenze und über ihre zur Ernährung des Inlandeises erforderliche Lage auf dem Eiskörper für das Nordeuropäische Inlandeis der letzten großen Vergletscherung zu erschließen.

Die Höhe der letzteiszeitlichen Schneegrenze kann nach den entsprechenden Befunden auf den Britischen Inseln und in den Deutschen Mittelgebirgen am Südwestsaum des Inlandeises schwerlich unter 500 m, am Südostsaum kaum unter 800 m gelegen haben. Bis zu diesen Meereshöhen muß die Inlandeisoberfläche wahrscheinlich schon in etwa 100 km, allermindestens in 150 km Entfernung vom Eisrande aufgestiegen sein, damit ein rein nur für die Erhaltung des Eiskörpers ausreichendes Größenverhältnis zwischen Nährfläche und Zehrfläche auf dem Eiskörper gewährleistet war. Das erfordert, wegen der bei einem nicht schrumpfenden Gletscher am unmittelbaren Eisrande stets vorhandenen Versteilung der Oberfläche, Eisdicken von über 100 m schon in 10 bis 20 km Abstand vom Eisrande. Darüber hinaus lehrt die Erfahrung, daß jede Vorrückphase eines Gletschers, selbst eine sehr kleine, durch eine kräftige Versteilerung der Gletscheroberfläche am Gletscherrande eingeleitet wird.

Um Einzelheiten der Landformung in Gebieten einstiger Inlandeis-Randlagen zu erklären, wurde gelegentlich die Annahme gemacht, daß vom Inlandeis-Saume her schmale, lange Spezialzungen mit Mächtigkeiten von nur wenigen

Zehnern von Metern vorgestoßen seien, die sich dem Kleinrelief eingefügt und an ihm weitergestaltet hätten. Schlüsse, die A. Dücker (1951) aus der Packung von Sanden auf den Belastungsdruck, unter dem sie entstanden sind, ziehen zu können glaubte, sind zur Stützung dieser Annahme herangezogen worden.

Die Erfahrung lehrt zwar, daß am Gletscherrande schon unbedeutende Hindernisse einen mächtigen Gletscher in seiner Bewegung beeinflussen können. Sie lehrt aber nicht, daß, wenn ein unbedeutendes Hindernis solches vermochte, der betroffene Gletscher geringe Mächtigkeit gehabt hat. Vielmehr erscheinen Annahmen, die mit einem Vorrücken geringmächtiger Gletscherzungen am Saume eines Inlandeises rechnen, d. h. mit einem Vorrücken ohne bedeutende Randversteilung der Eisoberfläche, weder mit den Grundlagen der Eisdynamik noch mit denen des Eishaushalts auf dem Gletscher verträglich. Zum Teil abweichende Auffassungen äußerte K. Gripp (zuletzt 1964 S. 175). Jedoch enthält das Werk zugleich wertvolle Analysen von Einzelerscheinungen der Inlandeis-Randzone. Ihre genauere Behandlung ist im Rahmen unserer Darstellung nicht möglich. Auf diese Quelle zu weitergehender Unterrichtung sei hingewiesen.

In die Schub- und Stauchmoränen werden häufig kleinere und größere Klötze vom Gletscher abgetrennten, d. h. totgewordenen Eises mit eingearbeitet. Wenn sie später wegtauen, so entstehen durch Nachsacken über dem schwindenden Eis geschlossene Hohlformen, *Kessel, Sölle, Toteislöcher* (R. F. Flint, 1929). Sie können z. T. auch als Pingos durch Schwund einstiger Bodeneislinsen zu deuten sein (S. 166). Sie sind charakteristische Merkmale aller glazialen Ablagerungsgebiete, besonders aber der Stauchungszone im Bereich der Eisrandlagen.

Selbstverständlich muß ein Endmoränen- oder Ufermoränenwall nicht einheitlich und nicht durchgehend von gleicher Höhe und Mächtigkeit sein. Da das Vorrücken des Gletscherrandes keineswegs allenthalben gleichmäßig vonstatten geht, sondern hier kräftiger, dort schwächer, hier in einem Zuge, dort in mehreren Anläufen, so kann das gleiche Wallsystem stellenweise mächtig und daneben schwach, stellenweise als einfacher Rücken, daneben in mehrfacher Staffelung ausgebildet sein. Vieles hängt hierbei von ganz lokalen Ursachen ab. An der Stelle von Gletschertoren setzt der Randmoränenwall naturgemäß aus (Fig. 99, 100).

Da Endmoränen und Ufermoränen oft nicht die größten Formen am Außenrande einer Eisrandlage sind, da sie manchmal neben den Sanderaufschüttungen nur eine bescheidene oder gar keine Rolle spielen, so ist es vielleicht besser, den Formenschatz am Außensaum einer großen Eisrandlage nicht, wie es bisher meist üblich ist, als *Endmoränenlandschaft* zu bezeichnen, sondern von den *Außensaumformen einer Eisrandlage* zu sprechen. Gute Kartenbeispiele: Im Alpenvorland Blatt 7933 Weßling, Blatt 7934 Starnberg Nord, in Norddeutschland Blatt 1122 Flensburg Nord, Blatt 1523 Kropp der Topographischen Karte 1:25000.

Um gut ausgeprägte Außensaumformen einer Eisrandlage ausbilden zu können, muß der Gletscher am oberen Ende der betreffenden Saumablagerungen durch längere Zeit stationär geblieben sein. Die am weitesten vorgeschobenen der deutlich ausgebildeten Außensaumformen brauchen aber nicht zugleich die äußerste Eisrandlage anzugeben. Vielmehr finden sich z. B. in Nordwestdeutschland ziemlich häufig geschlossene Hohlformen in die äußersten deutlich ausgeprägten Sanderflächen eingebettet und selbst noch außerhalb von deren unterem Ende. Es handelt sich dabei offenbar um Toteis-Hohlformen. Sie dürften von Toteismassen verursacht sein, welche die Hinterlassenschaft kurzfristigen Vorrückens des letzteiszeitlichen Nordischen Inlandeises waren, bevor der Eisrand an der äußersten, gut ausgebildeten, aber weiter zurück liegenden Eisrandlage für längere Zeit stationär wurde. Die Toteismassen wurden durch Sandermaterial dieser Eisrandlage oder durch lokale Solifluktionsmassen überdeckt. Sie tauten erst sehr viel später aus, so daß Toteisformen entstanden. Diese sind schwache Zeugen einer kurzfristigen äußersten Eisrandlage.

Subaquatische Sonderausbildung von Eisrandlagen

Besondere Beschaffenheit haben die Glazialablagerungen in den großen Inlandeisgebieten Nordeuropas und Nordamerikas vielfach dadurch, daß hier das Land beim Schwinden des Eises infolge glazial-isostatischer Hinabdrückung weithin so tief lag, daß das Abschmelzen großenteils im Meere oder auch in mächtigen glazialen Stauseen erfolgte. Dabei sind namentlich in muldenförmigen Teilen des Reliefs, die sich gegen das damals schon gletscherfreie Gebiet öffnen, ganze Serien von niedrigen, wenige Meter hohen Moränenwällen entstanden, die in Abständen von 100 bis wenige hundert Meter hintereinander liegen. G. de Geer hat in ihnen *Jahresmoränen* gesehen. In Canada wurden solche Moränen als *Waschbrett-Moränen (wash-board moraines)* bezeichnet (H. B. Mawdsley, 1936). Man kann auch von *Wallserien-Moränen* sprechen.

Für die Deutung dieser Moränen kommen vor allem die Anschauungen von G. Hoppe (1948, 1957) in Betracht. Er sieht in diesen Formen Wirkungen des Eisrückzuges im Gebiet von „Kalbungsbuchten", in welchen sich Eisberge vom Inlandeise ablösten. Die Moränen sind *Kalbungsmoränen,* welche entstehen, wenn der zum Schwimmen gekommene Teil des Gletschers plötzlich abbricht, also zum Eisberg wird, wobei der Saum des verbleibenden Gletschers eine gewisse Abwärtsbewegung macht, weil der auf ihn vom einstigen Eisrande her mitwirkende Schwimmauftrieb plötzlich geringer wird. Damit dürfte auch die von Hoppe beobachtete Einregelung vieler Blöcke in den Kalbungsmoränen zusammenhängen. Ihre Längsachse liegt quer zur Richtung des Walles. Hoppe bezweifelt, daß diese Moränen überwiegend als Jahresmoränen gedeutet werden können. Denn der Kalbungsrhythmus wird hauptsächlich durch die Geschwindigkeit der Eisbewegung und durch die örtlichen Auftriebsverhältnisse bestimmt, welche beide nicht entscheidend von der Jahreszeit beeinflußt werden. Man wird allerdings überlegen müssen, ob nicht der winterliche Meereissaum an den damaligen Inlandeisküsten doch einen hemmenden Einfluß auf die Kalbungstätigkeit während des Winters ausgeübt hat.

Innensaumformen der Eisrandlagen

Den Außensaumformen stehen die *Innensaumformen der Eisrandlage* gegenüber. Um sie recht zu verstehen, ist es wichtig, sich die allgemeine Konfiguration des Eisrandgebietes deutlich zu machen.

Infolge der Sanderaufschüttungen rings um den Eisrand und der Aufschiebung und Aufstauchung von Randwällen vor dem Eise, zusätzlich verstärkt wohl auch durch Erosion der subglazialen Schmelzwässer unter dem Eise und durch Erosion des Eises selbst, liegt der Boden des Gletschers in der Nähe des Gletscherrandes meist tiefer als die Umgebung. Der Gletscherlobus bzw. die Gletscherzunge liegt in einem *Zungenbecken* (A. Penck, 1882). Dieses weist eine Tendenz zu *zentripetaler Entwässerung* auf, sobald der Gletscher aus ihm schwindet. Aus dieser Tatsache und deswegen, weil das Schwinden des Gletschers meist nicht schnell und nicht ohne zwischengeschaltete kleinere Vorstöße vor sich zu gehen pflegt, ergibt sich ein besonderer Formenschatz des Innensaumes einer Eisrandlage.

Wenn nach einer Periode des Gletschervorstoßes Zeiten der Ruhe oder des Gletscherrückschmelzens eintreten, so ist klar, daß auch bei letzterem das Gletschereis selbst nur vorrücken oder bewegungslos, d. h. tot werden kann. Ein Zurückweichen des Gletscherrandes kommt nur zustande, wenn das Abschmelzen des Eises am Gletscherrande den Nachschub überwiegt. In solchen Zeiten mangelnden Nachschubs sinkt die Oberfläche des Gletschers ein. Größere Teile des Eises werden im Randgebiet schließlich bewegungslos, d. h. zu Toteis. Sie haben den Zusammenhang mit dem mit Nachschub versorgten, sich bewegenden Gletscher verloren.

Der Schmelzwasserbach eines größeren Gletschertores kommt nun schon erheblich *vor* Erreichen des ehemaligen Eisrandes ans Tageslicht und setzt seinen Schotter über und zwischen Toteisresten ab, die in den vom „lebenden" Gletscher nicht mehr erfüllten Teilen des Zungenbeckens liegen geblieben sind. Von der Schotterlast befreit, entfaltet er auf der stark geneigten schiefen Ebene des vorher weiter talwärts vor dem ehemaligen Gletscherrande aufgeschütteten Sanders eine viel zu große kinetische Energie. Er muß daher diesen Sander, vor allem seine oberen, am stärksten geneigten Teile zerschneiden. Die hierbei weggenommenen Massen werden gewöhnlich als neuer flacherer Schwemmkegel ein Stück weit talab wiederum ausgebreitet, weil nur das starke Gefälle der oberen Teile des Sanders die Wassermassen zum Einschneiden und zum Abfrachten der hierbei anfallenden Massen befähigt. Es entsteht eine Verschachtelung des älteren Sanderkegels mit dem jüngeren Taleinschnitt und dem an ihn anschließenden jüngeren Schwemmkegel. Wegen der talab trompetenartig sich ausweitenden Form solcher Taleinschnitte hat C. Troll (1926, 1957) sie als *Trompetentälchen* bezeichnet (Fig. 99).

In dem vom Gletscher aufgegebenen Teil des Zungenbeckens kommt es zwischen den Randmoränenwällen (End- und Ufermoränenwällen) eines früheren Haltes *(Stadium, Stadial, Vorstoßphase)* und dem neuen Eisrand zur Ausbildung eines Systems von *Umfließungsrinnen,* die oftmals teilweise über Toteis angelegt sind (C. Troll, 1924). Schmilzt dieses nach weiterem Rückgang des Eises

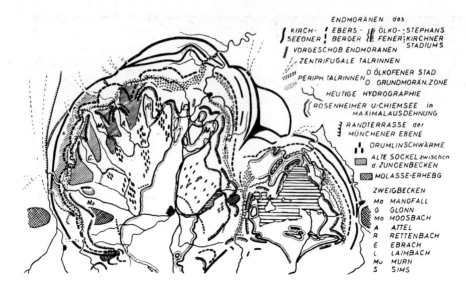

Fig. 100. Aufbau und Hydrographie einer Jungmoränenlandschaft.
Das Gebiet des würmeiszeitlichen Inn-Chiemsee-Gletschers. (Nach C. Troll, 1924, S. 32).
Maßstab etwa 1 : 750 000

Mehrere hintereinandergelagerte Wallsysteme, in ihnen Gletschertore (zentrifugale Talrinnen).
Zwischen den Wällen periphere Talrinnen. Im Zungenbecken Seen oder ehemalige Seen und, vor-
nehmlich in der Bewegungsrichtung des Eises gegen vorgelagerte Hindernisse, Schwärme von
Drumlins.

schließlich aus, so ergibt sich (Fig. 100, auch 101) am Innensaum der früheren
Eisrandlage ein kompliziertes Relief von einzelnen Stauchmoränen-Höhen und
von Stücken glazifluvialer Talböden der einstigen Umfließungsrinne, manchmal
in mehreren Stufen übereinander, die aber unregelmäßig von Toteishohlformen
unterbrochen sind. Teils haben diese Rinnenböden den Charakter von
Erosionsformen, teils stellen sie Aufschüttungen dar, die einst gegen oder
zwischen umrahmende Toteisklötze geschüttet wurden (*Kames* nach einem in
Irland gebräuchlichen Ausdruck). Das ganze ist mehr oder weniger stark von
unregelmäßig gestalteten, oft großen Toteishohlformen durchsetzt, die durch das

---

Die Haupt-Eisrandlagen sind am deutlichsten durch die gemeinsame Konvergenz von Rinnenseen
und benachbartem unruhigem Gelände (in der Figur schraffiert) gegen das oft trichterförmige obere
Ende von Sanderkegeln ausgeprägt. Die Rinnenseen ebenso wie dieses unruhige Gelände sind als
Wirkungen der vom- bzw. unter dem Eise hervor-kommenden größeren Schmelzwasser-Gerinne auf-
zufassen. Das besagte kuppige Gelände besteht überwiegend aus Kames und Stauchmoränen, weniger
oft aus eigentlichen Endmoränenwällen. Nördlich von Berlin die Haupt-Eisrandlage des Frankfurter
Stadiums. Südlich von ihr Geschiebelehmplatten (weiß) und Sanderflächen, welch letztere sich gegen
das (Warschau-)Berliner (Urstrom-)Tal abdachen. In den Sanderflächen und im Urstromtal zahlreiche
Rinnenseen, durch einstige Toteiseinlagerung vor der Zufüllung bewahrt.
Südlich des Berliner Tales wiederum Geschiebelehmplatten, alsdann das unruhige Gelände der
Brandenburgischen Haupt-Eisrandlage. Die Züge der Rinnenseen, d. h. die einzelnen subglazialen
Schmelzwasserrinnen, richten sich, teilweise zu mehreren, gegen die Spitze von Sanderkegeln, welche
sich von der Brandenburgischen Haupt-Eisrandlage gegen das (Glogau-)Baruther (Urstrom-)Tal
abdachen.

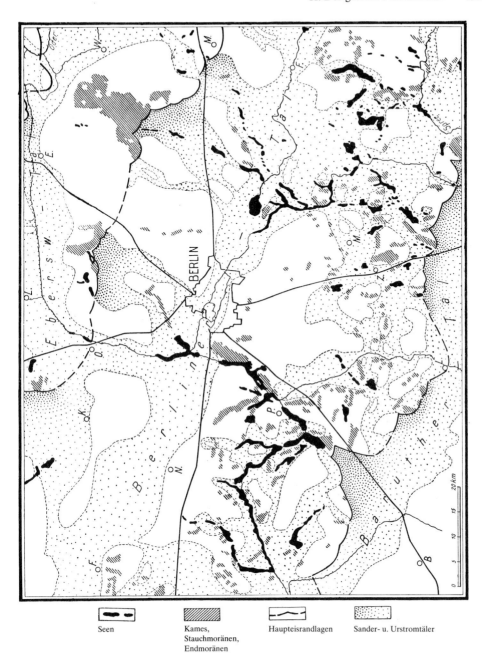

Seen   Kames,   Haupteisrandlagen   Sander- u. Urstromtäler
              Stauchmoränen,
              Endmoränen

Fig. 101. Letzteiszeitliche glaziale Aufschüttungslandschaft in der Umgebung von Berlin, etwa
    1 : 750000. (Nach P. Woldstedt 1954, S. 131, aus R. Brinkmann, Lehrb. d. Allg. Geol.
    Bd. I, S. 240.)

Einzelne Abweichungen zwischen den Fig. 101 und 102 ergeben sich aus Unterschieden des Dar-
stellungszieles. Bestimmte Erscheinungskomplexe sind in beiden Abbildungen verschieden stark
generalisiert.

späte Wegschmelzen bewegungslos gewordener Eisklötze entstanden sind (R. F. Flint, 1929).

Einzelne dieser Hohlformen haben dabei eine Einfüllung von Flußtrübe (Bändertone, Mehlsande, in kalkigen Gebieten Seekreide) und von Deltakiesen erfahren, deren nähere Entstehungsbedingungen nach dem Wegschmelzen allen Toteises manchmal schwer zu rekonstruieren sind. Im Ganzen wirkt das vom Gletscher aufgegebene Zungenbecken wie eine *„Sedimentfalle"*. Es bewirkt Frachtentlastung der dem zurückschmelzenden Gletscherrande entströmenden Schmelzwasser und fördert dadurch, wie schon erwähnt, die anschließende Zerschneidung der von dem früheren Außensaum des Gletschers bei dessen Hochstande geschaffenen glazifluvialen Sanderschwemmkegel.

Viele der Toteisformen des einstigen Vergletscherungsgebietes enthalten nachmals Seen. Unter diesen sind z. B. im Norddeutschen Flachland die Rinnenseen, welche auf die Stellen alter Gletschertore hinzielen, besonders häufig und groß. Es sind, wie mit guten Gründen angenommen werden kann (P. Woldstedt, 1952), die durch Eisschurf verbreiterten Rinnen der einst unter hydrostatischem Druck arbeitenden subglazialen Schmelzwässer, die dem Gletschertore zustrebten. Bei Erlahmen der Gletscherbewegung wurde totes Eis in sie eingebettet. Diesem verdanken sie ihre Offenhaltung als Hohlform (vgl. Fig. 101). Manche Zweigbecken der großen Zungenbecken in den Gebieten der ehemaligen Vorlandvergletscherung der Alpen dürften wohl in ähnlicher Weise durch Zusammenwirken von Eisschurf und mächtigen subglazialen Schmelzwasserströmen ausgearbeitet bzw. vertieft worden sein. Nach dem Verschwinden des Eises ist die Entwässerung im inneren Randbereich der großen Eisrandlagen gewöhnlich zentripetal gegen das Zungenbecken hin gerichtet. K. Keilhack (1896) hat diesen unruhig gestalteten Typ der glazialen Aufschüttungslandschaft in Norddeutschland als *kuppige Grundmoränenlandschaft* bezeichnet, weil dort überwiegend eine Decke von Geschiebemergel die unruhigen Oberflächen überkleidet. Doch besitzen kuppige Grundmoränenlandschaften gewöhnlich nur eine dünne Decke von Geschiebelehm. Darunter liegen gestaucht oder auch flach meist Serien von glazifluvialen Ablagerungen (vgl. auch K. Gripp, 1975; R. German, 1973). Eine Grundmoränendecke ist in den Umfließungsrinnen und den Toteis-Hohlformen nicht vorhanden. Kuppige Grundmoränenlandschaften können auch durch vorher existierende Unebenheiten des Untergrundes und nicht nur durch die Lage zu einem Eisrand hervorgerufen sein. Deswegen erscheint es uns zweckmäßig, unter Hervorhebung der Lagebeziehungen von *Innensaumformen der Eisrandlage* zu sprechen.

Umfließungsrinnen von Schmelzwassern des Eises, wie sie nach dem Gesagten für die Innensaumformen der Eisrandlage so sehr charakteristisch sind, können auch am Außensaum der Eisrandlagen auftreten, dann nämlich, wenn der Eisrand gegen aufsteigendes Gelände ausgebildet wurde. Die sogenannten *Urstromtäler* Norddeutschlands sind derartige Formen sehr großen Ausmaßes (K. Keilhack, 1899). Ihre etappenweise Benutzung und Außerbetriebsetzung seit dem Höchststande und den verschiedenen Rückzugsphasen, besonders der letzten großen Vergletscherung, ist dadurch ausgezeichnet, daß nicht die Rückzugsschritte des Inlandeisrandes unmittelbar, sondern das erst viel später erfolgende Austauen

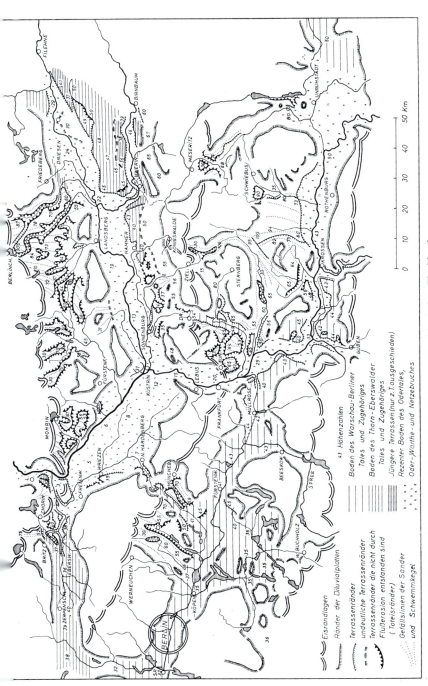

Fig. 102. Geomorphologische Skizze des mittleren Oder-Gebietes, Norddeutsches Flachland. (Nach H. Louis, 1936, S. 18). Maßstab 1 : 1,25 Mill.

Die Landschaft gliedert sich in Diluvialplatten und breite, durch Furchen mannigfach miteinander in Verbindung stehende Talzüge (Urstromtäler). Über die Platten ziehen mehrere Eisrandlagen mit den von ihnen ausgehenden Sanderflächen. Das Relief wird im einzelnen dadurch verwickelt, daß in den Talzügen und Furchen unregelmäßig verbreitet Toteismassen beim Abschmelzungsvorgang liegen geblieben sind, umschüttet und überschüttet wurden. Daraus ergaben sich nach dem endgültigen Abschmelzen viele Hohlformen mit Toteisrändern und Kames-Bildungen, ferner ausgedehnte Unterbrechungen des gleichsinnigen Gefälles in den großen Talzügen (z. B. längs Oder, Warthe, Netze), namentlich auch Seen mitten in den großen Talzügen.

von Toteismassen im Bereiche der alten Hauptgletschertore jeweils die Bahnen zur Benutzung des nächst nördlich und damit tiefer gelegenen Urstrom-Talsystems eröffnet hat (H. Louis, 1936, Fig. 102).

Die von der vorher befolgten Flußrichtung abweichenden Engtalstrecken der Oder bei Neusatz, bei Frankfurt und bei Oderberg, der Weichsel bei Plock, bei Schwetz (Swiecie) und Neuenburg (Nowe) sind besonders bekannte, aber keineswegs die einzigen Beispiele dieser Art. Der lange Zeit ganz unverständliche Sachverhalt, daß Seen, insbesondere auch Rinnenseen in Norddeutschland nicht nur Bestandteile der Moränenlandschaften sind, sondern daß sie vielfach quer durch die viele Kilometer breiten Urstromtalböden hindurchziehen, erklärt sich gleichfalls durch das bis weit in die Postglazialzeit fortdauernde Ausschmelzen von Toteis.

Eindrucksvolle Beispiele von Umfließungsrinnen im festen Fels am Außensaum wichtiger Eisrandlagen sind dort entwickelt, wo große Vorlandgletscher oder Inlandeise ihre Ränder gegen Gebirge emporgeschoben haben. Das ist auf den Britischen Inseln durch das schottische Inlandeis und durch das große nordische Inlandeis vielfach geschehen, namentlich in den nördlichen und östlichen Randgebieten der Pennines. Dort nennt man diese Erscheinungen *Spillways* (P. F. Kendall, 1902; C. M. Mannerfelt, 1945; H. R. Drehwald, 1955). Aber auch im Gebiet des rißeiszeitlichen und würmeiszeitlichen Rheingletschers sind besonders zwischen Schaffhausen und Sigmaringen die mannigfachsten Beispiele derartiger Formen vorhanden (vgl. Geologische Karte des Landkreises Konstanz mit Umgebung 1:50000).

In den Ablagerungsgebieten der ehemaligen Vorlandgletscher der nördlichen Alpen glaubt namentlich J. Knauer (1929/31, 1935, 1937), hinter den äußeren Eisrandlagen eine ältere zu erkennen, die nachträglich vom Gletscher überfahren wurde, ohne dabei allzu starke Umformung zu erleiden. Diese Annahme ist nach den Erfahrungen an rezenten Gletschern nicht leicht vorstellbar und wird umstritten (C. Troll, 1936).

Formenschatz im Hinterland der Eisrandlagen

In größerem Abstand hinter den Eisrandlagen einer einstigen Vergletscherung finden sich in den Gebirgstälern und im Gebiet ehemaliger Vorlandvergletscherungen meist große Beckenhohlformen, die von Seen eingenommen werden oder von flachen Aufschüttungsböden, den Ergebnissen der Zufüllung ehemals vorhandener Seen. Abseits von ihnen ist das Gelände häufig mit einer flachwelligen Grundmoränendecke überzogen.

Ähnliche Verhältnisse zeigen auch im Ablagerungsgebiet der Inlandvereisungen die weiteren Hinterlandbereiche der dortigen Eisrandlagen. Hier herrschen im allgemeinen sanftwellige Formen, die von einer Grundmoränendecke überkleidet werden, wie sie an der Basis der Inlandeismasse durch Austauen zur Ablagerung kam. Dieses Relief besitzt kein gleichsinniges Gefälle. Größere und kleinere geschlossene Hohlformen von rundlich-lappigem Umriß und nicht bedeutender Tiefe überstreuen das Land. Sie sind in den humiden Klimabereichen mit Seen erfüllt, deren bescheidene Abflüsse oft in kompliziertem Lauf von See zu See Anschluß an eine größere Entwässerungsader suchen. Dieser Typus wird als *flache Grundmoränenlandschaft* bezeichnet.

Stellenweise sind der flachen Grundmoränenlandschaft unruhigere Formen eingefügt. Zu diesen gehören die sogenannten *Drumlins* (Bild 117). Das sind in der Fließrichtung des Eises länglich oval gestaltete, zugerundete Hügel von wenigen Zehnern von Metern Höhe und von einigen hundert Metern Länge. Ihre der Eisbewegung entgegengerichtete Seite ist gewöhnlich etwas steiler als die Leeseite. Die Hügel bestehen oberflächlich aus Grundmoränenmaterial. Sie treten in Schwärmen auf und zwar so, daß die nebeneinander hinziehenden Reihen von Drumlin-Hügeln eine auffällige gegenseitige Versetzung auf Lücke aufweisen. Zwischen den Drumlins sind geräumige Talfurchen entwickelt, die über niedrige, oft unmerkliche Wasserscheiden miteinander in Beziehung stehen und zu einem förmlichen Talgeflecht verbunden sind. Drumlingebiete treten vorzugsweise dort auf, wo örtlich zwischen Becken, die der Eisbewegung bequeme Bahnen darbieten, der Untergrund ein sanftes Gegengefälle gegen die Gletscherbewegung aufweist. Möglicherweise spielen Differenzierungen der Eisbewegung und Spaltenbildung des Eises im Gebiet des Untergrundhindernisses bei der Drumlinbildung eine Rolle. Natürlich können Drumlins auch nahe von Eisrandlagen an deren Innensaum auftreten (Fig. 100). Aber sie sind nicht auf solche Gebiete beschränkt (E. Ebers, 1937; Kartenbeispiele 1:25000: Topogr. Karten 8033 Tutzing, 8042 Waging am See, 8133 Seeshaupt, 8221 Mainau, Wangen im Allgäu-West).

Außer den Drumlins gibt es noch weitere, stärker akzentuierte Formen im Bereiche der flachen Grundmoränenlandschaft. Sie knüpfen sich an die Bahnen, auf denen einst unter dem Eise unter hydrostatischem Druck die Schmelzwasser, zu größeren und sehr großen Gerinnen vereint, den Hauptgletschertoren zustrebten. Hier bleiben *Rinnenseen* von manchmal beträchtlicher Tiefe und mit oft steilen Seitenböschungen zurück.

Aber mit den Rinnenseen verknüpfen sich nicht selten dammartig aufragende Rücken von hunderten bis tausenden von Metern, ja, von vielen Kilometern Längenerstreckung. Sie liegen in der Verlängerung von Rinnenseen oder erheben sich unvermittelt in der Längsrichtung aus ihnen oder neben ihnen. Seltener werden Rinnen von ihnen gequert. Diese schmalen Rücken, die die Umgebung um Zehner von Metern überragen können, sind aus Sand, Kies und Geröll in Kreuzschichtung aufgebaut, oft ohne daß Knetung oder Stauchung an ihnen erkennbar wäre. Die Kammlinie der Rücken weist beträchtliche Höhenschwankungen auf. Ein Rücken kann ganz aussetzen, um in einigen hundert Metern Entfernung wieder neu zu beginnen. Solche Rücken heißen verdeutscht *Os* (Mehrzahl Oser), schwedisch *Ås* (Mehrzahl Åser), im Irischen *Esker* (Bild 118). Zweifelsohne handelt es sich bei ihnen um Aufschüttungen fließenden Wassers zwischen Eiswänden zu beiden Seiten. Sie müssen aber unter hydrostatischem Druck erfolgt sein, denn sonst wären die Höhenschwankungen der Kammlinie der Oser, ihr plötzliches Aussetzen und Wiedereinsetzen, ihre Verlängerung in Gestalt einer Tiefenrinne nicht zu verstehen (Fig. 103 und Bild 118). Es sind also subglaziale Schmelzwasseraufschüttungen. Ihnen stehen die schon besprochenen

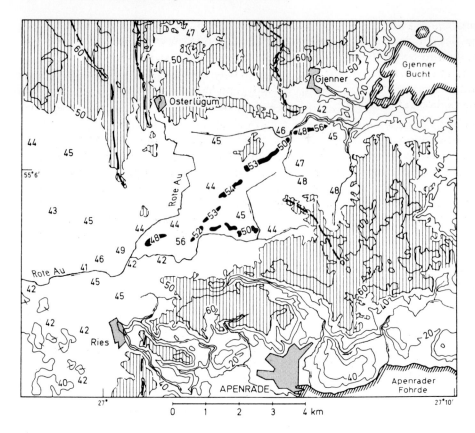

Fig. 103. Das Os von Gjenner in Nordschleswig, nördl. v. Apenrade. Etwa 1:150000, vereinfacht
   nach der Karte 1:110000.

Das unruhig kuppige Jungmoränengebiet von großenteils über 50 m Höhe (senkrecht schraffiert),
in welchem sich wallartig ausgebildete Eisrandlagen erkennen lassen (gestrichelt), grenzt im
Westen an die flache Sander-Ebene der Roten Au. Diese dacht sich von dem großen einstigen
Gletschertor nördl. von Ries von wenig über 45 m Höhe nach W und SW auf etwa 40 m Höhe ab.
Einige geschlossene Hohlformen deuten wahrscheinlich an, daß das letzte Inlandeis ursprünglich noch
etwas über den Stand der äußersten, gut entwickelten Endmoräne vorgedrungen ist und vor dieser
Toteis hinterlassen hat, welches später vom Sander überdeckt wurde.

   Gegen das einstige Gletschertor hin richten sich aus dem Gebiet der Gjenner Bucht und der
Apenrader Förde subglaziale Schmelzwasserrinnen. Sie werden heute von kleinen Gerinnen benutzt,
die diesen Meeresbuchten zustreben. Dabei haben sich z. B. bei Ries und bei Apenrade z. T. recht
eigenartige Wasserscheidenverhältnisse entwickelt. Sie dürften eine Folge des unregelmäßigen, z. T.
gegenläufigen Gefälles der subglazialen Schmelzwasserrinnen sein.

   Besondere Erscheinungen zeigt die breite, teilweise vermoorte, von sandiger Moräne und Glazi-
fluvialsanden eingenommene Niederung von 45 bis 48 m Höhe, die die Bucht von Gjenner mit dem
einstigen Gletschertor nördl. von Ries verbindet. Über sie erheben sich um mehrere Meter bis zu
10 m Höhe lange schmale Rücken aus geschichteten Sanden und Kiesen, die in mehr als 6 km langer
Reihe vom Gebiet der Gjenner Bucht nach Südwesten zum einstigen Gletschertor hin verlaufen. Ein
kürzerer Zweig kommt von Osten hinzu. Diese, in der Karte durch Schwärzung gekennzeichneten,
schmalen Sand- und Kiesrücken sind Oser. Die angegebenen Höhenzahlen erlauben es, die relative
Höhe dieser einst subglazial gebildeten Ablagerungen zu entnehmen.

Kames gegenüber, die durch Einschüttung von Sand und Kies in subaërische Hohlformen entstehen, deren Umrahmung bei der Bildung wenigstens teilweise aus Toteiswänden bestanden hat. Solche Kamesaufschüttungen haben streng gleichsinniges Oberflächengefälle, sofern nicht durch späteres Austauen überschütteter Eisklötze und entsprechende Nachsackungen dieses Oberflächengefälle nachträglich gestört wurde, was sich aber durch Beobachtung entscheiden läßt.

Die Oser reichen vielfach bis in die Nähe der alten Gletschertore. Oft sind sie aber dort durch spätere Kamesbildung während des beginnenden Eisrückgangs umgewandelt oder verschleiert. Am auffälligsten wirken sie, wo sie in Verbindung mit einer Kette von Rinnenseen dammartig über die flache Grundmoränenlandschaft aufragen. In Skandinavien und Finnland sitzen solche Oser als subglaziale Schmelzwasserablagerungen vielfach auf der flachwelligen Rundhöckerplatte, die dort als Ergebnis vorherrschender glazialer Erosion unter dem Eise ausgebildet worden ist (bes. P. Woldstedt, 1954; A. Hellaakoski, 1930; J. Leiviskä, 1928).

Gelegentlich trifft man hier in einem Os örtlich auf einen Felsenkern, auf eine nur dünn von Osablagerungen überdeckte Rundhöckererhebung. Wenn es sich hierbei auch um Ausnahmeerscheinungen handelt, so dürften diese doch für die Gestaltung des betreffenden Oses eine gewisse Bedeutung haben. Zweifellos wird die Felserhebung an der Unterseite des sich bewegenden Inlandeises in dessen Bewegungsrichtung leeseitig einen Streifen mangelnden oder unvollkommenen Aufliegens des Eises auf dem Untergrund erzeugen. Zu solchen Linien müssen subglaziale Schmelzwasser bevorzugt hinstreben. Dort ist auch die Wahrscheinlichkeit des Absatzes von subglazialen Schmelzwasserablagerungen, also von Osern besonders groß. (Freundlicher Hinweis durch G. Hoppe auf ein Vorkommen im Stockholm-Ås bei Närlunda, westlich der Stadt 1961.)

Altmoränenlandschaft

Die geschilderten Formen der glazialen und glazifluvialen Aufschüttung sind im allgemeinen nur in den Jungmoränenlandschaften in Frische erhalten, d. h. in den Gebieten der heutigen und der letzten pleistozänen Vergletscherung. Die Aufschüttungsformen älterer Vereisungen des Pleistozäns haben während der jeweils nachfolgenden Kaltzeit bzw. -zeiten starke Umgestaltung erfahren. Sie sind namentlich in Mitteleuropa während der folgenden Eiszeit unter einem Tundrenklima zu *Altmoränenlandschaften* geworden (A. Penck, 1901/09, S. 5). Vor allem sind in ihnen durch Frostverwitterung und Solifluktionserscheinungen alle steileren Aufragungen erniedrigt und abgerundet, die geschlossenen Hohlformen zugefüllt. Der einst auch dort vorhandene Seenreichtum ist also in den Altmoränenbereichen verschwunden. Fließerdedecken bilden weithin das Oberste des Untergrunds. Außerdem tragen die Altmoränen, ebenso die Schwemmfächer und die durch Zerschneidung zu Terrassen gewordenen Talböden der Schmelzwasserabflüsse älterer Vereisungen an vielen Orten eine Lößdecke (S. 521 f.), während den Jungmoränengebieten eine solche abgeht. Wertvolle Studien über die Umgestaltung der Altmoränengebiete durch Solifluktion sind in neuerer Zeit im östlichen Mitteleuropa vor allem J. Dylik und seinen Mitarbeitern zu danken (1961a, b; 1963a, b; 1964).

In den Polar- und Subpolargebieten, in denen auch heute weithin Solifluktion die Hangabtragung bestimmt, sind nach den Beobachtungen von J. Büdel (1944, 1960) selbst die letzteiszeitlichen Aufschüttungsformen bereits weitgehend verwischt. Sie sind gestaltmäßig zu Altmoränen geworden. Wo aber, wie z. B. am Südrande der Alpen, besonders große Vorlandgletscher während der Eiszeiten bis nahe an die damalige Waldregion vorgestoßen sind, da haben sich ältere Moränen mit verhältnismäßig frischen Formen erhalten, weil sie minder stark den Solifluktionswirkungen eines Tundrenklimas ausgesetzt gewesen sind. Die in Mitteleuropa so gut wie allgemeingültige Regel, daß Jungmoränenformen letzteiszeitlich oder jünger, Altmoränenformen vorletzteiszeitlich oder älter sind, läßt sich daher nicht unbesehen auf andere Klimagebiete übertragen.

4. Oberflächenformen der glazialen und glazifluvialen Abtragung

Aus dem Vorhandensein von Moränen, Gletscherschliffen und Rundbuckeln, aus den Beobachtungen über schleifende, splitternde und ausbrechende Eiserosion ergibt sich, daß *glaziale Erosionsformen* existieren müssen. Tatsächlich sehen die Landschaften, in denen Vergletscherung herrscht oder in geologisch junger Vergangenheit herrschte, auch in den nicht von Glazialablagerungen bedeckten Teilen wesentlich anders aus als nie vergletscherte Gebiete.

Rundhöckerlandschaft

In den Flachgebieten, die auf der Höhe von Gebirgen Plateauvergletscherung tragen oder getragen haben, und ebenso in den großen Abtragungsbereichen ehemaliger Inlandeisvergletscherung herrscht die *Rundhöckerlandschaft* (Bild 126, 131, 144). Hier ist durch das abscheuernde Eis der blanke Fels auf hunderte und tausende von Quadratkilometern bloßgelegt und zu sanftwelligen Rundbuckeln und Rundhöckern geformt. Dazwischen liegen unregelmäßige Felswannen, die meist Seen oder Sümpfe bergen. Sehr langsam nur bildet sich namentlich in Massengesteinen eine spärliche Verwitterungsdecke. Der alles überdeckende Eisfladen, der bei den großen Inlandeisen nach dem Ergebnis der seismischen Eisdickenmessungen und nach der Position bestimmter *erratischer Geschiebe* ehemaliger Inlandeisgebiete 2000, ja bis 4000 m mächtig ist bzw. war, ist in seinen Strömungsverhältnissen durch das Untergrundrelief nur in begrenztem Ausmaß beeinflußt. Das gleiche gilt naturgemäß auch von seinen Erosionsleistungen. Daher kann das alte, vor der Vereisung vorhandene Tälerrelief manchmal nur schwer noch aus der Anordnung der Hohlformen rekonstruiert werden. Wo die Eisbewegung mit der Richtung von Talzügen des Untergrundes übereinstimmte, da mögen diese vom Eise bevorzugt benutzt und stärker ausgearbeitet worden sein. Sonst hat das Eis *selektiv erodiert,* indem es Gesteinspartien, die der splitternden und ausbrechenden Eiserosion (Detraktion) geringen Widerstand leisteten, tiefer ausgefurcht hat. Im ganzen bietet danach die

Rundhöckerlandschaft, z. B. in Schweden, teilweise eine Nachzeichnung des geologischen Feinbaus mit seinen Gesteinsunterschieden, Störungslinien und Ruschelzonen (bes. O. Flückiger, 1934; H. Carol, 1934, 1947; W. V. Lewis, 1947).

Trogtäler

Eine auffällige Umprägung haben durch kräftige heutige oder ehemalige Talgletscher die Talformen vergletscherter Gebirge erhalten. Sie sind nicht überall, wohl aber in Gebieten, in denen der Talgletscher gut ernährt war und durch entsprechendes Oberflächengefälle zu kräftigem Fließen befähigt wurde, zu sogenannten *Trogtälern* umgestaltet worden (Bild 120a, 123, 127, 128, 129, 130, 131. Weitere Bilder von Trogformen und Stufenmündungen in J. Früh: Geogr. d. Schweiz Bd. I, S. 151, Fig. 36; N. Creutzburg: Kultur im Spiegel der Landschaft. S. 103 Bild 185; E. de Martonne: France physique. Géogr. Univ. T. 6, bei S. 164 Taf. 27 B). Die Trogtäler zeichnen sich durch einen im festen Fels ausgebildeten ungefähr U-förmigen Querschnitt aus. Sie besitzen einen flach muldenförmigen Talgrund. Dieser ist gewöhnlich nur auf kurze Strecken sichtbar, weil der felsige Grund vom Gletscher in der Regel beckenartig vertieft wurde und nach Schwinden des Eises entweder durch einen See erfüllt oder durch Flußaufschüttungen überdeckt worden ist. Die manchmal vorgebrachte Behauptung, die U-Form des Talgrundes sei lediglich durch Aufschüttungen, insbesondere durch von der Seite ins Tal geschüttete Schwemmkegel vorgetäuscht (J. Stiny, 1912 u. a.), kann durch aufmerksame Beobachtung an vielen Stellen entkräftet werden.

Über dem Talgrund erheben sich wandartig steile Talhänge von je nach der Gesteinsbeschaffenheit und Frische des Troges mehr oder weniger deutlich zugerundeter, geglätteter Gesamtform. Das sind die *Trogwände*. Felsstürze, Steinschlag und Lawinen, die von ihnen zu Tal gingen, Hangrunsen, die in sie einkerben, haben ihre ursprüngliche Form hier weniger, dort mehr nachträglich verändert. Kristalline Massengesteine und massige Kalke zeigen die Trogform meist besonders gut.

Über den Trogwänden tritt (Fig. 104a), vor allem in den Trogtälern der Alpen, oft eine leichte Minderung der Hangneigung ein, aber die mehr oder weniger gut erhaltenen Schliff-Formen halten noch weiter aufwärts an. Diese über den Trogwänden liegenden minder steilen, aber noch zugerundeten Hänge bilden den *Schliffbord*. Er endet nach oben gewöhnlich unter einer neuen Hangversteilung, der *Schliffkehle*. Sie bezeichnet die oberste, noch erkennbare *Schliffgrenze*. Oberhalb von ihr herrschen nicht mehr gerundete Formen, sondern die rauhen Hangteile und Gratformen, wie sie durch die subaërische Verwitterung und Denudation im Hochgebirge hervorgebracht werden (A. Penck, 1901/09, 1912; H. Louis, 1952. Bild 120, 120a, 128; andere Bilder von Trogtälern mit Schliffbord, Schliffkehle und Schliffgrenze in A. Heim: Geol. d. Schweiz Bd. II, 1, S. 182, Taf. 9. Durch die Eintragung der Geologie erweist sich hier eindeutig die Unabhängigkeit des Schliffbordes von Gesteinsgrenzen. Hoch gelegene Erratika erweisen sogar manchenorts, z. B, in den Nordtiroler Alpen einstige Gletscher-

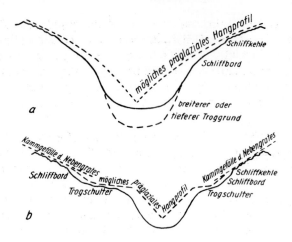

Fig. 104. Schematische Querprofile von Trogtälern. (Nach H. Louis, 1952, S. 21 u. 23).
a Schematisches Querprofil eines Trogtales mit steilen *Schlifbordflächen*. (Feingestricheltes Profil deutet den präglazialen Talquerschnitt an. Ausgezogener Troggrund entspricht der Annahme geringer glazialer Tiefenerosion. Grobgestrichelter Troggrund entspricht der Annahme starker glazialer Tiefenerosion.)
     b Schematisches Querprofil eines Trogtales mit echten *Trogschultern*. (Die Schulterflächen sind flacher als das allgemeine Kammgefälle oberhalb der Schliffkehle. Ihre Entstehung ist daher durch die einfache Annahme einer allmählichen Zunahme der glazialen Erosionsbeträge von der Schliffkehle an nach abwärts nicht erklärbar. Grob gestrichelt: Eine mögliche Form des zugrunde liegenden präglazialen Talprofils. Sie zeigt Talterrassen.)

hochstände bis merklich über die höchste, erkennbare Schliffgrenze hinauf. (H. Heuberger 1952, 1968, S. 57; G. Mutschlechner 1962, S. 46 f.).

     Diese Gestaltung ist wohl in folgender Weise zu deuten: Der Gletscher hat ein steil eingeschnittenes, wahrscheinlich mit leicht konvexen Hangprofilen ausgestattetes Flußtal bis zur Höhe der Schliffgrenze erfüllt. Dort setzt die durch sein Vorbeiströmen bewirkte Erosionsleistung unvermittelt ein und hat die Schliffkehle geschaffen. Hangabwärts dürfte die Erosionsleistung zunächst zunehmen, weil der hydrostatische Druck des durchströmenden Eises an der Wandung nach abwärts immer größer werden muß. Dadurch wird der Übergang vom steilen Schliffbord zur noch steileren Trogwand verständlich. Es kommt hinzu, daß die Plastizität des Eises mit steigendem Druck zunimmt, was die Beweglichkeit des Eises fördert. Damit wird seine Erosionsfähigkeit in den unteren Teilen sehr mächtiger Gletscherquerschnitte gesteigert. Aber die gegen den Talgrund zunehmende Verjüngung des Talquerschnitts verstärkt dort die Wirkung der äußeren Reibung auf die Gletscherbewegung. Der muldenförmige Grund des Trogtales ist unter diesen Umständen die günstigste Bettform der zäh fließenden Eismasse.

     Wo aber der tiefste Teil des später vom Gletscher zum Trogtal umgestalteten Flußtales, insbesondere Kerbtales, ein wahrscheinlich von Fall zu Fall verschiedenes Maß an Enge überschritt, da ist zu erwarten, daß die Umformung zum muldenförmig gestalteten Trogtalgrund nicht oder nicht vollständig erreicht wurde. So dürfte zu erklären sein, daß z. B. im Zemmgrunde der Zillertaler Alpen, am Sylvenstein im Isartal bei Fall, in der Via Mala und der Rofla-Schlucht des Hinterrheins u. a. in den Grund eines Trogprofils eingetieft, noch Stücke einer fluvialen Schlucht vorhanden sind, welche Moräne enthalten. Dies bedeutet, daß dieser Schluchteinschnitt im Trogboden älter ist, als der Gletscher, der den Trog ausgestaltete und der gleichzeitig seine Moräne in der Schlucht ablagerte (H. Louis, 1952).

Für die Versteilung der Trogwände unterhalb des Schliffbordes kommt noch eine andere Erklärungsmöglichkeit in Betracht, auf die A. Philippson (1912) aufmerksam gemacht hat. Während des Anwachsens des betreffenden Talgletschers bis zu seinem Höchststand an der Schliffgrenze und ebenso während des allmählichen Rückgangs bis zum Verschwinden muß der Gletscher längere Zeit nur die unteren Teile des Talquerschnitts erfüllt haben. Diese werden also eine länger dauernde Abschürfung durch den an ihnen entlang scheuernden Gletscher erfahren haben und stärker versteilt worden sein.

Während die Trogtäler der Alpen über den steilen Trogwänden meistens nur wenig flachere Schliffborde aufweisen, die in der vorstehenden Weise erklärt werden können, gibt es doch auch Fälle, bei denen über den steilen Trogwänden unzweifelhaft Reste von alten Talterrassen liegen. So ist es z. B. in dem berühmten Lauterbrunner Tal der Berner Alpen und im Tessin, wo H. Lautensach (1912) grundlegende Studien machte. In diesen Fällen befinden sich über den Trogwänden, wiewohl vom Eise des ehemaligen Gletschers stark überschliffen und umgestaltet, deutliche Verflachungen (Fig. 104b). Sie sind insbesondere merklich flacher als die rauhen Denudationshänge, die oberhalb der auch hier ausgebildeten Schliffgrenze folgen. Solche ausgesprochenen Verflachungen oberhalb der Trogwände werden seit alters, der Bedeutung des Wortes Schulter entsprechend, als *Trogschultern* bezeichnet. Man sollte sie nicht mit den steilen Schliffborden verwechseln, und sollte auch nicht, wie manchmal geschehen ist, lediglich die Zone der Gefällsänderung zwischen Trogwand und Schliffbord Trogschulter nennen, weil hieraus Mißverständnisse erwachsen. *Echte Trogschultern sind wahrscheinlich Reste einstiger Talterrassen.* Ihr Vorhandensein beweist, daß das Flußtal-Profil, welches von der Vergletscherung umgestaltet wurde, vorher ein Schachtelrelief besaß und jedenfalls vom Flusse bis weit unter die Höhe der Trogschulter schon eingetieft gewesen ist (Bild 99, 106; H. Louis, 1952; J. Früh: Geogr. d. Schweiz, Bd. I, S. 164, Fig. 42, Bd. III, S. 467, Fig. 137).

Es erscheint angebracht, auf gewisse Einseitigkeiten bzw. Unrichtigkeiten hinzuweisen, die in fast allen Lehrbüchern bei der idealisierten Darstellung des Trogtales auftreten. Wohl in Nachwirkung der um 1910 entstandenen Literatur über die Trogtäler der Alpen wird stets der seltenere Fall des Trogtales mit Trogschulter statt des häufigeren Falles des Trogtales, das nur einen Schliffbord aufweist, abgebildet. Außerdem wird in diesen Zeichnungen die Gletscheroberfläche im Querschnitt stets als aufgewölbt angegeben. Dies ist aber sicher nicht richtig. Denn hocheiszeitlich lag die Eisoberfläche in allen von mächtigen Gletschern erfüllten Trogtälern hoch über der damaligen Schneegrenze. Die Eisoberfläche war daher dort aus dynamischen Gründen leicht eingemuldet, allenfalls fast eben, aber nicht aufgewölbt. Das lehren auch die photogrammetrischen Aufnahmen der oberen Teile der großen Himalaya- und Karakorum-Talgletscher. Das schematische Querprofil mit der aufgewölbten Eisoberfläche vermittelt dem Beschauer einen unrichtigen Eindruck über die in dem eiserfüllten Tale herrschen Druckverhältnissse[31].

Die durch Schliffbord oder Trogschultern ausgezeichneten Querprofile der alpinen Tröge sind nicht die einzigen Typen von Trögen. L. Distel (1914) hat im Kaukasus sehr tiefe *ganztalige,* d. h. durch einheitliche Trogwände ausgezeichnete Trogtäler beobachtet. Die Erforschung des Alai, Himalaya und Karakorum hat weitere charakteristische Vertreter dieses Trogtypus kennen gelehrt. Bei diesen ganztaligen Trögen handelt es sich offenbar um Glazialtäler, die durch die Vergletscherung sehr tiefer und steilwandiger Flußtäler gebildet worden sind, so daß in ihnen eine glaziale Ausformung von nach der Steilheit unterscheidbaren Wandungsteilen, nämlich oben Schliffbord und unten Trogwand, nicht stattfand.

Das gegenteilige Extrem bilden manche Gebirge des ariden Westens der Vereinigten Staaten von Nordamerika. Dort gibt es z. B. in der Anaconda Range von Montana oder den Big Horn Mts. von Wyoming in nur mäßig zerschnittenem Gebirgsland von großer Meereshöhe Trogtäler mit recht seichtem Trogprofil. Bei ihnen ist der flach muldenförmige Querschnitt des Troggrundes im Fels sehr deutlich ausgebildet. Aber die Trogwände sind niedrig, manchmal geradezu verkümmert. In geringer Höhe über dem Trogboden beginnen bereits die rauhen Denudationshänge der Hochzone. Hier hat es, bei ziemlich starkem Längsgefälle der Täler, Gletscher von nur geringer Dicke gegeben. Sie haben deutliche, aber auffallend seichte Trogtäler entwickelt.

Eigenartig ist auch das *Längsprofil der Trogtäler.* Es gliedert sich in eine Reihe flacher, oft langgestreckt wannenartig eingetiefter Abschnitte, die durch Steilstufen voneinander getrennt sind. 50 m, 100 m, auch mehrhundert, ja vielhundert Meter hohe *Stufen* kommen vor. Nebentäler münden mit einer Stufe ins Haupttal. Sie hängen gleichsam über diesem und werden deswegen als *Hängetäler* bezeichnet. Die Mündungsstufe ist meist um so höher, je bedeutender der Größenunterschied zwischen Nebental und Haupttal ist. Am oberen Ende wird das Trogtal nicht selten durch einen gewaltigen, mehrhundert Meter hohen *Trogschluß* vom höchsten Tal seiner hinteren Umrahmung abgeschlossen (Bild 121). In diese Talstufen sind meist *Klammen* eingeschnitten.

Theorie der Trogbildung

Albrecht Penck hat 1899 versucht, diese Eigentümlichkeiten durch eine Vorstellung von großartiger Einfachheit zu deuten. Er machte darauf aufmerksam, daß die Trogtäler bis hinauf zur Schliffgrenze nicht als Talformen, sondern als *Bettformen* der einstigen Gletscher aufgefaßt werden müssen.

---

[31] Es ist bedauerlich, daß das hinsichtlich der Angabe über die höchste ehemalige Gletscheroberfläche für das einstige Gletschernährgebiet sicherlich unzutreffende Querschnittsschema eines Trogtales mit Trogschulter sogar im Lehrbuch d. Allgem. Geologie, 2. Aufl. Bd. I, S. 242, Abb. 7–28, Stuttgart 1974, wiederum unverändert abgedruckt wurde, und das wieder mit dem hierin irreführenden Vermerk „in Anlehnung an H. Louis, 1952". Die gleiche, unwahrscheinliche Vorstellung übrigens auch bei H. Wilhelmy (1971/72, Bd. III, Abb. 12, S. 87). *Geomorph i Stchw.*

Nur die Flußspiegel haben gleichsinniges Gefälle, nicht die Böden der Flußbetten, in denen es Kolke und Untiefen gibt. Ähnlich seien die Wannen am Boden der Gletscherbetten zu deuten. Die Gletscher, die infolge ihrer Zähigkeit ihren Abfluß mit riesenhaften Stromquerschnitten vollziehen, rufen eine *Übertiefung* hervor. Sie tiefen ihre Bettböden gerade wegen ihrer übergroßen Fließquerschnitte vielfach bis weit unter das Niveau ein, das ein Fluß im gleichen Gebiet beim Abfluß einnehmen würde. Nach Schwinden des Gletschereises tritt dann in diesen Bereichen tief im Inneren des Gebirges fluviale Aufschüttung ein, weil das Gelände dort zur Entwicklung einer normalen Flußgefällskurve zu tief geworden · ist. Gerade hierin liegt ein starker Beweis für die bedeutende Wirksamkeit der Glazialerosion (Bild 116, 121, 122, 123). Dies ist andererseits von großer siedlungsgeographischer Bedeutung. Ohne die glaziale Übertiefung und postglaziale Aufschüttung in den Übertiefungsbecken gäbe es nicht entfernt so viele Kultur- und Siedlungsflächen bis in die innersten Alpentäler hinein.

Ein weiterer Beweis dafür, daß große Talgletscher tatsächlich eine sehr bedeutende Übertiefung der von ihnen benutzten Täler herbeiführen, zeigt sich dort, wo derartige Täler bis tief unter den Meeresspiegel ausgefurcht wurden und nach Schwinden des Eises vom Meere eingenommen worden sind. Das sind die *Fjorde* Norwegens, Grönlands, Spitzbergens, Südchiles, Neuseelands usw., d. h.

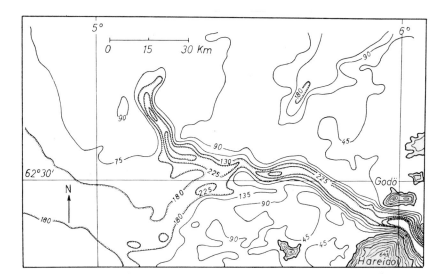

Fig. 105. Tiefenkarte des submarinen Trogtals des Sulafjords bei Ålesund, Romsdal, Südnorwegen. Unter Benutzung der Karte von Shepard (Journ. of Geol. 1931, S. 349). Maßstab 1:1,4 Mio. Tiefenlinien von 45 zu 45 m (von 25 zu 25 Faden = 45,7 zu 45,7 m). Zur Verdeutlichung sind die Tiefenlinien, welche geschlossene Becken umrahmen, mit Gefällszähnchen versehen. Höhenlinien von 50 zu 50 m. Die 0 m-Linie ist verstärkt. In der Enge zwischen Hareidö und Godö ist die *Übertiefung* besonders groß. Östlich außerhalb der Karte zwischen Hareidö und Sula werden 455 m Tiefe erreicht. Eine Übertiefungsfurche von etwa 250 m Meerestiefe und etwa 5 km Bodenbreite ist bis 50 km vor der Inselküste in das 50 bis 100 m tief gelegene allgemeine Niveau des Schelfbodens eingearbeitet. Dann erfolgt eine Gabelung der Übertiefungsfurche. Der Hauptarm zieht nach Nordwesten und ist mit mehr als 100 m Eintiefung in den umgebenden Meeresboden noch um weitere 50 km verfolgbar.

aller Gebiete, in denen Trogtäler unter den Meeresspiegel geraten sind. (G. Vorndran u. G. Sommerhoff, 1974; G. Sommerhoff, 1975).

In ihnen hat keine fluviale Aufschüttung stattgefunden. Die geringe marine Sedimentation hat ihre Gestalt meist nicht allzu stark verschleiert. In ihnen sind daher langgestreckte Übertiefungswannen, Schwellen, welche die einzelnen Übertiefungsbecken voneinander trennen, und das Gegengefälle der Übertiefungswannen am Ende der Trogfurche, wo die Kraft des Gletschers erlahmte, oft noch deutlich feststellbar. Einen guten Eindruck davon gibt die Tiefenkarte des Sulafjordes in Südnorwegen (Fig. 105). Dort ist sogar eine Gabelung der Trogfurche am Ende des Gletschers in zwei Zweigfurchen erkennbar, deren jede selbst noch Übertiefungswannen mit Gegengefälle aufweist.

Ebenso nun, führte A. Penck (1900) aus, wie unter dem Wasserspiegel das Bett eines kleinen Baches in Wahrheit mit einer kleinen Stufe über dem Bettboden des Hauptflusses mündet, ebenso hängt im Bereich der alten Gletscherbetten das Nebental, nämlich das Bett des Nebengletschers, unter Umständen mehrere hundert Meter hoch über dem Haupttal, d.h. dem Bett des Hauptgletschers. Jedoch die Gletscheroberflächen vereinigen sich im gleichen Niveau. Die Talstufen der Trogtäler werden auf diese Weise als *Konfluenzstufen* (Stufen des Zusammenflusses, Bild 121, 122) gedeutet. Wo aber ein Gletscher durch Übertritt von Eis über eine Lücke im Talhang, d.h. durch einen *Transfluenzpaß* (Bild 124, 125), viel Eis an ein Nachbartal abgab, also verlor, da entstand wegen der verminderten Reibung am Boden des Gletscherbettes eine talauf gerichtete *Diffluenzstufe*. Außer den genannten Konfluenzstufen und Diffluenzstufen kann es in den Trögen noch durch Festigkeitsunterschiede der Gesteine bedingte *Gesteinsstufen* geben.

Penck demonstrierte seine These des Zusammenfallens von Übertiefung, Stufenbildung und den übrigen Eigentümlichkeiten der glazialen Talformung mit dem Umfang und Ausmaß nachweisbarer einstiger Vergletscherung in allen Einzelheiten an ausgewählten Beispielen aus den Südalpen, nämlich durch einen eindrucksvoll durchgeführten Vergleich des ehemals stark vergletscherten Oglio-Iseosee-Tales (Val Camonica) mit dem benachbarten unvergletscherten unteren Mellatale (unteren Val Trómpia) und andererseits mit dem ebenfalls benachbarten, aber verhältnismäßig bescheiden vergletschert gewesenen Chiese-Idrosee-Tal (dem südlichen Teil des Judikarien Tales) und mit dem von riesenhafter Vergletscherung ausgestalteten Sarca-Gardasee-Tal.

Pencks Lehre von 1899 ist für das Verständnis der glazialen Talformung grundlegend. In wenig bis mäßig tief zerschnittenen Glaziallandschaften reicht sie auch zur Erklärung der Erscheinungen im wesentlichen aus. In sehr tief zerschnittenen Gebieten ehemaliger Vergletscherung, wie den Alpen, hat sich aber gezeigt, daß außer den durch Konfluenz und Diffluenz sowie durch Gesteinsunterschiede bewirkten Stufen der Tallängsprofile älter angelegte Eigentümlichkeiten des zugrunde liegenden Talnetzes für die glaziale Ausgestaltung von großer Bedeutung gewesen sind.

Vor allem L. Distel (1912, 1914), E. de Martonne (1910/11, 1924) und Otto Lehmann (1920) haben nachgewiesen, daß viele und gerade besonders hohe

Talstufen in den Trogtälern, namentlich auch manche Trogschlüsse angesichts der gegebenen Größenverhältnisse von Haupt- und Nebental unmöglich als Konfluenzstufen gedeutet werden können, sondern auf alte voreiszeitliche Gefällsbrüche des zugrunde liegenden Flußtales zurückgehen müssen. Otto Lehmann konnte in der Val Genova des Adamellogebietes zeigen, daß dort eine reine Konfluenzstufe von der Größenordnung von 50 bis 100 m Höhe vorhanden ist. Eine Stufe, die ausschließlich durch besonders festes Gestein (feinkörniger, wenig geklüfteter Tonalit im Gegensatz zu einer gröberen und stärker geklüfteten Ausbildung) hervorgerufen wurde, hält sich ebenfalls in der Größenordnung zwischen 50 bis 100 m. Durch Zusammenwirken beider Erscheinungen ist in der Val Genova eine 150 m hohe Stufe erzeugt worden. Das gibt eine Vorstellung von der Größenordnung der Konfluenzwirkungen und des Gesteinseinflusses.

Die ganz hohen Stufen von 400 m, 600 m oder noch größerer Relativhöhe können dadurch nicht erklärt werden. Für sie hat vor allem de Martonne auf Grund seiner Forschungen im oberen Isère-Gebiet und gleichlautend mit den Ergebnissen der genannten deutschen Forscher die Lehre entwickelt, daß die großen Trogschlußstufen und andere, durch Konfluenz und Gesteinsbeschaffenheit nicht erklärbare Stufen der Trogtäler jeweils an den oberen Endpunkten von Abschnitten bedeutender fluvialer Kerbtalvertiefungen gelegen seien. Das voreiszeitliche Talnetz der Alpen ist, wie besonders J. Sölch (1935) gezeigt hat, durch eine Serie hintereinander bzw. übereinander folgender Gefällsbrüche im Längsprofil der Täler mit Kerbtalstrecken unter jedem Gefällsbruch ausgezeichnet.

Aus unserer Überlegung über die Wirkungen von Krustenbewegungen (S. 354ff.) haben wir entnommen, daß bei einfacher Landhebung eine Talvertiefung an Gefällssteilen vom Rande her ziemlich unvermittelt in das ältere, sanftere Talsystem eingreifen dürfte, und daß in gekippten, bzw. gewölbten Schollen bedeutende Unterschiede der Zertalung zwischen den in der Kippungsrichtung verlaufenden und den senkrecht dazu oder der Kippung entgegengerichteten Tälern resultieren müssen. Ein eiszeitlich stark vergletschert gewesenes Wölbungsgebirge wie die Uinta Mts. in Utah, USA zeigt besonders an seiner Südabdachung derartige Unterschiede zwischen den Haupt- und Nebentälern in ausgesprochener Weise (vgl. selbst noch die kleinmaßstäbige Darstellung in Fig. 79). Auch z. B. in den Ötztaler, Stubaier, Zillertaler Alpen u. a. ist wohl der talauswärts zunehmende Höhenunterschied zwischen den Haupttalgründen und den seitlich auf sie zu gerichteten Talbodenresten der kleineren Nebentalformen in entsprechender Weise zu deuten. Die Vorstellung vom Vorhandensein sehr bedeutender Gefällsbrüche im Längsprofil der Täler hoher Gebirge auch schon vor der etwaigen Einwirkung einer Vergletscherung erscheint hiernach gut begründet. Den von solchen Tälern Besitz ergreifenden Gletschern wurde die Fähigkeit zugeschrieben, diese Gefällsbrüche zu verschärfen und zu den heute vorliegenden, manchmal gewaltigen Talstufen umzugestalten.

Der unmittelbare Augenschein dieser Stufen spricht sehr für die Richtigkeit dieser Lehre. Aber die theoretischen Bemühungen von E. de Martonne (1910/11), A. Burchard (1927) u. a., den gedachten Effekt aus der Dynamik des Gletschers herzuleiten, sind nicht geglückt. Teilweise sind bei diesen Betrachtungen wirkliche Fehler unterlaufen, teilweise aber versagen sie, weil bei ihnen die Gletscherbewegung lediglich mit der Vorstellung einer quasi laminar fließenden zähen Flüssigkeit erfaßt werden sollte. Eine solche Fließbewegung kann jedoch Unebenheiten des Untergrundes niemals verschärfen, sondern nur abmildern. Denn bei ihr würde jede unter der Eisoberfläche verborgene Aufragung des Untergrundes, also jede Stufe des Gletscherbodens, eine Einengung des Gletscherquerschnitts, damit eine Steigerung der Abflußgeschwindigkeit an dieser Stelle und damit erhöhte Reibungs- und Erosionswirkung am Untergrunde hervorrufen. Die Aufragung des Untergrundes müßte also nach und nach beseitigt, aber nicht verschärft werden. Ein eingetieftes Becken im Untergrunde würde aus dem gleichem Grunde besonders schwach angegriffen werden und müßte damit ebenfalls nach und nach an Ausgeprägtheit verlieren, aber nicht zunehmen.

Es ist nun aber augenscheinlich, daß die Bewegung der Gletscher dem Fließen einer zähen Flüssigkeit nur unvollkommen entspricht. Tatsache ist nämlich, daß im Untergrunde verborgene Stufen und Aufragungen des Gletscherbodens an der Gletscheroberfläche durch sehr ausgeprägte Gefällsunterschiede, ja nicht selten durch richtige Gletscherbrüche abgebildet werden, und daß die Bewegungsgeschwindigkeit des Eises trotz bedeutender Gefällsunterschiede der Gletscheroberfläche im Längsprofil nur unbedeutende Änderungen aufweist (z. B. am Hintereisferner, H. Hess, 1904, 1924, 1929). Dies zeigt, daß der Gletscher sich vielfach mehr wie ein aus starren bzw. elastischen Blöcken zusammengesetzter Strom verhält und weniger ähnlich einer zähen Flüssigkeit, die bei langsamem Fließen Unregelmäßigkeiten des Oberflächengefälles auszugleichen vermag. Es kommt hinzu, daß, wie S. 419 ff. angeführt, die Messungen der Oberflächengeschwindigkeit von Gletschern zwei sehr verschiedene Bewegungstypen erkennen lassen. Bei einfach gestalteten und schwach bewegten zeigt sich Abnahme der Oberflächengeschwindigkeit gegen nahezu null von der Gletschermitte gegen die Seitenränder des Gletschers. Dies würde dem Fließbilde einer zähen Flüssigkeit entsprechen. Bei den sich rascher bewegenden Gletschern aber beweist die von der Gletschermitte bis zum Gletscherrande fast gleichmäßige Bewegungsgeschwindigkeit eine Art Blockschollenbewegung (R. Finsterwalder, 1931, 1937; W. Pillewizer, 1956, 1957).

Eine Blockschollenbewegung wäre durch so große Starrheit bzw. Zähigkeit der gedachten Blöcke ausgezeichnet, daß der in Hangrichtung erfolgende Schweredruck eines höher sitzenden Blockes auf den tieferen übertragen und von diesem wiederum auf den nächst tieferen weitergeleitet werden kann (Fig. 106). Sie hat also zur Voraussetzung, daß der tiefer liegende Block durch den zugeführten Druck nicht auseinanderläuft, d. h. daß kein bedeutender Ausgleich des Oberflächengefälles zwischen oben und unten eintritt. In diesem Falle muß längs einer Gefällsteile eine Druckübertragung der dem Steilgefälle aufliegenden Blöcke zum Fußpunkt der Gefällsteile stattfinden. Dort, wo die Blockbewegung beginnt, in wieder flacheres Gefälle einzulenken, wäre die stärkste Erosionsleistung zu erwarten. Genau dort liegt in den Trogtälern am Fuße einer Talstufe die *Übertiefungswanne*. Am oberen Ende einer Gefällsteile dagegen, wo der mit flacherem Gefälle ankommende Strom aus elastischen Blöcken zu steilerem Weitergleiten ansetzt, ist eine verhältnismäßig geringe Erosion des Untergrundes

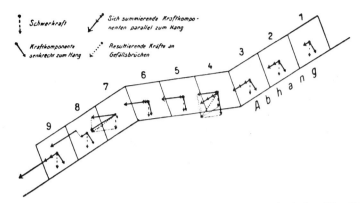

Fig. 106. Schema des Bodendrucks eines gedachten Stromes aus elastischen Einzelkörpern bei wechselndem Bodengefälle. (Nach H. Louis, 1952, S. 17.)
Beachte insbesondere die Größenunterschiede der „Druckkomponente rechtwinklig zum Hang" bei Quader 4 und 7 gegenüber den übrigen Quadern. Bei Verminderung des Bodengefälles in Richtung talabwärts resultiert Erhöhung des Bodendrucks am Fuß der Gefällssteile. Vermehrung des Bodengefälles in Richtung talabwärts ergibt Minderung des Bodendrucks am Oberende der Gefällssteile.

zu erwarten. Denn im obersten Block der nach abwärts anschließenden Steilstrecke ist der rechtwinklig zum Boden gerichtete Druck geringer als im untersten Block der oberhalb gelegenen Flachstrecke (s. Fig. 106 u. H. Louis, 1952). Die Vorstellung von einer blockschollenartigen Bewegungsform der Gletscher macht hiernach gerade diejenigen Erscheinungen durchaus verständlich, die von de Martonne (1910, 1910/11) als Tendenz der Talgletscher, vorher bestehende Gefällsbrüche des Tales zu verschärfen, bezeichnet worden ist.

Sicherlich bewegen sich Gletscher niemals rein wie Ströme elastischer Blöcke. Ebenso sicher aber bewegen sie sich nie rein wie zähe Flüssigkeiten. Die Beobachtung lehrt jedoch, daß kräftige, schnell bewegte Gletscher mehr der Blockschollenbewegung zuneigen, langsame mehr der Bewegung einer zähen Flüssigkeit. Man kann ihren Bewegungsmodus als *strukturviskos* oder als *Bruchfließen* bezeichnen (L. Müller, 1948, 1963 S. 86/87; H. Cloos, 1936; P. Schmidt-Thomé, 1972). Das Gletschereis wird durch langwirkende Schubspannungen bleibend deformiert. Jenseits einer insbesondere temperaturabhängigen Grenzschubspannung nimmt die Deformationsbewegung in Richtung dieser Spannung stark zu, nicht aber räumlich rechtwinklig zu dieser Richtung. Das Aufreißen von Spalten mindestens in Oberflächennähe verdeutlicht die Zwischenstellung zwischen plastischem Fließen und Brechen. (vgl. S. 422).

Eine unmittelbare Bestätigung der räumlichen Beziehung zwischen Gletscher und Gletscheruntergrund, wie sie sich aus dem Vorhergehenden ergibt, ist aus einem Neudruck der Luftbildkarte Großvenediger 1:10 000 (W. Pillewizer, 1977) zu entnehmen. In diesem Neudruck konnten nach seismischen Eisdickenmessungen der Zentralanstalt für Meteorologie und Geodynamik in Wien im Rahmen der Internationalen Hydrologischen Dekade und nach Berechnungen von E. Brückl für das Untersulzbachkees und für Teile des Obersulzbachkeeses Isohypsen des Gletscheruntergrundes mit 20 m Äquidistanz eingedruckt werden.

Sie zeigen außer gewissen Abweichungen der Talungszüge im Eisuntergrund von dem Oberflächenbild der heutigen Gletscherstränge etwa ein Dutzend Übertiefungswannen im Gletscheruntergrund. Diese Wannen haben, bezogen auf die Höhe des tiefsten Punktes ihrer Umrahmung im Eisuntergrund zwischen 100 und 400 m Breite und zwischen 200 und 800 m Länge. Vier dieser Übertiefungswannen greifen um ungefähr 100 m unter den tiefsten Punkt des umrahmenden Gletscheruntergrunds hinab, fünf um mehr als 40 m, der Rest um weniger. Stets liegen die Übertiefungswannen talwärts unterhalb von Versteilungsstellen der Gletscheroberfläche. Die Gletscherdicke schwankt hierbei in der Medianlinie des Untersulzbachgletschers mehrfach auf kurze Entfernung (300 bis 400 m) zwischen unter 100, ja unter 50 m und 200, ja mehr als 250 m.

Während der pleistozänen-kaltzeitlichen Eishochstände dürften aber nach der jeweils zugehörigen Höhenlage der erhalten gebliebenen Reste der Schliffgrenze veranschlagt, diese Dickenunterschiede des Gletschers zwischen den Schwellen und Wannen des Untergrundes maximal nur das Verhältnis 3:4 bis 2:3 erreicht haben. Das spricht für eine damals stärker blockschollenähnliche Bewegung des Eises. Die seismischen Tiefenbestimmungen des Glescheruntergrundes im Venediger-Gebiet dürften nach Pillewizer (frdl. briefliche Mitteilung) auf mindestens 10% sicher sein.

Die sich entwickelnde Riesenvergletscherung *beim Kommen* einer Kaltzeit dürfte in den großen Gebirgen weitgehend Gletscher mit Blockschollenbewegung erzeugt haben, und auch die vielen Stadial- und Phasen*vorstöße*, in die das Gesamtgeschehen einer Eiszeit auch noch nach Überschreitung ihres Höhepunktes sich gliedert, werden immer wieder Blockschollenbewegung der beteiligten Gletscher hervorgebracht haben. Denn, wie aus den Spuren von eiszeitlichen Frostmusterböden und Eiskeilen (S. 160 ff.) zu schließen ist, mindesten die Wintertemperaturen müssen selbst noch im Vorland der eiszeitlichen Gletscher und Inlandeise durch lange Zeiten sehr niedrig gewesen sein. Die großen Gletschervorstöße werden daher mindestens teilweise als von kalten und daher besonders starren Gletschern ausgeführt zu denken sein. Diesen Vorgängen dürfte wohl der Hauptanteil an der Ausgestaltung der Talstufen und der Übertiefungswannen in den Trogtälern zukommen. Der hohe Anteil an kernfrischen Blöcken in den Moränen zeigt außerdem, daß die Gletschererosion nicht nur mürbe Gesteinspartien wegzuräumen vermag, sondern auch in unzersetztem Gestein kräftige Leistungen hervorbringt.

Gerade in den Alpen gibt es auch bedeutende Täler, die eiszeitlich von sehr mächtigen Eismassen erfüllt waren und dennoch nicht oder höchstens schwach eine Umgestaltung zu Trogtälern erfahren haben. Namentlich ist dies bei den großen alpinen Längstälern der Fall. Aber dies ist leicht verständlich und beweist nichts gegen die Wirksamkeit der Glazialerosion. Diese Längstalfurchen haben überwiegend als Staubecken der riesigen Eismassen fungiert, die sich entwickelten. In ihnen war die Eisbewegung meist nicht stark, daher auch etwaige Erosion nicht groß. Bedeutend war diese dagegen in den kräftig geneigten Abdachungstälern, die von den Haupterhebungszügen zu den benachbarten Hauptfurchen oder Becken hinabführen, und in den Quertälern, die vom Inneren des Gebirges durch die Randketten einen Durchlaß gewähren. An solchen Stellen liegen die besten Beispiele von Trogtälern, so etwa in den Walliser-, Berner-, Glarner Alpen, den Ötztaler Alpen und Hohen Tauern.

Die Entwicklung der Lehre von der Gletschererosion in Gebirgstälern ist nicht geradlinig verlaufen. A. Penck ist nach seiner ersten treffsicheren Konzeption über „die Übertiefung der Alpentäler" von 1899 in der Zeit um 1901, 1909 und 1910 zu einer entschiedenen Überschätzung des glazigenen Anteils an der Formung der alpinen Trogtäler gelangt. Andere, z. B. H. Hess (1903, 1913) und R. Lucerna (1914), sind in dieser Richtung noch außerordentlich viel weiter gegangen als Penck. Dieser selbst ist aber später (1924) unter dem Eindruck der inzwischen durchgeführten Spezialforschungen zu einer vorsichtigeren und sicher wirklichkeitsnäheren Einschätzung zurückgekehrt, die seine Erkenntnisse von 1899 mit den neueren Ergebnissen verbindet.

Die fremdsprachige Forschung ist in grundsätzlich ähnlichen Bahnen vorangegangen wie die deutschsprachige. Für sie sind besonders die Werke von D. W. Johnson (1904), W. M. Davis (1909, 1912), W. H. Hobbs (1910, 1935), E. de Martonne (1910, 1910/11, 1924), H. W. Ahlmann (1919), R. F. Flint (1948) charakteristisch. Hinsichtlich der Frage der Gletschererosion ist von französischen Forschern, namentlich von W. Kilian (1906), J. Brunhes (1907), A. Allix (1929, 1930), ferner von C. E. Holmes (1944, 1949) nachdrücklich auf die Wirksamkeit der subglazialen Schmelzwässer hingewiesen worden. Für solche sprechen auch neuere seismische Messungen und Bohrergebnisse im Loisach-Quertal unterhalb von Garmisch-Partenkirchen, über die H. Reich (1955) berichtet hat, die er freilich anders deutet. Da subglaziale, unter hohem hydrostatischem Druck arbeitende Schmelzwässer das Vorhandensein eines mächtigen Gletschers voraussetzen, die Wirkungsweisen von Wasser einerseits und von Eis andererseits unter dem Gletscher sich aber der direkten Beobachtung entziehen, so ist es leider nicht möglich, beide voneinander zu trennen. Sie bieten sich vielmehr als komplexes Gesamtergebnis der glazialen, d. h. der vom Gletscher unmittelbar bewirkten oder doch mitbewirkten Erosion dar.

Für die Klärung der Auffassung von den Trogtälern sind außer den bereits genannten Arbeiten besonders wichtig geworden die Studien von N. Creutzburg (1921), H. Waldbauer (1923), F. W. Matthes (1930), H. Bobek (1933), O. Flückiger (1934), O. Maull (1938).

Kare

Über der Gletscheroberfläche gegenwärtiger Gletscher, bzw. über der Schliffgrenze ehemaliger Gletscher liegt in Gebirgen, die eine dem Tälerrelief eingepaßte, untergeordnete Vergletscherung aufweisen oder besaßen, ein Reich wandartig steiler Aufragungen von rauher Oberflächengestaltung. Diese Welt der Wände, Grate und Schneiden wird durch ständige kräftige Abwitterung von Gesteinsfragmenten und deren Absturz, Abschwemmung bei starken Regen, Abfrachtung durch Lawinen dauernd frisch und steil erhalten. Alle diese Formen sind also verhältnismäßig jung, zum mindesten in ihrer heutigen Gestalt.

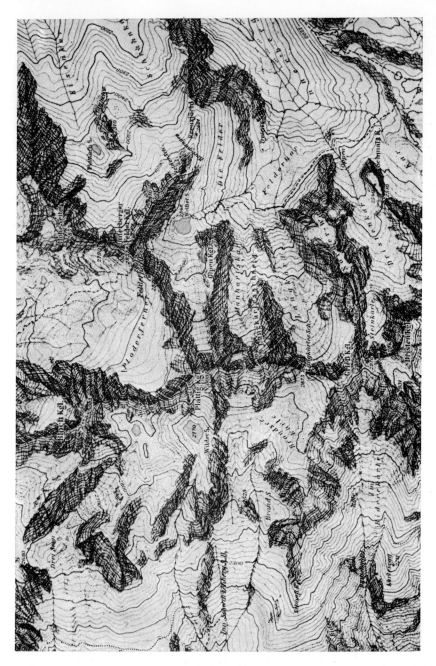

Fig. 107. Kare des nördlichen Geigenkammes, Ötztaler Alpen etwa 1:28500. Ausschnitt aus Blatt
Kaunergrat-Geigenkamm der Karte der Ötztaler Alpen 1:25000 des Österreichischen
Alpenvereins, etwas verkleinert. Mit freundlicher Erlaubnis des Österreichischen Alpen-
vereins.

Die *Kare,* d. h. Hangnischen mit mäßig geneigtem, zugerundetem bzw. schuttbedecktem Boden
und mit seitlicher und rückwärtiger Umrahmung durch steile, zu Graten emporführende Wände, be-

Größere flache Fels- oder Schuttoberflächen oberhalb der realen örtlichen Schneegrenze sind so gut wie nicht möglich. Denn jede Form dieser Art würde sogleich durch eine an Mächtigkeit zunehmende Schneedecke überkleidet und damit in den Firnfeldbereich der Vergletscherung einbezogen werden. Deswegen sind *apere* (nicht firnbedeckte) Felsaufragungen im Nährgebiet einer Vergletscherung fast immer steilwandig. Ragen sie aus einer Inlandeismasse auf, so werden sie nach einem grönländischen Ausdruck *Nunatak* (Plur. *Nunatakker*) genannt, Felsgrate und -nadeln, die sich aus Plateaugletschern erheben, heißen in Norwegen *Tind* (Plur. *Tindur*). (Ein gutes Bild in Maurice Zimmermann: Etats Scandinaves. Géogr. Univ. T. 3 bei S. 72, Taf. 13 B.)

Schon das Vorhandensein der Steilwände von Nunatakkern und Tindur beweist, daß an ihrem Fuße dauernd ein kräftiger Angriff gegen die Wand erfolgen muß. Denn sonst würde diese sich durch Denudation abböschen und dann vom Firnfelde okkupiert werden. Kräftige Unterschneidung am Fuße dieser Wände durch vorbeiströmendes Eis wird am Rande der Trogtäler durch die Schliffkehle deutlich gemacht (S. 459 f.).

Aber keineswegs überall läßt sich am Fuße von Felswänden, die über einer heutigen oder ehemaligen Gletscheroberfläche aufragen, eine Eisbewegung in der Längsrichtung vor der Felswand feststellen oder wahrscheinlich machen, wie sie zur Bildung einer Schliffkehle notwendig ist. Sehr oft ist vielmehr eine Bewegung des Eises senkrecht von der Felswand fort nachweisbar. Sie gibt sich insbesondere durch Zerrspalten in der Gletscheroberfläche zu erkennen, die dem Wandfuß parallel verlaufen und deren Klaffung durch Firnbewegung von der Wand fort entstanden ist. Die wandnächste dieser Spalten ist der Bergschrund (S. 433).

Ein Wegströmen des Eises von der Felswand fort ist natürlich nur möglich, wenn von der Felswand her eine kräftige Ernährung des Gletschers mit Schnee erfolgt, so daß ein Gefälle der Gletscheroberfläche von der Felswand fort vorhanden ist. Solche Verhältnisse gibt es nur oberhalb der Schneegrenze. Hier sind sie namentlich in den *Karen* anzutreffen, d. h. in nischenförmigen, von Felswänden umrahmten Talanfängen mit mehr oder weniger verflachtem Grund, wie sie der Mehrzahl aller einem Gebirgsrelief eingefügten Hang- und Talgletscher als Wurzelstelle dienen (Fig. 107, Bild 119, 121, 125, 127, 128). Wo die Rückwände solcher Kare sich an der Wasserscheide, von verschiedenen Abdachungen heraufgreifend, miteinander verschneiden, da entstehen scharfe Grat- und Gipfelformen. Gipfel dieser Art werden als *Karlinge* bezeichnet.

---

herrschen das Kartenbild. Einzelne *Karseen*, z. B. westlich und nordwestlich, östlich und nordöstlich des Plattigkogels, verdeutlichen das Vorhandensein von *Rücktiefung* in den *Karböden*. Diese sind teils länglich und schmal, wie z. B. östlich des Plattigkogels, oder breiter geformt, wie westlich und nördlich dieses Gipfels. Die umrahmenden Wände sind oft 100 m, stellenweise mehrere hundert Meter hoch. Vielfach, so z. B. unter dem Olpenkogel, an der Langkarlesschneid, unter der Norderwand, ist die charakteristische *Fußversteilung der Karwände* im Kartenbilde deutlich wiedergegeben (in der Originalkarte deutlicher als in der hier gegebenen Schwarz-Weiß-Reproduktion). Ostkare und Westkare des Plattigkogel-Gebietes hängen in mehrere hundert Meter hohen Stufen über den tieferen, wieder weniger geneigten Talabschnitten *(Stufenmündung)*. Wildersekar und Brandseekärle westlich des Plattigkogel-Kammes sind ausgesprochene *Treppenkare*: Sie hängen 200, ja 300 m hoch über dem „*Durchgangskar*" des Brandsees.

Aufgrund der gleichen Erwägung wie bei den über vorbeiströmendem Gletschereis aufragenden Felswänden muß auch hinsichtlich der *Karwände* geschlossen werden, daß an ihrem Fuße lebhafte Erosion stattfindet, die aber hier mit dem Wegströmen von Eis von der Karwand verbunden ist. Tatsächlich zeigen die Umrahmungswände noch frischer, aber eisfrei gewordener Kare, daß die rauhe Denudationswand, die hier über dem Niveau des einstigen Firnfeldes aufragt, nach abwärts durch einen noch steileren Wandteil, oft von zehn oder von mehreren Zehnern von Metern Höhe abgeschlossen wird. Erst unterhalb von diesem beginnt mit flacher werdenden und geglätteten Rundbuckelflächen der *Karboden*, der eigentliche Untergrund des Hanggletschers bzw. des Gletscheranfangs. Zwischen dem Karboden und dem untersten, übersteilen Wandstück ist also ein einspringender Winkel am Wandfuß entwickelt, eine *Unternagungskehle*. Das übersteile Wandstück unmittelbar über der Kehle kann als *Unternagungswand* bezeichnet werden.

Die Unternagungskehle der Karwände unterscheidet sich von der Schliffkehle am seitlichen Ufer von Talgletschern dadurch, daß sie nicht wie diese in Abhängigkeit von der flach geneigten Eisstromoberfläche gleichmäßige Höhe einnimmt. Sondern sie liegt von Ort zu Ort längs der Karumrahmung in etwas wechselnder Höhe. Das oberste Firnfeld reicht ja entsprechend der unterschiedlichen lokalen Zufuhr von gefallenem, verwehtem oder durch Lawinen zugeführtem Schnee an der Karumrahmung hier etwas höher, dort etwas weniger hoch hinauf. Diese Höhenschwankungen macht der Ansatz der Unternagungskehle unter den Karwänden mit.

Selbstverständlich sind die steilen Denudationswände der Karumrahmung nur eine Folgeerscheinung der kräftigen Materialwegführung, die am Wandfuß, nämlich an der Unternagungskehle, ohne Zweifel wirksam ist und in der übergroßen Steilheit der Unternagungswand zum Ausdruck kommt. Über den Vorgang, der diese Unterminierung hervorruft, ist noch nichts Genaueres bekannt. Denn die Unternagungskehle liegt unter der Firnoberfläche der Kargletscher. Wahrscheinlich spielt die gesteigerte Intensität des Frostwechsels an der Schwarz-Weiß-Grenze zwischen Firnfeld und dunkler Felswand eine Rolle zur Verstärkung der Frostverwitterung an den unteren Teilen der Karwand. D. W. Johnson (1899) hat sich einst in die Randspalte (Bergschrund) des Mt. Lyell Gletschers in der californischen Sierra Nevada abseilen lassen, also in die hier durch Bewegung enstandene Kluft zwischen Fels und Firneis (S. 433). Er fand die Eiswand auf der der Felswand gegenüberliegenden Seite der Spalte mit Gesteinsbrocken gespickt. Diese müssen aus der Felswand stammen, können aber nicht gut von oben in die Spalte hineingefallen sein, weil die Spalte oberflächlich größtenteils durch Schneebrücken verschlossen ist und weil Steinschlag und Lawinen von den höheren Teilen der Karwand regelmäßig über die Randspalte hinwegspringen. Die Felsbrocken in der Eiswand der Spalte deuten also wohl an, daß der gewöhnlich am unteren Teil der Felswand fest angefrorene Firn, wenn er gelegentlich durch Überlastung infolge von Zuwachs abreißt und sich dem in Bewegung befindlichen Firnfeld zugesellt, Felsbrocken aus der Wand mit fortnimmt. Vermutlich besteht die Bildung der Unternagungskehle und der Unternagungswand in diesem Vorgang.

R. v. Klebelsberg (1920/21) hat allerdings von den Kämpfen des ersten Weltkrieges in der Gletscherregion berichtet, daß damals ausgedehnte Stollen oberhalb des Bergschrundes, z. B. des Marmolatagletschers, auf dem Cevedale
(3764 m), der Königsspitze (3859 m) und der Hohen Schneid (3431 m) angelegt
worden sind und monatelang keine merkliche Eisbewegung erkennen ließen.
Trotzdem darf man aus solchen Beobachtungen nicht auf Ruhe oberhalb
des Bergschrundes schließen. Denn erstens können über die zu erwartende
Geschwindigkeit oder Langsamkeit der Unterminierungsvorgänge am Fuß der
Karwände bisher keine quantitativen Angaben gemacht werden. Zweitens fällt
die Zeit des ersten Weltkrieges in die Periode allgemeinen Eisrückganges, d. h.
schwacher Ernährung der Gletscher. Beobachtungen aus dieser Zeit müssen
daher für unsere Frage nicht entscheidend sein. Drittens ist das Vorhandensein
der Unternagungskehle am unteren Saum der Karwände eine unleugbare Tatsache, auch wenn wir den Vorgang noch nicht mit letzter Sicherheit kennen, der
diese Kehle in allen aktiven Karen schafft und ständig unterhält.

Unter der Unternagungskehle der Karwand beginnt das Rundhöckergelände
des *Karbodens*. Dieses bildet im ganzen genommen gewöhnlich eine muldenartige
Form. An ihrem Grunde gibt es oft eine oder mehrere geschlossene Wannen
(Rücktiefung). Eine aus Rundhöckern bestehende, eisüberschliffene *Karschwelle*
schließt den Karboden talwärts ab und leitet in den Alpen gewöhnlich zu
steilerem, häufig jähem und hohem Abfall gegen ein tiefes Trogtal über.
Zusammen mit den umrahmenden Karwänden besitzt der muldenförmige Karboden mit seiner Rücktiefung und dem steilen Außenabfall gegen das tiefere
Haupttal oft eine *sesselartige Gesamtgestaltung*. Im einzelnen ist das Rundhöcker-
relief des Karbodens meist recht unruhig. Hier hat die Eiserosion deutlich die
Festigkeitsunterschiede des Gesteins herausgearbeitet *(selektive Glazialerosion)*.
Rundbuckel und Felsgassen zwischen ihnen spiegeln in Lage und Verlauf Schichtrippen und Klüfte, feste Gesteinskörper und Ruschelzonen wider. Es gibt breite
und schmale, lange und kurze, flachere und recht steile, der Rücktiefung ent-
behrende Karböden. Für die Erklärung sowohl der Rücktiefung in den Karböden wie auch der Karschwelle kommen die gleichen Regeln in Betracht wie für
die Stufen und Wannen in den Trogtälern, nämlich die Verstärkung vorher vorhandener Gefällsunterschiede durch den Gletscher infolge von Druckübertragung
innerhalb der ziemlich starren, bewegten Eismasse. Gerade die so häufige Wanne
oberhalb des Karausgangs wird hierdurch verständlich gemacht. Sie liegt dort, wo
die rings im Halbkreis herabkommenden Eismassen gezwungen sind, ihr Oberflächengefälle dem der flacheren Oberfläche des größeren Gletschers anzu-
gleichen, dem sie zuströmen.

Wesen und Größenmaße der Karbildung

Eine wesentliche Förderung des Verständnisses für die Karbildung ist auch aus
den Beobachtungen von Isaiah Bowman (1916, ausführlich referiert von Ed.
Brückner, 1920/21) über die Entstehung von *Nivationsnischen*, d. h. über die Bildung von Hohlformen am Hang durch Druck und Bewegung perennierender oder
länger dauernder Schneeflecken auf den Untergrund und durch deren Schmelz-

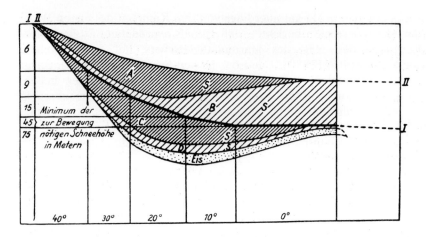

Fig. 108. Schema der Schnee-Erosion bzw. der Karbildung. (Nach I. Bowman, 1916, mit metrischen Maßen übertragen aus E. Brückner, 1921, S. 65.)

Die dick ausgezogene Linie I—I stellt das ursprüngliche Profil eines Hanges dar, dessen Böschung von oben nach unten abnimmt. Auf ihm lagert sich Schnee bis zur Oberfläche II—II ab. Die Gradzahlen am unteren Rand der Figur geben die Böschung des ursprünglichen Hanges an. Je geringer diese Böschung, desto größere Schneemächtigkeit ist erforderlich, um den Schnee zur langsamen Abwärtsbewegung am Hang zu veranlassen. Die zur Bewegung nötige Minimalmächtigkeit des Schnees ist für die einzelnen Hangabschnitte links in Metern angegeben.

Die Schneemächtigkeit BS würde an jedem Punkte des ursprünglichen Hanges zur Bewegung des Schnees ausreichen. Die tatsächliche Schneeoberfläche II—II bewirkt einen Schneeüberschuß A S, der besonders über den Untergrundböschungen zwischen 10° und 30° ansehnlich ist. Durch das verstärkte Schneekriechen, das dieser Schneeüberschuß hervorruft, und durch seinen Belastungsdruck wird gerade in diesen Böschungsbereichen eine verstärkte Reibung am Untergrund und damit Schnee-Erosion hervorgerufen. Sie reicht aus, um die Erosion des Raumes C S zu erklären, da nach Bowmans Erfahrungen mächtiger Schnee imstande ist, bei entsprechend gerichtetem Oberflächengefälle Gegenböschungen am Grunde bis zu 5° Neigung zu überwinden. Wird die Gegenböschung am Grunde größer als 5°, so ist nach Bowman die Wirkung von Firn oder von Eis zu ihrer Überwindung erforderlich. Dies ist in der Figur durch die Wiedergabe eines Bereichs D S für die mögliche Erosionswirkung von Firn und eines Bereichs „Eis" für die mögliche Erosionswirkung von Gletschereis angedeutet. Im ganzen ergibt sich eine *Erklärbarkeit der Kar-Rücktiefung* durch den in den mittleren Hangböschungen oft vorhandenen *Überschuß der Schneemächtigkeit* über das zur Bewegung des Schnees nötige Minimum der Schneedecke.

wässer *(Nivation),* aus den Anden von Südperu gewonnen worden. Bowman hat auf dem nicht vergletscherten Rücken der Cordillera von Vilcapampa blatternarbige Schurfstellen in der Oberfläche festgestellt, die von alten, geböschten Schneefeldern herrühren. Im Bereich von größeren noch vorhandenen Schneeflecken ist die Felsoberfläche eingetieft, der Schutt ausgeräumt. Er liegt in endmoränenartigen Wällen am unteren Rande des geneigten Schneefeldes.

Bowman hat gemessen, daß Schnee auf geneigter Unterlage schon bei relativ geringen Mächtigkeiten Bewegungen ausführt, sich also gletscherartig verhält (Fig. 108 und Bild 29).

Das Schema der Schnee-Erosion von I. Bowman bedarf insofern einer Ergänzung als nach neueren Beobachtungen und Messungen mindestens in weniger trockenen Klimaten, z. B. in den Alpen, das Kriechen des Schnees bereits bei wesentlich geringeren Schneehöhen einsetzt, als Bowman annahm. Außerdem ist nach den theoretischen Berechnungen von R. Haefeli (1942, 1948) und E. Bucher (1948) für die Größe des Kriechdrucks nicht allein die Schneehöhe, sondern in bestimmtem Umfange auch das Raumgewicht des Schnees und ein Hangneigungsfaktor maßgebend (vgl. auch St. Rudberg, 1974; E. Schunke, 1974).

Kriechender Schnee übt zusammen mit dem Schmelzwasser eine abtragende Wirkung auf den Untergrund aus. Wenn an Schräghängen Schneefelder von größerer Mächtigkeit entstehen, so tritt mit wachsender Schneeauflage zunehmend verstärktes Schneekriechen ein. Es findet infolge des Kriechdruckes das Aufpressen von Lockermaterialwülsten am Unterrand der Schneeflecken und Schneefelder *(Schneeschubwälle, Schneestauchwälle)* oder das Stauchen von Decken aus Verwitterungsmaterial an ihrer Basis und vor allem die Abnutzung des Untergrundes statt. Diese Vorgänge führen zur Schaffung von Hohlformen am Hang, die als *Nivationsnischen, -mulden, -wannen* oder *Schneetälchen* ausgebildet sein können. Der Versuch einer detaillierten Systematik von Nivationsformen (H. Berger, 1967) kann weder in inhaltlicher noch in terminologischer Hinsicht zufriedenstellen. Allzu zahlreich sind in dieser Systematik polygenetische Formen, bei denen es noch nicht möglich ist, den Anteil der Nivation an ihrer Genese zu quantifizieren und damit als dominant zu bezeichnen.

Gelegentlich ist die Meinung geäußert worden, daß die Eis- und Firnbedeckung des Untergrundes im Gebiet der Karböden und anderer relativ flacher Teile von Firnfeldern eine *konservierende Wirkung* auf die Formen des Untergrundes auszuüben vermöchte (J. E. Garwood, 1910). R. v. Klebelsberg (1948/49, I, S. 140) glaubt jedoch, aus den vorher erwähnten Beobachtungen in Stollen oberhalb des Bergschrunds von Gletschern schließen zu müssen, daß das Eis den übersteilen unteren Teil der Karwand nach und nach zurückverlegt.

Diese Anschauung erscheint gut begründet. Erstens dürfte feststehen, daß die Rundhöcker des Karbodens und ebenso seine vielfach vorhandene Übertiefung oberhalb der Karschwelle *nur* durch das Gletschereis (unter Mitwirkung der Schmelzwässer) und *nur* durch beträchtliche Abtragung herausgearbeitet worden sein können. Zweitens ist unabweisbar, daß in Karen, die ihren Gletscher noch enthalten, die Zurückverlegung der Karwände durch Wandverwitterung unablässig weitergeht. Die Steilerhaltung dieser Wände aber ist nur möglich, wenn auch der unter das Firnfeld eintauchende Wandfuß hierbei mit zurückverlegt wird. Zwar ist Eduard Richter (1896, 1900) sicherlich zu weit gegangen, als er annahm, daß die gesamten Rundhöckerplateaus der Fjellflächen Norwegens aus dem Zusammenwachsen von Karböden durch allmähliches Niederlegen von Karscheidegraten infolge von Wandrückwitterung entstanden sein könnten. Aber die Tatsache, daß z. B. das von Rückwitterungswänden umrahmte Rundhöckergelände des Zugspitzplatts wesentlich breiter ist als das zwischen den beiderseitigen Schliffkehlenwänden eingefaßte anschließende oberste Reintal, spricht dafür, daß die sicher alt angelegte Flachlandschaft des Zugspitzplatts im Wettersteingebirge durch die Rückwitterung der umrahmenden Wände eine ganz beträchtliche Erweiterung erfahren hat (Bild 125, 131).

Ohne Zweifel knüpfen die meisten Kare, wenigstens die größeren, der Kilometerdimension nahekommenden oder sie überschreitenden, manchmal talartig gewundenen und nach oben verzweigten Kare, an ältere Hangmulden und Talursprünge an. Das liegt schon im Wesen einer untergeordneten, nämlich einem vorher vorhandenen Tälerrelief eingepaßten Vergletscherung.

Es gibt aber sicher auch rein glazigene Kare, die nur durch einen Gletscher aus einem praktisch ungegliederten Hang herausgearbeitet worden sind. Allerdings sind diese Formen wohl im allgemeinen ziemlich klein. Schon die oben besprochenen Nivationsnischen von perennierenden Schneefeldern mit Durchmessern von wenigen hundert Metern und Nischentiefen von wenigen Zehnern von Metern gehören hierher. Denn zwischen einem perennierenden Schneefeld von 50 und mehr Metern Mächtigkeit und einem Gletscher gibt es gleitende Übergänge. Beweise für reine Glazialkare ergeben sich aber auch, wo z. B. ein Antiklinalkern aus festem Gestein, der ganz jung durch Flüsse von leicht zerstörbaren Hangendschichten freigespült, aber selbst noch nicht zerschnitten wurde, über die eiszeitliche Schneegrenze aufgeragt hat. In solchem Falle zeigt die betreffende Erhebung nämlich Spuren von Karanfängen, obwohl dort sicher kein fluvialer Talanfang vorhanden war (H. Louis, 1926, Fig. 109). So ist es z. B. am Nordwestteil des Nemerçka-Gebirges im albanischen Epirus. Ähnliches ist zu schließen in Gebieten, die hocheiszeitlich unter Inlandeis begraben waren und in denen nachträglich einzelne kleine, frische Kare eingearbeitet worden sind. Beobachtungen dieser Art gibt es z. B. aus der Umgebung von Bergen in Norwegen und aus Schottland (H. Louis, 1934).

Dafür, daß die großen Kare an ältere Talanfänge anknüpfen, hat E. Fels (1921, 1929) durch Untersuchungen im Karwendelgebirge spezielle Nachweise erbracht. Nicht nur die z. B. gewundene oder nach oben verzweigte Grundrißform solcher Kare spricht dafür, sondern auch die Tatsache, daß die Höhenlage ihrer Karschwellen, an denen die Eiserosion sicherlich nicht besonders groß war, offensichtlich nicht durch die Dynamik des Eisstromnetzes bestimmt war. 25% der Karschwellen liegen 300 bis 400 m unter der benachbarten Eisstromhöhe, 20% liegen 200 bis 300 m höher. Die Höhen der Karschwellen ordnen sich aber sinnvoll zu einem System von Hochtalenden. Daraus wird wohl mit Recht geschlossen, daß die Kare aus der glazialen Umgestaltung alter Hochtalenden hervorgegangen sind (ähnlich: A. Aigner, 1930; O. Ampferer, 1915; N. Creutzburg, 1921; J. Sölch, 1935; G. Worm, 1926/27).

Die von F. Leyden (1924) geprägte und von E. Fels (1929) aufgegriffene Unterscheidung von *Schneegrenzkaren* als kleinen Karnischen ohne zugrunde liegenden älteren Talanfang und von *Talkaren*, in denen ein vorher bestehender Talanfang glazial umgestaltet wurde, erscheint aber *nicht förderlich*. Denn die sogenannten Schneegrenzkare haben mit der Schneegrenze nichts anderes zu tun, als daß sie nicht wesentlich tiefer, wohl aber beliebig höher liegen können als die lokale reale Dauerschneegrenze in dem Gebiet, in dem der Gletscher sich bildete, der jenes Kar schuf. Genau die gleiche Beziehung zur Schneegrenze gilt aber auch für die Talkare. Denn ohne einen Gletscheranfang können auch sie nicht ihre Karform erlangen. Der Gletscheranfang aber muß mindestens teilweise mit seiner Oberfläche oberhalb der Schneegrenze liegen. Er kann jedoch beliebig

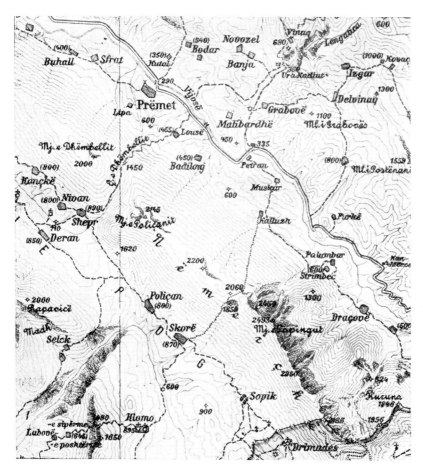

Fig. 109. Karte des Nemerçka-Gebirges im albanischen Epirus 1:200000 (Aufn. H. Louis, 1923).
Das Gebirge bildet eine einfache Antiklinale von Kreidekalk, die aus einer Flysch-Ummantelung herausgearbeitet wurde. Der südliche, höhere Gebirgsteil (2300 bis 2500 m) unterliegt bereits länger der
Zertalung, besonders auf der Schattenseite. Hier haben sich in den geräumigen Taltrichtern im
Pleistozän *riesige Kare* gebildet. Die Entstehung der viele hundert Meter hohen Karrückwände
wurde durch die flache Lagerung der Kalkbänke im Kern der Antiklinale begünstigt. Der niedrigere,
2000 bis 2200 m hohe Nordwestteil des Gebirges ist auch an der Schattenseite noch kaum zertalt. Bei
an sich schon geringerem Aufragen über die eiszeitliche Schneegrenze haben sich hier nur *bescheidene
Karnischen* gebildet, bei den Punkten 2060, 2200, 2145 Mj.e Poliçanit, 2000 Mj.e Dhëmbellit. Sie
wurden in einen erst sehr wenig von voreiszeitlicher Talbildung angeschnittenen Gebirgskörper eingearbeitet und dürften daher ganz überwiegend das Ergebnis der Kargletschererosion selbst sein.

hoch über der Schneegrenze liegen; er befindet sich an den Karlingsgipfeln der
Königin Maud Kette in Antarktika z. B. mindestens 3000 bis 4000 m über ihr.
Deswegen erscheint es weder beim einen noch beim anderen Typ der Kare
zweckmäßig, von Schneegrenzkaren zu sprechen.

Aber nicht alle Komplikationen der Gestaltung eines Kares müssen auf voreiszeitliche Anlagen des Reliefs zurückgeführt werden. Manche Kare besitzen nicht

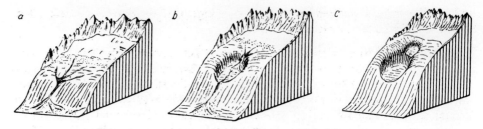

Fig. 110. Schema der Entstehung eines Treppenkares. (Nach Otto Lehmann, 1914–20, S. 50.)

a In die Stufenmündung eines während einer Eiszeit gebildeten Karbodens schneidet in der folgenden Interglazialzeit der Bach eine Klamm mit Nebenkerben der kleineren Zuflüsse ein.

b In der nächsten Eiszeit wird der Klammeinschnitt mit seinen Verzweigungen durch Gletscher-erosion zu einem geschliffenen Becken, einem sogenannten Durchgangskar ausgestaltet. An dessen Rückwand, ebenso wie am Ausgang, bilden sich in der nachfolgenden Interglazialzeit wiederum Bacheinschnitte.

c Eine nochmalige Vergletscherungszeit weitet den durch mehrere Bachkerben angeschnittenen Bereich wiederum zu einem mit Rundhöckerformen versehenen Becken aus. Auf solche Weise ergeben sich sehr mannigfaltige Möglichkeiten der Entstehung getreppt übereinander liegender Becken in einem Kar. Weitere Ursachen der Stufenbildung können natürlich in etwaigem Wechsel der Gesteinsbeschaffenheit liegen.

einen einfachen muldenförmigen Karboden, sondern es läßt sich trotz der Unregelmäßigkeiten des Rundhöckerreliefs im einzelnen eine Stufung des Kar-bodens in zwei oder mehr in der Talrichtung übereinanderliegende und durch Steilheiten voneinander getrennte Absätze erkennen. In diesem Falle spricht man von einem *Treppenkar* oder von einer *Kartreppe*, ohne daß es möglich wäre zu begründen, warum die unteren, manchmal auch als *Durchgangskare* bezeichneten Abschnitte einer solchen Treppe von Karböden nicht ebensogut auch als Treppe von kurzen *Trogabschnitten* bezeichnet werden könnten. In noch anderen Fällen greift ein breiter Karboden halbkreisförmig um einen am Karausgang tiefer ein-gearbeiteten Teil des Karbodens herum, so daß die Treppung gewissermaßen amphitheaterartig angeordnet ist. Bei seinen Untersuchungen in der Adamello-Gruppe hat Otto Lehmann (1920) in scharfsinniger Weise dargelegt, daß der Wechsel von Eiszeiten und Interglazialzeiten wesentlich zur Komplizierung des Treppenreliefs in den Karböden beitragen kann (Fig. 110).

Wenn z. B. die Karschwelle eines mit hoher Stufenmündung über dem Haupt-tale ausgehenden Kares nach Schwinden des Eises in einer Interglazialzeit durch den Bach in einer tiefen Klamm zerschnitten wird, so kann unter günstigen Um-ständen in der folgenden Eiszeit der Klammeinschnitt durch den Gletscher zu einer geräumigen Rundhöckermulde ausgeweitet werden. Diese bildet alsdann den unteren Boden eines zum Treppenkar gewordenen Kares. Bei nochmaligem Wechsel von Eiszeit und Interglazialzeit kann sich ähnliches an jeder der ent-standenen Stufen wiederholen, so daß der mehrfache große Klimawechsel des Eiszeitalters örtlich sehr verwickelte Ineinanderschachtelung von Stufen und Rund-höckermulden im Bereich der Karböden hervorgebracht haben kann. Im einzel-nen dürfte es schwer sein, mit Sicherheit zu entscheiden, welche Stufen dieser Art auf Gesteinsunterschiede oder auf Gefällsknicke des voreiszeitlichen Talreliefs und welche auf die soeben erörterten Vorgänge zurückgehen. Aber mit allen diesen Möglichkeiten ist zu rechnen.

In manchen pleistozän schwach vergletschert gewesenen Gebirgen findet man nebeneinander gewöhnliche Quellmulden bzw. Quelltrichter, die keine Umgestaltung durch einen Gletscher erfahren haben, und andere, die zu Karen ausgestaltet wurden. Bestimmt man das Volumen der Hohlform in beiden Fällen, so kommt man auf Verhältniszahlen wie 2:1 bis 4:1 für die Größe der glazial umgestalteten zu derjenigen der nicht durch einen Gletscher beeinflußten Form. Das spricht für recht kräftige Wirkungen der Glazialerosion. Beispiele gibt es auf der Balkanhalbinsel z. B. im Rilagebirge in Südwestbulgarien und in den Rocky Mts. (H. Louis, 1930). Die so gewonnenen Vorstellungen über die Größenverhältnisse passen recht gut zu den durch J. Corbel (1959) mitgeteilten Berechnungen über den fluvialen und den glazialen Abtrag im Hochgebirge, wie sie dort auf Grund von Messungen der Sedimentführung entsprechender Bäche durchgeführt worden sind.

Im ganzen wird man sagen dürfen, daß die vorliegende Form eines echten Kares mit seinem Rundhöckerboden, der oft vorhandenen Übertiefung (Rücktiefung), mit der umrahmenden Unternagungskehle und den darüber aufstrebenden Karwänden das Ergebnis der Ausgestaltung durch den Gletscher ist. Ein unwiderleglicher Beweis dafür wird durch die Weiterentwicklung der seit Abklingen der letzten Eiszeit eisfrei gewordenen Kare erbracht. Diese leeren Kare füllen sich mehr und mehr mit Sturz- und Lawinenhalden, weil der Gletscher, der diesen von den Karwänden gelieferten Schutt in früherer Zeit dauernd abtransportierte, nicht mehr vorhanden ist. Unter diesen rasch wachsenden Schutthalden sind stellenweise Stücke der alten übersteilen Unternagungswand des Kares begraben und auf diese Weise außer Tätigkeit gesetzt, wenn man will „konserviert". Im übrigen aber lagern die oberen Teile der Schutthalden als nur dünne Schuttdecke über einem darunter befindlichen Felshang, der mit der Schutthalde allmählich emporwächst und an die Stelle der Karwand tritt. Die Karwände der leeren Kare sind also in allmählichem *Vergehen* begriffen, denn das Agens, das sie aus voreiszeitlich vielleicht nur mäßig steilen Hängen schuf und durch ständige Unterminierarbeit an der Unternagungskehle frisch erhielt, der Kargletscher, ist verschwunden. Die Gletschererosion in den Karen hat gewiß in den meisten Fällen an vorher existierende Hohlformen angeknüpft. Aber sie hat sie gründlich umgestaltet, übersteilt und übertieft, so daß in den eisfrei gewordenen Karen die Tätigkeit der Denudation und des rinnenden Wassers auf lange Zeit nicht imstande sind, die noch als Nachwirkung der Eisarbeit anfallenden Schuttmassen abzutransportieren. Deswegen treffen wir in den einst vergletscherten Gebirgen mächtige Akkumulationsformen, insbesondere riesige Sturzhalden bis in die innersten Winkel des Hochgebirges und in großer Meereshöhe, was in einem rein fluvialen Abtragungsrelief der Erklärung die größten Schwierigkeiten bereiten würde. Unter den Schutthalden sind z. T. glaziale Erosionsformen konserviert, nicht aber hat der Gletscher unter sich in der Hochregion vorher existierende fluviale Formen wirklich konserviert (abweichende Anschauungen bei E. J. Garwood, 1910; R. v. Klebelsberg, 1948/49; E. Fels, 1921, 1929).

Die allgemeinen klimatischen Verhältnisse beeinflussen die Vergletscherung und damit auch besonders die Karbildung stark. *Sonn-* und *Schattseiten* der Gebirge machen sich in den mittleren und noch mehr in den subtropischen Breiten durch unterschiedliche Höhenlage der Schneegrenze sehr bemerkbar, während sie in den Tropen und den Polargebieten mit ihrer richtungsmäßig weit ausgeglicheneren Bestrahlung zurücktreten (H. Louis, 1958).

Diese Unterschiede halten sich in den humiden Bereichen in mäßigen Grenzen. Sie können sogar durch den Gegensatz von Luv- und Leeseite bezüglich der schneebringenden Winde überdeckt werden. F. Enquist (1916) hat für Skandinavien darauf aufmerksam gemacht, daß dort, weil während der Schneefälle oft heftige Winde wehen, nicht die Luvseiten, sondern die Leeseiten der Gebirgskämme weit günstigere Bedingungen zur Anhäufung von Schnee und damit zur Entwicklung von Gletschern aufweisen.

In den Trockenbereichen der mittleren und subtropischen Breiten, in denen in der Hochregion bei sehr niedrigen Lufttemperaturen die Ernährung der Gletscher ohnehin schwach ist, steigern sich die Auswirkungen der Expositionsunterschiede aber außerordentlich. Während die Höhenunterschiede der Schneegrenze zwischen Sonn- und Schattseitlagen sich in humiden Gebirgen der Mittelbreiten, wie in den Alpen, in der Größenordnung von 100 bis 200 m halten, können sie in ariden Gebirgen gleicher Breitenlage auf 400 m und mehr anwachsen und in den Subtropen selbst 600 m erreichen, z. B. am Nanga Parbat. Das haben auch die Untersuchungen von K. Hermes (1955) sehr deutlich gemacht.

Daraus ergibt sich in den betroffenen Gebirgen oftmals ein krasser Formenunterschied zwischen einer wilden, aber einseitigen Karlingsgestaltung der Gipfel und Flanken auf der Schattseite und milden Rundformen mit Glatthängen auf der Sonnseite, auch wenn strukturell keinerlei Anlaß zu einer solchen Asymmetrie der Formen gegeben ist. Darauf hat bereits G. K. Gilbert (1904) aufmerksam gemacht. (Gute Beispicle in der Sierra Nevada von Californien, dem Westteil der Sierra Nevada von Andalusien, der Hohen Tatra, dem Mittleren Taurus.)

Diese Erscheinungen liefern zugleich einen weiteren, sehr eindringlichen Beweis dafür, daß die glaziale Erosion bei der Karbildung eine recht kräftige Wirksamkeit entfaltet.

5. Die vom Grundrelief bedingten Typen glazialer Abtragungslandschaften

Es war immer wieder zu betonen, daß die einem älteren Tälerrelief untergeordneten Gletscher im Erscheinungsbild der von ihnen ausgestalteten Abtragungsformen, d. h. in den Karen und Trogtälern, gewisse Anlagemerkmale des zugrunde liegenden fluvialen Reliefs durchscheinen lassen. So ist es verständlich, daß auch ganz allgemeine Typen glazialer Abtragungslandschaften unterscheidbar sind, deren Besonderheiten durch den Gesamtcharakter des zugrunde liegenden fluvialen Reliefs bestimmt sind.

Bei flacher, d. h. höchstens wenige hundert Meter tiefer Zertalung ergibt sich, wenn Teile des Landes über die Schneegrenze geraten, die Neigung zur Bildung von Plateaugletschern bzw. von Inlandeis. Die hierbei entstehende glaziale Abtragungslandschaft ist eine *allgemeine Rundhöckerlandschaft* mit vielen kleineren und größeren Felswannen, die nach Schwinden des Eises gewöhnlich Seen bergen. Das Hoch und Tief ist weitgehend durch selektive Eiserosion bestimmt. Die größeren Becken folgen vielfach den alten Talzügen. Wo solche in der Richtung der Eisbewegung verlaufen, sind sie nicht selten zu flachen Trogformen ausgestaltet worden. Die flacheren Teile von Schweden oberhalb der oberen Grenze der marinen Ablagerungen und die Barren Grounds von Canada sind Beispiele dieses Typs (Bild 126).

Bei mäßig tiefer, d. h. etwa 500 bis 1000 m tiefer Zertalung des zugrunde liegenden Tälerreliefs entsteht durch eine Tälervergletscherung die *mäßig tiefe glaziale Erosionslandschaft.* Sie ist gekennzeichnet durch Kare meist von breiter, flacher, seltener von enger, tiefer Gestaltung, die *ohne Stufen* oder nur mit *recht niedrigen Stufen* in *flach muldenförmige Trogtäler* ausmünden. In diesen Glaziallandschaften wird der Unterschied zwischen Kar und Trogschluß unerheblich. Man kann den Ursprung eines Gletschertales sowohl mit der einen wie mit der anderen Bezeichnung belegen. Beispiele dieses Typs der glazialen Abtragungslandschaft bieten die Anaconda Range in Montana und die Big Horn Mountains in Wyoming, USA (F. E. Matthes, 1899/1900), (Bild 127, auch H. Baulig: Amérique Septentrionale. Géogr. Univ. T. 13,1 Taf. 8, bei S. 31 und Fig. 11, S. 33).

Bei sehr tiefer und steilwandiger, weit über 1000 m betragender Zerschneidung des von der Vergletscherung betroffenen Reliefs gibt es gewaltig *tiefe* und steilwandige *ganztalige Trogtäler.* Für die Ausbildung von Karen ist angesichts der ungeheuren Steilheit bis hinauf zu den höchsten Höhen kaum Platz; sie sind daher selten. Die Trogtäler enden infolgedessen bergwärts vorzugsweise mit überaus tiefen und steilen Trogschlüssen. Größere und kleinere Trogtäler sind regelmäßig durch Talmündungsstufen voneinander getrennt. Dieses *tiefe glaziale Abtragungsrelief* ist besonders in Teilen der Westalpen und in manchen asiatischen Gebirgen, wie dem Kausasus, dem Alai, Himalaya und Karakorum vertreten (Bild 128).

Bietet ein sehr tief zerschnittenes Tälerrelief, das von Vergletscherung betroffen wird, über steilwandigen unteren Talabschnitten in seiner Hochregion mäßig steile Reliefteile von größerer Ausdehnung, so entsteht die *zweistöckige tiefe glaziale Abtragungslandschaft* (Bild 130, 131, Beispiele auch in J. Früh: Geogr. d. Schweiz, Bd. I, S. 164, Fig. 42 und Bd. III, S. 467, Fig. 137 und in H. Baulig: Amérique Septentrionale. Géogr. Univ. T. 13,1, Taf. 18, bei S. 91). Es entwickeln sich Kare in der Höhe und Trogtäler in der Tiefe. Die erstgenannten grenzen mit gewaltigen Stufen an die tiefen Tröge, deren größere und kleinere wiederum durch Talmündungsstufen miteinander verbunden werden. Dieser Typus der glazialen Abtragungslandschaft ist vor allem in den Ostalpen der vorherrschende. Manche Schwierigkeiten des allgemeinen Verständnisses haben sich daraus ergeben, daß Besonderheiten dieses Stockwerkbaus der glazialen Erosionslandschaft der Alpen zeitweilig für allgemeingültige Merkmale des glazialen Erosionsreliefs überhaupt gehalten worden sind.

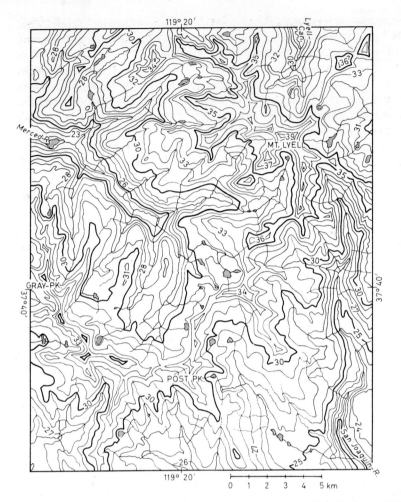

Fig. 111. Sierra Nevada, Californien, Oberstes Merced River-Gebiet. Nach der US-Karte 1:125 000, verkleinert auf 1:200 000 (Höhenlinien von 100 zu 100 m, 500 m Linien verstärkt).

Beispiel einer ausgesprochen zweistöckigen, tiefen glazialen Erosionslandschaft. Weite flache Karböden in 3000 bis 3500 m Höhe werden von den zu Graten geschärften Umrahmungen um 200 bis 300 m, nur in Ausnahmefällen um höhere Beträge überragt. Aus den Karen entwickeln sich mit Stufen von nur geringer Höhe oder auch ohne deutliche Stufen im Längsprofil flache, breite Trogtäler von 3 bis 5 oder mehr Kilometern Länge. Sie führen mit einem Durchschnittsgefälle von um 100‰ (d. h. 5–7°) um mehrere hundert Meter abwärts. Erst dann hängen diese flachen Tröge mit einer mehrhundert Meter hohen Stufenmündung über den tiefen Haupttrögen des Merced River, des Lyell Canyon, des nördlichen San Joaquin River. Die Talgründe der Haupttäler sind wesentlich mehr als 1000 m tiefer als die benachbarten Gipfel. 50 km weiter westlich, in der weiteren Umgebung von Mariposa, d. h. außerhalb des Kartenbildes, ist der entsprechende Typus eines sanften Höhenreliefs mit tiefer Zerschneidung durch einzelne große Täler in rein fluvialer Ausbildung vorhanden. Hier liegt nämlich das flache Höhenrelief nur noch in 1000 bis 2000 m Höhe. Es ist deswegen eiszeitlich nicht mehr vergletschert gewesen.

Denkt man aus dem Gesamtbilde der Hochregion der Sierra Nevada die tiefen Tröge der Haupttäler fort, deren ursprüngliche fluviale Anlage durch die Emporhebung und pultförmige Aufkippung der Sierra Nevada veranlaßt sein dürfte, so ergibt sich der Typus einer mäßig tiefen, einstöckigen glazialen Erosionslandschaft, wie er in einigen anderen Gebirgen im Westen der USA entgegentritt (vgl. S. 481).

Einer besonderen Ausprägungsform des zweistöckigen tiefen glazialen Abtragungsreliefs sei gesondert gedacht. Wenn das der Vergletscherung zugrunde liegende Relief durch enge und sehr tief eingeschnittene Haupttäler, aber daneben durch ein ausgesprochenes Flachrelief in der Höhe ausgezeichnet ist, dann besteht, wenn die flache Höhenregion zu großen Teilen über die Schneegrenze gerät, die Tendenz, daß dort in der Höhe Plateauvergletscherung oder gar inlandeisartige Ausmaße der Vergletscherung sich einstellen. Die tiefen Talzüge dienen diesen gewaltigen Eismassen als vorgezeichnete und bevorzugt benutzte Strombahnen und werden zu großartigen, äußerst stark übertieften Trogtälern ausgestaltet. In der flachen Hochregion dagegen ertrinken weite Teile des Reliefs unter dem Eise und werden zu Rundhöckerlandschaften umgeprägt. Nur die höchsten Teile erheben sich als Karlingsgrate über die weiten Eisflächen (vgl. Fig. 111).

Dieser Typus der *extrem zweistöckigen tiefen Eiserosionslandschaft* ist sowohl im norwegischen Hochgebirge wie auch etwa in der californischen Sierra Nevada entwickelt (Bild 131, Beispiele auch in Maurice Zimmermann: Etats Scandinaves. Géogr. Univ. T. 3, Taf. 13 B, bei S. 72 und H. Baulig: Amérique Septentrionale. Géogr. Univ. T. 13,1, Taf. 98, bei S. 54). Die Tindur der Karlingsgrate bilden die Gipfel. Die breiten Kare münden oft mit niedrigen Stufen wie in der mäßig tiefen glazialen Erosionslandschaft auf die großen rundgehöckerten Fjellflächen aus. In sie sind die extrem tiefen Tröge des Yosemite Tales (Sierra Nevada, F. E. Matthes, 1930) oder der großen norwegischen Fjorde eingetieft, deren letztere mit ihren Böden bis tief unter den Meeresspiegel herabreichen, im Sognefjord bis −1100 m.

Wohl mit Recht steht in der deutschsprachigen Forschung seit längerem die Frage nach der Beeinflussung der glazialen Formen durch das zugrunde liegende vorglaziale Relief und durch die allgemeinen klimatischen Bedingungen mehr im Vordergrunde als das Suchen nach einem „glazialen Zyklus", wie es noch selbst neue Lehrbücher des englischen und französischen Sprachbereiches kennzeichnet (vgl. diese in der Literaturübersicht). Auf Grund der klimageomorphologischen Kritik an dem Zyklusgedanken von W. M. Davis, (S. 193, 274 f., 282 f., 299, 301) erscheint uns Zurückhaltung gegenüber der Deduktion eines „glazialen Zyklus" empfehlenswert.

J. Der durch Windwirkungen bestimmte Formenschatz

1. Einführung

Winde gibt es auf der Erde überall. Aber nur dort können sie eine nennenswerte formenschaffende Umgestaltungsarbeit leisten, wo aus irgendwelchen Gründen unbedeckter Boden bzw. nackte Gesteinsoberflächen vorkommen. Denn ein leidlich zusammenhängendes Pflanzenkleid hemmt die Bewegung der bodennahen Luftteile so nachhaltig (R. Geiger, 1961, S. 119 ff.), daß der Untergrund dadurch gegen mechanische Windeinwirkung praktisch geschützt ist.

Aus diesem Grunde sind die Trockengebiete der Erde, die Wüsten und Halbwüsten, weniger schon die Steppen und Trockensavannen, Hauptgebiete der formengestaltenden Windwirkungen. Dazu kommen aber Ausnahmestellen auch in den feuchteren Landschaften. Die Brandungsküsten des Meeres und der Seen bieten oft mehr oder weniger vegetationsfreie Ufersäume, an denen der Wind angreifen kann. Das gleiche gilt für viele vorübergehend trockenliegende Hochwasserbetten der Flüsse und für frische vulkanische Aufschüttungen. Stark herabgesetzt wird der Windschutz auch feuchterer Landschaften häufig vorübergehend oder auch dauernd durch Wühlen und Trampeln großer Tierbestände und durch die mannigfaltige wirtschaftliche und sonstige, oft wenig pflegliche Betätigung des Menschen.

Wenig geschützt gegen Windwirkung ist endlich die pflanzenlose oder pflanzenarme subnivale Stufe der Gebirge. Im Zusammenwirken mit dem Frost entstehen hier windgestreifte *Auffrierböden* und *Windsichelrasen* und auf die gemeinsame Wirkung von Kammeis und Wind ist die *Rasenabschälung* zurückzuführen (C. Troll, 1944). Auch die Ausbildung *tonsurierter Polster* hat seine Ursache im Einwirken der wie ein Sandstrahlgebläse wirkenden Schnee- und Firnverdriftung *(Schneefegen)*.

Entgegen älteren Auffassungen, nach denen die Wüsten mehr oder weniger vollständig ihren Formenschatz den Windwirkungen verdanken sollten, hat die neuere Forschung, namentlich auch die Kenntnismehrung, die das Luftbild gebracht hat, gezeigt, daß selbst in den extremen Wüsten auffällig viel, ja, oft der größte Teil des Formenschatzes, unzweifelhaft auf Wirkungen der sehr seltenen, aber eben nicht ganz fehlenden Starkregen und ihres Abflusses zurückgeht, daß vieles dieser Art auch aus Zeiten weniger ausgeprägter Trockenheit überkommen ist. Immerhin sind die durch den Wind geschaffenen Oberflächenformen verbreitet und eindrucksvoll genug (J. Walther, 1900/1924; E. Kaiser, 1923; 1926, F. Machatschek, 1927; E. F. Gautier, 1928; K. Bryan, 1933/35; R. Capot-Rey, 1953; R. Cooke & A. Warren, 1973).

Auch hinsichtlich der Windwirkungen lassen sich Abtragungs- und Ablagerungsformen und ebensolche Gebiete unterscheiden. Die einen wie die anderen werden dadurch ermöglicht, daß der Wind loses Festmaterial von kleiner Korngröße zu transportieren imstande ist. Darüber haben Experimente von J. Thoulet (1911), N. Sokolow (1894) und besonders R. A. Bagnold (1941, 1973) Aufschluß gegeben. Die Bewegung kleiner Teilchen, ihre Aufwirbelung, beginnt mit dem Überschreiten einer bestimmten, vom Wind erzeugten, *kritischen Schubspannung* dicht an der Erdoberfläche. Diese kritische Schubspannung ist einmal abhängig von der Korngröße des Materials, wobei ähnlich wie in Wasser (s. S. 220f.) für Körner unter 0,1 mm (im Wasser unter 0,2 mm) Durchmesser die kritische Schubspannung mit abnehmendem Korndurchmesser rasch zunimmt. Für die Aufwirbelung kleinerer Kornfraktionen ist demnach wesentlich mehr Energie nötig als für den Transport des aufgewirbelten Materials. Aus diesem Grunde zeigt eine böige Luftbewegung häufig größere Wirkung für die Aufnahme von Sand und Schluff als ein kräftiger, dabei aber gleichmäßig stark wehender Wind (Fig. 112, 113).

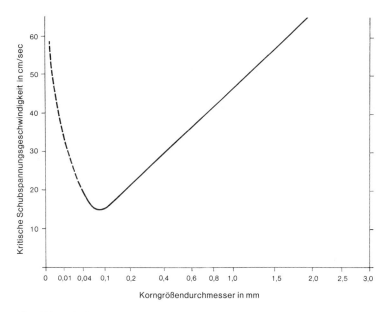

Fig. 112. Windgeschwindigkeiten der kritischen Schubspannung (kritische Schubspannungsgeschwindigkeit) unmittelbar an der Erdoberfläche für die Verfrachtung von Sand verschiedener Korngröße. (Nach R. A. Bagnold 1941/1973, S. 88.)

Die Mobilisierung der Sandkörner an der Erdoberfläche wird je nach ihrer Korngröße von der
kritischen Schubspannung bestimmt, die in der Kurve dargestellt ist. Ähnlich wie im Wasser gelten
diese Werte nur für Sandkörner oberhalb einer bestimmten Korngröße, die in Luft bei 0,1 mm Durchmesser, also bei einer geringeren Korngröße als im Wasser (0,2 mm) liegt. Wird dieser Wert im
Bereich des Feinsandes unterschritten, dann steigt die kritische Schubspannung mit abnehmendem
Korndurchmesser stark an.

Zum anderen bestimmt die Rauhigkeitsziffer, die von der Oberflächenbeschaffenheit abhängt, und welche die Windgeschwindigkeit noch bis zu Meterhöhe und darüber hinaus beeinflußt, die kritische Schubspannung.

Bei Überschreiten der kritischen Schubspannungsgeschwindigkeit werden Staub
und Schluff schwebend, das bedeutet, als Aërosol verfrachtet, solange wie die
Schubspannung größer ist als die Sinkgeschwindigkeit der Teilchen. Fein- und
Mittelsand bewegen sich nach Aufwirbelung überwiegend in längeren oder
kürzeren Sprüngen in der Windrichtung (*Saltation* nach R. A. Bagnold, 1965)
(Fig. 114). Durch die gegenüber dem Wasser wesentlich geringere Viskosität und
das niedrigere spezifische Gewicht der Luft erreichen springende Sandkörner
relativ große Höhen, da ihre kinetische Energie sehr viel höher und die Reibung
in der Luft wesentlich geringer als in Wasser ist. Dieser Sachverhalt hat andererseits zur Folge, daß die Fallgeschwindigkeit eines Sandkornes in der Luft etwa
einhundert Mal größer ist als in Wasser. Daher übertragen Sandkörner, die auf
der Erdoberfläche auftreffen, auf die Unterlage einen starken Impuls, der weitaus
größer ist als bei Körnern, die in Wasser niedersinken. Springende Körner
werden bei ihrem Auftreffen teilweise elastisch reflektiert und erleiden gewisse
Veränderungen in Form und Oberflächenbeschaffenheit. Sie schlagen aber auch

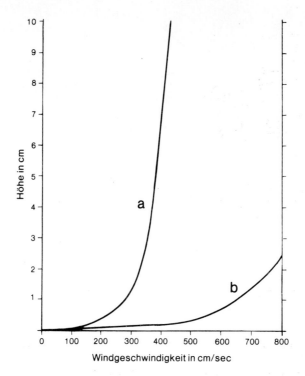

Fig. 113. Vertikale Geschwindigkeitsverteilung in Luftströmungen für zwei verschiedene kritische
Schubspannungsgeschwindigkeiten a = 26 cm/sec und b = 61 cm/sec. (Nach R. A. Bagnold
1941/1973, S. 48.)

Die Windgeschwindigkeit hängt stark von der Höhe über dem Untergrund, aber auch von der
Rauhigkeitsziffer des Untergrundes ab. Rauhigkeitsziffer und kritische Schubspannungsgeschwindigkeit müssen bekannt sein, um die Transportfähigkeit eines Windes beurteilen zu können, dessen Geschwindigkeit in *bestimmter Höhe über dem Boden* gemessen wurde. Die in dem Diagramm dargestellten Werte der Windgeschwindigkeit wurden von R. A. Bagnold im Windkanal ermittelt. Die in
den Fällen a und b transportierbaren Korngrößen ergeben sich aus Fig. 112.

winzige Krater in feinkörniges Lockermaterial, wobei sie andere Körner in die
Höhe schleudern. Grobsand und Feinkies erleiden durch die immer wiederholten
Impulse der springenden Körner und auch unmittelbar durch den Winddruck eine
langsame seitliche Verrückung (*Reptation* nach R. A. Bagnold), auch dann, wenn
die Windgeschwindigkeit für sie selbst zum Aufwirbeln nicht ausreicht. Nach
Beobachtungen von Bagnold ist der Sandtransport durch Saltation etwa viermal
höher als durch Reptation.

In *Dünen,* d. h. *Flugsandhaufen,* nicht nur der Wüstengebiete, sondern auch
z. B. in den norddeutschen Binnendünen, findet man aber nicht nur groben Sand,
sondern vereinzelt kirschkern- bis haselnußgroße, ja gelegentlich taubeneigroße
Gesteinsfragmente (Mittelkies) von mehr oder weniger kantengerundeter und
matt polierter Oberfläche. Dies zeigt, daß die beteiligten Luftmassenbewegungen
manchmal selbst solche Korngrößen zu transportieren imstande sind.

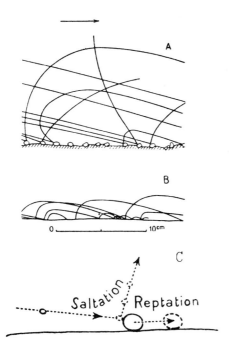

Fig. 114. A, B, C Erläuterung der Saltation und Reptation. (Nach R. A. Bagnold, 1941, 1973, vereinfacht).

A) und B) Bewegungsbahnen der fliegenden Sandkörner. Sie beschreiben *Wurfparabeln,* die durch den Winddruck in der Windrichtung verlängert werden. Bei dem unter flachem Winkel mit hoher Horizontalgeschwindigkeit erfolgenden Niedersinken treffen sie auf am Boden liegende Sandkörner oder gröbere Fragmente. Von diesen prallen sie je nach der Neigung der Aufschlagfläche mit ganz verschiedenen Winkeln zu neuen Sprüngen auch von unterschiedlicher Höhe ab *(Saltation).* Die Sprunghöhe der Sandkörner ist bei konstanter Windgeschwindigkeit von der Beschaffenheit des Untergrundes abhängig. Je gröber die Kornfraktion des Untergrundes ist (z. B. Kies oder sogar fester Fels), um so weniger Energie geht dadurch verloren, daß ruhende Körner auf diesem Untergrund durch den Aufprall springender Körner in Bewegung gesetzt werden. Springende Körner werden deshalb besonders hoch und weit geworfen (A). Besteht der Untergrund dagegen aus Mittel- oder Feinsand, dann sind die Flugbahnen der Körner wegen der Impulsübertragung (der Energieabgabe) beim Aufschlagen flach und wenig hoch (B). Durch die Saltation werden nicht nur die am Springen und Fliegen unmittelbar beteiligten Sandkörner bewegt, sondern auch größere Partikel, die der Wind selbst nicht aufzuwirbeln vermag. Infolge des dauernden einseitigen Bombardements seitens der fliegenden Sandkörner erleiden sie kleine seitliche Verschiebungen in der Windrichtung. Das ist die *Reptation* von Bagnold. Auch sie spielt bei der Massenverlagerung durch den Wind eine merkliche Rolle (C).

Die Erfahrung lehrt, daß das Sandtreiben vorzugsweise in der oberflächennahen Zone vor sich geht. Der Kamelreiter wird davon bereits wesentlich weniger belästigt als der Fußgänger. Hoch in die Luft hinauf gelangt nur der Staub und Schluff. Er wird dadurch aber als Aërosol viel weiter, nicht selten über hunderte, manchmal über tausende von km weit transportiert (Bild 62).

Ein besonders gut untersuchter Staubsturm vom 9. bis 12. März 1901 hat Staub aus der Sahara bis nach Mitteleuropa verfrachtet (G. Hellmann u. W. Meinardus, 1901). Bei ihm wurde in Nordafrika eine durchschnittlich $^1/_2$ mm mächtige

Staubschicht abgesetzt, deren Gewicht pro km² in die Größenordnung von 500 t fallen würde. Man schätzt, daß damals in Nordafrika rund 150 Mio t Staub abgelagert wurden, in Italien noch rund 1,5 Mio t, in Mitteleuropa immer noch ¹/₂ Mio t. Ähnliche Transportleistungen dürfte der Staubsturm vom 19. bis 23. März 1903 bewältigt haben, dessen Staub über Kanaren, Azoren und Großbritannien nach Mitteleuropa gelangte (E. Herrmann, 1903). Ein Staubsturm zwischen dem 20. und 24. 3. 1964 verfrachtete Material aus der westlichen und zentralen Sahara mehr als 5000 km weit über Syrien, Süd-Griechenland, die Türkei nach Kaukasien und Nordkaspien (D. V. Nalivkin, 1969, S. 133). Es sind auch Staubfälle beobachtet worden (O. Maull, 1958, S. 407) in Gestalt von gelblicher und rötlicher Verfärbung des Schnees (Blutschnee) in den Alpen, die auf noch wesentlich größere Massenverfrachtungen schließen lassen.

Das Ausblasen von Staub und Sand hat die allmähliche Verwitterung und Zerkleinerung der oberflächlichen Gesteins- bzw. Bodenteile zur Voraussetzung. In welcher Weise diese tatsächlich in allen Klimaten gewährleistet ist, darüber ist in Kap. III B, S. 110ff., näheres mitgeteilt. Bedeutungsvoll für die Windwirkung ist, daß in den warmen Trockenklimaten durch Hydratation, Hydrolyse, Salzsprengung und möglicherweise durch unmittelbare Temperaturverwitterung, in den trockenkalten durch Frostverwitterung, besonders viele Bestandteile von der Größenordnung des Staubes (∅ um 0,01 mm) und ein weit weniger großer Prozentsatz an Partikeln der Tonfraktion (∅ um 0,001 mm) mit der Eigenschaft der Bindigkeit entsteht. Dies ist der Ausblasung förderlich.

2. Deflation und Windkorrasion

Die Ausblasung oder *Deflation* ist von mechanischer Abnutzung der Oberflächen des ausgeblasenen Gebietes begleitet. Denn das Sand-, Schluff- und Staubtreiben wirkt ähnlich wie ein *Sandstrahlgebläse*. Die betroffenen Gesteinsoberflächen werden geschliffen und poliert, aber auch, den Festigkeitsunterschieden und dem Kluftnetz nachtastend, zerschliffen und zerfurcht. Erich Kaiser (1926) hat gezeigt, daß bis 15 m tiefe Furchen in der Namib auf diese Weise entstanden sind (Fig. 115).

Fig. 115. Ausschnitt aus der Wannen-Namib, Südwestafrika. (Nach Erich Kaiser, 1926, Karte 4 u. 5) 1 : 60000.
Die Karte enthält Höhenlinien von 10 zu 10 m. Die Linien von 50 zu 50 m sind verstärkt. Im nördlichen Teil des Kartenausschnitts sind die Höhenlinien des Originals unsicher. Dies ist durch Strichelung der Linien angedeutet.
    Die Schuttfüllung der Wannen und Talungen ist durch Punktierung dargestellt. Reste älterer Schuttfüllung in den Wannen und Talungen, die über dem Niveau von deren heutigen Böden gelegen und z. T. verkalkt sind, wurden durch schwarze Dreiecke wiedergegeben. Soweit sie mit einem Steilrand über dem heutigen Beckentiefsten ausgehen, wurde dieser angedeutet. Da durch solche Vorkommen erwiesen wird, daß Eintiefung der Beckenböden bis unter das Niveau des tiefsten Punktes der Wannenumrahmung erfolgt ist, kann nicht fließendes Wasser, sondern nur *Deflation* durch den Wind die Ursache dieser Beckenvertiefung sein. Durch offene Kreissignaturen wurden Geröllager in den Talungen hervorgehoben. Sie sind wahrscheinlich pleistozänen Alters.

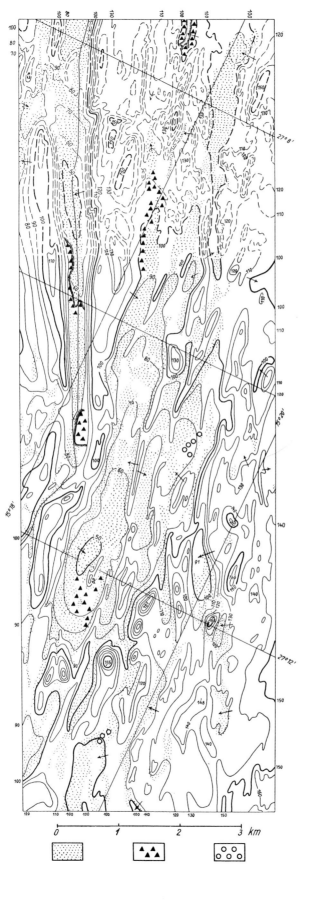

Die *Windkorrasion* ist entsprechend der Menge des mitgeführten Schleif-materials und der Saltation der Sandkörner, die beim Auftreffen Impulse auslösen, wenig über der Oberfläche am stärksten. Dies geht daraus hervor, daß steile Aufragungen in ihrer Fußzone von *Hohlkehlen* (Sandschliffkehlen) unter-schnitten werden und *Windriefung* aufweisen, während über der Zone maximaler Schleifwirkung die meist dunklen Krusten und Rinden, die das Gestein in der Wüste überziehen, erhalten bleiben. So kommt es zur Ausbildung von *Pilzfelsen* (Bild 76; siehe auch bei J. Walther, 1924, Abb. 4, 110, 111, 130, 131, 150, 153 und 173), für deren Entstehung allerdings vielfach nicht die Windkorrasion, sondern die Deflation von Bröckelmaterial die Hauptrolle spielt. Dieses letzt-genannte bildet sich am Fuße von Felswänden durch die hier nach Niederschlägen verstärkte Befeuchtung und damit verstärkte Verwitterung in gesteigertem Maß. Eindeutig erkennbar ist die Windkorrasion aber an den Stufen bzw. Stirnen von Schichttafeln der zentralen Sahara, die zu aërodynamisch günstigen Spornen umgewandelt und damit aufgeschlitzt werden. Zwischen den so geformten Spornen bilden sich in Richtung der dominanten Luftmassentransporte *Wind-gassen* als Wege verstärkten Sandtransportes. Auch auf Stufenflächen der großen zentralsaharischen Schichttafeln ist regional an der Existenz eines ausgesprochenen *Windkorrasionsreliefs* nicht zu zweifeln (H. Hagedorn, 1968, 1971; H. Mensching u. a., 1970). Dieses Relief besteht aus aërodynamisch gestalteten, lang ausgezogenen Hügeln, die Ähnlichkeit mit Walfischrücken haben, indem ihre breite und steile Stirn dem Wind zugewandt ist, während sie im Lee schmal und lanzettenförmig auslaufen. Je nach Widerstandsfähigkeit und Kluftnetz der Gesteine, in denen derartige *Windhöckerfelder* ausgebildet sein können, besitzen die einzelnen Windhöcker verschiedenste Größe, ordnen sich aber in Reihen hintereinander. Zwischen diesen Vollformen sind meist sandbedeckte Windgassen verschiedenster Dimension ohne durchlaufendes Längsgefälle entwickelt, die ein U-förmiges Querprofil besitzen. Für die Ausbildung eines derartigen Reliefs ist neben der Intensität des Windes auch dessen Richtungskonstanz entscheidend. Daher beschränkt sich das ausgeprägte Windkorrasionsrelief auf den Bereich weitgehend beständiger Passateinwirkung. Dies scheint für das Borkou-Bergland, insbesondere das Bembéché (H. Hagedorn, 1968, 1971; M. Mainguet, 1968) ebenso zu gelten wie für periphere Teile des Murzuk-Beckens (H. Hagedorn, 1974) oder für die Tassili du Hoggar (Mensching u. a., 1970).

Korrasionswirkung weisen auch locker liegende Gesteinsfragmente auf. Entsprechend der Windrichtung werden an ihnen gut polierte Schliff-Flächen erzeugt, die mit einer Kante gegen die übrigen Oberflächen absetzen. Die Steine werden so zu *Windkantern (Einkantern)*. Durch Lageveränderungen des bearbeiteten Steines oder bei der Einwirkung mehrerer abwechselnd herrschender Windrichtungen werden häufig Mehrkanter (Zwei-, Drei-, Vielkanter) erzeugt.

Deflation und Windkorrasion arbeiten zusammen. Allerdings bestehen noch immer Auffassungsunterschiede darüber, ob das reine Abheben und Fort-transportieren von Feinmaterial, also die Deflation, der für die Formbildung wichtigere Vorgang sei oder der Schleifvorgang der Windkorrasion. Die Frage sollte besser anders gestellt werden. Ohne Deflation, wenn man darunter den Windtransport beweglich gewordener Teilchen versteht, entsteht überhaupt keine

Formänderung durch den Wind. Verschieden kann nur sein, wodurch die betroffenen Teilchen beweglich werden. Das kann sowohl durch Verwitterung, insbesondere chemische Verwitterung, als auch durch den mechanischen Aufprall anderer Teilchen hervorgerufen werden. Vielfach wird beides zusammenwirken, manchmal das eine, manchmal das andere überwiegen.

Aufschlußreich für die Bedeutung des Schleifsandes in Gebieten mit Rindenbildung sind Beobachtungen von S. Passarge (1933) aus der ägyptischen Wüste und von H. Mortensen (1927) aus der nordchilenischen Wüste (Bild 75). In der sandfreien Wüste östlich des Nils ist der Boden mit einer dünnen, durch Salze verkitteten Rinde überzogen, die man sehr leicht durchstoßen kann. Da aber kein Schleifsand zur Verfügung steht, vermag der Wind diese schwache Rinde nicht zu verletzen und vermag daher auch das darunterliegende staubdurchsetzte Feinmaterial nicht auszublasen. Selbst bei heftigen Stürmen bleibt die Luft ziemlich staubfrei. Entsprechendes hat Mortensen hinsichtlich der millimeterdünnen Staubhaut über einer Staubdecke in der nordchilenischen Wüste beobachtet. Auch aus den Graret (s. S. 494) der östlichen Sahara sind solche Erscheinungen bekannt geworden.

Die Annahme, daß Deflation und Windkorrasion ihre stärksten Wirkungen nicht in der Vollwüste, sondern in den Randgebieten der Wüste erreichen sollen (H. Mortensen, 1927; W. Meckelein, 1959), bedarf nach neueren Forschungsergebnisse in der Sahara, der Lut und der Takla Makan einer Korrektur. Sicher sind nach den Untersuchungen von J. Dubief (1952, 1953, 1959/63) Sandstürme in der Sahara am häufigsten nicht in der Vollwüste, sondern in den Randgebieten, in den Wüstensteppen, obwohl die Vollwüste keineswegs windärmer ist. Das dürfte nach W. Meckelein (1959, S. 63–75) damit zusammenhängen, daß in der Vollwüste unverletzte Schuttflächen (Hamada) und Kiesflächen (Sserir, Serir) so sehr große Areale einnehmen. Sie liefern nur verhältnismäßig wenig Sand. Dazu kommt, daß in der Vollwüste, auch in den Wadis, die vorhandenen Lockermassen häufig eine Oberflächenverkrustung aufweisen, welche die Deflation herabsetzt oder verhindert. In den Randgebieten der Wüste dagegen werden die dortigen Schuttflächen, Kiesflächen, Wadiböden häufiger durch Regenfluten überspült und angeschnitten. Sie erleiden dabei stellenweise eine oberflächliche Materialumlagerung. Dadurch erneuert sich stärker als in der Vollwüste das an der Oberfläche liegende Feinmaterial, das vom Winde ausgeblasen werden kann.

Trotz dieser Tatsache müssen jedoch eine Reihe von Vollwüsten wie die Mittlere und Südliche Lut, große Teile des Sserir Tibesti und seiner Randgebiete, die peripheren Teile des Murzuk Beckens oder die Takla Makan auf Grund ihres Formenschatzes, beispielsweise des aërodynamisch geprägten Höcker- und Felsturmreliefs mit Deflationswannen, als überwiegend äolisch geformte Kernwüsten angesehen werden (A. Gabriel, 1964; G. Stratil-Sauer, 1956, 1974; H. Bobek, 1969; H. J. Pachur, 1974; H. Hagedorn, 1974).

Durch die vereinte Windkorrasion und Deflation entstehen auf den ausgedehnten Fußflächen vor Gebirgszügen oder Landstufen oder auf den großen Schwemmfächern der Wüstenbecken, den *Reg's* der westlichen, den *Sseriren* (auch Serir oder Seghir) der östlichen Sahara, oft Steinpflaster von Geröllen in

Grobsand- bis Kiesgröße oder von Windkantern als Überbleibsel der Auswehung des oberflächlichen, zumeist allochthonen (fluvialen) Feinmaterials (Bild 73, 74). Ihnen entsprechen die *Dasht* der Lut, schuttbedeckte Schwemmfächer einschließlich der Felsverebnungen und Pedimente, die nur dünn oder lückenhaft von Schwemmschutt bedeckt sind. Die Steinpflaster schützen Staub, Schluff, Fein- und Mittelsand der unter ihnen verborgenen Schwemmassen vor weiterer Ausblasung. Solche hauptsächlich aus Windkantern bestehenden *Steinpflaster (Deflationspflaster)* sind nicht nur in allen Wüsten, und zwar auch den kalttrockenen, wie etwa der hochgelegenen Puna de Atacama häufig. Sie bilden z. B. in den sandigen Glazialablagerungen Norddeutschlands keine Seltenheit und beweisen, daß dort während der trockenkalten Perioden des Eiszeitalters, als keine schützende Vegetationsdecke vorhanden war, eine lebhafte Sandverwehung geherrscht hat.

Am unteren Saum der großen Schwemmfächer dehnen sich in den geschlossenen Becken der Wüste oft weite Lehm- und Salztonebenen, die regional die verschiedensten Bezeichnungen tragen (*Playas* in Lateinamerika, *Sebchas* oder *Sebkras* in der Sahara, *Khabra* in Arabien, *Kewire* oder *Kawire* im Iran, *Takyr* in Mittelasien u. a.) (Bild 61). Ihre verhärteten pleistozänen oder holozänen Sedimente (Salzton, Sande, wenig resistente Sandsteine, Diatomite, u. a.) sind in Gebieten gleichmäßig gerichteter Winde manchmal durch lange, annähernd parallele, bis über metertiefe und über meterbreite steilwandige Furchen zerschlitzt, die von den Winden erzeugt worden sind. Die dazwischen aufragenden Trennrippen sind oft kammartig zugeschärft bzw. haben den Charakter von Stromlinienkörpern. Das Ganze bildet ein schwer passierbares Relief. Im Flußgebiet des Tarim und in der Umgebung des Lob-Nor werden die Vollformen als *Yardang* bezeichnet. Ihre Entwicklung knüpft dort anscheinend oft an einzelne Büsche, auch an abgestorbene, deren Wurzelwerk den Sedimenten etwas verstärkten Halt verleiht. Yardangs sind auch in der Mohave Wüste in Californien, im Umkreis des Tibesti in der Sahara (Djado-Becken, Kaouar, Borkou, Bodelé) weit verbreitet. Diese Stromlinienkörper erreichen Höhen zwischen einem halben und mehreren Zehnern von Metern, und ihre Länge schwankt von wenigen Metern bis zu Kilometerdimension. Eine extreme Ausbildung liegt in der Südlichen Lut vor, wo die sogenannte Lutformation (Schichten von Sanden und Silt aus Fragmenten von Karbonat- und vulkanischem Gestein, untergeordnet aus Quarzkörnern) in die *Kalut* oder *Shar-Lut* (Lut-Stadt) aufgelöst ist. Zwischen Windkorridoren ragen windgefegte Rücken oder Kämme 40 bis 80 m empor.

Über die Schwemmfächer und Salztonebenen erheben sich teils sanft, teils kräftig und mit Stufen Vollformen des Wüstenreliefs. Sie bilden sowohl ausgedehnte Felsflächen mit geringer Schuttbedeckung wie solche, die oberflächlich so gut wie ganz aus grobblockigem oder feinscherbigem, eckigem Schutt bestehen. Sie können sehr flach oder mäßig reliefiert sein. Solche, durch Stufen (Kreb) gegen tieferes Gelände abgesetzten Ebenheiten, die Felsflächen oder eine Decke aus autochthonem Schutt (Verwitterungsschutt) tragen, werden als *Hamada* (Hammada)[32] bezeichnet, wobei Fels- und Schutthamada voneinander getrennt werden können (vgl. Bild 71, 72). An der Entstehung der Schuttdecke ist

Verwitterung beteiligt, auch chemische Verwitterung, wie Rindenbildung an den Blöcken und salzhaltiger Staub im Zwischenmittel des Schutts erkennen läßt. Das durch die Verwitterung entstandene Feinmaterial wird durch den Wind und die sehr seltenen Regengüsse fortgetragen, so daß eine, wenn auch äußerst langsame Weiterentwicklung der Formen Platz greift.

Eine namentlich in den Tafellandgebieten der Sahara und anderer Wüsten anzutreffende Erscheinung sind so gut wie blankgefegte Oberflächen fester Felsbänke, auf denen nur hier und da größere Gesteinsscherben liegen. Glättung, glänzende Oberfläche und Riefung in der vorherrschenden Windrichtung weisen auf Windschliff hin. M. Schwarzbach hat entsprechendes auch auf dem vegetationsfreien Gipfel des Schildvulkans Urdarháls auf Island beobachtet (1974, S. 272, Abb. 8–10).

Sehr bedeutende Hohlformen sind nach den Beobachtungen von Erich Kaiser (1926) durch die vereinte Wirkung von Deflation und Korrasion in der *Wannen-Namib* entstanden. Auf Grund sorgfältiger topographischer und geologischer Spezialaufnahmen 1 : 25 000 während des Ersten Weltkrieges fand er dort folgendes: In den kristallinen Sockel SW-Afrikas sind im Bereich der Namib mit südnördlichem Streichen, d. h. ziemlich genau in der Hauptwindrichtung, mäßig gefaltete kambrische Nama-Sandsteine und algonkische Konkipschichten eingefügt. Diese Schichten verwittern leichter als das Kristallin und sind dort zu langgestreckten, geschlossenen Wannen von 5 bis 10 km Länge, von $^1/_4$ bis 1 km Breite und bis zu 50 m Tiefe vom Winde ausgeblasen worden (Fig. 115).

An den Abhängen der Wannen gibt es stellenweise in verschiedenen Niveaus, insbesondere auch tiefer als der niedrigste Punkt der Beckenumrahmung und in Verbindung mit schuttliefernden Hangfurchen Reste von Fanglomeratfächern, die beckenwärts über noch tiefer ausgearbeiteten Teilen der Wanne in die Luft ausgehen. Sie beweisen durch ihre Anordnung, daß die Wanne nicht durch tektonische Einbiegung, sondern nur durch Erosion entstanden sein kann, aber durch eine Erosion, die die Abtragungsprodukte bergauf zu frachten vermag, d. h. durch die Winderosion. Deren sehr kräftiges Wirken drängt sich dort auch der unmittelbaren Beobachtung auf. Am Wannenboden findet durch gelegentliche Benetzung mit salzigem Wasser nach seltenem Regen eine verstärkte Gesteinsaufbereitung statt, die die Deflation dort erleichtert. Die Bedeutung der Forschung über die Wannen-Namib liegt darin, daß hier sehr ansehnliche Leistungen der Winderosion einwandfrei nachgewiesen werden konnten.

Weniger eindeutig ist die Genese verschiedener geschlossener Hohlformen in anderen Wüsten. Doch ist mit Sicherheit hauptsächlich der Deflation und Korrasion die Ausbildung flacher Depressionen in der Gobi, der Lut und in Sistan/Iran zuzuschreiben. Auch die *Daïas*, kleine Pfannen, in der gleichnamigen Region der algerischen Nordsahara werden von verschiedenen Forschern auf

---

[32] Die Verwendung der Bezeichnung Hamada ist leider nicht einheitlich. Von manchen Autoren wird darunter nur das bei Ausblasung von Feinmaterial zurückgebliebene Steinpflaster an der Oberfläche ausgedehnter tafelartiger Hochflächen oder auch nur einer Schwemmablagerung (s. Sserir) verstanden.

Windwirkung zurückgeführt. Das Zusammenwirken von chemischer Verwitterung und Ausblasung des Lockermaterials durch Wind hat auf dem Marmarica-Plateau in Nordostlibyen und in der zentralen ägyptischen Wüste zur Bildung zahlreicher Hohlformen geführt, deren Größe von wenigen bis zu hunderten km^2 reicht (R. Said, 1960). Die Einspülung von Material als Folge episodischer Regenfälle bewirkt im Kontaktbereich des feuchten Lockermaterials zum anstehenden Gestein chemische Aufbereitung. Nach Austrocknung werden sowohl eingeschwemmtes als auch verwittertes Material ausgeblasen und die Hohlformen erweitert. Solcher Art entstandene Hohlformen werden im Französischen als *dépressions hydroéoliennes* bezeichnet. Dem gleichen Zusammenwirken verdanken wohl die meisten *Graret* (Einzahl: *Grara*) der Libyschen Wüste (Hamada el Hamrá, Jebel Sauda, Jebel Haruj es-Sódá) ihre Genese. Es sind geomorphologisch klar abgrenzbare riesige flache Depressionen mit den berüchtigten Mergelstaubdecken, die durch Reliefumkehr aus der Kappung weitgespannter Antiklinalen hervorgegangen sind. Diese Reliefumkehr entstand dadurch, daß im Kern der Antiklinalen leicht verwitternde Tonsteine und gipshaltige Sedimente des Untereozän freigelegt wurden und in erheblichem Umfange feines Material für Deflation und Korrasion zur Verfügung stellen (M. Fürst, 1965).

Neben den großen Wirkungen von Deflation und Windkorrasion sind die durch Wind und Schneefegen geschaffenen und danach orientierten Anrisse in niedriger Vegetationsdecke und in feinkörnigem Substrat der polaren, subpolaren und subnivalen Bereiche vielleicht unscheinbarer. Aber sie sind sehr verbreitet. Nach solchen Erscheinungen konnten selbst Karten der Richtung der erodierenden Winde entworfen werden. (St. Rudberg, 1968).

3. Sandschüttungen des Windes. Allgemein
(Flugsand, Dünen, Rippeln)

Während Staub- und Schluffablagerungen dort eintreten, wo die Windgeschwindigkeit und damit die Transportkraft des Windes merklich nachläßt, und wo das Auffangen und Festhalten des abgelagerten Schluffes und Staubes durch eine Grasdecke sehr begünstigt wird, erfahren die *Flugsande,* also die gröberen Bestandteile der Windfracht, einen Absatz schon bei merklich größeren Windgeschwindigkeiten. Dies tritt besonders dann ein, wenn die Rauhigkeit des Untergrundes zunimmt. Die Korngrößen halten sich nach entsprechenden Analysen zwischen etwa 0,05 mm und 1 mm bei ausgesprochenem Überwiegen der Fein- und Mittelsande zwischen 0,1 und 0,5 mm Korndurchmesser.

Die Quarzkörnchen sind gewöhnlich gerundet und haben matte Oberflächen (A. Cailleux, 1942; J. Tricart, 1969). Es gibt aber Ausnahmen und anscheinend auch verschiedene Ursachen der Mattierung (Ph. H. Kuenen u. W. G. Perdok, 1962), wie z. B. Anätzung durch Lösungen oder Aufwachsen kleinster Kristalle.

Die Sandablagerungen des Windes, die als aërodynamisch geformte *Sandwehen* an und hinter Hindernissen *(Nebkas),* als dünne *Flugsanddecken* oder als größere Haufen- oder Wallformen, als *Dünen,* entgegentreten, sind im Gegensatz zum Schluff dem Fußfassen der Vegetation ungünstig, weil sie wegen ihres groben Korns bzw. der Dominanz von Grobporen geringe wasserhaltende Kraft haben.

Zusammensetzung von Dünensanden nach Korngrößen (in mm)

Korngrößen	prozentualer Anteil der Korngrößenfraktionen			
	Salton-Düne (Barchan) Imperial Valley, Californien	Kelso-Düne (Barchan) Imperial Valley, Californien	Barchan im White Sands Dune Field, New Mexico	Transversal dune im White Sands Dune Field, New Mexico
>1,0	0,05	0	0	0
0,5 −1,0	10,4	1,7	7,8	2,7
0,25 −0,5	*41,1*	*58,3*	*66,7*	*77,5*
0,125−0,25	38,5	32,0	14,3	18,8
0,062−0,125	9,3	6,4	9,4	0,8
<0,062	0,6	1,6	1,7	0,1
	99,95	100,0	99,9	99,9

Quellen: Long, J. T. u. R. P. Sharp, 1964; E. D. McKee, 1966.

Sie bleiben also selbst in vegetationsfreundlichen Gebieten ziemlich lange nackt und sind damit erneutem Weitertransport durch den Wind viel mehr ausgesetzt als die Staubablagerungen. Flugsanddecken, vor allem aber Dünen haben deswegen im Gegensatz zu den Lößablagerungen weit weniger den Charakter von definitiven Ablagerungen, als vielmehr den, sich verändernder temporärer Umlagerungsformen, deren Bildung keine oder nur geringe Beziehung zum vorgegebenen Relief aufweisen.

Wegen der verhältnismäßig hohen Windgeschwindigkeiten, bei denen ihre Ablagerung und Umlagerung erfolgt − mittelgrobe Sande erfordern (Fig. 113, S. 484) schon wenige cm über dem Boden Windgeschwindigkeiten von mehreren m/sec −, prägen sich an den Dünen die aërodynamischen Differenzierungen des Windfeldes in der Reibungszone nahe der Erdoberfläche im Formenschatze offensichtlich stark aus. Im Anschluß an ältere Beobachtungen haben Versuche von E. Gill (1948) und W. Walter (1950) deutlich gemacht, daß beim Windtransport des Sandes, ebenso bei dessen Ablagerung auch reibungselektrische Erscheinungen, die zu Potentialdifferenzen führen, eine wohl recht erhebliche Rolle spielen. Leider ist die Erforschung dieser Sachverhalte bisher über Ansätze noch nicht hinausgelangt.

Da die unterste Luftschicht wegen der Bodenreibung langsamer fließen muß als die darüber folgenden Schichten, so entwickeln sich bei kräftigem Wind in der bodennahen Luft wohl immer Wellen (Helmholtz'sche Wellen) und Wirbel mit Stellen erhöhten und verringerten Drucks auf die Unterlage. Besteht diese aus lockerem, deformierbarem Sand, so wird dieser genötigt sein, sich den Druck- und Strömungsdifferenzen der darüber fließenden Luft anzupassen (F. M. Exner, 1920, 1927). Darin dürfte die Ursache für die Bildung der sogenannten *Rippeln* liegen, wobei nach V. Cornish (1897, 1908) auch die Differenzierung des Sandes in gröbere und feinere Korngrößen eine wesentliche Rolle spielt. Untersuchungen von H. Kuron (1952, S. 223−227) ergaben, daß die Rippelbildung bei Korngrößen zwischen 0,1 und 0,4 mm ihr Maximum erreicht, und daß insbesondere gröbere Beimengungen die Rippel- und Dünenbildung stark

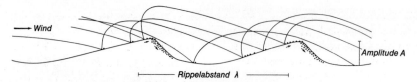

Fig. 116. Verlagerung von Sandrippeln (zweifach überhöht).
Windgeschwindigkeit und Korngröße bestimmen die mittlere Sprungweite der Sandkörner. Mit dieser stimmt der Abstand oder die Wellenlänge der Rippeln weitgehend überein. Die Verlagerung der Rippeln vollzieht sich durch Saltation, Reptation und Rutschen der Sandkörner auf der Leeseite der Rippeln in Windrichtung.

behindern. Außerdem scheint die Entstehung der Rippeln auf ein relativ schmales Geschwindigkeitsintervall des Windes beschränkt zu sein. Wird dieses überschritten, dann verschwinden sie.

Eine andere Auffassung über die Rippelbildung vertritt R. A. Bagnold (1941, 1965). Er geht davon aus, daß eine Sandoberfläche kleine Vertiefungen aufweist, so daß sich bei beginnender Saltation in diesen Hohlformen ein Luv-Leeseiten-Effekt einstellt. Der windabgewandte Leehang wird von den spitzwinklig auftreffenden Körnern weniger dicht getroffen als die dem Wind zugekehrte Luvseite. Aus diesem Grunde geraten auf der Luvseite mehr Sandkörner in Bewegung als auf dem Leehang. Die Folge ist eine Vertiefung der Hohlformen, und auf der Leeseite eine Ansammlung von Körnern und somit Aufhöhung durch Reptation. Da weiter die Mehrzahl der vom Luvhang aufgewirbelten Körner eine mittlere Sprungweite aufweisen, bildet sich in Richtung des Sandtransportes eine neue Sandakkumulation mit einem Luv- und Leehang, auf der sich die Vorgänge der Saltation und Reptation wiederholen. Auf diese Weise entsteht nach Bagnold aus unregelmäßig verteilten Unebenheiten ein System von Rippeln senkrecht zur Bewegungsrichtung der Luft. Der Rippelabstand entspricht dabei der mittleren Sprung- bzw. Flugweite der Körner und ist von Windgeschwindigkeit und Korngröße abhängig (Fig. 116). Diese Zusammenhänge sind durch Untersuchungen in der Edeyen von Murzuk (P. Queney, 1953) und in der Mohave Wüste (R. P. Sharp, 1963) bestätigt worden. Normaler Dünensand mit einem mittleren Durchmesser der Körner von 0,30 bis 0,35 mm zeigt Rippelabstände zwischen 6 und 30 cm, wobei ein Wert um 10 cm am häufigsten ist (Feinsandrippeln). In Grobsand wächst der Abstand der Rippeln auf 50 bis 300 cm (Grobsandrippeln), für deren Ausbildung erheblich höhere Windstärken nötig sind als für Feinsandrippeln.

Rippeln treten sowohl am Boden fließender Gewässer (Maull, 1958, S. 415) auf, sofern die Unterlage aus Sand besteht, als auch am Boden stehender Gewässer, deren Wasserteilchen durch Wellenbildung in Bewegung gesetzt sind (Kap. III K, S. 525), als auch vor allem am Boden des bewegten Luftmeeres, wo dieser aus Sand, aber auch z. B. beim Schneetreiben aus lockeren Schneekristallen besteht (Bild 119). Windrippeln sind flacher als die Strömungsrippeln im Wasser, d. h. ihr Index (Rippelabstand λ zu Rippelhöhe oder Amplitude A) ist bedeutend größer (>15). Sie bilden kleine, stets schwach gewundene Wälle quer zur Windrichtung bzw. Wasserbewegung. Sie können von Millimeterhöhe bis zur

Höhe von mehreren Zentimetern, selten wohl von Dezimetern kommen (bei Schnee). Ohne Rücksicht auf die flachen Biegungen des einzelnen Rippelwalles ist in einem Rippelfelde stets eine sanftere luvseitige Böschung der Wälle mit Neigungswinkeln um 10° und eine steilere Leeseitböschung mit Neigungswinkeln um 25° zu unterscheiden. Solange der Wind bläst, verlagern sich die Rippelwälle langsam fortschreitend in der Windrichtung, indem Sandkörner auf der Luvseite durch Saltation und Reptation mobilisiert werden. Der durch Reptation bewegte Sand rollt am Leehang herab und wird dort angelagert. Ein unbegrenztes Emporwachsen der Rippelscheitel wird durch die dort höheren Windgeschwindigkeiten verhindert (Fig. 116). Sind außer Quarz auch Schwerminerale in dem Sandgemenge enthalten, so reichern sich diese nach K. H. Sindowski (1956) in den Rippelfurchen an.

4. Äolische Ablagerung und Abtragung in der Wüste, Aufbauformen aus Flugsand, Gebiete äolischer Abtragung

Lange Zeit hat man angenommen, daß zwischen den Rippeln und den Wüstendünen, d. h. denjenigen aus Flugsand bestehenden Aufbauformen, bei deren Gestaltung die Windwirkung am wenigsten durch Vegetation behindert ist, nähere Verwandtschaft oder Übergänge bestehen müßten. Die Bemerkungen über die Entstehung der Rippeln dürften jedoch bereits gezeigt haben, daß eine genetische Ableitung von Dünen aus Rippeln nicht möglich ist. Tatsächlich bestehen zwischen ihnen auch keine kontinuierlichen Übergänge. Das Studium von Luftbildern, vor allem auch kleinmaßstäbiger Satellitenbilder, die Hunderttausende oder gar Millionen von km^2 auf einer einzigen Aufnahme vereinigen, hat aber in jüngster Zeit gezeigt, daß es wirklichkeitsnäher ist, die zwischen Rippeln und Dünen bestehenden Unterschiede stärker zu betonen und auch die Wüstendünen selbst mit verändertem, erweitertem Blick zu betrachten. Das hat unter Verwendung auch der übrigen maßgebenden Arbeiten der jüngsten Zeit kürzlich Monique Mainguet (1976) versucht.

Danach sind Rippeln, wie auch weiter oben ausgeführt, ausgesprochene Kleinformen, welche stets quer zu der sie gestaltenden Luftströmung bzw. in Gewässern quer zur Wasserbewegung verlaufen. Ihr maximales Vertikalausmaß dürfte 0,3 m kaum überschreiten. Die Wüstendünen unterscheiden sich von ihnen nicht nur durch die größeren bis sehr viel größeren Vertikalmaße. Sie bestehen auch, obwohl unter den kleineren von ihnen Querformen nicht fehlen, ganz überwiegend aus Formen bzw. Formengruppen, deren Längserstreckung sich nahe an die vorherrschende Windrichtung hält.

Doch zeigen sich innerhalb der großen Dünenkomplexe und gerade auch im Verlauf von deren Längserstreckung gewöhnlich bemerkenswerte Gestaltungsunterschiede, die im folgenden näher zu kennzeichnen sein werden.

Bereits unmittelbar ist aus diesen Unterschieden zu entnehmen, daß mehrere etwa den Hauptzügen der Passatströmung entsprechende Flugsand-Bereiche in der Sahara vorhanden sind und daß das Großrelief verschiedentlich ein

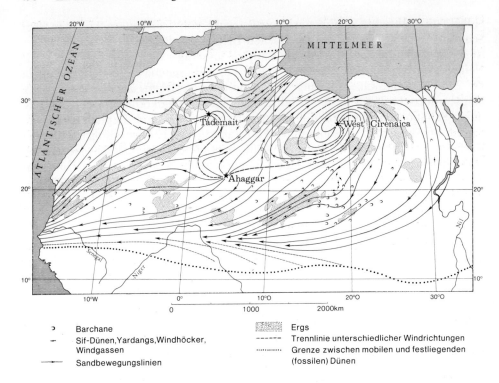

ↄ	Barchane		Ergs
⤙	Sif-Dünen,Yardangs,Windhöcker, Windgassen	------	Trennlinie unterschiedlicher Windrichtungen
→	Sandbewegungslinien	··········	Grenze zwischen mobilen und festliegenden (fossilen) Dünen

Fig. 117. Richtung der dominanten Sandbewegung in der Sahara. (Nach J. G. Wilson 1971, aus R. U.
Cooke und A. Warren 1973, S. 234, ergänzt.)

Auf der Grundlage der Windmessungen in Nordafrika im Zeitraum 1925 bis 1960 läßt sich ungeachtet lokaler Besonderheiten die wahrscheinliche Richtung der Sandbewegungen und damit der
Dünenwanderung angeben. In der Darstellung ist sie mit durchlaufenden Linien verdeutlicht. Ihr sind
die Orientierung der Barchan-, Yardang- und Windhöcker- bzw. Windgassen-Felder zugeordnet, die
in das Kartogramm nur in Auswahl aufgenommen werden konnten. Das Plateau du Tademait, das
Ahaggar und die West-Cirenaica sind die Zentren, von denen aus der Wind Sand in allen Himmels-
richtungen abtransportiert. Zwischen diesen Gebieten spannt sich in geschwungenem Verlauf die
Trennlinie generell verschiedenen äolischen Transportes.

merkliches Ausweichen der Strombänder vor größeren Reliefhindernissen und
ein Wiedervereinigen hinter diesen veranlaßt. Dies geht nicht nur aus der Längserstreckung der in den großen Dünenfeldern, den Ergs, vorhandenen Dünen-
zügen selbst hervor, sondern auch daraus, daß im Zuge der Hauptbahnen der
Passatströmung Reliefbereiche miteinander wechseln, in denen entweder
Aufbauformen aus Flugsand vorherrschen oder aber Erscheinungen der Deflation
und der äolischen Korrasion überwiegen. Die Forschung richtet sich deshalb
darauf, den Wechsel der Oberflächenformen innerhalb der im ganzen zusammenhängenden Windfelder der großen ariden Räume zu verstehen (Fig. 117).

Tatsache ist, daß die großen Ergs vornehmlich in den riesigen Beckenlandschaften der Sahara und der anderen großen Wüstengebiete anzutreffen sind.
Dies ist bislang dahin gedeutet worden, daß die Ergs im wesentlichen aus der

Umlagerung fluvialer Sande durch den Wind hervorgegangen sind (so etwa E. F. Gautier, 1928). Denn unzweifelhaft sind die, je nach den klimatischen Verhältnissen, episodischen oder periodischen Wasserläufe, die aus der höheren Umgebung in die Wüstenbecken hinabführen, mehr oder weniger stark an der Zufuhr von Sand in diese Becken beteiligt oder beteiligt gewesen. Doch die wechselnde Aufeinanderfolge von verschiedenartigen Aufbauformen aus Flugsand und ebenso von Erscheinungen überwiegender äolischer Abtragung längs jeweils kontinuierlich fortlaufender Strombahnen des Passats weist darauf hin, daß zu den Beckengebieten hin und über sie hinaus auch ein ständiger, langsamer Windtransport von Flugsand in der Hauptwindrichtung erfolgen muß. Ferner ist zu folgern, daß der erwähnte Wechsel der Oberflächenformen längs kontinuierlich fortlaufender Strombahnen mit Unterschieden der Luftströmung innerhalb des Verlaufs jeweils derselben Strombahnen zusammenhängt. Eben dafür haben die neueren Studien Anhaltspunkte ergeben.

Die besondere Bedeutung der großen Beckenräume für die Bildung von Ergs dürfte hiernach über die Eigenschaft der Becken, Sammelraum fluvialer Sedimente zu sein, hinaus darin liegen, daß über ihnen die Passatströmung infolge der reliefbedingten vertikalen Querschnitterweiterung etwas verlangsamt ist. Verlangsamter Flugsand-Transport und verstärkte Tendenz zur Schaffung temporärer Windablagerungen, nämlich von Aufbauformen aus Flugsand, wären die Folge, während in Bereichen verstärkter Passatströmung ein Überwiegen von Deflation bis hin zu Windkorrasion zu erwarten ist (Fig. 117).

Aufgrund dieser Überlegung werden die Wüstendünen als Formen temporärer Flugsandablagerung aufgefaßt und zwar als Formen, die u. U. lange Zeit im großen ziemlich konstant bleiben können, obwohl dauernd ein langsamer Transport von Flugsand über sie hinweggeht. Die Richtung dieses Transports ist immer dann leicht feststellbar, wenn auf unverfestigten Oberflächen von Erhebungen aus Flugsand deutlich verschieden steile Hänge ausgebildet sind. Denn aus aërodynamischen Gründen sind die Luvseithänge stets merklich flacher als die leeseitigen. Allerdings bei ungefähr in der Windrichtung verlaufenden Dünenwällen fehlen deutliche Unterschiede der Hangneigung auf beiden Seiten.

Generell wird auf der Luvseite der Düne Sand in Bewegung gesetzt und kommt auf dem Leehang zur Ablagerung. Dort entsteht als Anlagerungsgefüge Schrägschichtung und gleichzeitig nimmt die Steilheit dieses Hanges zu. Wird der Schüttungswinkel des Sandes (~34°) überschritten, dann rutschen Partien des abgelagerten Sandes entlang von weniger geneigten Scherflächen ab. Dieser Prozeß wiederholt sich in vielfacher Folge, so daß neben der Schrägschichtung in Dünen auch ein chaotisches Gefüge auftritt.

Es ist besonders wichtig, innerhalb der großen Mannigfaltigkeit der tatsächlich vorkommenden Formen von Wüstendünen einen ordnenden Überblick zu gewinnen. Insbesondere gilt es, Dünen, die als Form überwiegend erhalten bleiben oder sogar weiterwachsen, von solchen zu unterscheiden, die sich in Zerstörung oder Abtragung befinden. In diesem Sinne kann mit M. Mainguet von Ablagerungsdünen (dunes de dépôt) und von Abtragungsdünen (dunes d'érosion) in der Wüste gesprochen werden.

Sandebenen, Sandtennen

Doch einleitend ist zu sagen, daß es am Rande oder innerhalb der großen Dünenfelder der Wüsten auch *Sandebenen* oder *Sandtennen* von wenigen bis zu einigen tausend km² Ausdehnung völlig ohne oder fast ohne Haufen oder Wälle aus Sand gibt, die allenfalls feine Rippelmarken aufweisen. Sie werden als *Hamriya* bezeichnet. W. Meckelein (1959, S. 67ff.) konnte auf Grund von Sandproben aus einer Hamriya und aus nahe benachbarten Dünen feststellen, daß der Dünensand ganz überwiegend aus Feinsand besteht (über 80%), während der Sand der Hamriya ein Gemisch darstellt, in welchem neben Feinsand die gröberen Bestandteile (Kies bis Mittelsand) einen erheblichen Anteil ausmachen (zusammen über 40%) und daß außerdem etwas Schutt vorhanden ist. Danach scheint die Korngrößenverteilung auch bei reichlichem Vorhandensein von Feinsand bei der Dünenbildung eine wichtige Rolle zu spielen.

Elementarformen der Wüstendünen: Schild-Düne, Sîf-Düne

Für die Wüstendünen selbst, vor allem für die angedeutete Gruppe der Ablagerungsdünen hat M. Mainguet (1976) eine systematische Klassifikation erarbeitet, die in den Grundzügen annehmbar erscheint. Sie geht von dem flachgewölbten Flugsandhügel (der Schild-Düne) und von der *Sîf-Düne* (Sîf = arabisch Säbel, auch Seif oder Siouf geschrieben) als den einfachsten, merklich aufragenden Dünenformen aus. Sîf-Dünen (Säbeldünen) besitzen längliche, meist etwas gebogene Wallform mit zugeschärftem First, doch ohne ausgesprochenen Unterschied der Neigung der beiden Hänge, weshalb sie teilweise bereits als *Längsdünen* aufgefaßt werden. Sie erstrecken sich überwiegend in der vorherrschenden Windrichtung und können ein bis einige Meter hoch und etwa einige Zehner bis Hunderte von Metern lang werden. Meist verschmälern sie sich am leeseitigen Ende. Man kann mit M. Mainguet die Schilddünen und die Sîfs als die Dünen einfachster Art oder 1. Ordnung in einer Stufenfolge von Aufbauformen aus Flugsand ansehen. Denn alle komplizierteren Formen dieser Art können als unmittelbare oder als höhergradige Weiterentwicklungen oder Kombinationen von Schilddünen und oder von Sîf-Dünen aufgefaßt werden (Fig. 119).

Mäßig gegliederte Wüstendünen, Längsdünen:
Silk, Sicheldünen, Barchan, Querdünen, sonstige Formen

Als einfache Kombination von Sîfs und damit als Flugsand-Aufbauformen 2. Ordnung der ariden Gebiete ist zunächst die *Silk-Düne* (Einzahl Silk; arabisch Draht; Mehrzahl arabisch Sloûk[33]) zu nennen. Im Deutschen spricht man seit

---

[33] Singular- und Pluralform der arabischen Bezeichnungen weichen im Schriftbild z. T. stark voneinander ab. Um die Verständigung nicht unnötig zu erschweren, wird im Text nur die Singularform verwendet. Wo die Mehrzahl ausgedrückt werden muß, da wird sie hier durch Anfügen eines s an die Singularform gekennzeichnet, wie dies in den westlichen Sprachen besonders häufig geschieht.

langem von *Strichdünen*. Ein Silk kann als entweder geradlinige oder auch in stärkeren Biegungen verlaufende Aneinanderreihung von zahlreichen Sîfs aufgefaßt werden. Mittelgroße Silks sind 2 bis 3 km lang und 30 bis 150 m breit. Oft sind sie mit kurzen Unterbrechungen zu 30, auch 40 km langen Zügen aneinandergereiht und laufen mit geringen Richtungsunterschieden in Abständen von meist etwa 1 bis wenigen km in der Hauptwindrichtung nebeneinander her. Der ohne Unterbrechung längste gemessene Silk des Erg Fachi-Bilma im SW des Tibesti besitzt eine Länge von 40 km und ist im luvseitigen Teil 50 bis 100 m, in der Mitte um 50 m, im leeseitigen Teil 30 bis 50 m breit. Die gerade verlaufenden Silks besitzen gewöhnlich einen sehr ebenen, sandigen Untergrund. Bei den stärker gebogenen Silks tritt in mehr oder weniger großem Umfang Felsuntergrund zutage, so daß veränderte Reibung, die der Untergrund der Luftbewegung entgegensetzt, für die Biegungen im Verlauf der Silks maßgebend sein dürfte.

Neben den ein km bis wenige Zehner von km langen Silks gibt es in der Wüste noch wesentlich längere und höhere *Längs*- oder *Longitudinaldünen*, also Wälle, die meist in vielen parallelen Zügen, zuweilen aber auch in einem einzigen langen Kamme in der Hauptwindrichtung dahinziehen. Sie können 50 m, 100 m und selbst mehrere hundert Meter hoch werden und sich über 300 km (Erg Iguidi) oder 400 km (Erg Aschar/Mauretanien) erstrecken. Die Längsdünen haben naturgemäß keine ausgesprochene Luv- und Leeseite. Aber ihnen sitzen häufig untergeordnete Formen auf (Sîf), die sich im Grundriß wie eine kurze Fiederung der Längsdünen ausnehmen (Fig. 119, 120).

Die Fiedern der Längsdünen zeigen jeweils eine deutlich ausgeprägte, flach geneigte Luvseite (5° bis 12°) und eine steil geneigte Leeseite (um 20° bis über 30°). Sie liegen dementsprechend mit ihrer Längsrichtung quer zu dem Winde, der ihnen die Flach- und Steilböschung aufgeprägt hat. Sie sehen aus wie auf der Längsdüne sitzende, durch die Anlehnung an den großen Längsdünenwall unsymmetrisch ausgebildete Barchane (Bild 77).

Nach R. A. Bagnold (1954) sollen sich Längsdünen sogar aus Barchanen entwickeln, wenn diese bei wiederholtem Wechsel zwischen einer Hauptwindrichtung und einer einseitig, jedoch nur wenig abweichenden Nebenwindrichtung etwas verschwenkt und in die Länge gedehnt werden. Dagegen vertritt H. Th. Verstappen (1968) die Auffassung, daß sich nach der Interpretation von Luftbildern aus der Thar und der Arabischen Wüste Längsdünen aus Parabeldünen entwickeln, da alle Übergänge zu beobachten seien (Fig. 118).

Die großen Längsdünen der Wüste scheinen im Gegensatz zu den bisher besprochenen Dünen als Formen z. T. festzuliegen, wenngleich der Sand, der sie aufbaut, oberflächlich durchaus in Bewegung ist. Das letztere wird aus den Luv- und Leeböschungen der Dünenfiedern und deren Wechsel deutlich. Die dennoch waltende Formkonstanz der Längsdünen im großen geht aus dem Vorkommen alter Palmengärten und seit Jahrzehnten, ja wohl seit Jahrhunderten so gut wie festliegender Karawanenstraßen in diesen Dünengebieten hervor. Das ist kaum anders zu erklären als durch die Annahme, daß die großen Längsdünenkämme eine, sehr gleichmäßig wehenden Winden entsprechende, aërodynamisch günstige Ausgestaltung des Untergrundes vorstellen.

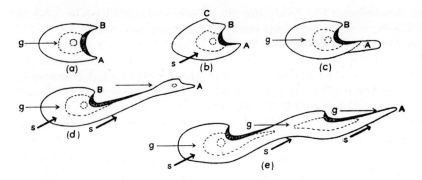

Fig. 118. Umwandlung eines Barchans in eine Sîf-Düne. (Nach R. A. Bagnold 1941/1973, S. 223.)
Nach theoretischen Überlegungen von R. A. Bagnold scheinen in bestimmten Fällen Sîf-Dünen aus
Barchanen hervorgehen zu können. Dies geschieht, wenn zu der beständigen Windrichtung g, die
den Barchan zunächst entstehen ließ (Teilfig: (a), stürmische Winde der Richtung s hinzutreten
(b). Herrscht darauf wiederum der beständige Wind g über längere Zeit, dann wird insbesondere der
Schenkel A des Barchans eine Verlängerung erfahren (c). Erneut auftretende Stürme mit s-Richtung
führen ebenfalls durch Sandverfrachtung zu einer weiteren Verlängerung dieses Schenkels (d). Der
danach wieder wirksame stete Wind g läßt zwar die Tendenz der Barchan-Bildung erneut aufleben,
doch zur Bildung selbständiger Barchane kommt es nicht mehr, da immer wieder Winde aus Richtung
s diesen Prozeß unterbrechen (e). Dieser Vorgang ist besonders dort denkbar, wo saisonal oder
jahreszeitlich derartige Richtungswechsel des Luftmassentransportes stattfinden.

Wenn die Furchen, die zwischen den Längsdünen verlaufen, lediglich in Sand
ausgebildet sind, so werden sie in der Sahara als *Feidsch, Feidj, Feij* (Mehrzahl
Fudisch) bezeichnet. Besteht der Sockel solcher Sandkämme aus festem Material
und sind die Längsfurchen zwischen ihnen darin eingetieft, so heißen diese
Furchen *Gassi* (umgekehrte Benennung bei M. Mainguet, 1976). Beispiele von
Gassi finden sich in großer Zahl im Erg Chech, Erg Iguidi und im Großen Östlichen Erg (Bild 78).

Wenn auch die Längsdünenwälle als Formen z. T. fast konstant zu sein scheinen,
so müssen anderswo durch Verlängerung die einzelnen Längswälle in der Hauptwindrichtung allmählich an Ausdehnung zunehmen. Das deutet in der Tat der
Lauf der großen Wadis der westlichen Sahara an. So biegt das vom Sahara-Atlas
südwärts ziehende Wadi Zousfana/Saoura am Westrande des Großen Westlichen
Erg deutlich um den Betrag von etwa 20 km nach Westen aus. Es dürfte durch
das Vorrücken der Sandmassen allmählich zur Seite gedrängt worden sein.

Längsdünen, einschließlich der Sîfs und Silks, sind die verbreitetsten Dünen in
der Sahara, der Namib, der Lut, der Rub al Khali in Arabien und der Simpson
Desert in Australien. Allein in der Sahara nehmen sie rund 70% aller Flugsand-
gebiete ein.

Einen weiteren, über den einfachen Sîf hinausgehenden Typ von Aufbauformen aus Flugsand bilden die nach turkestanischen Vorkommen benannten
Barchane. Diese meist nicht großen Einzeldünen von einigen Metern Höhe und
einigen Zehnern von Metern Länge haben einen sichelförmigen Grundriß mit
ausgesprochener Flachseite am luvseitigen Außenrande und der Steilseite am

Innenrande der Sichel, also an der Leeseite. Das Mittelstück dieser *Sicheldünen* ist massig und hoch, die beiden Sichelenden sind niedrig und schmal. Die sichelförmige Biegung dieser Dünen wird in erster Annäherung dadurch erklärt, daß die beiden an Sandmasse geringen Enden der Düne bei der allgemeinen Fortbewegung des Sandhaufens rascher vorwärts kommen können als die viel größere Sandmasse des Mittelstücks. Es ist anzunehmen, daß die in der Mitte hohe und daher eine breite Basis erfordernde, gegen die Enden niedriger werdende und luvseitig vorgewölbte Form der Sicheldünen die aërodynamisch günstigste Form des wandernden Sandhaufens ist.

Da in der Regel aus einem mehr oder weniger flachen Flugsandhügel (Schilddüne) über die Zwischenstufen einer barchanartigen Schilddüne und eines gedrungenen Barchans der eigentliche Sichelbarchan entsteht, mag man diese Form mit M. Mainguet wenigstens formal als symmetrische Kombination von zwei Sîfs ansehen und sie der 2. Ordnung der Flugsand-Aufbauformen zuweisen. Barchane werden vorzugsweise über flachem, hartem oder für Windverwehung schwer angreifbarem Untergrund, z. B. über Fels, über Kies oder einem Steinpflaster, auch etwa über einem feuchtehaltigen Untergrund ausgebildet. Auf solchem Untergrund, der selbst so gut wie keinen Sand neu zuliefert, scheint eine zusammenhängend bleibende Fortbewegung der Sandmasse von Einzeldünen besonders häufig zu erfolgen.

Es gibt auch, von M. Mainguet (1976) nicht aufgeführt, barchanartige Dünenformen, die quer zur vorherrschenden Windrichtung längere, nämlich bis mehrere km lange Wälle bilden. Diese *Querdünen, Transversaldünen* sind meist nicht besonders, nämlich nur zwischen etwa 3 m und 30 m hoch. Sie stellen sich mit geschlängeltem First und leeseitig ausgesprochen steilerem Hang etwa wie Girlanden aus seitlich nebeneinander gereihten Mittelstücken von Barchanen dar. Gewöhnlich sind diese Querdünenwälle zu mehreren bis vielen Staffeln hintereinander angeordnet mit Abständen, die etwa das zehn- bis zwanzigfache der Dünenhöhe betragen. Solche Querdünen scheinen vor allem an den luvseitigen und den seitlichen Säumen großer Dünenfelder aufzutreten. Am luvseitigen Saum des Großen Östlichen Erg der Sahara z. B. erfüllen sie eine Randzone von etwa 10 bis mehr als 20 km Breite, bevor im Inneren des Erg höhere und dann überwiegend in der vorherrschenden Windrichtung verlaufende Dünenwälle das Formenbild bestimmen (Fig. 119; vgl. auch Atlas des Formes du Relief, Paris 1956, Pl. 152 u. Fig. 72).

Querdünen der angegebenen Art im Hinblick auf die herrschenden NE- bis E-Winde sind vor längerer Zeit schon durch Sven Hedin (1904) aus dem östlichen und südlichen Tarimbecken (Takla Makan, auch Tschertschenwüste) beschrieben worden. In den breiten Talungen zwischen den Wällen liegen dort bodenfeuchte Tennen, Bayire, manchmal sogar seichte Seen, so daß die noch ungeklärte Frage entsteht, ob die Nähe von Bodenfeuchte im Untergrunde die Entstehung solcher Querdünen-Systeme begünstigt.

Gelegentlich zeigen sich außerdem, im Arabischen „*Elb*" genannt, Kombinationen eines gewöhnlichen Silk (Längsdüne) mit Barchanen. Sie ergeben sich, wenn in dem betreffenden Gebiet außer derjenigen Gegebenheit, die die

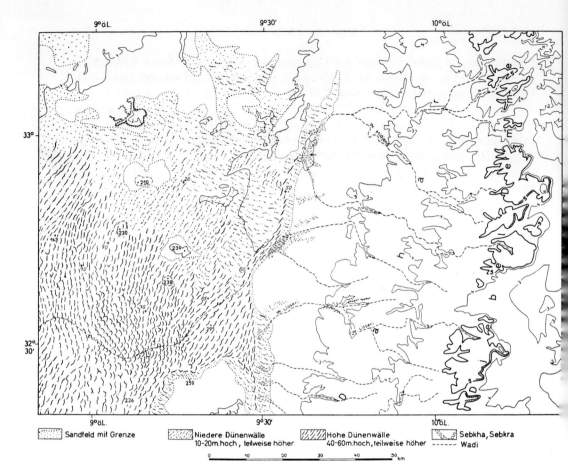

Fig. 119. Der Nordostwinkel des Großen Östlichen Erg und die Schichtstufe des Djebel Demér, Südtunesien, Sahara. Maßstab 1:1 Mio. Nach der Karte 1:500000 des Service Géogr. de l'Armée.

Am Ostrand der Karte erhebt sich mit Steilabfällen nach Osten von bis zu 200 m Höhe und absoluten Höhen bis 600 m die zerlappte *Schichtstufe* der Oberkreidekalke des Djebel Demér. Sie überhöht die Gebiete der Jura- und Triasschichten der östlich angrenzenden Djeffâra-Ebene. Die *Dachfläche* der Schichtstufe senkt sich mit dem Schichtfallen sanft nach Westen und bildet die von Wadis mäßig zertalte Landschaft Dhahar. Bei etwas über 200 m Höhe taucht die wellige Platte des Dhahar unter das *Sandfeld* des Großen Östlichen *Erg*. An seinem Rande enden die Wadis in *Verdunstungspfannen*, den *Sebkhas*. Der Erg ruht in dem riesigen flachen Becken, dessen kretazische Untergrundschichten im Süden im Plateau von Tademaït, im Westen in den Höhen von El Goléa und Ghardaïa wieder auftauchen. Der Ausschnitt des Erg, den die Karte abbildet, zeigt, daß das *Sandmeer* an seinem Nord- und Ostsaum mit niedrigen, um 10 bis 20 m hohen *Dünenwällen* beginnt, welche *quer* zu der von Nordosten bzw. Nordnordosten kommenden Hauptwindrichtung verlaufen. Weiter gegen das Innere des Dünenfeldes treten in der Hauptwindrichtung verlaufende *Längsdünen* an die Stelle. Sie erreichen 40 bis 60, stellenweise 70 m Höhe. Die mit Kreuzkoten versehenen Höhenzahlen der Karte weisen auf sie hin, es sind Relativhöhen. Innerhalb der Längsdünensysteme gibt es Unregelmäßigkeiten der Richtung und der Einzelformen. Stellenweise sind große *Sterndünen* entwickelt. Vermutlich erklären sich diese Besonderheiten als Anpassungen an Unregelmäßigkeiten des festen Untergrundes des Dünenfeldes. Wo der Untergrund höher aufragt, zeigt das Dünenfeld Lücken (vgl. mehrere der Höhenkoten von über 200 m im Bereich des Erg). Die Karte enthält Höhenlinien von 100 zu 100 m, die durch Hunderter-Zahlen gekennzeichnet sind. Die 500-m-Linie ist verstärkt. Die allgemeine Höhenlage des Sandfeldes ohne Rücksicht auf die mächtigen Walldünen ist andeutungsweise durch eine gestrichelte Höhenlinie von 200 m zum Ausdruck gebracht.

Gesamtrichtung des Silk bestimmt oder bestimmt hat, eine erhebliche, d. h. etwa um 30° bis 45° abweichende Windrichtung mit großer Regelmäßigkeit auftritt. Dann bilden sich an der im Lee dieser Windrichtung gelegenen Seite des Silk ein ziemlich breiter, von Barchanen bzw. Gruppen von Barchanen erfüllter Land-streifen. Die Achsen der Barchane liegen aber in der zum Silk schräg verlaufen-den Windrichtung. Solche Bildung von Elbs tritt vor allem dann ein, wenn der be-treffende Silk auf hartem, z. B. felsigem Untergrund auflagert.

M. Mainguet gibt keine Erklärung für die Ursache des Richtungsunterschieds zwischen dem Gesamtverlauf des Silk in einem derartigen „Elb" und den schräg dazu ausgerichteten Barchanen. Aber sie sieht in den Elbs Dünenformen, welche nur teilweise wirklich Ablagerungsdünen sind. Der Silkanteil dieser Elbs gehört nach ihrer Auffassung mehr zu den Abtragungsdünen, weil der Flugsand der Barchane durch Deflation dort entnommen worden ist.

L. Aufrère (1931) hat für entsprechende Fälle einst das Vorhandensein zweier voneinander abweichender, aber regelmäßig auftretender Windrichtungen ange-nommen und hat für den vorliegenden Fall den Begriff der *„Inzidenzdüne"* vor-geschlagen. Wenn die Sîfs, die einen Silk zusammensetzen, quer zu diesem ver-laufen und überwiegend steilere Hänge nach der Leerichtung des Silk aufweisen, so spricht er von *Konjunktionsdünen*, wenn sie in solchem Falle luvseitig zur Längsrichtung des Silk steilere Hänge zeigen, so vermutet er das Bestehen einer oppositionellen Nebenwindrichtung und spricht von *Oppositionsdünen*. Es ist möglich, daß auch diese Auffassung in bestimmten Fällen zu Recht besteht. Sie begegnet sich mit der vorher erwähnten Auffassung von R. A. Bagnold (1941, 1973) über die Umwandlung von Barchanen zu Längsdünen (Fig. 118).

Stärker komplexe Wüstendünen: Ghourd-Dünen, Drâa-Dünen und ihre Anordnungsmuster, Aklé-Dünen

Höherrangige Aufbauformen aus Flugsand ergeben sich, wo Formen der 2. Ord-nung im Sinne von M. Mainguet zu größeren Gesamtformen zusammentreten. Dies geschieht bei dem *Ghourd*, der *Pyramidendüne*, *Sterndüne* (auch Rhourd ge-schrieben, Plural Ghroud oder Oghurd). Während die Silks derart aus Sîfs zu-sammengewachsen sind, daß nur die Silks im ganzen als Wallformen mit an-sehnlichen Hängen über eine mehr oder weniger flache Sandebene oder eine Unterlage von festerer Beschaffenheit aufragen, sitzen in den Ghourds Wall-dünen von der Beschaffenheit von Silks einem recht bedeutenden Sandhügel auf. Die Ghourds erreichen oft 100 m, nicht selten mehrere hundert Meter Höhe. Ge-wöhnlich strahlen nach verschiedenen Seiten mehrere Silkwälle sternförmig vom Gipfel eines Ghourds aus, und zwar mit beträchtlichem Gefälle jedes der Silks und der beiderseitigen Fußsäume des Silks vom Gipfel des Ghour her gegen den Fuß der Dünen-Pyramide hin. Die Pyramiden- oder Sterndüne kann daher als kräftig geböschte Erhebung beschrieben werden, auf der ihrerseits mit steilen Flanken in sternförmiger Anordnung Wallformen aufruhen. Einen Gestaltungstyp dieser Art bezeichnet M. Mainguet als Flugsand-Aufbauform 3. Ordnung (Fig. 119, 120).

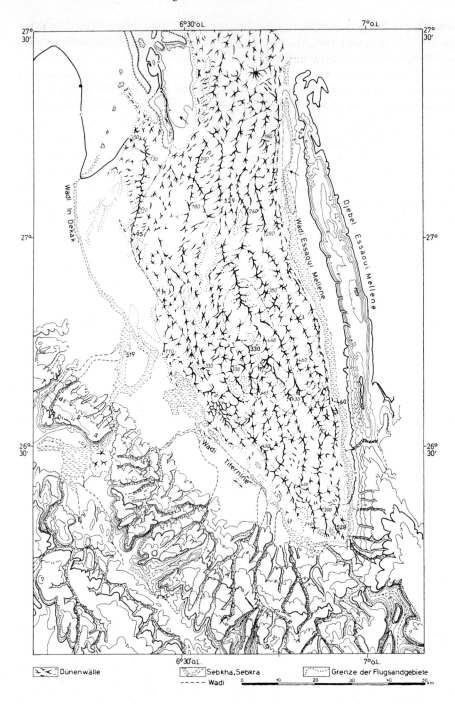

Fig. 120. Der Erg Tan Baradene am Nordrand des Tassili n'Ajjer, SW Winkel des Erg Issaouane, Zentral-Sahara. Maßstab 1:1 Mio. Nach der Karte 1:500000 des Service Géogr. de l'Armée.

Jene Silks, welche Bestandteile der Ghourds bilden, sind gewöhnlich stärker gebogen, sie sind gewissermaßen barchanähnlicher als diejenigen, welche einem flachen Untergrund aufsitzen und mehr oder weniger langgestreckte Wallformen darstellen. Zwischen benachbarten, stark gebogenen Silkwällen auf den Ghourds kommt es dabei nicht selten zur Ausbildung geschlossener Hohlformen, d. h. von *Ghourd-Kesseln* (arabisch *Ghorafa*).

Es kommt auch häufiger vor, daß die Pyramidenform der Sterndünen undeutlich wird oder verschwindet, daß aber gleichzeitig die Zahl der Ghourd-Kessel auf den mächtigen Flugsanderhebungen zunimmt. Dann spricht man von *Drâa-Dünen*. Auch sie werden von M. Mainguet als Dünen 3. Ordnung angesehen. Oft wechseln Ghourd- und Drâa-Formen auf kurze Entfernung oder sie sind durch Übergangsformen miteinander verbunden. Es ist aber bislang nicht möglich anzugeben, ob eine der beiden Formen die ursprünglichere ist und welche Bedingungen für ihre Entstehung maßgebend sind.

Noch fehlt es an Kenntnissen, um die Entstehung dieser Dünensysteme wirklich zu verstehen. Aber die, trotz Unregelmäßigkeiten im kleinen, im großen ungeheuer einprägsame Gesetzmäßigkeit der Formenanordnung, die an die Interferenz verschiedener Wellensysteme auf dem Meere erinnert, kann wohl nur durch eine regelhafte Differenzierung der Luftbewegung von sehr großen Ausmaßen erklärt werden.

E. F. Gautier (1928) hat bereits darauf hingewiesen, daß es Ghourds gibt, welche höchst wahrscheinlich einen Gesteinskern besitzen, und W. Meckelein (1959) tritt dieser Meinung bei. Namentlich bei ausnahmsweise hoch aufragenden Einzelformen dieser Art liegt die Annahme nahe, daß es sich bei ihnen um eine aërodynamische Umkleidung eines Kerns aus festem Gestein durch Dünensand handelt.

Im Süden der Karte steigt die Kreidetafel des Tassili n'Ajjer bei im ganzen nordöstlichem Schichtfallen bis über 1300 m Höhe empor. Sie ist von Wadis in der Richtung des Schichtfallens tief zertalt. Eine weithin 300 m hohe, stellenweise 400 m erreichende *Schichtstufe*, die nach Südwesten abfällt, führt von der Mitte des unteren Kartenrandes nach Nordwesten. Ihr Fuß steht in einer ausgeprägten *Subsequenzfurche*, der aus eine Reihe von Wadis mit *Schichtstufendurchbrüchen* die *Schichttafel* in nordöstlicher Richtung durchschneiden. – Südwestlich der Subsequenzfurche heben sich tiefere Horizonte der Schichttafel nochmals bis auf über 1200 m empor und bilden eine weitere südwestwärts gerichtete große Schichtstufe, die mit Höhen bis 1300 m im Südwestwinkel der Karte gerade noch erkennbar wird.

Wo die Schichttafel gegen Norden unter 600 m Höhe absinkt, da taucht sie zugleich unter junge Alluvialebenen unter. Bei etwa 520 m Meereshöhe (die mit großen Zahlen geschriebenen Höhen der Karte bedeuten Meereshöhen) grenzt die Alluvialebene an das mächtige *Dünenfeld* des Erg Tan Baradene. An seinem Rande verlieren sich die *Wadis* in breiten *Verdunstungspfannen* (Sebkhas), die bei außergewöhnlich starker Schüttung der selten abkommenden Wadis längs des Ergrandes miteinander zu kommunizieren scheinen.

Der Erg nimmt die bis auf unter 400 m herabgehende Mulde zwischen dem Tassili n'Ajjer im Südwesten und dem Djebel Essaoui Mellene ein. Er zeigt im ganzen *Längsdünen*anordnung in der Richtung Nordsüd. Die Dünen sind aber mehr oder weniger stark zu *Sterndünen* abgewandelt. Sie sind von gewaltiger relativer Höhe (kleine Höhenzahlen der Karte). Sie erreichen im Norden 200 bis 300, im Süden 400 bis über 450 m relative Höhe. Höhenlinien von 100 zu 100 m, 500 m und 1000 m Linien sind verstärkt. Die feingestrichelten Höhenlinien der Karte versuchen eine Vorstellung von der Höhenlage des Sandfeldes ohne Berücksichtigung der großen Dünenkörper zu geben.

Der Ghourd ist eine komplexe Düne, deren Typ wenig variiert. Erhebliche Varianten zeigen sich aber in den Anordnungsmustern, in denen die Ghourds auftreten. Man kann recht gut Ghourds in lockerer Anordnung und in gedrängten Ketten mit offenen oder mit geschlossenen Zwischenräumen *(Sahane)* zwischen den einzelnen Ghourds unterscheiden. Die Anordnung kann auch in ungefähr parallelen Reihen mit mehr oder weniger deutlicher Regelmäßigkeit der gegenseitigen Plazierung der Ghourds benachbarter Reihen entwickelt sein. Im Erg Fachi-Bilma sind Ketten von Ghourds auf 200 km Länge bei etwa 2 km Breite ausgeprägt. Anderswo, z. B. im Erg Tan Baradene am Nordrand des Tassili n'Ajjer kommen mehr lockere Reihen von Ghourds vor mit gegenseitigen Abständen von um 5 km. (Fig. 120).

Wo lange Ketten von eng gedrängten Ghourds oder auch Drâa-Dünen vorliegen, da sieht M. Mainguet wohl mit Recht eine weitere, ihre 4. Ordnung von Aufbauformen aus Flugsand. Solche Formen treten als charakteristische strangartige Einzelzüge innerhalb großer Ergs, z. B. des Erg Chech, auf.

Zu den stärker komplexen Wüstendünen gehören auch die von M. Mainguet nicht berücksichtigten *Aklé-Dünen*, für die im Deutschen der wenig zutreffende Ausdruck Netzdünen vorgeschlagen wurde. In Wirklichkeit handelt es sich bei den Aklé um ohne erkennbare Regeln ausgebildete Dünen, in deren Verband kaum eine Systematik der Anordnung von Voll- und Hohlformen festgestellt werden kann. Regional hat es den Anschein, als wären sie aus Barchanen oder Parabeldünen hervorgegangen, die bereits im Anfangsstadium ihrer Entstehung überprägt wurden. Andere Vorkommen vermitteln den Eindruck, als würden sie aus Elementen von Ghourds bestehen oder als relativ kleine Formen stark komplexen Dünen aufsitzen.

Aklé sind sehr mobile Dünen, sie wandern rasch und unterliegen kräftiger Umbildung, Auflösung und Neubildung. Ihre Genese ist jedoch noch immer rätselhaft. Sie sind auf Gebiete beschränkt, in denen heftige, aber unregelmäßig wehende Winde mit häufigem Richtungswechsel vorkommen.

Große Dünenfelder der Wüste: Ergs

Von besonderer Bedeutung ist die 5. Ordnung der Aufbauformen aus Flugsand von M. Mainguet, der *Erg* als Ganzes, d. h. die Gesamtheit aller Aufbauformen aus Flugsand, soweit sie sich über sandigem Untergrund erheben. Dadurch wird nämlich derjenige Bereich gekennzeichnet, in welchem für die Schaffung von Aufbauformen aus Flugsand stets ausreichend Sand zur Verfügung steht, und wo andererseits das Nebeneinander von solchen Aufbauformen sowohl niedriger als höherer Ordnung durch die Art seiner Anordnung Schlüsse auf die allgemeine Formenentwicklung ermöglicht oder in Zukunft erleichtert wird. Zum mindesten sind, wie weiter oben ausgeführt wurde, aus der Verteilung von weniger hohen Querdünen auf der Luvseite und an den Längsrändern eines Erg sowie von höheren Längsdünen bzw. von Reihen oder Ketten aus Sterndünen in seinem inneren Bereich wichtige Hinweise auf die für seine Gestaltung maßgebenden Windverhältnisse zu entnehmen. Der Bezeichnung Erg der westlichen Sahara entsprechen *Ténéré* (Tiniri) in der südlichen Sahara, *Edeyen* in Libyen, *Nafûd* in Arabien, *Kum* in West-Turkestan (Fig. 119, 120; Bild 79, 80).

Die Ausdehnung der Ergs in den Wüsten der Erde wird allgemein überschätzt. So ist nur ein Siebentel der Sahara Sandwüste und auf der Arabischen Halbinsel, wo sich das größte geschlossene Flugsandgebiet der Erde befindet (Rub al Khali 560 000 km²), ist lediglich ein Drittel Sandwüste.

Die Sandströmungszone der Wüsten im ganzen

Über die Ordnungsstufe des Erg hinaus unterscheidet M. Mainguet noch zwei höhere Ordnungen, von denen wir freilich nur die Ordnung 6, die Formengemeinschaft der „Sandströmungszone" (courant sableux) im ganzen für wirklich einleuchtend halten. Mit ihr soll diejenige Zone zusammengefaßt werden, in der einerseits Abschnitte mit überwiegend raschem Ab- und Durchtransport von Flugsand, d. h. ohne nennenswerte Aufbauformen aus Flugsand, aber mit Merkmalen der Deflation und der Windkorrasion vorkommen, und andererseits Abschnitte mit ausgedehnter temporärer Sandablagerung, also mit Ergs, wobei beide in u. U. mehrfachem räumlichen Wechsel aufeinander folgen. Der für diese Sicht maßgebende Gedanke ist ohne Zweifel für das Gesamtverständnis wesentlich. Denn er weist darauf hin, daß der Erg als Gebiet überwiegender Aufbauformen aus Flugsand nicht voll zu verstehen ist, ohne seine Nachbarschaft zu Gebieten stärkeren Ab- und Durchtransports von Flugsand (Fig. 117).

Dagegen erscheint es uns nicht notwendig, darüber hinaus noch eine 7. Betrachtungsstufe der „Gesamtheit der Wüste" als Zone mit vorherrschender Windformung zu fordern. Denn Windformung der Erdoberfläche scheint uns nur mit Hilfe von Flugsand als wirksamem Material und als Werkzeug in nennenswertem Ausmaß möglich. Die entsprechenden Vorgänge und Formänderungen dürften aber bereits in der vorher genannten Stufe 6 der Betrachtung berücksichtigt sein.

Als Gebiete überwiegenden Ab- und Durchtransports von Flugsand kommen die Gebiete größter Mobilität des Sandes in Betracht. Sie sind nach Bagnold z. B. auf Sandebenen bei für Flugsand charakteristischen Korngrößen im SaltationsBereich (Saltationsmantel; bodennahe Zone) des Sandtreibens zu suchen, bei Flugsandhügeln besonders auf den Barchanen. In den Gebieten großer Aufbauformen aus Flugsand ist dieser ebenfalls durchaus nicht unbeweglich. Aber die Saltation wird hier durch die aërodynamisch gestalteten Unebenheiten des Reliefs von Silks, Ghourds usw. gemindert.

In den Silks scheint der Sand sich ähnlich wie an einer Laufschiene zu verhalten. Er wandert dort mit verhältnismäßig geringer Reibung unter immerwährender Um- und Neubildung von Sîfs weiter.

Die Ghourds werden manchmal mit den Knoten eines stationären Wellensystems der Luftbewegung verglichen, bei dem der Sand an den Knoten (den Ghourds) konzentriert wird auf Kosten der Vorgänge in den Wellenbäuchen, wo „Sahanas", Muldenformen zwischen den Ghourds entstehen.

Wenn nur wenig Flugsand zur Verfügung steht, so tritt fester bzw. nicht ver-
wehbarer Untergrund, wie Fels, Kies, auch feuchtes Feinmaterial, an die Oberfläche. Dort ergeben sich dann wie beim Sandstrahlgebläse der Technik
Korrasionsformen, geglättete Schleif- und Aushöhlformen des Windes.

Die angedeuteten Überlegungen führen weiter zur Betrachtung der „Abtragungsdünen" (dunes d'érosion von M. Mainguet), d. h. von in Zerstörung begriffenen Dünen. Als solche bieten sich gegen den leeseitigen Rand der Sahara
hin die kaum noch Sandzufuhr erhaltenden und schließlich die bereits durch eine
Vegetationsdecke festgelegten Dünen der Sahelzone dar, ebenso auch leeseitige
Randzonen anderer Wüsten, z. B. des Simpson Desert in Zentral-Australien.

In solchen Gebieten können Winde, soweit sie aus der Vollwüste kommen und
daher Flugsand als Schleifmaterial mit sich führen, u. U. auch ohne die Mitwirkung von Menschen oder Tieren Wunden in die kaum noch durch neuen Sand
ernährten Dünen einarbeiten. Es entstehen Ausblasungs-Sandkämme (sand
ridges) und Furchen zwischen ihnen.

Von M. Mainguet werden die Folgerungen aus dem Vorhergehenden noch erweitert. Nach ihr sind Aufbauformen aus Flugsand, in denen der Sand nicht mehr
stark wandert, als „stabil" zu bezeichnen und befinden sich auf dem Wege der
Festlegung. Ein Längsschnitt durch den Erg Fachi-Bilma südwestlich von Tibesti
soll diese Vorstellung bekräftigen. In dem hochariden Abschnitt im Nordostteil
des Erg mit Jahresniederschlägen unter 50 mm wird der Erg hauptsächlich aus
Silks (Strichdünen) aufgebaut. Daran schließen sich gegen das Zentrum des Erg
Reihen und Ketten von Ghourds. In dem weiter südwestlich folgenden subariden
Bereich des Ergs mit mehr als 100 mm Jahresniederschlag treten bereits Ketten-
dünen auf, die im wesentlichen als Ausblasungs-Sandketten aufgefaßt werden. In
ihnen soll der Sand nur noch längs der Kammlinien merklich fortbewegt werden.
Zwischen den Sandketten verlaufen Furchen, die als Gassi oder als Feidj ausge-
bildet sind. Hier wirken Windkorrasion und Deflation hauptsächlich mit Hilfe von
Flugsand, welcher von NE her aus dem hochariden Bereich des Erg herangeweht
wird.

Noch weiter südwestwärts erfolgt der Übergang in den Sahel-Bereich mit
Jahresniederschlägen von mehr als 150 mm. Die hier vorhandenen Aufbauformen
aus Flugsand, d. h. die Dünen, sind durch eine Vegetationsdecke bereits festgelegt.
Die Lage etwa der von Erich Kaiser (1926) erforschten Wannen-Namib SSE von
Lüderitzbucht als Gebiet überwiegender Windkorrasion und Deflation zu der
nach NNW in der Passatrichtung anschließenden Dünen-Namib würde gleichfalls
gut zu dieser Auffassung passen.

Es wird gegenwärtig noch offen bleiben müssen, wie weit die dargelegte Vorstellung von der Abfolge der Flugsand-Aufbau- und Abbauformen sowie der für
ihre Entstehung wesentlichen Vorgänge die sehr komplizierten Erscheinungen
der Wirklichkeit in einer allgemeiner verwendbaren Weise kennzeichnet. Ohne
Zweifel haben aber der Blick auf die feineren Unterschiede der Formenabfolge
längs der Trajektoren des Passatsystems in den subtropisch-tropischen Wüsten,
sowie die Ausweitung der Betrachtung der Ergs auf die luv- und leeseitig anschließenden Bereiche mit Hilfe der Luft- und Satellitenbilder das Verständnis

für die Formenentwicklung der Wüstengebiete sehr gefördert. Es ist zu erwarten, daß aus derartigen Studien noch weitere Erkenntnisse erwachsen werden.

Anteil der Windwirkungen an den Formenvergesellschaftungen der Wüste

Während in den humiden Gebieten der Erde das fließende Wasser als abtragendes Agens im Zusammenwirken mit der Böschungsabtragung die Abtragungsformen so gut wie vollständig bestimmt, und während im nivalen Klima das Entsprechende von den Gletschern gesagt werden kann, findet man in den ariden Gebieten eine hinsichtlich der maßgebenden Gestaltungsvorgänge wechselvolle Vergesellschaftung von Formen. Hier treten nebeneinander Oberflächen auf, die teils durch das fließende Wasser, teils durch Windwirkungen, teils auch durch das Vorhandensein ephemerer Ansammlungen stehenden Wassers

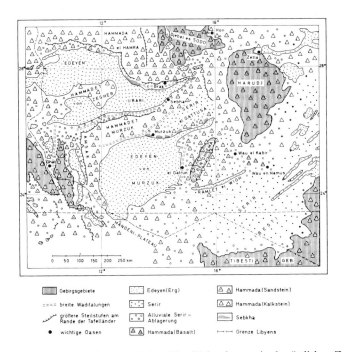

Fig. 121. Verbreitung typischer Oberflächenformen in der östlichen Zentral-Sahara nach W. Meckelein (1959, S. 36). Etwa 1:13 Mio.

Die höher aufragenden Gebirgslandschaften und die großen Plateaus werden überwiegend von Hamadaflächen eingenommen, deren Charakter entsprechend der Gesteinsbeschaffenheit Unterschiede aufweist. Der Hammada el Hamra aus Oberkreidekalk im Norden, den Hamadaflächen aus Eozänkalk östlich des Djebel es Soda und rings den Dj. Harudj und den Basalthamaden dieser beiden Gebirge und südöstl. von Wau el Kebir stehen überwiegend Sandsteinhamaden in den übrigen, höher gelegenen Gebieten gegenüber. Die sehr großen flachen Hohlformen des Edeyen Ubari, des Edeyen von Murzuk und des Sserir Tibesti werden von Dünenmeeren erfüllt (Edeyen = Erg), oder sie werden von Sserirflächen eingenommen. An einzelnen Stellen sind große Waditalungen vorhanden. Ihre Zubringerzweige richten sich von den Hochgebieten gegen die Becken. Die großen Waditalungen selbst aber verlaufen vielfach auf lange Strecken längs der Dünengebiete, weil die großen Sandanhäufungen ihnen die Fortsetzung in das Innere der Dünengebiete versperren.

hervorgerufen werden. Im Anschluß an die Erörterung der windbedingten Formen soll hier der Versuch gemacht werden, wenigstens anzudeuten, in welcher Weise diese Formengruppen, die nach genetischen Gesichtspunkten in den betreffenden systematischen Kapiteln behandelt sind, sich in der *Wüste* zu einem Mosaik heterogener Formenmotive zusammenfügen (vgl. Fig. 121).

Die *Kettengebirgs-* und *Breitgebirgswüsten* sind ganz überwiegend vom fluvialen Formenschatz geprägt. Sie neigen zur Bildung von Kerbtalformen und von schneidenartig zugeschärften Talscheiden. Korrasionswirkungen des Windes treten hier im Landschaftsbilde zurück. Aber *Dunkelrinden* überziehen größtenteils die Bergflanken. Merklich verschieden vom Formenschatz der humiden Gebiete ist weiter neben dem mehr oder weniger häufigen Auftreten von geschlossenen Hohlformen das auffallend steile Gefälle der Talgründe, das hohe Ansetzen von schuttbedeckten, breiten Talsohlen und die hoch hinaufgreifende Ummantelung des Gebirges mit Schuttschleppen, die sich bei näherem Zusehen als dünne Schutt- oder Sanddecken über *Pedimenten (Glacis)* erweisen. Viele solcher Gebirge ragen wie Resthöhen über einem sehr breiten, sanft ansteigenden Flachsockel auf, von dem aus die Schuttböschungen höher und höher gegen das Gebirgsrelief vordringen (Bild 56, 57, 58, 59, 68, 69).

Ungestörter ist der Einfluß der Windkorrasion auf *plateauartigen Erhebungen der Wüste,* weil sich der Wind auf flachem Gelände gleichmäßiger entfalten kann als im Gebirge. Die Voraussetzung für nennenswerte Schleifwirkungen ist allerdings das Vorhandensein von Sand oder sandig zerfallenden Gesteinen, damit die Windwirkung angreifen kann. Steht solches Schleifmaterial zur Verfügung, dann sind windgeschliffene Gesteinsoberflächen, *Fels-Hamadas* (Bild 71), mit unruhigem, vielfach scharfkantigem Mikrorelief, das den Festigkeitsunterschieden des Gesteins nachtastet, mit Pilzfelsen und kleineren oder größeren wannenartigen Vertiefungen die Regel. Gewöhnlich sind auch sie von Dunkelrinden überzogen. Meist sind aber die flacheren Böschungen mit Schutt überdeckt Hamadas, (Hammadas), dem Verwitterungsschutt des Anstehenden, dessen oberflächliche Feinbestandteile durch gelegentliche Flächenspülung und durch Wind langsam weggetragen werden. Wechseln in solchem Flachrelief schwach und stark resistente Gesteine in räumlich großen Komplexen, so können, wie in der *Wannen-Namib* oder der *Lut* (S. 489, 493), bedeutende Hohlformen durch Deflation ausgearbeitet werden.

Ist bei Plateauerhebungen flache Schichtlagerung vorhanden, so zeigen sich *Schichtstufenlandschaften* (z. B. die *Tassili* der Sahara). Diese dürften aber im vollariden Gebiet nicht ursprünglich entstanden sein. Denn die tiefe Zerschneidung eines Schichtenkomplexes, die zur Ausbildung einer Schichtstufenlandschaft nötig ist, erfordert wohl ein Klima mit mindestens jahreszeitlich nennenswerten Regen. Die einmal gebildeten Schichtstufen bleiben dann im ariden Klima wegen der Langsamkeit aller dortigen Formprozesse lange Zeit erhalten. Die Dachflächen der Schichtstufen sind gewöhnlich Hamadas. Die Stufenabfälle und die Hänge eingeschnittener Wadis sind, sofern es häufiger Sturzregen gibt, durch Spüldenudation fast von Schutt entblößt, in den vollariden Gebieten aber mit einer dünnen Schuttlage bedeckt (Bild 70).

Aus den Gebirgen, auch aus den Schichtstufenerhebungen, führen Trockentäler *(Wadis)* in die Beckenlandschaften der Wüste. Ihre im Gebirge ausgeprägte
Talform wird im Becken überaus breit und undeutlich, verliert sich manchmal
ganz. Vor dem Gebirgssaum entwickeln sich flach geneigte, im Anstehenden ausgearbeitete Ebenen *(Pedimentflächen, Glacis),* die nur geringfügig und lückenhaft
mit Schwemmschutt bedeckt sind. In ihrem Niveau liegen der breiter und breiter
werdende Wadiboden und ebenso die häufig sich verlegenden Trockenbetten
kleinerer Abflußstränge der seltenen Sturzregen (Bild 68, 69, 70; Fig. 119, 120).

Riesengroß sind in den Wüstengebieten die *Aufschüttungsräume,* in der Regel
flache geschlossene Hohlformen ohne gleichsinniges Gefälle gegen das Meer. Es
sind die *dry lakes* und *Bolsone* des ariden Amerika. Hier ist die Grundformung in
der Randzone der Becken gewöhnlich durch die Schwemmwirkungen sehr
seltener Platzregenfluten bestimmt. Aber auf den Schwemmablagerungen kann
Deflation angreifen und Feinmaterial entführen. *Pflaster von Windkantern (Sserir*
der Sahara) bleiben zurück und bilden weithin die Oberfläche. Voraussetzung für
das Entstehen solcher Pflaster scheint auch hier das Vorhandensein von Sand zu
sein (Bild 74).

In der Nachbarschaft der großen Deflationsflächen liegen in sandreichen Gebieten die größeren oder kleineren *Dünenfelder der Wüste,* von deren Einzeltypen
die Rede gewesen ist. Diese äolischen Akkumulationen stellen anscheinend in der
Regel Gebilde dar, die als Formen mehr oder weniger gestaltbeständig, weithin
sogar ortsbeständig sind, deren stofflicher Inhalt aber in fast ständiger
langsamerer oder schnellerer Weiterbewegung begriffen ist (Bild 69, 77, 78, 79,
80; Fig. 119, 120). Die Gesamtanordnung der großen Deflations- und
Windkorrasionsgebiete einerseits und der großen Dünenfelder andererseits
scheint vor allem durch den Verlauf der Strömungsbahnen des herrschenden
Windsystems und durch den regionalen Wechsel von Erhebungen und Becken
innerhalb des allgemeinen Strömungsfeldes bestimmt zu sein (M. Mainguet,
1976).

In den tiefsten Teilen der Aufschüttungsbecken gibt es kleinere oder größere
Pfannen. Das sind mehr oder weniger salzhaltige, äußerst flache Sammelwannen
von Tonen, Mergeln oder Kalkabsätzen. Es sind die nach größeren, gelegentlich
in der näheren oder weiteren Umgebung niedergehenden Regenfällen vorübergehend inundierten Flächen, auf denen die von den Trockentälern (Wadis) zugeführten Abflußmassen schließlich verdunsten und versickern. Der Boden der
Pfannen, d. h. der *Playas* und *Salare* des ariden Nord- und Südamerika, der
Sebchas der Sahara, der *Kewire* Persiens ist gewöhnlich hart, verkrustet, von
Trockenrissen durchsetzt. Bei Überflutung und Durchfeuchtung pflegt er zu er-
weichen. Das Überschreiten mit Karawanen oder Automobilen ist dann unmöglich
bzw. lebensgefährlich (F. Machatschek, 1927; E. F. Gautier, 1928; O. Maull,
1938; R. Capot-Rey, 1953; W. Meckelein, 1959).

Fig. 122. Binnendünen, Parabeldünen der Warthe-Netze-Platte im Staatsforst Zirke nordöstl. von Birnbaum (Miedzychod), Warthe. Maßstab 1:60000. Nach der alten Karte 1:25000. Die Namen sind seit 1920 polonisiert.

Ausgezogen sind die Höhenlinien von 60 und 80 m. Weithin umreißt die Höhenlinie von 60 m ziemlich gut den Grundriß der Dünenkörper. Wo Abweichungen vorliegen, sind die ungefähren Grenzen der Dünenkörper durch Strichelung angedeutet. Ihre Gestalt ist außerdem durch Kamm-

5. Dünen humider Gebiete

Binnenlanddünen Mitteleuropas (Parabel- und Strichdünen)

Den Barchanen der Trockengebiete stehen in den humiden Bereichen Einzeldünen von bogenförmigem Grundriß gegenüber, deren Bogenenden aber oft wie
bei einer Parabel schweifartig lang ausgezogen sind, und die vor allem abweichend vom Barchan, die Steilheit ihrer Böschungen nach der Außenseite des
Bogens kehren. Solche *Parabeldünen* kommen als *Binnenlanddünen* oder *Binnendünen* vor allem in Norddeutschland im Gebiet der großen eiszeitlichen Schmelz-
wasser-Talzüge vor. Die Außenseite der Parabelbögen ist immer gegen Osten gerichtet, die Dünen sind also von Westwinden geschaffen. Westlich von ihnen
liegen die großen Sander- und Talsandflächen, aus denen die Sande ausgeweht
wurden (K. Keilhack, 1917). Gegen Osten steigen die Dünen gelegentlich etwas
auf die angrenzenden Geschiebelehmplatten hinauf. Die Parabelform ist oft ein
wenig unsymmetrisch. Die Parabelenden sind niedrig, gegen das Mittelstück wird
die Düne langsam, aber nicht gleichmäßig höher. Der Mittelabschnitt ragt oft 10
bis 12 m, im Warthe-Netzegebiet 20 m und mehr über die Umgebung auf. Der
Abstand von Kamm zu Kamm beträgt meist 300 bis 400 m (Fig. 122).

Die luvseitigen Innenabdachungen der Parabeldünen sind gering, um 4° bis 8°
geneigt, die Außenböschung ist besonders im Mittelstück und an den Nord-
schweifen steil, um 25° bis 30°. Die Südschweife der Parabeldünen haben im
mittleren Bereich Norddeutschlands weniger ausgeprägte Böschungsverhältnisse
als die Nordschweife, so daß man bei einer Querung im Walde in nord-südlicher
Richtung, bei der man die Art der Zugehörigkeit zum Mittelbogen nicht übersehen kann, schon allein an den Böschungsverhältnissen erkennt, ob man sich auf
einem Nordschweif oder auf einem Südschweif befindet (Fig. 123). Es liegt also
eine systematische Unregelmäßigkeit der Böschungsverhältnisse vor, die wohl
durch Veränderung der vorherrschenden Windrichtung zu erklären ist. Überwiegend westliche Winde haben die Parabelformen geschaffen, mehr südwestliche
haben sie später etwas überformt (H. Louis, 1928). Durch Untersuchungen von
W. Wolff (1926) und H. Lembke (1939) in der Mark Brandenburg ist nachgewiesen worden, daß die Binnendünen dort sowohl vor wie gleichzeitig mit dem
Austauen von Toteis des Untergrundes gebildet worden sind, also im wesentlichen im Spätglazial, als die großen Talzüge schon weitgehend trocken lagen, die
Vegetation aber noch spärlich war (vgl. Fig. 122, Erläuterung).

---

verlaufs-Linien verdeutlicht. Das ganze Gebiet ist mit Kiefernforst bestanden. Der Dünensand ist
dadurch festgelegt.

Die *Dünenbögen* werden bis 20 m hoch. Sie wenden ihre Steilseite stets nach Osten, an den nördlichen Bogenausläufern nach Nordosten bzw. Norden. An den südlichen Bogenausläufern sind die
Böschungsunterschiede wenig ausgeprägt. Aus den Böschungsverhältnissen ist zu schließen, daß
westliche und südwestliche Winde an der Formung der Dünen beteiligt waren.

Im Südosten, nördlich der Heide-Mühle, werden Dünenzüge von einer 15 m tiefen Talrinne
gequert. Sie ebenso wie die westlich benachbarten, z. T. see-erfüllten Rinnentäler sind zweifellos
einstige *subglaziale Schmelzwasserrinnen*, die am Schluß der letzten Vereisung durch Einbetten von
Toteis vor der Zufüllung bewahrt blieben. Während der Hauptbildungszeit der Dünen können diese
Talrinnen als Geländefurchen nicht vorhanden gewesen sein. Die Hauptdünenbildung muß also
spätglazial vor dem endgültigen Austauen der in den Rinnen befindlichen Toteisklötze erfolgt sein.

Fig. 123. Schema der Böschungsverhältnisse in einer Schar norddeutscher Bogendünen (Parabeldünen). (Nach H. Louis, 1928, S. 12.)

Unabhängig von den gegenseitigen Lageverhältnissen der Dünenwälle haben alle Mittelteile der
Bögen einen steilen Abfall nach Osten, einen flachen nach Westen. Alle Nordschweife der Bögen
haben einen steilen Abfall nach Norden, einen flachen nach Süden. Die Südschweife dagegen haben
keine ausgesprochen verschiedenen Böschungen an der Nord- und Südseite.

Offenbar wurden diese Dünen nicht über einen vollkommen trockenen und
vegetationslosen Untergrund geschüttet. Das dürfte ihre Parabelform mit
gegenüber der Windrichtung zurückbleibenden Bogenenden erklären. Im Gegensatz zu den Verhältnissen beim Barchan mußten hier die Reibung des pflanzenbe-
deckten Bodens, das festigende Wachstum von Sandgewächsen und wohl auch
eine gewisse Feuchtigkeitsaufnahme die weniger mächtigen randlichen Teile des
wandernden Sandkörpers bei der Fortbewegung stärker behindern als die Hauptmasse des Sandes im Mittelstück. (Weitere Arbeiten: W. Hartnack, 1925;
D. Häberle, 1930; P. Woldstedt, 1950; mit abweichender Auffassung F. Solger,
1910, 1931.)

In neuerer Zeit sind Forschungen über die Binnendünen in Polen und Ungarn
eifrig fortgesetzt worden. Sie haben die älteren Ergebnisse über Form, Struktur,
vorherrschende Richtung der dünenschaffenden Winde und Alter der Dünenbildung unter Feststellung gewisser örtlicher Besonderheiten im wesentlichen bestätigt. Aus einer großen Zahl von Korngrößenanalysen geht die interessante
Tatsache hervor, daß auch bei diesen Dünen wie bei den Wüstendünen die
Feinsandfraktion vorherrscht, daß aber vom Gebiet zwischen Elbe und Oder im
Westen bis zum Pripet-Becken im Osten eine leichte Zunahme der Korngrößen
zu erkennen ist. (Zusammenfassender Überblick R. Galon, 1959, S. 93−110;
Z. Borsy, 1964, S. 109−142, 1974)

6. Küstendünen

Dünenbildung gibt es an flachen Küsten, sofern dort Sand zur Verfügung steht, in
allen Klimaten.

Die Brandungszone des Meeres an Küsten aus sandliefernden Gesteinen, wie
z. B. den Diluvialablagerungen Norddeutschlands, ist ein Ort, an dem bei Ebbe
oder niedrigem Wasserstand stets ein mehr oder minder breiter Streifen trocken

Löß ist in den Außertropen weit verbreitet. Er hält sich aber vorzugsweise an die Randgebiete der heutigen wie auch der eiszeitlichen Trockenbereiche, und zwar sowohl des warmtrockenen wie des kalttrockenen Typus. Ob ähnlich geartete Oberflächenbildungen der äußeren semiariden Tropen auch wirklicher Löß sind, darüber herrscht noch nicht ausreichende Klarheit (vgl. Fig. 124).

In Australien und wahrscheinlich auch in anderen Ländern, in denen die Frostverwitterung keine Rolle spielt, gibt es lößartige Staubgesteine, die sich von Ausblasungen aus Verwitterungsmaterial herleiten. Sie bestehen überwiegend aus staubigen Verwitterungsprodukten von im mineralogischen Sinne tonartiger Beschaffenheit. Derartige tonige Verwandte des Löß werden in Australien als *Parna* bezeichnet (B. E. Butler, 1956).

Der Löß umkleidet in Hügel- und Gebirgsländern mit unregelmäßigen Mächtigkeiten die Hänge und geht vielfach über Wasserscheiden hinweg (Bild 63). Von dünner Überschleierung wächst die Mächtigkeit in Mitteleuropa bis auf über 30 m, in China bis über 400 m in Schensi und Kansu (Schmitthenner, 1925). Hieraus und aus dem unmittelbaren Eindruck des gegenwärtig vor sich gehenden Staubabsatzes in China zog F. v. Richthofen (1877) den Schluß, daß Löß ein äolisches Ablagerungsprodukt sei, das durch Verwehung von feinem Verwitterungs- und Ausspülungsmaterial aus vegetationslosen Trockengebieten und durch dessen Absatz in semiariden Steppenlandschaften zur Ausbildung komme.

Diese Auffassung hat sich im wesentlichen immer wieder bestätigt. Außer den Wüsten kommen allerdings auch die zeitweise trockenliegenden Hochwasserbetten von Gewässern, die Gletschertrübe und Schlemmstoffe aus einer unter Frostwirkung entstandenen Verwitterungsdecke mit sich führen, als Auswehungsgebiete in Betracht. Der Windtransport erklärt den Aufbau des Löß aus scharfkantigen Teilchen und seine höchst charakteristische Körnungsgröße, die ein ausgesprochenes Maximum bei den Korngrößen zwischen 0,01 und 0,05 mm $\emptyset$, also bei den Schluff- und Feinsandgrößen, und ebenso ausgesprochene Minima bei den Fraktionen des Sandes über 0,1 mm und des Tones von unter 0,002 mm $\emptyset$ aufweist (R. Grahmann, 1932; A. Scheidig, 1934). Denn während Teilchen der Tongröße in der Luft eine praktisch unendlich kleine, Teilchen der Sandgröße eine rasche Sinkgeschwindigkeit besitzen, schweben die Staubkorngrößen in ruhiger Luft langsam herab. Eine Steppenvegetation erlaubt ihnen fortgesetzte Anhäufung, weil zwischen den Halmen ruhige Ablagerung erfolgen kann und weil die Gräser, mit der wachsenden Aufhäufung schritthaltend, nach oben wachsen. Bildet doch der feinkörnige, nährstoffhaltige Staub mit seinem lockeren Gefüge und der hohen wasserhaltenden Kraft seiner großen inneren Oberfläche ein ausgezeichnetes Wurzelungsbett, vielleicht den besten natürlichen Pflanzenboden überhaupt. Die absterbenden feinen Wurzeln der Gräser verursachen die für den Löß charakteristische Durchsetzung mit feinsten, etwa senkrechten Röhren. Im ganzen ergibt sich so eine Ablagerung, die ständig weiter wächst und die damit dem Typus der definitiven Ablagerung zuzurechnen ist.

Dem Mineralbestand nach baut sich der Löß zum größten Teil (60 bis 70%) aus Quarz auf. Unverwittert hat er immer einen beträchtlichen Kalkgehalt von 10 bis 30%. Etwa 10 bis 20% machen Silikate (Feldspäte, Glimmer usw.) aus. Das kennzeichnet die Herkunft aus Verwitterungsprodukten, die keine starke chemische Zersetzung erlitten haben. Der Kalkgehalt, der im ursprünglichen Staub in feinsten Körnchen aus dem Zerfall kalkiger Gesteine enthalten ist, hat im Löß durch die Wirkung zeitweiliger Durchfeuchtung eine Umlagerung erfahren. Er überzieht in Form von Kalkhäutchen die Mineralkörnchen, wobei eine schwache Verfestigung eingetreten ist. Der Kalkgehalt ist um so größer, je feiner die Körnung ist, weil in gleichem Sinne die Gesamtoberfläche der Partikel wächst (E. Schönhals, 1952). Auch die Haarröhren einstiger Wurzellöcher sind vielfach mit Kalk ausgekleidet. Häufig bildet außerdem der Kalk im Löß, sei es in unregelmäßiger Verteilung oder horizontartig angereichert, knollige Konkretionen von einigen Zentimetern bis gut Dezimeter Länge, die sogenannten *Lößkindel.*

Die Untersuchung von Frostverwitterungsmassen und periglazialen Fließerdedecken hat ergeben (G. Beskow, 1930; A. Dücker, 1939), daß bei der Frostsprengung Korngrößen zwischen 0,1 und 0,01 mm ∅ in großem Ausmaß entstehen, viel weniger dagegen allerfeinste Teilchen. Ebenso verhält es sich mit dem bei der Grundmoränenbildung entstehenden Gesteinsmehl. Diese Tatsache macht verständlich, daß auch in den heute humiden, einst trockenkalten Bereichen am Rande der eiszeitlichen Vergletscherungen in Nordamerika und Europa erhebliche Lößvorkommen vorhanden sind.

Der Löß Mitteleuropas enthält fast immer Reste einer Fauna von Landschnecken, wie Helix hispida, Pupa muscorum, Succinea oblonga, seltener solche von Ren, Moschusochse, Schneehase, Ziesel, Lemming und Murmeltier. Er weist sich damit als Landablagerung eines kalten Steppen- bzw. Tundrengebietes aus. Die Tatsache, daß besonders in Nordamerika der Löß nicht selten auf einem Pflaster von Windkantern aufruht, verdeutlicht seinen Charakter als Windablagerung. Die Beobachtung von G. D. Smith (1942), nach der die Mächtigkeit des Lösses in Illinois deutlich von der Breite des einst als Ausblasungsgebiet dienenden Überschwemmungsgürtels des Mississippi abhängt und außerdem mit zunehmender Entfernung ostwärts des Flusses von über 7 m bis auf unter 1 m abnimmt bei gleichzeitiger Verringerung der mittleren Korngröße von 0,033 mm nahe dem Fluß auf die Hälfte in etwa 150 km Entfernung, liefert einen weiteren Beweis für die äolische Natur der Lößablagerung.

In den hügeligen Lößgebieten Mitteleuropas ist an den nach Osten exponierten Hängen die Lößmächtigkeit häufig besonders groß, an den westexponierten gering oder fehlend. Das kann auf ursprüngliche bevorzugte Leeseitablagerung des Lösses seitens der vorherrschenden Westwinde zurückgehen, wie viele Autoren meinen. Es könnte allerdings auch durch Abschwemmung des Lösses von den stärker beregneten Luvhängen zu erklären sein.

Es gibt besonders an hoch und steil aufragenden Gebirgen, wie z. B. in der Umrahmung der Oberrheinischen Tiefebene, auch an den Osträndern mächtige Lößablagerungen. A. Penck (1901/09) deutete hoch in die Berge des Lionnais hinaufgewehte Lößvorkommen wohl mit Recht als Luvseitablagerungen von Auswehungen aus dem östlich gelegenen Rhônegletschergebiet bei Lyon. Bedeutende orographische Hindernisse ermöglichen also offenbar auch an der Luvseite die Ablagerung von Löß.

Nach N. Krebs haben Laboratoriumsversuche mit Kaiserstuhl-Löß ergeben, daß bei kleinen Windgeschwindigkeiten Luvseitablagerungen, bei größeren aber Leeseitablagerung eintritt. Wahrscheinlich spielt hierbei das Hinarbeiten des Windes auf eine aërodynamisch möglichst günstige Form des Untergrundes eine Rolle. Jedenfalls ist das Vorkommen deutlicher Expositionsunterschiede der Lößmächtigkeiten eine weitere Eigenschaft, die auf die Windbürtigkeit der Löß-ablagerungen hinweist.

In den heute semiariden bis semihumiden Lößgebieten wie in Nordwest-China und anderen Randgebieten Zentralasiens, aber auch z. B. in Island und im westlichen Grönland geht die Lößbildung auf Grund der Ausblasung benachbarter vegetationsloser Verwitterungsoberflächen und namentlich von trockenliegenden Hochwasserbetten weiter. Hier wird der Lößmantel, besonders wo das Relief ihn zu größeren Höhenunterschieden zwingt, von Hangfurchen gegliedert. Oft sind es sanfte Hangmulden, in die noch steilwandige, gegen den Ursprung verzweigte Lößschluchten eingeschnitten sind. Außerdem ist vielfach eine mannigfaltige natürliche Terrassierung der sanften Hänge zwischen den Schluchteneinschnitten entwickelt, die freilich vom Menschen durch die Schaffung künstlicher Acker-terrassen noch sehr vermehrt worden ist.

Mindestens die sanfteren Hangfurchen, auch flache, abflußlose Vertiefungen, wie die „Pods" der südrussischen Steppen (Wilhelmy, 1943), dürften mit der Lößablagerung unmittelbar gleichzeitig durch Anpassung an das überdeckte Gelände, aber auch durch Spülvorgänge während der in den Lößsteppen vorhandenen feuchteren Jahreszeit entstanden sein.

Ob auch tiefe Lößschluchten und die erwähnte Terrassierung der Flachhänge gewöhnliche Erscheinungen bei der Lößablagerung sind oder ob sie durch klimatische Änderungen herbeigeführt werden, darüber gehen die Meinungen auseinander. H. Schmitthenner (1925, S. 124 ff.) neigt zu der ersteren Auf-fassung; J. G. Andersson (1924, S. 77) vertritt die letztere. Immerhin hebt Schmitthenner (1925, S. 131) hervor, daß bei der oft zu beobachtenden Ausbildung eines stufenförmigen Längsprofils in den Lößschichten, ebenso wie bei den Lößterrassen, ein Zusammenhang mit durchgehenden Lößkindelhorizonten festzustellen ist. Danach wären die Terrassen doch wohl überwiegend als Ergebnisse der Abtragung eines einst mächtigeren Lößmantels aufzufassen, selbst dann, wenn örtlich auf ihnen auch neuer Lößstaub abgelagert wird. Die Zerschluchtung der chinesischen Lößgebiete würde dann etwas Ähnliches sein wie die Zerschneidung der südrussischen Lößsteppen durch die Schluchten der Owragi (kleinere Formen) und der Balki (größere Formen) (W. F. Schmidt, 1948), deren Bildung und Wiederverschüttung nachweislich mit mäßigen Änderungen des Klimas zusammenhängen.

In Mitteleuropa sind die Lößablagerungen eine Hinterlassenschaft der trocken-kalten Steppen- und Tundrenklimaperioden des Eiszeitalters. Hier, wo heute im Naturzustande Wald die Lößgebiete bedecken würde, ist der Kalk aus den oberen Partien des Löß gewöhnlich ausgelaugt. Durch Verwitterung der Silikatbestand-teile ist hierbei ein mehr oder weniger großer Gehalt an plastischen Tonmineralen und dunkelgelbe bis gelbbraune, in besonders sommerwarmen

Gebieten auch rötlich-braune Verfärbung entstanden. Der Löß ist oberflächlich zu Lößlehm geworden, was im nordwestlichen China nach Schmitthenner (1925, S. 124) nicht der Fall ist. Der oberflächlichen Entkalkung entspricht Anreicherung des Kalks in Form von Konkretionen als *Lößkindel* in tieferem Niveau. Man wird zu fragen haben, ob nicht die Lößkindelhorizonte in Nordwestchina auch dort für zeitweilige Veränderungen des Wasserhaushalts im Löß sprechen. Als wenig mächtige, völlig entkalkte ehemalige Lösse werden in Norddeutschland die *Flottsande* und *Flottlehme* der Lüneburger Heide und des Fläming aufgefaßt. Wo sie stellenweise über $1^1/_2$ m Dicke erreichen, da zeigt sich auch bei ihnen ein gewisser Kalkgehalt (F. Dewers, 1932; B. Dammer, 1941).

Wie die Zerfurchung von Lößgebieten erweist, findet in ihnen Umlagerung durch fließendes Wasser statt. Bei erneutem Absatz des Materials auf Schwemmfächern oder in seichten Wasserbecken entstehen geschichtete Ablagerungen lößartiger Beschaffenheit, die aber meist kleine Gerölle oder Gesteinsfragmente beigemengt enthalten und auch mit hinzugekommenem äolischem Löß imprägniert sein können. Sie werden als *Schwemmlöß* bezeichnet. Solcher Schwemmlöß ist in Lößgebieten häufig, namentlich in den Ebenen.

An Hängen selbst von geringer Neigung hat der Löß in Mitteleuropa teilweise auch am eiszeitlichen Bodenfließen teilgenommen. Das zeigen viele Vorkommen von schichtiger Ausbildung lößartigen Materials, dem gröbere Bestandteile sandig-lehmiger Beschaffenheit und auch kleinere oder größere Gesteinsbrocken oft in zahlreichen Lagen zwischengeschaltet sind. Meist sitzt ein echter, schichtungsloser Löß auf einer Serie derart geflossener Massen auf, woraus J. Büdel geschlossen hat, daß die Kaltzeiten in Mitteleuropa jeweils durch eine feucht-kalte Bodenfließzeit eingeleitet wurden, die dann allmählich in eine trockenkalte Lößbildungszeit übergegangen sei. Jedenfalls sind diese schichtigen *Fließlösse* von den echten äolischen Lössen ebenso zu unterscheiden wie die Schwemmlösse. Im Zusammenhang mit geringfügigen Klimaänderungen, manchmal sicherlich auch nur örtlich-orographisch bedingt, haben sich in Lößablagerungen öfters *gleyartige Verdichtungen* bzw. *Naßhorizonte* gebildet mit leicht dunkler Verfärbung. Sie müssen für paläoklimatische und geomorphologische Schlußfolgerungen von echten klimatischen Verwitterungshorizonten sorgfältig unterschieden werden, was aber nicht immer leicht ist (vgl. besonders W. Soergel, 1919; R. Ganssen, 1922; H. Schmitthenner, 1925, 1933; R. Grahmann, 1932; E. Schönhals, 1935; P. Woldstedt, 1954).

K. Die Küstenformen

1. Einführung

Der der Beobachtung leichter zugängliche subaërische Teil der festen Erdoberfläche umfaßt nur rund 29% der gesamten 510 Mio km². Davon entfallen noch fast 1 Mio km² auf Seeoberflächen. Die Summe der subaquatischen Oberflächen wird noch größer, wenn man die Böden der fließenden Gewässer mit berücksichtigt. Über 70% der gesamten Erdoberfläche sind also von Wasser bedeckt.

Der größte Teil der unter Wasserbedeckung stehenden festen Erdoberfläche wird wahrscheinlich von Aufschüttungsoberflächen eingenommen; denn in den stehenden Gewässern setzen sich dauernd Bestandteile der in sie hineingespülten Fluß- und Gletschertrübe, ebenso auch gröbere Sedimente ab. Ferner sinken vom Winde verfrachteter Staub und endlich die Abfallstoffe der im Wasser befindlichen Lebewesen auf den Grund. Die neueren Forschungen zeigen allerdings, daß auch am Boden des Meeres, anscheinend infolge von Strömungen, sedimentfreie Stellen häufiger sind, als man ursprünglich annahm.

Eine geomorphologische Region besonderer Art ist der Randbereich der stehenden Gewässer. Er wird im Deutschen als Gestade, Ufer oder Küste bezeichnet. Die beiden erstgenannten Ausdrücke sind sehr umfassend, sie können auch für die Ränder der fließenden Gewässer benutzt werden. Man muß sie also gegebenenfalls durch den Zusatz See- bzw. Meeres-Ufer oder -Gestade einschränken. Das Wort Küste andererseits wird in der Umgangssprache nur für das Gestade des Meeres, allenfalls für die Ufer sehr großer Seen verwendet. Da man in der Geomorphologie einen einheitlichen Begriff benötigt, um alle Arten von Ufern stehender Gewässer zu bezeichnen, so ist dafür das Wort Küste schon das beste. Dementsprechend versteht man unter *Küstenformen* nicht nur den Formenschatz der Meeresküsten, sondern ebenso auch den grundsätzlich gleich gearteten der Seeufer.

Als Küste[34] wäre dann im engeren morphologischen Sinne jener Landstreifen zu verstehen, dessen Formenschatz mit der Ausbildung der Grenze zwischen der Landoberfläche und der Oberfläche der stehenden Gewässer in Zusammenhang steht. In einem weiteren Sinne kann man noch einen zusätzlichen Saum des Landes mit dazu rechnen, namentlich wenn dieser küstenbedingte Erscheinungen, wie Küstendünen, Spuren einstiger höher gelegener Küstenlinien oder ähnliches aufweist.

Die Besonderheit des Randes zwischen dem wasserbedeckten und dem in den Luftraum aufragenden Lande beruht geomorphologisch darauf, daß die oberflächennahen Teile des Wassers oft sehr kräftig bewegt werden und hierbei bedeutende Wirkungen auf das von ihnen berührte Land ausüben. Zwei wichtige Ursachen setzen die Oberflächenteile der stehenden Gewässer in Bewegung, der überall wehende *Wind* und die *Gezeiten,* welch letztere aber praktisch nur am Meeresrande Bedeutung haben. Der Wind erzeugt *Wellen* auf der Oberfläche des Meeres und der Seen, und er vermag außerdem das Wasser in der Windrichtung — im Extrem bis zu Meterbeträgen — *aufzustauen.*

Sturmfluten an der Elbemündung bei Cuxhaven haben zwischen 1820 und 1970 etwa 25 mal Wasserstandserhöhungen von mehr als 2,5 m über dem

---

[34] Diese umfassende Bedeutung von Küste entspricht nicht dem englischen Sprachgebrauch, der als *coast* das Gebiet binnenwärts der Hochwasserlinie, als *shore* den meerwärts davon gelegenen Bereich bezeichnet.

mittleren Tidenhochwasser (MTHW) erreicht, 5 mal mehr als 3 m, 1 mal 4 m. Der unter dem aufgestauten Wasser herrschende hydrostatische Überdruck muß Ausgleichsströmung im darunterbefindlichen Wasser, nämlich *Sog* hervorrufen.

Nach dem Erlahmen des stauenden Windes gibt es in geschlossenen Meeresbecken oder in Seen *Schaukelwellen, Seiches,* d. h. leichte, periodische Schwankungen des Seespiegels (F. A. Forel, 1892). In der Ostsee sind solche Schaukelwellen zwischen der Ostküste von Schleswig-Holstein und der Bucht von Kronstadt mit Wasserstandsschwankungen von über 50 cm bzw. 100 cm und mit einer Periode von 24 bis 36 Stunden sowie mit einer Knotenlinie zwischen Stockholm und Libau im Dez. 1932 beobachtet worden (G. Dietrich u. J. Ulrich, 1968).

Aufstau und *Absenkung* des Meeresspiegels *in rhythmischem Wechsel,* gewöhnlich von $6^1/_4$ Std., bewirken die Gezeiten. Der Gezeitenunterschied (Tidenhub) beträgt auf dem offenen Meer nur etwa 1 bis 2 m. In abgeschlossenen Meeresteilen bleibt er meist unter 1 m. An den Küsten ergeben sich sehr unterschiedliche Verhältnisse und außerdem durch die Überlagerung von Sonnen- und Mondgezeiten ein Wechsel zwischen Springtiden und Nipptiden, der mehrere Meter betragen kann. In trichterförmigen Meeresbuchten erreicht oder übersteigt der Gezeitenunterschied des Wasserstandes in bestimmten Gebieten, z. B. bei Bristol und an der französischen Kanalküste selbst 10 m, in der Fundy Bay, Neuschottland 14 m.

Wellen, die auf das Ufer auflaufen, und außerdem Druckströmungen, die durch Stau oder Absenkung des Wasserspiegels veranlaßt sind, bringen das Wasser in Bewegung relativ zum ruhenden Ufer und zum Grund des Gewässers. Daraus ergeben sich für die feste Erdoberfläche bleibende formverändernde Wirkungen. Sie bilden den Gegenstand der *Küstengeomorphologie.*

Das Aufstauen und Absenken des Wasserspiegels infolge von Wind und Gezeiten verschiebt die Grenzlinie zwischen Wasserfläche und Landfläche. Es bewirkt, daß die Küste *keine festliegende Linie,* sondern ein mehr oder minder breiter Grenzsaum ist. Aber die Spiegelschwankungen ändern für sich allein genommen das Relief des Ufergeländes offenbar nicht wesentlich. Geomorphologisch bedeutsam wird das Schwanken der Spiegelhöhe dagegen durch die von ihm ausgelösten Druck- und Sogströmungen. Sie können am Boden des Gewässers bei geeigneter Bodenkonfiguration örtlich starke Wirkungen hervorbringen. Dazu kommt als weiterer Effekt der Spiegelschwankungen eine Höhenverlagerung des Angriffsbereiches der gegen das Ufer auflaufenden Brandungswellen. (Außer den allgemeinen Lehrbüchern der Geomorphologie siehe besonders F. P. Gulliver, 1899; D. W. Johnson, 1919; G. Schott, 1935, 1942; F. P. Shepard, 1937/38, 1948; H. U. Sverdrup, M. W. Johnson, R. H. Fleming, 1949; Ph. H. Kuenen 1950; H. Valentin 1952; J. Bourcart, 1952; R. C. H. Russel u. D. H. MacMillan, 1952; J. A. Steers, 1948, 1953; A. Guilcher, 1954; C. A. M. King, 1959; E. Seibold, 1974.)

2. Grundtatsachen der Wellenbewegung

Der wirksamste Vorgang, der die Gestalt der Küste im Bereich der Wasserlinie verändert, ist sicherlich die *Brandung* (engl. *surf,* franz. *déferlement,* Fig. 126 u. S. 522 ff.), eine Folge der durch den Wind erzeugten *Wellenbewegung* der obersten Wasserschichten. Die Wellenbewegung besteht bei tiefem Wasser aus Kreisbewegungen (Orbitalbewegungen) der jeweils benachbarten Wasserteilchen auf angenähert in der Windrichtung verlaufenden, senkrecht stehenden Kreisbahnen derart, daß bei nahezu am Ort bleibender Kreisbewegung der Teilchen die Wellenform in der Windrichtung fortschreitet (Fig. 125 a). Die Größe der Orbitalbahnen, damit die Höhe der Wellen, ebenso aber auch ihre Länge und ihre Fortpflanzungsgeschwindigkeit werden von der Stärke des Windes, von seiner Dauer und auch von der Größe der Wasserfläche, auf die er einwirkt, beeinflußt. Nach der Tiefe zu nimmt die durch Reibung von Teilchen zu Teilchen übertragene Orbitalbewegung an Ausmaß rasch ab (Fig. 125 b, c). In 15 bis 25 m Tiefe kann sie bei schweren Stürmen noch sehr kräftig sein (D. W. Johnson, 1919). Das lehren auch die Erfahrungen mit U-Booten. In 200 m Tiefe wurden nach V. Cornish (1898, 1912, 1934), G. Schott (1942) u. a. noch Rippelungen des Sandes festgestellt, ja in 300 m Tiefe soll der Boden der Bucht von St. Jean de Luz (Biscaya Golf) noch aufgewühlt werden (J. Murray, 1912; D. W. Johnson, 1919; E. Kossina, 1935). Es ist aber fraglich, ob die in so großen Tiefen festgestellten Bewegungsanzeichen wirklich auf Wellenbewegungen zurückgehen oder etwa auf Druckströmungen, die durch Spiegelverstellung an der Meeresoberfläche, z. B. bei Stürmen, hervorgerufen sein könnten. Andere

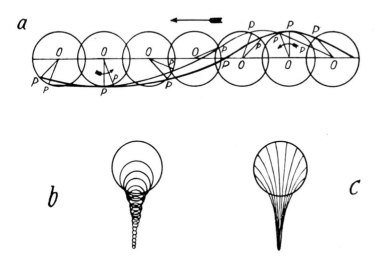

Fig. 125. Schema der Orbitalbewegung der Wasserwellen. (Entnommen aus O. Krümmel, 1911, Bd. II, S. 3 u. 7.)

a Veranschaulichung der Orbitalbewegung bei einer nach links fortschreitenden Welle.
b Veranschaulichung der Abnahme der Orbitalbewegung mit der Tiefe.
c Veranschaulichung der Abnahme der seitlichen Ausschläge eines in der Ruhelage senkrechten Wasserfadens mit zunehmender Wassertiefe bei der Wellenbewegung.

Autoren schätzen die Wirksamkeit der Wellen geringer ein und nehmen an, daß sie unter etwa 10 m Tiefe keine großen Leistungen mehr hervorbringen (F. P. Shepard, 1948; C. A. M. King, 1951; A. Guilcher, 1954). Wahrscheinlich werden hinsichtlich dieser Wirkung von Ort zu Ort sehr bedeutende Unterschiede vorkommen.

Die größten an Sturmwellen im freien Ozean vorkommenden *Wellenhöhen,* d. h. Vertikalabstände zwischen Wellenberg und Wellental, kommen nach älteren Messungen an 20 m heran (O. Krümmel, 1911). Nach neueren Berechnungen (A. Defant, 1961, Bd. II, S. 64) sollen bei Sturm durchschnittliche Wellenhöhen von 22 m und Maximalhöhen bis zu 45 m möglich sein. Die größten *Wellenlängen,* d. h. Horizontalabstände von Wellenberg zu Wellenberg, maximaler Dünungswellen sollen um 900 m liegen, die der eigentlichen Sturmwellen scheinen kürzer zu sein. Die von A. Schumacher (1928, 1939) bei Windstärke 9 bis 10 der zwölfstufigen Skala im Nordatlantik stereophotogrammetrisch bestimmten Wellenhöhen gehen immerhin bis 16,5 m, die Wellenlänge in diesem Falle bis 420 m. *Perioden* von 10 bis 12 Sekunden sind bei über 100 m langen Wellen häufiger gemessen worden, solche von sogar 24 Sekunden dürften bei sehr langen Wellen vorkommen. Kürzere Wellen von 30 bis 50 m Länge haben meist Perioden von 4 bis 6 Sekunden. Die *Fortpflanzungsgeschwindigkeiten* liegen bei kleineren Wellen meist zwischen 5 und 10 m/sec, bei den größeren gewöhnlich zwischen 10 und 15 m/sec. Aber Werte von über 20 m/sec bis nahezu 25 m/sec sind beobachtet worden. Wahrscheinlich gibt es gelegentlich Fortpflanzungsgeschwindigkeiten von über 30 m/sec.

Die angeführten Zahlen gelten für den offenen Ozean, und es scheinen hier im allgemeinen die großen Westwindbereiche höhere Werte hervorzubringen als die Passatgürtel. In Küstennähe und namentlich in den mehr oder weniger vom Ozean abgegliederten Randmeeren bleiben die Wellengrößen bescheidener. In der Nordsee z. B. scheinen Wellenhöhen von 6 bis 8 m, Wellenlängen von etwa 50 m, Fortpflanzungsgeschwindigkeiten um 10 m/sec und Perioden um 9 sec das äußerste zu sein, was erreicht wird (Angaben nach O. Krümmel, 1911; H. U. Roll, 1956).

Die durch Orbitalbahnen der Wasserteilchen gekennzeichneten Wellen werden auch als *Oszillationswellen* (O. Krümmel, 1911; D. W. Johnson, 1919) oder Schwingungswellen bezeichnet, weil in ihnen trotz fortschreitender Welle die Wasserteilchen praktisch am Ort bleiben. Ihnen stehen als wesentlich verschiedener Typ die *Translationswellen* (Übertragungswellen) gegenüber. Bei ihnen stürzt der Wellenberg in der Fortpflanzungsrichtung über. Die Ursache besteht offenbar darin, daß mit abnehmender Wassertiefe die Orbitalbewegung im unteren Teil der schwingenden Wassermasse zunehmend gehemmt, die Fortpflanzungsgeschwindigkeit der Wellen gemindert und ihre Scheitelpartie dadurch übermäßig hochgestaut wird. Diese Vorgänge erzeugen die *Brecher* der Brandungszone, d. h. ein besonders wichtiges Agens der Küstenformung (Bild 132; vgl. auch S. 529 ff.). Manchenorts dringt auch die Gezeitenwelle in der Form einer Translationswelle tief in Mündungstrichter von Flüssen ein. (Fig. 126).

Außerdem gibt es *Einzelwellen* (engl. solitary waves, Sverdrup-Johnson-Fleming, 1949). Sie entstehen durch plötzliche Anstöße, in Seen z. B. durch einen

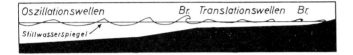

Fig. 126. Schema brandender Wellen. (Nach Ph. H. Kuenen, 1950, S. 83).

Mit der Abnahme der Wassertiefe werden die *Oszillationswellen* infolge der Abnahme der Fortpflanzungsgeschwindigkeit kürzer, höher und steiler, damit zugleich labiler. Schließlich scheinen Veränderungen der Orbitalbewegung im Sockel der Welle, wo die Bewegung seewärts gerichtet ist, gegenüber jener im Wellenscheitel einzutreten, so daß das Bewegungssystem nicht mehr sprunglos zusammenhält. Dann überstürzt sich die Welle, sie wird zum *Brecher* (Br.), und es erfolgt der Übergang in *Translationswellen*, die erneut Brecher bilden können. Offenbar sind die Brecher Folgen der abnehmenden Wassertiefe und der zunehmenden Bodenreibung im unteren Teil der Wellen. Was aber genauer vorgeht, bedarf noch weiterer Klärung (vgl. weiter unten).

Felssturz, im Meer vorzugsweise durch submarine Rutschungen, submarine Erdbeben oder Vulkanausbrüche (*Explosionswellen, Tsunamis,* B. Gutenberg, 1939). Bei ihnen laufen eine oder eine Reihe von u. U. sehr hohen Wellen auf riesige Entfernungen über den Ozean. Tsunamis, die bei ihrem Auftreffen nahe ihrem Ursprung gelegenes Land um mehr als 30 m hoch überfluteten und entsprechend große Verheerungen anrichten, sind z. B. vom Krakatau Ausbruch 1883 (über 36 000 Tote), vom Aleuten Erdbeben 1946 auf der Insel Unimak bekannt geworden. Beim Letztgenannten kamen die Tsunamis auf den 3600 km entfernten Hawaii Inseln am NW Kap von Oahu nach $4^1/_2$ Stunden Laufzeit (700 km/Stde) immer noch als 12 m hoch auflaufende Wellen an. Geringere Nachwellen waren noch 18 Stunden später spürbar. In dem erdbebenreichen Pazifik sind Tsunamis nicht selten. In Japan rechnet man, daß Tsunamis von mehr als 7,5 m Auflaufhöhe durchschnittlich etwa alle 15 Jahre einmal vorkommen (F. P. Shepard, 1963, Submarine Geology, New York). In etwa 10 bis 25 Stunden vermögen Tsunamis den gesamten Pazifik im kürzesten bzw. längsten Durchmesser zu überqueren.

Die Welle ist eine *Gleichgewichtsstörung der Wasseroberfläche.* Ihre *potentielle Energie* kann durch die Masse des über dem mittleren Wasserniveau liegenden Wellenberges und durch den Vertikalabstand des Schwerpunktes dieses Wellenberges vom Schwerpunkt des entsprechenden unter dem Mittelniveau liegenden Wellentales ausgedrückt werden. Denn die im Wellental fehlende Wassermasse wurde durch den Angriff des Windes von ihrem unter dem Wassermittelniveau liegenden Schwerpunkt zu dem über dem Wassermittelniveau liegenden Schwerpunkt des Wellenberges emporgehoben. Aus der Tatsache, daß bei der Reflexion von Oszillationswellen an einer reflektierenden Wand, an der die Horizontalgeschwindigkeit und mit ihr die kinetische Energie also auf Null sinkt, Wellenberge und -täler von doppelter Amplitude entstehen, ist zu schließen, daß die kinetische Energie einer Welle von gleicher Gesamtgröße ist wie die potentielle. Es muß ja auch die Oszillation der potentiellen Energie von Wellenberg zu Wellental einer Verwandlung in kinetische Energie entsprechen. Die kinetische Energie der Welle entspricht andererseits dem Integral aus dem halben Produkt aller Massenteilchen und dem Quadrat der Geschwindigkeit ihrer Orbitalbewegungen. Das ist keine leicht überblickbare Größe. Die Fortpflanzungsgeschwindigkeit der Wellen*form* bei den Oszillationswellen beträgt, da das Verhältnis von Amplitude zu Wellenlänge erfahrungsgemäß klein, meist weit unter $^1/_{10}$ bleibt, wohl stets ein Mehrfaches der Geschwindigkeit der die Welle erzeugenden Orbitalbewegungen.

Auf Grund von Prüfungen mit Druckmessern, die auf dem Prinzip der Federwaage beruhen, sogenannten *Dynamometern* (Thomas Stevenson) konnte D. D. Gaillard (1904) am Lake Superior berechnen, daß eine gut 3 m hohe und gut 30 m lange Welle ein Hindernis mit einem Druck bis zu 8 t/m^2 treffen kann, eine 4 m hohe und 60 m lange Welle mit Drucken bis zu 12 t/m^2. Th. Stevenson (1849, 1856/58) maß an der schottischen Küste ein Sommermittel der atlantischen Wellen von etwa 3 t/m^2, für die Winterwellen maß er Mittelwerte von etwa 10 t/m^2, für außergewöhnliche Sturmwellen 30 t/m^2.

Läuft eine Welle in tiefem Wasser, d. h. praktisch bei einer Wassertiefe, die nicht kleiner ist als die halbe Wellenlänge, gegen eine senkrechte Mauer, so ist während des Aufsteigens des Wellenberges über das Mittelniveau des Wassers die Orbitalbewegung gegen die Mauer gerichtet. Die Orbitalbewegung kann sich wegen des Hindernisses hier nicht fortsetzen. Sie kann auch nicht nach unten ausweichen, da das Wasser praktisch inkompressibel ist. Sie muß also nach oben ausweichen und einen an der Mauer stark, im Extremfall auf das Doppelte überhöhten Wellenberg aufbauen. Dessen potentielle Energie entspricht, abgesehen von Reibungsverlusten, der Gesamtenergie der herankommenden Welle. Während des Absinkens der herankommenden Welle zum Wellental ist die Orbitalbewegung der Wasserteilchen von der Mauer fort gegen das Wellental gerichtet. Von dieser kann aber kein Wasser herkommen. Es muß von dem vor der Mauer befindlichen Wasservorrat genommen werden. Das führt zu einer besonders tiefen, im Extremfall doppelt tiefen Einmuldung des Wellentales vor der Mauer. Der Wechsel übersteigerter, aber nicht mehr fortschreitender Wellenberge und entsprechender stark eingetiefter Wellentäler unmittelbar vor der Mauer liefert den Anfangsimpuls für die Aussendung reflektierter Wellen, die gegen das offene Wasser zurücklaufen. Bei der Reflexion der Wellen muß die reflektierende Fläche den gesamten Druck der heranbewegten Wassermassen auffangen. Sie lenkt deren horizontal gerichtete kinetische Energie mit Hilfe der Verwandlung in potentielle Energie, wie sie aus dem Entstehen der nicht mehr fortschreitenden Welle mit übersteigerter Scheitelhöhe und Taltiefe unmittelbar vor der Mauer ersichtlich wird, in die neue Bewegungsrichtung der reflektierten Welle um. Hierbei erfolgt mit der Wellenperiode abwechselnd jedesmal ein Höchstmaß an Drucksteigerung und eine vollständige Druckentlastung. Dieser Wechsel ist auf die schmale Zone beschränkt, in der der Wasserspiegel schwankt.

Selbstverständlich sind die natürlichen Verhältnisse in den Einzelheiten komplizierter. Ideal tiefe Wasserbecken mit senkrechter Begrenzung gibt es nicht. Ebenso treffen die anlaufenden Wellen nicht auf größere Entfernung gleichzeitig mit Scheitel oder Wellental auf die Küste, so daß Reibung am Boden einerseits und gewisse Möglichkeiten des Wasseraustausches senkrecht zur Hauptrichtung der Wellenbewegung andererseits immer mitspielen. Aber die Überlegung zeigt doch, daß an steil aus tiefem Wasser aufragenden Küsten die Beanspruchung durch das Auffangen und Reflektieren der einlaufenden Wellen sehr groß sein muß. Jedes Gestein erleidet dabei auf die Dauer Gefügelockerung und Ausbruch kleinerer Fragmente oder auch größerer Blöcke.

Wirkung einer flach seewärts abtauchenden Unterwasserböschung

Darüber hinaus aber haben Beobachtungen an Hafenbauten schon G. Hagen (1863) zu der Überzeugung geführt, daß Steilböschungen, deren Fuß dicht unter der Wasserlinie an eine meerwärts geneigte Flachböschung grenzt, weit stärker angegriffen werden als steil zu größerer Tiefe hinabtauchende Abfälle. Die Ursache dürfte in folgendem liegen:

Die flach meerwärts geneigte Unterwasserböschung hindert die ankommenden Oszillationswellen an einer ungestörten Entwicklung der Orbitalbewegung ihrer Wasserteilchen nach unten. Dadurch bilden sich diese Wellen, zum mindesten teilweise, auf der genannten Unterwasserböschung zu Translationswellen um, d. h. zu Wellen, deren gesamte Wassermasse gerichtet auf den Fuß des Kliffes zu stürzt, was bei einer intakten Oszillationswelle, die auf eine reflektierende Wand in der vollen Höhe der Wellenamplitude auftrifft, ja nicht der Fall ist. Th. Stevenson (1886, 1892) fand, daß der Wellendruck an einer Steilwand mit flacher Vorböschung durch die Verwandlung in Translationswellen bis zu sechsmal so groß sein kann wie an einer senkrecht zu größerer Tiefe abfallenden Steilwand, an der die Oszillationswellen erhalten bleiben. Gerade diese Verwandlung der an der Küste ankommenden Oszillationswellen in Translationswellen, in „Brecher", auf einer flachen Unterwasserböschung gehört fast regelmäßig zu den Erscheinungen der *Brandung* (Bild 132).

Die Brandungsvorgänge werden also entscheidend durch die Wassertiefe beeinflußt. Solange diese größer ist als etwa die halbe Wellenlänge, bleibt die Fortpflanzungsgeschwindigkeit der Wellen von der Wassertiefe praktisch unabhängig, aber abhängig von der Wellenlänge. Sie nimmt mit dieser zu. Dies ist der Typ der sogenannten *Oberflächenwellen* oder (relativ zur Wassertiefe) *kurzen Wellen*. Sobald die Wassertiefe aber unter die halbe Wellenlänge sinkt, wird die Fortpflanzungsgeschwindigkeit der Wellen von der Wellenlänge unabhängig, dagegen abhängig von der Wassertiefe. Sie nimmt mit dieser ab. Das ist der Typ der (relativ zur Wassertiefe) *langen Wellen* (H. U. Sverdrup, M. W. Johnson, R. H. Fleming, 1949, S. 518 f.), die man im Gegensatz zu den Oberflächenwellen vielleicht als *grundgängige Wellen* bezeichnen könnte[35].

Da in Randmeeren, wie der Nord- und Ostsee, Wellenlängen von 30 bis 50 m schon zu den größten gehören, so erweisen sich Wassertiefen von 20 bis 30 m bei ihnen bereits als tief im Hinblick auf die Wellenbewegungen. An den offenen Ozeanküsten sind dazu sicher größere Tiefen erforderlich. Aber 50 bis 60 m Wassertiefe wird auch dort meistens für die Wahrung des Charakters von Oberflächenwellen genügen.

Aus dem unterschiedlichen Verhalten der Wellen jenseits einer gewissen Wassertiefe muß geschlossen werden, daß bei deren Abnahme unter den halben

---

[35] Eine befriedigende Benennung fehlt bisher, vgl. G. Dietrich (1957, S. 296 f.).

Betrag der Wellenlänge eine merkliche Behinderung der Orbitalbewegungen in der Unterzone der schwingenden Wasserschicht eintritt und daß dies die Fortpflanzungsgeschwindigkeit der Welle dämpft. Damit verhält sich eine auf schiefer Unterlage auflaufende Wellenbewegung hinsichtlich der Abnahme ihrer kinetischen Energie ähnlich wie eine auf schiefer Ebene emporlaufende Kugel.

Die Analogie wird aber durch den Unterschied des Aggregatzustandes beeinflußt. Die Beobachtung lehrt, daß eine solche Welle beim Auflaufen ihre Periode beibehält, ihre Wellenlänge aber verkürzt und ihre Wellenhöhe steigert. Die Abnahme der Wellenlänge ergibt sich notwendig, weil der vordere Teil der Welle, der schon ein größeres Stück an der schiefen Ebene aufgelaufen ist, sich bereits mehr verlangsamt hat als der nachfolgende hintere Teil. Da das Wasser praktisch inkompressibel ist, folgt daraus ebenso notwendig eine Art Zusammenstauchung des gesamten Wellenkörpers in der Fortbewegungsrichtung, die zur Vergrößerung der Wellenhöhe führt.

Diese Deformation der Welle, die ein starrer Körper nicht ausführen kann, läuft wegen der mit ihr verbundenen Hebung der Wasserteilchen auf eine Erhöhung der potentiellen Energie und damit auf Verminderung der kinetischen Energie der Welle hinaus, wie sie ja auch durch ihre Verlangsamung ausgedrückt wird. Kommt es hierbei infolge der Höhenzunahme der sich verlangsamenden Sockelpartien des Wellenberges schließlich zum Überkippen und zur Entstehung von Brechern, d. h. zum Übergang in Translationswellen, so ergießt sich ein Teil der betroffenen Wellenbergmasse in das davor liegende Wellental, d. h. es findet eine Nivellierung örtlicher Maximalstellen der potentiellen Energie auf ein etwas niedrigeres Niveau statt.

Im ganzen gesehen zeigt die Analyse der bei der Brandung auf flach meerwärts geböschtem Untergrund zu beobachtenden Erscheinungen, auch wenn die im einzelnen schwierig zu beurteilenden Deformationen der dabei spielenden Orbitalbewegungen außer Betracht bleiben, daß auf diesem Untergrund schon bei Einsetzen des im Sinne der Wellenbewegung flachen Wassers eine Minderung der kinetischen Energie der Wellen und eine gleichzeitige Steigerung der potentiellen Energie, also eine Umwandlung der kinetischen in potentielle Energie der Wassermasse eintritt.

Dies besagt, daß selbst bei Windstille die Abbremsung der auf flachem Untergrund auflaufenden Dünung durch, wenn auch nur geringe, *Schrägstellung des mittleren Meeresspiegels mit Gefälle zur offenen See hin* erfolgt, mag sie auch wegen der Unruhe der Meeresoberfläche nicht meßbar sein. Bei auflandigem Winde und besonders bei Sturm wird diese Schrägstellung durch das Heraufrücken der Wasserlinie offenbar. Sie wird in diesem Falle durch die bei solchem Wind verstärkte Bewegungsenergie der Wellen im Gleichgewicht gehalten.

Der flach landwärts ansteigende Untergrund der Brandungszone, der auch als *Schorre* bezeichnet wird, erweist sich so als eine Vorrichtung zur Umsetzung der kinetischen Energie der Wellen in potentielle Energie. Sie arbeitet nach dem Prinzip der *schiefen Ebene mit Gegengefälle*. Die Störung der Orbitalbewegungen der Wasserteilchen, die Deformierung der Wellen im ganzen, ihre teilweise

Umformung in Translationswellen sind dabei nur Teilerscheinungen der Umsetzung von Bewegungsenergie in potentielle Energie und innere wie äußere Reibung.

Die soeben angedeuteten Zusammenhänge haben noch eine weitere für die Formungsprozesse wichtige Folge. Da die Fortpflanzungsgeschwindigkeit der Wellen sich bei flach werdendem Wasser mit abnehmender Wassertiefe verringert, und da andererseits die Wassertiefe meerwärts zwar im einzelnen unregelmäßig, jedoch überwiegend im ganzen größer zu werden pflegt, so werden schräg ankommende Wellenkämme zum *Einschwenken* in eine annähernd küstenparallele Ausrichtung und damit in eine Bewegungsrichtung annähernd senkrecht zur Küste genötigt; denn der ufernahe Teil einer schräg anlaufenden Welle erleidet schon merkliche Verlangsamung, während der uferferne Teil sich noch kaum verzögert weiterbewegt. Dies ist an allen Küsten tatsächlich zu beobachten.

Diese Gesetzmäßigkeit ist zugleich die Ursache dafür, daß die Brandung vor Küstenvorsprüngen in der Regel verstärkt, im Inneren von Buchten dagegen abgeschwächt in Erscheinung tritt. Vor Küstenvorsprüngen wird nämlich meistens ein Flachwassersaum den Grundriß des Vorsprungs umgürten, d. h. sich gegen das

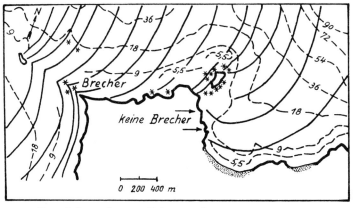

Fig. 127. Refraktion der Wellen an der Nordküste der San Clemente Insel, südlich von Los Angeles (Californien).
Nach Luftaufnahmen vom 20. Juni 1944. Darstellung nach Scripps Inst. Rep., Hydrographic Office, US Navy Dept. Publ. 234, 1944. (Wiedergegeben in Ph. H. Kuenen, 1950, S. 82). Maßstab 1 : 40 000
Die von Westwind erzeugten Wellenkämme schwenken in deutlicher Abhängigkeit von der Wassertiefe zu angenäherter Übereinstimmung mit dem Küstenverlauf ein. Dies führt an der Westküste der in der östlichen Kartenhälfte gelegenen Bucht zu einer Drehung von fast 180° gegenüber der ursprünglichen Richtung der Wellenkämme. An den windwärts gerichteten Landvorsprüngen ergibt sich Konvergenz der Wellenbewegung, damit Konzentration der Brandung und das Auftreten schwerer Brecher. In den Einbuchtungen des Landes, ganz besonders in den leeseitig gelegenen, erfolgt Divergenz der Wellenbewegung und damit Abschwächung der Brandung. An den Vorsprüngen des Landes, besonders an den luvseitig gelegenen, herrscht felsige Steilküste. In den stärker einspringenden Buchten gibt es z. T. Sandstrand. Die Entwicklung strebt der Ausbildung einer Ausgleichsküste zu.

offene Meer ausbuchten. Tieferes Wasser wird andererseits im Bereich einer Bucht gewöhnlich etwas weiter landwärts vordringen als zu beiden Seiten. Das hierdurch veranlaßte Einschwenken der auflaufenden Brandungswellen (Fig. 127) führt vor dem Küstenvorsprung zu einem quasi-konzentrischen Konvergieren aller Bewegungsbahnen gegen eben diesen Vorsprung. Die Wellenhöhen müssen dadurch gesteigert und ihre Wucht vermehrt werden. Umgekehrt müssen die Bewegungsbahnen der anlaufenden Wellen im Buchtbereich divergieren und die Brandung damit abgeschwächt werden. Dieser wichtige Sachverhalt ist von W. A. Munk und M. A. Taylor (1947) überzeugend herausgearbeitet worden. Die durch das Untergrundrelief bewirkte Verschwenkung der Wellenbewegung bezeichnen sie als *„Refraktion"* (refraction). (Weitere Literatur: H. Thorade, 1931; R. S. Patton u. H. A. Marmer, 1932; A. Defant, 1940, 1941; H. U. Sverdrup u. W. A. Munk, 1946; H. B. Bigelow u. W. T. Edmondson, 1947; J. A. Putnam u. J. W. Johnson, 1949; G. Dietrich, 1957, 1959).

3. Gestaltende Vorgänge und Formen der Tiefwasserküsten

Brandung und Schorre der Tiefwasser-Steilküste

Nach dem Vorhergehenden ist leicht einzusehen, daß an einer im Hinblick auf die Wellenbewegung *bis zu tiefem Wasser hinabführenden Steilküste* eine je nach der Festigkeit des Ufergesteins schnellere oder langsamere Zerstörung der Uferböschung im Bereich der Wasserlinie eintreten muß. Es bildet sich, mit je nach dem Gestein unterschiedlicher Deutlichkeit, eine *Brandungskehle*. Die darüber aufragenden Partien, deren Sockel angenagt oder gar unternagt worden ist, brechen früher oder später nach. Daher entsteht über der Brandungskehle ein wandartig steiler Abfall, das *Kliff* (engl. cliff, franz. falaise, Bild 133–136). Dieses weicht nach und nach landwärts zurück in gleichem Maße wie die Brandungskehle gegen das Land vorgetrieben wird. Mit dem Kliff hat sich durch die Brandung von deren Niveau nach aufwärts eine neue Oberflächenform eingestellt, die unvermittelt in das System der vorher existierenden Landflächen einschneidet. Sie entwickelt sich weiter nach den für die Hangentwicklung geltenden Regeln durch Nachbrechen, Nachrutschen, Abböschen des über der Brandungskehle aufragenden Steilhanges (H. Mortensen, 1921; W. Panzer, 1949; Fig. 128, 129, 130).

Während man früher bei der Schaffung der Brandungskehle ausschließlich an die mechanische Wellenwirkung dachte, mehren sich neuerdings Beobachtungen, nach denen auch durch Lösung und Hydrolyse Angriff auf das Gestein in der Zone ständigen Wechsels von Überspülung und Lufteinwirkung stattfindet. Besonders an Kalksteinküsten, z. B. der Britischen Inseln, der Provence, von Marokko, auf Hawaii, am Roten Meer, gibt es Karren und Lochbildungen in der Brandungs- und Spritzzone. Aber auch in Nichtkalksteinen, z. B. in Laven und vulkanischen Konglomeraten der Insel Fernando de Noronha oder der Kapverden Insel São Vicente, treten in der Brandungszone Einkerbungen des Gestein auf, die wahrscheinlich nicht mechanisch entstanden sind. Ebenso kennt man zellige und karrenartig zerfressene Oberflächen in kristallinen Gesteinen der Bretagne und

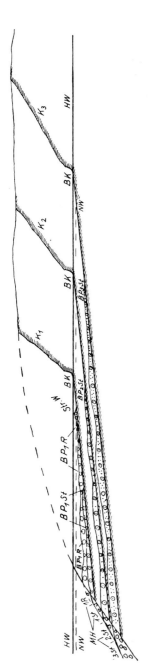

Fig. 128. Schema der Kliffentwicklung.

Die Felsoberflächen der Brandungsplattform in den Entwicklungsstadien 1, 2, 3 sind hier parallel zueinander angenommen. Vielleicht käme es der Wirklichkeit näher, diese Idealflächen meerwärts etwas konvergierend zu denken. Das ist aber zusammen mit der Geröllbedeckung zeichentechnisch nicht gut darzustellen.

K1	= Kliff im Entwicklungszustand 1	
K2	= Kliff im Entwicklungszustand 2	Das Kliff wird mit zunehmendem Alter weniger steil
K3	= Kliff im Entwicklungszustand 3	

HW = Hochwasserspiegel
NW = Niedrigwasserspiegel
Str. W = Strandwall
MH = Meerhalde,
1R   ihr Oberrand im Entwicklungszustand 1 bei ruhigem Schönwetter
1St   ebenso nach Sturmflut; 2St, 3St entsprechend für die Entwicklungsstadien 2 und 3
BK = Brandungskehle
BP₁R = Brandungsplatte (Schorre) mit Geröllbedeckung nach ruhigem Schönwetter im Entwicklungszustand 1 (nur für Zustand 1 angedeutet). Gerölldecke reicht nahe bis ans Kliff
BP₁St = Brandungsplatte im Entwicklungszustand 1 mit Geröllbedeckung nach Sturmflut. Breite, ± geröllfreie Zone vor dem Kliff
BP₂St = ebenso für Entwicklungszustand 2
BP₃St = ebenso für Entwicklungszustand 3

anderer Gebiete. Wenn auch die Einzelheiten dieser chemischen Einwirkung noch nicht genügend geklärt sind, so ist ihre Beteiligung an der Ausbildung der Brandungskehlen namentlich in den wärmeren Meeren doch wohl sicher. In den Meeren und Seen der höheren Breiten, in denen Eisbildung eine große Rolle spielt, dürfte, entsprechend den Vorstellungen von F. Nansen (1922) über die *Strandflate*, eine Abtragungsverebnung in festem Gestein nahe dem Niveau des betreffenden Gewässers, die Spaltenfrostwirkung in der Benetzungszone und das Aufbrechen des im Winter am Saum der Küste entstandenen Eisfußes den Angriff auf die Küste im Niveau des Meeres- bzw. Seespiegels unterstützen (H. W. Ahlmann, 1916; R. Pohle, 1922).

Der Fuß eines Kliffes stellt eine recht verläßliche *Geländemarke* für die Höhenlage der durchschnittlichen *Sturmflutbrandung* dar. Diese Höhe ist aber keineswegs überall an einer Küste genau die gleiche, weil die Brandungswellen nicht überall gleich hoch auflaufen. Nach den Beobachtungen von D. W. Johnson (1919, 1931) kommen an sturmgepeitschten Küsten Höhenunterschiede von mehreren Metern zwischen verschieden exponierten Punkten dieser Geländemarke vor. Dies ist zu beachten, wenn man beurteilen will, ob aus einer verschieden hohen Lage des Kliffußes oder eines anderen Merkmals der Spiegelhöhe einer ehemaligen Küstenlinie auf inzwischen eingetretene tektonische Verstellungen des Landes geschlossen werden kann.

Unterhalb des Niveaus der Brandungskehle bleibt der Sockel der zerstörten und abgetragenen Massen erhalten. Es bildet sich also auch hier eine neue Oberflächenform, nämlich eine vom Fuß des Kliffs her meerwärts sanft abgeböschte, größtenteils unter dem Meeresspiegel gelegene *Brandungsplattform*. Sie wird, wie unten erläutert (S. 538 f.), auch als *Schorre* bezeichnet. Ihr oberster Teil liegt für gewöhnlich trocken. Er ist auf das Niveau der Sturmfluten und der Ausnahme-Gezeiten eingestellt, und wird nur bei deren Walten von der Brandung bearbeitet (Fig. 128, 129).

Nach dem Vorhergesagten ist diese Art der Küstengestaltung der Ausbildung von „Brechern" besonders günstig. Extreme Sturmbrandung vermag an Klippen mit vorgelagerter Brandungsplattform jene nachweislich bis zu 30, 40 ja 60 m hoch emporschießenden Wassersäulen zu erzeugen, die noch in solchen Höhen Gebäudeschäden, z. B. an Leuchttürmen, hervorrufen und selbst Felsstücke derart hoch mit emporreißen können (Th. Stevenson, Nature 1892, S. 305). Danach hat es den Anschein, als ob die Kliffunterminierung durch die Ausbildung einer Brandungsplattform zunächst noch gesteigert wird.

Je breiter aber mit der Zeit die Brandungsplattform wird, um so seltener und im Endeffekt schwächer müssen die Angriffe der Sturmflutbrandungen am Fuß des Kliffes werden. Denn mit zunehmender Breite der Brandungsplattform wachsen die Energieverluste, die die anrollenden Wogen auf ihr im Sichverlangsamen, Aufschäumen und Sichüberstürzen bereits vor Erreichen des Kliff-Fußes erleiden. Wenn alle sonstigen Umstände unverändert bleiben, so muß die Entwicklung allmählich einem Zustand zustreben, bei dem zuletzt die gesamte Energie der Brandung auf der Brandungsplattform aufgebraucht wird. Sobald dieser Zustand erreicht ist, würde kein weiterer unmittelbarer Angriff der

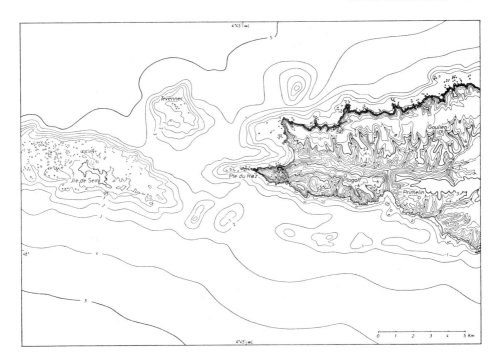

Fig. 129. Kräftig geprägte Tiefwasserküste mit *Kliff* und *Schorre*. Küste der Bretagne um Pte. du Raz südlich von Brest. Maßstab etwa 1 : 200 000.

Höhen- und Tiefenlinien in Dekametern, Linien von −50 m, 0 m und +50 m verstärkt, schematische Andeutung der Felsklippen in der Brandungszone. Der Meeresboden steigt aus 50 m Tiefe zunächst mit wenigen Promille, ab 1 bis 2 km Küstenabstand mit mehreren Prozent Neigung gegen die Küste an. Oberhalb von etwa 5 m Wassertiefe stellt sich die Verflachung der Schorre ein. Sie ist an der Südwestküste wenige hundert Meter breit, erreicht aber an der den Sturmwellen besonders exponierten Nordwestküste 500 bis über 1000 m Breite. Es ist eine mehr oder weniger mit Brandungsgeröll überdeckte Felsschorre (vgl. die Signatur der Felsklippen in der Brandungszone). Über ihr erhebt sich das Kliff der felsigen Küste. Seine Wandabstürze sind an der Nordküste weithin an 50 m hoch, sie erreichen stellenweise, z. B. an der Pte. du Raz 60 bis 70 m. Über ihnen liegt das flachwellige, aber von Kerbtälern zerschnittene Relief der Bretonischen Rumpffläche. Um die flache Ile de Sein ist eine über 2 km breite und etliche km lange, flach vom Meere überspülte Brandungsplattform (Schorre) entstanden. Gleicher Natur ist die Untiefe von Tevennec.

Brandung am Fuße des Kliffs mehr stattfinden. Das Kliff selbst müßte sich nach und nach abböschen, der durch das Kliff verursachte Hiatus im Landschaftsbilde sich verwischen. Ein *totes Kliff* (franz. *falaise morte*) ist entstanden. Bei solchem Zustande ist die formverändernde Wirkung der Brandung sicherlich nicht zu Ende. Denn vom bewegten Wasser werden Lockerteile, die auf der Brandungsplatte liegen, mitbewegt. Sie scheuern damit auch weiterhin den Untergrund ab. Aber die Brandungswirkungen sind jetzt nicht mehr wie zu Beginn der Kliffbildung auf einen schmalen Flächenstreifen am Fuße des werdenden Kliffs konzentriert, sondern sie verteilen sich über eine breite Reibungsfläche. Deswegen werden sie vermutlich nur langsam größere Veränderungen herbeiführen können (Fig. 128; Bild 133−136).

Wahrscheinlich ist die Lage des Meeresspiegels zum umgebenden Land selten oder niemals lange genug konstant, um die hier abgeleitete Entwicklung zur letzten Vollendung kommen zu lassen. Aber das Prinzip, nach dem die Entwicklung dahin gehen muß, den Brandungswellen nach und nach eine möglichst breite Fläche zu schaffen, auf der ihre Energie verbraucht wird, ohne daß es zu einem linienhaft konzentrierten Anprall gegen Aufragungen kommt, hat sicherlich Geltung.

Fig. 130. Ausgleichsküste der Insel Wollin zwischen Misdroy und Dievenow, Ostpommern. Maßstab 1 : 100 000

Höhenlinien von 10 zu 10 m, längs der Küste ist teilweise die 5 m Höhenlinie kurz gestrichelt angedeutet. Steilabfälle in Schraffen. Im Hügelgelände sind stellenweise Gefällslinien der Trockentäler gestrichelt angedeutet. An ihrer Nordseite besitzt die Insel eine sehr glatte Küstenlinie. Diese begrenzt jedoch Landschaften von großer Verschiedenartigkeit.

Der westlich von Misdroy gelegene Abschnitt ist überwiegend ganz flach und niedrig mit Meereshöhen von 1 bis 2 m. Er besteht aus *Strandwallbildungen*, die durch die hier westöstlich gerichtete *Küstenversetzung* aus Brandungsspülicht von der Insel Usedom oder von noch weiter westlich gelegenen Küstenteilen aufgebaut wurden. Sie werden von niedrigen Dünen überragt, den vom Winde zusammengewehten Massen trocken gewordenen Strandsandes. Nur unmittelbar längs des Strandes erreichen diese *Küstendünen* innerhalb des Kartenausschnitts Höhen bis etwas über 10 m, außerhalb des Ausschnitts bis etwas über 20 m.

Östlich von Misdroy bis gegen Kolzow erhebt sich eine sehr unruhig-kuppige Hügelzone mit Höhen bis über 100 m. Sie besteht aus Geschiebesanden und Kiesen und stellt ein *Stauchmoränengebiet* dar, das offenbar in Zusammenhang mit einer einstigen Eisrandlage am Nordsaum des Oderhaffs gebildet wurde. Trockentälchen, die einst bei durch Bodenfrost undurchlässig gewordenem Untergrund ausgearbeitet worden sein dürften, gliedern das Gelände.

Die Küstenlinie zieht, gegenüber dem Abschnitt westlich Misdroy, in nur minimal vorbiegendem Verlauf auch im Bereich dieses Hügellandes weiter. Sie ist aber nunmehr eine *Kliffküste* mit 20 bis 40 m, stellenweise selbst 50 bis 70 m hohen Kliffen. Die Flucht der Kliffabfälle schneidet ohne Rücksicht auf das Gelände quer oder schief durch Talzüge und die sie scheidenden Rücken hindurch. Manche der durchschnittenen Tälchen gehen mit 20 bis 30 m hohen Stufenmündungen über dem Zug des Kliffabsturzes in die Luft aus. Erst östlich vom Swinhöft, wo sich das Stauchmoränengelände an der Küste auf 20 bis 40 m erniedrigt, biegt die Klifflinie ganz leicht zurück, um beim Kiekturm, wo wieder 70 m Höhe überschritten werden, erneut fast unmerklich vorzubiegen. An der gesamten Kliffküste ist offenbar Landverlust durch die Brandungsarbeit eingetreten, jedoch so, daß trotz ansehnlicher Höhenunterschiede des betroffenen Geländes eine fast schnurgerade Küstenlinie entstanden ist. Die hier mehr, dort weniger Abtragungsarbeit erfordernden Reliefverhältnisse machen sich im Verlauf der Küstenlinie kaum noch bemerkbar.

Dann stellt sich östlich des Coperowsees bis über Dievenow hinaus in geradliniger Verlängerung der Kliffküste ebenso wie westlich von Misdroy wieder eine ganz niedrige *Strandwallküste* ein, längs der sich Küstendünen von kaum 10 m Höhe hinziehen. Im Süden gegen den Coperowsee und den Camminer Bodden fügen sich *Verladungsflächen* mit unregelmäßiger Begrenzung gegen das offene Wasser an die Zone der Strandwallbildungen an. Hier wird erkennbar, daß die Strandwallbildung eine *Begradigung* der einst unregelmäßig gestalteten Küstenlinie herbeigeführt hat, indem sie in den Landbereich eingreifende Buchten abriegelte.

Eine trotz der Zusammensetzung aus Strandwallküsten-Abschnitten und Kliffküsten-Abschnitten derart auffällig geradlinige Küste wird mit Recht als *Ausgleichsküste* bezeichnet. Die vor der Strandwallküste ebenso wie vor der Kliffküste ausgebildete Schorre hat in diesem Falle gegenüber der auflaufenden Brandung durchgehend annähernd gleiche Gestalt und gleiche Allgemeinrichtung. Dies darf als ein im Hinblick auf die formverändernden Vorgänge der Brandung verhältnismäßig stabiler Gesamtzustand angesehen werden. Fast an der ganzen betrachteten Küste verläuft die Tiefenlinie von 10 m unter dem Meeresspiegel in etwa 1 km Küstenabstand. Es handelt sich demgemäß in bezug auf die Wellenbewegung um eine *Tiefwasserküste*.

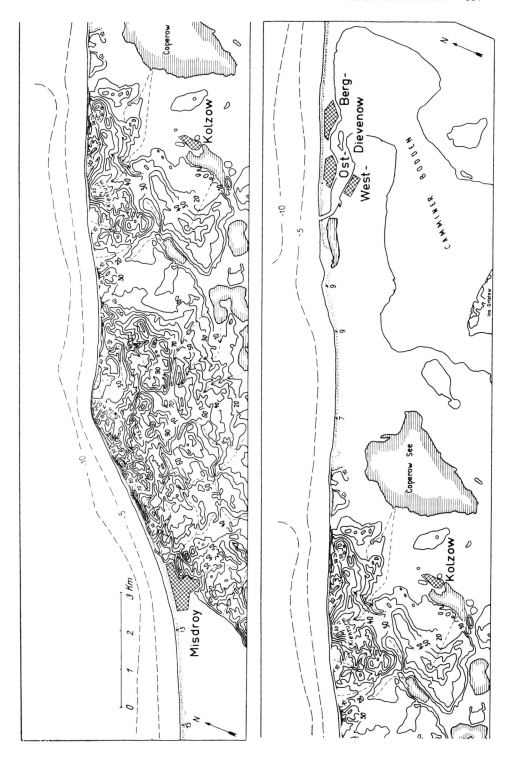

Brandung und Schorre der niedrigen Tiefwasserküste

Eine flach geböschte Fläche, die von der Reichhöhe der höchsten Sturmfluten aus sanft seewärts bis zur Tiefe der noch merklichen Wellenbewegung unter den Wasserspiegel taucht, findet sich auch bei den meisten kräftig von der Brandung bearbeiteten Küsten, die an niedriges Land grenzen. Sie werden, leider nicht ganz eindeutig, auch als *Flachküsten* bezeichnet. Meist bestehen sie aus lockerem Material und besitzen entweder keine Kliffe oder doch keinerlei bedeutende Kliffe. Wir möchten sie *„niedrige Tiefwasserküsten"* nennen (Fig. 130 und Bild 137).

Zweifellos dient die Schorre hier ebenso wie bei den Kliffküsten der *Abbremsung der auflaufenden Wellen*. Deswegen ist es zweckmäßig, der von den Brandungswellen überspülten Fläche ohne Rücksicht darauf, ob sie örtlich aus festem Fels, aus Felsuntergrund mit aufsitzenden Lockermassen oder ganz und gar aus Lockermassen aufgebaut ist, einen umfassenden Namen, eben die Bezeichnung *Schorre*[36] zu geben (engl. *shore*, franz. *zone de déferlement*). Die Brandungsplattform der Kliffküste in festem Gestein wäre dann eine Felsschorre. Soweit Lockermassen die Schorre bedecken oder aufbauen, handelt es sich um eine Geröll- oder Sandschorre. Soweit sie immerhin zeitweise über dem Wasserspiegel liegt, spricht man vom *Strand* (engl. *beach*, franz. *plage*). Bei Bedarf kann man einen Hochstrand oder Sturmstrand bzw. Hochschorre, Sturmschorre oberhalb des Mittelhochwassers (engl. *backshore*) unterscheiden und einen Gezeitenstrand bzw. eine Gezeitenschorre zwischen Mittelhochwasser und niedrigstem Niedrigwasser, endlich eine Unterwasserschorre (engl. *foreshore*).

D. W. Johnson hat unter Berufung auf O. Krümmel hervorgehoben, daß die Erklärung der Schorren-Brandung aus der Bodenreibung, die gewöhnlich vorgebracht wird, nicht befriedige, weil sich bei entsprechenden Laboratoriumsversuchen die erwarteten Reibungsgrößen nicht haben nachweisen lassen. Die Schorre bringt aber, wie weiter oben erläutert wurde, ihre Bremswirkung offenbar gar nicht überwiegend durch Reibung hervor, sondern als schiefe Ebene mit Gegengefälle, an der die Wellen emporlaufen, bis ihre kinetische Energie umgewandelt ist. Als Gesamteffekt des dauernd wechselnden Auflaufens und Zurückflutens der vielen Einzelwellen ergibt sich zweifellos eine bei Windstille sehr kleine, bei auflandigem Wind größere Schrägstellung des mittleren Wasserspiegels mit Gefälle zur offenen See, die auf der ansteigenden Unterlage der Schorre dem Gesamtimpuls der ankommenden Wellen gerade das Gleichgewicht hält (S. 530f.).

Die notwendige Folge dieser Schrägstellung des Meeresspiegels ist ein gewisser Überdruck in den Horizontalflächen unter dem Wasserspiegel im Bereich der Schorre. Er bewirkt den sogenannten *Sog*, eine mehr oder weniger deutliche, seewärts gerichtete Wasserbewegung auf der Schorre. Bei auflandigem Sturm, d. h. bei starkem Windstau, ist der Sog naturgemäß besonders kräftig. Mit der

---

[36] Die hier vorgeschlagene Fassung der Bezeichnungen Schorre und Strand ist weiter als bei H. Valentin. Sie hält sich näher an den englischen Sprachgebrauch und scheint dem Verfasser im Hinblick auf die gestaltenden Vorgänge zweckmäßiger zu sein.

Auffassung, daß die Brandung im wesentlichen eine Reibungserscheinung sei, läßt sich der Sog dagegen nicht erklären.

Während bei der Kliffbrandung mit noch unvollständig entwickelter Schorre die Abbremsung der Bewegungsgröße der Brandungswogen zu einem großen Teil längs der schmalen Zone des Kliff-Fußes konzentriert wird, geschieht sie bei vollentwickelter Schorre, wie sie am raschesten an Lockergesteinsküsten tiefer Wasserbecken zur Ausbildung kommen dürfte, unter größtmöglicher Verteilung auf eine ausgedehnte Fläche. Dabei wird wahrscheinlich ein möglichst geringer Aufwand für äußere und innere Reibung des Wassers, dagegen ein möglichst großer Umsatz der kinetischen Energie der Wellen in potentielle Energie der gesamten Randzone des Gewässers erreicht.

Trotz der weitflächigen Verteilung der mit den Wellen zugeführten Energie auf der Schorre üben die dort hervorgerufene Behinderung der Wellenbewegung, das Aufschlagen und Weiterfluten der Brecher, endlich die durch den Anstau des Wassers erzeugte Sogbewegung überall Reibung und damit formverändernde Wirkungen auf der Schorre aus.

Die Schorre weist, wie noch auszuführen sein wird, gewöhnlich flache Unebenheiten auf. Ihr mittleres Gefälle seewärts beträgt meistens etwa 5 bis 10‰ und führt an Küsten mit mäßiger Brandung, wie etwa an der deutschen Ostseeküste, bis zu Tiefen von 5 bis 10 m oder etwas darüber. An stark exponierten Sturmküsten, etwa der Westküste der Britischen Inseln und der Bretagne, dürften am unteren Rand der Schorre mindestens 20 bis 30, auch 50 m Tiefe erreicht werden. Die Breitenentwicklung von Schorren ist sehr verschieden. Sie kann aber bei voll entwickelten Schorren an offenen Sturmküsten sicherlich eine ganze Reihe von Kilometern betragen.

Massenbewegungen auf der Schorre

Das an den Steilküsten durch Abbruch locker gewordene, zu Brandungsgeröll, Kies und Sand zerkleinerte Material, ebenso aber auch Lockermassen von niedrigen Lockergesteinsküsten, über die die Brandung hinwegspült, wird durch die Wellenbewegung transportiert, es erleidet *Strandversetzung*. Die hierbei entstehenden Gerölle sind durchschnittlich flacher als die Flußgerölle. Die Meeressande unterscheiden sich durch matteren Glanz der Sandkörner von den Flußsanden (A. Cailleux, 1942), die Korngrößensortierung ist gewöhnlich weiter vorgeschritten als bei diesen. Flußgerölle lagern sich im allgemeinen dachziegelartig gegen die Strömungsrichtung, Brandungsgerölle ebenso gegen die Richtung der ankommenden Woge. Da diese gegen das Gefälle des Strandes aufläuft, die Flußströmung aber überwiegend mit dem Bodengefälle des Flusses geht, so ruht die Packung von Brandungsgeröllen gewöhnlich auf einer in der Hauptrichtung der Wasserbewegung ansteigenden Basis. Das ist das Gegenteil des Schichtengefälles, das man in einer Flußablagerung erwarten würde (A. Guilcher, 1954).

Die Strandversetzung erfolgt längs des Strandes nach *der* Seite, gegen die die vorherrschenden Winde hinwehen. Denn die bei seitlichem Winde auflaufenden Brandungswellen kommen zwar angenähert, aber nicht vollkommen küsten-

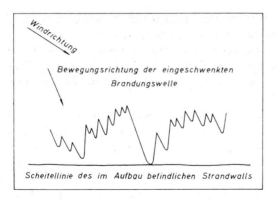

Fig. 131. Schema der Strandversetzung.
Bewegungsbahnen eines Strandgerölls, das durch schief auflaufende Brandungswellen von wechselnder Stärke am Strande seitlich versetzt wird.

parallel an. Sie spülen deswegen Sand und Kies etwas schräg nach *der* Seite hin, gegen die der Wind weht, am Strande empor. Aus Trägheitsgründen läuft ihr Wasser beim Zurückfluten ebenfalls mit einer Seitwärtskomponente ab und nimmt dabei wiederum Sand und Kies mit. Die Gesamtbahn ist jedesmal annähernd parabolisch und bewirkt dadurch eine Verfrachtung des mitgenommenen Materials im Sinne der Windrichtung (Fig. 131). Durch unermüdliche Aneinanderreihung solcher Bahnen zu einer Art Parabelzickzack werden bedeutende Materialverfrachtungen hervorgebracht. Kilometerweite Verfrachtung von Rollstücken innerhalb einiger Stunden konnte gelegentlich nachgewiesen werden (O. Krümmel, 1911).

Der Vorgang der Strandversetzung führt unter Verwendung der bewegten Massen dazu, Unebenheiten der unter den Meeresspiegel abtauchenden Schorre auszugleichen, so daß wenigstens bei gleichbleibenden Wind- und Wellenverhältnissen die ankommenden Wellen möglichst gleichmäßig und ohne Singulärerscheinungen ausschwingen können. Am landseitigen Rande des von der Brandung überspülten Bereichs bildet sich dabei gewöhnlich ein *Strandwall,* d. h. eine flach wallartige Aufschüttung parallel zur Küste, deren nahezu horizontale Krone genau so hoch ist wie die äußerste Reichweite der auflaufenden Wellen, die den Wall schufen. Der Strandwall überragt das landwärts unmittelbar anschließende Gelände um einige Dezimeter, ja, selbst um mehrere Meter (Bild 133). Jede auflaufende Woge setzt ja im Augenblick ihres äußersten Standes vor dem Zurückfluten einen Teil des mitgeführten Materials ab. Das meiste hiervon wird allerdings beim Zurückfluten sofort wieder entfernt. Aber ein gewisser Bruchteil muß wenigstens bei andauerndem, gleichmäßigem Wellenschlag doch liegen bleiben. Das ist schon aus dem Hjulström-Diagramm (vgl. S. 221) zu folgern, nach welchem zum Inbewegungsetzen abgesetzten Materials stets eine größere Wassergeschwindigkeit nötig ist als zum Inbewegunghalten von Material, das sich bereits in Bewegung befindet. Es entspricht auch der Beobachtung, daß Strandwälle immer von neuem aufgebaut werden und daß am äußersten Rande jeder auflaufenden Welle ein minimaler Wall aus Sandkörnern tatsächlich abgesetzt wird. Besonders hohe Wellen, die bei gleichmäßig wehendem Winde, z. B. durch Interferenz, einmal ein wenig höher werden können als der Durchschnitt, vermögen manchmal die Krone des Strandwalls zu überspülen. Aber sie tragen dadurch nur zu dessen weiterer Erhöhung bei. Denn ihr Wasser flutet nicht zurück, sondern versinkt im Sande oder Kies des Strandwalles und setzt dabei alles mitgeführte Material ab.

Die vom Strandwall seewärts absinkende Böschung ist so gut wie nie auf größere Entfernung ganz gleichmäßig geneigt. An den Sandstrandküsten Norddeutschlands geht es gewöhnlich bis zu mehreren hundert Metern Küstenabstand erst über mehrere nach draußen zunehmend tiefer werdende Untiefen hinweg zu größeren, d. h. mehr als 10 m betragenden Tiefen hinab. Diese ungefähr küstenparallelen, meist einige Zehner von Metern breiten Untiefen hat W. Hartnack (1924) als *Sandriffe* bezeichnet (Fig. 132). Da an Geröllküsten analoge, küstenparallele untermeerische Rücken aus Kies aufgebaut sind, kann man vielleicht zusammenfassend von *Lockerriffen* sprechen (Bild 137, 138, 167).

Die Erfahrung lehrt, daß die Lockerriffe nicht ortsfest sind. Bei anhaltend gleichmäßigen Winden und Wellen verlagern sie sich langsam küstenwärts. Ein größerer Sturm schafft aber starke Veränderungen, vor allem Tieferlegung der Schorren-Oberfläche. Nach ihm beginnt bei beruhigten Seeverhältnissen die Wiederaufhöhung der Schorre und die Wiederherstellung eines gleichmäßigen langsam küstenwärts vordringenden Systems von Lockerriffen von neuem. Die Ursache der Bildung von Lockerriffen ist nicht völlig geklärt. Wahrscheinlich spielt das Gegeneinander von auflaufender Welle und rückflutendem Sog dabei eine Rolle, indem in gewissen, durch die Länge der beteiligten Wellen bedingten, küstenparallel in rhythmischen Abständen aufeinanderfolgenden Bereichen verstärkte Tendenz entweder zur Wegnahme oder zur Anhäufung von Material am küstennahen Meeresboden herrscht.

Wie schon erwähnt, zeigt sich das Relief des Meeresbodens nach schweren Stürmen in Küstennähe verändert. In der Regel sind die Tiefen größer geworden. A. Guilcher (1954, S. 61) berichtet über Höhenveränderungen des Meeresbodens von Beträgen um 7 m, die während des Zweiten Weltkrieges bei Fécamp während

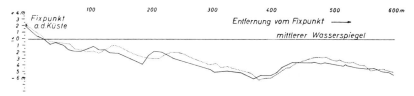

Fig. 132. Profile durch Sandriffe vor der pommerschen Küste östlich der Lebamündung. (Nach W. Hartnack, 1924, Taf. IV, Fig. 6). Zehnfach überhöht.

Das punktierte Profil beruht auf einer Lotungsreihe vom 22. bis 24. April 1911. Das ausgezogene Profil gründet sich auf eine 5 Monate später am 20. bis 21. September an der gleichen Stelle erfolgte Lotung. Die deutlich erkennbaren drei Sandriffe haben sich während der Beobachtungszeit je um 30 bis 50 m küstenwärts verlagert. Die beiden weiter draußen liegenden Sandriffe zeigen die charakteristische steilere Böschung an der Landseite. Ihre Basis ist 100 bis 200 m breit, ihre Höhe beträgt 1 bis 3 m.

weniger Monate entstanden und nach weiteren Monaten wieder rückläufig geworden sind.

Wenn berücksichtigt wird, daß bei schwerem auflandigem Sturm eine merkliche Schrägstellung des Meeresspiegels eintritt, so wird allein daraus die Schaffung eines kräftiger geneigten Gefälles der Schorre verständlich. Denn der durch den Wasseranstau an der Küste erzeugte Überdruck ruft eine, durch Beobachtung vielfach bestätigte, Steigerung der Sogbewegung dicht über dem Boden hervor. Diese muß dahin wirken, das durch die Wellenbewegung aufgewühlte Material seewärts zu verlagern. Nach H. E. Reineck (1970) konnte z. B. an der deutschen Nordseeküste, aber auch an der Küste von Mexico, nachgewiesen werden, daß bei schweren Stürmen Sandtransporte stattfinden, die mit meerwärts abnehmender Korngröße Feinsand noch bis zu 40 km Entfernung vor der Küste hinaustragen. Grobsand und Kies erleiden freilich auf solche Weise wesentlich weniger weitreichende Seewärtsverlagerung. Ebenso wird man schließen dürfen, daß die überdurchschnittliche Orbitalbewegung der Sturmwellen ihrer Beengung durch das Hindernis der Schorre entgegenwirkt, also daran arbeitet, deren Oberfläche, sofern sie aus Lockermassen besteht, tiefer zu legen. Nach Beruhigung des Sturms kann dann, den neuen Bewegungsverhältnissen entsprechend, allmählich wieder eine Aufhöhung der Schorrenoberfläche eintreten. Dabei ist bemerkenswert, daß sich nach schweren Sturmveränderungen in ruhigen Witterungsperioden gewöhnlich ein Zustand ausbildet, der mit den Verhältnissen vor der Sturmwirkung große Ähnlichkeit hat. Daraus muß wohl geschlossen werden, daß der Formenschatz der Schorre bei seiner steten Umwandlung immer diejenige Gestalt annimmt, die als Bremsfläche für den augenblicklich herrschenden Wellengang energetisch am günstigsten ist. Außer der durch schiefes Auflaufen der Wellen bedingten Küstenversetzung *längs* der Küste gibt es also auch bedeutende Massenumlagerungen durch Wellen- und Sogwirkung *senkrecht* zur Küste. Die Bilanz der Umlagerung ist dabei in Zeiten schwacher Winde und ablandiger Winde überwiegend landwärts positiv, in Zeiten auflandiger Stürme überwiegend meerwärts positiv. *Der Formenschatz der Schorre* mit seinen Aufschüttungen aus Lockerriffen und Strandwällen ist hiernach als *ein System* veränderlicher, *temporärer Umlagerungsoberflächen* aufzufassen und nicht als Gemeinschaft stabiler, definitiver Ablagerungsoberflächen (Fig. 128).

Für diese Auffassung sprechen auch die Böschungsunterschiede, die zwischen den Formen einer sandigen und einer kiesigen Schorre zu verzeichnen sind. Die Flanken der Kiesriffe und Kiesstrandwälle sind gewöhnlich steiler als die entsprechenden Böschungen im Sand. Die Sandschorre, die im ganzen genommen meist unter 1° Neigung haben dürfte, weist Unebenheiten auf, welche überwiegend wenige Grade bis wenig über 10° betragen. E. Seibold (1964, S. 411) gibt als Maximalböschung des seewärtigen Abfalls folgende Werte an, für Feinsand bis 2°, für Mittelsand um 0,25 mm Korngröße bis 4°, für Grobsand bis 8°. An Kies- und Geröllwällen der Brandungszone kommen aber Böschungen von 20°, ja von 30° vor (A. Guilcher, 1954, S. 58). Die Ursache dürfte in folgendem liegen: Da in bewegtem Wasser feiner Sand eher von der Bewegung erfaßt wird als Kies oder Geröll, so müssen die Ruheböschungen, auf denen Sand sich in der Brandungszone wenigstens vorübergehend absetzen kann, durchschnittlich flacher sein als diejenigen von Kies oder Geröll. Es spricht also auch dieser Sachverhalt dafür, daß die Formen der Schorre Umlagerungsoberflächen sind, die sich immerwährend den mit der Zeit wechselnden Bewegungsbedingungen am Rande der stehenden Gewässer anzupassen suchen.

Der Aufbau von Strandwällen durch die Küstenversetzung erfolgt nicht nur im Sinne einer allmählichen Aufhöhung der äußersten Ausschwingböschung der Brandungswellen, sondern auch küstenparallel im Sinne einer horizontalen Verlängerung der Schorre bzw. des Strandwalls nach *der* Seite, gegen die der Wind hinweht. Springt hierbei der Küstenverlauf plötzlich nach der Landseite zurück, so kann, wenn das Unterwasserrelief die Richtungsänderung nicht in gleichem Maße mitmacht wie die Küstenlinie, der Fortbau der Schorre und damit auch des Strandwalles in gleichbleibender Flucht unabhängig von der Küstenrichtung gegen das offene Wasser hin andauern. Das gleiche kann auch ohne besondere Unterstützung durch das Unterwasserrelief rein aus Trägheitsgründen erfolgen, weil das Umschwenken der anlaufenden Wellen in die neue Küstenrichtung nur mit Verzögerung vor sich geht.

Einen auf diese Weise vom Uferverlauf sich loslösenden Strandwall nennt man *Nehrung* (franz. *poulier*, engl. *baymouth-bar*). Meist schnürt er eine Bucht des Meeres oder Sees mehr oder weniger vollständig vom offenen Wasser ab. Diese wird hierdurch, sofern sie bereits völlig ausgesüßt ist, zum *Strandsee*, soweit dies noch nicht der Fall ist, zum *Haff* bzw. zur *Lagune* (franz. *étang*, griech., türk. *liman*). Flußmündungen werden durch einen Strandwall oft mehr oder weniger stark abgedämmt und in der Richtung der Küstenversetzung verschleppt. Nehrungen, die eine Bucht abschließen, sind gewöhnlich im Grundriß nach der Buchtseite sanft eingebogen. Das beruht auf den meistens angenähert in dieser Weise verlaufenden Tiefenlinien, nach denen sich ja die ankommenden Brandungswellen einregeln. Ähnlich können Nehrungen auch Festland und vorgelagerte Inseln oder Inseln untereinander verbinden. Dieser Typ wird nach einem italienischen Ausdruck als *Tombolo* bezeichnet. Frei gegen das offene Wasser endende Nehrungen werden auch *Haken* genannt. Sie sind gewöhnlich an ihren freien Enden in Landrichtung zurückgebogen, weil die Brandungswellen, je länger der Haken wird, um so mehr ein Umschwenken gemäß dem allgemeinen Verlauf der Küste vollziehen können. Für freie *Strandwälle* bzw. Nehrungen, die nicht an die Küste anschließen, wird vielfach die italienische Bezeichnung *Lido* (plur. *Lidi*) verwendet (Fig. 139). Kartenbeispiele von Nehrungen bzw. Strandwällen und Haffen aus dem Bereich des Darß und von Rügen bieten die Topogr. Karten 1:25000 1346/1446 Altenkirchen und Rappin, 1444 Kloster, 1540/1541 Ibenhorst und Prerow, 1547 Lubkow, von der Westküste Jütlands nördlich von Esbjerg die Blätter Danmark 1:25000; 1013 I SØ, II NØ; 1113 III NV, SV, SØ; 1113 IV NV, SV; 1114 III NV, SV (vgl. Fig. 133).

An allen Strandwällen, besonders aber an Weichlandinseln und an frei endenden Haken, kommen Erscheinungen des Abbaus ebenso wie solche neuen Anwachsens vor. Manchmal sind förmliche Serien ungefähr parallel, aber mit fortgesetzter Schwenkung nebeneinander erwachsener Strandwälle zu verzeichnen. Aber gewöhnlich schneidet dann eine spätere Abbruchsstrandlinie schief durch das ganze System hindurch. Aus solchen Verhältnissen ist ein allmähliches

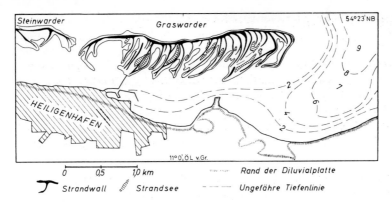

Fig. 133. Strandwälle des Graswarder und Steinwarder bei Heiligenhafen, Ost-Holstein, 1:50000. Unter Benutzung einer Tachymeteraufnahme des Schleswig-Holsteinischen Landvermessungsamtes 1951.

Die Strandwall-Bündel des Steinwarder und Graswarder, von denen das erstgenannte 2 km westlich des Kartenrandes an der dort etwas vorspringenden Diluvialplatte Ost-Holsteins ansetzt, riegeln die flache Bucht von Heiligenhafen weitgehend von der offenen Ostsee ab. Sie verdanken ihre Entstehung der Küstenversetzung, die bei vorwiegend westlichen bzw. nordwestlichen Winden Sand und Feinkies, nämlich von der Brandung an der Kliffküste weiter im Westen aufgearbeitetes Material, ostwärts transportiert.

Besonders interessant ist die Gestaltung des Graswarders. Diese Insel besteht aus einem Hauptstrandwall in der Hauptrichtung der Küstenversetzung. Er verläuft etwa west-östlich und setzt die allgemeine Richtung des weiter westlich gelegenen Kliffs ungefähr fort, wie dies bei Ausgleichsküsten die Regel ist. Dem Hauptstrandwall sind aber zahlreiche, etwa parallele, von Nordost nach Südwest auf die Küste zu verlaufende kleinere Strandwallhaken angehängt. Zwischen den Haken liegen längliche, seichte Strandseen. Die Erklärung dieser Erscheinung ist wahrscheinlich in den leider nur sehr ungefähr anzugebenden Tiefenverhältnissen der Bucht östlich von Heiligenhafen zu suchen.

Das ziemlich tiefe Wasser vor der Küste im östlichen Teil der Karte scheint an seinem Westsaum die Wellen, die aus Nordwest bis Nordost auf die Küste zulaufen, zum Umschwenken bis in südost-nordwestliche Laufrichtung zu bringen. Bei Winden aus dem östlichen Sektor wird dies natürlich besonders stark der Fall sein. Derartige Wellen haben ohne Zweifel die zahlreichen Strandwallhaken allmählich nacheinander geschaffen, die dem Hauptstrandwall an dessen jeweiligem Ostende angeheftet wurden.

Der breite Sockel mit Flachwasser von weniger als 2 m Tiefe, auf dem der Graswarder sitzt, und durch den er, abgesehen von der gebaggerten Fahrrinne, mit dem Festlande verbunden ist, hat sich sicherlich erst mit der Entstehung des Graswarders gebildet. Zur Zeit der Schaffung der westlichsten Strandwallhaken des Graswarders war dieser Flachwassersockel in seiner östlichen Hälfte sicherlich noch nicht vorhanden. Mit den sich bildenden Strandwallhaken am Ostende des Graswarders wird das Gebiet des Tiefwassers im Osten der Karte sich weiter einschränken. Durch die Strandversetzung wird auf diese Weise nach und nach ein recht breiter Flachwassersockel geschaffen. In unserem Beispiel beträgt die Breite wesentlich über 1 km. Die über den Meeresspiegel emporwachsenden Strandwallformen stellen nur einen verhältnismäßig kleinen Teil der durch die Küstenversetzung verlagerten Massen dar.

Schwenken der Hauptrichtung der Brandungswellen zu erschließen, das seine Ursache ebenso in örtlichen Veränderungen des Seebodenreliefs, z.B. durch Sedimentation oder durch Bodenbewegung, oder etwa in Veränderungen der vorherrschenden Windrichtung haben kann (G. Braun, 1911; W. Behrmann, 1919, 1921; O. Jessen, 1922; M. Hannemann, 1928; C. K. Wentworth, 1938/39; O. T. Evans, 1942; H. Backhaus, 1943; H. A. Marmer, 1948).

Kräftig geprägte Tiefwasserküsten mit und ohne Kliff, schwach geprägte Tiefwasserküsten

Es wurde gezeigt, daß infolge des Mechanismus der Wellenbewegung große Wellen und damit kräftige Brandung, d. h. der wirksamste Faktor der Küstengestaltung, nur am Rande tiefer, praktisch über 10 m tiefer Wasserbecken möglich sind. Wir unterscheiden daher zunächst Formen der *Tiefwasserküsten* von solchen der *Seichtwasserküsten*, welch letztere durch einen sehr breiten, nämlich mindestens mehrere km breiten Saum von unter 5 m Wassertiefe ausgezeichnet sind.

Wohl in allen älteren Darstellungen (Fig. 129, 130) der Küstenformen, so auch bei H. Valentin (1952), werden die *Kliffküsten, Zerstörungsküsten, Abbruchküsten* den *Schwemmlandküsten, Aufbauküsten, Akkumulationsküsten* scharf gegenübergestellt. Betrachtet man aber die Dinge genauer, so zeigen sich, wie früher ausgeführt wurde, auch in den Schwemmlandküsten neben den Aufbauformen viele Erscheinungen der Zerstörung und des Abbruchs, nämlich kleine Kliffe in Lockermassen, von einer späteren Küstenlinie abgeschnittene Serien von Strandwällen usw. Außerdem ist bekannt, daß nach großen Sturmfluten an Küsten, die eine Schorre aus Lockermassen besitzen, bedeutende Massenentnahmen und -verlagerungen in Richtung auf das tiefere Wasser zu verzeichnen sind, die bei anhaltendem Schönwetter langsam wieder rückläufig werden. Aus alledem geht hervor, daß die *sogenannten Schwemmlandküsten,* genau genommen, zum großen Teil *den Namen Akkumulationsküsten nicht verdienen.* Ihre Formen sind lediglich *Umlagerungsformen,* die der jeweiligen Energieentwicklung der Brandung und etwaiger Küstenströmungen angepaßt werden. *Beide Küstentypen, die Kliffküste mit Brandungsplattform und die trotz starker Brandung klifflose Flachlandküste sind nur verschiedene Ausprägungen eines gleichen allgemeinen Entwicklungsganges,* nämlich des Bestrebens nach Herstellung einer flach geneigten Bremsrampe am Saume des stehenden Gewässers, auf der die Wellenbewegung unter Emporlaufen und möglichst geringen, dabei weitflächig verteilten Reibungswirkungen abgebremst werden kann. Die Ausbildung oder Nichtausbildung eines Kliffs ist hierbei eine zwar für die Überwasserbetrachtung auffällige, im ganzen genommen aber mehr nebensächliche Begleiterscheinung der *Ausbildung einer Schorre.*

Das Kliff und die zugehörige Brandungsplattform entstehen nur dort, wo das von der Küstenbildung eines Meeres mit starker Wellenbewegung betroffene Land mit einer so großen Neigung unter den Wasserspiegel taucht, daß diese über die für die vorliegenden Wellen geeignete Bremsflächenneigung hinausgeht. Wie hoch das Kliff wird, hängt von den Neigungsverhältnissen des Landes ab, wie breit die Brandungsplattform werden kann, von der Stärke der Wellen. Wenn das Gewässer keine genügend kräftigen Wellen erzeugt, so entsteht auch kein Kliff. Kliff und Brandungsplattform sind sehr markante Formen. Aber sie kennzeichnen *durchaus nicht alle* steilen Küsten, sondern nur jene, an denen eine kräftige Brandung arbeitet.

Die meisten Kliffe und ebenso die Brandungsplattformen sind in festem Fels entwickelt. Aber auf der Plattform liegt vielfach eine Decke von Brandungsgeröll,

Kies und Sand. Bei Sturmfluten wird sie gewöhnlich weitgehend entfernt, wahrscheinlich in tieferes Wasser vor der Küste verlagert, denn bei ruhigerem Wetter pflegt sie sich wieder einzustellen. Das deutet auf unausgesetzte Anpassung der Schorre an die zur Abbremsung der gerade herrschenden Wellenbewegung günstigste Form, nämlich zur Schaffung etwas tieferen Wassers und steilerer Böschungen in Ufernähe bei starken Wellen, aber seichteren Wassers, sowie flacherer Neigung bei schwächerer Wasserbewegung. Die Schorre der klifflosen Küste mit starker Brandung leistet grundsätzlich das gleiche. Nur kann sie sich, weil meist aus Lockermassen aufgebaut, den wechselnden Verhältnissen der auflaufenden Wellen durch Umlagerung der oberflächlichen Massen leichter und vielseitiger anpassen als die Felsschorre.

Auch die Schorre einer Flachküste, die starker Brandung ausgesetzt ist, stellt mit ihrer mehrere hundert Meter breiten, flach meerwärts gerichteten Böschung, den aufsitzenden niedrigen Lockerriffen und der Gipfelung im Strandwall eine sehr charakteristische, freilich größtenteils unter dem Wasserspiegel liegende Form dar, welche stillen Flachküsten fehlt.

Wichtig scheint uns nach den vorstehenden Überlegungen zunächst die Feststellung zu sein, ob ein Ufersaum durch die Wirksamkeit der längs der Uferlinie spielenden Vorgänge eine deutliche Umformung erfahren hat oder nicht. Wir möchten daher unter den *Tiefwasserküsten* die *kräftig geprägten, die eine deutliche Schorre besitzen,* von den *schwach geprägten* unterscheiden. Küsten der letztgenannten Art werden bei etwaigem Eintritt einer großen Absenkung des Wasserspiegels verhältnismäßig bald nur noch mit Mühe als ehemalige Küstenlinien erkennbar sein. Eine kräftig geprägte Tiefwasserküste würde dagegen in solchem Falle, gleichgültig ob es sich um eine Kliffküste oder um eine klifflose Schorrenküste handelt, lange Zeit mit Deutlichkeit im Landschaftsbilde erhalten bleiben.

Das in festem Fels ausgebildete Kliff, ob es hoch ist oder nicht, die felsige Strandplattform und die massigen Strandwälle von meist grobem Geröll, die zu mehreren nebeneinander den Fuß des Kliffs säumen und im Gebiet von Buchten und Flußmündungen Haken oder Nehrungen bilden, das sind unverkennbare Leitformen dieses Landschaftstyps. Ist das Kliff in Lockergesteinen ausgebildet, so bleiben die Formen die gleichen. Nur erweisen sie sich als weniger dauerhaft, sobald für kürzere Zeit oder endgültig die Brandung aufhört, an ihnen zu arbeiten. Die Strandwälle enthalten hier meist feineres Material. Oft ist Sand vorhanden. Dann kommt es sogar, wenn das Kliff nicht zu hoch ist, zur Bildung von Küstendünen. Solche sitzen z. B. auf Sylt oberhalb des mehr als 10 m hohen Steilabfalls des Geschiebemergelkliffs. An den kräftig geprägten Flachlandküsten gehören, soweit Sande am Aufbau des Untergrundes beteiligt sind, ein breiter Sandstrand, sandige Strandwälle, Unterwasserriffe und Nehrungen, endlich Küstendünen zu den regelmäßigen Formbestandteilen. Dabei zeigen neu gebildete, noch unbewachsene Küstendünen in den humiden Klimaten den Typus der Parabeldünen. Bei der Zerstörung älterer, bewachsener Formen bildet sich der Typ der Kupstendünen. An den Flachlandküsten der ariden Klimate dagegen scheinen die Küstendünen vorzugsweise als Barchane entwickelt zu werden.

Die soeben angeführten Formen gehen den schwach geprägten Tiefwasserküsten ab, bzw. sie sind dort nur in Ansätzen entwickelt. Denn ihnen fehlt die
kräftige Bearbeitung durch eine Brandung, welche die unmittelbare oder
mittelbare Ursache für die Entstehung der genannten Formen ist.

Schwache oder kräftige Ausprägung der Küstenformen längs des Ufers eines
großen und tiefen Gewässers durch die Brandung ist nach Berücksichtigung der
Gesteinsbeschaffenheit in erster Linie abhängig von der Dauer der Einwirkung
der Brandung und von der Exposition der Küste gegen den Wind. Das Vorhandensein oder Fehlen von Gezeiten bewirkt nur graduelle Unterschiede.

Schwach ausgeprägte Küstenformen an tiefen Gewässern kommen zustande,
wenn die orographischen Verhältnisse eine kräftige Brandung nicht zulassen, oder
wenn solche noch nicht lange genug wirken konnte. *Ihnen fehlen also eine
ordentlich entwickelte Schorre* und gegebenenfalls Kliffbildungen. Solche Küstenformen herrschen meist in engen Gewässern und in geschützten Winkeln von
Gebirgsküsten, wie etwa in Dalmatien oder an schmalen Wasserarmen in der
südost-asiatischen Inselwelt. Hinsichtlich der Formen der Flußmündungen bestehen aber keine Unterschiede zu den kräftig geprägten Küsten. In Gezeiten-
meeren gibt es auch hier Trichtermündungen, in gezeitenarmen Gewässern Deltabildung. Die nur schwacher Brandung ausgesetzten Küsten dieser Art kann man
vielleicht auch als *stille Tiefwasserküsten* kennzeichnen.

Ausgleichsküste als Entwicklungsziel der kräftig geprägten Tiefwasserküsten

Da die Arbeit der Brandung an Tiefwasserküsten offensichtlich auf die Herstellung einer Schorre rings um das Gewässer gerichtet ist, auf welcher die Wellenbewegung unter möglichst geringer Reibung abgebremst werden kann, so darf als
Ziel der Küstenentwicklung aller großen und nicht zu seichten Wasserbecken
sicherlich ein *Zurückschneiden der Küstenvorsprünge durch Kliffbildung, ein Abschnüren von Buchten durch Nehrungsbildung*, kurz, die *Schaffung einer begradigten Küstenlinie* angesehen werden, die den Küstenumriß vereinfacht. Eine
solche Küste wird in der deutschen Literatur seit langem als *Ausgleichsküste
(rivage régularisé, graded shoreline)* bezeichnet (Bild 138, 139; Fig. 130). Sie ist
an Küsten mit kräftiger Brandung, die aus Lockergesteinen bestehen und zu ansehnlichen Tiefen absinken, z. B. an den Geschiebelehmküsten Ostpommerns und
Ostpreußens in ausgezeichneter Weise entwickelt (Fig. 130). Aber auch an
felsigen Steilküsten etwa der Bretagne oder von Wales ist das Zurückdrängen von
Küstenvorsprüngen durch Kliffe und das Abschnüren von Buchten durch Strandwälle in vollem Gange. Da man annehmen darf, daß in Lockergesteinen das Entwicklungsziel der Küstenumformung schneller erreicht wird als in festem Fels, so
bestätigt dies wohl die Annahme, daß *die Ausgleichsküste tatsächlich dem allgemeinen Entwicklungsziel der Küstenumformung entspricht*, soweit nicht durch
Meereisbedeckung in den hohen Breiten oder durch ortsfeste Riffe und durch
Brandungskorrosion in den Warmklimaten Abweichungen hervorgerufen werden.
Offensichtlich ist nach Herstellung der Ausgleichsküste die Entwicklung nicht

abgeschlossen. Denn die Brandung wird auch danach noch an einer allmählichen Verbreiterung der Schorre arbeiten, so lange, bis diese in der Lage ist, die kinetische Energie der auflaufenden Wellen nach dem Prinzip der schiefen Ebene mit Gegengefälle überwiegend in innere Reibung und in eine schwache Rücklaufbewegung des Wassers zu verwandeln, die nicht mehr stark formverändernd arbeitet.

Das Ausmaß der marinen Abrasion

Diese Betrachtung gibt zugleich einen Hinweis bezüglich der viel diskutierten Frage, wie weit große Einebnungsflächen durch marine Abrasion geschaffen werden können. Nach dem, was über die Ausmaße heutiger Schorren bekannt ist, sind Einebnungen von einigen km Breite, vielleicht von wenigen Zehnern von km Breite durch *marine Abrasion* vorstellbar. Die Einebnung ganzer Länder durch Brandungswirkung des Meeres wird aber nur denkbar sein, wenn das betroffene Land bereits vorher ein terrestrisch gebildetes Flachrelief besaß und während des Vorgangs allmählich untertauchte, so daß die Wirkung auflaufender Brandungswellen durch nachträgliche Zunahme der Wassertiefe immer von neuem wieder verstärkt werden konnte. Solche Verhältnisse dürften namentlich in den Tropen nicht selten verwirklicht sein.

Beeinflussung der Brandung durch Meer-Eis

In den polaren und subpolaren Breiten unterbindet oder behindert die immerwährende oder langandauernde Bedeckung des Meeres durch Meereis die Brandungswirkungen an den Küsten. Dafür verursachen dort Eispressungen an Lockermassen mehr oder weniger große Schubwirkungen, infolge kräftiger auflandiger Winde und zwar am Meere wie auch an größeren Seen. Die Eisdecke erleidet hierbei nicht selten Aufstauchungen und faltungsartige Verbiegungen, die Vertikalausmaße von mehreren Metern erreichen können. Der Stauchdruck der Eisdecke schiebt das Lockermaterial des Strandes manchmal zu ansehnlichen Stauchwällen zusammen. Die starke Frostverwitterung liefert außerdem ausgiebig groben Schutt, der, soweit Brandung und Küstenversetzung arbeiten, zu Strandgeröllwällen umgeformt wird. (L. Nichols, 1953; H. Reinhard, 1958/59; H. Mansikkaniemi, 1970).

Beeinflussung der Küstengestaltung
durch warmes Oberflächenwasser des Meeres

Warmes Oberflächenwasser des Meeres schafft weitere Besonderheiten der Küstenformung (H. Valentin, Vortrag Tübingen 1975). Etwa sobald die Wassertemperaturen im kältesten Monat nicht unter 12°C sinken, d. h. in den Subtropen, beginnt das brandende Meerwasser nicht nur an leicht löslichen Gesteinen sondern auch an Silikatgesteinen merkliche Korrosion zu erzielen. Hierbei entstehen viel ausgesprochener als an den der Frostwirkung ausgesetzten Küsten

Sande statt Kiesen und Blöcken in der Strandzone. Ungefähr gleichzeitig stellen sich in sedimentarmem Flachwasser vermehrt Aufbauformen von Kalkalgen, Schwämmen usw. und in den Tropen schließlich riffbauende Korallen ein. Durch diese Erscheinungen ergibt sich eine Tendenz, statt der deutlich meerwärts geneigten Brandungsplattformen der höheren Breiten in größerem Umfang fast horizontale Küstenplattformen auszubilden.

Die Lebensbedingungen riffbauender Korallen hat in jüngerer Zeit A. Guilcher (1954) in ausgezeichneter Weise zusammengefaßt. Während Einzelkorallen (Oktokorallen) bis in ziemlich hohe Breiten vorkommen, und eine Kalkalge Tenarea tortuosa im Mittelmeer unterhalb der Brandungszone noch schmale Schwellen hervorbringt (A. Guilcher, 1954, S. 45−92), gedeihen die riffbauenden Korallen (Hexakorallen) am besten bei Wassertemperaturen um 25 bis 30°, niemals unter 18°, d. h. in den tropischen Meeren. Ihres Lichtbedarfs wegen können sie nicht in mehr als etwa 25 m Wassertiefe leben, ebensowenig aber auch oberhalb des Ebbeniveaus. Denn längere Trockenheit und Erwärmung tötet die Tiere. Bei stürmischem Meer ist ein fester Standort zum Anwachsen nötig. In ruhigen Gewässern gibt es Korallenbauten auf Sand. Außer den Korallen nehmen Kalkalgen, besonders Lithothamnien, in großem Umfang am Aufbau der Riffe teil. An der Windseite ist häufig um $^{1}/_{2}$ bis 1 m über das Wasser aufragend, also bis über den Lebensbereich der Korallen hinauswachsend, ein Wall aus Lithothamnien entwickelt, über den die Brecher hinwegspülen. Außerdem sind Gastropoden, Lamellibranchiaten, Echinodermen, Foraminiferen meist in größeren Mengen auf den Riffen zu finden.

Die Riffbauten können als *Saumriffe* (franz. *récifs frangeants,* engl. *fringing reefs*) die Küste unmittelbar begleiten, sind aber von ihr meist durch einen schmalen Randkanal getrennt, in dessen Bereich offenbar keine günstigen Wachstumsbedingungen herrschen. Wenn eine breitere Salzwasserlagune vorhanden ist, deren Boden gewöhnlich Kalkschlamm bedeckt, so handelt es sich um ein *Wallriff* oder *Barriere-Riff.* Ein ringförmiges Riff, in dessen Mitte kein Land über den Meeresspiegel aufragt, ist ein *Atoll.* Gruppen von Atollen können ein Barriere-Riff bilden. Alle Arten von Riffen besitzen hier und da breitere oder schmälere Durchlässe, die dem Ausgleich der gezeitenbedingten Spiegeldifferenzen dienen. Wo vom Lande her sinkstofffreie Flüsse münden, da verschlechtern sich die Lebensbedingungen der Korallen und es gibt breitere Lücken im Riffgürtel (Fig. 134).

Bei den Riffen ist die Außenseite die Hauptwachstumsseite. Es ist bei den Saum- und Barriere-Riffen vor allem die Windseite. Dort fällt das Riff steil, oft mit über 45° ab, es gibt sogar Überhänge. Nicht selten führt der Steilhang bis zur Tiefe von mehreren 100 m. Auf der Oberfläche trägt das Riff an der Windseite, wie schon erwähnt, gewöhnlich eine $^{1}/_{2}$ bis 1 m über den Wasserspiegel aufragende Kappe von Lithothamnienkalk. Leewärts dehnt sich, meist mehrere 100 m breit, eine flache Platte aus abgestorbenen Korallen, Kalkalgen und anderen Lebewesen, die sich durch Karren und andere Lösungserscheinungen des Kalks angefressen zeigt. Stellenweise finden sich Anhäufungen von Kalksand, oft oberflächlich verkittet.

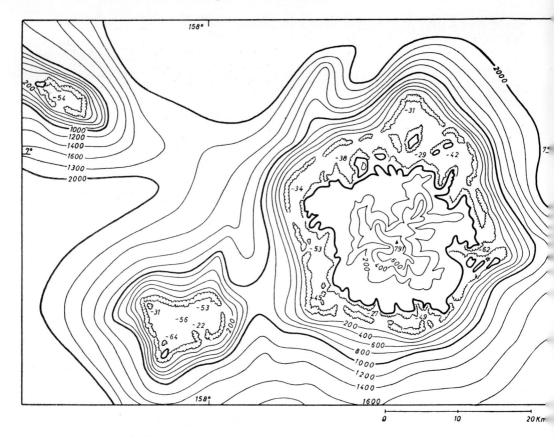

Fig. 134. Carolineninsel Ponape und benachbarte Atolle. Maßstab 1:500000. Bearbeitet unter Benutzung der Angaben des Sowjetischen Seeatlas.

Höhenlinien von 200 zu 200 m bis 2000 m Tiefe. Im Flachmeer der Korallenriffe einzelne Tiefen-
zahlen. Die weithin mit 10° bis 20°, stellenweise mit 20° bis 30° Neigung und mehr aus der Tiefe aufsteigenden Basalt-Dome der Insel Ponape und der benachbarten Atollsockel zeigen zwischen
etwa − 100 m und dem Meeresspiegel bzw. etwas darüber eine auffällige Verflachung. Sie dürfte
durch Brandungswirkung der in diesem Höhenintervall wechselnden junggeologischen Meeresspiegel,
vor allem aber durch die Ablagerungstätigkeit der in der Brandungszone lebenden riffbauenden
Korallen geschaffen worden sein. Die Küste von Ponape ist dementsprechend von einem fast geschlossenen Zuge von *Saumriffen* (einfache Girlandensignatur der Karte) umgürtet. Er weist dort
Unterbrechungen auf, wo kräftige Bäche münden und mit ihrer Schwebstoff-Fracht das Wasser
trüben. Außen vor den Saumriffen am Rande des Verflachungsbereichs gegen den steilen Abhang des
Inselsockels, bzw. der Atollsockel liegt ein Kranz von *Wallriffen* (entsprechende Girlandensignatur).
Zwischen ihnen führen hier und da Durchlässe vom offenen Meer zum Flachwasser zwischen den
Riffen. In diesem herrscht bei ruhigem Wasser ein sehr wechselvolles Kleinrelief, vielfach mit jäh vom
Untergrunde aufragenden Korallenbauten. Die Tiefen des Flachseebereiches innerhalb der Atolle
bzw. der Wallriffe scheinen hier und anderswo fast nirgends unter − 100 m herabzureichen. Sie
werden gedeutet als durch spätere Sedimentation und durch nachträgliches Korallenwachstum umgestaltete Erosionshohlformen im Korallenkalk (Taleinschnitte, Karsthohlformen) aus den Perioden
hocheiszeitlicher Tiefstände des Meeresspiegels.

Sanfter als die Außenböschung ist die zur *Lagune* hinabführende Innenböschung. Hier gibt es noch lebende Korallen. Stellenweise (z. B. im Eniwetok-Atoll der Marschall-Inseln) ragen auch in der Lagune steile Korallenbauten ,auf. Aber im allgemeinen sind die Lebensbedingungen hier für die Korallen weniger günstig als am Außensaum. Die Lagunen pflegen 30 bis 60 m, selten über 100 m Tiefe zu haben.

Die Frage der Entstehung der in bedeutendem Küstenabstand aus großer Tiefe aufragenden Wallriffe und namentlich der Atolle wird seit langem erörtert. Da die Korallen nur in einem geringen Höhenintervall unterhalb des Meeresspiegels leben können, so erfordert das Vorkommen mehrhundert Meter mächtiger Korallenkalke bedeutende Veränderungen des Meeresspiegels. Namentlich Ch. Darwin (1842), J. D. Dana (1849) und W. M. Davis (1928) haben angenommen, daß diese mächtigen Korallenbauten auf sinkendem Untergrunde entstanden sind. Vor allem für die Erklärung der Atolle bietet diese Theorie große Vorteile. Die Atolle sitzen, soweit die bisherige Kenntnis reicht, zum großen Teil auf den Gipfeln untermeerischer Vulkane, und die Annahme ist naheliegend, daß deren dem Meeresboden auflastende Masse ein allmähliches Einsinken verursacht. R. A. Daly (1910) möchte den glazialeustatischen Schwankungen des Meeresspiegels die Hauptrolle bei der Verursachung der Atolle zuweisen. .

Die Bohrungen, die auf einer ganzen Reihe von Atollen mehr als 300, ja über 400 m mächtigen Korallkalk nachgewiesen haben (Funafuti, Ellice Inseln − 339 m, Maratua E von Kalimantan [Borneo] − 429 m, Oahu, Hawaii − 319 m, Bikini, Marschall-Inseln − 334 m) zeigen, daß die glazialeustatische These entschieden nicht ausreicht. Denn wesentlich über 100 bis 150 m dürften die glazialeustatischen Spiegelschwankungen nicht ausmachen. Gerade auch die kaum über 100 m hinausgehende Tiefe der Durchlässe aus den großen Atoll-Lagunen, die nach Ph. H. Kuenen (1950) auf die abgesunkenen kaltzeitlichen Meeresspiegel eingestellt sein dürften, spricht dafür. Aller Wahrscheinlichkeit nach trifft die Absenkungstheorie von Ch. Darwin zur Erklärung der großen Mächtigkeiten des Riffkalks in den Wallriffen und Atollen im wesentlichen das Richtige. Aber auch die glazialeustatischen Spiegelschwankungen haben unzweifelhaft einen wichtigen Anteil an der Ausbildung ihres Formenschatzes. (Weitere Literatur: J. A. Steers, 1929, 1937; J. St. Gardiner, 1931; Ph. H. Kuenen, 1933; R. W. Fairbridge, 1950; H. J. Wiens, 1962).

Bedeutung der Küstenströmungen

Der durch die auflaufenden Wellen bewirkte Wassertransport gegen die Küste muß, wie schon mehrfach erwähnt, eine Kompensationsströmung erzeugen. Das Vorhandensein eines Unterstromes am Meeresboden von der Küste gegen die Tiefe ist ebenso angenommen (K. G. Gilbert, 1890 u. a.) wie auch bezweifelt worden (W. M. Davis, 1896). Eine Wasserversetzung in dieser Richtung ist hydrodynamisch notwendig. Nur in welchem Umfang man sie als Strömung bezeichnen kann, ist fraglich. F. P. Shepard (1948) hat gezeigt, daß an der californischen Küste bei La Jolla an bestimmten Stellen zeitlich variierend sogar strahlstrom-

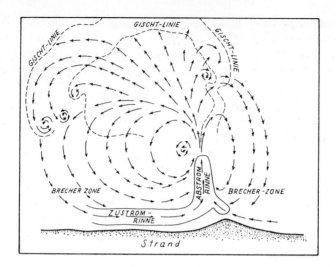

Fig. 135. Rippstrom (rip current) vor der californischen Küste bei La Jolla. (Nach Shepard, 1948, S. 45.)

An Küsten mit starker Brandung erfolgt die Rückbewegung des gegen die Küste gestauten Wassers stellenweise in sogenannten *Rippströmen (rip current)*, einzelnen schmalen kräftigen Strombändern, die an bestimmten Orten von der Küste aus mehrere hundert Meter weit seewärts hinausziehen. Sie werden durch von beiden Seiten, vor allem von der Windseite her, zudringendes Wasser gespeist. Dieses arbeitet längs der Küste in den Alluvionen der Schorre eine flache *Zustromrinne* aus. Der Rippstrom selbst schafft in Küstennähe in den Lockermassen der Schorre eine deutliche *Abstromrinne*. Die Länge der Strompfeile in der Zeichnung deutet Unterschiede der Stromgeschwindigkeiten an.

artige Wasserbewegung (rip current, *Rippstrom*) mit Geschwindigkeiten bis 1 m/sec von der Küste bis über die Brandungszone hinaus seewärts zieht (Fig. 135). Sie entsteht bei anhaltend ungefähr senkrecht gegen die Küste gerichteten Winden durch den Anstau des Wassers und dessen an einzelnen Stellen erfolgendes Ausbrechen gegen das offene Meer. Sie wird durch seitlich am Ufer entlang kommendes Wasser gespeist und zeichnet sich durch Reichtum an suspendiertem Material aus.

Bei schief zur Küste wehenden Winden wird durch den Windstau bzw. das Auflaufen der Wellen ein Wassertransport nach der Seite der Windrichtung längs der Küste hervorgerufen, der zu einer Küstenströmung mit Geschwindigkeiten von ebenfalls um 1 m/sec führen kann.

Zu den durch Windstau und Wellenbewegung erzeugten Druckströmungen treten solche infolge der Gezeitenbewegung. Die letzteren sind besonders dann stark, wenn beiderseits einer Meerenge oder eines durch Inseln von der offenen See abgegliederten Meeresteils Ebbe bzw. Flut mit merklicher zeitlicher Differenz auftreten, oder wo unter den gleichen Reliefverhältnissen gewissermaßen eine Kanalisierung der den abgegliederten Meeresteil durchlaufenden Gezeitenwelle eintritt. In der Enge von Messina gibt es z. B. trotz nur 0,2 bis 0,3 m betragenden Tidenhubs Strömungen von 2 m/sec und mehr. An der durch große Tidenhübe ausgezeichneten französischen Kanalküste sind nach A. Guilcher (1954) Stromstärken von 5 bis 6 m/sec gemessen worden. Ph. H. Kuenen (1950) berichtet von solchen von 8 m/sec aus dem Gebiet der Molukken. Gleiche Werte sind auch im Skjerstadt-Fjord bei Bodö in Nord-Norwegen gemessen worden.

Gezeitenströme können durch den Abfluß von Süßwasser sehr verstärkt werden, besonders, wenn an schmalen Durchlässen starker Stau eintritt. Der norwegische Saltström bei Bodö soll nach J. Rouch (1948, III, S. 122) bis 8 m/sec erreichen. Derartige Strömungen üben beträchtliche Wirkungen aus. Sie spülen bei lockerem Meeresuntergrund bedeutende Furchen aus, z. B. die *Priele* und *Tiefs* der deutschen Wattenküste. Bei felsigem Untergrund fegen sie diesen sedimentfrei und führen sicherlich auch echte Erosionsleistungen aus, namentlich wenn sie durch mitgerissene Lockerbestandteile wie Sand oder Geröll über Schleifmittel verfügen. Im Goldenen Tor von San Francisco erreicht der Gezeitenstrom wenig über Grund noch eine Geschwindigkeit bis mehr als 1 m/sec. Insbesondere ist zu berücksichtigen, daß an solchen Engstellen während jeder Tide gewöhnlich viele Mio m^3 Wasser durchgepreßt werden.

Im ganzen aber dürften die starken Wirkungen der Küstenströmungen auf örtlich begrenzte Stellen beschränkt sein und zudem mehr für die Konfiguration des Meeresbodens vor der Küste als für die eigentlichen Küstenformen ins Gewicht fallen. Wahrscheinlich bewirken die Küstenströmungen mancherlei, im einzelnen nicht leicht überblickbare, Modifikationen des Formenbildes der Küsten. Aber dessen Grundcharakter dürfte auf die Wirkung der Brandung und der mit ihr verbundenen Sogerscheinungen zurückzuführen sein (O. Krümmel, 1889; H. A. Marmer, 1926, 1932; R. H. Fleming, 1938; F. P. Shepard, K. O. Emery, E. C. La Fond, 1941; H. Thorade, 1941; J. A. Steers, 1953; C. A. M. King, 1959; C. Kidson, 1963; J. L. Davies, 1964).

4. Gestaltende Vorgänge und Formen der Seichtwasserküsten

Wo aus irgend einem Grunde die Wassertiefe bis weit vor der Küste geringer als etwa 5 m bleibt, da können kräftige Wellen die Küste gar nicht erreichen. In diesem Falle liegen *Seichtwasserküsten* vor. Das gleiche kann sich ergeben, wo die Enge der Wasserfläche oder orographische Einflüsse die Windeinwirkung auf ein Wasserbecken hemmen. In diesem Falle kann man von *Stillwassern* sprechen. In beiden Fällen treten die Wirkungen der Brandung hinter andere Faktoren der Küstengestaltung zurück.

In der Regel werden Seichtwassergebiete weit draußen vor der Küste, wo schließlich doch etwa 10 m Wassertiefe erreicht oder überschritten werden, d. h. an der Grenze des bezüglich der Wellenbewegung tieferen Wassers, durch den Aufbau einer Brandungsschorre oft mit freier Strandwall- bzw. Nehrungsbildung, d. h. durch Bildung eines *Lido* im engeren Sinne, vom offenen Meere abgegrenzt. (Fig. 139, S. 560).

In diesen Seichtwassergebieten, ebenso auch in tieferen Becken, die aber infolge ihrer Kleinheit oder der Windgeschütztheit den Charakter von Still-

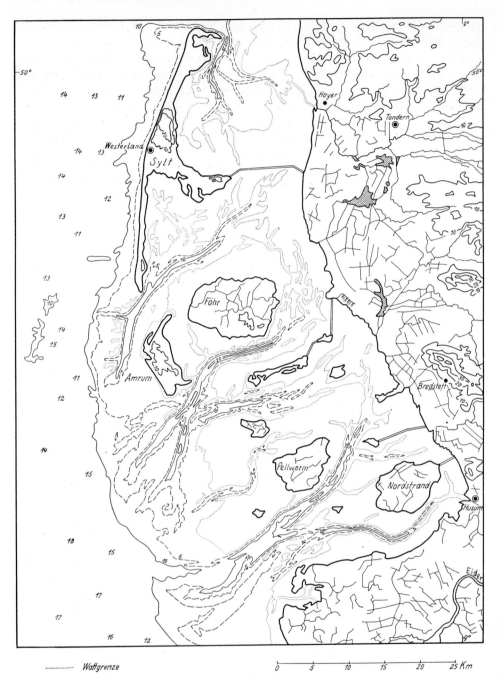

Fig. 136. Karte einer Seichtwasserküste mit starkem Gezeitenwechsel. Nordfriesische Wattenmeer-
küste westlich von Tondern und Husum. Maßstab 1:500 000.

Auf dem Lande Höhenlinien von 10 zu 10 m, auf dem Meeresboden Wattgrenze, 5 m, 10 m und 20 m
Tiefenlinie. Die *Priele* erreichen in den Durchlässen zwischen Inseln stellenweise Tiefen von etwas
mehr als 20 m.

wassern haben, findet bei ruhigem Wasser eine langsame Verlandung statt, durch den Absatz hineingelangter Flußtrübe und durch die Abfallprodukte des pflanzlichen und tierischen Lebens, das dieses Wasser bewohnt. Hierbei wird im Meere durch die ausflockende Wirkung, die das Salzwasser auf die kolloidalen Tonminerale der Flußtrübe ausübt, die Sedimentation besonders gefördert (Bild 141, 142). Der Meeresboden wird daher in Küstennähe durch *Schlick*, die Süßwasserbecken werden entsprechend durch *Mudde* (schwed. *Gyttja*) oder durch *Faulschlamm (Sapropel)* aufgehöht, während nach den vorliegenden Erfahrungen die Sedimentation in Küstenferne meist nur sehr geringe Beträge erreicht. Lebhafte Umgestaltung der Küstenlinie geht in den Becken dort vor sich, wo ein sedimentführender Fluß mündet und ein Delta in das ruhige Gewässer vorbaut (S. 558 ff.).

In Meeren mit kräftigen Gezeiten nehmen die Seichtwassergebiete den Charakter des *Wattenmeeres* an, ihre Küsten sind *Wattenküsten*. Im Wattenmeer gibt das Wasser während der Ebbe große Teile des Meeresbodens frei, um sie während der Flut wieder seicht zu überspülen. Die Folge ist Ausfällung von Schwebstoff, also Schlick, auf den fast ebenen *Wattflächen* und ihre Zerfurchung durch mehrere Meter tiefe Rinnen, die *Priele* bzw. *Tiefs,* in denen bei Ebbe das abströmende Wasser sich sammelt und kräftig erodiert (Fig. 136; Bild 140, 167).

Die Wattenküste ist eine Schlickküste. Wo nicht der Mensch sie durch Deichbauten festgelegt hat, ist sie wegen der wechselnden Tidenhöhe in ihrem Verlauf äußerst unbestimmt. Wo einmal höheres Land im Wattbereich aufragt, da gibt es, geschaffen durch die bescheidenen Wellen, die auch das Watt hervorbringt, an seinem Saume auch ein wenig Kliffbildung und Strandversetzung. Gute Kartenbilder von Wattenküsten liegen für die deutsche, niederländische und britische Nordseeküste und für die Küste der Südoststaaten der USA vor.

Am Rande stiller Seichtwasserflächen wird die Verlandung durch die Vegetation stark gefördert. Niedrige Salz- und Brackwasser-Gesellschaften sind an den außertropischen Wattenküsten beteiligt. An den entsprechenden Küsten der warmen Meere übernimmt die *Mangrove* diesen Aufgabenbereich. Diese amphibische Buschwaldvegetation, in der vor allem Rhizophora-Arten eine wichtige Rolle spielen, ist durch ein dichtes Geflecht von hohen Stelzwurzeln dem Gezeitenunterschied angepaßt. Das Gewirr der Wurzeln bildet einen ausgezeichneten Schlickfänger. Hinter der schwer zugänglichen *Mangroveküste*, d. h. im schon verlandeten Bereich, liegen oftmals als tropische Repräsentanten der Marschenflächen unserer Breiten ausgedehnte Sumpfwaldgebiete mit Sago-, Rotang-, Nipapalmen als kennzeichnenden Pflanzen (Th. W. Vaughan, 1911; B. v. Freyberg, 1930; Bild 141, 142; Fig. 137).

Nach H. Valentin (1975) lassen sich die Wattenküsten (d. h. die Feinsedimentküsten) der Tropen in klimatische Untertypen gliedern. Perhumid-tropische Feinsedimentküsten weisen im Eulitoral, d. h. bis zum mittleren Tidenhochwasser, Mangrove, darüber im Supralitoral Süßwassersümpfe, mit Nipa, Rotang- und Sagopalmen auf. Die humid-tropische Feinsedimentküste zeigt Mangrove bis zum höchsten Supralitoral. An semihumid-tropischen Feinsedimentküsten beschränken sich die Mangroven auf das Eulitoral. Der landwärts anschließende Küsten-

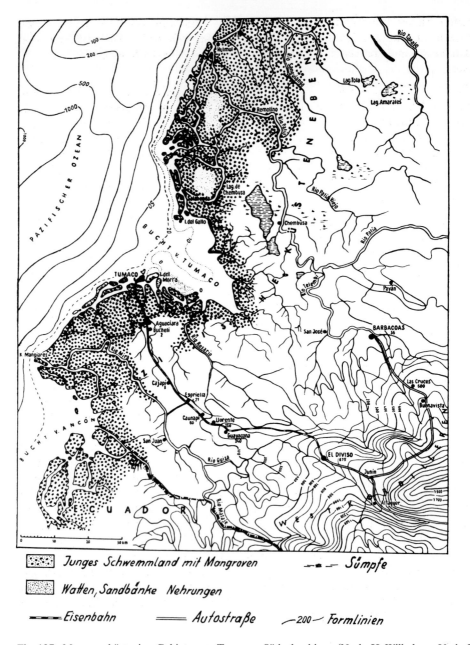

Fig. 137. Mangroveküste im Gebiet von Tumaco, Südcolumbien. (Nach H. Wilhelmy, Verh. 29. D. Geogr.-Tages in Essen, Wiesbaden 1955, S. 97). Maßstab etwa 1:11 Mio.

streifen ist sehr vegetationsarm. Semiaride Feinsedimentküsten der Tropen besitzen nur schmale Streifen von Mangrove. Tropisch-aride Feinsedimentküsten entwickeln eine Sebcha-Küste, d. h. eine Küste mit Salzpfannen im Gezeiten-Niveau.

Auch die Wattengebiete werden meerwärts vielfach durch eine Flucht von Strandwällen bzw. Nehrungen bzw. Lidi und durch eine zugehörige Brandungs-schorre gegen die tieferen Meeresteile abgeschirmt. Gewöhnlich sind die Neh-rungen mit Küstendünen besetzt. Das Material dieser Strandwälle kann durch Strandversetzung herbeigeschafft worden sein. Es dürfte wohl überwiegend bei der Schaffung der Brandungsschorre durch die Wellenbewegung in der kritischen Übergangzone von dem für Ozeanwellen noch genügend tiefen Meeresraum zum Flachwasser aus dem Untergrund selbst gewonnen worden sein.

Weitgehende Schlußfolgerungen, wie sie W. M. Davis (1912) und seine Schule, auch der hochverdiente D. W. Johnson (1919), rein aus dem Vorhandensein von Watt und Strandwall auf Änderungen des Meeresspiegels und auf bestimmte Stadien der Küstenentwicklung gezogen haben, dürften schwerlich ausreichend begründet sein.

Unter den bekanneren Wattküsten lassen sich geomorphologisch mehrere Typen unterscheiden. Längs der atlantischen Küste der nordamerikanischen Südstaaten wird das Wattenmeer, das z. B. im Bereich des Pamlico-Flusses und an den Rändern der Chesapeake Bay gut entwickelt ist, durch einen fast zusammenhängenden Strand- bzw. Nehrungswall vom offenen Ozean getrennt. Nur schmale Durchlässe hauptsächlich vor den Flußmündungen stellen eine Verbindung her. Lockerer ist schon die Folge der Westfriesischen, Ostfriesischen und Nordfriesischen Inseln. In der inneren Deutschen Bucht aber fehlt der außenliegende, schirmende Strandwall fast gänzlich. Es ist bekannt, daß erst die großen Sturmfluten des 13.–16. Jh. einen einst durch Strandwallinseln besser geschützten Zustand grundlegend in Richtung auf das heutige Bild veränderten. Manche glauben aus diesen Tatsachen auf ein junges Untertauchen des deutschen Nordseeküstengebietes schließen zu sollen. O. Jessen (1922) meint, allmähliche Änderungen der Gezeitenverhältnisse als späte Nachwirkungen der postglazialen Öffnung des Ärmelkanals zur Erklärung heranziehen zu können. Es könnten aber auch Gestalt oder Exposition der Deutschen Bucht in ihrer Wirkung auf die Wellenbildung der Entstehung geschlossener Strandwallketten ungünstig sein. Die Kenntnis reicht wohl noch nicht aus, um unter den vorgebrachten Erklärungs-möglichkeiten zu entscheiden. Auch reichliche oder nur geringe Zufuhr von Sand aus dem Hinterland sind nach H. E. Reineck (1970) wichtig für die Vollständigkeit oder Unvollständigkeit von Nehrungen.

5. Die Gestaltung der Flußmündungen

Die Mündungen der Flüsse verursachen an der Küste Singularitäten. Sie treten in zweierlei wesentlich verschiedener Gestaltung entgegen. An Küsten mit starkem Gezeitenunterschied dringt die Gezeitenwelle bei Flut regelmäßig bis zur

Flutgrenze in die Flußmündung ein. Mancherorts geschieht dies in der Form einer Translationswelle mit überstürzender Stirn, einer Wasserbarre (z. B. Mascaret der Gironde). Im Ästuar des Amazonas kann diese (die Pororoca) 5 bis 6 m hoch werden. Mit dem Eintritt der Ebbe erfolgt ein kräftiges Rückfluten.

Die regelmäßige Durchspülung durch die Flutwelle und den Ebbestrom führt durch Anschneiden der beiderseitigen Talhänge im Mündungsbereich des Flusses zu dessen trichterförmiger Erweiterung. Flußmündungen im Gebiet starker Gezeitenunterschiede werden daher zu *Trichtermündungen, Ästuaren* (franz. *estuaire*) ausgeweitet.

Der immer wiederholte Wechsel von Flut- und Ebbestrom schafft in den Trichtermündungen verhältnismäßig tiefe Rinnen, die die Schiffahrt erleichtern, infolge häufiger Verlegungen aber große Aufmerksamkeit erfordern. Vor der Trichtermündung, wo die konzentrierte Schleppkraft des im Ästuar zusammengefaßten Gezeitenstroms nachläßt, liegt gewöhnlich unter Wasser eine Sandbarre, an den deutschen Küsten meist einfach „Sand" genannt, die der Schiffahrt Schwierigkeiten bereitet. Im ganzen aber bieten die Trichtermündungen der Anlage von Häfen günstige Bedingungen. Elbe, Weser, Themse, Seine, Loire, Garonne und andere bilden in Europa lehrreiche, auch kartographisch gut dargestellte Beispiele.

In gezeitenlosen oder gezeitenschwachen Gewässern stellt sich, wie schon erwähnt, an der Mündung kleinerer und sedimentarmer Flüsse häufig *Abdämmung* durch einen vorgelagerten *Strandwall* und *Verschleppung der Mündung* in Richtung der Strandversetzung ein (Bild 138). An der Mündung sedimentreicher Flüsse bildet sich gewöhnlich ein *Delta*, d. h. ein Schwemmkegel, der durch fortschreitende Sedimentation in ein stehendes Gewässer vorgebaut wird. Je nachdem, ob es sich hierbei um gröbere, feinere oder feinste Sedimente handelt, erfolgt die Weiterbildung entweder mehr durch Auffüllung der sich gabelnden Gewässerarme mit Kies und Sand und durch damit verbundene Verlegungen der Gewässerarme. Oder sie vollzieht sich mehr durch den Absatz von Schlick auf dem bei Hochwasser überstauten Ufergelände der Gewässerarme und durch die hiermit einhergehende Bildung flacher Uferdämme und abseits von den Fließrinnen liegender Sümpfe und Flachwasserflächen. Wo der Meeres- oder Seespiegel erreicht ist, hört die Schleppkraft des fließenden Gewässers auf. Die bis hierher mitgeführten Frachtstoffe setzen sich nun ab und zwar bei ruhigem Wasser als Schwemmhalde mit der Böschung natürlicher Aufschüttungen, bei bewegtem Wasser unter einem entsprechend flacheren Winkel, doch immerhin stärker geneigt als die Deltaoberfläche. Auf diese Weise entsteht die *Deltakante* als Grenze zwischen der Oberfläche und der Randböschung des Deltas (Fig. 138, 139; Bild 142).

Sofern im offenen Wasser kräftige Wellenbewegung herrscht, und am Delta oder in dessen Nachbarschaft Sand oder Kies für die Küstenversetzung zur Verfügung stehen, wird durch die Brandung eine Schorre erzeugt, meist mit über den Wasserspiegel aufragendem, hier und da unterbrochenem Strandwall bzw. mit Nehrungen. Der Zug der Strandwälle scheidet in glatt geschwungenem Verlauf den Bereich des Deltas unter Abschnürung von Strandseen vom offenen Wasser. Je nach der Lebhaftigkeit des Delta-Wachstums und der entgegen-

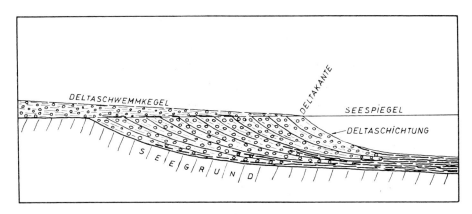

Fig. 138. Schema der Lagerungsverhältnisse in einem Delta (Deltaschichtung).

Der *Deltaschwemmkegel* baut sich bei geringem Gefälle seiner Kies- und Sandschichten unter lang-samer, schichtweiser Erhöhung der Deltaoberfläche gegen das Seebecken bzw. Meeresbecken vor. Am Ende jeder seiner Schichten erfolgt unterhalb des Niveaus des Seespiegels im ruhigen Wasser Ablagerung der Gerölle und Sande unter dem natürlichen Böschungswinkel lockerer Aufschüttungen, d. h. in *Schrägschichtung.* So entsteht die *Deltakante,* die als durchgehende, *nichttektonische Diskordanz* im Bau des gesamten Deltakörpers erhalten bleibt. Der versteilte Abfall der Deltakante gegen das offene Wasser bildet die *Seehalde.* Gleichzeitig findet weiter draußen über dem Seegrund das Absinken der Schwebstoffe und damit die Ablagerung von Schlick und Ton statt als *uferfernere Fazies der lakustren* bzw. *marinen Sedimentation.* Da das stehende Gewässer in Wahrheit nie voll-kommen ruhig ist, sondern durch Wellenbewegung oft mehr oder weniger tief aufgerührt wird, was die Schrägschüttung beeinträchtigen dürfte, so zeigt sich gewöhnlich eine leichte Abschwächung der Delta-Schrägschichtung gegen die Anfangsstellen der Deltabildung hin, ebenso im unteren Teil des Schrägschichtenstoßes. Hier trifft man auch *Verzahnung* mit den feinkörnigeren *Seegrundschichten.*

wirkenden Brandung und Küstenversetzung unterscheidet D. W. Johnson (1919) in Anlehnung an F. P. Gulliver (1899) fingerförmig vorgebaute Deltas *(lobate delta),* wulstförmig vorgebaute Deltas *(arcate d.),* keilförmig vorgebaute Deltas *(cuspate d.)* mit konkaven Umrißlinien, die durch die Strandwallbildung hervor-gerufen sind, und verkümmerte Deltas *(atropic d.),* bei denen der Großteil der angelieferten Sedimentmassen durch Küstenversetzung und Küstenströmung entführt wird (Fig. 139; Bild 138, 142).

Starker Gezeitenwechsel ist der Deltabildung nicht günstig. Denn die Spiegel-schwankungen rufen im Küstengebiet kräftige Strömungen hervor, die den ruhigen Absatz von Sedimenten, namentlich auch die Ausbildung einer Deltakante nicht zulassen. Es ist aber hervorzuheben, daß an der Ostküste des tropischen Afrika trotz erheblicher Amplitude der Gezeiten, die 3 m übersteigen dürfte, für die aber keine systematischen Beobachtungen vorliegen, z. B. der Rufiji ein großes Delta vorgebaut hat. Das ist wohl dadurch zu erklären, daß die Abspülung in den Rumpfflächengebieten, aus denen der Fluß kommt, entgegen den meist gehegten Vorstellungen, eben doch sehr groß ist.

Flußmündungen mit Deltabildung sind zur Anlage von Häfen ausgesprochen ungünstig. Die sich gabelnden Flußarme sind seicht, von Versandung bedroht und haben die Neigung, sich zu verlagern. Daher befinden sich die Häfen solcher

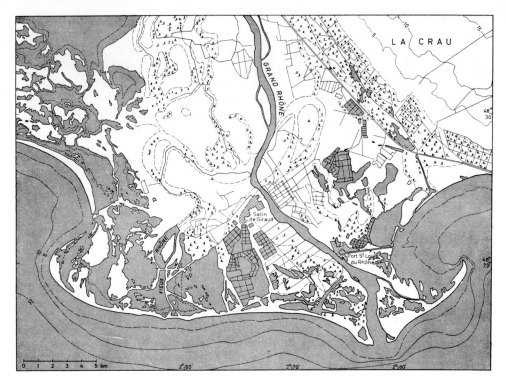

Fig. 139. Teilkarte des Rhône-Deltas (Camargue). 1 : 250 000, nach der französischen Karte 1 : 50 000,
vereinfacht.

In den Crau Höhenlinien von 5 zu 5 m, im Meere Tiefenlinien von 5, 10 u. 20 m. Außerdem sind innerhalb der Strandseen (Etangs) durch eine feingestrichelte Linie die zeitweilig trockenfallenden Flächen
angedeutet. Die Karte enthält keine Verkehrswege, dagegen Kanäle und Gräben in Auswahl. Sie deutet
außerdem durch gestrichelte Begrenzung und Sumpfsignatur besonders tiefliegende Gebiete und
ehemalige Stromarme an. Sie werden von sehr flachen Schwellen etwas stärker aufgehöhten Landes
begleitet. Der Deltarand wird durch einen Zug von *Nehrungen* bzw. *Lidi* gebildet. Seewärts vor ihm
beginnt die Böschung der *Schorre* mit weniger als 10‰ Neigung. Nur vor der gegenwärtigen Hauptmün-
dung der Rhône ist im eigentlichen Sinne eine *Deltakante* ausgebildet mit Böschungen von 50‰ und
mehr.

Gebiete gewöhnlich abseits am Rande des Deltas. So ist es an Rhône, Po und Nil,
ebenso auch z. B. an Indus, Godawari und Hwangho (Literatur: insbesondere
G. R. Credner, 1878; G. K. Gilbert, 1885; D. W. Johnson, 1926; G. Sykes, 1937;
R. J. Russel, 1939, 1942; J. A. Steers, 1948; M. Pfannenstiel, 1950; A. Guilcher,
1954; I. V. Samojlov, 1956).

6. Daueränderungen des Meeresspiegels und ihr Einfluß auf die Küstengestaltung

Wiederholt ist in den bisherigen Ausführungen außer auf die vorübergehenden
Spiegelschwankungen des Meeres durch Gezeiten oder Windstau auch auf große,

langdauernde Veränderungen der Höhenlage des Meeres hingewiesen worden. Es ist nun darzulegen, welche Bedeutung diese für die Küstenformen haben. Besonders wichtige Veränderungen der genannten Art sind die *glazialeustatischen* Spiegelveränderungen. Das Größenausmaß der Spiegelabsenkung kann einerseits nach Schätzungen über das Volumen der während der Eiszeiten in Gestalt von Eis auf das Festland gebannten Wassermassen, andererseits nach geomorphologischen und geologischen Beobachtungen am Meeresboden auf etwa 100 bis 150 m angenommen werden. So tief etwa lassen sich submarine Talformen in unmittelbarem Anschluß an das subaërische Talnetz und mit etwa gleichartigem Charakter z. B. auf dem Nordsee-Schelf, auf dem Sundaschelf, dem Neuenglandschelf verfolgen. Bis zur gleichen Tiefe etwa haben die italienischen Bohrungen im alten Arnodelta, in den Maremmen, im Gebiet von Neapel Landablagerungen, vor allem Moore, nachweisen können. Von den bis etwas über 100 m Tiefe eingeschnittenen Auslässen der großen Atoll-Becken wurde schon gesprochen (A. Penck, 1933; R. A. Daly, 1934; H. Baulig, 1935, 1948; F. Machatschek, 1939).

Daneben haben sicher örtliche Hebungen und Senkungen des Landes mitgespielt. Berühmt sind die heute in 3,6 bis 5,7 m Meereshöhe befindlichen Bohrmuschelmarken am sogen. Serapeum von Pozzuoli bei Neapel. Sie zeigen, daß in einem vulkanischen Gebiet ein Bauwerk, welches im 1. Jahrhundert zweifellos auf dem Festlande errichtet wurde, bis zu mindestens 6 m Tiefe abgesenkt wurde, um danach wieder zur heutigen Höhe emporgehoben zu werden.

Beträchtlich über dem heutigen Meeresspiegel liegende Küstenlinien sind nach den einschlägigen Forschungen auf der Erde sehr weit verbreitet. Die untersten von ihnen bis etwa 6 m über dem Meere werden mit guten Gründen ebenfalls glazialeustatisch gedeutet, weil sie stellenweise, z. B. in der Cyrenaika, mit Spuren des letztinterglazialen Menschen verknüpft sind. Höhere ähnlich geartete Küstenlinien des Mittelmeerraumes um 15 m, um 30 m, um 60 m, um 100 m über dem Meere möchte man vielfach in der gleichen Weise, jedoch als Ergebnisse weiter zurückliegender Interglazialzeiten interpretieren. Doch sind diese höheren alten Küstenlinien in Bezug auf den heutigen Meeresspiegel nicht annähernd gleich höhenkonstant wie die tiefer gelegenen. Außerdem würde selbst das Abschmelzen aller heute existierenden Gletscher nicht ausreichen, um den Meeresspiegel 100 m über sein heutiges Niveau ansteigen zu lassen. Daher dürften zum Zustandekommen der heutigen Höhenlage dieser alten Küstenlinien seit deren Bildung außer den glazialeustatischen Meeresspiegelschwankungen einerseits eine allgemeine Absenkung des Meeresspiegels, etwa durch fortgesetztes Tieferwerden von Partien des Ozeanbodens, andererseits auch zusätzlich spezielle Krustenbewegungen mitgewirkt haben. (Unterschiedliche Auffassungen: Ch. Depéret, 1906, 1918; R. de Lamothe, 1911; L. Glangeaud, 1932; H. Baulig, 1935; G. Imamura, 1936, 1938; F. E. Zeuner, 1952; P. Woldstedt, 1954).

Endlich sind großräumig junge örtliche Hebungen des Landes in den eiszeitlich von Inlandeis bedeckt gewesenen Gebieten nachweisbar. Ihr Absolutbetrag gegenüber dem heutigen Meeresspiegel läßt sich für das Gebiet des Bottnischen Golfes auf maximal 295 m mit Abklingen gegen die Randgebiete der alten Inlandeisbedeckung nachweisen. An der Nordseite des St. Lorenz-Ästuars konnten 150 m Landhebung ermittelt werden, in Schottland 30 m. In Novaja Zemlja glaubt man 400 m, in Franz Josef Land 330 m, in Kola 230 m Landhebung erkennen zu können. Aus der Tatsache, daß die näher untersuchten ehemaligen Inlandeisgebiete durchweg solche Hebungen zeigen, und daß das Hebungsmaximum stets im Gebiet besonders großer ehemaliger Eisdicke liegt, hat man sicher mit Recht den Schluß gezogen, daß diese Hebungen durch die Entlastung von Gebieten veranlaßt sind, die vorher durch eine außerordentlich dicke Eisdecke niedergedrückt worden waren, also *glazialisostatisch* zu deuten sind (G. de Geer, 1892; R. A. Daly, 1934; R. F. Flint, 1948; E. F. Zeuner, 1950; F. Model, 1950; P. Woldstedt, 1954).

Alle Spiegeländerungen des Meeres, ob sie eustatisch, isostatisch oder tektonisch verursacht sind, verändern die Küstenlinie. Da es meist schwierig und ohne eingehende Untersuchungen überhaupt nicht möglich ist, die Ursache einer bestimmten Spiegeländerung zu erkennen, so ist es, worauf in der deutschen Literatur vor allem H. Valentin (1952) hingewiesen hat, nicht gut vertretbar, von *Hebungs-* oder *Senkungsküsten* zu sprechen, sondern nur von *aufgetauchten* und *untergetauchten* bzw. von *auftauchenden* und *untertauchenden*[37]. Da infolge des Rückschmelzens der letzteiszeitlichen Riesengletscher der Meeresspiegel allgemein stark gestiegen ist, so zeigen, abgesehen von Gebieten starker tektonischer oder isostatistischer Hebung, alle Küsten Untertaucherscheinungen. Gleichwohl kann im einzelnen Falle das allgemeine Untertauchen, z. B. in der jüngsten Zeit durch örtliches Auftauchen abgelöst sein. Daher gibt es nach H. Valentin (1952) im Hinblick auf die Spiegelbewegungen grundsätzlich sechs Typen von Küsten, nämlich: *untergetaucht weiter untertauchende, untergetaucht und dann sich gleich bleibende, untergetaucht heute auftauchende, aufgetaucht heute untertauchende, aufgetaucht und dann sich gleich bleibende, aufgetaucht weiter auftauchende.*

7. Zur Systematik der Küstenformen

Alle geschilderten Vorgänge des Küstenbereiches, die Bewegungen der oberflächennahen Teile des Wassers durch Wellen, durch Wind- oder Gezeitenstau und durch Strömungen, das Wachstum der Vegetation im Überspülungsbereich und der Korallen im Flachwasser, endlich das säkulare Steigen oder Fallen des Meeresspiegels führen zu Veränderungen des Küstenbildes. Dieses hängt aber auch von der Struktur und von der terrestrischen bzw. subaquatischen Formung ab, die das betreffende Gebiet besitzt bzw. erhielt, bevor es Küste wurde. In einer Systematik der Küstenformen sind alle diese Erscheinungen als unterscheidende Merkmale zu berücksichtigen. Es fragt sich, welches Gewicht man den verschiedenen Erscheinungsgruppen beimessen will.

Systematik der Küsten aufgrund der Auf- und Untertauchbewegungen

Die Einsicht in die Wichtigkeit, die Spiegelveränderungen des Meeres, namentlich das nacheiszeitliche Untertauchen des Landes, für den Gesamt-

---

[37] Diese Bezeichnungen sind eindeutig und daher besser als der bislang übliche Gebrauch, von *positiver Strandverschiebung* bei vorrückendem Meer, von *negativer* im umgekehrten Falle zu sprechen. Dagegen sind die Begriffe *Transgression* für vorrückendes, *Regression* für zurückgehendes Meer unmißverständlich und daher gut verwendbar.

charakter der Küsten haben, führte vor allem D. W. Johnson (1919) zu dem Versuch, eine Gesamteinteilung der Küsten auf Grund der erfolgten Spiegeländerungen in *Untertauch-* und *Auftauchküsten,* in *neutrale* und *kombinierte* Küsten durchzuführen. Dabei spielte wesentlich die Annahme mit, daß die Einzelgestaltung der Küste durch Zerstörungs- und Aufbauvorgänge bei Auftauch- und Untertauchküsten grundsätzlich verschieden und deduktiv abschätzbar sein müsse, d. h. daß sie jeweils lediglich als mehr oder weniger vorgeschrittenes Stadium einer eindeutigen Entwicklungsreihe des „marinen Zyklus" anzusehen sei. Zur Gewinnung einer weiterführenden Untergliederung der Küstentypen wurden dann von D. W. Johnson die strukturellen und terrestrisch-morphologischen Eigenschaften der betrachteten Küste benutzt. Dieses Vorgehen ist namentlich im amerikanisch-englischen und französischen Bereich weiter verfolgt worden (F. P. Guliver, 1899; D. W. Johnson, 1919; Emm. de Martonne, 1948; C. A. Cotton, 1949). Es befriedigt aber nicht.

Erstens braucht nach dem Gedanken von H. Valentin eine untergetauchte Küste nicht gleichzeitig auch eine weiterhin untertauchende, eine aufgetauchte nicht weiterhin auftauchend zu sein. Das bereitet der Beurteilung beträchtliche Schwierigkeiten. Sie werden dadurch noch vermehrt, daß in Gebieten mit zweifellos ertrunkenen Küstenformen, wie etwa den untermeerischen Brandungsplattformen der algerischen Küste (R. Gradmann, 1917), gleichzeitig auch über dem heutigen Meeresspiegel gelegene Küstenlinien entwickelt sind, weil der Meeresspiegel unabhängig davon, ob er gegenwärtig in Ruhelage oder leichtem Steigen oder Fallen begriffen ist, in der Vergangenheit bedeutende Abweichungen sowohl nach oben wie nach unten erlebt hat. Man kann demnach in manchen Fällen die gleiche Küste mit zutreffender Begründung ebensowohl als Auftauch- wie auch als Untertauchküste auffassen.

Der Versuch, das Auftauchen bzw. Untertauchen einer Küste zum Fundamentalkriterium für die Einteilung der Küstenformen zu erheben, wurzelt bei W. M. Davis (1912) und D. W. Johnson (1919) letzten Endes in der irrigen Annahme, die Bildung eines Strandwalles weit vor der Küstenlinie als Merkmal eines frühen Entwicklungsstadiums der Küstenformung bei einem emportauchenden Flachlande deuten zu müssen. Sie sahen andererseits in Steilküsten mit Kliffbildung Merkmale untergetauchter Küsten. Auch das ist sicher nicht allgemein gültig. Denn an Partien des submarinen Kettenreliefs, die mit steilen Flanken aus dem Meere gehoben werden, also an Auftauchformen, ist ebensogut Kliffbildung möglich wie an ertrunkenen Gebirgsflanken. Endlich muß gesagt werden, daß gerade die Beispiele der Kurischen Nehrung, der niederländischen Küste, der atlantischen Ostküste der USA und der Texasküste, die D. W. Johnson (1919) als Belege auftauchender Flachküsten mit Strandwällen erläutert hat, von H. Valentin (1952) mit guten Gründen (Pegelmessungen u. a.) als Typen untertauchender Küsten beurteilt werden.

Systematik der Küsten auf Grund des allgemeinen Reliefcharakters

Angesichts solcher Schwierigkeiten haben einige Forscher bei der Klassifikation der Küsten die dort unmittelbar arbeitenden Vorgänge überhaupt in die zweite

Linie gerückt und haben dafür die Verschiedenheiten des terrestrischen Formencharakters der Küsten in den Vordergrund gestellt.

F. P. Shepard (1948) unterscheidet hiernach:

1. Küsten, die ihre Formgebung vor allem der terrestrischen Erosion in Verbindung mit glazialeustatischen oder glazialisostatischen Bewegungen verdanken,
2. Küsten, die durch terrestrische Ablagerungen gestaltet sind,
3. Vulkanische Küsten,
4. Küsten, deren Formcharakter besonders durch Struktur und Tektonik bestimmt wird.

Ähnlich geht A. Guilcher (1954) vor, sowie in älterer Zeit J. W. Gregory (1912); R. Gradmann (1917); O. Schlüter (1924).

Tatsächlich kann jede Form des subaërischen Reliefs unter den Meeresspiegel geraten. Jedem Typus des subaërischen Reliefs entspricht demnach ein Küstentypus. Es gibt im Bereich des glazialen Formenschatzes auf den Lofoten *Karlingsküsten*, längs des norwegischen Hochlandes, in Grönland, Alaska, Südchile, Süd Neuseeland ertrunkene Trogtäler, die Fjorde und damit *Fjordküsten* (Fig. 105). Wo flachere, einst inlandeisbedeckte Felsflächen, unter den Meeresspiegel tauchen, entstehen *Rundhöckerküsten, Schärenküsten* (Bild 126, 144). Der Bereich der glazialen Aufschüttungslandschaft mit flachwelliger Grundmoräne, rundlichen Grundmoränenseen oder langgestreckten Rinnenseen liefert beim Überfluten die *Bodden-* und *Förden-* oder *Fjärdenküsten* (E. Werth, 1908/09; H. W. Ahlmann, 1919; D. W. Johnson, 1926; W. Evers, 1941). In entsprechender Weise können die mannigfaltigen Typen des fluvialen Reliefs, wo sie unter den Meeresspiegel geraten, als besondere Küstentypen gekennzeichnet werden. Seit F. v. Richthofen (1886) nennt man eine durch ertrunkene Kerbtäler, und zwar solche mit oder ohne Talsohle, ausgezeichnete Küste nach dem galicischen Worte Ria eine *Rias-Küste* (Bild 145). Ist das Längsprofil der ertrunkenen Täler steil, so daß die Ertränkungsbuchten eng und kurz werden, dann spricht man nach balearisch-provenzalischen Lokalausdrücken von *Cala-* oder *Calanca-Küsten*. Analog könnte man *Muldentalküsten* unterscheiden (E. de Martonne, 1906; R. Blanchard, 1911; J. Brunhes, 1912; E. Scheu, 1913; W. Schmidt, 1923; C. Rathjens sen. u. H. v. Wissmann, 1933; J. Chardonnet, 1950).

Im Hinblick auf die Strukturverhältnisse kann man im Schichtfaltenlande *Längs-* und *Querküsten*, u. U. auch *Bruchküsten* ausscheiden. Sind in einem Kettengebirge ganze Längstalfluchten, insbesondere Synklinalzonen, vom Meere überflutet, so hat man den *dalmatinischen* oder *Canale-Typus* der Küste vor sich. Im Schichttafelland sind *Tafellandküsten*, gegebenenfalls auch *Schichtstufenküsten*, in ertrunkenen jungvulkanischen Landschaften die entsprechenden Küstenformen zu verzeichnen usw. (C. A. Cotton, 1916; A. Briquet, 1930; H. Bödler, 1942).

Der Mannigfaltigkeit der durch *Überflutung von Landformen* entstehenden Typen des Küstenverlaufs stehen die *Auftauchküsten* in nicht so weitgehender Differenzierung gegenüber. Das mag z. T. daran liegen, daß die letzte große Veränderung der Küstenlinie deren nach-letzteiszeitliches Ansteigen war. Nach H. Valentin (1952) sind nur wenig Auftauchküsten vorhanden; und diese sind zumeist geomorphologisch einförmig. Es sind im wesentlichen die Küsten der glazial-isostatischen Hebung. Sie betreffen glazial überformte Schelfgebiete. Theoretisch können Auftauchküsten außer Schelfgebieten auch Teile des Kontinentalabhangs oder Teile des submarinen Kettenreliefs über den Meeresspiegel bringen.

Die angedeutete Gliederung der Küstentypen nach dem allgemeinen Charakter des von der Küstenlinie berührten Reliefs kann aber nichts weiter geben als eine summarische Kennzeichnung des überwiegenden landschaftlichen Eindrucks. Für die Fragen der eigentlichen Küstenformung ist damit wenig gewonnen.

Systematik der Küsten nach kombinierten Merkmalen von Spiegeländerungen des Meeres, Formänderungen durch Küstenprozesse und Charakter des Allgemeinreliefs

In neuerer Zeit hat H. Valentin (1952) versucht, sowohl über die mehr deskriptive Klassifikation der Küsten aufgrund des allgemeinen Relieftypus, als auch über die Einseitigkeiten einer nicht ausreichend gesicherten deduktiven Betrachtungsweise hinauszukommen. Er betonte, daß für ein genetisches Verständnis der Küstenformen sowohl die vertikalen Veränderungen des Meeresspiegels wie auch die an der Uferlinie selbst formenden Vorgänge der Zerstörung und des Aufbaus Berücksichtigung finden müssen. Im Gegensatz zu den Deduktionen der älteren amerikanischen Forscher wird hierbei eine feststehende Verknüpfung von Auftauchen bzw. Untertauchen mit bestimmten Aufbau- bzw. Zerstörungsvorgängen an der Küste nicht vorausgesetzt. Der allgemeine Formencharakter des von der Küstenbildung betroffenen Landes spielt nur die Rolle eines zusätzlich unterscheidenden Merkmals.

Auf diese Weise kam H. Valentin (1952) zu folgendem Gesamtsystem der Küstengestaltungstypen.

1. Vorgerückte Küsten:	aufgetauchte Küsten	d. h. Meeresbodenküsten verschiedener Art
	aufgebaute Küsten	der verschiedensten Art
2. Zurückgewichene Küsten:	untergetauchte Küsten	der verschiedensten Relieftypen
	zerstörte Küsten, besser durch Zerstörungsvorgänge gestaltete Küsten	der verschiedensten Relieftypen

Aber unangenehme Schwierigkeiten bietet auch dieses Schema, wie H. Valentin selbst deutlich gesehen hat. Der weit draußen vor der Küste liegende Strandwall einer Seichtwasserküste, d. h. ein Merkmal des Vorrückens, kann sich z. B. durchaus seinerseits in allmählicher Zurückverlagerung befinden usf.

8. Klimatische Hauptzonen der Küstenformung

Wir glauben, die von H. Valentin (1952) eingeschlagene Richtung auf eine genetische und hinsichtlich der Benutzung von Deduktionen vorsichtige Gesamtanschauung der Küstenformen beibehalten zu sollen, möchten aber hierbei den großregionalen Unterschieden der eigentlich formverändernden Prozesse das Hauptgewicht geben. Dies hat seither auch H. Valentin (Vortrag Tübingen 1975) selbst getan. Er hat Überlegungen von L. Aufrère (1934) und J. L. Davies (1972) über klimazonale Unterschiede der Küstenformung weiterentwickelt. Er hebt die deutliche Beeinflussung hervor, welche Meereisbedeckung durch Unterdrückung bzw. Abschwächung von Brandungswirkung sowie durch Eisschub bei gleichzeitiger starker Frostverwitterung in den sehr hohen Breiten auf die Küstenformung ausübt. Er erläutert ferner die mit abnehmender geographischer Breite nachlassende Stärke dieser Beeinflussung.

Ebenso weist Valentin darauf hin, daß die Küstenformung in den Warmklimaten unter Sonderbedingungen steht. Dort sind namentlich die Küstenplattformen, soweit sie überwiegend Abtragungsformen darstellen, vielfach nicht als gewöhnliche Brandungsplattformen zu deuten. Infolge der erheblichen pleistozänen Schwankungen des Meeresspiegels sind hier nicht selten terrestres Abtragungsflachrelief, insbesondere Pedimente und Rampenhänge, unter den Meeresspiegel geraten. Außerdem wirkt hier das in der Brandungszone stark bewegte Meerwasser nicht nur in leicht löslichen Gesteinen sondern auch in Silikatgesteinen, soweit die Spritzer reichen, viel stärker korrodierend als im Kaltwasser der höheren Breiten. Endlich treten statt der Lockermassenriffe der höheren Breiten im Überflutungsbereich biogene Aufbauformen (Kalkalgen, riffbauende Korallen) und oberhalb davon verfestigtes Strandsediment, engl. Beachrock, auf derartigen Abtragungsplattformen bevorzugt auf.

So verwundert es nicht, daß in den warmen Klimaten nicht selten eine Hochwasserplattform (High Tide Platform), manchmal auch eine Niedrigwasserplatform (Low Tide Platform), dies anscheinend besonders in löslichem Gestein, manchmal auch beide entwickelt sind. Außerdem kann das gewöhnlich seewärts gerichtete Oberflächengefälle derartiger Flachböschungen durch jene biogenen Riffe oder durch Unregelmäßigkeiten der marinen Korrosion aufgehoben oder sogar umgekehrt worden sein.

Nach den vorstehenden Überlegungen ergeben sich für die Küstenformen entsprechend der Gliederung von H. Valentin (Vortrag 1975), jedoch unter, seinen Ausführungen gegenüber, stärkerer Betonung des Einflusses der Wassertiefe, der Windstärke, der Windbeständigkeit und der Länge eines Angriffsweges (Fetsch), welche alle für die Entfaltung mächtiger Brandungswellen von besonderer Bedeutung sind, die folgenden klimatischen Hauptzonen der Küstenformung (vgl. Fig. 139a):

1. *Hochpolare Küstenzone* (A). Ihr fehlt infolge perennierender Meereisbedeckung eine unmittelbare Welleneinwirkung. Die Hauptformung an der Küste geschieht durch Eisschub. Der Unterschied von Tiefwasser- und Seichtwasserküste spielt hier keine Rolle. Die äquatorwärtige Grenze der hochpolaren Küstenzone fällt etwa mit der Grenze des Meereises im Monat seiner geringsten Ausdehnung an der Küste zusammen.

2. *Subpolare Küstenzone* (B). Sie unterliegt in der meereisfreien Jahreszeit der Einwirkung von Sturmwellen. Hierbei beginnen die Unterschiede von Tief-

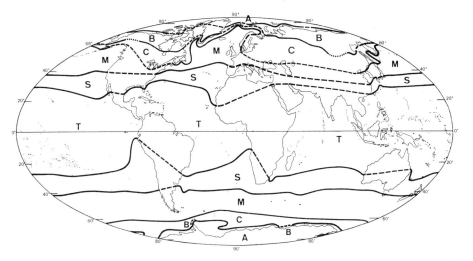

Fig. 139a. Klimatische Hauptzonen der Küstenformung ca. 1:300 Mio. Nach H. Valentin (Vortrag, Tübingen 1975).

A = Hochpolare Küstenzone   M = Mildtemperierte Küstenzone
B = Subpolare Küstenzone   S = Subtropische Küstenzone
C = Kalttemperierte Küstenzone   T = Tropische Küstenzone

wasser- und Seichtwasserküsten, von windexponierten und windgeschützten Küsten hinsichtlich der Kraft der Brandung deutlich zu werden. Besonders eindrucksvoll sind aber in diesem Klimabereich die Folgen der starken Frostverwitterung. Die großen anfallenden Mengen von Frostschutt werden in der meereisfreien Jahreszeit an der Küste weithin zu Strandwällen aus grobem Schutt und Geröll geformt. In der Zeit der Meereisbedeckung erfolgt vielfach Umformung durch Eisschub. Am Fuß von Lockergesteinskliffen wird vorhandener Permafrost jahreszeitlich durch Wasser von schmelzendem Meereis angegriffen. Dabei entstehen dort *Schmelzhohlkehlen* (Valentin spricht von „Thermoabrasion"). Die subpolare Küstenzone reicht äquatorwärts bis zur Grenze des küstenmorphologisch relevanten Permafrostes.

3. *Kalttemperierte Küstenzone* (C). Hier herrscht an den Küsten noch kurzzeitig Meereisbedeckung. Frostverwitterung, Eisschub und eine mit Eisschollen beladene Brandung haben noch geomorphologische Bedeutung. Die Hauptunterschiede der Küstenformung richten sich aber nach dem Vorhandensein von Tiefwasser oder Seichtwasser und von kräftig oder schwach bewegtem Wasser an der Küste (vgl. das Folgende). Äquatorwärts reicht die kalttemperierte Küstenzone etwa bis zur Grenze der Meereisbedeckung in demjenigen Monat, in dem diese ihre größte Ausdehnung erreicht.

4. *Eine Mildtemperierte Küstenzone* (M) (bei Valentin „temperiert"). Sie ist nach Valentin die Zone der maximalen, weil häufigsten Sturmwellenbrandung. Sie weist an Tiefwasserküsten am deutlichsten meerwärts geneigte Abrasionsplattformen als Ergebnis mechanischer Brandungswirkungen auf. Bei festem Gestein und ansehnlichem Relief an der Küste gibt es hier besonders hohe Kliffe.

In dieser Zone dürften auch die Formenunterschiede zwischen Tiefwasser- und Seichtwasserküste sowie zwischen sturmgepeitschten und geschützt liegenden Küsten am eindrucksvollsten sein. Eine äquatoriale Grenze dieser Zone ist bisher der Küstenformung nach nicht genauer festlegbar. Valentin nimmt sie vorläufig etwa dort an, wo das Oberflächenwasser des Meeres in keinem Monat mehr unter 11 bis 12° C sinkt.

5. *Subtropische Küstenzone* (S). Obwohl eine genaue Abgrenzung zwischen der mildtemperierten und der subtropischen Küstenzone noch nicht angegeben werden kann, ist das Vorhandensein einer Klimazone mit weit verbreiteten deutlich wärmebedingten Küstenphänomenen offensichtlich. Diese Erscheinungen bestehen vor allem in quasi horizontalen Küstenplattformen statt der seewärts deutlich geneigten Brandungsplattformen der weniger warmen Küstengebiete. Sie können als Hochwasserplattformen (High Tide Platform) oder als Niedrigwasserplattform (Low Tide Platform) oder auch kombiniert auftreten (vgl. S. 549). Anstelle der beweglichen Lockergesteinsriffe auf den Brandungsplattformen der höheren Breiten sind in diesen Gebieten wärmeren Wassers festsitzende Kalkalgenriffe und oberhalb der Grenze regelmäßiger Überflutung verfestigter Beachrock, auch verfestigter kalkhaltiger Dünensandstein (Äolianit) häufig.

In den Erscheinungen der Brandungskorrosion und in der Bildung festsitzender biogener oder anorganischer Ablagerungen unter bzw. oberhalb der Wasserlinie wird die Ursache der weithin nahezu horizontalen Oberfläche dieser Küstenplattformen gesehen.

Geschützte Seichtwassergebiete dieses Bereichs entwickeln Watten und Marschen mit Feinsedimentation und noch überwiegend mit Gras- und Krautvegetation wie in den höheren Breiten. Sicherlich mit Recht sieht Valentin dort, wo die lebenden Korallenriffbauten einsetzen, d. h. wo die Temperaturen des Oberflächenwassers nicht unter 20 bis 18° C sinken, die äquatoriale Grenze der subtropischen Küstenzone.

6. So ergibt sich eine *Tropische Küstenzone* (T). Sie ist, soweit an der Küste nicht zu schwebstoffreiche Flüsse münden, weithin durch das Vorhandensein von lebenden Korallenriffen, Wallriffen oder Atollen gekennzeichnet. An Seichtwasserküsten mit reichlicher Ablagerung von Feinsediment finden sich ausgedehnte Mangrove-Watten. Sie weisen entsprechend den hygrischen Verschiedenheiten der tropischen Klimate merkliche Unterschiede auf (vgl. S. 555 ff.). Valentin nimmt in der tropischen Küstenzone neben dem polaren, durch Meereisbedeckung bewirkten Minimum der Sturmbrandungswirkungen ein schwächeres derartiges Minimum an. Es mag dahingestellt bleiben, ob diese Annahme angesichts der vielleicht regional enger begrenzten und weniger langdauernden, aber äußerst energiereichen tropischen Wirbelstürme wirklich zutrifft.

L. Geomorphologie des Meeresbodens
(Beilage, Karten 1 und 2)

1. Vorbemerkung, Umsatz von Lockermassen im Meer

Die Entwicklung des Echolotes, der Radarverfahren, der Unterwasserphotographie und der Sondierung der Sedimente am Meeresboden durch Stoß- und
Bohrröhren hat die Kenntnis vom Meeresboden in der jüngsten Zeit außerordentlich vermehrt. Dies erlaubt es, wenigstens einige Leitlinien der Oberflächenformung des Meeresbodens anzudeuten: In den Werken von F. P. Shepard
(1948, 1959), J. Bourcart (1938, 1949, 1962), Ph. H. Kuenen (1950), A. Guilcher
(1954), B. C. Heezen, M. Tharp, M. Ewing (1959), G. Dietrich (1957, 1959),
E. Seibold (1964, 1974), G. Dietrich u. J. Ulrich (1968), B. C. Heezen u.
Ch. D. Hollister (1971) liegen wertvolle Zusammenfassungen über den Gegenstand vor. Wichtige ältere Gesamtwerke sind: J. Murray und J. Hjort (1912);
K. Andrée (1920); das Sammelwerk „Oceanography" (1932); C. W. Correns
(1934).

Von den Vorgängen, die den Formenschatz des Meeresbodens gestalten,
wurden die Krustenbewegungen in Kapitel II A und die vulkanischen Prozesse in
Kapitel II D, 3 bereits behandelt. Dazu kommen die sehr mannigfaltigen Erscheinungen des Umsatzes von Lockermassen im Meer. Von den entsprechenden,
auf dem Festland spielenden Vorgängen weichen sie merklich ab. Sie können
etwa folgendermaßen gekennzeichnet werden:

Im Meere herrscht ein ständiger langsamer Sedimentregen, der im
wesentlichen aus absinkenden Resten einstiger Lebewesen, aus anorganischem
Staub, gröberen Massen z. B. Moränenmaterial von Eisbergen, sowie aus Schiffs-
abfall und den Überbleibseln von Schiffskatastrophen besteht. Trotzdem gibt es
am Meeresboden weder eine lückenlose noch auch eine der Intensität des vorher
genannten Sedimentregens und den sehr verschiedenen Sinkgeschwindigkeiten
des niedergehenden Materials genauer entsprechende Sedimentdecke. Denn
Meeresströmungen, insbesondere auch Strömungen unmittelbar am Meeresboden
beeinflussen das Geschehen erheblich und verursachen sogar in größerem
Ausmaß, als noch vor wenigen Jahrzehnten angenommen wurde, selbst Erosion
am Meeresgrund.

Die aus den Beobachtungen der Meteor-Expedition 1925−27 (G. Wüst,
1933) errechneten, teilweise erheblichen Fließgeschwindigkeiten der Antarktischen Bodenströmung im Südatlantik sind durch jüngste direkte Strommessungen
und durch die Unterwasserphotographie nicht nur bestätigt, sondern örtlich auch
übertroffen und im einzelnen weiter differenziert, sowie experimentell überprüft
worden (B. C. Heezen u. Ch. D. Hollister, 1964; A. J. Rees, 1966).

Im ganzen ergibt sich nach Heezen und Hollister (1971, S. 359) etwa folgendes
Bild: Bereits eine Strömungsgeschwindigkeit von wenigen cm/sec bewirkt eine
Biegung der am Meeresboden verankerten, in die Strömung aufragenden
Lebewesen (sessiles Benthos) in die Strömungsrichtung. Wenn zugleich keinerlei
eingeregelte Formung des Bodensediments vorhanden ist, so darf man als

wahrscheinlich annehmen, daß dort niemals Fließgeschwindigkeit von mehr als 5 cm/sec herrscht. Schwache Streifung des Bodensediments in der Strömungsrichtung scheint Fließgeschwindigkeiten von mehr als 3 bis 5 cm/sec zu erfordern. Rippelmarken, also quer zur Strömungsrichtung verlaufende Formung des Lockersediments, sind in Silt und Ton ebenfalls bei nur etwa 5 cm/sec Fließgeschwindigkeit beobachtet worden. Rippeln konnten im Puerto Rico Graben bei etwa 20° N. Br. sogar noch in 7500 m Tiefe quer zum hier von ESE nach WNW gerichteten Antarktischen Bodenstrom photographiert werden. Rippeln können danach bei entsprechender Strömung praktisch bis in die größten Tiefen erwartet werden. Freilich Rippeln in sandigem Sediment erfordern erheblich höhere Fließgeschwindigkeiten, wahrscheinlich mehr als 20 cm/sec. Die Unterwasserphotographie hat auch wiederholt Bilder von nacktem Fels am Meeresboden ergeben. Um den Fels im dauernden Sedimentregen entblößt zu bewahren, dürften Strömungsgeschwindigkeiten von wesentlich mehr als 20 cm/sec erforderlich sein. Nach Heezen und Hollister (1964, S. 141−174; 1971, S. 362−65) sind noch in großen Meerestiefen stellenweise Geschwindigkeiten von mehr als 50 cm/sec direkt gemessen worden.

An Strömungen sind jedoch im Meer verschiedene Arten zu unterscheiden. Nicht alle sind für den Formenschatz gleich wirksam. Die vom Winde erzeugten *Oberflächenströmungen* bewirken an den Küsten Stau oder Abdrift und beeinflussen dadurch Sogströmung oder Wasserauftrieb. Das wurde bei der Behandlung der Küstenformen erörtert. An der Formung des tieferen Meeresbodens sind die Oberflächenströmungen nicht unmittelbar beteiligt.

Eine zweite Kategorie bilden die *Gezeitenströmungen*. Die mit den Gezeiten verbundenen örtlichen Höhenschwankungen des Meeresspiegels setzen gewaltige Wassermassen in Bewegung. Es entstehen besonders in flachen Meeren und dort vor allem an verengten Stellen örtlich sehr starke Strömungen und entsprechend große Erosions- und Akkumulationswirkungen. Aber im tiefen Meer scheinen die gezeitenbedingten Fließbewegungen gering zu sein. Nach den noch spärlichen Meßuntersuchungen scheinen Tiefseetiden Strömungen von etwa 5 cm/sec Geschwindigkeit mit zeitlich wechselnder Stromrichtung hervorrufen zu können. Das wären Fließbeträge, die lediglich als zusätzliche Komponenten zu anderweitig verursachten Strömungen in tiefem Meer an der Formung des Meeresbodens mitbeteiligt sein könnten.

Den dritten Strömungstyp bilden die *thermohalinen Dichteströmungen* des Meeres. Sie erfassen, wie seit der Meteor-Expedition von 1925−27 immer deutlicher aufgehellt wurde, den gesamten Ozean in mehrfacher, quasi-horizontaler Übereinanderschichtung. Da bei diesen Strömungen sehr geringe horizontale Druckgradienten bereits merkliche Strömungsgeschwindigkeiten hervorrufen, so wird die Richtung dieser Wasserbewegungen erheblich durch die Rotationsablenkung der Erde (Coriolis-Kraft) beeinflußt. Die thermohalinen Dichteströmungen erreichen streckenweise in größeren Bereichen durchaus Geschwindigkeiten um 1 bis einige dm/sec. An Stellen besonders hoher Druckgradienten und orographischer Verengung der Strombahnen sind auch mehr als 0,5 m, ja mehr als 1 m/sec gemessen worden.

Durch die thermohalinen Dichteströmungen, soweit sie genügend stark sind, erhält das Sediment am Meeresboden eine Überformung, es kann auch Sedimentbildung verhindert werden und örtlich gibt es sogar Erosionsleistungen. Infolge der Übereinanderlagerung verschiedener Strömungskörper im System der thermohalinen Dichteströmungen können am gleichen Ort in verschiedener Meerestiefe verschieden gerichtete Strömungen vorhanden sein, z. B. ein Bodenstrom, ein Zwischenstrom, ein Oberstrom, aber auch andere Anordnungen. Daher kann es an den Randabfällen der Ozeane in verschiedener Tiefe Oberflächenformen geben, welche zu gleicher Zeit durch die Wirkung verschieden, ja entgegengesetzt gerichteter Meeresströmungen geschaffen worden sind. Das am besten untersuchte Beispiel hierfür bildet die Nordamerikanische Ostküste zwischen Neufundland und Kap Hatteras. Dort zeigt der Meeresboden bis etwa -4500 m aufwärts Formungsmerkmale durch nordwärts strömendes Wasser, nämlich den Antarktischen Bodenstrom, darüber zwischen -4500 und -3500 m solche einer nach Süden gerichteten Wasserbewegung, die den sogenannten Arktischen Unterstrom bildet.

Von großer Wichtigkeit ist endlich die vierte Art von stromähnlichen Bewegungen im Meer, durch welche Lockermassen umgelagert werden. Sie umfaßt die sogenannten *Suspensionsströme* oder *Trübeströme* (Turbidity current) und die oft mit ihnen verbundenen *submarinen Rutschungen* bzw. *Gleitungen (Slump)*. Diese Erscheinungen treten vorzugsweise dort auf, wo unter dem Meeresspiegel hohe und steile oder wenigstens mäßig geböschte Abhänge verborgen sind, und wo die Neigung dieser Abhänge sich durch Materialzufuhr von oben her langsam oder gar schnell vergrößert.

Das ist insbesondere am Kontinentalabhang bevorzugt der Fall. Dort finden verhältnismäßig häufig kleinere oder größere Rutschungen statt, welche Mengen von Lockersediment zur Fußregion des Abhangs hin bewegen. Darauf ist man vor allem durch Kabelrisse in den betreffenden Bereichen aufmerksam geworden. Oft mögen solche Vorgänge durch Erdbeben ausgelöst sein. Aber Beben können auch Begleiterscheinungen großer Rutschungen sein.

Die Suspensionsströme sind erst seit den 40er Jahren besonders durch Ph. H. Kuenen (1947, 1948) bei der Suche nach den Entstehungsursachen für die sogenannten submarinen Canyons bezüglich ihrer großen Leistungsfähigkeit erkannt und gegen anfängliche starke Zweifel überzeugend deutlich gemacht worden. In den submarinen Canyons, scharfen, talartigen zur Tiefsee hinführenden Einschnitten im Kontinentalabhang, von denen einzelne seit langem bekannt sind, die sich aber seit der neueren intensiven Auslotung der ozeanischen Randbereiche als geradezu typische Formbestandteile des Kontinentalabhangs erwiesen haben, laufen in größeren, unregelmäßigen Zeitabständen Gemenge von Meerwasser, Schlamm und Sand nach abwärts. Sie weisen im ganzen eine merklich größere Dichte auf als das umgebende Meerwasser, wobei sie sich nur sehr allmählich mit dem umgebenden Meerwasser vermischen. Das sind jene Suspensionsströme.

Ihr Ablaufen kann sicherlich durch Erdbeben veranlaßt werden, wie es z. B. beim Grand Banks Erdbeben von 1929 (Neufundland Bank) geschah, als sowohl eine große Rutschung wie auch Lockermassen in suspendierter Form in Bewegung kamen. Damals konnte aus Zeitvergleichen von einer ganzen Reihe von Kabelbrüchen errechnet werden, daß von der Nähe des Epizentrums aus mindestens drei verschiedene Suspensionsströme in getrennt verlaufenden Canyon-Furchen entstanden sind. Nahe dem Epizentrum an dem um 100‰ (6°) geneigten Kontinentalabhang wurde für den Eintritt der Zerreißeffekte eine Fortpflanzungsgeschwindigkeit von über 25 m/sec ermittelt. 200 km vom Epizentrum entfernt bei um 35‰ (2°) Bodengefälle betrug sie immer noch etwa 20 m/sec. Bei 450 km Entfernung vom Epizentrum am Kontinentalfuß bei um 2‰ Gefälle ergaben sich noch 7 m/sec, in 550 km Entfernung bei 0,7‰ noch 5 m/sec.

Diese hohen Fortpflanzungsgeschwindigkeiten wurden durch entsprechende Zeitfolgen von Kabelbrüchen 1954 vor der Algerischen Küste bei Ténès mit fast den gleichen Geschwindigkeitswerten bestätigt. Sowohl 1966 wie 1968 liefen nach Erdbeben im Neu-Britannien Graben (ca. 7° S. Br. 149° Ö. L.) Suspensionsströme die Grabenachse hinab. In 150 km Entfernung von dem bei −4000 m liegenden Epizentrum zerriß bei −7000 m Tiefe das von Madang (Neuguinea) nach Cairns (NW Australien) führende Kabel. Aus dem Zeitunterschied zwischen Beben und Kabelriß war eine Fortpflanzungsgeschwindigkeit des zum Schaden führenden Vorgangs, welcher hier einem Bodengefälle von um 2‰ folgte, von mehr als 5 m/sec zu errechnen.

Die angeführten Kabelzerreißungen erfolgten in ganz verschiedenen Gebieten und in verschiedenen Jahren jeweils dort, wo die Kabel eine nahe dem Epizentrum nach abwärts führende submarine Furche weit bis sehr weit unterhalb des Epizentrums queren. Die zeitliche Abfolge der Zerreißungen liegt innerhalb der Geschwindigkeitswerte, mit denen sich z. B. Gezeitenwellen im Meere fortpflanzen. Man wird die Erscheinungen kaum anders deuten können als dadurch, daß in den genannten Furchen in der Gefällsrichtung eine strömungsartige Bewegung stattgefunden hat, welche mindestens kurzfristig sehr stark war. Es leuchtet ein, daß bei solchem Geschehen im Ursprungsgebiet des Bewegungsanstoßes und besonders in abwärts führenden Furchen sehr große Mengen von Sand, Schlamm und Schwebstoffen aufgewirbelt und mitgerissen sowie anschließend wohl selbst noch mit ganz verlangsamter Bewegung über hunderte von Kilometern weit verfrachtet werden können. Wenn keine orographischen Hindernisse am Meeresgrund entgegenstehen, so sind Transportweiten selbst von weit über 1000 km erreicht worden (submarine Sedimentfächer von Indus und Ganges).

Wahrscheinlich kann sogar die Geschwindigkeit der durch erhöhte Dichte ausgezeichneten eigentlichen Suspensionsströmung in der benutzten submarinen Furche merklich geringer sein als die Fortpflanzungsgeschwindigkeit der im Wasser in der Bewegungsrichtung erzeugten Schubspannungen. Auf diese Weise wäre eine vorauseilende Anregung von Strömung in solchen Tiefenlinien denkbar.

Keineswegs alle Suspensionsströme werden durch Erdbeben ausgelöst. An den Mündungen von Kongo und Magdalena gibt es solche Ereignisse nach großen sedimentstarken Hochwassern, aber durchaus nicht jedes Hochwasser erzeugt einen nennenswerten Suspensionsstrom. Vielmehr scheint erst eine allmähliche Summation von Lockermaterial im Mündungsbereich schließlich zum Abgang eines großen Suspensionsstromes zu führen. Am Kongo hat es zwischen 1892 und 1928, also während 36 Jahren etwa 15 Suspensionsströme gegeben, am Magdalena in 37 Jahren 16, jedoch bei beiden Flüssen in durchaus unregelmäßigen Zeitabständen. Im ganzen wird wohl mit weniger als 50 größeren Suspensionsströmen im Jahrhundert bei derart großen, sedimentreichen Flüssen zu rechnen sein.

Suspensionsströme entziehen sich wegen der Trübung des Wassers weitgehend der näheren unmittelbaren Beobachtung. Aber tauchende Geologen haben z. B. am oberen Ende des submarinen San Lucas Canyons vor Niedercalifornien Sand vom Strande her in den Canyon hinein und in diesem abwärts fließen sehen. Noch in 100 m Tiefe, an der unteren mit der benutzten Tauchausrüstung erreichbaren Grenze, bewegte sich der Sand mit 10 cm/sec Geschwindigkeit den Canyon hinunter. Man wird folgern müssen, daß große Suspensionsströme, wenn sie sandbeladen, mit sehr viel größeren Geschwindigkeiten zwar nur als verhältnismäßig seltene Einzelereignisse, jedoch immer wieder an gleicher Stelle den Kontinentalabhang hinunterlaufen, dort in langen Zeiträumen große Erosionseinschnitte selbst in festem Fels ausarbeiten können. Die nicht selten Hunderte von Metern tiefen und vielfach weit über 100 km langen steilflankigen Taleinschnitte sind zwar meist in nur schwach resistente Gesteine eingeschnitten. Aber Ausbisse von festem Fels sind nachgewiesen und Glättung der steilen Canyon-Wandung unter einer Sandfüllung, die kurz zuvor weggespült wurde, konnte in 400 m Tiefe photographiert werden.

Die Vorbedingung von im Meer immer ungefähr an der gleichen Stelle bevorzugt abgehenden Suspensionsströmen ist sicherlich unterhalb der Mündung von sedimentreichen und mit starken Hochwassern ausgestatteten Flüssen gegeben. Aber auch andere Voraussetzungen, etwa ein sandreiches Küstenrelief, welches so gestaltet ist, daß bei schweren auflandigen Stürmen an ganz bestimmten Stellen besonders starke Sogströmung erzeugt wird oder welches bei auflaufenden Tsunamis eine solche Wirkung hat, mögen das nach längeren Unterbrechungen bevorzugt am gleichen Ort erneute Entstehen großer Suspensionsströme begünstigen.

Im untermeerischen Bereich vor der Rio Magdalena Mündung haben im übrigen seismische Profile quer zur allgemeinen Richtung des Flusses gezeigt, daß dort zwischen weniger als −1500 m und mehr als −1800 m Tiefe ein breiter submariner Canyon mehrmals eingeschnitten und durch Sedimente von mehr als 300 m Mächtigkeit wieder aufgefüllt worden sein muß. Man wird daraus schließen müssen, daß die in unregelmäßigen Abständen unterhalb der Magdalena Mündung im Meer entstehenden großen Suspensionsströme zeitweise überwiegend erodiert und den submarinen Canyon eingetieft haben, daß sie aber in anderen Zeiten überwiegend akkumulierten.

Dagegen halten die vielfach unternommenen Versuche, die Entstehung der submarinen Canyons subaërisch, d. h. durch einstige Absenkung des Meeresspiegels oder durch einstige Emporhebung der Kontinentalränder über den

Meeresspiegel zu erklären, nicht stand. Es zeigt sich, daß die unausweichlichen Begleiterscheinungen fehlen, die eine Absenkung des Meeresspiegels um mehrere tausend Meter oder eine Hebung der Kontinentränder um einen entsprechenden Betrag hätten nach sich ziehen müssen. Mit Absenkung des Meeresspiegels ist das Problem auch deswegen nicht zu lösen, weil die Canyons z. T. weit unter das Niveau der niedrigsten submarinen Schwelle eingetieft sind, welche das betreffende Tiefseebecken gegen die übrigen Teile des Ozeans abriegelt. Außerdem ist stellenweise in nächster Nähe tiefer Canyoneinschnitte, aber in höherer Lage, am Kontinentalabhang durch Kernbohrungen das Vorhandensein einer ununterbrochenen Reihe alter bis jüngster mariner Sedimente nachgewiesen worden, welche viel weiter zurückreicht als alle im Canyon selbst in situ vorhandenen Füllablagerungen. Die submarinen Canyons sind also unzweifelhaft submarin entstanden. (Für das Vorstehende besonders: Heezen u. Hollister, 1971.)

Nach den obenstehenden Ausführungen sind selbst am Tiefseeboden hinsichtlich der Umlagerung von im Meere bewegter Fracht verschiedene Oberflächentypen zu unterscheiden. Aber sie können nicht so gut voneinander getrennt werden wie die Abtragungs- und Aufschüttungsoberflächen des Festlandes. Denn es gibt im Meere, auch in der Tiefsee, wo ja überall dauernd von Meerwasser verschiedenes Material im Absinken begriffen ist, sicherlich *Aufschüttungsoberflächen,* auf denen die Sedimentzufuhr oder wenigstens kurzzeitig z. B. eine vulkanische Materialzufuhr deutlich überwiegt. Es gibt auch an Stellen starker bodenberührender Strömung örtliche Auswaschung des Untergrundes, also *Abtragungsoberflächen.* Aber in weiten Bereichen kommen offenbar die Absinkstoffe, weil sie aufgelöst werden (Lösung kalkiger Organismenreste) nicht mehr oder stark vermindert am Tiefseeboden an. Oder sie werden durch Bodenströmungen, selbst von sehr geringer Geschwindigkeit am Absetzen gehindert oder größtenteils gehindert. Es gibt daher besonders am Tiefseeboden weithin Oberflächen, bei denen schwer zu entscheiden ist, ob auf ihnen langfristig schwache Ablagerung, möglicherweise auch Ausscheidung von Stoffen z. B. an Manganknollen überwiegt oder schwache Materialfortführung. Solche Oberflächen dürften nur sehr langsam Formveränderungen erleiden. Sie sollen als *aufschüttungsarm* bezeichnet werden, weil dieser Sachverhalt jeweils verhältnismäßig leicht feststellbar ist. Dabei muß aber offen bleiben, ob auf ihnen in Wirklichkeit sehr langsame Zufuhr oder Abfuhr von Material überwiegt.

2. Relief der subkontinentalen Meeresbereiche
(Beilage, Karte 1)

Wie in Kapitel II A gezeigt wurde, liegt die eigentliche Grenze zwischen dem Festland und den ozeanischen Räumen, nämlich der Kontinentalabhang praktisch überall unter dem Meeresspiegel verborgen. Dadurch ergeben sich vergleichsweise flache Saumbereiche des Meeres, die Schelfgebiete. Sie reichen meerwärts bis zum Kontinentalabhang (continental slope). Dieser verflacht sich an seinem unteren Ende zu einer *Fußzone des Kontinentalabhangs* oder kürzer zum *Kontinentalfuß* (continental rise). Wegen der Nähe des Festlandes erhalten Schelf,

Kontinentalabhang und Kontinentalfuß im allgemeinen bedeutend mehr Sedimentzufuhr als die kontinentferneren Teile des Ozeans. Deswegen und wegen der großen einseitig gerichteten Höhenunterschiede, die hier herrschen, erscheint es berechtigt, diese Formenkomplexe als das Bodenrelief der subkontinentalen Meeresbereiche den recht merklich verschiedenen Relieftypen der voll-ozeanischen Bereiche gegenüberzustellen (Fig. 141).

Schelf

Der *Schelf* (Beilage, Karte 2), dessen untere Grenze gegen den Kontinentalabhang nach F. P. Shepard meistens zwischen nur 125 m und 180 m Tiefe gelegen ist, besitzt das schwache Durchschnittsgefälle von nur etwa 2‰ oder 0,1°. Er ist gewöhnlich durch ein Relief von Hügeln und Talzügen, manchmal von wandartiger Steilheit, ausgezeichnet, das die Merkmale subaërischer Entstehung an sich trägt und als *ertrunkene Fortsetzung des Landreliefs* erscheint. Gute Beispiele bilden etwa die Nordsee oder der Sundaschelf (Fig. 140). Abweichend von der älteren

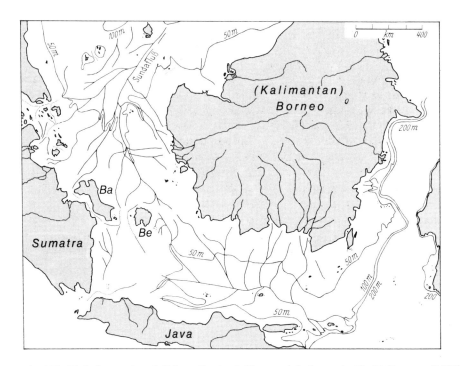

Fig. 140. Tiefenkarte des östlichen Sundaschelfs, vereinfacht nach Ph. H. Kuenen (1950) aus R. Brinkmann 1964, Bd. I, S. 465. Maßstab etwa 1:22 Mio. Tiefenlinien von 50, 100 und 200 m.

Der Zusammenhang des terrestrischen Tälerreliefs mit den durch Linien hervorgehobenen Talfurchen des Schelfs ist besonders an der Südküste von Kalimantan (Borneo) gut zu erkennen. Zwischen Java und Sumatra, ebenso zwischen Sumatra und den östlich vorgelagerten Inseln Bangka (Ba) und Belitung (Be) haben sich in flachem Wasser durch besonders starke Gezeitenströmungen Rinnen ausgebildet. Sie sind durch punktierte Linien hervorgehoben.

Vorstellung, die den Schelf in Küstennähe im wesentlichen als Brandungsplattform, weiter draußen als Meerhalde erklären wollte, ist z. B. durch Torflager,
durch Reste von Landtieren und Funde prähistorischer Werkzeuge am Boden der
Nordsee, durch ähnliche Erscheinungen aus anderen Schelfgebieten, ferner auf
Grund der Untersuchungen der Korallenbauten u. a. vielfältig nachgewiesen
worden, daß der Meeresspiegel seit der letzten Eiszeit bedeutend angestiegen ist,
und zwar in der Größenordnung von etwa 100 bis 150 m.

Zu den ertrunkenen Landformen des Schelfs kommen aber marine Formelemente hinzu. Dahin gehören Erscheinungen ehemaliger Küstenlinien, die mit
ertrunken sind, wie alte Lockerriffe und Strandwälle, die durch massenhafte
Geröllvorkommen in ziemlich großer Tiefe angezeigt werden. Endlich gibt es
Rinnen, die nicht gewöhnliche Talfurchen sind, sondern durch Gezeitenströmungen und sonstige Druckströmungen am Meeresboden ausgefurcht sein
müssen. Das gilt namentlich in den Fällen, in denen, wie an manchen Stellen im
Ärmelkanal, im Umkreis der Britischen Inseln, am Grunde der Chesapeake Bay,
in der Straße von Gibraltar, vor der südchinesischen Küste *anstehender Fels* am
Grunde solcher Rinnen festgestellt worden ist.

Es gibt allerdings auch Schelfgebiete anderer Natur. Der Schelf vor der
Ostküste der USA ist beispielsweise ein Sedimentationsschelf. Hier ist durch
Bohrungen festgestellt worden, daß der Sockel von appalachischen Strukturen,
der an der Fall-Linie unter den mesozoisch-tertiären Deckschichten verschwindet,
am Ausgang der Chesapeake Bay bereits in 900 m Tiefe liegt, am Schelfrande auf
3900 m Tiefe abgesunken ist, dann aber weiter meerwärts nach refraktionsseismischen Beobachtungen wieder näher an die Oberfläche kommt. Seismische
Messungen von M. Ewing u. a. (1950 bis 1952) haben südlich von Neuschottland
das gleiche Ergebnis gezeitigt, ebenso Bohrungen am Kap Hatteras (Ph. H.
Kuenen, 1950b) und in der Nordumrahmung des Golfes von Mexico (J. Ben
Carsey, 1950). An der US amerikanischen Ost- und Südküste liegt danach in der
Schelfregion eine im Entstehen begriffene Saumtiefe, vielleicht eine Geosynklinale
vor. A. Guilcher (1954) glaubt, daß auch das Gebiet der Kongomündung diesem
Typus angehört, wo nämlich Kreide und Tertiärschichten der Küstenebene eine
Mächtigkeit von 2500 bis 3000 m erreichen sollen. Diese Schichten sind nach
A. C. Veatch und P. A. Smith (1939) bereits kräftig gefaltet und zerbrochen, so
daß hier ein recht kompliziertes Geschehen vorliegen dürfte, wie es aber auch von
anderen Saumtiefen, z. B. dem Molassebecken des Alpen-Nordrandes, bekannt
ist. Jedenfalls läßt sich sagen, daß in den Schelfen einerseits jung und nicht allzu
tief ertrunkene terrestrische Abtragungsreliefs vorliegen, andererseits aber auch
Sedimentationsgebiete, deren Lage über dem oberen Rande des Kontinentalabhangs ohne Zweifel verhältnismäßig labil ist (V. J. Novák, 1937; A. H. W. Robinson, 1952).

Kontinentalabhang

Wie in den Ausführungen über die größten Formenanlagen hervorgehoben wurde,
schließt sich nach unten an die Schelfregion der Kontinentalabhang an, der von
−200 m größtenteils mit beträchtlichem Durchschnittsgefälle von meistens mehr

als 50‰ hinabführt. Über seine Gesamtanlage ist bei der Betrachtung der
größten Formen der Erde gesprochen worden (S. 12 ff.). Die neueren Untersuchungen, die sich von Jahr zu Jahr mehren, haben vor allem am nordamerikanischen
Saum des Atlantischen Ozeans eine Untergliederung des Abfalls zwischen
Kontinent und Tiefseeboden ergeben, welche auch in anderen Gebieten die Regel
zu sein scheint. Darüber haben J. Ulrich (1963, S. 136−148) und ausführlicher
B. C. Heezen u. Ch. D. Hollister (1971) einen zusammenfassenden Überblick
gegeben. Danach setzt am Schelfrand recht unvermittelt ein Abfall ein, der mit
Böschungen von 100 bis über 200‰ hinabführt. Die Höhe dieses Abschwungs
schwankt in weiten Grenzen, nämlich zwischen etwa 500 m und gut 3000 m. Das
ist der *Kontinentalabhang (continental slope) im engeren Sinne.* An seinem
unteren Ende ist aber der Tiefseeboden noch nicht erreicht. Es geht vielmehr mit
nunmehr geringeren Böschungen von gewöhnlich zwischen 50‰ und nur noch
wenigen Promille weiter abwärts bis zu den bei etwa 4500 m Tiefe beginnenden
sehr flachen Böden der Tiefseebecken, den *Tiefsee-Ebenen (abyssal plain).* Die
besagte Übergangsböschung bildet den *Fuß des Kontinentalabhangs,* kürzer den
Kontinentalfuß (continental rise, Heezen, 1959), mit welcher Bezeichnung zum
Ausdruck gebracht werden soll, daß der Anstieg von den Tiefsee-Ebenen her
zum Kontinent mit diesem Fußhang beginnt. Dieser Kontinentalfuß hat hiernach
sehr wechselnde Höhe, je nach dem ob der darüber folgende Steilabhang ein
großes oder kleineres Stück der Höhendifferenz zwischen dem Schelfrand und

Fig. 141. Schaubild der Randzone des Atlantischen Ozeans im Hudson-Neuschottland-Bereich nach
    B. C. Heezen u. M. Tharp (1959) aus R. Brinkmann, 1964, Bd. I, S. 473.

Es bezeichnen: (1) den Schelf, (2) den Kontinentalabfall (continental slope), (3) den Fußhang des
Kontinentalabfalls (continental rise), (4) die Tiefsee-Ebene (abyssal plain) mit aufsitzenden sub-
marinen Einzelbergen (sea mount). (5) weist auf den unteren Teil des submarinen Hudson-Canyons.
Unten rechts ist ohne Nummer ein Tiefsee-Hügelland mit größeren Bergen (abyssal hills) angedeutet.

dem Tiefseeboden ausmacht. Der Fußhang scheint überwiegend aus Lockermassen aufgebaut zu sein, welche vom Kontinent herangeschafft und nach einem
Suspensionstransport am Fuße des Kontinentalabhangs abgelagert worden sind
(vgl. Fig. 141).

Vor allem seismische Messungen haben ergeben, daß außer den Schelfen auch
deren Außenrand, d. h. der Kontinentalabhang in erheblicher Verbreitung eine
Sedimentdecke von mehr als 1000 m Mächtigkeit besitzt. Weithin reichen
derartige Sedimentmächtigkeiten sogar bis merklich über den Kontinentalfuß
ozeanwärts hinaus. So ist es nach Heezen und Hollister (1971, S. 273, Abb. 7, 44)
großenteils im Argentinischen und im Südlichen Brasilbecken des Atlantik, im
Alëutenbecken des Bering Meeres, im Ochotskischen, Japanischen, Chinesischen
und Philippinen Becken, ferner auf dem Melanesischen Plateau des Pazifik, also in
der Nachbarschaft großer heutiger oder ehemaliger Einzugsgebiete von Flüssen.
Sonst sind die Sedimentmächtigkeiten im Ozean überwiegend geringer, vielleicht
sehr viel geringer als selbst der zehnte Teil dieser Beträge.

Es ist bemerkenswert, daß das Gefälle oft nicht ununterbrochen vom
Schelfrand bis zum Ozeanboden abwärts führt. Vielmehr findet sich am amerikanischen Saum des Nordatlantischen Ozeans auf lange Strecken in 1500 bis
1700 m Tiefe eine dem Abfall parallele schmale Randsenke, die bis 300 m tief
sein kann. Wahrscheinlich hat man es bei dieser Randsenke mit Folgeerscheinungen großer Absitzvorgänge zu tun. Solche scheinen in den Ablagerungen des
Fußhangs in deren am meisten geböschten oberen Teilen vor dem Aufschwung
des Kontinentalsteilabhangs besonders häufig zu sein. Außerdem gibt es offenbar
auch noch andere Unregelmäßigkeiten am Kontinentalabfall, wie etwa einen
mehr oder weniger in Stufen gegliederten Abschwung. Wahrscheinlich liegt dann
eine Art Treppe von abgesunkenen Schollen vor.

Submarine Canyons

Man weiß seit langem, daß in den gewaltigen untermeerischen Steilhang tiefe
Talfurchen eingearbeitet sind. Aber erst in jüngster Zeit hat man ein genaueres
Bild über deren Häufigkeit und deren nähere Formen erhalten.

Die *submarinen Canyons* beginnen gewöhnlich mit amphitheaterartigem Tal-
schluß auf dem Schelf (Fig. 142). Von ihm zieht sich eine 5 bis 20, in einzelnen
Fällen sogar bis mehr als 100 km lange, relativ steilflankige Rinne von oft mehreren
100 m, manchmal über 1000 m, ja bis über 2000 m Tiefe zum Fuße des Kontinentalabhangs bei −2000 bis −3000 m hinab. Manchmal vereinigen sich mehrere
getrennte Schluchtanfänge wie bei einem normalen Tal zu einer gemeinsamen
Hauptfurche. In den Canyons herrscht, soweit bekannt, gleichsinniges Gefälle.
Dieses weist allerdings bedeutende Gefällsbrüche auf. Das ist bei der
außerordentlichen Steilheit des Längsprofils dieser Canyons nicht verwunderlich.
F. P. Shepard (1931, 1938, 1941, 1948 z. T. mit Mitarbeitern) gibt als mittleren
Gefällswert für die oberen Teile von über 100 untersuchten Canyons 100 bis
120‰ Gefälle, für den mittleren Abschnitt 50 bis 70‰, für den unteren Talab-
schnitt immer noch 40 bis 50‰ an. Das wären im subaërischen Relief die

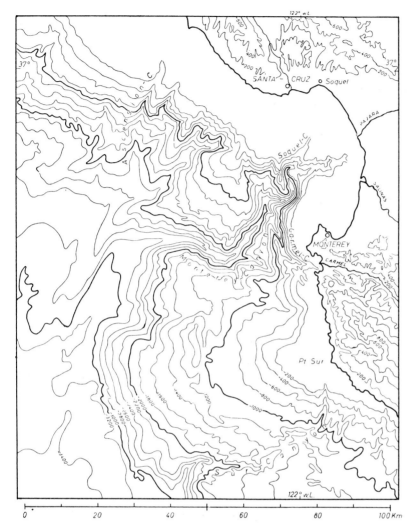

Fig. 142. Der submarine Monterey Canyon, südlich von San Francisco, Californien, und seine
Umgebung, bearbeitet nach Shepard und Emery, 1941, Maßstab 1:1 Mio.

Höhen- und Tiefendarstellung in Höhenlinien von 200 zu 200 m Vertikalabstand. Die kleineren der
im Kartenausschnitt abgebildeten Canyons, z. B. Ascension C. und seine Nachbarn, ebenso Sur C. und
die östlich folgenden beginnen erst am Schelfrand und scheinen keine Beziehungen zu Tälern des
Festlandes zu besitzen. Sie sind Furchen im Kontinentalabhang, die 200 bis 400 m, stellenweise noch
tiefer, in dessen allgemeine Böschung eingeschnitten sind.

   Der Monterey Canyon dagegen zeigt talaufwärts mehrere Verzweigungen. Diese greifen ziemlich
weit landwärts in die Schelfoberfläche ein. Sie erwecken den Eindruck, einstige Fortsetzungen subaërischer Täler zu sein, des Carmel-, Salinas- und Santa Cruz Flusses. Der submarine Monterey
Canyon ist bis über 1000 m tief in die Generalböschung des Kontinentalabhangs eingekerbt. Sein Tal
ist auf über 90 km Entfernung zu verfolgen. Es ist in den untersten, bis unter 3200 m Meerestiefe
hinabreichenden Teilen als bis zu 10 km breite Furche immer noch 300 bis 400 m tief in seine
Umgebung eingearbeitet.

Gefällswerte von Wildbächen, nicht die von eigentlichen Tälern. Sehr steil sind auch die Hänge der submarinen Canyons. 300 bis 500‰ Durchschnittsneigung auf viele hundert Meter Höhenunterschied, ja selbst viel steilere Böschungen sind keine Seltenheit. Vor der Ausmündung der Canyons findet sich häufig ein flachbuckliges Feinrelief wie von unregelmäßigen Ablagerungen, die aus dem Canyon herausbefördert worden sind.

Viele submarine Canyons bilden nicht einfach die untermeerische Fortsetzung subaërischer Täler, sondern beginnen gleichsam wie unvermittelt auf dem Schelf. Schon das unterscheidet sie von ertrunkenen Fortsetzungen alter Flußtäler des Landes. Diese lassen sich außerdem gewöhnlich höchstens bis etwa zur Tiefe des Schelfrandes verfolgen. Nur die Abflußbahnen besonders sedimentreicher Flüsse erscheinen mehr oder weniger deutlich wie durch zugehörige submarine Canyons verlängert. Am auffälligsten ist dies bei einigen großen Flüssen, so dem Ganges und Indus, dem Kongo und Hudson, dem Tajo und Adour, wobei in den letzten Fällen die submarine Rinne nicht an die heutige, sondern an eine alte Mündungsstelle des Flusses anknüpft (R. A. Daly, 1936; D. W. Johnson, 1939; P. A. Smith, 1939; O. Holtedahl, 1940; Ph. H. Kuenen, 1947, 1948, 1950).

Die an Flußmündungen anknüpfenden submarinen Canyons sind gewöhnlich länger als die anderen. Die Kongorinne ist 134 km, die Indusrinne 94 km lang. Ihr Längsprofil ist mit etwa 10 bis 12‰ auch weniger steil. Dennoch besteht zwischen dem minimalen Gefälle des ins Meer mündenden Flusses und dem Gefälle der anschließenden submarinen Rinne ein sehr scharfer Gefällsbruch (A. C. Veatch u. P. A. Smith, 1939). Durch Gletscher überformte submarine Täler behandelt besonders eingehend G. Sommerhoff (1975 und Fig. 142a, S. 588).

Die submarinen Canyons im Kontinentalabhang haben sich als eine ganz allgemein verbreitete Erscheinung erwiesen. Man kennt hunderte von ihnen. Es gibt große Küstenabschnitte, z. B. an der Ostküste Nordamerikas, nördlich von Kap Hatteras, an der californischen Küste, an der Riviera, an denen etwa alle 10 bis 20 km ein submariner Canyon in den Kontinentalabhang einschneidet. Auch von Algerien und Senegal, von Neuguinea, den Philippinen, den Japanischen Inseln und den Aleuten sowie manchen anderen Gebieten sind submarine Canyons bekannt. An einzelnen Stellen scheinen allerdings Lücken in ihrer Verbreitung vorzuliegen, so an der nordamerikanischen Ostküste südlich von Kap Hatteras und an der Westküste des Golfes von Mexico.

Die submarinen Canyons können großenteils nicht sehr alt sein. Emporgebrachte Sedimentproben haben nämlich gezeigt, daß an der Neuenglandküste Pliozänablagerungen, an der californischen Küste ebenfalls Jungtertiär, vor Cap Breton der Biscayaküste unter anderem Eozänschichten von den Canyons angeschnitten werden. Während die Canyons vielfach nur in lockere oder schwach verfestigte Sedimente eingetieft zu sein scheinen, gibt es auch Gebiete, in denen sie ohne Zweifel in festen Fels eingeschnitten sind, so an der Westküste von Korsika und an der Küste der Provence, auch an der californischen Küste.

Die Entstehung der submarinen Canyons ist lange umstritten gewesen. Die eine Überlegung versuchte, ihre Eintiefung *durch Flüsse* zu erklären während einer

Zeit, als die betreffenden Gebiete landfest waren. Aber gegen diese Möglichkeit sprechen schwerwiegende Tatsachen. Eine Absenkung des Weltmeerspiegels um 2000, ja 3000 m, wie sie zu diesem Zwecke in Erwägung zu ziehen wäre, und wie sie F. P. Shepard (1941) zeitweilig (mit wenig Vertrauen erweckenden Annahmen) wahrscheinlich zu machen versuchte, würde nämlich zur Erklärung nicht einmal ausreichen. Denn in den geschlossenen Becken des Mittelmeeres und des Japanischen Meeres reichen die submarinen Canyons um mehr als 1000 m unter den tiefsten Punkt der Beckenumrandung hinab, so daß selbst eine beliebig tiefe Absenkung des Weltmeerspiegels die submarinen Canyons hier gar nicht trocken legen würde.

Mächtige Vertikalbewegungen im Bereich des Kontinentalabhangs, die die Größenordnung von 2000 bis 3000 m erreicht haben müßten, um die Gebiete der submarinen Canyons ehemals trocken liegen zu lassen, sind gleichfalls äußerst unwahrscheinlich. Denn derartige Krustenbewegungen könnten nicht ohne tiefgreifende Änderungen des Gewässernetzes ebenso wie des Klimas der benachbarten Gebiete abgelaufen sein. Aber von hierzu passenden derartigen Änderungen läßt sich für die junge geologische Vergangenheit nichts erkennen.

Die andere Gruppe von Überlegungen sucht nach Möglichkeiten einer *submarinen Entstehung* der Canyons. Hypothesen über ihre Ausschürfung durch glaziale Übertiefung, über ihre Ausarbeitung durch submarine Quellen oder über tektonische Entstehung der Canyons scheiden angesichts der tatsächlichen Gestaltung der submarinen Canyons und ihrer geographischen Lage aus. Aber R. A. Daly (1936) und Ph. H. Kuenen (1947, 1950) haben eine Theorie der Wirksamkeit *submariner Schlammströme* bzw. *Suspensionsströme (turbidity currents)* entwickelt, die nach den inzwischen gewonnenen Feststellungen wohl als gesichert gelten kann (vgl. S. 571 ff.).

Aus ihnen geht hervor, daß starke Suspensionsströme den Untergrund ihrer Strombahn mittels ihrer Sedimentfracht kräftig abreiben können. Großereignisse dieser Art treten, allerdings nur als kurzes Geschehen, nach gewöhnlich längeren, wohl meist mehrjährigen Ruhepausen auf. Wenn sich dies aber während langer Zeiträume am Kontinentalabhang immer wieder an den gleichen Stellen wiederholte, dann ist zu erwarten, daß dort allmählich immer tiefer werdende talartige Einschnitte mit Richtung gegen die ozeanischen Tiefen eingearbeitet werden, so wie sie die submarinen Canyons darstellen. Auch daß dort nicht nur wenig resistente Gesteine, sondern, wie beobachtet worden ist, lokal auch sehr festes Gestein betroffen wurde, ist dann nur folgerichtig. Auf sichere und auf wahrscheinliche Ursachen für das Wiederholen der genannten Vorgänge an immer wieder ungefähr den gleichen Stellen wurde hingewiesen (S. 573).

Unterwasserphotos vom Boden submariner Canyons zeigen, daß am Grunde der Canyons Feinsedimente, Sand, Silt, Ton, gelegentlich auch grobes Material liegen. Aus seismischen Querprofilen durch solche Canyons geht hervor, daß einzelne von ihnen hunderte von Metern mächtige Verschüttung aufweisen und daß selbst mehrfache Wiederholung von Eintiefung und Verschüttung eingetreten sein muß. Nach der Entstehungsweise der submarinen Canyons durch unregelmäßige Aufeinanderfolge größerer Suspensionsströme, deren Stärke im

Einzelfall aber naturgemäß ebenfalls sehr unterschiedlich anzunehmen ist, sind diese Befunde durchaus verständlich. Denn früher oder später muß jeder Suspensionsstrom zur Ruhe kommen und seine Fracht absetzen. Mindestens ein Teil dieser Fracht muß dabei in dem örtlichen submarinen Canyon selbst zur Sedimentation kommen, falls ein solcher vorhanden ist. Ob dabei das langfristige Ergebnis im einzelnen Fall in zunehmender Eintiefung oder in zunehmender Verschüttung des Canyons besteht, muß von der Art der Aufeinanderfolge der, sei es besonders starken oder weniger starken Suspensionsströme abhängen.

Kontinentalfuß

Ob durch submarine Canyons gelenkt oder ob frei am Kontinentalabhang herabgehend, müssen die Sedimentmassen der Suspensionsströme und das suspendierte Material, das bei Rutschungen am Kontinentalabhang entsteht, sich zum größten Teil am unteren Ende des Kontinentalabhangs absetzen. Die dort mehr oder weniger überall vorhandene Übergangsböschung zu den kaum noch geneigten Böden der großen ozeanischen Becken ist der Kontinentalfuß (Fußzone des Kontinentalabhangs). Er dürfte im wesentlichen als Akkumulationsform aus den vorher genannten Sedimenten aufzufassen sein (Fig. 141, 142a).

Der Kontinentalfuß am unteren Ende des Kontinentalabhangs ist gewöhnlich einige Zehner bis einige Hunderter von Kilometern breit und besitzt eine Neigung von einigen Promille gegen das benachbarte Tiefseebecken hin. Breit gespannte leichte Wellungen oder Wulstformen dürften als Unregelmäßigkeiten innerhalb der Sedimentation zu deuten sein. Vor den Ausgängen besonders der großen submarinen Canyons setzen sich mehr oder weniger (bis mehr als 100 m) tiefe, breite Rinnen oft noch weit auf dem Kontinentalfuß fort. Nicht selten werden sie seitlich von flachen viele km breiten Schwellen begleitet. Diese werden als Uferdämme (natural level) gedeutet, welche bei der Sedimentation im Endbereich von Suspensionsströmen entstehen. Die Rinnen können hierbei sowohl durch Wegführung von Material, also als Abtragungsformen, wie auch durch örtlich minder starke Aufschüttung gebildet werden.

Besonders große Breite (um 1000 km bis 1500 km) vom Kontinentalabhang bis zum eigentlichen Tiefseeboden erlangt der Kontinentalfuß bei den riesigen submarinen Sedimentflächen des Indus und Ganges zwischen etwa 1000 und 4000 m Meerestiefe.

Stellenweise gibt es auf dem Kontinentalfuß auch schärfer geprägte Formen von untergeordneter Ausdehnung. Handelt es sich um Aufragungen, so spricht man je nach der Größe von Tiefsee Bergen (sea mount), Tiefsee Kuppen, Tiefsee Hügeln (abyssal hill, welcher Begriff aber wesentlich größere Formen mit umfaßt als das deutsche Hügel). Örtliche Eintiefungen werden als Tiefe, Grube, Loch bezeichnet und bei länglicher Form auch als Rinne. Soweit die Aufragungen Kegelgestalt, die Vertiefungen Trichtergestalt haben, dürfte es sich meist um vulkanische Formen handeln. Einseitig gestrecktes oder unruhiges Sonderrelief auf dem Kontinentalfuß dürfte eher auf unvollständig zugeschüttetes oder umschüttetes Schollenrelief schließen lassen, u. U. sogar auf abgesunkene Reste eines ehemaligen subaërischen Abtragungsreliefs.

3. Relief der voll-ozeanischen Bereiche
(Beilage Karte 1)

Auch in den ozeanischen Tiefen haben Lotungen, Bohrungen, seismische Messungen und Unterwasserphotos besonders seit dem internationalen geophysikalischen Jahr 1957/58 unablässig stark zugenommen. Dadurch ist die Kenntnis vom Relief der voll-ozeanischen Bereiche sehr vermehrt worden. Gegenwärtig kann man in diesen Räumen wie in Kap. II A angedeutet wurde, die Böden der Tiefseebecken als Tiefsee-Ebenen, die ozeanischen Rücken in den durchaus verschiedenen Ausprägungen der marginalen und der medianen ozeanischen Rücken sowie die Tiefseegräben als beherrschende Formeinheiten unterscheiden. Jede von ihnen weist charakteristische Besonderheiten der Gestaltung und zusätzliche, mehr oder weniger untergeordnete Begleitformen auf. Außerdem gibt es Regeln der Anordnung.

Die Tiefseebecken ergeben sich daraus, daß der bis zum Kontinentalabhang reichende Ozeanraum durch die ozeanischen Rücken in Dutzende von meist Mio km^2 große Tiefseebecken gekammert erscheint. Es dürfte zweckmäßig sein, zunächst den Formencharakter dieser aufgliedernden Rücken zu kennzeichnen.

Marginal-ozeanische Rücken und Tiefseegräben

Wie schon vorher (Kap. II A) angedeutet, bilden einige dieser Rücken die unmittelbare Fortsetzung von Kettengebirgssträngen des Festlandes, so im Antillenmeer, im Südantillenmeer, in Indonesien und Melanesien, in der Umrahmung des Ochotskischen und des Bering Meeres. Daraus geht hervor, daß diese Rücken ziemlich sicher mit den Kettengebirgsgürteln des Festlandes entstehungsverwandt sind. Bekräftigt wird dies außerdem dadurch, daß eben diese ozeanischen Rücken und außerdem weitere sehr lange Rückenzüge, die die streichenden Fortsetzungen der vorher Genannten bilden, oder die sich streichend an solche Fortsetzungen anschmiegen, längsseitig von langen, schmalen Tiefseerinnen, den sogenannten *Tiefseegräben* begleitet werden (bei E. Seibold (1974) als „Tiefsee-Gesenke" bezeichnet, welche Benennung aber nicht auf die ausgesprochen langgestreckte Form hinweist). Diese Tiefseegräben sind als Entsprechungen der sogenannten Vortiefen der Kettengebirgsgürtel anzusehen. Nur werden sie nicht wie jene Vortiefen kräftig zugefüllt. Denn die begleitenden Rücken ragen nicht oder nur geringfügig über den Meeresspiegel auf. Daher ist die Sedimentation in diesen Meeresgebieten, obwohl im einzelnen Unterschiede vorhanden sind, im ganzen nur gering. Die Tiefseegräben werden daher nur sehr langsam aufgefüllt. Endlich ist bei den beschriebenen ozeanischen Rücken fast durchgehend eine mehr oder weniger deutliche Bogenform ausgebildet. Dabei ist die Außenseite der Biegung, falls ein Kontinent in der Nähe liegt, zumeist von diesem fort dem freien Ozean zugekehrt. Und gerade an dieser Außenseite pflegt, falls vorhanden, einer der beschriebenen Tiefseegräben, der Biegung angepaßt, hinzuziehen.

Die große Mehrheit der so gekennzeichneten ozeanischen Rücken und der sie begleitenden Tiefseegräben säumt, wenn auch in mehr oder weniger großem

Abstand Ränder von Kontinenten, ähnlich wie es die Kettengebirgsgürtel tun. Eine nur scheinbare Ausnahme bilden die ozeanischen Rücken Melanesiens zwischen Neuguinea und Neuseeland. Mit guten Gründen ist nämlich anzunehmen (vgl. S. 46), daß in diesem Bereich eine größere Festlandmasse einst abgesunken ist.

Auf Grund der vorgetragenen Merkmale kann man, wie schon in Kap. II A getan, diesen Typ der ozeanischen Rücken als den *marginalen* bezeichnen, abgekürzt *marginal-ozeanische Rücken*. Er steht gewöhnlich in enger Verbindung mit dem Auftreten von Tiefseegräben. Die marginal-ozeanischen Rücken weisen, soweit bisher erkennbar, Schichtfaltung, d. h. im wesentlichen Strukturen der Raumverengung auf. Sie gehören ebenso wie die Kettengebirgsgürtel zu den erdbebenreichen Gebieten der Erde.

Als Bänder gesteigerter Krustenunruhe sind die marginal-ozeanischen Rücken reich an gegenwärtigem oder einstigem Vulkanismus und dieser ist durch die Förderung von überwiegend sogenannten pazifischen Gesteinssippen gekennzeichnet. Der nur wissenschaftsgeschichtlich verständliche Name faßt vulkanische Gesteine zusammen, die verhältnismäßig reich an SiO_2 und Ca sind, die daher auch Kalkalkali-Gesteine genannt werden. Sie kommen vor allem in den Kettengebirgen rings um den Pazifik, und in den marginal-ozeanischen Rücken des Pazifik, ferner auch am Rande des Indik und Atlantik vor. Jedoch weisen sie sowohl räumlich wie in den verschiedenen Gebieten auch zeitlich eine große Mannigfaltigkeit an petrographischen Differenzierungen auf. Verhältnismäßig hoch ist bei diesen Gesteinen der Anteil an zähflüssig oder explosiv geförderten Laven (vgl. Kap. II D 3), groß auch der Anteil an Vulkangestalten mit steilen Gipfelbauten. Weithin deuten sich die submarinen marginal-ozeanischen Rücken durch lange, bogenförmige Inselketten auch über dem Meeresspiegel an. In manchen von ihnen sind gefaltete Gesteinsserien nachgewiesen. Nicht wenige ragen mit ziemlich steilen Kegelformen aus dem Meer auf und sind die Gipfel von Vulkanbergen, deren Sockel untermeerisch liegt. Im tropischen Bereich sind auch nahe der heutigen oder ehemaliger Spiegelhöhen des Meeres hier und da terrassenartige Absätze aus Korallenkalken entstanden. Die untermeerischen Abhänge der marginal-ozeanischen Rücken weisen nicht selten eine Gliederung in Gestalt untergeordneter Längsrücken auf. Sie dürfte meist auf Längsstörungen, sei es infolge von Faltung oder Bruchbildung, oder auch auf Massengleitungen zurückzuführen sein. An diesen Abhängen gibt es, wie Unterwasserphotos und Bohrungen zeigen, mindestens stellenweise sedimentfreie oder nur sehr dünn mit Sediment bedeckte Flächen. Dies deutet an, daß die im Meere vorhandenen Strömungen, hier vor allem wohl thermohaline Dichteströmungen örtlich in der Lage sind, an diesen Abhängen trotz des im Ozean ständig erfolgenden Sedimentregens eine Sedimentation zu verhindern oder stark abzuschwächen. Weitergehende Modellvorstellungen über die marginalozeanischen Rücken entwickelte S. Kaizuka (1975).

Median-ozeanische Haupt- und Nebenrücken

Noch weiterreichend als für die marginalen ozeanischen Rücken war die Vertiefung der Erkenntnis in den letzten Jahrzehnten bezüglich der Besonderheit der medianen ozeanischen (median-ozeanischen) Rücken. Wie schon weiter oben ausgeführt (Kap. II, S. 41 f.), sind zum mindesten die wichtigsten der median-ozeanischen Rücken − sie sollen als median-ozeanische Hauptrücken bezeichnet werden − nicht auf Zusammenschub, sondern auf Dehnung der Kruste zurückzuführen, nämlich auf die Bildung ungeheuer langer, wenn auch wiederholt geknickter Längsrisse auf dem Scheitel dieser Rücken. Die Rückengestalt ist offenbar dadurch entstanden, daß während sehr langer Zeiträume immer wieder Magma, wahrscheinlich aus dem Erdmantel hier aufgestiegen und in die immer wieder neu entstehenden Zwischenräume zwischen den auseinanderrückenden Rändern der Spalten eingedrungen ist. Die median-ozeanischen Hauptrücken bilden daher nicht wie die marginal-ozeanischen Rücken Verlängerungen des Kettenreliefgürtels von Kontinentgebieten her in den Ozeanbereich hinein, sondern wo eine Verknüpfung mit Kontinentgebieten vorliegt, da erscheint sie als Anbindung des betreffenden median-ozeanischen Hauptrückens an eines der großen Grabensysteme der Kontinente. So ist es insbesondere am nördlichen Ende des Arabisch-Indischen median-ozeanischen Hauptrückens vor den Golfen von Aden und Oman und am Auslaufen des Ostpazifischen median-ozeanischen Hauptrückens gegen den Golf von Niedercalifornien.

Die dargelegte Besonderheit der median-ozeanischen Hauptrücken äußert sich deutlich in ihrer näheren Gestaltung. Sie sind zumeist um 500 bis 1000 km breit und ragen gewöhnlich um 2000 bis 3000 m über die begleitenden bei 4000 bis 5000 m Meerestiefe einsetzenden Tiefseebecken auf. Charakteristisch ist als Folge des Auseinanderrückens der Massen zu beiden Seiten der großen Hauptrisse das Vorhandensein oft 1000 und mehr Meter tiefer und 10 bis 20 km, aber auch 50 und mehr km breiter Längsgräben geradezu auf dem Scheitel dieser Rücken. Oftmals treten auch zwei und mehr Scheitelgräben nebeneinander auf der Höhe der median-ozeanischen Hauptrücken auf. Längsbrüche und an ihnen zu verschiedener Höhe emporgetragene bzw. abgesunkene Längsschollen verleihen auch den Flanken der Rücken einen mehr oder weniger gestuften Abschwung. Er weist Durchschnittsneigungen von mehreren Zehnern Promille und örtlich durchaus auch Steilböschungen auf. Im ganzen kann man von einem Staffelabhang der median-ozeanischen Hauptrücken sprechen. Soweit bekannt, ist nur eine dünne (Zehner bis wenige hundert Meter dicke) und lückenhafte Decke von Sedimenten über dem basaltischen Untergrund vorhanden. Ihre Mächtigkeit und das Alter der dem Basalt unmittelbar aufruhenden Sedimentlagen nehmen gegen den Fuß des Abhangs zu.

Eine weitere Besonderheit der median-ozeanischen Hauptrücken besteht in ihrer in Echograph-Längsprofilen erkennbaren Quergliederung, die wahrscheinlich auf Querbrüche zurückzuführen ist. Nicht selten und zwar insbesondere an Knicken im Verlauf der Rücken handelt es sich nach Schlüssen aus der Reliefgestaltung, die durch Beobachtungen über den remanenten Magnetismus der Basalte beiderseits der Querbrüche bestätigt werden, um gewaltige Blattverschiebungen, an denen die beiderseitigen Krustenteile um Hunderte, ja an einzelnen Stellen um mehr als 1000 km gegeneinander verschoben wurden. Bedeutende Querstörungen liegen im Mittelatlantischen Rücken z. B. am Südende des Reykjanes Teilrücken zwischen 50° und 55° N. Br., weiter an den Umbiegestellen unter 11° Nord (Westrahmen des Kap Verde Beckens), am Romanche Quergraben nahe dem Äquator, an der Bouvet Insel um 55° S. Br. oder beim Südpazifischen Hauptrücken unter 60° S. Br. nordöstlich vom Ross Schelf und beim Ostpazifischen Hauptrücken um 3° bis 5° S. Br. an der Marquesas Stufe.

Soweit bisher bekannt, sind hauptsächlich basaltische Effusivgesteine, außerdem in geringen Mächtigkeiten (einige zehn bis wenige hundert Meter) auch Sedimente festgestellt worden. Die letzteren reichen, je weiter vom Scheitel der Hauptrücken entfernt, um so weiter zeitlich zurück. Doch wurden am Ozeanboden bislang anscheinend nicht ältere als jurassische Sedimente erbohrt, was zu Vorstellungen über die Geschwindigkeit des Auseinanderdriftens (ein bis einige cm/Jahr) des Ozeanbodens beiderseits der Spaltenregion ausgewertet wird. Die vulkanischen Gesteine gehören zum Unterschied von jenen der marginal-ozeanischen Rücken überwiegend der sogenannten atlantischen Sippe an (auch Reihe der Alkaligesteine genannt). Sie enthalten einen gewichtsmäßig verhältnismäßig geringen Anteil an SiO_2 (basische Gesteine) und sind vergleichsweise dünnflüssig. Auch diese vom Atlantik entlehnte Benennung für vulkanische Gesteine, die gerade im innerpazifischen Bereich besonders häufig auftreten, beruht auf der noch wenig entwickelten Einzelkenntnis um die Wende zum 20. Jahrhundert. Man darf sich durch die Regional-Bezeichnung nicht irreführen lassen. Wesentlich ist, daß sich die median-ozeanischen Rücken von den marginal-ozeanischen durch den Chemismus ihrer vulkanischen Gesteine unterscheiden. Die sogenannte Andesitlinie der Geologen, welche vor der Westküste der beiden Amerika und vor der Ostküste der Kurilen, des Bonin- und Marianen Bogens sowie der Melanesisch-Neuseeländischen Inselwelt verläuft, trennt im Pazifik den Bereich hauptsächlich „pazifischer" bzw. „kalkalkalischer" bzw. andesitverwandter vulkanischer Förderung auf der zu den Kontinenten hingewendeten Seite der Linie von dem der hauptsächlich „atlantischen" Förderung von „Alkaligesteinen" in dem riesigen Innenraum des eigentlichen Pazifik.

Der Unterschied der vulkanischen Förderung ist geomorphologisch von Bedeutung. Denn die überwiegend dünnflüssigen basaltischen Gesteine lassen auf den median-ozeanischen Rücken bevorzugt breite Vulkanbauten mit verhältnismäßig flachen Gipfelhöhen vom Typus der Schildvulkane entstehen. Die berühmten Vulkane von Hawaii sind besonders bekannte Beispiele dafür.

Die gegebene Darstellung der median-ozeanischen Hauptrücken trifft jedoch nach dem bisherigen Kenntnisstand nicht für alle Rücken und Schwellen der inneren Ozeanbereiche zu. Sie gilt für die am längsten bekannte Form dieser Art, für den großen Mittelatlantischen Rücken und seine Nordfortsetzung, den mittelozeanischen Rücken des Nordpolarmeeres, ebenso für die Südfortsetzung, den Atlantisch-Indischen und schließlich Arabisch-Indischen Rücken bis zu den Golfen von Aden und Oman. Sie gilt weiter für die im Zentralen Indik erfolgende Abzweigung des Indisch-Antarktischen und dessen Fortsetzung, den Südpazifischen und schließlich Ostpazifischen Rücken bis hin zum Golf von Nieder-californien.

Bei einer ganzen Reihe anderer submariner Erhebungszüge, die entweder von den median-ozeanischen Hauptrücken abzweigen, oder die mehr oder weniger unabhängig von den Hauptrücken im Ozean ohne deutliche Verbindung mit Grabensystemen des Kontinentalbereichs aufragen, ist die entstehungsmäßige Zugehörigkeit oder Verwandtschaft ungeklärt. Ohne auf die zu ihrer Deutung auf-gestellten Hypothesen einzugehen, möchten wir diese von den median-ozeanischen Hauptrücken geomorphologisch abweichenden und auch genetisch wahrscheinlich nicht einheitlichen submarinen Erhebungszüge, Schwellen, langgestreckten Plateaus, welche außerhalb des Kontinentalabhangs und außerhalb etwaiger marginal-ozeanischer Rücken liegen, vorläufig zusammenfassen und sie gemein-sam als *median-ozeanische Nebenrücken* bezeichnen.

Einzelne von ihnen, wie das System des Imperator- und Hawaii Rückens mit seinen Abzweigungen im mittleren Nordpazifik oder das System des Tuamotu Rückens im mittleren Südpazifik könnten Vorstadien eines median-ozeanischen Hauptrückens vorstellen, bei welchen der Längsgraben auf dem Erhebungs-scheitel noch nicht oder erst unvollkommen ausgebildet ist oder Spätstadien, bei denen das Auseinanderrücken der Flanken längst aufgehört hat.

Auch ein von ortsfesten Stellen im Erdmantel aus intermittierend erfolgendes Aufsteigen von Schmelzen, die sich durch die driftende obere Erdkruste hindurchbewegen, wird als Entstehungsursache vulkanbesetzter median-ozeani-scher Nebenrücken diskutiert. (Hypothese von Erdmantel-Diapiren, bzw. von Plumes.) Die reiche Besetzung mit Vulkanen, die überwiegend aus Gesteinen der Alkalireihe aufgebaut sind, würde zu allen drei Deutungen passen.

Dagegen legen Erhebungszüge wie der Madagascar Rücken, der Natal Rücken und das Agulhas Plateau im südwestlichen Indischen Ozean infolge ihrer An-lehnung an Madagascar und Südafrika den Gedanken nahe, daß unter ihnen an Bruchsystemen abgesunkene Kontinentalschollen verborgen sind. Für viele dieser median-ozeanischen Nebenrücken sind aber die Anhaltspunkte für eine ge-netische Interpretation bislang sehr schwach. Durch Unterwasserphotos und Boh-rungen ist jedoch an einer ganzen Reihe von Stellen ermittelt worden, daß auch an diesen Rücken steilere Abhänge und außerdem die tiefsten Einsattelungs-stellen im Zuge dieser Rücken oftmals sedimentfrei oder nur dünn mit Sediment bedeckt sind. Tiefenströmung im Ozean, vor allem wohl thermohaline Dichte-strömungen müssen auch dort imstande sein, Sedimentation zu verhindern oder stark abzuschwächen. Wichtig ist endlich, daß durch das Nebeneinander der median-ozeanischen Haupt- und Nebenrücken, der marginal-ozeanischen Rücken und des Kontinentalabhangs die vielfältige Kammerung des Ozeans in größere und kleinere Tiefseebecken zustande kommt.

Relief der Tiefsee-Becken

Umrahmt vom Kontinentalabhang, von marginalen und medianen ozeanischen Rücken dehnen sich die Tiefseebecken. Sie besitzen, abgesehen von den kegel-

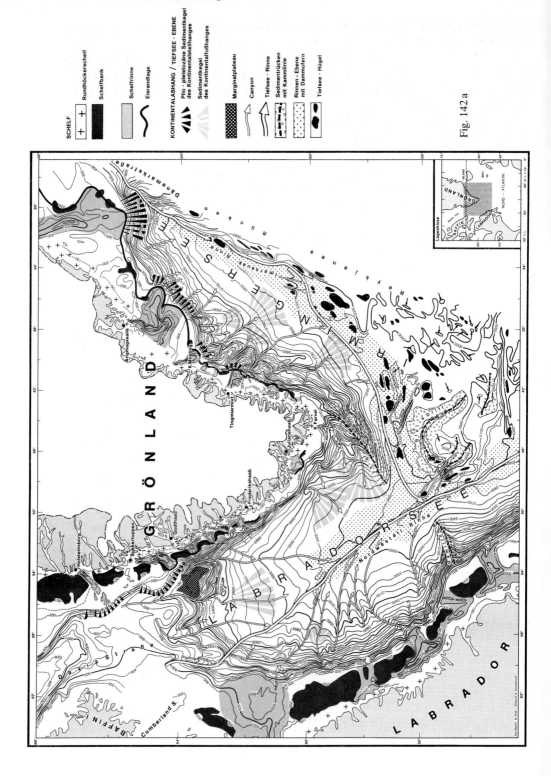

Fig. 142 a

förmig aufragenden Einzelbergen, die zur Hauptsache vulkanischer Natur sein
dürften und die stellenweise ziemlich häufig sind, und abgesehen von den Tiefseegräben und von einzelnen mehr grubenartig eingetieften Tiefsee-Wannen, ein im
ganzen sehr flaches Relief. Gefällswerte von wenigen Promille, ja von weniger als
1‰ auf große Erstreckung sind die Regel. Daher wird hier mit Recht von Tiefsee-Ebenen (abyssal plain) gesprochen. Die weitere Untersuchung hat jedoch ergeben, daß unter den Tiefsee-Ebenen merklich verschiedene Typen zu unterscheiden sind (Fig. 141, 142a).

Ein erster Typ wird durch das Vorhandensein einer Decke aus feinen
schlammigen Lockersedimenten gekennzeichnet. Die Oberfläche kann, wie
Unterwasserphotos zeigen, glatt bzw. nur durch Wühltiere bearbeitet oder durch
leichte Bodenströmung zu Rippelfeldern geformt sein. Offensichtlich überwiegt in
diesen Bereichen eine wenn auch geringe Sedimentation. Diese Sedimentations-
ebenen schließen sich vorzugsweise ozeanwärts an den Kontinentalfuß an. Aber
die Sedimentmächtigkeit ist geringer. Sie beträgt gewöhnlich nur noch um 1 bis
2 km. Es scheint, daß ein wesentlicher Teil der Sedimente hier noch aus den am
weitesten transportierten, feinsten Frachtteilen der vom Kontinentalrand
kommenden Suspensionsströme besteht (E. Seibold, 1974a).

Dafür spricht auch das wiederholt nachgewiesene Vorkommen von *Tiefsee
Talungen*, deren englische Bezeichnung „mid ocean canyon" aber nicht zur Vorstellung steil eingetiefter Formen verleiten sollte. Es handelt sich um am Boden
von Tiefseebecken, auch von Tiefseegräben in mehr oder weniger gewundenem
Lauf um hunderte, ja tausende von Kilometern hinziehende Furchen mit im
wesentlichen gleichsinnigem Gefälle. Diese Furchen haben zumeist flache, gewöhnlich mehrere Kilometer breite Böden und Hänge von 100 bis 200 m,
manchmal bis über 300 m Höhe, die aber nur 1° bis 3° maximal 5° Neigung
besitzen. Es sind also ausgesprochen sanft geformte Talungen. Außerdem haben
die Flanken dieser Talungen weithin die Gestalt begleitender sehr falcher, bis mehr
als 20 km breiter Rücken. (Fig. 142a; Tiefsee Talung dort Tiefsee Rinne genannt).

Die Entstehung der Talungen wird auf ungleichmäßige Verfrachtung, Ablagerung und Wegführung von Feinsediment bzw. Schwebstoffen in der Mitte und an
den Rändern von Suspensionsströmen zurückgeführt, welche längs der Achse von
Tiefseebecken und deren Verzweigungen oder von Tiefseegräben dem allgemeinen Bodengefälle folgen. Die Tiefenlinie einer solchen Talung kann dann
durch verminderte Ablagerung, oder wie aus seismischen Profilen hervorgeht,
auch durch Überwiegen von Material-Wegführung entstehen, die begleitenden
Talungsflanken aber wären Uferdämme (natural levees), die sich in den Randbereichen von Suspensionsströmen durch dort verstärkte Sedimentation ausbilden. Vielfach ist auf der Nordhalbkugel der rechtsseitige, auf der Südhalbkugel

---

Fig. 142a. Meeresbodenrelief der Labrador See und Irminger See. Mercator Proj., Äquatorialmaß-
stab etwa 1:25 Mio. (G. Sommerhoff 1978.)

Verkleinerung der Originalkarte von G. Sommerhoff in „Untersuchungen zur submarinen Geomorphologie der Labrador See und Irminger See". (Münchener Geogr. Arb., im Druck.) Karte aufgrund von Auswertung und Interpretation der bis 1977 zugänglichen bathymetrischen und reflexions-
seismischen Daten. Wiedergabe mit freundlicher Genehmigung des Autors.

der linksseitige der beiden Uferdämme um einige Zehner von Metern höher. Daraus wird geschlossen, daß in solchen Fällen die sedimentierenden Suspensionsströme wegen Beeinflussung durch die Erdrotation unsymmetrische Gestalt annehmen. Genauer untersucht sind besonders die Tiefsee-Talung im Labrador- und Neufundland Becken des Nordwest Atlantik und die Kiwa Talung im Hikurangi Graben an der Südwestseite der Nordinsel von Neuseeland (Heezen u. Hollister, 1971).

Die Sedimente der im engeren Sinne küstenfernen, d. h. gewöhnlich der mehr als 200 bis 300 km vom Kontinentalabhang entfernten Tiefsee-Ebenen lassen sich in drei Hauptgruppen gliedern. Der *kalkige Tiefseeschlamm* wird hauptsächlich durch den *Globigerinenschlamm* repräsentiert. Er deckt etwa 50% der Ozeanböden und zwar über $^2/_3$ des Atlantischen, gut die Hälfte des Indischen, ein gutes Drittel des Pazifischen Ozeans. Der Kalkschlamm scheint hauptsächlich in warmen und mittelwarmen Ozeanteilen abgelagert zu werden, in denen das Bodenwasser zugleich mit Kalk gesättigt ist, so daß die absinkenden kalkigen Schalenteile erhalten bleiben (vgl. Fig. 143).

Der *kieselige Tiefseeschlamm* ist im subantarktischen Ozeangebiet und am Nordrand des Pazifischen Ozeans, d. h. im Lebensgebiet Kaltwasser liebender Diatomeen, als *Diatomeenschlamm* entwickelt. Er scheint ein verarmtes Sediment vorzustellen, bei dem absinkende Kalkbestandteile in den kohlensäurereichen subpolaren Wassern weggelöst wurden. Im tropischen Pazifik gibt es kieseligen

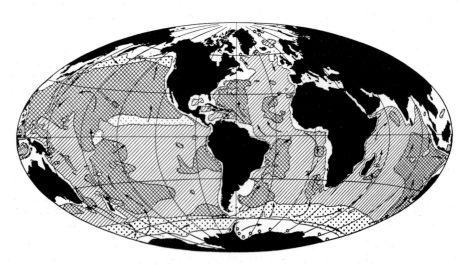

Fig. 143. Verteilung der Tiefsee-Sedimente nach G. Dietrich (1957) ca. 1 : 300 Mio aus R. Brinkmann, 1964, Bd. I, S. 488.
Kreuzschraffiert = Roter Tiefsee-Ton, breit und nach links unten schraffiert = Globigerinen-Schlamm, eng und nach rechts unten schraffiert = vulkanische Schlamme, stark punktiert, in höheren Breiten = Diatomeen-Schlamm, schwach punktiert, in niederen Breiten = Radiolarien-Schlamm, weiß = litorale und hemipelagische Sedimente. Die Entstehungsgebiete des arktischen und antarktischen Bodenwassers, durch kleine Kreissignaturen angedeutet, und die Ausbreitung dieses Wassers in den Tiefseebecken, durch Pfeile angedeutet, sind nach G. Wüst (1938) eingetragen.

Tiefseeschlamm, der durch Radiolarien gekennzeichnet ist *(Radiolarienschlamm)*. Der kieselige Tiefseeschlamm dürfte kaum 15% des Tiefseebodens bedecken.

Vorwiegend aus Tonmineralen aufgebaut ist der *rote Tiefseeton*. Er hat einen schwachen bis mäßigen Kalkgehalt und dürfte gleichfalls ein verarmtes Sediment sein. Denn er tritt in wärmeren Meeresteilen gerade dort auf, wo das Bodenwasser aus der Antarktis oder Arktis zugeführt wird und kohlensäurereich ist, wie z. B. im Argentinischen und Brasilianischen Becken des Atlantischen Ozeans. Der rote Tiefseeton bedeckt ein gutes Drittel der Ozeanböden, jedoch vom Pazifischen Ozean rund die Hälfte, vom Indischen und Atlantischen Ozean nur je ein Viertel. Ph. H. Kuenen (1950) schätzt die Mächtigkeit der Ablagerungen pro Jahrtausend im nicht gepreßten Sediment für roten Tiefseeton auf 4 bis 13 mm, für Globigerinenschlamm auf 8 bis 40 mm, für Diatomeenschlamm auf etwa 7 mm (O. Pratje, 1935; C. W. Correns, 1937, 1939; W. Schott, 1938; W. Schott in G. Schott, 1942; F. Betz u. H. H. Hess, 1942; R. A. Daly, 1942; H. Stille, 1944; J. H. Umbgrove, 1946; R. W. Fairbridge, 1948).

Man kann diese flachen Tiefsee-Gebiete überwiegender mariner Sedimentation gemeinsam als *Tiefsee-Aufschüttungsebenen* bezeichnen.

Ihnen stehen, wie insbesondere die Unterwasserphotographie und Bohrungen gelehrt haben, andere Typen von Tiefsee-Ebenen gegenüber, die als *aufschüttungsarm* zu bezeichnen sind. Ihre Oberflächen bestehen entweder aus anstehendem Gestein z. B. aus Lava oder aus mehr oder weniger grobem Schutt etwa von vulkanischen Auswürflingen oder auch aus einer aufliegenden Decke aus Manganknollen. Auch kleinräumlicher Wechsel der genannten Arten von Oberflächenbefunden untereinander und im Wechsel mit Flächen aus Feinsediment ist häufig. Er macht die Oberfläche dieser Tiefsee-Ebenen etwas unruhig und rauh. Es gibt auch Übergänge zu welligem oder hügeligem Gelände. (Heezen u. Hollister, 1971.) Auf diesen oberflächlich etwas unruhigen und rauhen Tiefsee-Ebenen findet höchstens eine sehr geringe Sedimentation statt, vielleicht überwiegt sogar eine schwache submarine Abtragung. Bei überwiegender Sedimentation müßten diese Flächen jedenfalls eine geschlossene Sedimentdecke tragen. So aber sind es „aufschüttungsarme Tiefsee-Ebenen".

Gerade auch freiliegende Manganknollen beweisen, daß am Orte fast keine Sedimentation erfolgt. Denn aus dem Alter von als Konkretionskerne umschlossenen Fossilien z. B. von Haifischzähnen haben sich als mittlere Wachstumsgeschwindigkeit solcher Konkretionen Beträge von wenigen mm pro Jahrmillion errechnet. Dies verlangt, daß über freiliegenden Knollen eine Sedimentation, wie sie im offenen Ozean im Mittel einige mm schon im Jahrtausend beträgt, nicht stattfindet. Sonst müßten die Knollen ständig langsam eingedeckt werden. Unter solchen Verhältnissen könnten sie weder entstehen noch weiterwachsen, weil dazu Berührung mit Metallionen führendem Meerwasser nötig ist. Es haben sich übrigens sedimentbedeckte Lager von Manganknollen durch Bohrung tatsächlich nachweisen lassen. Zur Zeit ihrer Entstehung müssen sie aber freigelegen haben (E. Seibold, 1974a). Es müssen also in solchen Fällen Änderungen der Sedimentationsbedingungen eingetreten sein.

Aufschüttungsarme Tiefsee-Ebenen scheinen im Pazifischen Ozean weiter verbreitet zu sein als im Atlantischen und im Indischen. Dies dürfte u. a. darauf zurückzuführen sein, daß der Atlantik und der Indik wesentlich mehr von unmittelbarem Kontinentalabhang und von großen Einzugsgebieten sedimentreicher Flüsse umrahmt werden als der Pazifik. In dessen Umrandung herrscht ja der Typus des Randketten-Kontinentalabhangs vor, mit kleineren Einzugsgebieten der Zuflüsse und mit küstennahen Tiefseegräben, die als Sedimentfänger dienen.

Die weite Verbreitung aufschüttungsarmer Tiefsee-Ebenen im Pazifik steht in Einklang mit der Häufigkeit, in der dort Felder von Manganknollen aufgefunden wurden. Solche sind im Pazifik bereits in den meisten besonders tiefen Tiefsee-Becken angetroffen worden, außerdem mehrfach in der unteren Flankenregion von Ozeanischen Rücken. Den gleichen Regeln folgt die Verbreitung, soweit bisher bekannt, bei im ganzen geringeren Vorkommen auch im Atlantik und Indik.

Bemerkenswert sind ausgedehnte Knollenfelder am Nordsaum der tiefsten Bereiche des Pazifisch-Antarktischen und des Südantillen Beckens sowie das Fehlen solcher Vorkommen am Südsaum dieser Becken. Die Erscheinung wird mit dem Vorhandensein sehr großer aufschüttungsarmer Tiefsee-Ebenen am Boden des zwischen Antarktika und dem Südpazifischen median-ozeanischen Hauptrücken unter Linksablenkung kräftig nach NE bis E ziehenden Antarktischen Bodenstroms in Zusammenhang gebracht. Ihnen steht am Südsaum der genannten Becken, d. h. in der Nähe des antarktischen Kontinentalabhangs, eine Zone verhältnismäßig starker Sedimentation gegenüber (Heezen u. Hollister, 1971). Ähnliche Verhältnisse dürften auch in anderen kontinentnahen Tiefseebecken die Verteilung von Tiefsee-Aufschüttungsebenen und aufschüttungsarmen Tiefsee-Ebenen beeinflussen.

Transversalbrüche der Tiefsee-Region

Großräumige Verbreitung haben aufschüttungsarme Tiefsee-Ebenen nach den Befunden der amerikanischen Forschungsschiffe insbesondere auch nach der Häufigkeit angetroffener Manganknollen-Felder in dem riesigen Nordostpazifischen Becken zwischen dem Aleutenbogen und etwa 10° S. Br. Das erscheint verständlich, wenn man den Ozeanboden aus auseinandergerückten, ehemals dünnflüssigen Effusivdecken entstanden denkt und zugleich in Betracht zieht, daß die umrahmenden Festlandsäume nur aus schmalen Einzugsgebieten Sedimente liefern. Unter diesen Umständen zeigt der Tiefseeboden gerade hier großartige formwirksame Bruchstörungen, die anderswo auch vorhanden, aber mehr oder weniger unter einer Sedimentdecke verborgen sein mögen. Da diese Bruchstörungen quer oder schief zur Richtung des Ostpazifischen median-ozeanischen Hauptrückens verlaufen, wird man sie als Transversalbrüche der Tiefsee-Region bezeichnen können.

Eine ganze Serie von fast geradlinig etwa E-W bis ENE-WSW streichenden, z. T. mehrere tausend Kilometer weit verfolgbaren Geländesprüngen durchzieht den Boden des Nordostpazifischen Beckens. Es handelt sich teilweise um Geländestufen von mehreren hundert Metern bis über 1000 m Höhe. Die Stufenhänge haben mittlere Neigungen von mehreren Grad (mehreren Zehnern von Promille), sind aber stellenweise wesentlich steiler. Außerdem gibt es sehr schmale (wenige Zehner von km breite) ebenso gerade Höhenzüge oder Tiefenfurchen von den gleichen Horizontal- und Vertikaldimensionen. Diese Formen laufen zwischen etwa 40° N. Br. und 10° S. Br. mit Abständen zwischen etwa 100 km und 1000 km voneinander fast parallel über den Beckenboden, der dort im ganzen ein schwaches (1‰ und weniger) Gefälle von um 3500 m Tiefe im Osten auf um 5500 m Tiefe im Westen besitzt. Ohne Zweifel handelt es sich bei diesen Geländestufen, Schmalhöhenzügen und Schmalfurchen um Bruchstörungen. An einzelnen Stellen sind riesige (bis mehr als 1000 km weite) Blattverschiebungen an diesen Geländesprüngen durch Messung des remanenten Magnetismus der Gesteine zu beiden Seiten wirklich nachgewiesen bzw. höchst wahrscheinlich gemacht worden.

Es ist zu vermuten, daß auch anderswo ähnliche Bruchstörungen im Ozeanboden vorhanden sind. Wo aber mehrere hundert Meter oder 1 bis 2 km Sediment abgesetzt wurden, wie sie unter Tiefsee-Aufschüttungsebenen nachgewiesen werden konnten, dort würden Bruchstörungen der vorher erwähnten Vertikalmaße weitgehend verschleiert sein.

Tiefsee-Einzelberge

Sehr groß und noch weiter zunehmend ist die Zahl der kegelförmigen, im Tiefseebereich aufragenden Einzelberge, die bekannt sind bzw. neu aufgefunden werden. Diese Kegelberge sind nicht auf die Böden der Tiefsee-Becken beschränkt, sondern sie erheben sich auch am Kontinentalfuß und auf ozeanischen Rücken. Sie liegen sowohl vereinzelt wie in Reihen angeordnet und auch in Gruppen. Die kleineren von ihnen (etwa bis unter 1000 m relativer Höhe) werden im Englischen als *abyssal hills,* die größeren als *sea mounts* bezeichnet. Die Basisdurchmesser dieser Formen reichen von unter 10 km bis über 200 km. Nicht wenige der kegelförmigen Einzelberge ragen mit ihren Gipfeln über den Meeresspiegel auf, besonders solche, die ozeanischen Rücken aufsitzen. Diese Berge sind stets vulkanischer Natur. Daher ist anzunehmen, daß auch so gut wie alle übrigen Kegelberge Vulkane sind.

Ein häufig wiederkehrender Typ dieser Einzelberge hat die Gestalt eines Kegelstumpfs. Der dann nicht selten mehrere tausend Meter über den Ozeanboden aufragende Berg besitzt eine manchmal mehrere Zehner von km breite fast horizontale Plateaufläche als Gipfel. Diese liegt mehrere hundert, ja 1000 und mehr Meter unter dem Meeresspiegel. H. H. Hess (1964) hat diese Kegelstumpfberge nach einem amerikanisch-schweizer Geographen des 19. Jh. als *Guyots* bezeichnet, welcher Name sich eingebürgert hat. Vorkommen sind aus weiten Teilen des Pazifik, einzelne auch vom nördlichen Atlantik und vom Indik bekannt geworden (Anton Dohrn Kuppe, Meteor Kuppe) (Fig. 144).

Wahrscheinlich handelt es sich bei diesen submarinen Kegelstumpfbergen um marin umgestaltete und später örtlich abgesunkene Vulkanberge. Der Berg wäre durch Lava- und Aschen-Aufschüttung aus großer Meerestiefe bis über den Meeresspiegel aufgestiegen. Die lockeren Aschen wären durch Brandungs-

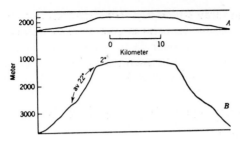

Fig. 144. Profil eines Guyot im Bereich der Marshall Inseln (8° 51′N, 163° 10′E). (Nach H. H. Hess, Am. Journ. of Sci. 1946, S. 777, entnommen aus Ph. H. Kuenen 1950, S. 103). Maßstab etwa 1:0,7 Mio, obere Figur maßstäblich, untere Figur 5fach überhöht. Die obere Horizontallinie stellt für die obere Figur den Meeresspiegel dar. Deren Sockellinie bildet zugleich für die untere Figur den Meeresspiegel ab.

wirkung wenig unter dem Meeresniveau zu dem kennzeichnenden Gipfelplateau eingeebnet worden. Im tropischen Bereich hätten nach der Einebnung nicht selten Korallenbauten das Gipfelplateau bzw. seine Ränder besetzt. Die lokale Belastung des Ozeanbodens durch den Berg habe auf die Dauer zu langsamem isostatischem Absinken des Berges mit einer den Korallenzuwachs übertreffenden Geschwindigkeit geführt. Dafür spricht u. a. eine rings um solche Guyots bereits mehrfach festgestellte Ringdepression des Meeresbodens. Auch gewisse Abwandlungen des Entwicklungsgangs sind naturgemäß denkbar. Tatsächlich wurden Basaltgerölle, offenbar Brandungsgerölle aus großer Tiefe von dem Gipfelplateau eines Guyots des mittleren Pazifik und außerdem Flachwasserfossilien von oberkretazischem, auf anderen Guyots auch von tertiärem Alter gedredscht. (E. L. Hamilton, 1950, 1952; A. J. Carsola u. R. S. Dietz, 1952; E. Seibold, 1974 b.)

Tiefsee-Wannen

Außer den Tiefsee-Ebenen, den ozeanischen Transversalbrüchen und den verstreut aufragenden submarinen Vulkanbergen weisen die Tiefsee-Ebenen noch eine bisher anscheinend weniger beachtete Teilform auf, die man vielleicht als Tiefsee-Wanne bezeichnen kann. Es handelt sich um rundliche oder unregelmäßig umrissene Vertiefungen von gewöhnlich um 100 bis 200 km Durchmesser des Oberrandes, die mit wesentlich stärkeren Böschungen als in den Tiefsee-Ebenen die Regel ist, nämlich mit mehreren Zehnern Promille Neigung zu einem Grunde hinabführen, welcher mit mehr als 6000 m, ja mehr als 7000 m Tiefe gewöhnlich um 1000, ja 2000 m tiefer liegt als die umgebende Tiefsee-Ebene.

Die Karten der Ozeane 1:25 Mio (G. Dietrich u. J. Ulrich, 1968) lassen solche Tiefsee-Wannen, z. B. im Sargasso Becken und Kap Verde Becken des Atlantik, im Arabischen Becken und Madagaskar Becken des Indik, im Philippinen Becken und Südpazifischen Becken des Pazifik, deutlich erkennen. Wahrscheinlich gibt es ihrer noch wesentlich mehr. Von den Tiefseegräben unterscheiden sich diese Formen durch ihren im ganzen rundlichen Umriß sehr merklich. Noch kann man wenig über ihre Entstehung sagen. Wahrscheinlich sind sie als örtliche Senkungsgebiete aufzufassen, die aber zum Unterschied von den Tiefseegräben keine Beziehung zu den Kettengebirgsgürteln und zu den marginalen ozeanischen Rücken aufweisen.

M. Vom Menschen geschaffene oder beeinflußte Formen und Formungsvorgänge

Das Tun des Menschen, vor allem seine wirtschaftlichen Maßnahmen, üben sehr bedeutende Wirkungen auf die Formen der Erdoberfläche und auf die Formungsvorgänge aus. Darüber hat in Deutschland vor allem Edwin Fels (1954) wichtige Beobachtungen gesammelt (siehe auch N. Creutzburg, 1930).

Diese Einwirkungen werden unternommen, um Ernährung, Wohnen, Kleidung, gesellschaftliches Leben jeder Art und alle dazu benötigten Werkzeuge und Einrichtungen zu ermöglichen, zu sichern, nach Möglichkeit zu verbessern. Diese Einwirkungen werden daher sowohl nach ihrer Verbreitung wie nach ihrer örtlichen Intensität in erster Linie von Absicht und Können der Menschen her bestimmt und sind erst nachgeordnet an naturgesetzliche Sachverhalte gebunden. Dies muß eine nach Aufhellung der Ursachen strebende Darstellung berücksichtigen. Sie ist genötigt, den in Betracht kommenden Zielsetzungen des Menschen nachzugehen.

Eine genauere Untersuchung der Veränderungen, die der Mensch gewollt oder ungewollt an den Formen der Erdoberfläche hervorruft, und die zugleich nach Regeln für dieses Geschehen fragt, müßte also alle wichtigeren mit den materiellen Gegenständen an der Erdoberfläche umgehenden Betätigungen des Menschen unter diesem Gesichtspunkt überprüfen. Diese Aufgabe ist eine wesentlich andere als die in diesem Buch beabsichtigte Darlegung der naturgesetzlichen Oberflächenformung auf der Erde. Sie ist außerdem viel zu umfangreich, um in dem vorliegenden Buch nebenher mitbehandelt werden zu können. Da aber die Einwirkungen des Menschen auf die Formen der Erdoberfläche in bestimmten Gebieten gegenwärtig den Effekt der natürlichen Vorgänge weit übertreffen und außerdem ständig zunehmen, so werden in dem Kapitel über die vom Menschen geschaffenen oder beeinflußten Formen und Formungsvorgänge gewissermaßen anhangsweise einige Angaben über die einschlägigen Sachverhalte dargeboten. Ein zusammenfassendes Werk zur anthropogenen Geomorphologie von C. Rathjens ist in Vorbereitung.

1. Formverändernde Auswirkungen der Materialentnahme *an* der Erdoberfläche

Die diesbezüglichen Leistungen bzw. Fehlleistungen des Menschen sind recht verschiedener Art. Eine erste Gruppe von ihnen besteht in der Schaffung von Hohlformen und in geringerem Ausmaß auch von Vollformen als unbeabsichtigten

Nebenergebnissen der Materialentnahme, die der Mensch für seine Zwecke vornimmt. Jeder Bergbau und besonders jeder Tagebau ist mit solchen Begleiterscheinungen verbunden.

Wenn man sich die Mühe macht, zunächst einmal die für Haus- und Straßenbau auf der Erde entnommenen Materialien nach plausiblen, den verschiedenen Kulturbereichen angepaßten und mit der Bevölkerungszahl in Beziehung gesetzten Werten abzuschätzen, so kommen ansehnliche Zahlen zusammen.

R. L. Sherlock (1922) hat im englischen Industriegebiet im Durchschnitt 10 Steinbrüche, Kies-, Sand-, Ton-, Lehm- und Mergelgruben auf dem Quadratkilometer gezählt. In Deutschland gab es geringere Werte; 4 bis 5 Gruben pro km^2 in der Umgebung der Städte und in Industriebezirken, 1 bis 2 Gruben pro km^2 in rein ländlichen Gebieten sind hier die Regel. Gegenwärtig wird die Anzahl der Gruben kleiner. Die Materialentnahme nimmt trotz der verringerten Zahl der Gruben beträchtlich zu.

Nimmt man in den außerabendländischen Gebieten mit Stein bzw. Lehm benutzender Bauweise selbst einen erheblich geringeren Streuwert der Gruben an, bedenkt man, daß rund die Hälfte der Menschen in stein- oder lehmgebauten Häusern lebt, und rechnet man als Durchschnittsgröße der einzelnen Grube nur 10×10 m gleich 1 ar und als mittlere Tiefe dieser Grube nur 3 m, so müssen wir mit der Größenordnung von 10 Millionen Gruben und einem Entnahmevolumen von mehreren Kubikkilometern Material rechnen.

Man kann auch folgendermaßen überschlagen, daß von den rund 2 Milliarden Menschen, die in Stein- und Lehmhäusern leben, jeder einzelne tatsächlich mehr als 3 m^3 an Baumaterial für seine Behausung braucht, bei den Hochkulturvölkern sogar wesentlich mehr, und daß hierzu noch alles Material für Straßen- und Wegebau hinzukommt, die in den Kulturländern riesige Mengen erfordern.

Daraus wird verständlich, daß eine Schätzung der Materialentnahme allein der großen Steinbrüche in Europa für das letzte Jahrhundert auf 10 bis 15 km^3 kommt. Diese würden, auf die Gesamtfläche von Europa verteilt, eine Schicht von $1-1,5$ mm ausmachen. Sie ist mengenmäßig nicht sehr weit von den errechneten Durchschnittswerten der fluvialen Abtragung in ganz Europa im gleichen Zeitraum entfernt.

Einzelne Steinbruchanlagen haben, wovon bei der Behandlung der Bergstürze und Felsgleitungen die Rede war, außerdem nachweislich sehr bedeutende unbeabsichtigte, ja katastrophale Massenschwerebewegungen ins Spiel gebracht (A. Heim, 1919/22).

Zu den Steinbrüchen und den Gruben von Lockergesteinen kommen noch die Tagebaue vor allem von Braunkohlen mit ihren sehr großen Abraummassen und die Erz- und Gold-Seifenabbaue hinzu (W. Credner, 1927). In einzelnen Ländern, wie namentlich in Deutschland, in Südostasien und in den Goldländern spielen sie eine ziemlich große Rolle. Sie fallen, wo sie auftreten, sofort ins Auge, weil sie sich in bestimmten Landschaften konzentrieren (Fig. 145). Im ganzen aber dürfte ihre Bedeutung sowohl hinsichtlich des entnommenen Volumens als auch hinsichtlich der umgestalteten Flächen gegenüber den Stein-, Kies- und

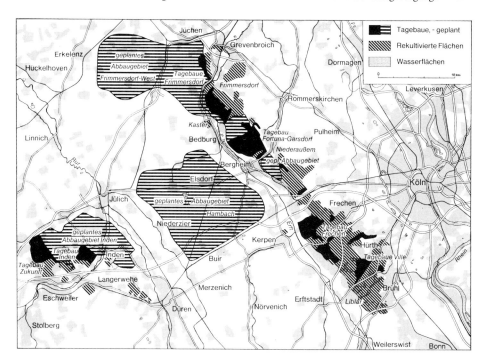

Fig. 145. Umgestaltung der Erdoberfläche durch den Braunkohlen-Tagebau im Rheinischen Braunkohlenrevier etwa 1:480 000. (Quelle: Rheinische Braunkohlen AG.)

Die Förderung der Braunkohle im Tagebau setzt die Inanspruchnahme großer Landflächen voraus,
die im Rheinischen Braunkohlenrevier von 1945 bis 1973 15.214 ha betrugen. Diese Flächen erfahren
durch Abbau von jährlich über 100 Mio t Rohbraunkohle, Verkippung des Abraums (1975 242 Mio
m^3) und forstliche bzw. landwirtschaftliche Rekultivierung eine völlige Umgestaltung. Allein schon
wegen des Massendefizits infolge der Kohleentnahme können die ehemaligen Reliefverhältnisse nicht
mehr hergestellt werden. Durch den Einsatz von Großbaggern mit einer Tagesleistung von 200 000 m^3
und mehr und mit der Einrichtung von Tieftagebauen von 400 m (derzeit bis 300 m) und später
vielleicht auch 600 m Tiefe in den geplanten Abbaugebieten von Hambach I und II, Frimmersdorf
und Inden vollzieht sich hier die Umgestaltung der Erdoberfläche immer rascher und in immer
größeren Dimensionen.

In den ersten Jahrzehnten des Braunkohletagebaus wurde die Kohle um Brühl, Liblar und Frechen
aus relativ geringen Tiefen gefördert, da sie im Horst der Ville relativ hoch gehoben und ein großer
Teil der Decksedimente abgetragen wurde. In der Niederrheinischen Bucht liegt sie jedoch, tektonisch
versenkt, in größeren Tiefen (vgl. Fig. 73, S. 336). Zunehmend mächtigere Deckschichten über den
Braunkohleflözen müssen abgeräumt werden, woraus sich die enormen Dimensionen künftiger
Tagebaue erklären.

Feinmaterial-Entnahmestellen zurückstehen. Schwer sind die *Flächen* abzu-
schätzen, auf denen in diesen Brüchen und Gruben, ebenso wie in Tagebauen und
Seifen (Erzwäschen), die natürliche Erdoberfläche durch eine künstliche Ab-
tragungsoberfläche ersetzt worden ist. Denn diese Flächenwirkung ist verhältnis-
mäßig um so größer, je flacher die Entnahmegrube ist. Gerade die großen, tiefen
Anlagen fallen hierbei verhältnismäßig weniger ins Gewicht als unbedeutende
Bodenaushebungen. Immerhin wird eine vorsichtige Schätzung, die mit etwa 10
Millionen Entnahmestellen von im Durchschnitt wesentlich mehr als 1 ar Fläche

rechnet, d. h. mit nur einer Entnahmestelle auf rund 100 der zu versorgenden Menschen, zu einer Gesamtfläche von mindestens $1000\,km^2$, wahrscheinlich aber mehreren $1000\,km^2$ kommen, auf der die natürliche Erdoberfläche durch Materialentnahme des Menschen in eine künstliche Abtragungsoberfläche verwandelt worden ist. Ein bescheidener Bruchteil davon wird für künstliche Aufschüttungsoberflächen, nämlich Versatzflächen (Kippen) und Abraumhalden zu veranschlagen sein.

Der Gesamtanteil an der festländischen Erdoberfläche, der durch die Materialentnahme zu künstlichen Hohlformen umgestaltet wird, dürfte mit wenigen Tausendstel Promille zu veranschlagen sein. Er ist also klein. Die dort entnommenen Massen sind aber groß. Sie übertreffen in dicht besiedelten Gebieten sicherlich die dort durch natürliche Vorgänge an der Erdoberfläche bewegten Massen. Die Geomorphologie muß also mit diesen Vorgängen rechnen.

Leider gibt es, solange die Materialentnahme in solchen Hohlformen anhält, keine naturgesetzliche oder sonst einfach überschaubare Regel nach der der genauere Ort, die Menge und die Geschwindigkeit der Entnahme einerseits und die Richtung und Entfernung des Abtransports andererseits bestimmt werden können. Insofern sind diese Vorgänge im Sinne der Geomorphologie ungeregelt, d. h. nur als hinzunehmende Fakten zu betrachten. Erst wenn an einer Stelle die Materialentnahme abgeschlossen ist, gewinnen die allgemeinen Gesetze der Weiterentwicklung von Hohlformen, die in jenem Gebiet Geltung haben, die Herrschaft über die weiterhin erfolgende Umformung der künstlich geschaffenen Hohlform zurück.

2. Formverändernde Auswirkungen der Materialentnahme *unter* der Erdoberfläche

Neben den Oberflächenabbauen und den Siedlungsbauten stehen die Tiefbaue, die Bergwerksanlagen des Menschen. Man kann die Weltstatistiken der Steinkohle und Erzförderung, Petroleum- und Salzförderung unter Berücksichtigung des Volumens an tatsächlichem Fördergut überblicken, wie das E. Fischer (1915) für das Jahr 1907 getan hat. Damals konnte das vom Bergbau im Jahre bewegte Volumen auf etwa $0,9\,km^3$ geschätzt werden, von denen fast 90% auf die Steinkohlenförderung einschließlich dem bei ihr anfallenden tauben Fördergut entfielen.

Für 1927 war mit etwa $1,5\,km^3$ zu rechnen. Heute werden $2\,km^3$ pro Jahr längst überschritten sein. Die Menge wird hoch bleiben, obwohl die Steinkohlenförderung gegenwärtig in manchen Gebieten wegen Absatzschwierigkeiten rückläufig ist. Die Förderung vor 1900 kann man gegenüber der späteren Zeit als im ganzen genommen verhältnismäßig unbedeutend betrachten. Das ergibt sich aus dem seitherigen Ansteigen der Roheisenproduktion, die ein gutes Maß für die industrielle Gesamtentwicklung darstellt.

Rechnet man nur für die Zeit von 1900 bis 1975 mit dem gewiß nicht zu hoch gegriffenen Durchschnittswert von 1927, d. h. von $1,5\,km^3$ Fördergut im Jahre, so kommt man auf mehr als 110 km^3 durch den Menschen beim Bergbau bewegter Gesteinsmassen. Dieser Wert nähert sich schon der Größenordnung dessen, was gleichzeitig insgesamt auf natürlichem Wege durch die Abtragung von den Kontinenten ins Meer geschafft wird. Das zeigt deutlich genug, daß der Mensch als unmittelbares geomorphologisches Agens nicht einfach vernachlässigt werden sollte. Die Bergbautätigkeit konzentriert sich auf verhältnismäßig kleine Flächen. Vor allem fallen dabei die großen Steinkohlenbergbaugebiete ins Gewicht. Diese sind ungefähr abschätzbar. Geht man von der Größe dieser Gebiete aus, so führt eine vorsichtige Schätzung der Gesamtflächen, die vom Tiefbergbau auf der Erde in Mitleidenschaft gezogen sind, auf die Größenordnung von 20 000 bis 25 000 km^2.

Auch diese Flächen machen nur einige Hundertstel Promille der gesamten Festlandfläche aus. Sie wurden außerdem durch den Bergbau nicht unmittelbar abgetragen. Aber die gewaltigen Materialentnahmen in der Tiefe haben auf diesen Flächen bedeutende Nachsackungserscheinungen, trichter- oder grabenförmige Einbrüche (Pingen oder Bingen) und ausgedehnte Senkungsmulden zur Folge, denn durch den Abbauhohlraum wird dem hangenden Gesteinskomplex die statische Stütze entzogen. Zwar sind diese durch hydraulische und pneumatische Versetzung der abgebauten Hohlräume in der Tiefe mit tauben Abraummassen in den Kulturländern gegen früher zeitweilig sehr herabgemindert worden. Neuerlich ist man aber vom Versetzen der unterirdischen Hohlräume aus Kostengründen vielfach wieder abgekommen. Man trägt lieber die bei nicht versetzten Hohlräumen höheren Schadenskosten für die Nachsackungen an der Oberfläche. In Flachländern, wie dem Ruhrindustriegebiet machen diese nicht nur die betroffenen Gebiete als Baugrund ungeeignet, sondern sie führen hier auch zu Störungen der Grundwasserverhältnisse und des natürlichen Abflusses der Gewässer. Eindeichungen, Pumpanlagen und ähnliches werden dadurch erforderlich, da die Sackungen im Laufe der Jahre Meter und mehrere Meter erreichen können. Im Hafengebiet von Dortmund z. B. haben sich Absenkungen ergeben, die bei örtlich verschiedenem Ausmaß bis zum Maximalbetrag von 12 m gehen. Durch Abbau unter den Hafenbecken bei Duisburg wird erfolgreich versucht, diese tiefer zu legen. Denn der Rhein hat sich nach Durchführung seiner Begradigung allmählich selbst tiefer gelegt. Die Hafenbecken begannen dadurch zu seicht zu werden.

Besonders große Senkungsgebiete und Horizontalverschiebungen kommen in Gebieten mit Salzbergbau vor. Dies ist durch die Abbaumethoden bedingt, denn durch kontrollierte Ablaugung entstehen riesige unterirdische Hohlräume, die bei unvorhergesehenen Wassereinbrüchen zusammenstürzen. Ein solcher Wassereinbruch ereignete sich in den Monaten Juni und Juli 1975 im Kali-Bergwerk Ronnenberg bei Hannover. Im Gebiet des Benther Salzstockes traten daraufhin Senkungen bis zu 8 m, Erdfälle, schwere Haus- und Straßenschäden auf und Versorgungsleitungen barsten. Entsprechende Erscheinungen zeigen sich im Gebiet von Lüneburg und in der Mansfelder Mulde. (vgl. Fig. 92, 93). Ähnliches ist von dem Kaliwerk Vienenburg am Harz im Mai 1930 oder aus England (Stadt Northwich) bekannt.

Als weitere sehr ansehnliche künstliche Formen, die mit Höhen bis zu 40 m und mehr oft weithin als Landmarke wirken, sind die Abraumhalden bzw. -kippen der Bergwerke zu nennen. Ob in Deutschland oder Großbritannien, in Amerika oder Japan, allenthalben kennzeichnen sie die Bergbaugebiete auffällig (Bild 165) (Angaben bei: F. Stötzel, 1907; L. E. Young u. H. H. Stoek, 1917; R. Heusohn, 1928; H. Genz, 1930; J. H. Schultze, 1931; H. Spangenberg, 1931; C. Kraemer, 1935).

3. Flächen mit naturfremder Überkleidung oder Überbauung

Seitdem der Mensch feste Siedlungen bewohnt, gewerbliche Anlagen schafft und Verkehrswege und Versorgungsleitungen baut, hat er Flächen geschaffen, welche mit einer naturfremden Überkleidung versehen sind. Diese, z. B. eine Straßendecke oder ein festes Haus, halten die Vegetation und die Witterungseinflüsse weitgehend ab. Das ortsgegebene System von Verwitterung, Denudation und Erosion ist daher auf diesen Flächen, solange der Mensch sie unterhält, weitgehend ausgeschaltet und mehr oder weniger vollständig durch Maßnahmen des Menschen ersetzt. Diese reichen bis zur vollkommen künstlichen unterirdischen Entwässerung und bis zur regelmäßigen Ausbesserung aller schadhaft gewordenen Stellen des künstlichen Systems.

Solche Anlagen erheben sich oft beträchtlich über die an der betreffenden Stelle ursprüngliche natürliche Erdoberfläche, oder sie sind tief darin eingeschnitten. Alle größeren Bauten in Siedlungen oder an Verkehrswegen, besonders die Kirchen, die Hochhäuser und Fabriken, die tiefen Eisenbahn- und Straßeneinschnitte, ebenso wie die hohen Viadukte und Rampen, die Brücken, wie die künstlichen Hafenbecken usw. sind mindestens ebenso merkliche, vom Menschen geschaffene Formen der Erdoberfläche wie ein kleiner Dünenwall oder der Regenriß in einem Geschiebelehmkliff an der Ostseeküste (R. L. Sherlock, 1922; J. H. Schultze, 1930).

Fühlbare Formenveränderungen und Neuformen schafft der Mensch auch ganz allmählich durch seine Siedlungstätigkeit. Die Erfahrung lehrt, daß unsere europäischen Städte im Durchschnitt eine Aufhöhung ihres Untergrundes um etwa 1 Fuß im Jahrhundert erfahren haben. Untersuchungen von Sherlock (1922) in London haben Werte der Aufhöhung von 1 Fuß in den Vorstädten des 19. Jahrhunderts, von 20 bis 25 Fuß gleich 7 bis 8 Meter in den auf römische Zeit zurückgehenden Kerngebieten der Londoner City ergeben. Für das weit jüngere Berlin konnten vor der Zerstörung des zweiten Weltkrieges entsprechende Werte ermittelt werden. Ähnliches gilt für alle Städte des Abendlandes, soweit sie nicht reine Holzbauweise haben oder gehabt haben. Die Katastrophe des zweiten Weltkrieges hat natürlich in den deutschen Städten trotz aller Schuttabfuhr die Aufhöhung momentan erheblich *vermehrt*.

Es ist klar, daß derartige Aufhöhungen das ursprüngliche Feinrelief des Bodens solcher Städte weitgehend verhüllt und ausgeglichen haben. Ganze Bachläufe und die sanften Taleinschnitte, die mit ihnen ursprünglich verbunden waren, sind in Flachlandstädten wie Köln oder Berlin aus dem Oberflächenbilde durch Zuschüttung der Hohlformen und durch unterirdische Kanalführung der Gerinne verschwunden.

Wesentlich größer noch sind die Aufhöhungen von Siedlungsplätzen im alten Orient mit seiner Lehmbauweise. Bei ihnen war der Materialbedarf auf den Kopf der Bewohner noch größer und die Lebensdauer des einzelnen Baus eher geringer. So kommt es, daß die rein durch Schuttabfälle emporgewachsenen Hügel der alten berühmten Städte wie Troia (Hissarlik), Tell Džezer westlich Jerusalem, Tell El Kasr im Ostjordanland, Ninive und Babylon 50, 60, 70, ja fast 100 Fuß (15, 20 ja 30 m) hoch sind, obwohl sie nicht ebenso viele, sondern wohl höchstens die Hälfte dieser Zahlen an Jahrhunderten bewohnt gewesen sind. Manche rechnen hier sogar mit bis zu einem Meter durchschnittlicher Aufhöhung im Jahrhundert.

Derartige alte Siedlungshügel aus Schutt, die *Tells* des arabischen, die *Hüyüks* des türkischen Sprachgebietes, gibt es im Orient zu Hunderten, vielleicht zu Tausenden (Bild 162). Nur die bedeutendsten von ihnen erreichen die vorgenannten Höhen und dabei Flächengrößen von Zehnern von Hektaren. Aber viele sind doch 20 bis 30 Fuß, d. h. 7 bis 10 m hoch und erreichen Hektargröße. In den Trockengebieten, in denen Wasserstellen nicht häufig sind, haben die Siedlungspunkte gewöhnlich eine große Konstanz aufzuweisen. Die allmähliche Aufhöhung des Siedlungshügels hat als Schutzvorteil zu dieser Konstanz wahrscheinlich noch beigetragen. Rechnet man die zahllosen Grabhügel *(Tumuli)* in vielen Ländern der Erde noch dazu und die künstlichen Fluchthügel vor Menschen- und Naturgewalt, wie die *Mounds* Nordamerikas und die *Wurten* der Nordseeküste (Bild 163, 164), so erkennt man eine ganze Fülle, vom Menschen geschaffener, zum großen Teil recht ansehnlicher Hügel, die von natürlichen Erhebungen sorgfältig unterschieden werden müssen (O. Schmieder, 1933; W. Hinrichs, 1931).

Doch auch diese anthropogenen Formen und die Einrichtungen, welche das natürliche formenverändernde Geschehen auf diesen Flächen unterbrechen, können im Rahmen der Geomorphologie nur als Tatsachen hingenommen werden. Die Gesetzmäßigkeiten ihres Entstehens und Vergehens werden von den anthropogeographischen Disziplinen erforscht. Nur eine Regel gibt es für die Flächen mit naturfremder Überkleidung oder Überbauung. Wenn es dem Menschen nicht gelingt, diese Einrichtungen mit den Vorgängen des benachbarten Naturgeschehens in Einklang zu bringen, dann erleiden sie Schädigung oder Zerstörung.

Von Interesse ist eine Schätzung über die Größe der Flächen, welche durch naturfremde Überkleidung oder Überbauung dem natürlich formbildenden Geschehen entzogen wird. Mustern wir unsere großen Städte, so kommt etwa auf 20000 Menschen ein km^2 überbauter oder durch Straßen völlig überdeckter Fläche. Bei ländlichen Siedlungen ist die naturfremd überdeckte Fläche kleiner. Es dürfte sich erst auf etwa 50000 Menschen 1 km^2 ergeben.

Die außerhalb der Siedlungen gelegenen festgebauten Straßen, Eisenbahnen und sonstigen naturfremd überdeckten Areale ergeben Flächen von etwa der gleichen Größenordnung. Für die Bundesrepublik Deutschland mit etwa 60 Mio Einwohnern auf rund 250000 km^2 kann die naturfremd überdeckte oder über-

baute Fläche zu rund $3500\,km^2$ geschätzt werden. Das sind 1,4% der Gesamtfläche bzw. $1\,km^2$ auf 17000 Menschen. Für das weniger dicht besiedelte Frankreich führt eine entsprechende Schätzung auf 5500 bis $6000\,km^2$ naturfremd
überdeckte oder überbaute Flächen. Das sind gut 1% der Gesamtfläche bzw.
$1\,km^2$ auf 8000 bis 9000 Menschen. Wenn man annimmt, daß diese Werte für die
Siedlungsgebiete von etwa 1 Milliarde Menschen, dem technisch am weitesten
entwickelten Viertel der Menschheit, kennzeichnend sind, und daß die
entsprechenden Zahlen für die übrigen Gebiete jedenfalls niedriger liegen, so
kommt man auf die Größenordnung von $100000\,km^2$ naturfremd überdeckter
oder überbauter Fläche auf der Erde. Das wäre die Größenordnung von 0,1%
der Festlandoberfläche. Auch diese Flächen, die durch den Menschen dem
natürlichen Regime von Verwitterung, Denudation und Erosion entzogen wurden,
sind also im ganzen noch recht klein.

4. Terrassierung des Landes

Neben den unbeabsichtigten Formveränderungen, die durch die Materialentnahme und die Siedlungstätigkeit des Menschen hervorgerufen werden, und die
überwiegend als verhältnismäßig kleine, isolierte Flächen über das Land verstreut
sind, stehen in großem Umfange auch absichtliche Umformungen der natürlichen
Landoberfläche. Sie treten einerseits auf als Terrassierung der großen Ebenen
und Talsohlen Ost- und Südasiens für den Reisbau, andererseits als Hangterras-
sierungen zur Gewinnung hochwertiger Kulturflächen unter gleichzeitigem Schutz
dieser Flächen gegen die Abspülung (H. Schmitthenner, 1925; G. Wegener, 1930;
K. Sapper, 1932; G. B. Cressey, 1951; E. Fels 1965a).

Wenn man nur das statistisch erfaßte bewässerte Land in China, Japan, Südostasien, der Insulinde und dem südlichen Vorderindien zusammenrechnet, so
kommt man auf etwa $1^1/_2$ Millionen km^2. Die kleineren Flächenanteile, die allenthalben in der übrigen Welt auftreten, nicht nur an bewässerbarem Land, sondern
auch an trockenen Terrassenkulturen in den Lößgebieten, an den Gebirgshängen
der Tropen und Subtropen bis zu den terrassierten Weinbergen unserer Heimat,
kommen noch hinzu. Außerdem ist der unbeabsichtigt erfolgenden Hangterrassierung zu gedenken, welche im schwach bis mäßig geböschten Hügellande durch
die Pflugkultur erzeugt wird. Diese sogenannten Ackerterrassen entstehen auf geneigten Flächen an den quer zur Hangneigung verlaufenden Ackerrainen, wenn
man mit dem Wendepflug in der Höhenlinie pflügt und die Schollen stets hangabwärts wendet, was der Abflachung des Feldes dienlich ist. Die hierdurch nach
und nach entstehenden Terrassenabsätze können mehrere Fuß, ja mehrere Meter
hoch werden. Wenn man bedenkt, daß in den alten Pflugkulturgebieten Vorderasiens, der Mittelmeerländer und von Mittel- und Westeuropa erhebliche Teile
der Ackerflächen in hügeligem Gelände liegen, so wird man insgesamt Flächen
von der Größenordnung von $500000\,km^2$ an terrassiertem Land hinzufügen
müssen.

Daraus ergibt sich im ganzen, daß wahrscheinlich über 2 Mio km^2, vielleicht
annähernd 2,2 Mio km^2, d. h. etwa 1,5% der gesamten festen Erdoberfläche

durch den Menschen künstlich in getreppt horizontale Flächen umgewandelt worden sind und dauernd in dieser Form erhalten werden. Das ist eine gewiß sehr beachtliche Leistung an Umformung der Erdoberfläche (Bild 63, 168, 169, 170, 172).

In diesen Gebieten muß der gesamte Abfluß des Wassers künstlich geregelt werden durch Deiche und Dämme, die die kleinen wie die großen Rinnsale einfassen, sie nicht selten über dem Niveau der Kulturebene zum Vorfluter hinführen. Talverbauung (Wildbachverbauung) in den höheren Einzugsgebieten kommt dazu. Neben den erwähnten Terrassierungen sind unscheinbare Änderungen der Landformen durch den Menschen zu nennen, wie etwa die Einebnung der Buckelwiesen im kalkalpinen Raum, wo anscheinend durch Vorgänge der Kryoturbation oder durch Lösung von Kalk entstandene Unebenheiten beseitigt wurden, und vieles andere. Neuerdings geht man mit gewaltigen Planiermaschinen an die Wegräumung unbequemer Geländeformen, bzw. an die Schaffung einer neuen Geländegestaltung. Davon sind in erster Linie dicht besiedelte Gebiete betroffen. Der Geomorphologe muß diese Tatsachen im einzelnen beachten, um nicht etwa Täuschungen zum Opfer zu fallen. Aber im ganzen gesehen spielen sie für die Formen der Erdoberfläche erst eine bescheidene Rolle.

5. Künstliche Küsten und Landgewinnung

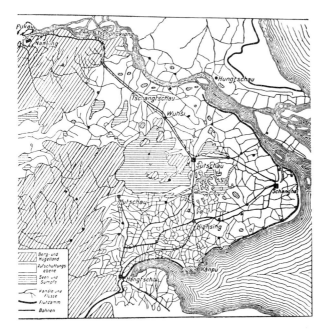

Fig. 146. Beispiel einer künstlich festgelegten Küste. Das Deltaland südlich des Jangtsekiang. (Nach H. Schmitthenner, 1925, S. 155.) Maßstab etwa 1 : 3,3 Mio.

Die Küste wird auf mehr als 300 km Erstreckung von Deichen gebildet. Diese schützen mehr als 10 000 km² Marschenland.

Eine weitere formenändernde Leistung des Menschen sind die rund 2000 km künstlicher Küsten, die er vor allem im Nordseeraume und an den chinesischen Küsten (Fig. 146), außerdem an vielen anderen Stellen in kleineren Ausmaßen durch Deichbauten geschaffen hat. Hinter diesen Deichen verbergen sich im Nordseegebiet mindestens 15000 km^2 Marschland, die auf diese Weise gegen Überflutung geschützt sind. Von ihnen entfallen allein über 2000 km^2 auf die Polder der Zuider See. Wie groß die entsprechenden Flächen auf der übrigen Welt sind, ist nicht leicht abschätzbar (Bild 140, 167).

Aber im ganzen ergeben sich mehrere Zehntausend km^2 derart vom Menschen dem Meere abgerungenen Landes (W. Wolff, 1926; W. Hinrichs, 1931; H. Schmitthenner, 1925; G. Wegener, G. B. Cressey, 1951; u. a.).

6. Regulierung der Flüsse

Wesentlich ausgedehnter als die Flächen unmittelbarer, vom Menschen hervorgerufener Formveränderungen der Erdoberfläche sind die Gebiete, in denen der Mensch nur mittelbar durch Eingriffe in die Natur auf die Entwicklung der Formen Einfluß nimmt. Ein besonders auffälliger Eingriff dieser Art ist die Regulierung der Flüsse. In den Kulturländern Mittel- und Westeuropas, ebenso in Italien, gibt es in diesem Sinne kaum noch einen natürlichen Fluß, selbst kaum ein natürliches Flüßchen. Die Wildbachverbauung, die Flußbegradigung und die Anlage von großen Stauwerken haben darüber hinaus sehr zahlreiche Flußgebiete Europas, insbesondere auch der Sowjetunion und weiter Bereiche Nordamerikas ergriffen. Sehr bedeutende Werke dieser Art gibt es auch in den übrigen Weltteilen, namentlich in den Trockengebieten, soweit sie eine größere Bedeutung als Siedlungs- und Wirtschaftsräume haben. Rechnet man die Flächeninhalte aller von derartigen Eingriffen betroffener Flußgebiete zusammen, so wird man auf zahlreiche Millionen km^2 kommen. Sicher sind mehrere Prozent, vielleicht sogar über 10% der Festlandsoberfläche auf diese Weise in ihren Abflußverhältnissen durch den Menschen beeinflußt worden. Stellenweise ist diese Einflußnahme außerordentlich groß. Nach freundlicher mündlicher Mitteilung von E. Fels wird in den Stauwerken der USA gegenwärtig bereits eine Wassermenge zeitweilig zurückgehalten, die rund 12% des gesamten Jahresniederschlags des Landes gleichkommt.

Wenn man die Untergrenze der Atmosphäre als Erdoberfläche betrachtet, so kann man auf die zahllosen vom Menschen geschaffenen Stauseen als künstliche Teilstücke der Erdoberfläche hinweisen. Deren Fläche ist in den USA nach Fels (1965, S. 13) mit mindestens 60000 km^2 zu veranschlagen, für die Sowjetunion bei rascher Zunahme mit mindestens 30000 km^2. Die Zahl von 100000 km^2 für die ganze Erde ist daher sicher bereits überschritten. Für die Geomorphologie ist es allerdings zweckmäßiger, die Untergrenze von Luft- und Wasserhülle, also die feste Erdoberfläche als Untersuchungsgegenstand zu nehmen. Geomorphologisch gesehen ändern dann die Stauanlagen die Form der Erdoberfläche nicht unmittelbar, sondern nur mittelbar durch die Abänderung der Abflußverhältnisse. Über deren Folgen ist noch nicht viel Genaueres bekannt, und es wäre sehr zu wünschen, daß darüber eingehendere Untersuchungen vorgenommen werden. Nach der heutigen Kenntnis kann man sich etwa folgendes Bild machen:

Obwohl große Stauwerke bereits seit vielen Jahrzehnten in den verschiedensten Klimabereichen bestehen, ist, wenn man von bestimmten Ausnahmefällen absieht, nicht bekannt geworden, daß die Staubecken durch Ablagerung von Sedimenten bis zum Unbrauchbarwerden zugefüllt worden sind. Sedimentation tritt natürlich wegen der Abflußbehinderung durch den Staudamm stets ein. Es gibt viele kleine und größere Deltabildungen am Rande solcher Staubecken, die ohne diese nie entstanden wären. Aber der Ingenieur hat es anscheinend in der Hand, durch klug eingerichtete Durchspülung der Staubecken mit stoßweisem Abfluß bei wechselnden Spiegelhöhen, wie sie sich zu gegebener Zeit durchaus einrichten läßt, wenigstens die Hauptmasse der abgelagerten Sedimente immer wieder ausreichend weiterzutransportieren. Es hat den Anschein, als ob der natürliche Fluß in der Regel eine mit so geringem Wirkungsgrad arbeitende Transporteinrichtung darstellt, daß der Mensch ihm in seinen Stauanlagen große Energiemengen entziehen kann und dennoch durch geschickte Handhabung den notwendigen Massentransport außerdem noch aufrecht erhalten kann. Wahrscheinlich spielt hierbei die Tatsache eine Rolle, daß plötzliche Änderungen der Fließgeschwindigkeit und der Fließrichtung in Flüssen, wie man sie durch Verstellen der Wehre erreichen kann, für den Materialtransport eine größere Bedeutung haben als selbst beträchtliche Änderungen der Abflußmenge.

Im ganzen ergibt sich so der Eindruck, daß der Mensch bei einiger Umsicht mit seinen Stauwerken den Flüssen erhebliche Energiemengen entziehen kann, ohne das gemäß den örtlichen Naturbedingungen eingespielte Verhältnis von Verwitterung, Abtragung und Ablagerung ernstlich abzuändern. Selbstverständlich sind die bisher zur Verfügung stehenden Erfahrungen erst kurz. Sie können insbesondere nicht auf Zeiträume ausgedehnt werden, welche länger dauern als die Standfestigkeit der menschlichen Bauwerke. Genauere Untersuchungen über diesen Fragenkreis wären jedenfalls erwünscht.

Eine andere Sache ist es, daß, wie Fels (1965a) hervorhebt, durch die Stauanlagen der Grundwasserspiegel in weitem Umkreis erhebliche Veränderungen erleidet, und daß auch durch die großen Stauseen das Klima der Umgebung Änderungen erfährt. Diese Folgen der Eingriffe in das Gewässernetz und andere, die sich z. B. an die Schaffung von Bewässerungsanlagen ebenso wie an die unsichtbaren, aber vielfach sehr großflächigen Anlagen zur unterirdischen Entwässerung knüpfen, haben vor allem den Klimatologen, den Bodenkundler und den Landwirt zu beschäftigen. Für die Formen der Erdoberfläche werden diese Erscheinungen höchstens mittelbar eine Bedeutung erlangen. Im ganzen genommen dürften die vom Menschen an den Flüssen vorgenommenen Eingriffe nur in bescheidenem Maße wirklich neue Formen hervorbringen.

Sehr fühlbare und beabsichtigte Änderungen des Formenbildes ergeben sich aber mitunter durch die Begradigung größerer stark gewundener oder verwilderter Flüsse. Die Laufverkürzung und die Zusammenfassung des Flusses in einem begradigten Bett können ihn zu kräftigem Einschneiden veranlassen. Das einstige Hochwasserbett kann auf diese Weise künstlich zu einer echten Terrasse werden, die vom Hochwasser nicht mehr erreicht wird. Derartiges ist z. B. durch die Rheinkorrektur des badischen Ing. Oberst J. G. Tulla im 19. Jahrhundert im südlichen Teil der Oberrheinischen Tiefebene teilweise erreicht worden. 6 bis 8 m tiefer hat sich die Isar bei München infolge ihrer Korrektur eingeschnitten. Der Viktualienmarkt bei St. Peter, wo sich einst die Schifferlände befand, und der Englische Garten, beides Teile der ehemaligen Stromaue, sind zu völlig hochwassersicheren Terrassen geworden (Bild 166).

So kräftiges Einschneiden infolge von Laufbegradigung ist natürlich nur möglich, wenn der betreffende Fluß starkes Gefälle hat. Im anderen Falle bleiben immerhin langsam verlandende Altwasser neben dem begradigten Fluß übrig und weisen auf die vollzogene Formveränderung hin.

Schlammreiche Flußhochwässer werden an manchen Orten in eingedeichte, versumpfte Gebiete eingeleitet, wo sich das Feinmaterial größtenteils absetzt und zur Aufhöhung des Landes beiträgt. Beispiele einer derartigen *Kolmatierung* oder *Colmata* (ital. colmare = füllen) sind vom Nolla im Domleschg (Hinterrhein) oder in großem Maßstab von Lamone und Ídice im Raum Ferrara−Ravenna oder vom Unterlauf des Ombrone (Toscana, Bonifica Grossetana) bekannt.

Im ganzen dürften die vom Menschen an den Flüssen vorgenommenen Eingriffe nur in örtlich beschränktem Maße wirklich neue Formen hervorbringen. Insbesondere Taleinschnitte in Begradigungsstrecken und Deltaschüttungen, sowie Bodenauffüllung in künstlichen Stauseen oder bei künstlichen Flußverlegungen sind Formen dieser Art. Im übrigen ist der Mensch genötigt, seine Eingriffe so zu gestalten, daß das natürliche Zusammenspiel von Verwitterung, Abtragung und Ablagerung im Flußgebiet einigermaßen in den bestehenden Größenordnungen erhalten bleibt. Dies gilt selbst dann, wenn beträchtliche Wassermassen künstlich über eine natürliche Wasserscheide in ein anderes Flußgebiet gelenkt werden.

Nicht allzu selten sind künstliche Verlegungen von Flüssen auf einem von ihnen selbst aufgeschütteten Delta. Beispiele bieten die künstliche Mündung des Alpenrheins in den Bodensee, die künstliche Mündung der Weichsel bei der Westerplatte, die künstliche Mündung des Gediz (Hermos) in die Bucht von Izmir (Smyrna). In der Regel werden solche Verlegungen vorgenommen, wenn ein stark sedimentierender Fluß einen Hafen mit Zufüllung bedroht. Nach der Verlegung geht der Deltavorbau an der neuen Mündung weiter. Der Mensch hat also die Weiterentwicklung des betreffenden Deltas künstlich in eine andere Richtung gelenkt.

Es gibt schließlich auch die künstliche Unterbindung der natürlichen Verlegung von Flüssen, die in einer breiten Stromaue mäandrieren oder pendeln. So hat z. B. schon das mittelalterliche Köln durch Kunstbauten an den Poller Köpfen mit Erfolg eine Gefahr für seine Verkehrsstellung abgewendet, die dadurch entstand, daß der Rhein sich vom Kölner Hochufer fort in eine frühholozäne Stromrinne östlich von Deutz zu verlegen drohte.

7. Bodenzerstörung

Die vorhergehenden Abschnitte haben einesteils von Änderungen an den Formen der Erdoberfläche gehandelt, welche unmittelbar oder mittelbar auf Massenverlagerungen zurückgehen, die der Mensch vornimmt. Des weiteren wurde darauf hingewiesen, daß der Mensch auch zu verschiedenen Zwecken gezielte Eingriffe in diejenigen Vorgänge durchführt, die an der Gestaltung der Formen der Erdoberfläche arbeiten. Auch auf diese Weise übt der Mensch Wirkungen auf die Formung der Erdoberfläche aus. Es gibt endlich Betätigungen des Menschen, die als unbeabsichtigte Begleiterscheinung formenändernde Vorgänge von erheblichem Ausmaß entweder überhaupt erst ins Spiel bringen oder doch sehr beschleunigen. Zu diesen Betätigungen gehört unter bestimmten Bedingungen die Landbewirtschaftung. Sie kann unter den gedachten Umständen zu *Bodenabtragung, Bodenzerstörung, (Bodenerosion)* führen, und an diese Erscheinungen wird sogar oft zuerst gedacht, wenn von Änderungen der Oberflächenformen der Erde durch den Menschen die Rede ist. In Wirklichkeit wird diese Bodenzerstörung durch natürliche Vorgänge vollzogen. Der Mensch schafft hierbei nur durch, wirtschaftlich gesehen, unzweckmäßige Maßnahmen die Voraussetzungen dafür, daß gewisse sonst nicht zur Auswirkung gelangende Abtragungsvorgänge ins Spiel kommen. Der Ausgangspunkt ist immer die Schädigung des natürlichen Pflanzenkleides durch den Menschen (Bild 173, 174).

Um eine Veränderung des natürlichen Pflanzenkleides kommt der Mensch nicht herum, seit er zum Anbau und zur Viehwirtschaft übergegangen ist. Geomorphologisch wesentlich ist nur, ob durch seine Eingriffe das Zusammenwirken von Böschungsabtragung und Flußerosion merklich verändert wird oder nicht.

Das Pflanzenkleid übt überall eine Schutzwirkung gegenüber der Böschungsabtragung aus, indem es den aufprallenden Niederschlag dämpft, das rasche und massierte Abfließen des Niederschlags- oder Schmelzwassers behindert und den Boden durch mehr oder weniger dichtes Wurzelwerk festhält. Gebiete mit dichtem Pflanzenkleid erleiden daher bei gleicher Geländeneigung und gleicher Beregnung eine geringere Böschungsabtragung als schütter oder gar nicht bewachsene Flächen. In schneereichen Gebirgen hemmt der Waldwuchs überdies nachdrücklich sowohl die Entstehung wie auch das Weiterlaufen bereits in Bewegung gekommener Lawinen. Er wirkt daher einem dort sonst sehr leistungsfähigem Vorgang der Böschungsabtragung energisch entgegen. Aus diesen Gründen muß jede Verringerung des ursprünglichen Pflanzenkleides als Vorschub zu verstärkter Böschungsabtragung betrachtet werden.

Nicht jede Verstärkung der Böschungsabtragung bewirkt aber Bodenzerstörung, wenn man darunter den raschen oder auch den allmählichen *Verlust* der Verwitterungsdecke auf den betroffenen Flächen versteht. Denn diese ist nichts Unveränderliches. Sie erlangt durch stetes Einwirken der Verwitterung auf den Untergrund ständig eine gewisse Ergänzung von unten. Die Aufbereitung des Untergrundes durch die Verwitterung wird sogar etwas beschleunigt, wenn durch verstärkte flächenhafte Abtragung die Verwitterungsdecke dünner wird, weil dann die Verwitterungs- und Bodenbildungsprozesse kräftiger auf noch unverwitterte Partien des Untergrundes einwirken können.

Unter ungestört natürlichen Verhältnissen herrscht also ein Gleichgewicht zwischen der natürlichen Denudation (Böschungsabtragung) und der den Untergrund fortdauernd aufbereitenden Verwitterung. Dieses Gleichgewicht ist sogar einer gewissen Variation fähig, indem die nachschaffende Verwitterung sich etwas steigern kann, falls die Denudation zunimmt. In dieser Hinsicht sind allerdings nicht alle Klimabereiche gleich elastisch. Soweit die Kenntnis reicht, können feuchte, mit nicht zu schweren Regen ausgestattete Gebiete, die zugleich eine tiefgründige Verwitterungsdecke besitzen, Schwankungen der Denudationsgeschwindigkeit durch angepaßte Verwitterung leichter ausgleichen als trockene und als platzregenbedrohte, namentlich dann, wenn deren Verwitterungsdecke an sich nur wenig mächtig ist. Solche Gebiete pflegen außerdem von Natur keinen besonders üppigen Pflanzenwuchs zu tragen. Irgendeine Wirtschaftsmaßnahme des Menschen wirkt sich deswegen bei ihnen nachhaltiger aus als in reicher bewachsenen Gebieten.

Aber diese wie selbstverständlich erscheinende Regel gilt nicht ohne Ausnahme. Es scheint für die Bodenzerstörung stark auf Menge und Art des Tonmineralgehalts der Böden anzukommen, insbesondere auf ihre Fähigkeit, Wasser aufzunehmen und wieder abzugeben, dabei zu quellen und wieder zu schrumpfen. In den wechselfeuchten Tropen des südlichen Tanzania, im Miombowaldgebiet bei mäßigen Jahresniederschlägen (500–1000 mm) überwiegen z. B. Böden, welche beim Austrocknen zwar unter einem dünnen sandig staubigen Deckhorizont verbacken, aber dabei keine Trockenrisse bilden. Bei Platzregen wird der Deckhorizont schmierig, aber nicht plastisch. Er wird leicht abgespült, aber selbst mittlere Böschungen erleiden kaum Zerrachelung. Es gibt erhebliche Bodenabtragung, aber kaum Bodenzerstörung.

Aus alledem scheint hervorzugehen, daß die Bodenzerstörung durch unzweckmäßige Bewirtschaftung in denjenigen Gebieten ein Maximum erreicht, in denen nahe der Trockengrenze bei Neigung zu Platzregen in einer feuchten Jahreszeit und zu starker Austrocknung und Windeinwirkung während eines anderen Teiles des Jahres die Böden plastisch sind und zur Bildung von Trockenrissen neigen, die natürliche schützende Pflanzendecke jedoch schütter und leicht verletzlich ist. Von dort nimmt die Anfälligkeit hinsichtlich Bodenzerstörung nach beiden Richtungen ab, gegen die Wüste, weil in ihr steile Flächen ohnehin nur eine kümmerliche Verwitterungsdecke tragen, gegen die vollhumiden Gebiete aus den vorher erörterten Gründen. Im einzelnen sind die Ursachen der hier starken, dort weniger bedeutenden Bodenabtragung oder Bodenzerstörung noch nicht ausreichend geklärt. Die Erscheinungen sind je nach den örtlichen Gegebenheiten stärker verschieden als gemeinhin angenommen wird.

Starke Steigerung der Böschungsabtragung führt zu einer Überlastung der Gewässer, die das angelieferte Material weitertransportieren sollen. Die Gewässer können die Mehrarbeit nur leisten, wenn entweder ihr Abfluß infolge der Vegetationsschädigung mehr ruckartig, also ungleichmäßiger wird als vorher, oder wenn sie über ein erhöhtes Gefälle verfügen. Das erste ergibt sich zumeist zwangsläufig. Um auch das zweite zu erreichen, höhen die Flüsse ihre Talgründe auf. Daher hat eine Steigerung der Böschungsabtragung meist Akkumulationserscheinungen an bestimmten Stellen der Täler zur Folge. Beides ist für den wirtschaftenden Menschen gleich unerwünscht. Deswegen gibt es in den jungen Kulturländern, in denen Bodenzerstörung durch Fehlwirtschaft hervorgerufen wurde, eine umfangreiche wissenschaftliche und technische Beschäftigung mit diesen Problemen.

In den alten Kulturländern nahe der Trockengrenze haben die Vorgänge der Bodenzerstörung gewöhnlich in jahrtausendealter langsamer Entwicklung schon zu einem in gewisser Hinsicht abgeschlossenen Ergebnis geführt. Hier sind die auch nur etwas steileren Hänge weithin vom Boden fast völlig entblößt und daher wirtschaftlich wenig wertvoll. Wenn sie als Magerweide benutzt werden, so richtet dies selbst bei Überstockung keinen allzu großen Schaden mehr an, weil nicht mehr viel Lockermaterial zum Abtragen da ist. Auf den Flachböschungen sind dagegen durch Abschwemmung von den Steil- oder Schräghängen nicht selten tiefgründigere Böden vorhanden. Diese sind wegen ihrer geringen Neigung und wegen der bereits vollzogenen weitgehenden Abspülung der steileren Hänge hier weniger den unangenehmen Verschüttungsvorgängen ausgesetzt als entsprechende Gebiete in jungen Entwicklungsländern, in denen gerade erst die ersten, aber überaus kräftigen und rücksichtslosen Eingriffe in den bestehenden Abtragungshaushalt vorgenommen werden.

In den humiden Mittelbreiten ist durch die Ackerkultur, namentlich während der Zeiten, in denen die Feldstücke nackt daliegen, natürlich eine erhöhte Böschungsabtragung, insbesondere auch linienhafte Hangzerfurchung (initiale Linearerosion) und Bodenabspülung in Gang gebracht worden. Die Auelehme der Talsohlen in großen Teilen Deutschlands konnten mindestens teilweise als Folge der mittelalterlichen Rodungen erkannt werden (H. Mensching 1951; J. Hövermann 1953 u. a.).

Wo Löß- und Lößlehmdecken den besonderen Wert unserer Ackerböden ausmachen, da ist diese Bodenabspülung auch ein fühlbarer Schaden. Denn der abgespülte Löß kann nicht durch nachschaffende Verwitterung ersetzt werden.

Im übrigen aber hat die Bodenabspülung in unseren Bereichen, in denen Starkregen selten sind, bisher im allgemeinen nicht zu wirklicher Entblößung vom Oberboden geführt, wie sie in den semihumiden und semiariden Gebieten so gefürchtet ist. Daraus muß wohl geschlossen werden, daß in den humiden Mittelbreiten, sofern sie nicht durch häufigere Starkregen gefährdet sind, die bodennachschaffende Verwitterung im allgemeinen ausreicht, um der Steigerung der Bodenabspülung, wie sie durch die Ackerkultur hier zweifellos in Gang gebracht worden ist, das Gleichgewicht zu halten. Dies ist in den trockeneren Gebieten offenbar nicht oder nur sehr viel schwerer möglich. Hierin kommt ein klimageomorphologischer Unterschied der humiden gegenüber den ariden Gebieten sehr deutlich zum Ausdruck.

Die Vorgänge der Bodenzerstörung bleiben in den halbtrockenen und in den regelmäßig von Platzregen heimgesuchten Gebieten, wenn die Pflanzendecke geschädigt wurde, leider nicht auf kleine Flächen beschränkt, sondern nehmen große Ausdehnung an. Der „Report of the President Water Resources Policy Commission" der Vereinigten Staaten von Nordamerika (1950) veröffentlicht eine Karte, nach der in den Vereinigten Staaten mehr als $^1/_2$ Mio km^2 durch

Bodenzerstörung schwer betroffen sind. Ähnlich ist es in der Sowjetunion, wo nach russischen Schätzungen jährlich 535 Mio t Boden abgeschwemmt oder verweht werden (J. Breburda 1963). Besonders gefährdete Zonen sind die Wüstenrandgebiete. Überstockung des Viehbestandes, Abholzung und Ausdehnung des Ackerbaus fördern Abspülung und Windausblasung des Bodens. Der Verbleib eines Bodenskelettes, von Kalk- oder Eisenkrusten oder die Remobilisation vorzeitlicher, weitgehend fixierter Dünen (Bildung von Windkulen) sowie die Zerrunsung sind besonders aus dem südlichen Afrika und in den letzten Jahren von den Randgebieten der Sahara bekannt geworden (J. Hurault, 1966). Diese Veränderungen des geomorphologischen Prozeßgefüges werden dem wenig besagenden und umstrittenen Begriff *Desertification* zugeordnet.

Für das südliche Afrika hat E. Obst (1940, S. 3–26 und ähnlich in E. Obst u. K. Kayser, 1949, S. 276–287) den Gedanken ausgesprochen, daß die von den Küstengebieten gegen das Landesinnere des en bloc gehobenen und durch Randschwellen ausgezeichneten Kontinents allmählich vordringende kerbtalartige Zerschneidung durch eine allgemeine Beschleunigung des Abflusses auch auf natürlichem Wege der Absenkung des Grundwasserspiegels und der Bodenzerstörung Vorschub leiste. Dieser auf ausgedehnte Feldbeobachtungen gestützte Gedanke ist ernster Erwägung wert. Nur ist wohl die Frage aufzuwerfen, ob die Vorgänge einer energischen aber relativ seichten Ankerbung der Außenabhänge des afrikanischen Blocks wirklich eine geologisch junge, tektonisch bedingte Erscheinung sind.

Obst denkt an die Folgen einer bis ins Postpleistozän fortdauernden Hebung und Schwellenbildung. Vieles scheint aber dafür zu sprechen, daß es sich bei der unausgeglichenen Ankerbung der Randabdachungen Afrikas weniger um eine individuelle, jungtektonisch bedingte Eigenschaft Afrikas handelt als um eine generelle, gewissermaßen konstitutionell gegebene Eigenschaft der wechselfeuchten Tropen einschließlich gewisser Randbereiche. Denn genau die gleichen unausgeglichenen Längsprofile auch der bedeutenderen Flüsse, bei verhältnismäßig geringer Taleintiefung trotz kräftigen Gefälles, kehren in den ähnlich struierten Gebieten von Vorderindien und Südamerika wieder. In den humiden Außertropen dagegen sind die älteren und sehr alten Schollenstrukturen, auch wo sie weit weniger hoch liegen, tief durchtalt.

Wenn man auf Grund der vorhergehenden Überlegung die Frage offen läßt, ob allgemein an den Außenabdachungen Afrikas von Natur aus wirklich eine verhältnismäßig rasch, weil durch sehr junge Hebung hervorgerufen, zunehmende Vertiefung des Talnetzes im Gange ist, so wird doch daran nicht zu zweifeln sein, daß sich auf diesen verhältnismäßig starken Böschungen besonders leicht eine Kerbenbildung, Zerschneidung und Abspülung der Bodendecke entwickeln kann.

(Über Bodenabtragung in Mitteleuropa u. a.: H. Kuron zahlreiche Arb. bes. 1943, 1954; W. Wolff, 1950/51; E. Mückenhausen, o. J.; G. Wandel u. E. Mückenhausen, 1951; J. H. Schultze, 1951/52, 1952; H. Stremme, 1952; O. Schmitt, 1952; L. Hempel, 1954; H. Mortensen, 1954/55; G. Richter, 1965, 1974; Ch. Streumann u. G. Richter, 1966; J. Karl u. W. Danz, 1969; L. Hempel, 1971; F. Reuter, 1972; P. Macar, 1974.)

Für die USA besonders: C. G. Bates u. A. J. Henry, 1928; Q. C. Ayres, 1936; A.-F. Gustafson, 1937; G. V. Jacks u. R. O. Whyte, 1938; H. H. Bennet, 1939, 1947, 1952; M. Biehl, 1949; E. A. Colmann, 1953; T. Dale u. V. G. Carter, 1955; L. Rakoczi 1975, F. Fournier 1975; M. G. Wolman 1975.

Für andere Gebiete: R. M. Gorrie, 1935; C. Gillman, 1937; E. Obst, 1940; E. Obst, 1940; E. Obst u. K. Kayser, 1949; E. Weigt, 1941; E. Nowack, 1942; T. Min Tieh, 1941; E. S. S. Clayton, 1949; M. Benchetrit, 1954; R. Maack, 1956; F. Fournier, 1972.)

IV. Typische Vergesellschaftungen von Oberflächenformen, auch von verschiedenen Reliefgenerationen auf der Erde

A. Vorbemerkung: Formenmannigfaltigkeit von Reliefgenerationen und Vergesellschaftung von Anteilen verschiedener Reliefgenerationen

Unsere Darstellung der Prozeß-Geomorphologie hat zunächst die größten Formenanlagen der Erde und die feineren Oberflächenformen selbst, wie die Gesetzmäßigkeiten ihrer Gestaltung zu erläutern versucht, soweit die Sachverhalte gegenwärtig als ausreichend gesichert oder doch als wahrscheinlich angenommen werden können.

Stets ist der wirkliche Formenschatz das Ergebnis eines Zusammenwirkens bzw. Gegeneinanderwirkens von Krustenbewegungen, Abtragungs- und Aufschüttungsvorgängen. Genau genommen sind immer einerseits morphotektonische, andererseits klimabedingte Vorgänge der jeweiligen *geomorphologischen Gegenwart* am Werk. Fast immer sind außerdem auch strukturelle und klimageschichtliche Vorgegebenheiten aus der weiter zurückliegenden Vergangenheit als mitwirkende Ursachen für die Gestaltung der Formen zu berücksichtigen.

Überwiegend unter einem andersartigen Vorzeitklima gebildete Formen, die von den gegenwärtigen Vorgängen nur unbedeutend überarbeitet oder weiterentwickelt wurden, sind *Vorzeitformen* (S. Passarge, 1920, S. 99). Die Erforschung ihrer Entstehung und Weiterbildung ist nach der Gliederung, die J. Büdel (1971) für die Geomorphologie vorgeschlagen hat, Gegenstand der *klimagenetischen Geomorphologie*, d. h. der besonders auf Klimaänderungen und ihre Beeinflussung der Landformung gerichteten Fragestellung der Geomorphologie. Dieser Gesichtspunkt wurde von uns bei der Darstellung der Formen und der sie gestaltenden Prozesse tunlichst mitberücksichtigt. Doch ist die Mannigfaltigkeit der durch Klimaänderungen möglichen Beeinflussungen der Formenentwicklung außerordentlich groß. In dem besonderen Fall, in welchem trotz bedeutender Klimaänderungen im Flachrelief der Tropen nur geringe Formenänderungen nachweisbar sind, spricht J. Büdel (1971, S. 90), unter Bezugnahme auf die Studien von H. Bremer in Inner-Australien von *traditionaler Weiterbildung* der Formen.

Auf eine unbeschränkte Berücksichtigung sowohl der klimatischen wie der tektonischen Ereignisfolgen und ihrer geomorphologischen Auswirkungen ist der Begriff der *Reliefgeneration* gerichtet. Er soll die dem Entstehungsalter nach im wesentlichen zusammengehörigen, dabei aber keineswegs immer auch klimageomorphologisch oder tektonisch gleichartigen Formen eines Gebiets zusammenfassen.

Ein Relief kann hiernach geomorphologisch einheitlich, ja eintönig sein und in dieser Weise von einer einzigen Reliefgeneration erfüllt sein. Ein anderes Relief kann sich z. B. aus fluvialen und glazialen, aus Abtragungs- und Aufschüttungsformen, wieder ein anderes aus tiefen Tälern, weiten Abtragungsebenen, fluvialen, lakustren und äolischen Aufschüttungsformen zusammensetzen usw. und dennoch können auch diese Reliefteile zur gleichen Reliefgeneration gehören.

Andererseits können aber, wie angedeutet wurde, innerhalb eines Reliefs neben den in der geologisch jüngsten Vergangenheit gebildeten Formen auch Formen oder Formenteile vorhanden sein, deren Gestaltung überwiegend unter wesentlich anderen, in weiter zurückliegender Vergangenheit herrschenden Entstehungsbedingungen zustande kam. Derartige Vorzeitformen sind dann Überreste einer älteren Reliefgeneration. Daher ist es angesichts jedes stärker gegliederten Reliefs nötig zu fragen, ob in ihm eine einzige, wenn auch aus mannigfaltig gestalteten Teilgliedern bestehende Reliefgeneration vorliegt, oder eine Vergesellschaftung von Anteilen verschiedener Reliefgenerationen.

In der Natur zeigen nun bestimmte Kombinationen von Formbestandteilen, bzw. die ihnen zugrunde liegenden strukturellen oder klimageschichtlichen Vorgegebenheiten und die gegenwärtig auf sie einwirkenden tektonischen und klimabedingten Formungsvorgänge eine gewisse Regelmäßigkeit der Verteilung auf der Erdoberfläche. Man kann mit W. Panzer (1965) vom Formenstil der verschiedenen Regionen sprechen.

Die besonders typischen dieser Formenvergesellschaftungen sollen in den folgenden Kapiteln angedeutet werden. Dabei wird zugleich zu erörtern sein, wie weit in ihnen neben der gegenwärtigen auch Reste älterer Reliefgenerationen zu erkennen sind. Leider ist die Kenntnis der genannten Sachverhalte noch nicht groß, vor allem von Ort zu Ort äußerst ungleich und im einzelnen verschieden gut gesichert. Deswegen sind Unausgeglichenheiten der Angaben nicht zu vermeiden.

Kenntnisreiche neuere Überblicke der klimageomorphologischen Zonen gaben J. Hagedorn und H. Poser (1974), ebenso H. Wilhelmy (1974, 1975). Trotz gewisser unterschiedlicher Auffassungen über die am meisten naturnahe Aufgliederung in geomorphologische Zonen bzw. Bereiche zwischen diesen beiden Arbeiten untereinander und zu dem hier entworfenen Bild geben doch beide zu unserem Entwurf willkommene Ergänzungen. Über Reliefgenerationen siehe besonders H. Wilhelmy (1974), J. Büdel (1977) und die Sammlung von Aufsätzen in J. Büdel (1977a).

Unter den hauptsächlich bestimmenden Faktoren der Formenbildung besitzen die *klimagesteuerten Vorgänge der Massenumlagerung* eine den großen *Klimagürteln folgende* regionale *Differenzierung*. Das gleiche gilt auch im großen von der regionalen Anordnung der wichtigsten *klimageschichtlichen Vorgegebenheiten des Formenbildes*. Die tektonischen Vorgänge und die strukturellen Gegebenheiten als Beeinflusser des Formenbildes besitzen dagegen keine so einfach überblickbare regionale Verteilung. Dafür aber kann ihr großräumiger Einfluß für die Formengebung auf wenige Grundunterscheidungen zurückgeführt werden.

Der Einfluß der *Morphotektonik* auf das Formenbild prägt sich großräumig hauptsächlich durch die Sonderung von Räumen überwiegend *orogenetischer (tektogenetischer)* und überwiegend *epirogenetischer Krustenbewegungen* aus, d. h. durch die Sonderung von Kettenrelief und Felderrelief samt den jeweils zugehörigen speziellen Differenzierungen. Die *strukturellen Gegebenheiten* dagegen wirken vor allem durch den Unterschied von *Faltungsstruktur* und *Tafellandstruktur* auf das Formenbild ein.

Die *Küstenformen* haben außerdem eine vom gegenwärtigen Klima, von der Morphotektonik und der Struktur unabhängige Beeinflussung durch die großen *eustatischen Änderungen des Meeresspiegels* erlitten. Auch dies ist zu berücksichtigen.

Bei dieser Sachlage erscheint für den regionalsystematischen Überblick über die Formenvergesellschaftungen an der Erdoberfläche der folgende Weg gangbar: Es werden in der Reihenfolge der großen Klimabereiche vom Pol zum Äquator zuerst die Formenvergesellschaftungen des Felderreliefs behandelt. Dabei werden jeweils die morphotektonischen, die strukturellen und die klimageschichtlichen Gegebenheiten, soweit erforderlich, besonders berücksichtigt. Im Bereich des Kettenreliefs der Erde sind aber morphotektonische Gestaltanlagen außergewöhnlich stark formbestimmend. Die oft sehr großen Höhenunterschiede bringen außerdem exogene Vorgänge der verschiedensten Art samt den von ihnen geschaffenen Formen auf kurze Entfernung in Höhenstufen übereinander zur Ausbildung. Die gedrängten morphotektonischen Formenanlagen und diese kleinräumige Verzahnung klimageomorphologisch verschiedener Einzelzüge sollen aber nicht den Überblick über die großräumige klimageomorphologische Differenzierung verdunkeln, welche auch das Kettenrelief beherrscht. Den Formengesellschaften des Kettenreliefs wird daher ein besonderer Abschnitt gewidmet, in welchem jeweils auch die klimageomorphologischen Sachverhalte zusammenfassend erörtert werden. Ein weiterer Abschnitt behandelt die Formengemeinschaften der Küsten. Diese spiegeln gewiß nicht jede klimatisch bedingte Differenzierung der Landformen in ihrer Nachbarschaft merklich wider. Krustenbewegungen und eustatische Meeresspiegeländerungen sind für sie oftmals wichtiger. Aber im großen gesehen gibt es auch klimabedingte Unterschiede der Formengemeinschaften der Küsten.

Die vorstehenden Ausführungen möchten erläutern, warum der Teil IV unter dem Titel „Typische Vergesellschaftungen von Oberflächenformen" in Unterabschnitte gegliedert ist, welche *die Formengesellschaften des Felderreliefs vorrangig innerhalb der großen Klimabereiche* erörtern, bezüglich der Formengesellschaften des *Kettenreliefs* und der *Küsten* aber einen etwas *abweichenden Weg* einschlagen.

Um den Rahmen des Buches nicht zu stark zu erweitern, werden diese Ausführungen die jeweils vergesellschafteten Formen und Formenkomplexe nur hinsichtlich der Besonderheit ihrer Beteiligung am Gesamtrelief kennzeichnen. Bezüglich der Formen und der Vorgänge selbst muß die Kenntnis der vorhergehenden Kapitel vorausgesetzt werden. Aus dem gleichen Grunde muß auch eine ausführliche Beschreibung der in den verschiedenen Klima- und Strukturbereichen auftretenden Formenbilder unterbleiben. Sie würde unnötig oft zu Wiederholungen von Ausführungen des analytischen Teils führen.

B. Formengesellschaften des Felderreliefs

1. Bereiche der polaren und subpolaren Region sowie der nivalen und subnivalen Höhenstufe

Besonderheiten von Verwitterung und Böschungsabtragung in nicht von Gletschereis bedeckten Gebieten

Die nicht von Gletschereis bedeckte polare und subpolare Region, ebenso die Höhenstufe oberhalb der natürlichen oberen Waldgrenze in den außerpolaren Gebieten, soweit sie gletscherfrei ist, sind Bereiche, in denen der Frostwechsel eine wichtige, vielfach die ausschlaggebende Rolle bei der Gesteinsaufbereitung und auch für die Böschungsabtragung spielt. Mechanische Zerkleinerung der Gesteine zu Schutt und weiter bis zur Korngröße des Schluffes als Hauptvorgang des Gesteinszerfalls, aber nur geringe chemische Verwitterung sind kennzeichnend. Die Verwitterungsmassen und Lockergesteine aller Art erleiden in flachem Gelände durch den Frost Korngrößensortierung und vielfach Frostmusterbildung. Auf mittleren bis sanften Böschungen (Schräg- bis Flachhängen zwischen etwa 20° und 2° Neigung) erfolgt in der jahreszeitlich aufgetauten, wasserdurchtränkten oberen Verwitterungsschicht über einem lange Zeit oder dauernd gefrorenen Untergrund gewöhnlich eine Versatzdenudation durch Gelisolifluktion. Es entstehen Steinstreifen in der so gut wie vegetationslosen Frostschutzzone und Vegetationsgirlanden bzw. Rasenterrassen in der Tundrenzone. Für Waldwuchs ist die Wärme der sommerlichen Jahreszeit nicht ausreichend. Die niedrige Tundrenvegetation in ihren verschiedenen Ausbildungsformen, bzw. die Matten und Felsentriften der Höhenstufe oberhalb der Waldgrenze wurzeln nur flachgründig in der Auftauschicht des Untergrundes. Diese Vegetation vermag Solifluktionsbewegungen nur zu behindern, nicht aber zu unterbinden (Näheres in Kap. III C 4, S. 158 ff.; Bild 9, 10, 11, 12, 13, 15, 16).

Wo in diesen Landschaften Steilböschungen um 30° und darüber auftreten, z. B. an Kar- oder Trogwänden einstiger Glazialerosion, an Schichtstufen, an steilen Talflanken, da gibt es auch kräftige Runsenspülung als Agens der Böschungsabtragung. Beispiele finden sich etwa in Spitzbergen, Island und Grönland (Bild 20).

Flachland mit überwiegend glazialer Abtragung

Außerordentlich große Flächen werden in der polaren und subpolaren Region von Faltenrumpfplatten des kristallinen Tiefenbaues und des gefalteten Unterbaues eingenommen. Das ist besonders im Canadisch-Grönländischen Schild und im Baltischen Schild sowie in deren Umrahmungen der Fall. Der Untergrund von Ost-Antarktika scheint großen Teils von gleicher Beschaffenheit zu sein. Alle diese Rumpflandschaften müssen sehr lange Abtragungsperioden durchgemacht haben. Aber nirgends werden, soweit die bisherige Kenntnis reicht und wenn man von den unvollkommenen, welligen Solifluktionsrümpfen absieht, in diesem Klimabereich wirklich flache Faltenrümpfe heute neu gebildet.

Der einzige Vorgang, der hierfür in Betracht käme, wäre die flächenhafte Glazialerosion unter mächtigen Inlandeisen, wie solche entweder gegenwärtig noch bestehen oder in junger geologischer Vergangenheit bestanden haben. Die Beobachtung zeigt jedoch, daß einst vom Inlandeis bedeckte Gebiete mit Faltungsstruktur zwar stellenweise als sehr flache Rumpfplatten entgegentreten, andernorts aber in größeren Abständen voneinander kräftig eingetiefte Trogtäler aufweisen, wieder anderswo sogar den Charakter von Bergländern annehmen, die ziemlich dicht von glazial überprägten Tälern durchzogen werden. Daraus ist der Schluß zu ziehen, daß die Rumpfplatten selbst ebenso wie die Trogtäler, welche vielfach, aber nicht überall, in sie eingearbeitet sind, überwiegend *nicht* das Ergebnis der Inlandeiserosion sein können. Sie sind Formen von älterer Anlage, d. h. Reste einer früheren Reliefgeneration, welche das Inlandeis überarbeitet hat.

Das heutige Bild dieser Rumpfplatten ist allerdings durch die einstige, bzw. in Grönland und Antarktika durch die heute größtenteils noch vorhandene Inlandeisbedeckung stark mitgestaltet. Diese Rumpfplatten sind zu Rundhöckerlandschaften geworden, vielfach mit frischen Schliffspuren des Eises. Weithin bildet fester Felsgrund die Oberfläche ohne oder fast ohne Bedeckung durch Boden oder Lockermassen. Daher rührt der Name der Barren Grounds in Canada. Die Rundhöckerlandschaften sind über und über mit Seen bedeckt, den Ausschleifungswannen des Inlandeises. Sehr komplizierte Wasserscheidenverhältnisse, die sich aus den verwickelten Überlauf-Verbindungen der einzelnen Seewannen ergeben, sind charakteristisch, ebenso die schnellenreichen Laufstrecken der Bäche und Flüsse. Die Verteilung von Hoch und Tief geht im einzelnen stark den Kluftrichtungen, Störungslinien und der Verteilung der Festigkeitsunterschiede im Untergrundgestein nach, besonders soweit diese sich ungefähr in der Fließrichtung des Eises erstrecken. Moorbildung und Sedimentation arbeiten langsam an der Verlandung der Seen (vgl. Bild 126).

In wechselnder Stärke hat die Frostsprengung an der Zerstörung der Rundhöcker gearbeitet, bzw. sie ist mit dieser Arbeit beschäftigt. An Böschungen von mehr als 2° bis 3° Neigung zeigen sich in Gestalt von Schuttstreifen und von Vegetationsgirlanden die Merkmale der Makrosolifluktion. Soweit die Solifluktionserscheinungen einstigen Gletschergrund ergriffen haben, sind sie dort Erscheinungen einer nachfolgenden Reliefgeneration.

Hier und da sind Decken oder Schleier von Grundmoräne, Endmoränenkörper, Oser und Kames, auch Sander oder Aufschüttungsterrassen von Flüssen dem Felsuntergrund aufgesetzt. Größere Gebiete sind auch mit Uferbildungen und Bodensediment des Meeres bedeckt. Denn infolge der isostatischen Hinabdrückung durch das Inlandeis und des späteren Wiederaufsteigens waren vielfach randliche Teile der einstigen Inlandeisgebiete vorübergehend Meeresboden. Diese Erscheinungen sind jeweils sachentsprechend entweder der glazialen Reliefgeneration zugehörig oder als Merkmale einer nachfolgenden Reliefgeneration anzusehen.

Flachland mit überwiegend periglazialer und fluvialer Abtragung

Außerhalb der vergletscherten Gebiete sind im periglazialen Bereich die Böschungen von gering reliefierten Abtragungslandschaften infolge der sehr wirksamen Solifluktionsvorgänge überwiegend sanft und gleichmäßig. J. Tricart (1954) und C. Troll (1948/49) schließen, daß die Entwicklung auf die Ausbildung eines Solifluktionsrumpfes hinstrebt. Dem kann man zustimmen, wenn man berücksichtigt, daß selbst die flachsten Hänge in einem solchen Solifluktionsrumpf mit etwa 2° Gefälle (gleich mehr als 30‰) immer noch merklich geneigt sind, und daß Böschungen von 5° und mehr in ihm keine Seltenheit sein dürften. Ein derartiger Solifluktionsrumpf wäre daher eher als ein welliges Solifluktionsflachland zu bezeichnen.

Der Wasser-, vor allem Schmelzwasserabfluß dieser Gebiete sammelt sich in linienhaften Bahnen und schafft meistens breite Schottersohlen, über die während der Schneeschmelze gewaltige Wassermassen dahinbrausen, während im Winter, wenn überhaupt, dann nur schmale Rinnsale über die Schotterbetten dahinziehen. Die Abflußbahnen bilden also Talgründe. Die Solifluktionsböschungen sind die seitlichen Hänge dieser Talgründe. Auch wo die betreffenden Hänge sehr flach sind, wird deren Fuß meist an vielen Stellen durch den Fluß angeschnitten, angekerbt, sei es durch Seitenerosion des Flusses an der Außenseite von Flußbiegungen oder auch beidseitig, dort nämlich, wo kräftige Tiefenerosion herrscht und sogar Kerbtalgründe eingeschnitten werden. Büdel (1969, 1972) sieht in diesen Klimaräumen als Folge des Eisrindeneffekts im Untergrund der Flußbetten eine Zone exzessiver Talbildung.

Nicht selten sind auch in Flachlandschaften überwiegend periglazialer und fluvialer Abtragung Reste einer älteren Reliefgeneration erkennbar, insbesondere, wenn in größerer Verbreitung über den oberen Enden der Solifluktionshänge eine noch ausgesprochen flachere Formengemeinschaft entwickelt ist. (J. B. Bird, 1967; A. Wirthmann, 1976a).

Gebirge des Felderreliefs im polaren und subpolaren bzw. nivalen und subnivalen Bereich

Teile der Schildregionen sind zu größerer Meereshöhe aufgestiegen und überragen dabei ihre Umgebung nicht in Kettenform, sondern als breitere Erhebungen, kurz als *Breitgebirge*. Das ist z. B. im südlichen Grönland, in Labrador und an anderen Stellen des polaren und subpolaren Raumes der Fall. *Breitgebirge* mit jüngeren, jedoch voralpidischen Faltungsstrukturen erheben sich ferner in polaren und subpolaren, aber auch in niedrigeren Breiten weithin zu nivalen oder subnivalen Höhen, so besonders in Skandinavien, dem Ural, in Zentralasien und Ostsibirien. In Antarktika und dem nördlichen Alaska ragen auch alpidische Kettengebirge mit großen Arealen in die nivale bzw. subnivale Höhenstufe empor.

Alle diese Hochgebiete sind von Trogtälern, mehr oder weniger tief, zertalt. Die Gipfelpartien der Hochgebiete richten sich in ihrem Formenschatz nach der Art der wirksam gewordenen Vergletscherung. Waren sie lange Zeit völlig unter einem Plateaugletscher oder unter einem Inlandeis begraben, so besitzen sie breite Rückenformen oder die Formen ausgedehnter Rundhöckerplateaus. Diese liegen dann gewöhnlich hoch über den tief eingeschnittenen Trogtälern. So ist es vielfach im norwegischen Hochgebirge (Bild 131).

Hier sind sogar die Zeugen dreier Reliefgenerationen vorhanden, nämlich das Flachrelief, das vor der Anlage der tiefen Zertalung des Gebiets bestanden hat, darauf folgend das tief eingeschnittene Tälerrelief, endlich das glaziale Abtragungsrelief, welches in der Form der Rundhöckerplateaus aus der glazialen Überarbeitung der hoch gelegenen Flachlandreste und in Gestalt der Trogtäler aus der glazialen Ausschürfung der tief eingearbeiteten Täler hervorgegangen ist.

Haben die Gipfel dagegen durch lange Zeit eine eigene, dem Relief untergeordnete Hang-, Tal- oder Eisstromnetz-Vergletscherung durchgemacht, so sind Karlingsgipfel mit scharfen Graten entstanden, manchmal in ganz geringer Meereshöhe. In Skandinavien werden diese Formen als *Tinder* bezeichnet (Bild 127, 131).

Im Küstenbereich des nordwestlichen Norwegens sind auf solchen Tindern stellenweise erratische Geschiebe gefunden worden. Daraus geht hervor, daß diese Tinder zeitweilig vom Inlandeis überdeckt waren, und daß zugeschärfte Tinderformen eine nicht zu lange dauernde Inlandeis-Überflutung ohne nennenswerte Zurundung überstehen können. Dies dürfte besonders dann möglich sein, wenn das Untertauchen im Inlandeis abseits von dessen Hauptabflußsträngen stattgefunden hat.

Die Aufeinanderfolge verschiedenartiger Gestaltungsvorgänge kann in solchen Fällen an der gleichen Stelle sehr mannigfaltig gewesen sein. Örtlich benachbarte Oberflächenteile können durch mehr oder weniger verschieden alte dieser Vorgänge ihre hauptsächliche Prägung erhalten haben. Liegen dabei die ehemals vergletscherten Oberflächenformen schon lange genug frei da, um merkliche Spuren subaërischer Abtragung oder Aufschüttung aufzuweisen, wie etwa Talhänge mit Böschungsabtragung, Talgründe mit gleichsinnigem Sohlengefälle, Schwemmfächer, Windschliffe, Dünen, so können dort u. U. Reste vorglazialer, glazialer und postglazialer Reliefgenerationen unterschieden werden.

Schichttafellandschaften der polaren und subpolaren Region

Weite Gebiete der Polar- und Subpolarregion sind von Schichttafeln bedeckt. Der größte Bereich dieser Art ist wohl das Mittelsibirische Hochland. Der nördliche Teil der Russischen Tafel reicht ebenfalls ins Subpolargebiet hinein. Randteile des Canadischen Schildes, z. B. im nördlichen Grönland und im westlichen Arktischen Archipel, tragen gleichfalls Schichttafeln.

In diesen Gebieten, soweit sie vom Inlandeis bedeckt waren, sind wiederum die Formen der Rundhöckerlandschaft ausgebildet. Sie sind aber durch die flache Schichtlagerung und durch den schichtigen Wechsel der Gesteinswiderständigkeit in Einzelheiten beeinflußt. Soweit sich überblicken läßt, gibt es in diesen Schichttafelländern der Polar- und Subpolarregion auch Schichtstufen. Langgedehnte Steilabfälle in horizontalen Schichttafeln sind vom östlichen Spitzbergen, von

Island, vom nordwestlichen Grönland (Washington Land), aus dem westlichen Canadischen Archipel, von Cockburn Island vor der Ostseite von Graham Land sowie Prinz Harald und Victoria Land in Ost-Antarktika bekannt. Es handelt sich vor allem um Küstensteilabfälle. Im Mittelsibirischen Hochland scheinen nach den inhaltsreichen geologischen Karten der UdSSR Schichtstufenlandschaften in großer Ausdehnung vorzukommen (Bild 20, 21).

In allen diesen Fällen ist die Kenntnis der näheren Einzelheiten noch gering. Zweifellos gelten Büdels Beobachtungen aus Ostspitzbergen, nach denen Runsenspülung und Solifluktion kräftig an der Zurückverlegung dieser Schichtstufen arbeiten, auch in anderen Gebieten der Polar- und Subpolarregion. Diese Schichtstufen sind danach als Gegenwartsformen aufzufassen. Aber die genaueren Bedingungen der Anlage und Weiterentwicklung dieser Formen sind noch weiter zu untersuchen. A. Wirthmann (1961) hat auf der Edge Insel zwischen der nachglazialen, der glazialen und Resten einer vorglazialen Reliefgeneration unterschieden.

Aufschüttungs- und Abtragungslandschaften aus Lockergesteinen in der Polar- und Subpolarregion

Bedeutende Teile der Polar- und Subpolarregion werden von Flachländern aus glazialen, fluvialen und marinen Aufschüttungen eingenommen. Als Folge des mehrfachen Wechsels von Hoch- und Tiefständen des Meeresspiegels, dem Ergebnis von Bildung und Abbau von Inlandeisen und von isostatischen Ausgleichsbewegungen während des Pleistozäns und Holozäns haben dort in den nicht wesentlich über dem heutigen Meeresspiegel gelegenen Gebieten Aufschüttung und Abtragung wiederholt gewechselt. So war es im Petschora-Tiefland, im Westsibirischen Tiefland und in der Tieflandzone des oberen Taimyr und der Pjasina, weiter im Lena Delta und den Tiefländern an Indigirka und Kolyma. Die Tieflandgebiete am unteren Mackenzie und am Yukon sind größere Beispiele in Nordamerika. In diesen über dem heutigen Meeresspiegel gelegenen Aufschüttungsflachländern herrscht, abgesehen von den Deltagebieten an der Küste, heute Abtragung hauptsächlich durch die Flüsse. Sie haben teilweise mäandrierende, aber auch verwilderte Laufstrecken. Die Letztgenannten sind besonders bei den großen Flüssen außerordentlich verbreitet. Überaus breite, bei den großen Flüssen 20 km Breite oft überschreitende und selbst 50 km Breite erreichende Überschwemmungszonen begleiten die Flüsse. Sie sind durch Unterschneidung scharf, wenn auch oft nur wenige Meter bis einige Zehner von Metern tief in die Umgebung eingetieft. Sie erweisen damit ihre Zugehörigkeit zum Typus der Sohlen-Kerbtäler. Die übermäßige Breite dieser Talsohlen ist zweifellos eine Folge der besonderen Hochwasserverhältnisse. Da diese Flüsse überwiegend dem Nord-Polarmeer zustreben, beginnt bei ihnen im Frühjahr die Schneeschmelze im polfernen Oberlaufgebiet. Die Schmelzwasser fluten polwärts in Bereiche hinein, in denen noch Winter herrscht. Dort ergeben sich übergroße Überschwemmungen und zugleich, wo stärker strömendes Wasser an höher aufragendem Gelände entlang fließt, der Anlaß zur Unterschneidung.

Die zumeist geringen Böschungen, mit denen sich das Lockermassen-Flachland zwischen den Flüssen abdacht, erhalten charakteristische Kleinformen durch Frosteinwirkung. In weiten Bereichen herrscht Dauergefrornis. In der sommerlichen Auftauschicht bilden sich oberflächlich Frostmuster. Bei tiefer Gefrornis entstehen Eiskeilnetze, bei merklicher Hangneigung hangabwärts laufende Steinstreifen, bei Tundrenbewuchs Vegetationsgirlanden. In den Feuchtniederungen gibt es Thufur, Palsen und Pingos (Bild 9—14). Intakte Reste älterer Reliefgenerationen dürften in diesen, durch Frostwirkungen sehr stark überformten Flachlandschaften nur selten nachweisbar sein.

2. Formengesellschaften innerhalb der humiden Mittelbreiten

Besonderheiten von Verwitterung, Böschungsabtragung und Talbildung

Unter den Mittelbreiten sind hier die Breiten mit tiefem Mittagssonnenstande im Winter und mit hohem, aber nicht sehr hohem, im Sommer verstanden. Das sind die Breiten zwischen dem Polarkreis und etwa 45° Breite, in welchen die Sonne mittags nie unter dem Horizont bleibt, aber auch nie nennenswert in das oberste Viertel des Quadranten aufsteigt. In den humiden Mittelbreiten würde heute unter vom Menschen unbeeinflußten Verhältnissen Wald die weitaus größten Teile des festen Landes bedecken. Selbst nach den Rodungen des Menschen sind noch sehr weite Bereiche bewaldet. Aber während der Kaltzeiten des pleistozänen Eiszeitalters haben hier Frostschutt- und Tundrenflächen bis zu geringen Meereshöhen hinab geherrscht. Auf ihnen war Solifluktion wirksam, wie sie heute die polaren und subpolaren Bereiche kennzeichnet. Die kaltzeitlichen Solifluktionsdecken sind hier jedoch im wesentlichen stillgelegt worden, seitdem der Wald von den weitaus größten Arealen der humiden Mittelbreiten Besitz ergriffen hat (Bild 24, 25).

Die Frostverwitterung als Hauptvorgang der Verwitterung und die Solifluktion sind in den humiden Mittelbreiten im wesentlichen auf die Höhenstufe oberhalb der natürlichen subnivalen Waldgrenze beschränkt. Sie führen dort zu den gleichen Formen und Erscheinungen, wie sie von der polaren und subpolaren Region bekannt sind bzw. zu verwandten Ergebnissen (Bild 8, 15, 17). Frostsprengung spielt auch in den tieferen Lagen bei der Verwitterung eine wesentliche Rolle. Namentlich in schneearmen Perioden des Winters dringt der Frost in unbedeckten Fels und in den Boden ein. Blöcke lösen sich durch Frostsprengung allmählich vom Anstehenden oder zerfallen in kleinere Teile. Die Bildung von Gesteinsschüppchen bis Schluff durch Frost namentlich in Lockermassen vervollständigt die Zerkleinerung. Diese Erscheinungen steigern sich mit zunehmender Kontinentalität des Klimas. Außerdem reicht in den tieferen Lagen die Sommerwärme zu kräftiger chemischer Verwitterung aus, insbesondere zu Hydratation. Sie baut die Silikatgesteine zu Grus und Verwitterungslehmen ab, in denen vor allem Illit als Tonmineral vertreten ist. Je nach größerem oder geringerem Säuregehalt der Bodenlösung herrschen Bleicherdeböden (Podsole), braune Waldböden bis hin zu schwarzerdeartigen Böden und Rendzinen. Dazu kommen ihre durch örtliche Sonderbedingungen hervorgerufenen, verwandten

Bodentypen. Das nur ein bis wenige Fuß mächtige Bodenprofil auf letzteiszeitlichen Ablagerungen beweist die Langsamkeit der Bodenbildung in diesem Klima.

Entsprechend diesen Bedingungen der Bodenbildung herrscht heute in den Waldgebieten der humiden Mittelbreiten auf flachen und mittleren Böschungen auch nur eine sehr langsam voranschreitende Versatzdenudation. Ihr Tiefgang entspricht etwa der Wurzelungstiefe der flachgründig wurzelnden Bäume. Dazu kommt eine etwas leistungsfähigere Böschungsspülung an der Oberfläche, besonders bei der Schneeschmelze und nach ergiebigen Dauerregen und Starkregen (darüber Kap. III, C u. E). Auf den Kulturflächen wird die Versatzdenudation durch das künstliche, immer wiederholte Auflockern und Wiederverdichten des Bodens bis zur Pflugtiefe kräftig verstärkt. Ebenso wird hier die Oberflächenspülung durch die Kulturmaßnahmen, insbesondere durch die zeitweilige Entblößung und durch die Furchung des Bodens mehr oder weniger stark, jedenfalls immer in merklichem Maße, gefördert.

Trotzdem sind in den humiden Mittelbreiten auf flachen und mittleren Böschungen die Solifluktionsdecken der letzten Eiszeit in der Regel noch nicht beseitigt. Das kennzeichnet die Langsamkeit der hier gegenwärtig wirkenden Böschungsabtragung und zeigt zugleich, daß die flacheren Hänge in diesem Klimabereich im wesentlichen noch als Vorzeitformen anzusehen sind. Auf steilen Hängen wird die Böschungsabtragung kräftiger. Hier gibt es keine überdauernde eiszeitliche Solifluktionsdecke. Dagegen stellt sich meist eine deutliche Differenzierung der Hangböschung nach der Widerständigkeit des anstehenden Gesteins ein. Ausbisse festen Gesteins verursachen Steilstufen.

Es sind aber außer den Solifluktionsdecken noch weitere Zeugen der wesentlich intensiveren Böschungsabtragung während der pleistozänen Kaltzeiten vorhanden. Die Periglazialsolifluktion führte stellenweise zur Freilegung von kryptogenen, nämlich von innerhalb eines alten, tiefgründigen Verwitterungsmantels vorgebildeten, wohl gerundeten Wollsackblöcken, die heute mancherorts als Blockmeere auftreten. Auf den gleichen Abtragungsprozeß gehen auch Felsburgen oder Klippen der Mittelgebirge zurück. Sie scheinen sich allerdings auch ohne vorangegangene Tiefenverwitterung als Ergebnis der Kryoplanation entwickeln zu können (J. Palmer u. G. Radley, 1961; N. Caine, 1967).

Die Täler der humiden Mittelbreiten sind Kerbtäler bzw. Sohlenkerbtäler. Auch im Flachland, sofern es sich nicht um ein Gebiet definitiver Aufschüttung handelt, kerben die Bäche und Flüsse den Fuß der begleitenden Talhänge mindestens an der Außenseite der Flußbiegungen stellenweise an (Bild 30–34).

Die bedeutenderen Gerinne werden in der Regel von Aufschüttungsterrassen begleitet. Diese sind nachträglich zerschnittene Talböden aus der Zeit starker Schotterführung der Flüsse während der pleistozänen Kaltzeiten (Bild 35). Dazu kommen in den Kulturlandschaften nachträglich zerschnittene Aufschüttungssohlen, die in den Zeiten besonders starker Rodung des Waldes aufgeschüttet wurden. Diese Erscheinung, ebenso wie die noch nicht beseitigten Solifluktionsdecken, die Blockmeere und Felsburgen, sind jeweils Reste einer älteren Reliefgeneration.

Das Fluß- und Talnetz der humiden Mittelbreiten zeigt im großen und ganzen eine regelmäßige Verzweigung. Eine Ausnahme bilden die unübersichtlichen Wasserscheidenverhältnisse derjenigen Gebiete, die während der letzten Eiszeit unter Gletscher-, insbesondere Inlandeisbedeckung lagen. Diese nehmen in den humiden Mittelbreiten immer noch große Flächen ein, aber nicht so riesenhafte Areale wie in dem Polar- und Subpolarbereich. Eine weitere wichtige, jedoch flächenmäßig weitaus kleinere Ausnahme bilden die Karstgebiete.

Gesamtüberblicke über Mitteleuropa geben F. Haefke (1959), A. Semmel (1972). Erläuterte Proben ausgewählter Kartenausschnitte 1 : 25 000 bieten die „Landformen im Kartenbild" (Hrsg. v. W. Hofmann u. H. Louis, 1969—1975).

Besonderheiten des Gebirgsreliefs

Hohe Gebirge der humiden Mittelbreiten haben während der pleistozänen Kaltzeiten Gletscher getragen, sehr verringert gilt dies noch heute. Die Vergletscherung hat aber weit bescheidenere Ausmaße als in der Polar- und Subpolarregion. Zugerundete Rückenformen mit Karen besonders in schattseitiger Position und mit Glatthängen an den Sonnenseiten sind in höheren Gebirgen häufig. Karlingsgipfel mit Gratformen und mehr oder weniger weit zu Trogtälern umgestaltete Hochtäler, ebenso Transfluenzpässe als Zeugen eines einstigen oder gegenwärtigen Eisstromnetzes und größere Plateauvergletscherungen sind schon seltener. Sie zeigen sich in den humiden Mittelbreiten vor allem in besonders hohen Teilen des Kettenreliefs (Bild 110—112, 114, 119—125, 127—131).

Dieses weist stets eine tiefe Durchtalung auf, besitzt also einen besonders niedrigen Reliefsockel. Bei der starken Zertalung pflegen Widerständigkeitsunterschiede der Gesteine kräftig herausgearbeitet zu werden. Da die Strukturen im Kettenrelief überwiegend in der Längsrichtung des Gesamtgebirges verlaufen, erweist sich auf diese Weise die Längsanordnung auch der kleineren Formen hier besonders betont.

Nicht selten zeigen sich aber in der Hochregion der Kettengebirge über den tiefen Kerbtälern Reste eines älteren Sanftreliefs, also einer über die geomorphologische Hinterlassenschaft der pleistozänen Kaltzeiten sicherlich weit zurückreichenden Reliefgeneration. In den besonders gut studierten östlichen Zentralalpen sind sie als „Firnfeldniveau" bezeichnet worden (Creutzburg, 1921), in den nordöstlichen Kalkalpen als Raxlandschaft (Lichtenecker, 1936). Derartige hochgelegene Abtragungsverebnungen erlangen aber in den Bereichen des Felderreliefs eine weit größere Ausdehnung. Die mit ihnen zusammenhängenden Fragen werden erst bei der folgenden Betrachtung dieser Vorkommen näher erörtert.

Zerschnittene Faltenrumpflandschaften

In den Schollengebirgslandschaften der humiden Mittelbreiten sind Faltenrümpfe sehr verbreitet. Ebenso wie in der Polar- und Subpolarregion sind sie auch hier

Vorzeitformen, die in der Gegenwart langsamer Zerstörung ausgesetzt sind. Aber das heutige Bild dieser Faltenrumpflandschaften trägt in den humiden Mittelbreiten eigene Züge. Besonders hoch emporgehobene Teile solcher Faltenrumpfgebiete, namentlich solche, die über die natürliche obere Waldgrenze aufragen, tragen die Spuren eiszeitlicher Vergletscherung.

Es ist dort außer der gegenwärtigen Reliefgeneration mindestens eine, wahrscheinlich in sich nicht einheitliche vorpleistozäne Reliefgeneration in Resten vertreten, in welcher durch überwiegend flächenhafte Abtragung die hochgelegenen flachen Abtragungsformen geschaffen wurden. Mindestens eine weitere, gleichfalls noch vorpleistozäne Entwicklung hat durch überwiegend lineare Tiefenerosion der Flüsse die Reliefgeneration der steilflankig eingetieften Täler geschaffen. Dann erst folgt die Generation der pleistozänen Vergletscherungsspuren.

Doch rühren diese hier von einer dem Gelände untergeordneten ehemaligen Vergletscherung her, nicht von Inlandeis. Kare und kleinere Trogtäler sind an solchen Stellen in dieses Relief eingearbeitet. Meistens ist dabei eine im ganzen zugerundete Gestalt der Erhebung bewahrt geblieben. Grate und zugeschärfte Gipfel gehören zu den Ausnahmen. Während nach Norden und Osten exponierte Kare die Bergflanken gliedern, pflegen an den nach Süden und Westen exponierten Abdachungen Glatthänge entwickelt zu sein. So ist es namentlich oberhalb der oberen natürlichen Waldgrenze mit noch gegenwärtig aktiven Solifluktionserscheinungen. Unterhalb der oberen natürlichen Waldgrenze herrschen überwiegend zugerundete Formen. Selten tritt nackter Fels zutage. Gewöhnlich überkleidet eine fuß- bis meterdicke schuttreiche Verwitterungsschicht den Felsgrund. Es ist die gegenwärtig im wesentlichen still liegende Solifluktionsdecke der pleistozänen Kaltzeiten. Auf besonders flachen oder besonders talfernen Teilen des Rumpfreliefs haben sich nicht selten Reste vorpleistozäner Böden erhalten mit leuchtend roter, gelber oder weißlicher Färbung. Sie sind Zeugen tertiärer Klimate, die bei höheren Temperaturen als heute und bei mindestens jahreszeitlicher Feuchtigkeit eine wesentlich intensivere chemische Verwitterung der Gesteine herbeiführten, als sie heute vonstatten geht. Dieses Verwitterungsmaterial zeichnet sich gewöhnlich durch einen höheren Anteil an Kaolinit aus als die rezenten und die pleistozänen Böden des Gebiets. Alle diese Faltenrümpfe werden gegenwärtig von Kerbtälern zerschnitten, bei hier größeren, dort geringeren Abständen von Tal zu Tal. Das gilt sogar noch für solche Rumpflandschaften, die nur wenige Zehner von Metern hoch über dem Meeresspiegel liegen, wie z. B. die Bretonische Rumpffläche (Bild 31, 145).

Eine Besonderheit zeigen in ihrer großen Mehrheit die Anfänge dieser Kerbtäler. Sie beginnen mit sanft muldenförmigen Dellen. Erst einige hundert Meter, manchmal erst mehr als 1 km entfernt von der Wasserscheide stellt sich ein ständig fließender Bach in ihnen ein, und dort erst beginnt, meist mit einem Kerbensprung, der Kerbtalcharakter. Diese Dellen-Talanfänge sind gleichfalls Nachwirkungen der eiszeitlichen Solifluktionsvorgänge. Talanfänge ohne dellenartige Ausformung gibt es bei Gesteinen, die wenig zur Solifluktion neigen und außerdem dort, wo Talanfänge in so große Höhe emporreichen, daß sie vergletschert waren und einen glazialen Formenschatz aufgeprägt erhielten (Bild 29).

Weitere Besonderheiten zeigen in den humiden Mittelbreiten die Talgründe. Sie enthalten fast immer Reste pleistozäner Schotterablagerungen, die einst in die Täler eingefüllt wurden, und die nachträglich zu Talterrassen zerschnitten worden sind. Diese hochwassersicheren Terrassen sind siedlungs- und wirtschaftsgeographisch sehr wichtig. Auch sie sind eine Folge des wiederholten Klimawechsels im Eiszeitalter.

Die von Kerbtälern zerschnittenen hochgelegenen Einebnungsflächen, die Rumpfflächen der humiden Mittelbreiten mit ihren Resten von Paläoböden sind zweifellos Vorzeitformen. Meist werden sie als Schwesterformen zu den heutigen Rumpfflächen der wechselfeuchten Tropen gedeutet. Sie sollen während des Alt-, Mittel- oder sogar während des Jungtertiärs gebildet worden sein, als tropenähnliches Klima in den Mittelbreiten geherrscht habe. (O. Jessen, 1938; H. Louis, 1953; A. Székely, 1970).

Hierzu muß folgendes beachtet werden: Die stratigraphischen und paläontologischen Befunde sprechen für das mittlere Tertiär etwa bis zur Grenze Sarmat-Pont im Bereich der Mittelbreiten, insbesondere von Mitteleuropa, sicherlich für erheblich größere Wärme als heute und außerdem für mehrfache kräftige Klimaänderungen insbesondere zwischen humid, semihumid und arid. Die Zusammensetzung der Paläoböden deutet nach J. P. Bakker u. Th. W. M. Levelt (1965) durch ihren gegenüber den heutigen Böden höheren Gehalt an Kaolinit auf randtropische bis subtropische Klimaverhältnisse. Diese Böden entsprechen aber nach Bakker (1965) nicht jenen Bodentypen, die für die inneren wechselfeuchten Tropen, d. h. für die Gebiete der großen Rumpfflächenbildung, heute eigentlich charakteristisch sind. Deren Gehalt an Kaolinit ist vielmehr noch wesentlich höher. Ferner weisen die Ablagerungen, die in Zusammenhang mit den Faltenrümpfen der humiden Mittelbreiten auftreten, immer wieder reine Quarzschotter und Quarzkiese auf. In den Rumpfflächengebieten der wechselfeuchten Tropen ist aber von vielen Stellen sehr übereinstimmend das Fehlen bzw. die Seltenheit von abgerolltem Schotter bezeugt. Endlich ist darauf hinzuweisen, daß die einheitlichen Faltenrumpfreste der Mittelbreiten genau besehen viel geringere Ausdehnung besitzen als die Rumpfflächen der wechselfeuchten Tropen. Sie rechnen nach Quadratkilometern, schon seltener nach Zehnern von Quadratkilometern und nur unter Überbrückung der heute eingeschnittenen Talzüge nach Hunderten von Quadratkilometern. Sie rechnen aber nicht wie die Rumpfflächen der wechselfeuchten Tropen nach Tausenden von Quadratkilometern.

Deswegen dürfte es richtig sein, sich die Entstehung der Faltenrümpfe in den Mittelbreiten und auch in der Polarregion nicht in zu enger Analogie mit den Rumpfflächen der wechselfeuchten Tropen vorzustellen, obwohl eine Verwandtschaft zu ihnen sicherlich besteht. Vielmehr sollte man weiter nach heutigen wirklich entsprechenden Vorgängen und Formen suchen. Vermutlich werden die Verhältnisse in den heutigen randtropischen bis subtropischen Monsunklimaten weitere Aufschlüsse über diesen Fragenkreis gewähren. Gerade diese Gebiete sind in bezug auf die vorliegende Frage bisher noch nicht ausreichend untersucht. (H. Louis, 1953).

Soweit lösliche Gesteine in größerer Verbreitung vorhanden sind, gibt es Karstformen in der für die Außertropen kennzeichnenden Ausbildung. J. Büdel (Exkursion 1974) hat in der Frankenalb auf unter Cenomansandstein zum Vorschein kommende Karstformen aufmerksam gemacht, die mit dem Kuppenkarst wärmerer Klimate vergleichbar scheinen.

Schichttafellandschaften

Großen Raum nehmen in den humiden Mittelbreiten die Gebiete mit nahezu flacher Schichtlagerung ein. Diese Schichttafelgebiete sind, wenn sie genügend hoch liegen, um von der herrschenden Kerbtalzerschneidung tief durchtalt zu werden, zu Schichtstufenlandschaften geformt (Bild 149). Nach langfristigen Kontroversen über das Vorkommen oder Fehlen von rumpfflächenartigen Einebnungsflächen, welche wenig resistente und sehr resistente Gesteine fast unterschiedslos kappen, ist besonders durch J. Büdel (1957) die Existenz ausgedehnter reliefschwacher Kappungsflächen und damit der Wechsel von Zeiten überwiegend flächenhafter Abtragung mit solchen überwiegend linearer Zertalung im fränkischen Bereich wohl sichergestellt. Mindestens Teile der Abtragungsebenheiten und die in sie eingetieften Täler gehören daher zu verschiedenen Reliefgenerationen. In den Tälern sind die gleichen Nachwirkungen der kaltzeitlichen Solifluktions- und Verschüttungsvorgänge entwickelt wie in den Tälern der Faltenrumpfgebiete. Wo größere Komplexe wasserlöslicher Gesteine auftreten, da erscheinen auch im Schichttafelland Karstformen. Sie sind von der aus den klassischen Karstländern der Außertropen bekannten Art.

Tertiär-Hügelländer

Ein nicht seltener Landschaftstyp der humiden Mittelbreiten ist das Tertiärhügelland. Wo tertiäre Ablagerungen so hoch liegen, daß sie von der Kerbtalzerschneidung angegriffen werden können, da entwickelt sich vielfach infolge der erst mäßigen Verfestigung der Gesteine ein feingliedrig zertaltes Hügelland. Die Hangformen sind wegen des schützenden Vegetationskleides mehr flächig als zerrachelt, dabei aber oft ziemlich steil. Manchmal sind solche Tertiärhügelländer von vulkanischen Effusionen durchschwärmt. Dann hat die spätere Abtragung oft die mit festem Gestein erfüllten Eruptionsschlote als harte Kuppen etwas herauspräpariert.

Abtragungs- und Aufschüttungslandschaften aus Lockergesteinen

An Aufschüttungsformen bieten die humiden Mittelbreiten vor allem zwei Typen. Es sind einesteils Flußaufschüttungsebenen. Ebenso wie die Talgründe der Kerbtäler zeigen diese Fluvialebenen oft eine Gliederung in Terrassen. Den zeitweilig überschwemmten Hochwasserauen der Flüsse mit Altwasserarmen oder mit Verwilderungserscheinungen stehen die hochwassersicheren trockenen Terrassen gegenüber. Großen Raum nehmen in den humiden Mittelbreiten glaziale und glazifluviale Aufschüttungslandschaften ein. Innerhalb von ihnen stehen sich Jungmoränen- und Altmoränen-Gebiete gegenüber. Die mit abwechslungsreichem Kleinrelief ausgestatteten Grundmoränenlandschaften, Eisrandformen und großen Schmelzwasserbahnen des Jungmoränenbereichs wirken meist wie noch kaum veränderte Vorzeitformen aus einer ganz jungen geologischen Vergangenheit. In den Talzügen der großen Schmelzwasserbahnen und in der näheren Nachbarschaft bringen manchmal Binnenlanddünen eine zusätzliche Komponente in das mannigfaltige Kleinrelief. Dem stehen die Altmoränenlandschaften mit flachen, sanftwelligen Formen gegenüber. Ihr einst ebenfalls lebhaftes Kleinrelief haben sie durch die Solifluktion während der nachfolgenden Eiszeit bzw. Eiszeiten verloren. Mit den Altmoränenlandschaften räumlich verbunden, aber bezüglich ihrer Verbreitung noch nicht in allen Einzelheiten geklärt, treten die sanftwelligen Lößebenen auf. Ihr minimales Feinrelief mag gewisse, noch nicht ausgedeutete Hinweise auf die aërodynamischen Bedingungen der einstigen Staubablagerung enthalten. Die größte Bedeutung dieser sanftwelligen Windablagerungsflächen liegt in ihren landwirtschaftlichen Vorzügen.

3. Formengesellschaften in den humiden und semihumiden Subtropen

Besonderheiten von Verwitterung, Böschungsabtragung und Talbildung

Als Subtropen sind hier die Gebiete sehr hohen Mittagssonnenstandes im Sommer und noch ziemlich hohen Standes in der dunkleren Jahreshälfte verstanden. Das ist die Zone zwischen den Wendekreisen und etwa 45° Breite.

Hier bewirkt bei ausreichender sommerlicher Befeuchtung die hohe Wärme eine intensive chemische Gesteinsaufbereitung, daher tiefgründige Verwitterungsprofile. Das gilt vor allem für die subtropischen Monsunländer. Es gilt weniger für die mediterranen Winterregengebiete, obwohl auch dort Reste der winterlichen Durchfeuchtung noch im Sommer im Boden übrigbleiben. Während in den subtropischen Monsunländern die Silikatgesteine meist tiefgehend vergrust sind und als Flußgerölle verhältnismäßig rasch zerfallen, erweisen sich in den Mediterranländern die gleichen Gesteine als widerständiger. Jedoch arbeitet die Verwitterung in ihnen schneller als in den polwärts anschließenden Mittelbreiten. Die genauere Kennzeichnung des Verwitterungsgrades, der in diesen Breiten erreicht werden kann, ist dadurch erschwert, daß die Unterscheidung gegenwärtiger Verwitterungsmassen von solchen vorzeitlicher Entwicklung Schwierigkeiten macht. Auf nackten Felsflächen, d. h. vor allem an Wänden, vollzieht sich ein Abgrusen, Absanden, Abblättern kleinerer Gesteinsteilchen; außerdem die Loslösung größerer Blöcke und Gesteinsplatten. Aber hier spielt nicht, wie in den Mittelbreiten, der Frost eine entscheidende Rolle. Wahrscheinlich wirken Entspannungsvorgänge im Gestein, Hydratation, Hydrolyse, Wurzeldruck u. a. bei der Zerkleinerung zusammen.

Die mediterranen wie die monsunalen Subtropen sind überwiegend alte Waldländer. Zwar haben auch in ihnen während des pleistozänen Eiszeitalters beträchtliche Schwankungen der oberen natürlichen Waldgrenze stattgefunden und mit ihnen ein Herabsteigen und Wiederemporrücken der subnivalen Höhenstufe mit Kryoturbation und Solifluktion. Aber eine vielhundert Meter mächtige untere Höhenstufe dieser Gebiete war seit langen Zeiten zur Hauptsache natürliches Waldland.

In diesen Waldgebieten vollzieht sich flächenhafte und linienhafte Böschungsspülung. Gegen die oft schweren und ergiebigen subtropischen Regen bietet der Wald keinen vollkommenen Abtragungsschutz. Vielmehr sieht man auch im Walde an steilen Hängen scharfe Runsen vom Talgrunde aufwärts bis zur Wasserscheide hinaufziehen. Das ist im Mittelmeergebiet ebenso der Fall wie in den Waldgebirgen Japans. Die Hänge werden weniger auffällig durch Festigkeitsunterschiede des Gesteins gegliedert als in den Mittelbreiten. Sie sind oft glatt und bemerkenswert steil (Bild 41, 43, 44, 45).

In den Siedlungslandschaften, in denen der einstige Wald Anbauflächen gewichen ist, oder wo durch Weidewirtschaft und Holznutzung das natürliche Waldkleid stark gemindert wurde, ist die Spülung an den Hängen gesteigert. Das Netz der Spülrinnen hat sich verdichtet, die einzelne Runse vertieft. Bestimmte Gesteine, wie leicht verbackene Lockermassen, Ton- und Mergelsteine neigen dabei zur Badlandbildung. In tonreichen Gesteinen gibt es außerdem nach starker Durchfeuchtung Rutschungen (Bild 2, 173).

Die allenthalben herrschende Talform ist das Kerbtal bzw. das Sohlenkerbtal. Die Talgründe haben im Mediterrangebiet größeres Gefälle als unter gleichen Umständen in den Mittelbreiten. Das läßt auf stärkere Schuttbelastung der Gerinne schließen und damit auch auf stärkere Böschungsabtragung an den Hängen. Der Reliefsockel dieser Gebirge ragt also höher auf als in vergleichbaren Gebirgen der Mittelbreiten. Eine Folge der starken Schuttbelastung und der jahreszeitlich sehr schwankenden Wasserführung sind die breiten Schottersohlen in den Talgründen, die Ramblas und Rieras in Spanien, Torrente- und Fiumarebetten in Italien, Revmata in Griechenland. Oft nehmen sie die ganze Breite des Talgrundes ein und lassen keinen Raum für hochwassersichere Terrassen. In den Schottersohlen findet nur temporäre Sedimentation statt. In diesen Tälern vollzieht sich Tiefenerosion in der vollen Breite des Talgrundes. Die Riedel zwischen Nachbartälern haben oft schmale Firste. Streckenweise treffen sich die beiderseitigen Hänge nach aufwärts geradezu in Schneiden, auch im Walde. Ein häufig wiederkehrender Landschaftstyp ist der des engmaschig und tief zerschnittenen Tertiärhügellandes. (H. Mortensen, 1926/27; L. C. King, 1954; H. Mensching, 1957; K. Fischer, 1977).

Im subtropischen Monsungebiet Japans ist der Formenschatz im ganzen der gleiche. Aber das Gefälle der größeren Täler scheint geringer zu sein als im Mediterranraum. Dagegen reicht die Entwicklung einer Talsohle wohl höher talauf als in vergleichbaren Tälern des Mediterrangebiets. In diesen Merkmalen dürften einerseits das weitergehende Ausdauern der Gerinne durch das ganze Jahr hindurch zum Ausdruck kommen, andererseits die durchschnittlich wohl noch größeren Unterschiede zwischen Hoch- und Niedrigwasser bei den Flüssen des Monsungebietes (Bild 46). (H. Schmitthenner, 1932).

Besonderheiten des Gebirgsreliefs

Bei großer Höhenentfaltung im Kettenrelief wie in den Japanischen Alpen, im Karakorum, Himalaya und in den mittelchilenischen Anden, verknüpft sich die ins Riesenhafte gesteigerte Kerbtalentwicklung mit den Glazialformen, die aus der Hochregion weit nach abwärts reichen. Bei grundsätzlicher Ähnlichkeit mit dem Kettenrelief der Mittelbreiten dürfte sich dasjenige der humiden bis semihumiden Subtropen durch besonders großzügige, einfache Kerbtalformen mit weithin breiten Schottersohlen auszeichnen, d. h. durch die Merkmale des Torrentecharakters seiner Flüsse.

Auch in den subtropischen Breiten sind vielfach Reste alter Abtragungsverflachungen, also älterer Reliefgenerationen vorhanden. Die Gebirgslandschaften der Mittelmeerländer enthalten zahllose Beispiele. Auch sie befinden sich allesamt in langsamer Zerstörung, indem aus tieferen Gebieten heraufgreifende Kerbtäler sie zerschneiden. Besonders gut erhalten sind derartige Altflächenreste stets auf Kalkgestein (Bild 52).

In den subtropischen Monsunländern, z. B. in Japan, sind entsprechende Reste einstiger Rumpfflächen, insbesondere auf Silikatgesteinen, weit stärker durch die spätere Kerbzertalung zerstört als im Mediterrangebiet und in den Mittelbreiten. Das mag zugleich von der rascher und tiefer greifenden Gesteinsverwitterung und von der stärkeren Beregnung dieser Gebiete herrühren, welche auch kleinen Gerinnen zur Hochwasserzeit große Leistungsfähigkeit verleiht.

Schichttafellandschaften

Der Typus der Schichtstufenlandschaft ist in Tafellandgebieten der Subtropen weit verbreitet. Er zeigt sich allenthalben, wo Schichttafeln genügend tief zerschnitten sind, um übereinander liegende Horizonte von stark verschiedener Abtragungswiderständigkeit zugleich bloßzulegen. Es bestehen sicherlich Unterschiede in der feineren Ausformung dieser Schichtstufen zu denjenigen der Mittelbreiten. Sie dürften sich aus der Verschiedenheit der in beiden Regionen bei der Böschungsabtragung hauptsächlich beteiligten Vorgänge herleiten. Es fehlt aber u. E. noch an genügend umfassenden Studien über diese Sachverhalte. Im ganzen genommen sind die Schichtstufenlandschaften der humiden Subtropen denen der Mittelbreiten recht ähnlich.

Bemerkungen zum Karstrelief

Das Karstrelief hat von den in der Übergangsregion zwischen den Subtropen und den Mittelbreiten gelegenen Karstländern seinen Namen erhalten. Wie danach zu erwarten, sind Karstlandschaften in den größeren Kalkgebieten beider Breitenzonen allgemein verbreitet. Über eine Differenzierung der Karstformen nach der Höhenlage sind in Kap. III G 2 Angaben enthalten. Offenkundige Formenunterschiede nach der geographischen Breite sind innerhalb des außertropischen Bereichs bisher nicht festgestellt worden. Dabei ist auch zu bedenken, daß z. B. große Dolinen und große Poljen keineswegs rasch gebildete

Formen sind. Vielmehr reicht ihre Bildungsdauer z. T. nachweislich weit ins Tertiär zurück und umfaßt damit Zeiten ganz erheblicher Klimaänderungen, in denen der Verkarstungsprozeß ohne grundlegende Änderungen weiterging (Bild 97–106).

Der Gesamteindruck ist der, daß die Karstformen beim Vorhandensein reiner massiger Kalke besonders kräftig entwickelt sind, einerseits in Gebieten mit hohen Niederschlägen und hoher Sommerwärme, andererseits in Gebieten mit mächtiger und langdauernder Schneedecke.

Abtragungs- und Aufschüttungslandschaften aus Lockergesteinen

Dem Torrentecharakter der Flüsse entsprechend sind die Aufschüttungslandschaften in den humiden bis semihumiden Subtropen vielfach als Schwemmebenen mit ziemlich großem Gefälle entwickelt und bestehen aus bemerkenswert grobem Schotter in sandig-lehmiger Matrix. Oft lassen sich die Schwemmkegel benachbarter größerer Flüsse im Gelände deutlich voneinander unterscheiden. Nicht selten sind solche Schwemmkegel etwas zerschnitten und bilden ein Schachtelrelief von ineinandergefügten Terrassen. Zwischen benachbarten Schwemmfächern bleibt u. U. Sumpfgelände bestehen, welches langsam verlandet.

In Nordamerika werden schon subtropische Breiten noch großflächig von pleistozänen Inlandeis-Ablagerungen eingenommen. Sie sind tiefgründig verwittert und haben durch Bodenfließen und Verschwemmung eine weitgehende Verflachung erfahren.

4. Formengesellschaften in den wechselfeuchten Tropen

Besonderheiten von Verwitterung, Böschungsabtragung und Talbildung

In den wechselfeuchten Tropen findet auf Flachböschungen und Schräghängen eine intensive, meist tiefgreifende chemische Verwitterung statt. Dabei entstehen oberflächlich Rotlehme und Roterden, deren größerer oder geringerer Gehalt an Tonmineralen nach J. P. Bakker (1965) überwiegend aus Kaolinit besteht. Diese Verwitterungsmassen sind sehr feinkörnig und leicht abspülbar.

An Steilhängen und Wänden erfolgt Abgrusen und Abschuppen von kleineren und auch größeren Gesteinsscherben, wobei anscheinend chemische Verwitterung, Hydratation, auch Salzsprengung und das Entstehen von oberflächenparallelen Entspannungsrissen zusammenwirken. Die Abtragung der beweglich gewordenen Fragmente und Teilchen erfolgt zur Hauptsache durch Flächenspülung während der Regenzeit.

Hierbei entsteht das ausführlich beschriebene Relief der tropischen Flachtäler mit ihren überaus sanften Rampenhängen und mit den steil darüber aufragenden Inselbergen, Landstufen oder Gebirgen. Die Gerinnebetten der Flachtäler sind bis höchstens zur Hochwassertiefe in das System der beiderseitigen Rampenhänge eingeschnitten und führen so gut wie kein Geröll, sondern im wesentlichen nur sandiges Alluvium (Bild 82–85, vgl. auch Kap. III D 3, S. 237 ff., bes. S. 251 f.).

Die Inselberge, Lan⟨   ⟩ ⟩der Gebirge erheben sich über den Rampenhängen
entweder mit wand⟨   ⟩ ⟨A⟩bfällen oder mit blocküberstreuten Steilhängen im
natürlichen Böschu⟨   ⟩ ⟨ groben Blockschutts. Hänge mittlerer Neigung sind
in diesem Relief s⟨   ⟩ werden durch die Flächenspülung bevorzugt abgetragen und durch ⟨   ⟩ ⟨ungen ersetzt (Bild 82, 86–89).

Intakte Rumpffl⟨   ⟩ ⟨...⟩d Rumpftreppen

Das Relief der ⟨   ⟩ ⟨n⟩ Flachtäler, d. h. von breiten Gerinnebetten und aus
ihnen überaus s⟨   ⟩ ⟨s⟩teigenden Rampenhängen, ist es, das man unter dem
Begriff der unze⟨   ⟩ ⟨...⟩nen Rumpffläche der wechselfeuchten Tropen versteht.
In der Richtun⟨   ⟩ ⟨...⟩rinnebetten haben diese Rumpfflächen gewöhnlich ein
Gefälle von m⟨   ⟩ ⟨P⟩romille (d. h. geringen Bruchteilen von 1°). Deswegen
können sie, vo⟨   ⟩ ⟨...⟩sspiegel aufsteigend, in wenigen hundert km Entfernung
vom Meere ⟨   ⟩ ⟨...h⟩undert Meter Höhe erreichen. Solche Rumpfflächen
brauchen aber ⟨   ⟩ ⟨...⟩ Meere zu beginnen. Sie können z. B. auch hinter einem,
die Küste beg⟨   ⟩ ⟨...⟩ Gebirge erheblich über dem Meeresspiegel ihren Anfang
nehmen, d. h⟨   ⟩ ⟨...⟩fsten Punkt aufweisen (Bild 82, 85).

Häufig sind Rumpfflächen der geschilderten Art, durch hohe (oft mehrere
100 m hohe) Landstufen voneinander getrennt, in mehreren Stockwerken
treppenartig übereinander entwickelt. Die Rumpfflächen der höheren Stockwerke
können in diesem Falle ebenfalls unzerschnitten sein, d. h. es sind intakte
tropische Flachtäler in u. U. großer Meereshöhe (bis weit über 1000 m)
ausgebildet. Nur die Steilhänge, welche vom höheren zum niederen Stockwerk
hinabführen, pflegen in solchen Fällen in einer wenige Kilometer breiten Zone
zertalt zu sein. Diese Zertalung erfolgt überwiegend nicht durch Kerbtäler,
sondern durch Kehltäler, d. h. durch Täler mit zwar steilen Hängen, aber breit-
muldenförmigem Talgrund. Auch ihre Gerinne führen kaum Geröll, sondern
meist nur Sand und Grus.

Wo besonders große und wasserreiche Flüsse in einem solchen Rumpftreppen-
relief auftreten, da fließen sie nicht selten im Niveau der untersten Rumpffläche
und sind in die höheren Verebnungen als Kehltäler eingeschnitten. Ihre Tiefen-
und Seitenerosion ist trotzdem vergleichsweise gering, wie die Häufigkeit von
starken Stromschnellen und sogar Wasserfällen selbst in großen Flüssen beweist.
Minimal ist auch in den Bereichen aktueller Rumpfflächenbildung das
Rückschreiten (Rückwärtsaufwärts-Arbeiten) dominierender fluvialer Linearerosion. Dafür spricht außer der Schmalheit der von Kehltälern zerfurchten
Zone längs Steilabfällen verschiedener Art auch das Erhaltenbleiben sogenannter
Flächenpässe, d. h. von Pässen mit kaum erkennbaren Wasserscheiden im
Flachgelände zwischen verschiedenen Flußeinzugsgebieten selbst dann, wenn
diese sehr verschieden hoch gelegenen regionalen Erosionsbasen tributär sind
(Bild 90, 91, 92).

Die geschilderten Formen einer, abgesehen von den Tälern sehr großer Flüsse,
unzerschnittenen Rumpftreppe finden sich dort, wo die Bedingungen der Rumpfflächenbildung, d. h. der Bildung von tropischen Flachtälern, in einem

erheblichen Vertikalspielraum gegeben sind. Das ist zum Beispiel im mittleren und südlichen Tanzania der Fall. Es scheint, daß eine nicht zu lange und nicht zu kurze Dauer der feuchten Zeit im Jahreslauf für diese Verhältnisse wesentlich ist. Auch die Gesteinsbeschaffenheit spielt eine Rolle. Kristalline Gesteine bewirken rascheren Abfluß und zeigen in stärkerem Maße intermittierende Gewässer als Sandstein, welcher das Entstehen perennierender Gerinne begünstigt. Unter sonst gleichen Verhältnissen neigen Kristallingebiete mehr zur Bildung von tropischen Flachtälern, d. h. zur Rumpfflächenbildung, Sandsteingebiete mehr zur Bildung von Kehltälern, d. h. zur Zerschneidung von vorher entstandenen Rumpfflächen.

Zerschnittene Rumpfflächen und Rumpftreppen

In den wechselfeuchten Tropen gibt es nicht selten auch Rumpftreppenlandschaften, in denen auf den oberen Rumpfflächen die Bildung tropischer Flachtäler nicht mehr voranschreitet, wo vielmehr eine leichte oder auch stärkere Zerschneidung hoher Rumpfflächen durch Kehltäler eingesetzt hat. Derartiges gibt es im südwestlichen Tanzania. Es ist auch in der von Büdel (1965) aus Südindien beschriebenen Rumpftreppe der Fall. Solche Vorkommen sind aber nicht geeignet, das Problem der Rumpfflächenbildung in seiner vollen Tragweite zu erfassen. Will man das Letztere, so muß man berücksichtigen, daß es Gebiete tatsächlich gibt, in denen Rumpfflächenbildung in verschiedenen Stockwerken übereinander gleichzeitig und uneingeschränkt vor sich geht, und muß dies zu erklären versuchen. Die vergleichenden Studien in Mittel- und Süd-Tanzania haben ergeben, daß Kehltalzerschneidung der Rumpfflächen durchaus auch in den wechselfeuchten Tropen und auch in nur mäßiger Meereshöhe dort eintritt, wo in erheblichem Umfang perennierende Gewässer auftreten. Das wird in gewissen Fällen durch regionale Zunahme der Niederschläge herbeigeführt. In anderen Fällen scheint es durch den Wechsel vom Kristallin-Untergrund zum Sandstein wenn nicht bedingt, so doch gefördert zu sein (Bild 92).

Über das Alter von Rumpfflächen und die Frage der Vorzeitformen in den wechselfeuchten Tropen

Die Rumpfflächen- und Rumpftreppenlandschaften der wechselfeuchten Tropen bieten in der geschilderten Ausbildung wenig Raum für die Bewahrung von Vorzeitformen, wie solche in den humiden und semihumiden Gebieten der Außertropen eine so große Rolle spielen. Wenn bei intensiver Gesteinsaufbereitung auf sehr flachen Böschungen dauernd eine kräftige Abtragung vor sich geht, dann sind alle derartigen Flächen rezent, auch wenn sie in einer Rumpftreppe in mehreren Stockwerken übereinander angeordnet sind. Es wurde ausgeführt, daß wahrscheinlich in den meisten derartigen Fällen die Übereinander-Anordnung der Rumpfflächen auf Krustenbewegungen zurückgeht. Es wurde aber ebenso darauf hingewiesen, daß es irreführend sein würde, unter diesen Umständen die höher gelegene von zwei Rumpfflächen einfach als älter zu bezeichnen. Diese in den Außertropen stets angewandte Schlußweise ist dort im allgemeinen berechtigt, weil dort die Rumpfflächen allesamt in Zerstörung begriffen, also gegenüber den in der Gegenwart gebildeten Formen tatsächlich Vorzeitformen sind. Die höher gelegene von zwei intakten und in weiterer Vervollkommnung begriffenen Rumpfflächen der wechselfeuchten Tropen ist aber nicht ohne weiteres Vorzeitform gegenüber der tiefer gelegenen. Sie kann allenfalls, sie muß jedoch nicht eine Gegenwartsform *von älterer Anlage* sein, als die tiefer gelegene. Die obere ist z. B. von *gleichalter* Anlage, wenn die obere und die untere ursprünglich eine einheitliche Fläche gebildet haben, dann durch eine Flexur voneinander getrennt worden sind, im übrigen aber in gleichartiger Weiterentwicklung begriffen sind. Darauf wurde schon in der 3. Auflage dieses Buches, S. 400 mit Nachdruck hingewiesen.

Die Würdigung dieses Sachverhaltes mag ungewohnt sein, da unter dem Einfluß der Lehre von W. M. Davis der meistens, aber nicht immer zutreffende Schluß, daß von zwei übereinander angeordneten Verebnungsflächen die obere älter sein müsse als die untere, praktisch zu einem nicht weiter diskutierten Leitsatz des geomorphologischen Arbeitens geworden ist. Bei der Beurteilung der Formen in den wechselfeuchten Tropen ist es aber nötig, sich die nur begrenzte Gültigkeit dieses Satzes besonders eindringlich zu vergegenwärtigen.

In weiten Teilen der wechselfeuchten Tropen sind Vorzeitformen dennoch vorhanden. Es sind die mit Lateritkrusten überdeckten Abtragungsverebnungen, welche gegenwärtig merklich über dem Flächensystem der nächst benachbarten tropischen Flachtäler liegen, und in welche jüngere Kerbtäler oder Kehltäler einschneiden. Aus weiten Gebieten des Sudans und aus Vorderindien sind solche Vorkommen beschrieben worden. Doch erst wo verschieden hoch gelegene Rumpfflächen z. B. durch verschieden ausgebildete oder nachweislich verschieden alte Panzerung mit Lateritkrusten unterschieden werden können, oder wo andere zusätzliche Beweise vorliegen, da ist eine Altersverschiedenheit verschieden hoch gelegenèr zertaler Rumpfflächen in den wechselfeuchten Tropen gesichert. Dies gelang etwa P. Michel (1973) im Gebiet von Senegal und Gambia. Warum aber z. B. in Mittel- und Südtanzania Lateritkrusten und mit ihnen nachweisbare Reste von Vorzeitformen so gut wie fehlen, in anderen Teilen des tropischen Afrika aber vorhanden sind, ist bislang, trotz der wahrscheinlich bestehenden Zusammenhänge zwischen der Bildung lateritischer Krusten und dem Untergrundgestein, eine noch nicht genügend geklärte Frage. Wichtige Hinweise auf ältere klimageomorphologische Zustände und damit auf Überbleibsel älterer Reliefgenerationen sind auch z. B. nach H. R. Völk und Th. W. M. Levelt (1969/70) aus sorgfältigen tonmineralogischen Untersuchungen von Verwitterungsdecken zu gewinnen.

Schichttafellandschaften

Der Formenschatz der tropischen Flachtäler, also der Rumpfflächen, ist in den wechselfeuchten Tropen nicht nur über Faltungsstrukturen entwickelt. Er greift so gut wie unmerklich auch auf Tafellandstrukturen über und hat dort sehr große Verbreitung. Aber im Schichttafellande bekommen die Abtragungsreste einst weiter ausgedehnter höherer Aufragungen des Landes, d. h. also die den Inselbergen und den Rumpfstufen entsprechenden Formen, ein besonderes Gepräge. Die Einzelaufragungen werden Zeugenbergen ähnlich. Vor allem im Scheitelbereich der Erhebungen kommt gewöhnlich die horizontale Schichtung formbestimmend zur Geltung. Der Steilhang pflegt nach oben an einer deutlichen Kante zu enden, welche mit einer festen Gesteinsbank übereinstimmt. Das Entsprechende gilt für die stufenartigen Abfälle zwischen zwei verschieden hoch gelegenen Einebnungsniveaus.

Es erhebt sich die Frage, ob man in diesen Fällen von Inselbergen und Rumpfstufen mit gewissen Formmerkmalen der Schichtstufenlandschaft sprechen soll oder von wirklichen, jedoch besonders ausgebildeten Schichtstufenlandschaften. Beide Auffassungen sind vertretbar und stehen auch zueinander nicht in Widerspruch. Wesentlich ist es nur, die Verschiedenheit der klimageomorphologischen Gegebenheiten, insbesondere die tiefgreifenden Unterschiede dieser Formengemeinschaft gegenüber denen der äußerlich ähnlichen Schichtstufenlandschaften der Außertropen ausreichend zu beachten.

In porösen Gesteinen, insbesondere in den Sandsteinen der Karrooformation, der Kreide und des Tertiärs, die z. B. in Ost-Afrika eine so große Verbreitung haben, führt die intensive chemische Verwitterung des wechselfeuchten Tropenklimas im ganzen genommen zur Lockerung des Bindemittels in den tieferen, noch durchsickerten bodenfeuchten Horizonten, dagegen zur Verfestigung der oberflächennahen Schichten an Aufragungen des Reliefs. Dort erfolgt während der Trockenzeit durch Verdunstung eine Austrocknung und Verfestigung des Gesteins, welche nicht durch nachrückendes Grundwasser verhindert werden kann.

Bilden Aufragungen aus solchen Gesteinen die Rahmenhöhen von Flachtälern, so arbeitet die Flächenspülung auf den Rampenhängen vor dem Fuß der Aufragungen ähnlich wie in Kristallingebieten. Denn der Untergrund ist dort ganzjährig durchfeuchtet und damit gründlicher Gesteinsaufbereitung ausgesetzt. Die Böschungsspülung greift verstärkt die unteren Partien der betrachteten Aufragungen an, weil dort das flachlagernde Schichtgestein mürbe ist. Oft hat es die Beschaffenheit einer roten, gelblichen oder weißlichen, feucht-erdigen Masse. Die Feuchtigkeit wird hier offenbar durch Einsickern von Wasser aufrechterhalten, welches aus höher und mehr im Inneren der Erhebung gelegenen Gesteinspartien kommt. Gelegentlich gibt es an solchen Stellen Rutschungen.

Die oberen Partien des Randabfalls der Schichttafel sind besonders steil, gewöhnlich gibt es kleinere oder größere Wandstufen, die sich in der Horizontalen mit der Schichtung auf größere Entfernung verfolgen lassen. Das ist der Bereich der verfestigten Gesteinsbänke.

Von einer Rumpfstufe im Kristallin unterscheidet sich diese Formengemeinschaft nur durch die gesteinsbedingte Milderung des Böschungsübergangs am unteren Ende des Stufenabfalls gegen den Rampenhang vor der Stufe und durch die gleichfalls gesteinsbedingte Verschärfung der Böschungsänderung am oberen Ende des Stufenabfalls. Sie wäre also eine Rumpfstufe im Formengepräge der flachliegenden Sandsteintafel.

Legt man bei der Interpretation der gleichen Formengemeinschaft das größere Gewicht auf die unabweisbare Tatsache, daß der Formenschatz hier durch die flache Schichtlagerung wesentlich beeinflußt wird, so ist die Landschaft als Schichtstufenlandschaft zu bezeichnen. Aber es ist eine Schichtstufenlandschaft besonderer Art.

Sie kann in einem Abtragungsgeschehen entstehen, welches auch ohne Rücksicht auf die Gesteinslagerung eine stufenförmige Reliefgliederung mit wenigstens zwei übereinander angeordneten Verflachungssystemen herbeiführen würde. Die an flachliegende Schichtpakete gebundenen markanten Schichtstufen liegen dann mit ihren Dachflächen in dem höheren Verebnungsniveau. Der Stufenabfall gegen das tiefer gelegene Verebnungsniveau erhält seine Schärfe an der Stufen-oberkante offensichtlich in Anlehnung an die flache Schichtlagerung. Dabei spielen die Besonderheiten der oberflächlichen Grundwasserbewegung eine wesentliche Rolle. Der Stufenabfall ist dagegen nicht, wie in der gewöhnlichen Schichtstufenlandschaft, die Folge eines Wechsels von widerständigen und weniger widerständigen Schichten innerhalb der tafelförmigen Schichtserie. Unterhalb der verfestigten Dachpakete des petrographisch einheitlichen Schichtenstoßes sind vielmehr alle Schichten durch tiefgreifende Durchsickerung und die ihr folgende Verwitterung kräftig aufbereitet. Am Abfall unterhalb der verfestigten Dachpakete kann die Böschungsspülung an ihnen angreifen und auf die Zurückverlegung des Abfalls hinarbeiten.

Der Unterschied gegenüber der gewöhnlichen, an Gesteinswechsel innerhalb der Schichtserie gebundenen Schichtstufe kann dadurch zum Ausdruck gebracht werden, daß man die aus gleichem Gestein, bzw. ohne Rücksicht auf Gesteins-unterschiede gebildeten Schichtstufen als *homolithische Schichtstufen* bezeichnet. Ihnen stehen die gewöhnlichen, klassischen Schichtstufen als *heterolithische Schichtstufen* gegenüber. Während die gewöhnlichen, die heterolithischen Schichtstufen ihre Frontstufe stets dem, in der Regel flachen, Schichtfallen der betreffenden Sedimenttafel *entgegen* richten, besitzen die homolithischen Schichtstufen keine Orientierung gegenüber dem Schichtfallen. Sie sind vielmehr in bezug auf das Gewässernetz orientiert. Sie bilden die Rahmenhöhen in der Umrahmung von tropischen Flachtälern. Daher kann es auch längs der Wasser-scheide zwischen zwei Systemen von tropischen Flachtälern zwei wohlausge-bildete homolithische Schichtstufen geben, die nach entgegengesetzten Richtun-gen abfallen, obwohl die Schichtserie, aus der sie aufgebaut werden, eine deutliche, einseitige Neigung aufweist (H. Louis, 1966; vgl. Fig. 71).

Aufschüttungslandschaften

In den Klimaten sehr leistungsfähiger flächenhafter Abspülung über feinkörnig verwittertem Untergrund herrschen, wie gezeigt wurde, riesige Abtragungs-verebnungen. Bei solchen Gegebenheiten sind definitive Aufschüttungen auf dem Lande im allgemeinen nicht zu erwarten. Nur die Zufüllung von Senkungsfeldern in der Form fluvialer und lakustrer Aufschüttungsebenen ergibt Ausnahmen, z. B. das große Pantanal in Mato Grosso und das Süd (Weißer Nil) im Süden der

Republik Sudan. Außerdem zeigen sich Deltaebenen im Mündungsbereich der kleineren und größeren Gewässer. Mit einer manchmal etwas verwickelten Gliederung in verschieden hohe Sandbänke und Niederwasserbetten passen sie sich nicht nur dem Unterschied der Wasserführung des aufschüttenden Flusses an, sondern außerdem auch den Gezeitenunterschieden. Mangrovebewuchs auf den zeitweilig vom Meer überfluteten Flächen gibt diesen Deltas ihr besonderes Gepräge. Von Bedeutung ist die Tatsache, daß in den Rumpfflächengebieten mit leistungsfähiger Flächenspülung die Sedimentführung der Flüsse trotz des Fehlens von Flußgeröll so groß ist, daß auch an Küsten mit starkem Tidenhub nicht etwa nur Trichtermündungen vorkommen, sondern daß auch kräftig wachsende Deltas aufgebaut werden können.

Über die polwärtige Grenze der Rumpfflächenbildung

Polwärts grenzen die wechselfeuchten Tropen weithin an Trockengebiete, in welchen, wie das Häufigwerden von Zerrachelung andeutet, die Gestaltungsvorgänge sich ändern. Dort dürfte die Grenze des Bereichs der tropischen Flachtäler über leicht verspülbar aufbereitetem Gesteinsuntergrund, d. h. die Grenze der Entstehungsbedingungen der tropischen Rumpfflächen liegen. Dabei können jenseits dieser Grenze noch Rumpfflächen vorhanden sein. Nur sind sie nicht mehr wirklich unzerschnitten. Sie können in diesem Falle entweder Vorzeitformen aus Perioden eines einstigen wechselfeucht-tropischen Klimas sein oder Einebnungsflächen des ariden Typs oder eine Kombination aus beiden.

An den Ostseiten der Kontinente reicht aber wechselfeuchtes Tropenklima in Gestalt des tropischen Monsunklimas und verwandter Klimatypen bis an den äußeren Rand der Tropen und geht dort in ebenfalls wechselfeuchtes Subtropenklima über mit Niederschlägen während der heißen Jahreshälfte. Hier sind also die Grundvoraussetzungen der Rumpfflächenbildung, intensive chemische Verwitterung während einer feuchtheißen Zeit und stoßweise Wasserführung während einer Zeit ergiebiger Regen, gleichfalls noch gegeben. Es ist anzunehmen, daß die Bildung von Tälern mit überaus flachem Querprofil und damit die Rumpfflächenbildung sich in vielleicht abgeschwächtem Maße oder auch in etwas abgewandelter Form dort fortsetzt. Die Beobachtungen von W. Credner (1931) aus Süd-China zeigen das mit aller Deutlichkeit. Weiter nordwärts muß sich der Übergang zu den außertropischen Typen des fluvialen Abtragungsreliefs vollziehen.

Klimatisch verwandte Gebiete an anderen Stellen der Erde, z. B. der Raum von Südost-Paraguay, Süd-Brasilien und Uruguay, dürften ebenfalls wertvolle Anhaltspunkte für die Erkenntnis des Übergangs von der tropischen Rumpfflächenbildung zum außertropischen Kerbtalrelief gewähren. Es fehlt aber noch an Spezialuntersuchungen gerade über diesen Fragenkreis. Sie wären deswegen so wichtig, weil die Rumpfflächen-Reste der Mittelbreiten und wohl auch der höheren Breiten wahrscheinlich nicht auf einstige innertropische Formen zurückgehen, sondern auf Formen, deren Klimabedingungen denen der heutigen Randtropen bis Subtropen mit Regen zur Zeit des höchsten Sonnenstandes ähnlich waren.

5. Formengesellschaften in den langdauernd feuchten Tropen

Besonderheiten von Verwitterung und Böschungsabtragung

In den dauernd oder fast dauernd feuchten Tropen erreicht die chemische Verwitterung der Gesteine, vornehmlich die Hydrolyse, wahrscheinlich ihre größte
Intensität. Da von Natur aus ein dichtes Waldkleid die flachen Ebenen wie die
gebirgigen Landschaften überkleidet, stehen auch an steilen Hängen organische
Säuren als Förderer der Verwitterung in reichem Maße zur Verfügung. Daher
überdeckt ein an den Steilhängen nach Metern Dicke, im Flachlande gewöhnlich
nach Zehnern von Metern Mächtigkeit messender Mantel lehmig-erdiger Verwitterungsmassen den Felsgrund. Nur wo im Gebirgsrelief Wände auftreten
oder Klippen und Felsnadeln emporragen, tritt festes Gestein zutage, auch dieses
mit Merkmalen des Verwitterungsangriffs.

In diesem dauernd oder fast dauernd feuchten Bereich arbeitet nicht nur oberflächliche Abspülung. An steilen Böschungen findet auch ein Abgleiten der durchfeuchteten, erdig-lehmigen, schwach bindigen Massen in kleineren oder größeren
Rutschungen statt. Mitunter tritt dazu im Wurzelbereich der Bäume das sog. sub-
silvine Bodenfließen.

Erhebungen und Talbildung

Die Flüsse sind wasserreich und perennierend. Im Gebirge haben die Täler
weithin Kerbtalcharakter und führen Geröll. Es ist allerdings zu berücksichtigen,
daß im Gebiet von kristallinen Massengesteinen die dort in den Flußbetten
häufigen großen Rollsteine größtenteils nicht wirkliche Gerölle, sondern nur freigespülte und weitergerollte Restkerne festen Gesteins aus dem tropischen Verwitterungsmantel der Hänge darstellen. Nach abwärts scheinen die Kerbtäler oft
Kehltalcharakter anzunehmen und nur noch Feinmaterial zu transportieren, weil
die Gerölle rasch zerfallen.

In Neuguinea hat allerdings W. Klaer (1976) vor dem Ausgang von Kerbtal-
schluchten des steil aufragenden Hochgebirges auch bedeutende Schotterablagerungen beobachtet.

Die Taldichte in den tropischen Gebirgen ist außerordentlich hoch. Die Riedel
zwischen den Kerbtälern und den Kehltälern der Gebirge sind gewöhnlich steilflankig, ohne Terrassen und haben schmale Firste. In den hohen Kettengebirgen,
z. B. der Ecuadorianischen und Columbianischen Anden oder von Neuguinea,
ragen manche Gipfel über die Schneegrenze auf, tragen Gletscher oder weisen
gegebenenfalls Formen der Glazialerosion auf. (W. Behrmann, 1921; H. Bremer,
1977; British Geomorph. Group, 1968; M. A. Journaux, 1977).

In den Bruchschollenländern und den Gebieten sanfter Landschwellen, z. B. im
feuchttropischen Afrika, zeigen sich Reste zerschnittener Rumpfflächen, meist
von Kehltälern zerfurcht, also Überbleibsel einer älteren Reliefgeneration.

Schichtstufenlandschaften sind aus den feuchten Tropen bekannt. Große
Festigkeitsunterschiede der beteiligten Gesteine dürften nötig sein, um bei der

tiefgründigen Verwitterung der feuchten Tropen den normalen Typ der heterolithischen Schichtstufe hervorzubringen. Es fehlt aber noch an genaueren Einzeluntersuchungen über diesen Fragenkreis. Zweifellos ist die Quellunterschneidung
an den Stufenfronten für die Stufenrückverlegung von besonderer Bedeutung.

Tropischer Karst

In Gebieten mit dickbankigen reinen Kalken, und zwar sowohl der immerfeuchten wie der langdauernd feuchten Klimate mit ganzjährig hohen Temperaturen, entwickelt sich das tropische Karstphänomen mit seinen kühnen Karsttürmen, Karstkegeln oder Halbkugelkuppen, mit Cockpit-Dolinen und mit den
großen Karstebenen im Niveau der Flüsse. Nach H. v. Wissmann bilden diese
Karstgebiete in Süd-China Regionen tieferen Landes gegenüber der aus nichtlös-
lichen Gesteinen aufgebauten Umgebung. Daraus ist zu schließen, daß die Abtragung durch Lösung in den Tropen besonders leistungsfähig ist, im Gegensatz
zu der der Außertropen, wo Karstformen in den Gebirgen oftmals gerade in der
Hochregion anzutreffen sind und dort auf Resten eines nachweislich alten Reliefs
ausgebildet sind (Bild 107, 108).

In den tropischen Karstregionen gibt es jedoch auch große Gebiete mit Oberflächenformen, die nicht dem Kegel- oder Turmkarst, sondern denen der Außertropen entsprechen. Unreine Kalke, geringe Höhe der Landoberfläche über dem
Meeresspiegel und möglicherweise auch die geringe Mächtigkeit der Kalkvor-
kommen scheinen für die Ausbildung eines Dolinenkarstes mit den typischen
Cenotes, brunnenartigen Dolinen, größere Bedeutung zu besitzen.

Aufschüttungslandschaften

Die bei Hochwasser an Feinmaterial reichen Flüsse (Weißwasserflüsse) der
immerfeuchten Tropen bauen große Schwemmebenen auf. In ihnen fließen die
Flüsse vielfach erhöht zwischen beiderseits durch sie selbst aufgeschütteten sehr
flachen Dämmen. Zwischen den so geschaffenen Dammbereichen breiten sich
Sumpfgebiete aus, in welche der Fluß, wenn es bei Hochwasser zu Ausbrüchen
aus dem von Uferdämmen begleiteten Bett kommt, seinen Lauf verlagert. Dann
beginnt die Dammbildung längs der veränderten Laufstrecke von neuem. Im
Mündungsgebiet solcher Flüsse findet sich häufig eine Wattenküste mit Man-
grove-Bewuchs (Bild 115, 116).

6. Formengesellschaften der semiariden und ariden Gebiete

Übereinstimmung und gliedernde Unterschiede

Semiaride und aride Klimate, d. h. solche, deren Niederschläge so gering sind,
daß sie keinen als Abfluß aus dem betreffenden Gebiet hinausgehenden Nieder-
schlagsüberschuß hervorbringen, gibt es in den Mittelbreiten, den Subtropen

und Tropen. Sie sind wegen der ebengenannten Niederschlagsverhältnisse geomorphologisch durch das Auftreten geschlossener Hohlformen ausgezeichnet,
und zwar zum Unterschied von Karstwannen durch geschlossene Hohlformen
ohne unterirdischen Abfluß.

Der Formenschatz dieser Gebiete gliedert sich daher, im Gegensatz zu den
allenthalben gleichsinnig zum Meere abgedachten humiden Gebieten, in eine
mehr oder weniger große Zahl von getrennten, in sich abgeschlossenen Teil-
räumen, deren jeder einen verschieden hoch gelegenen Zielraum der exogenen
Massenumlagerungen besitzt, eben die ihm zugehörige Endwanne. Die Massenumlagerungen und damit auch die Oberflächenformen im einzelnen werden durch
die in den Teilbereichen der semiariden und ariden Gebiete herrschenden Typen
der Verwitterung, der Böschungsabtragung und der Flußarbeit, außerdem von
den im ariden Bereich stärker hervortretenden Windwirkungen bestimmt.

Verwitterung, Böschungsabtragung und Talbildung weisen innerhalb der
semiariden und ariden Gebiete Unterschiede nach der geographischen Breite auf.
Sie sind den entsprechenden Erscheinungen der breitenmäßig jeweils zugehörigen
humiden Gebiete in gewissen Zügen verwandt. Sie ähneln teilweise denjenigen
Verhältnissen, die sich in den humiden Gebieten bei z. B. künstlicher Entfernung
des natürlichen Pflanzenkleides einstellen, weisen allerdings außerdem auch deutliche Besonderheiten auf. Bei dieser Sachlage erscheint es angebracht, semiaride
und aride Gebiete der Mittelbreiten, der Subtropen und der Tropen zu unterscheiden.

Darüber hinaus ist aber noch folgendes zu berücksichtigen: Für die Verwitterung und Bodenbildung und für die Versatzdenudation in Lockermassen
spielt in den winterkalten Trockengebieten die Frosteinwirkung eine erhebliche
Rolle. Winterkälte und Durchfrieren der oberen Verwitterungsdecke reichen aber
in den hoch und kontinental gelegenen Trockengebieten bis weit in subtropische
Breiten hinein. Insbesondere in Inneranatolien, Iran und Tibet, in Turan und dem
Tarimbecken, im Großen Becken des westlichen Nord-Amerika sind sie sehr
wirkungsvoll.

Das veranlaßt uns, bei unserer Darstellung der Formengesellschaften der semiariden und ariden Gebiete von der Gliederung rein nach der Breitenlage etwas
abzuweichen. Wir unterscheiden, indem wir die semiariden und die ariden Gebiete unter dem Oberbegriff „Trockengebiete" zusammenfassen,

1. Formengesellschaften in den winterkalten Trockengebieten der Mittelbreiten
   und Subtropen,

2. Formengesellschaften in den nicht-winterkalten subtropischen Trockengebieten,

3. Formengesellschaften in den Trockengebieten der Tropen.

Formengesellschaften in den winterkalten Trockengebieten der Mittelbreiten und Subtropen

Besonderheiten von Verwitterung und Massenumlagerung

In den winterkalten Trockengebieten der Mittelbreiten und der Subtropen, und zwar sowohl im semiariden wie im ariden Bereich, spielt die Frostverwitterung eine größere Rolle als in den humiden Gebieten der gleichen geographischen Breite. Denn das Fehlen, bzw. die Dürftigkeit des Pflanzenkleides läßt den Frost häufiger und tiefer in den Untergrund eindringen als in den benachbarten humiden Bereichen. Doch auch chemische Verwitterung ist kräftig an der Gesteinsaufbereitung beteiligt. Das gilt besonders für die wenigstens während kürzerer Zeit im Jahre etwas beregneten semiariden Randbezirke der Trockenräume. Aber selbst in den eigentlichen Wüsten zeigen Spuren von Salzen auf Gesteinsoberflächen, ihr Zerfließen bei Taufall und ihr Wiederkristallisieren bei starker Austrocknung das Wirken chemischer Umsetzung im engeren Sinne sowie der Anhydrid-Bildung und der Hydratation.

Das Ergebnis dieser Vorgänge sind Böden bzw. Verwitterungsdecken, die vom Außensaum des semiariden Bereichs von Schwarzerden (Tschernosem) über kastanienbraune und graue Verwitterungslehme bis zu salzhaltigen und staubreichen Gemengen gröberer bis sehr feiner Gesteinspartikel in den Wüsten (Solod, Solonetz, Solontschak) reichen. Kennzeichnend für die kastanienbraunen und die grauen Steppen- bis Halb-Wüstenlehme ist dabei ein hoher Anteil an überaus quell- und schrumpfungsfähigen Tonmineralen, vor allem an Montmorillonit.

Die Böschungsabtragung wird in diesen Gebieten vor allem durch Flächenspülung bewirkt. Nach kräftigen Gewitterregen, die z. B. in Inneranatolien im Frühsommer noch mit starken Hagelfällen verbunden sein können, bildet sich selbst auf mittleren Böschungen manchmal eine Mehrzentimeter dicke Wasserschicht, welche abströmt. Sie ist trübe, nimmt also trotz des Schutzes, den der Steppenbewuchs darbietet, viel Feinmaterial mit sich fort. Sind Wunden im Steppenbewuchs vorhanden, so kommt es zu starker Rachelbildung. Die Russen bezeichnen solche, u. U. einige Kilometer lange, steilwandige Einschnitte im steppenhaften Flachgelände als Owragi, breitere und bis Zehner von km lange Furchen als Balki. Das Ansetzen der Zerrachelung ist namentlich auf Ackerflächen zu beobachten. Bei tiefgründigen Böden und in lehmigen Lockermassen bilden die tiefen und breiten Trockenrisse, die im Sommer netzartig die Oberfläche zerteilen, wichtige Angriffspunkte für das Entstehen und Weiterfressen von Racheln.

Die genannten semiariden Randbereiche der Trockenräume sind weithin sehr alte Anbau- und Weidegebiete. In ihnen wurden vielfach durch diese Vorgänge in langen Jahrhunderten und in kleinen Einzelschritten die Hänge von Boden nahezu entblößt, die Talgründe und Beckensohlen dagegen durch von den benachbarten Erhebungen her abgeschwemmte Feinmassen entsprechend aufgehöht. In solchen alten Kulturlandschaften, in denen sehr viel von der Verwitterungsdecke bereits abgetragen wurde, sind die erwähnten zerstörerischen Erscheinungen der

Zerschneidung und Abspülung heute weniger augenfällig. Sie nehmen dagegen sehr große Ausmaße in jungen Landwirtschaftsgebieten an. Die semiariden Bereiche von Nordamerika haben ein bedenkliches Beispiel gegeben. Neuerdings entwickeln sich im Zuge der motorisierten Landwirtschaft die gleichen Erscheinungen in den entsprechenden Räumen der Sowjetunion und der Nachbarländer. Denn die Praktiker sind allerorten wenig geneigt, anderswo gemachte geographische Erfahrungen zu berücksichtigen.

Es gibt in den semiariden Gebieten mit Winterkälte auch einen leistungsfähigen Vorgang, der der Zerrunsung tiefgründiger Böden und Lockermassen entgegenwirkt, nämlich die frostbedingte Bodenversetzung. Das Durchfrieren führt im Laufe des Winters zu einer tiefgründigen Auflockerung des Bodens und zu kleinen Versetzungen, durch welche Ansätze von Runsen wieder verschlossen werden können. Als Ergebnis dieser Frostversetzung haben in diesen Gebieten die Hänge von geringer und mittlerer Neigung meist bemerkenswert glatte Böschungen (Bild 54).

Die herrschende Talform dieses Bereichs ist das Kerbtal bzw. das Sohlen-Kerbtal. Die oberen Talverzweigungen greifen im Gebirge meist als scharfe Kerbschnitte bis zur Wasserscheide hinauf oder sie schneiden in etwa vorhandene Flachformen eines hochgelegenen Sanftreliefs ein. Nur der obere Rand dieser Kerbschnitte ist gewöhnlich durch die in der Verwitterungsdecke wirkende Frostversetzung etwas zugerundet.

Formenunterschiede der Abtragungs- und Aufschüttungsgebiete

In sanfterem, hügeligem Relief, besonders in Jungtertiär-Gebieten, gibt es weichgeformte dellenartige Talanfänge und Täler mit flachmuldenförmigem Querschnitt, in dessen Tiefenlinie der nur jahreszeitlich fließende Bach streckenweise uneingeschnitten, dann wieder wenige Meter tief eingeschnitten dahinfließt. Die Stellen des Einschneidens und Nicht-Einschneidens verlagern sich im Laufe von Jahrzehnten. Sie sind möglicherweise durch die Eingriffe von Acker- und Weidewirtschaft in den Steppenbewuchs veranlaßt. Die sanft-muldenförmigen Talquerschnitte sind offensichtlich ein Ergebnis der Massenversetzung durch Frost in dem tiefgründig gelockerten Untergrund. Trotz der Sanftheit dieser Talquerschnitte erreichen diese Täler längst nicht die Flachheit und Weite der Flachtäler der wechselfeuchten Tropen.

Wo hoch aufragende Abschnitte des Kettenreliefs in dieser Klimaregion verlaufen, wie etwa in Inner-Iran oder den nordargentinisch-chilenischen Anden, da ist die Zerschneidungstiefe des Gebirges trotzdem relativ gering. Die Kerbtäler haben steiles Gefälle und bilden schon weit oberhalb des Talausgangs eine Verwilderungssohle. Schuttschleppen ziehen aus den abflußlosen Becken hoch an den Gebirgen empor und in die Täler hinein. Es entsteht der Eindruck von in ihrem eigenen Schutt ertrinkenden Gebirgen. Sie haben einen hoch aufsteigenden Reliefsockel. Das gleiche gilt auch von breit ausladenden Schollen- und Hochflächengebirgen.

Das transportierte Material der ja nur periodisch oder episodisch fließenden Gewässer ist oft kaum kantengerundet. Vor dem Gebirgsausgang entwickeln sich große, meist ansehnlich geneigte Schwemmkegel aus diesem Material. Das bedeutende Gefälle dieser Schwemmkegel rührt von der stoßweisen Wasserführung und der groben Schuttfracht her. In kurzen Hochwasserzeiten muß sehr viel Material transportiert und ausgebreitet werden. Das erfordert kräftiges Gefälle.

Gewöhnlich ist die Spitze solcher Schwemmkegel zerschnitten. Denn die Böschung des Schwemmkegels richtet sich nach der Schuttbelastung des Gerinnes. Diese schwankt in Anpassung an die Witterungsereignisse und natürlich auch an leichte Klimaänderungen. Nur ausnahmsweise herrscht an einem gegebenen Schwemmkegel gerade die seit seinem Bestehen höchste Schuttbelastung des betreffenden Gewässers. Nur in diesem Falle ist ein wirklich unzerschnittener Schwemmkegel zu erwarten.

Vor dem Gebirgsfuß und auch unter dem Wildbachschutt der Schwemmfächer vor den Talausgängen ist in diesen Gebieten unter nur geringer Schuttüberdeckung das Anstehende eingeebnet, nicht selten auch sehr fester Fels. Die dünn schuttbedeckten Verebnungen dachen sich vom Gebirgsrand her mit dort oft 5° bis 10° Neigung unter allmählicher Verringerung des Gefälles gegen ein Binnenbecken ab. Es sind Pedimentflächen, die Glacis d'érosion der franz. Geomorphologen. Sie entstehen nach der wohl richtigen Deutung von O. Weise vor allem infolge von akzentuiertem Korngrößenaustausch am Gebirgsrand bei der ruckartigen, gegen die Becken hin gerichteten Abfrachtung (vgl. Kap. III C, S. 176 ff.) als Ergebnis der dort nicht seltenen Starkregenfluten. Beckenwärts tauchen die Pedimente schließlich unter die noch flachere Oberfläche der Beckensedimente unter.

Im Inneren der Becken versiegen die aus den umrahmenden Gebirgen kommenden Flüsse und Bäche. Die mitgeführten Alluvionen werden abgesetzt. Ihre Korngröße wird gegen die Beckenmitte kleiner. Schließlich enden die nur jahreszeitlich oder nur episodisch durchflossenen Gerinne in Endpfannen, die jahreszeitlich oder gelegentlich unter Wasser stehen. Es sind die Salztonebenen, die Sebchas der Sahara, die Bayire oder Schalas des Tarim-Beckens, die Takyre Turans, die Kewire Persiens, die Salare der nordargentinisch-chilenischen Hochanden. Weiter oberhalb, wo die Gerinne noch viel Sand führen und ablagern, ergreift der Wind den Sand und häuft ihn zu Dünenfeldern auf. Weiteres über die Formen der Wüstendünen ist in dem analytischen Kapitel III J gesagt. Stellenweise, wie im Tarim Becken, zerschleift der mit Sand beladene Wind trockenliegende Lehmplatten zu Yardangs. Den Rand der Trockenräume säumen weithin Lößgebiete (Bild 63, 80).

In den winterkalten Trockengebieten scheint Vollwüste im wesentlichen auf die Beckenräume und damit auf den Formenschatz von Aufschüttungen beschränkt zu sein. In den Gebirgsaufragungen scheint die Aridität überall fühlbar gemildert zu sein. Die Frostwirkungen äußern sich da und dort in Kryoplanationsterrassen (S. 166, 169 f. u. Bild 16). (F. Machatschek, 1935; M. Petrov, 1962).

Formengesellschaften in den nicht-winterkalten Trockengebieten der Subtropen

Die nicht-winterkalten Trockengebiete der Subtropen enthalten die größten und trockensten Wüsten der Erde, so die mittlere Sahara, die Atacama, die Namib, die Lut. Zwar werden auch in ihnen gelegentlich nachts noch Minustemperaturen erreicht. Aber für die Verwitterung und Massenumlagerung sind solche Ereignisse nicht mehr sehr bedeutsam. Die Verwitterung macht sich als mechanische und quasi-mechanische Zerkleinerung des Gesteins an der Erdoberfläche (Hydratationsverwitterung, Salzsprengung infolge von Taufall) und als chemische Veränderung des Gesteins und seiner Fragmente bemerkbar. Harte Dunkelrinden an der Oberfläche und manchmal pulvriger Zerfall des Gesteins unter der Hartrinde (Kernverwitterung) sind charakteristisch. Dazu kommt die Bildung von Krusten an oder nahe der Oberfläche von Lockermassen, die gelegentlich durchfeuchtet werden, also besonders in der Nähe von Gerinnebetten.

Als Umlagerungsvorgang hat die Flächenspülung nach Starkregen Bedeutung. Sie wirkt in den Randgebieten des Trockenraumes in einer bestimmten Jahreszeit noch regelmäßig, wird aber in den Kerngebieten immer seltener, so daß schließlich von einem zum nächsten Guß Jahrzehnte vergehen können. Sie dürfte ähnlich wie in den winterkalten Trockengebieten, aber wahrscheinlich langsamer auf Pedimentbildung hinarbeiten. Daneben bleibt nur an kräftigen Böschungen eine geringfügige trockene Versatzdenudation.

An sonstigen Transportvorgängen steht der gesammelte lineare Abfluß von Sturzregenmassen in Trockenbetten, den Wadis, zur Verfügung. Spätestens in einer Endpfanne erreicht er seinen Abschluß. Dazu kommt der Windtransport, dem man mit Rücksicht auf das ausgesprochen windreiche Klima in vegetationslosem Gelände in den Anfangszeiten der Wüstenforschung übertrieben große Leistungen zugetraut hat (Bild 64–79).

Tatsächlich scheinen aber Transportleistungen durch Sturzregen und durch Wind bereits in der *Randwüste* bedeutend zu sein. Weitgehend von Schutt entblößte Hänge in den Erhebungsgebieten, Pediment- bzw. Glacisflächenbildung in der Fußregion der Erhebungen sind hier kennzeichnend. Vor dem Fuße von Gebirgen dehnen sich große Schwemmfächer (Sserir, Reg) und in ihrer Verlängerung öfters durchströmte Gerinnebetten, auf denen bzw. in denen namhafte Massentransporte, Unterschneidung der Ufer und Ablagerung stattfinden. Dort steht dem Winde immer wieder lockerer, frisch geschütteter Sand zur Verfügung. Er kann ihn aufnehmen und in Gestalt von Sandtennen oder Dünenfeldern wieder ablagern (Erg, Edeyen, Ténéré). Stellenweise behindern aber Kalkkrusten in der Nachbarschaft der Wadibetten das Verblasen von Sand (vgl. S. 497ff. u. Bild 60–62, 68–70, 73, 74).

Das Ausblasen von Sand und Feinmaterial durch den Wind kann unter geeigneten Umständen große Ausmaße erreichen und windgeschaffene Abtragungsformen hervorrufen. Die von E. Kaiser (1926) genau untersuchten Deflationswannen der Wannen-Namib sind das berühmteste Beispiel hierfür. In den dem Kristallinsockel mäßig eingefalteten Namasandsteinen und Konkipschichten, deren Streichrichtung mit der Richtung der Passate weitgehend übereinstimmt, sind die leicht zu Sand zerfallenden Sedimente großenteils ausgeblasen worden, so daß Wannen von etlichen Kilometern Länge, bis zu 1 km Breite und bis zu 50 m Tiefe entstanden sind (Fig. 115 u. Bild 71—76).

Sonst überwiegt in der *Vollwüste* bei sehr geringer Abtragung durch Spülvorgänge in den Erhebungsgebieten, soweit die Böschungen nicht zu steil sind, die Entwicklung der Hamadaflächen. Gestein und Schutt erhalten Dunkelrinden. Es gibt Hohlblockverwitterung. Aus feuchteren Klimaperioden ererbte Pedimente bleiben lange erhalten. Sie werden nur überaus langsam weitergebildet. Die Schwemmfächer einst häufiger benutzter Wadis (Sserir) erleiden langsame Veränderungen, wie Überwehungen, Ausblasungen, sanfte Verbiegungen, die das Erkennen ihrer ursprünglichen Entstehung erschweren (Bild 71—74).

Mehr und mehr sind die Oberflächen von Lockermassen nunmehr durch Krusten, vornehmlich durch Gipskrusten verbacken. Während in der Randwüste Stürme durch ihre Staubtrübung und ihren Sandtransport dicht über dem Boden berüchtigt und gefürchtet sind, gehen Stürme in der Vollwüste oft bei fast staubfreier Luft vor sich. Die großen Dünenfelder (Erg, Edeyen) scheinen hier nur recht langsam weitergebildet zu werden. Der Dünensand nimmt durch Eisenoxidhäutchen rotbraune Farbe an. Die Dünen sind Braundünen. Leichte Verbackung der oberflächlichen Sandlage läßt manchmal erkennen, daß hier längere Zeit keine größeren Umlagerungen des Sandes mehr stattgefunden haben (Fig. 119, 120 u. Bild 69, 77, 79). (R. Capot-Rey, 1953).

Endlich hebt sich ein Gebiet extrem arider Verhältnisse ab. Hier in der *Extremwüste* herrschen auf den weiten Ebenheiten stark staubhaltige, etwas salzführende Verwitterungsdecken oder staubreiche Schuttgemenge. Sie sind millimeterdick oberflächlich leicht verbacken. Sie tragen, wie Mortensen (1927) es nannte, eine Staubhaut. Liegen oberflächlich Sande oder Feinkiese, so zeigt sich die Verbackung meist etwas tiefer in dem staubigen Unterboden. Doch fehlen gewöhnlich Ausscheidungen von Kalk oder Gips (Meckelein, 1959). Die Staubhaut konserviert die Furchen und selbst die feinsten Rillen, welche der letzte, vielleicht Jahrzehnte zurückliegende Starkregen hinterlassen hat (Bild 75). Hinsichtlich formverändernder Vorgänge erscheint die Landschaft wie tot, jedoch mit Formen, die vom rinnenden Wasser geprägt sind. Bei der sehr seltenen Durchfeuchtung des Staubes nach einem episodenhaften Sturzregen kommt es manchmal zu breiartigem Fließen der Staubmassen.

Die ausgedehnten Schichttafeln zeigen meist ein Relief von Schichtstufen, auch in sehr regenarmen Gebieten, in denen die Niederschläge zu einer kräftigen Zertalung nicht ausreichen. Solche Schichtstufenlandschaften, die Tassili der Sahara, sind zweifellos Vorzeitformen, die sich in der Wüste nur sehr langsam weiterentwickeln. Ihre Dachflächen sind gewöhnlich zu Hamadas geworden, d. h. zu Flächen, auf denen eine Decke von Grobschutt, dem Verwitterungsmaterial des Anstehenden, lagert. Es handelt sich hier um die oberste Lage eines Schutt-Sand-Staubgemenges, das bei der Verwitterung entsteht. Durch die Spülwirkung gelegentlicher Sturzregen und durch Ausblasung erleidet diese Verwitterungsdecke sehr langsame Abtragung des Feinmaterials. S. Passarge (1927, S. 60), hat nach starkem Regen breiartiges Fließen des Feinmaterials unter der Schuttdecke einer Hamada beobachtet und als *subkutanes Breifließen* bezeichnet. An den Stufenabfällen ist die Abtragung etwas stärker (Bild 70).

In Gebirgen mit stärker gestörter Struktur treten auch in der Wüste die Gesteinsunterschiede hervor. Dies zeigt sich um so mehr, je häufiger Sturzregen den Verwitterungsschutt an kräftig geneigten Hängen abfrachten können. Freilich dürften derartige Hänge in der Vollwüste überwiegend Vorzeitformen sein. Denn außer durch Vulkanismus oder Bruchtektonik können in einem Klima mit nur seltenen Sturzregen, d. h. bei sehr geringer Linearerosion, nur langsam größere Steilhänge geschaffen oder weitergebildet werden (Bild 65–69).

Offensichtlich erhalten sich alle vorher unter anderem Klima gebildeten Formen in der Vollwüste sehr lange. Sie werden nur durch Hamadisierung und durch sehr langsame Sedimentation in den Beckenlandschaften ganz allmählich abgemildert und verflacht.

Formengesellschaften in den Trockengebieten der Tropen

An der äquatorialen Seite der subtropischen Wüsten, besonders der Sahara, reicht das Trockengebiet bis weit in die Tropen, d. h. in dauernd warme Gebiete hinein. Gleichzeitig mildert sich die Aridität. Damit entstehen für die Verwitterung Voraussetzungen, die sich denen der wechselfeuchten Tropen nähern.

Die Kenntnis vom Formenschatz dieser Gebiete ist noch nicht groß, doch scheinen folgende Angaben leidlich gesichert. Große Areale, z. B. der südlichen Sahara oder von Nord-Australien, werden von Rumpfflächen eingenommen, und über sie ragen Vollformen auf, die weitgehend den Inselbergen, Inselgebirgen und Rumpfstufen der wechselfeuchten Tropen entsprechen. Insbesondere erheben sich diese Aufragungen oft mit deutlichem Gefällsknick über der Rumpffläche. Ebenso folgen die Täler im Bereich der Aufragungen auffällig dem Klüftungsnetz. Darin sind sie den Tälern der wechselfeucht-tropischen Inselgebirge ähnlich. Nur sind nach den bisher vorliegenden, noch nicht zahlreichen Beobachtungen die Rumpfflächen der tropischen Trockengebiete und ihre Begleitformen, z. B. die Inselberge nicht mehr wirklich intakt. Büdel hat z. B. Beobachtungen über eine nicht tiefe, aber deutliche Zerschneidung im Bereich einer solchen Rumpffläche der südlichen Sahara gemacht (1953, 1959). Man sieht auch z. B. beim Überfliegen des Kenia-Gebietes, daß in den Flachlandschaften hier und da Zerrachelung einsetzt, sobald man den Bereich der wechselfeuchten Tropen mit Miombowald und mit ganz unzerschnittenen Rumpfflächen in Richtung auf das Trockengebiet verlassen hat. H. Bremer (1965) nimmt an, daß der berühmte Inselberg Ayers Rock in Nord-Australien gegenwärtig nicht eigentlich in Weiterbildung begriffen ist, sondern Spuren der Zerstörung zeigt. Es wird noch weiterer Beobachtungen bedürfen, um diese Sachverhalte besser aufzuhellen. Die Ausbildung bzw. Weiterbildung flacher Abtragungsebenheiten scheint also im tropischen ebenso wie im subtropischen Trockenbereich unter seichter Kerbzertalung vor sich zu gehen, so wie H. v. Wissmann (1951) dies als Tieferschaltung einer Abtragungsebene beschrieben hat.

Wenn man aber berücksichtigt, daß die Formenumwandlung in den Trockengebieten offenbar sehr langsam vor sich geht, so bestärkt das die Annahme, daß
die Rumpf- und Inselberglandschaften der tropischen Trockengebiete einst unter
wechselfeucht-tropischem Klima gebildet worden sind, und daß sie erst später
unter das heute dort herrschende Trockenklima geraten sind, in welchem sie allmählich verändert werden.

Die Formenentwicklung ist in den semiariden und ariden Gebieten von den
Mittelbreiten bis zu den Tropen sehr unmittelbar auf die Schaffung flacher
Formen gerichtet, wenn man von dem jeweils obersten Abschnitt gleichlaufender
Böschungen absieht. Der dabei als Abtragungsoberfläche entstehende Formentyp
ist das Pediment. Als Aufschüttungsoberfläche ist es die Beckenebene. Nur die
Dünen als Oberflächenformen des Windtransports bringen auch in den mittleren
und unteren Abschnitten der Gesamtabdachungen größere Unruhe in dieses All-
gemeinbild. Es ist damit jenem der regional benachbarten Rumpfflächenbereiche
der wechselfeuchten Tropen weithin ähnlich. Bei dieser Sachlage ist es oft
schwierig, die wegen der sehr langsamen Weiterentwicklung aller Formen in den
Trockengebieten sicher vorhandenen Reste oder Restanlagen älterer Reliefgenerationen mit Sicherheit zu identifizieren und zu deuten.

Wahrscheinlichkeit einer Vertikaldifferenzierung der Formen in den Trockengebieten

Es ist anzunehmen, daß auch in den Trockengebieten bei großen Höhenunterschieden eine fühlbare Änderung der formbildenden Vorgänge und damit auch
der Formen selbst entsprechend der Höhe vorhanden ist. Denn mit der Höhe
sinken im Mittel die Temperaturen, die Niederschlagsgabe wird in der Regel
größer. Andererseits verringert sich die Dichte der Luft, und die Strahlung nimmt
zu. Forschungen zur Aufhellung der Auswirkungen dieser Sachverhalte auf den
Formenschatz sind z. B. im Gebiet der Station Bardai in Tibesti durchgeführt
worden. Von derartigen Arbeiten sind wichtige Erweiterungen der Kenntnis
erlangt worden. (H. Hagedorn, 1971; J. Grunert, 1972; U. Rust, 1975; F. Wieneke,
1975; u. a.).

C. Das Kettenrelief in den verschiedenen Klimazonen

1. Vorbemerkung

In den vorstehenden Abschnitten sind im Zusammenhang mit der Kennzeichnung
des Gebirgsreliefs verschiedene Angaben über die besondere Ausprägung des
Kettenreliefs in den großen Klimagürteln enthalten. Im ganzen genommen treten
aber im Kettenrelief die morphotektonischen und die strukturellen Gegebenheiten stärker hervor als im Felderrelief. Sie bestehen vor allem in einer ausgeprägten und auf lange Erstreckung durchlaufenden Längsrichtung der bestimmen-

den Formenzüge. Andererseits erschwert das räumlich nahe Übereinander und Nebeneinander von klimatisch sehr verschiedenen Verwitterungs- und Abtragungsbereichen das Erkennen klarer klimageomorphologischer Leitlinien, so wenn etwa unterhalb der subnivalen Höhenstufe das obere, wenig wärmebedürftige Stockwerk des Waldes, darunter die ausgesprochen wärmeanspruchsvollen Waldstufen folgen, und wenn außerdem eine vielleicht im Hinblick auf die vorherrschende Windrichtung ausgeprägte hygrische Differenzierung des örtlichen Klimas vorhanden ist.

Diese Leitlinien treten aber deutlich hervor, sobald man einen großräumigen Überblick gewinnt und verdienen besondere Beachtung. Da die Kettengebirge der beiden Amerika alle Klimagürtel queren, werden in ihnen die großen klimatischen Zonen in ihrer Auswirkung auf die Oberflächenformen des Kettenreliefs besonders deutlich.

2. Polares und subpolares Kettenrelief

In den polaren und subpolaren Breiten, sowohl in den Kettengebirgen des westlichen Antarktika, wie in jenen von Alaska und von Nordost-Sibirien, spielt Tal- bzw. Eisstromnetz-Vergletscherung als Nachfolgerin einer vorausgegangenen tiefen Kerbtalzerschneidung die beherrschende Rolle bei der Gestaltung des heutigen Formenbildes. Gerade in Antarktika zeigt sich der Unterschied zwischen der überwiegenden Eisstromnetz-Vergletscherung im „westlichen" Kettengebirgsraum von der Inlandeisvergletscherung über dem im Untergrunde verborgenen Felderrelief des „östlichen" Antarktika deutlich. Darin wirken sich Formenunterschiede, die in vor Ausbildung der Inlandvereisung existierenden Reliefgenerationen vorhanden waren, die also zeitlich sehr weit zurückliegen, noch im heutigen Formenschatz ganz wesentlich aus. Gratformen, vorzugsweise aufgereiht in der Längsrichtung der Kettengebirge, Kar- und Trogtalformen an den Talflanken und in den Talgründen, sofern diese eisfrei sind und Einblick erlauben, alpinotypes Glazialrelief, sogar auch wenig über dem Meeresspiegel und selbst unter dem Meeresspiegel, außerdem hier und da bescheidene glaziale und glazifluviale Aufschüttungsformen, das sind die leitenden Erscheinungen im Formenbild. Hervorzuheben ist außerdem die Geringfügigkeit von Expositionsunterschieden hinsichtlich der Bestrahlung. Läuft doch die Sonne polwärts des Polarkreises im Sommerhalbjahr in riesigen Tagesbögen durch mehr oder weniger lange Zeit fast vollständig oder ganz um den Horizont herum. Dagegen macht sich die Exposition gegenüber den schneebringenden, hier überwiegend westlichen Winden in der bevorzugt leeseitigen Entwicklung der Gletscher stark bemerkbar.

3. Kettenrelief der humiden und semihumiden Mittelbreiten und Subtropen

In den anschließenden, ausreichend befeuchteten Mittelbreiten rückt mit dem Höhersteigen der Schneegrenze das alpinotype Glazialrelief mit Karlingsgraten in die Höhenregion der Kettengebirge hinauf. Die Talgründe sind in den höheren Gebirgen noch durch Nachwirkungen der eiszeitlichen, allenthalben weit größeren

Gletscherausdehnung geprägt. Trogwände, Talstufen, Felsschwellen, Riegelberge, Aufschüttungssohlen in wannenförmigen Talabschnitten, das sind Leitformen in den von besonders hohen Ketten herabkommenden Tälern. Niedrigere Ketten haben meist gerundete Formen, soweit nicht Schichtkämme das Relief zuschärfen. Die Täler sind tief. Sie haben die Form von Kerbtälern oder Sohlen-Kerbtälern. Wände und Steilabstürze liegen hier vorzugsweise an den unteren Talhängen in Talverengungen und Schluchten.

In diesem Breitenbereich wird die Bestrahlungsexposition bedeutungsvoll, nicht nur für die Formen, sondern auch für die Besiedelung. Merkliche Unterschiede in der Höhe der Schneegrenze zwischen Sonn- und Schattseiten stellen sich ein. Namentlich im Gebiet der hohen Gipfel liegen oft Kare an den schattseitigen Steilabstürzen, während auf den Sonnenseiten mäßig geneigte Glatthänge entwickelt sind mit den Anzeichen einer wirkungsvollen Versatzdenudation durch den Frostwechsel.

Die angedeuteten Expositionsunterschiede erreichen zwischen etwa 45° und 30° Breite, also in subtropischen Breiten ihr maximales Ausmaß. Viele hundert Meter messende Höhenunterschiede, z.B. der Schneegrenze zwischen der Schatten- und Sonnenseite eines Berges, etwa am Nanga Parbat (C. Troll, 1939) sind ein auffälliger Ausdruck dafür. Das ist seit langem bekannt und ist aus den geometrischen Strahlungsgegebenheiten auch verständlich. Über den Sonnseit-Hängen mit ihrer durchschnittlichen Neigung von 20° bis 30° steht die Sonne in diesen Breitenbereichen viel länger sehr hoch oder senkrecht als sowohl in den Mittelbreiten wie auch in den Tropen. In den Tropen wird ja der Expositionsunterschied gegen die Sonnenbestrahlung mit abnehmender Breite nahezu unwirksam.

In den subtropischen Breiten, die von etwa 45° bis zum Wendekreis gerechnet werden können, richtet sich der Formenschatz der Kettengebirge sehr stark nach den Niederschlagsverhältnissen. Soweit wenigstens zu einer Jahreszeit reichliche Niederschläge fallen, herrscht eine steilflankige Kerbtalzerschneidung. Nur besonders hohe Ketten bergen in ihren obersten Talverzweigungen noch kleine Gletscher und Spuren beträchtlich größerer pleistozäner Vergletscherung. Die Talgründe haben ein durchschnittlich steileres Längsgefälle als entsprechende Täler der Mittelbreiten. Aber die Gebirge sind durch die Täler dennoch tief zerfurcht. Es gibt nicht nur enge Durchbruchsschluchten durch die Kettenstränge, sondern auch die Längsfurchen des Kettensystems sind zu tiefen Tälern ausgearbeitet. Die Anden in Mittel Chile, der Taurus, das Nordostanatolische Randgebirge, der Himalaya sind Beispiele dieses mäßig bis gut mit Niederschlag ausgestatteten Typs der Kettengebirge in den Subtropen.

4. Kettenrelief der trockenen Subtropen und der beiderseits anschließenden Trockengebiete

Das Gesamtbild ändert sich, sobald die Niederschläge spärlich werden, d. h. im Trockengürtel der Subtropen und der anschließenden Teile der Mittelbreiten einerseits, der Randtropen andererseits. Hier läßt die Zertalung merklich nach.

Insbesondere die Längsfurchen der Kettensysteme werden zu Hochbecken, manchenorts mit Schuttfüllung und mit im Schutte ertrinkenden Begleitketten. Bei der Schuttbildung wie bei der Weiterbewegung des Schutts spielt hier in den großen Höhen der Frostwechsel eine wesentliche Rolle. Die Bolsone und die Hochbecken in der nordargentinisch-bolivianischen Puna verkörpern diesen Entwicklungstyp des Kettenreliefs besonders eindrucksvoll. Riesige geschlossene Hohlformen mit Salaren und Endseen gibt es hier in sehr großer Meereshöhe. Das Tibetische Hochland ist ein weiterer Bereich des Kettenreliefs, in welchem die deutlich ausgebildete tektonische Längsgliederung infolge der Niederschlagsarmut großenteils noch gar nicht durch Zertalung in Längstalfluchten umgewandelt worden ist.

5. Kettenrelief der humiden Tropen

Sobald sich in den tropischen Kettengebirgen, z. B. in den Anden äquatorwärts von etwa 15° Breite ergiebige Zenitalregen einstellen, ändert sich das Formenbild von Grund auf. Nun setzt in den tieferen Lagen eine durch hohe Temperaturen während des ganzen Jahres unterstützte starke chemische Verwitterung ein. Zwar läßt ihre Intensität mit zunehmender Höhe nach, aber sobald die tropische Frostwechselzone der großen Höhen erreicht ist, wird die Gesteinsaufbereitung auch in den Höhen sogar sehr kräftig. Solifluktion in den großen Höhen, wirkungsvolle Flächen- und Runsenspülung auf den Hängen nach starken Güssen in den tieferen Lagen bringen das aufbereitete Material zu Tal. Von den Flüssen wird es in tiefen Taleinschnitten abgefrachtet. Diese tasten den Strukturgegebenheiten nach. Ausgesprochene Längstäler von großer Erstreckung und kurze Querdurchbrüche durch die Strukturen sind häufig. Infolge der intensiven Verwitterung fast aller Gesteine bleibt die feinziselierende Herauspräparierung von Gesteinsunterschieden im ganzen weniger ausgeprägt als in den humiden Mittelbreiten und Subtropen.

Der Eindruck überwältigend tiefer, steilflankiger Kerbtäler tritt in den hohen Kettengebirgen der humiden Tropen besonders beherrschend hervor. Wo Gipfel über die heutige Schneegrenze aufragen oder sich einst über die eiszeitliche Schneegrenze erhoben haben, da wird in den Formen und in der Schneebedeckung die den Tropen eigentümliche Abschwächung von Unterschieden der Bestrahlungsexposition deutlich.

D. Typische Formengemeinschaften der Küsten

Die Küsten zeigen, wie in Kap. III K, 8 ausgeführt wurde, klimatische Differenzierungen. Daraus ergeben sich im Zusammenspiel der Gestalt des allgemeinen Reliefs in der unmittelbaren Nachbarschaft der Küstenlinie mit der Stärke der vom bewegten Küstenwasser herrührenden Formungsprozesse, mit Windwirkungen auf der Landseite der Küste und mit Folgeerscheinungen von ausmündenden Flüssen oder Gletschern wechselnde Formengesellschaften an den Küsten.

Hinzu kommen Einflüsse der ganz allgemeinen (eustatischen) Änderungen des Meeresspiegels, sowie nach Ursache und Ausmaß abschätzbare glazialisostatische regionale Änderungen der Küstenlinie, endlich unberechenbare solche Änderungen tektonischer Natur. Diese vertikalen und oder horizontalen Änderungen des Meeresspiegels führen ebenfalls zu gewissen Vergesellschaftungen von Formen an den Küsten.

Es erscheint zweckmäßig, zuerst nach Klimazonen gruppiert, die aus den Küstenformungsprozessen im engeren Sinne hervorgehenden Formengesellschaften der Küsten anzudeuten und dann Formengesellschaften zu kennzeichnen, die die Folge größerer Verlagerungen der Küstenlinie sind. (H. Valentin, 1952, 1975).

1. Polare und subpolare Küsten

Für die Formenvergesellschaftung an den Steilküsten der polaren und subpolaren Breiten erscheint typisch, daß die eigentlichen Brandungswirkungen sich, soweit vorhanden, nur in der von Meer-Eis freien Jahreszeit entfalten können. Dabei kommt es an stürmischen Küsten zur Bildung von Kliffen und Geröllstrandwällen durch Aufarbeitung des reichlich vorhandenen Frostschutts. Es gibt Eispressung im Lockermaterial an diesen Küsten. Dünen sind selten. Ausmündende Gletscher kommen oft aus Trogtälern, und diese setzen sich im Meer als Fjorde fort. Wo die Gletscher bis ins Meer reichen, entstehen beim Kalben, besonders von den gewaltigen Eisabflüssen der Inlandeise veranlaßt, in den Kalbungsbuchten sehr hohe Kalbungswellen. Sie rufen beim Auflaufen an der Küste Brandungswirkungen noch in Höhen hervor, bis zu denen die normale Brandung nicht reicht.

Die Flachküsten haben auch am Saume des Polarmeeres überwiegend den Charakter von Ausgleichsküsten. Besteht der Untergrund aus festem Fels, so reihen sich Kliffe und Strandwälle bzw. Nehrungen aus grobem Brandungsgeröll aneinander. Wo aber sandige Lockergesteine, z. B. glaziale und glazifluviale Ablagerungen oder Flußsedimente, die Küste bilden, da zeigen sich Lockergesteinskliffe und sandige Strandwälle. In den stark wasserhaltigen Lockergesteinen der Strandwälle, Deltaebenen und niedrigen Küstenterrassen kommen oft Steinnetze, Frostspalten, Pingos und ähnliche, durch den Frost hervorgerufene Erscheinungen zur Ausbildung. In Begleitung sandiger Strandwälle gibt es auch Küstendünen. Im ganzen scheint sich allerdings die Bildung von Küstendünen in mäßigen Grenzen zu halten. Wahrscheinlich ist der kühle und nicht längere Zeit trockene Polarsommer der Verblasung von Strandsand nicht besonders günstig.

2. Küsten der Mittelbreiten und der Subtropen mit jahreszeitlich kühlem Wasser

Ein weiterer klimatischer Typ der Küsten umfaßt etwa die Mittelbreiten und die Subtropen. Wirkungen von winterlichem Küsteneis kommen in den höheren

Mittelbreiten noch vor, aber sie sind gegenüber denen der Polarzone abgeschwächt. Sturmgepeitschte Felsküsten werden durch Kliffe und vorgelagerte felsige Strandplattformen gekennzeichnet. Vor den Kliffen liegen Strandwälle aus mehr oder weniger grobem Brandungsgeröll und weiter draußen Unterwasserriffe aus Geröll, meist in mehreren Staffeln. Die Strandwälle bilden an Buchten und Flußmündungen Haken und Nehrungen, welche die Buchten abschnüren, die Flußmündungen beiseite drängen oder gar fast verriegeln. Es herrscht also eine Entwicklung zur Ausgleichsküste (Bild 133, 134, 138, 139).

An Weichlandküsten (aus sandigen Lockergesteinen), z. B. im Bereich glazialer und glazifluvialer Ablagerungen oder von wenig verfestigten Sandsteinen, zeigt sich der gleiche Wechsel von Kliffküste und Nehrungs- bzw. Strandwallküste. Aber die Strandwälle und die weiter draußen liegenden Unterwasserriffe bestehen hier aus Sand. Dieser kann, wenn er am Strande trocken wird, vom Winde verblasen werden und häuft sich längs der Küste in Küstendünen auf. Im humiden Bereich handelt es sich um Parabeldünen. Ihre bis 30 m, ja 40 m und 60 m hohen Wälle dringen langsam gegen das Küstenhinterland vor, bis sie von der Vegetation, letztlich vom Waldwuchs festgelegt werden. Selbst über den Abfall von 20 und mehr Meter hohen Kliffen kann der Dünensand emporgeblasen werden, wie etwa das Beispiel der Insel Sylt zeigt. Wo solche Küstendünen durch Strandgräser bereits festgelegt waren, aber erneut verletzt wurden, gibt es Windmulden und Kupstendünen (Bild 137, 146−148).

Die genannten Erscheinungen wiederholen sich in sehr ähnlicher Weise an den mitteleuropäischen Küsten der Ost- und Nordsee, auch an der Küste der Landes in Südwest-Frankreich. An schwach geprägten Küsten zeigen sich die entsprechenden Merkmale in abgeschwächtem Maße.

Die Seichtwasserküsten der Mittelbreiten und der Subtropen nehmen in den Gebieten mit kräftigem Gezeitenhub den Charakter von Wattenküsten an. Die Flüsse entwickeln in solchen Bereichen gewöhnlich Trichtermündungen. Bei schwachem Gezeitenunterschied bauen die Flüsse dagegen meist Deltas ins Flachmeer hinaus. Doch hängt dies auch von der Stärke der Sedimentführung dieser Flüsse ab (Bild 140, 167).

3. Küsten der Subtropen und Tropen mit ganzjährig warmem Wasser

Kliffbildung, Buchtabschnürung durch Nehrungen, kurz die Entwicklung zur Ausgleichsküste herrscht auch an den kräftig geprägten Küsten der Subtropen und Tropen mit ganzjährig warmem Oberflächenwasser des Meeres. Aber es gibt dort klimatische Besonderheiten durch das Vorkommen von ortsfesten Kalkalgen- und Schwammriffen schon in den Subtropen, von riffbauenden Korallen und von Mangroven in den Tropen.

An warmen Klarwasserküsten, an denen wenig Sediment ins Meer gelangt, schaffen die Riffbauten einen stark überbrandeten Riffsaum, welcher meerwärts steil abfällt. Auf der Landseite liegt gewöhnlich eine Lagune mit ruhigem, flachem Wasser, in der eine langsame Verlandung erfolgt. Nicht selten sind größere, fast horizontale Küstenplattformen entstanden, während entsprechend in den höheren Breiten gewöhnlich seewärts geneigte Brandungsplattformen zu erwarten wären. Wegen der für die Korallen bestehenden Notwendigkeit, in warmem, wenig getrübtem, aber doch bewegtem Wasser zu leben, sind Korallenriffe besonders rings um die Schwärme kleiner Inseln in den tropischen Meeren verbreitet. Sie meiden die Westküsten der Kontinente wegen der dort auf lange Strecken auftretenden kalten Auftriebswasser. An den Ostküsten gibt es in Brasilien, in Ostafrika südlich des Äquators und an den Nordküsten von Australien bedeutende Strecken mit vorgelagerten Korallenriffen.

An den ariden Küsten der Subtropen und Tropen ändert sich die Form der Küstendünen, weil es keine Vegetation gibt, um die Haufen wandernden Flugsandes festzulegen. Hier entwickeln sich meist Barchane, die einzeln oder in Gruppen von der Küste als der Quelle des Flugsandes mehr oder weniger landeinwärts wandern. Gute Beispiele aus Südwest-Afrika hat E. Kaiser beschrieben (1926).

Auf sehr ausgedehnten Küstenstrecken der Tropen, soweit dort erhebliche Mengen von Feinsediment dem Meere zugeführt werden, und soweit nicht kalte Auftriebswasser die Temperaturen zu sehr herabdrücken, ist ein Mangrovesaum ausgebildet. Selbst an Küsten mit starken Gezeiten, wie z. B. in Ostafrika, bauen Flüsse, die aus so gut wie unzerschnittenen Rumpfflächengebieten kommen, Deltas vor. Mit der reichlichen Sandführung ihrer Flüsse wirkt die kräftige rezente Abtragung, die auf diesen quasi intakten Rumpfflächen erfolgt, deutlich anders auf die Formengesellschaft der Küste ein, als die schwache rezente Sedimentführung vergleichbarer Flüsse von Flachländern der humiden Mittelbreiten.

Auch die Küsten der Tropen sind oft von Küstendünen begleitet. Quelle des Sandes sind gewöhnlich die sandreichen Feinsedimente, die die Flüsse dem Meere zuführen, oder Sandsteine der gleichen Herkunft, an denen die Brandung arbeitet. Größere Dünen scheinen aber selten zu sein, wahrscheinlich weil die Vegetation den Sand sehr rasch festlegt.

4. Typische Formengesellschaften der Küste als Folge größerer vertikaler oder horizontaler Verlagerungen der Küstenlinie

Die klimabedingten Unterschiede innerhalb der Formengesellschaften der Küste sind immerhin merklich. Auffälligere Besonderheiten zeigen sich, wo größere regionale Verlagerungen der Küstenlinie eingetreten sind. Gemeint sind Verlagerungen, die nicht auf die Prozesse der eigentlichen Küstenformung zurückgehen, sondern auf Relativbewegungen zwischen Land und Meer in der Vertikalen. Doch nicht jede solche Bewegung bringt im Sinne von „häufig oder regelmäßig wiederkehrend" typische Formengesellschaften der Küste hervor. Nur solche aber können in diesem Überblick berücksichtigt werden.

Dazu gehören diejenigen, welche durch die weltweiten, eustatischen Änderungen des Meeresspiegels infolge der, während des Pleistozäns wiederholt stark wechselnden Festlegung von Wasser in Form von Eis auf dem Lande veranlaßt worden sind. Doch auch bedeutende (etwa mit Volumenänderungen von mehr als $100\,000\,\text{km}^3$ im Ozean-Raum verbundene) Krustenbewegungen können, wenn auch bisher nicht speziell nachgewiesen, dabei mitgewirkt haben.

Eine weitere nach Lage und Größenordnung abschätzbare, wenn auch regional begrenzte Verlagerung von Küstenlinien, die auf Vertikalbewegung zwischen Land und Meer zurückgeht, ist die Küstenverlagerung durch Eisisostasie. Auch sie tritt regelhaft und häufiger auf, so daß sich daraus typische Vergesellschaftungen von Küstenformen ergeben.

Nicht durch Lageeigenschaften der Erdoberfläche an dem betreffenden Ort vorbestimmt und auch nicht hinsichtlich ihrer Größenordnung im voraus abschätzbar sind dagegen tektonische Vertikalbewegungen, die zu Verlagerungen einer Küstenlinie führen. In den durch sie geschaffenen Vergesellschaftungen von Küstenformen überwiegen deswegen individuelle Züge.

Es wurde bereits früher darauf hingewiesen, daß während des Maximums der letzten Eiszeit, bei dem die Festlegung von Wasser auf dem Lande in Gestalt von Gletschereis einen Hochstand erreicht hat, der Meeresspiegel rund 100 m tiefer gelegen hat als heute. Die von M. Pfannenstiel (1953/54) erschlossene Zahl ist 91 m. Die Zahlen amerikanischer Forscher sind etwas höher (bis −150 m).

Jene einstige Tieferlegung des Meeresspiegels muß die Gefällsentwicklung der Flüsse in ihren Unterlaufgebieten gestört haben. Sie dürfte die meisten Flüsse zum Einschneiden genötigt haben. Seither ist ein allgemeines Wiederansteigen des Meeresspiegels erfolgt und damit ein Untertauchen der auf den tieferen Meeresspiegel eingestellten Teile des Festlandreliefs.

Besondere Küstentypen sind dadurch in einstigen Inlandeisgebieten entstanden. Als Gebirgsküsten sind sie durch Fjorde, zuweilen auch durch felsige Zirkusbuchten ausgezeichnet (vgl. S. 564). Aber gerade hier haben stellenweise auch glazialisostatische Vorgänge zur Entstehung der gegenwärtigen Formenvergesellschaftung mit beigetragen. Denn Böden von Karen können schwerlich unterhalb des Meeresspiegels entstanden sein. Das würde sich jedoch z. T. für die Lofoten ergeben, wenn bei ihrer Bildung lediglich die eustatische Veränderung des Meeresspiegels anzunehmen wäre. Ebenso erfordern die zu Fjorden gewordenen Trogtäler, daß jene Talfurchen, welche durch selbständige oder durch von einem Inlandeis her gespeiste lineare Gletscherströme zu Trögen umgeformt wurden, vorher auf festem Land angelegt worden sind. Auch das scheint bei alleiniger Berücksichtigung der eustatischen Veränderungen nicht gewährleistet.

Im übrigen zeigen sich an den Inlandeisküsten aus Rundhöckerlandschaften entstandene Schärenhöfe (Bild 144). In den glazialen Aufschüttungslandschaften sind aus subglazialen Schmelzwasserrinnen, welche, z. T. vom Eise mitgestaltet, zu den einstigen Hauptgletschertoren hinführten, durch Ertrinken die Förden der jütländischen Halbinsel entstanden, aus rundlichen Becken der Grundmoränenlandschaft die Bodden der mecklenburgisch-vorpommerschen Küste.

Im gebirgigen Kerbtal- und Sohlenkerbtal-Relief außerhalb der eiszeitlichen Eisbedeckung haben sich Ria-Buchten (Bild 145) gebildet mit örtlichen Besonderheiten und Abwandlungen. Im untergetauchten Flachlande aus festem Gesteinsuntergrund zeigen sich Schwärme von Vorinseln wie an der französischen Kanal- und Atlantikküste. Wurde Flachland aus Lockergestein untergetaucht, so haben sich Formen der Ausgleichsküste, oft mit vorgelagerten Strandwall-Inseln, ergeben. Selbst einstige Wannen des Trockengebietes sind an der Namib-Küste zu Meeresbuchten geworden.

Im Bereich der wechselfeuchten Tropen sind Rumpfflächen mit ihren Flachtälern und Inselbergen durch den Anstieg des Meeresspiegels ertrunken, z. B. an der süd-chinesischen Küste, an der Küste von Vietnam, an der Küste von Madura. Im Golf von Tongking taucht eine tropische Karstverebnung mit aufragenden Karsttürmen unter den Meeresspiegel. Im ganzen kann man feststellen, daß es so gut wie keine Oberflächenform des Festlandes gibt, die nicht durch den Anstieg des Meeresspiegels irgendwo auch zur Küstenform geworden wäre.

Den großen Absenkungen des Meeresspiegels, welche während jeder echten Eiszeit eingetreten sein müssen, und die auch nachweislich im pleistozänen Eiszeitalter mehrmals erfolgten, stehen in den Interglazialzeiten Anstiege des Meeresspiegels gegenüber. Diese haben teilweise leicht erkennbare Spuren hinterlassen, nämlich soweit sie über die Höhe des heutigen Meeresspiegels emporgereicht haben. Besonders an hügeligen oder gebirgigen Küsten gibt es in großer Verbreitung auf der Erde hochgelegene Küstenterrassen. Es sind z. T. alte Brandungsplattformen mit begleitendem Kliff, alte Deltaablagerungen, in den Tropen auch tote Korallenriff-Bauten.

Eine fast überall in etwa 7−8 m über dem heutigen Meeresniveau gelegene alte Küstenlinie konnte in günstigen Fällen als Riß-Würm Interglazial (d. h. Letztinterglazial) bestimmt werden. Eine höhere von etwa 30 m Höhe gehört dem großen, dem vorletzten, d. h. dem Mindel-Riß Interglazial an. Sie dürfte nach den möglichen Volumenschätzungen einem Zustand entsprechen, bei welchem rund die Hälfte des in den heutigen Inlandeisen von Antarktika und Grönland und in den Gebirgsgletschern als Eis auf dem Lande gebundenen Wassers wieder dem Meere angehört hat, soweit nicht zusätzliche, der Ursache nach noch nicht erkennbare Vorgänge die Spiegelhöhe des Meeres noch auf andere Weise verändert haben. Die angedeuteten Formengesellschaften der Küste sind typische Folgen regionaler Küstenverlagerungen, wie sie während des Pleistozäns mehrfach eingetreten sind.

Für die älter-pleistozänen und etwaige vorpleistozäne Küstenterrassen muß außerdem mit zusätzlichen Begleitvorgängen gerechnet werden. Denn sie liegen bei um 60 m, um 100 m Höhe und in noch weit höherem Niveau. Über etwa 60 m könnte aber der Meeresspiegel nach den heutigen Kenntnissen über die Gletscherareale und die Eisdicken allein durch das Abschmelzen allen vorhandenen Eises wohl nicht wesentlich ansteigen. Die angedeutete Schwierigkeit, die rein glazialeustatischen Schwankungen des Meeresspiegels von zusätzlichen Änderungen der Spiegelhöhe zu trennen, ist vorläufig nicht zu beheben. Trotzdem sprechen die alten hohen Stände des Meeresspiegels als Gegenbefunde zu den offensichtlich glazialeustatischen Absenkungen des Meeres während der eigentlichen Eiszeiten deutlich dafür, daß in der Vergangenheit nicht nur große Vermehrungen der Eismasse auf der Erde stattgefunden haben, sondern auch gegenüber dem heutigen Zustand ganz große Verringerungen.

Die Pole müssen bei diesem Zustand aufgehört haben, als Eiskalotten der Erde zu existieren, oder sie dürften doch nur in sehr abgeschwächtem Maße damals diese Bedeutung gehabt haben. Es ist klar, daß Perioden dieser Art, abgesehen von allen sonstigen Folgeerscheinungen, im Hinblick auf die Geomorphologie durch eine wesentlich veränderte Verteilung der großen Verwitterungszonen ausgezeichnet sein müssen. In Zeiten, in denen an den Polen keine Eiskalotten existiert haben, ist mit einer viel weiter polwärts ausgreifenden Verbreitung tropenähnlicher Verwitterung und deswegen auch mit der Bildung von Rumpfflächen in wesentlich höheren Breiten als heute zu rechnen. Auf Grund dieser Erwägungen kommt namentlich den hochgelegenen alten Küstenlinien ein bedeutendes wissenschaftliches Interesse zu.

In manchen Küstengebieten, insbesondere in Kettengebirgsbereichen und in vulkanischen Landschaften gibt es sehr erhebliche Abweichungen von den Standardhöhen der pleistozänen Küstenlinien um 7−8 m und um 30 m. Hier müssen örtliche Vertikalbewegungen der Kruste als Ursache der abweichenden Höhen angenommen werden. Solche haben in den labilen Krustenbereichen der Erde zweifellos stattgefunden.

Es ist außerdem darauf hinzuweisen, daß der heutige Meeresspiegel nicht die Maximal-Höhe des Spiegelanstiegs seit der letzten Eiszeit repräsentiert. In der sog. Flandrischen Transgression (Abel Briquet 1930), in den Jahrhunderten um Christi Geburt, war der Meeresspiegel allgemein ungefähr 2 m höher als heute. Diese geringe Höhendifferenz ist aber an Steilküsten nur schwer feststellbar. Eine lediglich 2 m über dem heutigen Sturmflutniveau gelegene Küstenlinie an einer Steilküste ist meist nicht mit Sicherheit als Vorzeitform zu erkennen. Die Flandrische Transgression läßt sich dagegen leichter in Flachküsten-Gebieten nachweisen. Deswegen ist es kein Zufall, daß die namengebende Küste, an der sie zuerst erkannt wurde, eine Flachküste ist.

Literatur

Die Bezifferung der Abschnittsüberschriften I a bis I d ist unabhängig von der Untergliederung des Buchkapitels I. Im Weiteren entsprechen die Abschnittsbezifferungen den Kapitelziffern des Buches.

Aus Gründen der Raumersparnis ist jede Arbeit nur einmal mit vollem Titel aufgeführt. Wenn sie für weitere Abschnitte des Verzeichnisses Bedeutung hat, so werden dort nur der Autorenname, das Erscheinungsjahr und die Ziffer des den vollen Titel enthaltenen Abschnitts des Literaturverzeichnisses genannt.

I Gesamtdarstellungen und Werke von besonderer Allgemeinbedeutung

I a) Geschichte der Geographie und der Geomorphologie

Chorley, Richard J.; Beckinsale, Robert B.; Dunn, Anthony J. 1971, 1973: The History of the Study of Landforms or the Development of Geomorphology, Vol. 1, London 1971, Vol. 2, London 1973.

Hettner, Alfred, 1927: Die Geographie, ihre Geschichte, ihr Wesen und ihre Methoden. Breslau.

Maull, Otto 1938: Zur Geschichte und zum Stand der Geomorphologie. In „Geomorphologie" S. 3–19, Leipzig u. Wien Enzykl. d. Erdkde, 2. Aufl. 1958.

Peschel, Oskar, 1877: Geschichte der Erdkunde bis auf Alexander von Humboldt und Carl Ritter. Hrsg. v. S. Ruge, 2. Aufl., München.

Seneca, Lucius Annaeus, 6. Buch.

Strabo: Geographika, 17 Bücher, hrsg. von Meinecke. Neudruck 1915–1925.

Varenius, Bernhard, 1650: Geographia generalis, in qua affectiones generales telluris explicantur. Amsterdam, s.: Günther, Siegmund: Varenius, Leipzig 1905.

Zittel, Karl v., 1899: Geschichte der Geologie und Paläontologie. München. 868 S.; auch Zeitschr. d. Deutsch. Geol. Ges. Jubiläumsband 100, 1949.

I b) Ältere Gesamtdarstellungen und Abhandlungen von besonderer Allgemeinbedeutung (vor 1945 erschienen)

Behrmann, Walter, 1927: die Oberflächenformen in den feuchtwarmen Tropen. Düsseldorfer Geogr. Vorträge und Erörter., 3. Teil, Morphologie der Klimazonen. Breslau.

Behrmann, Walter, 1933: Morphologie der Erdoberfläche. In Klutes Handb. d. geogr. Wiss. Potsdam.

Blackwelder, E., 1931: Desert Plains. Journ. Geol. 39, S. 133–140.

Braun, Gustav, 1927/28: Synthetische Morphologie. 45. u. 46. Jahrb. d. Pommerschen Geogr. Ges.

Bryan, Kirk, 1922: Erosion and sedimentation in the Papayo Country, Arizona. U.S. Geol. Surv. Bull. 730.

Bryan, Kirk, 1933: The formation of pediments. Rep. Int. Geol. Congr. Washington, S. 765–775.

Bryan, Kirk, 1933/35: Progress in the geomorphology of arid regions. Z. Geomorph. 8.

Bryan, Kirk, 1936: Processes of formation of pediments at Granite Cap, New Mexico. Z. Geomorph. Bd. 9.

Buch, Leopold von, 1802: Geognostische Beobachtungen auf Reisen durch Deutschland und Italien, Berlin.

Credner, Wilhelm, 1931: Das Kräfteverhältnis morphogenetischer Faktoren und ihr Ausdruck im Formenbild Südostasiens. Bull. Geol. Soc. of China, Vol. XI, Peking.

Cuvier, Georges, 1817: Le Règne animal. 4 Bde. Paris.

Davis, William Morris, 1898: Physical Geography. Boston.

Davis, William Morris, 1899: The geographical cycle. Geogr. Journ.

Davis, William Morris, 1909: Geographical Essays. Boston.

Davis, W. M. u. Braun, G., 1911: Grundzüge der Physiogeographie. Leipzig, Nachdruck Darmstadt 1973.

Davis, W. M. u. Rühl, A., 1912: Die erklärende Beschreibung der Landformen. Leipzig.

De Geer, Gerhard, 1903: Die quartären Niveauveränderungen: Der gegenwärtige Standpunkt der Fragen und Aufgaben für künftige Untersuchungen. Förh. vid Nordiska naturforskare och lakaremötet i Helsingfors 1902. Helsingfors.

Gilbert, Grove Karl, 1876: The Colorado Plateau Province as a Field for geological Study. Am. Journ. Sc. 3. XII.

Gilbert, Grove Karl, 1877: Report on the geology of the Henry Mountains. Washington. 2. Aufl. 1880.

Heim, Albert, 1878: Untersuchungen über den Mechanismus der Gebirgsbildung. 2 Bde. u. Atlas, Basel.

Heim, Albert, 1919—1922: Geologie der Schweiz. Bd. I, II 1, II 2, Leipzig.

Hettner, Alfred, 1921: Die Oberflächenformen des Festlandes. Probleme und Methoden der Morphologie. Leipzig u. Berlin.

Hoff, C. E. A. v., 1822—1841: Geschichte der durch Überlieferung nachgewiesenen natürlichen Veränderungen der Erdoberfläche. 3 Bde. Gotha.

Hutton, James, 1795: Theory of the Earth with Proofs and Illustrations. London, Edinburgh. 2 Bde. Neudruck Weinheim 1959.

Jessen, Otto, 1936: Reisen und Forschungen in Angola. Berlin.

Jessen, Otto, 1938: Tertiärklima und Mittelgebirgsmorphologie. Z. Ges. Erdkde., Berlin, S. 36—49.

Johnson, Douglas Willard, 1932: Rock Planes in Arid Regions. Geogr. Rev. Vol. 22, S. 656—665.

Kaufmann, Henning, 1929: Rhythmische Phänomene der Erdoberfläche. Braunschweig.

Keyes, Ch. R., 1908: Rock-Floor of the Intermont Plains of the Arid Region. Bull. Geol. Soc. Am. Vol. 19, S. 63—92.

Keyes, Ch. R., 1910: Deflation and the relative efficiencies of erosional processes under conditions of aridity. Bull. Geol. Soc. Am. Vol. 21.

Lapparent, A. de, 1896: Leçons de Géographie physique. Paris.

Lautensach, Hermann, 1926: Allgemeine Geographie. Ein Handbuch zum Stieler. Gotha.

Lawson, A. C., 1915: Epigenic profiles in the desert regions. Univ. of California Publ. Dept. Geology IX, 3.

Lawson, A. C., 1932: Rain-wash erosion in humid regions. Bull. Geol. Soc. Amer. 43, S. 703—724.

Lesley, J. P., 1856: Manual of coal and its topography (Kap. III u. IV). Philadelphia.

Lobeck, A. K., 1939: Geomorphology. New York u. London.

Louis, Herbert, 1935: Probleme der Rumpfflächen und Rumpftreppen. Verh. 25. Dt. Geogr. Tages, Breslau.

Lyell, Charles, 1830/33: Principles of Geology. 3 Bde., London.

McGee, W. J., 1897: Sheetflood Erosion. Bull. Geol. Soc. Am. Vol. 8, S. 87—112.

Martonne, Emm. de, 1909/1948: Traité de Géographie physique. Bd. 2. Le relief du sol., 1. Aufl. 1909, 8. Aufl. 1948. Paris.

Naumann, Karl Friedrich, 1850/54: Lehrbuch der Geognosie. Leipzig.

Neumayer, G. v. (Hrsg.), 1906: Anleitung zu wissenschaftlichen Beobachtungen auf Reisen. Bd. I. Geographische Ortsbestimmung, Gelände-Aufnahme, Geologie, Erdbeben, Erdmagnetismus, Meteorologie, Meeresforschung u. Gezeitenkunde, Astronomie usw. 3. Aufl. Hannover 1906, 842 S.

Noë, Gal. de la, et Margerie, Emm. de, 1888: Les formes du terrain (mit Atlas). Paris.

Obst, Erich, 1913: Die Massai-Steppe und das Inselbergproblem. Mitt. Geogr. Ges. Hamburg.

Obst, Erich u. Brüning, Kurt, 1930: Das Land (Allgemeine Geomorphologie) Bd. II, Teil 1 von A. Supan und E. Obst, Grundzüge der Physischen Erdkunde. 7. Aufl. Berlin und Leipzig.

Passarge, Siegfried, 1912: Physiologische Morphologie. Mitt. Geogr. Ges. Hamburg. Bd. 26.

Passarge, Siegfried, 1919, 1929, I: Grundlagen der Landschaftskunde. Ein Lehrbuch und eine Anleitung zur landschaftskundlichen Forschung und Darstellung. Bd. I Beschreibende Landschaftskunde, Hamburg 1919, Bd. III Die Oberflächengestaltung der Erde, Hamburg 1929.

Passarge, Siegfried, 1920: Die Grundlagen der Landschaftskunde. Hamburg.

Passarge, Siegfried, 1914/1920: Morphologischer Atlas, Lief. I.: Morphologie des Meßtischblattes Stadtremda. Hamburg. Lief. II. C. Rathjens sen.: Morphologie des Meßtischblattes Saalfeld. Hamburg.

Passarge, Siegfried, 1926: Geomorphologie der Klimazonen. Pet. Mitt. 1926.

Passarge, Siegfried, 1929, II: Morphologie der Erdoberfläche. Jedermanns Bücherei, Breslau.

Penck, Albrecht, 1887: Die Denudation der Erdoberfläche. Schr. z. Verbr. naturw. Kenntnisse, Wien.

Penck, Albrecht, 1889: Das Endziel der Erosion und Denudation. Verh. VIII. Deutsch. Geographentages, S. 91–100, Breslau.

Penck, Albrecht, 1894: Morphologie der Erdoberfläche. 2 Bde., Stuttgart.

Penck, Albrecht, 1910: Versuch einer Klimaklassifikation auf physiogeographischer Grundlage. Sitzber. Akad. Wiss. Phys. Math. Kl. 1, Berlin.

Penck, Albrecht, 1919: Die Gipfelflur der Alpen. Sitzgsber. Akad. Wiss. Phys. Math. Kl. 17, Berlin.

Penck, Albrecht u. Brückner, Eduard: 1901–1909: Die Alpen im Eiszeitalter. 3 Bde., Leipzig.

Penck, Walther, 1920: Wesen und Grundlagen der morphologischen Analyse. Veröff. Sächs. Akad. Wiss., Bd. 72.

Penck, Walther, 1924: Die morphologische Analyse. Ein Kapitel der physikalischen Geologie. Stuttgart.

Penck, Walther, 1928: Über den Gang der Abtragung. Mitt. Geogr. Ges. Wien.

Peschel, Oskar, 1869: Neue Probleme der vergleichenden Erdkunde als Versuch einer Morphologie der Erdoberfläche. Leipzig.

Philippson, Alfred, 1923/24: Grundzüge der allgemeinen Geographie. 2. Bd., Leipzig.

Playfair, John, 1802: Illustrations of the Huttonian Theory of the Earth. Edinburgh.

Powell, J. W., 1875: Exploration of the Colorado River of the West and its tributaries. Washington.

Powell, J. W., 1876: Report on the Geology of the Uinta Mountains, Washington.

Ramsay, A. C., 1863: The physical Geology and Geography of Great Britain. London.

Richthofen, Ferdinand v., 1886: Führer für Forschungsreisende. Hannover, Nachdruck Darmstadt 1973.

Rütimeyer, L., 1869: Über Thal und Seenbildung. Basel.

Sapper, Karl, 1917: Geologischer Bau und Landschaftsbild. Braunschweig.

Sapper, Karl, 1935: Geomorphologie der feuchten Tropen. Geogr. Schr. hrsg. v. A. Hettner, H. 7, Leipzig u. Berlin.

Schmitthenner, Heinrich, 1927: Die Oberflächengestaltung im außertropischen Monsunklima. Düsseldorfer Geogr. Vortr. u. Erört. III, Morphologie der Klimazonen, Breslau, S. 26–36.

Schmitthenner, Heinrich, 1932: Landformen im außertropischen Monsungebiet. Wiss. Veröff. d. Inst. f. Länderkde. N. F., 1, Leipzig.

Sölch, Johann, 1914: Die Formung der Erdoberfläche. Kendes Handb. d. geogr. Wiss. Bd. 1, Berlin.

Suess, Eduard, 1885–1909: Das Antlitz der Erde. Bd. I, II, III, 1, 2, Wien und Leipzig.

Supan, Alexander, 1884: Grundzüge der physischen Erdkunde, Leipzig.

Thorbecke, Franz, 1927: Der Formenschatz im periodisch trockenen Tropenklima mit überwiegender Regenzeit. Düsseldorfer Geogr. Vortr. u. Erört. III, Morphologie der Klimazonen. Leipzig, S. 10–17.

Wagner, Hermann, 1922: Lehrbuch der Geographie, Teil 2. 10. Aufl. Hannover.

Waibel, Leo, 1925: Gebirgsbau und Oberflächengestalt der Karras Berge in Südwest-Afrika. Mitt. a. d. Dt. Schutzgebieten 33.

Waibel, Leo, 1928: Die Inselberglandschaft von Arizona und Sonora. Sonderbd. Hundertjahrf. d. Ges. f. Erdkde. Berlin, S. 68–91.

Walther, Johannes, 1900, 1924: Das Gesetz der Wüstenbildung in Gegenwart und Vorzeit. 1. Aufl. Berlin, 4. Aufl. Leipzig.

Werner, Abraham, 1787: Kurze Klassifikation der verschiedenen Gebirgsarten. Dresden.

Werner, Abraham, 1789: Versuch über die Entstehung der Vulkane durch Entzündung mächtiger Steinkohlenflöze als Beitrag zur Geschichte des Basaltes. Höpfners Magazin für die Naturkunde Helvetiens IV, S. 239ff.

Worcester, Philip G., 1939/1948: A Textbook of Geomorphology. 1. u. 2. Aufl. Toronto, New York, London.

Wurm, A., 1936: Morphologische Analyse und Experiment. Hangentwicklung, Einebnung, Piedmonttreppen. Zeitschr. f. Geomorph. Bd. IX, S. 57–87.

I c) Neuere Gesamtdarstellungen und kennzeichnende Abhandlungen zu seit 1945 bevorzugt behandelten Fragen

Bakker, J. P., 1957: Quelques aspects du problème des sédiments corrélatifs en climat tropical humide. Z. Geomorph. N. F. 1, S. 3–43.

Bakker, J. P. u. Müller, H. J., 1957a: Zweiphasige Flußablagerungen und Zweiphasenverwitterung in den Tropen unter besonderer Berücksichtigung von Surinam. Lautensach Festschr. Stuttgarter Geogr. Studien, Bd. 69.

Bakker, J. P., Müller, H. J., Jungerius, P. D. u. Porrenga, H., 1957b: Zur Granitverwitterung und Methodik der Inselbergforschung in Surinam. Tagungsber. u. Abhandl. d. Dt. Geogr. Tages Würzburg, S. 122–131.

Bakker, J. P., 1960: Some observations in connection with recent Dutch investigations about granite weathering and slope development in different climates and climatic changes. Z. Geomorph. Suppl. Bd. 1, S. 69–92.

Bakker, J. P. u. Levelt, Th. W. M., 1965: An inquiry into the probability of a poly-climatic development of Peneplains and Pediments (Etchplains) in Europe during the Senonian and Tertiary period. 4th Publ. Fysish-geografish Laborat. Amsterdam.

Balchin, W. G. V. and Pye, N., 1955: Pediment profiles in the arid cycle. Proceed. of the Geologist's Association 66, S. 167–181.

Baulig, Henri, 1950: Essais de Géomorphologie. Paris. Publ. de la Fac. des Lettres de l'Université de Strasbourg, Fasc. 114.

Baulig, Henri, 1952: Surfaces d'aplanissement Ann. de Géogr., S. 161–183, 245–262.

Baulig, Henri, 1956: Vocabulaire Franco-Anglo-Allemand de Géomorphologie. Paris.

Birot, P., 1949: Essai sur quelques problèmes de Morphologie générale. Lisbõa.

Birot, P., 1955: Les Méthodes de la Morphologie. Paris, „Orbis".

Birot, Pierre, 1958: Morphologie structurale. 2 Bde., Paris, „Orbis".

Birot, Pierre, 1960: Le cycle d'érosion sous les différents climats. Univ. de Brasil, Rio de Janeiro, 135 S.

Bremer, Hanna, 1965a: Ayers Rock, ein Beispiel für klimagenetische Morphologie. Z. Geomorph. N. F. 8, S. 249–284.

Bremer, Hanna, 1967: Zur Morphologie von Zentralaustralien. Heidelberger Geogr. Arb. 17, S. 1–124.

Bremer, Hanna, 1971: Flüsse, Flächen- und Stufenbildung in den feuchten Tropen. Würzburger Geogr. Arb., H. 35, 194 S.

Bremer, Hanna, 1972: Flußarbeit, Flächen- und Stufenbildung in den feuchten Tropen. Z. Geomorph. Suppl. Bd. 14, S. 21–38.

Bremer, Hanna, 1974: Geologie und Geomorphologie. Heidelberger Geogr. Arb. 4. 40, S. 219–237.

Bremer, Hanna, 1975: Intramontane Ebenen, Prozesse der Flächenbildung. Z. Geomorph. Suppl. Bd. 25, S. 26–48.

Büdel, Julius, 1948/1950: Das System der klimatischen Morphologie. Dt. Geogr. Tag München 1948, S. 65–100.

Büdel, Julius, 1957/58: Die Flächenbildung in den feuchten Tropen und die Rolle fossiler solcher Flächen in anderen Klimazonen. Dt. Geogr. Tag Würzburg 1957. Tag. Ber. u. Wiss. Abh. Wiesbaden, 1958, S. 89–121.

Büdel, Julius, 1963: Klima-genetische Geomorphologie. Geogr. Rundsch. 15. Jg., S. 269–285.

Büdel, Julius, 1971: Das natürliche System der Geomorphologie. Würzburger Geogr. Arb., H. 34.

Büdel, Julius, 1975a: Die Stellung der Geomorphologie im System der Naturwissenschaften. Z. Geomorph. Suppl. Bd. 23, S. 1–11.

Büdel, Julius, 1977: Klima-Geomorphologie. Berlin-Stuttgart.

Cailleux, André, 1942: Les actions périglaciaires en Europe. Mém. Géol. France, 21. Paris.

Carson, M. A., 1971: The Mechanics of Erosion. London NW 2, 174 S.

Cotton, C. A., 1947: Climatic accidents in landscape making. Wellington, 353 S. Nachdruck, 1969 New York.

Cotton, C. A., 1948: Landscape as developed by processes of normal erosion. Neuseeland u. Cambridge, 2. Aufl.

Cotton, C. A., 1949: Geomorphology. 5. Aufl. New York.

Derruau, M., 1956/1967: Précis de Géomorphologie. 1. Aufl. 1956, 5. Aufl. 1967. Paris.

Dresch, Jean, 1957: Pédiments et glacis d'érosion, pédiplaines et inselbergs. L'Information géogr. 21, S. 183–196.

Dylik, J., 1957: Dynamical Geomorphology, its Nature and Methods. Bull. Soc. Sci. Amer. Let. Lodz (Classe III, VIII, 12, S. 1–42, 1957).

Fairbridge, Rhodes W. (ed.), 1968: The Encyclopedia of Geomorphology. New York, 1295 S.

Fischer, Klaus, 1963: Hüllfläche und Sockelfläche des Reliefs, dargestellt am Beispiel der Schweizer und Salzburger Alpen. Bayer. Akad. Wiss., Math. Nat. Kl. Abh. N. F. 113. München.

Garner, H. F., 1974: The origin of landscapes, a Synthesis of Geomorphology. Oxford Univ. Press, New York, London, Toronto, S. 1–734.

Geomorphologische Probleme, 1956: Aufsätze verschiedener russischer Autoren in deutscher Übersetzung. Gotha.

Hagedorn, Horst, 1967: Studien über den Formenschatz der Wüste an Beispielen aus der Südost-Sahara. 36. Dt. Geogr. Tag, Bad Godesberg. Wiss. Abh., S. 404–411.

Hagedorn, Horst, 1971: Untersuchungen über Relieftypen arider Räume an Beispielen aus dem Tibesti-Gebirge und seiner Umgebung. Z. Geomorph. N. F., Suppl. Bd. 11, 251 S.

Hagedorn, Jürgen u. Poser, Hans, 1974: Räumliche Ordnung der rezenten geomorphologischen Prozesse und Prozeßkombinationen auf der Erde. Abh. Akad. Wiss. Göttingen, Math. Phys. Kl. III. Folge Nr. 29, S. 426–439.

Hormann, Klaus, 1965: Über die morphographische Gliederung der Erdoberfläche. Mitt. Geogr. Ges. München, S. 109–127.

Izbǐrak, Reşat, 1958: Jeomorfoloji, analitik ve umumî, Ankara (türkisch).

King, C. A. M., 1966: Techniques in geomorphology. London, 342 S.

King, Lester C., 1962/1967: The Morphology of the Earth. Edinburgh u. London, 2. Aufl. 1967.

Klimaszewski, Mieczysław, 1978: Geomorphologia. 1098 S. (polnisch) Warszawa.

Kuenen, H., 1958: Experiments in Geology. Transact. Geol. Soc. Glasgow 23, S. 1–28.

Lehmann, Herbert, 1964: Glanz und Elend der morphologischen Terminologie. Neue Fragen der Allgemeinen Geographie. Würzburg. Geogr. Arb. 1964.

Linton, D. L., 1964: The origine of the Pennine tors, an essay in analysis. Z. Geomorph. N. F. Bd. 8, S. 5–24.

Louis, Herbert, 1935: Probleme der Rumpfflächen und Rumpftreppen. Verh. 25. Dt. Geogr. Tages, Breslau.

Louis, Herbert, 1953: Über die ältere Formenentwicklung im Rheinischen Schiefergebirge, insbesondere im Moselgebiet. Münchner Geogr. Hefte 2.

Louis, Herbert, 1957a: Rumpfflächenproblem, Erosionszyklus und Klimageomorphologie.

Geomorph. Studien, Machatschek-Festschrift. Pet. Mitt. Erg. H. 262, Gotha.

Louis, Herbert, 1957b: Der Reliefsockel als Gestaltungsmerkmal des Abtragungsreliefs. Lautensach-Festschr. Stuttgarter Geogr. Studien, Bd. 69, S. 65–70.

Louis, Herbert, 1958: Der Bestrahlungsgang als Fundamentalerscheinung der geographischen Klimaunterscheidung. Schlern-Schriften, 190. Festschr. f. Hans Kinzl. Innsbruck.

Louis, Herbert, 1960/1968: Allgemeine Geomorphologie. Bd. I d. Lehrb. d. Allg. Geogr. Hrsg. v. E. Obst, 1. Aufl. 1960, 3. Aufl. 1968.

Louis, Herbert, 1961: Über Weiterentwicklungen in den Grundvorstellungen der Geomorphologie. Z. Geomorph. N. F. 5. Bd., S. 194–210.

Louis, Herbert, 1963: Über Sockelfläche und Hüllfläche des Reliefs. Zu einer Untersuchung von Klaus Fischer über die Alpen. Z. Geomorph. N. F. Bd. 7, S. 355–366.

Louis, Herbert, 1969: Singular and general features of valley-deepening as resulting from tectonic or from climatic causes. Z. Geomorph.. N. F. Bd. 13, S. 472–480.

Louis, Herbert, 1975: Abtragungshohlformen mit konvergierend-linearem Abflußsystem. Zur Theorie des fluvialen Abtragungsreliefs. Münchener Geogr. Abh. Bd. 17.

Louis, Herbert, 1977: Allgemeine Modellvorstellung zum Entwicklungsgang gleichlaufender (homologer) Abtragungsböschungen. Z. Geomorph. Suppl. Bd. 28.

Mabbut, J. A., 1952: A study of granite relief from South West Africa. Geol. Magazine 89, S. 87–97.

Mabbut, J. A., 1955: Pediment landforms in Little Namaqualand. Geogr. Journ. 121, S. 77–85.

Machatschek, Fritz, 1919/1959: Geomorphologie. 1. Aufl. 1919 „Aus Natur und Geisteswelt" Bd. 627, Leipzig u. Berlin; 2. bis 4. Aufl. Leipzig u. Berlin; 5. Aufl. Leipzig; 6. u. 7. Aufl. Stuttgart.

Machatschek, Fritz, 1938/40: Das Relief der Erde. 2 Bde., 1. Aufl. Berlin, 2. Aufl. Berlin-Nikolassee 1955.

Machatschek, Fritz, 1964: Geomorphologie. 8. Aufl., bearb. v. H. Graul u. C. Rathjens. Stuttgart.

Markow, K. K., 1948: Die Hauptprobleme der Geomorphologie. Staatlicher Verlag für Geographie, Moskau (russisch).

Martonne, Emm. de, 1909: Traité de Géographie physique, 2. Bd. Le Relief du Sol. Paris, 8. Aufl. 1948.

Maull, Otto, 1938/1958: Geomorphologie. Enzyklop. d. Erdkunde, Leipzig u. Wien. 2. Aufl.
1958.

Mensching, Horst, 1953: Morphologische Studien im Hohen Atlas von Marokko. Würzburger Geogr. Arb. 1, S. 1–104.

Mortensen, Hans, 1949: Rumpfflächen, Stufen-
landschaft, Alternierende Abtragung. Mecking-
Festschr. Bremen-Horn u. Pet. Mitt. 93,
S. 1–14.

Mulcahy, M. J., 1961: Soil Distribution in Relation to Landscape Development. Z. Geomorph. N. F. Bd. 5, S. 211–225.

Neef, Ernst, 1962/1974: Das Gesicht der Erde.
Leipzig. 4. Aufl. 1974.

Ollier, C. D., 1960: The Inselbergs of Uganda.
Z. Geomorph. N. F. Bd. 4, S. 43–52.

Ollier, C. D., 1965: Some features of granite
weathering in Australia. Z. Geomorph. N. F.
Bd. 9, S. 285–304.

Panzer, Wolfgang, 1965: Geomorphologie.
Westermann, Braunschweig, S. 1–128.

Pitty, Alistair F., 1971: Introduction to Geomorphology. London EC 4, 526 S.

Poser, Hans (Hrsg.), 1974: Geomorphologische
Prozesse und Prozeßkombinationen in der
Gegenwart unter verschiedenen Klimabedin-
gungen. Abh. Akad. Wiss. Göttingen Math.
Phys. Kl. III. Folge, Nr. 29.

Poser, Hans, 1974: Stufen- und Treppenspülung,
eine Variante der Flächenspülung, Beobachtungen aus Madagaskar. Abh. Akad. Wiss.
Göttingen. Math. Phys. Kl. III. Folge, Nr. 29,
S. 147–160.

Rathjens, jun., Carl. 1958: Geomorphologie für
Kartographen und Vermessungsingenieure.
Kartograph. Schriftenreihe, Bd. 6, Lahr/
Schwarzwald.

Reinwarth, O. u. Stäblein, G., 1972: Die Kryosphäre. Das Eis der Erde und seine Untersuchung. Würzburger Geogr. Arb. 36, S. 1–71.

Rohdenburg, Heinrich, 1971: Einführung in die
Klimagenetische Geomorphologie. Gießen,
350 S.

Schaefer, Ingo, 1959: Geomorphologische Abschnitte in „G. Fochler-Hauke, Allgemeine
Geographie", Fischer Lexikon Bd. 14, Frankfurt a. M. u. Hamburg.

Scheidegger, Adrian E., 1961: Theoretical geomorphology. Berlin, Göttingen, Heidelberg.

Schwarzbach, Martin, 1950: Das Klima der Vorzeit. Stuttgart. 3. Aufl. 1974.

Spiridonov, A. I., 1956: Über den Gegenstand
und die wichtigsten Methoden der Geomorphologie. In: Geomorphologische Probleme, 9–26, VEB. H. Haack.

Sparks, B. W., 1960: Geomorphology, London.

Strahler, A.: Physical Geography, New York,
2. Aufl. 1960.

Stratil-Sauer, Gustav, 1968: Geomorphologische
Abschnitte in „G. Fochler-Hauke, Allge-
meine Geographie". Das Fischer Lexikon,
Bd. 14, Frankfurt a. M.

Thomas, M. F., Some aspects of the geomorphology of domes and tors in Nigeria. Z. Geomorph. N. F. Bd. 9, S. 63–81.

Thornbury, W. O., 1954: Principles of geomorphology. New York.

Trendall, A. F., 1962: The Formation of „Apparent Peneplains" by a process of Lateritisation
and Surface Wash. Z. Geomorph. N. F. Bd. 6,
S. 183–197.

Tricart, J. et Cailleux, A., 1962–1974: Traité
de Géomorphologie, Paris. Tome I: Introduction à la Géomorphologie climatique. 1965.
Tome II: Le modelé des régions périglaciaires.
1967. Tome III: Le modelé glaciaire et nival.
1962. Tome IV: Le modelé des régions sèches.
1969. Tome V: Le modelé des régions chaudes.
Forêts et Savannes. 2. Aufl. 1974.

Tricart, J., 1965a: Principes et méthodes de la
géomorphologie. Masson, Paris, S. 1–496.

Troll, Carl, 1969: Inhalt, Probleme und Methoden
geomorphologischer Forschung (mit bes. Berücksichtigung der klimatischen Fragestellung).
Beih. Geol. Jb. 80, Hannover, S. 225–257.

Twidale, C. R., 1962: Steepned margins of insel-
bergs from north-western Eyre Peninsula,
South-Australia. Z. Geomorph. N. F. Bd. 6,
S. 51–69.

Wagner, Georg, 1950/1960: Einführung in die
Erd- und Landschaftsgeschichte. Öhringen.
3. Aufl. 1960, Nachdruck 1973.

Weber, Hans, 1958: Die Oberflächenformen des
festen Landes. Leipzig. 2. Aufl. 1967.

Wilhelm, Fritz, 1966: Hydrologie, Glaziologie.
Das Geogr. Seminar. Braunschweig, S. 1–143.

Wilhelmy, Herbert, 1971/72: Geomorphologie
in Stichworten. 3 Bde. Kiel.

Wilhelmy, Herbert, 1974: Klimageomorphologie
in Stichworten. Kiel.

Wilhelmy, Herbert, 1975: Die Klimageomorphologischen Zonen und Höhenstufen der Erde.
Z. Geomorph. N. F. 19, S. 353–376.

Wissmann, Hermann v., 1951: Über seitliche
Erosion. Colloqu. Geogr. I, Bonn.

Yatsu, Eiju, 1966: Rock Control in Geomorphology. Sozosha, Tokyo. 124 S.

Young, Robert W., 1977: Landscape development in the Shoalhaven River catchment of
southeastern New South Wales. Z. Geomorph. N. F. 21, S. 262–283.

I d) Atlas- und Bilderwerke, kartographische Werke zur Geomorphologie, Luft- und Satellitenbild-Interpretation, Geomorphologische Zeitschriften.

Atlas des Formes du Relief. Inst. Géogr. National, Paris 1956.

Bobek, H., 1941: Luftbild und Geomorphologie. In: Luftbild u. Geomorphologie. Hansa Luftbild Berlin, S. 8−161.

Demek, Jaromir, 1976: Handbuch der geomorphologischen Detailkartierung. Wien, 463 S.

Finsterwalder, Richard u. Hofmann, Walther, 1968: Photogrammetrie. 3. Aufl. Berlin.

Gierloff-Emden, Hans Günter, 1976: Manual of Interpretation of Orbital Remote Sensing Satellite Photography and Imagery for Coastal and Offshore Environmental Features (including Lagoons, Estuaries and Bays). Münchener Geogr. Abh. Bd. 20.

Gierloff-Emden, H. G. u. Rust, Uwe, 1971: Verwertbarkeit von Satellitenbildern für geomorphologische Kartierung in Trockenräumen (Chihuahua, New Mexico, Baja California). Bildinformation und Geländetest. Münchener Geogr. Abh. Bd. 5.

Gierloff-Emden, H. G. u. Schroeder-Lanz, H., 1970/1971: Luftbildauswertung I−III, Hochschultaschenbücher 358/358a, 367/367a, 368/368a, b.

Gohl, Dietmar, 1970: Strukturen und Skulpturen der Landschaft. Forschungen z. dt. Landeskunde Bd. 184 (Karte 1 : 1 000 000).

Hagen, T., 1936: Wissenschaftliche Luftbild-Interpretation. Ein methodischer Versuch. Mitt. Geol. Inst. T. H. Zürich Nr. 5.

Hagen, T., 1951: Das westliche Säntisgebirge photogeologisch gesehen und bearbeitet. Mitt. Geol. Inst. T. H. Zürich Nr. 6.

Hofmann, W. u. Louis, H., 1969−1975: Landformen im Kartenbild. Topographisch-geomorphologische Kartenproben 1 : 25 000. Braunschweig.

Lueder, D. R., 1959: Aerial Photographic Interpretation. Principles and applications. Mc. Graw Hill Series in Civil Engineering. New York.

Melton, F. A., 1959: Aerial Photographs and Structural Geomorphology. Journ. of Geol.

Neugebauer, Gustav, 1974: Geomorphologische Übersichtskarte des westlichen Mitteleuropa 1 : 1 000 000 mit Erläuterungen. Landformen im Kartenbild. Braunschweig.

Raisz, Erwin J., 1931: The physiographic method of representing scenery on maps. Geogr. Rev. 21, S. 297−304.

Schneider, Sigfrid, 1974: Luftbild und Luftbildinterpretation. Lehrb. d. Allg. Geogr. Bd XI. Berlin u. New York.

Snead, Rodman E., 1972: Atlas of World Physical Features. New York.

Spiridonow, A. J. 1956: Geomorphologische Kartographie. Berlin.

Tricart, J., Hirsch, A. R. et Le Bourdiec, F., 1965: Présentation d'un extrait de carte géomorphologique détaillée. Z. Geomorph. N. F. Bd. 9, S. 133−165.

Upton, William B., 1970: Landforms and Topographic Maps. New York.

Waldbaur, Harry, 1959: Landformen im mittleren Europa, Morphographische Karte mit Reliefenergie. Deutsches Institut für Länderkunde, Leipzig.

Revue de Géographie physique et de Géologie dynamique. 1928−1940. Paris.

Revue de Géomorphologie dynamique. Seit 1950. Paris.

Journal of Geomorphology. 1938−1942. New York.

Zeitschrift für Geomorphologie. 1926 bis 1943 Leipzig, später Berlin, Neue Folge seit 1957. Berlin-Nikolassee, seit 1968 Berlin, Stuttgart.

II Die größten Formenanlagen der festen Erdoberfläche

II A−C Die Grundzüge der Höhenverteilung und ihrer Deutung

Airy, J. B., 1855: On the Computation of the Effect of the Attraction of Mountain-masses, as disturbing the Apparent Astronomical Latitude in Geodetic Surveys. Philos. Transact. CXLV, S. 101.

Ampferer, Otto, 1906: Über das Bewegungsbild von Faltengebirgen. Jahrb. K. K. Geol. R. A. Bd. 56. Wien, S. 539−618.

Ampferer, Otto, 1939: Grundlagen und Aussagen der geologischen Unterströmungslehre. Z. Natur u. Volk 69. Frankfurt, S. 337−349.

Angenheister, G., 1970: Die Erforschung der tieferen Erdkruste, Untersuchungsmethoden und Ergebnisse. Physik unserer Zeit. 1. Jahrg. H. 2, S. 59−66.

Barrel, J., 1914: Upper Devonian delta of the Appalachian geosyncline. Amer. Journ. of Sc. 27.

Bartels, J., 1960: Geophysik. Fischer-Lexikon, Bd. 20. Frankfurt a. M.

Bederke, E. u. Wunderlich, H. G., 1968: Atlas zur Geologie. Bibl. Inst. Hochschul-Atlanten (Meyers Gr. Phys. Weltatlas Bd. 2). Mannheim.

Beloussov, V. V., 1967: Against Continental Drift. Science Journ. Ref. Nr. 67/168. London, S. 2−7.

Beloussov, V. V., 1968: Some Problems of Development of the Earth's Crust and Upper Mantle of Oceans. Geophys. Monogr. 12. Washington, S. 449−459.

Beloussov, V. V., 1970: Against the Hypothesis of Ocean Floor Spreading. Tectonophysics 9, S. 489−511.

Bemmelen, R. W. van, 1972: Geodynamic Models, an Evaluation and a Synthesis. New York.

Benioff, H., 1949: The Fault Origin of Oceanic Deeps. Geol. Soc. Amer. Bull. 60, S. 1837−1866.

Benioff, H., 1954: Orogenesis and Deep Crustal Structure. Geol. Soc. Amer. Bull. 65, S. 385−400.

Benioff, H., 1955: Seismic Evidence for Crustal Structure and Tectonic Activity. Geol. Soc. Amer. Special Pap. (Crust of the Earth Symposium, Ed. A. Poldervaart) 62, S. 61−74.

Berggren, W. A. and Hollister, C. D., 1977: Plate Tectonics and Paleocirculation − common in the Ocean. Tectonophysics 38, Nr. 1−2, S. 11−48.

Beurlen, K., 1974: Die geologische Entwicklung des Atlantischen Ozeans. Geotekton. Forsch. 46, S. 1−69.

Born, Axel, 1933: Über Werden und Zerfall von Kontinentalschollen. Fortschr. d. Geol. u. Paläontol. Bd. X.

Bouguer, Pierre, 1749: La figure de la Terre, déterminée par les observations de M. M. de la Condamine et Bouguer. Paris.

Brune, J. and Dorman, J., 1963: Seismic waves and earth structure in the Canadian Shield. Bull. Seismol. Soc. Am. 53, S. 167−209.

Bubnoff, Serge v., 1923: Die Gliederung der Erdrinde. Berlin.

Bullard, E. C., 1954: A discussion of the floor of the Atlantic Ocean under the leadership of E. C. Bullard, F. R. S. Proc. Roy. Soc. A. Vol. 222, S. 287−407.

Cayeux (Cailleux), André de, 1969: La science de la terre. Bordas, Paris.

Chadwick, P., 1962: Mountain-Building Hypotheses. In: Continental Drift (Ed. S. K. Runcorn). New York-London, S. 195−234.

Chevallier, Jean Maurice et Cailleux, André, 1959: Essai de reconstitution géometrique des continents primitifs. Z. Geomorph. N. F. Bd. 3, S. 257−268.

Cloos, Hans, 1939: Hebung, Spaltung, Vulkanismus. Elemente einer geometrischen Analyse irdischer Großformen. Geol. Rundschau 30, S. 401−527, 637−640.

Collective, Kollektiv, 1972: Die Struktur der Erdkruste Mittel- und Südost-Europas nach Angaben der Tiefenseismik. Geodät. u. Geophys. Veröffentl., Reihe III, 27.

Coulomb, J., 1972: Sea floor spreading and continental drift. Geophysics and Astrophysics. Monographs Vol. 2. Dordrecht.

Cox, Allan, (Ed.) 1973: Plate Tectonics and Geomagnetic Reversals. San Francisco.

Cox, A., Doell, R. R. and Dalrymple, G. B. 1965: Quaternary paleomagnetic stratigraphy. In: The Quaternary of the U. S. (Ed. H. E. Wright u. D. G. Frey.) Princeton, S. 817−830.

Daly, R. A., 1925: Pleistocene changes of level. − Am. Journ. of Science, Ser. 5. Bd. 10, S. 281−313.

Demenitskaya, R. M. et al., 1968: Transition zone between the Eurasian Continent and the Arctic Ocean. Canad. Journ. Earth Sci. 5, S. 1125−1129.

Dietrich, Günter und Ulrich, Joh., 1968: Atlas zur Ozeanographie. − Meyers Großer Physischer Weltatlas. Bd. 7. Mannheim.

Dietz, Robert, 1962: Ocean-Basin Evolution by Sea-Floor Spreading. Continental Drift (Ed. S. K. Runcorn) New York-London, S. 289−298.

Dietz, Robert, 1963: Collapsing Continental Rises, an Actualistic Concept of Geosynclines and Mountain-Building. − Journ. of Geol. Vol. 71, S. 314−333.

Dutton, Cl. E., 1892: On some of the greater Problems of Physical Geology. Bull. Philos. Soc. Washington XI, S. 51−53.

Engelen, G. B., 1963: Indications for Large Scale Grabenformation along the Continental Margin of the Eastern United States. − Geologie en Mijnbouw 42. Amsterdam, S. 65−75.

Ewing, M., Sutton, G. H. u. Officer, C. B. jr., 1954: Seismic Refraction Measurements in the Atlantic Ocean, Part IV: Typical Deep Stations, North American Basin. Bull. Seism. Soc. Amer. 44, S. 21−38.

Fuchs, K. u. a., 1963: Krustenstruktur der Westalpen nach refraktionsseismischen Messungen. − Gerlands Beitr. z. Geophysik 72, S. 149−169.

Fuchs, K., 1973: Plattentektonik- eine Hypothese zur Entstehung der Ozeane und Verteilung der Kontinente. Fridericiana, Z. d. Univ. Karlsruhe, H. 12.

Geophysik II., 1931: Physik des festen Erdkörpers und des Meeres. Redaktion G. Angenheister (Bd. 25, Teil II des Handbuches der Experimentalphysik, hrsg. v. W. Wien u. F. Harms) Leipzig 1931. Insbesondere: Kossmat, F.: Das Erdbild und seine Veränderung. Schmehl, H. u. Jung, K.: Figur, Schwere und Massenverteilung der Erde. Tams, E.: Die Seismizität der Erde.

Geophysik, 1956: Bd. 17 des Handbuchs der Physik hrsg. v. S. Flügge, Redaktion J. Bartels, Berlin, Göttingen, Heidelberg 1956. Insbesondere:
Garland, G. D.: Gravity and Isostasy.
Ewing, W. M.: Structure of the Earth's Crust.
Scheidegger, A. E.: Forces in the Earth's Crust.

German Research Group for Explosion Seismology, 1964: Crustal Structure in Western Germany. Z. f. Geophys. 30, S. 209−234.

Giese, P., 1968: Versuch einer Gliederung der Erdkruste im nördlichen Alpenvorland, in den Ostalpen und in Teilen der Westalpen mit Hilfe charakteristischer Refraktions-Laufzeit-Kurven sowie eine geologische Deutung.

Inst. f. Meteor. u. Geophysik d. fr. Univ. Berlin, Geophysik. Abh. 1, H. 2. Berlin, 202 S.

Giese, P. u. Stein, A., 1971: Versuch einer einheitlichen Auswertung tiefenseismischer Messungen aus dem Bereich zwischen Nordsee und Alpen. Z. f. Geophysik 37, Würzburg, S. 237−272.

Girdler, R. W., 1962: Initiation of Continental Drift. − Nature Vol. 194. No. 4828, 12. May 1962, S. 521−524.

Griggs, D. T., 1939: A Theory of Mountain Building. Amer. Journ. Science 237, S. 611−650.

Grushinskij, N. P. und Strojev, P. A., 1975: Die Antarktis ist ein zerklüfteter Kontinent. Umschau in Wissenschaft und Technik. 75 Jg. Frankfurt/Main, S. 638−640.

Gutenberg, B., 1929: Lehrbuch der Geophysik. Berlin.

Gutenberg, B., 1951: Crustal Layers of the Continents and Oceans. Bull. Geol. Soc. Amer. 62, S. 427−440.

Gutenberg, B., 1955: Wave Velocities in the Earth's Crust. The Crust of the Earth Symposium. Geol. Soc. Am.

Gutenberg, B., 1956a: Verschiebung der Kontinente, eine kritische Betrachtung. Geotekt. Symposium zu Ehren von Hans Stille, Stuttgart, S. 411−421.

Gutenberg, B., 1956b: Neue Ergebnisse über den Aufbau der Erde. Geol. Rundschau.

Haarmann, E., 1930: Die Oszillationstheorie. Stuttgart.

Hales, A. L., 1953: The thermal contraction theory of mountain building. Roy. Astron. Monthly Notices, Geophys. Suppl. 6.

Heezen, B. C., 1962: The Deep-Sea Floor. In Continental Drift (Ed. S. K. Runcorn). New York-London, S. 235−288.

Heezen, Bruce C., 1972: Inland and Marginal Seas. Tectonophysics 13, S. 293−308.

Heezen, B. C., Tharp, M. and Ewing, M., 1959: The floors of the oceans. I. The North Atlantic. − Geol. Soc. Am. Spec. Pap. 65.

Heezen, B. C. u. Kosminskaya, I. P. (Hrsg.), 1969/1970: The structure of the crust and mantle beneath inland and marginal seas. Sympos. Madrid 1969. Tectonophysics Vol. 10, Nr. 5/6. Intern. Upper Mantle Comm., Upper Mantle Project Scientif. Rep. 29. Amsterdam 1970.

Heiskanen, W. A. and Vening Meinesz, F. A., 1958: The Earth and its Gravity Field. New York-Toronto-London.

Hess, H. H., 1965: Mid-Oceanic Ridges and Tectonics of the Sea Floor. Submarine Geology and Geophysics, Symposium. Colston Pap. 18

(Ed. W. F. Wittard and R. Bradshaw) London, S. 317—333.

Hilde, T. W. C., Uyeda, S. and Kroenke, L., 1977: Evolution of the Western Pacific and its Margin. Tectonophysics 38, Nr. 1—2, S. 145—165.

Holmes, A., 1930: Radioaktivität und Geologie. Verh. Naturfor. Ges. Basel, Bd. 41, S. 1—185.

Holmes, A., 1965: Principles of Physical Geology. London-Edinburgh.

Holtedahl, O., 1920: Palaeogeography and diastrophism in the Atlantic Arctic Region during Paleozoic time. Amer. Journ. Sci. 49.

Illies, H., 1964: Kontinentalverschiebungen und Polverschiebungen — Ursachen und Probleme. — Geol. Rdsch. 54, S. 549—579.

Illies, H., 1972: The Rhinegraben rift system-plate tectonics and transform faulting. Geophys. Surveys 1, S. 29—60.

Jacobs, J. A., Russel, R. D. and Wilson, J. T., 1959: Physics and Geology. New York-Toronto-London.

Jeffreys, H., 1952: The Earth. 3. Aufl. Univ. Press. Cambridge.

Jessen, Otto, 1943: Die Randschwellen der Kontinente. — Pet. Mitt. Erg. H. Nr. 241. Gotha.

Kober, Leopold, 1921: Der Bau der Erde. Berlin.

Kosminskaya, Irina P. u. a., 1958: Crustal structure in the Pamir-Alai Zone from deep seismic sounding data. Izv. Akad. Nauk. SSSR. Ser. Geofiz. No. 10.

Kosminskaya, Irina P., 1971: Deep seismic sounding of the earth's crust and upper mantle. Consultant Bureau. New York-London, 184 S.

Kosminskaya, Irina P. and Zverev, S. M., 1968: Problems in seismic investigations in the transition zone between continents and oceans. Stroenie i razvitie zemnoi kory na Sovetskom Dal'nem Vostoke, Nauka.

Kossinna, Erwin, 1933: Die Erdoberfläche. In Gutenbergs Handb. d. Geophys. Bd. 2.

Kraus, Ernst, 1936: Der Abbau der Gebirge, 1. Der Alpine Bauplan. Berlin.

Kraus, Ernst, 1951: Vergleichende Baugeschichte der Gebirge. Bd. 1 u. 2. Berlin.

Kraus, Ernst, 1951: Die Baugeschichte der Alpen. 2 Bde. Berlin.

Kraus, Ernst, 1959: Die Entwicklungsgeschichte der Kontinente und Ozeane. Berlin.

Kraus, Ernst, 1964: Strukturgeschichte und Antlitz der Erdrinde als Folge subkrustaler Massenverlagerungen. Ber. Geol. Ges. DDR Bd. 9, S. 85—108.

Krumbach, G., 1931: Die seismischen Registrierungen; in W. Wien u. F. Harms, Handbuch der Experimentalphysik, Geophysik II, S.

498—541. Über die Mohorovičić-Diskontinuität, Leipzig, S. 518 ff.

Kuhn, W. u. Rittmann, A., 1941: Über den Zustand des Erdinneren und seine Entstehung aus einem homogenen Urzustand. Geol. Rundschau. Bd. 32, S. 215—256.

Louis, Herbert, 1975: Neugefaßtes Höhendiagramm der Erde. Sitz. Ber. Bayer. Akad. Wiss. Math. Nat. Kl. 1975, S. 205—226.

Maack, R., 1969: Kontinentaldrift und Geologie des südatlantischen Ozeans. Berlin, S. 1—164.

Makris, J., 1971: Aufbau der Kruste in den Ostalpen aus Schweremessungen und die Ergebnisse der Refraktionsseismik. Hamburger Geophys. Einzelschr. H. 15. Hamburg.

Menard, H. W., 1968: Some Remaining Problems in the Sea Floor Spreading. The History of the Earth's Crust, a Symposium. (Ed. R. A. Phinney), Princeton, S. 109—118.

Meyerhoff, A. A. u. A. H., 1972: The new global tectonics age of linear magnetic anomalies of ocean basis. Amer. Assoc. Petrol. Geol. Bull. 56, S. 337—359.

Mohorovičić, A., 1909: Das Beben vom 8. Oktober 1909. Jahrb. d. Meteorol. Observator. Zagreb.

Mohorovičić, A., 1925: Das Erdinnere. Zeitschr. f. angew. Geophysik I.

Nansen, F., 1922: The strandflat and isostasy. Vednesk. selsk. Str. 1, Oslo.

Neef, Ernst, 1962/1974: siehe I c

Pavoni, N., 1970: Zonen lateraler horizontaler Verschiebung in der Erdkruste und daraus ableitbare Aussagen zur globalen Tektonik. Geol. Rundsch. 59, 1969, S. 56—77.

Penck, Albrecht, 1894: (Hypsographische Kurve) Siehe I b. Bd. I, S. 43 ff., 134 ff.

Pfannenstiel, Max, 1960: Erläuterungen zu den bathymetrischen Karten des östlichen Mittelmeeres. Bull. de l'Institut Océanographique, Monaco.

Le Pichon, X., 1968: Sea-floor spreading and continental drift. Journ. Geophys. Res. 73, S. 3661—3697.

Pratt, J. H., 1855: On the Attraction of the Himalaya-Mountains etc., Philos. Transact. CXLV, S. 53.

Pratt, J. H., 1871: On the Constitution of the Solid Crust of the Earth. Philos Transact. CLXI, S. 335.

Press, F., 1956: Determination of crustal structure from phase velocity of Rayleigh Waves, I: Southern California. Bull. Geol. Soc. Am. 67, S. 1647—1658.

Press, F., 1957: Determination of crustal structure from phase velocity of Rayleigh Waves,

II: San Francisco Bay region. Bull. Seismol. Soc. Am. 47. S. 87–88.

Press, F., 1972: The Earth's interior as inferred from a family of models. In E. C. Roberton (Ed.): The Nature of the Solid Earth. New York, S. 147–171.

Prodehl, Claus, 1965: Struktur der tieferen Erdkruste in Südbayern und längs eines Querprofils durch die Ostalpen, abgeleitet aus refraktionsseismischen Messungen bis 1964. Boll. di Geofis. Teor. ed Appl. VII, S. 34–88.

Raff, A. D. u. Mason, R. G., 1961: Magnetic Survey off the West Coast of North America, 40° N–52° N Latitude. – Geol. Soc. Amer. Bull. 72, S. 1267–1270.

Raitt, R. W., 1963: The crustal rocks. The Sea, Vol. 3. New York.

Raitt, R. W., 1964: Geophysics of the South Pacific. Research in Geophysics, Vol. 2, Solid Earth and Interface Phenomena. Washington.

Reich, Hermann, 1957: In Süddeutschland ermittelte Grenzflächen. Geol. Rundsch. 16, S. 1–16.

Reich, Hermann, 1960: Zur Frage der geologischen Deutung seismischer Grenzflächen in den Alpen. Geol. Rundsch. 50, S. 465–473.

Reich, H., Schulze, G. A. u. Förtsch, O., 1948: Das geophysikalische Ergebnis der Sprengung von Haslach im südlichen Schwarzwald. Geol. Rundsch. 36, S. 85–96.

Reich, H., Foertsch, O. u. Schulze, G. A., 1951: Results of seismic observations in Germany on the Helgoland explosion of April 18, 1947. Journ. Geophys. Research. Vol. 56, S. 147–156.

Rücklin, Hans, 1963: Die Entstehung des Großreliefs der Erde. – Geogr. Zeitschr. Bd. 51, S. 183–238.

Runcorn, S. K., 1962: Paleomagnetic Evidence for Continental Drift and its Geophysical Cause. In Continental Drift (Ed. S. K. Runcorn), New York-London, S. 1–40.

Runcorn, S. K., 1962: Continental Drift. New York-London.

Schmidt-Thomé, Paul, 1972: Tektonik. Bd. II von Lehrb. d. Allgem. Geologie, hrsg. v. R. Brinkmann, Stuttgart.

Schönenberg, Richard, 1975: Die Entstehung der Kontinente und Ozeane in heutiger Sicht. Darmstadt, 351 S.

Schwiderski, E. W., 1968: Mantle convection and crustal tectonics inferred from a satellite's orbit. A different view of sea-floor spreading. J. Geophys. Research 73, S. 2828–2833.

Soergel, W., 1917: Das Problem der Permanenz der Ozeane und Kontinente. Stuttgart.

Sollogub, V. B., 1965: Results of deep seismic sounding along the profile Black Sea – Voronezh Massif.-Proceed. VII. Congr. Carpato-Balkan Geol. Assoc. Part. 7. Sofia.

Steinhart, J. S. and Meyer, R. P., 1961: Explosion studies of continental structure. Washington.

Stille, Hans, 1922: Die Schrumpfung der Erde. Berlin.

Stille, Hans, 1924: Grundfragen der vergleichenden Tektonik. Berlin.

Stille, Hans, 1940: Wandlungen im Magmatismus unserer Erde. Die Naturwiss. 28. Heft 21. Berlin, S. 321–326.

Stille, Hans, 1945/46: Ur- und Neuozeane. Abh. Dt. Akad. Wiss. Nr. 6. Berlin 1948.

Stille, Hans, 1949: Das Leitmotiv der geotektonischen Erdentwicklung. – Deutsche Akad. Wiss. Vortr. u. Schriften, Heft 32. Berlin.

Suess, Eduard, 1908/09: siehe Ib, bes. Bd. III 2, S. 626.

Terman, M., 1974: Tectonic map of China and Mongolia. Geol. Soc. Am., Boulder, Colorado.

Umbgrove, J. H. F., 1947: The Pulse of the Earth. 2. Aufl. Den Haag.

Umbgrove, J. H. F., 1952: Contraction of the Earth. – Proc. Kon. Ned. Ak. v. Wetensch. Amsterdam Ser. B 55, 2, S. 179–226.

Vacquier, V. A., 1962: Magnetic Evidence for Horizontal Displacements in the Floor of the North-Eastern Pacific. Continental Drift (Ed. S. K. Runcorn) New York-London, S. 135–144.

Valentin, Hartmut, 1952: Die Küsten der Erde. Pet. Mitt. Heft 246.

Veatch, A. C., 1935: Evolution of the Congo basin. – Geol. Soc. of America Mem. 3.

Veatch, A. C. and Smith, P. A., 1939: Atlantic submarine valleys of the United States and the Congo submarine Valley. – Geol. Soc. Amer. Spec. Pap. 7.

Vening-Meinesz, F. A., 1952: The origin of continents and oceans. Geol. en Mijnb. n. ser. 14. S'-Gravenhage.

Vening Meinesz, F. A., 1962: Thermal Convection in the Earth's Mantle. In Continental Drift (Ed. S. K. Runcorn). New York-London, S. 143–176.

Vening Meinesz, F. A., 1964: The Earth's Crust and Mantle. Amsterdam.

Vine, F. J., 1968: Magnetic Anomalies Associated with Mid-Oceanic Ridges. The History of the Earth's Crust, a Symposium (Ed. R. A. Phinney). Princeton, S. 73–89.

Volvovskij, B. S. und I. S. Volvovskij, 1974: Aufbau der Erdkruste in der UdSSR. Umschau in Wissenschaft und Technik, 74 Jg. Frankfurt/Main, S. 218−219.

Vyskočil, Pavel, 1977: Global recent Crustal Movements as determined by geodetic measurements. Tectonophysics 38, Nr. 1−2, S. 49−59.

Wagner, Hermann, 1895: Das Areal der Landflächen und die mittlere Erhebung der Erdkruste. Gerlands Beitr. z. Geophysik. II, S. 667−772.

Wegener, Alfred, 1915, 1929: Die Entstehung der Kontinente und Ozeane, 1. Aufl., 4. Aufl. Braunschweig, Nachdruck 1962.

Woldstedt, Paul, 1954−65: Das Eiszeitalter. Stuttgart.
1. Bd. 2. Aufl., 1954, 3. Aufl. 1961. Allgemeines.

2. Bd. 2. Aufl. 1958. Europa, Vorderasien, Nordamerika.

3. Bd. 2. Aufl. 1965. Afrika, Asien, Australien, Amerika.

Worzel, J. L. and Shurbet, G. L., 1955: Gravity Anomalies at Continental Margins. Proc. Nat. Acad. Sci. USA.

Worzel, J. L., 1965: Deep Structure of Coastal Margins and Mid-Ocean Ridges. Submarine Geology and Geophysics (Ed. W. F. Wittard u. R. Bradshaw) Symposion Colston Pap. 18. London, S. 335−361.

Wunderlich, Hans Georg, 1973: Bau der Erde. Geologie der Kontinente und Meere. Bd. 1. Afrika, Amerika, Europa. Bibl. Inst. Mannheim.

II D Geologische Gegebenheiten von besonderer geomorphologischer Bedeutung

II D 1−2 Geologische Grundvorstellungen, Hauptstrukturen

Abendanon, E. C., 1914: Die Großfalten der Erdrinde. Leiden.

Argand, E., 1922: La tectonique de l'Asie. Comptes Rend. XII Congr. Géol. Intern., Liège.

Atterberg, A., 1912: Die mechanische Bodenanalyse und die Klassifikation der Mineralböden Schwedens. Internat. Mitt. f. Bodenkunde II.

Barth, T. F. W., Correns, C. W. u. Eskola, P., 1939: Die Entstehung der Gesteine. Berlin. (Teil 1. T. F. W. Barth: Die Eruptivgesteine.)

Bederke, E. u. Wunderlich, H. G., 1968: siehe II A−C

Bemmelen, Rein. W. van, 1954: Mountain building, a study primarily based on Indonesia, region of the world's most active crustal deformations. Den Haag.

Börner, Rudolf, 1938, 1953: Welcher Stein ist das? Tabellen zum Bestimmen der wichtigsten Mineralien, Edelsteine und Gesteine. Stuttgart.

Brinkmann, Roland, 1975: Abriß der Geologie. 2 Bde. Stuttgart.

Brinkmann, Roland u. a., 1964ff.: Lehrbuch der Allgemeinen Geologie. Bd. I, 2. Aufl. 1974, 532 S., Bd. II, 1972, 579 S., Bd. III, 1967. 630 S., Stuttgart.

Bubnoff, Serge v., 1930, 1954: Grundprobleme der Geologie. Berlin. 1. Aufl., 1930. 3. Aufl. 1954.

Bubnoff, Serge v., 1940: Einführung in die Erdgeschichte. 1. Aufl., Berlin 1940, 3. Aufl. 1956.

Buchner, W. H. 1956: Modellversuche und Gedanken über das Wesen der Orogenese. Geotekton. Symposium zu Ehren von Hans Stille. Stuttgart, S. 396−410.

Cadisch, J., 1953: Geologie der Schweizer Alpen. Basel.

Cloos, Hans, 1936: Einführung in die Geologie. Berlin.

Correns, C. W., 1939: Die Sedimentgesteine. (Teil 2 von Barth-Correns-Eskola: Die Entstehung der Gesteine.) Berlin.

Correns, C. W., 1949, 1968²: Einführung in die Mineralogie (Kristallographie und Petrologie). 2. Aufl. Berlin.

Crowell, J. C., 1962: Displacement along the San Andreas Fault, California. Geol. Soc. Amer. Spec. Paper 21, Washington.

Daly, Reginald Aldworth, 1933: Igneous Rocks and the Depths of the Earth. New York u. London.

Engelhardt, W. v., 1961: Neuere Ergebnisse der Tonmineralienforschung. Geol. Rundsch. 51, S. 457−477.

Engelhardt, W. v. 1973: Die Bildung von Sedimenten und Sedimentgesteinen. Stuttgart.

Eskola, P., 1939: Die metamorphen Gesteine. (Teil 3 von Barth-Correns-Eskola: Die Entstehung der Gesteine) Berlin.

Füchtbauer, H. u. Müller, German, 1970: Sedimente und Sedimentgesteine. Sediment-Petrologie, Teil II, Stuttgart, 726 S.

Haarmann, E., 1927: „Tektogenese" oder „Gefügebildung" statt „Orogenese" oder „Gebirgsbildung". Z. Dt. Geol. Ges. 78. Mon. Ber., S. 105−107.

Heim, Albert, 1919−1922: siehe I b.

Hesemann, J. (Hrsg.), 1963: Unterscheidungsmöglichkeiten mariner und nichtmariner Sedimente. Ein Symposium. Fortschr. Geol. Rheinld. u. Westf. 10, Krefeld, 494 S.

Holmes, Arthur, 1965: Principles of Physical Geology. New York.

Jessen, Otto, 1943: siehe II A−C.

Kettner, Radim, 1958−1960: Allgemeine Geologie. 4 Bde. Berlin.

Kober, Leopold, 1921: Siehe II A−C.

Machatschki, F., 1946: Grundlagen der allgemeinen Mineralogie und Kristallchemie. Wien.

Metz, Karl, 1957: Lehrbuch der Tektonischen Geologie. Stuttgart. 2. Aufl. 1967.

Milner, H. B., 1940: Sedimentary Petrography. London.

Milner, H. B., Ward, A. M. and Higham, F., 1962: Sedimentary Petrography. London, 1358 S.

Murawski, Hans, 1977: Geologisches Wörterbuch. 7. Aufl., Stuttgart.

Niggli, Paul, 1923: Gesteins- und Mineralprovinzen. Berlin.

Niggli, Paul, 1941/42: Lehrbuch der Mineralogie und Kristallchemie. Berlin.

Niggli, P., 1952: Gesteine und Minerallagerstätten. 2 Bde. Basel.

Penck, Albrecht, 1919: siehe I b.

Pettijohn, F. J., 1957: Sedimentary rocks. 2. Aufl., New York, 718 S.

Ruchin, L. B., 1958: Grundzüge der Lithologie. Berlin, 806 S.

Sander, B., 1948/1950: Einführung in die Gefügekunde der geologischen Körper. 2 Bde., 215 u. 409 S., Wien u. Innsbruck.

Schmidt-Thomé, Paul, 1972: siehe II A−C.

Stille, Hans, 1924: siehe II A−C.

Stille, Hans, 1940: siehe II A−C.

Wagner, Georg, 1950, 1960, 1973: siehe I c.

Wedepohl, K. H., 1967: Geochemie. Sammlg.-Göschen, Bd. 1224. Berlin.

Winkler, H. G. F., 1967: Die Genese der metamorphen Gesteine. 2. Aufl. Berlin.

Wunderlich, H. G., 1966: Wesen und Ursachen der Gebirgsbildung. − Bibl. Inst. Hochschultaschb. 339, Mannheim.

Wunderlich, H. G., 1968: Einführung in die Geologie. Bd. I; Exogene Dynamik, Bd. II; Endogene Dynamik. Bibl. Inst. Hochschultaschb. 340/341.

II D 3−4 Vulkanische Aufbauformen, ihre Begleiterscheinungen, Meteoritenkrater

Ballard, R. D., Bellacche, G. u. a., 1974: Inner floor of the Rift Valley: first submersible study. Nature, Vol. 230, S. 558−560.

Branco, W., 1894: Schwabens 125 Vulkanembryonen. Jahresber. Ver. f. vaterl. Naturkde. Württemberg.

Bullard, Fred M., 1962: Volcanoes in History, in Theory, in Eruption. Univ. of Texas Press. Austin. 2. Aufl., 441 S.

Chao, E. C. T., Shoemaker, E. M. and Madsen, B. M., 1960: First natural occurence of Coësite. Science 132, S. 220−222.

Cloos, Hans, 1941: Bau und Tätigkeit von Tuffschloten. Geol. Rdsch. 32, Stuttgart, S. 709−800.

Cloos, Hans, 1948: Der Basaltstock des Weilberges im Siebengebirge. Geol. Rundsch. 35/36, S. 33−35.

Cotton, C. A., 1952: Volcanoes as Landscape Forms. 1. Aufl. 1944, 2. Aufl. 1952, Christchurch/New Zealand. Nachdruck New York 1969.

Diller, J. S., 1923: Did Crater Lake, Oregon, originate by a Volcanic Subsidence or an Explosive Eruption?, Journ. of Geol. 31.

Fornaseri, M., Scherillo, A. u. Ventriglia, U., 1963: Geologia dei Colli Albani (Vulcano Laziale), Roma (C. N. R.).

Fouqué, F., 1879: Santorin et ses éruptions. Paris.

Frechen, Josef, 1967: Der Magmatismus. In: Lehrbuch der Allgemeinen Geologie, Bd. 3, hrsg. v. R. Brinkmann, Stuttgart, S. 1−170.

Gifford, A. C., 1930: The Origin of the Surface Features of the Moon. Scientia.

Hoffmeister, J. E. and Ladd, H. S., 1928: Falcon, the pacifics newest island. Nat. Geogr. Mag. 54.

Illies, Henning, 1959: Die Entstehungsgeschichte eines Maares in Süd-Chile. Geol. Rdsch. 48, Stuttgart, S. 232−277.

Jaggar, T. A., 1921: Experimental Work at Halemaumau. Bull. Haw. Volc. Obs. 9.

Jaggar, T. A., 1931: Evolution of Bogoslof Volcano. The Volcano Letter 322.

Jaggar, T. A., 1936: The Mechanism of Volcanoes. Volcanology, U. S. Nat. Res. Council Bull. 77.

Jones, J. G., 1968: Pillow Lava and Pahoehoe. Journ. of Geology, 76. Chicago.

Lacroix, A., 1907, 1908: La montagne Pelée après ses éruptions. Acad. Sci. Paris, S. 74—93.

Larsson, Walter, 1937: Vulkanische Asche vom Ausbruch des chilenischen Vulkans Quizapú (1932) in Argentina gesammelt. Bull. of the Geol. Inst. of the Univ. of Upsala, Upsala, Vol. 36, S. 27—52.

Lewis, J. V., 1914: The origin of Pillow Lavas. Bull. Geol. Soc. Amer. 25.

MacDonald, G. A., 1943: The 1942 Eruption of Mauna Loa. Hawaii. Amer. Journ. Sci. 241.

MacDonald, Gordon A., 1953: Pahoehoe, Aa and Block Lava. American Journal of Science, New Haven, S. 169—191.

Mercalli, Guiseppe, 1907: I Vulcani attivi della Terra, Morfologia — Dinamismo — Prodotti — Distributione geografica — Cause. Milano, 422 S.

Neumann van Padang, M., 1936: Der Krater des Anak Krakatau. De Ingen. in Ned. Ind.

Neumann van Padang, M., 1938: Über die Unterseevulkane der Erde. De Mijningenieur 5/6.

Nichols, R. L., 1939: Viscosity of Lava. Journ. of Geol. 47.

Noll, Horst, 1967: Maare und maar-ähnliche Explosionskrater in Island. Sonderveröffentlichung des Geol. Institutes der Univ. Köln, 11, Bonn, 117 S.

Ollier, Clifford D., 1967: Maars. Their characteristics, varietes und definition. Bulletin vulcanologique 31, Bruxelles, S. 45—73.

Ollier, Clifford, D., 1969: Volcanoes. Cambridge, Mass. and London. 177 S.

Perret, F. A., 1924: The Vesuvian Eruption of 1906. Carnegie Inst. Washington.

Pichler, Hans, 1970a: Italienische Vulkan-Gebiete I. Somma-Vesuv, Latium, Toscana. Sammlung Geol. Führer, Bd. 51, Berlin, 258 S.

Pichler, Hans, 1970b: Italienische Vulkan-Gebiete II. Phlegräische Felder, Ischia, Ponza-Inseln, Roccamonfina. Sammlung Geol. Führer, Bd. 52, Berlin, 186 S.

Preuss, Ekkehard, 1964: Das Ries und die Meteoritentheorie. Fortschr. d. Miner. Bd. 41, Stuttgart, S. 271—312.

Reiss, W. u. Stübel, A., 1868: Geschichte und Beschreibung der vulkanischen Ausbrüche des Santorin. Heidelberg.

Rittmann, Alfred, 1930: Geologie der Insel Ischia. Z. Vulkanol., Ergänz.-Bd. 6, Berlin, 265 S.

Rittmann, Alfred, 1933: Die geologisch bedingte Evolution und Differentiation des Somma-Vesuvmagmas. Zeitschrift für Vulkanologie 15 (1933/34). Berlin.

Rittmann, Alfred, 1950: Sintesi geologiche dei Campi Flegrei. Boll. Soc. geol. ital. 69, Roma, S. 117—128.

Rittmann, A., 1936, 1960: Vulkane und ihre Tätigkeit. Stuttgart. 2. Aufl. 1960.

Rittmann, Alfred, 1963: Erklärungsversuch zum Mechanismus der Ignimbritausbrüche. Geol. Rdsch. 52 (1962), Stuttgart, S. 853—861.

Ross, Clarence and Smith, Robert L., 1961: Ash-Flow Tuffs: Their Origin, Geologic Relations and Identification. U. S. Geol. Survey, Prof. Paper 366, Washington, 81 S.

Russel, I. C., 1902: Geology and Water Resources in the Snake River Plains of Idaho, U. S. Geol. Surv. Bull. 199.

Sapper, Karl, 1927: Vulkankunde, Stuttgart.

Smith, W. D. and Swartzlow, C. R., 1936: Mount Mazama: Explosion versus Collapse. Bull. Geol. Soc. Amer. 47.

Stearns, N. D., 1935: An island is born. Honolulu.

Suess, Eduard, 1885—1909: siehe I b.

Tanakadate, H., 1930: The problem of Caldera in the Pacific Region. Proc. IV. Pac. Sci. Congr. 2 B.

Tazieff, Haroun, 1970: Mechanisms of ignimbrite eruption. Geol. Journal, Special Issue on Mechanism of Igneous Introus. Nr. 2, S. 157—164.

Tazieff, Haroun, 1972: About Deep Sea Volcanism. Geol. Rdsch. 61, S. 470—480.

Tazieff, Haroun, 1974: Vulkanismus und Kontinentalwanderung. Stuttgart, 112 S.

Thorarinsson, Sigurdur, 1960: Die Vulkane Islands. Naturwissenschaftliche Rdsch. 13, Stuttgart, S. 81—87.

Tyrell, G. W., 1937: Flood Basalts and Fissure Eruptions. Bull. Volcanol. I.

Washington, H. S., 1926: Santorini Eruption of 1925. Bull. Geol. Soc. Amer. 37.

Wilcoxson, Kent H., 1967: Volcanoes. London, 237 S.

Williams, Howel, 1932: The history and Charakter of Volcanic Domes. Univ. of Calif. Publ. Bull. Dep. Geol. Sci. 21.

Williams, Howel, 1941: Calderas and their origin. Univ. Calif. Publ. Bull. Dep. Geol. Sci. 25.

Williams, Howel, 1942: The Geology of Crater Lake National Park, Oregon. Carnegie Inst. Washington.

Wolff, F. v., 1914/1929/1931: Der Vulkanismus, 2 Bde. Stuttgart.

Wolff, F. v., 1930: Plutonismus und Vulkanismus. Handb. d. Geophysik, III 1. Berlin.

Wylie, C. C., 1933: On the formation of meteorite craters. Pop. Astron. 41.

III Die feinere Gestaltung der Oberflächenformen, Grundlinien einer Prozeß-Geomorphologie

III A Grundüberlegungen, Grundbegriffe; Mathematische Modelle zur Entwicklung von Formen der Erdoberfläche; Methoden der Spezialuntersuchung von Lockermassen

Ahnert, Frank, 1964: Quantitative models of slope development as a function of waste cover thickness. 20th Intern. Geogr. Congr. London. Commission on slope evolution.

Ahnert, Frank, 1972: Inhalt und Stellung der funktionalen Methode in der Geomorphologie. Geogr. Zeitschr. Beihefte, E. Plewe Festschr.

Ahnert, Frank, 1973: COSLOP 2 − a comprehensive model program for simulating slope profile development. Geocom Programs 8, London, 24 S.

Ahnert, Frank, (Hrsg.) 1976: Quantitative slope models. Z. Geomorph. Suppl. Bd. 25.

Ahnert, Frank, 1976: Brief description of a comprehensive three-dimensional process-response model of landform development. Z. Geomorph. N. F. Bd. 25, S. 29−49.

Ahnert, Frank, 1976: Darstellung des Struktureinflusses auf die Oberflächenformen im theoretischen Modell. S. 1−5.

Blenk, Marianne, 1960: Ein Beitrag zur morphometrischen Schotteranalyse. Z. Geomorph. N. F. 4, S. 202−242.

Cailleux, André, 1947: L'indice d'émoussé, définition et première application. C. R. somm. Soc. Géol. Franc., S. 251−252.

Cailleux, André, 1952: Morphoskopische Analyse der Geschiebe und Sandkörner und ihre Bedeutung für die Paläoklimatologie. Geol. Rundschau 40, S. 11−19.

Cailleux, André u. Tricart, Jean 1959/1963/1965: Initiation à l'étude des sables et galets. 3 Bde. Sedes-Paris. 2. Aufl. 1963−1965. Paris.

Cailleux, André, 1961: Application à la géographie des méthodes d'études des sables et des galets. Univers. do Brasil, Curso de altos estud. geograf. 2. Rio de Janeiro.

Fischer, Klaus, 1963: siehe Ic.

Friedmann, G. M., 1961: Distinction between dune, beach and river sands from their textural characteristics. Journ. Sed. Petr. 31, S. 514−529.

Gilbert, G. K., 1877: siehe Ib.

Hagedorn, Jürgen und Poser, Hans, 1974: siehe Ic.

Hormann, Klaus, 1965: siehe Ic.

Hormann, Klaus, 1968: Rechenprogramme zur morphometrischen Kartenauswertung. Schr. Geogr. Inst. Univ. Kiel, Bd. 29, H. 2, 154 S.

Hormann, Klaus, 1971: Morphometrie der Erdoberfläche. Schr. Geogr. Inst. Univ. Kiel, Bd. 36, 178 S.

Hövermann, Jürgen u. Poser, Hans, 1951: Morphometrische und morphologische Schotteranalysen. In: Proceedings of the Third Intern. Congr. of Sedimentology. Groningen-Wageningen 5. bis 12. Juli 1951, S. 135−156.

Köster, Erhard, 1964: Granulometrische und morphometrische Meßmethoden an Mineralkörnern, Steinen und sonstigen Stoffen. Stuttgart, 33 S.

Krumbein, W. C., 1941: Measurement and geological significance of shape and roundness of sedimentary particles. Journ. Sed. Petrol. 11, S. 64−72.

Leser, Hartmut, 1977: Feld- und Labormethoden der Geomorphologie, Berlin, New York.

Louis, Herbert, 1963: Siehe Ic.

Louis, Herbert, 1975: siehe Ic.

Lüttig, Gerd, 1956: Eine einfache geröllmorphometrische Methode. Eiszeitalter u. Gegenwart 7. S. 13−20.

Pachur, Hans-Joachim, 1966: Untersuchungen zur morphoskopischen Sandanalyse. Berliner Geogr. Abh. Heft 4, 35 S.

Penck, Walther, 1924: siehe Ib.

Pettijohn, F. J., 1948/1957: Sedimentary Rocks. 2. Aufl. 1957, New York.

Poser, Hans u. Hövermann, Jürgen, 1952: Beiträge zur morphometrischen und morphologischen Schotteranalyse. Abh. Braunschweig Wiss. Ges. IV, S. 12–36.

Powell, J. W., 1875, 1876: siehe I b.

Prechtl, Hans, 1965: Geomorphologische Strukturen. Tübinger Geogr. Studien, H. 17.

Rohdenburg, Heinrich, 1977: Beispiele für holozäne Flächenbildung in Nord- und Westafrika. Catena, 4, S. 65–109.

Rohdenburg, H., Sabelberg, U. und Wagner, H., 1976: Sind konkave und konvexe Hänge prozeßspezifische Formen? Ergebnisse von Hangentwicklungssimulationen mittels EDV. Catena, Vol. 3, Gießen, S. 113–136.

Seuffert, Otmar, 1976: Formungsstile im Relief der Erde. Programmierung, Prozesse und Produkte der Morphodynamik im Abtragungsbereich. Braunschweiger Geogr. Studien, Sonderhefte, H. 1, 171 S.

Shepard, F. P. u. Young, R., 1961: Distinguishing between beach and dune sands. Journ. Sed. Petrogr. 31, S. 196–214.

Tricart, J. et Schaeffer, R., 1950: L'indice d'émoussé des galets, moyen d'étude des systèmes d'érosion. Rev. Géomorph. Dyn. 1.

III B Verwitterung

Adams, F. D., 1910: An experimental investigation into the action of differential pressure on certain minerals and rocks. Journ. of Geol. 18, S. 489–525.

Alekin, O. A., 1962: Grundlagen der Wasserchemie. Leipzig, 260 S.

Argiles, 1961/62: Colloque international du Centre National de la Recherche Scientifique. Paris. 3. bis 6. 7. 1961. No. 105: Genèse et synthèse des Argiles. 1962, 224 S.

Atterberg, A., 1912: siehe II D 1–2.

Bakker, J. P. u. Müller, H. J., 1957a: siehe I c.

Bakker, J. P., Müller, H. J., Jungerius, P. D. u. Porrenga, H., 1957b: siehe I c.

Bakker, J. P., 1960: siehe I c.

Bakker, J. P., 1953–1964: siehe I c.

Bakker, J. P. u. Levelt, Th. W. M., 1965: siehe I c.

Bear, F. E., 1964: Chemistry of the soil. New York.

Birot, P., 1954: Désagrégation des roches cristallines sous l'action des sels. C. R. Acad. Sciences, Paris.

Birot, P., 1960: Le cycle d'érosion sous les différents climats. Curso de Altos Estudos Geograficos 1, Rio de Janeiro, 137 S.

Birot, Pierre, 1970: Etude quantitative des processus érosifs agissants sur les versants. Z. Geomorph. Suppl. 9, S. 10–43.

Blackwelder, E., 1933: The insolation hypothesis of rock weathering. Amer. Journ. of science 26, 97–113. New Haven 1960.

Blanck, E., 1929–1939: Handbuch der Bodenlehre. 10 Bde, 1. Ergänzungsband, Berlin.

Blanck, E., 1948: Einführung in die genetische Bodenlehre. Göttingen.

Blenk, Marianne, 1960: siehe III A.

Blöchliger, G., 1932/33: Kleinlebewesen und Gesteinsverwitterung. Z. Geomorph. 7.

Blondel, F., 1933: L'érosion en Indochine. Comptes Rendus Congr. Int. Géogr. Paris 1931, Bd. II, Paris, S. 659–666.

Bogomolow, G. W., 1958: Grundlagen der Hydrologie. Berlin, 178 S.

Boulaine, Jean, 1975: Géographie des sols. Paris, 200 S.

Branner, J. C., 1896: Decomposition of rocks in Brasil. Bull. Geol. Soc. Amer. VII, S. 255–314.

Buchanan, Fr., 1807: Journey through Mysore Canara and Malabar. London.

Büdel, Julius, 1948–1977: siehe I b, I c.

Caillère, S. et Hénin, S. 1963: Minéralogie des Argiles. Paris, 355 S.

Chapman, R. W. and Greenfield, M. A., 1949: Spheroidal weathering of igneous rocks. Amer. Journ. of science 247, 407–429.

Clays and Clay-Minerals, 1962: Proceedings of the 9th National Conference on Clay and Clay-Minerals, 1960 u. vorhergehende. London.

Cloos, Hans, 1925: Einführung in die tektonische Behandlung magmatischer Erscheinungen (Granittektonik) I. Das Riesengebirge in Schlesien. Berlin.

Correns, C. W., 1939: siehe II D 1–2.

Correns, C. W., 1949/68: siehe II D 1–2.

Dana, J. D., 1896: Manual of Geology. 4. Aufl. Philadelphia.

Degens, Egon D., 1968: Geochemie der Sedimente. Stuttgart, 282 S.

Dücker, A., 1937: Über Strukturboden im Riesengebirge, ein Beitrag zum Bodenfrost- und Lößproblem. Zeitschr. Dtsch. Geol. Ges. 89.

Engelhardt, Wolfgang v., 1973: Die Bildung von Sedimenten und Sedimentgesteinen. Sediment-Petrologie, Teil III, Stuttgart, 378 S.

Farmin, R., 1937: Hypogenic exfoliation in rock masses. Journ. of Geol. 45. S. 625−635.

Finck, A., 1963: Tropische Böden. Hamburg, Berlin, S. 1−188.

Franz, Herbert, 1960: Feldbodenkunde. Wien u. München, 583 S.

Fränzle, Otto: Gesteinsstabilität und Verwitterung. Im Druck.

Frenzel, Gerhard, 1965: Studien an mediterranen Tafoni. N. Jb. Geol. Paläont. Abh. 122, Stuttgart, S. 313−323.

Ganssen, Robert, 1957: Bodengeographie mit besonderer Berücksichtigung der Böden Mittel-Europas. Stuttgart, 2. Aufl. 1972.

Ganssen, R., 1965: Grundsätze der Bodenbildung. B-I-Hochschultaschenbücher, Mannheim, 1−132.

Geiger, Rudolf, 1961: Das Klima der bodennahen Luftschicht. 4. Aufl. Braunschweig.

Giesecke, F., 1930: Subtropische Schwarzerden. Handb. d. Bodenlehre, Bd. 3, Berlin.

Gilbert, G. K., 1904: Domes and dome structure of the High Sierra. Bull. Geol. Soc. America XV, S. 29−36.

Glinka, K., 1914: Die Typen der Bodenbildung, ihre Klassifikation und geographische Verbreitung. Berlin.

Goldich, S. S., 1938: A study of rock weathering. Journ. of Geol. 46, S. 17−58.

Goudie, A., 1973: Duricrusts in Tropical and Subtropical Landscapes. Oxford, 1−174.

Griggs, D. T., 1936: The factor of fatigue in rock exfoliation. Journ. of Geol. 44, Chicago.

Grim, R. E., 1953: Clay mineralogy. 596 S. 2. Auflage 1968, New York.

Harassowitz, H., 1926: Laterit. Fortschr. d. Geol. u. Paläont. IV, 14, S. 253−566.

Harassowitz, H., 1926: Laterit, Material und Versuch erdgeschichtlicher Auswertung. Berlin.

Heine, K., 1972: Die Bedeutung pedologischer Untersuchungen bei der Trennung von Reliefgenerationen. Z. Geomorph. Suppl. Bd. 14, S. 113−137.

Hellmers, J. H., 1944: Wüstenböden der nordöstlichen Sahara und der Sinai-Halbinsel. Bodenkundl. Forsch. Bd. 8 Nr. 24, S. 232−264.

Hilgard, E. W., 1906/11: Soils, their formation, properties, composition and relations to climate and plantgrowth in the humid and arid regions. New York, 2. Aufl. 1911.

Hirschwald, J., 1912: Handbuch der bautechnischen Gesteinsprüfung. Bd. I. Berlin.

Högbom, B., 1914: Über die geologische Bedeutung des Frostes. Bull. Geol. Inst. Upsala, 12.

Högbom, Bertil, 1927: Beobachtungen aus Nordschweden über den Frost als geologischen Faktor. Bull. Geol. Inst. Uppsala XX.

Hövermann, J., 1951: Zur Altersdatierung der Granitvergrusung. Neues Arch. Niedersachsen, S. 489−491.

Jäckel, Dieter u. Dronia, Horst, 1976: Ergebnisse von Boden- und Gesteinstemperaturmessungen in der Sahara. Berliner Geogr. Abh., 24, S. 55−64.

Jessen, Otto, 1936: siehe I b.

Johnson, D. W., 1919: siehe III K.

Keller, Reiner, 1961: Gewässer und Wasserhaushalt des Festlandes. Berlin, 520 S.

Keller, W. D., Balgord, W. D. and Reesmann, A. L., 1963: Dissolved Products of Artificially Pulverized Silicate Minerals and Rocks, I. J. Sed. Petr. 33, S. 191−204.

Kieslinger, Alois, 1931: Gebogene Steine. Die Umschau, 35. H. 22. Frankfurt 1931.

Kieslinger, Alois, 1949: Die Steine von St. Stephan. Wien, 486 S.

Kieslinger, Alois, 1954: Zur Spaltbarkeit von Granit. Montanrundschau 5. Wien, S. 237−243.

Kieslinger, Alois, 1958: Restspannungen und Entspannungen im Gestein. Geologie u. Bauwesen, 24, Wien, S. 95−112.

Kieslinger, Alois, 1960a: Residual Stress and Relaxion in Rocks. Intern. Geol. Kongr. Kopenhagen, Teil XVIII, Kopenhagen, S. 270−276.

Kieslinger, Alois, 1960b: Gesteinsspannungen und ihre technischen Auswirkungen.˙ Z. Dt. Geol. Ges. 112. Wien, S. 164−170.

Kieslinger, Alois, 1960c: Geologische Vorarbeiten (zum Festspielhaus Salzburg). Das neue Salzburger Festspielhaus. Festschr., Salzburg, S. 103−104.

Kieslinger, Alois, 1962a: Die Rolle der Geologie bei öffentlichen Bauvorhaben. Accademia Nazionale dei Lincei 359. Quaderno 53, Rom 1962, S. 35−46.

Kieslinger, Alois, 1962b: Spanning en ontspanning van natuursteen. Natuursteen, 181. Amsterdam, S. 80−84.

Klaer, Wendelin, 1956: Verwitterungsformen im Granit auf Korsika. Pet. Mitt. Erg. H. 261, Gotha.

Klaer, Wendelin, 1970: Formen der Granitverwitterung im ganzjährig ariden Gebiet der östlichen Sahara (Tibesti). Tübinger Geogr. Stud. 34, S. 71−82.

Knetsch, G., 1950: Beobachtungen in der libyschen Sahara. Geol. Rdsch. 38, S. 40−59.

Knetsch, Georg, 1952a: Geologie am Kölner Dom. Geol. Rundsch. S. 57−73.

Knetsch, Georg, 1952b: Der Kölner Dom in der Geologie. Kölner Geolog. Hefte 2.

Knetsch, Georg, 1954: Allgemein-geologische Beobachtungen aus Ägypten. N. Jb. Geol. Abh. 99, S. 287—297.

Knetsch, Georg, 1960: Über aride Verwitterung unter besonderer Berücksichtigung natürlicher und künstlicher Wände in Ägypten. Z. f. Geomorph. Suppl. Bd. I, S. 190—205.

Knetsch, Georg, 1966: Über Boden- und Grundwasser in der Wüste (am Beispiel westägyptischer Vorkommen). Nova Acta Leopoldina 31, S. 67—88.

Knetsch, G. und Refai, E., 1955: Über Wüstenverwitterung, Wüstenfeinrelief und Denkmalzerfall in Ägypten. N. Jb. Geol. Paläontol. Abh. 101, S. 227—256.

Köppen, Wladimir, 1931: Grundriß der Klimakunde. Berlin.

Kretschmer, Gerhard, 1956: Das Verhalten gefrierenden Bodenwassers im Acker. Zeitschr. f. angew. Meteorol., Bd. II, S. 193—211.

Kretschmer, Gerhard, 1957/58: Die Ursachen für Eisschichtenbildung in Böden. Wiss. Zeitschr. d. Friedr. Schiller Univ., Jena. Math. nat. Reihe. Jahrg. 7, S. 273—277.

Kubiëna, W., 1948: Entwicklungslehre des Bodens, Wien.

Kubiëna, W., 1953: Bestimmungsbuch und Systematik der Böden Europas. Stuttgart.

Kubiëna, W., 1954: Micromorphology of laterite formation in Rio Muni (Spanish Guinea). Trans. 5. Intern. Congr. Soil Sci. 4, S. 77—84.

Kubiëna, W., 1955: Über die Braunlehmrelikte des Atakor (Hoggar-Gebirge, Zentrale Sahara). Erdkunde 9, S. 115—132.

Kubiëna, W., 1957: Neue Beiträge zur Kenntnis des planetarischen und hygrometrischen Formenwandels der Böden Afrikas. Stuttgarter Geogr. Stud. 69, S. 50—64.

Kubiëna, W., 1964: Die Genese lateritischer Profile als bodenkundliches Problem. Schr. d. Ges. Dt. Metallhütten u. Bergleute 14, S. 79—84.

Kuenen, Ph. H. u. Perdok, W. G., 1962: Frosting and defrosting of quartz grains. Journ. of Geol. 70, S. 648—658.

Kutscher, F., 1954: Die Verwitterungsrinde der voroligozänen Landoberfläche und tertiäre Ablagerungen im östlichen Hunsrück. Notizbl. Hess. L.-A. Bodenforsch. 82, S. 202—212.

Laatsch, Willi, 1957: Dynamik der mitteleuropäischen Mineralböden. 3. Aufl. 1954. 4. Aufl. 1957. Dresden und Leipzig.

Lang, R., 1920: Verwitterung und Bodenbildung als Einführung in die Bodenkunde. Stuttgart.

Lobeck, A. K., 1939: siehe I b.

Mabbut, J. A., 1961: „Basal surface" or „weathering front". Proc. Geol. Assoc. 72, S. 357—358.

Mabbut, J. A., 1965: The weathered Land Surface in Central Australia. Z. Geomorph. N. F. 9, S. 82—114.

Mabbut, J. A., 1967: Denudation Chronology in Central Australia: Structure, Climate and Landform Inheritance in the Alice Spring Area. Landform Studies from Australia and New Guinea. Cambridge, S. 144—179.

Maclaren, M., 1906: On the origin of certain laterites. Geol. Mag. Dec. V, 3, S. 536—547.

Marbut, C. F., 1932: Morphology of laterites. Proc. 2nd. Int. Congr. Soil Sci. 1930, V. S. 72—80.

Marbut, C. F., 1934: The work of Commission V of the Intern. Soc. of Soil Sci. Soil Res. 4. S. 139—147.

Martonne, Emm. de, 1940: Problèmes morphologiques du Brésil tropical atlantique. Ann. de Géogr., S. 1—27, 106—129.

Matthes, F. E., 1930: The geologic history of the Yosemite Valley, U.S. Geol. Surv. Prof. Pap. 160.

Meckelein, Wolfgang, 1974: Aride Verwitterung in Polargebieten im Vergleich zum subtropischen Wüstengürtel. Z. Geomorph. Suppl. Bd. 20, S. 178—188.

Meinardus, Wilhelm, 1930: Arktische Böden. Handb. d. Bodenlehre, Bd. 3.

Meinardus, Wilhelm, 1935: Bodentemperaturen in der Wüste bei Schellal, Oberägypten. Nachr. Ges. Wiss. Göttingen Math. phys. Kl. V, Geogr. Bd. I Nr. 1, S. 1—18.

Merrill, G. P., 1895: Desintegration of the granitic rocks of the district of Columbia. Bull. Geol. Soc. America, Vol. VI, S. 321—332.

Merrill, G. P., 1896: The principles of rock weathering. Journ. of Geol. IV, S. 704—724, 850—871.

Merrill, G. P., 1904: A treatise on rocks, rock-weathering and soils. New York.

Millot, G., 1964: Géologie des Argiles. Altérations. Sédimentologie. Géochimie. Paris, 499 S.

Mohr, E. C. J.; Baren, F. A. van and J. Schuylenborgh, 1972: Tropical Soils. 3. Aufl., Den Haag/Paris/Djakarta.

Mortensen, Hans, 1933: Die Salzsprengung und ihre Bedeutung für die regionalklimatische Gliederung der Wüsten. Pet. Mitt., S. 130—135.

Moseley, Frank, 1965: Plateau calcrete, calcreted gravels, cemented dunes and related deposites of the Maallegh-Bomba region of Libya. Z. Geomorph. Bd. 9, S. 167−185.

Ollier, C. D., 1960: The Inselbergs of Uganda. Z. Geomorph. N. F. 4, S. 43−52.

Ollier, C. D., 1965: Some features of granite weathering in Australia. Z. Geomorph. N. F. 9. S. 285−304.

Pallister, J. W., 1956: Slope Development in Buganda. Geogr. Journ. 122, S. 80.

Pallmann, H., 1933: Die Bodentypen der Schweiz. Mitt. auf d. Gebiet d. Lebensmitteluntersuch. u. Hygiene, Bd. 24. Bern.

Panzer, Wolfgang, 1954: Verwitterungs- und Abtragungsformen im Granit von Hongkong. Mortensen Festschr. Bremen, S. 41−60.

Penck, Albrecht, 1894: siehe Ib.

Pollack, Vincenz, 1923: Verwitterung in der Natur und an Bauwerken. (Technische Praxis). Wien, Leipzig.

Prescott, J. A., 1931: The soils of Australia in relation to vegetation and climate. C. S. I. R. O. (Australia) Bull. 52.

Rabcewicz, L. v., 1944: Gebirgsdruck und Tunnelbau. Wien.

Range, Paul, 1920: Die tägliche Wärmeschwankung an der Oberfläche des Bodens im heißen ariden Klima. Meteor. Zeitschr.

Reade, Mellard, 1886: Origin of Mountain Ranges, London.

Richard-Molard, Jacques, 1956: Afrique occidentale Française. Sammlg. Union Franc. Paris, Les Sols, S. 26−32 (Bowalisation).

Rode, A. A., 1962: Soil Science. Jerusalem, 517 S.

Said, R., 1954: Remarks on the geomorphology of the area east of Helwan, Egypt. Bull. Soc. Géogr. d'Egypte, 27, S. 93−104.

Schachtschabel, Paul u. a., 1976: Lehrbuch der Bodenkunde. 9. Aufl. Stuttgart.

Scharlau, K., 1953: Periglaziale und rezente Verwitterung und Abtragung in den hessischen Basaltberglandschaften. Erdkde. VII, S. 99−110.

Scheffer, F. u. Schachtschabel, F., 1973: Bodenkunde. 8. Aufl., Stuttgart, 448 S.

Schenck, Erwin, 1955a: Die Mechanik der periglazialen Strukturböden. Abh. Hess. Landesamt f. Bodenforsch. Heft 13. Wiesbaden, S. 1−92.

Schenk, E., 1955b: Die periglazialen Strukturbodenbildungen als Folgen der Hydratationsvorgänge im Boden. Eiszeitalter u. Gegenw. 6, S. 170−184.

Schmidt-Lorenz, Rudolf, 1971: Die Böden (in den Tropen und Subtropen). Bd. 2 von: Blanckenburg, P. v. und H.-D. Cremer: Hand-

buch der Landwirtschaft und Ernährung in den Entwicklungsländern. Stuttgart, S. 44−80.

Schwarzbach, Martin, 1974: Verwitterung und Bodenbildung. In: R. Brinkmann, Lehrbuch d. Allg. Geologie Bd. I, Stuttgart, (2. Aufl.), S. 56−100.

Semmel, Arno, 1977: Grundzüge der Bodengeographie. Stuttgart, 120 S.

Seuffert, O., 1973: Die Laterite am Westsaum Südindiens als Klimazeugen. Z. Geomorph. Suppl. 17, S. 242−259.

Soergel, W., 1936: Diluviale Eiskeile. Z. Dt. Geol. Ges. 88, S. 223−247.

Stevens, R. E. and Carron, M. K., 1948: Simple Field Test for Distinguishing Minerals by Abrasions pH. Amer. Mineralogist 33, S. 31−49.

Stingl, Helmut, 1974: Zur Genese und Entwicklung von Strukturbodenformen. Abh. Akad. Wiss. Göttingen. Math. Phys. Kl. III. Folge, Nr. 29, S. 249−262.

Stiny, J., 1934: Zur physikalischen Kenntnis der Hochgebirgsböden. Bodenkundl. Forsch. IV, S. 356−362.

Taber, St. M. 1929: Frost Heaving. Journ. of Geol. 37.

Taber, St. M., 1930: The Mechanics of Frost Heaving. Journ. of Geol. 38.

Taber, St. M., 1945: Perennially frozen ground in Alaska. Bull. Geol. Soc. Amer. 54, S. 1433−1548.

Thomas, M. F., 1965: Some aspects of the Geomorphology of domes and tors in Nigeria. Z. Geomorph. N. F. 9, S. 63−81.

Thomas, M. F., 1966: Some geomorphical implications of deep weathering patterns in crystalline rocks in Nigeria. Trans. Inst. Brit. Geograph. 40, S. 173−193.

Thomas, M. F., 1967: A Bornhardt Dome in the Plains near Oyo, Western Nigeria. Z. Geomorph. N. F. 11, S. 239−261.

Thomas, M. F., 1974: Tropical Geomorphology. London, 332 S.

Tienhaus, R., 1964: Itabiritische Eisenerzlagerstätten der Erde − ein Überblick. Itabiritische und lateritische Eisenerze in der Welt und ihre Genese. Schr. d. Ges. Dt. Metallhütten u. Bergleute e. V. 14, S. 1−9.

Tienhaus, R., 1964a: Verwitterungsprofile über Itabiriten von Afrika und Indien. Schr. d. Ges. Dt. Metallhütten u. Bergleute 14, S. 89−101.

Tricart, Jean, 1970: Convergence de phénomènes entre l'action du gel et celle du sel. Acta Geographica Lodziensia, Nr. 24, Lodź, S. 425−436.

Tricart, Jean, 1974: Existence de périodes sèches au Quaternaire en Amazonie et dans les régions voisines. Revue Géomorph. Dynam. 23, S. 145−159.

Troll, Carl, 1944: Strukturböden, Solifluktion und Frostklimate der Erde. Geol. Rundsch., S. 545−694.

Vageler, Paul, 1932: Der Kationen- und Wasserhaushalt des Mineralbodens. Berlin, 336 S.

Vageler, Paul, 1938: Grundriß der tropischen und subtropischen Bodenkunde. 2. Aufl, Berlin.

Völk, H. R. und Levelt, Th. W. M., 1969/1970: Tonmineralogische Ergebnisse und einige paläoklimatische Betrachtungen. Jahrb. Geogr. Ges. Hannover für 1969. S. 191−211.

Van Wambeke, A. R., 1962: Criteria for classifying tropical soils by age. J. Soil Sc. 13, S. 124−132.

Wayland, E. J., 1933: Peneplains and some other erosional platforms. Protectorate of Uganda Geol. Surv. Ann. Rep. and Bull. Notes 1, 74, 366.

Wilhelmy, Herbert, 1958: Klimamorphologie der Massengesteine. Braunschweig.

Wilhelmy, Herbert, 1975: Verwitterungs-Kleinformen als Anzeichen stabiler Großformung. Vortr. Gordon-Konf. über Reliefgenerationen. Bayer. Akad. Wiss., 1975. Würzburger Geogr. Arb. H. 45, S. 177−198

Wiswianski, H., 1906: Die Faktoren der Wüstenbildung. Veröff. Inst. f. Meereskde. u. Geogr. Inst. d. Univ. Berlin H. 9, Berlin.

Zahn, Gustav v., 1928: Wüstenrinden am Rand der Gletscher. Chemie der Erde IV, S. 145−156.

III C Böschungsabtragung und Abtragungsböschungen

Abele, Gerhard, 1964: Die Fernpaßtalung und ihre morphologischen Probleme. Tübinger Geogr. Studien, Heft 12, Tübingen, 123 S.

Abele, Gerhard, 1974: Bergstürze in den Alpen. Wiss. Alpenvereinshefte, Heft 25, München, 230 S.

Adams, F. D., 1910: siehe III B.

Ahnert, Frank, 1964: siehe I a.

Ahnert, Frank, 1976: siehe I a.

Almagià, Roberto, 1907, 1910: Studi geografici sulle frane in Italia. Società geografica italiana. Roma.

Andersson, J. G., 1906: Solifluction, a component of subaerial denudation. The Journ. of Geol. 14.

Andersson, J. G., 1907: Contributions to the geology of the Falkland Islands. Wiss. Ergebn. d. Schwed. Exped. 1901 bis 1903, III. 2. Stockholm.

Bakker, J. P. and Le Heux, J. W. N., 1947/1950: Theory on central rectilinear recession of slopes I−IV. Koninkl. Nederl. Akad. Wetensch. Proceedings Vol. 50 Nr. 8 u. 9, Vol. 53, Nr. 7 u. 9, Amsterdam.

Bakker, J. P., van Dijk, W. and Le Heux, J. W. N., 1952: A remarkable new geomorphological law I−III. Koninkl. Nederl. Akad. Wetensch., Proceedings Ser. B. Vol. 55, Nr. 4, 5, Amsterdam.

Bakker, J. P., 1957b: Zur Entstehung von Pingen, Oricangas und Dellen in den feuchten Tropen, mit besonderer Berücksichtigung des Voltzberggebietes (Surinam). Abh. Geogr. Inst. d. Fr. Univ. Berlin. Bd. 5, Berlin, S. 7−20.

Bakker, J. P., 1960: siehe I c.

Barsch, Dietrich, 1969: Studien und Messungen an Blockgletschern in Macun, Unterengadin. Z. Geomorph. Suppl. Bd. 8, S. 11−30.

Barsch, Dietrich, 1971: Rock glaciers and ice-cored moraines. − Geografiska Annaler. Ser. A. Bd. 53, S. 202−206.

Barsch, Dietrich, 1973: Refraktionsseismische Bestimmung der Obergrenze des gefrorenen Schuttkörpers in verschiedenen Blockgletschern Graubündens. − Z. f. Gletscherkunde und Glazialgeologie. Bd. 9, Innsbruck, S. 143−167.

Barsch, Dietrich, 1977: Eine Abschätzung von Schuttproduktion und Schutt-Transport im Bereich aktiver Blockgletscher der Schweizer Alpen. Z. Geomorph. Suppl. Bd. 28, S. 148−160.

Baulig, Henri, 1950: siehe I c.

Baulig, Henri, 1956: siehe I c.

Behrmann, Walter, 1917: Der Sepik (Kaiserin-Augusta-Fluß) und sein Stromgebiet. Mitt. a. d. D. Schutzgebieten, Erg. H. 12, Berlin.

Behrmann, Walter, 1924: Das westliche Kaiser Wilhelms Land in Neuguinea. Z. Ges. Erdkde. Berlin. Erg. H.

Behrmann, Walter, 1927: Die Oberflächenformen in den feuchtwarmen Tropen. Düsseldorfer Geogr. Vortr. u. Erört. 3. Teil, Morphologie der Klimazonen. Breslau.

Beskow, G., 1930: Erdfließen und Strukturböden im Hochgebirge im Lichte der Frosthebung. Geol. Fören. Stockholm Förhandl. 52.

Birot, Pierre, 1949: siehe I c.

Birot, Pierre, 1960: siehe I c.

Birot, P. u. Macar, P., 1964 (Hrsg.): Fortschritte der internationalen Hangforschung. Z. Geomorph., Suppl. Bd. 5, 1964.

Black, R. F., 1950: Permafrost. New York.

Blackwelder, E., 1931: Desert Plains. Journ. of Geol. 39, S. 133–140.

Blackwelder, E., 1942: The process of mountain sculpture by rolling debris. Journ. of Geomorph. 5, S. 325–328.

Blume, H., 1971: Probleme der Schichtstufenlandschaft. Erträge der Forsch. Wiss. Buchges. Darmstadt, S. 1–117.

Blume, H. u. Barth, H.-K., 1972: Rampenstufen und Schuttrampen als Abtragungsformen in ariden Schichtstufenlandschaften. Erdkde. 26, S. 109–116.

Bosworth, T. O., 1922: Geology of the tertiary and quaternary periods in the northwest part of Peru. London.

Brand, Bernhard, 1917: Die tallosen Berge an der Bucht von Rio de Janeiro. Mitt. Geogr. Ges. Hamburg, 30, S. 1–68.

Bremer, Hanna, 1965a: siehe I c.

Bremer, Hanna, 1965b: Musterböden in tropisch-subtropischen Gebieten und Frostmusterböden. Z. Geomorph. N. F. Bd. 9, S. 222–236.

Broili, Luciano, 1967: New Knowledges on the Geomorphology of the Vaiont Slide Slip Surfaces. Felsmechanik und Ingenieurgeologie 5, Wien 1967, S. 38–88.

Brüning, Herbert, 1964: Kinematische Phasen und Denudationsvorgänge bei der Fossilisation von Eiskeilen. Z. Geomorph. N. F. 8, S. 343–350.

Bryan, Kirk, 1922: siehe I b.

Bryan, Kirk, 1925: The Papayo Country, Arizona. U. S. Geol. Surv. Water Supply Pap. 499.

Bryan, Kirk, 1933/35: siehe I b.

Bryan, Kirk, 1936: siehe I b.

Bryan, Kirk, 1946: Cryopedology. Amer. Journ. Sci. 244.

Büdel, Julius, 1937: Eiszeitliche und rezente Verwitterung und Abtragung im ehemals nicht vereisten Teil Mitteleuropas. – Pet. Mitt. Erg. H. 229, S. 1–83.

Büdel, Julius, 1944: Die morphologischen Wirkungen des Eiszeitklimas im gletscherfreien Gebiet. Geol. Rundsch. 34, S. 482–519.

Büdel, Julius, 1948/49: Die klima-morphologischen Zonen der Polarländer. Erdkde 2, S. 22–53.

Büdel, Julius, 1952: Bericht über klima-morphologische und Eiszeit-Forschungen in Nieder-Afrika. Erdkde 6, S. 114–132.

Büdel, Julius, 1953: Die „periglazial" morphologischen Wirkungen des Eiszeitklimas auf der ganzen Erde. Erdkde 7, S. 249–275.

Büdel, Julius, 1957a: Die „Doppelten Einebnungsflächen" in den feuchten Tropen. Z. Geomorph. N. F. 1, S. 201–228.

Büdel, Julius, 1960: Die Frostschutzzone Südost-Spitzbergens, Colloqu. Geogr. Bd. 6.

Büdel, Julius, 1962: Die Abtragungsvorgänge auf Spitzbergen im Umkreis der Barentsinsel. Verh. Dt. Geogr. Tages, Bd. 33, Wiesbaden, S. 337–373.

Büdel, Julius, 1965: Die Relieftypen der Flächenspül-Zone Süd-Indiens am Ostabfall Dekans gegen Madras. Coll. Geogr. Bonn 8, S. 1–100.

Büdel, Julius, 1969: Der Eisrindeneffekt als Motor der Tiefenerosion in der exzessiven Talbildungszone. Würzburger Geogr. Arb. 25.

Büdel, Julius, 1970a: Pedimente, Rumpfflächen und Rückland-Steilhänge, deren aktive und passive Rückverlegung in verschiedenen Klimaten. Z. Geomorph. N. F. 14, S. 1–57.

Busche, Detlef, 1974: Die Entstehung von Pedimenten und ihre Überformung, untersucht an Beispielen aus dem Tibesti-Gebirge. Rep. du Tschad, Berliner Geogr. Abh. 18, S. 1–127.

Casagrande, A., 1934: Bodenuntersuchungen im Dienste des neuzeitlichen Straßenbaus. Der Straßenbau 25, S. 25–28. Halle.

Cailleux, André, 1942: Les actions éoliennes périglaciaires en Europe. Mém. Géol. France 21, Paris, 176 S.

Cailleux, A. et Taylor, G., 1954: Cryopédologie. Paris.

Carson, M. A. u. Kirkby, M. J., 1972: Hillslope, form and process. Cambridge Univ. Press. 1–475.

Chaix, A., 1942: Les coulées de blocs du Parc National Suisse. Neue Messungen und Vergleich mit dem „Rock stream" der Sierra Nevada in Kalifornien. Le Globe, t. 82, S. 121–128.

Cotton, C. A., 1952: The erosional grading of convex and concave slopes. Geogr. Journ. 118, S. 197–204.

Cotton, C. A., 1962: Planes and inselbergs of the humid tropics. – Transact. Royal Soc. of New Zealand, Geol. 1, S. 1–18.

Crozier, M. J., 1973: Techniques for the morphometric analysis of Landslips. Z. Geomorph., N. F. 17, S. 78–101.

Czudek, T., 1964: Development of the Surface of Levelling in the Bohemian Mass with special reference to the Nizký Jesenik (Gesenke). J. Checoslov. Geogr. Soc. (Congr. Suppl.) 47–53, CSAV, Praha.

Czudek, T., Demek, J., Marvan, P., Panos, V. u. Rauser, J., 1964: Verwitterungs- und Abtragungsformen des Granits in der Böhmischen Masse. Pet. Mitt. 108, S. 182–192.

Czudek, T. u. Demek, J., 1971: Pleistocene cryoplanation in the Ceska vysocina Highlands, Czechoslovakia. – Institute of British Geographers, Transactions 52, London, S. 95–112.

Czudek, T. u. Demek, J., 1973: Die Reliefentwicklung während der Dauerfrostboden-Degradation. Rozpravy Ceskoslovenské Akad. Ved. Rada Mat. a prir. ved Rocnik 83, S. 1–83.

Davis, William Morris, 1899: siehe I b.

Demek, J., 1964: Slope development in granite areas of Bohemian Massif (Czechoslovakia). Z. Geomorph. Suppl. Bd. 5. S. 82–106.

Demek, Jaromir, 1968: Cryoplanation Terraces in Yakutia. Biul. Periglacjalny 17, S. 91–116.

Demek, J., 1969: Comparision of cryoplanation terraces in Sibiria and Europe. Przeglad Geograficzny XI (2), Warszawa, S. 363–370.

Demek, J., 1972: Die Pedimentation im subnivalen Bereich. Göttinger Geogr. Abh. 60, S. 145–153.

Dijk, W. van and Le Heux, J. W. N., 1952: Theory of parallel rectilinear slope-recession I. II. Koninkl. Nederl. Akad. Wetensch. Proceedings Ser. B. Vol. 55. Nr. 2. Amsterdam.

Dijk, W. van, 1952: in: Bakker, J. P., Dijk, W. van, Le Heux, J. W. N., siehe unter Bakker, J. P. u. a. 1952.

Domaradzki, Josef, 1951: Blockströme im Kanton Graubünden. Ergeb. wiss. Untersuch. Schweiz. Nationalpark, Bd. III, N. F. 24. Liestal.

Dücker, A., 1933: Frostschub und Frosthebung. Centralbl. f. Min. etc. B.

Dücker, A., 1937: Über Strukturboden im Riesengebirge, ein Beitrag zum Bodenfrost- und Lößproblem. Z. Dt. Geol. Ges. 89.

Dücker, A., 1939: Untersuchungen über die frostgefährlichen Eigenschaften nichtbindiger Böden. Forsch. a. d. Straßenwesen 17.

Dücker, A., 1951: Über die Entstehung von Frostspalten. Schr. naturw. Ver. Schleswig-Holstein 25, S. 58–64.

Dürr, Eckart, 1970: Kalkalpine Sturzhalden und Sturzschuttbildung in den westlichen Dolomiten. Tübinger Geogr. Studien, Heft 37, Tübingen, 128 S.

Dumanowski, B., 1960: Notes on the Evolution of Slopes in an Arid Climate. Z. Geomorph. Suppl. Bd. I. S. 178–189.

Eakin, H. M., 1916: The Yukon-Koyukuk Region. U. S. Geol. Surv. Bull. 631.

Eugster, H. U., 1973: Bericht über die Untersuchungen des Blockstroms in der Val Sassa im Schweizer Nationalpark (Gr) von 1917–1971. Ergebn. wiss. Untersuch. Schweiz. Nationalpark. Bd. 11 N. F. 68, Liestal, S. 368–384.

Farmin, R., 1937: siehe III B.

Fischer, Klaus, 1965: Murkegel, Schwemmkegel und Kegelsimse in den Alpentälern, unter besonderer Berücksichtigung des Vinschgaus. Mitt. Geogr. Ges. Müchen, S. 127–160.

Fischer, Klaus, 1974: Die Pedimente im Bereich der Montes de Toledo, Zentralspanien. Erdkde. 28, S. 5–13.

Fränzle, Otto, 1977: Hang- und Flächenbildung in den Tropen unter dem Einfluß der Eisen- und Aluminiumdynamik. Z. Geomorph. Suppl. Bd. 28, S. 62–80.

Freise, F. W., 1935/36: Erscheinungen des Erdfließens im Tropenurwalde. Beobachtungen aus brasilianischen Küstenwäldern. Zeitschr. Geomorph. 9, S. 88–98.

Fromme, Georg, 1955: Kalkalpine Schuttablagerungen als Elemente nacheiszeitlicher Landschaftsformung im Karwendelgebirge (Tirol). Veröff. Museum Ferdinandeum 35, Innsbruck, S. 5–130.

Fuganti, A., 1969: Studio geologico di sei grandi frane di roccia nella regione Trentino-Alto Adige. Memorie del Museo Tridentino di Scienze Naturali, anno 31–32, vol. 17, fasc. 3, Trento, S. 63–129.

Furrer, Gerhard, 1954: Solifluktionsformen im Schweizer Nationalpark. Ergebnisse der wissenschaftlichen Untersuchungen im Schweizerischen Nationalpark, Bd. IV (N. F.), Heft 29, Liestal.

Furrer, Gerhard, 1965 a: Die Höhenlage von subnivalen Bodenformen untersucht in den Bündner und Walliser Alpen. Pfäffikon, 78 S.

Furrer, Gerhard, 1965 b: Die subnivale Höhenstufe und ihre Untergrenze in den Bündner und Walliser Alpen. Geogr. Helv. 20, S. 185–192.

Furrer, Gerh., Bachmann, F. u. Fitze, P., 1971: Erdströme als Formelemente von Soliflukionsdecken im Raum Munt Chavagl/Munt Buffalora (Schweizer Nationalpark). Ergeb. d. wiss. Unters. im Schweiz. Nationalpark 11, 65. Liestal.

Galibert, G., 1965: La haute montagne alpine. Toulouse, 406 S.

Gilbert, G. K., 1904: siehe III B.

Gilbert, G. K., 1909: The convexity of hilltops. Journ. of Geol. XVII, S. 344–350.

Götzinger, Gustav, 1907: Beiträge zur Entstehung der Bergrückenformen. Geogr. Abh. 9, 1.

Gossmann, Hermann, 1970: Theorien zur Hang-entwicklung in verschiedenen Klimazonen; mathematische Hangmodelle und ihre Beziehung zu den Abtragungsvorgängen. Würzburger Geogr. Arbeiten, H. 31, Würzburg.

Gossmann, Hermann, 1976: Slope modelling with changing boundary conditions-effects of climate and lithology. Z. Geomorph. Suppl. Bd. 25, S. 72−88.

Graf, K., 1973: Vergleichende Beobachtungen zur Solifluktion in verschiedenen Breitenlagen. Z. Geomorph. Suppl. Bd. 16, S. 104−154.

Grigorjew, A. A., 1925a: Die Typen des Tundra-Mikroreliefs von Polar-Eurasien, ihre geographische Verbreitung und Genesis. Geogr. Z. Bd. 31.

Grigorjew, A. A., 1925b: Zur Geomorphologie der Bolschemelskaja Tundra. Z. Ges. Erdkde. Berlin.

Gripp, Karl, 1926: Über Frost und Strukturboden in Spitzbergen. Z. Ges. Erdkde. Berlin.

Gripp, Karl, 1929: Glaziologische und geologische Ergebnisse der Hamburgischen Spitzbergen-Expedition 1927. Abh. Naturw. Ver. Hamburg XXII.

Gripp, Karl u. Simon, W. G., 1934: Die experimentelle Darstellung des Brodelbodens. Naturwiss. 22.

Grötzbach, Erwin, 1965: Beobachtungen an Blockströmen im afghanischen Hindukusch und in den Ostalpen. − Mitt. Geogr. Ges. München, Bd. 50, S. 175−201.

Haeberli, Wilfried, 1976: Eistemperaturen in den Alpen. Z. f. Gletscherkunde und Glazialgeologie, Bd. 11. Innsbruck, S. 203−220.

Hagedorn, Horst, 1971: Untersuchungen über Relieftypen arider Räume an Beispielen aus dem Tibesti-Gebirge und seiner Umgebung. Z. Geomorph. Suppl. Bd. 11, S. 1−251.

Hagedorn, Jürgen, 1970: Zum Problem der Glatthänge. Z. Geomorph., N. F. 14, Berlin-Stuttgart, S. 103−113.

Heim, Albert, 1882: Über Bergstürze. Neujahrsblatt. Naturf. Ges. Zürich.

Heim, Albert, 1919−1922: siehe Ib.

Heim, Albert, 1932: Bergsturz und Menschenleben. Zürich.

Heuberger, Helmut, 1968: Die Ötztalmündung. Veröffentl. der Univ. Innsbruck, 1, Alpenkundliche Studien 1 (Festschrift H. Kinzl), Innsbruck, S. 53−90.

Hirano, M., 1966: A study of mathematical model of slope development. Geogr. Rev. of Japan 39, S. 324−336.

Högbom, Bertil, 1908/09: Einige Illustrationen zu den geologischen Wirkungen des Frostes auf Spitzbergen. Bull. Geol. Inst. Uppsala IX.

Högbom, Bertil, 1914: siehe III B.

Högbom, Bertil, 1927: siehe III B.

Höllermann, Peter, 1964: Rezente Verwitterung, Abtragung und Formenschatz der Zentralalpen am Beispiel des oberen Suldentales (Ortlergruppe Südtirol). Z. Geomorph. N. F. Suppl. Bd. 4.

Höllermann, P. W., 1967: Zur Verbreitung rezenter periglazialer Kleinformen in den Pyrenäen und Ostalpen. Göttinger Geogr. Abh. 40, S. 1−219.

Hövermann, Jürgen, 1949: Morphologische Untersuchungen im Mittelharz. Göttinger Geogr. Abh. H. 2.

Hopkins, D. M., Karlstrom, Th. N. u. a., 1955: Permafrost and groundwater in Alaska. U. S. Geol. Surv. Prof. Pap. 264 F, S. 109−146.

Hoppe, Gunnar u. Blake, J. Olsson 1963: Palsmyrar och flybilder. Ymer 1−2, S. 165−168.

Howard, A. D., 1942: Pediment passes and the Pediment problem. J. of Geomorph. 5 I u. II, S. 3−31 u. 95−136.

Howe, E., 1909: Landslides in the San Juan Mountains. U. S. Geol. Surv. Prof. Pap. 67.

Jäckli, Heinrich, 1957: Gegenwartsgeologie des bündnerischen Rheingebietes. Beiträge zur Geologie der Schweiz, Geotechnische Serie, Lief. 36. Zürich, 136 S.

Jahn, A., 1964: Slopes morphological features resulting from gravitation. Z. Geomorph. Suppl. Bd. 5, S. 59−72.

Jahn, A. and Czerwinski, J., 1965: The role of impulses in the process of periglacial soil structure formation. Acta Univ. Wratisl. 44, Studia Geogr. 7, S. 1−13.

Jessen, Otto, 1936: siehe Ib.

Johnson, D. W., 1932: siehe Ib.

Journaux, M. A., 1975a/1977: Geomorphologie der Ränder des brasilianischen Amazonasgebietes; das Modell der Hangentwicklung, zugleich ein Versuch, die Entwicklung des Paläoklimas zu deuten. Vortr. Gordon. Konferenz d. Bayer. Akad. d. Wiss. Febr. 1975. Würzburger Geogr. Arb. H. 45, S. 89−109.

Journaux, M. A., 1975b: Recherches géomorphologiques en Amazonie brésilienne. Centre Géomorph. Caen, Bull. 20, S. 1−67.

Kaiser, Karlheinz, 1960: Klimazeugen des periglazialen Dauerfrostbodens in Mittel- und Westeuropa. Eiszeitalter u. Gegenwart. Bd. 11, S. 121−141.

Kaiser, Karlheinz, 1965: Ein Beitrag zur Frage der Solifluktionsgrenze in den Gebirgen Vorderasiens. Z. Geomorph. Bd. 9, S. 460−480.

Karrasch, Heinz, 1972: Flächenbildung unter periglazialen Klimabedingungen. Göttinger Geogr. Abh. 60, S. 155−168.

Karrasch, Heinz, 1974: Hangglättung und Kryoplanation an Beispielen aus den Alpen und Kanadischen Rocky Mountains. Abh. Akad. Wiss. Göttingen. Math. Phys. Kl. III. Folge, Nr. 29, S. 287−300.

Kaufmann, Henning, 1929: siehe Ib.

Kelletat, Dieter, 1969: Verbreitung und Vergesellschaftung rezenter Periglazialerscheinungen im Apennin. Göttinger Geogr. Abh. Heft 50.

Kesseli, J. E., 1941: Rock streams in the Sierra Nevada. Geogr. Rev.

Keyes, C. R., 1908: siehe Ib.

King, Lester C., 1962/67: siehe Ic.

Kinzl, Hans, 1928: Beobachtungen über Strukturböden in den Ostalpen. Pet. Mitt. 74, S. 261−265.

Kirkby, M. J., 1976: Deterministic continous slope models. Z. Geomorph. Suppl. Bd. 25, S. 1−19.

Klaer, Wendelin, 1956: siehe III B.

Klaer, Wendelin, 1962: Die periglaziale Höhenstufe in den Gebirgen Vorderasiens. Z. Geomorph. N. F. Bd. 6, S. 17−32.

Klaer, Wendelin, 1962: Untersuchungen zur klimagenetischen Geomorphologie in den Hochgebirgen Vorderasiens. Heidelberger Geogr. Arb. II. 1962.

Klaer, Wendelin, 1976: Kritische Anmerkungen zur neueren Literatur über das Blockgletscherproblem. Heidelberger Geogr. Arb. H. 40 (H. Graul, Festschr.). S. 275−291.

Klammer, G., 1975: Beobachtungen an Hängen im tropischen Regenwald des Unteren Amazonas. Z. Geomorph. N. F. 19, S. 273−286.

Knoblich, Klaus, 1971a: Zur Scherfestigkeit und Rutschempfindlichkeit der Tone. Gießener Geologische Schriften, Heft 2. Gießen, 184 S.

Knoblich, Klaus, 1971b: Massenbewegungen. Zentralblatt Geol. Paläont. Teil I, 1970. Stuttgart, S. 955−977.

Kretschmer, Gerhard, 1956/1957/58: siehe III B.

Laatsch, W. u. Grottenthaler, W., 1972: Typen der Massenverlagerungen in den Alpen und ihre Klassifikation. Forstwiss. Centralblatt 91. Jg., S. 309−339.

Lautensach, Hermann, 1950: Granitische Abtragungsformen auf der Iberischen Halbinsel und in Korea, ein Vergleich. Pet. Mitt., S. 187−196.

Lawson, A. C., 1915: siehe Ib.

Lawson, A. C., 1932: siehe Ib.

Leffingwell, E., 1915: Ground-ice Wedges, a dominant form of Ground-Ice on the North Coast of Alaska. Journ. of Geol. 23.

Leffingwell, E., 1919: The Canning River Region, Northern Alaska. − U. S. Geol. Surv. Prof. Pap. 109.

Lehmann, Otto, 1933: Morphologische Theorie der Verwitterung von Steinschlagwänden. Vierteljahrsheft Naturf. Ges. Zürich, S. 83−126.

Le Heux, J. W. N. in: Bakker, J. P., Dijk, W. van u. Le Heux, J. W. N., 1952: siehe unter Bakker, J. P. u. a. 1952.

Lindig, G.: siehe Fig. 40, S. 180.

Linton, D. L., 1955: The problem of tors. Geogr. Journ. 121, S. 470−487.

Linton, David L., 1964: The origin of the Pennine tors, an essay in analysis. Z. Geomorph. N. F. Bd. 8, S. 5−24.

Löffler, Ernst, 1974: Piping and pseudokarst features in the tropical lowlands of New Guinea. Erdkde. 28, S. 13−18.

Looman, H., 1956: Observations about some differential questions concerning recession of mountain slopes. Kon. Nederl. Akad. Wetenschappen. Proc. B LIX, S. 259−284.

Louis, Herbert, 1935: siehe Ib.

Louis, Herbert, 1964: Über Rumpfflächen und Talbildung in den wechselfeuchten Tropen, besonders nach Studien in Tanzania. Z. Geomorph. N. F. 8, Sonderheft 1964, S. 43−70.

Louis, Herbert, 1976: Prozeßbedingte Singulärstellen, besonders in fluvialen Abtragungssystemen verschiedener Klimate und die Frage nach Reliefgenerationen. Z. Geomorph. N. F. Bd. 20, S. 257−274.

Louis, Herbert, 1977: siehe Ic.

Lundquist, J., 1962: Patterned ground and related frost phenomena in Sweden. − Sver. Geol. Unders. Årsbok 55, S. 1−101.

Mabbutt, J. A., 1952: siehe Ic.

Mabbutt, J. A., 1955: siehe Ic.

Macar, P. et Fourneau, R., 1960: Relations entre versants et nature du substratum en Belgique. Z. Geomorph. Suppl. Bd. 1, S. 124−128.

Macar, P. et Lambert, J., 1960: Relations entre pentes des couches et pentes des versants dans le Condroz Belgique. Z. Geomorph. Suppl. Bd. I.

Macar, P. et Pissart, A., 1964: Etudes récentes sur l'évolution des versants effectuées à l'Université de Liège. Z. Geomorph. Suppl. Bd. 5, s. 74−81.

McGee, W. J., 1897: siehe Ib.

Mäckel, Rüdiger, 1974: Dambos: A Study in Morphodynamic Activity on the Plateau Regions of Zambia. Catena, 1. Gießen, S. 327–365.

Mäckel, Rüdiger, 1975: Untersuchungen zur Reliefentwicklung des Sambesi-Eskarpment-landes und des Zentralplateaus von Sambia. Gießener Geogr. Schr. H. 36 (Sonderheft).

Maull, Otto, 1930: Vom Itatiaya zum Paraguay. Leipzig.

Meckelein, Wolfgang, 1959: Forschungen in der zentralen Sahara. 1. Klimamorphologie. S. 1–181. Braunschweig.

Meinardus, Wilhelm, 1910: Beobachtungen über Detritussortierung und Strukturboden auf Spitzbergen. Z. Ges. Erdkde. Berlin.

Meinardus, Wilhelm, 1912: Über einige charak-teristische Bodenformen auf Spitzbergen. Sit-zungsber. Naturhist. Ver. Preuß. Rheinl. und Westf. 1912, 1. Hälfte C, Bonn.

Mensching, Horst, 1958a: Glacis, Fußfläche, Pediment. Z. Geomorph. N. F. Bd. 2, S. 165–186.

Mensching, Horst, 1958b: Entstehung und Er-haltung von Flächen im semiariden Klima, am Beispiel Nordafrikas. Verh. Dt. Geogr. Tages, Bd. 31. Wiesbaden, S. 173–184.

Mensching, Horst, 1968: siehe III E.

Mensching, Horst, 1973: Pediment und Glacis, ihre Morphogenese und Einordnung in das System der klimatischen Geomorphologie auf-grund von Beobachtungen im Trockengebiet Nordamerikas (USA und Nordmexiko). Z. Geomorph. Suppl. Bd. 17, S. 133–155.

Mensching, H. u. Raynal, R., 1954: Fußflächen in Ostmarokko. Pet. Mitt.

Meyer, Rolf, 1967: Studie über Inselberge und Rumpfflächen in Nord-Transvaal. Münchener Geogr. H. 31, S. 1–89.

Mortensen, Hans, 1927: Die Oberflächenformen der Winterregengebiete. – Düsseldorfer Geo-gr. Vortr. u. Erörter. III, Breslau, S. 37–46.

Mortensen, Hans, 1932: Über die physikalische Möglichkeit der „Brodel"-Hypothese. Cen-tralbl. f. Min. usw. Abt. B. Nr. 9.

Mortensen, Hans, 1956: Über Wandverwitte-rung und Hangabtragung in semiariden und vollariden Gebieten. Union Géogr. Intern. Premier Rapport de la Commission pour l'étude des versants. Amsterdam, S. 96–104.

Mortensen, Hans, 1964: Eine einfache Methode der Messung der Hangabtragung unter Wald und einige bisher damit gewonnene Ergebnis-se. Z. Geomorph. N. F. Bd. 8. S. 213–222.

Mulcahy, M. J., 1961: siehe Ic.

Müller, Fritz, 1959: Beobachtungen über Pingos. Medd. Gronland 153. 3. S. 1–127.

Ollier, C. D. u. Tuddenham, W. G., 1961: Insel-bergs of Central Australia. – Z. Geomorph. N. F. Bd. 5, S. 257–276.

Ollier, C. D., 1965: siehe III B.

Östrem, G., 1971: Rock glaciers and ice-cored moraines, a reply to D. Barsch. Geografiska Annaler, Ser. A. Bd. 53, S. 207–213.

Pallister, J. W., 1956: Slope Development in Bu-ganda. Geogr. Journ. 122. S. 80.

Panzer, Wolfgang, 1954: siehe III B.

Passarge, Siegfried, 1912, 1929: siehe I b.

Penck, Albrecht, 1919: siehe I b.

Penck, Walther, 1924: siehe I b.

Penta, Francesco, 1956: Appunti delle lezioni di Geologia Tecnica, Frane e „movimenti fra-nosi". Universitá degli Studi di Roma, Facoltá di Ingegneria. Roma (Siderea).

Péwé, T. L., 1970: Altiplanation terraces of early quaternary age near Fairbanks, Alaska. – Acta Geogr. Ladziensia 24, zugl. Arizona State Univ. Dept. of Geology, Reprint Ser. 86, S. 357–363.

Pillewizer, Wolfgang, 1957: Bewegungsstudien an Karakorum-Gletschern. Pet. Mitt. Erg. H. 262, S. 52–60.

Pissart, A., 1963: Les traces de „pingos" du Pays de Galles (Grande-Bretagne) et du Pla-teau des Hautes Fagnes (Belgique). Z. Geo-morph. N. F. 7. Bd., S. 147–165.

Poser, Hans, 1931: Beiträge zur Kenntnis der arktischen Bodenformen. Geol. Rundsch.

Poser, Hans, 1932: Einige Untersuchungen zur Morphologie Ostgrönlands. Medd. om Grön-land 94, Nr. 5.

Poser, Hans, 1936: Talstudien aus Westspitz-bergen und Ostgrönland. Zeitschr. f. Glet-scherkde. 24.

Poser, Hans, 1948: Dauerfrostboden und Tem-peraturverhältnisse während der Würmeiszeit. Erdkde 2.

Pugh, J. C., 1956: Fringing pediments and margi-nal depressions in the inselberg landscape of Nigeria. Trans. Inst. Brit. Geogr. 22, S. 15–31.

Rapp, A., 1961: Studies of the postglacial devel-opment of mountain slopes. Meddel. Uppsala Univ. Geogr. Inst. A 159. Uppsala.

Rapp, A., 1964: Recordings of Mass Wasting in the Scandinavian Mountains. Z. Geomorph. Suppl. Bd. 5. S. 204–205.

Rapp, Anders, 1965: Some methods of measuring the rate of periglacial denudation on steep slopes (und Diskussion). Vortr. des Fridtjof-Nansen-Gedächtnis-Symposium über Spitz-bergen. Erg. d. Stauferland-Expedition 1959/60, 3, S. 15–19.

Rathjens, Carl, 1965: Ein Beitrag zur Frage der Solifluktionsgrenze in den Gebirgen Vorderasiens. Z. Geomorph. N. F. Bd. 9, S. 35–49.

Ray, Louis L., 1951: Permafrost. Arctic 4. Ottawa.

Raynal, R., 1961: Plaines et piedmonts du bassin de la Moulouya (Maroc Oriental). Etude géomorph. Thèse, Rabat, S. 1–608.

Rhodes, D. C., 1968: Landsliding in the mountainous humid tropics; a statistical analysis of landmass denudation in New Guinea. Univ. Kansas, Dept. Geogr., Techn. Rep., Nr. 4.

Richter, Hans; Haase, Günther; Barthel, Hellmuth, 1963: Die Golez-Terrassen. Pet. Mitt. 107, S. 183–192.

Rohdenburg, H., 1969: Hangpedimentation und Klimawechsel als wichtigste Faktoren der Flächen- und Stufenbildung in den wechselfeuchten Tropen an Beispielen aus Westafrika, besonders aus dem Schichtstufenland Südost-Nigerias. – Göttinger bodenkdl. Ber. 10, S. 57–152.

Rougerie, G., 1960: Sur les versants en milieux tropicaux humides. Z. Geomorph. Suppl. Bd. I, S. 12–18.

Rudberg, Sten, 1964: Slow mass movement processes and slope development in the Norra Storfjall area, southern Swedish Lappland. Z. Geomorph. Suppl. Bd. 5, S. 192–203.

Rudberg, Sten, 1970: Recent quantitative work on slope processes in Scandinavia. Z. Geomorph. Suppl. Bd. 17, S. 33–48.

Rudberg, Sten, 1974: Some Observations concerning Nivation and Snow Melt in Swedish Lappland. Abh. Akad. Wiss. Göttingen, Math. Phys. Kl., III. Folge, Nr. 29, S. 263–273.

Ruxton, B. P. u. Berry, L., 1957: Weathering of granite and associated erosional features in Hongkong. Bull. Geol. Soc. Amer. 68, S. 1263–1292.

Ruxton, B. P., 1967: Slopewash under nature primary rainforest in Northern Papua. Landforms stud. from Australia.

Salomon, Wilhelm, 1917: Die Bedeutung der Solifluktion für die Erklärung deutscher Landschafts- und Bodenformen. Geol. Rundsch.

Salomon, Wilhelm, 1926: Felsmeere und Blockstreuungen. Sitz. Ber. Heidelb. Akad. Wiss. Math. Kl. 12. Abh., Berlin und Leipzig, S. 1–6.

Sapper, Karl, 1914: Über Abtragungsvorgänge in den regenfeuchten Tropen und ihre morphologischen Wirkungen. Geogr. Zeitschr.

Sapper, Karl, 1917: siehe I b.

Sapper, Karl, 1923: Die Tropen. Stuttgart.

Savigear, R. A. G., 1960: Slopes and hills in West Africa. Z. Geomorph. Suppl. Bd. I, S. 156–171.

Scheidegger, A. E., 1961: Mathematical Models of Slope Development. – Bull. Geol. Soc. Amer. 72, S. 37–50.

Scheidegger, Adrian, 1975: Physical Aspects of Natural Catastrophes. Amsterdam, 289 S.

Schenk, Erwin, 1955: siehe III B.

Schmid, Josef, 1955: Der Bodenfrost als morphologischer Faktor. Heidelberg.

Schmidt, W. (nach Büdel, J.), 1962: siehe Büdel, Julius 1965.

Schostakowitsch, B., 1927: Der ewig gefrorene Boden Sibiriens. Z. Ges. Erdkde. Berlin.

Schott, Carl, 1931: Die Blockmeere in den deutschen Mittelgebirgen. Forsch. z. dt. Landes- und Volkskde. 29.

Schunke, Ekkehard, 1968: Die Schichtstufenhänge im Leine-Weser-Bergland in Abhängigkeit vom geologischen Bau und Klima. Göttinger Geogr. Abh. 43.

Schunke, Ekkehard, 1969: Die Schichtstufenhänge des Leine-Weser-Berglandes. Methoden und Ergebnisse ihrer Untersuchung. Geol. Rundsch. 58, S. 446–464.

Schunke, Ekkehard, 1973: Palsen und Kryokarst in Zentral-Island. Nachr. Akad. Wiss. Göttingen II. Math. Phys. Kl., H. 4, S. (1)–(38).

Schunke, Ekkehard, 1974: Formungsvorgänge an Schneeflecken im isländischen Hochland. Abh. Akad. Wiss. Göttingen Math. Phys. Kl. III. Folge Nr. 29, S. 274–285.

Schweinfurth, Ulrich, 1966: Über eine besondere Form der Hangabtragung im neuseeländischen Fjordland. Z. f. Geomorph., N. F., 10, S. 144–149.

Sharpe, C. F. S., 1938: Landslides and Related Phenomena. Columbia Univ. Press, New York (Reprint 1960), 125 S.

Soergel, W., 1936: Diluviale Eiskeile. Z. Dt. Geol. Ges. 88.

Sörensen, Thorwald, 1935: Bodenformen und Pflanzendecke in Nordostgrönland. Medd. om Grønland 93, København.

Spönemann, Jürgen, 1974: Spülstreifen – eine besondere Erscheinung der Flächenspülung. Beobachtungen aus Kenia. Abh. Akad. Wiss. Göttingen. Math. Phys. Kl. III. Folge, Nr. 29, S. 137–146.

Spreitzer, Hans, 1957: Zur Geographie des Kilikischen Ala Dag im Taurus. Festschr. z. Hundertjahrfeier d. Geogr. Ges. Wien, Wien, S. 144–459.

Spreizer, Hans, 1959: Fußflächen am kilikischen Ala Dagh im Taurus. Mitt. Geogr. Ges. Wien 101.

Spreitzer, Hans, 1960: Hangformung und Asymmetrie der Bergrücken in den Alpen und im Taurus. Z. Geomorph. Suppl. Bd. I.

Stingl, Helmut, 1969: Ein periglazialmorphologisches Nord-Süd-Profil durch die Ostalpen. Göttinger Geogr. Abh. 49, S. 1−134.

Stingl, Helmut, 1974: Zur Genese und Entwicklung von Strukturbodenformen. Abh. Akad. Wiss. Göttingen, Math. Phys. Kl. III. Folge, Nr. 29, S. 249−260.

Stingl, Helmut u. Herrmann, Reimer, 1976: Untersuchungen zum Strukturbodenproblem auf Island. Geländebeobachtungen und statistische Auswertung. Z. Geomorph. N. F. 20. S. 205−226.

Strahler, A. N., 1950: Equilibrium theory of erosional slopes approached by frequency distribution analysis. Am. Journ. of Science 248, S. 673−696 u. 800−814.

Strahler, A. N., 1956: Quantitative slope analysis. Geol. Soc. Amer. Bull. 67, S. 571−596.

Svensson, H., 1962: Note on a type of patterned ground on the Varanger Peninsula, Norway. Geografiska Annaler, Vol. 44.

Svennson, Harald, 1964: Aërial photographs for tracing and investigating fossil tundra ground in Scandinavia. Biul. Peryglac. 14, Lodz.

Svennsson, Harald, 1976: Relict ice-wedge polygons. Geografiska Tidsskr. 77, S. 8−12.

Taber, St. B., 1929, 1930: siehe III B.

Tator, B. A., 1952: Pediment characteristics and terminology. Ann. Assoc. Amer. Geographers 42, S. 293−317.

Thomas, M. F., 1965: Some aspects of the Geomorphology of domes and tors in Nigeria. Z. Geomorph. N. F. 9. S. 63−81.

Thomson, W. F., 1962: Preliminary notes on the nature and distribution of rock glaciers relative to true glaciers and other effects of climate on the ground of North America. Intern. Assoc. Scientif. Hydrol. Publ. 58, S. 211−219.

Thorbecke, Franz, 1927: Der Formenschatz im periodisch trockenen Tropenklima mit überwiegender Regenzeit. Düsseldorfer Geogr. Vortr. u. Erört. III Morph. d. Klimazonen. Breslau, S. 10−17.

Till, A., 1907: Das große Naturereignis von 1348 und die Bergstürze des Dobratsch. Mitt. Geogr. Ges. Wien, S. 534−645.

Tödten, H., 1976: A mathematical model to describe surface erosion caused by overland flow. Z. Geomorph. Suppl. Bd. 25, S. 89−105.

Trauzettel, Gerhard, 1962: Die Rutschungen der Württembergischen Knollenmergel. Arbeiten aus dem Geol. Paläontol. Institut der TH Stuttgart, N. F., Nr. 32, 182 S.

Tricart, Jean, 1951: Die Entstehungsbedingungen des Schichtstufenreliefs im Pariser Becken. Pet. Mitt., S. 98−104.

Tricart, Jean u. Cailleux, André, 1967: Le modelé des régions périglaciaires. Tome II von Traité de Géomorphologie. Paris.

Tricart, J., Raynal, R. et Besançon, J., 1972: Cônes rocheux, pédiments, glacis. Ann. Géogr. 443, S. 1−24.

Troll, Carl, 1944: siehe III B.

Troll, Carl, 1947/48: Die Formen der Solifluktion und die periglaziale Bodenabtragung. Erdkde. 1, S. 162−175.

Troll, Carl, 1948/49: Der subnivale oder periglaziale Zyklus der Denudation. Erdkde. 2, S. 1−22.

Troll, Carl, 1973: Rasenabschälung (Turf Exfoliation) als periglaziales Phänomen der subpolaren Zonen und der Hochgebirge. Z. Geomorph. Suppl. Bd. 17, S. 1−32.

Tuan, Yi-Fu, 1959: Pediments in South-Eastern Arizona. Univ. California Publ. in Geogr. 13, 140 S.

Twidale, C. R., 1962: siehe I c.

Twidale, C. R., 1967: Origin of the piedmont angle as evidenced in South Australia. J. Geology 75, S. 293−311.

Varnes, D. J., 1958: Landslides, Types and Processes. In: Eckel, E. B. (ed.): Landslides and Engineering Practice. Highway Research Board, Special Report 29, Washington D.C. Publ. Nat. Res. Counc. Wash., Nr. 544, S. 20−47.

Voelcker, Ilse, 1932: Über das Alter der Felsenmeere. Bad. Geol. Abh. 4, S. 41/42.

Vorndran, Edda, 1969: Untersuchungen über Schuttentstehung und Ablagerungsformen in der Hochregion der Silvretta (Ostalpen). Schriften des Geogr. Inst. der Universität Kiel, Bd. 29, Heft 3, Kiel, 138 S.

Wahrhaftig, Clyde and Cox, Allen, 1959: Rock glaciers in the Alaska Range. Geol. Soc. America Bull. 70, S. 383−436.

Walther, Johannes, 1891: Die Denudation in der Wüste. Abh. Math. phys. Kl. Sächs. Akad. Wiss. Nr. 16, Leipzig, S. 345−570.

Washburn, A. L., 1956: Classification of patterned ground and review of suggested origins. Geol. Soc. Amer. Bull. 67, S. 823−856.

Washburn, A. L., 1973: Periglacial processes and environments. London.

Weischet, Wolfgang, 1969: Zur Geomorphologie des Glatthang-Reliefs in der ariden Subtropenzone des Kleinen Nordens von Chile. Z. Geomorph. N. F. Bd. 13, S. 1–21.

Weise, Otfried, R., 1969: Das Fußflächen-Phänomen in Iran. Beobachtungen zur Morphodynamik auf Pedimenten bei Bafq, Kerman und Bam. Tagber. u. Wiss. Abh. Dt. Geogr. Tag Kiel, S. 572–582.

Weise, Otfried, R., 1970: Zur Morphodynamik der Pediplanation, mit Beispielen aus Iran. Z. Geomorph. Suppl. Bd. 10, S. 64–87.

Weise, Otfried, R., 1974: Zur Hangentwicklung und Flächenbildung im Trockengebiet des iranischen Hochlandes. Würzburger Geogr. Arb. H. 42.

Werner, D. J., 1972: Beobachtungen an Bergfußflächen in den Trockengebieten NW-Argentiniens. Z. Geomorph. Suppl. Bd. 15, S. 1–20.

Weyl., R. 1940: Blockmeere in der Cordillera Central von San Domingo (Westindien). Zeitschr. Dt. Geol. Ges. 92, S. 173–179.

Wiche, Konrad, 1963: Fußflächen und ihre Deutung. Mitt. Geogr. Ges. Wien, Bd. 105, S. 519–532.

Wiegand, G., 1970: Zur Entstehung der Oberflächenformen in der westlichen und zentralen Türkei; zugleich ein Beitrag zur Hangentwicklung und Pediplanation. Würzburger Geogr. Arb. H. 30, S. 1–97.

Wilhelmy, Herbert, 1958a: siehe III B.

Wilhelmy, Herbert, 1974: Zur Genese der Blockmeere, Blockströme und Felsburgen in den deutschen Mittelgebirgen. Ber. Dt. Landeskde. 48, S. 17–41.

Wirthmann, Alfred, 1964: siehe III E.

Wirthmann, A., 1965: Die Reliefentwicklung von Neu-Kaledonien. Tag. Ber. u. wiss. Abh. Dt. Geogr. Tag, Bochum, S. 323–335.

Wirthmann, A., 1968: Über Talbildung und Hangentwicklung auf Hawaii. Würzburger Geogr. Arb. 22, S. 1–22.

Wirthmann, A., 1970: Zur Geomorphologie der Peridotite auf Neu-Kaledonien. Tübinger Geogr. Stud. 34, S. 191–201.

Wirthmann, A., 1973: Reliefentwicklung auf Basalt unter tropischen Klimaten. Z. Geomorph. Suppl. Bd. 17, S. 223–241.

Wirthmann, A., 1977: Erosive Hangentwicklung in verschiedenen Klimaten. Z. Geomorph. Suppl. Bd. 28, S. 42–61.

Wissmann, Hermann v., 1951: siehe I c.

Wissmann, Hermann v., 1957: Karsterscheinungen in Hadramaut. Ein Beitrag zur Morphologie der semiariden und ariden Tropen. Geomorph. Studien, F. Machatschek gewidmet, S. 259–268, bes. S. 266ff. Pet. Mitt. Erg. H. 262, Gotha.

Young, Anthony, 1963: Soil movement on slopes. Nature 200:4902, S. 129–130.

Young, Anthony, 1963b: Deductive models of slope evolution. Nachr. Akad. Wiss. Göttingen. Ser. II, 5, S. 45–66.

Young, Anthony, 1964: Slope profile analysis. Z. Geomorph. Suppl. Bd. 5, S. 17–27.

Young, A., 1972: Slopes. London, 288 S.

Záruba, Quido and Mencl, Vojtech, 1969: Landslides and their control. Amsterdam und Prag, 214 S.

Zischinsky, U., 1969: Über Bergzerreißung und Talzuschub. Geol. Rdsch. 58, Stuttgart, S. 974–983.

III D Flußarbeit und Talbildung

Ackert, J., 1931: Kavitation (Hohlraumbildung). Handb. d. Experimentalphysik v. Wien u. Harms, Bd. 4. I. Teil, Leipzig, S. 463–486.

Ackert, J., 1932: Kavitation und Kavitationskorrosion, in: Hydromechanische Probleme des Schiffsantriebs, Vortr. u. Erört. d. Konferenz üb. hydromech. Probleme d. Schiffsantriebs, Hamburg, S. 227–240.

Baulig, Henri, 1926: La Notion de Profil d'Équilibre, Histoire et Critique. Comptes Rendus Congr. Internat. Géogr. T. III. Le Caire, Kairo, S. 51–63.

Baulig, Henri, 1948: Le problème des méandres. Bull. Soc. Belge d'Études Géogr. 17, S. 103–143.

Baulig, Henri, 1949: La vallée et le delta du Mississippi. Ann. de Géogr. 58, Paris. S. 220–232, 325–334.

Bauschinger, Johann; 1884: Versuche über die Abnutzbarkeit und Druckfestigkeit von Pflaster- und Schottermaterialien. Mitt. Mechan. Techn. Labor d. K. Techn. Hochsch. München, Heft 11, Nr. XII, S. 1–35.

Behrmann, Walter, 1915: Die Formen der Tieflandflüsse, Geogr. Zeitschr.

Behrmann, Walter, 1917: siehe III C.

Birot, P., 1952: Sur le mécanisme des transports solides dans les cours d'eau. Revue de Géomorph. Dynam. 3. S. 105–141.

Birot, P., 1961: Réflexions sur le profil d'équilibre de cours d'eau. I. Z. Geomorph. NF Bd. 5, S. 1–23, 89–105, 226–249.

Büdel, Julius, 1970: Der Begriff Tal. Tübinger Geogr. Studien, H. 34 (Sonderbd. 3, Festschr. H. Wilhelmy), S. 21–32.

Büdel, Julius, 1971: siehe I c.

Büdel, J., 1972a: Typen der Talbildung in verschiedenen klimamorphologischen Zonen. Z. Geomorph. Suppl. Bd. 14, S. 1–20.

Collet, L. W., 1916: Le charriage des alluvions dans certains cours d'eau de la Suisse. Ann. Schweiz. Landeshydrogr. II, Bern.

Collet, L. W. et Boissier, R., 1923: Le transport des alluvions de l'Arve 1915 et ablation sur le versant nord des Alpes. Suppl. Arch. d. sciences phys. et nat. Bd. 40, Nr. 2 u. 3, Genf.

Cook, Stanley S., 1928: Erosion by Water-Hammer. Proc. Roy. Soc. London. Ser. A. Vol. 119, London, S. 481–488.

Corbel, J., 1959: Vitesse de l'érosion. Zeitschr. f. Geomorph. N. F. Bd. 3., S. 1–28.

Corbel, Jean, 1964: L'érosion terrestre, étude quantitative. Méthodes – Techniques – Résultats. Annales de Géogr. 73, S. 385–412.

Czajka, Willi, 1958: Schwemmfächerbildung und Schwemmfächerformen. Mitt. Geogr. Ges. Wien Bd. 100, S. 18–36.

Davis, William Morris, 1899: siehe I b.

Davis, William Morris, 1902: Base level, grade and peneplain. Journ. of Geol. XI, S. 77–111.

Davis, William Morris, 1903: The Development of River Meanders. Geol. Mag. 10.

Davis, William Morris, 1909: siehe I b.

Davis, W. M. u. Rühl, A., 1912: siehe I b.

Davis, W. M., 1938: Sheedfloods and Streamfloods. Bull. Geol. Soc. Amer. 49, S. 1337–1416.

Douglas, I., 1964: Intensity and periodicity in denudation (Abtragung) processes with special reference to the removal of material in solution by rivers. Z. Geomorph. N. F. Bd. 8, Berlin, S. 3–23.

Exner, F. M., 1919: Über oszillatorische Strömungen in Wasser und Luft. Anm. d. Hydrogr. 47.

Fischer, Klaus, 1965: Murkegel, Schwemmkegel und Kegelsimse in den Alpentälern, unter besonderer Berücksichtigung des Vinschgaus. Mitt. Geogr. Ges. München, S. 127–160.

Fisk, N. H., 1944: Geological Investigation of the Alluvial Valley of the Lower Mississippi. Miss. River Commission Vicksburg, Miss., 78 S.

Fisk, N. H., 1947: Fine-grained Alluvial Deposits and their Effects on Mississippi River Activity. Miss. River Commission Vicksburg, Miss., 82 S.

Fournier, F., 1960: Climat et érosion: la relation entre l'érosion du sol par l'eau et les précipitations atmosphériques. Paris, S. 1–201.

Franke, Paul Gerhard, 1953: Die Ähnlichkeitsbedingungen im wasserbaulichen Modellwesen. Mitt. Versuchsanst. f. Wasserbau, TH. München. Heft 1.

Franke, Paul Gerhard, 1955: Reibungsverluste bei stationär gleichförmiger Strömung. Die Wasserwirtschaft. Jg. 55, S. 15.

Franke, Paul Gerhard, 1962: Strömender und schießender Abfluß in Freispiegelgerinnen mit Anwendung für Trapezprofile. Die Wasserwirtschaft. Jg. 52, H. 9.

Freise, F. W., 1930: Beobachtungen über den Schweb einiger Flüsse des brasilianischen Staates Rio de Janeiro. Zeitschr. f. Geomorph. 5.

Freise, F. W., 1932/33: Beobachtungen über Erosion an den Urwaldgebirgsflüssen des brasilianischen Staates Rio de Janeiro. Zeitschr. f. Geomorph. 7.

Friedkin, J. F., 1945: A Laboratory Study of the Meandering Alluvial Rivers. U. S. Waterways Experimental Station Vicksburg, Miss., 40 S.

Fugger, E. u. Kastner, K., 1895: Das Geschiebe des Donaugebietes, I Die Geschiebe der Salzach. Mitt. Geogr. Ges. Wien.

Gilbert, Grove Karl, 1877: siehe I b.

Gilbert, G. K. and Murphy, E. C., 1914: The transportation of debris by running water. U. S. Geol. Surv. Prof. Pap. 86.

Greenwood, George, 1857: Rain and rivers. London, 173 S.

Heim, Albert, 1878: Untersuchungen über den Mechanismus der Gebirgsbildung. Bd. I, Basel.

Heim, Albert, 1878/79: Über die Erosion im Gebiet der Reuß. Jahrb. d. Schweizer Alpen Clubs.

Hess, H., 1909: Der Abtrag in den Schweizer Alpen. Pet. Mitt.

Hettner, Alfred, 1910: Die Arbeit des fließenden Wassers. Geogr. Zeitschr., S. 371–373.

Hjulström, Filip, 1932: Das Transportvermögen der Flüsse und die Bestimmung des Erosionsbetrages. Geografiska Annaler, Stockholm, S. 244–258.

Hjulström, Filip, 1935: Studies on the morphological activity of rivers . . . Bull. Geol. Inst. of Uppsala 25, S. 221–527.

Hjulström, Filip, 1942: Studien über das Mäander Problem. Geografiska Annaler, S. 233–269.

Hjulström, Filip, 1949: Climatic changes and River patterns. Geografiska Annaler, S. 83–89.

Hofmann, Albert, 1917: Über eine merkwürdige Oszillation des Rheinspiegels. Naturwiss. Wochenschrift. Bd. 16.

Hormann, Klaus, 1963: Torrenten in Friaul und die Längsprofilentwicklung auf Schottern. Münchner Geogr. H. 26.

Hormann, Klaus, 1965: Das Längsprofil der Flüsse. Z. Geomorph. N. F. Bd. 9, S. 437–456.

Howard, C. S., 1929: Suspended Matter in Colorado River in 1925–1928. U. S. Geol. Surv. Wat. Supp. Pap. 636 B. Washington.

Imamura, Gakuro, 1935: Free Meanders of Rivers. Japanese Journ. of Geol. and Geogr. XII, Tokyo.

Jeffreys, Harold, 1929: On the Transverse Circulation in Streams. Proc. Cambridge Phil. Soc. Vol. 25, S. 20–25, Cambridge.

Johnson, D. W., 1945: Streams and their significance. Journ. of Geol. 40, S. 481–497.

Kesseli, J. E., 1941: The concept of the graded river. Journ. of Geol. 49, S. 561–588.

Kirschner, O., 1953: Zur Frage einheitlicher Fließformeln für offene Gerinne. Die Wasserwirtschaft. Jg. 43, S. 146.

Krebs, Norbert, 1937: Talnetzstudien. Sitz.ber. Preuß. Akad. Wiss. Phys. Nat. Kl. VI, S. 3–23. Berlin.

Leiter, Maria Mercedes (O. S. U.), 1929: Untersuchungen über die Denudation des Colorado Gebietes im südwestlichen Nordamerika. Geogr. Abh. II Reihe H. 4, Stuttgart.

Linton, D. L., 1949 u. 1951: Some Scottish river captures re-examined. Scott. Geogr. Mag. 65, S. 31–44, 67, 123–131.

Ljungner, Erik, 1930: Spaltentektonik und Morphologie der Schwedischen Skagerrak-Küste. Bull. Geol. Inst. Univ. Uppsala, Bd. 31. Teil III, Uppsala.

Louis, Herbert, 1935: siehe Ib.

Louis, Herbert, 1957b: siehe Ic.

Louis, Herbert, 1960 (1968): siehe Ic.

Louis, Herbert, 1964: siehe III C.

Louis, Herbert, 1966: Über die Form von Flußspiegeln und ihre geomorphologische Bedeutung. Erdkde. 20, S. 5–11.

Louis, Herbert, 1975: siehe Ic.

Mackin, J. H., 1948: Concept of the graded river. Bull. Geol. Soc. Amer. 59, S. 463–512.

Maull, Otto, 1938, 1958: siehe Ic.

Morisawa, Marie, 1968: Streams, their dynamics and morphology. New York.

Mortensen, Hans, 1942: Zur Theorie der Flußerosion. Göttinger Geogr. Einzelstudien 3. Göttingen.

Mortensen, Hans u. Hövermann, Jürgen, 1957: Filmaufnahmen der Schotterbewegungen im Wildbach. Geomorph. Studien, F. Machatschek gewidmet. Pet. Mitt. Erg. H. 262, Gotha.

Mostkov, A. W., 1960: Handbuch der Hydraulik. Berlin.

Natermann, E., 1941: Das Sinken der Wasserstände der Weser und ihr Zusammenhang mit der Auelehmbildung des Wesertales. Arch. f. Landes- u. Volkskde. v. Niedersachsen. H. 9.

Neumüller, M., 1960: Die Ermittlung der kritischen Wassertiefe bei beliebigen Querschnitten. Der Bauingenieur. 35, Nr. 7.

Pardé, Maurice, 1933: Fleuves et Rivières. Collection Colin Nr. 155, Paris.

Penck, Albrecht, 1894: siehe Ib.

Penck, Albrecht, 1919: siehe Ib.

Penck, Walther, 1924: siehe Ib.

Pfannenstiel, Max, 1954: Das Quartär der Levante Teil II. Die Entstehung der ägyptischen Oasendepressionen. Wiesbaden.

Philippson, Alfred, 1886: Studien über Wasserscheiden. Mitt. Ver. f. Erdkde. Leipzig f. 1885.

Philippson, Alfred, 1923/24: siehe Ib.

Philippson, Alfred, 1933: Der Rhein als Naturerscheinung. Geogr. Zeitschr.

Powell, J. W., 1876: siehe Ib.

Rehbock, Th., 1917: Betrachtungen über Abfluß, Stau- und Walzenbildung bei fließenden Gewässern. Festschr. z. Feier des 60. Geburtstages des Großherzogs von Baden, Berlin.

Rehbock, Th., 1925: Die Wasserwalzen als Regler des Energiehaushaltes der Wasserläufe. Proc. of the Internat. Congr. for applied mechanics.

Rehbock, Th., 1928: Abfluß, Bettbildung und Energiehaushalt der Wasserläufe. Verhandl. u. Wiss. Abhandl. d. 22. Dt. Geogr. Tages zu Karlsruhe 1927, Breslau.

Rehbock, Th., 1929: Bettbildung, Abfluß und Geschiebeführung bei Wasserläufen. Zeitschr. Dt. Geol. Ges. 81, (Berlin 1930).

Rinsum, A. v., 1950a: Der Abfluß in offenen, natürlichen Wasserläufen. Berlin.

Rinsum, A. v., 1950b: Einige Grenzwerte in der praktischen Strömungslehre. Beitr. z. Gewässerkde. Festschr. z. 50jähr. Bestehen d. Bayer. Landesstelle f. Gewässerkde. München, S. 111.

Rohdenburg, Heinrich, 1971: Einführung in die klimagenetische Geomorphologie. Gießen.

Rotta, Julius Carl, 1970: Turbulente Strömungen, eine Einführung in die Theorie und ihre Anwendung. 267 S., Stuttgart. (Leitfaden d. angew. Math. u. Mechanik).

Rümelin, Th., 1913: Wie bewegt sich fließendes Wasser? Dresden.

Rütimeyer, L., 1869: siehe I b.

Salomon, Wilhelm, 1926: Die Rehbockschen Wasserwalzen und ihre Bedeutung für die Erosion und Akkumulation. Geol. Rundsch. 17.

Samojlov, I. V., 1956: Die Flußmündungen. Gotha.

Schaefer, A., 1950: Hydraulik und Wasserbau auf neuen Grundlagen. Stuttgart.

Schaffernak, F., 1922: Neue Grundlagen für die Berechnung der Geschiebeführung in Flußläufen. M. Versuchsamt f. Wasserbau 4. Leipzig u. Wien.

Schaffernak, Fr., 1960: Hydrographie. Graz.

Schlichting, H., 1964: Grenzschichttheorie. 5. Aufl. Karlsruhe.

Schoklitsch, Armin, 1914: Über Schleppkraft und Geschiebeführung. Leipzig.

Schoklitsch, Armin, 1930: Der Wasserbau. I. u. II. Wien.

Schröder, R., 1957: Theorien der kritischen Tiefe. Mitt. a. d. Inst. f. Wasserbau. Berlin, Nr. 48, S. 47.

Steck, Th., 1892: Die Denudation im Kandergebiet. 11. Jahresber. Geogr. Ges. Bern 1891/92. Bern.

Stiny, Josef, 1910: Die Muren, Innsbruck.

Stiny, Josef, 1919: Technische Gesteinskunde. Wien.

Stiny, Josef, 1920: Schlammführung und Geschiebeführung des Raabflusses. Mitt. Geogr. Ges. Wien.

Stiny, Josef, 1925/26: Der Schweb der Mur. Zeitschr. Geomorph. 1.

Stoddart, D. R., 1969: World Erosion and Sedimentation. In: Water, earth and man. London, S. 43−64.

Sundborg, A., 1956: The river Klarälven. A study of fluvial processes. Geogr. Annaler 38, S. 127−316.

Uetrecht, E., 1906: Die Ablation der Rhône im Walliser Einzugsgebiet im Jahr 1904/05. Diss. Bern.

Veatch, A. C., 1935: Evolution of the Congo basin. Geol. Soc. of America Mem. 3.

Völk, J., 1964: Gewässerkunde. In: Taschenbuch Landwirtschaftlicher Wasserbau. (Hrsg. O. Uhden) Stuttgart, S. 185−226.

Volker, A. (Hrsg.), 1972: Fieldbook for Land and Water Management Experts. Provis. Edit., Internat. Inst. Land Reclamat. & Improvm. Wageningen.

Unbehauen, Walter, 1970: Die universelle logarithmische Geschwindigkeitsverteilung in natürlichen Gerinnen. Schriftenr. d. Bayer. Landesstelle f. Gewässerkunde, H. 2.

Wayland, E. J., 1933: siehe III B.

Weber, Hans, 1956: Hall. Jahrb. f. Mitteldeutsch. Erdgesch.

Weinig, Fritz, 1931: Kavitation. Handb. d. Physikal. u. Techn. Mechanik. v. Auerbach u. Hort. Bd. 5, Leipzig, S. 921−940.

Wilhelm, Friedrich, 1966: Hydrologie, Glaziologie. Das Geographische Seminar. Braunschweig.

Wilhelmy, Herbert, 1958b: Umlaufseen und Dammuferseen tropischer Tieflandflüsse. Zeitschr. f. Geomorph. N. F. Bd. 2, S. 27−54.

Wille, Rudolf, 1960: Modellvorstellungen zum Übergang Laminar−Turbulent. In Josef Meixner, Neuere Entwicklungen der Thermodynamik. 78 S.

Wittmann, H. u. Böss, P., 1938: Wasser und Geschiebebewegung in gekrümmten Flußstrecken. Untersuchungen aus dem Flußbaulaboratorium der T. H. Karlsruhe. Berlin.

Wundt, W., 1953: Gewässerkunde. Berlin, Göttingen, Heidelberg, 320 S.

Wundt, W., 1962: Aufriß und Grundriß der Flußläufe vom physikalischen Standpunkt aus betrachtet. Z. Geomorph. N. F. Bd. 6, S. 198−217.

Yatsu, Eiju, 1954: On the formation of the slope discontinuity at the fan margins. Research Inst. for Nat. Resource. Miscellaneous Rep. No. 36, Tokyo, S. 57−64.

Yatsu, Eiju, 1955: On the longitudinal profile of the graded river. Transact. Amer. Geophysical Union Vol. 36, S. 655−663.

Zonneveld, J. I. S., 1972: Sulas and sula complexes. Göttinger Geogr. Abh. 60, S. 93−105.

III E Klimatische Typen des Fluvialreliefs

Ackermann, Ernst, 1962: Büßersteine, Zeugen vorzeitlicher Grundwasserschwankungen. Z. Geomorph. N. F. 6. Bd. S. 148−182.

Akagi, Yoshihiko, 1972: Slope Forms in Coastal Range of Northern Chile. Science Rep. Tohoku Univ., 7. Ser., Vol. 21, Nr. 2, S. 247−264.

Akagi, Yoshihiko, 1972: Pediment morphology in Japan (Summary). Bull. Fukuoka Univ. Educat. 21, Part 2, S. 52–58.

Akagi, Yoshihiko, 1974: Pediment in the Taean Peninsula and the Yeongsan River Basin, Korea. Science Rep. Tohoku Univ. 7. Ser. Vol. 24, Nr. 2, S. 183–203.

Bakker, J. P., 1957, 1957a, 1957b: siehe I c.

Bakker, J. P., 1960: siehe I c.

Bakker, J. P. u. Levelt, Th. W. M., 1965: siehe I c.

Balchin, W. G. V. u. Pye, N., 1955: siehe I c.

Baulig, Henri, 1952: siehe I c.

Behrmann, Walter, 1917: siehe III C.

Behrmann, Walter, 1924: siehe III C.

Behrmann, Walter, 1927: siehe I b.

Bibus, Erhard, 1973: Untersuchungen zur jungtertiären Flächenbildung, Verwitterung und Klimaentwicklung im südöstlichen Taunus und in der Wetterau. Erdkunde 27, S. 10–26.

Bibus, Erhard, 1975: Eigenschaften tertiärer Flächen in der Umrahmung der nördlichen Wetterau (Taunus- u. Vogelsbergrand) Z. f. Geomorph. Suppl. 23, S. 49–61.

Birot, P., 1960: siehe I c.

Blackwelder, E., 1931: siehe III C.

Blanck, Erwin, 1931: Wüstenkrusten oder Wüstenstaubhaut? Pet. Mitt.

Blümel, Wolf-Dieter, 1976: Kalkkrustenvorkommen in Südwest-Afrika. Mitt. Basler Afrika Bibliogr. 15, S. 17–50.

Bobek, H., 1959: Features and Formation of the Great Kawir and Masileh. Arid Zone Research Centre 2. Teheran.

Bornhardt, W., 1900: Zur Oberflächengestaltung und Geologie Deutsch-Ostafrikas. Berlin.

Bremer, Hanna, 1965: siehe I c.

Bremer, Hanna, 1973a: Der Formungsmechanismus im tropischen Regenwald Amazoniens. Z. Geomorph. Suppl. Bd. 17, S. 195–222.

Bremer, Hanna, 1973b: Grundsatzfragen der tropischen Morphologie, insbesondere der Flächenbildung. Geogr. Z. Beiheft: Geographie heute. Einheit u. Vielfalt. Wiesbaden, S. 114–130.

Bremer, Hanna, 1975: Intramontane Ebenen. Prozesse der Flächenbildung. Z. Geomorph. Suppl. Bd. 23, S. 26–48.

Bryan, K., 1922: siehe I b.

Bryan, Kirk, 1936: siehe I b.

Bryan, Kirk, 1933/35: siehe I b.

Büdel, Julius, 1937: siehe III C.

Büdel, Julius, 1938: Das Verhältnis von Rumpftreppen zu Schichtstufen in ihrer Entwicklung seit dem Alttertiär. Pet. Mitt., S. 229–238.

Büdel, Julius, 1944: Die morphologischen Wirkungen des Eiszeitalters im gletscherfreien Gebiet. Geol. Rundsch. 34.

Büdel, Julius, 1948/49: Die klima-morphologischen Zonen der Polarländer. Erdkde, II, S. 22–53.

Büdel, Julius, 1948/1950: Das System der klimatischen Geomorphologie. Dt. Geogr. Tag. München 1948 (Landshut 1950), S. 65–100.

Büdel, Julius, 1952: siehe III C.

Büdel, Julius, 1954: Klima-morphologische Arbeiten in Äthiopien, im Frühjahr 1953. Erdkde. Bd. VIII, S. 139–156.

Büdel, Julius, 1955: Reliefgenerationen und pliopleistozäner Klimawandel im Hoggar-Gebirge. Erdkde. Bd. IX.

Büdel, Julius, 1957: siehe III C.

Büdel, Julius, 1957/58: Die Flächenbildung in den feuchten Tropen und die Rolle fossiler solcher Flächen in anderen Klimazonen. 31. Dt. Geogr. Tag, Würzburg 1957. Wiesbaden 1958. S. 89–121.

Büdel, Julius, 1960: Die Frostschuttzone Südost-Spitzbergens. Colloqu. Geogr. Bd. 6.

Büdel, Julius, 1962: Die Abtragungsvorgänge auf Spitzbergen im Umkreis der Barentsinsel. Verh. d. Dt. Geogr. Tages Bd. 33, Wiesbaden, S. 337–373.

Büdel, Julius, 1965: siehe III C.

Büdel, Julius, 1969: Der Eisrinden-Effekt als Motor der Tiefenerosion in der exzessiven Talbildungszone. Würzburger Geogr. Arb., 25, Würzburg, S. 1–41.

Büdel, Julius, 1977: siehe I c.

Busche, Detlef, 1974: Die Entstehung von Pedimenten und ihre Überformung, untersucht an Beispielen aus dem Tibesti Gebirge, République du Tchad. Berliner Geogr. Abh. H. 18, 110 S.

Cailleux, André, 1942: siehe III C.

Cailleux, A. et Tricart, J., 1950: Cours de Géomorphologie, le modelé périglaciaire, C D U sd, Paris.

Capot-Rey, Robert, 1953: Le Sahara français. Paris. Presse Univ. Franç.

Cholley, A., 1950: Morphologie structurale et morphologie climatique. Ann. de Géogr., S. 321–335.

Cotton, A. C., 1947: siehe I c.

Cotton, C. A., 1961: The theory of savannah planation. Geography 1961.

Credner, Wilhelm, 1931: siehe I b.

Czudek, T. u. a., 1964: Verwitterungs- und Abtragungsformen des Granits in der Böhmischen Masse. Pet. Mitt., S. 182–192.

Davies, John Lloyd, 1969: Landform of cold climates. Cambridge/Mass. u. a., XVI, 200 S.

Davis, William Morris, 1899: siehe I b.

Davis, William Morris, 1905: The geographical cycle in an arid climate. Journ. of Geol. 13.

Dedkov, Alexej, 1965: Das Problem der Oberflächenverebnungen. Pet. Mitt., S. 258–264.

Dedkov, A. P. and Moszherin, V. I., 1976: Intensity of erosion on the planes of various climatic zones of the Earth. 23. Intern. Geogr. Congr. Moscow, Present Day Geomorph. Proc. Comm. Abstr. of Pap. S. 11–13, ed. A. Jahn, Wroclaw.

Demangeot, J., 1975: Recherches géomorphologiques en Inde du Sud. Z. Geomorph. N. F. 19, S. 229–272.

Dresch, Jean, 1950: Sur les pédiments en Afrique méditerranéenne et tropicale. C. R. Congr. Int. Geogr. Lisbonne.

Dresch, Jean, 1957: siehe I c.

Dücker, A., 1933: Die Windkanter des norddeutschen Diluviums in ihren Beziehungen zu periglazialen Erscheinungen und zum Decksand. Jahrb. Preuß. Geol. Landes. Anst. 54.

Düsseldorfer Geographische Vorträge und Erörterungen: 3. Teil, 1927: Morphologie der Klimazonen. Hrsg. v. M. Eckert, A. Philippson, F. Thorbecke, Breslau.

Embleton, Clifford and King, Cuchlaine A. M. 1975: Periglacial Geomorphology. London, 203 S.

Ergenzinger, P., 1971/72: Das südliche Vorland des Tibesti. Beitrag z. Geomorph. der südlichen Sahara. Habil. Schr. d. FU, Berlin.

Fölster, Horst, 1964: Morphogenese der südsudanischen Pediplane. Z. Geomorph. N. F. Bd. 8, S. 393–423.

Fölster, H., 1969: Slope Development in SW-Nigeria During Late Pleistocene and Holocene. Göttinger Bodenkundliche Berichte 10, S. 3–56.

Fürst, M., 1965: Hammada – Serir – Erg. Z. Geomorph. N. F. Bd. 9, S. 385–421.

Gabriel, A., 1964: Zum Problem des Formenschatzes in extrem ariden Räumen. Mitt. Österr. Geogr. Ges. 106.

Gallwitz, H., 1949: Eiskeile und glaziale Sedimentation. Geologica 2, Berlin.

Gautier, E. F., 1928: Le Sahara. Bibliothèque scientifique, Paris.

Gillman, C., 1937: Zum Inselbergproblem in Ostafrika. Geol. Rundsch., S. 296–297.

Grunert, J., 1972a: Zum Problem der Schluchtbildung im Tibesti-Gebirge (Rép. du Tchad). Z. Geomorph. Suppl. 15, S. 144–155.

Hagedorn, Horst, 1971: siehe I c.

Hagedorn, Jürgen, 1969: Beiträge zur Quartärmorphologie griechischer Hochgebirge. Göttinger Geogr. Abh., Heft 50.

Hills, E. S., 1969: Arid Lands. Methuen, London, UNESCO Paris, S. 1–461.

Hövermann, Jürgen, 1949: Morphologische Untersuchungen im Mittelharz. Göttinger Geogr. Abh. 2, S. 1–80.

Hövermann, Jürgen, 1953: Studien über die Genesis der Formen im Talgrund südhannoverscher Flüsse. Nachr. Akad. Wiss. Göttingen. Math. phys. Kl. biol.-physiol.-chem. Abt., S. 1–14.

Hövermann, J., 1963: Vorläufiger Bericht über eine Forschungsreise ins Tibesti-Massiv. Die Erde 94, S. 126–135.

Howard, A. D., 1942: Pediment passes and the pediment problem. Journ. Geomorph., New York.

Hsi-Lin, Tschang, 1962: Some geomorphological observations in the region of Tampin, southern Malaya. Z. Geomorph. N. F. Bd. 6, S. 253–259.

Hüser, Klaus, 1976: Kalkkrusten im Namib-Randbereich des Mittleren Südwest-Afrika. Mitt. Basler Afrika Bibliogr. 15, S. 51–81.

Jäkel, D. u. Schulz, E., 1972: Spezielle Untersuchungen an der Mittelterrasse im Enneri Tabi, Tibesti Gebirge. Z. Geomorph. Suppl. 15, S. 129–143.

Jeje, L. K., 1973: Inselberg's evolution in a humid tropical environment: the example of South Western Nigeria. Z. Geomorph. N. F. 17, S. 194–225.

Jennings, J. N. and Mabbutt, J. A., 1967: Landform Studies from Australia and New Guinea. Canberra.

Jessen, Otto, 1936: siehe I b.

Jessen, Otto, 1938: siehe I b.

Johnson, D. W., 1932: siehe I b.

Kaiser, Erich, 1926: Die Diamantenwüste Südwestafrikas. 2 Bde., Berlin.

Karrasch, Heinz, 1972: Flächenbildung unter periglazialen Klimabedingungen? Göttinger Geogr. Abh. Heft 60, (Hans Poser-Festschrift), S. 155–168.

Karrasch, Heinz, 1974: Probleme der periglazialen Höhenstufe in den Alpen. Heidelberger Geogr. Arb. H. 40, S. 15–28.

Kayser, Kurt u. Obst, Erich, 1949 = Obst, Erich u. Kayser, Kurt, 1949: siehe dort.

Kayser, Kurt, 1957: Zur Flächenbildung. Stufen- und Inselberg-Entwicklung in den wechselfeuchten Tropen auf der Ostseite Süd-Rhodesiens. Dt. Geogr. Tag Würzburg 1957.

Kayser, K., 1973: Beiträge zur Geomorphologie der Namib-Küstenwüste. Z. Geomorph. Suppl. 17, S. 156–167.

Kellersohn, Heinrich, 1952: Untersuchungen zur Morphologie der Talanfänge im mitteleuropäischen Raum. Kölner Geogr. Arb. H. 1.

King, Lester, C., 1942: South African scenery. Edinburgh.

King, Lester C., 1948: A theory of bornhardts. Geogr. Journ. 112, S. 83–106.

King, Lester C., 1951: The study of the worlds plainlands; a new approach in geomorphology. Quart. Journ. Geol. Soc. London 106, S. 101–132.

Klute, Fritz, 1930: West- und Zentralsudan. Handb. d. Geogr. Wiss. Bd. Afrika, Potsdam S. 259.

Krebs, Norbert, 1942: Wesen und Verbreitung der tropischen Inselberge. Abh. Akad. Wiss. Berlin. Phys. Math. Kl. Nr. 6.

Krenkel, E., 1920: Über den Bau der Inselberge Ostafrikas. Naturwiss. Wochenschr. N. F. 19, S. 373–378.

Lautensach, Hermann, 1950: siehe III C.

Lawson, A. C., 1915: siehe I b.

Leidlmair, A., 1962: Klimamorphologische Probleme in Hadramaut. H. v. Wissmann-Festschr., Tübingen, S. 162–180.

Linton, David L., 1964: siehe III C.

Louis, Herbert, 1957a: Rumpfflächenproblem, Erosionszyklus und Klimageomorphologie. Geomorph. Studien, Machatschek-Festschrift Pet. Mitt. Erg. H. 262, Gotha.

Louis, Herbert, 1959: Beobachtungen über die Inselberge bei Hua-Hin am Golf von Siam. Erdkde. Bd. 13, S. 314–319.

Louis, Herbert, 1964: siehe III C.

Louis, Herbert, 1967: Reliefumkehr durch Rumpfflächenbildung in Tanganyika. Geografiska Annaler, Ser. A. 49, S. 256–267.

Lundgreen, Lill u. Rapp, Anders, 1974: A Complex Landslide with Destructive Effects on the Water Supply of Morogoro Town, Tanzania. Geografiska Annaler 56, Ser A, S. 251–260.

Maack, R., 1967: Denudation Chronology in Central Australia: Structure, Climate and Landform Inheritance in the Alice Spring Area. – Landform Studies from Australia and New Guinea. Cambridge, S. 144–179.

Mabbutt, J. A., 1965: The weathered Land Surface in Central Australia. Z. Geomorph. N. F. Bd. 9, S. 82–114.

Mabbutt, J. A., 1968: Aeolian landforms of Central Australia. Australian Geogr. Studies, 6, Canberra, S. 139–150.

McGee, W. J., 1897: siehe I b.

Mäckel, Rüdiger, 1974: siehe III C.

Mäckel, Rüdiger, 1975: siehe III C.

Machatschek, Fritz, 1927: Die Oberflächenformen der Binnen- und Hochwüsten. Düsseldorfer Geogr. Vortr. u. Abh. III, Breslau.

Martonne, Emm. de, 1940: Problèmes morphologiques du Brésil tropical atlantique. Ann. de Géogr. 49, S. 1–27, S. 106–129.

Martonne, Emm. de, 1935: Problèmes des régions arides Südaméricaines. Ann. de Géogr.

Maull, Otto, 1932: Geomorphologische Studien aus den östlichen Atlasländern und der Algerischen Sahara. Pet. Mitt.

Meckelein, Wolfgang, 1959: siehe I c.

Mensching, Horst, 1949: Talauen und Schotterfluren im Niedersächsischen Bergland. Göttinger Geogr. Abh. 4, S. 1–60.

Mensching, Horst, 1951a: Akkumulation und Erosion niedersächsischer Flüsse seit der Rißeiszeit. Erdkde. Bd. V, S. 60–70.

Mensching, Horst, 1951b: Die Entstehung der Auelehmdecken in Nordwest-Deutschland. Proc. III. Intern. Congr. Sedimentology. Groningen-Wageningen, S. 193–210.

Mensching, Horst, 1968: Bergfußflächen und das System der Flächenbildung in den ariden Subtropen und Tropen. Geol. Rundsch. 58, S. 62–82.

Mensching, H., 1969: Zur Geomorphologie des Hoggar-Gebirges (Zentrale Sahara) nach P. Rognon. – Erdkde. 23, S. 61–63.

Mensching, H., 1970: Geomorphologische Beobachtungen in der Inselberglandschaft südlich des Victoria Sees (Tanzania). Abh. d. 1. Geogr. Inst. FU, Berlin 13, S. 111–124.

Mensching, H., 1970a: Flächenbildung in der Sudan- und Sahel-Zone (Ober-Volta und Niger). Z. Geomorph. Suppl. Bd. 10, S. 1–29.

Mensching, Horst, 1974: Landforms as a dynamic expression of climatic factors in the Sahara and Sahel, a critical discussion. Z. Geomorph. Suppl. Bd. 20, S. 168–177.

Mensching, Horst, 1974a: Aktuelle Morphodynamik im afrikanischen Sahel. Abh. Akad. Wiss. Göttingen, Math. Phys. Kl. III. Folge, Nr. 29, S. 22–38.

Mensching, Horst; Gießner, Klaus u. Stuckmann, Günther, 1970: Sudan, Sahel, Sahara, Geomorphologische Beobachtungen auf einer Forschungsexpedition nach West- und Nordafrika 1969. Jahrb. Geogr. Ges. Hannover für 1969.

Meyer, Rolf, 1967: siehe III C.

Michel, Pierre, 1968: Les dépots du quaternaire récent dans la basse vallée du Sénégal. Bull. I. F. A. N. 29.

Michel, Pierre, 1973: Les bassins des fleuves Sénégal et Gambie; étude géomorphologique. 3 Bde., 752 S., 170 Fig., 91 Phot., 15 Kartentafeln.

Michel, Pierre, 1975: Les glacis cuirasses d' Afrique Occidentale et Centrale. Colloques

Scientif, Univ. de Tours, Tiré à Part 1975, S. 69–80.

Mortensen, Hans, 1927: Die Oberflächenformen der Winterregengebiete. Düsseldorf. Geogr. Vortr. u. Erört., III. Breslau, S. 37–46.

Mortensen, Hans, 1927a: Der Formenschatz der nordchilenischen Wüste. Ein Beitrag zum Gesetz der Wüstenbildung. Abh. Ges. d. Wiss. Göttingen, N. F. 12, 1.

Mortensen, Hans, 1929: Über Vorzeitformen und einige andere Fragen in der nordchilenischen Wüste. Mitt. Geogr. Ges. Hamburg.

Mortensen, Hans, 1929a: Inselberglandschaften in Nordchile. Z. Geomorph. IV, S. 123–138.

Mortensen, Hans, 1929b: Inselberglandschaften in Nordchile. Abh. Ges. d. Wiss. Göttingen. Math. Phys. Kl.

Mortensen, Hans, 1949: siehe Ic.

Mortensen, Hans, 1956: siehe III C.

Obst, Erich, 1913: siehe Ib.

Obst, Erich, 1923: Das abflußlose Rumpfschollenland im nordöstlichen Deutsch-Ostafrika. Teil II Grundzüge einer geographischen Landeskunde. Mitt. Geogr. Ges. Hamburg, Bd. 35.

Obst, Erich u. Kayser, Kurt, 1949: Die große Randstufe auf der Ostseite Südafrikas und ihr Vorland. Sonderveröff. III d. Geogr. Ges. Hannover.

Ollier, C. D., 1960: siehe III B.

Pachur, H. J., 1974: Geomorphologische Untersuchungen im Raum der Serir Tibesti (Zentralsahara). Berliner Geogr. Abh. 17, S. 1–62.

Panzer, Wolfgang, 1954: siehe III B.

Passarge, Siegfried, 1904: Rumpfflächen und Inselberge. Z. d. Dt. Geol. Ges. Bd. 56.

Passarge, Siegfried, 1909: Verwitterung und Abtragung in den Steppen und Wüsten Algeriens. Geogr. Zeitschr.

Passarge, Siegfried, 1919: Die Vorzeitformen der deutschen Mittelgebirgslandschaft. Pet. Mitt., S. 41–46.

Passarge, Siegfried, 1924: Das Problem der Skulptur-Inselberglandschaften. Pet. Mitt. S. 66–70, 117–120.

Passarge, Siegfried, 1927: Die Ausgestaltung der Trockenwüsten im heißen Gürtel. Düsseldorfer Geogr. Vortr., III. Breslau.

Passarge, Siegfried, 1929: Das Problem der Inselberglandschaften. Z. Geomorph. IV. S. 109–122.

Passarge, Siegfried, 1933: Morphologische Untersuchungen in der Wüste um Heluan. Abh. d. Wiss. Phys. Kl. 3 F. H. 9. Berlin.

Pécsi, M., 1970: Geomorphical regions of Hungary. Akad. Kiadó, Stud. in Geogr. in Hungary 6, S. 1–45 mit Karte.

Peel, R. F., 1941: Denudational landforms in the Central Libyan Desert. Journ. Geomorph. 5, S. 3–23.

Peltier, L. C. de, 1950: The geographical cycle in periglacial regions as it is related to climatic geomorphology. Ann. Ass. Americ. Geographers, S. 214 ff.

Penck, Albrecht, 1909: Morphologie der Wüsten. Geogr. Zeitschr.

Penck, Albrecht, 1910: siehe Ib.

Penck, Walther, 1924: siehe Ib.

Poser, Hans, 1951: Die nördliche Lößgrenze in Mitteleuropa und das spätglaziale Klima. Eisz. u. Gegenw. I. S. 27–55.

Pugh, J. C., 1966: The landforms of Low Latitudes. Duvy, New York.

Quitzow, H.-W., 1969: Die Hochflächenlandschaft beiderseits der Mosel zwischen Schweich und Cochem. Beih. z. Geol. Jb. 82, S. 1–79.

Rapp, Anders, 1972a: Conclusions from the DUSER Soil Erosion Project in Tanzania. Geografiska Annaler 54, Ser. A. S. 377–379.

Rapp, Anders u. a., 1972b: Soil Erosion and Sediment Transport in the Morogoro River Catchment, Tanzania. Geografiska Annaler 54. Ser. A., S. 125–155.

Rapp, Anders, u. a. 1972c: Soil Erosion and Sedimentation in four Catchments near Dodoma, Tanzania. Geografiska Annaler 54. Ser. A, S. 255–318.

Rapp, Anders, 1974: Slope Erosion Due to Extreme Rainfall, with Examples from Tropical and Arctic Mountains. Abh. Akad. Wiss. Göttingen, Math. Phys. Kl. III. Folge Nr. 29, S. 118–136.

Rathjens, C., 1968: Ein Rundgespräch über Flächenbildung in Saarbrücken. Z. Geomorph. N. F. 12, S. 470–489.

Rathjens, C., 1970: Gedanken und Beobachtungen zur Flächenbildung im tropischen Indien.– Tübinger Geogr. Stud. 34, S. 155–161.

Raynal, R., 1955: Oscillations elimatiques et évolution du relief au cours du Quaternaire. Not. Maroc. Nr. 5.

Richter, Hans, 1963: Das Vorland des Erzgebirges. Die Landformung während des Tertiärs. Wiss. Veröff. Dt. Inst. Länderkunde. Leipzig N. F. 19/20, S. 5–231.

Richthofen, Ferdinand v., 1886: siehe Ib.

Rognon, P., 1967: Le massif de l'Atakor et ses bordures (Sahara Central). Etude géomorphologique. Centre de recherches sur les zones arides. Géologie, Paris 9, S. 1–559.

Rognon, P., 1967a: Climatic influences on the African Hoggar during the Quaternary, based on geomorphological observations. Ann. Assoc. Amer. Geogr. 57, S. 115–127.

Rohdenburg, Heinrich, 1969: Hangpedimentation und Klimawechsel als wichtigste Faktoren der Flächen- und Stufenbildung in den wechselfeuchten Tropen an Beispielen aus Westafrika, besonders aus dem Schichtstufenland Südost-Nigerias. Göttinger Bodenkundl. Ber. 10, S. 57–152.

Rohdenburg, H., 1970: Morphodynamische Aktivitäts- und Stabilitätszeiten statt Pluvial- und Interpluvialzeiten. – Eiszeitalter u. Gegenwart 21, S. 81–96.

Rougerie, G., 1960: Le façonnement actuel des modelés en Côte d'Ivoire Forestière. Mem. I. F. A. N. Nr. 58, 542 S., 134 fig., 92 photos.

Rust, U., 1970: Beiträge zum Problem der Inselberglandschaften aus dem mittleren Südwestafrika. Hamburger Geogr. Stud. 23, S. 1–280.

Salomon, Wilhelm, 1917: siehe III C.

Sapper, Karl, 1914: siehe III C.

Sapper, Karl, 1935: siehe I b.

Scharlau, K., 1953: Periglaziale und rezente Verwitterung und Abtragung in den hessischen Basaltberglandschaften. Erdkde. Bd. VII. S. 99–110.

Schiffers, Heinrich, 1950: Die Sahara und die Syrtenländer. Kleine Länderkunde. Stuttgart.

Schlee, P., 1932: Landschaftsbilder von vorderindischen Rumpfebenen und Inselbergen. Mitt. Geogr. Ges. Hamburg 44, S. 39–88.

Schmidt, W. F., 1948: Die Steppenschluchten Südrußlands. Erdkde. II. S. 213–229.

Schmitthenner, Heinrich, 1927: siehe I b.

Schmitthenner, Heinrich, 1932: siehe I b.

Schwarzbach, Martin, 1963: Zur Verbreitung der Strukturböden und Wüsten in Island. Eiszeitalter u. Gegenwart 14, S. 85–95.

Semmel, Arno, 1963: Intramontane Ebenen im Hochland von Godjam (Äthiopien). Erdkde. 17, S. 173–189.

Seuffert, O., 1970: Die Reliefentwicklung der Grabenregion Sardiniens. (Ein Beitrag zur Frage der Entstehung von Fußflächen und Fußflächensystemen.) Würzburger Geogr. Arb. 24, S. 1–129.

Sharon, David, 1962: On the Nature of Hamadas in Israel. Z. Geomorph. N. F. Bd. 6, S. 129–147.

Soergel, W., 1921: Die Ursachen der diluvialen Aufschotterung und Erosion. Berlin.

Spönemann, Jürgen, 1974: Studien zur Morphogenese und rezenten Morphodynamik im mittleren Ostafrika. – Göttinger Geogr. Abh. H. 62, S. 1–98.

Stäblein, G., 1968: Reliefgenerationen der Vorderpfalz. Würzburger Geogr. Arb. 23, S. 1–189.

Stäblein, G., 1973: Rezente und fossile Spuren der Morphodynamik in Gebirgsrandzonen des Kastilischen Scheidegebirges. Z. Geomorph. Suppl. Bd. 17, S. 177–194.

Stratil-Sauer, Gustav, 1931: Die Tilke. Zeitschr. f. Geomorph. VI.

De Swardt, A. M. J., 1964: Lateritisation and Landscape Development in Parts of Equatorial Africa. Z. Geomorph. N. F. Bd. 8, S. 313–333.

Székely, A., 1970: Landforms of the Mátra mountains and their evolution with special regard to surfaces of planation. Stud. in Hungarian Geogr. 8, S. 41–54. Akad. Kiadó, Budapest.

Temple, Paul H. u. Rapp, Anders, 1972: Landslides in the Mgeta Area, Western Uluguru Mountains, Tanzania. Geografiska Annaler 54, Ser. A, S. 157–193.

Thomas, M. F., 1965: siehe III B.

Thorbecke, Franz, 1921: Die Inselberglandschaft von Nord-Tikar. Hettner Festschr. Breslau.

Thorbecke, Franz, 1927: siehe I b.

Trendall, A. F., 1962: The Formation of „Apparent Peneplains" by a process of lateritisation and surface wash. Z. Geomorph. N. F. Bd. 6, S. 183–197.

Tricart, Jean, 1952: Climat, végétation, sols et morphologie. Cinquantième anniversaire du Laboratoire de Géogr. Rennes, S. 240–253.

Tricart, Jean, 1954: Cours de Géomorphologie: Le modelé des pays froids, le modelé glaciaire et nival. C D U s. d. Paris.

Tricart, J. et Cailleux, A., 1960/61: Le modelé des régions sèches. 2 Bde. Paris.

Tricart, J., 1963: Géomorphologie des Régions Froides. Paris. Presses Univ. de France, 1–282.

Tricart, Jean, 1965: Introduction à la géomorphologie climatique. – Tome I par J. Tricart et A. Cailleux. Traité de Géomorphologie, Paris 1962–74.

Tricart, Jean, 1965: Le modelé des régions chaudes, fôrets et savanes. Traité de Géomorph. par J. Tricart et A. Cailleux, Tome 5, S. 5–322.

Tricart, Jean, 1975: Influence des Oscillations climatiques sur le modelé en Amazonie Orientale (Région de Santarém) d'aprés les images radar latéral. Z. Geomorph. N. F. 19, S. 140–163.

Troll, Carl, 1948/49: siehe III C.

Troll, Carl, 1959: Die tropischen Gebirge. Ihre dreidimensionale klimatische und pflanzengeographische Zonierung. Bonner Geogr. Abh. 25, S. 1–93.

Verstappen, H. Th., 1974: A geomorphological reconnaissance of Sumatra and adjacent islands. Verh. R. Netherl. Geogr. Soc. 1, S. 1–224.

Walther, Johannes, 1891: siehe III C.

Waibel, Leo, 1925: siehe I b.

Waibel, Leo, 1928: siehe I b.

Wenzens, G., 1972: Morphologische Entwicklung der „Basin Ranges" in der Sierra Madre Oriental (Nordmexiko). Z. Geomorph. Suppl. Bd. 15, S. 39–54.

Wenzens, G., 1974: Morphologische Entwicklung ausgewählter Regionen Nordmexikos unter besonderer Berücksichtigung des Kalkkrusten-, Pediment- und Poljeproblems. Düsseldorfer Geogr. Schr. 2, S. 1–330.

Wilhelmy, Herbert, 1943: Die „Pods" der südrussischen Steppe. Pet. Mitt.

Wilhelmy, Herbert, 1958: siehe III B.

Wirthmann, Alfred, 1961: Zur Morphologie der Edge Insel in Südost-Spitzbergen. – Verh. 33. Dt. Geogr. Tag. Köln, Wiesbaden 1962, S. 394–399.

Wirthmann, Alfred, 1964: Die Landformen der Edge-Insel in Südostspitzbergen. Ergebn. d. Stauferland Exped., 2. Wiesbaden.

Wirthmann, Alfred, 1970: Zur Klimageomorphologie von Madeira und anderen Atlantikinseln. Karlsruher Geogr. Hefte, H. 2, 56 S.

Wirthmann, Alfred, 1976 b: Die West-Ghats im Bereich der Dekkan-Basalte. Z. Geomorph. N. F. Suppl. Bd. 24, S. 128–137.

Wissmann, Hermann v., 1957: Karsterscheinungen in Hadramaut. Machatschek-Festschr. Pet. Mitt. Erg. H. 262. Gotha.

Zonneveld, J. I. S., 1972: Sulas and sula complexes. Göttinger Geogr. Abh., H. 60, S. 93–101.

III F Fluvialrelief im Zusammenspiel von Klima, Struktur und Morphotektonik

Ahnert, Frank, 1960: The Influence of Pleistocene Climates upon the Morphology of Cuesta Scarps on the Colorado Plateau. Ann. of Ass. Am. Geogr. 50, S. 139–156.

Asai, Tatsuro, 1967: The asymmetrical „Siglu gully" in Iceland. Res. Inst. Nat. Resources, Tokyo, Misc. Rep. Nr. 69/1165, S. 1–5.

Babinet, Jaques, 1859: Influence du mouvement de rotation de la terre sur le cours des rivières. Paris.

Baer, Karl Ernst v., 1860: Über ein allgemeines Gesetz in der Gestaltung der Flußtäler. Bull. Ac. des Sc. St. Petersburg.

Bakker, J. P., 1960: siehe I c.

Bakker, J. P. u. Levelt, Th. W. M., 1965: siehe I c.

Birot, Pierre, 1958: siehe I c.

Blume, Helmut, 1968: Mangho Pir, eine Schichtstufenlandschaft im ariden Nordwesten Vorderindiens. Geogr. Zeitschrift 36. Wiesbaden, S. 295–305.

Blume, Helmut, 1971: siehe III C.

Blume, Helmut, 1976: Strukturbetonte Reliefs. Z. Geomorph. N. F. Suppl. – Bd. 24, S. 1–10.

Blume, H. u. Barth, H. K., 1972: siehe III C.

Bornhardt, W., 1900: siehe III E.

Büdel, Julius, 1944: siehe III C.

Büdel, Julius, 1952: siehe III C.

Büdel, Julius, 1957 a: siehe III C.

Büdel, Julius, 1957 c: Grundzüge der klimamorphologischen Entwicklung Frankens. Würzburger Geogr. Arb. H. 4/5, S. 5–46.

Büdel, Julius 1957/58: siehe I c.

Büdel, Julius, 1965: siehe III C.

Büdel, Julius, 1971: siehe I c.

Cotton, C. A., 1947: siehe I c.

Cotton, C. A., 1961: The theory of Savannah planation. Geography 46, S. 89–101.

Credner, Wilhelm, 1931: siehe I b.

Czudek, T., 1962: Begrabene Täler im Nizky Jesenik. Acta Musei Silesiae. Opova, CSSR, S. 35–40.

Czudek, T., 1973 a: Zur klimatischen Talasymmetrie des Westteiles der Tschechoslovakei. Z. Geomorph. Suppl. Bd. 17, S. 49–57.

Davis, William Morris, 1899: siehe I b.

Davis, W. M., 1899 b: Vallées à méandres. Ann. de Géogr.

Davis, W. M., 1899 c: Drainage of Cuestas. Proc. Geol. Assoc. 16, 2. S. 75–93.

Davis, W. M. u. Rühl, A., 1912: siehe I b.

Dedkow, A. P. u. Illarionow, A. G., 1967: Die Entwicklung der Hangformen im mittleren Wolgagebiet und im südlichen Turgai Plateau. Congr. et Colloqu. Univ. Liège, Vol. 40, S. 101–109.

Ditrimescu, A., 1911: Die untere Donau zwischen Turnu Severin und Braila. Berlin.

Dongus, Hansjörg, 1972: Schichtflächenalb, Kuppenalb, Flächenalb (Schwäbische Alb) Z. Geomorph. N. F. 16, S. 374–392.

Eakin, H. M., 1916: The Yukon-Koyukuk region. US Geol. Surv. Bull. 631.

Fischer, Klaus, 1971: Zum Inhalt des Begriffes Epigenese. Kölner Geogr. Arbeiten, Sonderband: Forschungen zur Allgemeinen und Regionalen Geographie, Festschrift für Kurt Kayser. Wiesbaden, S. 45–48.

Fischer, Klaus, 1975: Zur Genese der transandinen Quertäler in Patagonien zwischen 41°–49°. Die Erde, S. 78–89.

Fischer, Klaus, 1976: Untersuchungen zur Morphogenese der Patagonischen Anden zwischen 41° und 49° Süd. Z. Geomorph. N. F. 20, S. 1–27.

Flohn, Hermann, 1935: Beiträge zur Problematik der Talmäander. Frankfurter Geogr. Hefte 9.

Flohn, Hermann, 1936: Beiträge zur Talgeschichte Luxemburgs. Auszug a. d. Archiven d. Großherz. Inst. v. Luxemburg. Bd. 14, S. 1–30.

Gellert, J. F., 1967: Zur Problematik der verschütteten Bergländer (Inselbergländer) im sächsischen und schlesischen Gebirgsvorland und der „fossilen Inselberge" in den Mittelgebirgen Mitteleuropas. Wiss. Z. d. Päd. Hochsch. Potsdam 11, S. 281–286.

Gilbert, G. K., 1876: siehe I b.

Glaser, U., 1964: Die miozäne Strandzone am Südsaum der Schwäbischen Alb. Würzburger Geogr. Arb. 11, S. 1–99.

Gradmann, Robert, 1919: Das Schichtstufenland. Z. Ges. Erdkde., Berlin.

Gradmann, Robert, 1928: Durchbruchsberge. Jubiläums-Sonderband Zeitschr. Ges. Erdkde., Berlin.

Graul, H., 1943: Morphologie der Ingolstädter Ausräumungslandschaft. Forsch. z. Dt. Landeskde. 43.

Hamilton-Rice, A., 1921: The Rio Negro, the Casiquiare canal and the upper Orinoco. Geogr. Journ.

Heim, Albert, 1919–1922: siehe I b.

Helbig, Klaus, 1965: Asymmetrische Eiszeittäler in Süddeutschland und Ost-Österreich. Würzburger Geogr. Arbeiten. 14, Würzburg, 108 S.

Henkel, Ludwig, 1922: Das Baersche Gesetz dennoch richtig. Pet. Mitt.

Hettner, Alfred, 1921: siehe I b.

Hol, Jakoba, 1938: Das Problem der Talmäander. Zeitschr. f. Geomorph. X, S. 169–195. Berlin.

Jessen, Otto, 1936: siehe I b.

Kinzl, Hans, 1926: Durchbruchstäler am Südrand der böhmischen Masse in Oberösterreich. Veröff. Inst. f. ostbayer. Heimatforsch. I.

Kockel, C. W., 1928: Ideal-Schichtstufenland und Wirklichkeit. Geol. Rundsch.

Krebs, Norbert, 1913: Länderkunde der österreichischen Alpen. Stuttgart.

Krebs, Norbert, 1919: Morphologische Probleme in Unterfranken. Zeitschr. Ges. Erdkde., Berlin.

Krebs, Norbert, 1933: Morphologische Beobachtungen in Südindien. Sitzber. Preuß. Akad. Wiss. Phys. Math. Kl. XXIII, Berlin.

Krebs, Norbert, 1937: siehe III D.

Krebs, Norbert u. Lehmann, Otto, 1914: Zur Talgeschichte der Rezat und Altmühl. Zeitschr. Ges. Erdkde., Berlin.

Lehmann, Otto, 1915: Tal- und Flußwindungen und die Lehre vom geographischen Zyklus. Zeitschr. Ges. Erdkde., Berlin, S. 92–111 u. 171–179.

Lembke, Herbert, 1931: Beiträge zur Geomorphologie des Aspromonte (Calabrien). Zeitschr. f. Geomorph. VI, S. 58–112.

Lichtenecker, Norbert, 1936: Die Rax.-Geogr. Jahresber. aus Österr. 13.

Louis, Herbert, 1935: siehe I b.

Louis, Herbert, 1953: Über die ältere Formenentwicklung im Rheinischen Schiefergebirge, insbesondere im Moselgebiet. Münchener Geogr. Hefte 2.

Louis, Herbert, 1957a: siehe I c.

Louis, Herbert, 1957b: siehe I c.

Louis, Herbert, 1960, 1. Aufl.: siehe I c.

Louis, Herbert, 1966: Heterolithische und Homolithische Schichtstufen. Tijdschr. van het Koninkl. Nederl. Aardr. Genootschap. Deel LXXXIII, No. 3. S. 266–271.

Louis, Herbert, 1967: siehe III E.

Louis, Herbert, 1969: siehe I c.

Lugeon, M., 1901: Recherches sur l'origine des vallées des Alpes occidentales. Ann. de Géogr. X.

Masuch, Kläre, 1935: Zur Frage der Talmäander. Berliner Geogr. Arb. Heft 9.

Meckenstock, W., 1915: Morphologische Studien im Gebiet des Donaudurchbruches von Neustadt bei Regensburg. Mitt. Ver. d. Stud. d. Geogr. a. d. Univ. Berlin I.

Mensching, Horst, 1958: siehe III C.

Mensching, Horst, 1968: Bergfußflächen und das System der Flächenbildung in den ariden Subtropen und Tropen. Geol. Rdsch. 58, S. 62–82.

Morawetz, S., 1967: Zur Frage der asymmetrischen Täler im Grabenland zwischen Raab und Mur. – Mitt. naturwiss. Ver. Steiermark 97, S. 32–38.

Mordziol, C., 1910: Ein Beweis für die Antezedenz des Rheindurchbruches. Zeitschr. Ges. Erdkde., Berlin.

Mordziol, C., 1927: Rheintalentstehung. Abh. naturwiss. Ver. Koblenz, S. 2−24.

Mortensen, Hans, 1947: Alternierende Abtragung. Nachr. d. Akad. Wiss. Göttingen Math. Phys. Kl., S. 27−30.

Mortensen, Hans, 1949: siehe I c.

Mortensen, Hans, 1953: Neues zum Problem der Schichtstufenlandschaft. Verh. u. Wiss. Abh. d. Dtsch. Geogr. Tages, Essen.

Obst, Erich, 1913: siehe I b.

Obst, Erich, 1923: siehe III E.

Obst, Erich u. Kayser, Kurt, 1949: siehe III E.

Penck, Albrecht, 1899: Thalgeschichte der obersten Donau. Schr. Ver. f. Gesch. d. Bodensees 28, S. 117−130.

Penck, Albrecht, 1903: Das Durchbruchstal der Wachau und die Lößlandschaft von Krems. Geol. Führer.

Penck, Albrecht, 1910: siehe I b.

Penck, Albrecht, 1919: siehe I b.

Penck, Albrecht, 1924: Das Antlitz der Alpen. Die Naturwissenschaften 12.

Penck, Walther, 1924: siehe I b.

Philippson, Alfred, 1924: Grundzüge der allgemeinen Geographie. Bd. II, 2, Leipzig, S. 97−105.

Philippson, Alfred, 1933: siehe III D.

Poser, Hans u. Müller, T., 1951: Studien an den asymmetrischen Tälern des Niederbayerischen Hügellandes. Nachr. Akad. Wiss. Göttingen, Math. Phys. Kl.

Powell, J. W., 1875: siehe I b.

Rathjens, jun. Carl, 1952: Asymmetrische Täler in den Niederterrassen des nördlichen Alpenvorlandes. Geologica Bavarica 14, S. 140−150.

Rathjens, Carl, 1968: Schichtflächen und Schnittflächen im Trockenklima. Regio Basiliensis IX, Basel, S. 162−169.

Rich, J. L., 1914: Certain types of stream valleys and their meaning. Journ. of Geol.

Richthofen, Ferdinand von, 1886: siehe I b.

Schieck, Helmut, 1967: Zur Talgeschichte der Altmühlalb. München.

Schill, J., 1856: Über Lauf und Wirkungen der Wutach im Schwarzwald. Neues Jahrb. f. Min. usw.

Schlee, P., 1913: Zur Morphologie des Berner Jura. Mitt. Geogr. Ges. Hamburg.

Schmitthenner, Heinrich, 1920: Die Entstehung der Stufenlandschaft. Geogr. Zeitschr.

Schmitthenner, Heinrich, 1923: Die Oberflächenformen der Stufenlandschaft zwischen Maas und Mosel. Geogr. Abh. Reihe 2, Heft 1, Stuttgart.

Schmitthenner, Heinrich, 1925/26: Die Entstehung der Dellen und ihre morphologische Bedeutung. Zeitschr. f. Geomorph. I., S. 3−28.

Schmitthenner, Heinrich, 1954: Die Regeln der morphologischen Gestaltung im Schichtstufenland. Pet. Mitt., S. 3−10.

Schmitthenner, Heinrich, 1956: Probleme der Schichtstufenlandschaft. Marburger Geogr. Schr. Bd. 3.

Schunke, Ekkehard, 1968: siehe III C.

Schunke, Ekkehard, 1969: siehe III C.

Schunke, Ekkehard u. Spönemann, Jürgen, 1972: Schichtstufen und Schichtkämme in Mitteleuropa. Göttinger Geogr. Abh. H. 60, H. Poser Festschr., S. 65−92.

Seefeldner, Erich, 1914: Morphogenetische Studien aus dem Gebiete des fränkischen Jura. Forsch. Dt. L. u. V. Kde. 21, 3.

Seefeldner, E., 1973: Zur Frage der Korrelation der kalkalpinen Hochfluren mit den Altformenresten der Zentralalpen. Mitt. Österr. Geogr. Ges. 115, S. 106−123.

Sölch, Johann, 1918: Ungleichseitige Flußgebiete und Talquerschnitte, Pet. Mitt., S. 203−210, 249−255 bes. S. 254.

Sölch, Johann, 1935: Fluß- und Eiswerk in den Alpen zwischen Ötztal und St. Gotthard. Pet. Mitt. Erg. H. 219, 220.

Späth, Heinz, 1977: Rezente Verwitterung und Abtragung an Schicht- und Rumpfstufen im semiariden Westaustralien. Z. Geomorph. Suppl. Bd. 28, S. 81−100.

Spönemann, Jürgen, 1966: Geomorphologische Untersuchungen an Schichtkämmen des Niedersächsischen Berglandes. Göttinger Geogr. Abh. 36, Göttingen.

Spreitzer, Hans, 1932: Zum Problem der Piedmonttreppe. Mitt. Geogr. Ges., Wien.

Suess, Eduard, 1863: Über den Lauf der Donau. Österr. Revue.

Tricart, Jean, 1950/54: La Partie orientale du Bassin de Paris, étude morphologique. 3 Bde., Paris.

Tricart, Jean, 1951: siehe III C.

Troll, Carl, 1954: Über Alter und Bildung von Talmäandern. Erdkde., Bd. VIII, S. 286−302.

Wagner, Georg, 1927: Morphologische Grundfragen im süddeutschen Schichtstufenland. Zeitschr. Dt. Geol. Ges. 78.

Wagner, Georg, 1929: Junge Krustenbewegungen im Landschaftsbilde Süddeutschlands. Erdgesch. u. Landeskdl. Abh. aus Schwaben u. Franken, H. 10. Öhringen.

Wagner, Georg, 1934: Über das Zurückweichen der Stufenränder in Schwaben und Franken. Jahresber. Oberrh. Geol. Verein 13.

Weber, H., 1932/33: Geomorphologische Probleme des Thüringer Landes. Zeitschr. f. Geomorph. 7.

Wegener, Kurt, 1925: Die theoretische Ablenkung der Flüsse durch die Erddrehung. Pet. Mitt.

Wissmann, Hermann v., 1951: siehe I c.

Wooldridge, S. W. u. Linton, D. L., 1955: Structure, surface and drainage in southeast England. London, 176 S.

Young, Robert W., 1977: siehe I c.

Zernitz, E. R., 1932: Drainage patterns and their significance. Journ. of Geol. 40, S. 498−521.

Zöppritz, Karl, 1882: Über den angeblichen Einfluß der Erdrotation auf die Gestaltung von Flußbetten. Verh. Dt. Geogr. Tag 2, Halle.

III G Karstrelief

Bauer, Fridtjof, 1964: Kalkabtragungsmessungen in den österreichischen Kalkhochalpen. Erdkde. 18, Bonn, S. 95−102.

Bauer, M., 1898: Beiträge zur Geologie der Seychellen, insbesondere zur Kenntnis des Laterits. N. Jb. f. Min. usw. II.

Blume, Helmut, 1966: Problemas de la Topografía Kárstica en las Indias Occidentales. Unión Geografica Internacional, Conferencia Regional Latinoamericana, Bd. 3. Mexico, S. 255−266.

Blume, Helmut, 1970: Karstmorphologische Beobachtungen auf den Inseln über dem Winde. Tübinger Geogr. Studien 34 (Wilhelmy-Festschr.) Tübingen, S. 33−42.

Bögli, Alfred, 1951: Probleme der Karrenbildung. Geogr. Helvetica VI, S. 191−204.

Bögli, Alfred, 1960: Kalklösung und Karrenbildung. Z. Geomorph. Suppl. Bd. 2. S. 4−21.

Bögli, Alfred, 1961: Karrentische, ein Beitrag zur Karstmorphologie. Z. Geomorph. N. F. Bd. 5, S. 185−193.

Bögli, Alfred, 1964: Mischungskorrosion − ein Beitrag zum Verkarstungsproblem. Erdkde., 18, Bonn, S. 83−92.

Bögli, Alfred, 1966: Karstwasserfläche und unterirdische Karstniveaus. Erdkde. 20. Bonn, S. 11−19.

Bögli, Alfred, 1969: Neue Anschauungen über die Rolle von Schichtfugen und Klüften in der karsthydrographischen Entwicklung. Geol. Rdsch. 58. Stuttgart, S. 395−408.

Bögli, Alfred, 1970: Das Hölloch und sein Karst. Stalactite, Suppl. 4 a, Neuchâtel. 109 S.

Bögli, Alfred, 1971: Kalkabtrag in den Nördlichen Kalkalpen. Actes du 4ᵉ Congrès national de spéléologie, Neuchâtel 1970, Stalactite, Suppl. 6 a, Neuchâtel.

Bülow, Kurd v., 1942: Karrenbildung in kristallinen Gesteinen? Zeitschr. d. Dt. Geol. Ges. 94.

Corbel, Jean, 1954: Karsts de climat froid. Erdkde. Bd. VIII, S. 119 f.

Corbel, Jean, 1957: Les Karsts du Nord-Ouest de l'Europe. J. E. R., Mémoires et Documents. 12. Lyon. 541 S.

Corbel, Jean, 1960: Nouvelles recherches sur les Karsts arctiques Scandinaves. Z. Geomorph. Suppl. Bd. 2. S. 74−78.

Corbel, Jean et Muxart, R., 1970: Karsts des zones tropicales humides. Z. Geomorph. N. F. 14, Berlin-Stuttgart, S. 411−474.

Cramer, H., 1933/35: Höhlenbildung und Karsthydrographie. Zeitschr. f. Geomorph. VIII.

Cuisinier, L., 1929: Régions calcaires de l'Indochine. Ann. de Géogr. 38, S. 266−273.

Cvijić, Jovan, 1893: Das Karstphänomen. Pencks Geogr. Abh. 5, 3. Wien.

Cvijić, Jovan, 1918: Hydrographie souterraine et évolution morphologique du Karst. Grenoble.

Cvijić, Jovan, 1924a: The evolution of Lapies. Geogr. Rev. 14.

Cvijić, Jovan, 1924b: Types morphologiques des terrains calcaires. Bull. Soc. de Géogr. Belgrad.

Daneš, J. V., 1914: Geomorphologische Studien im Karstgebiet Jamaikas. Comptes Rendus 9. Intern. Geogr. Kongr. Genf u. Schriften d. Böhm. Akad. Wiss. Prag.

Davis, W. M., 1899: siehe I b.

Dicken, S. V., 1935: Kentucky Karst landscape. Journ. of Geol. 43.

Eckert, Max, 1902: Das Gottesackerplateau, ein Karrenfeld im Allgäu. Zeitschr. d. Dt. u. Ö. Alpenver. Wissensch. Erg. H. 1, 3.

Gams, Ivan, 1973: Forms of Subsoil Karst. Internat. Speleology II, Sub-section Ba (Proceed. 6ᵗʰ Intern. Congr. Speleology, Olomouc), S. 169−179.

Gerstenhauer, A., 1960: Der tropische Kegelkarst in Tabasco (Mexico). Z. Geomorph. Suppl. Bd. 2, S. 22−48.

Gerstenhauer, Armin, 1969: Ein karstmorphologischer Vergleich zwischen Florida und Yukatán. Dt. Geogr. Tag Bad Godesberg 1967.

Tagber. u. wiss. Abh., Wiesbaden, S. 332–344.

Gerstenhauer, Armin, 1972: Der Einfluß des CO$_2$-Gehaltes der Bodenluft auf die Kalklösung. Erdkde. 26, Bonn, S. 116–120.

Gerstenhauer, Armin, 1977: Kritische Anmerkungen zu den Vorstellungen von der Genese der Korrosionspoljen. Abh. z. Karst- u. Höhlenkde., Reihe A, Heft 15.

Gerstenhauer, Armin u. Pfeffer, Karl-Heinz, 1966: Beiträge zur Frage der Lösungsfreudigkeit von Kalkgesteinen. Abhandlungen zur Karst- und Höhlenkunde, Reihe A – Speläologie – Heft 2, München, 46 S.

Gourou, P., 1931: Le Tonking. Paris.

Graf, G., 1972: Karstmorphologische Untersuchungen im östlichen Toten Gebirge. Diss. d. Univ. Graz, Nr. 18, Wien, 138 S.

Grube, Friedrich, 1957: Das Oberflächenbild der Salzstöcke Elmshorn, Lägerdorf (Holstein) und Stade (Niedersachsen). Mitt. Geol. Staatsinstitut Hamburg, Heft 26, Hamburg, S. 5–22.

Grund, Alfred, 1903: Die Karsthydrographie, Studien aus Westbosnien. Pencks Geogr. Abh. 7. 3.

Grund, Alfred, 1910: Zur Frage des Grundwassers im Karst. Mitt. Geogr. Ges. Wien 53.

Grund, Alfred, 1914: Der geographische Zyklus im Karst. Zeitschr. d. Ges. Erdkde., Berlin.

Grüninger, Werner, 1965: Rezente Kalktuffbildung im Bereich der Uracher Wasserfälle. Abh. zur Karst- u. Höhlenkunde, Reihe E, H. 2, München, 113 S.

Haefke, Fritz, 1926: Karsterscheinungen im Südharz. Mitt. Georg. Ges., Hamburg 37, S. 77ff.

Haserodt, Klaus, 1965: Untersuchungen zur Höhen- und Altersgliederung der Karstformen in den nördlichen Kalkalpen. Münchener Geogr. Hefte, Heft 27. München, 114 S.

Herak, M. and Stringfield, V. T. (ed.), 1972: Karst. Important Karst Regions of the Northern Hemisphere. Amsterdam, 551 S.

Höhl, Gudrun, 1963: Die Siegritz-Voigendorfer Kuppenlandschaft. Ein Beitrag zur klimatisch-morphologischen Deutung einer Reliktlandschaft des Karstes aus feuchtwarmer Zeit in der nördlichen Frankenalb. Mitt. Fränk. Geogr. Ges. 10, S. 211–223.

Jennings, Joseph, N., 1971: Karst. Cambridge, Mass. and London, 252 S.

Jimenez, Nuñez A., 1959: Geografia de Cuba.

Katzer, Friedrich, 1905: Bemerkungen zum Karstphänomen. Zeitschr. Dt. Geol. Ges. 57, Monatsber., S. 233.

Katzer, Friedrich, 1909: Karst und Karsthydrographie. Zur Kunde d. Balkanhalbinsel H. 8. Sarajewo.

Katzer, Friedrich, 1912: Zur Morphologie des Dinarischen Gebirges. Pet. Mitt.

Kayser, Kurt, 1934: Morphologische Studien in Westmontenegro. II. Zeitschr. Ges. Erdkde., Berlin, bes. S. 32ff. u. S. 95ff.

Kayser, Kurt, 1955: Karstrandebene und Poljeboden. Erdkde. Bd. IX, S. 60–64.

Klaer, Wendelin, 1956: siehe III B.

Kockert, Werner, 1972: Höhlenbildung im Zechstein der DDR und einige grundsätzliche Bemerkungen zur Karsthydrologie der Zechsteinschichten. Ber. deutsch. Ges. geol. Wiss., Reihe A, Geol. u. Paläont., 17. Bd., Berlin, S. 261–272.

Krebs, Norbert, 1904: Morphologische Skizzen aus Istrien. 34. Jahresber. K. K. Staatsrealschule, Triest.

Krebs, Norbert, 1907: Die Halbinsel Istrien. Pencks Geogr., Abh. 9, 2.

Krebs, Norbert, 1928: Zur Geomorphologie von Hochkroatien und Unterkrain. Zeitschr. Ges. Erdkde., Jubiläums Sonderbd.

Krebs, Norbert, 1929: Ebenheiten und Inselberge im Karst. Zeitschr. Ges. Erdkde., Berlin.

Lehmann, Herbert, 1936: Morphologische Studien auf Java. Geogr. Abh. R. 3, H. 9. Stuttgart. 114 S.

Lehmann, Herbert, 1954a: Das Karstphänomen in den verschiedenen Klimazonen. Erdkde., Bd. VIII, S. 112–122.

Lehmann, Herbert, 1954b: Der tropische Kegelkarst auf den Großen Antillen. Erdkde. VIII, S. 130–139.

Lehmann, Herbert, 1956: Der Einfluß des Klimas auf die morphologische Entwicklung des Karstes. Rep. of the Comm. on Karst Phenomen. IXth. Gen. Ass. XVIIth. Intern. Geogr. Congr. Rio de Janeiro. New York.

Lehmann, Herbert, 1959: Studien über Poljen in den Venezianischen Hochalpen und im Hochapennin. Erdkde. Bd. VIII, S. 258–289.

Lehmann, Herbert (Hrsg.), 1960: Internationale Beiträge zur Karstmorphologie. Z. Geomorph. Suppl. Bd. 2.

Lehmann, Herbert, 1970: Kegelkarst und Tropengrenze. Tübinger Geogr. Stud. 34, S. 107–112.

Lehmann, Otto, 1927: Das Tote Gebirge als Hochkarst. Mitt. Geogr. Ges., Wien 70.

Lehmann, Otto, 1931: Über die Karstdolinen. Mitt. Geol. Ethnogr. Ges. Zürich 31.

Lehmann, Otto, 1932: Die Hydrographie des Karstes. Enzykl. d. Erdkde., Leipzig u. Wien.

Lindner, H. G., 1930: Das Karrenphänomen. Pet. Mitt. Erg. H. 208, Gotha.

Lotze, F., 1957: Steinsalz und Kalisalze I. 2. Aufl. Berlin, 466 S.

Louis, Herbert, 1956: Die Entstehung der Poljen und ihre Stellung in der Karstabtragung, auf Grund von Beobachtungen im Taurus. Erdkde. X, S. 33−53.

McDonald, Roy Charles, 1976: Hillslope base depressions in tower Karst topography of Belize. Z. Geomorph. Suppl. Bd. 26, S. 98−103.

Maull, Otto, 1930: Vom Itatiaya zum Paraguay, Leipzig.

Maull, Otto, 1940: Vergleichende Karstländerstudien. Jahrb. Univ. Graz.

Mensching, Horst, 1973: Karsterscheinungen in den Trockengebieten. Geogr. Z., Beih. 32, S. 47−53.

Miotke, Franz-Dieter, 1968: Karstmorphologische Studien in der glazial überformten Höhenstufe der „Picos de Europa" Nordspanien. Jahrb. Geogr. Ges. Hannover, Sonderheft 4, Hannover, 161 S.

Miotke, F. D., 1973: Die Tieferlegung der Oberflächen zwischen Mogoten in Puerto Rico (östlich Arecibo). H. Lehmann Gedächtnisschrift: Neue Ergebnisse der Karstforschung in den Tropen und im Mittelmeerraum. Erdkdl. Wissen 32, S. 34−43.

Miotke, Franz-Dieter, 1974: Der CO_2-Gehalt der Bodenluft in seiner Bedeutung für die aktuelle Kalklösung in verschiedenen Klimaten. Abh. Akad. Wiss. Göttingen, Math.-physik. Kl. 3. Folge, Nr. 29, S. 51−67.

Nicod, J., 1976: Karsts des gypses et des evaporites associeés. Annales de Géographie 95, S. 513−554.

Nordenskjöld, O., 1914: Einige Züge der physischen Geographie und der Entwicklungsgeschichte von Südgrönland. Geogr. Zeitschr. 20, S. 425−441 u. 505−524.

Palmer, H. S., 1927: Karrenbildungen in den Basaltgesteinen der Hawaiischen Inseln. Mitt. Geogr. Ges. Wien 70.

Panoš, Vladimir, 1964: Der Urkarst im Ostflügel der Böhmischen Masse. Z. Geomorph. N.F. Bd. 8. S. 105−162.

Penck, Albrecht, 1904: Das Karstphänomen. Schr. d. Ver. z. Verbr. naturw. Kenntn. Wien 44, 1.

Penck, Albrecht, 1924: Das unterirdische Karstphänomen. Cvijić Festschr., Belgrad.

Pfeffer, Karl-Heinz, 1967: Beiträge zur Geomorphologie der Karstbecken im Bereich des Monte Velino (Zentralapennin). Frankfurter Geogr. H. 42, S. 1−86.

Pfeffer, Karl-Heinz, 1968: Charakter der Verwitterungsresiduen im tropischen Kegelkarst und ihre Beziehung zum Formenschatz. Geol. Rdsch. 58, S. 408−426.

Pfeffer, Karl-Heinz, 1973: Flächenbildung in den Kalkgebieten. Geogr. Z., Beih. 32, S. 111−132.

Pfeffer, Karl-Heinz, 1975: Zur Genese von Oberflächenformen in Gebieten mit flachlagernden Carbonatgesteinen. Wiesbaden. 205 S.

Priesnitz, Kuno, 1967: Zur Frage der Lösungsfreudigkeit von Kalkgesteinen in Abhängigkeit von der Lösungsfläche und ihrem Gehalt an Magnesiumkarbonat. Z. Geomorph. N.F. 11 Berlin.

Priesnitz, Kuno, 1974: Lösungsraten und ihre geomorphologische Relevanz. Abh. Akad. Wiss. Göttingen Math. Phys. Kl., III. Folge, Nr. 29, S. 68−85.

Rathjens jun., Carl, 1954: Karsterscheinungen in der klimatisch-morphologischen Vertikalgliederung des Gebirges. Erdkde, Bd. VIII, S. 120.

Rathjens, Carl, 1960: Beobachtungen an hochgelegenen Poljen im südlichen Dinarischen Karst. Z. Geomorph. N.F. Bd. 4. S. 141−151.

Richter, Eduard, 1908: Beiträge zur Landeskunde Bosniens und der Herzegowina. Wiss. Mitt. a. Bosniens u. d. Herzegowina X.

Roglić, Josip, 1939: Morphologie der Poljen von Kupreš und Vukovsko. Z. Ges. Erdkde. Berlin, S. 299−316.

Roglić, J., 1940: Morphologische Studien über das Duvansko Polje (Polje von Duvno) in Bosnien. Mitt. Geogr. Ges. Wien. S. 152−316.

Roglić, J., 1954: Korrosive Ebenen im Dinarischen Karst. In: Das Karstphänomen in den verschiedenen Klimazonen. Erdkde. Bd. 8. S. 113/114.

Roglić, J., 1960: Das Verhältnis der Flußerosion zum Karstprozeß. Z. Geomorph. N.F. Bd. 4, S. 116−128.

Roglić, Josip, 1964: Les poljés du Karst dinarique et les modifications climatiques du quaternaire. Rev. Belge de Géogr. 88, S. 105−125.

Roglić, Josip, 1965: The depth of the fissure circulation of water and of the evolution of subterranean cavities in the Dinaric Karst. Problems of the Speleological Research, Prague, S. 25−35.

Schmidt-Thomé, Paul, 1943: Karrenbildung in kristallinem Gestein. Zeitschr. d. Dt. Geol. Ges. 95.

Semmel, Arno (Hrsg.), 1973: Neue Ergebnisse der Karstforschung in den Tropen und im Mittelmeerraum. Geographische Zeitschrift Beihefte. Erdkundliches Wissen, Heft 32. Wiesbaden, 156 S.

Sobotha, E., 1932: Über Salzauslaugung, Tektonik und Oberflächenformen zwischen Westharz und Vogelsberg-Rhön. Zeitschr. d. Dt. Geol. Ges. 84, 9.

Steinmüller, Arno, 1962: Fossile Karst- und Verwitterungserscheinungen im Unterharz. Z. Geomorph. N.F. Bd. 6, S. 70−92.

Stille, Hans, 1903: Geologisch-hydrologische Verhältnisse im Ursprungsgebiet der Paderquellen zu Paderborn. Abh. Preuß. Geol. L. A., Berlin.

Suderlau, Gerd; Brendel, Kurt; Kammerer, Friedrich u. Schoof, Herbert, 1972: 15 Jahre Senkungsmessungen in der Mansfelder Mulde und ihre Bedeutung für den vorbeugenden Katastrophenschutz. Ber. deutsch. Ges. geol. Wiss., Reihe A, Geol. u. Paläont., 17. Bd. Berlin, S. 289−299.

Sunartadirdja, M. A. u. Lehmann, Herbert, 1960: Der tropische Karst von Maros und Nord-Bone in SW-Celebes (Sulawesi). Z. Geomorph. Suppl. Bd. 2. S. 49−65.

Sweeting, M. M. u. Gerstenhauer, A., 1960: Zur Frage der absoluten Geschwindigkeit der Kalkkorrosion in verschiedenen Klimaten. Z. Geomorph. Suppl. Bd. 2, S. 66−73.

Sweeting, M. M., 1972: Karst Landforms. London, S. 1−362.

Terzaghi, K. v., 1913: Beiträge zur Hydrographie und Morphologie des Kroatischen Karstes. Mitt. a. d. Jahrb. Ungar. Geol. R. A. 20. 6. 1913.

Thorbecke, Franz, 1927: siehe III C.

Trimmel, Hubert, 1968: Höhlenkunde. Braunschweig, 300 S.

Verstappen, H. Th., 1964: Karst morphology of the Star Mountains (Central New Guinea) and its relation to lithology and climate. Z. Geomorph. N.F. Bd. 8. S. 40−49.

Wagner, Elke u. Schwartz, W., 1965: Untersuchungen über die mikrobielle Verwitterung von Kalkstein im Karst. Zeitschrift für Allg. Mikrobiologie 5, Berlin, S. 52−76.

Wagner, Georg, 1950: Rund um Hochifen und Gottesackergebiet. Öhringen, 116 S.

Weber, H., 1930: Zur Systematik der Auslaugung. Zeitschr. d. Dt. Geol. Ges. 82.

Weber, H., 1931: Das Plateau von Gossel in Thüringen, ein Auslaugungsgebiet. Zeitschr. f. Geomorph. VI.

Wirthmann, Alfred, 1970: Zur Geomorphologie der Peridotite auf Neukaledonien. Tübinger Geogr. Studien, H. 34 (Sonderbd. 3), S. 191−201.

Wissmann, Hermann v., 1954: Der Karst der humiden heißen und sommerheißen Gebiete Ostasiens. Erdkde., Bd. VIII, S. 122−130.

Wissmann, Hermann v., 1957: Karsterscheinungen in Hadramaut. Ein Beitrag zur Morphologie der semiariden und ariden Tropen. Geomorph. Studien, F. Machatschek gewidmet. Pet. Mitt. Erg. H. 262, Gotha, S. 259−268.

Zötl, Josef u. Maurin, Viktor, 1959: Die Untersuchung der Zusammenhänge unterirdischer Wässer mit besonderer Berücksichtigung der Karstverhältnisse. Steirische Beiträge zur Hydrogeologie, 11/12, Graz, 184 S. auch in: Beiträge zur alpinen Karstforschung, Heft 12, Wien 1960, 184 S.

Zötl, Josef, 1961: Die Hydrographie des nordostalpinen Karstes. Steirische Beiträge zur Hydrogeologie 13, Graz, 183 S.

Zötl, Josef G., 1974: Karsthydrogeologie. Wien und New York, 291 S.

III H Gletscher und Glazialer Formenschatz

Ahlmann, Hans Wilson, 1919: Geomorphological studies in Norway. Geogr. Annaler 1.

Ahlmann, Hans Wilson, 1922: Glaciers in Jotunheim and their physiography. Geogr. Annaler.

Ahlmann, H. W., 1935: Contribution to the physics of glaciers. Geogr. Journ.

Ahlmann, Hans Wilson, 1948: Glaciological research on the North Atlantic Coast. Roy. Geogr. Soc. Res. Ser. Nr. 1. London.

Aigner, Andreas, 1930: Das Karproblem und seine Bedeutung. Zeitschr. f. Geomorph. V.

Allix, A., 1929: Un pays de haute montagne, L'Oisans. Paris.

Allix, A. u. Perret, R. A., 1930: A propos d'érosion glaciaire, discussion de quelques idées nouvelles. Ann. de Géogr.

Ampferer, Otto, 1915: Über die Entstehung der Hochgebirgsformen in den Ostalpen. Zeitschr. D. u. Ö. A. V.

Ampferer, Otto, 1921: Über die Bohrung von Rum bei Hall in Tirol. Jahrb. geol. Staatsanst. 71.

Annaheim, Hans, 1936: Die Entstehung des Luganersees. Die Alpen.

Annaheim, Hans, 1946: Studien zur Geomorphogenese der Südalpen zwischen St. Gotthard und Alpenrand. Geogr. Helvet. 1., S. 65−149.

Antevs, Ernst, 1928: The Last Glaciation. Am. Geogr. Soc. Research. Ser. 17, New York.

Bakker, J. P., 1965: A forgotten factor in the interpretation of glacial stairways. Z. Geomorph. N.F. Bd. 9. S. 18−34.

Barsch, Dietrich, 1969: siehe III C.

Barsch, Dietrich, 1971: siehe III C.

Barsch, Dietrich, 1973: siehe III C.

Barsch, Dietrich, 1977: siehe III C.

Barsch, Dietrich, 1977a: Ein Permafrostprofil aus Graubünden, Schweizer Alpen. Z. f. Geomorph. N.F. 21, Berlin/Stuttgart, S. 79−86.

Battle, W. R. B. and Lewis, W. V., 1951: Temperature observations in bergschrunds and their relationship to cirque erosion. Journ. of Geol. 59, S. 537−545.

Bauer, A., 1952: Wissenschaftliche Ergebnisse der französischen Polarexpeditionen. Naturwiss. Rundschau 5, Stuttgart, S. 1−8 u. 49−51.

Berger, F., 1937: Die Anlage der schlesischen Stauchmoränen. Zentralbl. f. Mine. usw. B.

Berger, Herfried, 1967: Vorgänge und Formen der Nivation in den Alpen. Buchreihe des Landesmuseums für Kärnten, 17. Bd. Klagenfurt. 2. Aufl.

Beskow, G., 1930: Erdfließen und Strukturböden der Hochgebirge im Lichte der Frosthebung. Geologiska Föreningens. Förhandlingar 52, Stockholm.

Blümcke, A. u. Hess, H., 1899: Untersuchungen am Hintereisferner. Wiss. Erg. Heft z. Zeitschr. d. Dt. u. Ö. A. V. I. 2.

Bobek, Hans, 1933: Die Formentwicklung der Zillertaler und Tuxer Alpen. Forsch. z. dt. L. u. V. Kde. 33, 1.

Bowman, Isaiah, 1916: The Andes of Southern Peru, Geographical reconnaissance along the 73rd Meridian. New York.

Brückner, Eduard, 1921/22: I. Bowman über Schnee-Erosion und die Entstehung der Kare. Zeitschr. f. Gletscherkde., Bd. 12, S. 57−70.

Brunhes, Jean, 1907: Érosion fluviale et érosion glaciaire. Rev. de Géogr. 1.

Brunner, H. u. Franz, H.-J., 1960/61: Arbeitsmethoden in der Glazialmorphologie. Teil 1 u. 2. Geogr. Ber. H. 17, 1960; H. 18, 1961.

Bucher, E., 1948: Beitrag zu den theoretischen Grundlagen des Lawinenverbaus. Eidgen. Inst. f. Schnee- u. Lawinenforsch. Davos.

Büdel, Julius, 1944: siehe III C.

Büdel, Julius, 1960: siehe III C.

Burchard, Albrecht, 1927: Formenkundliche Untersuchungen in den nordwestlichen Ötztaler Alpen. Forsch. z. Dt. L. u. V. Kde. 25, H. 2. Stuttgart.

Cailleux, A., 1952: Polissage et surcreusement glaciaires dans l'hypothèse de Boyé. Revue de Géomorph. dynam. 3. S. 247−257.

Campbell, W. u. Rasmussen, L., 1970: A heuristic numerical model for three-dimensional time-dependent glacier flow. Intern. Assoc. Scientif. Hydrol. Publ. 86, S. 177−190.

Carol, Hans, 1943: Beobachtungen zur Entstehung der Rundhöcker. Die Alpen, 19, S. 173−180.

Carol, Hans, 1947: The formation of roches moutonnées. Journ. of Glaciology, 1., S. 57−59.

Chaix, A., 1942: siehe III C.

Charlsworth, J. K., 1957: The quarternary era with special reference to its glaciation. 2 Bde. London.

Cloos, Hans, 1929: Zur Mechanik der Randzonen von Gletschern, Schollen und Plutonen. Geol. Rundsch., Bd. 20, S. 66−75.

Cloos, Hans, 1936: siehe II D 1−2.

Corbel, Jean, 1959: siehe III D.

Corbel, Jean, 1962: Neiges et glaciers. Paris.

Creutzburg, Nikolaus, 1921: Die Formen der Eiszeit im Ankogelgebiet. Ostalp. Formenst. II. 1.

Daly, R. A., 1934: The changing world of the ice age. New Haven.

Davis, W. M., 1909: The sculpture of mountains by Glaciers. Scott. Geogr. Mag. 22.

Davis, William Morris, 1912: Der glaziale Zyklus, in „Die erklärende Beschreibung der Landformen", deutsch von A. Rühl, Leipzig u. Berlin.

Demorest, M., 1943: Ice sheets. Bull. Geol. Soc. Am. 54, S. 363−400.

Distel, Ludwig, 1912: Die Formen alpiner Hochtäler, insbesondere im Gebiet der Hohen Tauern. Mitt. Geogr. Ges. München 7.

Distel, Ludwig, 1912: Die Entstehung des alpinen Taltroges. Verh. d. Dt. Geogr. Tages Innsbruck.

Distel, Ludwig, 1914: Ergebnisse einer Studienreise in den zentralen Kaukasus. Abh. Hamburger Kolonialinst. 22, Reihe C II.

Distel, Ludwig, 1925: Bergschrund und Randkluft. Drygalski-Festschr. München u. Berlin, S. 225−228.

Drehwald, Hans R., 1955: Zur Entstehung der Spillways in Nordengland und Süd-Schottland. Kölner Geogr. Arb. H. 8.

Drygalski, Erich, v., 1897: Grönland Expedition der Gesellschaft für Erdkunde zu Berlin 1891−1893. Bd. I. Berlin.

Drygalski, Erich, v., 1912: Die Entstehung der Trogtäler zur Eiszeit. Pet. Mitt. 1912, II, S. 8.

Drygalski, E. v., 1919: Die Antarktis und ihre Vereisung. Sitz. Ber. Bayer. Akad. Wiss. Math. phys. Kl.

Drygalski, E. v., 1938: Die Bewegung von Gletschern und Inlandeis. Mitt. Geogr. Ges., Wien 81.

Drygalski, E. v. u. Machatschek, Fritz, 1942: Gletscherkunde, Enzyklop. d. Erdkde; Wien.

Dücker, A., 1951: siehe III C.

Dylik, Jan, 1961a: The Lódz region. Guidebook of excursion C. VIth INQUA Congress.

Dylik, Jan, 1961b: Quelques problèmes du pergélisol en Pleistocène Superieur. Bull. Soc. Sci. Lettr. de Lódz vol. 12 no. 7.

Dylik, Jan, 1963a: Periglacial sediments of the Sw. Malgorzata hill in the Warszaw-Berlin pradolina. Bull. Soc. Sci. Lettr. de Lódz vol. 14. no. 2.

Dylik, Jan, 1963b: Traces of the thermokarst in the Pleistocene sediments of Poland. Bull. Soc. Sci. Lettr. de Lódz vol. 14. no. 2.

Dylik, Jan, 1964: Sur les Changements climatiques pendant la dernière période froide. INQUA. Report of the VI. Intern. Congr. on Quaternary, Warsaw, vol. 4, Lódz.

Embleton, Clifford and King, Cuchlaine, A. M., 1968: Glacial and periglacial geomorphology. Alva.

Embleton, Clifford and King, Cuchlaine, A. M., 1975: Glacial Geomorphology. London.

Eberl, Barthel, 1930: Die Eiszeitenfolge im nördlichen Alpenvorlande. Augsburg.

Ebers, Edith, 1937: Zur Entstehung der Drumlins als Stromlinienkörper. N. Jb. f. Min. usw. Beil. Bd. 78 B.

Elliston, G. R., 1973: Water movement through the Gornergletscher. Intern. Assoc. Sc. Hydrol. A. J. S. H. Publ. 95. Sympos. Hydrol. of Glaciers, Cambridge. S. 79−84.

Enquist, Fr., 1916: Der Einfluß des Windes auf die Verteilung der Gletscher. Bull. Geol. Inst. Univ. Uppsala 14.

Evers, Wilhelm, 1941: Grundzüge einer Oberflächengestaltung Südnorwegens. Dtsch. Geogr. Blätter Bd. 44, Bremen.

Fels, Edwin, 1921: Die Kare der vorderen Karwendelkette. München.

Fels, Edwin, 1929: Das Problem der Karbildung in den Ostalpen. Pet. Mitt. Erg. H. 202.

Finsterwalder, Richard, 1931: Geschwindigkeitsmessungen an Gletschern mittels Photogrammetrie. Zeitschr. f. Gletscherkde. 19.

Finsterwalder, Richard, 1937: Die Gletscher des Nanga Parbat. Zeitschr. f. Gletscherkde. 25.

Finsterwalder, Richard, 1953: Die zahlenmäßige Erfassung des Gletscherrückgangs an Ostalpengletschern. Zeitschr. f. Gletscherkde. u. Glazialgeol. Bd. 2, S. 189−235.

Finsterwalder, Sebastian, 1897: Der Vernagtferner. Zeitschr. d. Dt. u. Ö. A. V. Erg. Heft I, 1, Graz.

Finsterwalder, Sebastian, 1923/24: Mechanismus der Gletscherbewegung und Gletschertextur. Zeitschr. f. Gletscherkde. 13.

Flaig, Walther, 1938: Das Gletscherbuch. Leipzig.

Flaig, Walther, 1955: Lawinen. Wiesbaden, 251 S.

Flint, R. F., 1929: The stagnation and dissipation of the last ice-sheet. Geogr. Rev. 19.

Flint, R. F., 1947: Glacial Geology and the Pleistocene Epoch. New York and London.

Flint, R. F., 1957: Glacial and Pleistocene Geology, New York.

Flint, R. F., 1971: Glacial and quaternary Geology. New York, London, Sidney, Toronto, S. 1−892.

Flint, R. F. u. Demorest, M., 1942: Glacier thinning during deglaciation. Am. Journ. Sci. 240.

Flückiger, Otto, 1934: Glaziale Felsformen. Pet. Mitt. Erg. H. 218, Gotha.

Foertsch, O. und Vidal, H., 1958a: Die seismische Vermessung des großen Gurgler Ferners in den Ötztaler Alpen im Spätsommer 1956. Gerlands Beitr. z. Geophys. 67. S. 1−30.

Foertsch, O. und Vidal, H., 1958b: Beiträge zur Erforschung subglazialer Talformen und der in ihnen liegenden Ablagerungen. C. R. et Rapp. Assemblée Générale de Toronto 1957. Bd. IV. Gentbrugge, S. 553−562.

Galon, Raimund, 1961: Morphology of the Notec-Warta (or Toruń-Eberswalde) ice marginal streamway. Polish Acad. Sci. Inst. Geogr., Geogr. Studies Nr. 29. Warschau.

Garwood, J. E., 1902: On the origin of hanging valleys in the Alps and Himalayas. Quat. Journ. Geol. Soc. 38, London.

Garwood, J. E., 1910: Fractures of alpine scenery due to glacial protection. Geogr. Journ. 36.

German, Rüdiger, 1973: Sedimente und Formen der glazialen Serie. Eiszeitalter u. Gegenw. 23/24, S. 5−15.

Gilbert, Grove Karl, 1904: Systematic Asymmetry of Crest Lines in the High Sierra of California. Journ. of Geol. 12, Chicago.

Glen, J. W., 1952: Experiments on the deformation of ice. J. Glaciol. 2, S. 111−114.

Glen, J. W., 1958: The flow law of ice. A discussion of assumptions made in glacier theory, their experimental foundations and consequences. Intern. Assoc. Scientif. Hydrol. Publ. 47, S. 171–183.

Grahmann, Rudolf, 1932: Bemerkungen über die Begriffe Diluvium, Eiszeit und Vereisung. Zeitschr. f. Gletscherkde. 20, S. 470–474.

Graul, Hans u. Schaefer, Ingo, 1953: Zur Gliederung der Würmeiszeit im Illergebiet. Geologica Bavarica 18.

Gripp, Karl, 1924: Über die äußerste Grenze der letzten Vereisung in Nordwestdeutschland. Mitt. Geogr. Ges., Hamburg 36.

Gripp, Karl, 1927: Beiträge zur Geologie von Spitzbergen. Abh. naturwiss. Ver. Hamburg 21.

Gripp, Karl, 1929: Glaziologische und geologische Ergebnisse der Hamburgischen Spitzbergen Expedition 1927. Abh. naturwiss. Ver. Hamburg 22.

Gripp, Karl, 1938: Endmoränen. C. R. Congr. Intern. Géogr., Amsterdam, Bd. II.

Gripp, Karl, 1964: Erdgeschichte von Schleswig-Holstein. Neumünster.

Gripp, Karl, 1975: 100 Jahre Untersuchungen über das Geschehen am Rande des nordeuropäischen Inlandeises. Eiszeitalter u. Gegenw. 26, S. 31–73.

Grötzbach, Erwin, 1965: siehe III C.

Gunn, B. M., 1964: Flow rates and secondary structures of Fox and Franz Josef Glaciers, New Zealand. Journal of Glaciology 5, Cambridge, S. 173–190.

Haeberli, Wilfried, 1976: siehe III C.

Haefeli, R. u. Kasser, P., 1951: Geschwindigkeitsverhältnisse und Verformungen in einem Eisstollen des Z'Muttgletschers. Intern. Assoc. Scientif. Hydrol. Publ. 32, S. 222–236.

Haefeli, R., 1942: Spannungs- und Elastizitätserscheinungen der Schneedecke unter besonderer Berücksichtigung der Schneedruckberechnung und verwandter Probleme der Erdbauforschung. Schweiz. Arch. angew. Wiss. u. Technik 8, S. 263–274, 308–315, 349–358, 380–396.

Haefeli, R., 1948: Schnee, Lawinen, Firn und Gletscher. In: Bendl, L.: Ingenieurgeologie, II. Hälfte. Wien, S. 663–735.

Haefeli, R., 1958: Druck- und Verformungsmessungen in Eisstollen. Intern. Assoc. Scientif. Hydrol. 46, S. 492–499.

Heim, Albert, 1885: Handbuch der Gletscherkunde. Stuttgart.

Heim, Albert, 1919: Geologie der Schweiz. Bd. I, Leipzig, bes. s. 356–379.

Hellaakoski, A., 1930: On the transportation of materials in the esker of Laitila. Fennia 52.

Hermes, Karl, 1955: Die Lage der oberen Waldgrenze in den Gebirgen der Erde und ihr Abstand zur Schneegrenze. Kölner Geogr. Arb. Heft 5.

Hesemann, J., 1939: Diluvialstratigraphische Geschiebeuntersuchungen zwischen Elbe und Rhein. Abh. Nat. Ver. Bremen 31.

Hess, Hans, 1903: Der Taltrog. Pet. Mitt. Gotha.

Hess, Hans, 1904: Die Gletscher. Braunschweig.

Hess, Hans, 1913: Die präglaziale Alpenoberfläche. Pet. Mitt.

Hess, Hans, 1924: Der Hintereisferner 1893/1922, ein Beitrag zur Lösung des Problems der Gletscherbewegung. Zeitschr. f. Gletscherkde. 13, S. 145–203.

Hess, Hans, 1929: Hintereisferner Nachlese. Zeitschr. f. Gletscherkde. 17.

Hess, Hans, 1931: Zur Strömungstheorie der Gletscherbewegung. Zeitschr. f. Gletscherkunde 19.

Heuberger, Helmut, 1952: Hochgelegene Erratika an der Südseite des Inntales westlich von Innsbruck. Z. f. Gletscherkde. u. Glazialgeol. 2, S. 118f.

Heuberger, Helmut, 1968: siehe III C

Hobbs, W. H., 1910: The Cycle of Mountain Glaciation. Geogr. Journ.

Hobbs, W. H., 1911: Characteristics of existing glaciers. New York.

Hobbs, W. H., 1935: The glaciers of mountain and continent. Zeitschr. f. Gletscherkde. 22.

Höfer, H. v., 1879: Gletscher- und Eiszeitstudien. Schriften d. Akad. Wiss. Math. naturw. Kl. 74, Wien.

Hoinkes, Herfried, 1970: Methoden und Möglichkeiten von Massenhaushaltsstudien auf Gletschern. Z. Gletscherkde u. Glazialgeol. 6, S. 37–90.

Höllermann, P., 1959: Blockbewegung bei Ostalpengletschern. Z. Geomorph. N.F. Bd. 3, S. 269–282.

Holmes, C. E., 1944: Hypothesis of subglacial erosion. Journ. of Geol. 52.

Holmes, C. E., 1949: Glacial erosion and sedimentation. Journ. of Geol. 60.

Holtzscherer, J. J., 1954: Mesures séismiques. Contribution des Expéditions Polaires Françaises, Mission Paul – Emile Victor á la connaissance de l'Inlandsis du Groenland. Nr. M III 2.

Hoppe, Gunnar, 1948: Isrecessionen fran Norrbottens Kustland. Geographica Nr. 20, Geogr. Inst. Univ. Uppsala.

Hoppe, Gunnar, 1957: Problems of Glacial Morphology and the Ice Age. Geogr. Annaler, Bd. 39, S. 1–31.

Hoppe, Gunnar, 1959: Glacial Morphology and Inland Ice Recession in Northern Sweden. Geografiska Annaler. Vol. 41, S. 193–212.

Hoppe, Gunnar, 1961: The continuation of the Uppsala Esker in the Bothnian Sea and ice-recession in the Gävle Area. Geografiska Ann. 43, S. 329–335.

Hoppe, Gunnar, 1961: Deglaciation principles and morphogenesis with Examples from Northern Sweden. VI. Inqua Congress, Warschau.

Hoppe, Gunnar, 1963: Subglacial Sedimentation, with examples from Northern Sweden. Geografiska Ann. Vol. 45, S. 41–49.

Hurtig, Theodor, 1969: Zum letztglazialen Abschmelzungsmechanismus im Raume des Baltischen Meeres. Geogr. Zeitschrift. Beiheft 22, Wiesbaden.

Illies, H., 1952: Die eiszeitliche Fluß- und Formengeschichte des Unterelbe-Gebietes. Geol. Jahrb. 66.

Johnson, D. W., 1899: An unrecognized process in glacial erosion. Science N. S. 9.

Johnson, D. W., 1904: The profile of maturity in alpine glacial erosion. Journ. of Geol. 12.

Joset, A. et Holtzscherer, J. J., 1953: Étude des vitesses de propagation des ondes séismiques sur l'Inlandsis du Groenland. Ann. de Géophys. 9, S. 329–344.

Kamb, B. and La Chapelle, E. 1964: Direct observation of the mechanism of glacier sliding over bedrock. J. Glaciol. 5, S. 159–172.

Karatsov, S. N., 1966: Mechanic properties of snow and firn. Intern. Assoc. Scientif. Hydrol. Publ. 69, S. 114–118.

Keilhack, Konrad, 1896: Die Drumlinlandschaft in Norddeutschland. Jahrb. Preuß. Geol. L. A. 17.

Keilhack, Konrad, 1899: Die Stillstandslagen des letzten Inlandeises und die hydrographische Entwicklung der pommerschen Küste. Jahrb. d. Preuß. Geol. L. A. f. 1898, Berlin, S. 90–152.

Keller, Gerhard, 1952: Beitrag zur Frage der Oser und Kames. Eiszeitalter u. Gegenw. 2.

Kendall, P. F., 1902: A System of Glacier Lakes in the Cleveland Hills. Quat. Journ. Geol. Soc. Bd. 58.

Kendall, P. F., 1902: The evidence for glacier-dammed lakes in the Cheviots. Trans. Edinburgh Geol. Soc. Bd. 8.

Kilian, W., 1900: Note sur le surcreusement (Übertiefung) des vallées alpines. Bull. Soc. Géol. France 28, S. 1003.

Kilian, W., 1906: L'érosion glaciaire et la formation des terrasses. La Géogr. 14.

Klaer, Wendelin, 1962: siehe III C.

Klaer, Wendelin, 1976: siehe III C.

Klebelsberg, Raimund v., 1920/21: Glazialgeologische Erfahrungen aus Gletscherstollen. Zeitschr. f. Gletscherkde. 11.

Klebelsberg, Raimund v., 1922: Beiträge zur Geologie West Turkestans. Innsbruck.

Klebelsberg, R. v., 1926: Der turkestanische Gletschertypus. Zeitschr. f. Gletscherkde. 14.

Klebelsberg, R. v., 1948/49: Handbuch der Gletscherkunde und Glazialgeologie. 2 Bde, Wien.

Klimaszewski, M., 1960: On the influence of preglacial relief on the extension and development of glaciation and deglaciation of mountainous regions. Przeglad. Geogr. 32. Suppl. 1960.

Knauer, Josef, 1929/31: Erläuterungen zu Blatt München-West der Geognostischen Karte von Bayern. Teilblatt Landsberg. Teilblatt München-Starnberg.

Knauer, Josef, 1935: Die Ablagerungen der älteren Würmeiszeit (Vorrückungsphase) im süddeutschen und norddeutschen Vereisungsgebiet. Abh. Geol. Landesunters. am Bayer. Oberbergamt 33, München.

Knauer, Josef, 1937: Widerlegung der Einwendungen K. Trolls gegen die Vorrückungsphase der Würmeiszeit. Mitt. Geogr. Ges. München 30.

Koch, Lauge, 1928: Contributions to the glaciology of North Greenland. Meddel. om Grönland 65.

Koch, J. P. u. Wegener, Alfred, 1911: Die glaziologischen Beobachtungen der Danmark Expedition. Meddel. om Grönland. 46.

Koch, J. P. u. Wegener, Kurt, 1930: Wissenschaftliche Ergebnisse der dänischen Expedition nach Dronning Louises Land I. Meddel. om Grönland Nr. 75.

Koechlin, René, 1944: Les glaciers et leur mécanisme. Lausanne.

Körner, H., 1954: Gletschermechanik und Gletscherbewegung. Z. Gletscherkde. u. Glazialgeol. 3, S. 1–17.

Kurowski, L., 1891: Die Höhe der Schneegrenze mit besonderer Berücksichtigung der Finsteraarhorngruppe. Pencks Geogr. Abh. 5, 1.

Lagally, M., 1930: Die Zähigkeit des Gletschereises und die Tiefe der Gletscher. Z. Gletscherkde. 18, S. 1–8.

Lagally, M., 1933: Mechanik und Thermodynamik des stationären Gletschers. Gerlands Beitr. z. Geophys., II. Suppl. Bd., Leipzig.

Langway, C. C., 1958: Bubble pressure in Greenland glacier ice. Intern. Assoc. Scientif. Hydrol. Publ. 47, S. 336–349.

Langway, C. C., 1968: Deep ice core study program: Greenland. Antarctic J. of the U. S. Bd. 3, S. 184–185.

Lautensach, Hermann, 1912: Die Übertiefung des Tessingebietes. Geogr. Abh. N. F. 1.

Lehmann, Otto, 1920: Die Bodenformen der Adamellogruppe. Abh. Geogr. Ges., Wien XI, 1.

Leiviska, J., 1928: Über die Ose Mittelfinnlands. Fennia 51, No. 4.

Lewis, W. V., 1938: A meltwater hypothesis of cirque formation. Geolog. Magaz. 75, S. 249–265.

Lewis, W. V., 1947: The formation of roches moutonnées. Journ. of Glaciology 1.

Lewis, W. V., 1948: Valley steps and glacial valley erosion. Transact. Inst. Brit. Geographers, S. 19–44.

Lewis, W. V., 1949: An esker in process of formation. Journ. of Glaciology 1.

Lewis, W. V., 1954: Pressure release and glacial erosion. Journ. of Glaciol. 2, S. 417–422.

Leyden, Friedrich, 1924: Grundfragen alpiner Formenkunde. Geol. Rundschau 15, S. 193–215.

Liedtke, Herbert, 1975: Die nordischen Vereisungen in Mitteleuropa. Forsch z. dt. Landeskde. Bd. 204. Bonn-Bad Godesberg.

Lliboutry, L., 1964/65: Traité de glaciologie. 2 Bde. Paris.

Lliboutry, L., 1969: How ice sheets move. Science J. 5, S. 50–55.

Loewe, Fritz, 1936: Höhenverhältnisse und Massenhaushalt des grönländischen Inlandeises. Gerlands Beitr. z. Geophys. 46.

Loewe, Fritz, 1938: Das Klima des grönländischen Inlandeises. Handb. d. Klimatol. Bd. II K, Berlin.

Loewe, Fritz, 1954: Beiträge zur Kenntnis der Antarktis. Erdkde. 8.

Loewe, Fritz, 1970: Schelfeis oder Eisschelf. Erdkde. 24, S. 144–145.

Louis, Herbert, (1923), 1925: Topographische Arbeiten in Albanien. Z. Ges. Erdkde. Berlin 1925, S. 109–117.

Louis, Herbert, 1926: Glazialmorphologische Beobachtungen im albanischen Epirus. Z. Ges. Erdkde., Berlin, S. 398–409.

Louis, Herbert, 1927: Die Verbreitung von Glazialformen im Westen der Vereinigten Staaten. Zeitschr. f. Geomorph. II, S. 221–235.

Louis, Herbert, 1930: Morphologische Studien in Südwest Bulgarien. Geogr. Abh., 3. Reihe, Heft 2, Stuttgart.

Louis, Herbert, 1933: Die eiszeitliche Schneegrenze auf der Balkanhalbinsel. Mitt. Bulgar. Geogr. Ges. Sofia I, Ischirkoff-Festschr., Sofia.

Louis, Herbert, 1934: Glazialmorphologische Studien in den Gebirgen der Britischen Inseln. Berliner Geogr. Arb., Heft 6, Stuttgart.

Louis, Herbert, 1936: Neuere Forschungen über die Urstromtäler besonders im mittleren Norddeutschland. C. R. Congr. Intern. Géogr. Warschau 1934, Bd. II. Varsovie, S. 15–25.

Louis, Herbert, 1952: Zur Theorie der Gletschererosion in Tälern. Eiszeitalter u. Gegenwart 2.

Louis, Herbert, 1955: Schneegrenze und Schneegrenzbestimmung. Geogr. Taschenb. 1954/55. Wiesbaden, S. 414–418.

Louis, Herbert, 1958: Der Bestrahlungsgang als Fundamentalerscheinung der geographischen Klimaunterscheidung. Schlern-Schriften 190, Kinzl-Festschrift. Innsbruck.

Louis, Herbert, 1962: Die vom Grundrelief bedingten Typen glazialer Erosionslandschaften, Biuletyn Peryglacjalny Nr. 11, Lódź, S. 259–270.

Lucerna, Roman, 1914: Morphologie der Montblancgruppe. Pet. Mitt. Erg. Heft 181.

McCall, J. G., 1952: The internal structure of a cirque glacier. Journ. Glaciol. 2, S. 122–130.

Machatschek, Fritz, 1928: Zur Morphologie der Schweizer Alpen. Zeitschr. Ges. Erdkde., Berlin, Jubil. Sonderbd.

Mannerfelt, C. M., 1945: Nagra Glacialmorfologiska Formelement. Geogr. Annaler 17.

Markus, E., 1930: Kameslandschaften Esthlands. Zeitschr. d. Dt. Geol. Ges. 82.

Martonne, Emm. de, 1901: Sur la formation des cirques. Ann. de Géogr. 10.

Martonne, Emm. de, 1910: Sur la théorie mécanique de l'érosion glaciaire. C. R. Acad. Sc., Paris 150.

Martonne, Emm. de, 1910/11: L'érosion glaciaire et la formation des vallées alpines. Ann. de Géogr. 19 et 20.

Martonne, Emm. de, 1920: Les glaciers de l'Alaska et leur interêt pour l'intelligence des formes de reliefs glaciaires. Ann. de Géogr. 29.

Martonne, Emm. de, 1924: Quelques données nouvelles sur la jeunesse du relief préglaciaire dans les Alpes. Cvijić Festschr., Belgrad.

Matthes, F. E., 1899/1900: Glacial sculpture of the Bighorn-Mountains. U. S. Geol. Surv. Ann. Rep.

Matthes, F. E., 1930: The geologic history of the Yosemite Valley. U. S. Geol. Surv. Prof. Pap. 160.

Maull, Otto, 1938: Glaziale Erosion, ihre Leitformen und Formengruppen, in „Geomorphologie" Enzykl. d. Erdkde., Leipzig u. Wien, 2. Aufl. 1958.

Mawdsley, H. B., 1936: The Washboard Moraines of the Opawica-Chibougamau Area, Quebec. Rog. Soc. Canada Trans. Ser. 3. Vol. 30. sec. 4, Ottawa.

Meier, M. F., 1960: Mode of flow of Saskatchewan-Glacier, Alberta. Canada Geol. Surv. Prof. Pap. 351, S. 1−70.

Meier, M. F. and Tangborn, W. V., 1965: Net budget and flow of South Cascade Glacier, Washington, Journ. of Glaciology, 5, Nr. 41, S. 547−566.

Messerli, B., 1967: Die eiszeitliche und gegenwärtige Vergletscherung im Mittelmeergebiet. Geogr. Helvet. 22, S. 105−228.

Miller, F., 1970: Perennial ice and snow masses. A contribution to the International Hydrological Decade. Techn. Papers in Hydrology UNESCO, Intern. Assoc. Scientif. Hydrol. Paris.

Müller, L., 1948: Von den Unterschieden geologischer und technischer Beanspruchungen. Geomechanische Probleme I. Geol. u. Bauwesen 16. Wien, S. 101−161.

Müller, L., 1963: Der Felsbau I. Stuttgart, 624 S.

Mutschlechner, Georg, 1962: Zur Geologie der Saile bei Innsbruck. Veröff. Mus. Ferdinandeum, Bd. 41, Jg. 1961, S. 37−47. Innsbruck 1962.

Nordenskjöld, Otto, 1909: Einige Beobachtungen über Eisformen und Vergletscherung der antarktischen Gebiete. Z. Gletscherkde. 3, S. 321−334.

Nussbaum, Fritz, 1945: Orographische und morphologische Untersuchungen in den östlichen Pyrenäen. Jahresber. Geogr. Ges., Bern 25.

Nye, J. F., 1952: The mechanics of glacier flow. Journ. of Glaciol. 2, S. 82−93.

Nye, J. F., 1955: Comments on Dr. Loewe's letter and notes on Crevasses. J. Glaciol. 2, S. 512−514.

Nye, J. F., 1958: A theory of waves on glaciers. Intern. Assoc. Scientif. Hydrol. Publ. 47, S. 139−154.

Östrem, Gunnar; Ziegler, T.; Ekman, S. R. 1970: Slamtransportundersökelser i Norske Bre-Elver 1969. Norges Vassdrags- og Elektisitetsvesen, Rapport 6/70.

Orowan, E., 1949: The flow of ice and other solids. Journ. of Glaciology 1, S. 231−240.

Partsch, Josef, 1882: Die Gletscher der Vorzeit in den Karpathen und den Mittelgebirgen Deutschlands. Breslau.

Partsch, Josef, 1923: Die Hohe Tatra zur Eiszeit. Breslau.

Paschinger, Viktor, 1912: Die Schneegrenze in verschiedenen Klimaten. Pet. Mitt. Erg. H. 173.

Paterson, W. S. B., 1969: The physics of glacier. Oxford - London - Edinburgh - New York - Toronto - Sidney - Paris - Braunschweig.

Paulcke, W., 1938: Praktische Schnee- und Lawinenkunde. Berlin, 218 S.

Penck, Albrecht, 1879: Die Geschiebeformation Norddeutschlands. Zeitschr. d. Dt. Geol. Ges. 31.

Penck, Albrecht, 1882: Die Vergletscherung der deutschen Alpen. Leipzig.

Penck, Albrecht, 1899: Die Übertiefung der Alpentäler. Verh. VII Intern. Geogr. Kongr. Berlin.

Penck, Albrecht u. Brückner, Eduard, 1901−1909: siehe I b.

Penck, Albrecht, 1910: Über glaziale Erosion in den Alpen. C. R. Congr. Intern. de Géol. Stockholm I.

Penck, Albrecht, 1912: Schliffkehle und Taltrog. Pet. Mitt. 1912, II, S. 125 ff.

Penck, Albrecht, 1924: siehe III F.

Perutz, M. F., 1939: Problems of glacier flow. Proc. Roy. Soc. A. 172.

Philipp, Hans, 1920: Geologische Untersuchungen über den Mechanismus der Gletscherbewegung. N. Jahrb. f. Min. usw. Beil. Bd. 43, S. 439−556.

Philipp, Hans, 1932: Gletscheruntersuchungen in den Ostalpen. Zeitschr. f. Gletscherkunde, Bd. 20, S. 233−268.

Philippson, Alfred, 1912: Der glaziale Taltrog. Pet. Mitt. II, S. 277.

Pillewizer, Wolfgang, 1939: Die kartographischen und gletscherkundlichen Ergebnisse der Deutschen Spitzbergenexpedition 1938. Pet. Mitt. Erg. H. 238.

Pillewizer, Wolfgang, 1956: Der Rakhiotgletscher am Nanga Parbat im Jahre 1954. Zeitschr. f. Gletscherkde. u. Glazialgeol. III.

Pillewizer, Wolfgang, 1957: Bewegungsstudien an Karakorum Gletschern. Pet. Mitt. Erg. H. 262 (Machatschek-Festschrift), Gotha, S. 53−60.

Pillewizer, Wolfgang (Hrsg.) 1977: Luftbildkarte Großvenediger 1 : 10 000. Geowissensch. Mitt. Heft 12. Inst. f. Kartogr. u. Reproduktionstechn., Wien. Sonderausführung mit Isohypsen des Gletscher-Untergrundes.

Potonié, R., 1930: Über den Muskauer Faltenbogen. Jahrb. Preuß. Geol. L. A. 51.

Pytte, Randi, u. a., 1970: Glasiologiske Undersökelser i Norge 1969. Norges Vassdrags- og Elektrisitetsvesen, Rapport 5/70.

Rathjens jun., Carl, 1951: Über die Zweiteilung der Würmeiszeit im nördlichen Alpenvorlande. Pet. Mitt.

Rathjens jun., Carl, 1954: Das Problem der Gliederung des Eiszeitalters in physisch-geographischer Sicht. Münchner Geogr. Hefte 6.

Ratzel, Friedrich, 1886: Zur Kritik der sogenannten Schneegrenze. Leopoldina.

Reich, Herrmann, 1955: Feststellungen über diluviale Bewegungen am Nordrand der bayrischen Alpen auf Grund seismischer Untersuchungen. Geol. Rundsch. 43, S. 158–168.

Reinwarth, Oskar u. Stäblein, Gerhard, 1972: Die Kryosphäre, das Eis der Erde und seine Untersuchung. Würzburger Geogr. Arbeiten Heft 36, Würzburg, 74 S.

Richter, Eduard, 1887: Schneegrenze und Firnfleckenregion. Mitt. Dt. u. Ö. Alpenverein 13, N. F. 3, S. 49–50.

Richter, Eduard, 1888: Die Gletscher der Ostalpen. Stuttgart.

Richter, Eduard, 1896: Geomorphologische Beobachtungen aus Norwegen. Sitz. Ber. Akad. Wiss. Wien, Math. naturw. Kl. I.

Richter, Eduard, 1900: Geomorphologische Untersuchungen in den Hochalpen. Pet. Mitt. Erg. H. 132.

Richter, Konrad, 1933: Gefüge und Zusammensetzung des norddeutschen Jungmoränengebietes. Abh. Geol. paläontol. Inst. Univ. Greifswald 11.

Robin, Q. u. Weertman, J., 1973: Cyclic surging of glaciers. J. Glaciology 12, S. 64.

Rudberg, Sten, 1974: siehe III C.

Schaefer, Ingo, 1950: Die diluviale Erosion und Akkumulation. Forsch. z. Dt. Landeskunde 49, Landshut.

Schaefer, Ingo, 1951: Bemerkungen zur Nomenklatur der Eiszeitforschung. Pet. Mitt. s. 26–31.

Schaefer, Ingo, 1953: Die donaueiszeitlichen Ablagerungen an Lech und Wertach. Geologica Bavarica 19.

Schmidt-Thomé, Paul, 1972: siehe II A–C.

Schneider, Hans Jochen, 1962: Die Gletschertypen. Versuch im Sinne einer einheitlichen Terminologie. Geogr. Taschenbuch 1962/63, Wiesbaden, S. 276–283.

Schucht, Friedrich, 1939: Faziesunterschiede der Grundmoränen im norddeutschen Diluvium. Forstarchiv.

Schumskii, P. A., 1970: The Antarctic ice sheet. Intern. Assoc. Scientif. Hydrol. Publ. 86, S. 327–347.

Schunke, Ekkehard, 1974: siehe III C.

Schwarzbach, Martin, 1954: Geologische Tätigkeit des Eises und die Periglazialgebiete. In:

R. Brinkmann, Lehrbuch d. Allg. Geol. Bd. I, Stuttgart, S. 207–249.

Seligmann, G., 1943: Forschungsergebnisse am Großen Aletschgletscher. Die Alpen 19, S. 357–364.

Seligmann, G., 1947: Extrusion flow in glaciers. Journ. of Glaciology 1, S. 12.

Seligmann, G., 1949: Research on glacier flow: an historical outline. Geogr. Annaler 31, S. 228–238.

Sharp, R. P., 1951: Features of the firn on upper Seward Glacier, St. Elias Mountains. Canada. J. of Geol. 59, S. 599–621.

Sharp, R. P. and Epstein, S., 1958: Oxygen-isotope and glacier movement. IASH, Publ. Nr. 47, S. 359–369.

Sieger, Robert, 1893: Die Drumlin Landschaft des Bodensees. Richthofen-Festschr.

Slater, G., 1930: Die Strukturverhältnisse der gestörten Kreide- und Diluvial-Ablagerungen der Ostküste Rügens (Jasmund Distrikt) N. Jahrb. f. Min. Beil., Bd. 63.

Soergel, W., 1921: Die Ursachen der diluvialen Aufschotterung und Erosion. Fortschr. d. Geol. u. Paläont. H. 5, Berlin.

Sölch, Johann, 1935: Fluß- und Eiswerk in den Alpen zwischen Ötztal und St. Gotthard. Pet. Mitt. Erg. H. 219, 220.

Soergel, W., 1919: Lösse, Eiszeiten und paläolithische Kulturen. Jena.

Somigliana, C., 1931: Sulla teoria del movimento glaciale. Boll. Comit. glac. Ital. 11.

Sommerhoff, Gerd, 1975: Glaziale Gestaltung und marine Überformung der Schelfbänke vor SW-Grönland. Polarforsch. 45, S. 22–31.

Staub, Rudolf, 1938: Prinzipielles zur Entstehung der alpinen Randseen. Ecl. Geol. Helvet. 31.

Stiny, Josef, 1912: Taltröge. Pet. Mitt. 1912, II, S. 247–252.

Streiff-Becker, Rudolf, 1938: Zur Dynamik des Firneises. Zeitschr. f. Gletscherkde. 26.

Streiff-Becker, Rudolf, 1951: Pot-holes and glacier mills. Journ. of Glaciology 1.

Streiff-Becker, Rudolf, 1952: Probleme der Firnschichtung. Z. Gletscherkde. u. Glazialgeol. 2, S. 1–9.

Svensson, Harald, 1959: Glaciation och Morfologi. Meddel. Lunds Univ. Geogr. Inst. Avhandl. 36, 283 S.

Thompson, W. F., 1962: siehe III C.

Torell, Otto, 1875: Vortrag über Inlandeis in Norddeutschland. Zeitschr. Dt. Geol. Ges. 27.

Tricart, Jean u. Cailleux, André, 1962: Le modelé glaciaire et nival. Paris.

Troll, Carl, 1924: Der diluviale Inn-Chiemsee Gletscher. Forsch. z. Dt. L. u. V. Kde 23.

Troll, Carl, 1926: Die jungglazialen Schotter-fluren im Umkreis der deutschen Alpen. Forsch. z. Dt. L. u. V. Kde 24.

Troll, Carl, 1936: Die sogenannte Vorrückungs-phase der Würmeiszeit und der Eiszerfall bei ihrem Rückgang. Mitt. Geogr. Ges. München 29.

Troll, Carl, 1957: Tiefenerosion, Seitenerosion und Akkumulation der Flüsse im fluvioglazia-len Bereich. Pet. Mitt. Erg. H. 262 (Macha-tschek-Festschrift) Gotha, S. 213−226.

Vareschi, V., 1936: Blütenpollen im Gletscher-eis. Z. Gletscherkde. 23, S. 255−276.

Vareschi, V., 1942: Die pollenanalytische Unter-suchung der Gletscherbewegung. Veröff. d. geobotan. Inst. Rübel, Zürich, 19.

Vialov, S. S., 1958: Regularities of glacial shields movement and the theory of plastic viscous flow. Intern. Assoc. Scientif. Hydrol. Publ., 47, S. 266−275.

Visser, Ph. C., 1934: Benennung der Vergleт-scherungstypen. Zeitschr. f. Gletscherkde. 21, S. 137−139.

Visser, Ph. C., 1938: Glaziologie. Wiss. Ergebn. d. Niederländ. Exped. i. d. Karakorum, Bd. II, Leiden.

Voigt, U., 1965: Die Bewegung der Gletscher-zunge des Kongsvegen (Knigsbay, West-spitzbergen). Pet. Mitt. 109, S. 1−8.

Vorndran, Gerhard u. Sommerhoff, Gerd, 1974: Glaziologisch-glazialmorphologische Unter-chungen im Gebiet des Qôrqup-Auslaßglet-schers (Südwest-Grönland). Polarforsch. 44, S. 137−147.

Wahnschaffe, Felix u. Schucht, Friedrich, 1921: Geologie und Oberflächengestaltung des nord-deutschen Flachlandes. 4. Aufl., Stuttgart.

Waldbaur, Harry, 1923: Hängetäler im Ober-engadin und Bergell. Ostalp. Formenstud. II 2.

Weertman, J., 1957: On the sliding of glaciers. J. Glaciol. 3, S. 33−38.

Weertman, J., 1958: Traveling waves on glaciers. Intern. Assoc. Scientif. Hydrol. Publ. 47, S. 162−168.

Weertman, J., 1964: The theory of glacier sliding. J. Glaciol 5, S. 287−303.

Weinberg, B., 1907: Über den Koeffizienten der inneren Reibung des Gletschereises und seine Bedeutung für die Theorie der Gletscher-bewegung. Zeitschr. f. Gletscherkde. 1.

Wilhelm, Friedrich, 1961: Die glaziologischen Ergebnisse der Spitzbergenkundfahrt der Sek-tion Amberg des Deutschen Alpenvereins. Mitt. Geogr. Ges. München, 46, München, S. 151−183.

Wilhelm, Friedrich, 1963: Beobachtungen über Geschwindigkeitsänderungen und Bewegungs-typen beim Eismassentransport arktischer Gletscher. IASH, Publ. Nr. 61, S. 261−271.

Wilhelm, Friedrich, 1975: Schnee- und Glet-scherkunde. Lehrbuch der Allg. Geographie, Bd. 3, Teil 3, Berlin.

Woldstedt, Paul, 1925: Die großen Endmoränen-züge Norddeutschlands. Zeitschr. Dt. Geol. Ges. 77.

Woldstedt, Paul, 1950/1974: Norddeutschland und angrenzende Gebiete im Eiszeitalter. Stuttgart. 3. Aufl. 1974 (neu bearbeitet und hrsg. v. K. Duphorn).

Woldstedt, Paul, 1952: Die Entstehung der Seen in den ehemals vergletscherten Gebieten. Eiszeitalter u. Gegenw. 2.

Woldstedt, Paul, 1954−65: Das Eiszeitalter. Stuttgart. 2. bzw. 3. Aufl.
1. Bd. 2. Aufl., 1954, 3. Aufl. 1961. Allge-meines.
2. Bd. 2. Aufl. 1958. Europa, Vorderasien, Nordamerika.
3. Bd. 2. Aufl. 1965. Afrika, Asien, Austra-lien, Amerika.

Worm, Günther, 1926/27: Kare und Kartreppen in ihrer Abhängigkeit von voreiszeitlichen Reliefresten. Zeitschr. f. Gletscherkde. 15.

Worm, Günther, 1927: Beiträge zur Geographie und Morphologie der Kare. Mitt. Ver. f. Erdkde., Dresden, S. 49−97.

Zeuner, F. E., 1945: The Pleistocene Period. London.

Zingg, Th., 1954: Die Bestimmung der klimati-schen Schneegrenze auf klimatischer Grund-lage. Mitt. Eidg. Inst. f. Schnee- und Lawinenforsch. 12. Davos.

III J Der durch Windwirkungen bestimmte Formenschatz

Andersson, J. G., 1924: Archäologische Studien in China. Mitt. Anthropol. Ges. Wien 54.

Aufrère, L., 1931: Le cycle morphologique des dunes. Ann. de Géogr.

Aufrère, L., 1935: Essai sur les dunes du Sahara algérién. Geografiska Annaler 17 (Hedin-Festschrift). Stockholm.

Bagnold, R. A., 1941: The Physics of Blown Sand and Desert Dunes. London. Nachdruck 1973, mehrere Aufl. bzw. Neudruck.

Berg, Leo S., 1932: The origin of Loess. Gerlands Beitr. z. Geophys. 35.

Bobek, Hans, 1969: Zur Kenntnis der Südlichen Lut. Mitt. d. Österr. Geogr. Ges., Bd. 111, S. 155–192.

Beskow, G., 1930: siehe III H.

Borsy, Zoltan, 1974: Attritional studies on blown sandgrains. Acta Geogr. Debrecina. Jg. 13. 1973, S. 29–52. Debrecen 1974.

Borsy, Zoltan, 1974: A hosszanti buckák (seif dünék). Engl. Summary: Seif Dunes. Földrajzi Közlemények, Jg. 98=22, Budapest, S. 330–341.

Braun, Gustav, 1911: Entwicklungsgeschichtliche Studien an europäischen Flachlandküsten und ihren Dünen. Veröff. Inst. f. Meereskde. Berlin., Heft 15.

Bryan, Kirk, 1933/35: siehe Ib.

Büdel, Julius, 1944: siehe III C.

Butler, B. E., 1956: Parna – an aeolian clay. Austr. Journ. Sci. 18, S. 145–151.

Cailleux, André, 1942: siehe III C.

Capot-Rey, Robert, 1943: La morphologie de l'Erg occidental. Travaux de l'Inst. de Recherches sahariennes (Univ. d'Alger).

Capot-Rey, Robert, 1945: Dry and humid morphology in the western Erg. Geogr. Rev.

Capot-Rey, Robert, 1953: siehe III E.

Capot-Rey, Robert, 1970: Remarques sur les ergs du Sahara. Ann. de Géogr., 79, S. 2–19.

Chudeau, R., 1920: Étude sur les dunes sahariennes. Ann. de Géogr. 29.

Clos-Arceduc, A., 1972: Typologie des dunes vives. Travaux de l'Institut de Géogr. de Reims, 6, Reims, S. 63–72.

Dubief, Jean, 1959/1963: Le Climat du Sahara. Tome 1, 1959, Tome 2, 1963, Alger.

Exner, F. M., 1920: Zur Physik der Dünen. Sitzber. Akad. Wiss. Wien Math. nat. Kl. II a 129.

Exner, F. M., 1927: Über Dünen und Sandwellen. Geografiska Annaler 9.

Cooke, Ronald U. and Andrew Warren, 1973: Geomorphology in Deserts. London, 394 S.

Cornish, Vaughan, 1897: On the formation of sanddunes. Geogr. Journ.

Cornish, Vaughan, 1908: On the observation of desert sanddunes. Geogr. Journ.

Dammer, B., 1941: Über Flottsande in der östlichen Mark Brandenburg. Jb. Reichsanst. f. Bodenforsch. 61, Berlin.

Dewers, F., 1932: Flottsandgebiete in Nordwestdeutschland. Abh. nat. Ver. Bremen 28.

Dücker, A., 1939: siehe III C.

Fett, W., 1958: Der atmosphärische Staub. Berlin, 309 S.

Finkel, H. J., 1959: The barchans of Southern Peru. Journ. of Geol. 67, S. 614–647.

Folk, Robert, L., 1971: Longitudinal dunes of the northwest edge of Simpson desert, Northern Territory, Australia I, Sedimentology 16, Amsterdam, S. 5–54.

Fürst, M., 1965: siehe III E.

Gabriel, Alfons, 1961: Die Wüsten der Erde und ihre Erforschung. Berlin-Göttingen-Heidelberg, 167 S.

Gabriel, Alfons, 1964: Zum Problem des Formenschatzes in extrem-ariden Räumen. Mitt. Geogr. Ges. Wien. Bd. 106, S. 3–15.

Galon, Raimund, 1959: New investigations of inland dunes in Poland. Przeglad Geogr. Vol. 31, Supplement Warschau, S. 93–110.

Ganssen, R., 1922: Die Entstehung und Herkunft des Löß. Mitt. a. d. Labor. d. Preuß. Geol. L. A. 4.

Gautier, E. F., 1928: siehe III E.

Geiger, Rudolf, 1961: Das Klima der bodennahen Luftschicht. 4. Aufl. Braunschweig.

Gill, E., 1948: Frictional electricity of sand. Nature, vol. 162, S. 568.

Glennie, K. W., 1970: Desert Sedimentary Environments. Developments in Sedimentology 14. Amsterdam, 222 S.

Grahmann, Rudolf, 1932: Der Löß in Europa. Mitt. Ges. Erdkde. Leipzig 51, S. 5–24.

Gripp, Karl, 1961: Über das Werden und Vergehen von Barchanen an der Nordsee-Küste Schleswig-Holsteins. Z. Geomorph. N.F. 5, S. 24–36.

Guenther, E. W., 1961: Sedimentpetrographische Untersuchungen von Lössen. I Fundamenta B. 1, S. 91.

Häberle, D., 1930: Über Flugsandbildungen in der Rheinpfalz. Mitt. u. Arb. Geol. Inst. Univ. Heidelberg.

Hagedorn, Horst, 1968: Über äolische Abtragung und Formung in der Südost-Sahara. Erdkunde 22, S. 257–269.

Hagedorn, Horst, 1971: Untersuchungen über Relieftypen arider Räume an Beispielen aus dem Tibesti-Gebirge und seiner Umgebung. Z. Geomorph., Supplementband 11, Berlin, 251 S.

Hagedorn, Horst, 1974: Gegenwärtige äolische Abtragungsprozesse in der Zentral-Sahara. Abh. Akad. Wiss. Göttingen, Mathem.-phys. Klasse, III. Folge, Nr. 29, Göttingen, S. 230–240.

Hartnack, Wilhelm, 1925: Die Wanderdünen Pommerns, ihre Form und Entstehung. Greifswald.

Hedin, Sven, 1904–1907: Scientific Results of a Journey in Central Asia 1899–1902. 6 Bde., Stockholm; insbesondere Vol. 1: The Tarim River, Stockholm 1904.

Hellmann, Gustav u. Meinardus, Wilhelm, 1901: Der große Staubfall vom 9. bis 12. März 1901 in Nordafrika, Süd- u. Mitteleuropa. Abh. Preuß. Meteorol. Inst. II Nr. 1, Berlin.

Herrmann, E., 1903: Die Staubfälle vom 19. bis 23. Februar 1903 über dem Nordatlantischen Ozean, Großbritannien und Mittel-Europa. Annalen der Hydrologie, Bd. 31, H. 10, S. 425–438 u. 475–483.

Kaiser, Erich, 1923: Was ist eine Wüste? Mitt. Geogr. Ges. München.

Kaiser, Erich, 1926: siehe III E.

Kaiser, Erich, 1926: Höhenschichtenkarte der Deflationslandschaft in der Namib Südwestafrikas. Abh. Bayer. Akad. Wiss. Math. Phys. Kl. 30, Mitt. Geogr. Ges. München.

Kaiser, Erich, 1927: Über Wüstenformen, insbesondere in der Namib Südwestafrikas. Düsseldorfer Geogr. Vortr. III. Breslau.

Kaufmann, H., 1929: siehe I b.

Keilhack, Konrad, 1917: Die großen Dünengebiete Norddeutschlands. Zeitschr. Dt. Geol. Ges. 69.

Keyes, Ch. R., 1910: siehe I b.

Kuenen, Ph. H. and Perdok, W. G., 1962: Experimental abrasion. 5. Frosting and defrosting of quartz grains. Journal of Geology 70, Chicago, S. 648–658.

Kuron, Hans, 1952: Berücksichtigung des Bodenschutzes bei der Beratung und Umlegung. I: Informationen. Inst. f. Raumforsch. Jg. 2, Heft 45–46.

Lembke, Herbert, 1939: Das Alter der norddeutschen Binnendünen. Dt. Geogr. Blätter 42, Bremen.

Long, J. T. and R. P. Sharp, 1964: Barchan-dune movement in Imperial Valley, California. Bulletin Geological Society America 75, Washington, S. 149–156.

Louis, Herbert, 1928: Die Form der norddeutschen Bogendünen. Zeitschr. f. Geomorph. IV.

Mabbutt, J. A., 1968: siehe III E.

Machatschek, Fritz, 1921: Landeskunde von Russisch-Turkestan. Stuttgart.

Machatschek, Fritz, 1927: Die Oberflächenformen der Binnen- und Hochwüsten. Düsseldorfer Geogr. Vortr. u. Abh., III. Breslau.

Mager, Friedrich, 1938: Die Landschaftsentwicklung der Kurischen Nehrung. Königsberg.

McKee, Edwin D. and Tibbits, Gordon C. jr., 1964: Primary structures of a Seif dune and associated deposits in Libya. Journ. of Sedimentary Petrology, Vol. 34, Tulsa, S. 5–17.

McKee, E. D., 1966: Structure of dunes at White Sands National Monument, New Mexico. Sedimentology 7, Nr. 1, 69 S.

Mainguet, Monique, 1968: Le Borkou. Aspects d'un modelé éolien. Ann. de Géogr. 77, S. 296–322.

Mainguet, Monique, 1972: Le modelé des grès. Problèmes généraux. Paris, 2 Bde.

Mainguet, Monique, 1976: Propositions pour une nouvelle classification des édifices sableux éoliens d'après les images des satellites Landsat I, Gémini, Noaa 3. Z. Geomorph. N. F., 20, S. 275–296.

Martonne, Emm. de, 1935: siehe III E.

Maull, Otto, 1938/1958: siehe I c.

Meckelein, Wolfgang, 1959: siehe III C.

Mensching, Horst, 1971: Grundzüge der Geomorphologie (der Sahara). In: Schiffers, Heinrich: Die Sahara und ihre Randgebiete. I. Bd., Physiogeographie, München, S. 189–225.

Mensching, Horst, Gießner, Klaus u. Stuckmann, Günther, 1970: Sudan–Sahel–Sahara. Geomorphologische Beobachtungen auf einer Forschungsexpedition nach West- und Nordafrika 1969. Jahrb. Geogr. Ges. Hannover für 1969.

Mill, Hugh Robert and Lempfert, R. G. K., 1904: The Great Dust-Fall of February 1903, and its origin. Quarterly Journal of the Meteorological Society, 30, London.

Mortensen, Hans, 1927a: siehe III E.

Mortensen, Hans, 1929: siehe III E.

Nalivkin, Dimitri Vasil'evich, 1970: Urgani, buri i smerchi: geograficheskie osobennosti i geologicheskaja deiatel 'nost'. Leningrad (Izdatel'stvo „Nauka"; russisch)

Pachur, H. J., 1974: Geomorphologische Untersuchungen im Raum der Serir Tibesti (Zentralsahara). Berliner Geogr. Abh. H. 17, Berlin.

Passarge, Siegfried, 1909: siehe III E.

Passarge, Siegfried, 1924: Die geologische Wirkung des Windes. In: Salomon, Grundzüge der Geologie, Stuttgart.

Passarge, Siegfried, 1927: siehe III E.

Passarge, Siegfried, 1933: siehe III E.

Paul, K. H., 1944: Morphologie und Vegetation der Kurischen Nehrung. Nova Acta Leopoldina N.F. 13.

Penck, Albrecht u. Brückner, Eduard, 1901–1909: siehe I b.

Poser, Hans, 1951: siehe III E.

Queney, P., 1953: Classification des rides de sable et théorie ondulatoire de leur formation. Actions Eoliennes, Centre National de Recherches Scientifique, Coll. Intern. 35, Paris, S. 179–195.

Richthofen, Ferdinand v., 1877: China. Bd. I, Berlin.

Rodewald, M., 1930: Der große Staubfall vom 26. bis 29. April 1928 zwischen Weichsel und Asowschem Meer. Ann. Hydr.

Rudberg, Sten, 1968: Wind erosion – preparation of maps showing the direction of eroding winds. Biul. Peryglacjalny 17, Lódź.

Said, R., 1960: New light on the origin of the Quattara depression. Bull. Soc. Géogr. d'Egypte, 33, Kairo, S. 37–44.

Scheidig, A., 1934: Der Löß und seine geotektonischen Eigenschaften. Dresden u. Leipzig.

Schmidt, W. F., 1948: Die Steppenschluchten Südrußlands. Erdkde. 2.

Schmitthenner, Heinrich, 1925: Chinesische Landschaften und Städte. Stuttgart.

Schmitthenner, Heinrich, 1933: Probleme aus der Lößmorphologie in Deutschland und China. Salomon-Calvi Festschr. Sonderbd. Geol. Rundsch. 23 a.

Schönhals, Ernst, 1953: Gesetzmäßigkeiten im Feinaufbau von Talrandlössen mit Bemerkungen über die Entstehung des Lösses. Eiszeitalter u. Gegenw. 3., S. 19–36.

Schwarzbach, M., 1974: Geologische Tätigkeit des Windes. In: Brinkmann, Lehrb. d. Allg. Geologie, Bd. I, Stuttgart, 2. Aufl., S. 260–290.

Sharp, Robert, P., 1963: Wind Ripples. Journal of Geology 71, Washington, S. 617–636.

Sindowski, K. H., 1956: Korngrößen und Kornformenauslese beim Sandtransport durch Wind. Geol. Jahrb. 71, S. 517–526.

Smith, G. D., 1942: Illinois Loess, variations in its properties and distribution. Univ. Illinois. Agric. Experim. Station Bull. 490, Urbana, S. 139–184.

Soergel, W., 1919: siehe III H.

Sokolow, N. A., 1894: Die Dünen. Bildung, Entwicklung und innerer Bau. Berlin.

Solger, Friedrich, 1910: Studien über norddeutsche Inlanddünen. Forsch. z. Dt. L. u. V. Kde. 19. Stuttgart.

Solger, Friedrich, 1931: Der Boden Niederdeutschlands nach seiner letzten Vereisung. Berlin.

Stratil-Sauer, Gustav, 1952: Studien zum Klima der Wüste Lut und ihrer Randgebiete. Sitzber. Österr. Akad. Wiss., Math. Nat. Kl., Abteil. I Bd. 161/1, S. 19–78.

Stratil-Sauer, Gustav, 1956: Forschungen in der Wüste Lut. Wissenschaftliche Zeitschrift der Univ. Halle, Math.-Nat. Jg. V, Heft 3, Halle, S. 569–574.

Stratil-Sauer, Gustav u. Weise, O. R., 1974: Zur Geomorphologie der Südlichen Lut und zur Klimageschichte Irans. Würzburger Geogr. Arb., H. 41, Würzburg.

Thoulet, Jules, 1911: Analyse d'une poussière éolienne et considérations générales relatives à l'influence de la déflation sur la constitution lithologique du sol océanique. Ann. de l'Inst. Océanographique. Paris III. Fasc. 2.

Tricart, Jean, 1969: (Bd. 4 von 1962–1974), siehe I c.

Troll, Carl, 1944: siehe III B.

Uhden, Richard, 1929: Das Formenbild der ägyptischen Wüsten. Zeitschr. f. Geomorph. IV.

Verlaque, Christian, 1958: Les dunes d'In Salah. Étude morphologique. Travaux de l'Institut de Recherches Sahariennes, Université d'Alger, t. 17, S. 13–57.

Verstappen, H. Th., 1968: On the Origin of Longitudinal (Seif) Dunes. Z. Geomorph., N. F., 12, S. 200–219.

Walter, Wolfgang, 1950: Dünenstudium im Schwanheimer Wald bei Frankfurt; über den Einfluß elektrischer Raumladungen bei Flugsanden und ihre Bedeutung für die Dünenbildung. Rhein-Mainische Forsch., H. 28. Frankfurt a. M.

Walther, Johannes, 1900/24: siehe I b.

Warn, G. F. and Cox, W. H., 1951: A sedimentary study of dust storms in the vicinity of Lubbock. Texas. Am. Journ. Sci. 249, S. 553–568.

Warren, Andrew, 1970: Dune trends and their implications in the Central Sudan. Z. Geomorph., Suppl.–Bd. 10, S. 154–180.

Warren, Andrew, 1971: Dunes in the Ténéré Desert. Geogr. Journal, 137, S. 458–461.

Warren, Andrew, 1972: Observations on dunes and bimodal sands in the Ténéré desert. Sedimentology 19, Amsterdam, S. 37–44.

Weidenbach, Fritz, 1952: Gedanken zur Lößfrage. Eiszeitalter u. Gegenw. 2, S. 25–36.

Wilhelmy, Herbert, 1943: siehe III E.

Wilson, Ian Gordon, 1971: Desert Sandflow Basins and a Model for the Development of Ergs. Geogr. Journal, 137, S. 180–199.

Wilson, Ian Gordon, 1972: Aeolian bedforms – their development and origins. Sedimentology 19, Amsterdam, S. 173–210.

Wittschell, L., 1931: Über Sand- und Staubstürme und ihre Bedeutung für die Morphologie der Erdoberfläche. Zeitschr. f. Geomorph. VI.

Woldstedt, Paul, 1950/1974: siehe III H.

Woldstedt, Paul, 1954, 1961: (1954–1965, 1. Bd. 3. Aufl.) siehe III H.

III K Küstenformen

Ahlmann, Hans W., 1916: Mechanische Verwitterung und Abrasion an der Grundgebirgsküste des nordwestlichen Schonen. Bull. Geol. Inst. Uppsala 13, 2.

Ahlmann, Hans W., 1919: siehe III H.

Andrée, Karl, 1932: Bau und Entstehung der Kurischen Nehrung. In: Die Kurische Nehrung, Europas Sandwüste. Königsberg.

Backhaus, H., 1943: Die ostfriesischen Inseln und ihre Entwicklung. Ein Beitrag zu den Problemen der Küstenbildung im südlichen Nordseegebiet. Prov. Inst. f. Landesplan. u. Niedersächs. L. u. V. Forsch., Hannover-Göttingen, Reihe A, 1.

Baulig, Henri, 1935: The Changing sea level. Four lectures given at the University of London in November 1933. The Inst. British Geogr., Publ. 3. London.

Baulig, Henri, 1948: VIe rapport de la commission pour l'étude des terraces pliocènes et pleistocènes. Union Géogr. Intern.

Behrmann, Walter, 1919: Borkum, Strand- und Dünenstudien, Meereskde. 13. Jg. H. 9. Berlin.

Behrmann, Walter, 1921: Die ostfriesischen Inseln. Ann. d. Hydr.

Bigelow, H. B. and Edmondson, W. T., 1947: Wind waves at sea, breakers and surf. Hydrogr. Off. U. S. Navy Publ. 602, Washington D. C.

Blanc, A. C., 1942: Variazioni climatiche ed oszillazioni della linea di riva nel Mediterraneo centrale durante d'era glaciale. Geologie der Meere und Binnengewässer, Bd. 5, H. 2, S. 137–219.

Bödler, H., 1942: Die Küste der englischen Schichtstufenlandschaft. Eine geomorphologische Studie. Nova acta Leopoldina N. F. 5, 28. Halle a. d. Saale, S. 145–216.

Bourcart, Jaques, 1952: Les frontières de l'océan. Paris.

Braun, Gustav, 1911: siehe III J.

Briquet, A., 1930: Le littoral du Nord de la France et son évolution morphologique. Paris.

Brunhes, Jean, 1912: Les calas des Baléares. La Géogr.

Bülow, Kurd v., 1954: Allgemeine Küstendynamik und Küstenschutz an der südlichen Ostsee zwischen Trave und Swine. Geologie. Bd. 10, S. 3–87.

Cailleux, André, 1942: siehe III C.

Chardonnet, J., 1950: La côte française de Marseille à Menton. Étude de morphologie littorale. Bull. Soc. Roy. Géogr. d'Egypte 23, S. 185–264.

Cornish, Vaughan, 1898: On sea beaches and sand banks. Geogr. Journ. 11, S. 521–532.

Cornish, Vaughan, 1912: Waves of the sea and other water waves. Chicago.

Cornish, Vaughan, 1934: Ocean waves and kindred geophysical phenomena. Cambridge Univ. Pr.

Cotton, C. A., 1916: Fault coasts in New Zealand. Geogr. Rev. I.

Cotton, C. A., 1949: siehe I c.

Cotton, C. A., 1963: Levels of planation of marine benches. Z. Geomorph., N.F., Bd. 7, S. 97–111.

Credner, G. R., 1878: Die Deltas, ihre Morphologie, geographische Verbreitung und Entstehungsbedingungen. Pet. Mitt. Erg. H. 56.

Daly, R. A., 1910: Pleistocene glaciation and the coral reef problem. Amer. Journ. Sci. Ser. 4.

Daly, R. A., 1934: siehe III H.

Dana, J. D., 1849: Geology U. S. Exploring Expedition. Philadelphia.

Darwin, Ch., 1842: The structure and distribution of coral reefs. London, 2. Aufl. 1874, Deutsche Ausg. v. Carus, Stuttgart, 1876.

Davis, W. M., 1912: siehe I b.

Davis, W. M., 1928: The coral reef problem. Am. Geogr. Soc. Spec, Publ. 9, New York.

Davis, W. M., 1928: Die Entstehung von Korallenriffen. Zeitschr. Ges. Erdkde. Berlin, S. 359–391.

Davies, John Lloyd, 1964: A morphogenetic approach to world shorelines. Z. Geomorph., Sonderheft Bd. 8, S. 127–142.

Davies, John Lloyd, 1972: Geographical variation in coastal development. Edinburgh, 204 S.

Defant, Albert u. a., 1940: Wind, Wetter und Wellen auf dem Weltmeere. Berlin.

Defant, Albert, 1941: Das physikalische Meeresniveau des atlantischen Ozeans. Zeitschr. Ges. Erdkde., Berlin, S. 145–163.

Defant, Albert, 1953: Ebbe und Flut des Meeres, der Atmosphäre und der Erdfeste. Verständl. Wissenschaften 49, Berlin, 119 S.

Defant, Albert, 1961: Physical Oceanography. 2 Bde., London.

Depéret, Ch., 1906: Les anciennes lignes de rivage de la côte française de la Méditerranée. Bull. Soc. Géol. de France 4. Ser. Bd. 6, Paris.

Depéret, Ch., 1918: Essai de coordination chronologique générale des temps quaternaires. Comptes Rendus Aead. Sci. Paris, 20.

Dietrich, Günter, 1957: Allgemeine Meereskunde, eine Einführung in die Ozeanographie mit Beiträgen von Kurt Kalle. Berlin-Nikolassee.

Dietrich, Günther, 1959: Ozeanographie, Physische Geographie des Weltmeeres. Braunschweig.

Dietrich, Günter u. Ulrich, Johannes 1968: Atlas zur Ozeanographie. Meyers Großer Physischer Weltatlas, Bd. 7. Bibl. Inst. Hochschulatlanten. Mannheim.

Dubois, G., 1930: Un tableau de l'Europe Flandrienne. Livre Jubil. Soc. Géol. France, Paris.

Evans, O. F., 1942: The origin of spits, bars and related structures. Journ. Geol. 50.

Evers, Wilhelm, 1941: Grundzüge einer Oberflächengestaltung Südnorwegens mit besonderer Berücksichtigung der Küstenplattform (strandflate) und der untermeerischen Bankgebiete. Dt. Geogr. Blätter Bremen 44.

Fairbridge, R. W., 1950: Recent and pleistocene coral reefs of Australia. Journ. Geol. 58, S. 330–401.

Fairbridge, R. W., 1961: Eustatic Changes in Sea Level. In: Physics and Chemistry of the Earth 4, New York, S. 99–185.

Falcon, N. L., 1947: Raised beaches and terraces of the Iranian Makran coast. Geogr. Journ. 109, S. 149–151.

Fleming, Richard, H., 1938: Tides and tidal currents of the Gulf of Panama. Journ. Marine Research 1, S. 192–206.

Flint, R. F., 1948: siehe III H.

Forel, F. A., 1892: Le Léman. Lausanne.

Freyberg, B. v., 1930: Zerstörung und Sedimentation an der Mangroveküste Brasiliens. Leopoldina, Bd. 6, Leipzig, S. 69–117.

Gaillard, D. D., 1904: Wave action in relation to Engineering structures. Corps of Engineers, U. S. Army Prof. Pap. 31, Washington D. C.

Gardiner, J. St., 1931: Coral reefs and atolls. London.

Geer, Gerhard de, 1892: On Pleistocene changes of level in Eastern North America. Proc. Boston Soc. Nat. Hist. 25, S. 454–477.

Gierloff-Emden, H. G., 1961: Nehrungen und Lagunen. Pet. Geogr. Mitt. 105, S. 81–92 u. 161–176.

Gierloff-Emden, H. G., Schroeder-Lanz, H., Wieneke, F., 1970: Beiträge zur Morphologie des Schelfes und der Küste bei Kap Sines (Portugal). Meteor Forschungsergebn. Reihe C, H. 3. Berlin, Stuttgat, S. 65–84.

Gilbert, G. K., 1885: The topographic features of lake-shores. Ann. Rep. U. S. Geol. Surv. 5, 1883/84.

Gilbert, G. K., 1890: Lake Bonneville, U. S. Geol. Surv. Monogr. Bd. 1. Washington.

Glangeaud, L., 1932: Étude géologique de la région littorale de la province d'Alger. Bull. Serv. Carte Géol. Algérie.

Gradmann, Robert, 1917: Die algerische Küste in ihrer Bedeutung für die Küstenmorphologie. Pet. Mitt. S. 137–145, 174–179, 209–216.

Gregory, J. W., 1912: The structural and petrographic classifications of coast-types. Scientia 11.

Gripp, Karl, 1956: Das Watt, Begriff, Begrenzung und fossiles Vorkommen. Senckenbergia Lethaea 37. S. 149–181.

Guilcher, A., 1953: Essai sur la zonation et la distribution des formes littorales de dissolution de calcaire. Ann. de Géogr. 62, S. 161–179.

Guilcher, André, 1954: Morphologie littorale et sous-marine. Paris.

Gulliver, F. P., 1899: Shoreline Topography. Proc. Am. Acad. Arts and Sc. 34 Nr. 8, Boston, S. 151–258.

Gutenberg, B., 1939: Tsunamis and earthquakes. Seismol. Soc. Amer. Bull. 29, S. 517–526.

Hagen, G., 1863: Handbuch der Wasserbaukunst. 3. Teil: Das Meer I, Berlin.

Hannemann, Max, 1928: Die Entstehung und Umbildung von Nehrungen und verwandten Küstenformen. Geogr. Zeitschr. 34.

Hartnack, Wilhelm, 1924: Über Sandriffe. Untersuchungen an der pommerschen Küste. Jahrb. Geogr. Ges. Greifswald 40/42.

Hartnack, Wilhelm, 1926: Die Küste Hinterpommerns unter besonderer Berücksichtigung der Morphologie. II. Beih. z. 43/44 Jahrb. d. Pommersch. Geogr. Ges. Greifswald.

Hodgkin, Ernest P., 1964: Rate of erosion of intertidal limestone. Z. Geomorph. N. F. Bd. 8, S. 385–392.

Hough, J. L. u. Menard, H. W. (Hrsg.), 1955: Finding ancient shorelines. Soc. Econ. Paleont. Mineral. Spec. Publ. 3. Tulsa, 129 S.

Imamura, Gakuro, 1930: Abrasion platforms along the Pacific coast of Japan. Intern. Geogr. Congr. Cambridge 1928 Rep. of Proc. Cambridge.

Imamura, Gakuro, 1938: Raised beach studies in Japan. C. R. Congr. Intern. Géogr. Amsterdam, Bd. II, S. 223–225.

Jessen, Otto, 1922: Die Verlegung der Flußmündungen und Gezeitentiefs an der festländischen Nordseeküste in jungalluvialer Zeit. Stuttgart.

Johnson, D. W., 1919: Shore processes and shoreline development. New York.

Johnson, D. W., 1926: The New England-Acadian Shoreline. New York.

Johnson, D. W., 1931: The correlation of ancient marine levels. C. R. Congr. Géogr. Tome II. Paris, S. 42−54.

Johnson, J. W., 1956: Dynamics of nearshore sediment movements. Bull. Amer. Assoc. Petrol. Geol. 40, S. 2211−2232.

Kidson, C., 1963: The growth of sand and shingle spits across estuaries. Z. Geomorph. N. F., Bd. 7, S. 1−22.

King, C. A. M., 1951: Depth of disturbance of sand on sea beaches by waves. Journ. of Sediment. Petrology I., S. 131−140.

King, C. A. M., 1959: Beaches and Coasts. London, 403 S.

Kossinna, Erwin, 1935: Über Größe und Bewegung von Meereswellen in der Flachsee. Ann. d. Hydr. 63.

Krümmel, Otto, 1889: Über Erosion durch Gezeitenströme. Pet. Mitt. S. 129−138.

Krümmel, Otto, 1907/11: Handbuch der Ozeanographie. 2 Bde. 1. Bd. 1907, 2. Bd. 1911. Stuttgart.

Kuenen, Ph. H., 1933: Geology of coral reefs. The Snellius Exped. 1929/30, Bd. V. Geological results, Utrecht.

Kuenen, Ph. H., 1950: Marine Geology. New York.

Lamothe, R. de 1911: Les anciennes lignes de rivage du Sahel d'Alger et d'une partie de la côte algérienne. Mem. Soc. Géol. de France 4. Ser. Bd. 1, Nr. 6, Paris.

Larisch-Mönnich, F. Graf von, 1925: Sturmsee und Brandung. Leipzig.

Lewis, W. V., 1938: The evolution of shoreline curves. Proc. Geol. Assoc. T. 49. London, S. 107−127.

McGill, J. T., 1959: Coastal classification maps. A review. Second Coastal Geogr. Conf. Louisiana State Univ. Washington.

Machatschek, Fritz, 1939: Zur Frage der eustatischen Strandverschiebungen. Pet. Mitt.

Mansikkaniemi, Hannu, 1970: Ice-push action on sea shores, South-Eastern Finland. Publ. Inst. Geogr. Univ. Turku. Nr. 50, 30 S.

Marmer, H. A., 1926: Coastal currents along the Pacific coast of the United States. U. S. Coast and Geodetic Surv. Spec. Publ. 121.

Marmer, H. A., 1932: Tides and tidal currents. Physics of the earth. Vol. 5 Oceanogr. S.229−309, Nat. Research Council. Bull. No. 85, Washington D. C.

Marmer, H. A., 1948: Is the Atlantic coast sinking? The evidence of the tide. Geogr. Rev. 38, S. 652−657.

Martonne, Emm. de, 1906: La pénéplaine et les côtes bretonnes. Ann. de Géogr., S. 213−236, 299−328.

Martonne, Emm. de, 1948: siehe I c.

Mensching, Horst, 1965: Beobachtungen zum Formenschatz des Küstenkarstes an der Kantabrischen Küste bei Santander und Llanes. Erdkde. Bd. 19, S. 24−31.

Minikin, R. R., 1952: Coast Erosion and Protection, Studies in Causes and Remedias. London.

Model, F., 1950: Gegenwärtige Küstenhebung im Ostseeraum. Mitt. Geogr. Ges. Hamburg, S. 64−115.

Mortensen, Hans, 1921: Die Morphologie der samländischen Steilküste aufgrund einer physiologisch-morphologischen Kartierung des Gebietes. Veröff. Geogr. Inst. Univ. Königsberg, H. 3.

Munk, W. A. u. Taylor, M. A., 1947: Refraction of ocean waves, a process linking underwater topography to beach erosion. Journ. of Geol. 55.

Munk, W. A., 1951: Ocean waves as a meteorological tool. Compend. of Meteorology. Boston.

Murray, J. u. Hjort, J., 1912: The Depths of the Ocean. London.

Nansen, Fridjof, 1922: The strandflat and isostasy. Vidensk. Skrifter I Mat. naturw. Kl. 1921, Nr. 11, Christiania.

Neumann, G., 1948: Über den Tangentialdruck des Windes und die Rauhigkeit der Meeresoberfläche. Zeitschr. f. Met. 2. Jg.

Nichols, L., 1953: Marine and lacustrine ice-pushed ridges. J. Glaciol. Bd. 2, Nr. 13, S. 172−175.

Panzer, Wolfgang, 1949: Brandungshöhlen und Brandungskehlen. Erdkde. III, S. 29−41.

Panzer, Wolfgang, 1958: Küstenform und Klima. Dt. Geogr.-Tag Remagen.

Patton, R. S. u. Marmer, H. A., 1932: The waves of the sea. Physics of the earth Vol. 5, Oceanography, S. 207−228, National Research Council Bull. 85, Washington D. C.

Penck, Albrecht, 1933: Eustatische Bewegungen des Meeresspiegels während der Eiszeit. Geogr. Zeitschr.

Pfannenstiel, Max, 1950: Die Quartärgeschichte des Donaudeltas. Bonner Geogr. Abh. H. 6, Bonn.

Pfannenstiel, Max, 1952: Das Quartär der Levante I. Die Küsten Palästina-Syriens. Akad. Wiss. Mainz, Abh. math. nat. Kl.

Pohle, Richard, 1922: Die Arbeit des Eises an den Küsten des Weißen Meeres und an See- und Flußufern Nordeuropas. Geol. Charakterbilder H. 26, Borntraeger, Berlin.

Price, W. A. u. Kornicker, L. S., 1961: Marine and lagoonal deposits in clay dunes, Gulfcoast. Texas. Journ. Sedim. Petrogr. 31. S. 245–255.

Putnam, J. A. u. Arthur, R. S., 1948: Diffraction of water waves by breakwaters. Trans. Amer. Geophys. Union 29, S. 481–490.

Putnam, J. A. u. Johnson, J. W., 1949: The dissipation of wawe energy by bottom friction. Trans. Amer. Geophys. Union 30, S. 67–74.

Reineck, H. E., 1970: Marine Sandkörner, rezent und fossil. – Geol. Rundsch. 60, S. 302–321.

Reinhard, Heinrich, 1958/59: Über Wirkungen des Eises an der Küste. Wiss. Z. Univ. Greifswald, Jg. 8, Math. Nat. Reihe, Nr. 1–2, S. 135–141.

Richthofen, Ferdinand v., 1886: siehe I b.

Roll, H. U., 1953: Höhe, Länge und Steilheit der Meereswellen im Nordatlantik. Deutsch. Wetterdienst, Seewetteramt Hamburg. Einzelveröff. 1.

Roll, H. U., 1956: Die Meereswellen der südlichen Nordsee. Deutsch. Wetterdienst, Seewetteramt Hamburg. Einzelveröff. 8.

Roll, H. U., 1957: Oberflächenwellen des Meeres. Handb. d. Physik. Bd. 48. Berlin.

Rouch, J., 1948: Traité d'océanographie physique. Bd. III, Les mouvements de la mer. Paris.

Russel, F. S. u. Yonge, C. M., 1944: The seas. London.

Russel, R. C. H. u. Mac Millan, D. H., 1952: Waves and tides. London.

Russel, Richard J., 1939: Morphologie des Mississippi Deltas. Geogr. Zeitschr.

Russel, R. J., 1942: Geomorphology of the Rhône delta. Ann. Assoc. Am. Geogr. 32.

Russel, R. J., 1962: Origin of Beach Rock. Z. Geomorph., N.F., Bd. 6, S. 1–16.

Russel, R. J., 1964: Techniques of eustasy studies. Z. Geomorph., N.F., 8. Bd., S. 25–42.

Samojlov, J. V., 1956: siehe III D.

Scheu, Erwin, 1913: Die Rias von Galicien, ihr Werden und Vergehen. Zeitschr. Ges. Erdkde. Berlin.

Schlüter, Otto, 1924: Ein Beitrag zur Klassifikation der Küstentypen. Zeitschr. Ges. Erdkde. Berlin.

Schmidt, W., 1923: Die Scherms an der Rotmeerküste von el Hedschas. Pet. Mitt.

Schott, Gerhard, 1935: Geographie des Indischen und Stillen Ozeans. Hamburg.

Schott, Gerhard, 1942: Geographie des Atlantischen Ozeans. 3. Auf., Hamburg.

Schumacher, A., 1928: Die stereophotogrammetrischen Wellenaufnahmen der Deutschen Atlantischen Expedition. S. 105–120 in Ergänzungsheft 3, Zeitschr. Ges. Erdkde. Berlin.

Schumacher, A., 1939: Stereophotogrammetrische Wellenaufnahmen. Deutsche Atlant. Exped. Meteor 1925/27 Wiss. Erg. Bd. 7, H. 2. Berlin.

Schütte, H., 1939: Sinkendes Land an der Nordsee? Zur Küstengeschichte Nordwestdeutschlands. Öhringen.

Seibold, E., 1964/1974: Das Meer, die Meeresregionen. In: Brinkmann, Lehrb. d. Allg. Geologie, Bd. I, Stuttgart.
1. Aufl. 1964, S. 280–500.
2. Aufl. 1974, S. 291–511.

Shepard, F. P., 1937/38: Revised classification of marine shorelines. Journ. of Geol. 45, 1937, (reply) 46, 1938.

Shepard, F. P. 1948: Submarine Geology. New York. 2. Aufl. 1963.

Shepard, F. P., Emery, K. O., La Fond, E. C., 1941: Rip currents, a process of geological importance. Journ. Geol. 49, S. 337–369.

Steers, J. A., 1929: The Queensland coast and the Great Barrier Reefs. Geogr. Journ.

Steers, J. A., 1937: The coral islands and associated features of the Great Barrier Reefs. Geogr. Journ. 89.

Steers, J. A., 1948: The coastline of England and Wales. 2. Aufl. Cambridge.

Steers, J. A., 1953: The sea coast. London.

Stevenson, Thomas, 1849: Account of Experiments upon the Force of Waves of the Atlantic and German Oceans. Trans. Roy. Soc. Edinburgh 16, S. 23–32.

Stevenson, Thomas, 1856/58: On the destructive effects of the waves on the N E shores of Shetland. Proc. R. Soc. Edinburgh 4.

Stevenson, Thomas, 1886: The Design and Construction of Harbours. 3. Aufl., Edinburgh.

Stevenson, Thomas, 1892: On Harbours. Nature, 45, S. 305.

Sverdrup, H. U. u. Munk, W. A., 1946: Breakers and surf. Trans. Amer. Geophys. Union 27, S. 828–836.

Sverdrup, H. U., Johnson, M. W., Fleming, R. H., 1949: The Oceans, their physics, chemistry and general biology. New York, 3. Aufl.

Sykes, G., 1937: The Colorado Delta. Am. Geogr. Soc. Spec. Publ. Nr. 19, New York.

Thorade, H., 1931: Probleme der Wasserwellen. Hamburg.

Thorade, H., 1941: Ebbe und Flut. Berlin.

Valentin, Hartmut, 1952: Die Küsten der Erde. Beiträge zur allgemeinen und regionalen Küstenmorphologie. Pet. Mitt. Erg. H. Nr. 246, 2. Aufl. 1954.

Valentin, Hartmut, 1975: Untersuchungen zur Morphodynamik tropisch-subtropischer Küsten. 1. Klimabedingte Typen tropischer Watten, insbesondere in Nordaustralien. Würzburger Geogr. Arb. H. 43, S. 9–24.
Vaughan, Th. W., 1911: The geologic work of mangroves in Southern Florida. Smithson. Misc. Coll. 10.
Veatch, A. C. u. Smith, P. A., 1939: Northeastern United States, showing relation of land- and submarine topography. Map 1:1 Mill. (Reprinted from Geol. Soc. Am. Spec. Publ. Pap. 7.) Geogr. Rev. 1952.
Wegemann, G., 1933: Die Senkung der deutschen Nordseemarschen. Pet. Mitt.

Wentworth, C. K., 1938/39: Marine benchforming processes. Journ. of Geomorph. Bd. I, 1938, S. 6–32. Bd. II. 1939, S. 3–25.
Werth, Emil, 1908/09: Fjorde, Fjärde und Föhrden. Zeitschr. f. Gletscherkde. 3, S. 346–358.
Wiens, H. J., 1962: Atoll Environment and Ecology. Yale Univ. Press, 532 S.
Woldstedt, Paul, 1954–1961: siehe III H.
Zeuner, F. E., 1950: Dating the Past, an introduction to Geochronology. London.
Zeuner, F. E., 1952: Pleistocene shore-lines. Geol. Rundsch. S. 39–51.

III L Geomorphologie des Meeresbodens

Andrée, Karl, 1920: Geologie des Meeresbodens. 2 Bde., Berlin.
Archangelski, A. D., 1930: Slides of Sediments on the Black Sea Bottom and the Importance of this Phenomenon for Geology. Bull. Soc. Natur. Moskau. Sekt. Geol. 8.
Aufrère, Léon, 1934: La dyssymétrie du Bassin de Paris. Bull. Assoc. Géogr. Franç. 1934, S. 45–56.
Bally, A., 1957: Turbidity currents. Selected references. Journ. Alberta Soc. Petrol. Geol. 5, S. 89–98.
Ben Carsey, J., 1950: Geology of Gulf Coast Area and continental shelf. Bull. Amer. Assoc. Petrol. Geol. 34.
Betz, F. u. Hess, H. H., 1942: The floor of the North Pacific Ocean. Geogr. Rev.
Bourcart, Jacques, 1938: La marge continentale. Bull. Soc. geol. franc. 8, S. 393–474.
Bourcart, Jacques, 1949: Géographie du fond des mers. Étude de relief des Océans. Bibliothèque Scient. Paris.
Bourcart, Jacques, 1962: Océanographie géologique et géophysique de la Méditerranée occidentale. Colloques nationaux CNRS Villefranche sur mer. 4. bis 8. 4. 61. Paris, 251 S.
Carsola, A. J. u. Dietz, R. S., 1952: Submarine geology of two flat-topped Northeast Pacific seamounts. Amer. Journ. Sci. 250.
Correns, C. W. u. a., 1934: Tiefseebuch. Berlin.
Correns, C. W., 1937: Die Sedimente des äquatorialen Atlantischen Ozeans. Meteor, Bd. 3, T. 3.
Correns, C. W., 1939: Sediments of the North Atlantic, in „Recent Marine Sediments", Am. Assoc. Petrol. Geol.
Daly, R. A., 1936: Origin of submarine canyons. Amer. Journ. Sci. 5. Ser. 31.

Daly, R. A., 1942: The floor of the ocean. Univ. North Carolina Press.
Dietrich, G., 1957: siehe III K.
Dietrich, G., 1959: siehe III K.
Dietrich, Günter u. Ulrich, Johannes, 1968: siehe III K.
Dietz, Robert S., 1963: Collapsing Continental Rises, an Actualistic Concept of Geosynclines and Mountain-Building. Journ. of Geol. Vol. 71, S. 314–333.
Emery, K. O., 1956: Sediments and water of Persian Gulf. Bull. Amer. Ass. Petrol. Geol. 40, S. 2354–2383.
Emery, K. O., 1960: The Sea of Southern California. New York, London, 336 S.
Ericson, D. B., Ewing, M., Heezen, B. C., 1952: Turbidity currents and sediments in the North Atlantic. Bull. Amer. Ass. Petrol. Geol. 36, S. 489–512.
Ericson, D. B., Ewing, M., Wollin, G., Heezen, B. C., 1961: Atlantic Deep Sea Sediment Cores. Bull. Geol. Soc. Amer. 72. S. 193–286.
Ewing, M., Worzel, J. L., Steenland, N. C., Press, F. u. a., 1950/52: Geophysical investigations in the emerged and submerged atlantical coastal plain. Bull. Geol. Soc. Amer. 61, 1950, 62., 1951, 63., 1952.
Fairbridge, R. W., 1948: The Juvenility of the Indian Ocean. Scope Journ. Sci. Un. W. Austr. 1.
Guilcher, André, 1954: siehe III K.
Hamilton, E. L., 1951/52: Sunken islands of the Mid-Pacific Mountains. Bull. Geol. Soc. Amer. 62, 1951 u. 63, 1952.
Heezen, B. C., 1959: Dynamic processes of abyssal sedimentation, erosion, transportation

and re-deposition on the deep sea floor. Geophys. J. Roy. Astr. Soc. 2. S. 142–163.

Heezen, B. C., Tharp, M., Ewing, M., 1959: The floors of the oceans. I. The North Atlantic. Geol. Soc. Amer. Spec. Publ. 65, 126 S.

Heezen, B. C. u. Tharp, M. 1961: Physiographic diagram of the South Atlantic Ocean. Geol. Soc. Am. New York.

Heezen, B. C. u. Hollister, C. D., 1971: The Face of the Deep. New York.

Hess, H. H., 1946: Drowned ancient islands of the Pacific Basin. Amer. Journ. Sci. 244.

Holtedahl, Olaf, 1940: The submarine Relief of the Norwegian Coast. Norske Vidensk. Akad. Oslo.

Holtedahl, H., 1959: Sur la géologie et la morphologie des Plateaus continentaux glaciaires. Colloques internationaux CNRS Nr. 83. Nice-Villefranche 5.–12. 5. 1958, S. 245–263.

Hough, J. L. (Hrsg.), 1951: Turbidity currents and the transportation of coarse sediments to deep water. Soc. Econ. Pal. Min. Spec. Publ. 2, S. 1–107.

Inman, D. L., 1949: Sorting of sediments in the light of fluid mechanics. Journ. Sed. Petrology 19, S. 51–70.

Johnson, D. W., 1939: Origin of submarine canyons. Columbia Univ. Press.

Kaizuka, Sohei, 1975: A Tectonic Model for the Morphology of Arc-Trench Systems, especially for the Echelon-Ridges and Mid-Arc Faults. Japan. J. Geol. and Geogr. 45, S. 9–28.

Kuenen, Ph. H., 1947: Two problems of marine geology, atolls and canyons. Verhandl. Kon. Nederl. Akad. Wetensch. Afd. Natkde. 2. Sect. Bd. 43, Nr. 3.

Kuenen, Ph. H., 1948: Turbidity currents of high density. 18. Sess. Intern. Geol. Congr.

Kuenen, Ph. H., 1950a: siehe III K.

Kuenen, Ph. H., 1950b: The formation of the continental terrace. Brit. Assoc. Adv. Sc. 7.

Lombard, A., 1956: Géologie sédimentaire. Les séries marines. Paris, 722 S.

Maury, M. F., 1956: Die physische Geographie des Meeres. The Physical Geography of the Sea. Deutsche Ausgabe bearbeitet von C. Böttger, Leipzig.

Menard, H. W., 1959: Geology of the Pacific sea floor. Experientia 15. 6. S. 205–213.

Moore, D. G., 1961: Submarine slums. Journ. Sed. Petr. 31, S. 343–357.

Murray, J. and Hjort, J., 1912: The Depths of the Ocean. London.

Northrop, J., 1951: Ocean-bottom photography of the neritic and bathyal environment south of Cap Cod, Massachusetts. Bull. Geol. Soc. Amer. 62.

Novák, V. J., 1937: On the origin of the continental shelf. Mém. Soc. Roy. Lettres et Sci. de Bohême Cl. Sci. 18.

Oceanography, 1932: Physics of the Earth, Vol. 5. National Research Council Bull. 85 Washington D. C.

Pratje, O., 1935: Die Sedimente des südatlantischen Ozeans. Meteor Bd. 3, T. 2.

Raupach, F. von, 1952: Die rezente Sedimentation im Schwarzen Meer, im Kaspi und im Aral und ihre Gesetzmäßigkeit. Z. Geologie 1, S. 78–132, 231.

Rees, A. J., 1970: Magnetic properties of some canyon sediments. Marine Geol. 9, S. M 12–80. Amsterdam.

Robinson, A. H. W., 1952: The floor of the British seas. Scottish Geogr. Mag. 68.

Roll, H. U., 1953, 1956, 1957. siehe III K.

Schott, Gerhard, 1935: siehe III K.

Schott, Gerhard, 1942: siehe III K.

Schott, W., 1938: Über die Sedimentationsgeschwindigkeit rezenter Tiefseesedimente. Geol. Rundsch. 29.

Seibold, E., 1963: Geological Investigation of the Nearshore Sand-Transport. In: M. Sears (Ed.) Progress in Oceanography. 1. London, S. 1–70.

Seibold, E., 1964/1974: siehe III K.

Seibold, E., 1973: Vom Rand der Kontinente. Abh. Akad. d. Wiss. u. d. Lit. Mainz 2, S. 1–23.

Seibold, Eugen, 1974a: Der Meeresboden. Ergebnisse und Probleme der Meeresgeologie. Berlin u. a.

Shepard, F. P., 1931: Glacial troughs of the continental shelves. Journ. of Geol. 39.

Shepard, F. P., 1948: Submarine Geology. New York.

Shepard, F. P., 1959: The Earth beneath the Sea. Baltimore.

Shepard, F. P. and Beard, Ch. N., 1938: Submarine canyons, distribution and longitudinal profiles. Geogr. Rev. 28.

Shepard, F. P. and Emery, K. O., 1941: Submarine topography off the California coast: Canyons and tectonic interpretation. Geol. Soc. Am. Spec. Pap. 31.

Smith, P. A., 1939: Atlantic submarine valleys of the United States. Geogr. Rev. 29.

Sommerhoff, Gerd, 1974: Die ozeanische Polarfront des Ostgrönlandstromes und die Frage ihrer Steuerung durch die submarine Topographie. Dt. Hydrogr. Z., Bd. 27, S. 114–121.

Sommerhoff, Gerd, 1975: siehe III H.

Stille, Hans, 1944: Geotektonische Probleme des pazifischen Erdraumes. Abh. Preuß. Akad. Wiss. Math. nat. Kl. 11.

Stocks, Theodor, 1960: Zur Bodengestalt des Indischen Ozeans. Erdkde. Bd. 14, S. 161ff.

Ulrich, Johannes, 1963: Der Formenschatz des Meeresbodens. Geogr. Rundsch. 15, S. 136—148.

Umbgrove, J. H. F., 1946: On the Origin of continents and ocean floors. Journ. of Geol. 54.

Veatch, A. C. and Smith, P. A., 1939: Atlantic submarine valleys of the United States and the Congo submarine valley. Geol. Soc. Amer. Spec. Pap. 7.

Wisemann, J. H. D. and Ovey, C. D., 1953 u. 1955: Definition of features on the deep sea floor. Deep Sea Res. 1, S. 11—16. 2. S. 261—263.

Wüst, Georg, 1933: Bodenwasser und Bodenkonfiguration der Atlantischen Tiefsee. Z. Ges. Erdkde. Berlin 1933 Nr. 1/2.

III M Vom Menschen geschaffene oder beeinflußte Formen und Formungsvorgänge

Ayres, Q. C., 1936: Soil Erosion and its Control, New York.

Benchetrit, M., 1954: L'érosion anthropogène: Couverture végétal et conséquence du mode d'exploitation du sol. Inform. géogr.

Bennet, H. H., 1928: The geographical relation of soil erosion to land productivity. Geogr. Rev. 18, S. 579—605.

Bennet, H. H., 1933: The quantitative study of erosion, technique and some preliminary results. Geogr. Rev. 23, S. 423—432.

Bennet, H. H., 1939: Soil Conservation. New York u. London.

Bennet, H. H., 1947: Elements of soil conservation. New York u. London.

Bennet, Hugh Hammond, 1952: A permanent loss to New-England, soil erosion resulting from hurricane. Geogr. Rev. S. 196—204.

Breburda, J., 1963: Abwehrmaßnahmen von Erosionsschäden durch Waldschutzstreifen in der Sowjetunion. Naturwiss. Rdsch. 16, Stuttgart, S. 394—398.

Clayton, E. S. S., 1949: Soil erosion and its control. Rev. ed. Sidney.

Colmann, E. A., 1953: Vegetation and watershed management; an appraisal of vegetation management in relation to water supply, flood control and soil erosion. New York.

Credner, Wilhelm, 1927: Die Hauptgoldländer der Gegenwart. Geogr. Zeitschr. 33.

Cressey, G. B., 1951: Asia's Lands and Peoples. 2. Aufl. New York.

Creutzburg, Nikolaus, 1930: Kultur im Spiegel der Landschaft, Bilderatlas. Leipzig.

Dale, T. u. Carter, V. G., 1955: Topsoil and civilization. Norman. Univ. Okla. Press.

Fels, Edwin, 1954/1967. Der wirtschaftende Mensch als Gestalter der Erde. Bd. 5 von R. Lütgens: Erde u. Weltwirtschaft. Stuttgart. 1. Aufl. 1954. 2. Aufl. 1967.

Fels, Edwin, 1965: Nochmals, anthropogene Geomorphologie. Pet. Mitt.

Fels, Edwin, 1965a: Die Bewässerungsfläche der Erde. Festschrift Leopold G. Scheidl, I. Teil. Wien, S. 33—50.

Fischer, Ernst, 1915: Der Mensch als geologischer Faktor. Zeitschr. Dt. Geol. Ges. 67.

Fournier, Frédéric, 1960: Climat et érosion. La relation entre l'érosion du sol par l'eau et les précipitations atmosphériques. Paris. Presses Univ. France.

Fournier, Frédéric, 1972: Utilisation rationelle et conservation du sol. Geoforum H. 10, S. 35—48.

Fournier, Frédéric, 1975: Erosion du sol dans l'espace rural. Hydrol. Science Bull. 20, S. 113—116, Washington.

Furon, R., 1947: L'érosion du sol. Paris.

Ganssen, R., 1953: Standortzerstörung durch Bodenerosion als Folge der Waldvernichtung, in K. Rubner: Die pflanzengeographischen Grundlagen des Waldbaus. Radebeul u. Berlin.

Genz, H., 1930: Die Veränderungen der Kulturlandschaft zur Industrielandschaft im Braunkohlenrevier Weißenfels-Zeitz. Diss. Halle.

Gillman, C., 1937: Die vom Menschen beschleunigte Austrocknung von Erdräumen. Zeitschr. Ges. Erdkde. Berlin.

Gorrie, R. M., 1935: The use and misuse of land. Oxford forestry memoires Nr. 19. Oxford.

Gottschalk, L. C., 1945: Effects of Soil Erosion on Navigation in Upper Chesapeake Bay. Geogr. Rev. 35.

Gustafson, A. F., 1937: Conservation of the Soil. New York.

Hempel, Ludwig, 1971: Die Tendenzen anthropogen bedingter Reliefformen in den Ackerländereien Europas. Z. Geomorph. N. F. 15, S. 312—329.

Heusohn, R., 1928: Das Kultivieren von Kippen und Halden. Braunkohle 27.

Hinrichs, W., 1931: Nordsee-Deiche, Küstenschutz und Landgewinnung. Husum.

Heim, Albert, 1919/22: siehe I b.

Hempel, L., 1954: Beobachtungen über die Empfindlichkeit von Ackerböden gegenüber Bodenerosion. Zeitschr. Pflanzenernähr. Düngg. Bodenkde. 64, S. 42–54.

Höh, M., 1930: Die Veränderungen des Landschaftsbildes durch den Bergbau. Mitt. Bezirksstelle f. Naturdenkmalpfl. 2, Essen.

Hövermann, Jürgen, 1953: Studien über die Genesis der Formen im Talgrund Südhannoverscher Flüsse. Akad. Wiss. Göttingen. Abt. Biol. Physiol. Chem. Jg. 1953, Nr. 1.

Hurault, J., 1966: Etude photo-aérienne de la tendance à la rémobilisation des sables éoliens sur la rive nord du Lac Tschad. Revue de l'Institut Français du Pétrole 21, Paris, S. 1837–1846.

Ireland, H. A., Sharpe, C. F. S., Eargle, D. H., 1939: Principles of gully erosion in the Piedmont of South Carolina. U. S. Dept. of Agric. Techn. Bull. Nr. 633.

Jacks, G. V. u. Whyte, R. O., 1938: Erosion and Soil Conservation. Herbage Publ. Ser. Bull. 25, Aberystwyth.

Karl, Johann u. Danz, Walter, 1969: Der Einfluß des Menschen auf die Erosion im Bergland. Schr. Reihe Bayer. Landesstelle f. Gewässerkde. H. 1, München, 98 S.

Kettner, Radim, 1960: Der Mensch als geologischer Faktor. In: Allgemeine Geologie, Bd. 4, Berlin, S. 294–327.

Kraemer, C., 1935: Kultivierung von Abraumkippen der Braunkohlengruben in der Niederlausitz. Diss. Breslau.

Klaer, Wendelin, 1976: siehe III C.

Kratsch, Helmut, 1974: Bergschadenkunde. Berlin, Heidelberg, New York.

Kuron, H., 1936: Stand und Ziele der Erosionsforschung. Forschungsdienst, Sonderheft 6.

Kuron, H., 1943: Die Bodenerosion in Europa. Forschungsdienst 16, S. 6–20.

Kuron, H., 1948: Veränderungen von Ackerböden unter dem Einfluß der Bodenerosion. Zeitschr. Pflanzenernähr. Düngg. Bodenkde. 41, S. 245–258.

Kuron, H., 1950: Löß und Bodenerosion. Zeitschr. Pflanzenernähr. Düngg. Bodenkde. 50, S. 74–82.

Kuron, H., 1954: Ergebnisse von 15jährigen Untersuchungen über Bodenerosion durch Wasser in Deutschland. Veröff. Nr. 36 d. Internat. Assoziation f. Hydrologie (Generalversammlung Rom., Bd. I).

Maack, R., 1956: Über Waldverwüstung und Bodenerosion im Staate Paraná. Die Erde, S. 191–228.

Macar, Paul, 1974: Étude en Belgique de phénomènes d'érosion et de sedimentation récents en terres limoneuses. Abh. Akad. Wiss. Göttingen. Math. Phys. Kl., III. Folge, Nr. 29, S. 354–371.

Mensching, Horst, 1951: Die Entstehung der Auelehmdecken in Nordwest-Deutschland. 3. Intern. Congr. of Sedimentology. Groningen.

Mensching, Horst, 1952: Die kulturgeographische Bedeutung der Auelehmbildung. Dt. Geogr. Tag Frankfurt a. M. 1951. Remagen.

Mensching, Horst u. Fouad Ibrahim, 1976: Das Problem der Desertification. Ein Beitrag zur Arbeit der IGU-Commission „Desertification in and around arid Lands". Geogr. Zeitschr. 64, S. 81–93.

Min Tieh, T., 1941: Soil erosion in China. Geogr. Rev. 31, S. 570–590.

Mortensen, Hans, 1954/55: Die quasinatürliche Oberflächenformung als Forschungsproblem. Wiss. Zeitschr. Univ. Greifswald. Math. Nat. Reihe 4, S. 625–628.

Mückenhausen, E.: Die Bodenerosion durch Wasser in Deutschland im Vergleich zu anderen Ländern. Wasser u. Boden in der Landschaftspflege. Ratingen o. J., S. 17–41.

Nowack, Ernst, 1942: Erscheinungsformen und Ursachen der Bodenabspülung in den Kolonien. Afrika Nachrichten 24.

Obst, Erich, 1940: Die Sicherung des Lebensraumes in Afrika. R. Accad. d'Italia, Atti dell' VIII. Convegno. Roma 1938. S. 2–26.

Obst, Erich, 1949: Bodenerosion, Austrocknung und junge Krustenbewegungen. In: E. Obst u. K. Kayser, Die große Randstufe auf der Ostseite Südafrikas und ihr Vorland. Hannover.

Rakoczi, Laszlo, 1975: Effects of man on sedimentation and erosion in rural environments. Hydrol. Science Bull. 20, Washington, S. 103–112.

Reuter, Fritz, 1972: Die anthropogen-geodynamischen Prozesse aus der Sicht der Geotechnik. Z. angewandte Geol. 18, H. 2, S. 76–81.

Richter, J., 1940: Die Entwicklung der Kulturlandschaft im Steinkohlenrevier Lugau-Oelnitz (Erzgebirge). Diss. Teildruck Jena.

Richter, Gerold, 1965: Bodenerosion. Schäden und gefährdete Gebiete in der Bundesrepublik Deutschland. Forsch. z. dt. Landeskde. Bd. 152.

Richter, Gerold, 1974: Zur Erfassung und Messung des Prozeßgefüges der Bodenabspülung

im Kulturland Mitteleuropas. Abh. Akad.
Wiss. Göttingen, Math.-Phys. Kl., III. Folge
Nr. 29, S. 372−385.

Richter, Gerold (Hrsg.), 1976: Bodenerosion
in Mitteleuropa. Darmstadt.

Sapper, Karl, 1932: Die Verbreitung der künstlichen Feldbewässerung. Pet. Mitt.

Schmieder, Oskar, 1933: Länderkunde Nordamerikas. Enzykl. d. Erdkde. Leipzig.

Schmitt, O., 1952: Grundlagen und Verbreitung
der Bodenzerstörung im Rhein-Maingebiet
und Vorspessart. Rhein-Main. Forschgen.
H. 33.

Schmitthenner, Heinrich, 1925: Chinesische Landschaften und Städte. Stuttgart.

Schroeder-Lanz, Hellmut, 1963: Über rezente
Erosion im Dubbendahlgrund bei Schneever-
dingen (Lüneburger Heide). Z. Geomorph.
N. F., Bd. 7, S. 247−271.

Schultze, Joach. H., 1930: Die Häfen Englands.
Schr. d. Weltwirtsch. Inst. d. Hdls. Hochsch.
Leipzig, Bd. 6, Leipzig.

Schultze, Joach. H., 1931: Die landschaftlichen
Wirkungen des Bergbaus. Geogr. Anz. 32.

Schultze, Joach. H., 1951/52: Über das Verhältnis zwischen Denudation und Erosion.
Die Erde, S. 220−232.

Schultze, Joach. H., 1952: Die Bodenerosion
in Thüringen. Pet. Mitt. Erg. H. 247. Gotha.

Sherlock, R. L., 1922: Man as a geological agent
„An account of his action on inanimate
nature". London.

Spangenberg, H., 1931: Die geographischen Wirkungen des Braunkohlenbergbaus. Thießen-
Festschr. Berlin.

Stötzel, F., 1907: Die Bodenbewegungen im
rheinisch-westfälischen Kohlenbezirk. Diss.
Erlangen.

Stremme, H., 1952: Die Bodenerosion in der
Deutschen Demokratischen Republik. Erd-
kundeunterricht 4. Heft 1, S. 13.

Streumann, Charlotte u. Richter, Gerold, 1966:
Bibliographie zur Bodenerosion in Mitteleuropa. Ber. z. dt. Landeskde. Sonderheft 9.
Enthält auch viele Literatur über Bodenerosion im allgemeinen und in anderen Gebieten der Erde.

Telschow, A., 1933: Der Einfluß des Braunkohlenbergbaus auf das Landschaftsbild der
Niederlausitz. Schr. Geogr. Inst. Univ. Kiel I,
3.

Wandel, G. u. Mückenhausen, E., 1951: Neue
vergleichende Untersuchungen über den Bodenabtrag an bewaldeten und unbewaldeten
Hangflächen in Nordrheinland. Geol. Jahrb.
f. 1949 d. Geol. L. A. (Landesanstalten) d.
Bundesrepubl. Deutschland 65, H. 11.

Wegener, Georg, 1930: China. Leipzig.

Weigt, Ernst, 1941: Bodennutzung und Bodenzerstörung. Lebensraumfragen europäischer
Völker, Bd. II, Leipzig.

Wolff, W., 1926: Zur Frage der neuzeitlichen
Küstensenkung im deutschen Küstengebiet.
Sitzber. Geol. L. A. Berlin. H. 1.

Wolff, W., 1950/51: Bodenerosion in Deutschland. Die Erde Heft 3/4, S. 215−228.

Wolman, M. G., 1975: Erosion in the urban environment. Hydrol. Science Bull. 20, S. 117−
126. Washington.

Young, L. E. u. Stoek, H. H., 1917: Subsidences
resulting from mining. Illinois Coal Minning
Invest. Bull. 91.

IV Typische Formen-Vergesellschaftungen und Reliefgenerationen

Bakker, J. P. u. Levelt, Th. W. M., 1965: siehe
I c.

Behrmann, Walter, 1921: Die Oberflächenformen in den feuchtwarmen Tropen. Z. Ges.
Erdkde. Berlin, S. 44−60.

Bird, J. B. 1967: The physiography of Arctic
Canada. Baltimore.

Bremer, Hanna, 1965a: siehe I c.

Bremer, Hanna, 1977: Reliefgenerationen in den
feuchten Tropen. Würzburger Geogr. Arb.,
H. 45, S. 25−38.

British Geomorphological Research Group, 1968:
Geomorphology in a tropical environment.

Brit. Geomorph. Res. Group, Occasional Pap.
5.

Büdel, Julius, 1948: Das System der klimatischen
Morphologie. Dt. Geogr. Tag München.
Landshut 1950.

Büdel, Julius, 1953: Die „periglazial"-morpho-
logischen Wirkungen des Eiszeitklimas auf
der ganzen Erde. Erdkde. Bd. VII., S. 249−
275.

Büdel, Julius, 1957: Grundzüge der klimamorphologischen Entwicklung Frankens. Würzburger Geogr. Arb. 4/5, S. 5−46.

Büdel, Julius, 1969: siehe III C.

Büdel, Julius, 1971: siehe I c.

Büdel, Julius, 1972a: siehe III D.

Büdel, Julius (Hrsg.), 1977a: Beiträge zur Reliefgenese in verschiedenen Klimazonen. Würzburger Geogr. Arb. H. 45.

Büdel, Julius, 1977a: Reliefgenerationen in Mitteleuropa und anderen Klimamorphologischen Zonen. Würzburger Geogr. Arb., H. 45, S. 3–23.

Caine, N., 1967: The tors of Ben Lomond, Tasmania. Z. Geomorph. N. F. 11, S. 418–429.

Capot-Rey, R., 1953: Le Sahara Français. Paris.

Fischer, Klaus, 1977: Reliefgenerationen im Gebiet der Montes de Toledo, Zentralspanien. Würzburger Geogr. Arb., H. 45, S. 69–87.

Grunert, Jörg, 1972: siehe III E.

Haefke, Fritz, 1959: Physische Geographie Deutschlands. Berlin.

Hagedorn, Horst, 1971: siehe I c.

Jessen, Otto, 1938: siehe I b.

Journaux, M. A., 1977: Geomorphologie der Ränder des brasilianischen Amazonasgebietes: Modell der Hangentwicklung, zugleich ein Versuch, die Entwicklung des Paläoklimas zu deuten. Würzburger Geogr. Arb., H. 45, S. 89–109.

Kaiser, Erich, 1926: siehe III E.

King, Lester C., 1954: La géomorphologie de l'Afrique du Sud. Ann. Géogr. 63, S. 113–129.

Louis, Herbert, 1953: siehe I c.

Louis, Herbert, 1966: siehe III F.

Machatschek, Fritz, 1935: Zur Morphologie von Zentralasien. Sven Hedin Festschrift, Stockholm, S. 379–393.

Meckelein, Wolfgang, 1959: siehe III C.

Michel, Pierre, 1973: siehe III E.

Mensching, Horst, 1957: Marokko. Heidelberg.

Mortensen, Hans, 1926/1927: Die Oberflächenformen der Winterregengebiete. In Thorbecke: Morphologie der Klimazonen. Düsseldorfer Geogr. Vorträge III. Breslau. S. 37–46.

Mortensen, Hans, 1927a: siehe III E.

Palmer, J. and Radley, G., 1961: Gritstone tors of the English Pennines. Z. Geomorph. N. F. 5, S. 37–52.

Panzer, Wolfgang, 1965: siehe I c.

Passarge, Siegfried, 1920: siehe I b.

Passarge, Siegfried, 1927: siehe III E.

Passarge, Siegfried, 1929: Die Landschaftsgürtel der Erde. Natur u. Kultur. Breslau.

Petrov, M., 1962: Types de déserts de l'Asie Centrale. Ann. Géogr. 71, S. 131–155.

Pfannenstiel, Max, 1953/1954: Die Entstehung der ägyptischen Oasendepressionen. Akad. Wiss. u. Lit. Mainz Abh. Math. Nat. Kl. 1953, Nr. 7, 1954.

Rust, Uwe, 1975: Das Spektrum der geomorphologischen Milieus und die Relieftypendifferenzierung in der Zentralen Namib. Würzburger Geogr. Arb. H. 43, S. 79–110.

Schmitthenner, Heinrich, 1932: Landformen im außertropischen Monsungebiet. Wiss. Veröff. Museum f. Landeskde. Leipzig. N. F. 1, S. 81–101.

Semmel, Arno, 1972: Geomorphologie der Bundesrepublik Deutschland. Erdkundl. Wissen, H. 30. Wiesbaden.

Székely, A., 1970: Land Forms of the Mátra Mountains and their Evolution with special regard to Surfaces of Planation. Studies in Hungarian Geography 8, Akadémiai Kiadó, Budapest, S. 41–54, 137–151.

Tricart, Jean, 1954: siehe III E.

Troll, Carl, 1939: Das Pflanzenkleid des Nanga Parbat. Begleitworte zur Vegetationskarte der Nanga Parbat Gruppe, Nordwest Himalaya, 1:50000 Wiss. Veröffentl. Dt. Museum f. Länderkde. Leipzig N. F. 7, S. 151–180.

Troll, Carl, 1940: Studien zur vergleichenden Geographie der Hochgebirge der Erde. Ber. d. 23. Hauptversamml. d. Ges. v. Freunden u. Förd. d. Univ. Bonn, S. 49–96.

Troll, Carl, 1948/49: siehe III C.

Troll, Carl, 1975: Vergleichende Geographie der Hochgebirge der Erde in landschaftsökologischer Sicht. Geogr. Rundsch. 27.

Völk, H. R. u. Levelt, Th. W. M., 1969/70: siehe III B.

Wieneke, Friedrich, 1975: Entwicklung und Differenzierung des Reliefs der Küste der Zentralen Namib. Würzburger Geogr. Arb., H. 43, S. 111–134.

Wilhelmy, Herbert, 1974: siehe I c.

Wilhelmy, Herbert, 1975: siehe I c.

Wirthmann, Alfred, 1961: siehe III E.

Wirthmann, Alfred, 1976a: Reliefgenerationen im unvergletscherten Polargebiet. Z. Geomorph. N. F. 20, S. 391–404.

Wissmann, Hermann v., 1951: siehe I c.

Nachtrag:

Kozarski, Stefan, 1978: Lithologie und Genese der Endmoränen im Gebiet der skandinavischen Vereisungen. Schriftenr. geol. Wiss. Berlin 9, S. 179–200 (zu S. 443 ff.).

Kozarski, Stefan, 1978: Das Alter der Binnendünen in Mittelwestpolen. Julius Fink-Festschr., S. 291–305, Wien. (zu S. 516).

Sachregister

(Die Zahlen hinter dem Symbol BT verweisen auf die Seitenzahlen des Bilderteils)

Gerinne, divergierende Bahnen der 210
–, episodisches 107, 642
–, Gewässer, periodische oder episodische 642
–, intermittierendes 632
–, konsequentes 324
–, perennierendes 632
–, Reibung an den Bettwandungen von 217
–, tributäre 313
Gerinnebahnen, Gewässerbahnen 210, 288, 368, 369, 443, BT 68, 69
– –, gegabelte, divergierende, zerfaserte 288, 368, 443, BT 69
– –, konvergierende 210, 369
Gerinnebetten 179, 180, 184, 193, 221, 227, 244, 250, 263, 295, 303, 630, 631, 643
–, Eintiefungsbetrag der 295
–, Einschnittkante der 303
–, festliegende, permanente 193
–, Rauhigkeit der 221
–, Verstopfung der 180
Gerinnefracht 263
Gerinneleitungen, dammartige aus Travertin 412
Gerinnespiegel 107
Geröll 49, 52, 219, 220, 224, 227, 231, 248, 264, 297, 299, 306, 309, 438, 443, 455, 541, 543, 546, 630, 637
–, grobes als Erosionshilfe 299, 306, 309
–, Kies und Sand, fluvioglazial 438
–, Stoßpunkte an 219
Geröllgröße, Abnahme längs des Flusses 264
Geröllküsten 541
Geröllschorre 538
Geröllstrandwälle 650
Gerölltransport 264
Gerölltrieb 217, 220, 221, 222
Geröllvorkommen 576
Geröllwälle der Brandungszone 542
Geröllzufuhr durch Nebenbach 267
Gesamtabtragung des Landes 239, 264, 296, 300
– des Landes in Rumpfflächengebieten mit Flachtälern 296
–, stationär 239
Geschiebe 220, 436, 438, 458

–, erratische, Erratika 436, 458
–, gekritztes 436
Geschiebelehm, Aufarbeitung durch Brandung BT 143
Geschiebelehmkliff 600
Geschiebelehmküsten 547
Geschiebelehmplatte 515, BT 143
Geschiebemergel, Geschiebelehm, Grundmoräne des nordeuropäischen Inlandeises 438
Geschiebemergel, Decke von 452
Geschiebemergelkliff 546
Geschiebesande 536
Geschwindigkeit des Auseinanderdriftens des Ozeanbodens 586
– der Eisbewegung von Gletschern 417 ff.
Geschwindigkeitsverteilung an der Oberfläche von Gletschern 417
– des fließenden Wassers 262
Geschwindigkeitsdiagramm von Erdbebenwellen 33
Gesimse im Fels BT 37
Gestade 523
Gestaltungsabläufe, geomorphologische 2
Gestein, Gesteine 47–51
–, Absonderungsform 86
– der Alkalireihe 59
–, anstehendes 210, 248, 250, 258, 260
–, Aufnahmefähigkeit für Sickerwasser 193
–, basaltische 43
–, basische 48, 65, 134, 586
–, Biegen von 53
–, Brechen von 53
–, feinerdehaltige BT 54
–, feinkörnige 285
–, feinbankige 149
–, Festigkeitsunterschiede der 147, 203, 308, 319, 340, 628
–, flach lagernde 147
–, Flächendehnung von 112
–, Gefügelockerung von 529
–, Haupttypen der 47
–, hangendes = Hangendes 55
–, harte und weiche, Härteklassifizierung 147
–, klastische 69, 118
–, kristalline 48, 117, 181, 222, 290, 342, 532, 632

–, (leicht) lösliche 108, 132, 382–384, 548, 566, 626
–, liegendes = Liegendes 55
–, Längendehnung von 112
–, magmatische (Magmatite) 47, 48, 320
–, metamorphe, Metamorphite 47, 60, 111
–, porenreiche, poröse 133, 287, 303, 634
–, primäre 48
–, innere Reibung von 155, 156
–, resistente, widerständige; wenig resistente, wenig widerständige 147, 148
–, saure 48, 65, 129
–, schlackige, glasige, feinkristalline 48
–, sekundäre 48
–, sialitische 37
– mit SiO2-Überschuß 65
–, Spannungen im 115, 117, 151
–, tertiäre BT 61
–, tonreiche 152, 174, 257, 320
– von Trias und Jura BT 21
–, undurchlässiges 405
–, unverwittertes, unzersetztes 174, 298
–, vollkristalline, körnig-kristalline 48, 113
–, vulkanische 584
–, wasserdurchlässige 320
–, wenig resistente, wenig widerständige 147, 148, 331, 626
–, widerständige, resistente 147, 170, 178, 270, 300, 331, 573, 581, 626
–, Widerständigkeit der 3, 148, 264, 320, 331, 337
–, Zersetzung, zersetztes 184, 203, 253, 309, 363
–, Zerteilungshabitus der 149
–, Zertrümmerung des 155, 156
–, Zusammenschub der 38
Gesteinsaufbereitung 99, 100, 110, 115, 118, 132, 151, 174, 247, 265, 276, 284, 285, 298, 331, 365, 616, 632, 634, 640, 649, BT 95
–, intensive 365
– durch Lebewesen 132
– durch Lösung 118
–, physikalische und chemische 115
–, tiefreichende 331

wieder ausgegrabenem Abtragungsrelief 343
Inkrustierung höherer Pflanzen
(in Kalktuff) 414
Inlandeis 101, 117, 226, 423,
424, 427, 435, 437, 443, 446,
457, 481, 561, 617, 619, 620,
624, BT 129, 135
−, Abfließen bzw. Auseinander-
fließen 427
−, Zone größter Beweglichkeit
des 427
−, Bewegungsrichtung von 457
−, stromartige Züge stärkerer
Bewegung innerhalb von 423
−, innere Reibung und Ge-
schwindigkeitswerte der Eis-
bewegung 424
−, Langsamkeit des Entstehens
von 424
−, Ernährung 446
−, Oberfläche des BT 135
−, Oberflächengefälle des
Inlandeises 446
−, Form des Vertikalschnitts,
Oberflächenneigung 423,
427, 435
Inlandeisboden, Inlandeisunter-
grund 223
Inlandeiserosion 617
Inlandeisküsten 653
Inlandeisschilde 423
Inlandeisablagerungen 26, 630
−, pleistozäne 630
Inlandeisbedeckung, ehemalige
und Landhebung 561
−, eiszeitliche 427, 562, 623
Inlandeisrandlage 446
Inlandeisvergletscherung 458,
647
Inlandeisüberflutung 619
Inlandküsten 448
Innenaufbau der Erde 33
− der Kruste 37
Innenmoräne 436, 437
Innensaum, Innensaumformen
einer Eisrandlage 450, 452
Innerkontinentale Meeresräume
29, 30
inselartige Erhebungen BT 68
Inselberg 94, 144, 145, 150, 183,
185, 187, 190, 191, 212,
290−292, 294, 296, 297, 301,
307, 363, 365, 372, 376, 377,
630, 631, 634, 645, BT 51,
64, 84, 85, 88, 89
−, Klippenrest 291

Inselberge, azonale 301, 377
−, granitische 151, 292
− nicht in Weiterbildung 645
−, zonale 301
Inselbergfuß 290, BT 85
Inselberghang 185, 292
Inselbergmassiv, Inselberg-
gruppen, Inselgebirge, Insel-
bergrelief 296, 301, 307, 645,
BT 84
Inseln 14, 543, 552, 554
− außerhalb des Kontinental-
abhangs 14
Inselbogen, 39, 88
Inselketten, bogenförmige 584
Insolation 112, 113, 151
Intensitätsverhältnis von
Flächenabtragung und Stufen-
zurückverlegung 330
Intensivverwitterung, tropische
306, BT 95
Interferenz verschiedener Wel-
lensysteme 507
Interglazialzeiten 341, 561, 654
Interkontinentaler Ozean 22,
25, 28, 29, 45
Intrusion basischer oder ultra-
basischer Magmen 339
−, synorogene 57
Intrusivgesteine, Intrusivkörper
48, 51, 52, 55, 148
Inundationen von Poljeböden
398, BT 104
Inundationen des Imotsko Polje
BT 104
Inzidenzdüne 505
Ionenaustausch, Ionenaustauschvermögen 128, 155
isofazielle Bereiche 51
Isoklinaltäler 325, 335, 338, 350,
BT 155
Isostasie, isostatisch 31, 32, 38,
39, 57, 65, 562, 594, 617,
620, BT 148
isostatisches Absinken, isostatische Hinabdrückung 594, 617
isostatisches Aufsteigen, isostatischer Auftrieb 38, 39, 65,
BT 148
isostatischer Ausgleich 39, 57,
620
isostatische nacheiszeitliche Hebung Skandinaviens BT 148
Isotopenstudium in der Karsthydrographie 397
Iteration, mathematische bzw.
geometrische von Form-
änderungen 216

Jahreszeitensolifluktion 161
Jahresmoränen 448
Jamas (Yamas) 389
Jugendstadium der
Kerbzerschneidung 283
Jugendstadium der Talbildung
242
jungen Formen 256
Jungendmoränen 445
Jungmesozoikum 39
Jungmesozoischer Flysch BT 52
Jungmoränenformen, Jung-
moränenlandschaft 445, 450,
456, 458, 627
Jungpleistozän BT 167
Jungtertiär, Jungtertiärschichten,
Jungtertiärablagerungen 342,
348, BT 42, 58, 66, 160, 163,
167
−, Andesiteruptionen BT 168
−, gefaltetes 348
jungvulkanische Laven und
Aschen BT 165
− Landschaften 564
Jura, brauner und schwarzer
BT 154
Jurakalk BT 99, 139
Jura- und Kreidekalke BT 11

Kabelzerreißungen, Kabelbrüche
571, 572
Kaibab-Kalkstein des Perm 147
Kalben von Gletschern,
Kalbungsbuchten, Kalbungs-
wellen 650
Kalbungsmoränen 448
Kalibergwerke 410
Kalifeldspäte 65
Kalium, Abfuhr bei Verwitterung
von Tonmineralen 125
Kaliumsalze 175
Kalkabtrag unter Wald 384
kalkaggressiv 400
Kalkalgen, Kalkalgenriffe 549,
566, 568, 651, BT 111
Kalkalkali-Geteine 584
Kalkausfällung, Kalknieder-
schläge 411, 412
Kalkausscheidung, kalk-
ausscheidend 183, 400
Kalke 49, 50, 52, 59, 134, 149,
151, 320, 323, 388, 395, 459,
630, 638, BT 70, 101, 103,
108, 116, 128, 157
−, gebankte 323
− des mittleren Eozän bis
unteren Miozän BT 108

Ortsregister

(Die Zahlen hinter dem Symbol BT verweisen auf die Seitenzahlen des Bilderteils)

Autoren-Register

(Die Zahlen hinter dem Symbol BT verweisen auf die Seitenzahlen des Bilderteils)

Errata

Textteil

S. 33 in Fig. 3: Statt „Conrad-Diskonituität" lies richtig „Conrad-Diskontinuität".

S. 34 Abs. 2, Zeile 6: Statt „durckbedingten" lies richtig „druckbedingten".

S. 65 Abs. 2, Zeile 3 von unten: Statt „Hayn" lies richtig „Hauyn".

S. 111 Mitte in der Aufstellung, Zeile 2 von unten: Statt „Ilminit" lies richtig „Ilmenit".

S. 126 in Abb. 26: Statt „Vermikulit" wird jetzt gewöhnlich „Vermiculit" geschrieben.

S. 131 Zeile 4 von unten: Statt „Korrasion" lies richtig „Korrosion".

S. 160 Abs. 2, Zeile 5: Statt „Tones ($\varnothing$ 0,002 mm)" lies richtig „Tones ($\varnothing$ unter 0,002 mm)".

S. 181 unterm Strich, Abs. 3, Zeile 3: Statt „nebeneinanderherlaufenden" lies besser „nebeneinander herlaufenden".

S. 235 Abs. 3, Zeile 2: Statt „ausgesprochenen" lies richtig „ausgesprochen".

S. 240 Abs. 2, Zeile 4 von unten: Statt „hingerichteten" lies richtig „hin gerichteten".

S. 245 Zeile 1: Hinter „bezeichnet" ergänze: „ , enge Kerbtäler im Englischen auch *canyon*".

S. 367 Abs. 4, Zeile 1: Statt „wir" lies richtig „wie".

S. 384 Abs. 2, Zeile 7: Statt „Ca 0/1 = 1° d H" lies richtig „Ca 0/1 = 1° d H".

S. 415 Abs. 4, Zeile 2, Nachtrag: Hugi, F. J., 1830: Naturhistorische Alpenreise, Solothurn.

S. 433 Abs. 1, Zeile 4 von unten: Statt „F. Wilhelm (1975)" ist richtig „F. Wilhelm (1975,".

S. 532 Abs. 3, Zeile 3 von unten: Statt „des Gestein" lies richtig „im Gestein".

S. 551 Abs. 3, Zeile 2: Statt „Korallkalk" lies richtig „Korallenkalk".

S. 559 Abs. 1, Zeile 3 von unten: Statt „*atropic*" lies richtig „*atrophic*".

S. 582 Abs. 3, Zeile 4 von unten: Statt „(natural level)" lies richtig „(natural levee)".

S. 597 Fig. 145: Zeichentechnische Unvollkommenheit: Der Raster für „Wasserflächen" ist mit unbewaffnetem Auge nicht von jenem für die Siedlungsflächen zu unterscheiden. In diesem Kartenbild sind „Wasserflächen" nur der Rhein und die kleinen Teiche des Kölner Grüngürtels.

S. 657 bei „Seneca, Lucius Annaeus" ist vor „6. Buch" einzufügen: „Naturales Questiones".

S. 660 Baulig, Henri, 1951: hinter „Surfaces d'aplanissement" fehlt der Punkt.

S. 664 Bouger, Pierre, 1749: statt „M. M." lies richtig „MM".

S. 670 Spalte 2, Zeile 7 von unten: Statt „Charakter" lies richtig „Character".

S. 691 Zitat Raynal, R.: Statt „elimatiques" lies richtig „climatiques".

S. 703 vor Hurtig, Theodor, 1969: ist einzufügen: Hugi, F. J., 1830: Naturhistorische Alpenreise. Solothurn.

Bilderteil

S. 36 Überschrift: Statt „Subtroben" lies richtig „Subtropen".

S. 82 zu Bild 82, Zeile 4 von unten: Statt „zu sehen" lies besser „einzusehen".

S. 107 zu Bild 106, Zeile 2 von unten: Statt „Trachtanteile" lies richtig „Frachtanteile".

S. 113 zu Bild 111, Zeile 2 von unten: Vor der Klammer ist einzufügen: „Das sind die dunklen Flächen im Bildvordergrund".

S. 129 Unterschrift von Bild 126: Statt „Rundhöcherlandschaft" lies richtig „Rundhöckerlandschaft".

S. 158 Unterschrift von Bild 152: Hinter San Francisco fehlt ein Komma.

Lehrbuch der Allgemeinen Geographie

In Fortführung und Ergänzung zu Supan/Obst, begründet von Erich Obst. Herausgegeben von Josef Schmithüsen. Es erscheint in selbständigen Einzelbänden. 17 cm x 24 cm. Fester Einband.

H. Louis
Allgemeine Geomorphologie
4., erneuerte und erweiterte Auflage. In zwei Teilen.

Unter Mitarbeit von K. Fischer.

Textteil: XXXI, 814 Seiten. 147 Figuren. 2 beiliegende Karten.

Bilderteil: II, 181 Seiten. 176 Bilder. 1979. DM 148,— ISBN 3 11 007103 7 (Band 1)

Blüthgen/Weischet
Allgemeine Klimageographie
3. Auflage

Etwa 784 Seiten. 208 Abbildungen und 4 mehrfarbige Karten. 1979. In Vorbereitung. ISBN 3 11 006561 4 (Band 2)

F. Wilhelm
Schnee- und Gletscherkunde
VIII, 414 Seiten. 58 Abbildungen. 156 Figuren und 71 Tabellen. 1975. DM 85,— ISBN 3 11 004905 8 (Band 3)

J. Schmithüsen
Allgemeine Vegetationsgeographie
3., neu bearbeitete und erweiterte Auflage. XXIV, 463 Seiten. 275 Abbildungen. 13 Tabellen und 1 Ausschlagtafel. 1968. DM 62,— ISBN 3 11 006052 3 (Band 4)

H. G. Gierloff-Emden
Geographie des Meeres
Ozeane und Küsten als Umwelt
2 Teilbände

Teil 1: Etwa 854 Seiten. 318 Abbildungen und 1 Ausschlagtafel. 1979. Etwa DM 160,— ISBN 3 11 002124 2 (Band 5, Teil 1)
Teil 2: Etwa 632 Seiten. 286 Abbildungen und 1 Ausschlagtafel. 1979. Etwa DM 160,— ISBN 3 11 007911 9 (Band 5, Teil 2)

G. Schwarz
Allgemeine Siedlungsgeographie
3., vollständig neu bearbeitete und erweiterte Auflage. XII, 751 Seiten. 144 Abbildungen. 1966. DM 66,— ISBN 3 11 002201 X (Band 6)

E. Obst
Allgemeine Wirtschafts- und Verkehrsgeographie
3., neu bearbeitete und erweiterte Auflage. XX, 698 Seiten. 57 Abbildungen und 1 mehrfarbige Karte. 1965. Mit Nachdruck zur 3. Auflage von E. Obst und G. Sandner. 64 Seiten. 1969. DM 78,— ISBN 3 11 002809 3 (Band 7)

M. Schwind
Allgemeine Staatengeographie
XXII, 581 Seiten. 94 Abbildungen und 57 Tabellen. 1972. DM 94,— ISBN 3 11 001634 6 (Band 8)

E. Imhof
Thematische Kartographie
XIV, 360 Seiten. 153 Abbildungen und 6 mehrfarbige Tafeln. 1972. DM 68,— ISBN 3 11 002122 6 (Band 10)

S. Schneider
Luftbild und Luftbild-Interpretation
XVI, 530 Seiten. 216 zum Teil mehrfarbige Bilder. 1 Anaglyphenbild. 181 Abbildungen und 27 Tabellen. 1974. DM 195,— ISBN 3 11 002123 4 (Band 11)

J. Schmithüsen
Allgemeine Geosynergetik
Grundlagen der Landschaftskunde
XII, 349 Seiten. 15 Abbildungen. 1976. DM 80,— ISBN 3 11 001635 4 (Band 12)

In Vorbereitung:

Topographische Karte
Bevölkerungsgeographie
Sozialgeographie

Preisänderungen vorbehalten

Allgemeine Geomorphologie

von
Herbert Louis

4., erneuerte und erweiterte Auflage
Textteil und gesonderter Bilderteil

unter Mitarbeit von
Klaus Fischer

Bilderteil

Walter de Gruyter · Berlin · New York 1979

Die Anordnung der Bilder entspricht nicht der Reihenfolge der Zitierungen in den prozeßgeomorphologisch gerichteten Teilen des Textes. Sie strebt vielmehr unter gesonderter Aufführung ausgesprochen überzonaler Erscheinungen eine großzonale Gliederung an, die auch durch Überschriften angedeutet wird. Auf diese Weise möchte der Bildteil für sich allein bereits einen Überblick über die regionale Anordnung wichtiger Formenelemente und Formengemeinschaften auf der Erde vermitteln und durch seine Gliederung unmittelbar zur Veranschaulichung der Ausführungen von Kapitel IV des Buches dienen. Die Ausnutzung der Bilder zur Erläuterung der prozeßgeomorphologischen Betrachtungen über die Oberflächenformen wird hierdurch nicht gehindert.

Inhaltsübersicht

CIP-Kurztitelaufnahme der Deutschen Bibliothek

Lehrbuch der allgemeinen Geographie / begr. von Erich Obst. Hrsg. von Josef Schmithüsen. Autoren d. bisher erschienenen Einzelbd.: J. Blüthgen . . . — Berlin, New York: de Gruyter.
NE: Obst, Erich [Begr.]; Schmithüsen, Josef [Hrsg.]
Bd. 1. — Louis, Herbert: Allgemeine Geomorphologie

Louis, Herbert:
Allgemeine Geomorphologie: Textteil u. gesonderter Bilderteil / von Herbert Louis. Unter Mitarb. von Klaus Fischer. — Berlin, New York: de Gruyter.
ISBN 3-11-007103-7
Bilderteil. — 4., erneuerte u. erw. Aufl. — 1979. —
(Lehrbuch der allgemeinen Geographie; Band 1)

Satz und Druck: Walter de Gruyter & Co., Berlin. — Bindearbeiten: Lüderitz & Bauer, Buchgewerbe GmbH, Berlin.

I. Überzonale Erscheinungen exogener Massenbewegungen

Bild 1. Bergsturzgebiet am Hohen Ifen, gesehen vom obersten Schwarzwassertal. Blick nach NE, Allgäuer Alpen.

Zu Bild 1: Die nach Süden einfallende Platte des kretazischen Schrattenkalks, die auf weichen Drusbergschichten aufruht, wird durch Wandabbrüche begrenzt. Es sind die *Abrißwände* von *Bergstürzen*, die zum Schwarzwassertal (Melköde) niedergegangen sind. Die Hänge unter den Abrißwänden sind mit Schutthalden und Bergsturztrümmern überdeckt. Von den Abrißwänden sind stellenweise besonders in der rechten Bildhälfte größere Pfeiler des Schrattenkalks schon *abgesessen*. Sie drohen, wenn geeignete Auslösebedingungen eintreten, als neuerliche Bergstürze niederzugehen. (Aufn. H. Louis)

Bild 2. Frana in der Basilicata bei San Giuliano nördlich Potenza.

Zu Bild 2: Eine bedeutende Partie des tiefgründig durchfeuchteten, tonhaltigen Gesteins ist an *Abrißklüften staffelförmig* abgesunken und mit ihren unteren Teilen breiartig ausgeflossen. (Aufn. W. Weischet)

Bild 3. Rutschgelände im Gebiet der Sciare-Wiesen südlich St. Kassian. Gadertal, Südtiroler Dolomiten. (Aufn. K. Fischer, Frühjahr 1965)

Zu Bild 3: Die überaus tonmineralreichen St. Kassianer Schichten neigen nach Verwitterung zu Rutschungen großen flächenhaften Ausmaßes und beachtlicher Mächtigkeit. Diese Rutschungen beginnen mit dem Absitzen größerer Hangpartien, die entlang von nach unten durchgebogenen Rutschflächen quasi aus dem Hang herausgedreht werden. Dies ist im Bild links oben der Fall. Im weiteren Verlauf der Massenschwerebewegung treten mehr und mehr differenzierte kleinräumige Rutschbewegungen von Millimeter- bis Meter-Dimension auf, die zum Zerreißen der Rasendecke und zur Schrägstellung der Nadelbäume führen (vgl. dazu K. Fischer 1966).

Bild 4. Unterwasseraufnahme einer wandernden Grundwalze mit Schotterbewegung. (Nach H. Mortensen und J. Hövermann, 1957, Abb. 4.)

Zu Bild 4: Lichte Höhe des Bildausschnitts 25 cm, lichte Breite 60 cm. Hauptströmungsrichtung von links nach rechts. Die *Grundwalzen* wandern mit der Hauptströmungsrichtung. Die Schotter innerhalb der Walzen bewegen sich im Uhrzeigersinne. Die Grenze zwischen ruhendem und bewegtem Material verläuft etwa vom rechten Drittel der unteren Bildgrenze steil nach oben bis zur halben Bildhöhe und dann zur Mitte der rechten Bildgrenze. Die Walze wirbelt den Schotter derart auf, daß in der unteren Hälfte der Walze eine *untergrabende Flußaufbewegung* den ruhenden Schotter angreift. Die in Bewegung geratenen Gerölle werden *auf der stromauf gelegenen Seite der Walze emporgerissen* und dann im oberen Teil der Walze schwebend stromabbewegt. Mit einem derartigen Anfangsimpuls ausgestattet, dürften die Teilchen einen je nach ihrer Größe kürzeren oder längeren Weg in Schwebesprüngen in der rasch und wirbelnd fließenden Wassermasse zurücklegen, ehe sie wieder zur Ruhe kommen. (Aufn. des Inst. f. d. wissensch. Film.)

Bild 5. Strudellöcher im Granit des Bettes der Rench unterhalb Oppenau. Nordschwarzwald. Nach
G. Wagner: „Einführung in die Erd- u. Landschaftsgeschichte." 3. Aufl. Öhringen 1960.
Tafel 42.

Zu Bild 5: Die Fließbewegung eines turbulent fließenden Gewässers vollzieht sich am Boden und an
den Seitenwänden des Flußbettes unter Bildung von Wasserwalzen mit liegenden, geneigten oder
senkrechten Drehachsen. Teilweise ziehen diese mit der Strömung dahin, teilweise werden sie durch
Unebenheiten der Bettwandungen an der gleichen Stelle dauernd neu erzeugt bzw. erzwungen. Solche
Standwalzen vermögen mit Hilfe von Mahlsteinen oder Scheuersand, die der Fluß mit sich führt,
ziemlich rasch, ohne derartige mechanische Hilfsmittel in etwas längerer Zeit fein geglättete, wie
gedrechselte Löcher, Wannen, Nischen usw. in den festen Fels des Flußbetts einzuarbeiten, falls der
Fels bloß liegt. Die Abbildung zeigt gute Beispiele derartiger Strudellöcher.

Bild 6. Kreuzschichtung (Diskordante Parallelstruktur) im Kaolinsand des Roten Kliffs bei Wenning-stedt, Insel Sylt. (Nach Henry Koehn, Die nordfriesischen Inseln. Hamburg 1954; Tafel 7, linkes Bild.)

Zu Bild 6: Wesentlich ist, daß die *Schrägschichtung*, d. h. die an der Leeseite von Sand- bzw. Kies-bänken erfolgende Aufschüttung ungefähr im natürlichen Böschungswinkel lockerer Ablagerungen, immer nur höchstens die Mächtigkeit eben dieser *Sandbänke* bzw. *Kiesbänke* aufweist. Sie wird dann wieder im Zuge der fortgesetzten, jedoch ungleichmäßig und mit Unterbrechungen verlaufenden Auf-schüttung durch Horizontalbänke oder Schnittflächen unterbrochen. Bei kleinen Gerinnen ist diese Mächtigkeit der durchgehenden Schrägschichtung gering, bei großen kann sie einige Meter erreichen. Hierdurch unterscheidet sich die Kreuzschichtung von der Deltaschichtung, bei der die Mächtigkeit durchgehender Schrägschichtung in größeren Seebecken Beträge von einem oder mehreren Zehnern von Metern erreichen kann.

Bild 7. Freie Mäander des Jordan auf der Aufschüttungssohle des Jordangrabens. Nach: Our World from the air, Fig. 7, London 1952. (Aufn. Keren Hayesod.) Aus R. Brinkmann, 1964, Bd I, S. 141.

II. Erscheinungen vornehmlich der Frostschuttzone, der Tundrenzone und der Subnival-alpinen Höhenstufe

Bild 8. Frostschuttgipfel. Granitverwitterung durch Frostsprengung am Mösele Ost-Grat, Zillertaler Alpen. Die Frostverwitterung erzeugt kantige Blöcke und Gesteinsscherben. (Aufn. Geogr. Inst. d. Univ. München.)

Bild 9. Frostmuster, Steinringe des arktischen Bereichs.

Zu Bild 9: Steinringe, Steinkränze in der Küstenebene an der Südseite der Kingsbai, Westspitzbergen. Um ein Mittelfeld von etwa 1 bis 2 m Durchmesser aus feineren Bestandteilen und mit etwas Vegetation schlingen sich jeweils in *ring-* oder *polygon*artigem Zuge Steinwälle. In den Steinrahmen sind nicht selten einzelne Gesteinsfragmente *hochkant gestellt*, so z. B. im Vordergrund des Bildes. Hieraus kann auf das Wirken starker horizontaler Druckkräfte bei der Entstehung dieser Formen geschlossen werden. (Frostschub im Sinne von B. Högbom 1914.) (Aufn. H. Poser)

Bild 10. Frostmuster in der subnivalen Höhenstufe der Mittelbreiten: Sella-Hochplateau, Südtiroler
Dolomiten westlich des Zwischenkofels (Antersass) in 2820 m Höhe (Aufn. K. Fischer,
Herbst 1965)

Zu Bild 10. Vom Vordergrund zum Hintergrund des Bildes vollzieht sich ein Formenübergang in der
Musterung des Lockermaterials. Während vorn im Bild Steinpolygone ausgebildet sind, ist im Hintergrund ein „Zellenboden" erkennbar, wobei sich der Übergang zwischen beiden kontinuierlich vollzieht. Von einer kleinen Steilstufe in Dachstein- oder Hauptdolomit am Aufnahmestandort wird
grober Frostschutt geliefert, während von der Gegenseite (Bildhintergrund) über eine schwach geneigte Dachsteindolomitfläche nur Feinmaterial herantransportiert wird. Der grobe Frostschutt erfährt
eine konzentrische Einregelung um einen Feinmaterialkern und wird dabei teilweise hochkant gestellt
(z. B. Bildmitte vorn). Die Zellenböden, deren Genese mit präexistenten Rißnetzen in Verbindung
stehen dürfte, sind in ihren einzelnen Polygonen schildartig aufgewölbt. Der Durchmesser dieser
Polygone ist ebenso wie der der Steinpolygone außer von der Eindringtiefe des Frostes eindeutig von
der Substratmächtigkeit abhängig.

Bild 11. Steinstreifen in der subnivalen Höhenstufe der Alpen: SE-Hang des Col de la Pieres in der
Puez-Gruppe/Südtiroler Dolomiten in 2740 bis 2750 m Höhe. (Aufnahme K. Fischer, Herbst
1965)

Zu Bild 11. An Hängen von mehr als 5° Neigung kommt es bei günstigen edaphischen Verhältnissen
zur Bildung von Steinstreifen als Miniaturformen der Solifluktion. Sie sind 10 bis 20 cm breit und
teilweise über viele Meter hangabwärts verfolgbar. In geringerer Tiefe stehen, mit der Hangabdachung
einfallend, Hauptdolomit und unreine Jura- und Kreidekalke an, die das rasche Versickern des
Schmelz- bzw. Regenwassers verhindern und deshalb mit für länger dauernde Durchfeuchtung des
Substrates sorgen. Wie besonders in der linken Bildhälfte erkennbar ist, können die Feinmaterial-
streifen die Breite der Steinanhäufungen erreichen. In diesem Fall kann die Musterung sowohl unter
dem Begriff Erd-, als auch unter Steinstreifen zusammengefaßt werden. Polster von Silene acaulis
zwingen die Streifen zum Ausbiegen; insgesamt ist die Hangsolifluktion jedoch nur unwesentlich behindert, gehemmt. Bei Verengung der Transportbahn des Lockermaterials kommt es teilweise zur
Vereinigung zweier Steinstreifen zu einem. Ebenso gabeln sich jedoch auch einzelne Streifen in
mehrere auf, wie das besonders im unteren Bildteil erkennbar ist.

Bild 12. Frostmuster der Tropen am Schwarzen Pyramidenberg zwischen San Francisco-See und Hichucota-See in der Cordillera Real Boliviens, etwa 4800 m Höhe.

Zu Bild 12: *Miniatursteinnetze* auf dem ebenen Rücken eines Moränenkammes. Sie gehen nach beiden Seiten entsprechend der Hangneigung des Rückens in *Steinstreifen* über. (Aufn. C. Troll, 1944, S. 601, Abb. 29.)

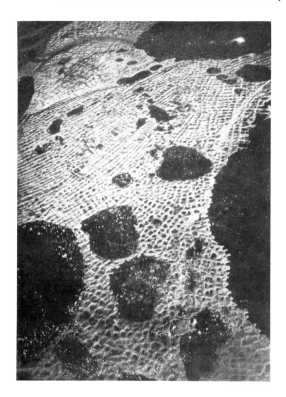

Bild 13. Eiskeilspaltennetze von der Taimyr-Halbinsel.

Zu Bild 13: Die erhabenen, trockenen Randwülste der *Eiskeilspalten* treten zwischen den dunklen vertieften, feuchten Feldern hell hervor. Innerhalb der hellen Wülste hebt sich jeweils als dunkler Strich, nämlich wiederum etwas vertieft, die Stelle der eigentlichen Spalte ab. (Beschreibung nach C. Troll.) (Aufn. vom Arktisflug des „Graf Zeppelin", entnommen aus C. Troll, Geol. Rundsch. 1944, S. 635, Abb. 55.)

Bild 14. Der „Kraterseepingo" im Talboden des Karupelv, Traill Ö, Nordostgrönland. Blick stromab nach Südwesten. Nach Fritz Müller, Beobachtungen über Pingos. Medd. om Grönland. Bd. 153, Nr. 3 Fig. 17, S. 37. 1959.

Zu Bild 14. In wassergetränkten Lockergesteinsgebieten mit Dauergefrörnis gelangt durch das winterliche Eindringen des Frostes von der Oberfläche her das Grundwasser unter starken hydrostatischen Druck, sobald es mit zunehmender Abkühlung das Dichtemaximum von +4° unterschritten hat. Gespanntes Wasser sammelt sich an Stellen, die dem Druck nach oben durch Aufbeulung nachgeben. Dort bilden sich unter der Oberfläche Eislinsen, über denen bei späterem Tauen die Aufwölbung einbricht.

Die Aufbeulungen erlangen Durchmesser bis zu etwa 100 m und Höhen bzw. spätere Einsinktiefen bis zu mehr als 10 m.

Etwas über dem frischen Pingo im Bilde die verwaschenen Reste eines älteren, dessen Formen durch oberflächliche Solifluktion bereits unscharf geworden sind. Hinter dem rechten Teil der Seefläche oben im Bild eine Pingo-Aufbuckelung, deren Scheitel bereits Risse bekommen hat, aber noch nicht eingesunken ist (Forellensee-Pingo).

Das Bild zeigt außerdem die Verwilderungssohlen eines großen und eines kleinen Baches, die beide mit scharfen, wenn auch niedrigen Schnittkanten in die durch Solifluktion weichgeformten Hänge der Flachlandschaft eingeschnitten sind.

Bild 15. Vegetationsgirlanden am S-Hang der Muntanya del Dossal nördl. des Port de la Bonaigua, spanische Zentralpyrenäen in 2430 bis 2450 m Höhe. Blick hangabwärts. (Aufn. K. Fischer 7. 8. 1970)

Zu Bild 15: Vegetationsgirlanden gehören zu dem typischen Formeninventar der Bereiche mit gehemmter Solifluktion an Hängen mit lückenhafter Vegetation und Neigungen zwischen 6 und 35°. Durch Frostschub und Frosthebung werden die Bestandteile des Substrates gehoben und aus dem Hang gedrängt. Die Rasendecke wird dabei in ungefähr horizontalen Streifen zerrissen, die sich durch den Druck des nachdrängenden Lockermaterials hangabwärts girlandenartig vorwölben. Dadurch entsteht eine treppenartige Stufung des Hanges. Die Gesteinsbruchstücke nahe der Rasengirlanden zeigen häufig als Folge der Stauwirkung der Wurzelpolster eine Querstellung ihrer Längsachse.

Bild 16. Golez-Terassen, Kryoplanationsterrassen auf einem Sporn am Delger Naryn Nuru, etwa
2950 m. Mittlerer Changai, Mongolei. Nach Hans Richter. Günther Haase, Helmuth Barthel: „Die Golez Terrassen" Pet. Mitt. 1963, S. 183−192, Taf. 38, Abb. 4.

Zu Bild 16: Auf Gebirgsspornen und an mäßiggeneigten Hängen, in kontinentalen Klimaten mit geringer Schneedecke und tief eingreifendem Winterfrost führt der Frostschub zur Planierung der durch
den Frost aufbereiteten, aus Schutt und Feinerde bestehenden Wanderdecke, so im Vorder- und
Mittelgrunde des Bildes. Wo die planierten Flächen nach abwärts an steileres Gelände angrenzen,
links und rechts im Bilde, da erleiden sie eine verstärkte Drainage. Dadurch wird hier die innere
Reibung der Solufluktionsmassen erhöht, ihre Bewegung verlangsamt, wenn weiter abwärts z. B.
durch die Runsenspülung oder durch Schneeflecken (im Bilde rechts) eine kräftige Hangdenudation
arbeitet.
An Hängen mittlerer Neigung besteht das Ergebnis oft in terrassenartigen, aber ziemlich schmalen
Hangabsätzen, die zu mehreren übereinander angeordnet sein können (im Hintergrund des Bildes.)
(Nach H. Richter 1964)

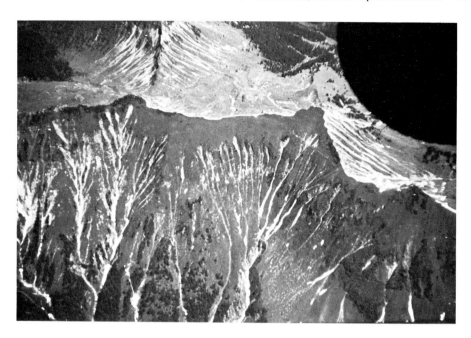

Bild 17. Böschungsabtragung durch Spülrinnen, initiallineare Erosionsfurchen an begrasten Kämmen des Vorkarwendel nordwestlich des Achensees. Luftbild, Blick nach Osten auf den etwa 1900 m hohen Rether Spitze−Juifen-Kamm, oben links Hochplatte (1814 m).

Zu Bild 17: Die *Spülrinnen* setzen hier in mäßig steilen Rasenhängen oberhalb der oberen Wald-grenze mit kleinen *Ursprungsmulden* unvermittelt ein. Die letztgenannten scheinen, wie *murenartige* Schuttfüllungen in den abwärts folgenden Rinnen erschließen lassen, nicht selten nach vorheriger starker Durchtränkung des Untergrundes unter Bruch der Rasendecke ruckartig neu zu entstehen bzw. weitergebildet zu werden. Der dunkle Kreissektor rechts oben im Bilde ist das Rad des Flugzeug-Fahrgestells. (Aufn. H. Louis)

Bild 18. Cimone della Pala. Blick von südlich des Rolle Passes nach ESE, Dolomiten.

Zu Bild 18: Unter den gewaltigen Schlern-Dolomit-Wänden des Cimone della Pala liegen *Schutthalden, Sturzhalden.* Diese bilden jedoch, wie der von links kommende Taleinschnitt im Mittelgrunde bloßlegt, nur eine dünne Decke über einem *Felssockel* hauptsächlich untertriassischer Gesteine, deren Schichtung deutlich erkannbar ist. Der *Schräghang* des Felssockels, dem die Schutthalde bzw. Sturzhalde aufruht, ist der sogenannte *Haldenhang.* Seine Obergrenze unter der zum Gipfel hinaufführenden *Felswand* knüpft sich nicht an eine bestimmte Gesteinsgrenze. Vielmehr rückt die Obergrenze des Haldenhanges mit dem fortschreitenden *Zurückwittern der Wand* langsam aufwärts. Die zurückweichende Wand wird nach und nach durch den dünn mit Schutt bedeckten Haldenhang ersetzt. (Aufn. H. Louis)

Bild 19. NNW-Seite der Geislergruppe, Südtiroler Dolomiten, von den Kofeln (Gruppe des Ruefen/
Villnöß) (Aufn. K. Fischer, 27. 7. 1974)

Zu Bild 19: Unter den Geisler-Spitzen (Schlern-Dolomit) haben sich in NNW-Exposition im Postglazial gewaltige Sturzkegel gebildet, die inzwischen zu einer mehrere Kilometer langen und bis
400 Höhenmeter umfassenden Sturzhalde zusammengewachsen sind. Das Sturzmaterial stammt vornehmlich aus Steinschlagrinnen, Kaminen und steilen Schluchten, die die Kette der Geisler-Spitzen
gliedern. Die Sturzkegel sind durch Lawinenrunsen und Murgänge überformt, wodurch ihre Neigung
meist auf unter 30° herabgesetzt wurde. Am linken Bildrand überkleiden Felssturzmassen die Hänge.
Durch einen jungen Anriß ist auf der rechten Seite des Bildes der Haldenhang unter dem relativ
geringmächtigen Schuttmantel freigelegt und zerschnitten worden. Er besteht aus einer Folge von
Buchensteiner, Trinodosus- und Werfener Schichten. Die wenig resistenten Werfener und Bellero-
phon-Schichten sowie der Grödener Sandstein haben die Ausbildung von Verflachungen, besonders
deutlich im Bereich der Glatsch-Alm (unten rechts), veranlaßt.

Bild 20. Blick nach Westen über den Rytterknaegten 1215 m auf das vergletscherte Plateau des
Arbenz Kolle 1960 m. Nach M. Sommer, Geologie von Lyells Land (Nordost-Grönland).
Medd. om Grönland Bd. 115, Nr. 2, Fig. 25 a, S. 112, 1957.

Zu Bild 20: Im Gebirge mit kräftig bis steil geneigten Hängen entwickelt sich im Polar- u. Subpolar-
klima, besonders während der sommerlichen Schneeschmelze, Kerbtalbildung (so im Bilde vorn links),
und gleichzeitig eine starke Hangzerrunsung. Diese schneidet in enger Scharung einerseits feingliedrige Hangkerben in die wandartig steilen Abstürze der ziemlich flachgelagerten präkambrischen sehr
mannigfaltigen Schichten des Arbenz Kolle im Mittelgrund ein. Sie verursacht aber auch auf den
schwächer geneigten Hängen mehr im Vordergrunde sowohl links wie rechts Runsenbildung. Hier
liegen durch tektonische Gleitung stärker gestörte ebenfalls spät-präkambrische Gesteine vor.
Im ganzen zeigen die weniger geneigten Hänge im Vordergrund eine weichere Gesamtformung. Sie
sind einerseits durch den wandernden Frostschutt geglättet. Andererseits rührt die Glättung im großen
auch noch von der Überarbeitung durch mächtige Eismassen her, die während der letzten Eiszeit als
Abflüsse der stark vergrößerten Gletschernährflächen des gesamten Landes die Talzüge und insbesondere auch das Gebiet des Bildvordergrundes erfüllt haben. Auf den Hochflächen im Bildhintergrund liegen Plateaugletscher.

Bild 21. Edge Insel, Südostspitzbergen, Blick vom Hubschrauber aus geringer Höhe nach Süden das „Würmtal" aufwärts. (Aufn. F. Wilhelm)

Zu Bild 21: Die flachwelligen Plateaus der Edge Insel sind aus horizontal lagernden Sandsteinen, Schiefern und Kalken von Trias und Jura aufgebaut. Stellenweise überlagern widerständige kretazische Dolerite. Die höheren Plateaugebiete, etwa über 450 m, tragen Firn- bzw. Eiskappen wie hinten links im Bilde; die weniger hohen weisen durch Solifluktion sanft wellige Formen auf. Wo sich hier, besonders im Lee gegenüber den schneebringenden westlichen und südwestlichen Winden größere Schneemengen ablagern können, halten sich noch im Sommer Schneeflecken. Hier bilden sich Nivationsnischen, vgl. die weißen Flecken im mittleren und rechten Bildhintergrund. Schneeflecken in entsprechender Lage gibt es sogar in dem nur 80 bis 100 m hohen Fachland des Vorder- u. Mittelgrundes.

Das unvergletscherte Plateau wird von Kerbtälern zerschnitten. Ein solches mündet z. B. im mittleren Bildhintergrund gegen die Flachlandweitung aus. Diese selbst aber hat nach der freundlichen Angabe von F. Wilhelm eine komplizierte Bildungsgeschichte. Das Flachland besteht größtenteils aus Solifluktionsmassen, z. T. in zwei Stockwerken. Diese Massen sind in ein vorher durch einen Gletscher ausgearbeitetes, breites Trogtal eingefüllt worden. Heute wird die Fließerde- und Schutteinfüllung durch den „Würmfluß" und seine Nebengerinne wiederum zerschnitten. Die kleineren Gerinne machen Kerbeinschnitte. Der Hauptfluß entwickelt eine breite Verwilderungssohle. Dies ist darauf zurückzuführen, daß der Fluß im Sommer je nach Wetterlage in kürzester Zeit sehr große Schwankungen der Abflußmenge aufweist, und daß er im Gebiet der Solifluktionsmassen transportierbares Lockermaterial zu voller Auslastung zur Verfügung hat. Die Breite der Verwilderungssohle wird im vorliegenden Fall noch dadurch vergrößert, daß der Fluß dicht unterhalb bei etwa 80 m Höhe etwas gestaut wird, weil er einen spätglazialen Strandwall durchbrechen muß.

Eine im Bilde nicht ohne weiteres erkennbare Besonderheit des von Solifluktionsmassen erfüllten Flachgeländes ist das Vorhandensein eines Netzes von Eiskeilen. Es beweist große Winterkälte. Die kurzen, etwa parallelen Rinnen, die im vorderen Mittelgrund des Bildes gegen die Uferkonkave an der orographisch rechten Seite der Verwilderungssohle hinunterziehen, knüpfen sich an ausschmelzende Eiskeile. (Freundliche Angaben von F. Wilhelm)

Bild 22. Prinz-Karl-Vorland, Spitzbergen.

Zu Bild 22: *Frostschuttzone* mit weitgehend zerstörten einstigen Karen (im Vordergrund, Mitte und Mittelgrund halbrechts). Nur im Bereich der rezenten Vergletscherung im Hintergrunde gibt es noch wohlerhaltene *Karformen*. (Hierzu vergleiche die Ausführungen in Kapitel III H.) Der Untergrund besteht aus altgefalteten Tonschiefern und Quarziten der Hekla-Hoek-Schichten. Erläuterungen nach Büdel. (Aufn. Norsk Polarinstitutt [früher Norges Svalbard og Ishavs Undersökelser] 1936, entnommen aus J. Büdel, Erdkde. II, 1948/49).

III. Erscheinungen vornehmlich der humiden Mittelbreiten

Bild 23. Steinbruch südwestlich von Reistenhausen am rechten Hang des Maintals oberhalb von Miltenberg. Bl. nach Nordwesten. (Nach „Die nutzbaren Mineralien, Gesteine und Erden Bayerns") Bd. II München 1936. Tafel 13, Fig. 2 bei S. 120. (Aufn. v. M. Schuster).

Zu Bild 23: Beispiel eines Verwitterungsprofils in den Mittelbreiten.
Der Steinbruch im Miltenberger Sandstein des Hauptbuntsandsteins nutzt das nur von Schichtfugen und verhältnismäßig wenigen, im allgemeinen ungeöffneten Klüften durchsetzte im wesentlichen unverwitterte Gestein. Dieser Habitus reicht im Bilde aufwärts bis zu der obersten, gut durchlaufenden, dicken Gesteinsbank. Diese jedoch ist bereits an mehreren Stellen durch geöffnete Klüfte quergegliedert. Über dieser Bank ist das Gestein mehr oder weniger vollständig in größere und kleinere Blöcke und in sandiges Zwischenmittel aufgeteilt. Hier liegt die Verwitterungszone des Gesteins vor. Sie besitzt, wie an der Höhe der oben stehenden Bäumen zu erkennen ist, eine Mächtigkeit von etwa 5 bis 10 m. Die Andeutung noch vorhandener horizontaler Schichtung in dieser Verwitterungszone läßt erkennen, daß das verwitterte Gestein sich in Ruhe befindet. Die im Bilde dunkle, 1 bis 2 m mächtige oberste Bodenlage aber, auf der die Bäume wurzeln, stellt nach der in ähnlichen Fällen in Mitteleuropa immer erneut bestätigten Regel eine kaltzeitliche Solifluktionsdecke dar, auch wenn dies im vorliegenden Bilde mangels erkennbarer Details nicht unmittelbar nachzuweisen ist. Die einstige Solifluktionsdecke liegt heute still, wie der ungestörte Baumwuchs zeigt. Gegenwärtig erfolgt an dem Abhang über dem Steinbruch im Walde nur geringe Spüldenudation.

Bild 24. Hakenschlagen an einem flachen Hang bei Naumburg i. Hessen, nordöstlich von Waldeck.

Zu Bild 24: Unter der Hangoberfläche eine etwa $^3/_4$ m mächtige Wanderschuttdecke mit rezentem Bodenprofil. Dessen dunkler Humushorizont ist besonders in der rechten Bildfläche gut zu erkennen. Die darunter anstehenden, hier steil aufgerichteten, rot-weiß-bunten, sandig-tonigen Röt-Schichten sind infolge der langsamen Bewegung der überlagernden Wanderbodendecke selbst an diesem flachen Hang nach abwärts umgebogen und etwas verschleppt worden. Es ist sogenanntes Hakenschlagen eingetreten. Die Bewegungsvorgänge dürften im wesentlichen der eiszeitlichen Solifluktion zuzuschreiben sein, die Böschung also überwiegend einer pleistozänen Reliefgeneration angehören. (Aufn. H. Louis).

Bild 25. Würgeboden, Kryoturbation, aufgeschlossen in einer Kiesgrube der Gänserndorfer Terrasse bei Deutsch-Wagram, Marchfeld, Niederösterreich.

Zu Bild 25: Soweit *tiefgründig gefrorener Boden,* insbesondere *Dauerfrostboden* im Sommer oberflächlich auftaut und hierbei in flachem Gelände stark von Wasser durchtränkt bleibt, erleidet die aufgeweichte Bodenschicht beim Wiedergefrieren von oben her am Anfang des folgenden Winters starke Pressungen zwischen dem unterlagernden Bodeneis und der an der Oberfläche neu sich bildenden Gefrierzone. Sie äußern sich je nach der Plastizität oder Sprödigkeit der betroffenen Bodenschicht in *Verstellungen, Stauchungen, Verwürgungen,* sogenannten *Kryoturbationen* der Schichten bzw. Horizonte. Im Bilde sind sackartige Vertiefungen bis zu gut 1 m Tiefgang in den Schottern der Terrasse entstanden und mit Feinsand gefüllt. Eisenschüssige Bänder der Schotter- und Sandschichten der Terrasse sind merklich gewellt worden. Der humose Oberboden der Gegenwart geht glatt über die gestörten Bodenschichten des Untergrundes weg. Die Kryoturbationen fanden während einer Kaltzeit (Eiszeit) statt. Die Oberfläche gehört daher im wesentlichen einer pleistozänen Reliefgeneration an. (Aufn. H. Louis)

Bild 26. Schuttauflaufen an Laubbäumen (meist Buchen) am linken Diemel-Talhang südlich der Diemelbrücke bei Karlshafen. Nach M. Mortensen. „Eine einfache Methode der Messung der Hangabtragung." Z. Geomorph. NF. Bd. 8, 1964, S. 212, Abb. 1. (Aufn. J. Hagedorn)

Zu Bild 26: An dem gut 20° geneigten, überwiegend mit Buchen bestandenen Hang, geht offensichtlich Schuttbewegung vor sich, denn unmittelbar oberhalb jedes Baumsockels verflacht sich die Hangneigung auf ein kurzes Stück merklich. Seitlich am Baumsockel tritt nach abwärts für ein ebenso kurzes Stück eine über die allgemeine Hangneigung deutlich hinausgehende Versteilerung ein. Ganz offensichtlich wird der Schutt in seiner Abwärtswanderung durch jeden der Bäume aufgestaut. Die Größe der bewegten Blöcke ist durch Vergleich mit dem abgebildeten Spaten zu erkennen. Aus der Tatsache, daß die von den Bäumen entwickelte Stützwurzel hangab in allen Fällen ziemlich weit frei liegt, dürfte zu entnehmen sein, daß die Hangabtragung während der Lebensdauer dieser Bäume einen sicherlich nach Zentimetern messenden Betrag erreicht hat.

Bild 27. Blockhalde im Waldgebiet des Lysogóry, Polnisches Mittelgebirge. Nordhang des 611 m hohen Hauptgipfels bei etwa 550 m. Bl. nach Westen. (Aufn. H. Louis)

Zu Bild 27: Die Blockhalde ist etwa 20° geneigt und bildet etwa auf ¹/₂ km Horizontalerstreckung und etwa 100 m Höhendifferenz die Oberfläche. Davon zeigt das Bild nur einen Ausschnitt. Die Blockhalde besteht aus eckigem, großblockigem Frostschutt. Zahlreiche mit ihrer Längsachse schräg aus dem Hanggefälle emportauchende Blöcke deuten an, daß in der Blockhalde Bewegungen stattgefunden haben und möglicherweise an einzelnen Stellen auch heute noch weitergehen.

Bild 28. Dioritblöcke *in situ* als Reste des festen Gesteins nach tiefgreifender Zersetzung und Vergrusung durch Verwitterung. Nordöstlich von Mitterteich, Wondrabsenke, Oberpfalz.

Zu Bild 28: Die die Blöcke umgebenden Lockermassen bestehen aus völlig vergrustem Diorit. Sie sind nicht umgelagert, sondern lassen an den unteren Partien der Steilwand der Grube die Textur des ehemaligen Gesteins, auch die der in ihm enthaltenen Gänge noch lagerichtig erkennen. Dies ist freilich im Schwarz-Weiß-Bild nicht mehr wahrnehmbar. Durch Ausspülung der Lockermassen würden *Blockmeere* und *Felsburgen* entstehen, so wie sie weiter südlich um Falkenberg längs des Waldnaabtales entgegentreten. (Aufn. H. Louis)

Bild 29. Dellen in der Hochregion des südlichen Schwarzwaldes. Blick vom Schauinsland nach Süden
auf die Hochflächen von Hofsgrund (um 1100 m Meereshöhe).

Zu Bild 29: Die Hochflächen sind im Mittelgrunde von *flach muldenförmigen Talanfängen* gegliedert,
die aber keinen Bach enthalten, sogenannten *Dellen.* Links und rechts des Wegknicks in der Bildmitte
befindet sich je eine solche. Beide vereinigen sich in einem verdeckt nach links abwärts führenden
Tälchen. Weitere Dellen im Hintergrund, eine z. B. unter dem Waldrand beim obersten Gehöft halbrechts. Die Dellen sind zur Hauptsache durch eiszeitliche *Solifluktion* entstanden. Sie sind mit *Solifluktionsschutt* ausgekleidet. In ihm sickert unter der Vegetationsdecke das Wasser zu Tal und kommt
gewöhnlich erst tiefer als Bach an die Oberfläche. Die Bäume auf der Hochfläche zeigen Deformation
durch Westwinde. Der kleine Schneefleck in der Bildmitte arbeitet durch überlange Durchtränkung
seines Untergrundes mit Sickerwässern und durch deren Ausschlämmtätigkeit an der langsamen
Vergrößerung der Hangmulde, *Nivationsmulde,* in der er sitzt. Im Vordergrund zieht ein Kerbtal von
rechts nach links. Der Einblick in seinen Talgrund ist durch den Baumwuchs verdeckt. (Kap. III II 4,
S. 281f.). (Aufn. H. Louis)

Bild 30. Sohlenkerbtal in der Rur-Eifel südlich der Straße Nideggen-Schmidt. Bl. n. Nordost. Aus
R. Brinkmann, 1964, Bd. I, S. 131. (Aufn. H. Louis)

Zu Bild 30: In den natürlichen Waldgebieten der Mittelbreiten, die während der pleistozänen Kaltzeiten nur Tundrenvegetation besessen haben, besitzen die Kerbtäler meist bis in die oberen Talverzweigungen hinein Talsohlen. Die während der vegetationsarmen Kaltzeiten lebhafte Solifluktionsdenudation der Hänge hat den Talgründen damals viel Schutt zugeführt, dessen Weitertransport sich
auf breiten Schottersohlen vollzog. Talab sind diese Schottersohlen infolge der mit der späteren
Bewaldung einhergehenden Änderung des Verhältnisses von Hangdenudation und Flußerosion meist
nachträglich zu Schotterterrassen zerschnitten worden. In den oberen Talverzweigungen aber wird die
Talsohle oft heute noch vom Hochwasser überflutet und bearbeitet.

Bild 31. Kerbtal des Rheins im Schiefergebirge an der Lorelei mit Hochtalboden. Bl. nach Nordwesten. Nach G. Wagner, Einführung in die Erd- und Landschaftsgeschichte 3. Auflage Öhringen 1960, Tafel 48 (Luftbild Strähle, Schorndorf).

Zu Bild 31: Der Blick geht in nordwestlicher Richtung stromab über den im Vordergrunde rechts aufragenden Lorelei (Lurlei) Felsen und den im Mittelgrunde sichtbaren Ort St. Goarshausen auf die ausgedehnte, über Felsuntergrund mit geringer Bedeckung durch alte Rheinablagerungen entwickelte einstige Rheintalsohle. Genau genommen befinden sich unmittelbar über dem Loreleifelsen und links des Flusses gegenüber von St. Goarshausen Reste der sogenannten diluvialen Hauptterrasse in etwa 200 m Höhe. Weiter ab vom Flusse, insbesondere im Mittelgrund rechts des Flusses steigt die alte Talsohle langsam auf etwa 280 m an zum pliozänen Kieseloolithe führenden Talboden. Erst im Hintergrund erheben sich mit mäßigen Böschungen die Hänge des einst sehr breiten pliozänen Tales.
Der Kerbtaltypus des in den Hauptterrassenboden eingeschnittenen jungen Rheintales und der seitlich z. B. bei St. Goarshausen einmündenden Nebentäler ist ebenso deutlich wie der Charakter der diluvialen Hauptterrasse als Felssohlenterrasse. Die Wellen auf der Stromoberfläche im Vordergrunde sind mächtige ortsfeste Standwellen. Sie werden hervorgerufen durch die Reibung des Flusses an den im Flußbett anstehenden Schichtköpfen der festen südost-fallenden Grauwackenbänke, die auch die Lorelei aufbauen. Sie deuten an, daß die Fließbewegung auf der ganzen Strombreite ein kurzes Stück schießend oder doch instabil wird. An dieser Stelle ist das Spiegelgefälle versteilt und der Fluß setzt dauernd in erhöhtem Maße potentielle Energie in Turbulenzenergie und damit auch in Bodenreibung um.

Bild 32. Talmäander des Mains bei Urphar, östlich von Wertheim, Unterfranken, Blick nach Süd-Südosten. (Nach Creutzburg, Kultur im Spiegel der Landschaft. Leipzig 1930, S. 32, Bild 56. Aufn. Photogrammetrie GmbH, München)

Zu Bild 32: Der Main tritt in etwa 165 m Meereshöhe von links unten in das Bild ein und verläßt es rechts unten in etwa 160 m Höhe. Er ist 80 bis 120 m tief in die wellige Muschelkalk-Röt-Platte Unterfrankens und den darunter lagernden mittleren Buntsandstein eingeschnitten. Das Tal bildet beim Eintreten in die Aufwölbungszone des Odenwald-Spessart mehrere große Schlingen, *Talmäander,* von denen die Schlinge von Urphar die engste ist. Sie ist in der Nord-Nordwest−Süd-Südost-Richtung 3 km weit ausgezogen, während die eigentliche Krümmung nur wenig über 1 km Durchmesser hat. Die leichte Rechtskrümmung des Flusses in der linken Bildhälfte verursacht einen deutlichen *Prall-hang* an dem von der Talschlinge umzogenen Sporn. Der Prallhang ist bewaldet. Der gegenüberliegende *Gleithang* ist nur teilweise vom Bildausschnitt erfaßt. Er zeigt die Überschwemmungsaue mit Auwald-resten und Wiesenniederung, aus ihr flach aufsteigend die Obstgärten und Felder von Bettingen und Urphar. Bei dem letztgenannten Dorf, das im Hintergrund sichtbar wird, mündet mit sanften Tal-hängen der Kembach. Dadurch wird der Übergang vom Gleithang zum nächsten, nunmehr orographisch linken Prallhang des Mains, der die Hauptbiegung des Tales begleitet, hier unterbrochen. Auch diesem großen Prallhang liegt ein deutlicher Gleithang gegenüber. Über ihm erhebt sich aber, an der Licht-Schattengrenze in der Bildmitte gut sichtbar, ein versteiltes Hangstück. Es ist der An-satz eines älteren, orographisch rechtsseitigen Prallhanges, der nicht mehr vom Flusse berührt wird. Er grenzt talabwärts (in dem von Wolkenschatten bedeckten Gebiet) an den gegenwärtig vom Flusse hier bespülten Prallhang. Entsprechendes zeigt die gegenüberliegende, orographisch linke Talseite. Der große Prallhang der Hauptbiegung endet talabwärts, im Bilde halbrechts im Mittelgrunde, an einer vom Oberrande zum Fuß verlaufenden Kante. Und hier schließt, durch die Bewaldung kenntlich, ein weiterer Steilhang an, der rechts unterhalb der Bildmitte aus dem Bildausschnitt heraustritt. Auch dies ist ein alter, vom Flusse verlassener Prallhang. An seinem Fuß liegen flach geböschte, mit Feldern und Grünland bedeckte Flächen, die als Gleitstelle zu dem gegenüberliegenden Prallhang gehören. Die dargelegten Verhältnisse zeigen, daß die Krümmung des Mains hier etwa zwischen dem Dorfe Urphar und der verlassenen Prallstelle am rechten Bildrande einst flacher gewesen ist als gegenwärtig. Die Talschlinge ist durch die junge Prallstelle in der Hauptkrümmung weiter ausgedehnt worden, als sie es vordem war. Der Talmäander ist also kein „Erbmäander", sondern ein *Anpassungsmäander* (vgl. S. 169 f.).

Bild 33. Murkegel von Glurns. Blick von der Straße Tartsch-Matsch nach SW. Vinschgau, Südtirol (Aufn. K. Fischer, Herbst 1970).

Zu Bild 33: In die Nordflanke des Glurnser Köpfls (2402 m) ist ein mächtiger Wilbach-Mur- und Lawineneinzugstrichter eingearbeitet, der durch mehrere Hangfurchen gegliedert wird. Vor dem Ausgang dieses Einzugstrichters breitet sich als ein typisches Ergebnis postglazialer Formenentwicklung in vielen Alpentälern ein großer Schwemm- und Murkegel aus. Seine Spitze (1080 m) liegt 170 m über Glurns (907 m). Die Basis des Kegels hat einen Durchmesser von etwa 2 km. Sein Volumen beträgt ungefähr 80 Mio. m³.

Bild 34. Murgang auf der Malser Haide bei Plawenn vom 23. 8. 1973. Blick nach NE. Obervinschgau, Südtirol. (Aufn. K. Fischer, Okt. 1973)

Zu Bild 34: Während eines Wolkenbruches im Plawenner Tal, dessen Öffnung zur Malser Haide in der oberen Bildmitte hinter dem Weiler Plawenn sichtbar ist, kam es zum Abgang einer Mure, die rund 60 ha Kulturland auf der Malser Haide verschüttete. Der Murschutt, ein Gemisch aus Gesteinsfragmenten von der Tonfraktion bis zum Volumen von mehreren Kubikmetern bewegt sich stoßweise vorwärts. Der Verlust an Wasser während der Bewegung im flacheren Gelände erhöht die innere Reibung der Mure und ihre Reibung am Untergrund, sie kommt zum Stehen. Deshalb besteht eine Mure im Ablagerungsgebiet aus Schuttzungen und Schuttwülsten, die an ihrer Stirn eine raupenartige Bewegung erkennen lassen. Eine deutliche Schichtung entsteht dabei nicht. Die hohe mittlere Dichte des Gemisches aus Wasser und Schutt gewährleistet, daß selbst tonnenschwere Blöcke an der Oberfläche eines Murganges transportiert werden können.

Bild 35. Aufschüttungsterrassen am oberen Tánaro bei Ceva, Blick nach Südwesten. Süd-Piemont, Oberitalien.

Zu Bild 35: Der Tánaro fließt bei Ceva in Richtung vom Bildhintergrund zum Vordergrund in einem breiten Sohlental von etwa 380 m Meereshöhe. Das Tal ist rund 40 m tief in pleistozäne Schotter eingeschnitten. Die einstige Aufschüttungsoberfläche der Schotter bildet jetzt eine große *Aufschüttungsterrasse,* die beiderseits des Flusses ausgebildet ist. Links im Bilde über der Stadt und flußaufwärts anschließend ist der Steilabfall der Terrasse sehr deutlich. Auf der gegenüberliegenden, orographisch linken Seite des Flusses ganz rechts im Bilde ist der Terrassenabfall noch deutlich, aber nur mäßig steil. Er dürfte hier einem alten Gleithang des sich einschneidenden Tánaro entsprechen. Weiter flußauf wird der orographisch linke Terrassenabfall durch eine junge Prallstelle des Flusses wieder sehr scharf. Er ist im Mittelgrunde bis zum linken Bildrand zu verfolgen. Im Hintergrunde ganz rechts ragt der Monte Antoroto, im April schneebedeckt, 2144 m empor. (Aufn. H. Louis)

Bild 36. Wabenverwitterung. Rhythmisch angeordnete Bröckellöcher im Kalksandstein von Les Baux, Südfrankreich, Streichholzschachtel als Maßstab. (Nach H. Wilhelmy, 1958, S. 175, Abb. 126.)

Zu Bild 36: Die verfestigten zelligen Gesteinspartien sind im vorliegenden Fall durch Ausscheidung von Kalk aus den das poröse Gestein durchdringenden Sickerwassern entstanden. Besonders häufig sind Limonitausscheidung, auch Kieselsäureausscheidung. Die des festigenden Bindemittels beraubten oder nicht verfestigten Zwischenräume bröckeln aus. Derartige Formen sind nicht eng klimagebunden. Sie zeigen sich besonders, wo bei geeigneten Gesteinen das Mikroklima zwischen feucht und sehr trocken häufig wechsel. (Auf. H. Wilhelmy)

Bild 37. Felsformen in Oligozän-Konglomeraten des Montserrat am gleichnamigen Kloster von Osten.
Katalonisches Randgebirge, Spanien (Aufn. K. Fischer, 8. 10. 1969)

Zu Bild 37: Grobkörnige Konglomerate mit einem weitständigen Kluftnetz neigen bei Verwitterung und Abtragung zu Formen, die den Felsburgen in kristallinen Massengesteinen ähneln. Die beiden vertikalen, etwa West-Ost und Nord-Süd streichenden Kluftflächensysteme bewirken die Auflösung der Oligozän-Konglomerate des Montserrat in vorgewölbte Wandpartien, Pfeiler und Türme (span.: pudingas montserratínas). Die horizontal liegenden Klüfte verlaufen annähernd in gleicher Richtung wie Schichtflächen und Sandsteinlagen. Sie werden durch das Herauswittern von Nischen, Bändern und Gesimsen gut sichtbar.

Bild 38. Verwitterter Granit westl. Railleu im Tal des Cabrils. Conflent, französische Ostpyrenäen. (Aufn. K. Fischer, 12. 7. 1975)

Zu Bild 38: Der Aufschluß in Granit zeigt neben völlig vergrusten Partien (rechte Bildseite und Bildmitte oben, unter dem Überhang) Abschnitte mit noch recht festen Quadern. Hier ist das relativ weitständige dreidimensionale Kluftnetz durch die Verwitterung und die Ausspülung des Gruses deutlich herausgearbeitet worden. Die kantengerundeten Blöcke besitzen meist noch frische Kerne. Auch in den ganz vergrusten Partien ist an feinen Schattenstreifen erkennbar, daß Klüfte und feine Gänge im Gestein noch ungestört geblieben sind.

Bild 39. Tafoni-Bildung an einem erratischen Granitblock im oberen Farkhar Tal am Sporn südöstlich über Dahan-i-Ab, etwa 2500 m, Hindukusch, Khwaja Muhamad Gebirge (Aufn.
E. Grötzbach)

Zu Bild 39: Tafoni sind in dem herrschenden semiariden Hochgebirgsklima subtropischer Breite im
kristallinen Gestein ziemlich häufig. Der abgebildete Block ist bereits weitgehend ausgehöhlt, ohne
daß das Gestein äußerlich eine starke chemische Veränderung erkennen läßt. Unter der Höhlung ist
der Fels bräunlich angewittert. Es findet ein Abblättern von zermürbtem Gestein statt. Am Boden
der Höhlung liegt grusiges Material. Neben der großen Höhlung zeigen sich Ansätze zu weiteren
kleinen Lochbildungen. Da der Block erst durch den letzteiszeitlichen Gletscher des Farkhar Tales an
seinen heutigen Platz gelangt ist, und da er unmöglich in ausgehöhltem Zustand transportiert worden
sein kann, so muß die gesamte Tafonierung erst im Postglazial erfolgt sein. (Angaben nach freundlicher Mitteilung von E. Grötzbach)

Bild 40. Tafone südlich Arzachena im Granitbergland der Gallura, Nordost-Sardinien (Aufn. O. Hiller, 2. 4. 1974)

Zu Bild 40: In den Granitgebieten Sardiniens kommen in weiter Ausdehnung als Formen der subaërischen Massengesteinsverwitterung Tafoni und Silikatgesteinskarren vor. Durch allseitig tafonierte Flanken sehen Felsburgen häufig bizarr aus. Das Bild zeigt eine südexponierte, mehrere m hohe

Bild 41. Mandrioli Paß (1267 m) im M. Falterona Apennin. östl. von Florenz. Blick nach Ostnord-
osten gegen das Tal des Sávio. (Aufn. H. Louis)

Zu Bild 41: Kerbtalzerschneidung, zugeschärfte Bergformen, Hangzerfurchung durch steile Runsen,
die bis zum First hinaufziehen. Größere Lücken in der Vegetationsdecke. Die Zerrachelung des
Geländes ist durch die Entwaldung zweifellos verschärft worden. Aber der Formencharakter ist nicht
grundsätzlich verschieden von dem des völlig bewaldeten Gebirges in Bild Nr. 44.

(Zollstock rechts von der Bildmitte = 1 m) Höhlungswand in 60 m NN, 5 km von der Küste entfernt.
Am Außensaum der Höhlung sind Partien der Felsoberfläche flechtenbewachsen und durch Biotit-
verwitterung rostbraun gefärbt. Die Oberfläche in der Höhlung ist unbewachsen und kaum von
chemischer Verwitterung betroffen. Hier findet durch Hydratation Abschuppen und Abgrusen statt.
Die Stärke der sich lösenden Schalen liegt bei wenigen Millimetern bis zu 2 oder 3 Zentimetern. Die
kräftigste Abschuppung erfolgt an der Dachinnenseite des Tafone, wodurch der Hohlraum schräg
nach oben weiterwächst. Der unregelmäßige Tafonerand entstand durch Abbrechen der dünn gewordenen Wände. Links der Bildmitte liegen wabenförmige Bröckellöcher, die durch Auswittern
großer Feldspäte entstanden sind. (Nach Angaben von O. Hiller)

Bild 42. Rachelgebiet am Puerto Minguez (1270 m) in der Sierra de San Just. Iberisches Randgebirge,
Provinz Teruel, Spanien (Aufn. K. Fischer, 4. 10. 1969)

Zu Bild 42: Im Gebiet des Puerto Minguez ist auf den durch den Menschen entwaldeten Hängen im
Bereich jungtertiärer Ablagerungen eine kräftige Zerschneidung erfolgt. Initiale fluviale Linearerosion
führte nach Starkregen zu einer Zerschneidung, einer Zerrachelung des Geländes. Die Einschnitte
in dem wenig verfestigten Material des Tertiärs sind scharf eingekerbt und durch Steilböschungen gekennzeichnet. Diese Einschnitte verzweigen sich nach oben vielfältig und erfahren mit jedem Starkregen eine Vergrößerung, Vertiefung und Erweiterung durch rückschreitende Ersosion. Die Spülrinnen, Runsen oder Racheln haben Tiefen von wenigen Dezimetern bis zu mehreren Metern und
dokumentieren Abtragungsprozesse großer Augenblicksleistung. Sie schließen sich im vorliegenden
Fall zu Badlandlandschaften zusammen, wie sie für die Subtropen typisch sind.

Bild 43. Sohlenkerbtal des Sávio bei San Piero in Bagno, M. Falterona Apennin, Romagna.

Zu Bild 43: Die *verwilderte* Schottersohle des Sávio, ein typisches *Torrentebett*, liegt bei San Piero in Bagno in etwas über 500 m Höhe. Sie ist geringfügig in eine begrünte *Talaue* eingetieft. Diese grenzt beiderseitig mit *Unterschneidungsböschungen* an die aufstrebenden Talhänge an, die ihrerseits von *Kerbtälchen* zerschnitten sind. Die im Hintergrunde sichtbare Hauptkette des Apennin überschreitet 1200 m. Die beiderseitigen Unterschneidungsböschungen zeigen, daß der Fluß trotz der Ausbildung einer Talsohle in fortschreitender Tieferlegung begriffen ist, also *Oberlaufcharakter* im Sinne von Alb. Heim hat. Die Schotter der Talsohle sind folglich *temporäre Ablagerungen*, die bei großen Hochwassern weiterbewegt werden und dabei den Felsuntergrund abreiben und langsam tieferlegen. (Aufn. H. Louis)

Bild 44. Kaplandede Gebirge nördl. von Düzce, Nordanatolien. Paßregion zwischen Düzce und Akça-
koca, etwa 400 m. Blick nach Südwesten ins Gebiet des Kaplandede Tepe (1168 m, ganz
hinten). Höhe des Gebirgskammes etwa 800 m. Aufn. H. Louis)

Zu Bild 44: Das 600–1000 m hohe Gebirge befindet sich in etwa 10 km Abstand von der Küste und
ist durch Kerbtäler zu einem viel verzweigten Gewirr schmaler Rücken und Kämme zerschnitten.
Trotz der zusammenhängenden dichten Bewaldung greifen an den steilen Talhängen kerbförmige
Hangfurchen bis unmittelbar zu den Kammlinien empor.

Bild 45. Rokkō-zan-Gebirge bei Kobe, SW Honshu, Japan.

Zu Bild 45: Blick vom Rokkō-zan-Hotel nach West-Südwest auf die 600 bis 700 m hohen *Schneiden-kämme* des Granitgebirges. Trotz dichter Bewaldung äußerst steilflankige Zertalung und Runsen-bildung an den Steilhängen. Die *Runsen* tasten *Kluftzonen* nach, in denen im feucht-subtropischen Monsumklima tiefgründige chemische Verwitterung das Gestein besonders weitgehend zersetzt hat. (Aufn. H. Louis)

Bild 46. Sohlenkerbtalrelief in Japan. Nebental des Noshiro-Tales bei Niagebo, 20 km östl. von Noshiro, Provinz Akita, Nord Honshu.

Zu Bild 46: Die von Reisfeldern eingenommenen *Talsohlen* bestehen aus gewöhnlich recht *groben Schottern* in sandig-lehmiger Matrix. Nur in den unteren Teilen der Haupttäler haben diese bedeutende Mächtigkeiten und sind dort als *Talverschüttungen* infolge des postglazialen *eustatischen Anstieges* des Meeresspiegels, also als *definitive Ablagerungen* aufzufassen. In den oberen Talabschnitten der Haupttäler und namentlich in den gefällestarken Nebentälern sind die breiten Talsohlen, aus denen beiderseits steile Hänge emporstreben, zweifellos Folgen der oftmals ruckweisen Wasserführung der Flüsse im sommerheißen Monsumklima.

Das im Vordergrunde abgebildete Nebentälchen strebt mit einem Gefälle seiner Sohle von 40 bis 50⁰/₀₀ dem Noshirotale zu. Die Ausbildung von *Sohlenkerbtälern* bis tief ins Gebirge hinein stellt eine wesentliche Naturbegünstigung für den Reisbau in Japan dar. Die Tatsache, daß die Talsohle bei Katastrophenhochwassern im Naturzustand als Hochwasserbett zu dienen hätte, ist die Ursache vieler Hochwasserschäden. Von ihnen sind diejenigen Gebiete weniger betroffen, in denen, was in einem tektonisch so unruhigen Gebiet wie Japan nicht selten vorkommt, die Talsohlen durch junge Zerschneidung zu *Talterrassen* geworden sind. (Aufn. H. Louis)

Bild 47. Talmäander des Kialing (Jialing) Flusses, Szechwan Bl. nach Süden flußabwärts. (Geogr. Inst. der Univ. München) Aus R. Brinkmann 1964, Bd. I, S. 142.

Bild 48. Felssohlenterrasse am Candigliano, 2 km oberhalb der Mündung in den Metauro. Bl. nach
Osten flußabwärts. Marken-Vorapennin. Aus R. Brinkmann, 1964, S. 145. (Auf. H. Louis)

Zu Bild 48: Der alte Talboden des Candigliano im Mittelgrund des Bildes, etwa 20 m über dem
heutigen Fluß, schneidet fast horizontal über steil stehende Flyschsandsteine hinweg.

Bild 49. Zerschnittene Pedimentfläche, Felsfußfläche bei Şeyhli im Gök Irmak-Becken nördlich von
Boyabat, mittleres Nordanatolien.

Zu Bild 49: Der Standpunkt an der Straße Boyabat-Sinop liegt in etwa 600 m Meereshöhe. Links
außerhalb des Bildes erhebt sich der Steilabfall des 1200 bis 1400 m hohen Küstengebirges, das das
Görk Irmak Becken vom Schwarzen Meer scheidet. Aus diesem Küstengebirge mündet hier ein
größeres Tal, das von der Straße benutzt wird, ins Gök Irmak Becken. Aus dem Ausgang dieses Tales
entwickelte sich einst in das Gök Irmak-Becken hinein, d. h. im Bilde von links nach rechts, ein großer
Schwemmfächer, der heute tief zerschnitten ist. Man blickt im Bilde nach Süd-Südost schräg abwärts
über die völlig ebenen, sanft nach rechts abgedachten Reste der alten Oberfläche des Schwemmfächers. Die nachträgliche Zerschneidung des Schwemmfächers zeigt aber, daß dessen kegelförmige
Oberfläche von einer nur dünnen Lage von Schottern bzw. Schwemm-Massen gebildet wird. Sie sind
z. B. im Bilde links oberhalb der Spitze der Telegraphenstange auf der Ebenheit des Bildmittelgrundes
und an einigen Stellen der rechten Bildhälfte im Bildmittelgrunde erkennbar. Darunter stehen steil-
gestellte Sandsteinbänke einer Flyschserie an, die bei der Bildung des Schwemmfächers gekappt
wurden. Die Oberfläche des Schwemmfächers ist also, abgesehen von der dünnen Oberflächenbedeckung, eine durch seitliche Erosion stark schuttbelasteter Gewässer entstandene, flach kegelförmig gestaltete Abtragungsoberfläche; das ist eine *Pedimentfläche.* (Aufn. H. Louis)

Bild 50. Torrentebett (Revmata) des unteren Mórnos westl. Kastráki. Fōkís, Mittelgriechenland (Aufn. K. Fischer, 30. 8. 1975)

Zu Bild 50: Das mehrere hundert Meter breite Schotterbett des unteren Mórnos wird während der längsten Zeit des Jahres nur von einem kleinen Gerinne durchflossen. Zu Zeiten von Hochwässern im Winter, die jedoch keineswegs alljährlich auftreten, findet ein stoßweiser Weitertransport der Schottermassen statt. Dieser Schottertransport vollzieht sich dann in der gesamten Breite des Hochwasserbettes, wobei gleichzeitig eine korrasive Tieferlegung der Bettsohle und eine seitliche Ausweitung der Revmata stattfindet. Mit dem Rückgang der Hochwässer kommt es jeweils zu temporärer Akkumulation, Laufverlegungen und Verwilderung.

Im Bildhintergrund rechts ist ein weiteres Torrentebett erkennbar, das von Norden aus den Lidorikiou-Bergen herabzieht und in das des Mórnos mündet. Es besitzt beachtliches Gefälle (> 2°) und verdeutlicht damit, daß zur Bewältigung der Massentransporte nicht nur große Wassermengen notwendig sind. Durch erosive Eintiefung dieses Torrentebettes und des Mórnos wurde eine aus jungtertiären Sedimenten bestehende Fußfläche der Lidorikiou-Berge zerschnitten.

Bild 51. Freigespülte Felsburgen, Granitkuppen und Wollsäcke im nördl. Vorland der Sierra de Gredos bei Manzaneros westl. Ávila. Kastilisches Scheidegebirge, Spanien. (Aufn. K. Fischer, 4. 9. 1969)

Zu Bild 51: Nördlich der Sierra de Guadarrama und der Sierra de Gredos dehnt sich zwischen Ávila und Riaza in Graniten eine fossile Fußfläche aus. Ihre Anlage geht mit großer Wahrscheinlichkeit auf eine wechselfeuchte und warme Klimaperiode des Jungtertiärs zurück, in der die Tiefenverwitterung kräftiger wirkte als heute. In dieser Zeit entstanden Grusdecken beachtlicher Mächtigkeit, in denen relativ kernfrische Blöcke und weniger verwitterte Partien des Granits erhalten blieben. Sie wurden als Wollsäcke, Felsburgen und Granitkuppen im Pleistozän durch Abspülung des Gruses freigelegt. Heute ragen sie ähnlich Inselbergen über die Fußfläche empor, die mindestens seit dem Pleistozän zerschnitten wird. Die wirklich rezente Weiterbildung der Oberflächenformen des Granits geht sehr langsam vor sich.

Bild 52. Zerschnittene Rumpffläche auf der Höhe der nordanatolischen Randgebirge im Hinterland von Sinop. Blick nach Südosten über Ziyaret Tepe zur Gök-Irmak-Furche.

Zu Bild 52: Das Nordanatolische Küstengebirge, das im Profil der Straße Boyabat-Sinop die Gök-Irmak-Furche vom Schwarzen Meer scheidet, ist 1200 bis 1400 m hoch. Es besteht in der Nähe der Wasserscheide überwiegend aus jungmesozoischem Flysch und massigen Kalken. Auf dem Scheitel des Gebirges dehnt sich in 1200 bis 1500 m Höhe ein sanftgewelltes *Flachrelief*, das, wie das Bild zeigt, ohne Unterschiede über die wenig widerständigen Flyschgesteine des Vordergrundes und die sehr festen Massenkalke hinweggeht, die im Mittelgrunde des Bildes mit Wandabstürzen über einer von der Gök-Irmak-Furche heraufgreifenden Schlucht abbrechen. Es ist ein *Rumpfflächenrelief*. Infolge junger kräftiger Hebung wird die Rumpffläche auf der Höhe des Gebirges im niederschlagsreichen Randbereich der Subtropen von beiden Abdachungen her durch Kerbtäler tief *zertalt*. (Aufn. H. Louis)

V. Erscheinungen vornehmlich der semihumiden und semiariden Gebiete

Bild 53. Riesenhohlblock auf Aruba, Niederländisch Westindien. (Nach H. Wilhelmy, 1958, S. 141, Abb. 100.)

Zu Bild 53: Die gewaltige Dioritkugel ist vollkommen ausgehöhlt. Nach Ausräumung des mürben, grusig-staubigen Kerns blieb nur die verkrustete Schale zurück. Die Öffnung liegt im Lee des Ost-Nordost-Passats. An dieser Seite herrscht Schattenverwitterung und daher nur geringe Tendenz zur Hartkrustenbildung. Auf der Luvseite wird die *Hartkrustenbildung* dagegen durch die starke Verdunstung nach jeder Befeuchtung sehr gefördert. Ein Stück des baldachinartigen Überhangs des Hohlblocks ist abgebrochen und liegt vor der Kugel. Die nach Benetzung vom eingesickerten Wasser erzeugten Lösungen und Sole steigen durch die Verdunstung an der Oberfläche wieder zu dieser auf und scheiden Eisen- und Manganverbindungen in den oberflächennahen Teilen der Blöcke ab. Die Rindenbildung beginnt an den Spältchen und Poren des Gesteins und breitet sich dann dendritenförmig über die ganze Oberfläche aus. Diese von innen nach außen gerichtete Form der chemischen Verwitterung, zu der nur ein bescheidenes Maß an Feuchtigkeit erforderlich ist, kann nach S. Passarge (1925) und H. Wilhelmy (1958) als *Kernverwitterung* bezeichnet werden. Sie ist vor allem in semiariden Gebieten häufig, wo Zeiten mäßiger Benetzung mit Perioden starker Austrocknung abwechseln. An der Leeseite unterbleibt an den Blöcken Arubas die starke Verdunstung und damit die Hartrindenbildung. Hier wird die Gesteinsoberfläche durch chemische Verwitterung allmählich zerstört. Sie bröckelt aus und öffnet damit den Weg, auf dem auch die durch Kernverwitterung mürbe gewordenen Teile des inneren Blockes ausgeräumt werden können. So kommt es zur Hohlblockbildung (Tafonierung, hier in weiterem Sinne verstanden). (Aufn. u. Erläuterung nach H. Wilhelmy 1958, S. 141 ff.)

Bild 54. Weiche Formen eines Talanfangs im winterkalt-semiariden Gebiet. Rand des Sifegölü-Beckens bei Talakçï, östlich von Kïrşehir, Inneranatolien.

Zu Bild 54: In den winterkalt-semiariden Gebieten, die im Winter etwas Niederschlag empfangen, findet eine kräftige Frostwechselwirkung statt. Sie führt zu Bodenversetzungen, die vor allem auf feinerdehaltigen Gesteinen sanfte Hangschleppen und sogar das Schließen von Wasserrissen hervorruft, die etwa im Sommer durch Gewitter-Sturzregen entstanden sind. Diese Talanfänge ähneln den *Dellen* der deutschen Mittelgebirge. Das dargestellte Gelände liegt in 1200 bis 1300 m Meereshöhe. (Aufn. H. Louis)

Bild 55. Badlandformen im ariden und semiariden Gebiet. Blick nach Nordosten auf den Innenrand der nordanatolischen Randgebirge bei Nallïhan, Inneranatolien, westlich von Ankara.

Zu Bild 55: Das in seiner Hochregion (1500 m) noch schütter bewaldete Gebirge reicht mit der Fuß-zone ins natürliche Steppengebiet hinab. Hier ist in großem Umfang an den steilen Talflanken eine feingliedrige *Zerrachelung* eingetreten (*Badland*-Bildung), während die größeren, nur periodisch fließenden Gewässer breite, verwilderte Schottersohlen und Schwemmkegel ausgebildet haben, ein solcher im Vordergrunde links. Unter den Alluvionen der Talsohle dürfte in geringer Tiefe das anstehende Gestein liegen, unter dem Niveau der Talsohle eingeebnet. Eine höhere Einebnungsfläche ist über den Häusern von Nallïhan links im Bilde gut zu erkennen. Sie zieht sich auf der Riedelfläche gebirgswärts ansteigend bis zum Mittelgrund des Bildes und greift dabei über verschiedene Gesteine hinweg. In der Bildmitte im Mittelgrunde zwischen den beiden größeren Tälern, die sich gegen Nallïhan zu vereinigen, liegt über den Taleinschnitten eine weitere Verflachung, die mit einzelnen Bäumen bestanden ist. Sie scheint sich mit den vorher genannten Verebnungen zu einem flach kegel-förmigen Flächensystem zusammenzuschließen, das vor dem Ausgang des weiter rückwärts von den Gebirgsflanken kommenden größeren Tales liegt. Wahrscheinlich handelt es sich um ein altes Pedi-ment, das durch Tieferschaltung des Talnetzes zerschnitten wurde. Bei dieser Zerschneidung entstanden die *Badlandformen*. (Aufn. H. Louis)

Bild 56. Pedimentfläche am Boz Dağ (1152 m), Ostsporn des Çallï Dağ südlich von Cihanbeyli, Inneranatolien. Blick nach Osten, Höhe etwa 1050 m. (Aufn. H. Louis)

Zu Bild 56: Die über mesozoischen Massenkalk hinwegschneidende *Felsverebnung* (*Pedimentfläche*) ist unzerschnitten. Eine im Mittelgrunde rechts erkennbare Schuttdecke von wenigen Dezimetern Mächtigkeit, die mit einer kleinen beschatteten Geländestufe gegen den Beschauer zu abbricht, dürfte einst weiter verbreitet gewesen, jedoch teilweise nachträglich abgeräumt worden sein. Die Pedimentfläche ist von hinten nach vorn etwa 5° geneigt. Das höhere Hintergelände erhebt sich mit 15 bis 25° Neigung.

Die Pedimentfläche zieht sich hier nicht mit der konvexen Gestalt eines Kegelmantels, dessen Spitze nach aufwärts gegen eine Talmündung weist, in den im Hintergrund sichtbaren Talanfang hinein. Die Pedimentfläche ist vielmehr unterhalb dieses Talanfanges, quer zur Gefällsrichtung genommen, sanft konkav. Trotzdem dürfte kein Zweifel sein, daß die sehr flache Felssockelfläche, auf der hier die Schuttdecke aufruht, ihre sanft konkave Einebnung durch die Scheuerwirkung des verwildert vor dem Talausgang sich ausbreitenden und dabei seitliche Erosion hervorrufenden Schuttfächers erhalten hat. Die Fragmente dieser Schuttdecke sind scharfkantiger, kaum gerundeter Frostschutt. Solcher bildet sich auch gegenwärtig in dem schneearmen, winterharten und durch große Tagesschwankungen der Temperatur gekennzeichneten Klima überall, wo das Anstehende an die Oberfläche kommt. Auf steileren Böschungen wird dieser Schutt durch Sturzregen oder durch Frostschub abwärts bewegt. In flachem Gelände baut er Schuttfächer auf. Aber in diesen kommt es bei Sturzfluten örtlich zur Fortführung von Material. In solchen Fällen ist mitunter die unterlagernde Felsfläche freigelegt, so wie im Vordergrund unseres Bildes.

Bild 57. Zerschnittene Pedimentfläche. Tutup Beli (1100 m), Straßenpaß in der Nordumrahmung des Konya Beckens, Inneranatolien. Blick nach Südwesten. (Aufn. H. Louis)

Zu Bild 57: Im hinteren Mittelgrunde zieht sich von links gegen die Bildmitte mit etwa 5° aufsteigend eine *Pedimentfläche*. Sie schneidet über paläozoischen Massenkalk hinweg. Über die Fläche ragen die Höhen des Bildhintergrundes mit kräftig geneigten Hängen auf. (Hangneigung nahe der Bildmitte etwa 25°.) Diese Pedimentfläche bricht in Richtung auf den Beschauer mit einem Steilhang von 10 bis 20 m Höhe ab. Vor diesem Abfall liegt eine tiefere jüngere Pedimentfläche. Auch sie ist sanft nach links geneigt und ist gleichfalls in Massenkalk ausgebildet. Sie reicht bis zum Vordergrund, bricht aber nach rechts an einem Abfall von 2 bis 3 m Höhe gegen tieferes, ebenes Gelände ab. In dieses mündet von hinten kommend ein Tälchen. Das tiefere Gelände ist mit Schutt und Feinmaterial aufgefüllt. Es handelt sich um Ausspülmassen aus der höher aufragenden Nachbarschaft.
Im hinteren Mittelgrunde setzt sich die jüngere, tiefer gelegene Pedimentfläche nach rechts etwas ansteigend noch ein Stück weit bis zum Fuß der stärker aufsteigenden Höhen des Bildhintergrundes fort.
Die hier vorliegenden Pedimentflächen sind bereits wieder zerschnitten. Ihre Entstehung steht zweifellos im Zusammenhang mit Aufschüttungsvorgängen und den sie begleitenden Erscheinungen seitlicher Erosion am Rande der sich bildenden Aufschüttungsflächen.

Bild 58. Tal des Qued Ziz im östlichen Hohen Atlas nördl. Rich, Marokko, Blick nach SW. (Aufn.
K. Fischer, 8. 9. 1972)

Zu Bild 58: Vor den wenig über 2000 m hohen Ketten des östlichen Hohen Atlas bei Rich breiten sich Fußflächen mit schwach konkavem Profil aus. Sie bestehen, wie das Bild zeigt, aus eng benachbarten kegelförmigen Oberflächenformen, die am Gebirgsrand in Kreidekalken, gegen die Subsequenzzone des Wadi Ziz in relativ wenig verfestigten jungtertiären Ablagerungen ausgebildet sind. Unmittelbar am Rand der Ketten bzw. an den Ausgängen der Kerbtäler haben die Fußflächen eine Neigung von 10°−12°. Gegen das Wadi Ziz werden sie immer flacher und schließen sich in dessen Nähe zu weiten Ebenheiten zusammen. Hier tragen sie meist eine Schuttdecke von mehreren Metern Mächtigkeit, die unter den rezenten Klimaverhältnissen weitgehend als definitive Akkumulationsmassen aufgefaßt werden müssen. Im mittleren Teil der Fußflächen ist die Schuttdecke nur dünn oder fehlt ganz. Verfestigung des Schuttes zeigt auch hier, daß die Fußflächen Vorzeitformen sind, die mit großer Wahrscheinlichkeit im Pleistozän gebildet wurden. Im oberen Teil werden die Fußflächen vor den Talausgängen zerschnitten. Wegen Verwilderung der episodisch abkommenden Gerinne und des damit verbundenen Wasserverlustes klingt die Zerschneidung in Abdachungsrichtung der Fußfläche jedoch bald aus. Die geringen Vertiefungen vorn links und rechts rühren von der gemeinsamen Sammelader der Abflüsse sowohl der, hinten im Bilde entgegen der Blickrichtung wie vorn mit der Blickrichtung, abgedachten Fußflächen her. Diese Sammelader ist hier leicht eingetieft.

Bild 59. Zerschnittene Glacis südwestl. Tabernas, Prov. Almería, Andalusien, Südspanien. (Aufn.
     K. Fischer, 29. 9. 1969)

Zu **Bild 59:** Auf der Iberischen Halbinsel sind Fußflächen vor den Gebirgszügen weit verbreitet. In
keinem Gebiet, auch nicht im semiariden SE der Halbinsel, sind sie jedoch rezent in Weiterbildung
begriffen. Allenfalls werden sie traditional erhalten, meist aber unterliegen sie der Zerschneidung.
Dies gilt auch für die Glacis am Fuße der Sierra Alhamilla und der Sierra de los Filabres im Gebiet
von Tabernas nördlich Almería. Sie wurden in miozäne Mergel und Tone eingearbeitet und werden
zunehmend durch Kerb- und Sohlenkerbtäler, die vom Vorfluter Rio Andarax bzw. Rio Almería
zurückgreifen, zerschnitten. Rückschreitende Erosion der Barrancos zehrt mehr und mehr von der mit
Espastogras-Büscheln besetzten Glacisoberfläche auf, die eine dünne Schotterdecke trägt. Blick nach
NW, im Hintergrund die Sierra de los Filabres.

Bild 60. Abkommendes Qued (Wadi) Zeroud südwestl. Kairouan, Tunesien in Blickrichtung nach
          NE. (Aufn. K. Fischer, 1. 10. 1971)

Zu Bild 60: Das breite Trockenbett des Wadi Zeroud wird nur kurzfristig periodisch oder episodisch
nach kräftigen Niederschlägen von Wasser durchflossen. Die Massentransporte sind während der
seltenen Abflußereignisse außerordentlich groß und es bildet sich eine Verwilderungsschottersohle
aus, die allmählich tiefer gelegt wird. Gleichzeitig findet, wie in der rechten Bildhälfte deutlich wird,
seitliche Erosion an den beiderseitigen Bettwänden des Wadi statt, die zu deren Unterschneidung
sowie zu Nachbrüchen führen und damit das Wadibett erweitern.

Bild 61. Chott Djerid von der Piste Tozeur–Kebili nach Norden gegen den Djebel Morra. (Aufn. K. Fischer, 3. 10. 1972)

Zu Bild 61: In Zusammenhang mit der Genese des Atlas-Gebirges entstand an seinem tunesischen Südsaum ein Senkungsraum. In dieser tektonischen Depression liegt die weite Salz- und Salztonebene des Chott Djerid von etwa 70 × 110 km Ausdehnung. Auf diesen Chott ist ein endorhëisches Gewässernetz ausgerichtet, wobei die Wadis einen mehr oder weniger breiten Schwemmfächersaum gegen das geschlossene Becken vorgeschüttet haben. Während des Sommers bilden sich infolge der gesteigerten Verdunstung in dem um diese Jahreszeit vollariden Gebiet mächtige Salzkrusten, die häufig aufbrechen und dann polygonale Strukturformen aufweisen. Das Salz dieser riesigen Verdunstungspfanne stammt hauptsächlich aus den kretazischen und tertiären Gesteinen der näheren und weiteren Umrahmung des Chotts. Im Winter kommt es vornehmlich wegen der verminderten Evaporation zu partiellen Überflutungen des Beckenbodens und sie machen den Chott unpassierbar.

Bild 62. Staubsturm über Karthoum und dem Nil. Nach W. G. Kendrew, 1957, aus R. Brinkmann
1964, Bd. I, S. 272.

Bild 63. Lößlandschaft bei Wu-tai-hsien, Prov. Schansi, China.

Zu Bild 63: Ein mächtiger *Lößmantel* bedeckt die Hänge des von Kerbtälern mehrere hundert Meter tief zerschnittenen Gebirges. Soweit der Löß in nennenswerter Mächtigkeit den Hängen aufgelagert ist, wurde er durch die Anlage von *Kulturterrassen* dem Anbau dienstbar gemacht. Aus der Verteilung der Kulturterrassen geht hervor, daß die Lößverkleidung an den Hängen örtlich recht verschieden hoch reicht und daß vor allem die flacheren und mittleren Böschungen Löß tragen. Beides wurde durch F. v. Richthofen mit Recht als Argument für die äolische Ablagerung des Löß betrachtet. Die Kulturterrassen stellen sehr bedeutende Umformungen der natürlichen Oberflächengestalt durch den Menschen dar. (Aufn. Th. Benzinger)

VI. Erscheinungen vornehmlich der vollariden Gebiete

Bild 64. Inselberg bei Anou Tesnou, Adjerar an der Transsahara-Route In Salah-Tamanrasset rund
90 km NNW In Ekker, Algerien; Blick nach SW. (Aufn. K. Fischer, 17. 8. 1972)

Zu Bild 64: Mit deutlichem Fußknick ragen nahe der Transsahara-Route In Salah-Tamanrasset rund
90 km NNW In Ekker Inselberge über grusbedeckte Fußflächen auf. Die Inselberge bestehen aus
grobkristallinem, kluftarmem Granit. Besonders die Kluftarmut von Partien des Tiefengesteinskom-
plexes scheint die Bildung der Inselberge begünstigt zu haben. Unter dem rezenten vollariden Klima
erfahren diese Inselberge nur eine sehr langsame Weiterbildung. Die Hänge besitzen relativ große
Stabilität, da die Verwitterung nur sehr langsam voranschreitet. Dies ist auf die geringen Niederschlagsmengen, ihren raschen Abfluß auf den geneigten Gesteinsoberflächen und auf die rasche Ab-
trocknung nach Benetzung zurückzuführen. Die konvexen Hänge und die Grobblöcke gehen auf die
Absonderung mächtiger Gesteinsschalen infolge Druckentlastung zurück. Die teilweise tonnenschwe-
ren Blöcke erreichen ganz allmählich durch die Wirkung der Gravitation den Hangfuß. Der entstehende Verwitterungsgrus wird von den Blöcken und von der Oberfläche des Inselberges abgespült
oder herabgeweht, dann auf der flachen Fußfläche von den sehr seltenen Starkregen allmählich
weitergespült.

Bild 65. Wüstengebirge, Felsburgen, Felspfeiler im granitischen Grundgebirge des Atakor an der Piste Tamanrasset−Assekrem rund 60 km nördl. Tamanrasset. (Aufn. K. Fischer, 21. 4. 1972)

Zu Bild 65: Unter einem feucht-warmen Vorzeitklima, das im Hoggar wahrscheinlich bis in das Alttertiär währte, kam es zu kräftiger *Tiefenverwitterung,* zu tiefgründigem Zersatz des granitischen Grundgebirges. Die kryptogen gebildeten Felsburgen bzw. Felspfeiler wurden in der Folgezeit unter semiariden bzw. ariden Verhältnissen exhumiert. Sie unterliegen rezent durch weitere Ausspülung des Gruses (besonders links im Bild gut erkennbar) und durch Abbröckeln, Abschalen und Absanden verwitternder Gesteinspartien einer schwachen Weiterbildung.

Bild 66. Wüstengebirge, Vulkanstiele und Reste von Basaltdecken im zentralen Hoggar. Vom Asse-krem (2919 m) nach ESE, Südalgerien. (Aufn. K. Fischer, 20. 9. 1972)

Zu Bild 66: Im zentralen Hoggar, dem Atakor, sind im Jungtertiär trachytische und phonolitische Schmelzen in Schloten aufgedrungen. Mit der Abtragung und Zertalung des Gebirges wurden die Schlotfüllungen herauspräpariert und bilden nun markante Gipfelformen. In der Bildmitte oben zeigt sich die Gruppe Zezouaït und rechts davor die Nadel As Saouinan (zusammen als Tidjamayène-Gruppe bezeichnet). Sie bestehen aus derartigen Schlotfüllungen. Im Hintergrund links ragen mit dem Tafelberg In-Taraïn Reste einer ausgedehnten älteren (eozänen) Basaltdecke auf. Ein derartiger Rest ist auch der Assekrem, von dem das Bild aufgenommen wurde. Am Fuß der herauspräparierten *Vulkanstiele* („Tin") und der Basaltdeckenreste dehnen sich mächtige Sturzhalden bzw. Schuttdecken aus. In Teilen werden sie als Solifluktionsschuttdecken gedeutet. Flächenhaft dürften die Grobschutt-decken aber rezent nicht abgetragen werden, allenfalls führt in diesem vollariden Bereich Siebspülung zu Formveränderungen an den Hängen.

Bild 67. Kerbtalzerschneidung eines Wüstengebirges und Sandschwemmebene der Fußregion. Nord-
Oman-Gebirge bei Dibba, Blick nach Norden.

Zu Bild 67: Das Gebirge ist etwa 1000 m hoch und völlig kahl. Es wird von scharfen *Kerbtälern* zer-
schnitten. Die Talscheiden haben *Schneidenform.* Aus den Kerbtälern entwickeln sich gewaltige
Schwemmfächer, vor allem im Bilde oben links eine sehr breite *Sandschwemmebene.* Obwohl die
Gerinnebahnen nur selten einmal für kurze Zeit Wasser führen, sind die Oberflächenformen durch die
Tätigkeit des fließenden Wassers geprägt. Unter den an den Talausgängen rasch sich verbreiternden
Schwemmfächern dürften in geringer Tiefe eingeebnete Felsflußflächen, d. h. *Pedimentflächen* ver-
borgen sein. (Aufn. H. Louis)

Bild 68. Nordwest-Vorland des Tassili n'Ajjer. Blick nach Süden auf Einzelberge mit umrahmendem Fels-Pediment (Glacis d'érosion). Nach R. Capot-Rey: Le Sahara Français. Paris 1953, Tafel I bei S. 104.

Zu Bild 68: In der weiten Flachlandschaft des Vorder- und Mittelgrundes stehen mehrere inselartige Erhebungen mit steilen Randabfällen. Diese werden von Hangfurchen gekerbt. In die vordere, breitere Erhebungsmasse haben sich Kerbtälchen tief eingefressen. Die Erhebungen ragen über einem sehr flachen Sockel auf, der sich vom Fuß der Steilabfälle nach allen Seiten abböscht.

Auf ihm laufen zahllose im Bilde helle Gerinnebahnen nach abwärts. Danach könnte man meinen, daß der Sockel aus den Lockermassen eines großartigen Aufschüttungsfächers gebildet wird. Die in der Mitte des unteren Bildrandes schräg nach rechts aufwärts verlaufende Reihe strichartig schmaler dunkler Schatten, macht aber deutlich, daß dort festes Gestein zum Vorschein kommt, und daß entsprechend der Beschreibung von Capot-Rey das Anstehende unter einer nur dünnen Decke von Lockermassen überall den Untergrund bildet. Die flachen Flächen sind also *Pedimentflächen (Glacis d'érosion)* vor dem Fuße der durch Spüldenudation, durch dicht gescharte Hangkerben und Kerbtalbildung bei steil bleibenden Erhebungsrändern in langsamer Abtragung befindlichen Restberge. Sie sind als Ausgleichsflächen aufzufassen, auf denen die Gerinne unter den vorliegenden Bedingungen ihre Abtragungsfracht im Mittel langer Jahre gerade noch weiterbewegen können, ohne nennenswert aufzuschütten oder einzuschneiden.

An einzelnen Stellen im Vordergrunde des Bildes ist eine kegelartige Gestaltung der Glacisflächen zu erkennen mit aufwärts gegen den Erhebungsrand gerichteter Kegelspitze und mit nach abwärts divergierenden Gerinnebahnen. Das Vorkommen dieser Erscheinungen ist auf Abtragungsverebnungen der ariden Gebiete typisch.

Bild 69. Blick nach Ostnordost über das Wadi Saoura zwischen Gerzim und Kerzaz, südöstl. von Beni-Abbès, Algerische Sahara. Nach R. Capot-Rey: Le Sahara Français, Paris 1953. Tafel II bei S. 104.

Zu Bild 69: Der Blick richtet sich nach Nordosten über die Schichtkämme schwach gefalteter paläozoischer Schiefer und Sandsteine etwa zu der Stelle, an der das Wadi Saoura von Norden kommend im Mittelgrund links den Rand der Schichtkammlandschaft erreicht.

Die Schichtkämme sind, der Widerständigkeit der Gesteine entsprechend, mit wechselnder Intensität durch kerbartige Hangrunsen und durch Kerbtäler zerschnitten. Überwiegend folgen die Täler ungefähr dem Schichtstreichen (subsequent); im Mittelgrunde etwas links von der Bildmitte und ganz rechts gibt es auch Quertäler. Im Vordergrund, d. h. am unteren Bildrand ist dem Höhenzug eine *Pedimentzone* (*Glaciszone*) vorgelagert, die sich mit merklichem Gefälle gegen das Wadi unten rechts abdacht. Die Pedimente (Glacis) bestehen nach der Beschreibung von Capot-Rey aus Fels mit nur dünner Überkleidung durch Schutt. Kegelförmig gewölbte Flächenteile, deren Spitze nach aufwärts gegen das Gebirge weist, und auf den Flächen divergierende Gewässerbahnen sind in der Pedimentzone mehrfach zu erkennen. Stellenweise haben sich die Gewässerbahnen etwas in die Pedimentflächen eingeschnitten.

Jenseits der Schichtkammzone in der oberen Hälfte des Bildes dehnt sich links die weite Trockentalsohle des Wadi Saoura mit dem etwas darin eingeschnittenen Flußbett. Gegen die Talsohle dacht sich links, von der Schichtkammlandschaft her, ebenfalls eine Pedimentfläche ab. Die hinteren Teile der Bildfläche in der oberen Bildhälfte werden vom Großen Westlichen Erg eingenommen. In dem Dünenmeer sind rechts oben im Bilde vorwiegend von rechts unten nach links oben, d. h. etwa Nordost-Südwest bis Nordsüd verlaufende Dünenzüge, d. h. *Längsdünen* im Sinne der Hauptwindrichtung zu erkennen. In der linken oberen Bildhälfte treten quer oder schief dazu verlaufende Sandwälle stärker hervor, so daß der Eindruck einer Vergitterung verschiedener Richtungen entsteht. In diesem Gebiet erkennt man sehr große Sandanhäufungen mit unregelmäßig ausgebildeten Spornen und Ausläufern. Ihre räumliche Anordnung scheint im wesentlichen den Kreuzungspunkten der Vergitterung zu entsprechen. Diese Sandanhäufungen sind *Ghourds, Sterndünen.*

Bild 70. Schichtstufe des Plateau du Tinrhert aus Oberkreidekalken rund 60 km nördl. In Aménas von Westen. Département-des-Oasis, Algerien. (Aufn. K. Fischer, 1. 10. 1972)

Zu Bild 70: Die Decke der festen Kalke krönt einen Sockel von weniger widerständigen Mergelsteinen. Über ihm bricht sie mit Steilwänden ab. Der weit überwiegende Teil der Stufenhöhe besteht jedoch aus den leichter abtragbaren Sockelgesteinen. Vor der Schichtstufe dehnt sich im Bereich der wenig resistenten Gesteine eine riesige Verebnung, eine tiefer gelegene Dach- oder Stufenfläche. Sie ist jedoch nicht mehr intakt, sondern ist von zahllosen Tälchen scharf, aber nicht tief zerschnitten. Offensichtlich ist hier eine frühere Periode der Flächenbildung im Sinne von Mortensen durch eine solche der Zerschneidung und des Angriffs auf den Stufenabfall abgelöst worden. Denn die Kerbtäler, die die untere Stufenfläche zerschneiden, verlängern sich nach rückwärts-aufwärts in die steilen Hangrunsen, die den Stufenabfall zerfransen und die überlagernde Kalkdecke der oberen Stufenfläche zum Nachbrechen veranlassen. Die Zeit der Zerstörung einer vorher gebildeten Stufenfläche ist hier offensichtlich zugleich eine Zeit der Auffrischung und Verschärfung der Schichtstufe. Die nach rechts fallende Streifung vor dem Fuß der Schichtstufe im Mittelgrund des Bildes ist durch Materialschüttung beim Bau der emporführenden Straße verursacht. Sie hat nichts mit der natürlichen Schichtlagerung zu tun.

Bild 71. Plateau du Fadnoun im Tassili n'Ajjer, Südalgerien. Von der Piste Illizi (Fort Polignac)–
Zaouatallaz (Fort Gardel) ca. 120 km südl. Illizi nach Nordosten. (Aufn. K. Fischer,
30. 9. 1972)

Zu Bild 71: Das Plateau du Fadnoun im Tassili n'Ajjer gehört zu den typischen Hamadas der
Sahara. Mit einer gewaltigen Stufe von 300 und mehr Metern Höhe bricht die aus flachlagernden
silurischen Sandsteinen aufgebaute Schichttafel gegen S zum Tal des Qued Imirhou ab. Von N her
wird das Plateau durch das Qued Ouret und seine Verzweigungen zertalt und endet gegen den Erg
Issaouane ebenfalls mit einer, allerdings weniger hohen Stufe. Das Plateau ist bedeckt mit einer
Schuttdecke aus Verwitterungsmaterial des unterlagernden Gesteins. Diese Schuttdecke ist in diesem
Falle also autochton. Sandstein Hamada.

Bild 72. Basaltblock Hamada des Djebel es-Soda, 60 km südwestlich der Oase Hon an der Piste Hon—Sebha. Blick nach Osten. (Aufn. W. Meckelein)

Zu Bild 72: Die *Block-Hamada* ist aus dem durch Verwitterung bedingten Zerfall einer Basaltdecke unter Ausblasung des hierbei gebildeten Feinmaterials entstanden. Sie ist sowohl für Tragtierkarawanen wie für Kraftfahrzeuge sehr unwegsam.

Bild 73. Sserir am Westrand des Plateau du Tademaït rund 130 km östl. der Oase Timimoun, Algerien. Blickrichtung nach Osten. (Aufn. K. Fischer, 4. 10. 1971)

Zu Bild 73: Vor der gelappten Kreidesandsteinstufe des Plateau du Tademaït breitet sich nach Westen eine weitgespannte Fußfläche aus. Sie wird, wie in der oberen Bildhälfte erkennbar ist, von flachen Wadisystemen durchzogen, die zum Großen Westlichen Erg ziehen und in ihrem Grunde mit Feinmaterial gefüllt sind. Die Sserir dieser Fußfläche zeigt insofern eine Besonderheit als sie mit wohlgerundeten Gesteinsfragmenten bedeckt ist. Dabei handelt es sich jedoch nicht um Gerölle, sondern um kugelähnliche Formen, die wohl durch Konkretionen im Kreide-Sandstein und durch Ausblasung des nicht verbackenen Materials entstanden sind, wobei sie gleichzeitig korrasiv bearbeitet werden. Die Stufenstirn erfährt trotz der seltenen Niederschläge eine Zerschneidung. In diesen Kerben und anderen Hohlformen findet eine temporäre Akkumulation (helle Flächen) von Sand statt, der von der vorgelagerten Sserirfläche durch West- und Nordwestwinde ausgeweht wird. Eine nennenswerte äolische Überprägung ist an der Stufenstirn aber nicht festzustellen.

Bild 74. Sserir-Fläche der zentralen Sahara, nördlich des Wadi el Faregh, 70 km südlich der Oase
Wau el Kebir, Ost-Fezzan. (Aufn. W. Meckelein)

Zu Bild 74: Das bunte, nur schwach abgerollte Material des *Schwemmfächers im Wüstengebiet* ist
durch Ausblasung der Feinbestandteile an der Oberfläche angereichert. Viele der Rollsteine zeigen
mehr oder weniger deutliche *Windschliff-Facetten* und *-Kanten* als Folge des Sandgebläses (*Windkanter*, mehrere gute Beispiele vorn rechts). Derartige *Sserir*-Flächen sind überaus eben und haben
nicht selten sehr große Ausdehnung.

Bild 75. Staubbedeckte Hügel (zerschnittene Bergflankenverebnung) in der Mittelkordillere östlich von Toco, Atacamawüste, Nordchile. (Nach H. Mortensen, 1927, Tafel 4, Abb. 14.)

Zu Bild 75: Der aus dem *örtlichen Gesteinszerfall* resultierende *Staub* wird in diesem *windarmen* und insbesondere auch *sandfreien* Wüstengebiet durch leichte oberflächliche Verkittung (*Staubhaut*), wie sie schon geringfügige Befeuchtung und Wiederaustrocknung herbeiführt, festgelegt. Durch kleine engständige Runsen an den Hängen, wie sie nach einem der äußerst seltenen Regen entstehen, ist die Staubhaut an den unteren Böschungsteilen verletzt und entfernt worden. Hier findet ein geringes Nachbrechen des durch die Staubhaut weiter oben festgehaltenen Staubes gegen den Grund der Tälchen statt. Im ganzen aber vollziehen sich Veränderungen der Oberflächenformen in dieser Wüste, in der Sandschliff und Sand- und Staubtransport durch den Wind fehlen, offenbar überaus langsam. Der Abstand der Tälchen im Bild von einander beträgt etwa 20 m. Der Kegelhügel im Mittelgrunde rechts ist wahrscheinlich ein pleistozäner Vulkan-Embryo. (Aufn. H. Mortensen)

Bild 76. Windschliff auf Dolomit am sogenannten Granitberg der südlichen Namib-Wüste. (Nach
Erich Kaiser, Die Diamantenwüste Südwestafrikas. Bd. II, Tafel I, Abb. 3, Berlin 1926.)

Zu Bild 76: Das *Sandgebläse* hat die Dolomitklippe unregelmäßig zerschliffen, dabei fein geglättet
und mit Striemen versehen. Die der Hauptwindrichtung (vgl. den Pfeil) zugekehrten, d. h. nach rechts
gerichteten Vorsprünge der Klippe zeigen, durch die *Windkorrasion* hervorgerufen, kegelartige Ver-
jüngung. Die Einschnürung im unteren Teil der Klippe bildet den Anfang zur Entstehung eines
„Pilzfelsens". (Aufn. Erich Kaiser)

Bild 77. Wüstendünen in El Hasa, nordwestlich von Dhahran, Arabien, Luftbild.

Zu Bild 77: Das Dünenfeld hat ein Längsstreichen von Nord-Nordwest nach Süd-Südost. In ihm sind zahlreiche *Barchan*formen mit Steilböschungen (Leeseiten) nach SE erkennbar. Im Hintergrunde links schließen sich Gruppen von Barchanen girlandenartig zu *Querdünen* in bezug auf die Windrichtung zusammen. Andererseits wachsen im Vordergrunde rechts und im Mittelgrunde rechts die Schweife von Barchanen auch zu *längsdünen*artigen Wällen ungefähr in der Windrichtung zusammen. Quer- und Längsdünen können sich offenbar in naher Nachbarschaft bilden. Nach den Verhältnissen im Großen Östlichen Erg der Sahara zu urteilen (Fig. 119), ist bei Dünen von geringer Höhe (unter 20 m) die Neigung zur Ausbildung von Querdünen vorherrschend, bei Dünenwällen von 50, 100 oder mehreren hundert Metern Höhe scheint die Ausbildung von Längsdünen zu überwiegen. (Aufn. H. Louis)

Bild 78.   Gassi Touil im Großen Östlichen Erg rund 70 km südlich Hassi-Messaoud. Blick nach Nordwesten. (Aufn. K. Fischer, 2. 10. 1972)

Zu Bild 78: Der Große Östliche Erg wird von einer Reihe von dünenfreien Passagen durchzogen, die
den Namen Gassi tragen. Zu diesen gehört der Gassi Touil, der mit rund 300 km Länge und mehreren
km Breite in Nord-Süd-Richtung zieht. Er scheint wie die anderen Gassi weitgehend lagebeständig zu
sein, da uralte Karawanenwege diese Passagen benutzen. Darauf weisen auch die Sterndünen
(Ghourds) hin, die den Gassi im Osten und Westen begleiten. Sie knüpfen an fixierte (verfestigte)
fossile Dünen an. Die Oberfläche des Gassi wird aus einer Schuttdecke gebildet, die durch
Auswehung das Feinmaterial weitgehend verloren hat. Unter der Schuttdecke liegt ein Schuttmantel
mit einer Mächtigkeit von Dezimetern bis zu über mehreren Metern. Anstehender Fels tritt an der
Oberfläche dieses Gassi nur selten auf.

Bild 79. Großer Westlicher Erg bei Beni-Abbès; Blick nach Nordosten. (Aufn. K. Fischer, 3. 10. 1971)

Zu Bild 79: Die großen Dünengebiete der Wüsten der Erde, die Ergs, sind als Ganzes weitgehend stationär. Dagegen können Einzeldünen oder Dünenzüge innerhalb dieser Gebiete beachtliche Mobilität besitzen. Dies gilt vor allem für die peripheren Teile großer Dünenfelder, wo die einzelnen Dünen den Charakter von Querdünen haben. Das Gebiet von Beni-Abbès am Westrand des Großen Westlichen Erg zählt dazu und offensichtlich ist die Verlagerung des Wadi Zousfana nach NW bzw. N durch die Wanderung dieser Transversaldünen bedingt. Die Querdünen mit gewundenem First und einem ausgesprochen asymmetrischen Querprofil erreichen bei Beni-Abbès Höhen von 30, 40 und mehr Metern und sie sind in vielen Staffeln hintereinander angeordnet. Während der luvseitige Hang Neigungswerte von um oder unter 10° besitzt, treten im Lee Steilhänge von 25 bis 30° auf. Die durch Saltation und Reptation antransportierten Sandmassen gleiten hier vom First der Querdünen in Form von Sandrutschen ab. Das ist in der rechten unteren Bildhälfte deutlich erkennbar. Höhe und Distanz der Transversaldünen stehen in einem Verhältnis von rund 1:15 (1:10 bis 1:20). Dieser Quotient wiederholt sich bei den Sandrippeln, die sichtbar die Oberfläche der Transversaldüne im Vordergrund beherrschen.

Bild 80. Dünenfeld der Inneren Mongolei nahe Chung-wei am Hoangho, Luftbild.

Zu Bild 80: In dem Dünenfelde treten *Längswälle* hervor, die ungefähr in der Blickrichtung von vorn nach hinten verlaufen. Der letzte, gestaltbestimmende Wind kam von rechts. Alle nach links abwärts führenden Böschungen weisen die *Steilheit von Leeseit-Böschungen* auf.

VII. Erscheinungen vornehmlich der wechselfeuchten und dauernd feuchten Tropen

Bild 81. Kettengebirge und tropische Flachtäler im tropischen Monsungebiet. Blick nach Süden in die Vorzone der Gebirge von West-Thailand, nordwestlich von Bangkok, Luftbild.

Zu Bild 81: Die etwa Nord—Süd streichenden Ketten sind um 500 m hoch und dicht bewaldet. Sie erheben sich mit deutlich markiertem Fuß aus weiten, gleichfalls dicht bewaldeten Flachlandbereichen. Die ziemlich steilen Flanken der Erhebungen werden von *Kerbtälern* zerschnitten.
Vor dem Gebirgsfuß, vor allem in der rechten oberen Hälfte des Bildes entwickeln sich aber riesig weite Flachtäler. Ein erstes drängt sich zwischen die Erhebungen des rechten unteren Bildviertels und entsendet, im Walde nicht leicht erkennbar, eine Gerinnebahn im Bilde nach rechts oben. Eine zweite große Flachmulde greift in der oberen Bildhälfte bis gegen die Enden der Erhebungszüge des mittleren Bildteils und bis an den Saum des Erhebungszuges links oben im Bilde vor. Auch aus dieser Mulde läuft eine Gerinnebahn nach rechts oben, und diese durchbricht in breitem Zuge eine niedrige Geländeschwelle, die parallel zu dem allgemeinen Kettensystem von der Bildmitte nach links oben zieht. Eine kleinere Flachmulde wurzelt zwischen den Kuppen ganz oben links im Bilde und schickt gleichfalls eine Gerinnebahn nach rechts oben. Alle diese Gerinnebahnen münden in eine noch größere ein, die schräg durch das rechte obere Bildviertel zieht. Sie alle sind nicht in die Umgebung eingeschnitten. Die hellen Flecken, die sie kenntlich machen, sind z. T. Rodungsflecken, z. T. aber auch, was im Schwarz-Weiß-Bild nicht zu unterscheiden ist, sind es Spülmassen vom letzten Hochwasser. Der individualisierte und zügige Verlauf dieser Gerinnebahnen weist darauf hin, daß in der Flachlandschaft ganz sanfte, wasserscheidende Schwellen vorhanden sein müssen. Es handelt sich bei dieser also um ein *tropisches Flachtal-Relief*. Am linken Bildrand und im linken unteren Bildviertel sind gleichfalls Anfänge der Bildung geräumiger Flachmulden am Saum und zwischen den Erhebungszügen zu erkennen. (Aufn. H. Louis)

Bild 82. Rumpffläche in 450 bis 500 m Meereshöhe, dahinter an Bruchrand aufragendes Gebirge. Kilimanjaro Estate (470 m), nördl. von Morogoro, Mittel-Tanzania. Blick nach Süden über das Ngerengere Flachtal auf Lupanga-Gipfel (2138 m), Ulugurugebirge. (Aufn. H. Louis)

Zu Bild 82: Blick über die Rumpffläche, d. h. über eingeebneten Gneisuntergrund (Rampenhänge) quer zum Ngerengere Flachtal. Entfernung bis zum Bach $1/2$ km, Höhenunterschied 6 m = 12°/oo = $3/4$° Neigung. Hinter dem Talgrunde des Ngerengere (im Bilde hell) erhebt sich auf weitere 4 km Entfernung und um 40 bis 50 m, d. h. mit 10 bis 12°/oo Neigung, die Talscheide zum Mgolole-Flachtal. Dessen Talgrund ist nicht zu sehen. Dahinter steigen sanfte Rampenhänge ebenfalls aus Gneis bis zum etwa 7 km entfernten Fuße des Bruchrandes des Ulugurugebirges auf. Dieser steile, bis 1500 m hohe Gebirgsabfall wird von Kerbtälern zerschnitten. Der Hauptgipfel ist $11 1/2$ km vom Aufnahmepunkt entfernt.

Bild 83. Felsenriff im Hochwasserbett des Ruvuma bei Masaguru, Süd-Tanzania 160 m Meereshöhe 250 km oberhalb der Mündung Bl. nach Süden über den Fluß. (Aufn. H. Louis)

Zu Bild 83: Der Fluß zieht bei Niedrigwasser mit kräftiger Strömung, aber nur an einzelnen Stellen mit Schnellen-Charakter durch das Gebiet der Gneisschwelle. Die Gneisbuckel erheben sich bis mehr als 5 m über den Wasserspiegel. Sie sind vegetationslos und glatt gewaschen. Denn sie werden bei jedem größeren Hochwasser überflutet.
Die hellen Stellen im Bilde sind Flußsand. Es gibt in der Nachbarschaft der Felsbuckel durch die Verwitterung losgelöste eckige Fragmente des Anstehenden, aber so gut wie keine Gerölle. Bei genauem Suchen findet man vereinzelt kleine Rollsteine im Flußsand, selten erreichen sie Taubeneigröße.
Nur das Hochwasserbett des Flusses ist deutlich einige Meter in die umgebende Flachlandschaft eingetieft. Die gleichmäßige Waldkulisse deutet den Flachlandcharakter an. Über dem Hochwasserniveau steigt das Gelände lediglich mit der minimalen Neigung der Rampenhänge zu beiden Seiten des Flusses wieder an, wie es dem Typus des tropischen *Flachtales* entspricht.

Bild 84. Fußfläche (Rampenhang) des Kihonda Inselberges nördl. von Morogoro (Mittel-Tanzania),
Blick nach Ost-Nordost über die Rumpffläche mit Inselbergen und dem Inselgebirge von
Dindili. (Aufn. H. Louis)

Zu Bild 84: Die *Rumpffläche* liegt in 500 bis 550 m Höhe und hat etwa 100 km Abstand von der Küste.
Der Blick schweift vom Fuße eines hinter dem Beschauer liegenden kleinen Gneis-Inselberges
(Kihonda, 600 m) über die aus Gneisen aufgebaute ganz flachwellige Ebene zu entfernten Inselbergen
hinten links und dem größeren Inselgebirge von Dindili (etwa 850 m, hinten halbrechts, vorn rechts
zwei Bäume).
Die sehr sanften Einmuldungen hinten links und im Mittelgrunde rechts sind die tropischen *Flachtäler*
von Nebenbächen des Ngerengere. Sie sind 3−4 km breit und haben 1° bis 2° geneigte Hänge. Ihre
ganz sanft konkaven Talgründe liegen 30−50 m tiefer als die beiderseits begleitenden, sehr flach
konvexen Talscheiden.

Bild 85. Nördlicher Namakambale-Inselberg an der Straße Tunduru-Masasi. Blick nach Nordosten, Höhe der Straße 390 m, 8 km östl. v. Nakapanya, Süd-Tanzania. (Aufn. H. Louis)

Zu Bild 85: Der *Inselberg* besteht aus Gneis, dessen Bankung leicht nach Osten (rechts) einfällt. Die glatten Steilflanken des Inselberges schneiden ziemlich ungestört über die Bankung des Gneises hinweg. Die hellen Stellen sind abgesehen von der Straße und dem Baum in der Bildmitte zur Hauptsache mit Graspolstern bedeckte Flächen. Die kugeligen schwarzen Gebilde im Vordergrund sind verbrannte Graspolster. Wird doch das Land regelmäßig abgebrannt.

An der Oberfläche des Inselberges lösen sich hier und da Gesteinsschuppen, ab, z. B. in der linken Bildhälfte. Aber am Fuße des Inselberges gibt es keine Schuttanhäufung. Solche fehlt auch am Fuße der flach geneigten Felsfläche, die den Vordergrund bildet. Sie ist der unterste Teil eines weiteren, „südlichen" Namakambale-Inselberges. Auf dieser Felsfläche liegen einzelne weiter oben abgeschuppte Gesteinsscherben, die allmählich nach abwärts gelangen. Doch spätestens sobald sie den Fuß erreichen und mit der dort zum mindesten jahreszeitlich vorhandenen Bodenfeuchte in Berührung kommen, zerfallen sie zu Grus. Dieser wird dann durch Sturzregen, dem ganz flachen Gefälle nach links im Bilde folgend, weitergespült.

Bild 86. Südlicher Namakambale-Inselberg an der Straße Tunduru-Masasi, 8 km östlich von Nakapanya. Süd-Tanzania. Nordflanke des Berges mit Abschuppung. Blick nach Westen. (Aufn.
H. Louis)

Zu Bild 86: Steilhang des südlichen Namakambale Inselberges an der Straße Tunduru–Masasi.
Der großenteils vegetationsfreie, aber stellenweise mit Graspolstern, einzelnen Büschen und kleinen
Bäumen bedeckte Steilhang des Inselberges zeigt *Abschuppung* bzw. *Abschalung*. Die Schuppen
platzen parallel zur Oberfläche ab, manchmal fast senkrecht zur Bankung des Gneises. Die am Hange
abwärts wandernden Gesteinsscherben zerfallen zu verspülbarem Grus, ehe sie sich am Fuße des
Berges zu einer Schuttansammlung aufhäufen können.

Bild 87. Mtua Tal bei der Mission Ilula, 10 km nordöstl. von Mazombe, Iringa Hochland, Mittel-Tanzania, Höhe etwa 1300 m. Tropisches Flachtal mit Rahmenhöhen. Blick vom südöstlichen Rampenhang nach Nordwesten über das Mtua-Flachtal auf den jenseitigen Rampenhang und die Rahmenhöhen. (Aufn. H. Louis)

Zu Bild 87: Die Formenelemente sind die gleichen wie im Bild 88. Aber die Entwicklung ist weiter vorgeschritten. Aus dem Talgrunde des Mtuabaches, der wenig hinter den Gebäuden des Vordergrundes von links nach rechts zieht, erheben sich hier bereits kilometerbreite *Rampenhänge* über völlig verwittertem Gneisuntergrund. Ihr Rand gegen die *Rahmenhöhen* ist ebenso scharf wie im Bild 88. Aber bei den Rahmenhöhen beginnt bereits, besonders im Hintergrund des Bildes links die Auflösung in Inselberge. Sie erfolgt dadurch, daß die Rampenhangböschung von Zweigen des Systems der *tropischen Flachtäler* bei ihrer allmählichen Talaufverlängerung nach und nach Teilstücke des höher aufragenden Reliefs vom übrigen Gebirgskörper völlig abtrennt.

Bild 88. Mtua Tal bei Mazombe, Iringa Hochland Mittel-Tanzania. Tropisches Flachtal mit Rahmenhöhen. Blick vom nördlichen Rampenhang (etwa 1550 m) nach Süd-Südosten übers Tal.
(Aufn. H. Louis)

Zu Bild 88: Im Mittelgrunde des Bildes zieht von rechts nach links in etwa 1500 m Höhe der Talgrund des Mtuabaches. Er ist, was man der Bäume wegen nicht sehen kann, nur 1 bis 2 m tief eingeschnitten. Bei Hochwasser wird er bis zum Oberrande oder darüber hinaus von den Fluten erfüllt.
Über dem Oberrande des Hochwasserbettes beginnen zu beiden Seiten die im Bilde gut sichtbaren,
sanften *Rampenhänge* des *tropischen Flachtales.* Sie haben 1° bis 5° Neigung und führen bis zum Fuße
der steil aufstrebenden beiderseitigen *Rahmenhöhen* vom Talgrunde her um etwa 50 m empor. Die
Grenze des Rampenhanges gegen das Steilgelände der Rahmenhöhe ist auf der gegenüberliegenden
Talseite im Mittelgrunde des Bildes als Grenze der hellen Anbauflächen gegen das dunkle, blocküberstreute Steilgelände gut erkennbar. Die entsprechende diesseitige Formengrenze liegt dicht hinter
dem Standpunkt der Aufnahme. Die als Rampenhänge beschriebenen flachen Böschungen sind nicht
etwa Aufschüttungsformen, sondern sie bestehen auch da, wo sie von fern wie Schwemmkegel aussehen, aus in situ anstehendem, jedoch vollständig zu Feinmaterial verwittertem Gneis. Die oberen
Horizonte des Verwitterungsprofils sind leuchtend rot. Nach unten erfolgt, wie gelegentliche Aufschlüsse zeigen, ein Übergang zu weißlichen Farbtönen.
Das Steilgelände der Rahmenhöhe jenseits des Flachtales und seines Rampenhanges, ebenso aber
auch die hinter dem Aufnahmestandpunkt aufstrebende Rahmenhöhe, die im Bilde nicht sichtbar ist,
bestehen aus dem gleichen Gneis wie der Untergrund des Flachtales mit seinen Rampenhängen. Aber
auf dem Steilgelände ist die Gesteinszersetzung nicht so gleichmäßig erfolgt, wie unter den flachen
Rampenhängen. Fast unverwitterte Gesteinspartien und zahllose größere und kleinere, kernfest
gebliebene Gneisblöcke sind durch die Abspülung des in den Zwischenpartien gebildeten Verwitte-
rungs-Feinmaterials freigelegt worden. Sie verkleinern sich allmählich durch Abgrusen bzw. durch
Vergrusen. Der blocküberstreute Hang ist daher keine Sturzhalde von Blöcken, sondern eine
Residualhalde, deren Blöcke sich überwiegend in ursprünglicher Lage befinden und dort zerfallen.
Die Formenentwicklung dürfte in folgender Richtung verlaufen:
Durch das fortgesetzte Abspülen des Feinmaterials weicht der Steilhang der Rahmenhöhen langsam
zurück. Die Flachböschung der Rampenhänge verlängert sich nach aufwärts, erleidet aber gleichzeitig
selbst auch Abspülung. Im ganzen wird das tropische Flachtal nach und nach breiter, die Rahmenhöhen werden geringer. Sie lösen sich schließlich in Inselberge auf. Es ergibt sich ein Rumpfflächenrelief.

Bild 89. Anfang eines tropischen Flachtales am Golfplatz-Hügel von Hua-Hin, Westsaum der Bucht von Bangkok, 12½° nördl. Br. (Aufn. H. Louis)

Zu Bild 89: Der aus Hornblende-Pegmatit-Granit bestehende Felshügel liegt in etwa 2 km Entfernung von der Küste und ist gut 100 m hoch. Es ist ein echter *Inselberg,* er stürzt allseitig mit Wänden bzw. Steilhängen bis etwa 30 m Meereshöhe ab (die Wände im Schwarz-Weiß-Bild wegen der Bewaldung schwer erkennbar). Am Fuß der Abstürze stellen sich *Felsfußflächen* von 5° bis 10° Neigung ein, die mit der Entfernung vom Inselberg rasch flacher werden und dabei unter eine Grusdecke tauchen. Im Bereich der Felsfußfläche entwickeln sich unter den Abstürzen des Inselberges die *Anfänge von tropischen Flachtälern.* Einen solchen zeigt das Bild. Die breite muldenförmige *Felssohle* (in der Mitte und links unten im Bilde) zeigt zwischen den Graspolstern Spuren der Überspülung und der Verschwemmung abgewitterten Gruses, die von Regenfluten herrühren dürften. Die gerundeten Felsen rechts vorn im Bilde bilden den orographisch linken Talhang des Flachtälchens. Ein entsprechender rechter Talhang befindet sich einige Zehner von Metern links außerhalb des Bildes. Das Flachtälchen führt mit anfangs 5° bis 10° Gefälle, jedoch rasch flacher werdend, zwischen niedrigen beiderseitigen Talscheiden, die in größerer Entfernung vom Inselberg unmerklich werden, zum Meere. In ähnlicher Weise entsendet der Inselberg auch nach allen anderen Seiten Flachtälchen.

Bild 90. Kehltal im südlichen Njombe Hochland, Süd-Tanzania. Maweso Tal 60 km südöstl. von Njombe. Blick vom Kipanga Sporn (1370 m), 3 km südöstlich von der Lukumburu Brücke nach Ost/Südosten das Maweso Tal aufwärts. (Aufn. H. Louis)

Zu Bild 90: Der flach muldenförmige Talgrund liegt in etwa 1200 m Höhe. Die begleitenden Erhebungen haben rechts im Bilde (orographisch linke Talseite) 1350 m bis 1370 m, auf der gegenüberliegenden Talseite 1400 bis 1500 m Höhe. Die Hänge sind bis über 25° geneigt. Sie sind überwiegend von Miombowald bedeckt. Den Untergrund bilden Granit und Gneise. Es handelt sich um ein *Kehltal,* d. h. um ein Tal mit muldenförmigem Talgrund und kräftig geneigten Talhängen, bei welchen auch der konkave Teil des Talquerschnitts, abgesehen von einem dünnen Schleier aus Denudationsmaterial, durch das in situ befindliche, mehr oder weniger zersetzte Untergrundgestein gebildet wird.

Bild 91. Kehltal mit Schnelle in Gneis bei Mbesa, südwestl. von Tunduru, Süd-Tanzania (Aufn. H. Louis) Aus R. Brinkmann, Bd. I, 1964, S. 167.

Zu Bild 91: Blick nach Westen. Meereshöhe 500 m. Das Tal hat mäßig geböschte Hänge und einen breit muldenförmig gestalteten Talgrund. Dieser Formcharakter herrscht sowohl im Vordergrund links, wo der Gneis durch Verwitterung tiefgründig zermürbt ist, als auch im Mittelgrunde, wo das Gestein fest ist und die Schnelle bildet. Die Formung ist wesentlich verschieden von der der Kerbtäler. Der Fluß führt kein Geröll, sondern nur Sand. Gesteinsfragmente, die sich z. B. im Bereich der Schnelle vom Untergrund ablösen, zerfallen alsbald zu Grus und Sand. Die Blöcke und Hölzer im Vordergrunde links gehören nicht in das Naturbild der Erscheinungen. Es sind Reste einer durch Hochwasser zerstörten Brücke.

Bild 92. Zerschnittene Njombe-Rumpffläche, 4 km nordöstl. von Uwemba. Süd-Tanzania. Blick von
der Uwemba-Stichstraße nach Norden ins Hagafiro-Tal. Höhe 2000 m. (Aufn. H. Louis)

Zu Bild 92: Die rund 2000 m hohe, sehr ausgeprägte Rumpffläche im Gebiet von Njombe-Uwemba
im Bereich gefalteter Kristallingesteine ist etwa 200 m tief zerschnitten. An der Eintiefung sind nicht
nur die Haupttäler, sondern jeder auch nur einige 100 m lange Nebenzweig des Talgeflechtes beteiligt.
Ein solcher Zerschneidungstypus ist am ehesten als Folge einer, seit der Rumpfflächenbildung
erfolgten Klimaänderung verständlich. Zwar ist Hochlage des Landes gleichfalls notwendig. Aber
diese allein genügt zur Ingangsetzung einer durchgreifenden Zertalung unter den vorliegenden Verhältnissen nicht. (Siehe Kap. III E 3 und 6, die Abschnitte über Kehltäler sowie F 7)
Die einschneidenden Talhänge haben durchgehend leicht konvexe Hangprofile. Trotzdem besitzen die
Täler nicht Kerbtal-, sondern *Kehltalcharakter.* Dies ist leider im vorliegenden Bilde nicht erkennbar,
weil es keinen Einblick in die durchwegs konkav geformten Talgründe gewährt. Steigt man hier jedoch
an den Talhängen so weit abwärts, bis der Talgrund sichtbar wird, so steht man zu tief, um die hoch
gelegene, zerschnittene Rumpffläche, auf die es in unserem Zusammenhang vor allem ankommt, noch
als solche erkennen zu können.

Bild 93. Gebirge östlich des Nyasa Sees, Mahangasi Flußgebiet, Süd-Tanzania. Roterde-Bodenprofil mit rundlichen Restblöcken in Granit. Etwa 700 m Meereshöhe, gut 200 m über dem See. (Aufn. H. Louis)

Zu Bild 93: Diese teils noch festen, teils bereits ziemlich mürben Blöcke wurden durch den Straßenbau freigelegt. Auf natürlichen Böschungen werden solche Blöcke häufig durch Abfrachtung des Feinmaterials freigespült.

Bild 94. Gebirge östl. des Nyasa Sees, Mahangasi-Flußgebiet, Süd-Tanzania. Am Hang freigespülte Blöcke aus dem Roterde-Bodenprofil, etwa 1000 m Meereshöhe. (Aufn. H. Louis)

Zu Bild 94: Durch Hangabspülung sind im tiefgründig aufbereiteten Gneis feinkörnige Verwitterungsmassen in großen Mengen abgetragen worden. Kernfest gebliebene Restblöcke des Gesteins sind dadurch freigespült worden und ragen über die Oberfläche auf. Da sie ihrer Unterlage einen gewissen Schutz gegenüber der weiteren Abspülung gewähren, sitzen diese Blöcke nicht selten auf etwas erhöhtem Sockel.

Bild 95. Uluguru-Gebirge, Nordrand, Morningside-Straße südlich von Morogoro, Mittel-Tanzania. Blick bei etwa 900 m Höhe nach Südwesten ins obere Kikundi Tal und auf den Abfall des Gebirges. (Aufn. H. Louis)

Zu Bild 95: Der steile Abfall des Gebirges wird von *Kerbtälern* zerschnitten. Das ursprüngliche Waldkleid ist bis etwa 1400 m Höhe einer Hackbau-Kulturlandschaft gewichen. Diese nimmt selbst sehr steile Hänge (bis um 40°) noch in Nutzung, besonders deutlich erkennbar an den horizontal gestreiften, nämlich terrassierten Pflanzgärten an dem hohen Gebirgssporn im Hintergrunde rechts. Trotz dieses Anbaus und trotz des regelmäßigen Abbrennens auch des Steilgeländes in der Trockenzeit, das mehrere Rauchsäulen im Bilde andeuten, ist an unter 50° geneigten Hängen nirgends ein vollständiger Verlust der Verwitterungsdecke oder tiefe Zerrachelung eingetreten. In dem gesamten Steilgelände kommt nur an kleinen Stellen fester Fels zum Vorschein. In diesem Sachverhalt kommt die außerordentliche Intensität der chemischen Verwitterung in diesem reichbenetzten Gebirge zum Ausdruck. Zweifellos ist der Bodenabtrag in diesem Steilgelände sehr groß. Aber die Gesteinsaufbereitung erfolgt offenbar so rasch, und die Fähigkeit der Vegetation, Wunden im Pflanzenkleid wieder zu schließen, ist so stark, daß diese Steilhänge trotz der rücksichtslosen Schädigung der Vegetationsdecke durch den Menschen und der gesteigerten Bodenabspülung doch nicht von Lockersubstrat entblößt werden.

Bild 96. Vallée de Tautira auf Tahiti Iti, Gesellschaftsinseln. Blick von der Nordküste nach SW zur
Inselmitte (Aufn. K. Fischer, 24. 4. 1974)

Zu Bild 96: Die aus jungen Vulkaniten aufgebaute und bis über 2200 m hohe Tropeninsel Tahiti
zeichnet sich durch eine tiefe und dichte Kerbtalzerschneidung aus. Sehr steile Talhänge verschneiden
sich in der Höhe gratartig. Sie sind nahezu gleichmäßig geböscht und werden von einem dichten Waldkleid überzogen. Das Längsprofil der Vaitapiha, die das Vallée de Tautira entwässert, ist wie das der
meisten anderen Flüsse der Insel unausgeglichen: Flachstrecken wechseln mit Gefällssteilen und sind
an Härteunterschiede in den Vulkaniten geknüpft. Am Talausgang des Vallée de Taurita gegen das
Meer hat sich eine Aufschüttungsebene gebildet, die auf den postglazialen Meeresspiegelanstieg
zurückgehen dürfte.

VIII. Erscheinungen des Karstreliefs

Bild 97. Rillenkarren von jüngeren Kluftkarren unterbrochen. Hochwies-Gebiet im Hagengebirge, Salzburger Alpen, Höhe etwa 2000 m. (Aufn. H. Louis)

Zu Bild 97: Die steil geneigte Oberfläche aus Kreidekalk ist von parallelen *Rillenkarren* überzogen. Links unten auf der Fläche setzen die Rillenkarren aus. Statt dessen ragen dornartige Unebenheiten (Karrendorne) aus der Fläche auf. Wahrscheinlich ist dieser Teil der Fläche lange Zeit im Jahre durch einen Schneefleck zugedeckt, dessen Schmelzwasser die Unterlage anders angreift als das abrinnende Regenwasser.

Das Rillensystem der abgebildeten Fläche zeigt an mehreren Stellen Unterbrechungen, nämlich durch geöffnete Klüfte, die mit gezackten Rändern quer oder schief zum Verlauf der Rillenkarren in das Gestein hineinsetzen. Wie die Schatten andeuten, sind diese Klüfte merklich tiefer, als die Furchung der Rillenkarren. In der Längsrichtung ihres Verlaufes hören diese geöffneten Klüfte an verschiedenen Stellen auf. Die rauhen Innenflächen der Klüfte, auch ihre z. T. zackigen äußeren Ränder, ferner das seitliche Enden des geöffneten Spalts lassen erkennen, daß die Öffnung dieser Klüfte durch Weglösung von Gestein erfolgt ist, welches offenbar längs der Klüfte besonders leicht vor sich geht. Derartige an Klüfte gebundene Lösungsformen nennt man *Kluftkarren*.

Daß die Erweiterung von Kluftkarren oft erst später angefangen hat und alsdann schneller vonstatten gegangen ist als die Eintiefung der Rillenkarren, erkennt man daran, daß, wie auch in diesem Bilde, Rillenkarren über die offensichtlich erst später geöffneten Kluftkarren hinwegsetzen. Nahe dem oberen Rande der mit Rillenkarren bedeckten Fläche steht eine Kluft gerade erst im Anfang ihrer Ausbildung zur Kluftkarre. Am unteren Rande der gerillten Fläche hat sich dagegen eine besonders breite, durchgehende Kluftkarre geöffnet.

Bild 98. Breite Kluftkarren, feinere Rillenkarren und Schluckloch am Gegenschüttungsrande der Karstebene von Çimi bei Akseki, westlicher Mittel-Taurus, Anatolien.

Zu Bild 98: Die aus oberkretazischem Massenkalk bestehende Umrahmung der Karstebene von Çimi (1350 m Höhe) ist an ihrem Südrande, gegen den bei entsprechend feuchter Witterung die Entwässerung gerichtet ist, von geöffneten Klüften und Schacklöchern geradezu siebartig durchsetzt. In der linken unteren Bildhälfte sieht man den Eingang eines größeren *Schluckloches* (*Ponor*). Die breiten *Kluftkarren* sind von feineren und feinsten, dabei sehr scharfen *Rillenkarren* über und über gefurcht. (Aufn. H. Louis)

Bild 99. Rillenkarren im Jurakalk der Klein-Fànes-Alm in 2520 m Höhe östl. der Zehner-Spitze, Südtiroler Dolomiten. (Aufn. K. Fischer, Sommer 1964)

Zu Bild 99: Auf den geneigten Oberflächen des reinen Jurakalkes der Klein-Fànes-Alm haben sich ausgedehnte Felder von Rillenkarren gebildet. Die einzelnen Karren sind zwischen 8 und 30 m breit und besitzen Tiefen von wenigen Zentimetern bis nahe Meterdimension. Die großen Rinnenkarren der linken Bildhälfte lehnen sich an Klüfte an, die in Gefällsrichtung verlaufen. Zwischen den Karren erheben sich Rippen, die ungefähr die gleiche Breite haben wie die Hohlformen. Sie sind im vegetationslosen Gelände meist sehr scharf ausgebildet und besitzen eine rauhe Oberfläche. Auftreffendes Regenwasser bzw. abtropfendes Schneeschmelzwasser, das zunächst noch seine volle Lösungskraft besitzt, bedingt ihre Formenschärfe. Das von der Kalkfläche abrinnende und bereits mit Hydrogenkarbonat angereicherte Wasser vermag offenbar derartig scharfe Lösungsformen nicht mehr zu bilden. Die einzelnen Karren haben einen gewundenen Verlauf, wobei die einzelnen Biegungen an Mäander erinnern. Sie laufen i. d. R. zusammen, können sich aber auch verzweigen.

Bild 100. Silikatgesteinskarren im Nephelinsyenit des Hauptgipfels der Itatiaia-Gruppe, Mittelbrasi-
lien. (Aufn. O. Maull)

Zu Bild 100: An den bis 2787 m Höhe aufragenden Agulhas Negras der Itatiaia-Gruppe zeigt das
Gestein in der Hochregion vielfach Furchung durch breite, tiefe Rillen mit z. T. gratartig scharfen
dazwischen aufragenden Rippen. Es sind wirkliche *Karren,* genauer *Silikatgesteinskarren.* Solche
kommen in den wechselfeuchten Klimaten der Tropen und Subtropen auf Silikatgesteinen ziemlich
häufig vor.

Bild 101. Dolinen auf dem Grüberach, westlich vom Kalbling, Gesäuseberge, Steiermark.

Zu Bild 101: Westlich unter dem Kalbling-Gipfel (2196 m) sind in der flachen Mulde des Grüberach in etwas unter bis etwas über 2000 m Höhe Reste eines alten, mäßig hügeligen Reliefs erhalten. Hier ist im Dachsteinkalk das Gelände stellenweise förmlich durchlöchert von kleinen *Trichterdolinen*, wie sie das Bild zeigt. Z. T. erscheinen sie nur als Kleinformen am Grunde größerer, allseits geschlossener Hohlformen. Einige von diesen haben selbst die Gestalt großer regelmäßiger Dolinen. Aber es gibt keinen geeigneten Standpunkt, um sie gut zu photographieren. Die Lösung des Kalks, die zur Bildung der Dolinen führt, wird hier zweifellos dadurch gefördert, daß in den Mulden bis weit in den Sommer hinein Schneeflecken ausdauern, deren Schmelzwasser in den Klüften des Kalkes absickern. (Aufn. H. Louis)

Bild 102. Große Dolinen südl. vom Irmasan Gediği, nördl. von Akseki, Höhe etwa 1500 m, Blick nach Süden, Westl. Mittel-Taurus, Südanatolien. (Aufn. H. Louis)

Zu Bild 102: Die Talungen im Hochgebirgskarst des Mittel-Taurus, die einst zweifellos echte Täler waren, haben durch unterirdische Karstentwässerung ihr ehemaliges gleichsinniges Gefälle weithin verloren.
In den einstigen Talgründen haben sich Reihen von kleineren und größeren Dolinen und auch von Poljen gebildet. Sie werden durch niedrige Schwellen des Kalks von einander geschieden. Das Bild zeigt in dem schütter bewaldeten Gebirgsland, dessen Hänge von langsam abwärts wanderndem Frostschutt bedeckt sind, zwei größere *Dolinen* und die sie trennende niedrige Schwelle sowie eine weitere derartige Schwelle, jenseits deren die nächste, nicht mehr sichtbare geschlossene Hohlform liegt. Die an verschwemmtem Feinmaterial reichen Böden der Dolinen werden sorgfältig als Anbaufläche genützt.

Bild 103. Doline östl. Agiós Andréas in Ost-Arkadien, Peloponnes/Griechenland. Blickrichtung nach
        SW. (Aufn. K. Fischer, 19. 9. 1976)

Zu Bild 103: In den kretazischen bis eozänen Kalken der Tripolis-Zone, die den südöstlichen Pelo-
pones aufbaut, sind zahlreiche Karstformen ausgebildet. Dazu gehört auch die Doline östlich Agiós
Andréas, die über zwei niedrige Schwellen am rechten Bildrand und am Aufnahmestandort mit
anderen Hohlformen in Verbindung steht. Die Längsachse der Doline verläuft in der Streichrichtung
der Gesteinsserien und mißt etwa 1 km. Durch Akkumulation von Feinmaterial im Dolinentiefsten ist
ein bescheidener Trockenfeldbau mit Getreide und Baumkulturen möglich, während die Hänge mit
Phrygana bedeckt sind und allenfalls Schafweide erlauben.

Bild 103 a. Einsturzdoline des Blauen Sees am nordwestlichen Ortsrand von Imotski, 50 km W von
Mostar, Herzegowina/Jugoslawien Blick nach E. (Aufn. K. Fischer, 2. 10. 1976)

Zu Bild 103 a: Nordwestlich und nördlich Imotski befinden sich einige Einsturzdolinen von teilweise
riesiger Dimension (vgl. die Häuser am östlichen Rand der Doline). Zu ihnen gehört die des Blauen
Sees mit einer Gesamttiefe von nahezu 300 m. Der Dolinenboden wird aus dem Material des einge-
stürzten Höhlendaches gebildet. Der Wasserspiegel des Sees unterliegt, wie an den hellen Streifen in
der linken Bildhälfte gut erkennbar ist, starken jahreszeitlichen Schwankungen. Im Winter kann er
einen Höchststand von 342 m über dem Meeresspiegel erreichen, im Spätsommer tritt mit 252 m über
NN das Minimum ein; der See kann in besonders niederschlagsarmen Jahren sogar völlig trocken
fallen. Nur knapp einen Kilometer nordwestlich liegt die über 500 m tiefe Einsturzdoline des Roten
Sees, dessen Seespiegel nur maximal bei 280 m über NN liegt und lediglich um 30 m während des
Jahres schwankt. Dies und die Tatsache, daß auch kaum Beziehungen zu den Inundationen des nahen
Imotsko Polje und dem Versiegen von Karstquellen an seiner Peripherie bestehen, wurden als Beweis
gegen einen Karstwasserkörper angesehen. Die Erkenntnis aber, daß der Karstwasserkörper eine sich
jahreszeitlich verändernde piezometrische Oberfläche besitzt, vermag dieses Phänomen zu erklären.
Durch Sturzdenudation werden die Dolinenwände zurückverlegt und erniedrigt. Gleichzeitig wachsen
Sturzhalden gegen die Dolinenmitte vor.

Bild 104. Erdfall bei Rollsdorf zwischen Eisleben und Halle/Saale, östliches Harzvorland. Nach
R. Brinkmann, Bd. I, 1964, S. 73. (Aufn. M. Barthel)

Zu Bild 104: Der Erdfall im Gebiet östlich des „Süßen Sees" hat sich durch Auslaugung von Steinsalz im Untergrund (Zechstein) am 2. April 1961 plötzlich gebildet.

Bild 105. Kleines Karstpolje, südöstlich von Çimi bei Akseki, im westlichen Mitteltaurus, Anatolien.

Zu Bild 105: Das aus Massenkalken der Oberkreide bestehende Gebirge ist von geöffneten Klüften und Dolinen durchsetzt. Gleichwohl hat sich in etwa 1350 m Meereshöhe nur wenig mehr als 40 km von der Küste entfernt ein großer flacher *Aufschüttungsboden* bilden können. Von ihm führt oberirdisch kein Ausgang mit gleichsinnigem Gefälle zum Meer. Höhere Umrahmung aus Kalk schließt ihn ab. Der von höherem Gelände umschlossene Boden ist ein *Polje*. Die Aufschüttungen des Poljebodens sind Alluvionen aus wasserunlöslichen, sandig-tonigen Gesteinen, die die Gerinne von kleinen, dem Gebirge eingefügten Vorkommen solcher Gesteine her mitbringen und in der Polje-Hohlform in Gestalt flacher Schwemmkegel absetzen. Im mittleren Teil des abgebildeten Poljebodens ragen Buckel bzw. Hügel des Kalks über das Aufschüttungsniveau empor. Es sind *Hums*. Wo an den Rändern der Poljeaufschüttung nach starkem Regen, wenn die Karsttäler dem Polje Wasser zuführen, die Wasser versinken, da wird Kalk gelöst. Dort grenzt die kalkige Umrahmung mit steilem Abfall an den Poljeboden. So ist es in unserem Bilde besonders unten links. Hinten rechts im Bilde in der Höhe, der abgeschnittene Rand eines einstigen höheren Polje-Aufschüttungsniveaus. Dieses wurde durch die Talbildung zerstört, die von dem tiefer gelegenen Hauptpolje des Bildes heraufgreift. (Aufn. H. Louis)

Bild 106. Südrand, Gegenschüttungsrand des Poljes von Çimi bei Akseki, westlicher Mitteltaurus. Anatolien.

Zu Bild 106: Die von Feldern eingenommene flache Aufschüttungssohle des Poljes (im Vordergrund) grenzt am unteren Ende, nämlich in der Richtung des Schwemmkegelgefälles mit scharfem Rande gegen die fast senkrecht emporragenden Kalke der Poljeumrahmung. Hier ist der Kalk von geöffneten Klüften ganz durchsiebt. Die größeren von ihnen, die im Bilde als dunkle Stellen am Fuß der bedeutenderen Steilstellen hervortreten, sind *Schlucklöcher, Ponore,* in die sich bei starkem Regen das über die Schwemmkegeloberfläche herangeführte Wasser ergießt. In diesem Bereich wird durch Lösung im Kalk die Umrahmung des Poljes zurückverlegt. Der Poljeboden dagegen wird durch Ablagerung wasserunlöslicher Trachtanteile jenes Wassers im Niveau des Schwemmkegels, über Kalkuntergrund *transgredierend,* langsam verbreitert. (Aufn. H. Louis)

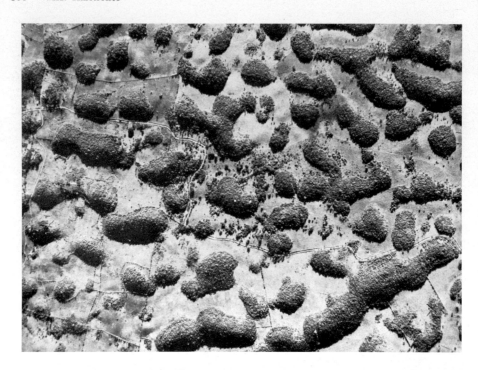

Bild 107. Kegelkarst (Cockpitkarst) im westlichen Zentral-Jamaica nahe Mandeville. Survey Department, Kingston. Freundlich zur Verfügung gestellt und erläutert von K. H. Pfeffer, Köln. Bildausschnitt ca. 1,7 × 2,4 km.

Zu Bild 107: Die verkarsteten gelben und weißen Kalke des mittleren Eozän bis unteren Miozän sind durch Lösungsvorgänge zu steil (20 bis 40°) aufragenden, oben zugerundeten Rücken und Einzelbergen (Karstkegeln, Mogoten) von 30 bis 50 m Höhe geformt worden. Rücken und Einzelberge werden überwiegend von dichtem, regengrünem Feuchtwald mit xerophytischen Elementen (dry limestone scrub forest) überzogen. Zwischen ihnen liegen teils als langgestreckte Karsttalungen, stellenweise, z. B. im linken unteren Bildteil, auch mehr rundliche bis vieleckige, oft durch schmale oder breite Durchlässe miteinander verbundene, oberirdisch abflußlose Hohlformen, die Cockpits dieses Karsttyps. Helligkeitsunterschiede in ihnen deuten an, daß hier und da kleine Dolinen am Grunde der größeren Karsthohlformen sitzen. Deren Böden sind mit Tonen, Sanden, Terra rossa und Bauxit (bis 30 m) in unterschiedlicher Mächtigkeit bedeckt. In den Karsthohlformen sind Umfriedungen, Anbauflächen, Verkehrswege und vereinzelt Gebäude erkennbar.

Bild 108. Kegelkarstlandschaft, Turmkarstlandschaft bei Kwei-lin, Südchina. (Aufn. Dr. Lau Tai chi)

Zu Bild 108: Über die Reisbauebene erheben sich mit wandartig steilen Abstürzen im Kalkgestein die bis 100, ja 200 m hohen Klötze, Türme, Zähne des *Kegelkarsts*. Ihre Flanken sind dicht bewaldet.

Bild 109. Koranatal, Blick nach Süden auf die unteren der Plitwicer Seen. Höhe etwa 500 m, Hochkroatien. Nach G. Wagner: „Einführung in die Erd- u. Landschaftsgeschichte" 3. Aufl.
Öhringen 1960, Tafel 27.

Zu Bild 109: Das Tal der Korana ist in Kreidekalk eingeschnitten. Das Wasser des aus vielen Karst-quellen gespeisten Flusses ist an Calciumhydrogenkarbonat fast gesättigt. Es wird durch Verdunstung und durch Minderung des Kohlensäuregehalts (der äquivalenten CO_2 Menge) zur Ausfällung von *Kalktuff* veranlaßt. Vielfach sind Kalkalgen an der Ausfällung stark beteiligt.

Wenn derartige Bildung von *Sinterkalk* im offenen Gerinne von entsprechenden Ausscheidungen in den Klüften des benachbarten Gesteins begleitet ist, und bis zu geeigneter Höhe dessen Abdichtung bewirkt, so kann es zum Aufbau von Barren aus Sinterkalk kommen, welche das Gewässer aufstauen. Dies ist an den Plitwicer Seen des Koranatales eingetreten. Das Wasser stürzt in Fällen über die selbst-gebauten Kalktuffriegel.

Das Zerstäuben des Wassers führt dabei zu weiterer Übersättigung und Kalktuffausscheidung.

IX. Gletscher und glazialer Formenschatz

Bild 110. Hanggletscher des alpinen Gebirges. Waxeckkees in den Zillertaler Alpen bei der Berliner
   Hütte im Jahre 1934.

Zu Bild 110: Das hochgelegene, verschneite *Firnfeld* des Gletschers (2700 bis über 3100 m) wird von
steilen Wänden (*Kar-Rückwänden*) überragt, die zum Mösele-Grat hinaufführen (Gr. Mösele 3478 m
rechts, Kl. Mösele 3405 m links von der Bildmitte). An den Wänden festgefrorener *Firn*, z. T. mit
Striemung durch *Lawinen*. Er wird nach unten begrenzt durch den *Bergschrund*, an dem sich der
bewegte Gletscher vom festgefrorenen Firn absetzt. Der Bergschrund ist vom Fuß der Wände ganz
links oben (Möselenock) fast ununterbrochen bis zum Fuß der Wände rechts unter dem Gr. Mösele
durchzuverfolgen. Die Oberfläche des Gletschers dacht sich in Stufen ab, welche Stufen des Untergrundes abbilden. An den Stufenabfällen zahlreiche *Querspalten,* die stellenweise förmliche *Gletscherbrüche* bilden, nach abwärts aber wieder verheilen. Wo am orographisch rechten Rande des
Gletschers (im Bilde links) der Übergang aus dem Firnfeld in die *Zunge* vor sich geht, sind auch
Radialspalten, Stauchspalten ausgebildet. Mehrere *Mittelmoränen* (Schuttstreifen in der Längsrichtung
des Gletschers) sind im Zungengebiet vorhanden. Sie leiten sich von Aufragungen am Gletscherboden
her, die vom Eise umflossen werden, wobei Moränenmaterial in höhere Partien des Eiskörpers gelangt. Die Mittelmoräne am weitesten rechts weist auf den Sporn rechts unter dem Gr. Mösele, der
sich unter dem Eise ein Stück weit fortsetzen dürfte. Beiderseits der Zunge riesige *Ufermoränenwälle,*
die noch kaum bewachsen sind, von einem Hochstand des Gletschers am Anfang oder um die Mitte
des 19. Jahrhunderts. Der Gletscher ist zur Zeit der Aufnahme in starkem Rückgang. Die Zunge ist
eingesunken. Am orographisch linken Rande liegt *Toteis* unter Schuttbedeckung. Bis vorn rechts im
Bilde sind im Schutt *Nachsackungsgruben* durch Austauen von Toteis erkennbar. Der Außenabfall der
beiden großen alten Ufermoränenwälle hat Gefälle gegen die umrahmenden Felshänge, so daß an jeder
Seite eine „*Periglazialrinne*" entsteht. Die Felshänge selbst haben Rundhöckerformen. Sie rühren vom
eiszeitlichen bzw. späteiszeitlichen Hochstand des Gletschers her. Am Ende der Gletscherzunge tritt
der Schmelzwasserbach unter dem Eise hervor und durchmißt in verwildertem Lauf den schotterbedeckten Boden des durch den Gletscherrückgang freigewordenen *Zungenbeckens*. (Aufn. Geogr.
Inst. d. Univ. München)

Bild 111. Einzugsgebiet des Suldenferners unter der Nordflanke der Königsspitze (3859 m) in der
Ortler-Gruppe, Südtirol. (Aufn. K. Fischer, Sommer 1964)

Zu Bild 111: Das Einzugsgebiet des Suldenferners in der Ortlergruppe ist stark gegliedert. Zwei
seiner wichtigsten Zuflüsse sind der Königswand-Ferner unter den Nordwänden der Königsspitze und
der Suldenjoch- oder Payer Ferner in der rechten Bildhälfte. Die Ernährung des Königswandferners
erfolgt vornehmlich durch Lawinen, die immer wieder über die mehr als 50° geneigte Nordflanke des
zweithöchsten Gipfels der Ortlergruppe herabstürzen und gleichzeitig an einer Rückverlegung von
Rück- und Seitenwänden arbeiten. Frische Lawinenfurchen durchziehen sichtbar die ganze Wandflucht. Diese Flanke wird von einer riesigen Gipfelwächte überragt, deren episodischer Abbruch eine
gewaltige Firnnachfuhr für den Königswand-Ferner bedeutet. Auch der Suldenjoch- oder Payer
Ferner wird in seinem Massenhaushalt durch Lawinen von der Königsspitze und vom Zebrú beeinflußt. Daneben spielt aber die in über 3000 m Höhe gelegene Firnmulde als Sammelgebiet festen
Niederschlags eine erhebliche Rolle. In dieser Firnmulde ist südöstl. und nordwestl. des Suldenjochs
der Bergschrund deutlich erkennbar. Beide Gletscher erreichen über Gefällsstufen den Suldenferner,
wobei sich mächtige Eisbrüche entwickeln und Eislawinen niederbrechen. Ein Lawinenkegel ist in der
unteren Bildhälfte gut ausgebildet. Die beachtliche Schuttlieferung aus den brüchigen Wänden der
Gipfel bewirkt eine starke Schuttbedeckung des Suldenferners bereits knapp unter der Firnlinie (Höhe
des Aufnahmestandortes nahe der Hintergrat-Hütte in 2720 m, Blick nach SSW).

Bild 112. Staublawine am Wetterhorn, Blick nach Südosten. Berner Oberland, Schweiz. Nach F. W. Lane: „Wenn die Elemente wüten". Zürich 1952, Abb. 20.

Zu Bild 112: In übersteilem Hochgebirgsgelände tragen vielfach *Lawinen* stark zur Ernährung von Gletschern bei. Unter den Nordwestabstürzen des Wetterhorns (3701 m) liegt in nur 1800 bis 1900 m Höhe die Eismasse (gegenwärtig nur eine Firnmasse) der Wetterlauenen (Mittelgrund des Bildes). Sie erhält, wie der im Bilde wiedergegebene, gerade erfolgende Absturz einer großen Staublawine erkennen läßt, eine gewaltige Schneezufuhr von den Nordwestwänden des Wetterhorns. Diese gehören also mit zum Nährgebiet dieses tiefgelegenen kleinen Gletschers bzw. der Firnansammlung, obwohl kein Zusammenhang dieser Firn- bzw. Eismasse mit den hoch gelegenen Gletscherteilen unter dem Wetterhorngipfel (Hühnergutzgletscher) besteht. Derartige Verhältnisse sind beim Versuch einer Bestimmung der Schneegrenze für die betreffenden Gletscher besonders zu beachten.

Bild 113. Kleiner Rundhöcker mit Gletscherschrammen im Vorland des Solheimagletschers, Island.
Nach R. Brinkmann, Bd. I, 1964, S. 231. (Aufn. M. Schwarzbach)

Zu Bild 113: Der Gletscher kam von rechts. Die flache Luvseite des Rundhöckers ist politurartig
geglättet und mit Schrammen überzogen. Die steilere Leeseite links weist rauhe Oberflächenformen
auf. Hier sind flache Scherben und größere Gesteinsfragmente ausgebrochen und abtransportiert
worden. Der Rundhöcker ragt aus einer Ummantelung von Moränenmaterial auf.

Bild 114. Königsspitze (3859 m; links), Zebrù (3740 m) und Ortler (3899 m; rechts) von der Vertain-
spitze (3544 m), Blick nach SW; Südtirol. (Aufn. K. Fischer, Sommer 1963)

Zu Bild 114: Die Gletscher unter den Ost- und Nordostwänden der drei höchsten Gipfel der Ortler-
Gruppe, der Suldenferner mit den verschiedenen Teilgletschern seines Ursprungsgebiets unter
Königsspitze und Zebrù sowie der End-der-Welt- und Marltferner unter dem Ortler werden
überwiegend durch Lawinen ernährt, d. h. es fehlen ihnen weitgehend die Firnfelder. Mit ihrem Abgang werden die durch Frostverwitterung aufbereiteten Gesteinsfragmente der im allgemeinen
brüchigen triassischen Sedimente (Dolomite, Rauhwacken, Kalke) der Ortlergruppe mitgerissen und
dies führte zu einer starken Bedeckung der Gletscher mit hell anwitterndem Schutt. In der linken
Bildmitte zeigt das der Suldenferner. Der End-der-Welt-Ferner hat sein Nährgebiet zwischen dem
Hintergrat (vom Ortler nach halblinks gegen die Bildmitte ziehend) und dem Marltgrat (vom Ortler
nach halbrechts abwärts laufend). Es erstreckt sich bis zum Gipfel des Ortler empor (sog. Schuck-
rinne). Die Schuttanlieferung seines Einzugsgebietes ist sehr groß, weshalb ein im Verhältnis zur
Gletschergröße mächtiger, zungenförmiger Moränenkörper mit zum Teil doppelten Ufermoränen
entstehen konnte. Die Moränen reichen bis 2250 m herab und zeichnen die Gletscherstände um 1820
und 1850 m nach, als der Suldenferner ebenfalls kräftig bis gegen die Höfe von Innersulden vordrang.
Dies ist im linken unteren Bildeck an der helleren Farbe des Hanges zu erkennen. Im zentralen Teil
des Moränenkörpers des End-der-Welt-Ferners liegt noch Toteis unter dem Moränenschutt, was
durch trichter- oder grabenförmige Nachsackungen dokumentiert wird. Aus dem 60° bis 70° geneigten
Einzugsgebiet des Oberen und Unteren Marltferners (rechts im Bild) zwischen Marlt- und Tabaretta-
Grat (rechter Bildrand) schießen die Lawinen auf dem Steilhang teilweise bis zum Talgrund hinab und
gefährden und blockieren den Zugang nach Sulden. Von Lawinen werden auch die Steilhänge in der
linken unteren Bildhälfte überstrichen und sie zerstören die Vegetationsdecke.

Bild 115. Blockstrom, Blockfließkörper (Block-Pseudogletscher) unter der Nordflanke von Piz Sesvenna (links; 3205 m) und Piz Plazèr (rechts; 3104 m). Aufnahmestandort: Schadler
(2948 m) im N der Val Sesvenna, Blick nach S. (Aufn. K. Fischer, Sept. 1965)

Zu Bild 115: Unter der Nordflanke von Piz Sesvenna und Piz Plazèr in der Berggruppe zwischen
Vinschgau im E und Unterengadin im W liegt ein aktiver Blockstrom, Blockfließkörper (Block-Pseudogletscher), dessen Zunge bis auf 2515 m herabreicht. Es ist ein eishaltiger gletscherförmiger Schutt-
körper aus Bruchstücken von Zweiglimmergneisen, der wahrscheinlich in einem Gebiet mit Permafrost liegt, aber keine Beziehungen zu dem linksseitig sichtbaren Gletscher, dem Vadret da Sesvenna
besitzt. Die stärkste Schuttzufuhr scheint von SW aus dem Bereich der Nordwände des Piz Plazèr zu
erfolgen. Von dort schieben sich jüngere Schuttzungen über ältere Teile des Blockstromes bzw. von
dort her wird seine Oberfläche zu einzelnen Schuttwülsten deformiert. Von dem Blockstrom sind die
Moränenwälle zu trennen, die das Kar zwischen Piz Plazèr und Piz Sesvenna auf der orographisch
linken Seite erfüllen.

Bild 116. Alpine Endmoräne und Begleitformen im Vorland des Wild-Freiger Ferners (grünen Ferners) in etwa 2200 m Höhe, Stubaier Alpen.

Zu Bild 116: Rechts im Mittelgrunde das Ende des *Zungenbeckens* eines älteren Stadiums des Wild-Freiger Ferners. Es wird durch einen etwa 20 m hohen, äußerst ebenmäßigen *Endmoränenwall* abgeschlossen. Der Wall hat eine etwas steilere Innenböschung (nach rechts), eine etwas sanftere Außenböschung (nach links). Er weist im Bilde zwei Unterbrechungen auf, die Stellen einstiger *Gletschertore*. Durch den im weiteren Mittelgrunde gelegenen Durchlaß tritt noch heute der Gletscherbach. Ganz im Vordergrunde sind Teile eines etwas älteren *End-* bzw. *Ufermoränenwalles* sichtbar. Zwischen ihm und dem jüngeren, dem Hauptwall des Bildausschnitts, verläuft eine „*periglaziale Umfließungsrinne*", welche dasjenige Wasser abführt, das von den Hängen kommt und durch den jüngeren Ufermoränenwall am Eintritt in das Zungenbecken gehindert wird. Der Bach der Umfließungsrinne vereinigt sich mit dem vom Gletscher kommenden Hauptbach erst unterhalb von dessen Durchtritt durch die Endmoräne im weiteren Mittelgrunde.
Das Zungenbecken mit seiner Endmoräne und der Umfließungsrinne liegen in einem *Felsbecken,* das von einer *Rundhöckerschwelle* umrahmt wird. Im Mittelgrunde ganz links und im Hintergrunde sind die rundgebuckelten Felsen, die z. T. mit Latschen (Legföhren) bewachsen sind, erkennbar. Der Bach quert diese Felsschwelle in einer Enge und stürzt dann die Stufe hinunter, mit der unser Zungenbecken über dem Haupttale hängt. Die Aufschüttung im Zungenbecken zeigt an, daß der Felsgrund dieses Beckens vom Gletscher *übertieft* wurde, nämlich bis tief unter den niedrigsten Auslaß in der Felsenschwelle ausgearbeitet wurde, den heute der Gletscherbach benutzt. (Aufn. H. Louis)

Bild 117. Drumlin bei Allensbach, nordwestlich von Konstanz am Gnadensee.

Zu Bild 117: Blick nach Süden. Der Gletscher kam von Südosten. Die längliche Rückenform ist gut erkennbar, ebenso die etwas größere Steilheit der der Eisbewegung entgegengerichteten Luvseite. Der Standpunkt der Aufnahme befindet sich auf dem zunächst benachbarten *Drumlin*. Dieser zeigt die gleiche Längsrichtung, ist aber in der Querrichtung ein Stück weit versetzt. Das gesellige Auftreten ebenso wie die schräge Nebeneinanderordnung sind typisch, ebenso das Geflecht von Talrinnen, das zwischen den Drumlin-Hügeln entwickelt ist. (Aufn. F. Wilhelm)

Bild 118. Das Os von Punkaharju hinter dem inneren Salpausselkä nordöstlich von Imatra, Finnland.

Zu Bild 118: Die gewunden dammartige Gestalt des *Os* kommt dadurch gut zum Ausdruck, daß der gewundene, stellenweise etwas verzweigte *Kiesrücken* über die Oberfläche eines großen Sees aufragt. (Aufn. R. Rösch)

Bild 119. Kare im Karwendelgebirge, Nordtiroler Kalkalpen, Luftbild.

Zu Bild 119: Blick nach Süd-Südost auf den östlichen Teil der Hinteren Karwendelkette, auf Eiskarlspitzen und Hochglück (2575 m) mit ihren nordseitigen *Karen.* Im Hintergrund, d. h. oben im Bilde, das Inntal. Die *Karböden* sind ziemlich steil. In ihnen liegen *Schutthalden,* die sich hier anhäufen konnten, seitdem die Gletscher aus den Karen verschwunden sind. Die Schneebedeckung der Schutthalden läßt den Umfang der Karböden gut hervortreten. Die umrahmenden Karwände zeigen überall in ihren unteren Teilen die charakteristische Versteilung zu fast senkrechter Neigung. Dies ist die *Untergrabungswand,* die vom Gletscher geschaffen wurde an der Stelle, an der der festgefrorene Firn in bewegten Firn bzw. in Gletschereis übergeht und dabei eingefrorenes Material aus der Rückumrahmung mitnimmt. Gegenwärtig werden diese Fußversteilungen der Karwände nicht weitergebildet, sondern sie werden unter den langsam emporwachsenden Schutthalden begraben. Die Karböden münden nach abwärts über gewaltigen Steilabstürzen aus, die zum Tal der Engalpe hinabführen. Das nach Südwest, im Bilde nach rechts hinten gerichtete Einfallen der Kalke begünstigt hier die Wandbildung. Es bildet auch eine der Ursachen dafür, daß die nach Südwesten (im Bilde nach rechts) gerichteten Abhänge der Hinteren Karwendelkette auffallend glatt und fast gar nicht durch Kare zerfressen sind. Die zweite, hinzukommende Ursache liegt in der sonnenseitigen, insbesondere gegen die Nachmittagssonne gerichteten Exposition. Diese ist der Gletscherbildung und damit der Umformung alter Talanfänge zu Karen weit weniger günstig als die Schattseitenexposition. Dagegen fördert auf diesen frostwechselreichen Sonnseithängen die Frostschuttbewegung das Entstehen von *Glatthängen.* (Bildmittelgrund, Mitte und rechts). (Aufn. H. Louis)

Bild 120. Schliffbord und Schliffkehle unter dem Büelenhorn-Grat, oberstes Furkareußtal, Schweiz.

Zu Bild 120: Blick von der Furkastraße bei Tiefenbach nach Nordwesten. Der Gipfel mit Schnee-kappe halbrechts ist der Galenstock (3583 m). Davor die steilen Wände des Büelenhorn-Grates (2940 bis 2880 m). Unter ihnen liegt der rundgebuckelte Schräghang „Auf der Stelli", der von etwa 2700 m bis etwa 2400 m hinabführt, bevor steilere, weniger stark mit Schnee bedeckte Hangteile zur Furkastraße und zum Talgrunde der Furkareuß hinableiten. Diese unteren Hangteile sind die Flanken des ziemlich weiten Trogtales der obersten Furkareuß, dessen Boden auf dem Bilde nicht mehr sicht-bar ist. Die etwas flacheren, aber immer noch stark geneigten rundbuckligen Hänge zwischen 2400 und 2700 m sind der *Schliffbord* des eiszeitlichen Furkareuß-Gletschers. Der annähernd horizontale einspringende Winkel zwischen dem Schliffbord und den zum Büelenhorn-Grat emporführenden Wänden bei 2700 m Meereshöhe ist die *Schliffkehle*. Gegenwärtig sitzen an ihr perennierende Schnee-flecken bzw. kleine Gletscher und arbeiten durch Wandrückwitterung an ihrer Umgestaltung. (Aufn. H. Louis)

Steinschlag und Lawinenabgänge gekennzeichnet sind und auch während des Pleistozäns waren. Im Hundskehlgrund liegt die Schliffgrenze, wie aus den Ansätzen der Nebengrate erkennbar ist, in der Nähe des Aufnahmestandortes bei 2700 m unter der Klein Spitze (rechts) und der Hohen Warte (links) in einer Höhe von 2500 m und am Talausgang bei 2400 m. In den wenig ausgeprägten Karen greift allerdings eisüberschliffenes Gelände wesentlich höher hinauf und kann sogar bis wenige Meter an die Hauptkämme heranreichen. Dies gilt besonders für den linken oberen Bildrand, wo zwischen Hoher Warte (3097 m) und Hohem Ribbler (2974 m) sogar noch kleine Keese (Gletscher) in den Karmulden liegen.

Bild 120 a. Trogtal des Hundskehlgrundes in den Zillertaler Alpen. Blick von den Seewänden nach NW. (Aufn. K. Fischer, 10. 9. 1977)

Zu Bild 120 a: In den Granit- bis Tonalit-Gneisen der Zillertaler Alpen gibt es eine Reihe von Tälern, deren Gesamtgestaltung dem Idealtyp eines Trogtales entspricht. Zu ihnen gehört der Hundskehlgrund, ein südliches Nebental des Zillergrundes. Der flach muldenförmige Talgrund im anstehenden Kristallin ist nach dem Weichen des Eises durch Bachaufschüttungen, Sturz-, Mur- und Lawinenkegel überdeckt worden und nur im äußersten, nicht mehr sichtbaren Talabschnitt tritt stellenweise fester Fels im Talboden auf. An den Talgrund schließen seitlich steile Hänge, teilweise auch Wandpartien an, die mit ihren gerundeten und geglätteten Felsoberflächen die Wirkung der Detersion dokumentieren. Diese Trogwände sind allerdings durch Hangrunsen, Lawinen- und Steinschlagrinnen postglazial verändert worden, wie es besonders auf der linken Talseite gegen den Talausgang erkennbar ist. Über den rund 300 m hohen und 35° bis 60° geneigten Trogwänden folgen flachere Hangabschnitte von meist unter 25°, stellenweise auch nur 15° Neigung, die ebenfalls immer wieder die abschleifende und ausbrechende Wirkung des Eises erkennen lassen. Die Neigung dieser Hangflächen liegt auch, z. B. im Bildmittelgrund links, streckenweise deutlich unter den Böschungswerten der Denudationshänge in noch höherer Lage, die bis zu den höchsten Graten und den Gipfeln reichen. Deshalb handelt es sich bei den Hangverflachungen dort nicht um einen Schliffbord, sondern um echte Trogschultern, die aus Resten ehemaliger Talterrassen hervorgegangen sind. Daraus ist zu folgern, daß das Tal vor der Vergletscherung bereits mehrere ineinandergeschachtelte Vorformen besaß, von denen jede einzelne, durch Wasser und Eis allerdings stark umgestaltet, Ausdruck einer Reliefgeneration ist.

Zwischen Trogschulter und hohen Denudationshängen schaltet sich mit einer neuerlichen Hangversteilung die Schliffkehle ein. Knapp oberhalb von dieser liegt die Schliffgrenze. Über ihr herrschen nicht mehr gerundete Formen, sondern rauhe Felspartien, die vornehmlich durch Frostverwitterung,

Bild 121. Trogschluß der Sulzenau-Alm, Stubaier Alpen.

Zu Bild 121: Die Sulzenau-Alm ist unteres Glied einer *Kartreppe*. Sie hat die Gestalt eines kurzen, aber sehr ausgeprägten *Trogtales*. Dieses wird, wie der nach Süd-Südost gerichtete Blick zeigt, nach oben durch die Wände eines rund 300 m hohen *Trogschlusses* abgeschlossen. Die Oberränder der Wände sind aus der Zeit der Gletscherbedeckung völlig rundgeschliffen. Über sie stürzt in der Bildmitte der Sulzenaubach, der aus dem langgestreckten, nach oben verzweigten und mehrfach gestuften Kartal des Sulzenau Ferners (Gletschers) kommt. Von der Höhe des Trogschlusses in Richtung talabwärts blickt hier unser Bild Nr. 122. Im vorliegenden Bild ganz links stürzt der Abfluß des Wild-Freiger Ferners (Gletschers) über den Trogschluß. Unmittelbar oberhalb dieser Stelle liegen das Zungenbecken und der Endmoränenwall des Bildes Nr. 116. Der Trogschluß der Sulzenau-Alm befindet sich also an der *Konfluenzstelle* zweier geräumiger Kartäler. Solche Vorkommen veranlaßten A. Penck, die Trogschlüsse durch die plötzlich vermehrte Arbeitsfähigkeit des vereinigten Gletschers als *Konfluenzstufen* zu erklären, was aber allein zur Erklärung vielfach nicht ausreicht (vgl. S. 462 ff.). Zwischen dem Talhaupt des Wild-Freiger Ferners, im Bilde ganz links, und dem des Sulzenau Ferners, im Bilde rechts, erhebt sich der scheidende Grat der Mairspitze (2800 m). Seine rauhen, scharfen Denudationswände, die auch hocheiszeitlich über die Oberfläche des Eisstromnetzes aufgeragt haben, kontrastieren deutlich gegen die rundgeschliffenen Wände des Trogschlusses, über die einst gewaltige Eismassen hinweggingen. Unter den im Bilde nach rechts gerichteten Westabstürzen der Mairspitze liegt ein kleines *Kar* mit steilem, schneebedecktem *Karboden*. An der hinteren Umrahmung des Karbodens sieht man deutlich die *Versteilerung der Wände* unmittelbar über dem Karboden, die für die Kare typisch ist und beweist, daß die Karrückwand durch *Untergrabung* vom Gletscher her gebildet wird (vgl. S. 471 f.). (Aufn. H. Louis)

Bild 122. Sulzenau-Alpe. Blick von der Talstufe bei der Sulzenau-Hütte nach NE, Stubaier Alpen.

Zu Bild 122: Auf dem flachen *Aufschüttungsboden* der Sulzenau-Alpe der wiederholt gegabelte „*verwilderte*" Lauf der Sulzenau. Das helle „*Schotterbett*" ist ein wenig in den begrünten Auenboden eingeschnitten. Dieser bildet also eine niedrige *Aufschüttungsterrasse.* Im ganzen kann man von einem *Verwilderungs-Sohlental* sprechen. Von der rechten Talflanke, aus einer steilen Hangfurche herauswachsend, baut sich ein steiler „*Sturzkegel*" vor. Er ist mit Sturztrümmern überdeckt und durch Lawinen überformt. Der Aufschüttungsboden der Sulzenau-Alpe wird links durch eine zugerundete Felsschwelle begrenzt, auf der lockerer Baumwuchs stockt. Die Aufschüttung liegt in einem *glazialen Übertiefungsbecken* (S. 463 ff.), das durch den einst vielfach größeren eiszeitlichen Sulzenau-Gletscher geschaffen worden ist. Das durch die Felsschwelle abgeschlossene Becken hängt 300 m hoch über dem Hintergrunde von links nach rechts ziehenden Unterberg-Tal. Ganz vorn rechts die vom Eise rundgeschliffene Oberkante der Talstufe, die von oben her ins Becken der Sulzenau-Alpe hinabführt. (Aufn. H. Louis)

Bild 123. Trogtal des Val Fedoz mit Stufenmündung über dem Silser See. Engadin, Schweiz.

Zu Bild 123: Das Val Fedoz besitzt ein ideal U-förmiges, vollständig in Fels ausgebildetes *Trogprofil*. Es endet in 1960 m Höhe mit einer Stufenmündung 100 m über dem Spiegel, mehr als 200 m über dem Felsgrund des Silser Sees. Die *Mündungsstufe* wird vom Bach in einer *Klamm* zerschnitten. Der Klammausgang ist im Bilde durch den tiefen Schlagschatten gut sichtbar. Vor dem Klammausgang hat der Bach das *Delta* von Isola bis 500 m weit in den See hinausgebaut. Die Häuser von Isola an der Spitze des flachen Deltakegels sind erkennbar. Im Bilde rechts vom Val Fedoz der Piz de la Margna (3158 m), unter dessen Abfall ein geräumiges *Kar* entwickelt ist. Der Karboden (tief verschneit) mündet in wenig unter 2200 m Höhe mit fast 400 m hoher Stufe über dem Silser See aus (am rechten Bildrand). (Aufn. H. Louis)

Bild 124. Der St. Gotthard-Paß vom Lucendro-Stausee. Blickrichtung nach SE über die Val Leventina gegen die Gruppen des Pizzo Massari (2750 m) und Pizzo Campo Tencia (3072 m).
(Aufn. K. Fischer, August 1968)

Zu Bild 124: Der St. Gotthard-Paß gehört zu den eindrucksvollsten Transfluenzpässen der Alpen.
Wie aus der Schliffrichtung der Felsoberflächen und den einzelnen Kritzern gefolgert werden darf,
floß in den Vereisungsphasen des Pleistozän Eis von N nach S, im Bilde nach hinten, über den Paß,
der einen alten Taltorso darstellt. In diesem Zusammenhang kam es zur Bildung von Rundhöcker-
fluren, zur Ausformung von Felsschüsseln und Seebecken. Für deren Ausbildung und Erhaltung war
der Fibbia-Granit, der im Gebiet der Paßhöhe ansteht, besonders geeignet. Aber auch die Paragneise,
die jenseits des Hospiz die Höhen aufbauen, haben die Glazialformen gut bewahrt. Mit einer gewaltigen Tranzfluenzstufe von fast 1000 m auf nur 3,5 km Horizontaldistanz dacht die Paßtalung über die
Val Tremola zum Val Bedretto/Valle Leventina bei Airolo ab.

Bild 125. Transfluenzpaß und Karterrasse in den Radstädter Tauern, Ostalpen.

Zu Bild 125: Blick vom Hundskopf (2238 m), nahe dem Seekarhaus, nach Süd-Südost gegen die Gamskarlspitze (2411 m). Am Aufbau der Niederen Tauern sind im Gebiet der Radstädter Tauern mesozoische Kalke beteiligt, so im vorliegenden Bildausschnitt. Im Vordergrund rechts am Abhang *Rasenterrassen* der *gebundenen Sohlifluktion*, ebenso auch im Mittelgrunde rechts in der Umgebung des Sattels. Dieser zeigt breite, gerundete Formen. Er hat unter der eiszeitlichen Gletscheroberfläche gelegen und wurde durch die Eisbewegung zugerundet, während der zugeschärfte Grat, der zur Gamskarlspitze zieht, schon von der ersten hellfarbigen Gratnase an (halbrechts im Bilde) über die Gletscheroberfläche aufgeragt haben dürfte. Der flache Absatz unter der Gratnase ist wahrscheinlich die alte Schliffgrenze. Der beschriebene Sattel ist daher ein *Transfluenzpaß.* Er ist für Wege leicht überschreitbar im Gegensatz zu den *Schartenpässen,* die in Graten anzutreffen sind. Links von der Bildmitte, nicht weit über dem unteren Bildrande, sind die trichterförmigen Vertiefungen einiger *Dolinen* erkennbar. Weiter im Hintergrunde unter den schattigen Nordwänden des Gamskarlspitz Grates liegt in 2100 bis 2200 m Höhe das unruhig flache Rundbuckelgelände des großen *Karbodens,* der von dem genannten Grat umrahmt wird. Wahrscheinlich handelt es sich um den gemeinsamen Boden von ursprünglich zwei Karen, von denen das eine unter der Gamskarlspitze, das zweite weiter vorn rechts unter dem im Bilde nicht mehr voll erscheinenden Gipfel gelegen hat, und deren scheidender Hangsporn vom Gletscher überschliffen, rundgebuckelt und damit in das Karbodenrelief einbezogen wurde. Dadurch ist ein in der Haupttalrichtung langgedehntes Karbodengelände, eine sogenannte *Karterrasse,* entstanden. Sie hängt mit mehrhundert Meter hoher, rundgeschliffener Stufe über dem Weißpriachtal, dessen Grund links außerhalb des Bildes liegt. (Aufn. H. Louis)

Bild 126. Rundhöcherlandschaft im skandinavischen Inlandeisbereich. Halbinsel von ´Vik, nördlich
Soldstad, Mittelnorwegen. Blick nach Norden. (Deutsches Hydrograph. Inst.)

Zu Bild 126: Das die ganze Landschaft unter sich begrabende hocheiszeitliche Inlandeis kam von Ost
bis Nordost, im Bilde von rechts bis rechts hinten. Alle Aufragungen zeigen nackten Fels. Die einstige
Verwitterungsdecke ging verloren. Die Formen sind *durch Eisschliff zugerundet* worden. Feinstruk-
turen des Gesteins, wie Klüfte, Schieferungsflächen, viele Gänge wurden als feingliedriges Netzwerk
von Furchen herausgearbeitet. *Felswannen*, einige größere und viele kleinere, im Bilde schwarz,
wurden *vom Eise ausgeschliffen*, z. T. wohl unter Mitwirkung von Schmelzwassern unter hohem
hydrostatischem Druck (*Kavitations-Korrasion*) ausgearbeitet. In den Hohlformen gibt es verbreitet
Lockerablagerungen, Moränen, fluviale und marine Alluvionen. Hier liegen Kulturflächen.
Das Inlandeis hat das vorher bestehende fluviale Relief so stark verändert, daß nur noch General-
linien der einstigen Talzüge, nicht mehr deren genauere hydrographische Zusammengehörigkeit erkennbar sind. Der hufeisenförmige Kamm mit Anbauflächen in der umrahmten, mit einer Stufe nach
links geöffneten Mulde im Bilde rechts oben scheint ein vom Inlandeis *überschliffenes*, vor dessen
Ausbildung angelegtes *Kar* zu sein. Wegen des glazialisostatischen Auftauchens des Landes befindet
sich die *Küstenlinie* in langsamer vertikaler Verlagerung. Sie ist deswegen durch Brandung und Strandversetzung *nicht stark geprägt*. Es gibt keine hohen Kliffe, keine bedeutenden Strandwälle und
Nehrungen, aber *Schären*, d. h. kleine Rundhöckerinseln.

Bild 127. Mäßig tiefe glaziale Erosionslandschaft in Spitzbergen. (Geogr. Inst. d. Univ. Bonn.)

Zu Bild 127: Das etwa 500 bis 800 m Höhenunterschiede aufweisende Schneidenrelief weist eine Tälervergletscherung auf. Die *Talgletscher* wurzeln in geräumigen *Karmulden*, aus denen sich überwiegend ohne größere Stufen am Karausgang weite, flache, hier meist gletschererfüllte Trogtäler entwickeln. Kare und Tröge liegen gewissermaßen im gleichen Stockwerk des Zertalungsreliefs. Man kann von einer *einstöckigen glazialen Erosionslandschaft* sprechen. Sie ist kennzeichnend für ein mäßig tief zerschnittenes fluviales Abtragungsrelief, das von einer Tälervergletscherung umgeprägt wurde.

Bild 128. Tiefe glaziale Erosionslandschaft. Blick vom Täligrat nach Nord-Nordost auf den Fiescher Gletscher, Berner Oberland, Schweiz.

Zu Bild 128: Über dem sehr durch Spalten zerrissenen und mit einer großen Mittelmoräne ausgestatteten Gletscher (1900 m hoch im Vordergrunde, 2700 m am oberen Zungenende), erheben sich die steilen, rundgeschliffenen Flächen des oberen Teils der Trogwände. Ihre Steilheit ist nach oben leicht verringert, bevor, auf der linken Bildseite am Bergi gut sichtbar, eine neuerliche Versteilerung einsetzt. Es ist die über einem steilen *Schliffbord* gelegene *Schliffkehle*. Denn über ihr beginnen die rauhen Verwitterungsformen der Gratregion (Bergi 2800 m und anschließend Distelgrat 3100 m). Die Gratregion ist hier so steil, daß kaum Platz für die Entwicklung von Karen bleibt. Nur ein kleines steiles Kar liegt unter dem Wasenhorn (3447 m) auf der rechten Bildseite. Deswegen erweckt diese glaziale Erosionslandschaft den Eindruck der Einstöckigkeit. Die Zertalungstiefe ist aber außerordentlich groß (zwischen Wasenhorn und Gletscheroberfläche über 1000 m). Deswegen sprechen wir von einer *tiefen glazialen Erosionslandschaft*. (Aufn. E. A. Seemann, Leipzig.)

Bild 129. Großer Aletschgletscher. Blick vom Eggishorn (2927 m) gegen Jungfrau (hinten links, 4158 m) und Mönch (hinten Bildmitte, 4099 m) nach NNW. (Aufn. K. Fischer, Sommer 1966)

Zu Bild 129: Am Konkordiaplatz (hinten im Bilde) vereinigen sich mehrere Eisströme zum Großen Aletschgletscher. Dabei werden die jeweiligen Seitenmoränen zu Mittelmoränen, so daß sich die Bewegung der Eismassen des Großen Aletschfirns (links), des Jungfraufirns (Mitte), des Ewigschneefeldes (rechts) und im oberen Bildteil auch des Grüneggfirns verfolgen lassen. Durch Schubspannungen infolge nachdrängender Eismassen aus dem Nährgebiet und infolge Richtungsänderungen in der Bewegung des Talgletschers reißen im Zehrgebiet Radialspalten auf. In diesem Abschnitt ist der Gletscher im Querprofil schwach konvex gewölbt, da die Bewegung des Eises bei einem muldenförmigen Talquerschnitt und maximaler Eismächtigkeit in der Gletschermitte hier ihre größten Werte erreicht. Am Rande des Gletschers gegen die Felsumrahmung tritt als zusätzliche Ursache der konvexen Wölbung die verstärkte Wirkung der Ablation hinzu. Im unteren Teil des Felsrahmens zeigt die vegetationsarme oder -lose und hellere Zone über dem Gletscher den höheren Gletscherstand um 1850 an. Er reichte im Bildausschnitt 60 bis 90 m über die heutige Eisoberfläche empor. Zu dieser Zeit standen auch noch einige Gletscher an den Flanken mit dem Aletschgletscher in Verbindung, während sie heute teilweise bis in die Karmulden zurückgeschmolzen sind wie der Schönbühl-Gletscher am rechten Bildrand oder der Gletscher unter dem Dreieckhorn (Gipfel in Wolken 3810 m) auf der linken Bildseite. Die temporäre Schneegrenze ist zur Zeit der Aufnahme im Bereich des Konkordiaplatzes (~ 2800 m) gut erkennbar. Sie liegt auf dem Gletscher um mehrere hundert Meter tiefer als im Felsgelände und ist in dieser Position nicht identisch mit der Firnlinie, der höchsten Lage der temporären Schneegrenze am Ende des Haushaltsjahres eines Gletschers, deren Wert am Aletschgletscher je nach Exposition zwischen etwa 3000 und 3300 m angenommen werden darf.

Über den während der einstigen Hochstände des Gletschers rundgeschliffenen Steilhängen, die die heutige Gletscheroberfläche im Vordergrund des Bildes bis auf etwa 2800 m, um den Konkordiaplatz bis auf etwa 3000 m Höhe überragen, liegen beiderseits flachere Hangpartien. Sie bestehen z. T. aus den geneigten Karböden der beiderseitigen Hanggletscher, zum anderen Teil aus niedrigen hangabwärts laufenden Scheidegraten, die benachbarte dieser Karböden von einander trennen. Erst noch höher folgt im Vorderteil des Bildes um 3200 m, am Konkordiaplatz um 3400 m über einem deutlich einspringenden Gefällswinkel eine abermalige starke Versteilerung der Talhänge, welche zu den Gipfeln der beiderseits das Tal des großen Aletschgletschers begrenzenden Grate emporstreben. Das Übereinander eines deutlich konvexen Gefällsknickes zwischen vorn um 2800 bis hinten um 3000 m Höhe sowie eines deutlich konkaven Knicks zwischen vorn um 3200 bis hinten um 3400 m in diesem Talabschnitt verleiht dem Landschaftsbild eine Art Zweistöckigkeit. Sie dürfte als Nachwirkung einer alten fluvialen Talentwicklung zu deuten sein, in welcher vor der Überformung durch die pleistozäne Vergletscherung, über einer tiefen, verhältnismäßig engen Talform Reste von weit älteren, wesentlich weiträumigeren Talformen vorhanden waren. Zum heutigen Relief dürften also Elemente von mindestens drei Reliefgenerationen beitragen: Die pleistozän bis rezenten Glazialformen, die am Orte mindestens teilweise vorhergehenden engen und tiefen fluvialen Talformen und in den größeren Höhen die Überreste älterer viel weiträumigerer Talformen.

Bild 130. Trogtal mit Trogschulter. Blick vom Nordhang des Zmutt-Tales nach Südosten auf Monte Rosa- und Breithorngruppe und den Gorner Gletscher, Walliser Alpen.

Zu Bild 130: Die Zunge des Gorner Gletschers besitzt mehrere kräftige *Mittelmoränen*. Sie setzen dort an, wo gesonderte Ursprungsstränge des Gletschers sich vereinigen, d. h. wo Teile des Gletschergrundes der Zweiggletscher sich unterhalb der Vereinigungsstelle seitlich aneinander legen und dann durch Ablation an die Oberfläche kommen. Der Gorner Gletscher liegt in einem *Trogtal*. Die Trogwände erheben sich 300 bis 400 m hoch über die Gletscheroberfläche. Dann aber stellen sich zu beiden Seiten schwach geneigte *Rundbuckelflächen* von bedeutender Breite ein. Es sind in der linken Bildhälfte im Mittelgrunde die Flächen des Rifelberges, die sich von 2500 m über dem Abfall zum Tal bis auf etwa 2900 m am Fuß des Gornergratkammes links im Bildmittelgrunde emporziehen. In der rechten Bildhälfte sind es die Flächen der Staffelalpe vorn um 2400 m und die der Lichenbretter im Mittelgrunde in 2600 bis 2900 m Höhe. Unter den Abstürzen des Breithorns (rechte Bildseite), des Liskammes (Bildmitte), der Dufourspitze (linke Bildseite) sind kleinere Verflachungen ebenfalls in 2700 bis 2900 m Höhe zu erkennen. Diese ausgedehnten Verflachungen müssen wohl als vom Gletscher umgestaltete Überreste alter Talterrassen oder flacher Hangteile eines früheren Tales aufgefaßt werden, in die das steilwandige Trogtal, bzw. dessen kerbtalartige fluviale Vorform eingeschnitten worden ist. Diese Verflachungen sind daher *Trogschultern*. Über den Trogschultern erheben sich mit deutlich einspringendem Winkel, nämlich mit Rückwitterungswänden im Hintergrunde der Gletscherursprünge die Gipfelbauten des Gebirges. Auf diese Weise ergibt sich eine ausgesprochen *zweistöckige* Gestaltung dieser *glazialen Erosionslandschaft*. (Aufn. Th. Benzinger)

---

tälern bzw. *Fjordtälern* umgestaltet. Das einstige flachwellige Höhenrelief wurde zur *Rundhöckerlandschaft des Fjelds* umgeprägt. Die besonders hoch über das allgemeine Fjeldniveau aufragenden Erhebungen sind dagegen nicht unter der schildförmigen Oberfläche des einst herangewachsenen Inlandeises begraben worden. Sondern sie erfuhren eine ihrem Relief eingepaßte *Karlingsvergletscherung*, die auf die Oberfläche des Inlandeises einspielte. Dadurch erlangten diese Erhebungen ihre markante Zuschärfung zu *Graten* und *Tindern*. (Ortsangaben nach W. Evers.)

Bild 131. Extrem zweistöckige glaziale Erosionslandschaft. Blick von der Lodalskaupe über den Lodalsbre nach Südosten auf die Horunger Berge (Jotunheim). Aufn.: W. Evers, aus „Grundzüge einer Oberflächengestaltung Südnorwegens", Dtsch. Geogr. Blätter, Bd. 44, S. 79, Bremen 1941.

Zu Bild 131: Der Gletscher im Vordergrunde, der Lodalsbre steigt mit seiner Zunge unter Ausbildung eines *Gletscherbruchs mit vielen Querspalten* in ein tiefes, steilwandiges *Trogtal* hinab. Über den glatt geschliffenen *Trogwänden* dehnen sich weite, flachwellige *Rundhöckerflächen*, die vor allem vorn rechts und im Mittelgrunde deutliche Spuren der Zurundung durch die einstige Eisüberformung erkennen lassen. Das ist die *Fjeldregion*, hier mit Höhen um 1600 m. Sie gliedert sich im Mittelgrunde deutlich in einen unteren, besonders flachen Anteil, der nach abwärts bis zum Einsetzen der dunklen, nämlich so gut wie schneefreien Trogwände reicht, und in einen oberen Bereich aus flachwelligen, gerundeten Rücken und Kuppen. Darüber erheben sich im Hintergrunde des Bildes die zugeschärften Grate und Spitzen *(Tinder)* der Horunger Berge bis auf 2400 m Höhe. Es sind *Karlingsgrate*, die einst als *Nunatakker* über die Oberfläche des Inlandeises aufgeragt haben.

Diese glaziale Erosionslandschaft ist also extrem zweistöckig. Die Fjeldflächen sind gleichsam ins Riesenhafte vergrößerte *Trogschultern*. Sie scheiden das Stockwerk der Karvergletscherung und Plateauvergletscherung in der Höhe von demjenigen der tiefen Trogtäler unterhalb der Fjeldregion.

Es kann keinem Zweifel unterliegen, daß das voreiszeitliche fluviale Relief, welches hier durch die wiederholten Großvergletscherungen des Eiszeitalters sehr kräftig überformt worden ist, bereits einen ausgesprochenen Stockwerkbau besessen hat. Die in naher Nachbarschaft des Meeres, aber hoch über dem Meeresspiegel gelegenen Vorgängerformen der heutigen Fjeldflächen müssen sicherlich von tiefen Kerbtälern zerschnitten gewesen sein. Diese Kerbtäler, soweit sie kräftigen Eisabfluß zum Meere begünstigten, wurden durch *dirigierte Eiserosion*, wahrscheinlich unter Mitwirkung von Schmelzwassern unter hohem hydrostatischem Druck zu den heute vorliegenden gewaltigen *Trog-*

X. Küstenformen einschließlich der Küstendünen

Bild 132. Sturmbrandung an der Westküste der Scilly-Inseln, Südwest-England, ein überstürzender Brecher. (Aufn. F. Graf von Larisch-Mönnich, 1925.)

Zu Bild 132: Deutlich ist das Emporstreben und Vornüberneigen bzw. Vornüberbrechen der Wellenkrone in der Fortpflanzungsrichtung der Welle, d. h. gegen das Ufer, erkennbar. Dieses Überstürzen erfolgt, weil die Orbitalbewegung der Wasserteilchen, die in der unteren Hälfte der (Oszillations-) Welle (vgl. Fig. 98, S. 315) der Fortpflanzungsrichtung entgegen, d. h. hier vom Ufer fort gerichtet ist, im Flachwasser vor der Küste verlangsamt und mengenmäßig ungenügend versorgt, einen zum Tragen der mächtigen Wellenkrone ausreichenden Wellensockel nicht mehr aufzubauen vermag. Im Überstürzen, z. T. auch Überschieben der Wellenkrone (vgl. im Bild weiter hinten rechts) vollzieht sich der Übergang von der *Oszillationswelle* zur *Translationswelle*.

Bild 133. Nordostenglische Steilküste bei der Hawthorn-Burn-Mündung, südlich von Sunderland. Blick nach Süden.

Zu Bild 133: Die aus der flach meerwärts einfallenden permischen Serie des Magnesian Limestone aufgebaute wellige Platte des östlichen Durham bricht mit steilen *Kliffen* von 20 bis 40 m Höhe zum Meere ab. Stellenweise sind *Brandungshohlkehlen* mit Überhang vorhanden, z. B. im Bilde vorn halbrechts. Vor dem Kliffuß ein *Strandwall* aus grobem Brandungsgeröll. Er wird von der normalen Flutbrandung aufgebaut, die den eigentlichen Kliffuß nicht erreicht. Der Strandwall erhebt sich 1 bis zu 2 m über die unmittelbar vor dem Kliffuß gelegenen Bereiche. Die dunklen Längsstreifen auf dem Strandwall, besonders im Mittelgrund rühren von der *Küstenversetzung* kohlehaltiger Brandungszerreibsel her. Sie stammen aus den Karbonschichten, die nördlich der Tynemündung an der Küste anstehen, z. T. auch aus Abraum des Bergbaus, der schon wenige Kilometer nördlich bei Seaham Harbour unter dem Meere erfolgt. Die dunklen Streifen deuten ein Feinrelief an, das den Strandwall im einzelnen gliedert. Die Sand-Kies- und Geröllmassen des Strandwalls bilden nur eine dünne Decke über anstehendem Felsgrund. Dieser wird links im Vordergrund zwischen den Wassertümpeln und weiter hinten an einzelnen Stellen sichtbar. Vor dem Kliff dehnt sich also eine breite, sanft meerwärts abgedachte *Brandungsplattform*, eine *Schorre* aus Fels (*Felsschorre*). Die Massen der Brandungsgerölle und ihr feineres Begleitmaterial sind eine dünne Auflage, die von den Wogen bewegt und dabei sowohl längs der Küste wie auch senkrecht zu ihr auf der Schorre (Brandungsplattform) versetzt werden kann. (Aufn. H. Louis)

Bild 134. Zerrspalten, Abrißklüfte an der Plateaukante des Roten Kliffs bei Kampen, Insel Sylt. (Nach Henry Koehn, Die Nordfriesischen Inseln. Hamburg 1954, Tafel 7, rechtes Bild.)

Zu Bild 134: Am Steilabfall der *Geschiebelehmplatte* gegen den Strand, d. h. an dem durch die Brandung geschaffenen *Kliff* (Kap. III K, S. 532 ff.) hat das Gestein sein Widerlager verloren. Kleinere und größere Partien lösen sich an *Abrißklüften, Zerrspalten* vom Hinterhang ab und sacken als *Staffelschollen* zuerst ein Stück weit, schließlich ganz zum Fuße des Steilabbruchs hinab. Dort werden sie bei der nächsten Sturmflut von den Brandungswogen zerschlagen, zerwaschen, *aufgearbeitet*. Das entstandene Zerkleinerungsprodukt, *Brandungsgeröll*, Sand, Feinmaterial wird mit der *Strandversetzung, Küstenversetzung* weitertransportiert (Kap. III K, S. 539 f.)

Bild 135. Rumpffläche und Kliff am SW Eck von Algarve. Blick von der Ponta de Sagres nach NW
auf die Küste bei Cabo de Sao Vicente, Südportugal. (Aufn. K. Fischer, 25. 7. 1975)

Zu Bild 135: Die küstennahe Zone der südportugiesischen Landschaft Algarve wird in großen Teilen
von einer jungtertiären Rumpffläche überzogen, die die jurassischen Kalke am Cabo de Sao Vicente
und um die Ponta de Sagres unter spitzem Winkel kappt. Diese Rumpffläche des Beiramar trägt
teilweise eine Decke kräftig rotgefärbter terra rossa, die wohl einen Paläoboden darstellen dürfte. Mit
einem 60 m hohen, sehr aktiven Kliff in den Jurakalken bricht die Rumpffläche des Beiramar im
Ganzen nach SW zum Atlantik ab.

Bild 136. Kliffküste im Wüstengebirgsland von Belutschistan bei Ras Sakani, westlich Omara. Blick
nach Norden, Luftbild.

Zu Bild 136: Zwischen ungefähr West-Ost streichenden breiten Erhebungszügen dehnen sich geräumige Längstalungen. Die Erhebungszonen sind durch eine feinverästelte Kerbtalzerschneidung mit
scharfen Talscheidekämmen zu *Badlandformen* ausgestaltet. Die Längstalungen zeigen Flachrelief. Sie
werden weithin von Schwemmkegeln bzw. Aufschüttungsebenen eingenommen, z. B. im Bilde hinter
der ersten Badlandzone rechts. Die Längstalungen entsprechen damit dem Typus der *Bolsone*
Amerikas. Die Küstenlinie verläuft schräg zum Gebirgsstreichen. Die Brandung hat an der vorderen
Badlandgebirgszone mächtige *Kliffe* geschaffen. Die hintere Badlandgebirgszone endet nach links,
d. h. gegen Westen, mit einem ziemlich geradlinigen Steilabfall über einer flachen, nicht mehr bespülten Sandebene. Dieser Steilabfall dürfte ein *altes Kliff* sein, daß durch junge *Hebung* der Gebirgszone über den Wirkungsbereich der Brandungswellen emporgehoben wurde. Diese verbrauchen ihre
Energie jetzt durch Auflaufen auf der mitgehobenen alten *Brandungsschorre.* (Aufn. H. Louis)

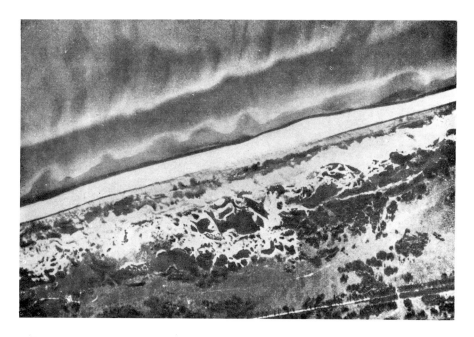

Bild 137. Niedrige Tiefwasserküste in Lockergestein. Luftbild der Küste der Kurischen Nehrung.

Zu Bild 137: Innerhalb der leicht gekräuselten Meeresoberfläche, im Bilde oben, erkennt man unter Wasser als helle, etwa küstenparallele Streifen zwei *Sandriffe,* Ergebnisse der ständig Veränderungen schaffenden Massenumlagerung auf der *Schorre.* Das dem Ufer nähere der Sandriffe hat eine stärker gewundene Scheitellinie. Der weiße Streifen ist der *Sandstrand,* auf dem die Sturmwellen auflaufen. Zur Zeit ist er trocken und bildet so den Ursprungsort für *Sandausblasungen,* aus denen die *Küstendünen* (das durch den Wechsel heller Sandflecken und dunkler Vegetation zusammengesetzte unruhige Gelände des Bildes) ihr Material gewinnen. Der im Augenblick von den auflaufenden Wellen benetzte und daher feuchte Saum des Strandes zeichnet sich als schmaler dunkler Streifen zwischen dem hellen Strand und den Grautönen der Meeresoberfläche ab. Diese Nehrungsküste wird ausschließlich durch die Lockermassen gebildet, die auf Grund der *Küstenversetzung* auf der Schorre herangeführt worden sind. Sie besteht also aus *Strandwallbildungen.* Auch die Dünen sind, nur vom Winde umgelagert, Material des gleichen Ursprungs.

Bild 138. Nehrung an felsiger Küste. Axe-Mündung bei Seaton, Devonshire, Südwest-England. Blick nach Westen.

Zu Bild 138: Die Talsohle des Axe-Flusses ist an der Mündung mehr als $^1/_2$ km breit. Sie wird durch einen mächtigen *Strandwall* gegen das Meer abgeschlossen. Dieser besteht vornehmlich aus *Brandungsgeröll* des Kreidekalkes, der im Hintergrund links ein 40 bis 60 m hohes *Kliff* bildet. Infolge der vorherrschend westlichen Windrichtung erfolgt die *Strandversetzung* nach Osten. In dieser Richtung baut sich der Strandwall weiter. Er zwingt den Fluß, an seiner Mündung um gegenwärtig mehr als 300 m nach Osten auszubiegen (durch Strandversetzung *verschleppte Flußmündung*) und bewirkt gleichzeitig an der Flußmündung eine Untiefe (*Strandbarre*), über die der gestaute Fluß unter Bildung einer Schnelle (siehe die Strudelwellen im Bilde) hinweggeht. Das Nebeneinander von Kliffküste im Hintergrunde und Nehrungsküste vorn in glattem Linienzuge veranschaulicht den Typus der „*Ausgleichsküste*". (Aufn. E. A. Seemann)

Bild 139. Ausgleichsküste 2¹/₂ km nordwestl. von Heiligenhafen, Ost-Holstein, Blick nach Osten. (Aufn. H. Louis)

Zu Bild 139: Die Geschiebelehmplatte des nordöstlichen Wagrien, in der z. T. gestauchte Tertiärschichten an die Oberfläche kommen, bricht westlich von Heiligenhafen, wie das Bild zeigt, mit einem etwa 10 m hohen Kliff gegen die Ostsee ab. Die scharfe Kliffkante weist auf frischen Abbruch hin. Am Fuße des Kliffes liegt ein Strandwall aus meist ei- bis faustgroßen Rollsteinen, die aus der Aufarbeitung des Geschiebelehms beim Angriff der Brandung auf das Kliff stammen. Außerdem sind zahlreiche große Einzelblöcke gleicher Herkunft, die aber weniger leicht verspült werden können, über die ganze Breite des Strandes verteilt. Die weißen Stellen auf dem Strand sind schneebedeckte Eisschollen, die der Spätwinter noch hinterlassen hat.
Im Mittelgrunde des Bildes biegt der Saum der Geschiebelehmplatte nach rechts, d. h. landeinwärts, vor der Bucht von Heiligenhafen zurück. Hier endet das Kliff. Die Bucht ist teilweise verlandet, besitzt aber noch große offene Wasserflächen. Ein Stück von diesen ist rechts im Hintergrund als schmaler heller Streifen sichtbar.
Die Küstenlinie folgt dem Zurückbiegen des Buchtrandes nicht. Vielmehr setzt ein flacher Strandwall im Hintergrund des Bildes mit leichter Biegung die Richtung der Kliffküste fort. Die aufrechten dunklen Tupfen auf ihm sind wandernde Menschen. Der durch die Küstenversetzung bei überwiegend aus West und Nordwest wehenden Winden nach Osten weitergebaute Strandwall bzw. die Nehrung hat die Bucht von Heiligenhafen bereits weitgehend vom Meere abgegliedert. eine solcherart aus Kliffstrecken und Strandwallstrecken zusammengesetzte, nahezu glatt verlaufende Küste bezeichnet man als *Ausgleichsküste*.

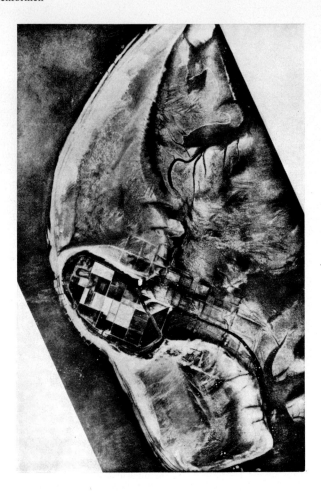

Bild 140. Tiefwasser- und Seichtwasserküste in Lockergestein. Luftbild der Hallig Trischen vor der Elbmündung.

Zu Bild 140: Der glatte Küstenverlauf im Bilde links bezeichnet die gegen Westen gekehrte *Tiefwasserküste.* Zwar liegen hier innerhalb des Bildausschnittes noch ausgedehnte *Sande, Sandriffe* unter geringer Wasserbedeckung vor der Küste. Aber diese verdanken ihre Entstehung der auf Grund der Wellenbewegung im westlich anschließenden Tiefwasser erzeugten kräftigen Brandung und ihrer Massenversetzung auf der Schorre. An der Westküste selbst sind sowohl nördlich wie südlich der Hallig mehrere hintereinander liegende *Strandwälle* zu erkennen (Hell-Dunkel-Streifen).
Wesentlich verschieden ist die Gestaltung der *Seichtwasserküste,* der *Wattenküste* auf der Ostseite, der rechten Bildseite. Hier zeichnen sich oft mit unscharfen Konturen *Aufschlickungsflächen* ab, die von feinen Furchungen, den Bahnen des ablaufenden Ebbewassers überzogen werden. Aus ihnen entwickeln sich die scharf eingeschnittenen Furchen der größeren und großen Priele. Östlich von Trischen gehen mit rechteckigen Systemen von *Fangdämmen* und *Gräben* Landgewinnungsarbeiten vor sich.

Bild 141.   Mangroveküste der Philippinen bei niedrigem Wasser.

Zu Bild 141: Aus dem mit Wasser erfüllten *Priel* heben sich *Aufschlickungsflächen* hervor. Auf ihnen stehen mit kräftigen, vielfach verzweigten *Stelzwurzeln* die *Mangrovebäume*, hauptsächlich der Gattung Rhizophora, außerdem Nipapalmen. (Aufn. Dr. W. Lucas)

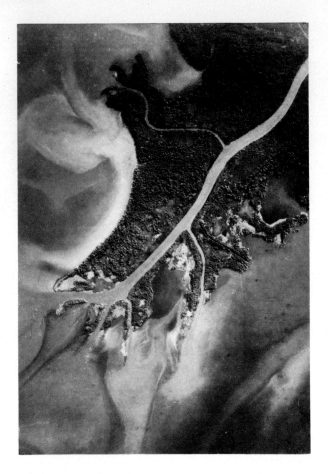

Bild 142. Luftbild des Sinu-Deltas, Nord-Columbien. (Inst. Geogr. de Colombia, durch Vermittlung
von H. Wilhelmy.)

Zu Bild 142: Die sich fingerförmig vorbauenden Spitzen des *Deltas* entsprechen je einem Zweig des
sich vielfältig gabelnden Stromes. Jeder der Wasserarme entwickelt sich als *Dammfluß*. Vor den
Mündungen der Wasserläufe sind die Schlieren absinkender Alluvionen und teilweise auch schon, vor
allem vor den Hauptmündungen, untermeerische Fortsetzungen der Deltaspitzen erkennbar. Die
breiten Aufschlickungsflächen des Deltas, vor allem ihre Außenränder sind hier in den Tropen mit
Mangrove besetzt.

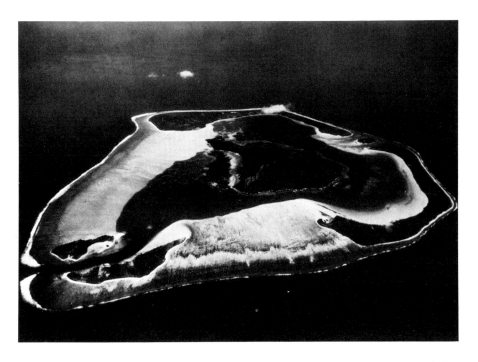

Bild 143. Maupiti WNW Tahiti, Gesellschaftsinseln, Franz. Polynesien. Vulkanische Insel mit Saumriff. (Luftaufnahme; käufl. Foto)

Zu Bild 143: Dem Tuamotu-Rücken im südlichen Pazifischen Ozean sitzen zahlreiche vulkanische
Inseln auf, zu denen Maupiti zählt. Diese Insel wird von einem Saumriff umgeben, das in dem tropisch
warmen Meer Hexakorallen gebildet haben. An der Außenseite erfährt das Riff trotz der kräftigen
Brandung ein deutliches Wachstum, während im Randkanal um die Insel für die Korallen ungünstige
Wachstumsbedingungen herrschen. Der Durchlaß im Riff auf der linken unteren Bildseite dient dem
Ausgleich von Spiegeldifferenzen zwischen dem Ozean und dem Inneren des Saumriffes.

Bild 144. Schwedische Schärenküste. Ostküste der Insel Utö, südöstlich von Stockholm.

Zu Bild 144: *Rundhöckerflächen* des Bodens der letzten Inlandvereisung wurden unter den Meeresspiegel getaucht. Infolge der isostatischen nacheiszeitlichen Hebung Skandinaviens sind sie noch nicht lange aus der Überflutung wieder aufgetaucht und befinden sich in weiterer *Heraushebung*. Der verwickelt gelappte und gebuchtete, Klippen und Inselchen absondernde, Verlauf der Küstenlinie verdeutlicht die Zufälligkeit dieser, ein beliebiges Niveau des subglazialen Reliefs nachzeichnenden Küstenlinie (*Schärenküste*). Außerdem bietet dieser Küstentypus ein gutes Beispiel einer durch die am Ufer des Meeres spielenden, formbildenden Vorgänge nur *schwach geprägten Küste*. Kliffbildung oder Nehrungsbildung sind noch nicht eingetreten. (Aufn. Dr. F. Stoedtner)

Bild 145. Riasküste der Bretagne. Blick über die untere Aulne nach Südosten talaufwärts auf den Menez Hom (330 m).

Zu Bild 145: Das in die wellige *Rumpflandschaft* der Bretagne eingeschnittene Aulne-Tal hat den Charakter eines Kerbtales bzw. *Sohlenkerbtales*. Die untersten etwa 15 km des Tales sind unter den Meeresspiegel getaucht. Sie bilden eine bei Flut 300 bis 600 m breite schlauchartige Meeresbucht, eine *Ria*. Ihre z. T. ziemlich steilen Hänge (besonders hinten im Bilde) sind die noch wenig umgestalteten Hänge des ertrunkenen Tales. Daher repräsentiert die Ria hier einen durch die formenden Vorgänge des Meeressaumes nur *schwach geprägten Küstenabschnitt*. Einige Wirkung üben nur die Spülvorgänge des starken Gezeitenwechsels aus. Erst an der Ausmündung der Ria (weit rechts, außerhalb des Bildes) stellt sich Formung durch Brandung und Strandversetzung ein. (Aufn. F. Wilhelm)

Bild 146. Küstendünen des Listlandes auf der Insel Sylt. (Nach Henry Koehn, Die Nordfriesischen Inseln. Hamburg 1954, Tafel 19, oberes Bild.)

Bild 147. Ältere Küstendünen. Blick vom Leuchtturm von Amrum nach Ost-Südost über die Dünen auf Wittdün. (Nach Henry Koehn, Die Nordfriesischen Inseln. Hamburg 1954, Tafel 28, oberes Bild.)

Bild 148. Große Küstendüne bei Le Pilat, etwa 8 km südlich von Arcachon, Landes, Südwest-Frankreich. Blick nach Süden. (Aufn. H. Louis)

Zu Bild 146: Die Küstendünen der humiden Gebiete bilden sich im Widerstreit mit der Dünen-vegetation, die sie zu durchwurzeln, zu überwuchern und damit festzulegen sucht. Überwiegt der bewegliche Sand, so kommt es meist zur Ausbildung von *Kupstendünen*, bei denen durch Strandhafer gefestigte *Kuppen* oder *Kupsten* über das wellige Sandgelände aufragen. Im Windschatten kleiner Bewuchsinseln, die vom Winde umflossen werden, häufen sich oft *Zungenhügel* von Dünensand als aërodynamische Ausgleichsform an, wie dies im Vordergrunde in Anlehnung an den Bewuchsschopf ganz rechts und z. B. im Hintergrunde rechts von der Bildmitte in Anlehnung an den dortigen kleinen Bewuchshorst der Fall ist. Die Oberfläche des Dünensandes weist vielfach, z. B. ganz vorn im linken Bildmittelgrunde gut erkennbar, *Rippelmarken* auf.

Zu Bild 147: Rechts im Hintergrunde liegt die Nordsee. Die in Neubildung begriffene Dünenzone begleitet in der Ferne den Küstensaum. Die Dünen im Vordergrund und Mittelgrund sind etwas älterer Anlage und sind bereits größtenteils bewachsen. An einzelnen Stellen aber sind nach Zer-störung der Vegetation *Windmulden* (*Windkuhlen*) ausgeblasen, besonders gut erkennbar vorn rechts und in der Mitte, sowie etwas mehr gegen den Mittelgrund links von der Bildmitte. Durch die Wind-mulden und die ausgeblasenen Sandwehen, die gewöhnlich durch Neubewuchs nach einiger Zeit wieder zur Ruhe kommen, erhalten die Küstendünen eine unregelmäßige, unruhige Kleinformung.

Zu Bild 148: An der Küste der Landes, südlich von Arcachon bei Le Pilat erheben sich Küstendünen bis zu 80 m Höhe. Im Augenblick der Aufnahme herrscht Ostwind mit Sandtreiben dicht über dem Boden. Daher die scharfe Kante des Sandfirstes mit gegen Westen d. h. nach rechts gewandter steiler Leeseite, daher auch das Fehlen von Sandrippeln im Bilde. Die Gesamtform des Dünenwalls besitzt aber, den vorherrschenden Westwinden entsprechend, wie im Mittel- und Hintergrunde des Bildes deutlich erkennbar ist, eine flache Luvseitböschung nach Westen gegen das Meer, d. h. nach rechts, und eine steile Leeseitböschung nach Osten, landeinwärts, d. h. nach links. Der steile landeinwärts gerichtete Leeseithang der Düne endet unmittelbar an einem Pinus-maritima-Walde. Auf dem Bilde erscheint dieser als fast schwarze Fläche links und rechts vom Scheitel der Düne. Durch den langsam landeinwärts vorwachsenden Steilhang des Sandes werden die randlich stehenden Bäume des Waldes verschüttet.

XI. Überzonale Formentypen durch Strukturverhältnisse, Morphotektonik, Vulkanismus

Bild 149. Blick nach Südwest auf den zertalten Abfall der Schwäbischen Alb am Hohen-Neuffen. Nach A. Brugger u. Th. Hornberger, Luftbilder aus Baden-Württemberg. Bild 48. Freigabe Nr. 2/9083. Konstanz, Lindau, Stuttgart 1962.

Zu Bild 149: Im Vordergrund halblinks liegt die Burgruine Hohen-Neuffen (743 m). Sie krönt einen Sporn aus Weißjurakalk, welcher durch einen leicht erniedrigten Hals mit der mehr links und weiter hinten in ansehnlicher Ausdehnung sichtbaren, an 740 m hohen, großenteils beackerten Hochfläche der Schwäbischen Alb verbunden ist. Sporn und Hochfläche brechen mit bewaldeten Steilabfällen gegen das tiefer gelegene Land ab. Das gleiche zeigt sich auch im Mittelgrunde und im Hintergrund des Bildes in großer Ausdehnung.

Die Steilabfälle sind Schichtstufen. Sie werden hervorgerufen durch den Abbruch der mächtigen Serie widerständiger Weißjurakalke, welche innerhalb der flach lagernden nur mit minimaler Neigung nach Südosten, d. h. nach links einfallenden Schichttafel der Juragesteine den leichter abtragbaren Serien des braunen und des schwarzen Jura aufruhen. Die Weißjurakalke sind im Mittelgrund des Bildes an den langgedehnten, waldigen Rücken des Sommerberges durch einen großen Steinbruch am Hörnle (707 m) aufgeschlossen. Das tiefer gelegene flacher geböschte Gelände, welches von Ackerparzellen, Wiesen und Obstgärten bedeckt ist, besteht aus den Gesteinen des braunen und schwarzen Jura. Hier liegen ganz im Vordergrund das Dorf Balzholz, im vorderen Mittelgrund das Städtchen Neuffen, im hinteren Mittelgrund das Dorf Dettingen und weiter rechts Neuhausen und die Ausläufer von Metzingen. Im Bilde vor und hinter der Ruine Hohen-Neuffen wird der Abfall der Schichtstufe durch die, je mehrere km Weite messenden Einbuchtungen von Balzholz und von Neuffen zerlappt. Stirntälchen sind hier in den Steilhang eingekerbt. Ein Quellhorizont am Fuße des Steilhangs, d. h. an der Sohle der Weißjurakalke gegen wasserundurchlässige Liegendschichten fördert langsames Rückwittern des Steilhanges. Dieses war sicherlich während der pleistozänen Kaltzeiten bei Tundrenvegetation und starker Solifluktion erheblich stärker als heute.

Die genannten Vorgänge arbeiten am Hohen-Neuffen an der weiteren Erniedrigung des Spornhalses und damit an der Vollendung eines Ausliegers oder Zeugenberges. Rechts oben im Bilde über den Häusern des Dorfes Neuhausen erhebt sich als vollendeter Zeugenberg die Waldkuppe der Achalm bei Reutlingen.

Noch größer ist die Aufgliederung des Abfalls der Alb im Hintergrunde. Dort schneidet von Metzingen über Dettingen aufwärts das Ermstal mit seinen Verzweigungen als großes Stirntal viele km weit in die Platte der Alb ein. Das Talgefälle ist hier und bei den benachbarten größeren Stirntälern, welche dem Neckar zustreben, dem Schichtfallen entgegengesetzt. Diese Abdachungen sind im wesentlichen die Folge der Ausbildung einer kräftigen Subsequenzzone am Nordwestsaum der Schwäbischen Alb durch den Neckar. Auf der Höhe der Alb sind Talzüge in der Richtung des Schichtfallens, d. h. Spuren der einstigen, konsequent zur Donau gerichteten Entwässerung weit verbreitet.

Soweit die Stirntäler bis ins Liegende der Weißjurakalke eingeschnitten sind, bewahren ihre Hänge den Charakter von Schichtstufen mit vorgelagerten Flachböschungen, so z. B. das Ermstal im Bilde links oberhalb von Dettingen. Weiter talauf, wo diese Täler die festen Weißjurakalke noch nicht vollständig durchschnitten haben, verkörpern sie den Typ von engen Kerbtälern. Das ist im Bilde an dem Nebental der Erms zu erkennen, welches im hinteren Mittelgrunde halb links von hinten kommend einmündet.

Infolge der starken Zerschneidung bzw. Zerlappung des Albrandes erfordert es Aufmerksamkeit, den Großverlauf der Schichtstufe in unserem Längsblick zu erkennen. Er zieht von der Gegend der Ruine Hohen-Neuffen nach rechts oben zu jenem Vorsprung der Albhochfläche, welcher über Dettingen sichtbar ist. Weiter verläuft er, wiederum nach rechts oben, über eine gegen schwach erkennbare Teile von Reutlingen vorgestreckte Kulisse bis zu den noch weiter im Hintergrunde eben noch wahrnehmbaren, wieder nach rechts gewendeten Abfällen der Reutlinger Alb.

Das Gesamtbild der Schichtstufenlandschaft besitzt in diesem Gebiet einige kleinere Einzelzüge besonderer Art. Im Raume von Urach, Reutlingen, Kirchheim a. Teck haben sich im Tertiär eine ganze Reihe von Vulkanschloten gebildet. Soweit diese weniger widerständige Gesteine durchsetzen, sind die Schlotfüllungen bei späterer Abtragung im betreffenden Raum als „Vulkanstiele" herauspräpariert worden. Das ist z. B. bei dem kleinen, mit einem Waldschopf gekrönten Hügel der Fall, der sich im Bilde über dem Städtchen Neuffen links unter der Kuppe mit Steinbruch (Hörnle) erhebt, ebenso bei der Kuppe des Jusiberges, welcher rechts vom Hörnle im orographischen Sinne das Ende des Höhenzuges des Sommerberges bildet. Dem Aufbau nach nimmt also der Jusiberg gegenüber dem eigentlichen Sommerberg eine Sonderstellung ein.

Bild 150. Blick nach Süden auf den Nordwest-Rand des Antilibanon. Aus R. Brinkmann, Bd. I, 1964, S. 148.

Zu Bild 150: Etwa 32 km nordöstl. von Baalbek. Maßstab in der Bildmitte etwa 1 : 50 000. In der Bildmitte das Dorf Ras Baalbek und das Wadi Haoûennté, rechts oben das Dorf Fakie, von links oben nach rechts oben verlaufend das Wadi Fakie. Die ziemlich flachliegenden Oberkreidekalke im südöstlichen Bildteil (oben links und oben Mitte) bilden Rücken von 1300 m bis 1400 m Höhe, in die die Kerbtäler des Wadi Fakie und des Wadi Haoûennté, das letztere mit verbreiterter Schottersohle, 200–300 m tief eingeschnitten sind. 1 km oberhalb von Ras Baalbek ein größerer Talmäander. Längs der Bilddiagonale von links unten nach rechts oben tauchen die Schichten mit steilem Fallen gegen NW (rechts unten), gegen die Senke der nördlichen Bekaa (Asi = Orontes-Senke) ab. Dabei sind zwei parallele Schichtkämme und zwischen ihnen eine Isoklinaltalung entstanden. In der letztgenannten liegen die beiden Dörfer in etwa 1000 m Höhe. Der innere Schichtkamm ist in Kalken, die Isoklinaltalung in weniger widerständigen Mergeln der Oberkreide ausgearbeitet (Subsequenzzone). Der äußere, den eigentlichen Gebirgsrand bildende Schichtkamm besteht aus Eozänkalk. Der innere Schichtkamm wird von den beiden Haupttälern, der äußere außerdem noch von kleineren Tälchen in Durchbruchstrecken durchmessen. Es sind Abtragungsdurchbrüche, die sich bei der Zertalung der Flanken des Antilibanon infolge der bestehenden Festigkeitsunterschiede der Gesteine herausgebildet haben. Das Wadi Haoûennté hat unterhalb des Dorfes Baalbek einen großen Schwemmkegel in die Bekaa-Senke geschüttet. Auf diesem liegen Bewässerungsfelder.

Bild 151. Blick von München über das Alpenvorland gegen die Alpen. (Blatt 59 aus: F. Thorbecke, H. Fehn, W. Terhalle, Luftbilder aus Bayern. Freigegeben vom B. St. M. W. V. Nr. G 5/2410, Lindau-Konstanz-München 1963.)

Zu Bild 151: Das Häusermeer der Stadt München breitet sich in flachem Gelände aus, das genaugenommen in mehrere niedrige Terrassenstufen über der Isaraue gegliedert ist. Aus der Flughöhe von rund 3000 m über Grund ist eben noch erkennbar, daß der Fluß südlich der Stadt merklich in die waldige Schotterplatte eingeschnitten ist, die dort von den Schmelzwassern der letzteiszeitlichen Vorlandvergletscherung aufgeschüttet wurde. Ebenso erkennt man, daß weiter gegen den Gebirgsrand ein sanftes, breitwelliges Auf und Ab das Vorland beherrscht, gebildet aus den Zungenbecken der genannten Vorlandvergletscherung, den zwischen ihnen liegenden Moränenhöhen und vielen Kleinformen, die im Bilde zurücktreten.

Der flache Alluvialboden des Beckens von Wolfratshausen in der Mitte des Bildmittelgrundes und der Starnberger See im Mittelgrunde rechts sind auszumachen. Im ganzen genommen ist das Alpenvorland ein ausgesprochenes Flachland, dessen örtliche Höhenunterschiede unter 100 m bleiben. Nur der Härtlingszug der gefalteten Molasse von Murnau-Aidling, der im Bilde als schmaler Streifen in der Ferne hinter dem Becken von Wolfratshausen und dem Starnberger See erkennbar ist, erhebt sich etwas höher.

Um so eindrucksvoller tritt im Hintergrunde des Bildes der 60 bis 70 km vom Beschauer entfernte Aufschwung der Alpen entgegen. Gewiß erscheint seine Geschlossenheit dadurch überbetont, daß die hintereinander liegenden Ketten, deren hinterste rund 80 km weiter entfernt sind als die vordersten, im Bilde viel näher zu liegen scheinen. Dennoch ist die Formengrenze zwischen Vorland und Gebirge überaus scharf. Sie ist die *morphotektonische Grenze* zwischen der nur mäßig gehobenen Scholle des Alpenvorlandes gegen den in junger geologischer Vergangenheit zweifellos stark, wenn auch im einzelnen nicht gleichmäßig gehobenen Alpenkörper. An Einzelheiten sind von den Alpen erkennbar: In der vordersten Kette links im Bilde die Abstürze der Benediktenwand (1801 m), links von der Bildmitte die Einsattlung des Kesselbergpasses zwischen Walchensee und Kochelsee mit dem Jochberg (1557 m) links und Herzogstand (1731 m) und Heimgarten (1790 m) rechts, dann nahe dem rechten Bildrand der Ausgang des Loisachtales, an dessen Ostseite sich hinter der vordersten Kette die Krottenkopfgruppe (2086 m) erhebt.

Weiter im Inneren des Gebirges erblickt man hinter dem Kesselbergpaß das von der Isar durchflossene Tor von Mittenwald und, mit einem Wolkenkissen überkleidet, die Weitung von Seefeld. Östlich dieser Paßzone erhebt sich das Karwendel mit seinen gewaltigen, aus Kalken aufgebauten Nordwänden, westlich der Paßzone liegen zunächst die Arnspitzen, die nur mit ihren höchsten Spitzen über den letzteiszeitlichen Gletscher herausgeragt haben. Dann erhebt sich westwärts das Wettersteingebirge mit ähnlich großartigen Nordwänden wie das Karwendel. Es gipfelt rechts im Bilde in der Zugspitze.

Hinter dem Karwendel und dem Tor von Mittenwald erscheinen die vergletscherten Hochgipfel der Stubaier Alpen, weiter westlich jene der Ötztaler Alpen.

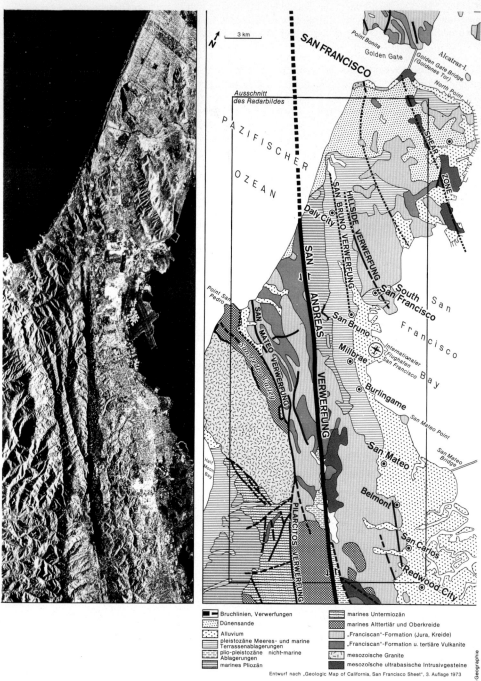

Bild 152. Radar-Luftbild. Teil der Halbinsel von San Francisco Californien, Gebiet der San Andreas Verwerfung. Maßstab etwa 1:250 000. (Nach Harms, Physische Geographie, 7 Aufl. 1976, Taf. 16 bei S. 65. Mit freundl. Genehmigung des Paul List Verlags, München).

Zu Bild 152: Der Bildausschnitt reicht zwischen dem Pazifik im NW und der San Francisco Bay im SE von nördlich Daly City bis südlich San Mateo. In den gering reliefierten Bereichen der Dünensande und der marinen Pleistozän-Ablagerungen, d. h. insbesondere im rechten oberen Bildteil und in der rechten unteren Bildhälfte, läßt in einem meist um 3 bis 5 km breiten Streifen längs der San Francisco Bay eine feine Streifung durch annähernd rechtwinklig sich schneidende Linien das Straßennetz besiedelter randstädtischer Bereiche von San Francisco erkennen. Dagegen zeigen die kräftigen Schatten ein stark reliefiertes Bergland auf der Halbinsel von San Francisco an. Es weist Höhenunterschiede von mehr als 200 m auf. In diesem, aus tertiären und mesozoischen Sedimenten und Magmagesteinen bestehenden und mit NW-SE Streichen gefaltetem Bergland fällt ein Bündel von zwei bis drei vom mittleren Teil des unteren Bildrandes ungefähr den seitlichen Bildrändern parallel, fast geradlinig über mehr als 25 km dahinziehenden und schiefwinklig gegen die Küste des Pazifik auslaufenden kräftigen Schattenstreifen auf, welche sich z. T. spitzwinklig gabeln. Ein ähnlicher, wenn auch weniger intensiver Schattenstreifen zieht in etwa der gleichen Richtung vom Landvorsprung von South San Francisco an der San Francisco Bay zur Pazifikküste.

Diese Schattenstreifen verdeutlichen das dichte Nebeneinander von sehr geradlinig verlaufenden, scharf profilierten Höhenkämmen und ebensolchen Talungszügen. Diese Formen knüpfen, wie die nebenstehende geologische Skizze zeigt, an große Randverwerfungen zwischen dem nordamerikanischen Kontinent und dem pazifischen Ozean an. Sie sind nahe der californischen Küste mehr als 1000 km weit verfolgbar und an ihnen finden seit langem immer wieder, von Erdbeben begleitet, im wesentlichen horizontale Längsverschiebungen zwischen der Kontinentalscholle Nordamerikas und dem Untergrund des östlichen Pazifik statt. Im Bildbereich sind es vor allem die San Andreas-, die San Mateo-, die Pilarcitos- und die Hillside Verwerfung.

Die im Bilde sichtbaren, schnurgeraden Höhenkämme und Talungszüge sind aber nicht das unmittelbare Ergebnis dieser Krustenbewegungen. Sie sind vielmehr hauptsächlich die Folge der unterschiedlich starken Abtragung, die bei entsprechender Höhenlage einerseits längs der zerrütteten Gesteine nahe an den Hauptverwerfungen und andererseits in dem weniger beanspruchten Gestein in gewisser Entfernung von den Hauptverwerfungen erfolgt. Im ganzen wirkt so der Verlauf der Verwerfungen dort am deutlichsten auf die Landformen ein, wo einesteils durch die Verwerfung festes und wenig widerständiges oder zerrüttetes Gestein nahe beieinander liegen, und wo anderenteils genügend große Höhenunterschiede vorhanden sind, damit die Abtragung die Festigkeitsunterschiede der Gesteine deutlich herausarbeiten kann.

Bild 153. Randbruch des Tuz-Gölü-Beckens nordwestl. von Aksaray, Blick nach Nordwesten. Inneranatolien. (Aufn. H. Louis)

Zu Bild 153: Über dem im Vordergrunde bei etwa 1000 m Höhe gelegenen, durch Schwemmassen
aufgehöhten Boden des Tuz-Gölü-Beckens erhebt sich ein Südost-Nordwest streichender Steilanstieg,
in welchem z. T. Wandabstürze auftreten. Diese werden von jungen Laven gebildet, welche stellenweise jungtertiären Schichten aufruhen und ziemlich sicher quartären Alters sind. Unmöglich können
diese Laven unter den heutigen Reliefverhältnissen, nämlich mit einem gegen die Luft ausgehenden
Steilrand endend, abgelagert worden sein. Sie sind vielmehr durch einen bedeutenden Bruch von ihren
einstigen Fortsetzungen im Raum des heutigen Tuz-Gölü-Beckens abgetrennt worden. Der kleine,
den Beckenboden überragende Hügel in der linken Bildhälfte rechts des Telegraphenmastes trägt eine
Kappe der Lava. Er besteht aus einer weniger tief abgesunkenen, sehr kleinen Teilscholle des sonst
tiefer versenkten Untergrundes des Tuz-Gölü-Beckens. Der Steilrand des Tuz-Gölü-Beckens ist hier
offensichtlich ein *junger Bruchrand*. Seine Zerschneidung durch Talkerben hat begonnen, ist aber
noch nicht allzu weit vorgeschritten.

Bild 154. Fladenlava. Kilaueakrater, Hawaii.

Zu Bild 154: Die dünnflüssige, gasarme Lava fließt in förmlichen Lavakaskaden über Stufen des Geländes und entwickelt brei- und fladenartige Erstarrungsformen, daher die Bezeichnung *Fladenlava*. (Aufn. Th. Benzinger)

Bild 155. Lavastrom am Fuße des Kula Devlit bei Kula, Gedizgebiet, Westanatolien. Blick nach Norden.

Zu Bild 155: Hinten rechts der West-Abhang des Aschenkegels des Kula Devlit, in der Ferne ein kleinerer und flacherer Aschenkegel. Der Lavastrom vorn und im Mittelgrunde wurde von gasreichem Magma gebildet. Die Entgasung führte zu buckelförmigen Auftreibungen der Lavaoberfläche (*Hornitos*), welche z. T. platzten und sehr rauhe, zackige Erstarrungsformen hervorriefen. *Hornitos* sind im Bilde ganz vorn rechts, im näheren und entfernteren Mittelgrunde in der Bildmitte und am linken Bildrande gut zu erkennen. Auch sonst ist die Lavaoberfläche äußerst rauh, *Blocklava, Zackenlava.* (Aufn. H. Louis)

Bild 156. Basaltkuppe südl. des Ilamane im Hoggar-Gebirge mit säuliger Absonderung des Gesteins, rund 60 km nördl. Tamanrasset, Südalgerien. (Aufn. K. Fischer, 21. 9. 1972)

Zu Bild 156: Während des jüngsten Paroxysmus am Ende des Jungtertiärs bzw. zu Beginn des Pleistozän breiteten sich von wenigen Eruptionszentren im Hoggar Basaltlaven in einem präexistenten Tälerrelief aus. Bei ihrer Erstarrung kam es zu einer säuligen Absonderung des Vulkanits, die jedoch nichts mit der Kristallisation des Gesteins zu tun hat, sondern auf Schwunderscheinungen bei der Abkühlung der basaltischen Lava beruht. Dabei bildeten sich fünf- oder sechskantige Säulen, die stets senkrecht auf den Abkühlungsflächen stehen.

Bild 157. Das Schalkenmehrener Maar in der Eifel.

Zu Bild 157: Das fast kreisrunde, etwa 1 km Durchmesser besitzende Maar sitzt im Devonschiefer der Eifel. Nur die in der Umgebung vorkommenden Massen von vulkanischen Aschen und Auswürflingen weisen auf seine Entstehung durch eine gewaltige Explosion hin. (Aufn. Th. Benzinger)

Bild 158. Caldera mit zentralem Aschenkegel. Tuzla Gölü-Krater, östlich von Karapïnar, südliches Inneranatolien.

Zu Bild 158: Blick nach West-Südwest. Die nicht sehr große *Caldera* (Durchmesser etwas über 1 km) liegt in einem flachwelligen Hochlande von etwas über 1000 m Höhe, das oberflächlich aus flach lagernden jungvulkanischen Laven und Aschen besteht. Die Caldera dürfte ein einfacher Sprengtrichter sein. Junge Aschen und Bomben liegen in der Umgebung, so z. B. im Vordergrunde des Bildes. In der Mitte der Caldera erhebt sich ein über 100 m hoher, sehr ebenmäßiger *Aschenkegel* mit *Auswurfkrater*. Hufeisenförmig um den Aschenkegel gelagert, birgt die Caldera den Salzsee Tuzla Gölü. Durch Eindampfen in flachen Becken gewinnt man hier im semiariden Klima etwas Salz. (Aufn. H. Louis)

Bild 159. Caldera des Rano Kau, Osterinsel von SW. (Luftaufn. K. Fischer, 23. 4. 1974)

Zu Bild 159: Die Osterinsel oder Rapa Nui (Große Insel) sitzt dem Ostpazifischen Rücken, einem medianen ozeanischen Rücken auf und besteht aus basaltischen Laven und Pyroklastiten. Drei erloschene Vulkane beherrschen die Oberfläche der Insel: der breite Schildvulkan des Terevaka (507 m) links oben, der Puakatiki (370 m) rechts im Hintergrund und der Rano Kau (324 m) mit seiner Caldera im Vordergrund. Hinzu treten eine größere Zahl von Parasitärkratern, die den Flanken des Terevaka aufsitzen und sich in Reihen anordnen, die in Richtung auf die zentrale Erhebung zusammenlaufen (u. a. Tanoroa, Mauna O Tuu, Pui vom Vorder- zum Hintergrund). An dem bis zu fast 300 m hohen Kliff des Rano Kau im Vordergrund ist der Aufbau dieses Stratovulkans aus Basaltlaven und zwischengeschalteten Schlacken, Lapilli und Aschen erkennbar. Die Entleerung des Magmenherdes unter dem Rano Kau führte zum Einbruch der Caldera, deren Durchmesser über 1 km beträgt und die an ihrem Grunde ein großes Süßwasserreservoir besitzt.

Bild 160. Der Stratovulkan Lanín (3776 m) in den chilenisch-argentinischen Anden von NE (Lago Trómen), Provinz Neuquén, Argentinien. (Aufn. K. Fischer, 11. 4. 1974)

Zu Bild 160: Der Vulkan Lanín auf etwa 39° 45′ südlicher Breite gehört zu einer Reihe von Vulkanen, die sich entlang eines tektonischen Grabens in der Streichrichtung des Gebirges aneinanderreihen. Er wird aus einer Folge von andesitischen und basaltischen Laven, Aschen und Tuffen aufgebaut, die im Wechsel von mehr effusiver (Laven) und mehr exploxiver Tätigkeit vom Jungtertiär bis zum Jungpleistozän gefördert wurden. Dieser Stratovulkan muß als erloschen gelten, während der westlich benachbarte Villarrica (2480 m) noch aktiv ist. Im Jungpleistozän kam es an der Ostflanke des Lanín in Leeseitenlage zur Bildung eines großen Kares. Durch Nachbrüche des Gesteins, kalte Lahare, Zerschneidung und Überlagerung durch junge Pyroklastite ist jedoch die Form des Kares stark verwischt worden.

Bild 161. Blick nach Nordosten über Afyon-Karahisar, seinen Burgberg und benachbarte kleinere Vulkanstiele, westliches Inneranatolien.

Zu Bild 161: Die großen jungtertiären Andesiteruptionen Anatoliens haben ihren Weg nicht selten durch wenig widerständige Tone und Mergel des Neogen genommen. In solchen Fällen ist es bei nachträglicher Ausräumung der Neogenschichten zuweilen zur Herauspräparierung von Förderschloten und -gängen gekommen. Derartige *Vulkanstiele* sind bevorzugte Burglagen. (Aufn. H. Louis)

XII. Formen und Formänderungen als Folge menschlicher Tätigkeit (anthropogene Formenbeeinflussung)

Bild 162. Çerkes Hüyük im Moğan-Becken, südlich von Ankara, Inneranatolien. Blick nach Osten.

Zu Bild 162: Der verhältnismäßig kleine aber markante *Hüyük* (türkisch, im Arabischen *Tell*) im Mittelgrunde links, auf dessen Höhe Menschen einen Größenmaßstab abgeben, erhebt sich etwa 8 bis 10 m hoch über seine unmittelbare Umgebung. Er besteht aus dem Siedlungsschutt einer bei Stampf-lehm- bzw. Lehmziegelbauweise sehr lange andauernden Besiedlung. Topfscherben verschiedener Technik, die der Schutt von unten nach oben enthält, deuten auf mannigfache Siedlungsperioden seit der Hetiterzeit. Auch ein heutiges Dorf, das noch die gleiche Bauweise pflegt, lehnt sich an den Hügel. Denn im semiariden Gebiet werden die wenigen Wasserstellen (hier Karstquelle am Fuße des im Vordergrunde erkennbaren Kalkhügels) immer wieder von der Besiedlung aufgesucht. Außerdem wird der mit Stickstoff angereicherte Schutt des Hüyük von den Bauern heute als Düngemittel benützt. In der Gegenwart erfolgt also nach der einstigen anthropogenen Aufhäufung des Hüyük eine, wenn auch bescheidene, anthropogene Abtragung. (Aufn. H. Louis)

Bild 163. Knudswarf (Wurt) auf Hallig Gröde, nördlich von Pellworm, Nordsee-Halligen am 21. September 1935.

Bild 164. Knudswarf (Wurt) auf Hallig Gröde, nördlich von Pellworm, Nordsee-Halligen, am 20. September 1935 von der benachbarten Kirchwarf gesehen.

Zu Bild 163: Die *Warf, Wurt* ist ein künstlicher Hügel zum Schutz der Siedlung bei Sturmflut. Vorn der Lehrer mit seinen drei Schulkindern. (Nach Henry Koehn, Die Nordfriesischen Inseln. Hamburg 1954, Tafel 13, unten.)

Zu Bild 164: Die Hallig ist überflutet. Die Schafe haben auf der Wurt Schutz gesucht. (Nach Henry Koehn, Die Nordfriesischen Inseln. Hamburg 1954, Tafel 13, oben.)

Bild 165. Shotton Colliery auf der Perm-Dolomit-Platte südlich von Sunderland, Durham. Nordost-England. Blick nach Westen. (Aufn. H. Louis)

Zu Bild 165: Im Flachlande von Durham bilden die Abraumhalden des Steinkohlenbergbaus bedeutende Aufragungen. An Höhe, Grundfläche und Volumen übertreffen sie alle sonstigen Werke des Menschen in dieser Landschaft um ein vielfaches. Die Abraumhalden stellen in diesen Gebieten weithin sichtbare Landmarken dar.

Bild 166. Veränderung einer Talsohle durch Flußbauten. Luftbild des Isartales bei der Aumühle
2½ km oberhalb von Kloster Schäftlarn südlich von München. Aufnahme der Photogrammetrie GmbH. München. Bild-Nr. 7315. 1—0241 v. 13. 10. 50. Freigegeben von B. St.
MWV Nr. G 7.

Zu Bild 166: Oben im Bilde ist etwa Nordosten. Die Entfernung vom Einlauf des großen hellen Schotterstranges in die regulierte Isar bis zur Mitte der Kanalbrücke bei der Aumühle beträgt etwa 500 m.

Die Talsohle der Isar wird auf beiden Seiten durch steile Hänge begrenzt. Diese selbst sind in der Senkrechtaufnahme nur teilweise gut erkennbar. Sie werden aber durch die beiderseitige scharfe Grenze des fast zusammenhängenden Hochwaldes gegen das dazwischen gelegene Felder-Wiesen- und Buschgelände deutlich gemacht. Innerhalb der Talsohle bemerkt man Bewuchsunterschiede. Das bebuschte Gebiet, das in der Talrichtung von leicht gewundenen, buschfreien Streifen und von hellen, ebenso gewundenen Schottersträngen durchzogen wird, ist die einst bei jedem Hochwasser überflutete Verwilderungssohle des Flusses. In ihr verläuft der heute fest gebaute, begradigte Flußlauf. Er steht durch gebaute Ein- u. Ausläufe an einigen Stellen, z. B. oberhalb der Bildmitte, mit den Hauptsträngen des einstigen Geflechts verwilderter Wasserläufe noch in Verbindung. Doch ist diese Verbindung regulierbar.

Am orographisch und bildmäßig linken Saum der einstigen Talsohle hat man stellenweise Wiesen und Feldflächen gewonnen. Nahe dem oberen Bildrand halb links ist dies durch einen Deich ermöglicht worden. Er ist seines Schattens wegen als dunkler Strich im Bilde erkennbar. Weiter stromauf, im mittleren Teil des Bildes verläuft das Saumgerinne, das sonst unmittelbar am Fuße des Steilhangs entlangzieht, in gewundenem Lauf etwas vom Hange entfernt. Dort hat man gleichfalls Wiesen anlegen können.

Auf der rechten Talseite, sowohl oberhalb wie unterhalb des Hofkomplexes der Aumühle (etwas rechts vom Bildmittelpunkt), befindet sich in der Talsohle leicht, nämlich 1 bis 2 m, erhöhtes Gelände. Dieser geringe Höhenunterschied kann entweder eine ursprüngliche Unregelmäßigkeit der Aufschüttung der spätpleistozänen Talsohle darstellen oder das Ergebnis einer leichten Eintiefung der subrezenten Verwilderungssohle gegenüber der spätpleistozänen sein. Für die Kulturlandschaft hat dieser Höhenunterschied erhebliche Bedeutung. Auf dem erhöhten Gelände liegt als einziger Siedlungsplatz innerhalb der Talsohle im Bildausschnitt die Aumühle.

Hier gibt es außerdem längs des rechtsseitigen Talhanges Feldparzellen und Wiesen. Hier war einst der Mühlgraben geführt, und heute benutzt der im Bilde sehr hervortretende Isarwerkkanal das erhöhte Gelände, um Höhe über dem Fluß zu gewinnen.

Erst am oberen Bildrand mußte der Kanal zu dem genannten Zweck in die Fußregion des Talhanges eingearbeitet werden.

In der Talsohle sind durch die *Flußregulierung* und den Kanalbau die einstigen natürlichen Umformungsvorgänge weitgehend lahmgelegt worden. Heute vermögen hier nur noch kleine, teils von den Hängen, teils von den gebauten Ausläufen des regulierten Flusses gespeiste Rinnsale an der Weitergestaltung der einstigen Verwilderungs-Talsohle zu arbeiten.

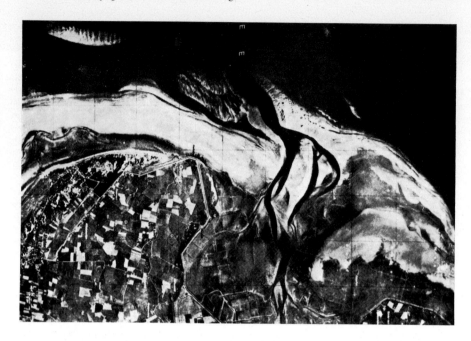

Bild 167. Blick nach Westen über die West-Küste von Eiderstedt. Links St. Peter und Ording, rechts Tümlauer Bucht und Westerhever. Luftbildkarte 1938. Freigegeben Luftamt Hamburg 7000 77. Aus K. Gripp: Erdgeschichte von Schleswig-Holstein, Tafel 57/1 Neumünster 1964.

Zu Bild 167: An sehr flachen Küsten aus Lockergesteinen, besonders wenn sie ausgeprägte Gezeitenunterschiede aufweisen, gibt es im Naturzustand keine deutliche Küstenlinie, sondern nur einen unter Umständen recht breiten Übergangssaum zwischen Land und Meer. In bewohnten Ländern hat der Mensch in solchen Fällen gewöhnlich mit mehr oder weniger großem Erfolg durch Deichbau eine künstliche Küstenlinie geschaffen.
In Hochkulturländern werden dabei dem Meere durch systematisch vorgetriebene Landgewinnungsarbeiten in großem Umfang neue Landflächen abgewonnen. Die Aufnahme zeigt im linken Bildteil um St. Peter und Ording den scharfen Linienzug des Hauptdeichs zur Zeit der Aufnahme, ebenso unten rechts bei Westerhever. Im linken Bildteil ist auch ein Teilstück eines älteren Deichs zu erkennen, der heute zum Binnendeich geworden ist. Vor dem Deich in heller Tönung die Sande der Schorre und vorgelagerte Sandriffe. Diese Zone wird in der rechten Bildhälfte, in der Tümlauer Bucht, von Prielen durchzogen. Hier sind auch neue Landgewinnungsarbeiten im Gange. Die Küstenlinie ist in dem ganzen Bildbereich durch die Arbeit des Menschen festgelegt. Das Liniengitter hat Maschen von 1 km Seitenlänge.

Bild 168. Ackerterrassen im Biala-Woda-Tal, Dunajec-Gebiet bei Szczawnica, Westkarpaten. Nach T. Gerlach: Les terrasses de culture comme indice des modifications des versants cultivés. Fig. 4 S. 244. Neue Beitr. z. internat. Hangforsch. Nachr. der Akad. Wiss. Göttingen, Math. Phys. Kl. 1963.

Zu Bild 168: Terrassierungen flacher Hänge kommen in den Ländern der Pflugkultur oft zustande, wenn verhältnismäßig schmale Flurstreifen mit ihrer Längserstreckung ungefähr höhengleich am Hange verlaufen. Sie werden in der Längsrichtung gepflügt und zwar so, daß jedesmal die Pflugscholle hangab gestürzt wird. Das führt zu einer erwünschten allmählichen Verebnung der Parzelle. Durch dieses Verfahren wird das Flurstück an der Grenze gegen die hangauf anschließende Parzelle langsam tiefer gelegt, an der Grenze gegen die hangab benachbarte Parzelle langsam aufgehöht. Meist siedeln sich an dem nach und nach zu einer kleinen Stufe werdenden Feldrain Dauergewächse an, deren Wurzelwerk der Stufe Halt gibt und ihr allmähliches Höherwerden durch das fortgesetzte Schollenstürzen beim Pflügen ermöglicht. Solche Stufenraine können bis weit über ein Meter hoch werden. Das Bild bietet aus dem Dunajec-Gebiet der Westkarpaten bei ungefähr 600 m Meereshöhe ein gutes Beispiel derartiger durch den Pflugbau hervorgerufener *Ackerterrassen*.

Bild 169. Terrassierung und Steinmauern in der Flur von Mosqueruela nordöstl. des Ortes. Provinz Teruel, Iberisches Randgebirge, Spanien. (Aufn. K. Fischer, 31. 7. 1975)

Zu Bild 169: Lesesteine wurden in der Flur von Mosqueruela zum Aufrichten von Steinmauern benutzt, die in vielen Fällen Parzellengrenzen folgen und annähernd höhenparallel die Hänge entlang ziehen. Damit erzielte man eine Minderung der Böschungswerte innerhalb der einzelnen Parzellen und erreichte in steilerem Gelände die teilweise Ablagerung des aus höheren Parzellenabschnitten abgespülten Bodens und feinen Verwitterungsmaterials. Dies geht daraus hervor, daß das Getreide nur in schmalem Streifen oberhalb der Lesesteinmauer eingesät wird, darüber aber bis zur nächsten Mauer Garigue, wie sie im Vordergrund verbreitet ist.

Bild 170. Künstliche Hangterrassierung für Trockenkulturen am Monte Pisano bei San Giuliano. Blick nach Südwesten in die Ebene von Pisa. Toscana, Italien.

Zu Bild 170: Der steile Hang ist zur Ermöglichung von Olivenkultur mit regelmäßig gestuften horizontalen *Terrassen* versehen worden. An den Terrassenabfällen sind teilweise, z. B. auf mittlerer Höhe im Bilde, Stützmauern errichtet worden. (Aufn. H. Louis)

Bild 171. Intensiv zerschnittener Sonnenberg und Bichl (Bühel) mit Bewässerungskanälen im Talboden des Untervinschgaus bei Morter und Vezzan, Südtirol. (Aufn. K. Fischer, Frühjahr
1965)

Zu Bild 171: Durch jahrhundertlange Bewässerung mit suspensionsreichem Gletscherwasser des
Flusses Plima ist es bei Morter im Untervinschgau an den letzten Ausläufern des Kanalsystemes zur
Aufhöhung langgestreckter und gewundener Rücken gekommen. Diese Bichl tragen auf ihrem
Rücken deutlich erkennbar die Bewässerungskanäle (Ilzen), von denen aus durch Einstau mittels
Brettern eine Überflutung der benachbarten Kulturflächen erzielt wurde, gleichzeitig Sedimentation
und damit weitere Geländeaufhöhung stattfand.
Auf dem gegenüberliegenden sonnenexponierten Hange kam es infolge Entwaldung zu einer dichten
Kerbtalzerschneidung, in derem Gefolge am Hangfuß Schwemmkegel aufgeschüttet und Kulturland
übermurt wurde.

Bild 172. Bewässerte Reisterrassenfelder im Gebirgsland von Nord-Luzon, Philippinen. (Aufn. Th. Benzinger, Stuttgart)

Zu Bild 172: Der Mensch hat hier durch die Anlage seiner Reisterrassenfelder die natürlichen Böschungen selbst in steilflankigem Gebirgsland auf das stärkste verändert. Für ganze Talzüge sind bis zu mehreren hundert Metern über dem Talgrund mit nur geringen Unterbrechungen künstliche Terrassentreppen an die Stelle der natürlichen Gehängeböschungen gesetzt worden.

Bild 173. Starke Bodenerosion an mäßigen Hängen im semiariden Gebiet bei Tut, westlich von Çorum
im östlichen Inneranatolien.

Zu Bild 173:   Bevor der Kïzïl Irmak seinen großen Durchbruch durch die Nordanatolischen Randgebirge macht, durchmißt er das mit tonig-mergeligen Tertiärablagerungen erfüllte Becken von Ala-
göz. An dessen Nordostende liegt bei Tut die untere natürliche Waldgrenze in etwa 600 m Höhe. Wo
Wald hier auf tonig mergeligem Untergrund an Hängen stockt, da ist der Boden bei Schädigung des
Waldes in starkem Maße erosionsgefährdet. Während in der Nachbarschaft, rechts außerhalb des
Bildes, noch einiger Baumbestand vorhanden ist, zeigt der Hügel im Hintergrund des Bildes nur noch
kümmerlichsten, schütteren Busch. Zwischen den Krüppelbüschen haben sich tiefe *Runsen* in dem
kaum 10° bis 20° geneigten Hang derart dicht nebeneinander eingefressen, daß *Badlandformen* entstanden sind. Unter diesen Umständen dürfte das Neuaufkommen von Wald, der einst hier gestanden
hat, auf lange Zeit unmöglich sein. Die stoßweise Wasserführung hat auch im Vordergrund einen
1 bis 2 m tiefen Wasserriß in der Ebene entstehen lassen. Die angeschnittenen Schichten, aus denen
die Ebene aufgebaut ist, zeigen dunklere und hellere Lagen. Die dunklen Lagen bestehen aus leicht
humosem Feinboden, wie er durch die Bodenerosion von den umgebenden Hügeln abgeschwemmt
worden sein dürfte. (Aufn. H. Louis)

Bild 174. Hangrutschung in weißlichem Gesteinszersatz nördlich von Rundi, Uluguru-Gebirge, Mittel-Tanzania, etwa 1550 m Höhe. (Aufn. H. Louis)

Zu Bild 174: Das Kristallingestein des Untergrundes ist tiefgründig in eine weißliche, tonig-sandige Zersetzungsmasse verwandelt. Der Oberboden ist bräunlich, der Unterboden weißlich. Bei starker Durchfeuchtung ist auf dem steilen Hang trotz der Terrassierung eine Rutschung abgegangen. Die Rutschmassen haben am Hangfuß einen vorgebogenen Wall gebildet, hinter welchem die weiße Masse des herabgeflossenen Schlamms, wie von einem Staudamm gehalten, steht.
Die Rutschung hat aber nur die oberen Teile des Bodenprofils betroffen. Festes Gestein kommt in der Ausbruchsstelle nirgends zum Vorschein. Die Einheimischen verwandeln die Schlipfstelle, sobald sie genügend abgetrocknet ist, wieder in terrassiertes Anbauland. Die benachbarten Hänge weisen ziemlich viele vernarbte Rutschstellen auf. Auch links im Bilde ist an der helleren Tönung eine solche zu erkennen. Die Hangrutsche führen hier zur Abwanderung des Oberbodens, nicht aber zur Boden-zerstörung im Sinne einer Vernichtung des brauchbaren Pflanzenwurzelbodens. Im Gegenteil, es ist wahrscheinlich, daß bei der kräftig und tief eindringenden Gesteinszersetzung das Abwandern des Oberbodens, der ja auf abgeernteten Anbauflächen rasch an Nährstoffen verarmt, sogar landwirt-schaftliche Vorteile mit sich bringt.

5.11.